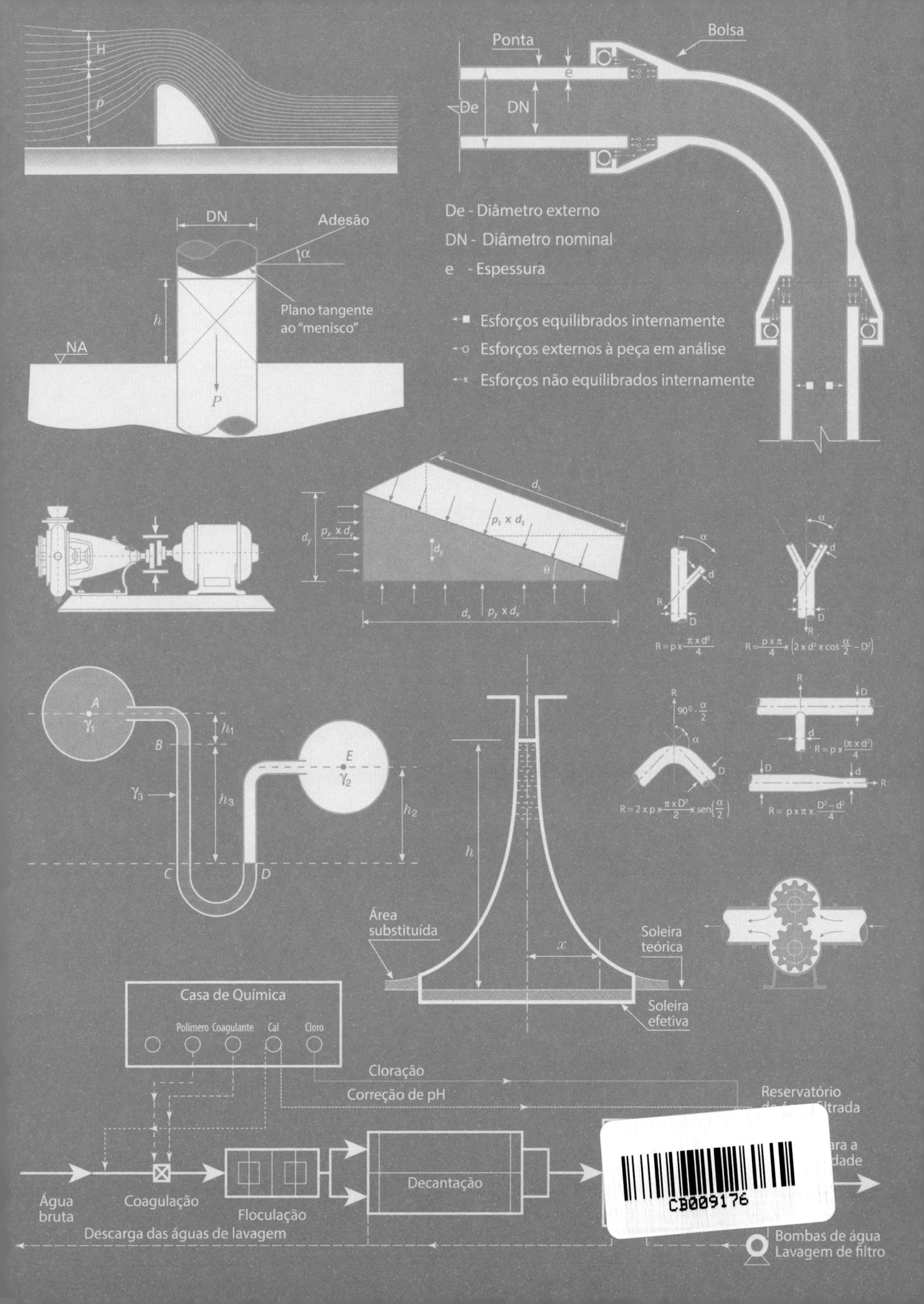
CB009176

MANUAL
DE
HIDRÁULICA

Formação e queda de uma gota de água (Cortesia do Departamento
de Hidráulica e Saneamento, Escola de Engenharia de São Carlos, USP)

"Se tens de lidar com água, consulta
primeiro a experiência, e depois a razão."
Leonardo da Vinci
(1452 - 1519)

"A Hidráulica é a ciência das
constantes variáveis."
Desconhecido

"Mais fácil me foi encontrar as leis com que
se movem os corpos celestes, que estão a
milhões de quilômetros, do que definir as
leis do movimento da água,
que escoa frente aos meus olhos."
Galileu Galilei
(1564 - 1642)

PROF. ENG. JOSÉ MARTINIANO DE AZEVEDO NETTO
(1918 - 1991)
Engenheiro Civil pela Escola Politécnica
da Universidade de São Paulo em 1942

MIGUEL FERNÁNDEZ Y FERNÁNDEZ
Engenheiro Civil pela Escola de Engenharia da
Universidade Federal do Rio de Janeiro em 1970

MANUAL
DE
HIDRÁULICA

9ª EDIÇÃO

Blucher

Manual de Hidráulica

© 2015   José Martiniano de Azevedo Netto
        Miguel Fernández y Fernández

Editora Edgard Blücher Ltda.

9ª edição – 2015
3ª reimpressão – 2019

Blucher

Rua Pedroso Alvarenga, 1245, 4º andar
04531-934 - São Paulo - SP - Brasil
Tel.: 55 11 3078-5366
contato@blucher.com.br
www.blucher.com.br

Segundo o Novo Acordo Ortográfico, conforme 5. ed.
do *Vocabulário Ortográfico da Língua Portuguesa*,
Academia Brasileira de Letras, março de 2009.

É proibida a reprodução total ou parcial por quaisquer meios sem
autorização escrita da editora.

Todos os direitos reservados pela Editora Edgard Blücher Ltda.

FICHA CATALOGRÁFICA

Azevedo Netto, José M. de (José Martiniano de),
Manual de hidráulica / José Martiniano de Azevedo Netto, Miguel
Fernández y Fernández. – 9. ed. – São Paulo: Blucher, 2015.

632 p.

Bibliografia
ISBN 978-85-212-0500-5

1. Hidráulica   2. Engenharia hidráulica   I. Título   II. Fernández, Miguel
Fernández y

15-0153   CDD 627

Índice para catálogo sistemático:
1. Hidráulica

APRESENTAÇÃO DA 9ª EDIÇÃO

Em 1987 o Prof. Azevedo Netto procurou-me (e honrou-me) com a intenção de que o ajudasse na atualização e continuação do seu *Manual de Hidráulica*, tão útil na engenharia brasileira, com milhares de exemplares vendidos desde a primeira edição, em 1954, há 61 anos!

Sem risco de contestação (embora não haja registros a respeito de outras obras), pode-se afirmar que é o livro de engenharia mais vendido no Brasil, tanto no total quanto ao longo dos anos. Com uma tradução ao espanhol editada no México (esgotada), é uma das poucas obras técnicas brasileiras que mereceu tal empenho.

Nas conversas e reuniões com o prof. Azevedo Netto para a feitura da então 8ª edição, ficou patente seu desejo de que assumisse a tarefa de, através de atualizações e melhorias periódicas, e com coautores que, no futuro escolheriam outros parceiros, se buscasse perenizar a obra.

Entre as diretrizes transmitidas pelo prof. Azevedo Netto, lembro-me bem da ênfase em que, sem prejuízo de uso acadêmico no ensino dos estudantes de engenharia, o livro devia ser, acima de tudo, um Manual de Hidráulica, para uso do profissional no seu dia a dia de engenheiro ao longo de sua vida, quer como consultor-projetista, quer como construtor, quer como supervisor ou fiscal, quer como operador, quer como usuário, além de servir de consulta e aprendizado aos diversos especialistas de outras áreas que, por algum motivo, interagem com a hidráulica: engenheiros eletricistas e mecânicos, calculistas estruturais, arquitetos, agrônomos, enfim.

Durante algum tempo, premido pelos afazeres do dia a dia, vinha adiando essas obrigações morais assumidas. Instado pelo editor, engº Edgard Blücher e seu filho Eduardo Blücher, para fazer a 9ª edição, voltei à tarefa de atualizar o livro, sempre com o cuidado de, alterando partes, não descaracterizá-lo.

Para esta 9ª edição foi feita uma "releitura" do livro, página por página, item por item, reescrevendo coisas, introduzindo anotações compiladas de diversas fontes e aquelas feitas pelo autor desta revisão, desde o lançamento da 8ª edição (algumas já introduzidas nas reimpressões havidas desde então).

Alteração maior foi feita nos antigos capítulos 14, 15 e 16, sobre canais, reorganizados e reunidos em um só *Capítulo A-14*.

Quanto à organização, não há mais distinção na identificação e numeração entre quadros e tabelas, o mesmo ocorre com as figuras, ilustrações e fotos. A identificação ("numeração") de ambos conjuntos passou a ser pelo item em que aparecem. "Exemplos e Problemas" formam um outro conjunto, este numerado pelo capítulo em que se encontre.

Aos leitores: ficarei muito agradecido a quem comunicar opiniões e sugestões sobre o livro, assim como sobre eventuais erros ou enganos. Para isso, comunicar-se com a editora Blucher ou usar o endereço eletrônico ***miguelfernandezyfernandez@gmail.com***.

Miguel Fernández y Fernández,

Engenheiro consultor

Julho de 2014

DEDICATÓRIA

Ao Edgard Blücher, pessoa importantíssima para este livro, que aprendi a gostar e admirar pelas diversas virtudes que vejo nele, das quais destaco a perseverança e o foco, e que para o bem da tecnologia e da nossa sociedade, embora formado em engenharia derivou para competente e dedicado editor de livros técnicos.

A todos aqueles com quem convivi profissionalmente e com quem tanto aprendi (ver capítulo Agradecimentos),

dedico esta edição.

Miguel Fernández y Fernández

Prof. Eng. José Martiniano de Azevedo Netto (foto de 1956)

61 ANOS

Como responsável pelas publicações do Centro Acadêmico, tive a oportunidade de conviver com o Prof. José Martiniano de Azevedo Netto.

Ótimo professor e comunicador. Qualidades notadas em suas apostilas e que lhes conferiram rápida aceitação entre os estudantes levaram-me a imaginar que seria interessante e útil publicá-las como livro. Diante disso, procurei o Prof. Azevedo Netto, que, aprovando a ideia, possibilitaria a edição do primeiro livro da Editora Edgard Blücher.

A proposta foi aceita de imediato.

Por indicação do professor, procurei a gráfica das Escolas Profissionais Salesianas para a publicação do livro. Assim, há 61 anos, em 1954, tive o prazer de entregar ao Prof. Azevedo Netto o primeiro exemplar do seu *Manual de Hidráulica*.

Sendo o Prof. Azevedo Netto uma pessoa de mente aberta, convidou, em edições subsequentes, colegas seus para, em parceria, dar ao *Manual de Hidráulica* um conteúdo mais amplo e diversificado.

Neste ano de 2015, publicamos a 9ª edição graças aos significativos esforços e à profunda dedicação do Eng. Miguel Fernández y Fernández.

Termino dizendo que nunca esqueci o meu mestre e amigo:

Prof. Eng. José Martiniano de Azevedo Netto.

Edgard Blücher
Março de 2015

CONTEÚDO

PARTE A

CONCEITUAL

Princípios Básicos

Princípios Básicos

A-1.1 CONCEITO DE HIDRÁULICA – SUBDIVISÕES

O significado etimológico da palavra Hidráulica é "condução de água" (do grego *hydor*, água e *aulos*, tubo, condução).

Entretanto, atualmente, empresta-se ao termo Hidráulica um significado muito mais lato: é o estudo do comportamento da água e de outros líquidos, quer em repouso, quer em movimento.

A Hidráulica pode ser assim dividida:

- Hidráulica Geral ou Teórica
  - Hidrostática
  - Hidrocinemática
  - Hidrodinâmica

- Hidráulica Aplicada ou Hidrotécnica

A Hidráulica Geral ou Teórica aproxima-se muito da Mecânica dos Fluidos.

A Hidrostática trata dos fluidos em repouso ou em equilíbrio. A Hidrocinemática estuda velocidades e trajetórias, sem considerar forças ou energia. A Hidrodinâmica refere-se às velocidades, às acelerações e às forças que atuam em fluidos em movimento.

A Hidrodinâmica, em face das características dos fluidos reais, que apresentam grande número de variáveis físicas, o que tornava seu equacionamento altamente complexo, até mesmo insolúvel, derivou para a adoção de certas simplificações tais como a abstração do atrito interno, trabalhando com o denominado "fluido perfeito", resultando em uma ciência matemática com aplicações práticas bastante limitadas.

Os engenheiros, que necessitavam resolver os problemas práticos que lhes eram apresentados, voltaram-se para a experimentação, desenvolvendo fórmulas empíricas que atendiam suas necessidades.

Com o progresso da ciência, e impulsionada sobretudo por alguns ramos onde se necessitaram abordagens mais acadêmicas, e onde houve disponibilidade de recursos para aplicação em pesquisa, e principalmente com o advento dos computadores, que permitiram trabalhar com sistemas de equações de grande complexidade, em pouco tempo a Hidrodinâmica desenvolveu-se e é hoje instrumento não apenas teórico-matemático, mas de valor prático indiscutível.

A Hidráulica Aplicada ou Hidrotécnica é a aplicação concreta ou prática dos conhecimentos científicos da Mecânica dos Fluidos e da observação criteriosa dos fenômenos relacionados à água, quer parada, quer em movimento.

As áreas de atuação da Hidráulica Aplicada ou Hidrotécnica são:

- Urbana:
  - Sistemas de abastecimento de água
  - Sistemas de esgotamento sanitário
  - Sistemas de drenagem pluvial
  - Canais

- Rural:
  - Sistemas de drenagem
  - Sistemas de irrigação
  - Sistemas de água potável e esgotos

- Instalações prediais:
  - Industriais
  - Comerciais
  - Residenciais
  - Públicas

- Lazer e paisagismo
- Estradas (drenagem)
- Defesa contra inundações
- Geração de Energia
- Navegação e Obras Marítimas e Fluviais
- Dragagens/Aterros Hidráulicos

Os instrumentos utilizados para a atividade profissional de Hidrotécnica são:

- analogias
- cálculos teóricos e empíricos
- modelos reduzidos físicos
- modelos matemáticos de simulação
- hidrologia/estatística
- arte

Os acessórios, materiais e estruturas utilizados na prática da Engenharia Hidráulica ou Hidrotécnica são:

- aterros
- barragens
- bombas
- cais de portos
- canais
- comportas
- diques
- dragas
- drenos

- eclusas
- enrocamentos
- flutuantes
- medidores
- orifícios
- poços
- reservatórios
- tubos e canos
- turbinas
- válvulas
- vertedores
- etc.

A-1.2 EVOLUÇÃO DA HIDRÁULICA

Obras hidráulicas de certa importância remontam à Antiguidade. Na Mesopotâmia existiam canais de irrigação construídos na planície situada entre os rios Tigre e Eufrates e, em Nipur (Babilônia), existiam coletores de esgotos desde 3750 a.C.

Importantes empreendimentos de irrigação também foram executados no Egito, 25 séculos a.C, sob a orientação de Uni. Durante a XII dinastia, realizaram-se importantes obras hidráulicas, inclusive o lago artificial Méris, destinado a regularizar as águas do baixo Nilo.

O primeiro sistema público de abastecimento de água de que se tem notícia, o aqueduto de Jerwan, foi construído na Assíria, em 691 a.C.

Alguns princípios de Hidrostática foram enunciados por Arquimedes[1], no seu "Tratado Sobre Corpos Flutuantes", em 250 a.C.

A bomba de pistão foi idealizada pelo físico grego Ctesibius e construída pelo seu discípulo Hero, em 200 a.C.

Grandes aquedutos romanos foram construídos em várias partes do mundo, a partir de 312 a.C. No ano 70 a.C. Sextus Julius Frontinus foi nomeado Superintendente de Águas de Roma.

No século XVI, a atenção dos filósofos voltou-se para os problemas encontrados nos projetos de chafarizes e fontes monumentais, tão em moda na Itália. Assim foi que Leonardo da Vinci[2] apercebeu-se da importância das observações nesse setor. Um novo tratado publicado em 1586 por Stevin[3] e as contribuições de Galileu[4], Torricelli[5] e Daniel Bernoulli[6] constituíram a base para o novo ramo científico.

Devem-se a Euler[7] as primeiras equações gerais para o movimento dos fluidos. No seu tempo, os conhecimentos que hoje constituem a Mecânica dos Fluidos apresentavam-se separados em dois campos distintos: a Hidrodinâmica Teórica, que estudava os fluidos perfeitos, e a Hidráulica Empírica, em que cada problema era investigado isoladamente.

A associação desses dois ramos iniciais, constituindo a Mecânica dos Fluidos, deve-se principalmente à Aerodinâmica.

Convém ainda mencionar que a Hidráulica sempre constituiu fértil campo para as investigações e análises matemáticas, tendo dado lugar a estudos teóricos que frequentemente se afastavam dos resultados experimentais. Várias expressões assim deduzidas tiveram de ser corrigidas por coeficientes práticos, o que contribuiu para que a Hidráulica fosse cognominada a "ciência dos coeficientes". As investigações experimentais tornaram famosos vários físicos da escola italiana, entre os quais Venturi[8] e Bidone.

Apenas no século XIX, com o desenvolvimento da produção de tubos de ferro fundido, capazes de resistir a pressões internas relativamente elevadas, com o crescimento das cidades e a importância cada vez maior dos serviços de abastecimento de água e, ainda, em consequência do emprego de novas máquinas hidráulicas, é que a Hidráulica teve um progresso rápido e acentuado.

As investigações de Reynolds[9], os trabalhos de Prandtl[10] e as experiências de Froude[11] forneceram a base científica para esse progresso, originando a Mecânica dos Fluidos moderna.

As usinas hidrelétricas começaram a ser construídas no final dos anos 1800 (século XIX). Aos laboratórios de Hidráulica devem ser atribuídas as investigações que possibilitaram os desenvolvimentos mais recentes.

Estes e outros acontecimentos marcantes para o estudo da hidráulica podem ser observados nas *Tabelas A-1.2-a* e *A-1.2-b*.

[1] Arquimedes (287-212 a.C.)
[2] Leonardo da Vinci (1452-1519)
[3] Simão Stevin (1548-1620)
[4] Galileu Galilei (1564-1642)
[5] Evangelista Torricelli (1608-1647)
[6] Daniel Bernoulli (1700-1783)
[7] Leonardo Euler (1707-1783)
[8] Giovanni Battista Venturi (1746-1822)
[9] Osborne Reynolds (1842-1912)
[10] Ludwig Prandtl (1875-1953)
[11] William Froude (1810-1879)

Tabela A-1.2-a Eventos históricos

Invenções	"Autores"	Ano	País
Esgotos		3750 a.C.	Babilônia
Drenagem	Empédocles	450 a.C.	Grécia
Parafuso de Arquimedes	Arquimedes	250 a.C.	Grécia
Bomba de pistão	Ctesibius/Hero	200/120 a.C.	Grécia
Aquedutos romanos		150 a.C.	Roma
Termas romanas		20 a.C.	Roma
Barômetro	E.Torricelli	1643	Itália
Compressor de ar	Otto von Gueriche	1654	Alemanha
Tubos de ferro fundido moldado	Johan Jordan	1664	França
Bomba centrífuga	Johan Jordan	1664	França
Máquina a vapor	Denis Papin	1680	França
Vaso sanitário	Joseph Bramah	1775	Inglaterra
Turbina hidráulica	Benoit Fourneyron	1827	França
Prensa hidráulica	S. Stevin/J .Bramah	1600/1796	Holanda/Inglaterra
Emprego de hélice	John Ericson	1836	Suécia
Manilhas cerâmicas extrudadas	Francis	1846	Inglaterra
Tubos de concreto armado	J. Monier	1867	França
Usina hidrelétrica	H. J. Rogers (Thomas Edison)	1882	EUA
Turbina a vapor	A. Parsons/De Lava	1884/1890	Inglaterra/Suécia
Submarino	J. P. Holland	1898	EUA
Tubos de cimento amianto	A. Mazza	1913	Itália
Tubos de ferro fundido centrifugado	Arens/de Lavaud	1917	Brasil
Propulsão a jato	Frank Whittle	1937	Inglaterra
Tubos de PVC		1936	Alemanha

O processamento de dados com o auxílio de computadores, além de abreviar cálculos, tem contribuído na solução de problemas técnico-econômicos para o projeto e implantação de obras hidráulicas. Propicia a montagem de modelos de simulação que permitem a previsão e análise de fenômenos dinâmicos que eram até então impraticáveis ou feitos com tão significativas simplificações, que comprometiam a confiabilidade ou a economicidade.

Tabela A-1.2-b Eventos históricos no Brasil

Eventos	Ano	Cidade
Primeiro sistema de abastecimento de água	1723	Rio de Janeiro – RJ
Primeira cidade com rede de esgotos	1864	Rio de Janeiro – RJ
Primeira hidrelétrica (para mineração)	1883	Diamantina – MG
Primeira hidrelétrica (para abastecimento público)	1889	Juiz de Fora – MG

A-1.3 SÍMBOLOS ADOTADOS E UNIDADES USUAIS

As grandezas físicas são comparáveis entre si através de medidas homogêneas, ou seja, referidas à mesma unidade.

Os números apenas, sem dimensão de medida, nada informam em termos práticos: o que é maior, 8 ou 80? A pergunta carece de sentido porque não há termo de comparação. Evidentemente que 8 m^3 é mais que 80 litros (80 dm^3). Poderia ser de outra forma: 8 kg e 80 kg ou 80 kg e 80 litros.

As unidades de grandezas físicas (dimensões de um corpo, velocidade, força, trabalho ou potência) permitem organizar o trabalho científico e técnico, sendo que com apenas sete grandezas básicas é possível formar um sistema que abranja todas as necessidades.

Tradicionalmente a engenharia, logo a Hidráulica também, usava o denominado sistema MKS (metro, quilograma, segundo) ou CGS (centímetro, grama, segundo) ou Sistema Gravitacional, cujas unidades básicas (MKS) são mostradas na *Tabela A-1.3-a*.

Entretanto, observou-se que esse sistema estabelecia uma certa confusão entre as noções de peso e massa, que do ponto de vista físico são coisas diferentes. A massa de um corpo refere-se à sua inércia, e o peso de um corpo refere-se à força que sobre esse corpo exerce a aceleração da gravidade *g*. É evidente que uma mesma massa de água, digamos um litro em determinada temperatura, tem "pesos" diferentes ao nível do mar ou a 2.000 m acima dele. Essa mesma massa é mais "pesada" ao nível do mar,

onde a aceleração da gravidade é maior, não esquecendo que a aceleração da gravidade também varia com a latitude (*Tabela A-1.3-d*), e até com a posição da lua em relação à Terra (exemplo visível: as marés).

Entre a força (*F*) e a massa (*M*) de um corpo existe uma relação expressa pela equação:

$$F = k \times M \times a \qquad (2^a \text{ lei de Newton})$$

onde:
- *k* é uma constante;
- *a* é a aceleração a que o corpo está submetido.

Há dois sistemas de unidades que tornam a constante *k* igual a 1 (um): o SI (Sistema Internacional), ou "absoluto", e o "gravitacional". No "absoluto", *k* é igual a 1 (um) pela definição da unidade de força e, no "gravitacional", pela definição da unidade de massa, ou seja:

SISTEMA ABSOLUTO – a unidade de força é aquela que, ao agir sobre um corpo com a massa de um quilograma, ocasiona uma aceleração de um metro por segundo por segundo, e se denomina "newton". A unidade de massa nesse sistema é correspondente a um bloco de platina denominado quilograma-protótipo, guardado em Sevres (França).

SISTEMA GRAVITACIONAL – a unidade de força é igual à unidade de massa por unidade de comprimento por segundo, logo, a unidade de massa neste sistema é igual a *g* quilogramas. Como *g* varia de lugar para lugar, especialmente com a latitude e a altitude, *g* só é constante em um mesmo local.

Melhor explicando, o Sistema Gravitacional torna o *k* igual à unidade pela definição da unidade de massa. "Se um corpo de peso unitário cai livremente, a força unitária atuará e a aceleração será *g*"; logo, para que a força unitária produza uma aceleração unitária, a unidade de massa será equivalente a *g* unidades de peso.

Tabela A-1.3-a (Sistema mks) Grandezas e unidades físicas tradicionais

Grandezas	Unidade	Símbolo	Dimensional
Comprimento	metro	m	L
Força	quilograma-força	kgf	MLT^{-2}
Tempo	segundo	s	T

Tabela A-1.3-b Grandezas básicas do S.I.

Grandeza	Unidade	Símbolo
Comprimento	metro	m
Massa	quilograma	kg
Tempo	segundo	s
Intensidade corrente elétrica	ampère	A
Temperatura termodinâmica	kelvin	K
Intensidade luminosa	candeia	cd
Quantidade de matéria	mol	mol
Havendo ainda as denominadas unidades complementares:		
Ângulo plano	radiano	rad
Ângulo sólido	esterradiano	sr

No sistema métrico seria:

$$1 \text{ kgf} = \text{unidade de massa} \times 1 \text{ m/s}^2,$$

logo

$$\text{unidade de massa} = 1 \text{ (kgf)}/1 \text{ (m/s}^2) = g \text{ (kg)}$$

Em outras palavras, a força gravitacional comunica à massa de 1 kg a aceleração g:

$$1 \text{ kgf} \equiv g \ 1 \text{ kg}.$$

O importante é entender que o peso de um corpo pode se reduzir a zero ao sair da gravidade terrestre, mas sua massa permanecerá a mesma.

Evidentemente, a definição de massa pecava por variar em função da aceleração da gravidade, o que não corresponde à realidade física da grandeza massa. Entretanto, as aproximações são boas o suficiente para, de maneira geral, em problemas pouco sensíveis à variação desse tipo de grandeza, continuarem a ser usadas. Isso ocorre pelo hábito e pelas facilidades advindas principalmente do fato de que, a grosso modo:

$$1 \text{ dm}^3 \text{ de } H_2O \text{ (um litro de água)} \equiv 1 \text{ kgf},$$

gerando a unidade prática de pressão conhecida como *metro de coluna d'água* (m.c.a.), tão difundida entre os técnicos.

Por convenção internacional de 1960, foi criado o Sistema Internacional de Unidades (SI), também conhecido por Sistema Absoluto, legalmente em vigor no Brasil e na maioria dos países do mundo. O SI é do tipo MLT (massa, comprimento, tempo) e não FLT (força, comprimento, tempo), como era o Sistema Gravitacional.

As unidades básicas desse sistema são o quilograma (neste caso seria um quilograma-massa), o metro e o segundo. Deve-se atentar para a coinci-

dência de nomenclatura entre a antiga unidade de peso e a atual de massa, evitando-se assim as confusões daí advindas, infelizmente tão frequentes. O SI é composto por sete grandezas básicas (*Tabela A-1.3-b*).

Cabe registrar que, para os fins usuais de engenharia hidráulica, não interessa muito a diferença entre os conceitos de massa e quantidade de matéria, que vai interessar à física e à química puras. Um "mol" é a quantidade de matéria (ou quantidade de substância, nos EUA) de uma amostra ou sistema contendo tantas entidades elementares quantos átomos existem em 0,012 quilograma de carbono 12.

Neste livro, será adotado o Sistema Internacional (SI) de Unidades, sem abandonar os "usos e costumes" dos técnicos da área, a quem o livro se destina, estabelecendo também uma "ponte" entre aquele que se inicia no ofício e o veterano, entre o acadêmico e o profissional do dia a dia.

As unidades derivadas do SI são estabelecidas através de tratamento algébrico ou dimensional das grandezas físicas básicas.

Apresenta-se na *Tabela A-1.3-c* as grandezas "derivadas" mais frequentes, com suas respectivas unidades para os cálculos relacionados com as atividades da hidráulica.

Tabela A-1.3-c Grandezas "derivadas" do S.I.

Grandeza	Símbolo	Unidade	Relação com as unidades básicas	Dimensional
Área			m^2	L^2
Volume			m^3	L^3
Velocidade			m/s	LT^{-1}
Aceleração			m/s^2	LT^{-2}
Massa específica			kg/m^3	ML^{-3}
Frequência	Hz	hertz	s^{-1}	T^{-1}
Força	N	newton	$Kg \times m/s^2$	MLT^{-2}
Pressão	Pa	pascal	N/m^2	$ML^{-1}T^{-2}$
Energia	J	joule	$N \times m$	$ML^2 T^{-2}$
Potência	W	watt	J/s	$ML^2 T^{-3}$
Viscosidade dinâmica	P	poise	$0,1 \ N \times s/m^2$	$ML^{-1}T^{-1}$
Viscosidade cinemática	St	stokes	$10^{-4} \times m^2/s$	L^2T^{-1}
Momento de inércia			m^4	L^4
Tensão superficial			N/m	MT^{-2}
Peso específico			N/m^3	$ML^{-2}T^{-2}$

Tabela A-1.3-d Aceleração da gravidade *g* e pressão atmosférica p_a

Cidade	Latitude (graus)	Altitude (m)	Aceleração da gravidade (m/s²)	Pressão atmosférica aproximada			
				atm	N/cm²	m.c.a.	mmHg
Quito	0	3.000	9,77100	0,69	6,94	7,10	517
Manaus	3 S	80	9,78068	0,99	10,13	10,31	753
La Paz	17 S	4.000	9,77236	0,65	6,75	7,00	515
Rio de Janeiro	23 S	1	9,78814	1,00	10,134	10,33	760
São Paulo	24 S	800	9,78637	0,92	9,14	9,32	685
Buenos Aires	35 S	1	9,79729	1,00	10,134	10,33	760
New York	42 N	1	9,80345	1,00	10,134	10,33	760
Paris	49 N	150	9,80700	0,98	10,00	10,29	745
Ilhas Malvinas	53 S	1	9,81331	1,00	10,134	10,33	760

Observação:

Para calcular o valor de *g* (cm/s²) em qualquer situação geográfica (latitude e altitude), abstraindo as distorções provocadas pela falta de homogeneidade da massa do planeta Terra, pode-se utilizar a fórmula (Gamow, 1° vol, p. 38):

$$g = 980,616 - 2,5928 \times \cos 2\varphi + 0,0069 \times (\cos 2\varphi)^2 - 0,3086\ H,$$

onde:

φ = latitude em graus
H = altitude em quilômetros

Na *Tabela A-1.3-d* apresentam-se valores de *g* calculados para diversas localidades pela fórmula de Gamow mencionada anteriormente.

Portanto, para as latitudes brasileiras e altitudes andinas, parece que a melhor aproximação para o valor de *g* é 9,79 ou 9,80 e não o 9,81 citado nas bibliografias europeia e norte-americana. Neste livro, sempre que for o caso, será utilizado o valor *g* = 9,80 m/s².

No *item A-1.5.1* (Aceleração de Coriolis) esse assunto é aprofundado.

A-1.4 PROPRIEDADES DOS FLUIDOS, CONCEITOS

A-1.4.1 Definições – Fluidos: líquidos e gases

Fluidos são substâncias ou corpos cujas moléculas ou partículas têm a propriedade de se mover umas em relação às outras sob a ação de forças de mínima grandeza.

Os fluidos se subdividem em líquidos e aeriformes (gases, vapores). Em virtude do pouco uso da expressão aeriforme, serão utilizados neste livro os termos gases ou vapores, indistintamente, com o conceito de substância aeriforme.

Os líquidos têm uma superfície livre, e uma determinada massa de um líquido, a uma mesma temperatura, ocupa só um determinado volume de qualquer recipiente em que caiba sem sobras. Os líquidos são pouco compressíveis e resistem pouco a trações e muito pouco a esforços cortantes (por isso se movem facilmente).

Os gases, quando colocados em um recipiente, ocupam todo o volume, independente de sua massa ou do tamanho do recipiente. Os gases são altamente compressíveis e de pequena densidade, relativamente aos líquidos.

O estudo do escoamento de gases (ou vapores) na Hidráulica praticamente só está presente nos problemas de enchimento e esvaziamento de tubulações e reservatórios fechados, quando há que se dar passagem ao ar através de dispositivos tais como ventosas e respiradores, ou ainda na análise de problemas de descolamento de coluna líquida em tubulações por fenômenos transitórios hidráulicos (golpe de aríete).

A forma como um líquido responde, na prática, às várias situações de solicitação depende basicamente de suas propriedades físico-químicas, ou seja, de sua estrutura molecular e energia interna. A menor partícula de água, objeto da Hidráulica, é uma molécula composta por dois átomos de hidrogênio e um de oxigênio. Entretanto, uma molécula de água não forma o que em engenharia hidráulica se designa como tal. São necessárias muitas moléculas de água juntas para que se apresentem as características práticas desse composto. A proximidade dessas moléculas entre si é função da atração que umas exercem sobre as outras, o que varia com a energia interna e, portanto, com a temperatura e com a pressão.

Os estados físicos da água (sólido, líquido e gasoso) são resultado da maior ou menor proximidade e do arranjo entre essas moléculas e, portanto, da energia presente em forma de pressão e de temperatura. A medida de energia é o "joule", a de calor a "caloria" e a de pressão o "pascal". Uma caloria é a energia requerida para aquecer um grama de água, em um Kelvin (ou um grau Celsius).

Para passar de um estado físico para outro (ou de uma fase para outra), a água apresenta uma característica própria, que é a quantidade de calor requerida, sem correspondente variação de temperatura, denominada calor latente de vaporização (líquido ↔ vapor) e calor latente de cristalização (sólido ↔ líquido). Ao nível do mar, a 45° de latitude e à temperatura de 20°C, a pressão atmosférica é de 0,1 MPa (1,033 kgf/cm^2). Nessas condições, se a temperatura de uma massa líquida for elevada à temperatura de 100°C e aí mantida, ela evapora segundo o fenômeno da ebulição ou fervura. Em altitudes acima do nível do mar, a pressão atmosférica é menor e a água evapora a temperaturas também menores (*Figura A-1.4.1-a* e *Tabela A-1.4.1-b*).

Denomina-se "pressão de vapor" (ou "tensão de vapor") de um líquido a "pressão" na superfície quando o líquido evapora (ver *item A-1.4.10*). Essa "pressão de vapor" varia com a temperatura. A *Tabela A-1.4.1-a* mostra a variação da pressão de vapor da água conforme a temperatura. Observe-se que a pressão de vapor iguala a pressão atmosférica normal a 100 °C e que, havendo uma diminuição de pressão (por exemplo em sucção de bombas), a pressão de vapor pode chegar a ser ultrapassada (para baixo) e a água passa ao estado de vapor bruscamente, criando o denominado efeito de "cavitação".

Tabela A-1.4.1-a Tensão de vapor (pressão do vapor) da água a várias temperaturas, para g = 9,80 m/s^2 (ao nível do mar)

t_v (°C)	p_v			
	(N/m²)	(kgf/m²)	(kgf/m²)	(m.c.a.)
0		62	0,00620	0,062
1		67	0,00669	0,067
3		77	0,00772	0,077
4	813	83	0,00830	0,083
5		89	0,00889	0,089
10	1.225	125	0,01251	0,125
15		174	0,01737	0,174
20	2.339	239	0,02383	0,239
25		323	0,03229	0,323
30	4.490	458	0,04580	0,458
35		573	0,05733	0,573
40		752	0,07520	0,752
45		977	0,09771	0,977
50	12.300	1.258	0,12580	1,258
55		1.695	0,16050	1,695
60		2.031	0,20310	2,031
65		2.550	0,25500	2,550
70		3.178	0,31780	3,178
75		3.931	0,39310	3,931
80	47.300	4.829	0,48290	4,829
85		5.894	0,58490	5,894
90		7149	0,71490	7,149
95		8519	0,86190	8,619
100	101.200	10.332	1,03320	10,332

Fonte: Bib. A983.

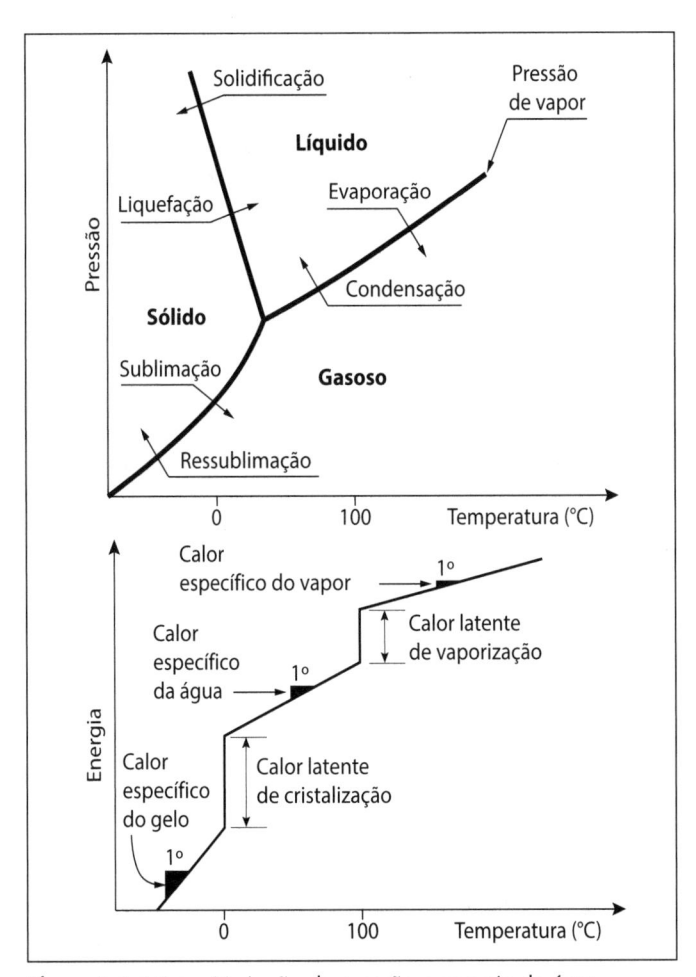

Figura A-1.4.1-a – Variação da pressão e energia da água conforme a temperatura.

Tabela A-1.4.1-b Ponto de ebulição da água conforme a altitude

ALTITUDE (m)	0	500	800(São Paulo)	1.000	1.500	2.000	3.000(Quito)	4.000(La Paz)
(°C)	100	98	97	96	95	93	91	89

A-1.4.2 Massa específica, densidade e peso específico

A massa de um fluido em uma unidade de volume é denominada densidade absoluta, também conhecida como massa específica (kg/m^3) (*density*).

O peso específico de um fluido é o peso da unidade de volume desse fluido (N/m^3) (*unit weight*).

Essas grandezas dependem do número de moléculas do fluido na unidade de volume. Portanto, dependem da temperatura, da pressão e do arranjo entre as moléculas.

A água alcança sua densidade absoluta máxima a uma temperatura de 3,98 °C (*Tabela A-1.4.2-a*). Já o peso específico da água nessa mesma temperatura também será igual à unidade em locais onde a aceleração da gravidade seja de 9,80 m/s^2 e à pressão de 1 atm (760 mmHg, 10,33 m.c.a. ou 0,1 MPa).

Chama-se densidade relativa de um material a relação entre a massa específica desse material e a massa específica de um outro material tomado como base. No caso de líquidos, essa substância normalmente é a água a 3,98 °C. Tratando-se de gases, geralmente adota-se o ar nas CNTP [Condições Normais de Temperatura (0 °C) e Pressão (1 atm)]. Assim, a densidade relativa do mercúrio é 13,6 e da água salgada do mar em torno de 1,04 (números adimensionais) (*specific gravity*).

Na literatura, há quem faça distinção entre CNTP$_N$ (condições normais, considerando a temperatura a 25 °C) e CNTP$_P$ (condições padrões, T ≈ 0 °C). Portanto, a temperatura considerada deve ser sempre informada (perguntada).

Em termos práticos, pode-se dizer que a densidade da água é igual à unidade e que sua massa específica é igual a 1 kg/ℓ e seu peso específico é 9,8 N/ℓ.

Tabela A-1.4.2-a Variação da massa específica da água doce com a temperatura

Temperatura (°C)	Massa específica (kg/m^3)	Temperatura (°C)	Massa específica (kg/m^3)
0	999,87	40	992,24
2	999,97	50	988
4	1.000,00	60	983
5	999,99	70	978
10	999,73	80	972
15	999,13	90	965
20	998,23	100	958
30	995,67		

A-1.4.3 Compressibilidade

Compressibilidade é a propriedade que têm os corpos de reduzir seus volumes sob a ação de pressões externas.

Considerando-se a lei de conservação da massa, um aumento de pressão corresponde a um aumento de massa específica, ou seja, uma diminuição de volume. Assim,

$$dV = -\alpha \times V \times dp \qquad Equação\ (1.1)$$

onde:

α é o coeficiente de compressibilidade
V é o volume inicial
dp é a variação de pressão

O inverso de α é ε ($\varepsilon = 1/\alpha$), denominado módulo de elasticidade de volume. Porém, a massa (m) vale

$$m = \rho \times V = constante$$

onde ρ é a massa específica. Derivando, tem-se

$$\rho \times dV + V \times d\rho = 0, \quad V = -\rho \times \frac{dV}{d\rho}$$

e substituindo o valor de V na *Equação (1.1)* tem-se:

$$dV = \frac{1}{\varepsilon} \times \rho \times \frac{dV}{d\rho} \times dp$$
$$\frac{\varepsilon}{\rho} = \frac{dp}{d\rho} \qquad Equação\ (1.2)$$

Verifica-se diretamente da *Equação (1.2)* que o módulo de elasticidade de volume tem dimensões de pressão e é dado, geralmente, em kgf/cm^2 ou kgf/m^2 (mks) e em N/m^2 ou Pa (SI) × (1 kgf ≡ 9, 8N).

Para os líquidos, ele varia muito pouco com a pressão, mas varia apreciavelmente com a temperatura. Os gases têm ε muito variável com a pressão e com a temperatura (*Tabela A-1.4.3-a*).

Tabela A-1.4.3-a Variação de ε e α da água doce com a temperatura

Tempera-tura °C	ε (N/m^2) × 10^8	α (m^2/N)) × 10^{-10}	ε (kgf/m^2) × 10^8	α (m^2/kgf) × 10^{-10}
0	19,50	5,13	1,99	50,2
10	20,29	4,93	2,07	48,2
20	21,07	4,75	2,15	46,5
30	21,46	4,66	2,19	45,6

Suponha-se que certa transformação de um gás se dê a uma temperatura constante e que obedeça à lei de Boyle. Então,

$$\frac{p}{\rho} = \text{constante;}$$

daí,

$$\frac{dp}{d\rho} = \frac{p}{\rho}$$

Pela *Equação (1.2)* tem-se

$$\varepsilon = p \qquad \text{*Equação (1.3)*}$$

O resultado da *Equação (1.3)* pode ser assim escrito: "quando um gás se transforma segundo a lei de Boyle, o seu módulo de elasticidade de volume iguala-se à sua pressão, a cada instante".

Para os líquidos, desde que não haja grandes variações de temperatura, pode-se considerar ϵ constante. Então, a *Equação (1.2)* pode ser assim integrada:

$$\ln\frac{\rho}{\rho_0} = \frac{1}{\varepsilon} \times (p - p_0) \qquad \text{*Equação (1.4)*}$$

A *Equação (1.4)* expressa a variação de ρ com p. Como essa variação é muito pequena, pode-se escrever a expressão aproximada:

$$\frac{\rho - \rho_0}{\rho_0} = \alpha \times (p - p_0),$$

de onde vem

$$\rho = \rho_0 \times [1 + \alpha \times (p - p_0)]$$

Nos fenômenos em que se pode desprezar α, tem-se $\rho = \rho_0$, que é a condição de incompressibilidade.

Normalmente, em termos práticos, a compressibilidade da água é considerada apenas nos problemas de cálculo de golpe de aríete (transitórios hidráulicos sob pressão).

Por esses motivos, não se pode prescindir da compressibilidade de um líquido, ou, em outro extremo, pode-se prescindir da compressibilidade de um gás (movimento uniforme com baixas velocidades).

Chamando de "c" a celeridade de propagação do som no fluido, sabe-se (Newton) que:

$$c = \sqrt{\frac{\varepsilon}{\rho}}$$

ou, substituindo pela *Equação (1.2)*.

$$c = \sqrt{\frac{dp}{d\rho}}$$

Portanto, a compressibilidade de um fluido está intimamente relacionada com a celeridade.

Na água, a 10 °C e pressão atmosférica ao nível do mar, $c = 1.425$ m/s.

Só se pode considerar ρ constante ou $d\rho = 0$ se $dp = 0$ ou $c = \infty$.

Nos fenômenos do golpe de aríete não se pode considerar ρ constante, pois $dp \neq 0$ e c é um valor finito.

Pode-se, entretanto, considerar ρ constante nos fenômenos que envolvem pequenas massas de fluidos, onde se considera $c = \infty$, ou em fenômenos em que p varia muito gradualmente, onde se considera $dp = 0$.

Chamando-se de número de Mach (Ma) a relação entre a velocidade de um escoamento "v" e a celeridade de propagação do som no mesmo fluido,

$$\text{Ma} = \frac{v}{c}$$

Chamando de K a constante da transformação adiabática, pode-se deduzir a seguinte relação:

$$\rho = \rho_0 \times \left[1 + \frac{K-1}{2} \times \text{Ma}^2\right]^{\frac{1}{1-K}}$$

onde ρ_0 é a massa específica para $v = 0$.

Para Ma $= 0,3$ e um escoamento de ar ($K = 1,4$) com velocidade de 100 m/s, tem-se:

$$\rho = 0,967 \times \rho_0$$

Nesse caso, igualando-se ρ a ρ_0, comete-se um erro de aproximadamente 4%.

O critério, portanto, para se considerar um gás compressível ou não depende do erro que se permita cometer nos cálculos. No exemplo acima, o erro foi de 4%, que muitas vezes é inferior aos erros com que se tomam os dados do problema. Portanto, o critério de compressibilidade a adotar é o bom senso do engenheiro.

A água na natureza e nas CNTP é cerca de 100 vezes mais compressível que o aço comum.

A-1.4.4 Elasticidade

Berthelot, em 1850, descobriu essa propriedade que têm os líquidos de aumentar seu volume quando se lhes diminui a pressão. Para os gases, a propriedade já era bem conhecida.

Em seguida, Worthington provou que o aumento de volume devido a uma certa depressão tem o mesmo valor absoluto que a diminuição do volume para uma compressão de igual valor absoluto. Isto é, os módulos de elasticidade são iguais à depressão e à compressão.

Os gases dissolvidos afetam essa propriedade quando se trata de grandes pressões.

A-1.4.5 Líquidos perfeitos

Um fluido em repouso goza da propriedade da isotropia, isto é, em torno de um ponto os esforços são iguais em todas as direções.

Num fluido em movimento, devido à viscosidade, há anisotropia na distribuição dos esforços.

Em alguns problemas particulares, pode-se, sem grave erro, considerar o fluido sem viscosidade e incompressível. Essas duas condições servem para definir o que se chama líquido perfeito, em que a densidade é uma constante e existe o estado isotrópico de tensões em condições de movimento.

O fluido perfeito não existe na prática, ou seja, na natureza, sendo portanto uma abstração teórica, mas em um grande número de casos é prático considerar a água como tal, ao menos para cálculos expeditos.

A-1.4.6 Viscosidade/Atrito interno

Quando um fluido escoa, verifica-se um movimento relativo entre as suas partículas, resultando um atrito entre elas. Atrito interno ou viscosidade é a propriedade dos fluidos responsável pela sua resistência à deformação.

Pode-se definir ainda a viscosidade como a capacidade do fluido em converter energia cinética em calor, ou a capacidade do fluido em resistir ao cisalhamento (esforços cortantes).

A viscosidade é diretamente relacionada com a coesão entre as partículas do fluido. Alguns líquidos apresentam essa propriedade com maior intensidade que outros. Assim, certos óleos e certos lodos pesados escoam mais lentamente que a água ou o álcool.

Ao se considerarem os esforços internos que se opõem à velocidade de deformação, pode-se partir do caso mais simples, representado pela *Figura A-1.4.6-a*. No interior de um líquido, as partículas contidas em duas lâminas paralelas de área (A) movem-se à distância (Δn), com velocidades diferentes (v) e ($v + \Delta v$).

A segunda lâmina tenderá a acelerar a primeira e a primeira a retardar a segunda.

A força tangencial (F) decorrente dessa diferença de velocidade será proporcional ao gradiente de velocidade (igual à velocidade de deformação angular).

$$F = \mu \times A \times \frac{\Delta v}{\Delta n}$$

Equação (1.5)

Onde "μ" é um coeficiente característico do fluido, em determinada temperatura e pressão, que se denomina coeficiente de viscosidade dinâmica ou viscosidade. A *Equação (1.5)* também é conhecida como "equação da viscosidade de Newton".

A viscosidade varia bastante com a temperatura e pouco com a pressão.

O coeficiente de viscosidade dinâmica ou absoluta, ou simplesmente viscosidade, tem a dimensional

$ML^{-1} T^{-1}$ no (SI), e $FL^{-2} T$ no (mks)

No sistema (SI), a unidade de "μ" denomina-se *pouiseuille*, abreviatura "Pℓ"; e, no sistema (mks), denomina-se *poise*, abreviatura "P".

$1\ P\ell = 1\ N\ s/m^2$
$1\ P = 0,1\ N\ s/m^2$
$100\ centipoise = 1\ P = 1\ g/cm \times s$

Para a água a 20 °C e 1 atm, tem-se

"μ" $= 10^{-3} N \times s/m^2 = 1$ centipoise

Por essa facilidade de ter a viscosidade igual à unidade nas CNTP, a água é usada como padrão de viscosidade, exprimindo-se em relação a ela a viscosidade de outros fluidos.

Dividindo o valor da viscosidade "μ" pela massa específica do fluido "ρ", obtem-se a "viscosidade cinemática" "v_{cn}".

$$v_{cn} = \frac{\mu}{\rho}$$

Essas grandezas têm a vantagem de não depender da unidade de massa.

A unidade de viscosidade cinemática no (SI) tem a dimensional $[L^2 T^{-1}]$ e exprime-se em m^2/s; e no (mks), tem a mesma dimensional, exprimindo-se em cm^2/s, e denomina-se "*stoke*", abreviação "*St*".

Os fluidos que obedecem a essa equação de proporcionalidade da *Equação (1.5)*, ou seja, em que há uma relação linear entre o valor da tensão de cisalhamento aplicada e a velocidade de deformação resultante, quer dizer, a viscosidade dinâmica "v_{cn}" constante, são denominados fluidos newtonianos, incluindo a água, líquidos finos assemelhados e os gases de maneira geral.

Entretanto, não devem ser esquecidos os fluidos denominados não newtonianos, que não obedecem a essa lei de proporcionalidade e são muito encontrados nos problemas reais de engenharia civil, tais como lamas e lodos em geral. Os fluidos não newtonianos apresentam uma re-

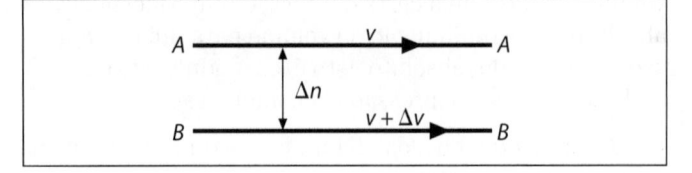

Figura A-1.4.6-a – Representação para estudo da viscosidade.

lação não linear entre o valor da tensão de cisalhamento aplicada e a velocidade de deformação angular. Basicamente, há três tipos de fluidos não newtonianos:

Tipo (1) – a viscosidade não varia com o estado de agitação. Embora não obedeça à proporcionalidade linear da *Equação (1.5)*, obedece a equações semelhantes em que, por exemplo, o coeficiente de viscosidade cinemática está elevado a uma potência.

Tipo (2) – "tixotrópicos", em que a viscosidade cai com o aumento da agitação. Em bombeamentos, podem ser tratados como newtonianos desde que introduzidos no sistema a partir de certa velocidade ou agitação. Exemplo: lodos adensados de estações de tratamento de esgotos.

Tipo (3) – "dilatantes", em que a viscosidade aumenta com o aumento da agitação. Exemplo: algumas pastas industriais, o melado da cana de açúcar.

A *Figura A-1.4.6-b* ilustra melhor o assunto.

Como se pode observar pelas *Tabelas A-1.4.6-a* e *A-1.4.6-b*, a viscosidade varia consideravelmente com a

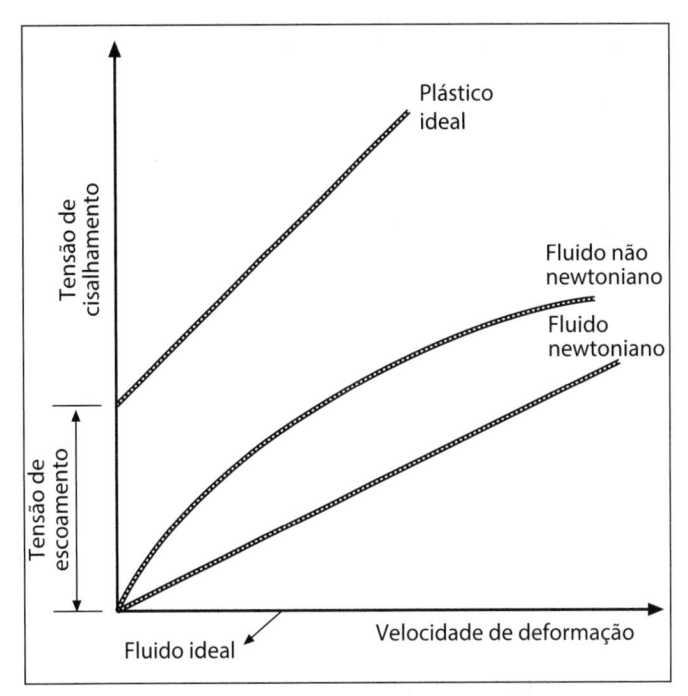

Figura A-1.4.6-b – Diagrama Cisalhamento × Deformação.

temperatura e, portanto, essa é uma variável importantíssima a ser levada em consideração nos cálculos. A bibliografia registra a diminuição de capacidade de vazão de poços da ordem de até 30% quando a temperatura da água se aproxima dos 4 °C. Situação facilmente entendida se observarmos que o escoamento em meio poroso (laminar e com muita superfície de contato), como é o caso da maioria dos aquíferos subterrâneos, é sobremaneira afetado pela viscosidade.

De maneira geral, para os líquidos, a viscosidade cai e, para os gases, sobe com o aumento da temperatura.

O atrito interno pode ser evidenciado pela seguinte experiência: imprimindo-se a um cilindro contendo um líquido um movimento de rotação em torno do seu eixo, dentro de pouco tempo, todo o líquido passa a partici-

Tabela A-1.4.6-a Variação da viscosidade "μ" da água doce com a temperatura

Temperatura °C	μ $(N \times s/m^2) \times 10^{-6}$	Temperatura °C	μ $(N \times s/m^2) \times 10^{-6}$
0	1.791	40	653
2	1.674	50	549
4	1.566	60	469
5	1.517	70	407
10	1.308	80	357
15	1.144	90	317
20	1.008	100	284
30	799		

Tabela A-1.4.6-b Variação da viscosidade cinemática "v_{cn}" da água doce com a temperatura

Temperatura °C	v_{cn} $(m^2/s) \times 10^{-9}$	Temperatura °C	v_{cn} $(m^2/s) \times 10^{-9}$	Temperatura °C	v_{cn} $(m^2/s) \times 10^{-9}$	Temperatura °C	v_{cn} $(m^2/s) \times 10^{-9}$
0	1.792	14	1.172	28	839	60	478
2	1.673	15	1.146	30	804	70	416
4	1.567	16	1.112	32	772	80	367
5	1.519	18	1.059	34	741	90	328
6	1.473	20	1.007	36	713	100	296
8	1.386	22	960	38	687		
10	1.308	24	917	40	657		
12	1.237	26	876	50	556		

Tabela A-1.4.6-c Viscosidade cinemática "v_{cn}" e peso específico de alguns fluidos

Temperatura °C	Gasolina		Óleo combustível		Ar (na pressão atmosférica)	
	Peso específico kgf/m³	v_{cn} (m²/s) × 10⁻⁹	Peso específico kgf/m³	v_{cn} (m²/s) × 10⁻⁹	Peso específico kgf/m³	v_{cn} (m²/s) × 10⁻⁹
5	737	757	865	5.980	1,266	13.700
10	733	710	861	5.160	1,244	14.100
15	728	681	858	4.480	1,222	14.600
20	725	648	855	3.940	1,201	15.100
25	720	621	852	3.520	1,181	15.500
30	716	596	849	3.130	1,162	16.000

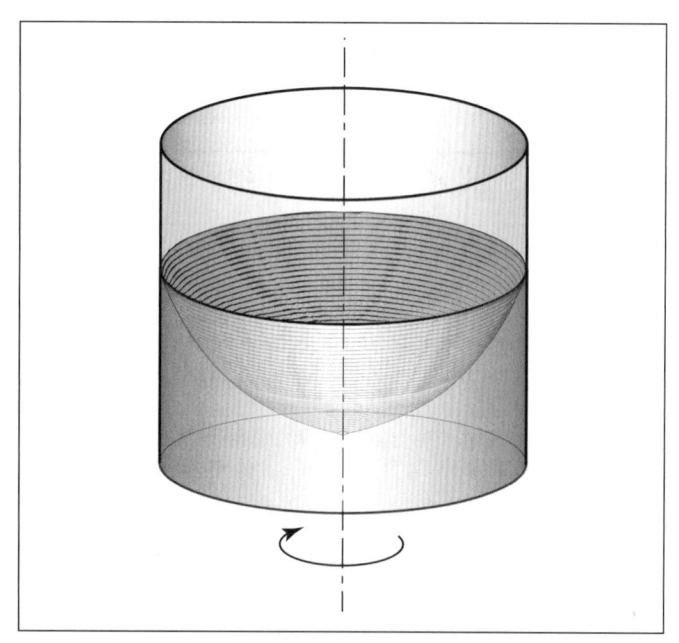

Figura A-1.4.6-c – Representação de experiência para estudo da viscosidade.

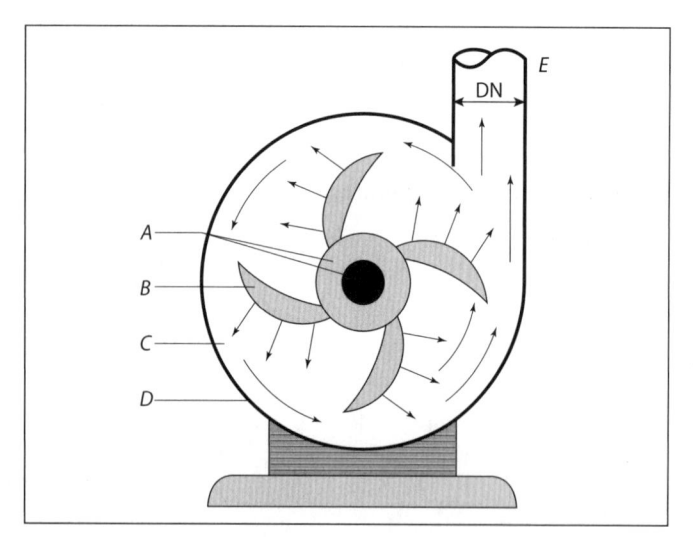

Figura A-1.4.6-d – Esquema de bomba centrífuga.
A) Eixo e entrada; B) Rotor; C) Líquido em aceleração;
D) Carcaça (voluta); E) Saída.

par do mesmo movimento, assumindo a forma parabólica. A bomba centrífuga utiliza-se desse princípio. Veja-se a *Figura A-1.4.6-c* e a *Figura A-1.4.6-d*, a seguir.

A-1.4.7 Atrito externo

Chama-se atrito externo à resistência ao deslizamento de fluidos ao longo de superfícies sólidas.

Quando um líquido escoa ao longo de uma superfície sólida, junto a ela existe sempre uma camada fluida, aderente, que não se movimenta.

Nessas condições, entende-se que o atrito externo é uma consequência da ação de freio exercida por essa camada estacionária sobre as demais partículas em movimento.

Na experiência anterior (*Figura A-1.4.6-c*), o movimento do líquido é iniciado graças ao atrito externo que se verifica junto à parede do recipiente.

Um exemplo importante é o que ocorre com o escoamento de um líquido em um tubo. Forma-se junto às paredes uma película fluida que não participa do movimento. Junto à parede do tubo, a velocidade é zero, sendo máxima na parte central (*Figura A-1.4.7-a*). Em consequência dos atritos e, principalmente, da viscosidade, o escoamento de um líquido numa canalização só ocorre com certa perda de energia, perda essa designada por "*perda de carga*" (*Figura A-1.4.7-b*).

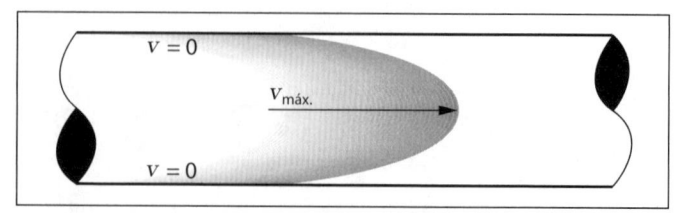

Figura A-1.4.7-a – Velocidades em seção transversal de escoamento em tubo.

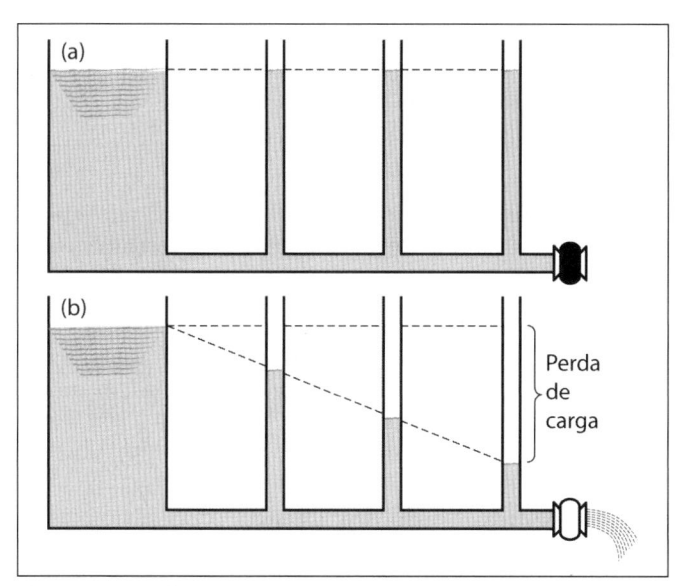

Figura A-1.4.7-b – (a) Sem escoamento, princípio dos vasos comunicantes; (b) com escoamento, perda de carga.

A-1.4.8 Coesão, adesão e tensão superficial

A primeira propriedade (coesão) permite às partículas fluidas resistirem a pequenos esforços de tensão (tração). A formação de uma gota d'água deve-se à coesão.

Quando um líquido está em contato com um sólido, a atração exercida pelas moléculas do sólido pode ser maior que a atração existente entre as moléculas do próprio líquido. Ocorre então a adesão.

Na superfície de um líquido em contato com o ar, há a formação de uma verdadeira película elástica. Isso ocorre porque a atração entre as moléculas do líquido é maior que a atração exercida pelo ar e porque as moléculas superficiais atraídas para o interior do líquido tenderem a tornar a área da superfície um mínimo. É o fenômeno da tensão superficial. As propriedades de adesão, coesão e tensão superficial são responsáveis pelos conhecidos fenômenos de capilaridade (*Figura A-1.4.8-a*).

A elevação do líquido, num tubo de pequeno diâmetro, é inversamente proporcional ao diâmetro. Como tubos de vidro e de plástico são frequentemente empregados para medir pressões (piezômetros), é aconselhável o emprego de tubos de diâmetro superior a 1 cm, para que sejam desprezíveis os efeitos de capilaridade. Num tubo de 1 mm de diâmetro, a água pode subir 35 cm nas CNPT.

A tensão superficial τ tem dimensional $[MT^{-2}]$ no (SI), exprime-se em N/m e varia com a temperatura. A *Tabela A-1.4.8-a* mostra os valores da tensão superficial para a água doce normal a diferentes temperaturas.

Esses valores variam ainda com o material eventualmente dissolvido na água. Por exemplo, os sais mi-

Tabela A-1.4.8-a Variação de τ da água doce com a temperatura

Temperatura °C	τ (N/m) $\times 10^{-2}$	Temperatura °C	τ (N/m) $\times 10^{-2}$
0	7,513	50	6,778
2	7,515	60	6,622
10	7,375	70	6,453
20	7,230	80	6,260
30	7,069	90	6,070
40	6,911	100	

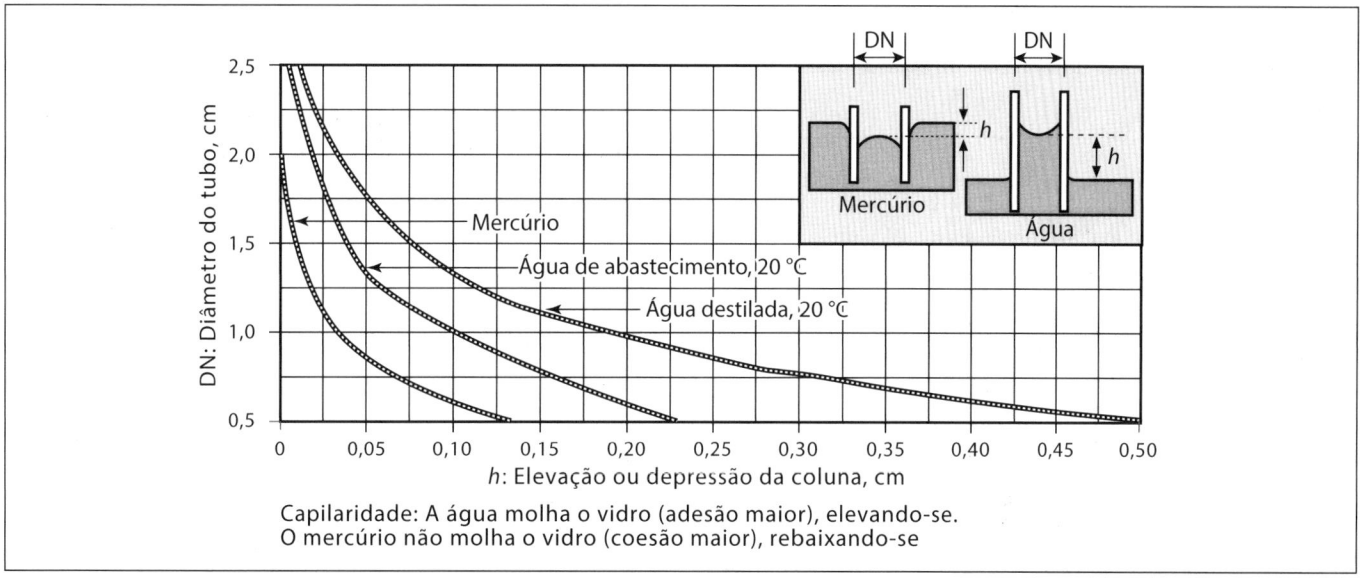

Capilaridade: A água molha o vidro (adesão maior), elevando-se.
O mercúrio não molha o vidro (coesão maior), rebaixando-se

Figura A-1.4.8-a – Capilaridade em tubos cilíndricos de vidro (Bib. S790, p. 17).

nerais normalmente aumentam a tensão superficial, e compostos orgânicos, como o sabão e o álcool, além dos ácidos em geral, diminuem a tensão superficial da água que os dissolve.

Quanto à adesão de um líquido a um sólido, esta pode ser "positiva" (sólidos hidrófilos) ou "negativa" (sólidos hidrófobos), conforme a *Figura A-1.4.8-b*.

A adesão da água com a prata é praticamente neutra, sendo $\alpha \approx 90°$ nas CNTP. A capilaridade dos solos finos é bastante conhecida e deve-se às características de seus compostos, sendo a adesão de tal forma forte que só se separa a água por evaporação.

O cálculo da altura h (cm) que um líquido sobe ou desce em um capilar de diâmetro interno DN (m) (*Figura A-1.4.8-c*), suficientemente pequeno para desprezar-se o volume de água acima ou abaixo do plano de tangência do menisco, é feito da seguinte forma:

$$h = \frac{4 \times \tau \times \text{sen}\,\alpha}{\gamma \times d}$$

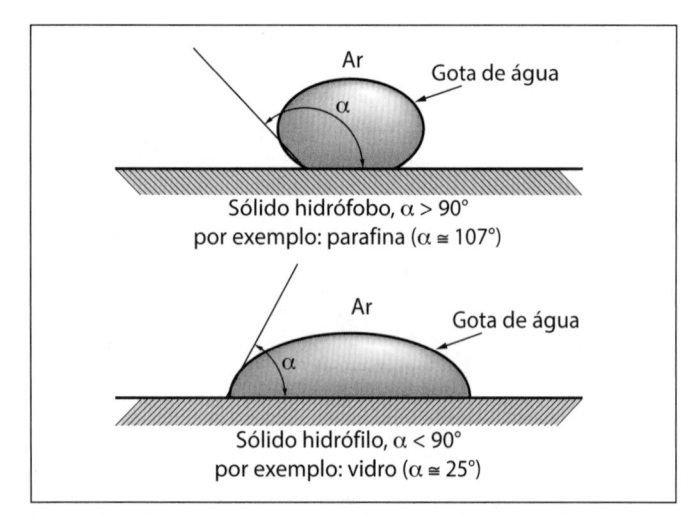

Figura A-1.4.8-b – Adesão de uma gota de água a materiais.

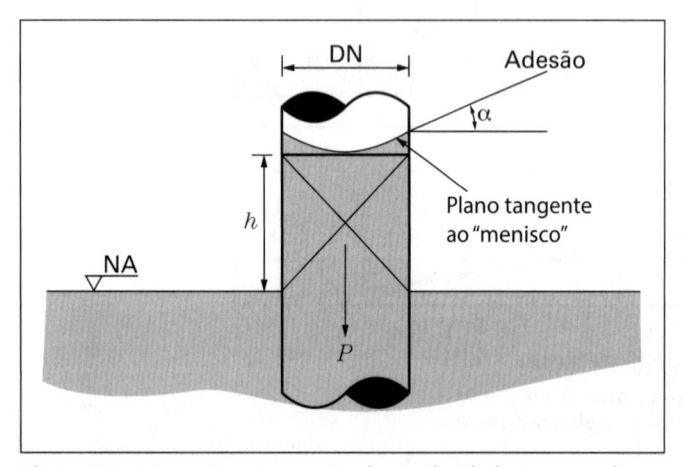

Figura A-1.4.8-c – Representação da capilaridade em um tubo.

onde

τ	é a tensão superficial (N/m) $\times 10^{-2}$
α	é o ângulo de contato (adesão)
γ	é o peso específico da água (N/m³)

O equilíbrio na *Figura A-1.4.8-c* se dá quando o peso (P) da coluna líquida deslocada igualar as forças de coesão e adesão.

A água elevada em um capilar está abaixo da pressão atmosférica, daí ser impossível pretender que ela possa verter de alguma forma, o que, aliás, criaria um moto-contínuo (o que é inconcebível).

A-1.4.9 Solubilidade dos gases

Os líquidos dissolvem os gases. Em particular, a água dissolve o ar, em proporções diferentes entre o oxigênio e nitrogênio, pois o oxigênio é mais solúvel.

O volume do gás dissolvido é proporcional à pressão do gás, e o volume é o mesmo que o gás ocuparia no estado livre (não dissolvido), mas sujeito à mesma pressão (Henry).

Em outras palavras, o volume de gás dissolvido em um determinado volume de água é constante se não houver variação de temperatura, pois um incremento de pressão diminui o volume de gás dissolvido e passa a ser possível dissolver mais gás. Ao diminuir a pressão, ocorre o inverso, liberando-se gás.

Essa propriedade é uma causa do desprendimento de ar e o aparecimento de bolhas de ar nos pontos altos das tubulações.

Nas CNTP, a água dissolve o ar em até cerca de 2% de seu volume (*Tabela A-1.4.9-a*).

Tabela A-1.4.9-a Coeficiente de solubilidade de gases na água doce, em m³ de gás por m³ de água, ao nível do mar

	0 °C	20 °C
Ar	0,03	
Ácido clorídrico	5,60	
Ácido sulfídrico	5,00	
Cloro	5,00	
Gás carbônico (CO_2)	1,87	0,92
Hidrogênio	0,023	0,020
Monóxido de carbono (CO)	0,04	
Oxigênio	0,053	0,033
Nitrogênio	0,026	0,017

Na *Tabela A-1.4.9-b* é apresentada a saturação de oxigênio na água para diferentes temperaturas.

Tabela A-1.4.9-b Saturação de oxigênio, em mg/ℓ

°C	0	5	10	15	20	25	30
Água doce	14,6	12,8	11,3	10,2	9,2	8,4	7,6
Água do mar	11,3	10,0	9,0	8,1	7,4	6,7	6,1

Fonte: Bib. L185.

A-1.4.10 Tensão de vapor

Dependendo da pressão a que está submetido, um líquido entra em ebulição a determinada temperatura; variando a pressão, varia a temperatura de ebulição. Por exemplo, a água entra em ebulição à temperatura de 100 °C quando a pressão é de 1,0332 kgf/cm^2 (1 atm), mas também pode ferver a temperaturas mais baixas se a pressão também for menor.

Então, todo líquido tem temperaturas de saturação de vapor (t_v) (quando entra em ebulição), que correspondem biunivocamente a pressões de saturação de vapor ou simplesmente tensões de vapor (p_v).

Essa propriedade é fundamental na análise do fenômeno da cavitação (*Capítulo A-11*), pois, quando um líquido inicia a ebulição, inicia-se também a cavitação (ver *Tabela A-1.4.1-a*).

A-1.5 EXEMPLOS DE APLICAÇÃO

A-1.5.1 Aceleração de Coriolis

Exemplo para a percepção de vários fenômenos citados neste capítulo é a denominada "aceleração de Coriolis" (Gustave-Gaspard Coriolis, França, 1835), presente nos vórtices que se formam em corpos de água quando há escoamento na direção vertical. É um fenômeno facilmente observado no sentido de cima para baixo, girando no hemisfério sul em um sentido e no hemisfério norte em sentido oposto. É o mesmo fenômeno que forma os "redemoinhos" no ar, conhecidos por tornados, fazendo com que as correntes marinhas e os ventos girem predominantemente na direção "descrita" por essa força (ver *Figura A-1.5.1-b* e *item A-5.1.7*).

Com efeito, no *item A-1.3*, já se percebeu que, dependendo da latitude e da altitude de uma partícula em relação ao eixo da Terra, embora sua massa seja a mesma, o "peso", ou seja, a força que age sobre essa partícula, varia. Então, se essa partícula muda de lugar, subindo ou descendo, ou se deslocando para o norte ou para o sul,

para leste ou para oeste, o somatório das forças agindo sobre ela se altera, para mais ou para menos. Isto quer dizer que, se a energia de que esteja imbuída a partícula na posição inicial não é a mesma na posição final, algo ocorre. O que ocorre?

Supondo que uma partícula de água esteja na superfície de uma lagoa interligada ao mar, ou seja, no nível do mar, e que uma tubulação no fundo dessa lagoa, digamos a 10 m de profundidade, de um sistema de refrigeração industrial comece a succionar água da lagoa, a massa líquida no entorno é atraída para o ponto de sucção, inclusive a partícula da superfície em observação, que vai descer até o tubo. Nesse trajeto de descida, nossa partícula tende a fazer um caminho helicoidal, formando um vórtice (visível ou não a "olho nu"), ou seja, vai fazer um caminho mais longo, para dissipar a diferença de energia de que está imbuída na superfície à que terá a 10 m de profundidade. São forças muito pequenas, que só são observadas em determinadas circunstâncias e só produzem efeito nos fluidos devido à baixa viscosidade da água e do ar, mas com as quais temos com que nos preocupar em engenharia civil, mecânica, aeronáutica, naval e neste livro.

Quando uma partícula muda de posição em relação à Terra, subindo ou descendo, ou caminhando pela superfície em qualquer direção, sua velocidade absoluta aumenta ou diminui, já que cada partícula no planeta gira junto com o planeta e, portanto, tem uma velocidade angular (tangencial) do local em que se encontra. Se, ao mudar de posição, o raio de seu movimento de rotação aumenta ou diminui, haverá energia a dissipar ou a absorver. Note que mudanças sobre os paralelos (leste-oeste ou oeste-leste) embora não alterem o raio de giração, alteram a velocidade de giração (seria como andar sobre uma esteira em movimento).

No equador (latitude zero), ao nível do mar, a velocidade tangencial (vt_{eq} ou v_{t0}) de uma partícula do planeta terra devido à sua rotação (1 volta a cada 24 horas em um círculo com 6.370 km de raio) é

$$vt_{eq} = \frac{2 \times \pi \times R_{eq}}{24} = \frac{2 \times \pi \times 6.370}{24} = 1.667,666 \text{ km/h.}$$

bem maior que a velocidade do som, que, ao nível do mar, é de 1.225 km/h.

No paralelo a 30° de latitude, a velocidade absoluta de uma partícula na superfície do oceano ($vt_{30°}$) seria:

$$vt_{30°} = \frac{2 \times \pi \times R_{eq} \cos 30}{24} = \frac{2 \times \pi \times 6.370 \times 0,87}{24} =$$

$$= \frac{6,2832 \times 5.542 \text{ km}}{24} = 1.450,898 \text{ km/h.}$$

Se uma partícula no paralelo 30° "afundar" 10 m (H = 10 m) (por exemplo, uma partícula na superfície sobre uma tomada de água afogada a 10 m de profundidade), o raio de giração passa de 5.542 km para

$$5.542.000 \text{ m} - \cos\theta \times 10 \text{ m} = 5.542.000 - 8,4 =$$
$$= 5.541.991,60 \text{ m} = 5.541,99 \text{ km}$$

então:

$$vt_{30°-10 \text{ m}} = \frac{2 \times \pi \times 5.541,99}{24} = 1.450,893 \text{ km/h}.$$

É uma diferença significativa!

Como se vê, são mudanças quase imperceptíveis (1.450,898 – 1.450,893 = 0,005 km/h), mas não desprezíveis, que cada vez mais pertencem ao interesse do ramo da engenharia pelas aplicações cada vez mais ousadas e detalhadas, como as simulações por métodos numéricos de escoamentos da natureza (modelos matemáticos) ou de perfurações de petróleo a mais de 3.000 m de profundidade no mar. Qualquer resíduo de movimento na água pode ser mais forte do que essas forças "sutis" e fazer com que a rotação se inicie na outra direção. Por isso, quando destapamos a pia para ver a formação do vórtice, pode não girar sempre na mesma direção esperada.

Os movimentos convectivos (provocados por alterações de temperatura, logo de densidade) dos oceanos (e da atmosfera), por mudar a posição das partículas de água e de ar, introduzem uma aceleração de "Coriolis" que se reflete claramente nos movimentos predominantes das correntes marítimas e dos ventos.

Para uma partícula movimentando-se em relação ao planeta (na superfície), o efeito da aceleração de Coriolis é máximo no equador ($\theta = 0°$, cos 0 = 1) e tende a zero nos polos, onde ($\theta = 90°$, cos 90 ≡ 0). Para uma partícula movimentando-se para cima ou para baixo, o produto vetorial que gera o movimento no hemisfério Norte para um lado e no hemisfério Sul para o outro lado, tende a zero no equador e a tendência à rotação pode dar-se em um ou em outro sentido (equilíbrio indiferente).

A *Figura A-1.5.1-a* mostra duas partículas, uma no hemisfério Norte, sobre o paralelo 60 (no ponto P_{N60}), e outra no hemisfério Sul, sobre o paralelo 30 (no ponto P_{S30}), e, depois, H m abaixo (cota –Z1, sem escala), respectivamente nos pontos $P_{N60\text{-}H}$ e $P_{S30\text{-}H}$.

Legenda para a Figura A-1.5.1-a –

r_{N60} - Raio de giração em relação ao eixo da esfera
R - Raio do planeta em relação ao centro da esfera
H - Distância na vertical (eixo Z)
P_{N60} - Ponto na superfície (NA_{mar})
$P_{N\theta\text{-}H}$ - Ponto sob a superfície a uma profundidade H
No Equador: R ≡ r
θ - Ângulo do eixo Z em relação do plano do equador

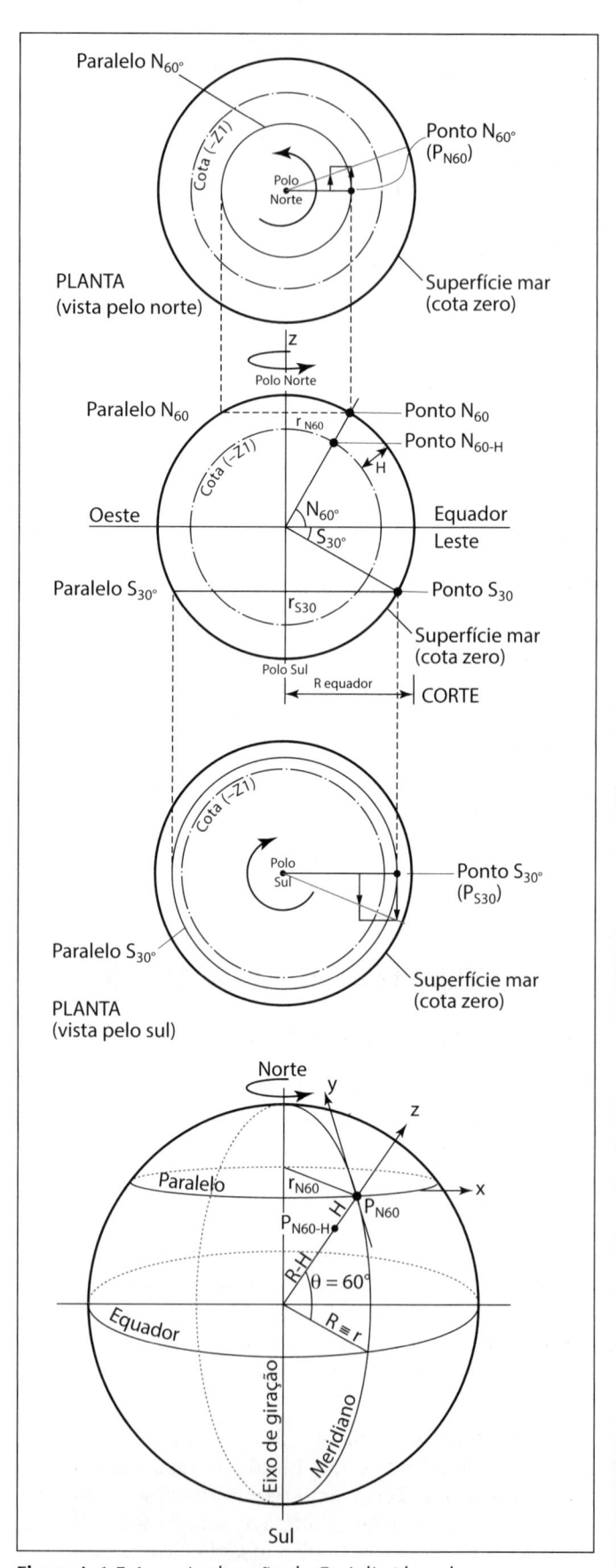

Figura A-1.5.1-a – Aceleração de Coriolis (desenho esquemático, sem escala).

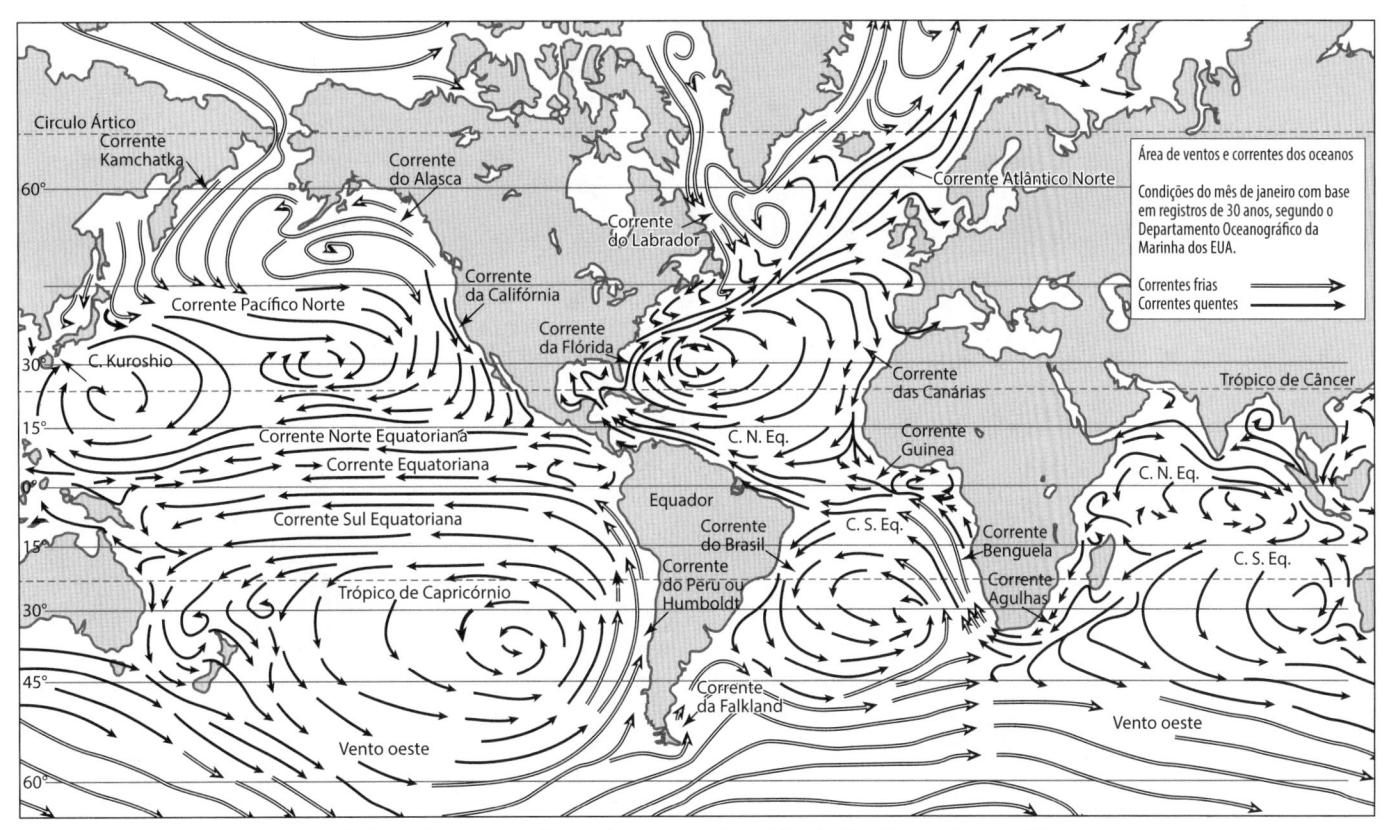

Figura A-1.5.1-b – Correntes marinhas. (Fonte: http://www.learner.org/jnorth/tm/tulips/OceanExp.html/).

Exercício A-1-a

Qual a densidade da água a 1.000 m de profundidade? Considerar a água a uma temperatura uniforme de 20° (massa específica de 998 kg/m^3, com módulo de elasticidade volumétrico de $2,15 \times 10^8$ kgf/m^2 ou $21,07 \times 10^8$ N/m^2. Desprezar o efeito da compressão gradativa da água com o aumento da profundidade.

Solução:

A essa profundidade, a pressão da água é de 99,80 kgf/cm^2 (978 N/cm^2). Calculando a massa específica da água e essa pressão, a diferença de pressão pode ser entendida como a força do peso por unidade de área, logo:

$$dp = \frac{F}{A} = \frac{m}{A} \times g = \rho_0 \times \frac{V}{A} \times g$$

$$dp = 998 \ (\text{kg/m}^3) \times 1.000 \ (\text{m}) \times 9,80 \ (\text{m/s}^2)$$

$$dp = 9.780.400 \ (\text{N/m}^2)$$

da *Equação (1.1)*

$$= dp = -\varepsilon \times \frac{dV}{V}, \quad \frac{dV}{V} = -\frac{dp}{\varepsilon}$$

$$\frac{dV}{V} = -\left(\frac{9.780.400}{21,07 \times 10^8}\right) = -0,004642$$

Sendo

$$\rho_0 = \frac{m}{V}, \quad V = \frac{m}{\rho_0} \quad \text{e} \quad dV = \frac{m}{\rho} - \frac{m}{\rho_0}$$

$$\frac{dV}{V} = \frac{\rho_0}{\rho} - 1 \quad \therefore \quad \rho = \frac{\rho_0}{\left(1 + \dfrac{dV}{V}\right)}$$

sendo

$$\rho = \frac{998}{(1 - 0,004642)} = 1.002,65 \ \text{kg/m}^3$$

portanto, houve um acréscimo de densidade de 0,47%:

$$(1.002,65/998 = 1,00466).$$

Da mesma forma, sob uma coluna de água de 200 m, um litro de água nas CNTP reduz-se a 999 cm^3 de água na mesma temperatura.

A água é cerca de 100 vezes mais compressível que o aço (variando com o tipo de aço).

Sifão invertido na adutora Hampaturi (barragem-captação, NA 4.203 m.s.n.m.) a Pampahasi (ETA, NA chegada 3.840 m.s.n.m.), que abastece La Paz (Bolívia) por gravidade. Tubulação em FFD, JE, PN 40, DN 800, 13,8 km, implantada em 1991 a 1992. (No ponto mais baixo passa na cota 3.632 m, após uma quebra de pressão). Projeto MFyF.

Hidrostática

Pressões e Empuxos

Hidrostática

Pressões e Empuxos

A-2.1 CONCEITOS DE PRESSÃO E EMPUXO

Quando se considera a pressão, implicitamente relaciona-se uma força à unidade de área sobre a qual ela atua.

Considerando-se, no interior de certa massa líquida, uma porção de volume V, limitada pela superfície A (*Figura A-2.1-a*), se dA representar um elemento de área nessa superfície e dF a força que nela atua (perpendicularmente), a pressão será:

$$p = \frac{dF}{dA}$$

Considerando-se toda a área, o efeito da pressão produzirá uma força resultante que se chama empuxo, sendo, às vezes, chamada de pressão total. Essa força é dada pelo valor da seguinte integral:

$$E = \int_A p \times dA$$

Se a pressão for a mesma em toda a área, o empuxo será $E = p \times A$.

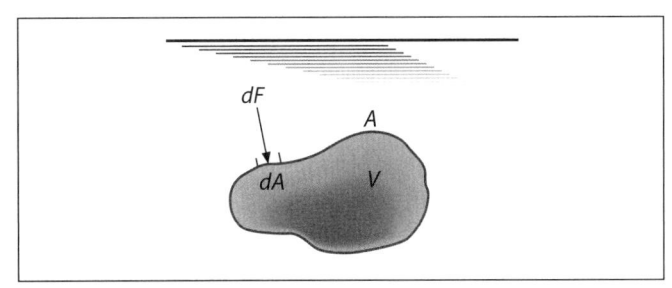

Figura A-2.1-a – Representação do conceito de pressão.

A-2.2 LEI DE PASCAL[1]

Enuncia-se:

> *"Em qualquer ponto no interior de um líquido em repouso, a pressão é a mesma em todas as direções."*

Para demonstrá-lo, pode-se considerar, no interior de um líquido, um prisma imaginário de dimensões elementares: largura dx, altura dy e comprimento unitário. A *Figura A-2.2-a* mostra as pressões nas faces perpendiculares ao plano do papel.

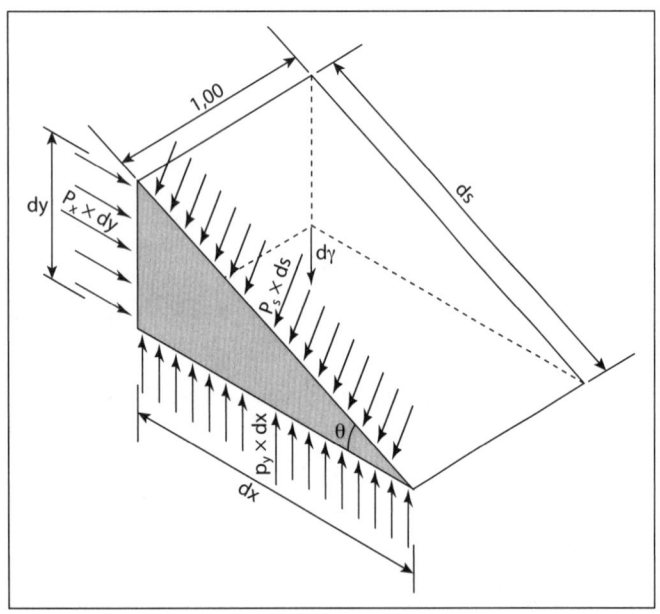

Figura A-2.2-a – Pressões em um prisma submerso em um líquido.

O prisma estando em equilíbrio, o somatório das forças na direção de X deve ser nulo.

$$\sum F_x = 0$$

Logo,

$$p_x \times dy = p_s \times ds \times \mathrm{sen}\,\theta$$

Como sen $\theta = dy/ds$, **vem que**

$$p_x \times dy = p_s \times ds \times \frac{dy}{ds}$$

e, portanto,

$$p_x = p_s$$

[1] Estabelecida por Leonardo da Vinci

Para a direção Y,

$$\sum F_y = 0$$

$$p_y \times dx = p_s \times ds \times \cos\theta + d\gamma =$$

$$= p_s \times ds \times \cos\theta + \frac{\gamma \times dx \times dy}{2}$$

Como o prisma tem dimensões elementares, o último termo (peso), sendo diferencial da segunda ordem, pode ser desprezado.

Assim, sendo cos $\theta = dx/ds$,

$$p_y \times dx = p_s \times ds \times \frac{dx}{ds} = p_s \times dx$$

Logo,

$$p_y = p_s$$

e, portanto,

$$p_x = p_y = p_s$$

A prensa hidráulica, tão conhecida, é uma importante aplicação (*Figura A-2.2-b*).

$$F_2 = F_1 \times \frac{A_2}{A_1}$$

onde

F_1 = esforço aplicado
F_2 = força obtida
A_1 = seção do êmbolo menor ($\pi \times D_1^2/4$)
A_2 = seção do êmbolo maior ($\pi \times D_2^2/4$).

A-2.3 LEI DE STEVIN: PRESSÃO DEVIDA A UMA COLUNA LÍQUIDA

Imaginando-se, no interior de um líquido em repouso, um prisma ideal e considerando-se todas as forças que atuam nesse prisma (*Figura A-2.3-a*) segundo a vertical, deve-se ter

$$\sum F_y = 0$$

e, portanto,

$$(p_1 \times A) + (\gamma \times h \times A) - (p_2 \times A) = 0$$

(γ é o peso específico do líquido), obtendo-se

$$p_2 - p_1 = \gamma \times h$$

lei que se enuncia:

> *"A diferença de pressões entre dois pontos da massa de um líquido em equilíbrio é igual à diferença de profundidade multiplicada pelo peso específico do líquido."*

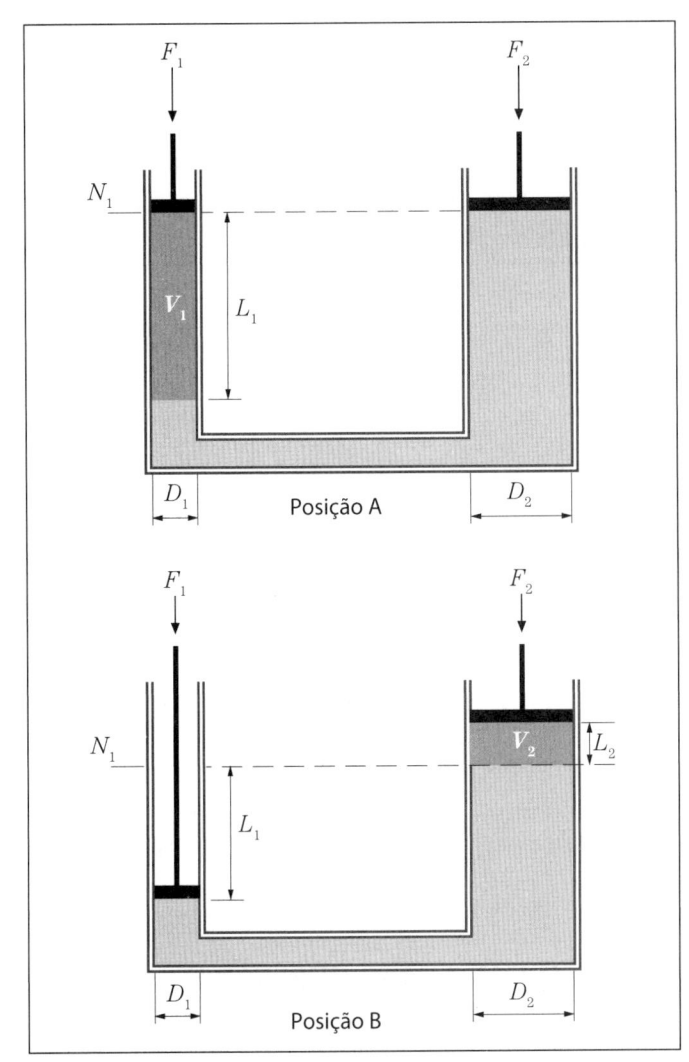

Figura A-2.2-b – Princípio da prensa hidráulica (vantagem mecânica similar a uma alavanca com braços diferentes ou engrenagens de raios diferentes). Supondo os cilindros 1 e 2 com diâmetros D_1 e D_2, aplicando o esforço F_1 no êmbolo 1(menor), a "pressão" p na superfície do êmbolo em contato com o líquido será $p = F_1/(\pi \times D_1^2/4)$. Suponhamos a força 50 kgf em 5 cm², a "pressão" será 10 kgf/cm². Como a pressão se distribui no líquido em todos os sentidos, uma mesma pressão se distribuirá sobre a superfície do êmbolo 2 em contato com o líquido. Então, a força F_2 será igual a $p \times \pi \times D_2^2/4$. Suponhamos que a área de D_2 seja 20 cm², a força F_2 será igual a 20 × 5 = 100 kgf/cm². Note que, como não há "criação" de energia, o percurso L_1 é proporcionalmente maior do que L_2, de forma que o trabalho em ambos os êmbolos seja igual e o volume V_1 é igual ao volume V_2.

Para a água, $\gamma_a = 1\ \text{kgf/dm}^3 \approx 10^4\ \text{N/m}^3$

Portanto, o número de decímetros da diferença de profundidades equivale ao número de quilogramas força por decímetro quadrado da diferença de pressões.

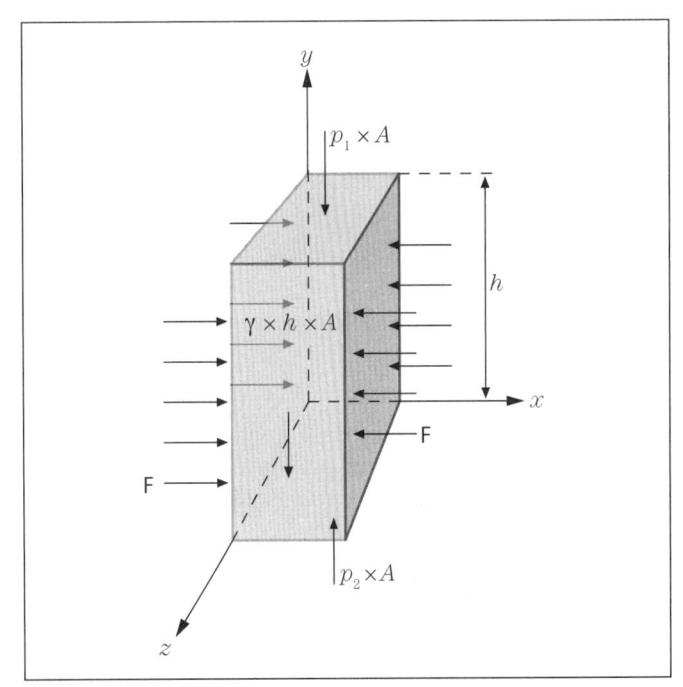

Figura A-2.3-a – Esforços em um prisma imerso em um líquido.

Prensa hidráulica para 450 toneladas (estamparia de chapas de aço) (Cortesia de máquinas Piratininga S.A. São Paulo).

A-2.4 INFLUÊNCIA DA PRESSÃO ATMOSFÉRICA

A pressão na superfície de um líquido é exercida pelos gases que se encontram acima, geralmente à "pressão atmosférica" (p_a).

Levando-se em conta a pressão atmosférica, tem-se (*Figura A-2.4-a*),

$$p_1 = p_a + \gamma \times h$$

$$p_2 = p_1 + \gamma \times h' = p_a + \gamma \times (h + h')$$

A pressão atmosférica varia com a altitude, correspondendo, ao nível do mar, a uma coluna de água de 10,33 m. A coluna de mercúrio seria 13,6 vezes menor, ou seja, 0,760 m (*Figura A-2.4-b*).

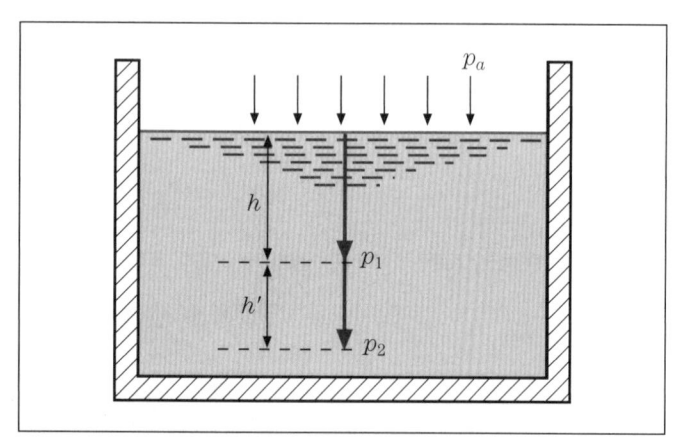

Figura A-2.4-a – Pressões em um líquido.

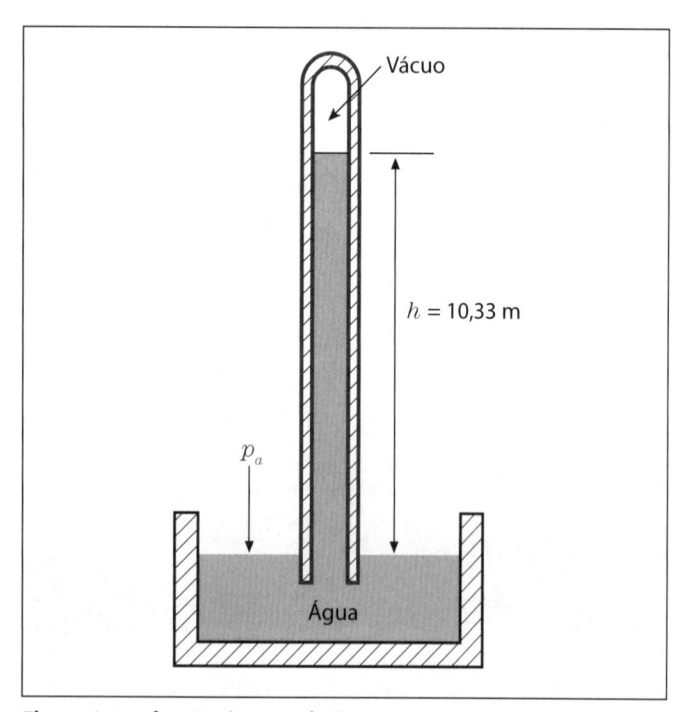

Figura A-2.4-b – Barômetro de água.

Em muitos problemas relativos às pressões nos líquidos, o que geralmente interessa conhecer é a diferença de pressões. A pressão atmosférica, agindo igualmente em todos os pontos, muitas vezes não precisa ser considerada. Seja, por exemplo, o caso mostrado na *Figura A-2.4-c*, no qual se deseja conhecer a pressão exercida pelo líquido na parede de um reservatório.

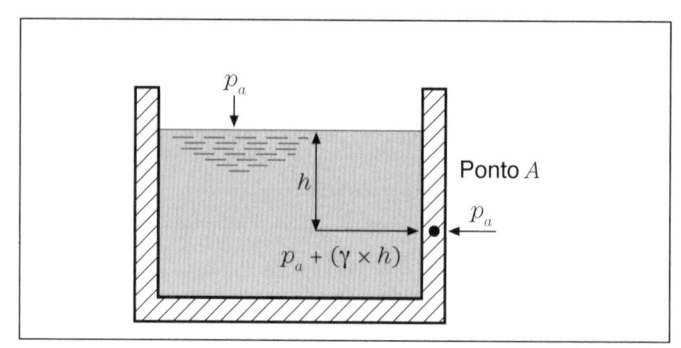

Figura A-2.4-c – Pressão sobre parede de um reservatório.

De ambos os lados da parede, atua a pressão atmosférica, anulando-se no ponto A. Nessas condições, não será necessário considerar a pressão atmosférica para a solução do problema.

Entretanto, é importante lembrar que, nos problemas que envolvem o estudo de gases, a pressão atmosférica sempre deve ser considerada.

A-2.5 MEDIDA DAS PRESSÕES

O dispositivo mais simples para medir pressões é o *tubo piezométrico* ou, simplesmente, *piezômetro*. Consiste na inserção de um tubo transparente na canalização ou recipiente onde se quer medir a pressão.

O líquido subirá no tubo piezométrico a uma altura **h** correspondente à pressão interna (*Figura A-2.5-a*).

Nos piezômetros com mais de 1 cm de diâmetro, os efeitos da capilaridade são desprezíveis.

Um outro dispositivo é o *tubo em U*, aplicado, vantajosamente, para medir pressões muito pequenas ou demasiadamente grandes para os piezômetros (*Figura A-2.5-b*).

Para medir pequenas pressões, geralmente se empregam a água, tetracloreto de carbono, tetrabrometo de acetileno e benzina como líquidos indicadores, ao passo que o mercúrio é usado, de preferência, no caso de pressões elevadas.

No exemplo indicado (*Figura A-2.5-b*), as pressões absolutas seriam:

em A, p_a

em B, $p_a + \gamma' \times h$

em C, $p_a + \gamma' \times h$

em D, $p_a + \gamma' \times h - \gamma \times z$

onde

γ = peso específico do líquido em D;

γ' = peso específico do mercúrio ou do líquido indicador.

Para a determinação da diferença de pressão, empregam-se *manômetros diferenciais* (*Figura A-2.5-c*).

$$p_C = p_A + h_1 \times \gamma_1 + h_3 \times \gamma_3 = p_D = p_E + h_2 \times \gamma_2$$
$$\therefore \ p_E - p_A = h_1 \times \gamma_1 + h_3 \times \gamma_3 - h_2 \times \gamma_2$$

Para a medida de pressões pequenas pode-se empregar o manômetro de tubo inclinado, no qual se obtém uma escala ampliada de leitura (*Figura A-2.5-d*).

Na prática, empregam-se frequentemente manômetros metálicos (Bourdon) para a verificação e controle de pressões. As pressões indicadas geralmente são as locais e se denominam manométricas.

Não se deve esquecer essa condição, isto é, que os manômetros indicam valores relativos, referidos à pressão atmosférica do lugar onde são utilizados (pressões manométricas).

Assim, por exemplo, seja o caso de uma canalização em cujo ponto 1 (*Figura A-2.5-e*) a pressão medida iguala 15 m de coluna de água (valor positivo) em relação à pressão atmosférica ambiente. Se a pressão atmosférica no local corresponder a 9 m.c.a., a pressão absoluta naquela seção da canalização será de 24 m.c.a.

A pressão atmosférica normal ao nível do mar equivale a 10,33 m.c.a., sendo menor nos locais mais elevados. Por exemplo, na cidade de São Paulo, a cerca de 800 m de altitude, a pressão atmosférica local é aproximadamente igual a 9,5 m.c.a.

O ponto 2 (*Figura A-2.5-e*), situado no interior de um cilindro, está sob vácuo parcial.

A pressão relativa é inferior à atmosférica local e a indicação manométrica seria negativa. Entretanto, nesse ponto, a pressão absoluta é positiva, correspondendo a alguns metros de coluna de água.

As unidades usuais de pressão são as seguintes:

$$1 \text{ atm} \equiv 10,33 \text{ m.c.a.} \equiv 1 \text{ kgf/cm}^2 \equiv$$
$$\equiv 9,8 \times 10^4 \text{ N/m}^2 \equiv 0,098 \text{ MPa}$$
$$1 \text{ atm} \approx 10^5 \text{ N/m}^2 \approx 0,1 \text{ MPa}$$

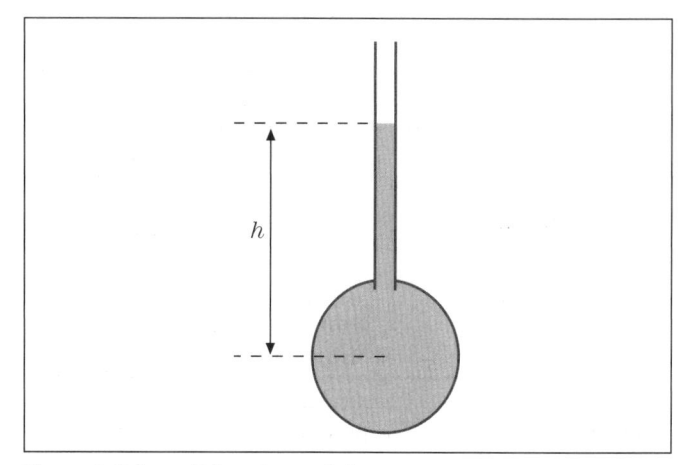

Figura A-2.5-a – Tubo piezométrico.

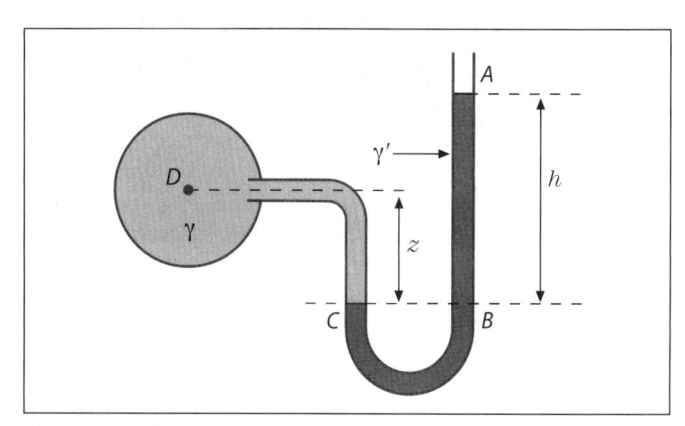

Figura A-2.5-b – Manômetro tubo em U.

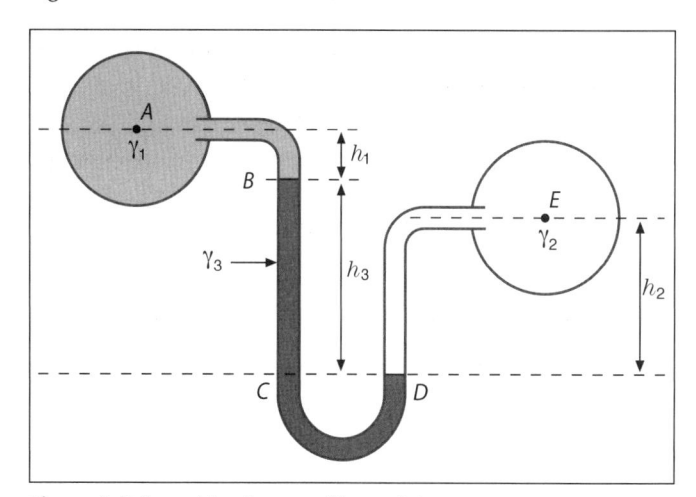

Figura A-2.5-c – Manômetro diferencial.

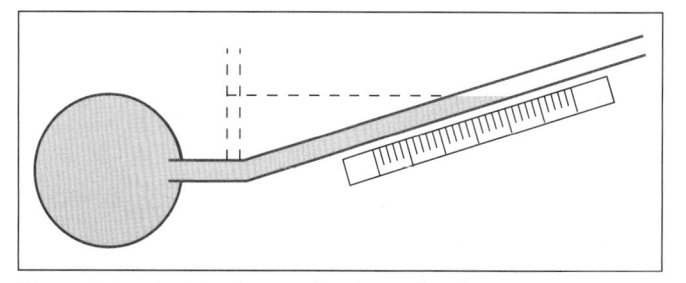

Figura A-2.5-d – Manômetro de tubo inclinado.

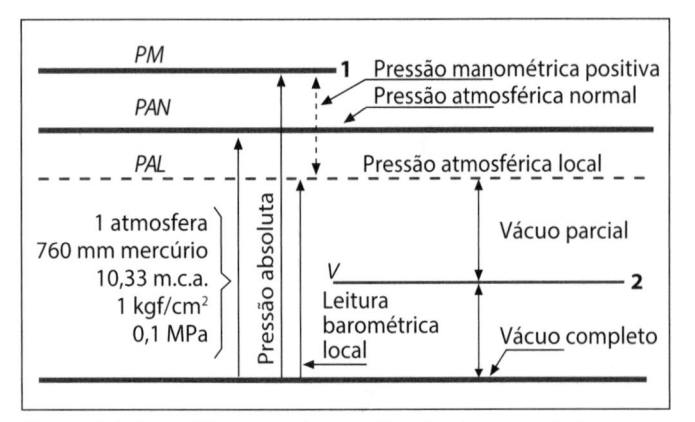

Figura A-2.5-e – Diagrama de pressões absolutas e relativas.

A-2.6 EMPUXO EXERCIDO POR UM LÍQUIDO SOBRE UMA SUPERFÍCIE PLANA IMERSA

Frequentemente, o engenheiro encontra problemas relativos ao projeto de estruturas que devem resistir às pressões exercidas por líquidos. Tais são os projetos de comportas, registros, barragens, tanques, canalizações etc.

O problema será investigado em duas partes (*A-2.6.1* e *A-2.6.2*).

A-2.6.1 Grandeza e direção do empuxo

A *Figura A-2.6.1-a* mostra uma área de forma irregular, situada em um plano que faz um ângulo θ com a superfície livre do líquido com peso específico γ.

Para a determinação do empuxo que atua em um dos lados da mencionada figura, essa área será subdividida em elementos dA, localizados à profundidade genérica h e a uma distância y da interseção 0.

A força agindo em dA será

$$dF = p \times dA = \gamma \times h \times dA = \gamma \times y \times \mathrm{sen}\theta \times dA$$

Cada uma das forças dF será normal à respectiva área.

A resultante ou o empuxo (total) sobre toda a área, também normal, será dado por

$$F = \int dF = \int_A \gamma \times y \times \mathrm{sen}\theta \times dA = \gamma \times \mathrm{sen}\theta \times \int_A y \times dA$$

$\int_A y \times dA$ é o momento da área em relação à interseção 0; portanto,

$$\int_A y \times dA = A \times \overline{y}$$

Expressão onde $\overline{y}$ é a distância do centro de gravidade da área até 0, e A a área total.

$$F = \gamma \times \overline{y} \times \mathrm{sen}\theta \times A$$

como

$$\overline{y} \times \mathrm{sen}\theta = \overline{h}$$
$$F = \gamma \times \overline{h} \times A \hspace{3cm} Equação\ (2.1)$$

O empuxo exercido sobre uma superfície plana imersa é uma grandeza tensorial perpendicular à superfície e é igual ao produto da área pela pressão relativa ao centro de gravidade da área.

A resultante das pressões não está aplicada no centro de gravidade CG da *Figura A-2.6.1-b*, porém um pouco abaixo, num ponto denominado centro de pressão (CP).

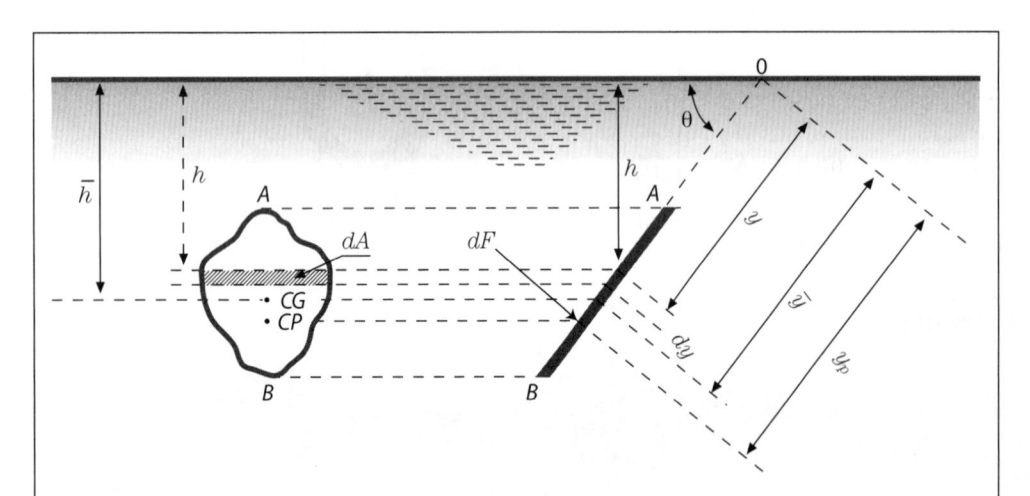

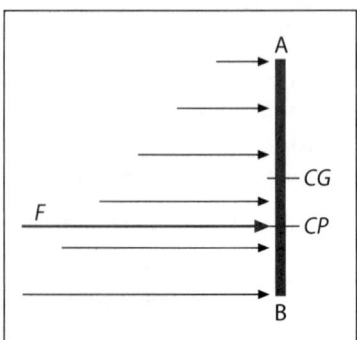

Figura A-2.6.1-b – Indicação do centro de gravidade (CG) e do centro de pressão (CP).

Figura A-2.6.1-a – Representação da força que um líquido exerce de um lado de uma superfície plana inclinada. (Atenção: o CG e o CP não estão obrigatoriamente em um mesmo eixo com A e B.)

A-2.6.2 Determinação do centro de pressão

A posição do centro de pressão pode ser determinada aplicando-se o teorema dos momentos, ou seja, o momento da resultante em relação à interseção 0 deve igualar-se aos momentos das forças elementares dF (*Figura A-2.6.2-a*).

$$F \times y_p = \int dF \times y$$

Na dedução anterior,

$$dF = \gamma \times y \times \mathrm{sen}\theta \times dA$$
$$F = \gamma \times \overline{y} \times \mathrm{sen}\theta \times A$$

Substituindo,

$$\gamma \times \overline{y} \times \mathrm{sen}\theta \times A \times y_p = \int_A \gamma \times y \times \mathrm{sen}\theta \times dA \times y$$

$$= \gamma \times \mathrm{sen}\theta \times \int_A y^2 \times dA$$

Logo,

$$y_p = \frac{\int_A y^2 \times dA}{A \times \overline{y}} = \frac{I}{A \times \overline{y}}$$

expressão em que I é o momento de inércia em relação ao eixo-interseção. Mais comumente, conhece-se o momento de inércia relativo ao eixo que passa pelo centro de gravidade, sendo conveniente a substituição.

$$I = I_0 + A \times \overline{y}^2 \text{ (teorema de Huygens)}$$

$$y_p = \frac{I_0 + A \times \overline{y}^2}{A \times \overline{y}} \therefore y_p = \overline{y} + \frac{I_0}{A \times \overline{y}} \qquad \textit{Equação (2.2)}$$

Como $I_0 / A = K^2$, quadrado do raio de giração (da área relativa ao eixo, passando pelo centro de gravidade), tem-se, ainda,

$$y_p = \overline{y} + \frac{K^2}{\overline{y}}$$

O centro de pressão está sempre abaixo do centro de gravidade e a uma distância igual a $K^2/\overline{y}$ medida no plano da área.

Na *Tabela A-2.6.2-a* estão indicadas as expressões correspondentes aos momentos de inércia das principais figuras.

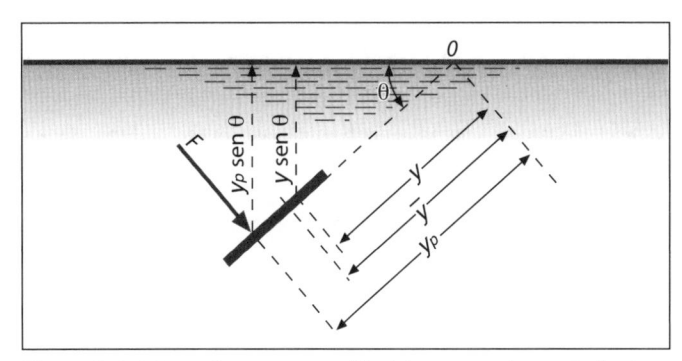

Figura A-2.6.2-a – Força que um líquido exerce de um lado de uma superfície plana inclinada.

A-2.7 APLICAÇÃO: CÁLCULO DE PEQUENOS MUROS DE RETENÇÃO E BARRAGENS

Seja, por exemplo, o pequeno paramento vertical de alvenaria de pedra (γ') e de forma retangular da *Figura A-2.7-a*, sujeito apenas a tombamento.

a) Cálculo do empuxo

$$F = \gamma_a \times \overline{y} \times A$$
$$F = c \times h \times \gamma_a \times \frac{h}{2} = \frac{c \times h^2 \times \gamma_a}{2}$$

b) Determinação do ponto de aplicação

$$y_p = \overline{y} + \frac{I_0}{A \times \overline{y}} = \frac{h}{2} + \frac{c \times h^3}{12 \times c \times h \times \frac{h}{2}} =$$

$$= \frac{h}{2} + \frac{h}{6} = \frac{4 \times h}{6} = \frac{2}{3} \times h$$

c) Dimensionamento do muro

O muro deve resistir ao empuxo da água. Como se trata de alvenaria que não deve trabalhar à tração, a resultante das forças F e P deve cair no terço médio da base ($\delta = (2/3) \times b$). Tomando os momentos com relação ao ponto 0,

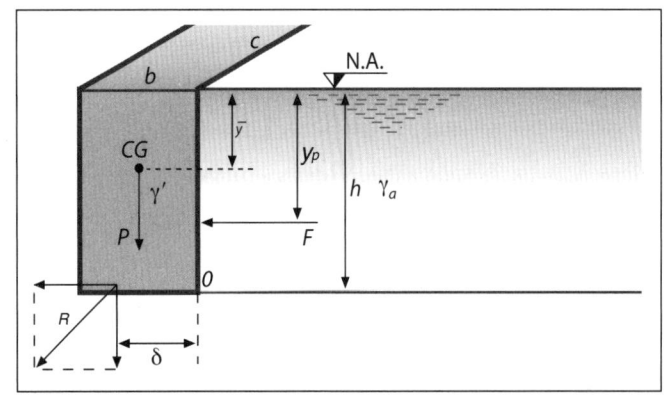

Figura A-2.7-a – Esforços em um muro de retenção.

Tabela A-2.6.2-a Momentos de inércia (I_0), Área (A) e centros de gravidade (CG) das principais figuras (*)

Tipo	Figura	I_0	A	CG
Retângulo		$\dfrac{1}{12} \times b \times d^3$	$b \times d$	$x = \dfrac{1}{2} \times b$ $y = \dfrac{1}{2} \times d$
Triângulo isósceles		$\dfrac{1}{36} \times b \times d^3$	$\dfrac{1}{2} \times b \times d$	$x = \dfrac{1}{2} \times b$ $y = \dfrac{1}{3} \times d$
Círculo		$\dfrac{\pi \times d^4}{64}$	$\dfrac{\pi \times d^2}{4}$	$x = y = \dfrac{d}{2}$
Semicírculo		$0{,}00686 \times d^4$	$\dfrac{\pi \times d^2}{8}$	$x = \dfrac{d}{2}$ $y = 0{,}4244 \times \dfrac{d}{2}$
Semicírculo		$\dfrac{\pi \times r^4}{8}$ eixo vertical	$\dfrac{\pi \times r^2}{2}$	$x = r$ $y = 0{,}4244 \times r$
Parábola		$\dfrac{b}{2} \times h^3$	$\dfrac{\pi \times b \times h}{4}$	$x = \dfrac{b}{2}$ $y = \dfrac{2}{5} \times h$
Meia parábola		$\dfrac{b \times h^3}{42}$	$\dfrac{b \times h}{6}$	$x = \dfrac{(3 \times b)}{8}$ $y = \dfrac{(3 \times h)}{10}$
Elipse		$\dfrac{\pi \times a^3 \times b}{4}$	$\pi \times a \times b$	$x = b$ $y = a$
Trapézio isósceles		$\dfrac{d^3}{36} \times \dfrac{B^2 + (4 \times B \times d) + b^2}{B + d}$	$\dfrac{B + b}{2} \times d$	$x = \dfrac{B + b}{4}$ $y = \dfrac{d \times (B + 2 \times b)}{3 \times (B + b)}$

(*) relativos aos eixos 0-0 ou A-B, indicados (eixos neutros)

$$P \times \frac{b}{2} + F \times \frac{h}{3} = M$$

$$P = b \times c \times h \times \gamma'$$

γ' = peso específico de alvenaria

$$F = \frac{c \times h^2 \times \gamma_a}{2}$$

γ_a= peso específico da água

$$M = \frac{b^2 \times c \times h \times \gamma'}{2} + \frac{c \times h^3 \times \gamma_a}{6} =$$

$$= \delta \times R = \frac{2}{3} \times b \times b \times c \times h \times \gamma'$$

$$\frac{b^2 \times \gamma'}{2} + \frac{h^2 \times \gamma_a}{6} = \frac{2}{3} \times b^2 \times \gamma'$$

$$\frac{2}{3} \times b^2 \times \gamma' - \frac{1}{2} \times b^2 \times \gamma' = \frac{h^2 \times \gamma_a}{6}$$

$$\frac{1}{6} \times b^2 \times \gamma' = \frac{h^2 \times \gamma_a}{6} \therefore b = \sqrt{\frac{h^2 \times \gamma_a}{\gamma'}} \qquad b = h \times \sqrt{\frac{\gamma_a}{\gamma'}}$$

A-2.8 EMPUXO SOBRE SUPERFÍCIES CURVAS

Nos casos práticos de Engenharia, quando se estuda o empuxo exercido sobre superfícies curvas, frequentemente é mais conveniente considerarem-se os componentes horizontais e verticais das forças. Consideremos, por exemplo, o caso da barragem indicada na *Figura A-2.8-a*. Geralmente, a equação da curva do paramento interno é desconhecida, pois se adota um perfil prático.

Nessas condições, é preferível considerarem-se as componentes F e W do empuxo (igual e de sentido contrário a R). Para isso, basta considerar o volume de líquido ACD. O peso W, aplicado no centro de gravidade de ACD, pode ser facilmente determinado.

O empuxo F, que age sobre AC, pode ser calculado pela expressão

$$F = \gamma \times \overline{h} \times A$$

onde A é a área.

A combinação dessas duas forças (F e W) pode ser obtida pelos princípios da Mecânica.

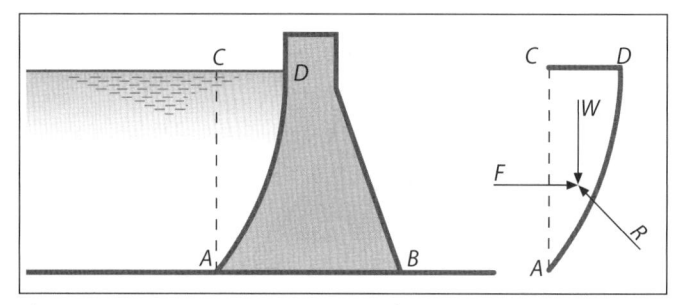

Figura A-2.8-a – Barragem com superfície curva.

Figura A-2.8-b – Vista geral da Usina Jupiá, do complexo do Urubupungá, no rio Paraná, próximo às cidades de Andrade e Três Lagoas, entre SP e MT. Inaugurada em 1968, tem potência instalada de 1.400 MW. Sua barragem tem 5.495 m de comprimento, 43 m de altura e seu reservatório 330 km² de área inundada. Conta com 14 turbinas tipo Kaplan, cada uma com aproximadamente 100 MW de potência e 400 m³/s de engolimento nominal e o vertedor para 50.000 m³/s (Centrais Elétricas de São Paulo – CESP. Bib. M175).

Figura A-2.8-c – Vertedor e casa de força da usina de Xavantes, no Rio Paranapanema, entre SP e PR. Inaugurada em 1970 e tem potência instalada de 414 MW. Sua barragem tem 92 m de altura e 500 m de comprimento e o reservatório tem área inundada de 430 km². Possui 4 turbinas tipo Francis eixo vertical com 162 m³/s de engolimento nominal e cerca de 100 MW de potência cada uma (Centrais Elétricas de São Paulo – CESP. Bib. M175).

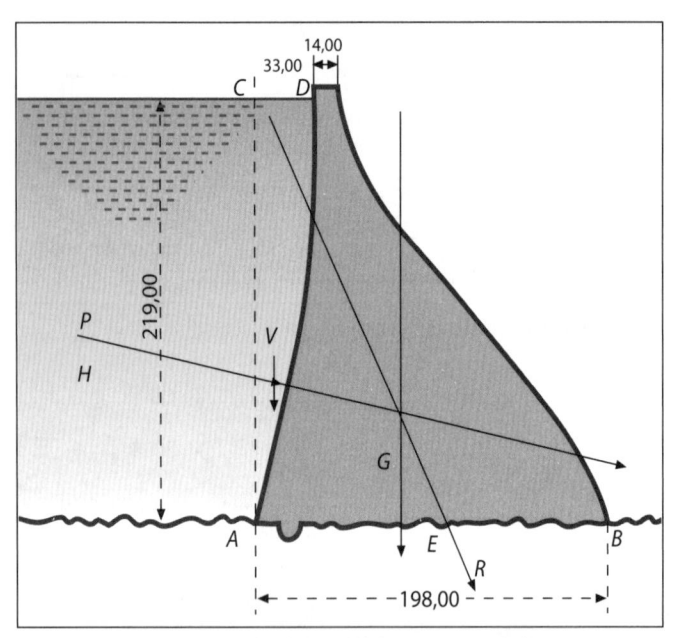

Figura A-2.8-d – Exemplo de perfil de uma grande barragem com a composição das forças, usando as dimensões e a forma aproximada da Barragem de Boulder (Colorado River, USA). Dimensões em metros.

Exercício A-2-a

Qual o empuxo exercido pela água em uma comporta vertical, de 3 × 4 m, cujo topo se encontra a 5 m de profundidade? *Figura A-2-a.*

Solução:

$\gamma_a = 9,8 \times 10^3$ N/m^3 (água)

$F = \gamma \times \bar{h} \times A$

$F = 9,8 \times 10^3 \times 6,5 \times 12 = 764.400$ N

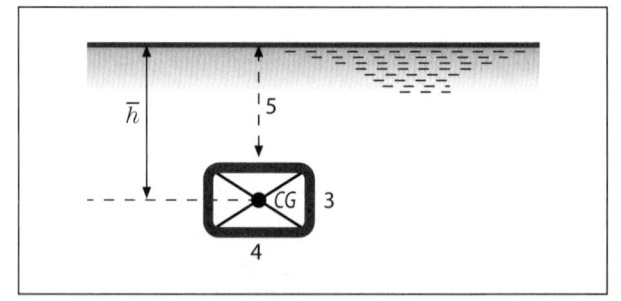

Figura A-2-a

Exercício A-2-b

Determinar a posição do centro de pressão para o caso da comporta indicada no exercício *A-2-a* (*Figura A-2-a*).

Solução:

$y_p = \bar{y} + \dfrac{I_0}{A \times \bar{y}}$

Da *Tabela A-2.6.2-a*

$I_0 = \dfrac{b \times d^3}{12}$

Logo,

$y_p = 6,50 + \dfrac{\frac{1}{12} \times 4 \times 3^3}{3 \times 4 \times 6,5} = 6,50 + \dfrac{9}{78} = 6,515$ m

Exercício A-2-c

Numa barragem de concreto está instalada uma comporta circular de ferro fundido com 0,20 m de raio, à profundidade indicada (*Figura A-2-c*). Calcular a força sobre a comporta.

Solução:

$F = \gamma_a \times \bar{h} \times A$;

$\gamma_a = 1.000$ kgf/m^3;

$\bar{h} = 4,20$;

$A = \pi \times 0,20^2 = 0,1257$ m^2;

$F = 1.000 \times 4,20 \times 0,1257 = 528$ kgf $\equiv 5.172$ N.

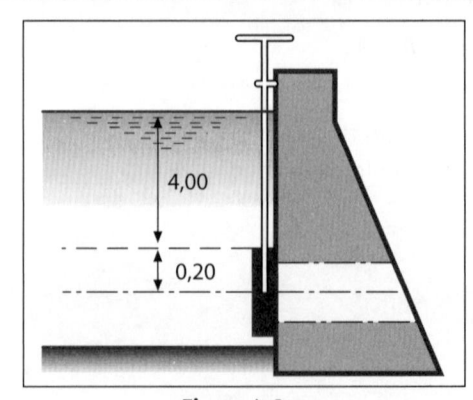

Figura A-2-c

Exercício A-2-d

Uma caixa de água de 800 litros mede $1{,}00 \times 1{,}00 \times 0{,}80$ m. Determinar o empuxo que atua em uma de suas paredes laterais e o seu ponto de aplicação (*Figura A-2-d*).

Solução:

$$F = \gamma_a \times \bar{h} \times A = 10^3 \times 0{,}40 \times 1{,}00 \times 0{,}80 = 320 \text{ kgf} = 3.136 \text{ N}$$

$$y_p = \bar{y} + \frac{I_0}{A \times \bar{y}}$$

onde $\bar{y} = 0{,}40$ m, $b = 1{,}00$ m e $d = 0{,}80$ m.

Logo,

$$y_p = 0{,}40 + \frac{\frac{1}{12} \times b \times d^3}{b \times d \times 0{,}40} = 0{,}40 + \frac{1 \times 1{,}00 \times 0{,}80^3}{12 \times 0{,}80 \times 0{,}40 \times 1{,}00} =$$

$$= 0{,}40 + \frac{0{,}512}{3{,}840} = 0{,}533 \text{ m}$$

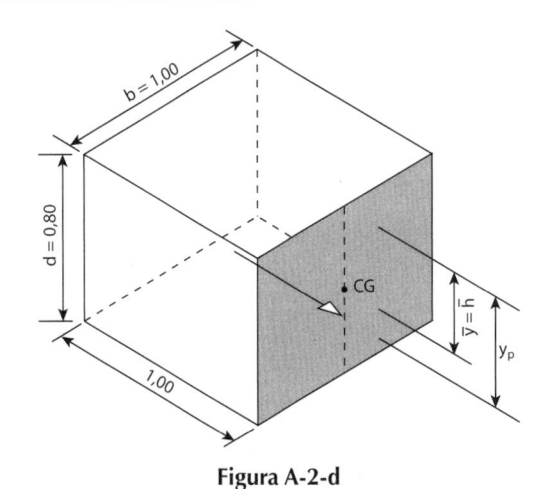

Figura A-2-d

Exercício A-2-e

Cálculo de uma pequena barragem de concreto simples com seção triangular.

a) Cálculo do empuxo

Solução:

$$F = h \times c \times \frac{\gamma_a \times h}{2} = \frac{h^2 \times \gamma_a \times c}{2} \quad \left(\begin{array}{l} \gamma_a = \text{peso específico} \\ \text{da água} \end{array} \right)$$

b) Determinação do ponto de aplicação

Solução:

$$y_p = \bar{y} + \frac{I_0}{A \times \bar{y}} = \frac{h}{2} + \frac{c \times h^3}{12 \times c \times h \times \frac{h}{2}} = \frac{h}{2} + \frac{h}{6} = \frac{2}{3} \times h$$

c) Peso do muro

Solução:

$$P = b \times \frac{h}{2} \times c \times \gamma' \quad \left(\begin{array}{l} \gamma' = \text{peso específico do concreto} \\ \text{simples ou alvenaria de pedra ou} \\ \text{concreto ciclópico} \end{array} \right)$$

d) Dimensionamento do muro.

Solução:

Para não haver esforços de tração na alvenaria, a resultante R deverá cair no terço médio, isto é, no máximo em B (*Figuras A-2-e(1)* e *(2)*).

Do triângulo de forças, tem-se

$$\left(AB = \frac{b}{3} \right); \quad F = BD; \quad P = CGD.$$

Como

$$\left(\overline{BD} = \frac{b}{3} \right) \quad \left(\overline{DO} = \frac{b}{3} \right) \text{ e}$$

$$\overline{CGD} = \frac{h}{3} \quad \text{(CG do triângulo)}$$

$$\frac{F}{P} = \frac{b}{h} \quad \text{ou} \quad P \times b = F \times h$$

Portanto, substituindo-se os valores de P e F

$$b \times b \times \frac{h}{2} \times c \times \gamma' = \frac{h^2 \times \gamma_a \times c}{2} \times h$$

$$b^2 = \frac{h^2 \times \gamma_a}{\gamma'} \therefore b = h \times \sqrt{\frac{\gamma_a}{\gamma'}}$$

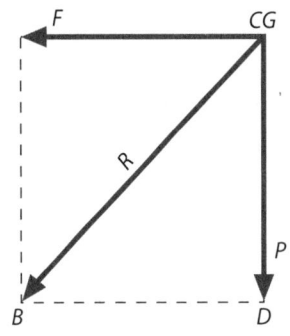

Figura A-2-e(1)

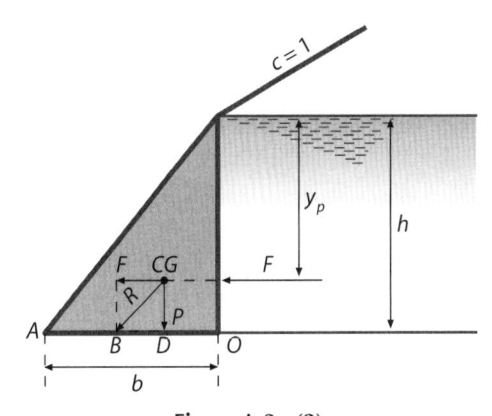

Figura A-2-e(2)

Exercício A-2-f

Numa fazenda deseja-se construir uma pequena barragem retangular de pedra, assentada sobre rocha. Altura da barragem e profundidade da água: 1,20 m. Determinar a espessura de modo a satisfazer as condições de estabilidade.

$$b = h \times \sqrt{\frac{\gamma_a}{\gamma'}}$$

Solução:

$\gamma' = 2.250$ kgf/m^3 (alvenaria de pedra)

$$b = 120 \times \sqrt{\frac{1.000}{2.250}} = 1,20 \times \sqrt{0,44} = 1,20 \times 0,66 = 0,80 \text{ m}$$

Exercício A-2-g

Deseja-se executar uma pequena barragem de concreto simples sobre uma camada de rocha. Calcular a largura mínima da base para que a barragem resista pelo seu próprio peso ao tombamento devido ao empuxo da água. Altura da barragem e profundidade da água: 1,30 m.

Solução:

Conforme calculado no *Exercício A-2-e*:

$$b = h \times \sqrt{\frac{\gamma_a}{\gamma'}} = 1,30 \times \sqrt{\frac{1.000}{2.400}} = 1,30 \times \sqrt{0,42} = 0,84 \text{ m}$$

Exercício A-2-h

Na seção mostrada na *Figura A-2-h*, efetuar o cálculo de B' mínimo sem esforços de tração. (γ' = peso específico do material do muro; γ_a = peso específico da água)

$EC = h$, $EB = H$.

Solução:

Procedendo de forma semelhante ao que foi visto no *Exercício A-2-e*, tem-se

$$B' = \beta \times H \times \sqrt{\frac{\gamma_a}{\gamma'}}$$

sendo que os valores de β são fixados da seguinte forma:

$$p = \frac{h}{H}, \quad 0 \le p \le 1; \quad n = \frac{b}{h} \times \sqrt{\frac{\gamma'}{\gamma_a}}$$

com $n \ge 1$ para que seja

$$b \ge h \times \sqrt{\frac{\gamma_a}{\gamma'}} \quad \begin{pmatrix} \text{condição para} \\ \text{estabilidade da cabeça} \end{pmatrix}$$

$$a = \frac{b}{B'}, \quad 0 \le a \le 1, \quad (0 \le b \le B')$$

CASO A) $0 < p < 1$

$$\beta = \frac{-n \times p \times (1 + 3 \times p) + \sqrt{n^2 \times p^2 \times \left(p^2 + 10 \times p + 5\right) + 4 \times (1 - p)}}{2 \times (1 - p)}$$

onde o produto $b \times p \le 1$ (para que $n \le B'$).

Daí resulta a *Tabela A-2-h(1)*.

CASO B) $p = 0$, isto é, $h = 0$

$$\beta = \frac{1}{\sqrt{-a^2 + a + 1}}$$

Dessa relação, resulta a *Tabela A-2-h(2)*.

CASO C) $p = 1$, isto é, $h = H$

$\beta = 1$ e $b = B'$ (seção retangular)

Conclusão: Observando os diversos casos para cálculo de β, pode-se concluir que, considerando $\beta = 1$, o erro introduzido é pequeno e o cálculo de β (mínimo) é feito a favor da segurança. Daí a fórmula para o cálculo da largura da base de pequenos muros (sejam quaisquer as formas das seções) resulta:

$$B' = H \times \sqrt{\frac{\gamma_a}{\gamma'}}$$

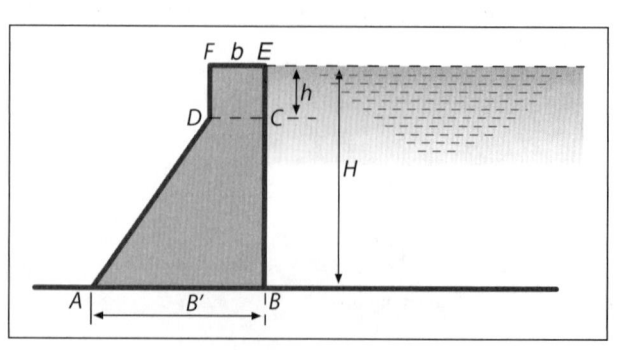

Figura A-2-h

Exercício A-2-h (continuação)

Tabela A-2-h(1) Valores de β para os seguintes valores de p

n	0,1	0,2	0,3	0,4	0,5	0,6	0,7	0,8	0,9
1,0	0,990	0,966	0,934	0,905	0,886	0,881	0,892	0,917	0,954
1,1	0,985	0,956	0,922	0,895	0,883	0,888	0,910	0,947	0,995
1,2	0,980	0,946	0,912	0,889	0,885	0,900	0,933	0,981	-
1,3	0,974	0,938	0,904	0,886	0,891	0,916	0,960	-	-
1,4	0,970	0,930	0,898	0,886	0,899	0,936	0,990	-	-
1,5	0,965	0,923	0,894	0,889	0,911	0,958	-	-	-

Tabela A-2-h(2)

a	0,0	0,1	0,2	0,3	0,4	0,5	0,6	0,7	0,8	0,9	1,0
β	1,000	0,958	0,929	0,909	0,898	0,894	0,898	0,909	0,929	0,958	1,000

Exercício A-2-i

Um segmento parabólico ACD de base $2 \times b$ e de altura a está imerso em água, em posição vertical, coincidindo a sua base com a superfície SS' do líquido. Determinar o empuxo e o centro de pressão.

Solução:

$BD \perp AC; \qquad AC = 2 \times b; \qquad BD = a.$

Considere-se uma faixa de espessura fina elementar dx, comprimento LN e área dA. Fazendo $DM = x$, LN estará a uma profundidade $a-x$.

$dA = (LN) \times dx$

De acordo com uma das propriedades da parábola,

$$\frac{\overline{LN}^2}{\overline{AC}^2} = \frac{DM}{DB} \therefore \overline{LN}^2 = \frac{\overline{AC}^2 \times DM}{DB} = \frac{4 \times b^2 \times x}{a},$$

$$LN = \frac{2 \times b \times \sqrt{x}}{\sqrt{a}}, \quad dA = \frac{2 \times b \times \sqrt{x}}{\sqrt{a}} \times dx, \quad F = \gamma_a \times \int h \times dA,$$

$$F = \gamma_a \times \int_0^a \frac{2 \times b}{\sqrt{a}} \times (a-x) \times \sqrt{x} \times dx = \frac{8}{15} \times \gamma_a \times b \times a^2$$

O centro de pressão encontra-se a uma profundidade y_p.

$$F \times y_P = \gamma_a \times \int_D^a \frac{2 \times b}{\sqrt{a}} \times (a-x)^2 \times \sqrt{x} \times dx = \frac{32 \times \gamma_a \times b \times a^3}{105}$$

Como

$$F = \frac{8}{15} \times \gamma_a \times b \times a^2, \quad y_p = \frac{4}{7} \times a$$

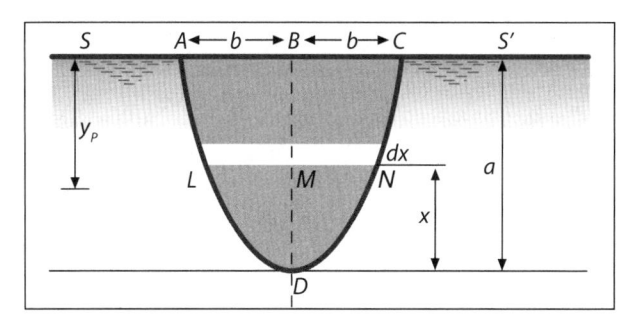

Figura A-2-i

Exercício A-2-j

Uma barragem com 4 m de altura e 10 m de extensão (L) apresenta um perfil parabólico a montante. Calcular a resultante da ação das águas.

"S" é o centro de gravidade de $\overline{ACD}$, pela *Equação (2.1)*.

CG semiparábola $\begin{cases} P = \text{centro de pressão} \\ S = \text{centro de gravidade figura } ACD \end{cases}$

Solução:

$P_x = \gamma_a \times \overline{h} \times A = 1.000 \times 2 \times 4 \times 10 = 80.000 \text{ kgf;}$

$P_y = \gamma_a \times A_{ACD} \times L = 1.000 \times \dfrac{2}{3} \times (4 \times 1,5) \times 10 = 40.000 \text{ kgf;}$

$R = \sqrt{40.000^2 + 80.000^2} = 89.400 \text{ kgf;}$

$y_p = \dfrac{2}{3} \times 4,00 = 2,67 \text{ m;}$

$x_0 = \dfrac{5}{8} \times \overline{DC} = \dfrac{5}{8} \times 1,50 = 0,94 \text{ m;}$

$y_0 = 0,4 \times 4 = 1,60 \text{ m.}$

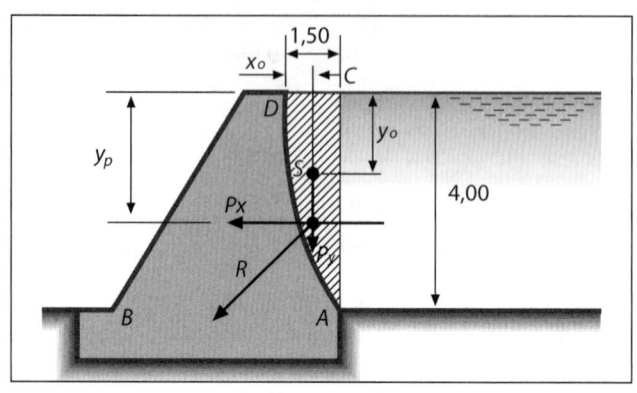

Figura A-2-j

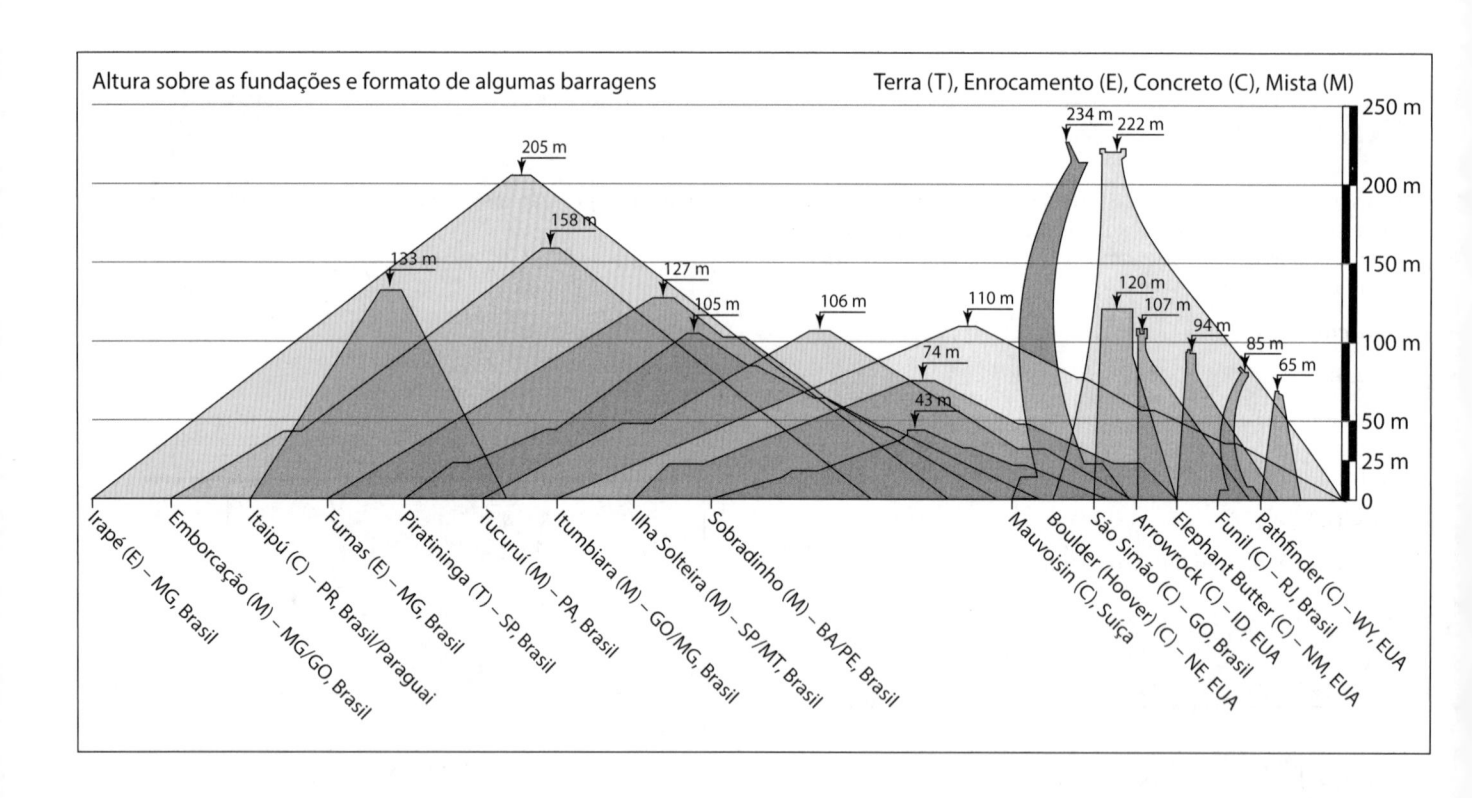

Equilíbrio dos Corpos Flutuantes

Equilíbrio dos Corpos Flutuantes

"Um corpo imerso em um fluido sofre uma força de baixo para cima, denominada empuxo, igual ao peso do volume do fluido deslocado. Quando o 'empuxo' é maior que o peso do corpo, este flutua." *Arquimedes* (287 a.C.)

A-3.1 CORPOS FLUTUANTES – CARENA

Corpos flutuantes são aqueles cujos pesos são inferiores aos pesos dos volumes de líquido que eles podem deslocar. Pelo teorema de Arquimedes, eles sofrem um impulso igual e de sentido contrário ao peso do líquido deslocado, permanecendo na superfície líquida.

Em outras palavras, para que um corpo flutue, sua densidade aparente média deve ser menor que a do líquido: *o peso total do corpo iguala-se ao volume submerso multiplicado pelo peso específico do líquido.*

Chama-se *carena* ou *querena* à porção imersa do flutuante.

O centro de gravidade da parte submersa, que se denomina *centro de carena* (C), é o ponto de aplicação do empuxo.

Nos navios, geralmente C encontra-se de 20 a 40% do calado (medido do NA para a quilha).

Define-se calado como sendo a distância entre a quilha do navio e a linha de flutuação h (*Figura A-3.1-a*).

A-3.2 EQUILÍBRIO ESTÁVEL

Diz-se que um corpo está em *equilíbrio estável* quando qualquer mudança de posição, por menor que seja, introduz forças ou momentos tendentes a fazer o corpo retornar à sua posição primitiva.

O equilíbrio sempre será estável no caso dos corpos flutuantes cujo centro de gravidade (G) ficar abaixo do centro de carena, o que pode acontecer no caso de corpos tarados, lastreados ou não homogêneos.

Entretanto, o equilíbrio estável não se verifica apenas no caso indicado, havendo ainda outras condições de equilíbrio estável, mesmo com o centro de gravidade acima do centro de carena.

Se, em consequência de uma ação qualquer (ventos, vagas etc.), o flutuante sofrer uma pequena oscilação, o centro de carena também se deslocará; pois, embora o volume da parte submersa do corpo permaneça o mesmo, a sua forma variará mudando o seu centro de gravidade – os volumes AA'O e BB'O (*Figura A-3.1-a*) se equivalem.

Supondo-se que o corpo tenha sofrido uma oscilação de ângulo θ, o centro de carena deslocar-se-á de C para C'. A vertical que passa por C' interceptará a linha primitiva (linha de centro) em um ponto M. Para valores pequenos de θ, M é denominado *metacentro*.

O ponto M representa o limite acima do qual G não deve passar (daí a sua denominação, pois significa meta = limite). O metacentro é o centro de curvatura da trajetória de C no momento em que o corpo começa a girar.

Podem ser consideradas três classes de equilíbrio para os corpos flutuantes:

a) *Equilíbrio estável.* Quando M está acima do centro de gravidade G. Nessas condições, qualquer oscilação provocada por força externa estabelece o binário peso-empuxo, que atuará no sentido de fazer o flutuante retornar à posição primitiva;

b) *Equilíbrio instável.* Quando M está abaixo de G, sistema instável de forças;

c) *Equilíbrio indiferente.* No caso em que o metacentro coincide com o centro de gravidade do corpo.

A-3.3 POSIÇÃO DO METACENTRO

Para ângulos pequenos (até cerca de 15°), a posição de M varia pouco, sendo a sua distância MG praticamente constante.

A altura *metacêntrica* é, pois, uma medida de estabilidade, constituindo uma importante característica de qualquer embarcação ou estrutura flutuante.

Valores muito altos da altura metacêntrica não são desejáveis, porque correspondem à oscilação muito rápida das embarcações e estruturas flutuantes (períodos curtos de balanço). Em navios, esse movimento rápido, além de trazer condições de desconforto, pode prejudicar as estruturas.

Por outro lado, valores muito baixos de MG devem ser evitados, uma vez que pequenos erros na distribuição de cargas ou a presença de água nas embarcações podem provocar condições de instabilidade.

Na prática, a altura metacêntrica geralmente é mantida entre 0,30 a 1,20 m.

Alguns valores práticos da altura metacêntrica (m):

Transatlânticos (passageiros)	0,30 a 0,60
Torpedeiros	0,40 a 0,60
Cruzadores	0,80 a 1,20
Iates e veleiros	0,90 a 1,20

A posição do metacentro pode ser determinada pela expressão aproximada de Duhamel:

$$\overline{MC} = \frac{I}{V}$$

onde

I = momento de inércia da área que a superfície livre do líquido intercepta no flutuante (superfície de flutuação), sendo relativo ao eixo de inclinação (eixo sobre o qual se supõe que o corpo possa virar);

V = volume de carena (porção imersa).

Para que o equilíbrio de um flutuante seja estável, é preciso que $\overline{MC} > \overline{CG}$.

Além do metacentro considerado na seção transversal, há o metacentro no sentido do comprimento, de menos importância, cuja determinação é análoga.

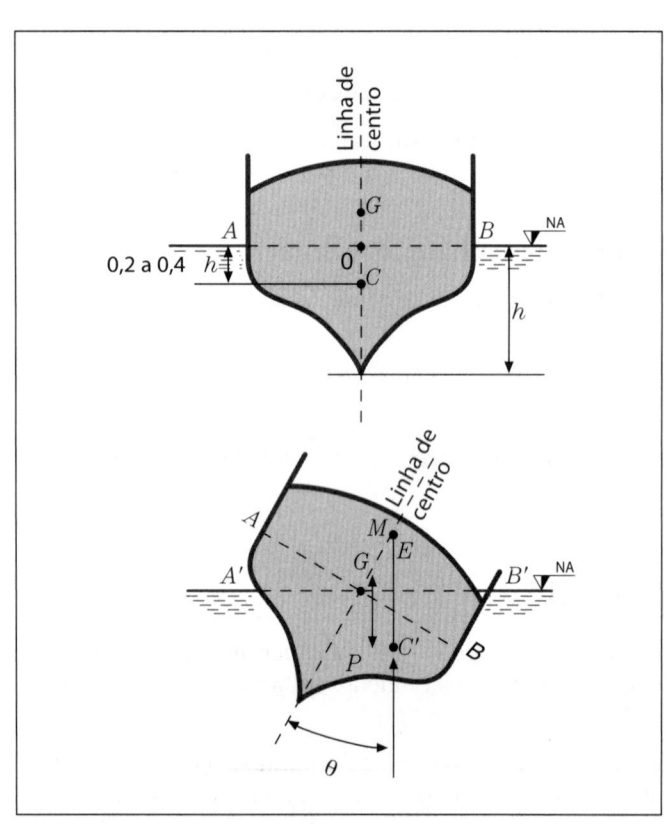

Figura A-3.1-a – Seção transversal de embarcação tipo.

Exercício A-3-a

Seja um prisma retangular de madeira com as dimensões indicadas na *Figura A-3-a,* de densidade 0,82. Pergunta-se se o prisma flutuará ou não, em condições estáveis, na posição mostrada na figura.

Solução:

Calcula-se o volume de carena,

$V = 0,20 \times 0,16\,z$

Da mesma forma, o peso do prisma,

$P = 0,20 \times 0,16 \times 0,28 \times 0,82$

$V \times 1,00 = P,$

$1,00 \times 0,20 \times 0,16\,z = 0,20 \times 0,16 \times 0,28 \times 0,82$

Logo,

$z = 0,28 \times 0,82 = 0,2296$

$\overline{CG} = \dfrac{h}{2} - \dfrac{z}{2} = \dfrac{h-z}{2} = \dfrac{0,28 - 0,2296}{2} = 0,0252$ m;

$I = \dfrac{1}{12} \times b \times d^3 = \dfrac{1}{12} \times 0,20 \times 0,16^3;$

$\overline{MC} = \dfrac{I}{V} = \dfrac{0,20 \times 0,16^3}{12 \times 0,20 \times 0,16 \times 0,2296} = 0,0093$ m.

Portanto

$\overline{MC} < \overline{CG}$

Desse modo o corpo não flutuará em condições estáveis na posição indicada. O prisma tombará, passando para uma posição estável (base $0,20 \times 0,28$ e altura 0,16).

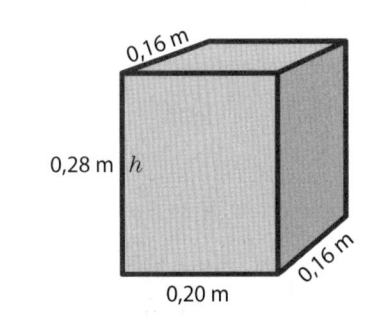

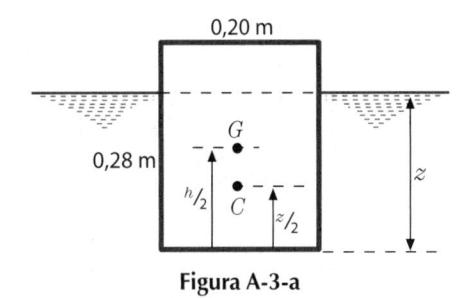

Figura A-3-a

Exercício A-3-b

Considere-se um pequeno bote, com uma pessoa e um paralelepípedo de granito, flutuando dentro de uma pequena piscina isolada. Chame-se esse arranjo de situação S1 (*Figura A-3-b(1)*).

Marque o nível da água MNAP1 na parede da piscina e marque um MNAB1 no costado do pequeno bote.

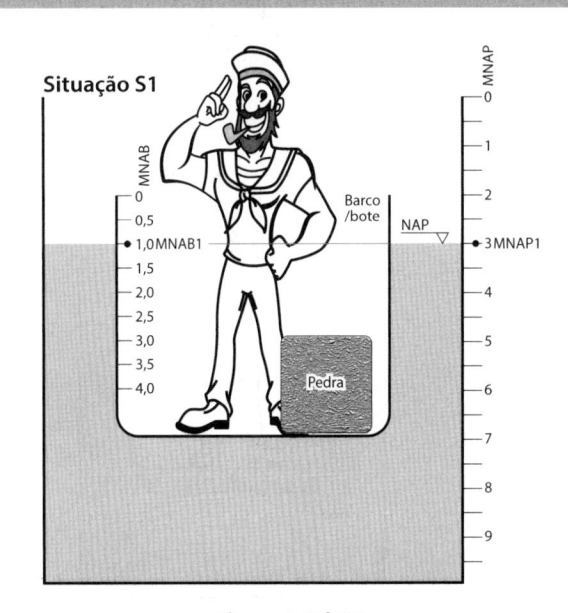

Figura A-3-b(1)

Exercício A-3-b (continuação)

Então, considere-se que a pessoa no interior do bote jogou o paralelepípedo na água e que, este sendo de granito, foi ao fundo. Chame-se este arranjo: piscina, água, bote com a pessoa dentro do bote e o granito no fundo, de situação S2.

Volte a marcar o nível da água nos dois referenciais: parede da piscina e costado do bote, desta vez chamando as marcas de MNAP2 e de MNAB2.

Responda: entre as duas situações S1 e S2:

Primeiro:
a) MNAP1 está acima de MNAP2.
b) MNAP1 está abaixo de MNAP2.
c) MNAP1 está na mesma altura que MNAP2.

Por quê?

Segundo:
d) MNAB1 está acima de MNAB2.
e) MNAB1 está abaixo de MNAB2.
f) MNAB1 está na mesma altura que MNAP2.

Por quê?

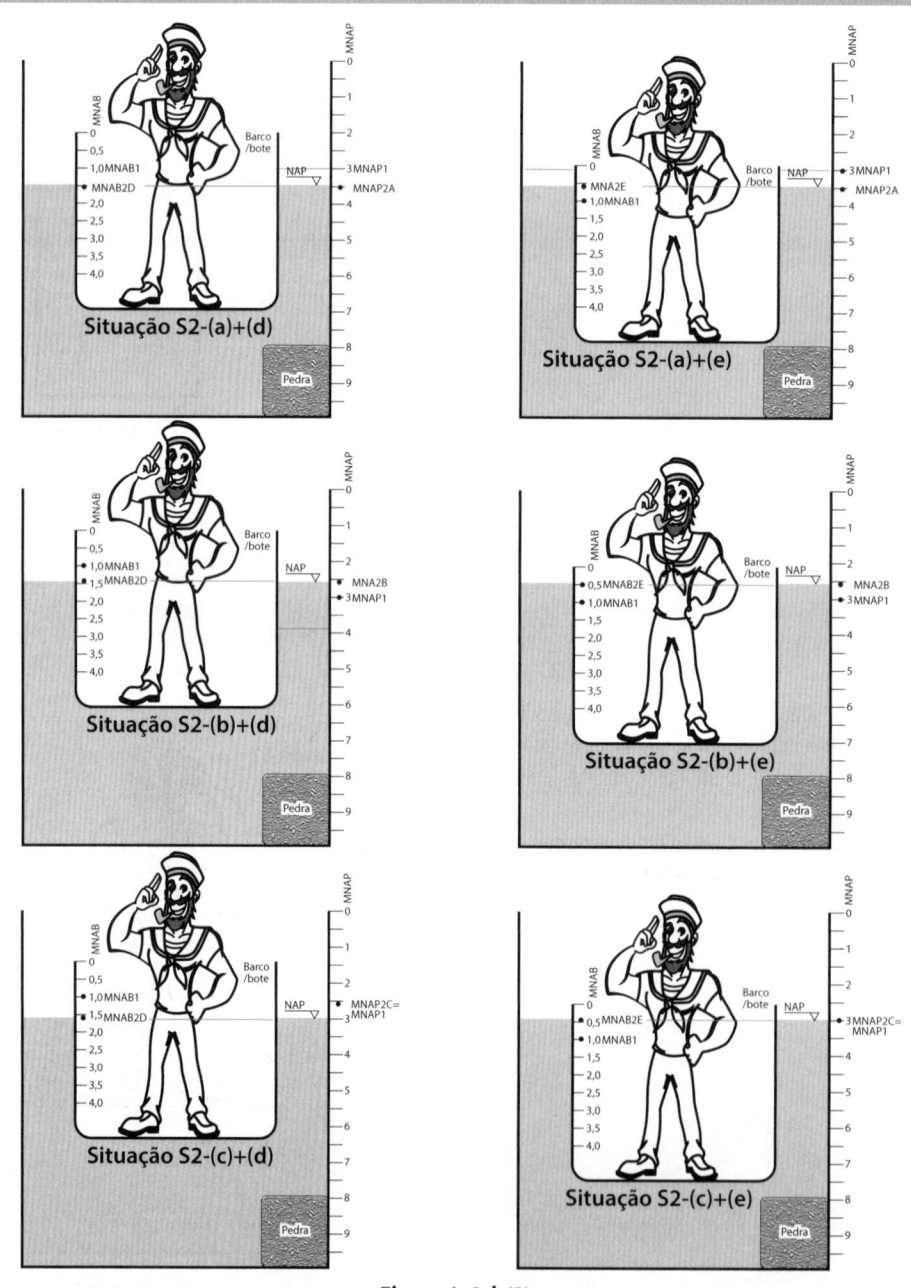

Figura A-3-b(2)

Hidrodinâmica

Princípios Gerais do Escoamento dos Fluidos. Teorema da Energia de Bernoulli

Hidrodinâmica
Princípios Gerais do Escoamento dos Fluidos. Teorema da Energia de Bernoulli

A-4.1 ESCOAMENTO DOS FLUIDOS PERFEITOS

A Hidrodinâmica tem por objeto o estudo do movimento dos fluidos.

Consideremos um fluido perfeito em movimento, referindo as diversas posições dos seus pontos a um sistema de eixos ortogonais $0x$, $0y$, $0z$.

O movimento desse fluido ficará perfeitamente determinado se, em qualquer instante t, forem conhecidas a grandeza e a direção da velocidade v relativa a qualquer ponto ou, então, o que vem a ser o mesmo, se forem conhecidas as componentes v_x, v_y, v_z, dessa velocidade, segundo os três eixos considerados.

Além disso, há a considerar os valores da pressão p e da massa específica ρ, que caracterizam as condições do fluido em cada ponto considerado.

O problema relativo ao escoamento dos fluidos perfeitos comporta, portanto, cinco incógnitas, v_x, v_y, v_z, p e ρ, que são funções de quatro variáveis independentes, x, y, z e t. A resolução do problema exige, pois, um sistema de cinco equações.

As cinco equações necessárias compreendem: as três equações gerais do movimento, relativas a cada um dos três eixos; a equação da continuidade, que exprime a lei de conservação das massas; e uma equação complementar, que leva em conta a natureza do fluido.

São dois os métodos gerais para a solução desse problema: o método de Lagrange, que consiste em acompanhar as partículas em movimento ao longo das suas trajetórias, e o de Euler, que estuda, no decorrer do tempo e em determinado ponto, a variação das grandezas mencionadas.

O método de Euler é o adotado neste manual, por nos parecer mais simples e cômodo.

A-4.2 VAZÃO OU DESCARGA

Chama-se vazão ou descarga, numa determinada seção transversal ao fluxo, o volume de líquido que atravessa essa seção na unidade de tempo.

Na prática a vazão é expressa em m³/s ou em outras unidades múltiplas ou submúltiplas. Assim, para o cálculo de canalizações, é comum empregarem-se litros por segundo; os perfuradores de poços e fornecedores de bombas costumam usar litros por hora. Neste livro será usado litros por segundo ou metro cúbico por segundo.

A-4.3 CLASSIFICAÇÃO DOS MOVIMENTOS

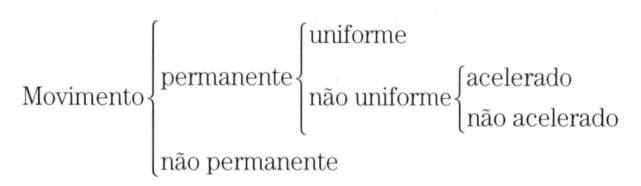

Movimento *permanente* é aquele cujas características (força, velocidade, pressão) são função exclusiva do ponto e independem do tempo. Com o movimento permanente, a vazão é constante em um ponto da corrente.

As características do movimento *não permanente*, além de mudarem de ponto para ponto, variam de instante em instante, isto é, são função do tempo.

A classificação de movimentos está ilustrada na *Figura A-4.3-a*.

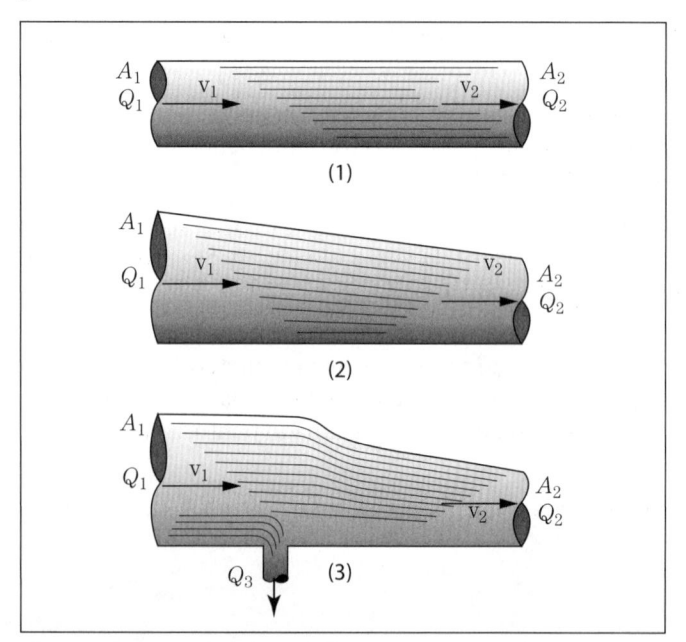

Figura A-4.3-a – Classificação de movimentos de fluidos.
(1) Uniforme $Q_1 = Q_2$: $A_1 = A_2$; $v_1 = v_2$.
(2) Acelerado $Q_1 = Q_2$: $A_1 \neq A_2$; $v_1 \neq v_2$.
(3) Não permanente $Q_1 \neq Q_2$: $A_1 \neq A_2$; $v_1 \neq v_2$.

O movimento permanente é *uniforme* quando a velocidade média permanece constante ao longo da corrente. Nesse caso, as seções transversais da corrente são iguais. No caso contrário, o movimento permanente pode ser *acelerado* ou *retardado*.

Um rio pode servir para ilustração. Há trechos regulares em que o movimento pode ser considerado permanente e uniforme. Em outros trechos (estreitos, corredeiras etc.), o movimento, embora permanente (vazão constante), passa a ser acelerado. Durante as enchentes ocorre o movimento não permanente: a vazão altera-se.

A-4.4 REGIMES DE ESCOAMENTO

A observação dos líquidos em movimento leva-nos a distinguir dois tipos de movimento (*Figura A-4.4-a*):

a) regime laminar (tranquilo ou lamelar);
b) regime turbulento (agitado ou hidráulico).

Com o regime laminar, as trajetórias das partículas em movimento são bem definidas e não se cruzam.

O regime turbulento caracteriza-se pelo movimento desordenado das partículas.

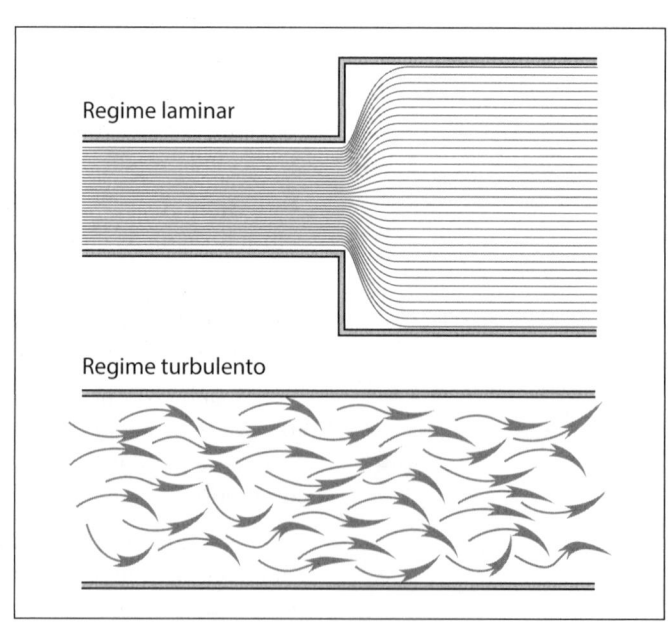

Figura A-4.4-a – Regimes de escoamento.

A-4.5 LINHAS E TUBOS DE CORRENTE

Em um líquido em movimento, consideram-se linhas de corrente as linhas orientadas segundo a velocidade do líquido e que gozam da propriedade de não serem atravessadas por partículas do fluido.

Em cada ponto de uma corrente passa, em cada instante t, uma partícula de fluido, animada de uma velocidade v. As linhas de corrente são, pois, as curvas que, no mesmo instante t considerado, mantêm-se tangentes em todos os pontos à velocidade v. Pelo próprio conceito, essas curvas não podem cortar-se.

Admitindo que o campo de velocidade v seja contínuo, pode-se considerar um *tubo de corrente* como uma figura imaginária, limitada por linhas de corrente (*Figura A-4.5-a*).

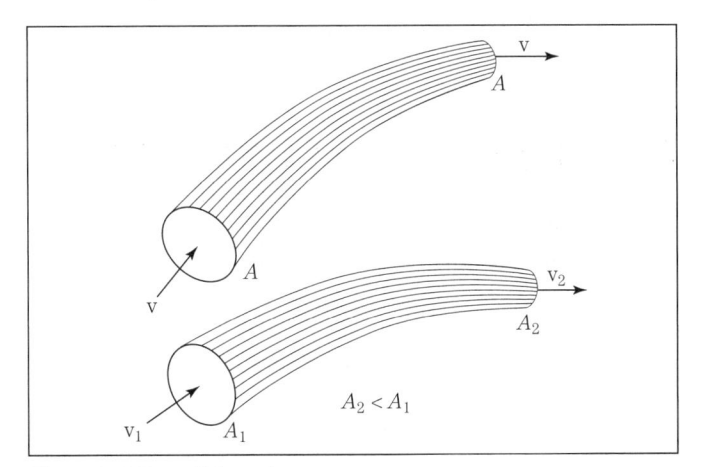

Figura A-4.5-a – Tubos de corrente.

Os tubos de corrente, sendo formados por linhas de corrente, gozam da propriedade de não poderem ser atravessados por partículas de fluido: as suas paredes podem ser consideradas impermeáveis.

Um tubo de corrente, cujas dimensões transversais sejam infinitesimais, constitui o que se chama filete de corrente ou "filete fluido".

Esses conceitos são de grande utilidade no estudo do escoamento de líquidos.

A-4.6 EQUAÇÕES GERAIS DO MOVIMENTO

Seja um cubo elementar, de dimensões infinitamente pequenas, dx, dy e dz, situado no interior da massa de um fluido em movimento, sendo as suas arestas paralelas aos eixos cartesianos (*Figura A-4.6-a*).

A massa do fluido contida nesse cubo imaginário será

$$\rho \times dx \times dy \times dz = m$$

As forças externas que atuam sobre essa massa fluida são:

a) as que dependem do volume considerado, como, por exemplo, o peso, e que podem ser expressas pelas

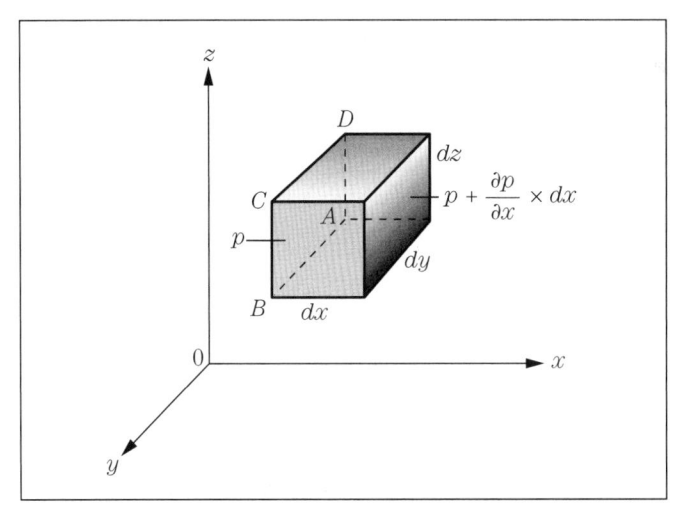

Figura A-4.6-a – Cubo elementar.

suas componentes a_x, a_y e a_z, relativas à unidade de massa;

b) as que estão relacionadas à superfície das seis faces do cubo e que são devidas à pressão exercida pelo fluido externo.

Designando por p a pressão sobre a face normal a 0_x (ABCD), a pressão sobre a face oposta seria igual a p mais a sua diferencial relativa ao deslocamento dx (variação de p na direção x):

$$p + \frac{\partial p}{\partial x} \times dx$$

As ações externas sobre as faces normais a 0_x e de superfície $dy\, dz$ são opostas, dando uma resultante:

$$-\frac{\partial p}{\partial x} \times dx \times dy \times dz$$

Sendo m a massa de uma partícula em movimento, a a sua aceleração e F a força atuante, pode-se escrever:

$$m \times a = F$$

Com relação ao eixo 0_x, apresenta-se a seguinte equação geral:

$$m \times \frac{d^2 x}{dt^2} = \sum F_x$$

$$\rho \times dx \times dy \times dz \times \frac{d^2 x}{dt^2} =$$

$$= \rho \times dx \times dy \times dz \times a_x - \frac{\partial p}{\partial x} \times dx \times dy \times dz$$

onde o primeiro membro representa a inércia; o primeiro termo do segundo membro, a ação da força F; o segundo termo do mesmo membro, a resultante da ação da pressão.

Ou, simplificando e estendendo aos outros eixos 0_y e 0_z:

$$\frac{d^2x}{dt^2} = a_x - \frac{1}{\rho} \times \frac{\partial p}{\partial x}, \quad \frac{d^2y}{dt^2} = a_y - \frac{1}{\rho} \times \frac{\partial p}{\partial y}$$

$$\frac{d^2z}{dt^2} = a_z - \frac{1}{\rho} \times \frac{\partial p}{\partial z}$$

que são as equações gerais do movimento, onde

$$\frac{d^2x}{dt^2}, \quad \frac{d^2y}{dt^2}, \quad \frac{d^2z}{dt^2}$$

são as componentes ou projeções da aceleração da partícula considerada.

Essas três projeções são as derivadas totais das três componentes da velocidade (v_x, v_y, v_z) em relação ao tempo t:

$$\frac{d^2x}{dt^2} = \frac{dv_x}{dt}$$

pois

$$v_x = \frac{dx}{dt} \therefore \frac{d^2x}{dt^2} = \frac{dv_x}{dt},$$

$$\frac{d^2y}{dt^2} = \frac{dv_y}{dt}, \quad \frac{d^2z}{dt^2} = \frac{dv_z}{dt}.$$

E, como $v_x = f(x, y, z, t)$, pode-se exprimir

$$\frac{dv_x}{dt} = \frac{\partial v_x}{\partial t} + \frac{\partial v_x}{\partial x} \times \frac{dx}{dt} + \frac{\partial v_x}{\partial y} \times \frac{dy}{dt} + \frac{\partial v_x}{\partial z} \times \frac{dz}{dt}$$

ou

$$\frac{d^2x}{dt^2} = \frac{\partial v_x}{\partial t} + v_x \times \frac{\partial v_x}{\partial x} + v_y \times \frac{\partial v_x}{\partial y} + v_z \times \frac{\partial v_x}{\partial z}$$

Nessas condições, as equações gerais do movimento podem ser apresentadas.

$$\left\{\begin{array}{l} \frac{\partial v_x}{\partial t} + v_x \times \frac{\partial v_x}{\partial x} + v_y \times \frac{\partial v_x}{\partial y} + v_z \times \frac{\partial v_x}{\partial z} = a_x - \frac{1}{\rho} \times \frac{\partial p}{\partial x} \\[2mm] \frac{\partial v_y}{\partial t} + v_x \times \frac{\partial v_y}{\partial x} + v_y \times \frac{\partial v_y}{\partial y} + v_z \times \frac{\partial v_y}{\partial z} = a_y - \frac{1}{\rho} \times \frac{\partial p}{\partial y} \\[2mm] \frac{\partial v_z}{\partial t} + v_x \times \frac{\partial v_z}{\partial x} + v_y \times \frac{\partial v_z}{\partial y} + v_z \times \frac{\partial v_z}{\partial z} = a_z - \frac{1}{\rho} \times \frac{\partial p}{\partial z} \end{array}\right\}$$

$$\text{Equação(4.1)}$$

ou, ainda,

$$\left\{\begin{array}{l} \frac{1}{\rho} \times \frac{\partial p}{\partial x} = a_x - \left(v_x \times \frac{\partial v_x}{\partial x} + v_y \times \frac{\partial v_x}{\partial y} + v_z \times \frac{\partial v_x}{\partial z} + \frac{\partial v_x}{\partial t} \right) \\[2mm] \frac{1}{\rho} \times \frac{\partial p}{\partial y} = a_y - \left(v_x \times \frac{\partial v_y}{\partial x} + v_y \times \frac{\partial v_y}{\partial y} + v_z \times \frac{\partial v_y}{\partial z} + \frac{\partial v_y}{\partial t} \right) \\[2mm] \frac{1}{\rho} \times \frac{\partial p}{\partial z} = a_z - \left(v_x \times \frac{\partial v_z}{\partial x} + v_y \times \frac{\partial v_z}{\partial y} + v_z \times \frac{\partial v_z}{\partial z} + \frac{\partial v_z}{\partial t} \right) \end{array}\right\}$$

$$\text{Equação (4.2)}$$

que são as três equações de Euler.

Para a solução do problema restam, ainda, duas equações, dadas nos itens a seguir.

A-4.7 EQUAÇÃO DA CONTINUIDADE

Admitindo que a massa específica ρ do fluido, que atravessa o cubo elementar (*Figura A-4.6-a*), varia com o tempo t, a massa que, em determinado instante, é igual a

$$\rho \times dx \times dy \times dz$$

após um intervalo de tempo dt altera-se. Então:

$$\frac{\partial}{\partial t}(\rho \times dx \times dy \times dz) \times dt$$

ou, ainda,

$$\frac{\partial \rho}{\partial t} \times (dx \times dy \times dz \times dt) \qquad \text{Expressão (4.3)}$$

Por outro lado, pode-se considerar que, em um intervalo de tempo dt, entra pela face ABCD do cubo elementar a massa

$$\rho \times v_x \times dy \times dz \times dt \qquad \text{Expressão (4.4)}$$

saindo pela face oposta uma outra massa:

$$dy \times dz \times \left[\rho \times v_x + \frac{\partial}{\partial x}(\rho \times v_x) \times dx \right] \times dt \qquad \text{Expressão (4.5)}$$

A diferença algébrica das *Expressões (4.4)* e *(4.5)* dará, para essas faces,

$$-\frac{\partial}{\partial x}(\rho \times v_x) \times dx \times dy \times dz \times dt$$

Analogamente, para as faces normais a 0_y e a 0_z, as diferenças algébricas resultam, respectivamente, em

$$-\frac{\partial}{\partial y}(\rho \times v_y) \times dx \times dy \times dz \times dt$$

$$-\frac{\partial}{\partial z}(\rho \times v_z) \times dx \times dy \times dz \times dt$$

Comparando-se esses resultados com a *Expressão (4.3)*, encontra-se que

$$\frac{\partial \rho}{\partial t} \times dx \times dy \times dz \times dt +$$

$$+ \frac{\partial}{\partial x} \times (\rho \times v_x) \times dx \times dy \times dz \times dt +$$

$$+ \frac{\partial}{\partial y} \times (\rho \times v_y) \times dx \times dy \times dz \times dt +$$

$$+ \frac{\partial}{\partial z} \times (\rho \times v_z) \times dx \times dy \times dz \times dt = 0$$

ou, simplificando:

$$\frac{\partial \rho}{\partial t} + \frac{\partial(\rho \times v_x)}{\partial x} + \frac{\partial(\rho \times v_y)}{\partial y} + \frac{\partial(\rho \times v_z)}{\partial z} = 0$$

Equação (4.6)

que é a equação da continuidade, que exprime a lei da conservação das massas.

Para os líquidos incompressíveis, ρ = constante.

$$\frac{\partial v_x}{\partial x} + \frac{\partial v_y}{\partial y} + \frac{\partial v_z}{\partial z} = 0 \qquad Equação (4.7)$$

Considerando-se o trecho de um tubo de corrente, indicado na *Figura A-4.5-a*, com as seções A_1 e A_2 e velocidades respectivas v_1 e v_2, a quantidade de líquido de massa específica ρ que passa pela primeira seção, na unidade de tempo, será:

$$\frac{dm_1}{dt} = \rho_1 \times v_1 \times A_1$$

Para a outra seção, teríamos

$$\frac{dm_2}{dt} = \rho_2 \times v_2 \times A_2$$

Tratando-se de *movimento permanente*, a quantidade de líquido entrando na seção A_1 iguala-se à que sai por A_2,

$$\rho_1 \times A_1 \times v_1 = \rho_2 \times A_2 \times v_2$$

E, ainda, praticamente, se o líquido for considerado incompressível, $\rho_1 = \rho_2$.

De um modo geral,

$$Q = A_1 \times v_1 = A_2 \times v_2 = A \times v = \text{ constante}$$
$$Q = A \times v$$

onde,

Q = vazão (m^3/s);
v = velocidade média na seção (m/s);
A = área da seção de escoamento (m^2).

Essa equação é de grande importância em todos os problemas da Hidrodinâmica.

A-4.8 EQUAÇÃO COMPLEMENTAR
(relativa ao estado do fluido)

A última equação da Hidrodinâmica, necessária ao sistema de cinco equações, é obtida considerando uma característica particular do fluido.

Assim, por exemplo, no caso dos fluidos homogêneos e incompressíveis,

ρ = constante.

Para os gases perfeitos, tem-se a equação geral:

$$\frac{p}{\rho} \times g \times R \times T = \text{constante}$$

onde,

p = pressão
ρ = peso específico
g = aceleração da gravidade
R = constante dos gases perfeitos
T = temperatura

Entretanto, essa última equação introduziria uma sexta variável: a temperatura.

Para evitar nova incógnita, pode-se recorrer a uma equação que defina apenas uma condição especial do fluido em movimento.

No caso de um gás perfeito, por exemplo, poder-se-ia admitir a temperatura constante, resultando:

$$\frac{p}{\rho} = \text{constante} \qquad Equação (4.8)$$

A-4.9 MOVIMENTO PERMANENTE

As *Equações (4.2)* podem ser escritas da seguinte forma:

$$\frac{1}{\rho} \times \frac{\partial p}{\partial x} = a_x - \frac{dv_x}{dt}$$

$$\frac{1}{\rho} \times \frac{\partial p}{\partial y} = a_y - \frac{dv_y}{dt} \qquad Equação (4.9)$$

$$\frac{1}{\rho} \times \frac{\partial p}{\partial z} = a_z - \frac{dv_z}{dt}$$

Multiplicando-se as *Equações (4.9)* por dx, dy e dz, respectivamente, e somando-se, obtém-se:

$$\frac{1}{\rho} \times dp = a_x \times dx + a_y \times dy + a_z \times dz -$$
$$\qquad \qquad \qquad \qquad Equação (4.10)$$
$$- (v_x \times dv_x + v_y \times dv_y + v_z \times dv_z)$$

Ou, ainda,

$$\frac{1}{\rho} \times dp = a_x \times dx + a_y \times dy + a_z \times dz - d\left(\frac{v^2}{2}\right) \quad Equação (4.11)$$

que é a equação de Euler, escrita de forma diversa das *Equações (4.2)* e para movimento permanente.

Observa-se, aqui, que a transformação das *(4.9)* para *(4.10)* só foi possível porque foram desprezadas as variações de v_x, v_y, v_z com o tempo, isto é,

$$\frac{\partial v_x}{\partial t}, \ \frac{\partial v_y}{\partial t} \ \text{e} \ \frac{\partial v_z}{\partial t}$$

Ou seja, porque o movimento foi, por hipótese, considerado permanente.

Diz-se que um **movimento é permanente** quando as partículas que se sucedem em um mesmo ponto apresentam, nesse ponto, a mesma velocidade, possuem a mesma massa específica e estão sujeitas à mesma pressão (ver *A-4.3*).

A-4.10 CASO PARTICULAR: FLUIDO EM REPOUSO

Fazendo-se $v = 0$, encontra-se

$$\frac{1}{\rho} \times dp = a_x \times dx + a_y \times dy + a_z \times dz \quad Equação \ (4.12)$$

que é a equação fundamental da Hidrostática.

A-4.11 TEOREMA DE BERNOULLI PARA LÍQUIDOS PERFEITOS

O teorema de Bernoulli decorre da aplicação da equação de Euler aos fluidos sujeitos à ação da gravidade (líquidos), em movimento permanente.

Nessas condições,

$$a_x = 0, \qquad a_y = 0, \qquad a_z = -g$$

Resultando, para o movimento, da *Equação (4.11)*:

$$\frac{1}{\rho} \times dp = -g \times dz - d\frac{v^2}{z}$$

Dividindo por g,

$$dz + \frac{dp}{p \times g} + d\left(\frac{v^2}{2 \times g}\right) = 0$$

Como $\rho \times g = \gamma$ (peso específico), dividindo todos os termos por $ds(dx, dy, dz)$, obtém-se

$$\frac{d}{ds}\left(z + \frac{p}{\gamma} + \frac{v^2}{2 \times g}\right) = 0$$

$$z + \frac{p}{\gamma} + \frac{v^2}{2 \times g} = \text{constante}$$

A *Figura A-4.11-a* mostra parte de um tubo de corrente, no qual escoa um líquido de peso específico γ. Nas duas seções indicadas, de áreas A_1 e A_2, atuam as pressões p_1 e p_2, sendo as velocidades, respectivamente v_1 e v_2.

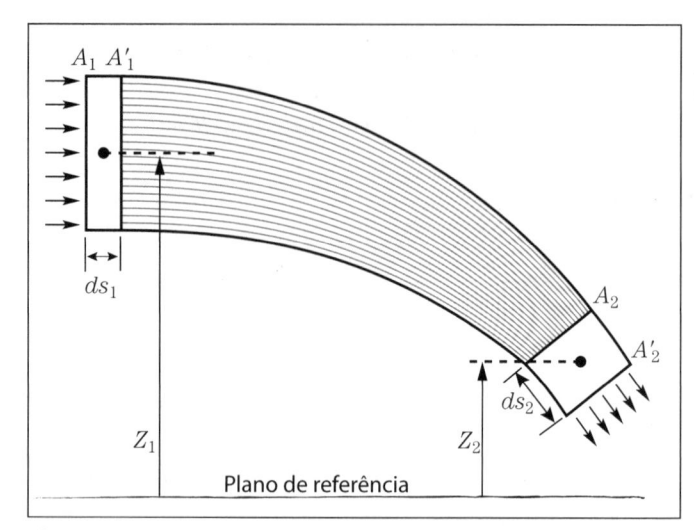

Figura A-4.11-a – Tubo de corrente.

As partículas, inicialmente em A_1 num pequeno intervalo de tempo, passam a A'_1, enquanto que as de A_2 movem-se para A'_2. Tudo ocorre como se, nesse intervalo de tempo, o líquido passasse de $A_1 A'_1$ para $A_2 A'_2$.

Serão investigadas apenas as forças que produzem trabalho, deixando-se de considerar aquelas que atuam normalmente à superfície lateral do tubo, de acordo com o teorema das forças vivas: "a variação da força viva em um sistema iguala o trabalho total de todas as forças que agem sobre o sistema".

Assim, considerando a variação da energia cinética $\left((^1\!/_2) \times m \times v^2\right)$

$$\frac{1}{2} \times m_2 \times v_2^2 - \frac{1}{2} \times m_1 \times v_1^2 = \frac{1}{2} \times m \times v^2 \ Equação \ (4.13)$$

Sendo o líquido incompressível,

$$A_1 \times ds_1 = A_2 \times ds_2 = V$$

onde V = volume do líquido e a soma dos trabalhos das forças externas (empuxo e gravidade, pois não há atrito por se tratar de líquido perfeito) será

$$p_1 \times A_1 \times ds_1 - p_2 \times A_2 \times ds_2 + \gamma \times V \times (Z_1 - Z_2) \quad Equação \ (4.14)$$

Igualando a *Equação (4.13)* e a *Equação (4.14)* temos:

$$\frac{1}{2} \times m_2 \times v_2^2 - \frac{1}{2} \times m_1 \times v_1^2 =$$

$$= p_1 \times A_1 \times ds_1 - p_2 \times A_2 \times ds_2 + \gamma \times V \times (Z_1 - Z_2)$$

$$\frac{1}{2} \times \frac{\gamma}{g} \times V \times \left(v_2^2 - v_1^2\right) = V \times \left(p_1 - p_2\right) + \gamma \times V \times (Z_1 - Z_2)$$

de modo que, simplificando,

$$\frac{v_2^2}{2 \times g} - \frac{v_1^2}{2 \times g} = \frac{p_1}{\gamma} - \frac{p_2}{\gamma} + Z_1 - Z_2$$

$$\frac{v_1^2}{2 \times g} + \frac{p_1}{\gamma} + Z_1 = \frac{v_2^2}{2 \times g} + \frac{p_2}{\gamma} + Z_2 = \text{constante}$$

Esse é o conhecido e importantíssimo teorema de Bernoulli, que pode ser enunciado:

> "Ao longo de qualquer linha de corrente é constante a soma das alturas:
> * cinética $v^2/(2 \times g)$,
> * piezométrica (p/γ) e
> * geométrica (Z)."

O teorema de Bernoulli não é senão o princípio da conservação da energia. Cada um dos termos da equação representa uma forma de energia:

$v^2/(2 \times g)$ = energia cinética (força viva para o peso unitário);
p/γ = energia de pressão ou piezométrica;
Z = energia de posição ou potencial.

Cada um desses termos pode ser expresso em metros, constituindo o que se denomina carga:

$$\frac{v^2}{2 \times g} = \frac{\text{m}^2/\text{s}^2}{\text{m/s}^2} \rightarrow \text{m}$$

(carga de velocidade ou dinâmica);

$$\frac{p}{\gamma} = \frac{\text{kgf/m}^2}{\text{kgf/m}^3} \rightarrow \text{m} \qquad \text{(carga de pressão);}$$

$$Z = m \rightarrow \qquad \text{(carga geométrica ou de posição)}$$

Há máquinas hidráulicas que aproveitam essas diferentes formas de energia em conjunto ou separadamente. As rodas de água com admissão por cima (*Figura A-4.11-b*) aproveitam a energia de posição (carga geométrica). Já nas rodas Pelton utiliza-se a energia cinética mediante a ação de jatos que incidem sobre as pás.

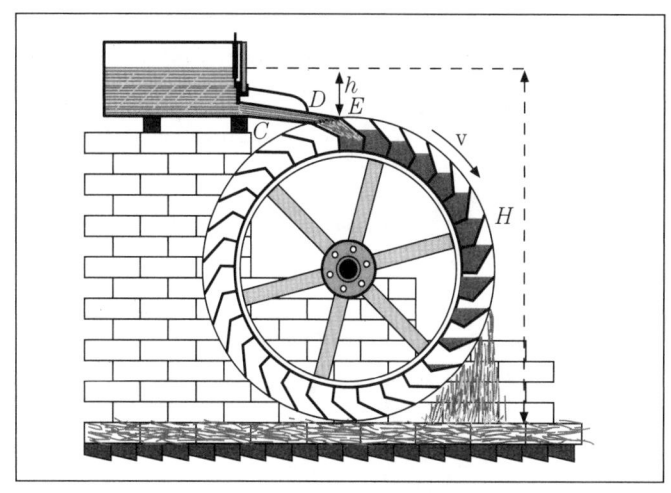

Figura A-4.11-b – Esquema de roda de água.

A-4.12 DEMONSTRAÇÕES EXPERIMENTAIS DO TEOREMA DE BERNOULLI

Em 1875, Froude apresentou interessantes experiências ilustrativas do teorema de Bernoulli.

Uma delas consiste numa canalização horizontal e de diâmetro variável, que parte de um reservatório (vaso) de nível constante (*Figura A-4.12-a*).

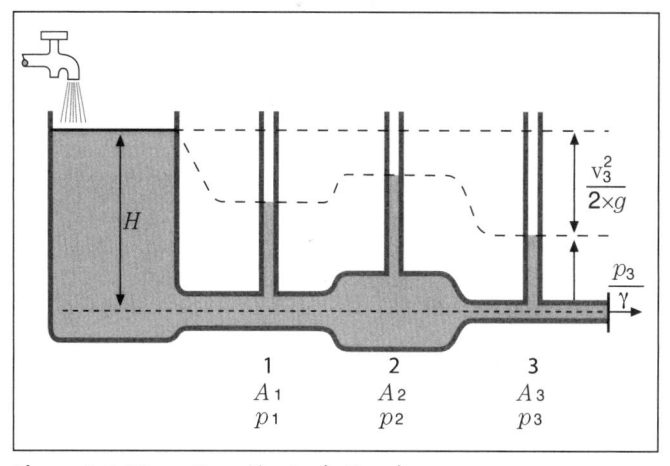

Figura A-4.12-a – Experiência de Froude.

Instalando-se piezômetros nas diversas seções, verifica-se que a água sobe a alturas diferentes; nas seções de menor diâmetro, a velocidade é maior e, portanto, também é maior a carga cinética, resultando menor carga de pressão.

Como as seções são conhecidas, podem-se verificar a distribuição e a constância da carga total (soma das alturas).

Outra experiência curiosa consiste nos vasos que ainda levam o nome de seu idealizador: Vasos de Froude.

Dois vasos providos de bocais são justapostos, com a água passando do primeiro para o segundo vaso (*Figura A-4.12-b*).

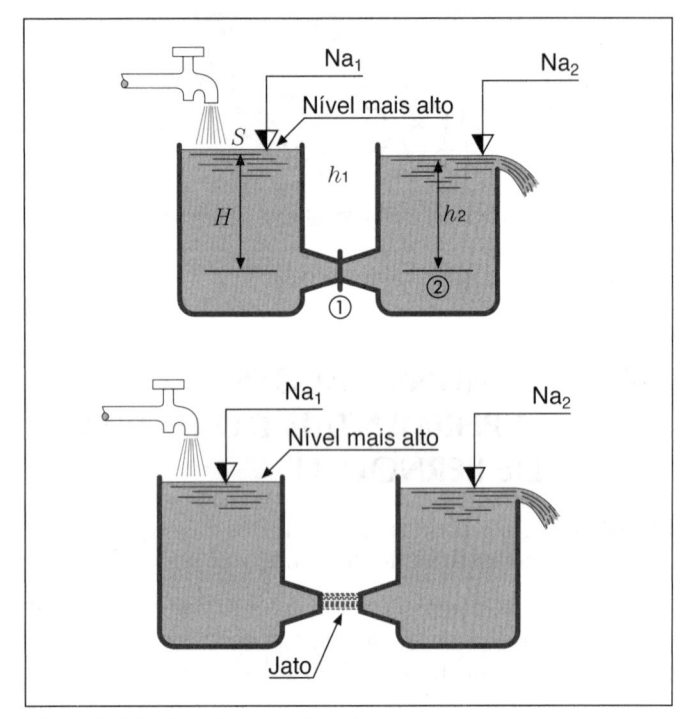

Figura A-4.12-b – Vasos de Froude.

A pressão exercida pelo líquido na seção (2) é dada pela altura h_2 e, na seção (1), admite-se que corresponda a uma altura h_1.

Pelo teorema de Bernoulli, tomando-se o eixo dos bocais como referência,

$$\frac{v_1^2}{2 \times g} + h_1 = \frac{v_2^2}{2 \times g} + h_2 = H$$

Construindo-se a seção (1) de maneira que

$$\frac{v_1^2}{2 \times g} = H$$

(isto é, a seção (1) pode ser tal que toda a carga H seja reduzida à energia cinética), resultará $h_1 = 0$ e a pressão, nesse ponto, será a atmosférica.

Nessas condições, os vasos poderão ser apenas justapostos, sem vedação, a água continuará a passar de um vaso para o outro, sem escapar para o exterior, nem admitir ar. Na prática, o fenômeno sempre apresenta alguma imperfeição e há perda de água.

A-4.13 EXTENSÃO DO TEOREMA DE BERNOULLI AOS CASOS PRÁTICOS

Na dedução do teorema de Bernoulli foram feitas várias hipóteses:

a) o escoamento do líquido se faz sem atrito: não foi considerada a influência da viscosidade;
b) o movimento é permanente;
c) o escoamento se dá ao longo de um tubo de corrente (de dimensões infinitesimais);
d) o líquido é incompressível.

A experiência não confirma rigorosamente o teorema de Bernoulli; isto porque os fluidos reais (naturais) se afastam do modelo perfeito. A viscosidade e o atrito externo são os principais responsáveis pela diferença; em consequência das forças de atrito, o escoamento só ocorre com uma perda de energia: a perda de carga (a energia se dissipa sob a forma de calor).

Por isso se introduz na equação de Bernoulli um termo corretivo h_f (perda de carga) (*Figura A-4.13-a*):

$$\frac{v_1^2}{2 \times g} + \frac{p_1}{\gamma} + Z_1 = \frac{v_2^2}{2 \times g} + \frac{p_2}{\gamma} + Z_2 + h_f$$

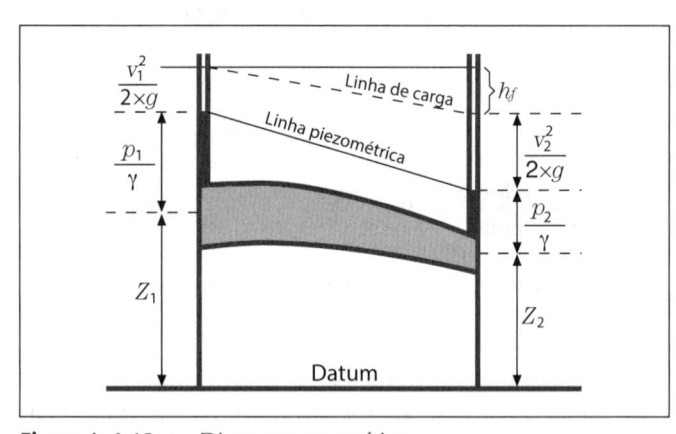

Figura A-4.13-a – Diagrama energético.

Além da correção acima, uma outra deve ser mencionada: a dedução foi feita para um tubo de corrente considerando determinada velocidade para cada seção.

Na prática, porém, o que se verifica é a variação de velocidade de ponto para ponto numa mesma seção (*Figura A-4.13-b*). Nessas condições, o que se tem não é uma velocidade única, mas sim uma distribuição de velocidades. Daí uma correção para o termo $v^2/(2 \times g)$:

$$\alpha \times \frac{v_1^2}{2 \times g} + \frac{p_1}{\gamma} + Z_1 = \alpha \times \frac{v_2^2}{2 \times g} + \frac{p_2}{\gamma} + Z_2 + h_f$$

onde

α = coeficiente de correção (coeficiente de Coriolis)
v_1 = velocidade média na seção igual a Q/A_1

O valor de α varia entre 1 e 2; será 1 quando houver uma velocidade única na seção, e 2 quando, em uma canalização, a velocidade variar parabolicamente de 0 junto às paredes do tubo, até o seu valor máximo no centro. Comumente, o valor desse coeficiente está próximo da unidade, sendo, por isso, omitido em muitos problemas da prática.

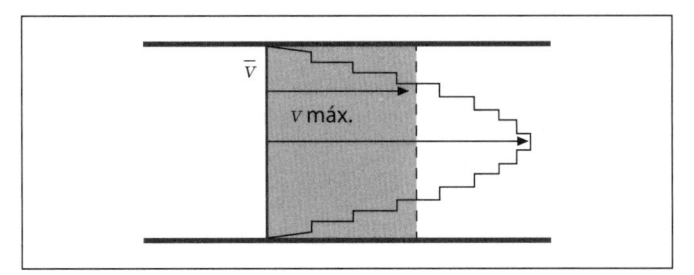

Figura A-4.13-b – Diagrama de velocidades em uma seção.

O enunciado geral do teorema de Bernoulli fica sendo, portanto:

> *"Para um escoamento contínuo e permanente, a carga total de energia em qualquer ponto de uma linha de corrente é igual à carga total em qualquer ponto a jusante da mesma linha de corrente, mais a perda de carga entre os dois pontos."*

A adoção no enunciado acima da "linha de corrente" visa minimizar a necessidade da introdução do coeficiente de correção α acima explicado. Ou seja, medindo sempre as energias no centro do tubo, por exemplo, se o diâmetro e a rugosidade forem iguais, não é necessário o coeficiente α.

Exercício A-4-a

Verificou-se que a velocidade econômica para uma extensa linha de recalque é 1,05 m/s. A vazão necessária a ser fornecida pela bombas é de 450 m³/h. Determinar o diâmetro da linha.

Solução:

$$Q = \frac{450 \text{ m}^3/\text{h}}{60 \text{ min/h} \times 60 \text{ s/min}} = 0{,}125 \text{ m}^3/\text{s} \quad \text{ou} \quad 125 \ \ell/\text{s},$$

$$Q = A \times v \therefore A = \frac{Q}{v} = \frac{0{,}125 \text{ m}^3/\text{s}}{1{,}05 \text{ m/s}} = 0{,}119 \text{ m}^2$$

$$\frac{1}{4} \times \pi \times D^2 = 0{,}119 \text{ m}^2 \therefore D = \sqrt{\frac{4 \times 0{,}119}{\pi}} = 0{,}39 \text{ m}$$

No mercado encontram-se os seguintes diâmetros comerciais:

350 mm, A = 0,0962 m²
400 mm, A = 0,1257 m²
450 mm, A = 0,1590 m².

Adotando-se 400 mm (16"), a velocidade resultará em

$$v = \frac{Q}{A} = \frac{0{,}125}{0{,}1257} \cong 1{,}0 \text{ m/s}$$

É o diâmetro que mais se aproxima da condição econômica. Se fosse adotado o diâmetro imediatamente inferior (350 mm), a velocidade se elevaria para 1,30 m/s, aumentando a potência das bombas e o consumo de eletricidade.

Exercício A-4-b

Em um edifício de 12 pavimentos, a vazão máxima provável, devida ao uso de diversos aparelhos, em uma coluna de distribuição de 60 mm de diâmetro, é de 7,5 litros/s.

Determinar a velocidade de escoamento.

Solução:

$$Q = A \times v \therefore v = \frac{Q}{A} = \frac{0{,}0075 \text{ m}^3/\text{s}}{0{,}00283 \text{ m}^2} = 2{,}65 \text{ m/s}$$

NOTA: Verificar se a velocidade encontrada está dentro da norma técnica ABNT NBR 5626/98.

Exercício A-4-c

A água escoa pelo tubo indicado na *Figura A-4-c,* cuja seção varia do ponto 1 para o ponto 2, de 100 cm² para 50 cm². Em 1, a pressão é de 0,5 kgf/cm² e a elevação 100 m, ao passo que, no ponto 2, a pressão é de 3,38 kgf/cm² na elevação 70 m. Calcular a vazão em litros por segundo.

Solução:

$$\frac{v_1^2}{2 \times g} + \frac{p_1}{\gamma} + Z_1 = \frac{v_2^2}{2 \times g} + \frac{p_2}{\gamma} + Z_2$$

$$\frac{v_1^2}{2 \times g} + \frac{5.000 \text{ kgf/m}^2}{1.000 \text{ kgf/m}^3} + 100 \text{ m} = \frac{v_2^2}{2 \times g} + \frac{33.800 \text{ kgf/m}^2}{1.000 \text{ kgf/m}^3} + 70 \text{ m}$$

$$\frac{v_1^2}{2 \times g} + 5 + 100 = \frac{v_2^2}{2 \times g} + 33,8 + 70$$

$$\frac{v_2^2}{2 \times g} - \frac{v_1^2}{2 \times g} = 105 - 103,8 = 1,2$$

$$v_2^2 - v_1^2 = 2 \times 9,8 \times 1,2 = 23,52$$

Como a seção no ponto 1 tem uma área duas vezes maior que a do ponto 2, com a mesma vazão, a velocidade no ponto 2 será duas vezes maior. De acordo com a equação da continuidade,

$$Q = A_1 \times v_1 = A_2 \times v_2 \ \therefore \ v_2 = 2 \times v_1$$

Substituindo,

$$v_1 = \sqrt{\frac{23,52}{3}} = \sqrt{7,84} = 2,8 \text{ m/s}$$

$$Q = A_1 \times v_1 = 0,0100 \text{ m}^2 \times 2,8 \text{ m/s} = 0,028 \text{ m}^3/\text{s (ou 28 } \ell/\text{s})$$

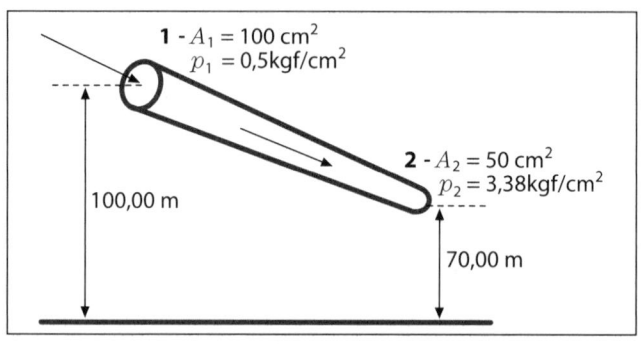

Figura A-4-c

Exercício A-4-d

De uma pequena barragem, parte uma canalização de 250 mm de diâmetro, com poucos metros de extensão, havendo depois uma redução para 125 mm; do tubo de 125 mm, a água passa para a atmosfera sob a forma de jato. A vazão foi medida, encontrando-se 105 ℓ/s.

Calcular a pressão na seção inicial da tubulação de 250 mm; a altura de água **H** na barragem; a potência bruta do jato.

Solução:

$$\frac{v_1^2}{2 \times g} + \frac{p_1}{\gamma} + Z_1 = \frac{v_2^2}{2 \times g} + \frac{p_2}{\gamma} + Z_2, \quad Z_1 = Z_2 = 0$$

$p_2 = 0$ (descarga na atmosfera) $\quad \dfrac{p_1}{\gamma} = \dfrac{v_2^2}{2 \times g} - \dfrac{v_1^2}{2 \times g}$

Como

$$v = \frac{Q}{A}, \quad v_1 = \frac{0,105}{0,0491} = 2,14 \text{ m/s}, \quad v_2 = \frac{0,105}{0,01227} = 8,53 \text{ m/s}$$

Logo, a pressão é calculada como sendo

$$\frac{p_1}{\gamma} = \frac{8,53^2}{19,6} - \frac{2,14^2}{19,6} = 3,71 - 0,23 = 3,48 \text{ m}$$

Da mesma forma, calcula-se a altura de água.

$$\mathbf{H} = \frac{p_1}{\gamma} + \frac{v_1^2}{2 \times g} = 3,48 + 0,23 = 3,71 \text{ m}$$

Determina-se, por sua vez, a potência bruta do jato.

$$\text{Potência} = \frac{Q \times H}{75} = \frac{105 \times 3,71}{75} = 5,2 \text{ cv}$$

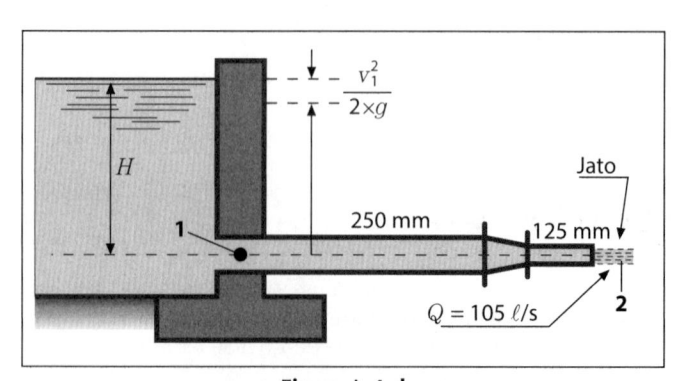

Figura A-4-d

Exercício A-4-e

Uma tubulação vertical de 150 mm de diâmetro apresenta, em um pequeno trecho, uma seção contraída de 75 mm, onde a pressão é de 1 atm. Três metros acima desse ponto, a pressão eleva-se para 14,7 m.c.a. (*Figura A-4-e*). Calcular a velocidade e a vazão.

Solução:

Se a velocidade na tubulação propriamente dita for v_1, a velocidade v_2, na garganta, será muito superior.

$$A_1 \times v_1 = A_2 \times v_2, \quad v_2 = \frac{A_1}{A_2} \times v_1 = 4 \times v_1$$

$$\frac{v_1^2}{2 \times g} + \frac{p_1}{\gamma} + Z_1 = \frac{v_2^2}{2 \times g} + \frac{p_2}{\gamma} + Z_2,$$

$$\frac{v_1^2}{2 \times g} + 14,7 + 3 = \frac{\left(4 \times v_1\right)^2}{2 \times g} + 10,3 + 0$$

$$\frac{v_1^2}{2 \times g} + 17,7 = \frac{16 \times v_1^2}{2 \times g} + 10,3, \quad \frac{15 \times v_1^2}{2 \times g} = 7,4,$$

$$v_1 = \sqrt{\frac{2 \times 9,8 \times 7,4}{15}} = 3,10 \text{ m/s},$$

$$v_2 = 4 \times v_1 = 12,4 \text{ m/s},$$

$$Q = A_1 \times v_1 = 0,0177 \times 3,10 = 0,055 \text{ m}^3/\text{s}$$

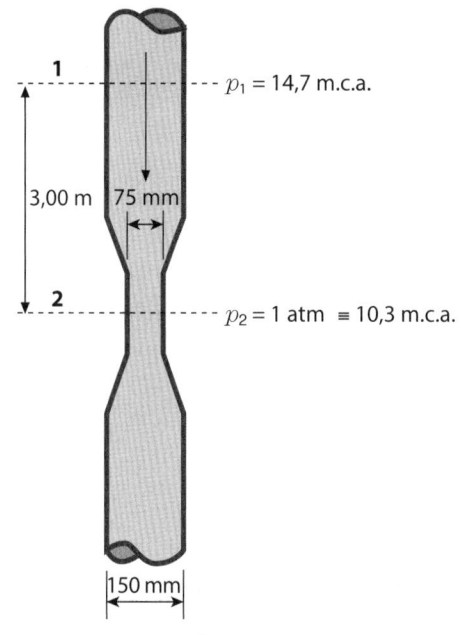

$p_1 = 14,7$ m.c.a.

3,00 m   75 mm

$p_2 = 1$ atm $\equiv 10,3$ m.c.a.

150 mm

Figura A-4-e

Exercício A-4-f

Em um canal de concreto, a profundidade é de 1,20 m e as águas escoam com uma velocidade média de 2,40 m/s, até um certo ponto onde, devido a uma queda, a velocidade se eleva a 12 m/s, reduzindo-se a profundidade a 0,60 m (*Figura A-4--f*). Desprezando as possíveis perdas por atrito, determinar a diferença de nível entre as duas partes do canal.

Solução:

$$\frac{v_1^2}{2g} + \frac{p_1}{\gamma} + Z_1 = \frac{v_2^2}{2g} + \frac{p_2}{\gamma} + Z_2,$$

$$\frac{v_1^2}{2g} + 0 + (y + 1,20) - \frac{v_2^2}{2g} + 0 + 0,60$$

$$\frac{2,40^2}{19,6} + 1,20 + y = \frac{12,00^2}{19,6} + 0,60$$

Logo,

0,30 + 1,20 + y = 7,40 + 0,60
y = 8,00 – 1,50 = 6,50 m

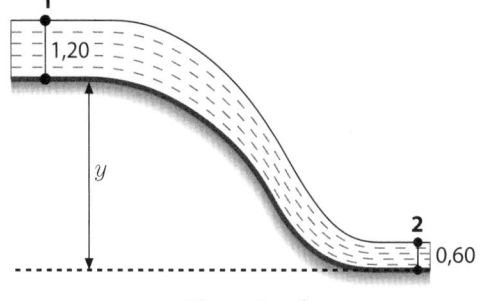

1,20

y

0,60

Figura A-4-f

Exercício A-4-g

Neste exercício informam-se as perdas de carga (arbitradas) porque a forma de encontrá-las é descrita em capítulo posterior. A perda de carga nesse problema seria função do diâmetro (conhecido), do comprimento (não informado) e da rugosidade interna do tubo (não informado).

Tome-se o sifão da *Figura A-4-g*. Retirado o ar da tubulação por algum meio mecânico ou estando a tubulação cheia, abrindo-se (C) pode-se estabelecer condições de escoamento, de (A) para (C), por força da pressão atmosférica. Supondo a tubulação com diâmetro de 150 mm, calcular a vazão e a pressão no ponto (B), admitindo que a perda de carga no trecho AB é 0,75 m e no trecho BC é 1,25 m.

$$\frac{v_A^2}{2\times g}+\frac{p_A}{\gamma}+Z_A=\frac{v_C^2}{2\times g}+\frac{p_C}{\gamma}+Z_C+h_{fAC},$$

$$0+0+4,5=\frac{v_C^2}{19,6}+0+0+(0,75+1,25),$$

$$v_C^2=2,5\times2\times9,8=49,$$

$$v_C=7\ \text{m/s}$$

A velocidade terá o mesmo valor em qualquer ponto do trecho (A) – (C), já que o diâmetro é constante.

$$Q=A\times v=\frac{\pi\times(0,15)^2}{4}\times7=0,123\ \text{m}^3/\text{s}$$

Para determinar a pressão em (B), pode-se aplicar Bernoulli entre os pontos (A) e (B).

$$\frac{v_A^2}{2\times g}+\frac{p_A}{\gamma}+Z_A=\frac{v_B^2}{2\times g}+\frac{p_B}{\gamma}+h_{fAB}$$

$$0+0+0=\frac{7,0^2}{19,6}+\frac{p_B}{\gamma}+1,8+0,75$$

$$p_B=-5,05\ \text{m.c.a.}$$

Observe-se que o limite de pressão negativa possível é o de rompimento da coluna líquida, ou seja, o da formação de vapor ou tensão de vapor, que nas CNTP é de 1 atm (–10,33 m.c.a.). Nas condições reais não é bom aproximar-se desse valor, que só se atinge teoricamente, pois vibrações ou temperaturas acima das normais podem impedir o funcionamento de um sifão assim calculado.

Se, por acaso, verifica-se que um sifão calculado com pressão relativa negativa em seu ponto mais alto (pressão absoluta abaixo de 10,33 m.c.a., nas CNTP) funciona assim mesmo, deve-se observar que a saída do sifão (extremidade de jusante) não trabalha à seção plena, portanto, a perda de carga não é a de cálculo nessa velocidade e, logo, nem a vazão. Nesse caso, o sifão funciona por acaso. A condição de funcionar com pressão negativa absoluta abaixo de –10,33 m.c.a. é impossível de ser atendida.

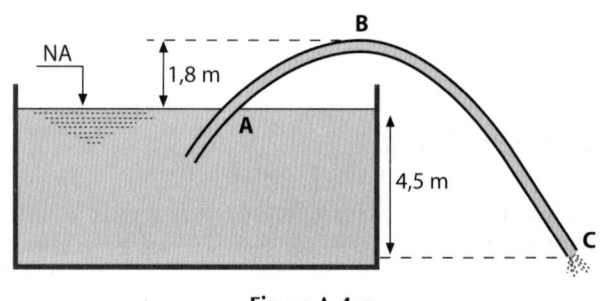

Figura A-4-g

Orifícios, Bocais
e Tubos Curtos

Orifícios, Bocais e Tubos Curtos

A-5.1 ESCOAMENTO EM ORIFÍCIOS (FORONOMIA)

A-5.1.1 Classificação dos orifícios

"Orifícios" são perfurações, geralmente de forma geométrica definida, feitas abaixo da superfície livre do líquido em paredes de reservatórios, tanques, canais ou canalizações (*Figura A-5.1.1-a*). As aberturas que alcançam a superfície do líquido se enquadram como "vertedores" (*Figura A-5.1.1-b*).

Os orifícios podem ser assim classificados:

- quanto à forma → circulares, retangulares etc.;
- quanto às dimensões relativas → pequenos e grandes;
- quanto à natureza da parede → em parede delgada e em parede espessa.

A parede é considerada delgada quando o jato líquido apenas toca a perfuração em uma linha que constitui o perímetro do orifício, *Figura A-5.1.1-c* (1).

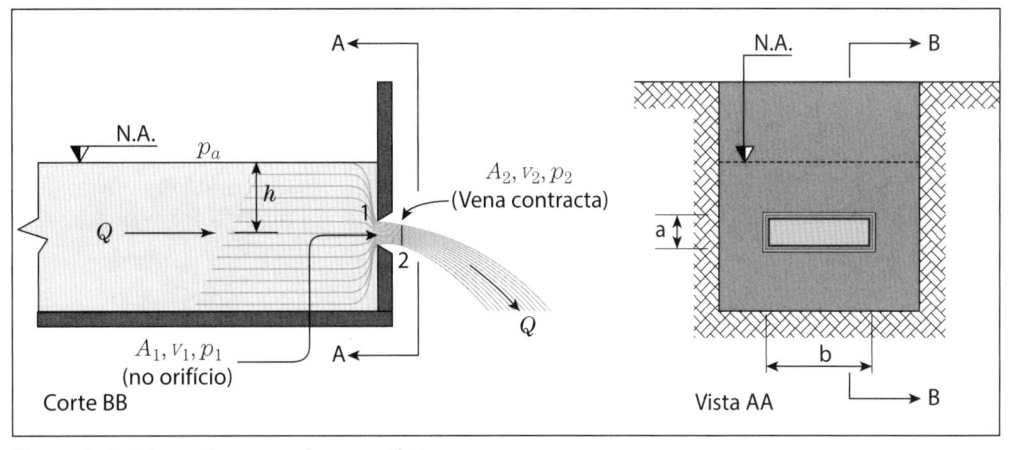

Figura A-5.1.1-a – Esquema de um orifício.

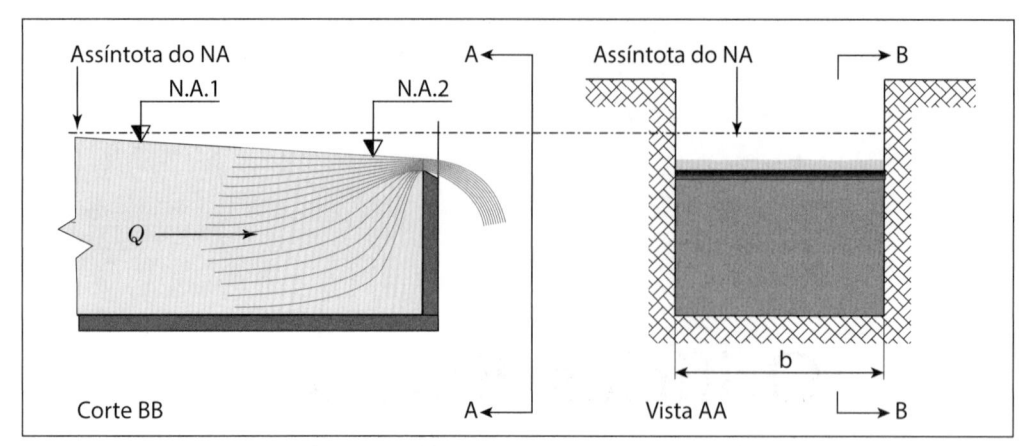

Figura A-5.1.1-b – Esquema de um vertedor.

Numa parede espessa, verifica-se a aderência do jato, *Figura A-5.1.1-c* (3).

Os orifícios em parede delgada são obtidos em chapas finas ou pelo corte em bisel. O acabamento em bisel não é necessário se a espessura ***e*** da chapa é inferior a 1,5 vez o diâmetro nominal (DN) do orifício suposto circular (ou à menor dimensão, se o orifício tiver outra forma, (*Figura A-5.1.1-c* (2)).

Ao contrário, se ***e*** for maior que uma vez e meia o diâmetro nominal, o jato poderá se colar ao interior da parede, classificando-se o orifício como em parede espessa.

Se o valor de ***e*** estiver compreendido entre 2 e 3 vezes o diâmetro DN, teremos o caso de um "bocal" (em inglês, *nozzel*).

O jato que sai de um orifício chama-se veia líquida. Sua trajetória é parabólica (como a de todo corpo pesado animado de velocidade inicial).

A-5.1.2 Orifícios pequenos em paredes delgadas: teorema de Torricelli

No caso de orifícios "pequenos", pode-se admitir, sem erro apreciável, que todas as partículas atravessam o orifício, animadas da mesma velocidade, sob a mesma carga h.

São considerados pequenos os orifícios cujas dimensões são muito menores que a profundidade em que se encontram. Então, pode-se admitir que as velocidades na parte superior e na parte inferior do orifício são iguais. Na prática da engenharia isso corresponde a um diâmetro inferior a 1/10 da profundidade h. Caso o orifício não seja circular, faz-se uma analogia pela área equivalente.

Experimentalmente, constata-se que os filetes líquidos tocam as bordas de um orifício e continuam a convergir depois de passarem por este até uma seção A_2, na qual o jato tem área sensivelmente menor que a do orifício. Essa seção A_2 é denominada *seção contraída* (*vena contracta*) (*Figura A-5.1.1-c* (1)).

Costuma-se designar por *coeficiente de contração* C_c da veia a relação entre a área da seção contraída e a área do orifício:

$$C_c = \frac{A_2}{A}$$

O valor médio prático de C_c é 0,62 (*Tabela A-5.1.2-a*).

Tratando-se de água em orifícios circulares, a seção contraída encontra-se a uma distância da face interna do orifício aproximadamente igual à metade do diâmetro do orifício.

Adicionando à água uma substância que permita mostrar a trajetória das partículas líquidas, verifica-se que os filetes, a princípio convergentes, tornam-se paralelos ao passar pela seção contraída.

Aplicando o teorema de Bernoulli às seções 1 e 2

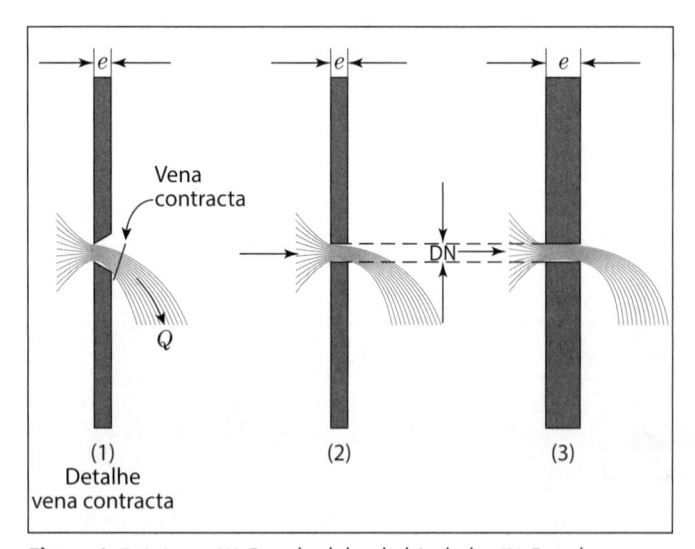

Figura A-5.1.1-c – (1) Parede delgada biselada; (2) Parede delgada: *e* < 1,5 DN; (3) Parede espessa: *e* > 1,5 DN.

(*Figura A-5.1.1-a*) e tomando-se o eixo do orifício como referência,

$$\frac{v_0^2}{2 \times g} + \frac{p_a}{\gamma} + h = \frac{v_1^2}{2 \times g} + \frac{p_1}{\gamma} = \frac{v_2^2}{2 \times g} + \frac{p_2}{\gamma}$$

Tomando a velocidade de aproximação do fluido a montante do orifício como sendo muito pequena em relação à velocidade no orifício, despreza-se a "carga de velocidade" (o mesmo que considerar a seção A_2 do orifício muito pequena em relação à seção de aproximação do recipiente onde está o orifício):

$$v_2^2 = 2 \times g \times \left(h + \frac{p_a - p_2}{\gamma} \right)$$

$$v_2 = \sqrt{2 \times g \times \left(h + \frac{p_a - p_2}{\gamma} \right)}$$

No caso mais comum em que a veia líquida se escoa na atmosfera,

$$p_2 = p_a,$$

$$v_2 = \sqrt{2 \times g \times h},$$

expressão do conhecido teorema de Torricelli.

Cada partícula, ao atravessar a seção contraída, teria uma velocidade idêntica à da queda livre, desde a superfície livre do reservatório até o plano de referência, passando pelo centro do orifício.

v_2 é a *velocidade teórica*, que não leva em conta as perdas sempre existentes. Na realidade, a velocidade real, $v_{2,R}$, é menor do que a velocidade teórica:

$$v_{2,R} < v_2,$$

e por isso se introduz um coeficiente de correção, o *coeficiente de redução de velocidade*:

$$C_v = \frac{v_{2,R}}{v_2}$$

sempre menor que a unidade.

O valor médio de C_v é 0,985 (*Tabela A-5.1.2-b*).

$$v_2 = C_v \times v_2 = C_v \times \sqrt{2 \times g \times h}.$$

A vazão será, então, dada por

$$Q = A \times v = A_2 \times v_{2,R}$$

e, substituindo A_2 e $v_{2,R}$,

$$Q = A_1 \times C_c \times C_v \sqrt{2 \times g \times h}.$$

Designando-se por *coeficiente de descarga* ou *de vazão* ao produto $C_c \times C_v$,

$$C_d = C_c \times C_v,$$

então

$$Q = C_d \times A \times \sqrt{2 \times g \times h}$$

(fórmula geral para pequenos orifícios),

sendo:

h = carga sobre o centro do orifício (m)
A = área do orifício (m^2)
C_d = coeficiente de descarga
g = aceleração da gravidade (m/s^2)
Q = vazão (m^3/s)

Tabela A-5.1.2-a Coeficientes de CONTRAÇÃO "C_c"(*)

Carga h (m)	Orifícios circulares em paredes delgadas				
	Diâmetro do orifício (m)				
	0,020	0,030	0,040	0,050	0,060
0,20	0,685	0,565	0,626	0,621	0,617
0,40	0,681	0,646	0,625	0,619	0,616
0,60	0,676	0,644	0,623	0,618	0,615
0,80	0,673	0,641	0,622	0,617	0,615
1,00	0,670	0,639	0,621	0,621	0,615
1,50	0,666	0,637	0,620	0,617	0,615
2,00	0,665	0,636	0,620	0,617	0,615
3,00	0,663	0,634	0,620	0,616	0,615
5,00	0,663	0,634	0,619	0,616	0,614
10,00	0,662	0,633	0,617	0,615	0,614

(*) O valor médio de C_c sugerido para cálculos expeditos é 0,62.

Tabela A-5.1.2-b Coeficientes de VELOCIDADE "C_v"(*)

Carga h (m)	Orifícios circulares em paredes delgadas				
	Diâmetro do orifício (m)				
	0,020	0,030	0,040	0,050	0,060
0,20	0,954	0,964	0,973	0,978	0,984
0,40	0,956	0,967	0,976	0,981	0,986
0,60	0,958	0,971	0,980	0,983	0,988
0,80	0,959	0,972	0,981	0,984	0,988
1,00	0,958	0,974	0,982	0,984	0,988
1,50	0,958	0,976	0,984	0,984	0,988
2,00	0,956	0,978	0,984	0,984	0,988
3,00	0,957	0,979	0,985	0,986	0,988
5,00	0,957	0,980	0,987	0,986	0,990
10,00	0,958	0,981	0,990	0,988	0,992

(*) O valor médio de C_v sugerido para cálculos expeditos é 0,985.

Na prática, é adotado o valor médio de C_d dado na *Tabela A-5.1.2-c*.

Para orifícios em geral,

$$C_d = C_c \times C_v = 0,62 \times 0,985 = 0,61$$

$$C_d = 0,61$$

A *Tabela A-5.1.2-c* apresenta valores de C_d para pequenos orifícios, aplicáveis em questões que envolvem maior precisão.

Tabela A-5.1.2-c Coeficientes de DESCARGA "C_d" (*)

Carga h (m)	Orifícios circulares em paredes delgadas Diâmetro do orifício (m)				
	0,020	0,030	0,040	0,050	0,060
0,20	0,653	0,632	0,609	0,607	0,607
0,40	0,651	0,625	0,610	0,607	0,607
0,60	0,648	0,625	0,610	0,607	0,608
0,80	0,645	0,623	0,610	0,607	0,608
1,00	0,642	0,622	0,610	0,607	0,608
1,50	0,638	0,622	0,610	0,607	0,608
2,00	0,636	0,622	0,610	0,607	0,608
3,00	0,634	0,621	0,611	0,607	0,608
5,00	0,634	0,621	0,611	0,607	0,608
10,00	0,634	0,621	0,611	0,607	0,609

(*) O valor médio de C_d sugerido para cálculos expeditos é 0,61.

Adufas e comportas são dispositivos para fechar/abrir orifícios e permitir o controle do fluxo da água nessas estruturas hidráulicas. De maneira geral, costuma-se chamar de "adufa" (de fundo ou de parede) os dispositivos que fecham/abrem axialmente contra o orifício (*Figura A-5.1.2-a*). Por outro lado, costuma-se chamar de "comporta" aqueles dispositivos colocados contra as paredes que fecham/abrem tangencialmente ao orifício (*Figura A-5.1.2-a*). Ambos são normalmente colocados pelo lado de montante, de forma que a pressão da água ajude a vedar. Também fecham/abrem as válvulas gaveta e borboleta, que podem ser vistas no *item A-10.2*.

Adufas e comportas podem ser consideradas como orifícios. No caso de comportas com contração completa, o coeficiente C_d equivale a 0,61; já nas comportas com contração incompleta, por influência do fundo ou das paredes laterais, o coeficiente varia de 0,65 a 0,70, podendo atingir valores ainda mais elevados em condições favoráveis. O valor prático usual de C_d é 0,67. Para certas adufas, pode-se aplicar um coeficiente ligeiramente maior: 0,70.

A-5.1.3 Fenômeno da inversão do jato

É um fenômeno curioso que ocorre com a forma dos jatos (seção transversal). A forma dos jatos passa por estágios que se sucedem a partir da seção contraída.

Assim, por exemplo, se o orifício tiver uma forma elíptica, o jato deixará o orifício com essa forma; numa seção posterior, o jato passará a ter a forma circular e, mais adiante, voltará a assumir a seção elíptica, porém com o eixo maior em correspondência ao eixo primitivamente menor (*Figura A-5.1.3-a*).

A *Figura A-5.1.3-b* mostra seções de jatos produzidos por orifícios de forma triangular e quadrada.

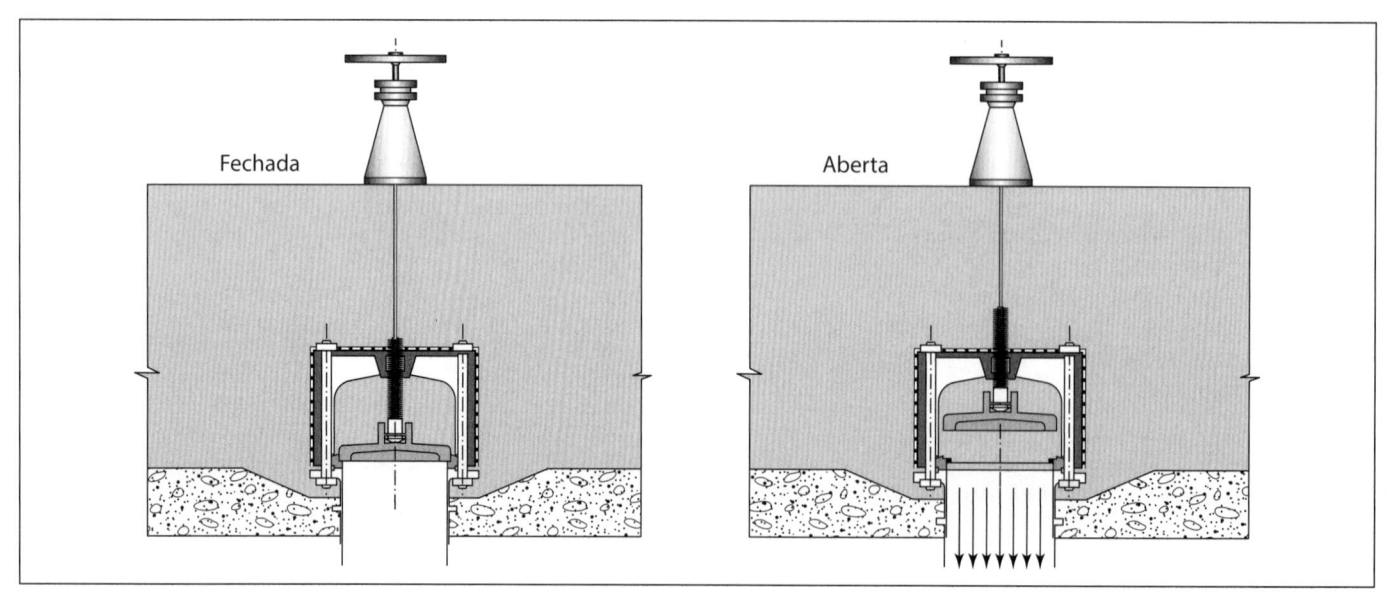

Figura A-5.1.2-a – Adufa de fundo.

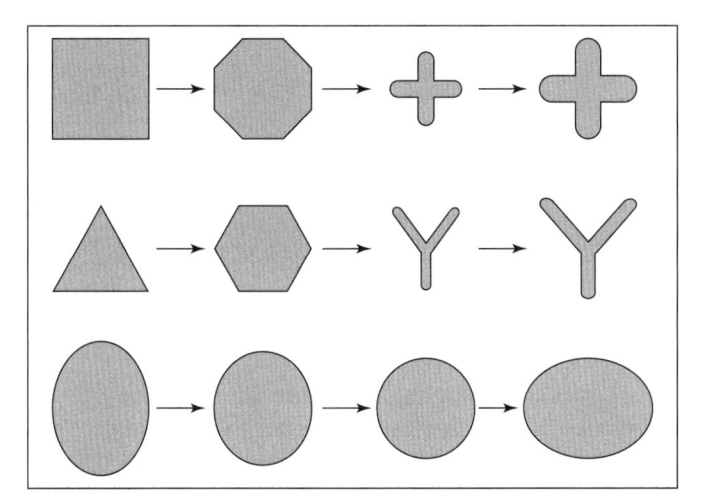

Figura A-5.1.3-a – Seções de jatos.

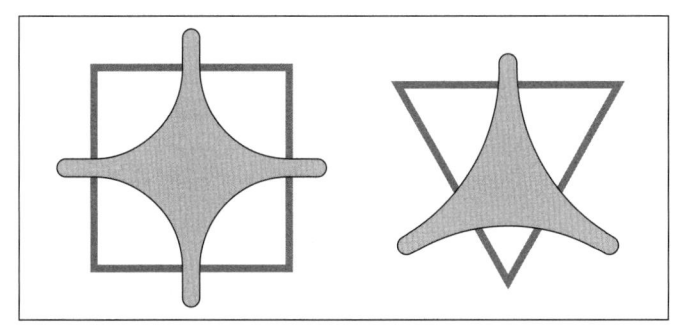

Figura A-5.1.3-b – Seções de jatos (detalhes).

A-5.1.4 Orifícios afogados abertos em paredes verticais delgadas

Diz-se que um orifício está afogado quando a veia escoa em massa líquida (*Figura A-5.1.4-a*). Nesse caso, ocorre, ainda, o mesmo fenômeno de contração da veia.

A expressão de Torricelli pode ser mantida, porém a carga h deve ser considerada como a diferença entre as cargas de montante e jusante ($h_1 - h_2$).

Os coeficientes de descarga serão ligeiramente inferiores aos indicados para orifícios com descarga livre. Em muitos problemas práticos, essa diferença é desprezível.

A-5.1.5 Orifícios de grandes dimensões. Orifícios sob cargas reduzidas

Tratando-se de orifícios grandes, já não se pode admitir que todas as partículas que os atravessam estejam animadas da mesma velocidade, porquanto não se pode considerar uma carga única (h). A carga é variável de faixa para faixa (*Figura A-5.1.5-a*).

O estudo pode ser feito considerando-se o grande orifício como dividido em um grande número de pequenas faixas horizontais, de altura infinitamente pequena, para as quais pode ser aplicada a expressão estabelecida para os orifícios pequenos.

Sendo b a largura do orifício e h a carga sobre um trecho elementar de espessura dh, a carga para esse trecho elementar será

$$dQ = C_d \times b \times dh \times \sqrt{2 \times g \times h}$$

A descarga de todo o orifício será obtida integrando-se essa expressão entre os limites h_1 e h_2 (cargas correspondentes ao topo e à base do orifício).

$$Q = \int_{h_1}^{h_2} C_d \times b \times dh \times \sqrt{2 \times g \times h} =$$
$$= C_d \times b \times \sqrt{2 \times g} \times \int_{h_1}^{h_2} \sqrt{h} \times dh$$

$$Q = \frac{2}{3} \times C_d \times b \times \sqrt{2 \times g} \times \left(h_2^{3/2} - h_1^{3/2} \right)$$

Substituindo o valor

$$b = \frac{A}{h_2 - h_1},$$

obtém-se

$$Q = \frac{2}{3} \times C_d \times A \times \sqrt{2 \times g} \times \frac{h_2^{3/2} - h_1^{3/2}}{h_2 - h_1}$$

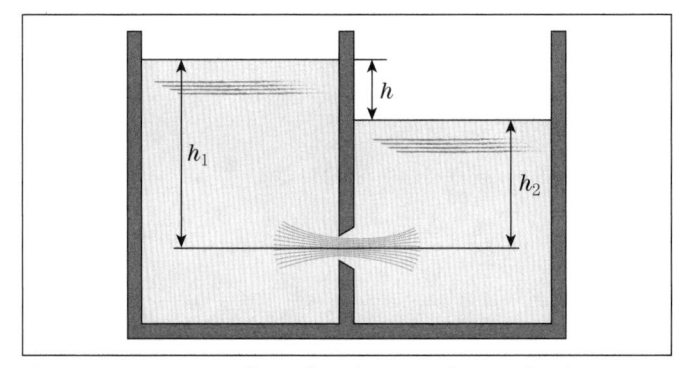

Figura A-5.1.4-a – Orifício afogado (seção longitudinal).

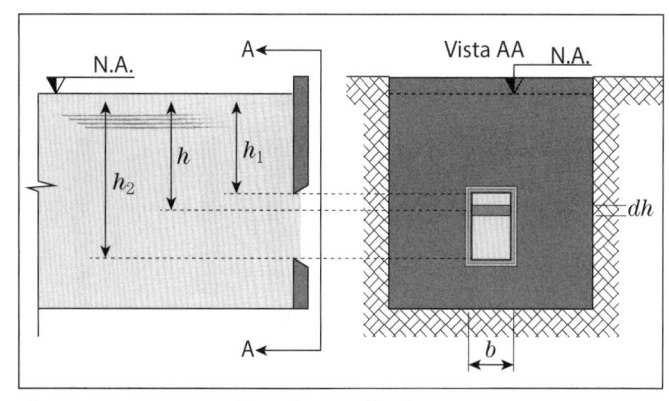

Figura A-5.1.5-a – Orifício de grandes dimensões.

A-5.1.6 Contração incompleta da veia

Para posições particulares dos orifícios, a contração da veia pode ser afetada, modificada, ou mesmo suprimida, alterando-se a vazão (pelo aumento da pressão).

Para que a contração seja completa, produzindo-se em todo o contorno da veia, é preciso que o orifício esteja localizado a uma distância do fundo ou das paredes laterais pelo menos igual a duas vezes a sua menor dimensão.

No caso de orifícios abertos, junto ao fundo ou às paredes laterais, é indispensável uma correção. Nessas condições, aplica-se um coeficiente de descarga C'_d corrigido.

Para orifícios retangulares,

$$C'_d = C_d \times (1 + 0,15 \times k),$$

onde

$$k = \frac{\text{perímetro da parte em que há supressão}}{\text{perímetro total do orifício}}$$

A *Figura A-5.1.6-a* inclui os seguintes casos:

$$k = \frac{b}{2 \times (a+b)}, \qquad k = \frac{a+b}{2 \times (a+b)}, \qquad k = \frac{2 \times a + b}{2 \times (a+b)}$$

Para orifícios circulares,

$$C'_d = C_d \times (1 + 0,13 \times k).$$

Para orifícios junto:

- a uma parede lateral, $k = 0,25$;
- ao fundo, $k = 0,25$;
- ao fundo e a uma parede lateral, $k = 0,50$;
- ao fundo e a duas paredes laterais, $k = 0,75$.

A-5.1.7 Vórtice ou vórtex

O vórtex é o redemoinho que se observa quando um líquido escoa por um orifício aberto no fundo de um tanque raso (*Figura A-5.1.7-a*).

O primeiro investigador a descrever o fenômeno foi Venturi.

O vórtex (*Figura A-5.1.7-b*) se forma quando a profundidade (carga) é inferior a cerca de três vezes o diâmetro do orifício.

É curioso notar que o sentido de movimento é diferente para cada hemisfério, sendo o de ponteiros de relógio para o hemisfério sul (desprezada a influência de causas perturbadoras).

A formação de vórtice é inconveniente para o escoamento, pois o arraste de ar causado pelo redemoinho, além de reduzir a vazão, provoca ruídos e posterior acúmulo de ar em pontos altos das canalizações, prejudicando também o funcionamento de eventuais bombas instaladas a seguir (a jusante). Sobre o assunto, ver também o *item A-1.5.1*, a respeito da aceleração de Coriolis.

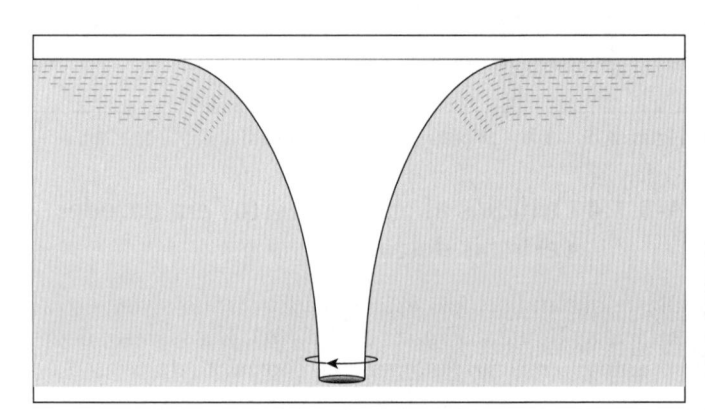

Figura A-5.1.7-a – Representação da formação de um vórtice.

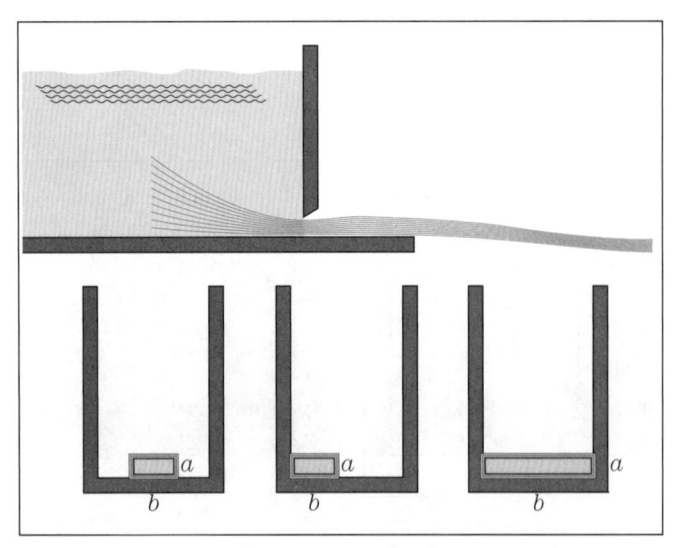

Figura A-5.1.6-a – Orifícios junto ao fundo e/ou paredes.

Figura A-5.1.7-b – Fotografia de um vórtice.

A-5.1.8 Perda de carga nos orifícios

Se não existissem perdas nos orifícios, a velocidade real do jato $v_{2,R}$ igualar-se-ia à velocidade teórica v_t (Torricelli).

A perda de carga que ocorre na passagem por um orifício corresponderá, portanto, à diferença de energia cinética

$$h_f = \frac{v_t^2}{2 \times g} - \frac{v_{2,R}^2}{2 \times g}$$

Como

$$C_v = \frac{v_{2,R}}{v_t}, \quad v_t = \frac{v_{2,R}}{C_v}, \quad h_f = \frac{v_{2,R}^2}{C_v^2 \times 2 \times g} - \frac{v_{2,R}^2}{2 \times g},$$

$$h_f = \left(\frac{1}{C_v^2} - 1\right) \times \frac{v_2^2}{2 \times g},$$

expressão da perda de carga, aplicável também aos orifícios com adufas e comportas.

No caso de comportas, o valor do coeficiente, em geral, se inclui entre 0,6 e 0,8. Admitindo-se usar 0,7 como um valor adequado para cálculos e aproximações expeditas, encontra-se para cálculo da perda de carga em comportas:

$$h_f = \frac{v_{2,R}^2}{2 \times g}$$

A vazão é dada pela expressão comum:

$$Q = 0,7 \times \sqrt{2 \times g \times h}$$

(onde h é a altura do nível da água em relação ao centro da comporta). No caso de comportas afogadas, h é a diferença entre os níveis da água de montante e de jusante.

A-5.1.9 Escoamento com nível variável

Nos casos já considerados, a carga h foi admitida invariável. Se não for mantido o nível constante, a altura h passará a diminuir com o tempo, em consequência do próprio escoamento pelo orifício. Com a redução da carga, a descarga através do orifício também irá decrescendo. O problema que se apresenta na prática consiste em se determinar o tempo necessário para o esvaziamento de um recipiente ou de um tanque.

Sendo:
A = a área do orifício;
A_R = a área do reservatório (superfície);
t = o tempo necessário para o seu esvaziamento, em segundos.

Num pequeno intervalo dt, a vazão será

$$Q = C_d \times A \times \sqrt{2 \times g \times h} \quad \text{(pequenos orifícios)}$$

e o volume de líquido descarregado,

$$V = C_d \times A \times \sqrt{2 \times g \times h} \times dt \quad (V = Q \times t)$$

Nesse mesmo intervalo de tempo, o nível de água no reservatório baixará de dh, o que corresponde a um volume de líquido.

$$V = A_R \times dh$$

As duas expressões que dão o volume são iguais:

$$A_R \times dh = C_d \times A \times \sqrt{2 \times g \times h} \times dt, \quad \therefore$$

$$dt = \frac{A_R \times dh}{C_d \times A \times \sqrt{2 \times g \times h}}$$

Integrando-se a expressão acima, entre dois níveis h_1 e h_2,

$$t = \frac{A_R}{C_d \times A \times \sqrt{2 \times g}} \times \int_{h_2}^{h_1} h^{-1/2} \times dh$$

$$t = \frac{2 \times A_R}{C_d \times A \times \sqrt{2 \times g}} \times \left(h_1^{1/2} - h_2^{1/2}\right)$$

Para o esvaziamento completo $h_2 = 0$ e $h_l = h$,

$$t = \frac{2 \times A_R}{C_d \times A \times \sqrt{2 \times g}} \times \sqrt{h}$$

expressão aproximada, uma vez que depois de certo tempo de escoamento o orifício deixaria de ser "pequeno". Substituindo-se os valores:

$$C_d \equiv 0,61$$

$$\sqrt{2 \times g} \cong 4,43$$

encontra-se:

$$t = 0,74 \times \frac{A_R}{A} \times \sqrt{h}$$

A-5.2 ESTUDO DOS BOCAIS

A-5.2.1 Classificação dos bocais

Os bocais são constituídos por peças especiais adaptadas aos orifícios ou extremidades de tubos/mangueiras. Servem para dirigir o jato. O seu comprimento costuma estar compreendido entre vez e meia (1,5) e três (3) vezes o seu diâmetro nominal DN. A partir daí, e de um modo geral, para comprimentos maiores, de 3 a 500 DN consideram-se como *tubulações muitos curtas*; de 500 a 4.000 DN como *tubulações curtas*; e acima de 4.000 DN como *tubulações longas*.

O estudo de orifícios em parede espessa é feito do mesmo modo que o estudo dos bocais.

Os bocais costumam ser classificados de acordo com a *Tabela A-5.2.1-a*.

Tabela A-5.2.1-a Classificação dos bocais

Cilíndricos	Interiores ou Reentrantes (*Figura A-5.2.1-a*)	
	Exteriores (*Figura A-5.2.1-a* ou *b*)	
Cônicos	Interiores ou Reentrantes	Convergentes
		Divergentes
	Exteriores	Convergentes (*Figura A-5.2.1-c*)
		Divergentes (*Figura A-5.2.1-d*)

Denomina-se *bocal-padrão* o bocal cujo comprimento é igual a 2,5 vezes o seu diâmetro nominal, e *bocal de borda* ao bocal reentrante de comprimento padrão.

A-5.2.2 Vazão nos bocais

Aos bocais aplica-se a fórmula geral, deduzida para os orifícios pequenos:

$$Q = C_d \times A \times \sqrt{2 \times g \times h}$$

A-5.2.3 Bocais cilíndricos

A contração da veia ocorre no interior dos bocais cilíndricos.

Nos bocais-padrão, a veia pode colar-se ou não às suas paredes. Fechando-se o tubo de modo a enchê-lo, fazemos com que a veia fique colada, resultando um jato "total" (ocupando inteiramente a seção de saída).

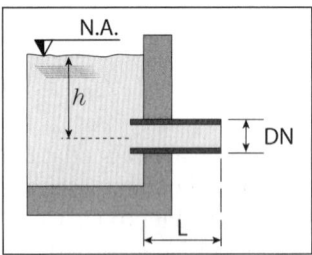

Figura A-5.2.1-a

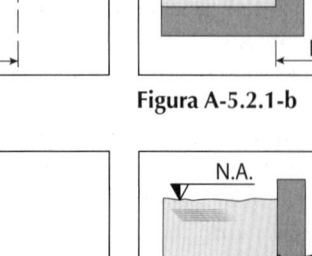

Figura A-5.2.1-b

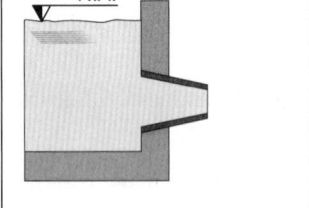

Figura A-5.2.1-c

Figura A-5.2.1-d

É interessante observar que o bocal reentrante de borda corresponde à menor vazão: coeficiente de descarga 0,51 (teoricamente encontra-se $C_d = 0,5$ para veia livre).

O bocal cilíndrico externo, com veia aderente, eleva a vazão: $C_d = 0,82$.

A-5.2.4 Bocais cônicos

Com os bocais cônicos aumenta-se a vazão. Experimentalmente, verifica-se que, nos bocais convergentes, a descarga é máxima para $\theta = 13°30'$: $C_d = 0,94$.

Os tubos divergentes com a pequena seção inicial convergente, conforme mostra a *Figura A-5.2.4-a*, denominam-se Venturi, por terem sido estudados pelo investigador italiano. As experiências de Venturi demonstram que um ângulo de divergência de 5° combinado com o comprimento do tubo igual a cerca de nove vezes o diâmetro da seção estrangulada permite os mais altos coeficientes de descarga.

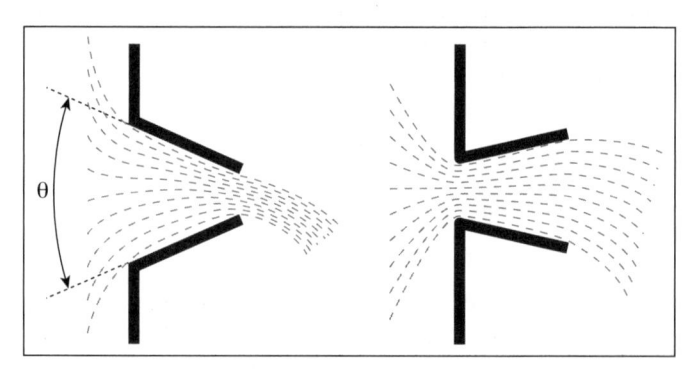

Figura A-5.2.4-a – Bocais cônicos convergente e divergente.

A-5.2.5 Bocais, agulhetas, requintes, canhões

Na prática, os bocais são construídos para várias finalidades: combate a incêndios (requintes), operações de limpeza, serviços de construção, aplicações agrícolas (aspersores), tratamento de água, máquinas hidráulicas (agulha das rodas Pelton), chafarizes etc.

Quatro tipos usuais como requintes de canhões de água e extremidade de mangueiras de combate a incêndio acham-se mostrados na *Figura A-5.2.5-a*.

O coeficiente de descarga (C_d) geralmente está compreendido entre 0,95 e 0,98.

Os bocais de incêndio normalmente têm diâmetro de saída de 25 a 37,5 mm.

Recentemente, desenvolveu-se tecnologia em mini e em microbocais a alta pressão para corte de peças usando água (peças em metal, plástico, tecidos etc.) usando bocais especialmente desenvolvidos para cada fim, esculpidos em materiais específicos para resistir às pressões e cavitações.

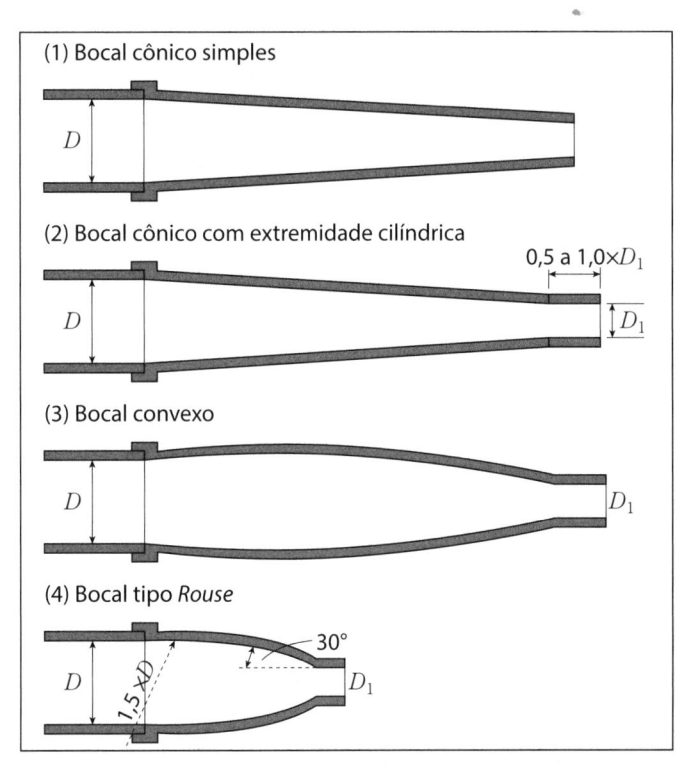

Figura A-5.2.5-a – Bocais para jato de água de incêndio ou similares.

Chafarizes ornamentais também desenvolveram bocais específicos patenteados para efeitos especiais.

São áreas de conhecimento específico a serem desenvolvidas fora do contexto deste livro.

As tabelas A-$5.2.5$-a e b apresentam informações úteis ao assunto.

A-5.2.6 Experiência de Venturi

Parece paradoxal o fato de a vazão se elevar com a adição de um bocal, pois, com o bocal, novos pontos para perda de energia são criados. A explicação foi dada por Venturi numa célebre experiência.

A pressão média existente na coroa de depressão, que envolve a veia líquida dentro do bocal, é menor que a pressão atmosférica. Isso foi verificado por Venturi, que introduziu naquela parte um tubo de vidro, conforme mostra a *Figura A-5.2.6-a*. Observa-se que o valor $0,75 \times h_1$ tem um limite teórico de 1 atm (10 m.c.a.).

Nessas condições, a descarga, que num orifício ocorreria contra a pressão atmosférica, com a adição de

Tabela A-5.2.5-a Bocais: coeficientes médios

1″1/2	C_c	C_v	C_d	Observação
	0,62	0,985	0,61	Valores médios para orifícios comuns em parede delgada
	0,52	0,98	0,51	Veia livre
	1,00	0,75	0,75	Veia colada
	0,62	0,985	0,61	Veia livre (valores médios)
	1,00	0,82	0,82	Veia colada
	1,00	0,98	0,98	Bordas arredondadas acompanhando os filetes líquidos

Tabela A-5.2.5-b Alcance máximo dos jatos com bocais (Bib. A725) em metros

		Pressão em m.c.a.			
		14	20	42	56
Horizontal ângulo 32° com a horizontal DN orifício	1″ 25 mm	11,3	16,8	20,5	32,2
	1″1/4 32 mm	11,9	18,9	22,8	25,6
	1″1/2 38 mm	12,2	20,1	24,4	26,9
Vertical ângulo 60° com a horizontal DN orifício	1″ 25 mm	10,7	19,5	24,0	27,2
	1″1/4 32 mm	11,0	19,8	25,6	28,7
	1″1/2 38 mm	11,3	21,0	26,6	29,3

um bocal, passa a ser feita contra uma pressão menor, elevando-se a vazão. A existência do bocal permite a formação e manutenção da coroa de depressão.

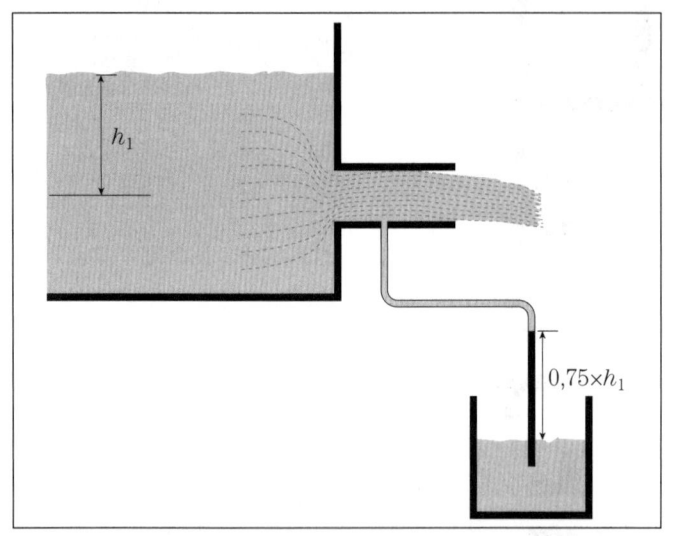

Figura A-5.2.6-a – Experiência de Venturi.

A-5.2.7 Subdivisão de carga em um bocal. Perda de carga

Da carga total h, que atua sobre um bocal cilíndrico, cerca de 2/3 se converte em velocidade, correspondendo o terço restante à energia despendida na entrada do bocal.

Considerando, por exemplo, o caso ilustrado na *Figura A-5.2.7-a* de um tanque com uma altura de água de 10,0 m em relação ao eixo de um bocal, cujo comprimento de 0,30 m iguala-se a três diâmetros (DN = 0,10 m).

$$Q = C_d \times A \times \sqrt{2 \times g \times h}$$

$$C_d = 0,82$$

$$A = 0,00785 \text{ m}^2$$

$$Q = 0,82 \times 0,00785 \times \sqrt{2 \times 9,8 \times 10} = 0,090 \text{ m}^3/\text{s}$$

Logo

$$v = \frac{Q}{A} = \frac{0,090}{0,00785} = 11,46 \text{ m/s}$$

A carga h_1 correspondente a essa velocidade será

$$h_1 = \frac{v^2}{2 \times g} = \frac{11,46^2}{2 \times 9,8} = 6,70 \text{ m}$$

Comparando-se esse valor de h_1 com a carga inicialmente disponível (h = 10 m), verifica-se que cerca de dois terços de h (66,6% ou, aproximadamente, 6,70 m) converte-se em velocidade, enquanto que o terço restante (33,3% ou 3,30 m) corresponde à energia despendida na entrada do bocal.

Essa perda (($^1/_3$) × h) é equivalente à metade de h_1 h_1 = ($^2/_3$) × h, sendo, portanto, igual a

$$0,5 \times \left(\frac{v^2}{2 \times g} \right)$$

Designando-se por h_f a perda de carga,

$$h_f = h - h_1,$$

Como, conforme o *item A-5.1.2*, o coeficiente C_v expressa a relação entre a velocidade real v e a velocidade teórica v_t, temos:

$$v = C_v \times v_t \quad \text{e} \quad v_t = \frac{v}{C_v}$$

logo

$$h_f = \frac{v_t^2}{2 \times g} - \frac{v^2}{2 \times g} = \frac{v^2}{C_v^2 \times 2 \times g} - \frac{v^2}{2 \times g}$$

então

$$h_f = \left(\frac{1}{C_v^2} - 1 \right) \times \frac{v^2}{2 \times g}$$

expressão da perda de carga nos bocais idêntica a dos orifícios.

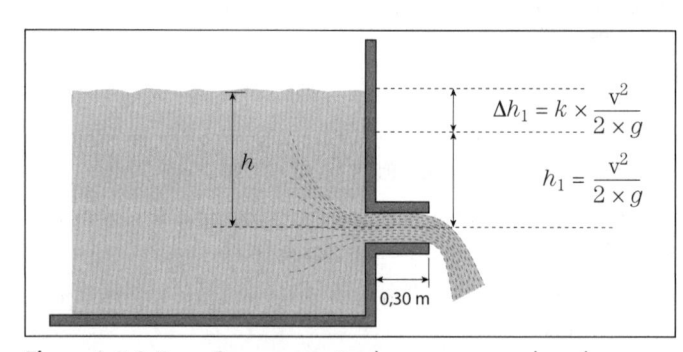

Figura A-5.2.7-a – Representação de carga em um bocal.

A-5.2.8 Comparação entre a perda de carga em um bocal normal e a perda em um bocal com entrada arredondada

Para os bocais comuns, (*Figura A-5.2.8-a (1)*), em que o valor médio de C_v é 0,82, a perda na entrada vem a ser

$$h_f = \left(\frac{1}{C_v^2} - 1 \right) \times \frac{v^2}{2 \times g} = \left(\frac{1}{0,82^2} - 1 \right) \times \frac{v^2}{2 \times g} \approx$$

$$\approx (1,5 - 1) \times \frac{v^2}{2 \times g} = 0,50 \times \frac{v^2}{2 \times g}$$

ou seja, 50% de $\dfrac{v^2}{2 \times g}$.

Empregando-se bocais com bordas bem arredondadas (*Figura A-5.2.8-a (2)*) consegue-se elevar o valor de C_v até 0,98, resultando

$$h_f = \left(\frac{1}{C_v^2} - 1\right) \times \frac{v^2}{2 \times g} = \left(\frac{1}{0,98^2} - 1\right) \times \frac{v^2}{2 \times g},$$

$$(1,04 - 1) \times \frac{v^2}{2 \times g} = 0,04 \times \frac{v^2}{2 \times g}$$

ou apenas cerca de 4% da carga de velocidade, o que mostra a conveniência de haver melhores condições de entrada.

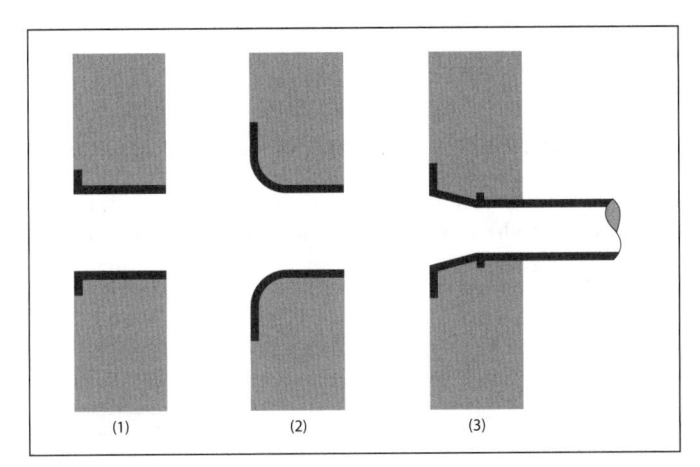

Figura A-5.2.8-a – Entradas de bocais.

A forma geométrica ideal de um bocal é a de uma *pseudoesfera* (*Figura A-5.2.8-b*), que é a rotação de uma curva *tratriz* em torno de um de seus dois eixos (*Figura A-5.2.8-c*).

Na prática, porém, uma curvatura ideal constitui um refinamento que raramente pode ser realizado. Entretanto as condições podem ser bastante melhoradas nos casos de tubulações, empregando-se na sua extremidade inicial uma peça de redução de diâmetro (*Figura A-5.2.8-a (3)*).

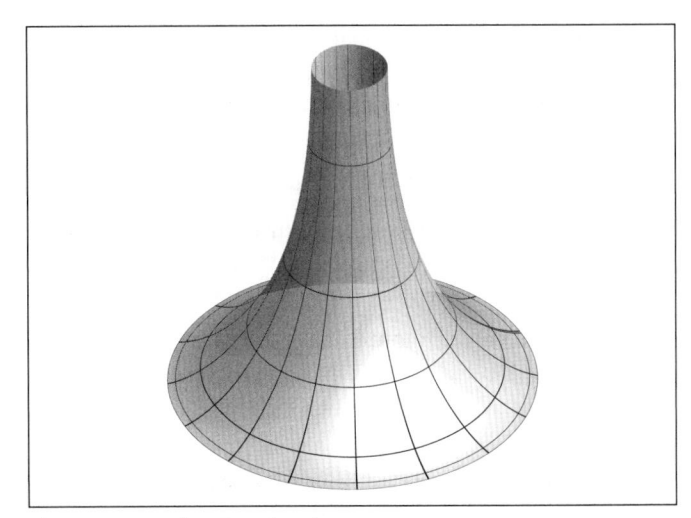

Figura A-5.2.8-b – Pseudoesfera.

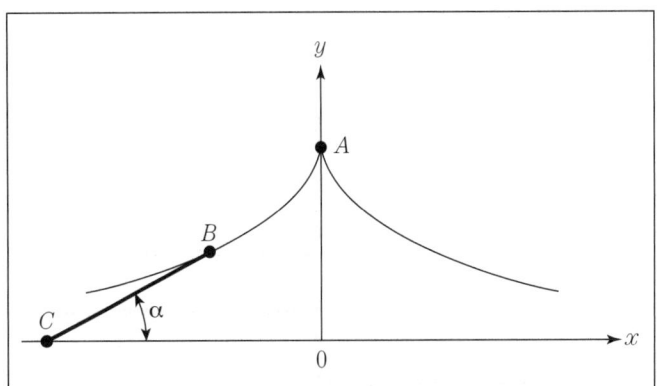

Tratriz
Considere o segmento rígido BC, de comprimento fixo. Tratriz é a curva formada pela trajetória da extremidade B desse segmento a partir de A, quando a extremidade C é trasladada desde O ao longo de uma linha reta x, e a posição de B é decrescente em relação a y.

Figura A-5.2.8-c – Tratriz.

A-5.3 TUBOS CURTOS SUJEITOS À DESCARGA LIVRE

A-5.3.1 Natureza do problema

Um problema que se apresenta ao engenheiro com relativa frequência é o que diz respeito à determinação da vazão de tubos relativamente curtos com descarga livre. Para citar os exemplos mais comuns, basta mencionar certos tipos de extravasores, canalizações para o esvaziamento de tanques, descargas de canalizações, bueiros, instalações industriais, descargas de lodos de decantadores etc.

Muito embora esse problema não exija tratamento complexo, a sua solução nem sempre tem sido bem colocada pelos profissionais que dele se ocupam. Observa-

-se frequentemente a aplicação de fórmulas estabelecidas para as tubulações (encanamentos longos) sem os cuidados exigidos pela particularidade do caso em questão.

Conforme a *Figura A-5.3.1-a*, classificam-se assim:

- para $L = 0$, orifícios;　　para $L = DN$, orifícios;
- para $L = 2\ DN$, bocais;　　para $L = 3\ DN$, bocais.

Quando o comprimento L ultrapassa um grande número de vezes o diâmetro DN, encontra-se o caso das tubulações

$$L > n \times DN$$

Teoricamente, o valor de n não deve ser inferior a 40 nos casos mais favoráveis, devendo exceder 250 nos casos mais comuns. **Merriman** considerava o comprimento $500 \times DN$ como limite inferior para as tubulações propriamente ditas.

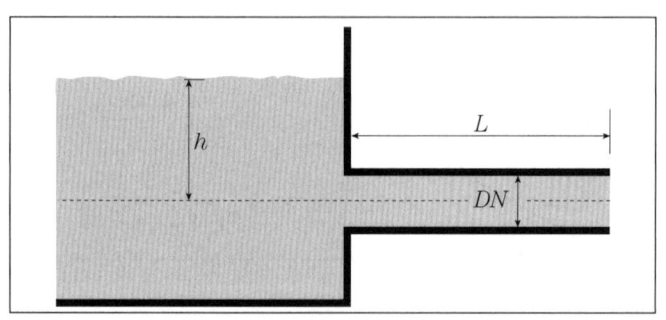

Figura A-5.3.1-a – Representação de tubo curto.

A-5.3.2 Tubos muito curtos

De qualquer maneira, verifica-se a existência de certa gama de valores, compreendida entre $3 \times DN$ e $n \times DN$, que excede os bocais e cujas condições não caracterizam as tubulações normais.

Geralmente consideram-se *"tubos muito curtos"* aqueles cujo comprimento supera o dos bocais ($3 \times DN$) e não excede o das tubulações curtas ($500 \times DN$).

As fórmulas gerais para as tubulações são aplicáveis aos tubos ou tubulações de comprimento superior a $100 \times DN$, devendo-se considerar as perdas de entrada e de velocidade para as tubulações cujo comprimento seja inferior a cerca de $4.000 \times DN$. Para essa zona podem ser definidas as tubulações curtas.

Erros grosseiros podem resultar da aplicação descuidada de fórmulas obtidas para canalizações de grande comprimento aos tubos muito curtos. Enquanto que naquelas predominam os atritos ao longo das linhas, nestes prevalecem a energia convertida em velocidade e as perdas localizadas, entre as quais a de entrada.

A influência das diversas perdas nas tubulações em função da relação comprimento/diâmetro (L/D) pode ser evidenciada pela *Tabela A-5.3.2-a*, de valores médios calculados para tubos de 0,30 m de diâmetro, com uma carga inicial de 30 m.

Tabela A-5.3.2-a Influência das perdas em tubulações de descarga livre

	Comprimento expresso em diâmetros				
	5	50	100	1.000	10.000
Carga de velocidade*	62%	41%	29%	5%	0,5%
Perda na entrada	32%	20%	15%	2%	0,3%
Perda nos tubos	6%	39%	56%	93%	99,3%

*Em termos da carga disponível h.

A-5.3.3 Perda de carga nos orifícios e bocais

No caso de um orifício similar à *Figura A-5.1.1-a*, a carga total equivale à energia de velocidade do jato acrescida da perda na saída:

$$h = \frac{v^2}{2 \times g} + k \times \frac{v^2}{2 \times g},$$

$$v^2 + k \times v^2 = 2 \times g \times h \quad \therefore \quad v = \frac{1}{\sqrt{1+k}} \times \sqrt{2 \times g \times h}$$

E, como

$$v = C_v \times \sqrt{2 \times g \times h}, \qquad C_v = \frac{1}{\sqrt{1+k}},$$

$$k = \frac{1}{C_v^2} - 1, \qquad \Delta h_1 = \left(\frac{1}{C_v^2} - 1\right) \times \frac{v^2}{2 \times g},$$

conhecida expressão que permite o cálculo da perda de carga em um orifício, em um bocal ou na entrada de uma canalização.

Tomando-se o valor prático para bocais, $C_v = 0,82$,

$$\Delta h_1 = \left(\frac{1}{0,82^2} - 1\right) \times \frac{v^2}{2 \times g} \cong 0,50 \times \frac{v^2}{2 \times g}$$

A-5.3.4 Perdas nas tubulações retilíneas

Tratando-se, porém, de um tubo ou de uma simples tubulação retilínea, além da perda localizada na entrada $(0,5 \times v^2)/(2 \times g)$ e da carga correspondente à velocidade $(v^2/(2 \times g))$ existe ainda a perda por atrito ao longo das peças (h_f).

$$h = 0,5 \times \frac{v^2}{2 \times g} + \frac{v^2}{2 \times g} + h_f,$$

$$h = 1,5 \times \frac{v^2}{2 \times g} + \frac{f \times L \times v^2}{DN \times 2 \times g},$$

(fórmula Universal – veja *Capítulo A-8*)

onde,

f = coeficiente de atrito
L = comprimento da canalização (m)
DN = diâmetro nominal
v = velocidade média (m/s)

$$2 \times g \times h = \left(1,5 + f \times \frac{L}{DN}\right) \times v^2 \therefore v = \sqrt{\frac{2 \times g \times h}{1,5 + f \times \dfrac{L}{DN}}}$$

$$Q = A \times v = A \times \sqrt{\frac{2 \times g \times h}{1,5 + f \times \dfrac{L}{DN}}}$$

que também poderá ser escrita da forma

$$Q = \frac{A}{\sqrt{1,5 + f \times \dfrac{L}{DN}}} \times \sqrt{2 \times g \times h}$$

Como

$$Q = C_d \times A \times \sqrt{2 \times g \times h}$$

$$C_d = \frac{1}{\sqrt{\dfrac{1}{C_v^2} + f \times \dfrac{L}{DN}}}$$

Os valores do coeficiente de atrito f variam com a velocidade média do líquido e com o diâmetro da canalização, para as mesmas condições de temperatura e de rugosidade das paredes. O aumento de velocidade corresponde a um decréscimo no valor de f.

No caso de tubos muito curtos, com descarga livre, a dificuldade reside na fixação do valor adequado de f, não somente porque, ao se procurar determinar a vazão, a velocidade é desconhecida, como também devido ao fato de não se contar com valores experimentais correspondentes às grandes cargas e velocidades elevadas.

A-5.3.5 Condições de entrada nos tubos

Examinando-se as condições de entrada nos tubos sob o ponto de vista teórico, verifica-se que o regime normal de escoamento somente é atingido após um certo percurso inicial. Ao fim desse trecho de transição é que se pode encontrar uma distribuição de velocidades capaz de caracterizar um regime de escoamento. Daí a necessidade de se considerar os dois casos que ocorrem na prática: o escoamento em regime laminar e o escoamento em regime turbulento.

Nenhuma das fórmulas práticas estabelecidas para tubulações, a rigor, poderia ser aplicada para as condições que prevalecem nesse trecho inicial.

A-5.3.6 Escoamento em regime laminar

Nesse caso, se a seção de entrada no tubo for bem arredondada, de modo a evitar contrações, todas as partículas do líquido entrarão no tubo e começarão a escoar por ele com a mesma velocidade, exceção feita para uma camada muito pequena junto às paredes do tubo, que sofrerá a sua influência.

De início, portanto, as partículas vão escoar praticamente com a mesma velocidade v, sendo $v^2/(2 \times g)$ a energia cinética da massa.

À medida que as partículas forem escoando ao longo do tubo, os filetes que ocupam a parte central vão tendo o seu movimento acelerado, ao passo que as partículas mais próximas das paredes ficam retardadas. Como se trata de regime laminar, o perfil normal de velocidades é parabólico e as condições de equilíbrio, teoricamente, somente seriam atingidas após uma distância infinita (*Figura A-5.3.6-a*).

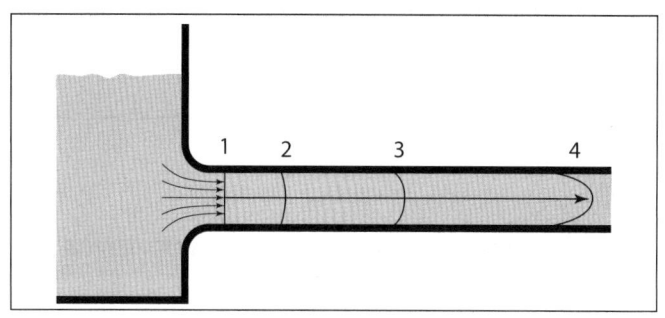

Figura A-5.3.6-a – Escoamento em regime laminar em um tubo de descarga.

Praticamente, Prandtl e Tietjens indicam que o perfil de equilíbrio é obtido após um percurso,

$$L = 0,13 \times R_e \times DN$$

Para $R_e = 1.800$ (número de Reynolds), por exemplo:

$$L = 234 \times DN$$

Com o escoamento laminar, isto é, com a distribuição parabólica de velocidades, a energia cinética no eixo do tubo será igual a

$$2 \times \frac{v^2}{2 \times g}$$

No percurso mencionado, a energia cinética no filete do eixo passará, portanto, de

$$\frac{v^2}{2 \times g} \quad a \quad 2 \times \frac{v^2}{2 \times g}$$

A-5.3.7 Escoamento em regime turbulento

Com o escoamento turbulento, as condições de regime serão alcançadas mais rapidamente que no caso anterior.

Teoricamente, admite-se que, a partir da aresta de entrada (0), constitui-se uma camada em que o escoamento é laminar, camada essa que vai se tornando mais espessa até um valor crítico z, a partir do qual a espessura se reduz repentinamente a um valor relativamente pequeno (δ), que se mantém constante (filme laminar).

Em z, origina-se uma camada que limita o escoamento turbulento em regime, cuja espessura aumenta muito rapidamente.

No ponto em que convergem essas novas camadas (considerando o perfil de um tubo conforme mostrado no *Figura A-5.3.7-a*), as condições de regime são atingidas em toda a seção de escoamento. As condições de equilíbrio nesse caso são alcançadas após um percurso muito menor que no caso anterior, podendo-se estimar em 20 a 40 diâmetros, a contar da borda de entrada. Devido à curvatura acentuada do trecho z-t, o regime se estabelece muito mais rapidamente do que se verificaria para z-t'.

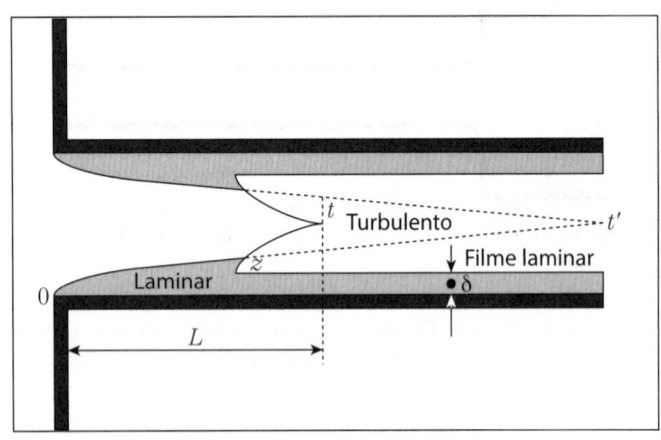

Figura A-5.3.7-a – Escoamento em regime turbulento em um tubo.

A-5.3.8 Processo expedito de cálculo da vazão

Em vista das dificuldades que se apresentam para o tratamento do problema com o máximo rigor teórico, torna-se vantajoso para o engenheiro o processo expedito de cálculo, que se considera a seguir.

A determinação da vazão de tubos muito curtos sujeitos à descarga livre pode ser feita aplicando-se a expressão geral de descarga nos bocais; assim:

$$Q = C_d \times A \times \sqrt{2 \times g \times h}$$

onde:

Q = vazão, em m³/s;
A = seção de escoamento (área útil do tubo), em m²;
g = 9,8 m/s²;
h = carga inicial disponível, em m.

O coeficiente de descarga C_d (ou coeficiente de velocidade C_v) dependerá do comprimento relativo do tubo, isto é, de L/DN.

Para orifícios em paredes delgadas,

$$\frac{L}{DN} < 0,5 \qquad C_d = 0,61$$

Para os bocais, esse valor se eleva,

$$2 < \frac{L}{DN} < 3 \qquad C_d = 0,82$$

Para os tubos muito curtos, o valor de C_d vai decrescendo, à medida que se eleva a relação L/DN, em consequência da influência dos atritos internos e externo (parede dos tubos).

Eytelwein obtém os seguintes resultados com tubos novos de ferro fundido, de 0,30 de diâmetro, ensaiados com uma carga inicial de 30 m:

$$\frac{L}{DN} = 10 \qquad C_d = 0,77$$

$$\frac{L}{DN} = 20 \qquad C_d = 0,73$$

$$\frac{L}{DN} = 30 \qquad C_d = 0,70$$

$$\frac{L}{DN} = 40 \qquad C_d = 0,66$$

$$\frac{L}{DN} = 60 \qquad C_d = 0,60$$

Outras pesquisas foram conduzidas por Bazard e Fanning há muitos anos.

Na *Tabela A-5.3.8-a*, estão comparados os valores práticos disponíveis para o coeficiente C_d.

Tabela A-5.3.8-a Valores práticos de C_d

L/D	Azevedo Netto*	Bazard	Eytelwein***	Fanning**
300	0,33			0,38
200	0,39			0,44
150	0,42			0,48
100	0,47	0,50		0,55
90	0,49	0,52		0,56
80	0,52	0,54		0,58
70	0,54	0,57		0,60
60	0,56	0,60	0,60	0,62
50	0,58	0,63	0,63	0,64
40	0,64	0,66	0,66	0,67
30	0,70	0,70	0,70	0,70
20	0,73	0,73	0,73	0,73
15		0,75	0,75	0,75
10		0,77	0,77	0,77

* Valores obtidos com tubos de pequeno diâmetro
** Valores obtidos com tubos de ferro fundido de DN = 0,30 m
*** Com tubos DN 300 mm e 30 m.c.a. de carga na entrada

A-5.3.9 Descarga de bueiros

Os bueiros são condutos relativamente curtos e geralmente trabalham afogados.

As experiências da Universidade de Iowa, EUA, indicavam que o coeficiente de descarga é função da relação comprimento/diâmetro (L/DN).

Para os bueiros de concreto, com até 15 m de comprimento, recomendam-se os valores para C_d dados na *Tabela A-5.3.9-a*.

O *item B-I.3* deste livro trata do dimensionamento de bueiros, considerando outras variáveis.

Tabela A-5.3.9-a Coeficientes de descarga para bueiros de concreto

Bueiro	Comprimento L (m)	Diâmetro (m)						
		0,30	0,45	0,60	0,90	1,20	1,50	1,80
Bueiros entrada chanfrada	3,0	0,86	0,89	0,91	0,92	0,93	0,94	0,94
	6,0	0,79	0,84	0,87	0,90	0,91	0,92	0,93
	9,0	0,73	0,80	0,83	0,87	0,89	0,90	0,91
	12,0	0,68	0,76	0,80	0,85	0,88	0,89	0,90
	15,0	0,65	0,73	0,77	0,83	0,86	0,88	0,89
Bueiros com entrada viva	3,0	0,80	0,81	0,80	0,79	0,77	0,76	0,75
	6,0	0,74	0,77	0,78	0,77	0,76	0,75	0,74
	9,0	0,69	0,73	0,75	0,76	0,75	0,74	0,74
	12,0	0,65	0,70	0,73	0,74	0,74	0,74	0,73
	15,0	0,62	0,68	0,71	0,73	0,73	0,73	0,72

Exercício A-5-a

Em uma fábrica encontra-se a instalação indicada no esquema (*Figura A-5-a*), compreendendo dois tanques de chapas metálicas, em comunicação por um orifício circular de diâmetro DN = "*d*", seguido de uma descarga para a atmosfera através de um orifício quadrado com lado de 0,1 m, rente ao fundo. Determinar o valor máximo de "*d*" para que não haja transbordamento no segundo tanque.

$$\frac{\pi \times d^2}{4} = 0,007 \therefore d = \sqrt{\frac{4 \times 0,007}{\pi}} = \sqrt{0,0089}.$$

$$d = 0,094 \text{ m } (9,4 \text{ cm})$$

Solução:

Orifício quadrado (com supressão em uma face):

$$Q = C'_d \times A \times \sqrt{2 \times g \times h},$$

$$C'_d = C_d \times (1 + 0,15 \times k),$$

$$k = \frac{b}{2 \times (z + b)} = \frac{0,10}{2 \times (0,10 + 0,10)} = 0,25,$$

$$C'_d = 0,61 \times (1 + 0,15 \times 0,25) = 0,633,$$

$$Q = 0,633 \times 0,10^2 \times \sqrt{2 \times 9,8 \times 0,85} =$$

$$= 0,00633 \times 4,08 = 0,026 \text{ m}^3/\text{s } (26 \text{ } \ell/\text{s})$$

Orifício circular (afogado):

$$Q = C_d \times A \times \sqrt{2 \times g \times (h_1 - h_2)} =$$

$$= 0,61 \times A \times \sqrt{2 \times 9,8 \times (2,6 - 0,6)}$$

Sendo assim:

$$0,026 = 0,61 \times A \times \sqrt{2 \times 9,8 \times (2,6 - 0,6)}$$

Logo,

$$A = \frac{0,026}{0,61 \times \sqrt{39,2}} = \frac{0,026}{3,82} = 0,007 \text{ m}^2,$$

CORTE

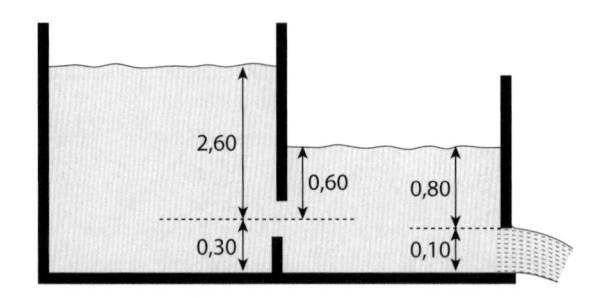

PLANTA

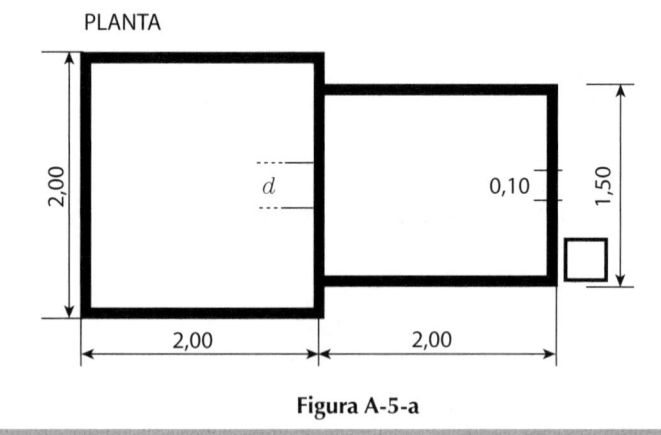

Figura A-5-a

Exercício A-5-b

Em uma estação de tratamento de água, existem dois decantadores de 5,50 × 16,50 m e 3,50 m de profundidade (*Figura A-5-b*). Para limpeza e reparos, qualquer uma dessas unidades pode ser esvaziada por meio de uma comporta quadrada de 0,30 m de lado, instalada junto ao fundo do decantador. A espessura da parede é de 0,25 m.

Calcular a vazão inicial na comporta e determinar o tempo necessário para esvaziamento do decantador.

Solução:

$$Q = C'_d \times A \times \sqrt{2 \times g \times h}$$

$$C'_d = 0,62$$

$$A = 0,30 \times 0,30 = 0,09 \text{ m}^2$$

$$Q = 0,62 \times 0,09 \times \sqrt{2 \times 9,8 \times 3,35} =$$

$$= 0,452 \text{ m}^3/\text{s} = 452 \text{ } \ell/\text{s}$$

que é a vazão inicial na comporta. Vejamos o tempo necessário:

$$t = \frac{2 \times A_R}{C_d \times A \times \sqrt{2 \times g}} \times \sqrt{h_1}$$

$$t = \frac{2 \times 90,75}{0,62 \times 0,09 \times \sqrt{2 \times 9,8}} \times \sqrt{3,35}$$

$$t = 1.345 \text{ s},$$

ou seja, cerca de 22,5 minutos (solução aproximada).

Exercício A-5-b (continuação)

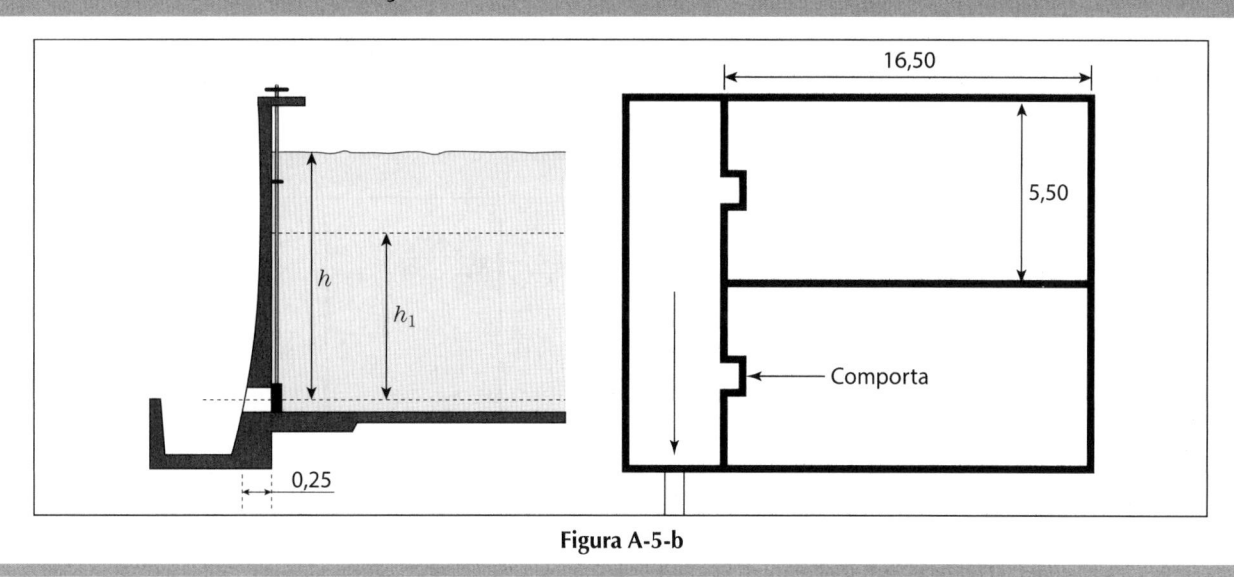

Figura A-5-b

Exercício A-5-c

Qual será o efeito (momento) dos jatos que deixam um distribuidor rotativo de 4 braços de 60 cm, com bocas de 1 cm de diâmetro? Pressão de trabalho = 20 m.c.a. (*Figura A-5-c*).

Solução:

$$Q = C_d \times A \times \sqrt{2 \times g \times h}$$

$$Q = 0,61 \times \frac{\pi \times 0,01^2}{4} \times \sqrt{2 \times 9,8 \times 20} =$$

$$= 0,001 \text{ m}^3/\text{s} \quad \text{ou} \quad 1,0 \text{ } \ell/\text{s}$$

$$F = \frac{\gamma}{g} \times Q \times v = R$$

$$R = \rho \times Q \times v = \frac{\gamma}{g} \times Q \times v$$

Como

$$v = \sqrt{2 \times g \times h}$$

$$R = \frac{1.000}{9,8} \times 0,001 \times \sqrt{2 \times 9,8 \times 20} = 2 \text{ kgf}$$

$$M = 4 \times 2 \times 0,60 = 4,8 \text{ kgf} \times \text{m}$$

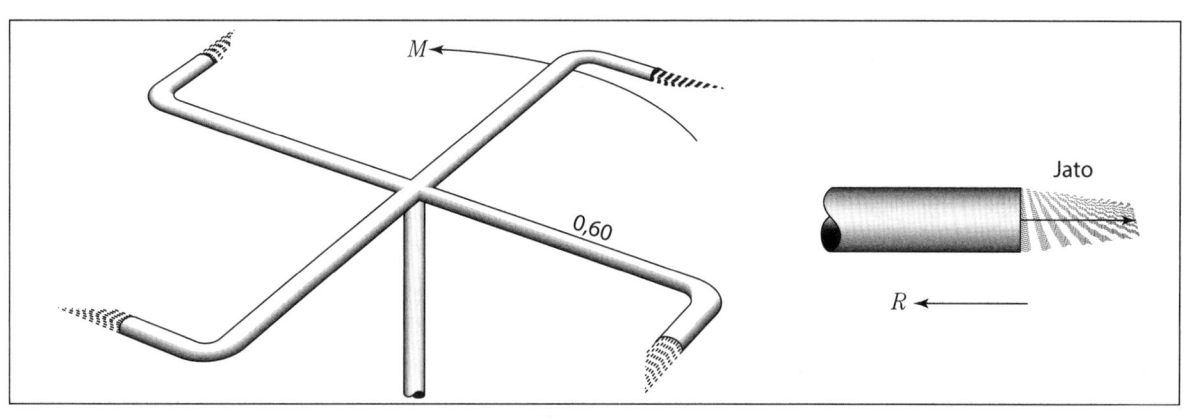

Figura A-5-c

Exercício A-5-d

Considere uma lata conforme a *Figura A-5-d*. Foram realizados 3 furos idênticos, alinhados em uma vertical e equidistantes entre si.

Pergunta-se: Se a lata estiver cheia de água e o nível da água for mantido constante, qual o comportamento dos jatos de água provenientes dos furos realizados?

Alternativa "a)" ou "alternativa "b)" ?

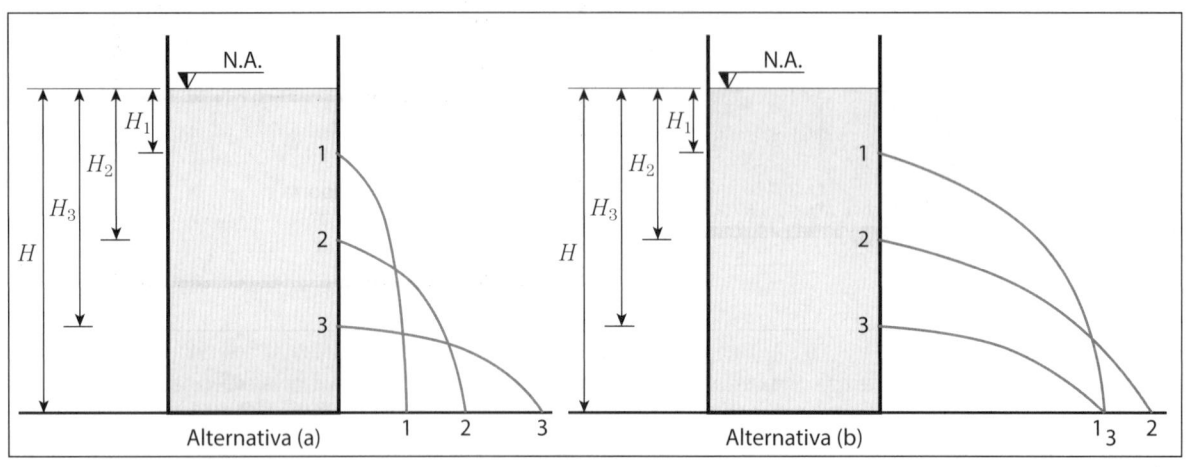

Figura A-5-d

UHE Furnas, no rio Grande, MG. Com bacia drenada de 52.000 km², descarga máxima de 4.130 m³/s, 1.450 km² de área inundada, 22.000 × 10⁶ m³ de volume útil do lago, 80 m de desnível, 127 m de altura, capacidade do vertedor: 13.000 m³/s, vazão turbinável total (engolimento) de 1.340 m³/s, 7 turbinas tipo Francis e potência nominal total de 160.000 kVA. Inaugurada em 1963, foi durante algum tempo a maior hidrelétrica da América Latina. Seu grande reservatório permitiu a regularização que viabilizou o desenvolvimento do potencial do rio em várias usinas a jusante (Bib. M175).

Vertedores

Vertedores

A-6.1 DEFINIÇÃO, APLICAÇÕES

Os vertedores podem ser definidos como simples paredes, diques ou aberturas sobre as quais um líquido escoa. O termo aplica-se, também, a obstáculos à passagem da corrente e aos extravasores das represas. Alguns exemplos de vertedores podem ser observados nas *Figuras A-6.1-a* e *A-6.1-b*.

Os vertedores são, por assim dizer, orifícios sem a borda superior.

Há muito que os vertedores têm sido utilizados, intensiva e satisfatoriamente, na medição de vazão de pequenos cursos de água e condutos livres, assim como no controle do escoamento em galerias e canais, razão por que o seu estudo é de grande importância.

No *Capítulo A-15* volta-se a abordar o assunto "medidores" por vertedores.

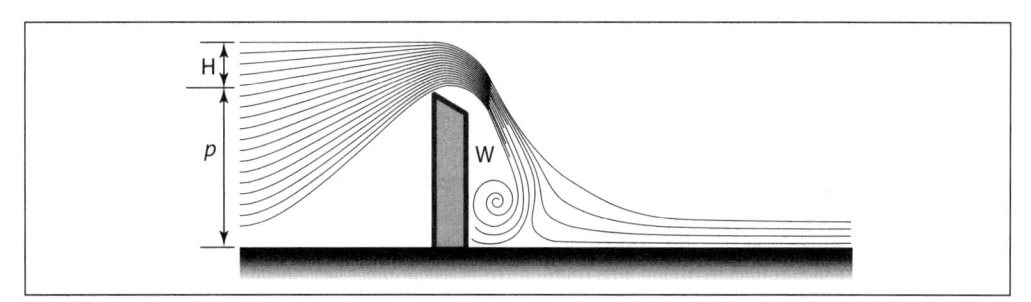

Figura A-6.1-a – Exemplo de vertedor.

Figura A-6.1-b – Vertedor de uma pequena barragem de elevação de nível.

A-6.2 TERMINOLOGIA

A borda, normalmente horizontal, denomina-se crista ou soleira (*Figura A-6.2-a*). As bordas ascendentes verticais ou inclinadas constituem as faces do vertedor. A carga do vertedor, *H*, é a altura atingida pelas águas, a contar da cota da soleira do vertedor. Devido à depleção (abaixamento) da lâmina vertente junto ao vertedor, a carga *H* deve ser medida a montante, no ponto *M*, a uma distância igual ou superior a $10 \times H$ (Ver notas da *Tabela A-6.4.1.1-a*). Exatamente sobre a soleira do vertedor (ponto C), a altura da água é *h*.

A-6.3 CLASSIFICAÇÃO DOS VERTEDORES

Assumindo as mais variadas formas e disposições, os vertedores apresentam comportamentos diversos, sendo muitos os fatores que podem servir de base à sua classificação.

1. *Forma*:
   a) simples (retangulares, trapezoidais, triangulares etc.);
   b) compostos (seções combinadas).

2. *Altura relativa da soleira*:
   a) vertedores completos ou livres ($p > p'$);
   b) vertedores incompletos ou afogados ($p < p'$).

3. *Natureza da parede*:
   a) vertedores em parede delgada (chapas ou madeira chanfrada);
   b) vertedores em parede espessa ($e > 0,66 \times H$) (*Figura A-6.3-a*).

4. *Largura relativa (Figura A-6.3-b)*:
   a) vertedores sem contrações laterais ($L = b$);
   b) vertedores contraídos ($L < b$) (com uma contração e com duas contrações). É considerado contraído o vertedor cuja largura é menor que a do canal de acesso.

5. *Forma da lâmina vertente*:
   a) de lâmina livre (ou ventilada) (*Figura A-6.1-a*);
   b) de lâmina alterada (ou aderida ou deprimida);
   c) de lâmina aderida (*Figuras A-6.1-b e A-6.4.4-a* (3)).

6. *Perfil da soleira*:
   a) arredondados;
   b) de crista viva.

7. *Posição da parede (das bordas)*:
   a) de parede vertical;
   b) de parede inclinada (*Figura A-6.3-c*).

8. *Posição do vertedor em relação à corrente*:
   a) normais ou perpendiculares;
   b) laterais ou paralelos;
   c) esconso (oblíquo).

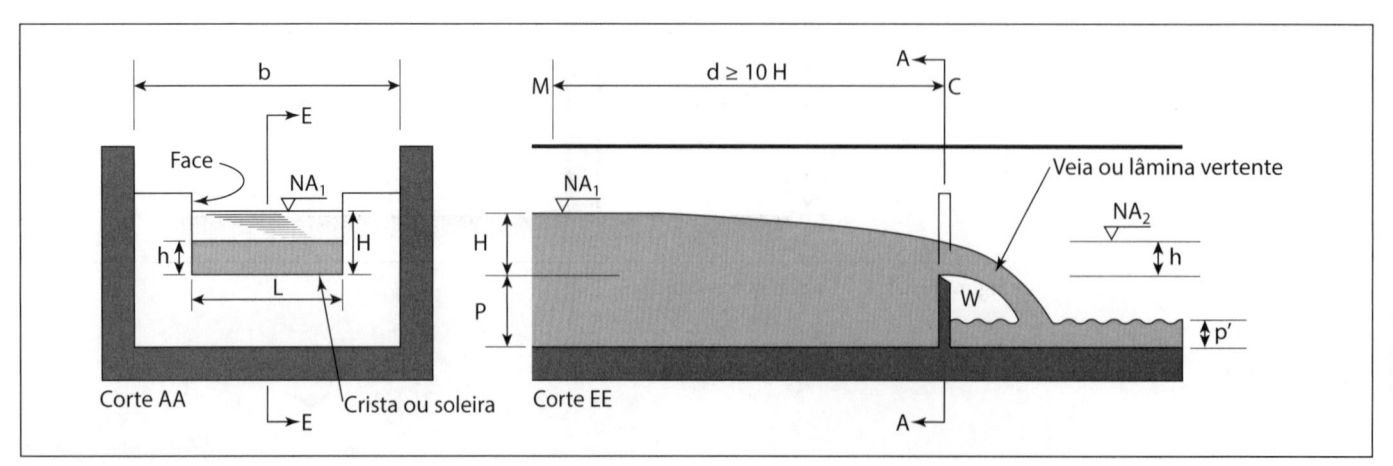

Figura A-6.2-a – Esquema de vertedor.

9. *Perfil do fundo*:
   a) em nível;
   b) em degrau.

10. *Normatização*:
   a) padrão ou standard;
   b) particulares (não padronizados).

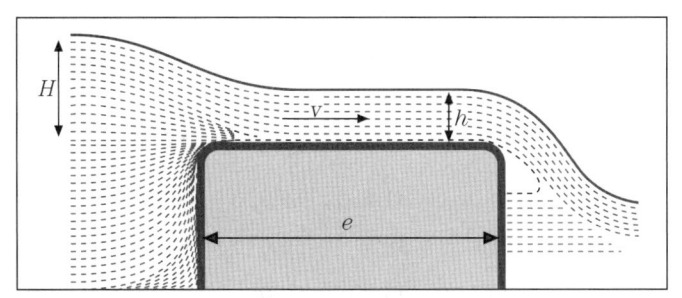

Figura A-6.3-a – Vertedor de parede espessa e soleira arredondada.

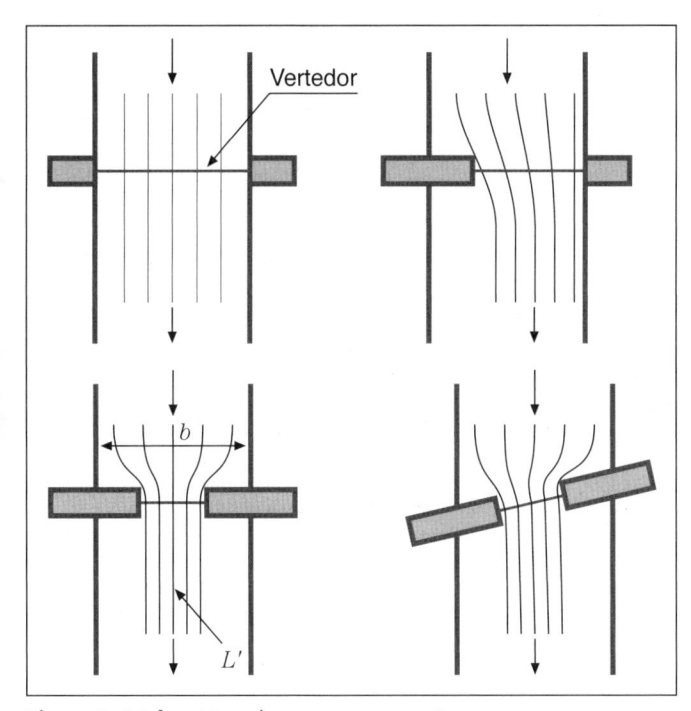

Figura A-6.3-b – Vertedores sem contração, com uma contração, com duas contrações e esconso.

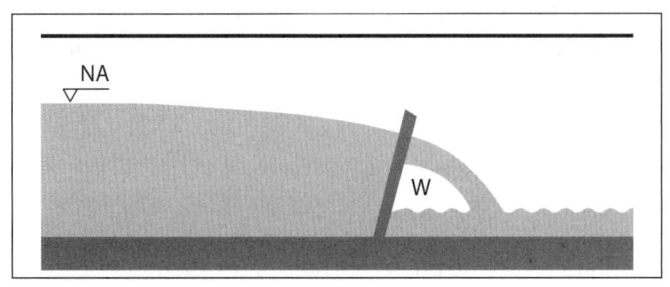

Figura A-6.3-c – Vertedor de parede inclinada.

A-6.4 VERTEDORES RETANGULARES DE PAREDE DELGADA E SEM CONTRAÇÕES

As *Figuras A-6.4-a* e *A-6.4-b* mostram um vertedor retangular de paredes delgadas com contrações e outro sem contrações.

Examinando o escoamento (trajetória das partículas) da água em um vertedor (*Figura A-6.1-a*), observa-se que os filetes inferiores, a montante, elevam-se, tocam a crista do vertedor e sobrelevam-se ligeiramente a seguir. A superfície livre da água e os filetes próximos baixam. Nessas condições, verifica-se um estreitamento da veia, como acontece com os orifícios.

Para os orifícios de grandes dimensões (ver *item A-5.1.5*), foi deduzida a seguinte fórmula:

$$Q = \frac{2}{3} \times C_d \times L \times \sqrt{2 \times g} \times \left(h_2^{\frac{3}{2}} - h_1^{\frac{3}{2}} \right)$$

Fazendo $h_1 = 0$ e $h_2 = H$, então

$$Q = \frac{2}{3} \times C_d \times L \times \sqrt{2 \times g} \times H^{\frac{3}{2}},$$

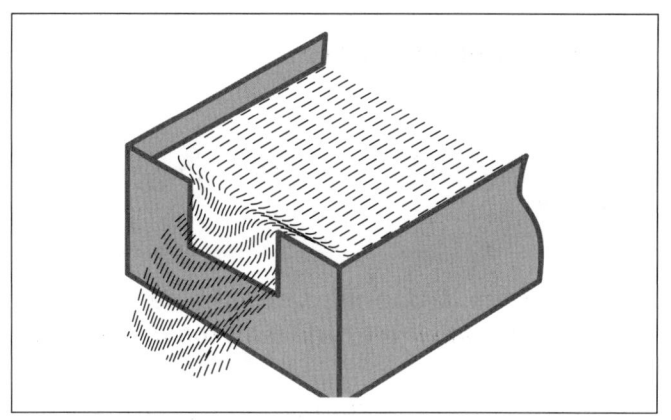

Figura A-6.4-a – Vertedor retangular de paredes delgadas com contração.

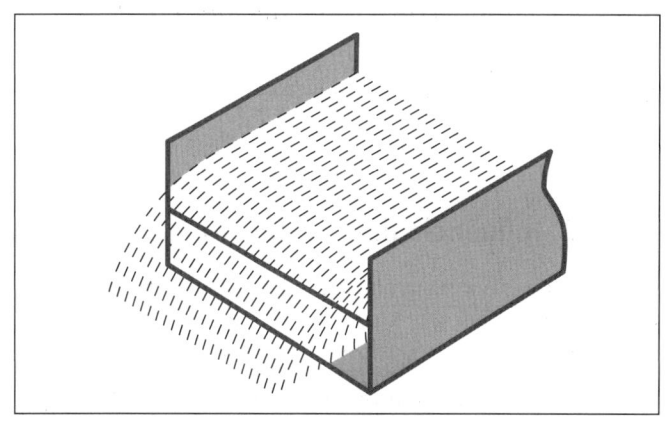

Figura A-6.4-b – Vertedor retangular de paredes delgadas sem contração.

e

$$Q = K \times L \times H^{\frac{3}{2}},$$

onde

$$K = \frac{2}{3} \times C_d \times \sqrt{2 \times g}.$$

Para o valor médio $C_d = 0,62$

$$K = \frac{2}{3} \times 0,62 \times 4,43 = 1,83$$

A-6.4.1　Fórmulas práticas

Encontra-se um grande número de fórmulas propostas para os vertedores retangulares. Serão indicadas apenas as mais usuais.

Essas fórmulas são válidas para os vertedores, nos quais atua a pressão atmosférica sob a lâmina vertente (espaço W ocupado pelo ar, *Figura A-6.2-a*). Na fórmula de Francis está desprezada a velocidade de chegada da água.

A-6.4.1.1　Fórmula de Francis

$$Q = 1,838 \times L \times H^{3/2}$$

sendo Q dada em m³/s e L e H em metros (ver *Tabela A-6.4.1.1-a*).

A-6.4.1.2　Fórmula da Sociedade Suíça de Engenheiros e Arquitetos (unidades no SI)

$$Q = \left(1,816 + \frac{1,816}{1.000 \times H + 1,6}\right) \times \left[1 + 0,5 \times \left(\frac{H}{H + p}\right)^2\right] \times L \times H^{\frac{3}{2}}$$

A-6.4.1.3　Fórmula de Bazin (unidades no SI)

$$Q = \left(0,405 + \frac{0,003}{H}\right) \times \left[1 + 0,55 \times \left(\frac{H}{H + p}\right)^2\right] \times L \times H\sqrt{2 \times g \times H}$$

A-6.4.2　Influência das contrações

As contrações ocorrem nos vertedores cuja largura é inferior à do canal em que se encontram instalados ($L < b$) – ver *Figura A-6.3-b* e o *item A-15.8.3.5*.

Francis, após muitas experiências, concluiu que tudo se passa como se no vertedor com contrações a largura fosse reduzida.

Tabela A-6.4.1.1-a　Vertedores retangulares , sem contração. Vazão por metro linear de soleira.
(Para os vertedores com largura menor ou maior que um metro, multiplicam-se os valores da vazão pela largura real.

Altura H (cm)	Vazão Q (ℓ/s)		Altura H (cm)	Vazão Q (ℓ/s)	
	(*1)	(*2)		(*1)	(*2)
3,0	9,6	8,8	25,0	230,0	212,5
4,0	14,7	13,6	30,0	302,3	279,3
5,0	20,6	19,0	35,0	381,1	253,0
6,0	27,1	25,0	40,0	465,5	430,1
7,0	34,0	31,5	45,0	555,5	513,2
8,0	41,6	38,5	50,0	650,6	601,0
9,0	49,7	45,9	55,0	750,5	693,4
10,0	58,1	53,8	60,0	855,2	790,1
11,0	67,1	62,0	65,0	964,2	890,9
12,0	76,5	70,7	70,0	1.077,7	955,6
13,0	86,2	79,7	75,0	1.195,1	1.104,2
14,0	96,3	89,1	80,0	1.316,5	1.216,4
15,0	106,9	98,8	85,0	1.442,0	1.332,2
18,0	140,4	129,8	90,0	1.571,0	1.451,5
20,0	164,5	152,1	100,0	1.838,0	1.700,0

(*1) Parede delgada (Fórmula de Francis)
(*2) Parede espessa (Fórmula de Torricelli)
Notas:
a) Quanto mais afastado da soleira, mais correta será a medição do H.
b) Antes de instalado o vertedor, não se sabendo a vazão, não se saberá o H ("H" é incógnita). Na prática, resolve-se arbitrando valores e, posteriormente, verificando se as aproximações foram boas.
c) A bibliografia recomenda medir a mais de 5 × H. O autor sugere mais de 10 × H.
d) Em situações onde se requeira mais precisão, sugere-se como local adequado para medir H onde se observe que o NA apresenta gradiente menor que 0,5% (ou seja, quando em 1 m o NA cair menos que 5 mm), admitindo-se que a partir daí a curva de decaimento do NA assíntota o gradiente do canal de aproximação.
e) Para vertedores retangulares com contração: ver *Tabela A-15.8.3.5-a*.

Segundo Francis, deve-se considerar na aplicação da fórmula um valor corrigido para L proporcional à altura da água em relação à soleira do vertedor, ou seja, em relação à "carga" no vertedor

$$L' = L - 0,1 \times H$$

Para duas contrações,

$$L' = L - 0,2 \times H$$

Para o caso de duas contrações (*Figuras A-6.3-b/A-6.4-a*) a fórmula de Francis passa a ser:

$$Q = 1,838 \times \left(L - \frac{2 \times H}{10} \right) \times H^{\frac{3}{2}}$$

(sem levar em conta a velocidade de chegada da água). Para que os resultados obtidos com a aplicação dessa fórmula se aproximem dos valores reais, é preciso que $H/p < 0,5$ e que $H/L < 0,5$.

As correções de Francis também têm sido aplicadas a outras expressões, incluindo-se entre essas a própria fórmula de Bazin.

As *Figuras A-6.4.2-a* e *b* apresentam um vertedor com duas contrações.

Figura A-6.4.2-a – Instalação permanente de um vertedor de parede delgada, bem ventilada e com duas contrações.

Figura A-6.4.2-b – Detalhe do vertedor.

A-6.4.3 Influência da velocidade de chegada da água

A fórmula de Francis que leva em conta a velocidade da água no canal de acesso é a seguinte:

$$Q = 1,838 \times L \times \left[\left(H + \frac{v^2}{2 \times g} \right)^{\frac{3}{2}} - \left(\frac{v^2}{2 \times g} \right)^{\frac{3}{2}} \right]$$

onde v é a velocidade no canal.

Em muitos casos, na prática, essa influência é desprezada. Ela deve ser considerada nos casos em que a velocidade de chegada da água é elevada, nos trabalhos em que se requer grande precisão e sempre que a área molhada da seção transversal do canal de acesso (Amc) for superior a 6 vezes a área de escoamento (Aev) no vertedor (Aev $\approx L \times H$).

A-6.4.4 Influência da forma da veia

Nos vertedores em que o ar não penetra no espaço W (*Figura A-6.2-a*), abaixo da lâmina vertente pode ocorrer uma "depleção" (abaixamento), modificando a posição da veia e alterando a vazão.

Essa influência pode ocorrer em vertedores sem contrações ou em vertedores contraídos, como o indicado na *Figura A-6.4-a*, no qual o prolongamento das faces encerra totalmente a veia vertente, isolando o espaço W. Nessas condições, a lâmina líquida pode tomar uma das seguintes formas:

1. lâminas deprimidas: o ar é arrastado pela água, ocorrendo um vácuo parcial em W, que modifica a posição da veia (*Figuras A-6.4.4-a* (1) e (2)).

2. lâmina aderente: ocorre quando o ar sai totalmente ou quando a velocidade é insuficiente para a lâmina de água vertente afastar-se (*Figura A-6.4.4-a* (3)).

Em qualquer desses casos, a vazão é superior à prevista ou dada pelas fórmulas indicadas.

3. lâmina afogada: quando o nível de água a jusante é superior ao da soleira (*Figura A-6.4.4-a* (4)) ou seja, quando $p' > p$.

Quando se emprega um vertedor para medir vazões, deve-se evitar a ocorrência dessas condições particulares.

Nos vertedores afogados, a vazão diminui à medida que aumenta a submergência.

De acordo com os dados do U.S. of Board Waterways, a vazão desses vertedores pode ser estimada com base nos valores relativos à descarga dos vertedores livres, aplicando-se um coeficiente de redução (*Tabela A-6.4.4-a*).

Tabela A-6.4.4-a Coeficiente para vertedores afogados

h/H	Coeficiente	h/H	Coeficiente
0,0	1,000	0,5	0,937
0,1	0,991	0,6	0,907
0,2	0,983	0,7	0,856
0,3	0,972	0,8	0,778
0,4	0,956	0,9	0,621

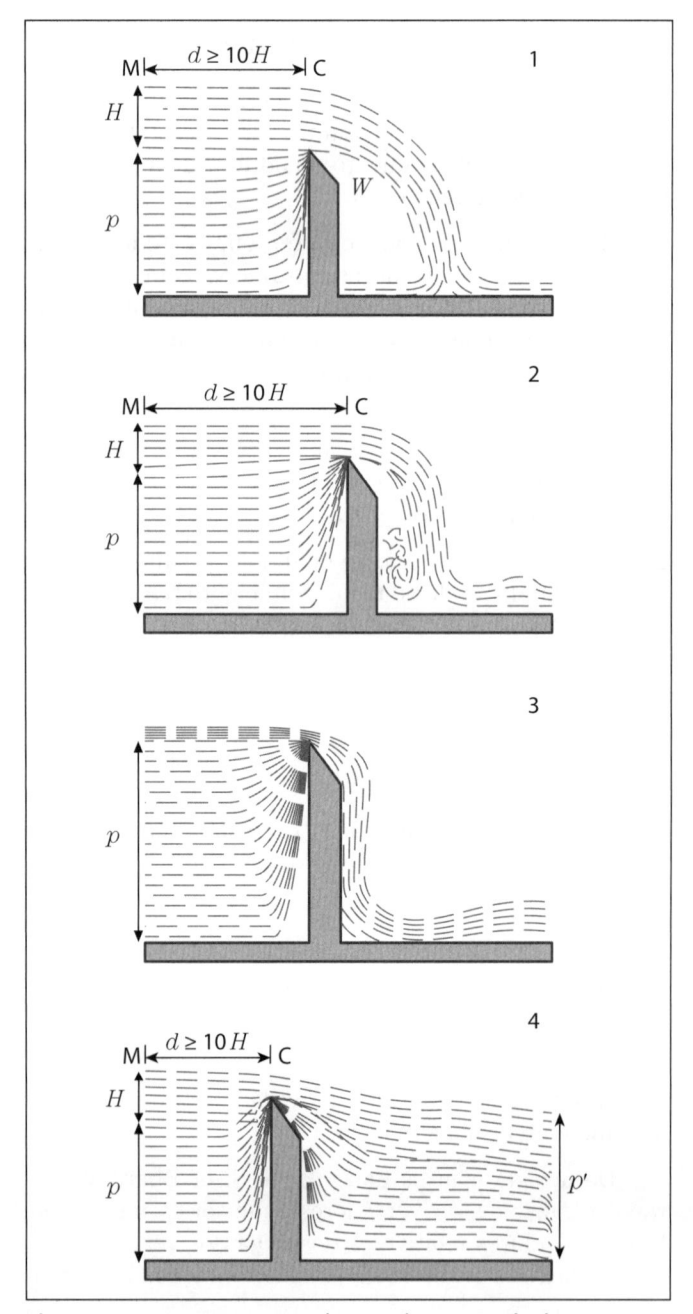

Figura A-6.4.4-a – Esquemas de vertedores com depleção.

Sendo h a altura da água acima da soleira, medida a jusante.

$$h = p' - p$$

A *Figura A-6.4.4-b* mostra, em foto, a depressão e a aderência da veia líquida.

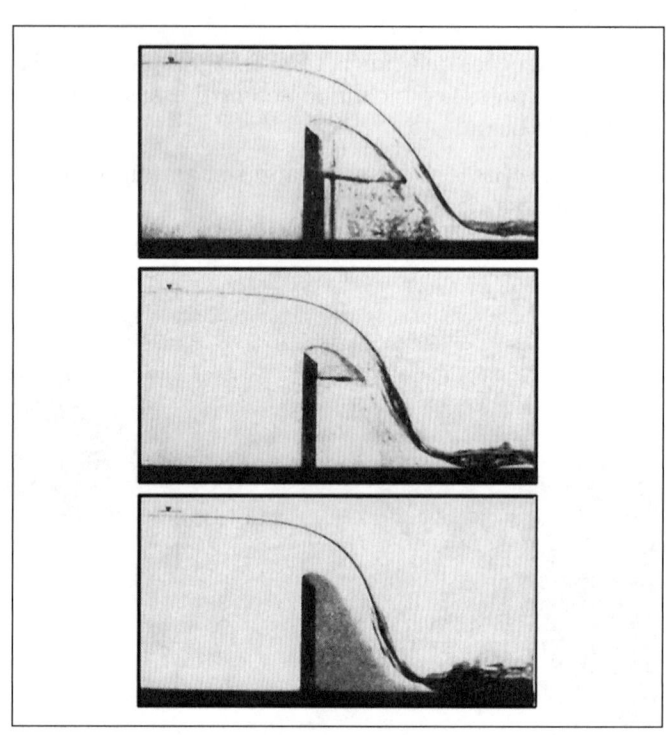

Figura A-6.4.4-b – Fotografia de laboratório mostrando a depressão e a aderência da veia líquida.

A-6.4.5 Vertedor trapezoidal de Cipolletti

Cipolletti procurou determinar um vertedor trapezoidal (*Figura A-6.4.5-a*) que compensasse o decréscimo de vazão devido às contrações nos vertedores retangulares:

$$Q = Q_2 + 2 \times Q_1$$

A inclinação das faces foi estabelecida de modo que a descarga através das partes "triangulares" do vertedor correspondesse ao decréscimo de descarga, devido às contrações laterais, com a vantagem de evitar a correção nos cálculos.

Para essas condições, o talude resulta 1:4 (1 horizontal para 4 vertical).

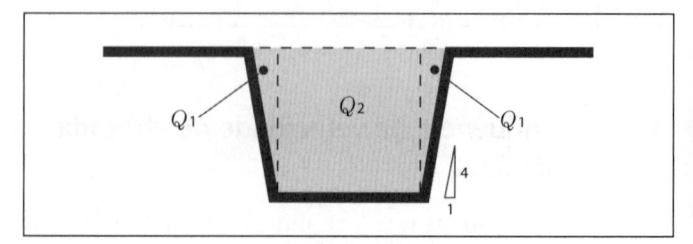

Figura A-6.4.5-a – Seção vertedor trapezoidal de Cipolletti.

A-6.5 VERTEDORES TRIANGULARES

Os vertedores triangulares (*Figuras A-6.5-a* e *b*) possibilitam maior precisão na medida de cargas correspondentes a vazões reduzidas. São geralmente trabalhados em chapas metálicas. Na prática, só são empregados os de forma isósceles, sendo mais usuais os de 90°.

Para esses vertedores, adota-se a fórmula de Thompson,

$$Q = 1,4 \times H^{5/2}$$

onde Q é a vazão, dada em m³/s, e H, a carga, dada em m.

O coeficiente dado (1,4), na realidade, pode assumir valores entre 1,40 e 1,46. Para Q em ℓ/s e H em cm,

$$Q = 0,014 \times H^{5/2}$$

A *Tabela A-6.5-a* inclui as vazões já calculadas para as cargas mais comuns.

Tabela A-6.5-a Vertedores triangulares para paredes delgadas e lisas. Fórmula de Thompson

Altura H (cm)	Vazão Q (ℓ/s)	Altura H (cm)	Vazão Q (ℓ/s)
3	0,22	17	16,7
4	0,42	18	19,2
5	0,80	19	22,0
6	1,24	20	25,0
7	1,81	21	28,3
8	2,52	22	31,8
9	3,39	23	35,5
10	4,44	24	39,5
11	5,62	25	43,7
12	6,98	30	69,0
13	8,54	35	101,5
14	10,25	40	141,7
15	12,19	45	190,1
16	14,33	50	247,5

Figura A-6.5-a – Nos vertedores triangulares não existe soleira horizontal; a influência da velocidade de chegada da água é desprezível, sendo perfeita a ventilação da lâmina vertente.

A-6.6 VERTEDOR CIRCULAR (EM PAREDE VERTICAL)

O vertedor de seção circular (*Figura A-6.6-a*), embora pouco empregado, por não apresentar vantagens hidráulicas (só construtivas), também não requer nivelamento de soleira preciso.

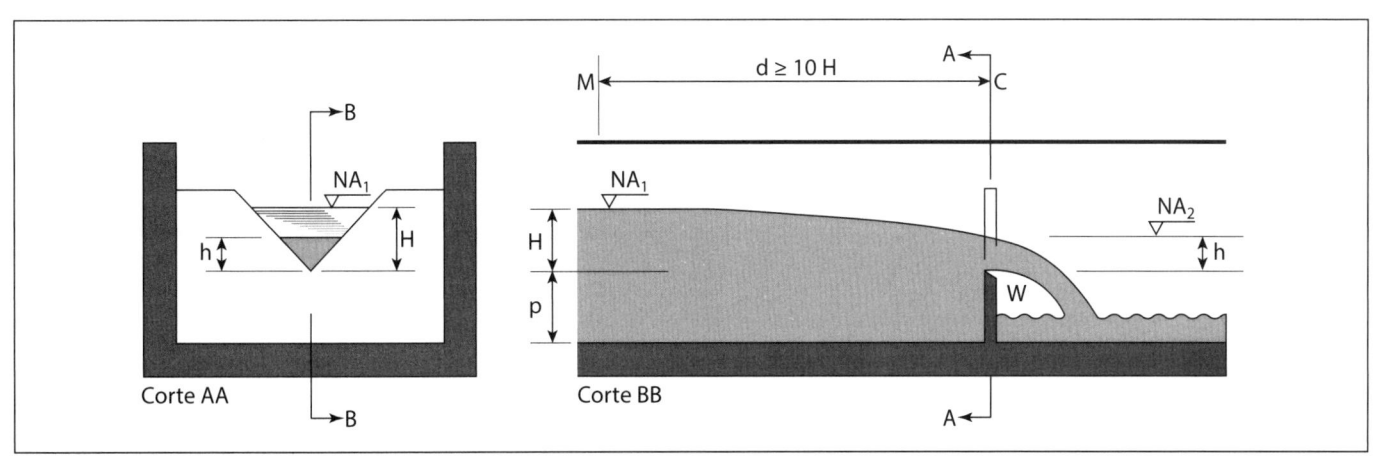

Figura A-6.5-b – Vertedor triangular.

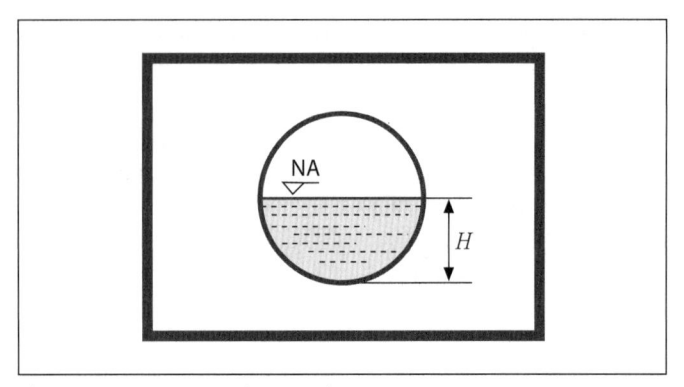

Figura A-6.6-a – Vertedor circular.

A equação de vazão de um vertedor circular é a seguinte:

$$Q = 1,518 \times D^{0,693} \times H^{1,807}$$

onde
  Q em m³/s;
  D em m;
  H em m.

A-6.7 VERTEDORES TUBULARES, TUBOS VERTICAIS LIVRES

Os tubos verticais instalados em tanques, reservatórios, caixas de água etc. podem funcionar como vertedores de soleiras curvas, desde que a carga seja inferior à quinta parte do diâmetro externo (*Figura A-6.7-a*).

$$H < \frac{D_e}{5}$$

Nesse caso, aplica se uma fórmula do tipo

$$Q = K \times L \times H^n$$

onde

$$L = \pi \times D_e$$

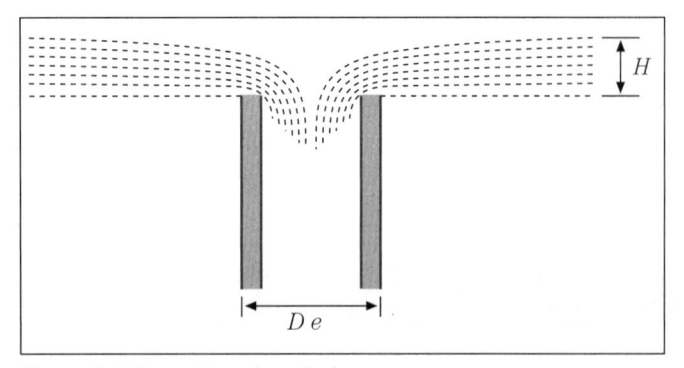

Figura A-6.7-a – Vertedor tubular.

Experiências levadas a efeito na Universidade de Cornell mostram que $n = 1,42$ e que o coeficiente K depende do diâmetro do tubo.

Para os valores de H, compreendidos entre $(1/5) \times D_e$ e $3 \times D_e$, o tubo funciona como orifício, com interferências provocadas pelo movimento do ar (formação de vórtice).

Os tubos verticais, instalados em reservatórios de concreto ou de aço para funcionar como ladrões, apresentam as seguintes descargas para essas condições da lâmina vertente (*Tabelas A-6.7-a e b*):

Tabela A-6.7-a		Tabela A-6.7-b	
D_e (mm)	K	D_e (mm	Q ℓ/s
175	1,435	200	12 a 54
250	1,440	300	32 a 154
350	1,455	400	64 a 320
500	1,465	500	108 a 530
700	1,515	600	174 a 870

No *item B-II.3.7* deste livro há informações sobre tubos verticais funcionando como condutores de água pluvial.

Nas represas, é usual encontrar vertedores "Tulipa" que nada mais são do que tubos verticais com formato de sino invertido, de forma que a borda vertedora tenha maior perímetro (*Figura A-6.7-b*).

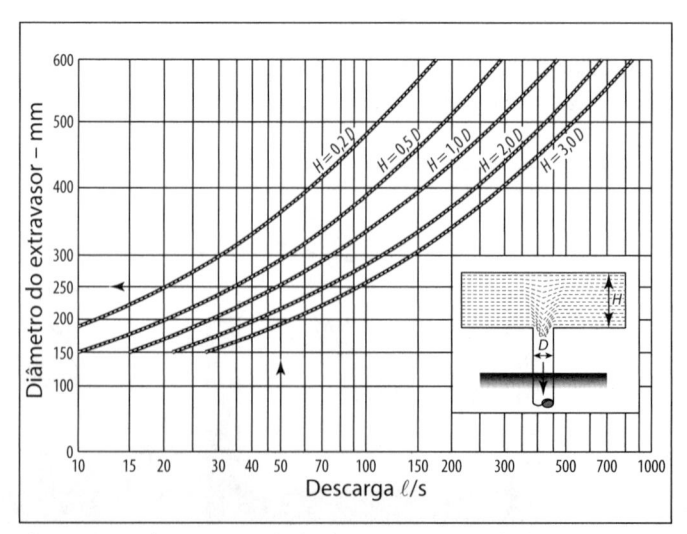

Figura A-6.7-b – Capacidade de extravasores tubulares na vertical (tipo Tulipa).

A-6.8 VERTEDORES DE PAREDE ESPESSA

Um vertedor é considerado de parede espessa quando a soleira é suficientemente espessa para que na veia aderente se estabeleça o paralelismo dos filetes (ver *Figura A-6.3-a* e *Figura A-6.8-a*).

Aplicando a expressão de Torricelli,

$$v = \sqrt{2 \times g \times (H - h)}$$

e

$$Q = L \times h \times \sqrt{2 \times g \times (H - h)} \qquad \text{Equação (6.1)}$$

ou, para a largura unitária $L = 1$,

$$Q = \sqrt{2 \times g \times (H \times h^2 - h^3)}$$

No princípio da vazão máxima, de Bélanger, *"h* se estabelece de forma a ocasionar uma vazão máxima". Com essa base pode-se pesquisar o valor máximo de Q.

Derivando $(H \times h^2 - h^3)$ e igualando a zero,

$$2 \times H \times h - 3 \times h^2 = 0,$$
$$2 \times H = 3 \times h$$

Substituindo esse valor na *Equação (6.1)*,

$$h = \left(\frac{2}{3}\right) \times H,$$

$$Q = L \times \frac{2}{3} \times H \sqrt{\frac{2 \times g}{3} \times H},$$

$$Q = \frac{2}{3} \times \sqrt{\frac{2 \times g}{3}} \times L \times H^{3/2}$$

$$Q = 1,71 \times L \times H^{3/2}$$

expressão confirmada na prática.

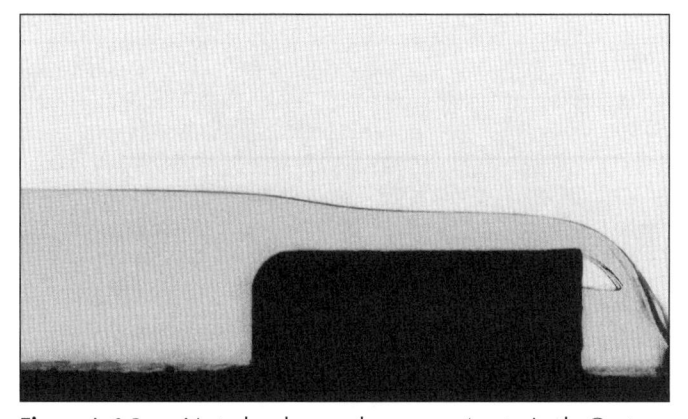

Figura A-6.8-a – Vertedor de parede espessa (cortesia do Centro Tecnológico de Hidráulica de São Paulo).

A-6.9 EXTRAVASORES

No traçado da seção transversal dos extravasores (ou vertedores ou sangradouros) das represas, no estudo do perfil das próprias barragens que funcionam afogadas, nos canais, enfim, em diversas circunstâncias, procura-se adotar para a estrutura a forma mais adequada ao escoamento da lâmina vertente.

A forma ideal é aquela que favorece a vazão ou descarga e que, ao mesmo tempo, impede a ocorrência de efeitos nocivos à estrutura, tais como o vácuo parcial (e daí cavitações), as pulsações da veia (e daí vibrações), velocidades excessivas (e daí erosões) etc. Essa forma "ideal" é aquela que a lâmina vertente teria se caísse livre, portanto o que se busca é uma aderência entre a estrutura e a lâmina vertente. Como a cada vazão corresponde um perfil de "aderência", o problema não é de solução imediata, prevalecendo a experiência, o empirismo e o refazimento da superfície do vertedor ao final de cada temporada de cheias.

Uma das soluções mais usadas é o chamado "Perfil Creager", em que, nota-se, o desenho corresponde ao lado de baixo de uma lâmina vertente (*Figura A-6.9-a*).

De acordo com as experiências de Creager e Escande, podem ser adotados os valores da *Tabela A-6.9--a* para uma carga $H = 1$ m. Para outros valores de H, basta multiplicar as coordenadas indicadas por eles. Nas condições ideais de projeto, pode-se aplicar a seguinte expressão:

$$Q \cong 2,2 \times L \times H^{3/2}$$

Tabela A-6.9-a Perfil Creager

x	y	x	y	x	y
0,0	0,126	0,6	0,060	1,7	0,870
0,1	0,036	0,8	0,142	2,0	1,220
0,2	0,007	1,0	0,257	2,5	1,960
0,3	0,000	1,2	0,397	3,0	2,820
0,4	0,007	1,4	0,565	3,5	3,820

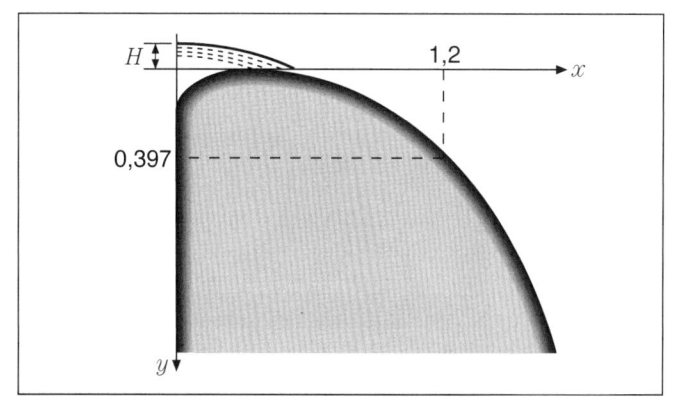

Figura A-6.9-a – Perfil Creager para extravasores.

O traçado da crista é normalmente feito para a vazão máxima esperada e verificado para outras vazões (mínima, média etc.). Dependendo da responsabilidade da estrutura, é necessário ensaiar em modelo reduzido, onde essas verificações são feitas.

A-6.10 VERTEDORES PROPORCIONAIS

Os vertedores proporcionais são executados com uma forma especial para a qual a vazão varia, proporcionalmente, com a altura da lâmina líquida (primeira potência de H). São, por isso, também denominados vertedores de equação linear.

Aplicam-se vantajosamente em alguns casos de controle das condições de escoamento em canais, particularmente em canais de seção retangular, em estações de tratamento de esgotos etc.

Vertedor Sutro (*Figura A-6.10-a*)

$$Q = 2,74 \times \sqrt{a \times L} \times \left(H - \left(\frac{a}{3} \right) \right)$$

onde

Q = vazão, m³/s
a = altura mínima, m
L = largura da base, m
H = altura da água, m

A forma das paredes do vertedor é dada por

$$\frac{x}{L} = 1 - \frac{2}{\pi} \times \operatorname{arctg} \sqrt{\frac{y}{a}}$$

A *Tabela A-6.10-a* apresenta os valores de x/L para alguns valores de y/a.

Tabela A-6.10-a Vertedor Sutro

y/a	x/L	y/a	x/L	y/a	x/L
0,1	0,805	1,0	0,500	10,0	0,195
0,2	0,732	2,0	0,392	12,0	0,179
0,3	0,681	3,0	0,333	14,0	0,166
0,4	0,641	4,0	0,295	16,0	0,156
0,5	0,608	5,0	0,268	18,0	0,147
0,6	0,580	6,0	0,247	20,0	0,140
0,7	0,556	7,0	0,230	25,0	0,126
0,8	0,536	8,0	0,216	30,0	0,115
0,9	0,517	9,0	0,205	35,0	0,107

Vertedor Di Ricco (forma aproximada) (*Figura A-6.10-b*)

$$Q = K \times L \times \sqrt{a} \times \left(H + \left(\left(\frac{5}{8} \right) \times a \right) \right)$$

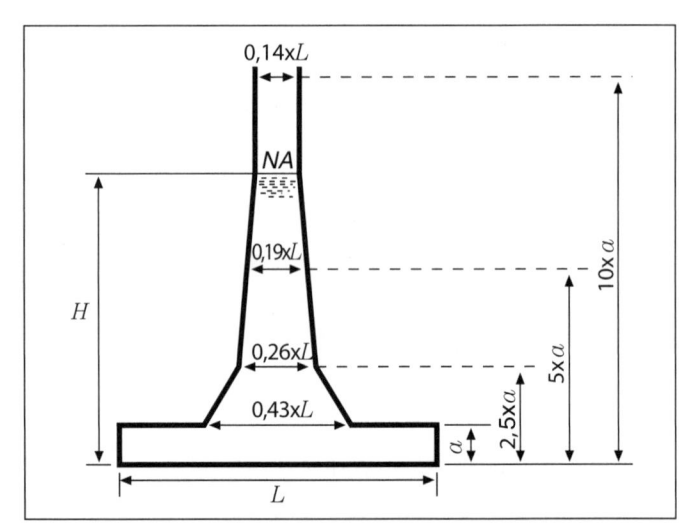

Figura A-6.10-b – Vertedor Di Ricco, visto de frente.

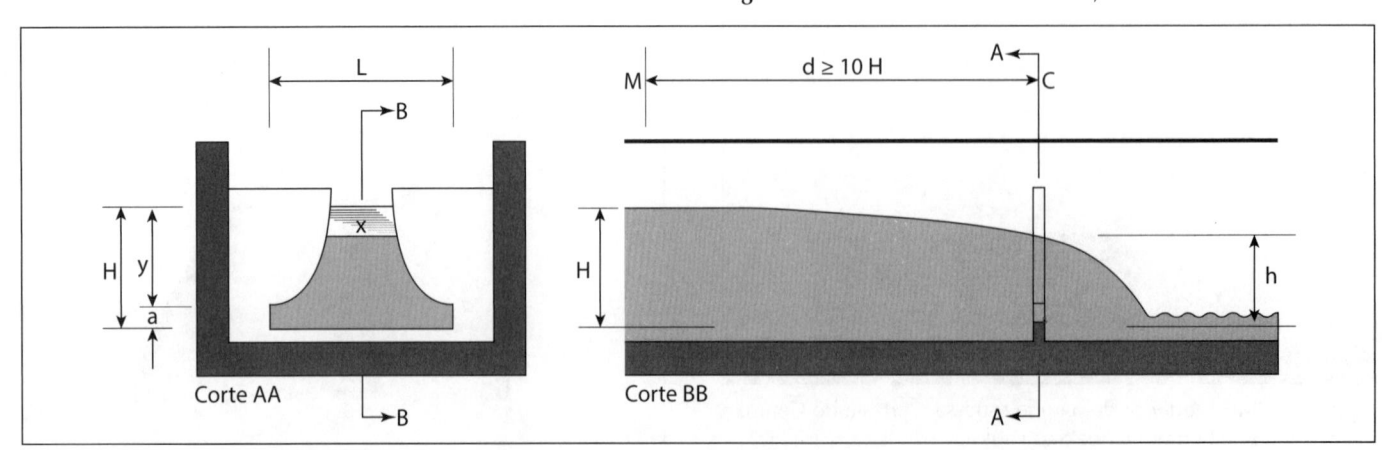

Figura A-6.10-a – Vertedor Sutro.

Expressão válida para lâminas compreendidas entre $2,5 \times a$ e $10 \times a$ e para

$$\frac{10}{3} \leq \frac{L}{a} < 25$$

sendo L, H e a dados em metros.

Os valores de K são apresentados na *Tabela A-6.10-b*.

Tabela A-6.10-b Valores de *K* (Di Ricco)

L/a	3	5	7	10	15	20
K	2,094	2,064	2,044	2,022	1,997	1,978

A-6.11 VERTEDORES EXPONENCIAIS

Consideram-se vertedores "exponenciais" aqueles para os quais a forma da soleira é expressa por

$$y = C \times x^p$$

Variando o valor do expoente p, varia a forma do vertedor.

Para $p = 1$, tem-se o vertedor triangular.
Para $p = 2$, resulta a forma parabólica.

Na *Figura A-6.11-a* foram considerados os valores mais comuns de p.

Equação geral de vazão

Seja um vertedor de forma

$$y = C \times x^p \qquad \text{Equação (6.2)}$$

$$x = \left(\frac{y}{C}\right)^{1/p} \qquad \text{Equação (6.3)}$$

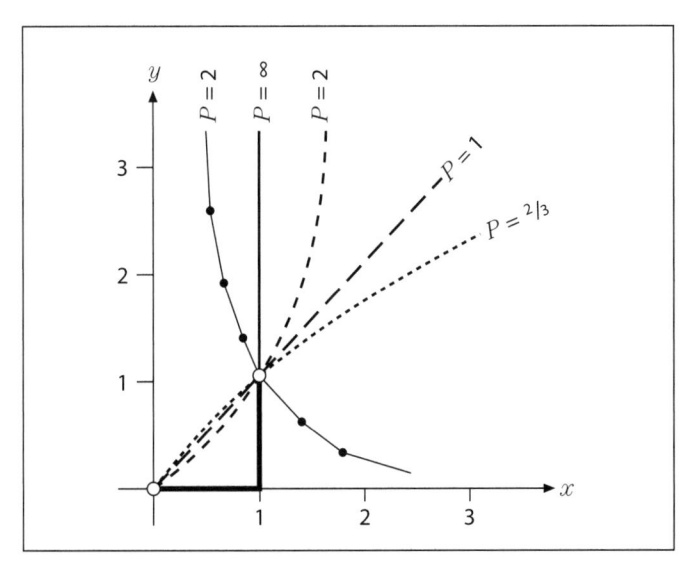

Figura A-6.11-a – Gráficos $y = C \times x^p$.

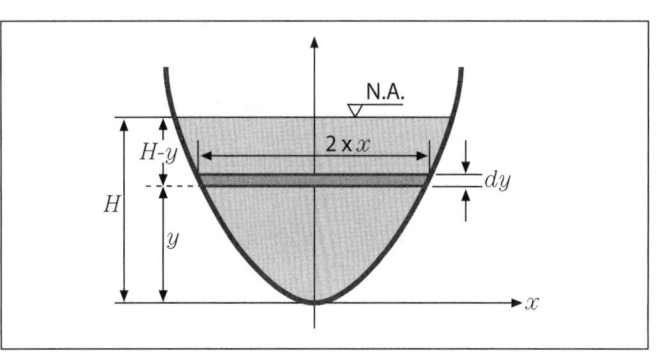

Figura A-6.11-b – Vertedor exponencial.

Considerando uma faixa de altura infinitamente pequena (*Figura A-6.11-b*), a vazão elementar será:

$$dQ = C_d \times (2 \times x \times dy) \times \sqrt{2 \times g \times (H - y)};$$

e a vazão total:

$$Q = C_d \times 2 \times \sqrt{2 \times g} \times \int_0^H x \times \sqrt{(H - y)} \times dy$$

Substituindo x pelo seu valor na *Equação (6.3)* vem:

$$Q = \frac{2 \times C_d \times \sqrt{2 \times g}}{C^{1/p}} \times H^{(3/2)+(1/p)} \times$$

$$\times \int_0^H \frac{y^{1/p}}{H^{1/p}} \times \left(1 - \frac{y}{H}\right)^{1/2} \times d\left(\frac{y}{H}\right)$$

e fazendo

$$\frac{y}{H} = z$$

$$Q = \frac{2 \times C_d \times \sqrt{2 \times g}}{C^{1/p}} \times H^{(3/2)+(1/p)} \times \qquad \text{Equação (6.4)}$$

$$\times \int_0^1 z^{1/p} \times (1 - z)^{1/2} \times dz$$

integral euleriana de primeira espécie, ou função beta (*1), que pode ser relacionada à função gama,

$$Q = \frac{2 \times C_d \times \sqrt{2 \times g}}{C^{1/p}} \times \frac{\Gamma\left(1 + \frac{1}{p}\right) \times \Gamma\left(\frac{3}{2}\right)}{\Gamma\left(\frac{5}{2} + \frac{1}{p}\right)} \times H^{(3/2)+(1/p)}$$

> (*1)
> *A integral euleriana de primeira espécie ou função beta é expressa por*
>
> $$\beta(a,b) = \int_0^1 x^{a-1} \times (1 - x)^{b-1} \times dx$$
>
> *sendo* a *e* b *constantes.*
> *A função gama é definida por*
>
> $$\Gamma(u) = \int_0^{+\infty} x^{n-1} \times \left(e^{-x}\right) \times dx \qquad (u > 0)$$

> *Entre as funções β e Γ subsiste a relação*
>
> $$\beta(a,b) = \frac{\Gamma(a) \times \Gamma(b)}{\Gamma(a+b)}$$

Os valores de Γ podem ser calculados, baseando-se nas propriedades:

$\Gamma(u + 1) = u \times \Gamma(u)$, para $u > 0$

$\Gamma(u + 1) = u!$

Alguns valores de $u!$ são apresentados na *Tabela A-6.11-a*.

Por exemplo, o cálculo de $\Gamma(2,75)$ seria feito assim:

$\Gamma(2,75) = \Gamma(1+1,75) = 1,75 \times \Gamma \times (1,75) =$

$= 1,75 \times 0,920 = 1,61.$

Tabela A-6.11-a Valores de *u*!

u	u + 1	$\Gamma(u + 1) = u!$
0,0	1,0	1,000
0,1	1,1	0,951
0,2	1,2	0,918
0,3	1,3	0,898
0,4	1,4	0,887
0,5	1,5	0,886
0,6	1,6	0,893
0,7	1,7	0,909
0,8	1,8	0,931
0,9	1,9	0,962
1,0	2,0	1,000

A fórmula geral, que dá a vazão dos vertedores, pode ser escrita assim:

$$Q = k_1 \times H^n \qquad Equação\ (6.5)$$

onde

$$k_1 = \frac{2 \times C_d \times \sqrt{2 \times g} \times \Gamma\left(1 + \frac{1}{p}\right) \times \Gamma\left(\frac{3}{2}\right)}{C^{1/p} \times \Gamma\left(\frac{5}{2} + \frac{1}{p}\right)}$$

sendo C_d o coeficiente de descarga, cujo valor médio é 0,61.

A-6.11.1 Relação entre os expoentes *n* e *p*

Comparando as *Equações (6.4)* e *(6.5)* resulta:

$$\left(\frac{3}{2}\right) + \left(\frac{1}{p}\right) = n \qquad Equação\ (6.6)$$

Para $n = 1$ e $p = -2$, é o caso do vertedor proporcional, para o qual Q varia com a primeira potência de H.

Os vertedores podem ser projetados de forma a resultar, para Q, uma variação segundo qualquer potência de H. Na prática, porém, não se toma para n valor inferior ou exatamente igual à unidade, pois, nesse caso, a largura da base do vertedor assumiria valor infinito.

Contudo, como é particularmente interessante e desejável tomar n praticamente igual à unidade, de modo a resultar para a vazão uma variação linear com a profundidade H, costumam-se empregar formas ajustadas do vertedor proporcional. Com esse objetivo pode-se substituir a área compreendida sob a curva, a partir de um certo valor de x, pela área equivalente, cortada sob a soleira teórica. É uma forma aproximada, conhecida como vertedor Rettger (*Figura A-6.11.1-a*).

Tais vertedores têm tido emprego generalizado para controlar a velocidade em canais, particularmente em caixas de areia de estações depuradoras, para manter as descargas desejáveis de certos equipamentos para a dosagem e aplicação de produtos químicos, onde as vazões afluentes sofrem variações constantes e onde se deseja regularizar essas vazões.

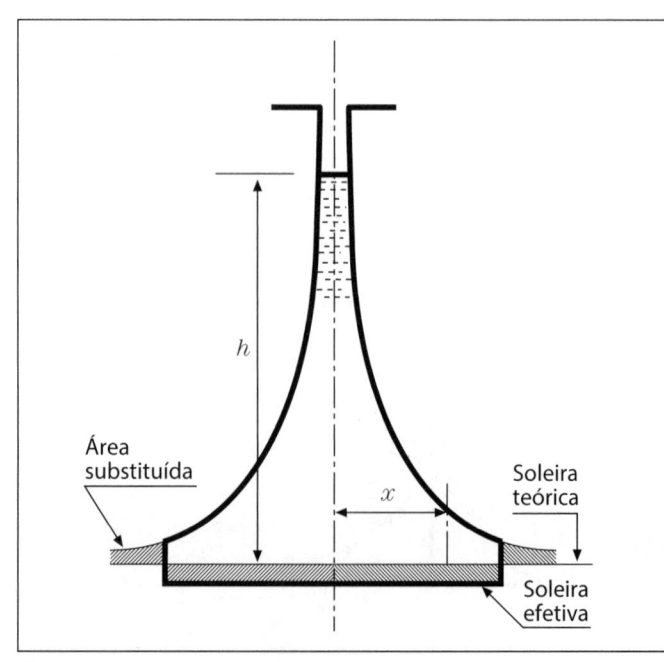

Figura A-6.11.1-a – Vertedor Rettger.

A-6.11.2 Fator de forma

A área ocupada pela lâmina vertente pode ser expressa por:

$$A = k_2 \times H^m \qquad Equação\ (6.7)$$

em que m é denominado fator de forma.

Para valores de m superiores a 2, resultarão vertedores com soleiras convexas (*Tabela A-6.11.2-a*).

Tabela A-6.11.2-a

Vertedores	Forma	m	n	p
Retangular	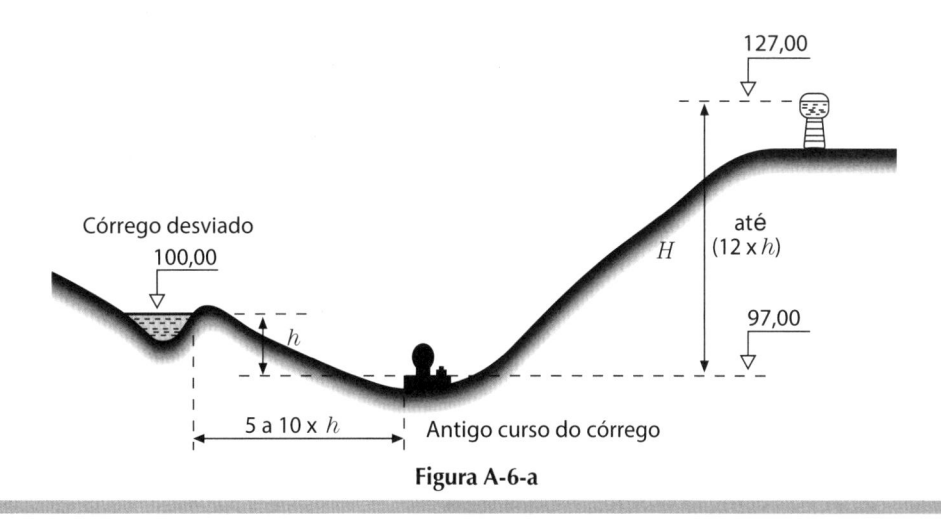	1	1,5	∞
Triangular		2	2,5	1
Proporcional		0,5	1	−2
Parabólico		1,5	2	2
Semicúbico		2,5	3	2/3

A-6.11.3 Relação entre os expoentes *m* e *n*

A relação de escoamento sendo

$$v = k_3 \times H^{1/2} \qquad Equação\ (6.8)$$

e, comparando as *Equações (6.7)* e *(6.8)* com a *Equação (6.5)*, chega-se a:

$$Q = A \times v \therefore k_1 \times H^n = k_2 \times k_3 \times H^{m+1/2} \therefore m = n - \frac{1}{2}$$

$$Equação\ (6.9)$$

então

$$k_1 = k_2 \times k_3$$

Teoricamente, portanto, o valor de n deve superar 0,5, condição necessária para que haja a luz do vertedor.

Exercício A-6-a

Estude o abastecimento de água para uma granja que conta com 10 pessoas, 5 cavalos, 15 vacas e 200 galinhas.

Nas imediações existe um pequeno córrego, cujas águas, analisadas por laboratório acreditado, foram consideradas satisfatórias. Como a sede se encontra em nível mais elevado, precisa-se instalar um equipamento mecânico para elevar as águas (ver *Figura A-6-a*).

Dada a insuficiência e o custo da energia elétrica no local e à abundância de água, pretende-se instalar um aríete hidráulico ("carneiro hidráulico") para elevar as águas. Admite-se uma eficiência de 60% para esse aparelho (perda de 40%).

A vazão do córrego foi determinada por meio de um vertedor triangular, cuja carga (H') igualou-se a 5,5 cm.

Figura A-6-a

Exercício A-6-a (continuação)

Solução:

a) *Quantidade de água a ser consumida*

    10 pessoas × 100 ℓ/dia = 1.000
      5 cavalos × 40 ℓ/dia = 200
    15 vacas × 40 ℓ/dia = 600
    200 galinhas × 10/100 ℓ /dia = 20

Total = 1.820 ℓ/dia ($\equiv$ 75,83 ℓ/hora $\equiv$ 0,02 ℓ/segundo)

b) *Quantidade de água necessária para funcionamento do aparelho*

$$Q = q \times \frac{H}{h} \times \frac{1}{\eta}$$

$$Q = 75,9 \ (\ell/h) \times \frac{127 - 97 \ (m)}{100 - 97 \ (m)} \times \frac{1}{0,60} = 1.265 \ (\ell/h)$$

c) *Escolha do carneiro*

Pelo catálogo de um fabricante (*Tabela A-11.6-a*) encontra-se para $H/h = 30/3 = 10/1$, a proporção 10:1.

Resulta: aparelho n° 5, canos de carga: 50 mm, canos de descarga: 25 mm, vazão para o "carneiro" funcionar: 35 ℓ/min (2.100 ℓ/h $\equiv$ 0,58 ℓ/s), vazão elevada: 88 ℓ/hora (1,47 ℓ/minuto $\equiv$ 0,02 ℓ/s).

O rendimento será dado por

$$\eta = \frac{q \times H}{Q \times h} = \frac{10 \times q}{Q} = \frac{10 \times 88}{35 \times 60} = 42\%$$

d) *Verificação da quantidade disponível de água*

Resta verificar se o regato tem uma vazão suficiente para o emprego do aparelho selecionado. Para tanto, foi instalado no curso de água um vertedor triangular tipo Thompson que acusa $H' = 0,055$ m, então $Q = 1,4 \times H^{5/2}$, logo

$$Q = 1,4 \times 0,055^{5/2} = 1,4 \times 0,0007 = 1 \ \ell/s \text{ ou } 60 \ \ell/min,$$

mais do que suficiente para cobrir a demanda.

Exercício A-6-b

Está sendo projetado o serviço de abastecimento de água para uma cidade do interior. A população atual é de 3.200 habitantes; a futura (de alcance do projeto), 5.600 habitantes. O consumo médio de água por habitante ficará constante e é de 200 ℓ/dia, sendo 25% o aumento de consumo previsto para os dias de maior consumo.

Pensa-se captar as águas de um córrego que passa nas proximidades da cidade e, para isso, procurou-se determinar a sua descarga numa época de estiagem (período de vazões mínimas do ano), tendo sido empregado um vertedor retangular, executado em madeira chanfrada e com 0,80 m de largura (largura média do córrego = 1,35 m). A água elevou-se 0,12 m acima do nível da soleira do vertedor e esse valor permaneceu estável durante as poucas medições, durante poucos dias.

Verifique se esse manancial é suficiente, adotando um coeficiente de segurança igual a 3, pelo fato de terem sido feitas poucas medições de vazão e em um único ano.

Solução:

Calculando o volume de água *per capita* no dia de maior consumo:

$200 \times 1,25 = 250$ ℓ/dia

Sendo o número de habitantes 5.600 e com base no resultado do cálculo anterior, determina-se o volume total necessário num dia de maior consumo:

5.600 habitantes × 250 dia = 1.400.000 dia, ou seja, 16 ℓ/s

A vazão do manancial medida é:

$Q = 1,838 \times (L - 0,2 \times H) \times H^{3/2} = 1,838 \times (0,80 - 0,2 \times 0,12)$
$0,12^{3/2} = = 0,059$ m³/s = 59 ℓ/s

Esse córrego, mesmo com um coeficiente de segurança 3, tem a vazão necessária para abastecer tal cidade.

Exercício A-6-c

Achar a equação da soleira de um vertedor para o qual $n = 1,75$ e $H = 0,305$, sendo $Q = 22,7$ ℓ/s.

Solução:

Aplicando a equação(4) com os valores dados e $C_d = 0,6$.

$$Q = \frac{2 \times C_d \times \sqrt{2 \times g} \times H^{(3/2)+(1/p)} \times \Gamma\left(1 + \frac{1}{p}\right) \times \Gamma\left(\frac{3}{2}\right)}{C^{1/p} \times \Gamma\left(\frac{5}{2} + \frac{1}{p}\right)}$$

$$n = \frac{3}{2} + \frac{1}{p} = 1,75 \quad \therefore \quad p = 4$$

$$C^{1/4} = \frac{2 \times 0,6 \times \sqrt{2 \times g} \times 0,305^{1,75}}{0,0227} \times \frac{\Gamma\left(1 + \frac{1}{4}\right) \times \Gamma\left(\frac{3}{2}\right)}{\Gamma\left(\frac{5}{2} + \frac{1}{4}\right)}$$

$$C^{1/4} = \frac{2 \times 0,6 \times 4,43 \times 0,305^{1,75}}{0,0227} \times \frac{\Gamma\left(1 + 0,25\right) \times \Gamma\left(1 + 0,50\right)}{\Gamma\left(1 + 1,75\right)}$$

$$C^{1/4} = \frac{1,2 \times 4,43 \times 0,1252}{0,0227} \times \frac{0,908 \times 0,886}{1,61} = 14,65$$

$$C = 46.000$$

Então, se $y = C \times x^p$ $y = 46.000 \times x^4$, que é a equação da soleira.

Exercício A-6-d

Determinar a equação da curva de um vertedor exponencial de vazão equivalente à de um vertedor circular de diâmetro 0,457 m.

Solução:

A equação de vazão de um vertedor circular, em unidades métricas, é

$$Q = 1,518 \times D^{0,693} \times H^{1,807}$$

$$Q = 1,518 \times 0,457^{0,693} \times H^{1,807}$$

e a equação que dará um vertedor exponencial é

$$Q = \frac{2 \times C_d \times \sqrt{2 \times g} \times H^{(3/2)+(1/p)}}{C^{1/p}} \times \frac{\Gamma\left(1 + \frac{1}{p}\right) \times \Gamma\left(\frac{3}{2}\right)}{\Gamma\left(\frac{5}{2} + \frac{1}{p}\right)}$$

Igualando as equações,

$$1,518 \times 0,457^{0,693} \times H^{1,807} = 2 \times C_d \times \sqrt{2 \times g} \times$$

$$\times H^{(3/2)+(1/p)} \times \frac{\Gamma\left(1 + \frac{1}{p}\right) \times \Gamma\left(\frac{3}{2}\right)}{C^{1/p} \times \Gamma\left(\frac{5}{2} + \frac{1}{p}\right)}$$

Para que haja igualdade,

$$1,807 = \frac{3}{2} + \frac{1}{p} \therefore p = 3,26$$

$$1,518 \times 0,457^{0,693} = \frac{2 \times C_d \times \sqrt{2 \times g} \times \Gamma\left(1 + \frac{1}{p}\right) \times \left(\frac{3}{2}\right)}{C^{1/p} \times \Gamma\left(\frac{5}{2} + \frac{1}{p}\right)}$$

$$0,8824 = \frac{2 \times 0,6 \times 4,43 \times 0,898 \times 0,886}{C^{0,307} \times 1,687}$$

$$C^{0,307} = \frac{1,20 \times 4,43 \times 0,898 \times 0886}{0,8824 \times 1,687} = 2,2841$$

Então, se $y = C \times x^p$,

$$y = 30 \times x^{3,26},$$

que é a equação procurada.

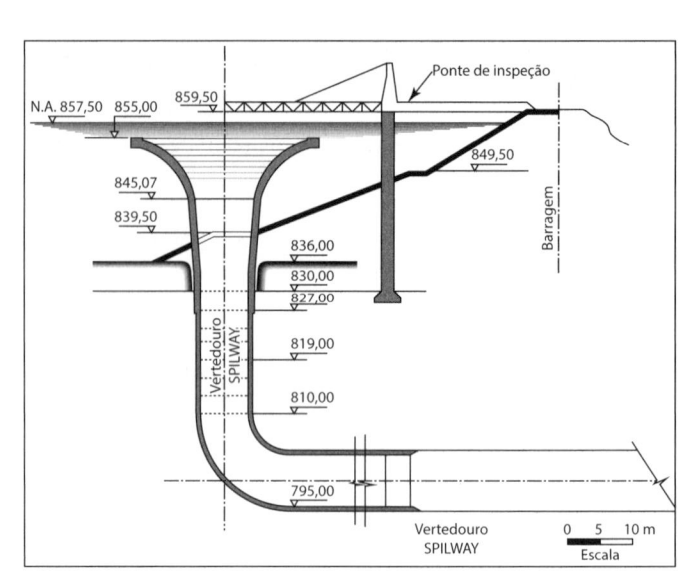

Vista aérea e corte transversal de um vertedor tulipa com cerca de 25 m de diâmetro na borda, para uma descarga de projeto de 718 m³/s, da hidroelétrica de Graminha (Caconde) – localizada no rio Pardo, em SP. Na foto, o vertedor tulipa está operando (observar a "nuvem" de vapor d'água). O vertedor tulipa é um vertedor tubular vertical com formato de sino invertido. A usina possui capacidade instalada de 83,4 MW, barragem de terra de 640 m de comprimento, duas turbinas tipo Francis – eixo vertical, com engolimento nominal de 39 m³/s cada uma e altura geométrica de operação entre 50 e 60 m (Bib. M175 e M176).

Escoamento em Tubulações
Análise Dimensional e Semelhança Mecânica

Escoamento em Tubulações
Análise Dimensional e Semelhança Mecânica

A-7.1 INTRODUÇÃO, DEFINIÇÕES

A maioria das aplicações da Hidráulica na Engenharia diz respeito à utilização de tubos. Tubos são condutos usados para transporte de fluidos, geralmente de seção transversal circular. Quando funcionando com a seção cheia (seção plena), em geral estão sob pressão maior que a atmosférica e, quando não, funcionam como canais com superfície livre, assunto a ser tratado em capítulos posteriores. Em ambos os casos, as expressões aplicadas ao escoamento têm a mesma forma geral, como se verá adiante.

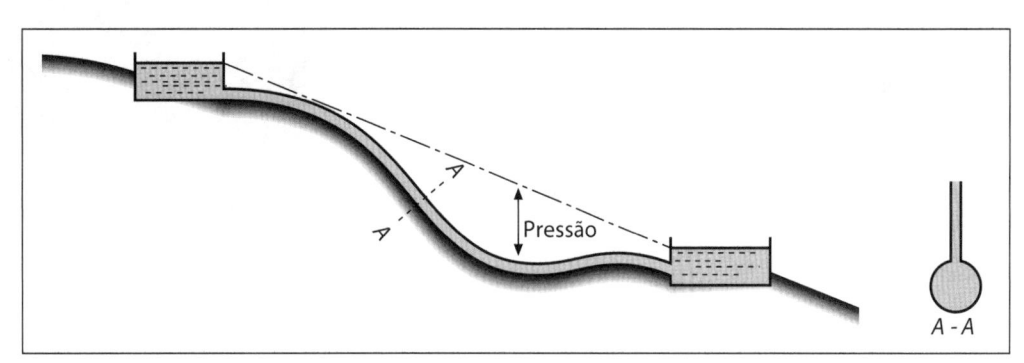

Figura A-7.1-a – Conduto forçado.

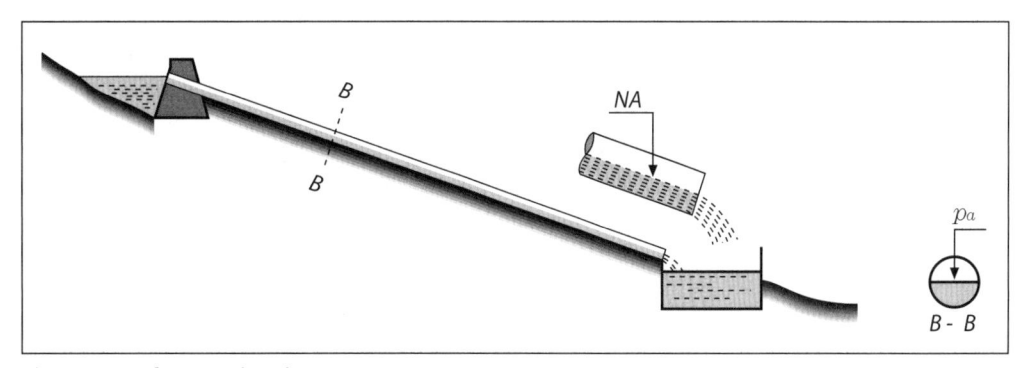

Figura A-7.1-b – Conduto livre.

Considera-se "forçado" o conduto no qual o líquido escoa sob pressão diferente da atmosférica. A canalização funciona, sempre, totalmente cheia e o conduto é sempre fechado (*Figura A-7.1-a*).

Os condutos livres apresentam, em qualquer ponto da superfície livre, pressão igual à atmosférica (*Figura A-7.1-b*). Nas condições-limite, em que um conduto livre funciona totalmente cheio, na linha de corrente junto à geratriz superior do tubo, a pressão deve igualar-se à pressão atmosférica (*Figura A-7.1-c*). Funcionam sempre por gravidade.

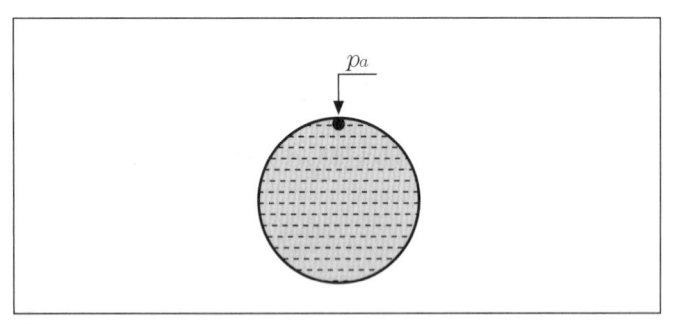

Figura A-7.1-c

Na prática, as canalizações podem ser projetadas e executadas para funcionar como condutos livres ou como tubulações forçadas.

Os condutos livres são executados com declividades preestabelecidas, exigindo nivelamento cuidadoso.

As canalizações de distribuição de água nas cidades, por exemplo, sempre devem funcionar como condutos forçados. Nesse caso, os tubos são fabricados para resistir à pressão interna estabelecida.

Os rios e canais constituem o melhor exemplo de condutos livres. As tubulações de esgoto normalmente também funcionam como condutos livres, "coletando" os esgotos.

Os *condutos forçados* incluem:

encanamentos, canalizações ou tubulações sob pressão, canalizações ou tubulações de recalque, canalizações ou tubulações de sucção, sifões verdadeiros, sifões invertidos, colunas ou *shafts*, canalizações forçadas das usinas hidrelétricas (*penstocks*), barriletes de sucção ou descarga etc.

Os *condutos livres* compreendem:

canaletas, calhas, drenos, interceptores de esgoto, pontes-canais, coletores de esgoto, galerias, túneis-canais, canais, cursos de água naturais etc.

Para fins de terminologia, visando à comunicação mais precisa entre os técnicos, convém distinguir tubo de tubulação:

Tubo: uma só peça, geralmente cilíndrica e de comprimento limitado pelo tamanho de fabricação ou de transporte. De um modo geral, a palavra tubo aplica-se ao material fabricado de diâmetro não muito pequeno. Exemplo: tubos de ferro fundido, tubos de concreto, tubos de aço, tubos PVC, tubos de polietileno.

Cano: o mesmo que tubo, mas é um termo mais usado em instalações prediais, em diâmetros pequenos e por pessoal mais leigo.

Tubulação: conduto constituído de tubos (várias peças) ou tubulação contínua fabricada no local. É o termo usado para o trecho de um aqueduto pronto e acabado. Sinônimos: canalização, encanamento, tubulagem, tubagem.

Convém ainda registrar a palavra "*rede*", que vem a ser um conjunto de tubulações interligadas em várias direções.

Antigo aqueduto do Rio de Janeiro, concluído em 1750. Por esse conduto livre eram aduzidas as águas do rio Carioca para o abastecimento da cidade. Posteriormente, essa obra foi aproveitada como ponte para a passagem de bondes – os Arcos da Lapa.

Travessias do Sistema Adutor Metropolitano da Grande São Paulo, em tubulações de aço, em forma de arco, sobre o canal do rio Tietê, construídas entre 1971 e 1973 pela COMASP (posteriormente SABESP).

A-7.2 EXPERIÊNCIAS DE REYNOLDS: MOVIMENTOS LAMINAR E TURBULENTO

Osborne Reynolds (1883) procurou observar o comportamento dos líquidos em escoamento. Para isso, empregou um dispositivo semelhante ao esquema apresentado nas *Figuras A-7.2-a* e *A-7.2-b*, que consiste em um tubo transparente (A) inserido em um recipiente com paredes de vidro (B). A entrada do tubo, alargada em forma de sino, evita turbulências parasitas.

Nessa entrada localiza-se um ponto de introdução de um corante.

A vazão pode ser regulada pela válvula existente na sua extremidade (C).

Abrindo gradualmente a válvula, primeiramente pode-se observar a formação de um filamento colorido retilíneo (*Figura A-7.2-c (1)*). Com esse tipo de movimento, as partículas fluidas apresentam trajetórias bem definidas, que não se cruzam. É o regime definido como laminar ou lamelar (no interior do líquido podem ser imaginadas lâminas ou lamelas em movimento relativo).

Abrindo mais a válvula, eleva-se a descarga (vazão) e a velocidade do líquido. O filamento colorido pode chegar a difundir-se na massa líquida, em consequência do movimento desordenado das partículas. A velocidade apresenta em qualquer instante uma componente transversal. Tal regime é denominado turbulento (*Figura A-7.2-c (2)* e *(3)*).

Revertendo o processo, isto é, fechando gradualmente o registro, a velocidade vai sendo reduzida gradativamente; existe um certo valor de "v" para o qual o escoamento passa de turbulento para laminar, restabelecendo-se o filete colorido e regular.

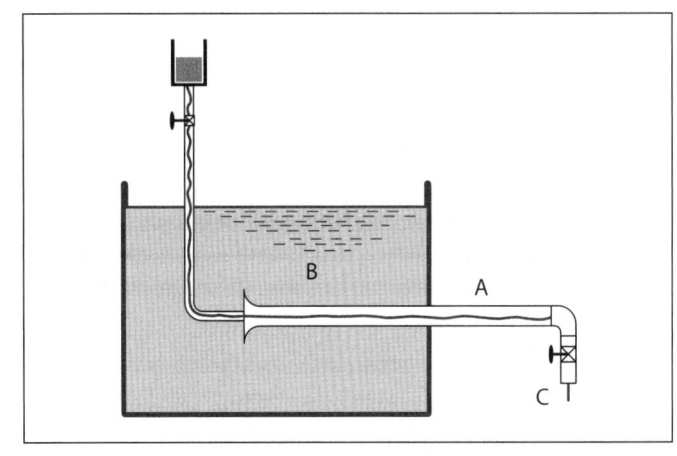

Figura A-7.2-b – Experiência de Reynolds.

A velocidade para a qual essa transição ocorre denomina-se velocidade crítica inferior, e é menor que a velocidade na qual o escoamento passa de laminar para turbulento.

Reynolds, após suas investigações teóricas e experimentais, trabalhando com diferentes diâmetros e temperaturas, concluiu que o melhor critério para se determinar o tipo de movimento em uma canalização não se prende exclusivamente ao valor da velocidade, mas ao valor de uma expressão sem dimensões, na qual se considera, também, a viscosidade do líquido:

$$R_e = \frac{v \times D}{v_{cn}}$$

que é o número de Reynolds, onde

v = velocidade do fluido (m/s)
D = diâmetro da canalização (m)
v_{cn} = viscosidade cinemática (m^2/s)

Qualquer que seja o sistema de unidades empregadas, o valor de R_e será o mesmo.

Se o escoamento se verificar com R_e superior a 4.000, o movimento nas condições correntes, em tubos comerciais, sempre será turbulento. Em condições ideais de laboratório, já se observou o regime laminar com valores de R_e superiores a 40.000; entretanto, nessas condições, o regime é muito instável, bastando qualquer causa perturbadora, por pequena que seja, para modificá-lo. Na prática, admite-se que tais causas perturbadoras sempre estão presentes (*Figura A-7.2-d*).

Para as tubulações, o escoamento em regime laminar ocorre e é estável para valores do número de Reynolds inferiores a 2.000. Entre esse valor e 4.000 encontra-se uma zona crítica, na qual não se pode determinar com segurança a perda de carga nas canalizações.

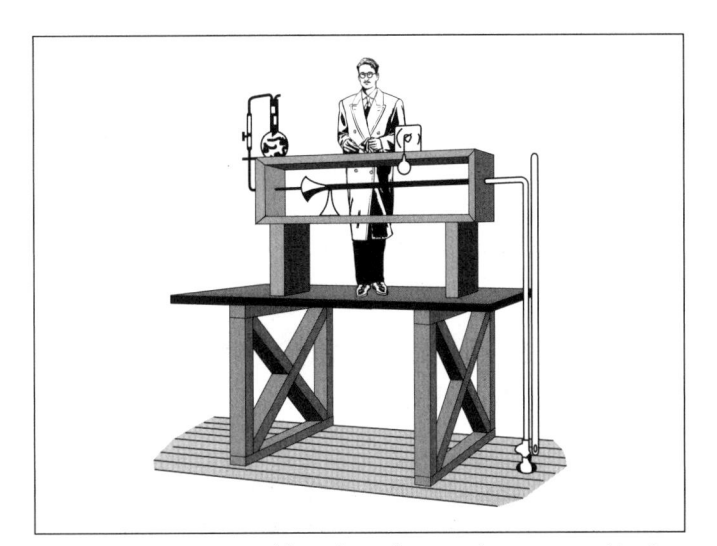

Figura A-7.2-a – Reynolds realizando uma de suas experiências.

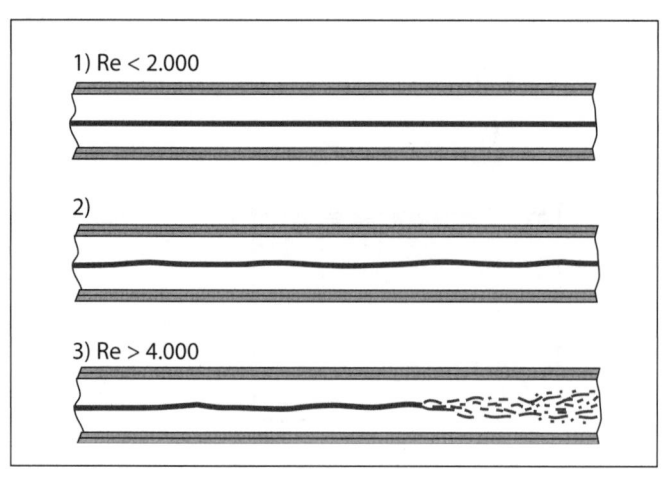

Figura A-7.2-c – Escoamento laminar a turbulento.

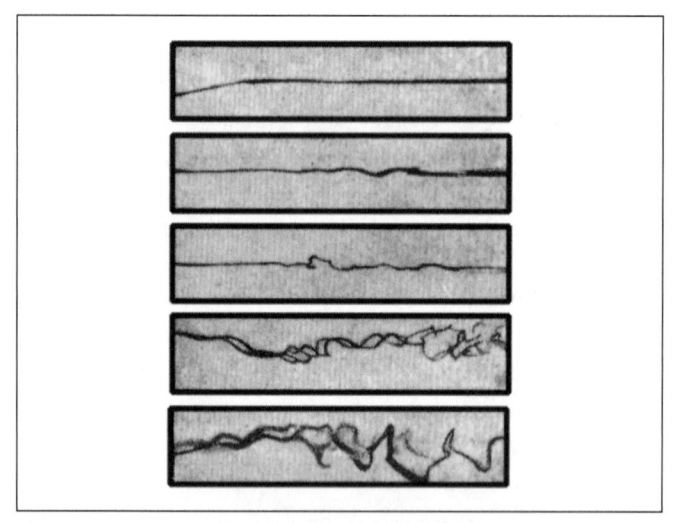

Figura A-7.2-d – Fotografias mostrando filamentos coloridos para diversos valores do número de Reynolds.

Nas condições práticas, o movimento da água em canalizações é sempre turbulento.

Os casos práticos de escoamento "laminar" são em meios porosos ou quando forçadamente se aumenta o perímetro molhado. É o caso de decantadores "tubulares" ou de "colmeia" ou de "placas".

A-7.3 CONCEITO GENERALIZADO DO NÚMERO DE REYNOLDS

O número de Reynolds é um parâmetro que leva em conta a velocidade entre o fluido que escoa e o material que o envolve, uma dimensão linear típica (diâmetro, profundidade etc.) e a viscosidade cinemática do fluido:

$$R_e = \frac{v \times L}{v_{cn}}$$

No caso de escoamento em tubos de seção circular (canalizações, tubulações), considera-se o diâmetro como dimensão típica, resultando a expressão já indicada anteriormente,

$$R_e = \frac{v \times D}{v_{cn}}$$

Para as seções não circulares, pode-se tomar

$$R_e = \frac{4 \times R_H \times v}{v_{cn}}$$

sendo R_H o raio hidráulico (veja *Capítulo A-14*).

Tratando-se de canais ou condutos livres, considera-se a profundidade como termo linear, assim,

$$R_e = \frac{v \times H}{v_{cn}}$$

Nesse último caso, o valor crítico inferior de R_e é, aproximadamente, 500.

A-7.4 REGIME DE ESCOAMENTO NOS CASOS CORRENTES

Na prática, o escoamento da água, do ar e de outros fluidos pouco viscosos se verifica em regime turbulento, como é fácil demonstrar.

A velocidade média de escoamento em canalizações de água geralmente varia entre 0,5 e 2 m/s. Seja a temperatura média da água admitida 20 °C. Para essa temperatura, a viscosidade cinemática é

$$v_{cn} = 0,000001 \text{ m}^2/\text{s} \ (1 \times 10^{-6})$$

Em uma canalização de diâmetro relativamente pequeno como, por exemplo, 50 mm, teríamos

$$R_e = \frac{v \times D}{v_{cn}} = \frac{0,90 \times 0,05}{0,000001} = 45.000$$

Valor bem acima de 4.000. Para diâmetros maiores, os valores de R_e seriam bem superiores.

O contrário se verifica quando se trata de líquidos muitos viscosos, como óleos pesados etc.

A-7.5 PERDAS DE CARGA: CONCEITO E NATUREZA

A adoção do chamado "fluido perfeito" para modelar a água não introduz erro apreciável nos problemas da Hidrostática. Ao contrário, no estudo dos fluidos em movimento não se pode prescindir da viscosidade e seus efeitos.

No escoamento de óleos, bem como na condução da água ou mesmo do ar, a viscosidade é importante fator a ser considerado.

Por exemplo, quando um líquido flui de (1) para (2) na canalização indicada na *Figura A-7.5-a*, parte da energia inicial se dissipa sob a forma de calor.

Em (2), a soma das três cargas (teorema de Bernoulli) não se iguala à carga total em (1). A diferença h_f, que se denomina perda de carga, é de grande importância nos problemas de engenharia e, por isso, tem sido objeto de muitas investigações.

A resistência ao escoamento no caso do regime laminar é devida inteiramente à viscosidade. Embora essa perda de energia seja comumente designada como perda por fricção ou por atrito, não se deve supor que ela seja devida a uma forma de atrito como a que ocorre com os sólidos. Junto às paredes dos tubos não há movimento do fluido. A velocidade se eleva de zero até o seu valor máximo junto ao eixo do tubo. Pode-se assim imaginar uma série de camadas em movimento, com velocidades diferentes e responsáveis pela dissipação de energia.

Quando o escoamento se faz em regime turbulento, a resistência é o efeito combinado das forças devidas à viscosidade e à inércia. Nesse caso, a distribuição de velocidades na canalização depende da turbulência, maior ou menor, e esta é influenciada pelas condições das paredes. Um tubo com paredes rugosas causaria maior turbulência.

A experiência tem demonstrado que, enquanto no regime laminar a perda por resistência é uma função da primeira potência da velocidade, no movimento turbulento ela varia, aproximadamente, com a segunda potência da velocidade.

A-7.6 CLASSIFICAÇÃO DAS PERDAS DE CARGA

Na prática, as canalizações não são constituídas exclusivamente por tubos retilíneos e de mesmo diâmetro. Usualmente, incluem ainda peças especiais e conexões que, pela forma e disposição, elevam a turbulência, provocam atritos e causam o choque de partículas, também dando origem a perdas de carga. Além disso, apresentam-se nas canalizações outras singularidades, como válvulas, registros, medidores etc., também responsáveis por perdas dessa natureza.

Com o objetivo de sistematizar o estudo das perdas, considerou-se o seguinte:

a) Perdas por resistência ao longo dos condutos. Ocasionadas pelo movimento da água na própria tubulação. Admite-se que essa perda seja uniforme em qualquer trecho de uma canalização de dimensões constantes, independentemente da posição da canalização. Por isso também podem ser chamadas de perdas contínuas (ver *item A-7.7*).

b) Perdas localizadas ou acidentais. Provocadas pelas peças especiais e demais singularidades de uma instalação. Essas perdas são relativamente importantes no caso de canalizações curtas com peças especiais; nas canalizações longas, o seu valor frequentemente é desprezível, comparado ao da perda pela resistência ao escoamento (ver *item A-7.8*).

A-7.7 PERDA DE CARGA AO LONGO DAS CANALIZAÇÕES/RESISTÊNCIA AO ESCOAMENTO

Poucos problemas mereceram tanta atenção ou foram tão investigados quanto o da determinação das perdas de carga nas canalizações. As dificuldades que se apresentam ao estudo analítico da questão foram tantas que levaram os pesquisadores às investigações experimentais. Assim foi que, após inúmeras experiências conduzidas por Darcy e outros investigadores com tubos de seção circular, concluiu-se que a resistência ao escoamento da água é:

a) diretamente proporcional ao comprimento da canalização ($\pi \times D \times L$);

b) inversamente proporcional a uma potência do diâmetro ($1/D^m$);

c) função de uma potência da velocidade média (v^n);

d) variável com a natureza das paredes dos tubos (rugosidade), no caso do regime turbulento (k');

e) independente da posição do tubo;

f) independente da pressão interna sob a qual o líquido escoa;

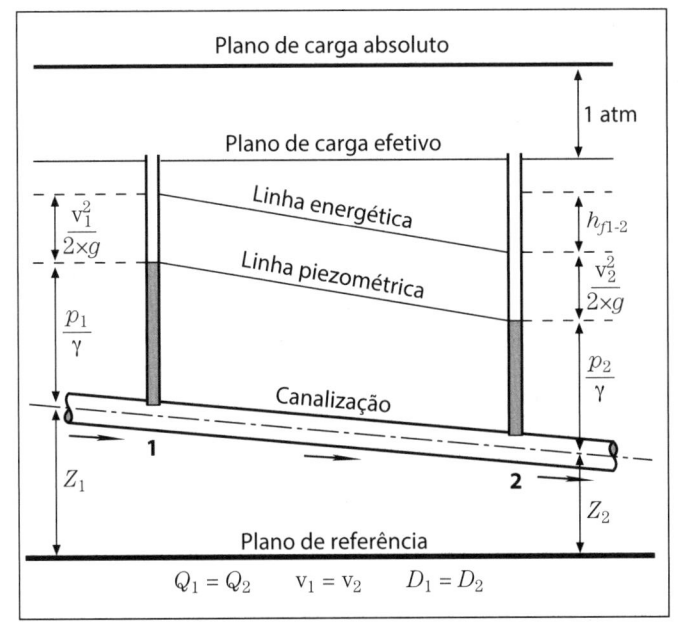

Figura A-7.5-a – Conceito de perda de carga.

g) função de uma potência da relação entre a viscosidade e a densidade do fluido $(\mu/\rho)^r$.

Para uma tubulação, a perda de carga pode ser expressa como

$$h_f = k' \times \pi \times D \times L \times \frac{1}{D^m} \times v^n \times \left(\frac{\mu}{\rho}\right)^r$$

Simplificando ao fazer $m = p + 1$:

$$h_f = \left[k' \times \pi \times \left(\frac{\mu}{\rho}\right)^r\right] \times \frac{L}{D^p} \times v^n$$

Fazendo

$$k = k' \times \pi \times \left(\frac{\mu}{\rho}\right)^r$$

então

$$h_f = k \times \frac{L \times v^n}{D^p} \qquad \text{Equação (7.1)}$$

sendo essa a equação básica para a perda de carga em tubulações, considerando desprezíveis na prática (ou incluídos no coeficiente "k") os efeitos das variações de densidade e viscosidade da água nas condições usuais.

A *Equação(7.1)* também pode ser escrita assim:

$$\frac{h_f}{L} \times D^p = k \times v^n \qquad \text{Equação (7.2)}$$

Designando h_f/L por J, isto é, a perda de carga unitária (por metro de canalização), vem:

$$D^p \times J = k \times v^n \quad \text{ou} \quad D \times J = \phi(v)$$

O coeficiente k considera as condições dos tubos (questão complexa). As fórmulas empíricas propostas para determinadas condições e a fórmula Universal substituem, na prática, essa expressão geral.

Para que a *Equação(7.1)* e a *Equação(7.2)* tenham aplicação prática, é necessário conhecer "k", "p" e "n". Foi Chezy, por volta de 1775, que observou que a perda de carga pela passagem de água sob pressão em tubos variava mais ou menos com o quadrado da velocidade da água, ou seja, atribuiu o valor "2" para "n". Posteriormente, por volta de 1850, Darcy e Weisbach sugeriram um novo aprimoramento para a *Equação(7.1)*, considerando "p" igual a "1", e multiplicando numerador e denominador por "$2 \times g$":

$$h_f = \left(k'' \times 2 \times g\right) \times \frac{L \times v^2}{D \times 2 \times g} \qquad \text{Equação (7.3)}$$

Chamando $(k'' \times 2 \times g)$ de "f" ou coeficiente de atrito, obtém-se a fórmula de cálculo de tubulações conhecida como fórmula de Darcy-Weisbach ou ainda "fórmula Universal":

$$h_f = f \times \frac{L \times v^2}{D \times 2 \times g} \qquad \text{Equação (7.4)}$$

que já tem aplicabilidade prática ao exprimir a perda de carga em função da velocidade na tubulação, e ter homogeneidade dimensional.

Entretanto, a fórmula de "Darcy" apresenta dificuldades:

a) Em escoamento turbulento, que ocorre quase sempre na prática, a perda de carga não varia exatamente com o quadrado da velocidade, mas sim com uma potência que varia normalmente de 1,75 a 2. Para contornar essa dificuldade, corrige-se o valor de "f", de forma a compensar a incorreção na fórmula.

b) Considerando que $v = Q/A$, $v = Q/\pi \times (D^2/4)$, e se "Q", "f" e "L" forem conhecidos, tem-se que a *Equação(7.4)* resulta em $h_f = a/D^5$, ou seja, a perda de carga é inversamente proporcional à 5ª potência do diâmetro, o que não se verifica na prática, pois as experiências demonstram que o expoente de (D) é na prática de 5,25. Tal dificuldade é mais uma vez ajustada no valor de "f".

c) O coeficiente de atrito "f", que pelo visto acaba sendo uma função da rugosidade do tubo, da viscosidade e da densidade do líquido, da velocidade e do diâmetro, apesar de todas as pesquisas a respeito, não teve seu valor estabelecido através de uma fórmula. Assim, seu valor será sempre obtido de tabelas e gráficos, onde são anotados pontos observados na prática e por experiências, e onde são interpolados os valores intermediários, com a limitação de que correspondem a determinada situação de temperatura, rugosidade etc., difíceis de se reproduzirem exatamente.

Tais dificuldades, no entanto, não devem ser tomadas como invalidação do método, que atende muito bem às necessidades normais da engenharia, mas como campo aberto à pesquisa e desenvolvimento, para que se chegue a resultados teóricos os mais próximos da realidade, ampliando a aplicação da hidráulica.

A-7.7.1 Natureza das paredes dos tubos: rugosidade

Analisando a natureza ou rugosidade das paredes, devem ser considerados:

a) o material empregado na fabricação dos tubos;
b) o processo de fabricação dos tubos;
c) o comprimento de cada tubo e número de juntas na tubulação;
d) a técnica de assentamento;
e) o estado de conservação das paredes dos tubos;
f) a existência de revestimentos especiais;
g) o emprego de medidas protetoras durante o funcionamento.

Assim, por exemplo, um tubo de vidro (teórico) é mais liso e oferece condições mais favoráveis ao escoamento que um tubo de ferro fundido. Uma canalização de aço rebitado opõe maior resistência ao escoamento que uma tubulação de aço soldado.

Por outro lado, os tubos de ferro fundido ou de aço, por exemplo, quando novos, são mais lisos e oferecem resistência menor ao escoamento que após alguns anos de uso. Com o tempo, esses tubos são atacados por fenômenos de natureza química relativos aos minerais presentes na água, e na sua superfície interna podem surgir protuberâncias "tubérculos" (*Figuras A-7.7.1-a (4)* e *A--7.7.1-c*) ou reentrâncias (fenômeno da corrosão). Essas condições agravam-se com o tempo (*Figura A-7.7.1-a (3)*). Modernamente, têm sido empregados revestimentos internos especiais com o objetivo de eliminar ou minorar esses fenômenos.

Outro fenômeno que pode ocorrer nas canalizações é a deposição progressiva de substâncias contidas nas águas e a formação de camadas aderentes – incrustações – que reduzem o diâmetro útil dos tubos e alteram a sua rugosidade (*Figuras A-7.7.1-a (2)* e *A-7.7.1-b*). Essas incrustações verificam-se no caso de águas muito duras, com teores elevados de certas impurezas. O mais comum é a deposição progressiva de cálcio em águas calcáreas.

Os fatores apontados devem ser considerados quando se projetam instalações hidráulicas.

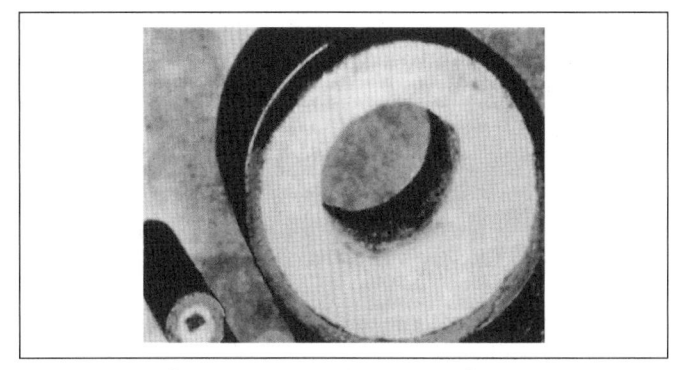

Figura A-7.7.1-b – Incrustações decorrentes de certas impurezas de água (dureza).

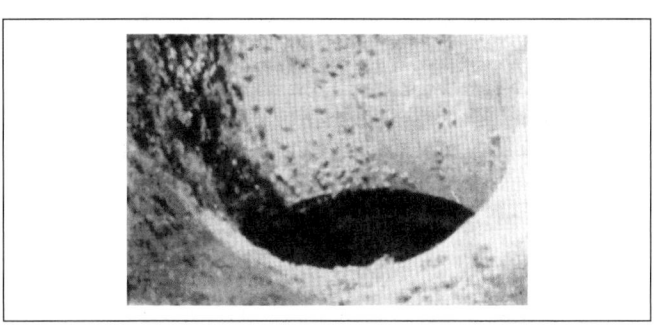

Figura A-7.7.1-c – Tubulação de ferro de grande diâmetro mostrando os efeitos da "tuberculização".

A-7.7.2 Influência do envelhecimento dos tubos

Com o decorrer do tempo e em consequência dos fatores já apontados, a capacidade de transporte de água das tubulações vai diminuindo.

De acordo com as observações de Hazen e Williams, a capacidade decresce de acordo com os dados médios apresentados na *Tabela A-7.7.2-a* (as observações e dados organizados são mais abundantes para os materiais mais antigos, normalmente de aço e de ferro fundido).

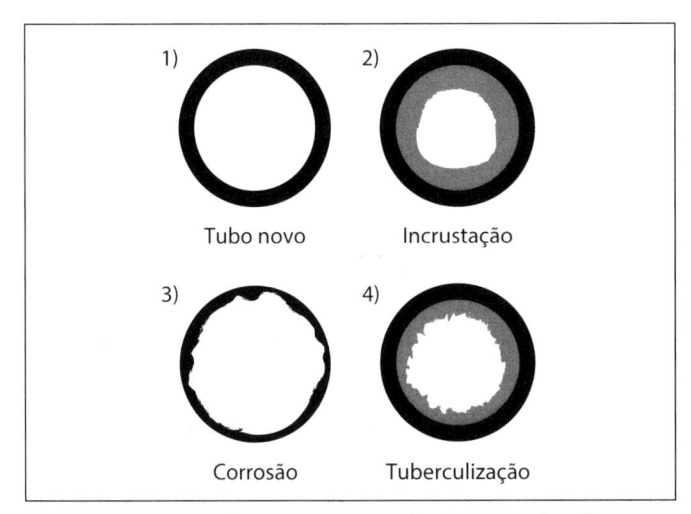

Figura A-7.7.1-a – Alterações na superfície interna do tubo.

Tabela A-7.7.2-a Capacidade de vazão das canalizações em porcentagem em relação ao tubo novo (tubos de ferro ou de aço sem revestimento permanente interno)

Tempo de funcionamento	Diâmetros Nominais					
	100 (mm)	150 (mm)	250 (mm)	400 (mm)	500 (mm)	750 (mm)
Tubos novos	100	100	100	100	100	100
Após 10 anos	81	85	85	86	86	87
Após 20 anos	68	74	74	75	76	77
Após 30 anos	58	65	65	67	68	69
Após 40 anos	50	58	58	61	62	63
Após 50 anos	43	54	54	56	57	59

Os tubos não metálicos costumam apresentar capacidade mais constante ao longo do tempo, exceto em caso de algum fenômeno de incrustação específica, o mesmo ocorrendo com os tubos de cobre e também com os tubos metálicos ferrosos com revestimento permanente.

A-7.7.3 Problemas práticos em tubulações

Nos problemas de cálculo de tubulações são quatro os elementos hidráulicos:

1. o diâmetro D (dimensional L, normalmente expresso em m ou em mm);
2. a perda de carga J (dimensional L/L, normalmente expressa em m/m);
3. a velocidade v (dimensional L/T, normalmente expressa em m/s);
4. a vazão Q (dimensional L^3/T, normalmente expressa em m³/segundo).

As equações disponíveis são duas:

1. equação da continuidade: $Q = A \times v$;
2. equação da resistência: $D \times J = \phi(v)$ (representada na prática por uma fórmula empírica).

Sendo quatro as variáveis e duas equações, o problema será determinado se forem dados dois elementos hidráulicos.

Os tipos de problemas a resolver estão organizados na *Tabela A-7.7.3-a*.

Tabela A-7.7.3-a Problemas de cálculo de tubulações

Tipos	Dados		Incógnitas		Observações
I	D	J	Q	v	
II	D	Q	J	v	Calcula-se $v = Q/A$
III	D	v	J	Q	Calcula-se $Q = A/v$
IV	J	Q	D	v	
V	J	v	D	Q	
VI	Q	v	D	J	Calcula-se $A = Q/v$

Nos três primeiros tipos de problemas em que é conhecido D, a solução é imediata.

O quarto tipo de problema (tipo IV) é particularmente importante: é o caso das linhas adutoras etc., para as quais Q é fornecida por dados estatísticos e J decorre da topografia. Nesses problemas calcula-se D com a equação de resistência, $D \times J = \phi(v)$.

No tipo V a solução pode ser por tentativas ou pela equação de resistência.

No sexto tipo de problema pode-se calcular D com a equação da continuidade, recaindo-se no segundo caso. Ver soluções desses problemas no *item A-9.8*.

A-7.8 PERDAS DE CARGAS LOCALIZADAS

Essas perdas são denominadas locais, localizadas, acidentais ou singulares, pelo fato de decorrerem especificamente de pontos ou partes bem determinadas da tubulação, ao contrário do que acontece com as perdas em consequência do escoamento ao longo das tubulações.

A-7.8.1 Perda de carga devida ao alargamento brusco de seção

É clássica a dedução da expressão relativa à perda de carga devida ao alargamento brusco, partindo-se do teorema de Bernoulli e considerando-se o impulso das forças que atuam nas seções tranversais e a variação da quantidade de movimento.

A *Figura A-7.8.1-a* mostra, esquematicamente, um alargamento brusco de seção transversal. A velocidade v_1 na seção menor será bem maior que a velocidade v_2, havendo, portanto, partículas fluidas mais velozes (animadas com velocidade v_1) que se chocam com partículas mais lentas de velocidade v_2. Na parte inicial da seção alargada forma-se um anel de turbilhões que absorve energia.

Geralmente considera-se que na parte inicial do trecho alargado ainda atue a pressão p_1, admitindo que a pressão p_2 seja medida a jusante da zona de turbilhões. Considerando essas seções e aplicando o teorema de Bernoulli,

$$\frac{p_1}{\gamma} + \frac{v_1^2}{2 \times g} + z = \frac{p_2}{\gamma} + \frac{v_2^2}{2 \times g} + z + h_f$$

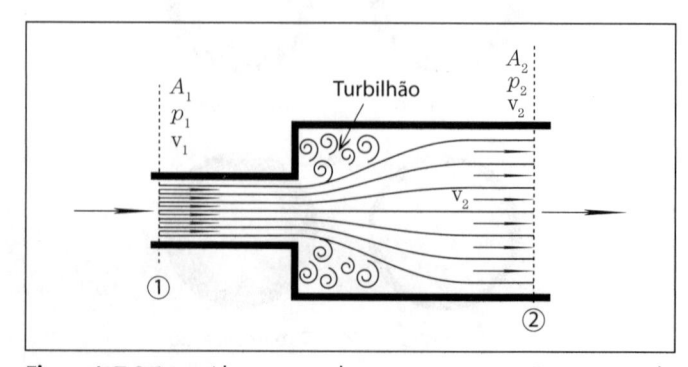

Figura A-7.8.1-a – Alargamento brusco em uma seção transversal.

expressão de onde se obtém a perda de carga h_f,

$$h_f = \frac{v_1^2}{2 \times g} - \frac{v_2^2}{2 \times g} - \left(\frac{p_2}{\gamma} - \frac{p_1}{\gamma} \right) \qquad Equação\ (7.5)$$

Considerando uma unidade de tempo, a quantidade de fluido que escoa é Q (vazão). A resultante que atua da direita para a esquerda será: $(p_2 - p_1) \times A_2$, e a variação da quantidade de movimento:

$$\frac{Q \times \gamma}{g} \times (v_1 - v_2)$$

Igualando essas duas expressões (a variação da quantidade de movimento deve igualar-se ao impulso das forças),

$$(p_2 - p_1) \times A_2 = \frac{Q \times \gamma}{g} \times (v_1 - v_2)$$

$$(p_2 - p_1) \times A_2 = \frac{A_2 \times v_2 \times \gamma}{g} \times (v_1 - v_2)$$

$$\frac{p_2}{\gamma} - \frac{p_1}{\gamma} = \frac{v_2}{g} \times (v_1 - v_2) \qquad Equação\ (7.6)$$

Substituindo esse valor na *Equação(7.5)*,

$$h_f = \frac{v_1^2}{2 \times g} - \frac{v_2^2}{2 \times g} - \frac{2 \times v_2 \times (v_1 - v_2)}{2 \times g}$$

$$h_f = \frac{v_1^2 - (2 \times v_1 \times v_2) + v_2^2}{2 \times g} = \frac{(v_1 - v_2)^2}{2 \times g} \qquad Equação\ (7.7)$$

expressão que entre nós é conhecida como o teorema de Borda-Bélanger, em homenagem a Borda, grande hidráulico do século XVIII que deduziu essa expressão (1766), e a Bélanger, que retomou esses estudos e expôs a sua teoria (1840):

> *"Em qualquer alargamento brusco de seção, há uma perda de carga local medida pela altura cinética correspondente à perda de velocidade."*

Registre-se que a *Equação (7.7)* leva a resultados ligeiramente inferiores aos experimentais, razão por que Saint-Venant propôs um termo corretivo complementar, com base nos dados experimentais de Borda. Posteriormente, Hanok, Archer e outros investigadores propuseram correções mais lógicas e exatas que, por irrelevantes do ponto de vista prático, nem sempre são consideradas.

A-7.8.2 Expressão geral das perdas localizadas

Como

$$v_2 = \frac{A_1}{A_2} \times v_1$$

pode-se substituir o valor de v_2 em função de v_1 na *Equação(7.7)*:

$$h_f = \frac{(v_1 - v_2)^2}{2 \times g} = \left(1 - \frac{A_1}{A_2} \right)^2 \times \frac{v_1^2}{2 \times g}$$

então

$$h_f = K \times \frac{v_1^2}{2 \times g}$$

De um modo geral, todas as perdas localizadas podem ser expressas sob a forma

$$h_f = K \times \frac{v^2}{2 \times g}$$

equação geral para a qual o coeficiente K pode ser obtido experimentalmente para cada caso.

Esse trabalho experimental vem sendo realizado, há vários anos, por engenheiros interessados na questão, por fabricantes de conexões e válvulas e por laboratórios de Hidráulica.

Verificou-se que o valor de K é praticamente constante para valores do número de Reynolds superiores a 50.000. Conclui-se, portanto, que para fins de aplicação prática pode-se considerar constante o valor de K para determinada peça, desde que o escoamento seja turbulento, independente do diâmetro da tubulação e da velocidade e natureza do fluido.

A *Tabela A-7.8.2-a* apresenta valores aproximados de K para as peças e perdas mais comuns na prática. É uma tabela elaborada pelo autor a partir de diversos dados bibliográficos. O autor entende que sua aplicação deve ater-se ao intervalo de diâmetros entre 100 e 1.000 mm.

A-7.8.3 Perda de carga na entrada de uma canalização (saída de reservatório)

No *item A-5.2.8* já se tratou deste assunto: a perda de carga que se verifica na entrada de uma canalização (saída de reservatórios, tanques, caixas etc.) dependerá bastante das condições que caracterizam o tipo da entrada.

A disposição mais comum, denominada normal, é aquela em que a canalização faz um ângulo de 90° com as paredes ou com o fundo dos reservatórios, constituindo uma aresta viva (*Figura A-7.8.3-a (1)*). Para essas condições, o valor *de K é* bem determinado, podendo ser tomado igual a 0,5.

Tabela A-7.8.2-a Valores aproximados de *K* para cálculo expedito das perdas localizadas em tubulações.
Para velocidades usuais em tubulações de água: entre 0,5 e 2,5 m/s.
Em reduções ou expansões, usar a maior velocidade, exceto no Venturi, quando se usa a velocidade na tubulação.

Peça	K	Peça	K
Ampliação gradual: $A_2/A_1 < 1,6$ e $2D_1 < L < 2D_2$	0,10 a 0,30	Válvula de gaveta aberta 100%	0,02 a 0,04
Ampliação brusca (90°) $(1 - v_2/v_1)^2$	1,00 a 2,00	Válvula borboleta aberta 100%	0,30 a 0,50
Redução gradual: $A_2/A_1 < 1,6$ e $2D_1 < L < 2D_2$	0,15 a 1,25	Válvula de ângulo aberta 100%	5,00
Redução Brusca (90°) $0,01 < (D_2/D_1)^2 < 0,8$	0,15 a 0,50	Válvula de disco (globo) aberta 100%	10,00
Bocais $0,5 < D_2/D_1 < 0,8$ (ver *item A-5.2.3/A-5.2.7*)	2,75 a 5,00	Válvula controladora de vazão	2,5 a 10,00
Curva 90° longa	0,15 a 0,40	Válvula de pé 100% aberta	4,00 a 5,00
Curva 90° raio curto (cotovelo)	0,90 a 1,20	Válvula retenção portinhola ou disco, sem mola	2,50 a 12,0
Curva 45° longa	0,13 a 0,28	Crivo	3,00 a 6,00
Curva 45° curta	0,30 a 0,50	Saída (chegada) aérea (pressão atmosférica)	1,00
Curva 22,5	0,10 a 0,20	Saída (chegada) afogada em reservatório	0,90 a 1,00
Tê passagem direta DN_1 (saída lateral fechada)	0,50 a 0,70	Tomada (entrada normal), *Figura A-7.8.3-a (1)*	0,45 a 0,55
Tê passagem + saída lateral < 20% Q_1, $D_2 < D_1$	1,30 a 1,60	Tomada (entrada reentrante), *Figura A-7.8.3-a (2)*	0,80 a 1,20
Tê bifurcação simétrica	1,50 a 2,00	Tomada (entrada em sino), *Figura A-7.8.3-a (3)*	0,04 a 0,80
Pequenas derivações (tipo ferrule) $0,05 < D_2/D_1 < 0,25$	0,03 a 0,05	Tomada (entr. redução cônica), *Figura A-7.8.3-a (4)*	0,09 a 0,11
Junção a 45°, tipo barrilete	0,35 a 0,50	Medidor Venturi	2,50

Consultar catálogo fabricantes — Dados das válvulas considerando-as 100% abertas. NOTA: considerar o intervalo de diâmetros entre 100 e 1.000 mm como o de melhor aproximação.

No caso de tubulação reentrante, constituindo a entrada clássica de Borda (*Figura A-7.8.3-a (2)*), as condições são mais desfavoráveis ao escoamento e $K \approx 1$.

Se as entradas forem arredondadas (*Figura A-7.8.3--a (3)*), o valor de K cairá sensivelmente, da ordem de 0,05 sempre que for obedecida a forma de sino. A entrada arredondada ideal teria a forma de uma tratriz ($K = 0,04$).

Na prática, sempre que as proporções da obra justificarem, poderão ser melhoradas as condições da entrada, instalando-se uma redução no início da tubulação (*Figura A-7.8.3-a (4)*), quando então $K \approx 0,1$.

A-7.8.4 Perda de carga na saída das canalizações (entrada em reservatórios)

Duas situações podem ocorrer no ponto de descarga das canalizações (*Figura A-7.8.4-a*). Se a descarga for feita ao ar livre, haverá um jato na saída da canalização, perdendo--se precisamente a energia de velocidade: $K = 1$. Se a cana-

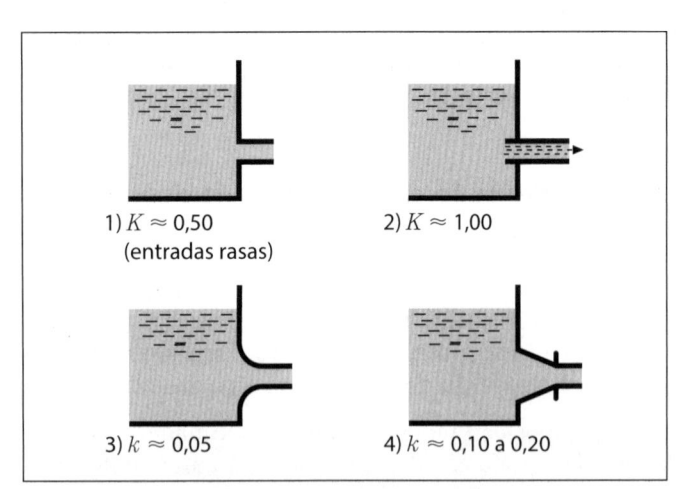

1) $K \approx 0,50$ (entradas rasas) 2) $K \approx 1,00$

3) $k \approx 0,05$ 4) $k \approx 0,10$ a $0,20$

Figura A-7.8.3-a – Entradas afogadas, em tubos cilíndricos, com submergência maior que 3,5 DN para minimizar ocorrência de vórtices (ver *Tabela A-7.8.2-a*). (1) Normal; (2) reentrante ou borda; (3) sino; (4) redução cônica.

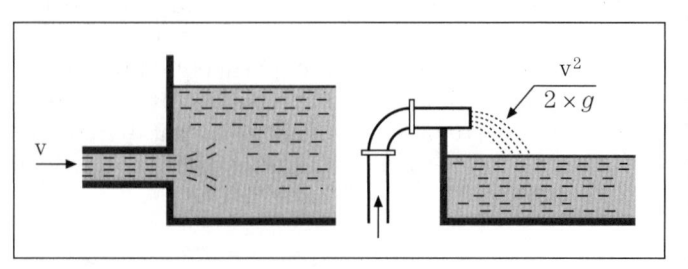

Figura A-7.8.4-a – Pontos de descarga de canalizações.

lização entrar em um reservatório, caixa ou tanque, haverá um alargamento de seção, caso em que a perda corresponderá a um valor de K compreendido entre 0,9 e 1.

A-7.8.5 Perda de carga em curvas

Um erro comum é a falsa concepção de que todos os cotovelos ou curvas de raios mais longos sempre causam perdas menores do que os de raio mais curto. Na realidade, existe um raio de curvatura e um desenvolvimento ótimos para cada curva e cada velocidade (veja *Tabela A-7.8.5-a*).

Tabela A-7.8.5-a Valores de *K* para curvas de 90°

Relação R/D	1	1,5	2	4	6	8
Valores de K	0,48	0,36	0,27	0,21	0,27	0,36

A-7.8.6 Perda de carga em válvulas de gaveta

As válvulas de gaveta (*Figura A-7.8.6-a*), também conhecidas como "registros" (ver *item A-10.2.1*), oferecem resistência ao escoamento. Mesmo quando totalmente abertas, haverá uma perda de carga sensível devido às características de sua própria construção (reentrâncias nas quais desliza a gaveta e a parte de baixo da gaveta, uma vez totalmente aberta, não tem a forma do cilindro do tubo onde se insere, deixando outras reentrâncias vazias).

Para as válvulas de gaveta totalmente abertas, o valor de K pode variar desde 0,02 até 0,04.

Na *Tabela A-7.8.6-a* estão registrados resultados de experiências de Weisbach para diversas aberturas de uma válvula de gaveta, formando a chamada "curva da válvula", em que a cada abertura corresponde um K.

Tabela A-7.8.6-a Valores de *K* para válvulas de gaveta parcialmente abertas

D_2/D_1	a/A*	K
7/8	0,948	0,07
6/8	0,856	0,26
5/8	0,740	0,81
4/8	0,609	2,06
3/8	0,466	5,52
2/8	0,315	17,00
1/8	0,159	97,80

*a/A é a relação de áreas efetivas da abertura de passagem (a) e da secção transversal do cilindro interno da tubulação (A).

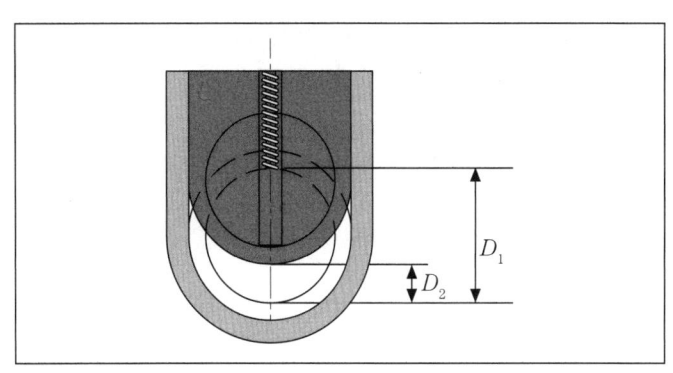

Figura A-7.8.6-a – Válvula gaveta.

A-7.8.7 Perda de carga em válvula-borboleta

As válvulas-borboleta (*Figura A-7.8.7-a*) são de aplicação cada vez mais generalizada em obras hidráulicas correntes.

O valor de K dependerá do ângulo δ, de abertura, sendo aplicáveis os valores da *Tabela A-7.8.7-a*.

Tabela A-7.8.7-a Valores de *K* para válvulas-borboleta parcialmente abertas

δ	a/A*	K	δ	a/A*	K
5°	0,913	0,24	40°	0,367	10,80
10°	0,826	0,52	45°	0,293	18,70
15°	0,741	0,90	50°	0,234	32,60
20°	0,658	1,54	55°	0,181	58,80
25°	0,577	2,51	60°	0,134	118,00
30°	0,500	3,91	65°	0,094	256,00
35°	0,426	6,22	70°	0,060	750,00

*a/A é a relação de áreas efetivas da abertura de passagem (a) e da secção transversal do cilindro interno da tubulação (A).
Nota: Os valores de K aqui apresentados são meramente indicativos, variando com o desenho do fabricante.

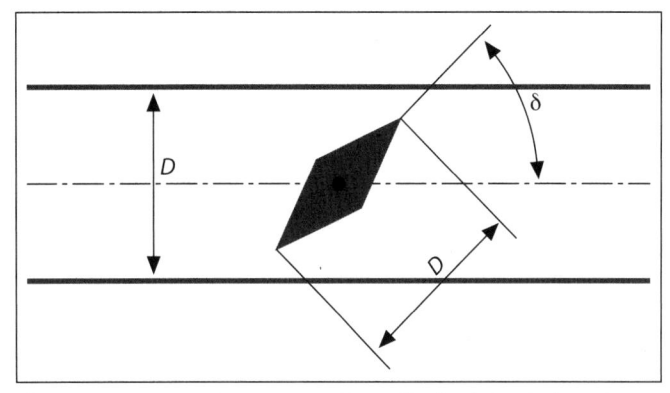

Figura A-7.8.7-a – Vista esquemática válvula de borboleta. A válvula está fechada quando $\delta = 90°$ (a/A→0). Ver também o *item A-10.2.1.2*.

A-7.8.8 Perda de carga devida ao estreitamento de seção

A perda decorrente da redução brusca de diâmetro, de uma seção A_1 para uma seção A_2, é dada por:

$$h_f = K \times \frac{v_2^2}{2 \times g}$$

sendo

$$K = \frac{4}{9} \times \left(1 - \frac{A_2}{A_1}\right)$$

Se a redução de diâmetro for gradual, a perda será menor. Na *Tabela A-7.8.2-a*, são apresentados valores sugeridos para cálculos expeditos. Em casos de transição muito suave, o valor de K pode chegar a ficar compreendido abaixo de 0,15.

A-7.8.9 Perda de carga devida ao alargamento de seção

Verifica-se, experimentalmente, que os valores de K dependem da relação entre os diâmetros de montante e de jusante, bem como do comprimento da peça. Para as peças usuais, encontra-se que:

$$h_f = K \times \frac{(v_1 - v_2)^2}{2 \times g}$$

Na *Tabela A-7.8.9-a*, são apresentados os valores para K, dados pelo Prof. C. F. Pimenta, em função do ângulo de ampliação da peça (*Figura A-7.8.9-a*).

Tabela A-7.8.9-a Valores de _K_ para alargamento de seções

β	5°	10°	20°	40°	60°	80°	120°
K	0,13	0,17	0,42	0,90	1,10	1,08	1,05

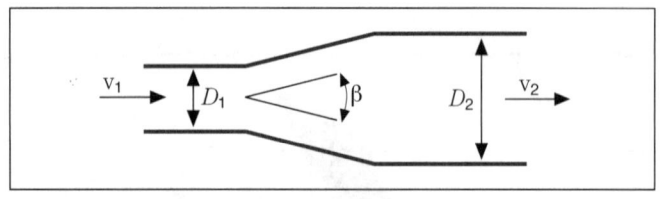

Figura A-7.8.9-a – Alargamento de seção.

A-7.8.10 Perda de carga em tês e junções

A *Tabela A-7.8.10-a* apresenta os valores de K para tês e junções de acordo com o esquema da peça e a relação de vazões.

Tabela A-7.8.10-a

Esquema	Relação de vazões	K_d	K_s
	q = Q/3	0,25	0,05
	q = Q/2	0,40	0,30
	q = 2×Q/3	0,50	0,55
	q = Q	-	0,90
	q = Q/3	0,00	0,90
	q = Q/2	0,01	0,92
	q = 2×Q/3	0,12	1,00
	q = Q	-	1,30
	q = Q/3	0,18	Desprezível
	q = Q/2	0,11	0,11
	q = 2×Q/3	0,04	0,26
	q = Q	-	0,38
	q = Q/3	Desprezível	0,55
	q = Q/2	0,02	0,45
	q = 2×Q/3	0,12	0,32
	q = Q	-	0,40

A-7.8.11 Método dos comprimentos virtuais

Um método alternativo para levar em conta as perdas singulares ou localizadas é o dos comprimentos virtuais. Uma tubulação que compreende diversas peças especiais e outras singularidades, sob o ponto de vista de perdas de carga, equivale a uma tubulação retilínea de comprimento maior. É nessa simples ideia que se baseia o método, de grande utilidade na prática para a consideração das perdas singulares.

O método consiste em adicionar à extensão da tubulação, para simples efeito de cálculo, comprimentos tais que correspondam à mesma perda de carga que causariam as peças especiais existentes na tubulação. A cada peça especial corresponde um certo comprimento fictício e adicional. Levando em consideração todas as peças especiais e demais causas de perdas singulares, chega-se a um comprimento virtual de canalização.

As perdas de carga ao longo das canalizações podem ser determinadas pela fórmula de Darcy-Weisbach (*item A-7.7*):

$$h'_f = \frac{f \times L \times v^2}{D \times 2 \times g}$$

Para determinada tubulação, L e D são constantes e, como o coeficiente de atrito f não tem dimensões, a perda de carga será igual ao produto de um número puro pela carga de velocidade $v^2/(2 \times g)$:

$$h'_f = m \times \frac{v^2}{2 \times g}$$

Por outro lado, as perdas acidentais têm a seguinte expressão geral:

$$h_f = K \times \frac{v^2}{2 \times g}$$

Observa-se, portanto, que a perda de carga na passagem por conexões, válvulas etc., varia com a mesma função da velocidade existente para o caso de resistência ao escoamento em trechos retilíneos de tubulações. É devido a essa feliz identidade que se pode exprimir as perdas localizadas em função de comprimentos retilíneos de canalização. Pode-se obter o comprimento virtual de canalização, que corresponde a uma perda de carga equivalente à perda localizada, fazendo:

$$h'_f = h_f$$

$$\frac{f \times L \times v^2}{D \times 2 \times g} = K \times \frac{v^2}{2 \times g}$$

$$L = \frac{K \times D}{f}$$

A-7.8.12 Valores práticos

A *Tabela A-7.8.12-a* inclui valores para os comprimentos fictícios correspondentes às perdas em peças e acessórios mais frequentes nas tubulações. Os dados apresentados foram em grande parte calculados pelo prof. Azevedo Netto, com base na fórmula de Darcy-Weisbach em sua apresentação americana, tendo sido adotados valores precisos de K. Em parte eles se baseiam também em diversos trabalhos de profissionais do ramo e catálogos de fabricantes que ensaiaram suas peças.

Os comprimentos equivalentes, embora tenham sido calculados para tubulações de ferro e aço, poderão ser aplicados com aproximação razoável ao caso das tubulações de outros materiais.

As imprecisões e discrepâncias resultantes do emprego generalizado desse método e dos dados apresentados são, provavelmente, menos consideráveis que as indeterminações relativas à rugosidade interna dos tubos e resistência ao escoamento, assim como à sua variação na prática.

O ábaco incluso, original da Crane Co., foi convertido ao sistema métrico e publicado por cortesia daquela companhia (*Figura A-7.8.12-a*).

A-7.8.13 Nova simplificação

Considerando os comprimentos L apresentados na *Tabela A-7.8.12-a*, para determinar perdas e dividindo esses comprimentos pelos diâmetros das tubulações, verifica-se que os resultados apresentam uma variação relativamente pequena. Assim é que os dados relativos às perdas em cotovelos de 90°, de raio médio, levam a valores de L/D variando desde 26 (para DN 300) até 31 (para DN 20).

Nessas condições, as informações contidas na *Tabela A-7.8.12-a* podem ser condensadas tomando-se os comprimentos equivalentes expressos em diâmetros das canalizações. A *Tabela A-7.8.13-a* inclui os dados recomendados por Azevedo Netto.

A-7.8.14 Importância relativa das perdas localizadas

As perdas localizadas podem ser desprezadas nas tubulações longas cujo comprimento exceda cerca de 4.000 vezes o diâmetro (*item A-5.3.2*). São ainda desprezíveis nas canalizações em que a velocidade é baixa e o número de peças especiais não é grande.

Assim, por exemplo, o engenheiro, usando sua percepção (sua arte), saberá se vale a pena sair calculando as perdas localizadas ou se estas podem ser embutidas em um coeficiente de segurança ou no coeficiente de rugosidade e não ser levadas em conta nos cálculos de linhas adutoras, redes de distribuição etc.

Tratando-se de canalizações curtas, bem como de tubulações que incluem grande número de peças especiais, é importante considerar as perdas acidentais. Tal é o caso das instalações prediais e industriais, dos encanamentos de recalque e dos condutos forçados das usinas hidrelétricas.

A-7.8.15 Cuidados no caso de velocidades muito elevadas

É importante assinalar que, no caso de tubulações funcionando com velocidades elevadas, as perdas de carga localizadas passam a ter valores que chegam a ultrapassar os valores das perdas ao longo das linhas.

Tabela A-7.8.12-a Comprimentos equivalentes a perdas localizadas (expressos em metros de canalização retilínea *1)

Diâmetro Externo tubos PVC	Diâmetro Interno tubos PVC	Curva 90° Raio longo	Curva 90° Raio médio	Curva 90° Raio curto	Curva 45°	Entrada normal	Entrada de borda	Tê passagem direta	Tê passagem direta e saída lateral	Tê saída lateral	Válvula de gaveta aberta	Válvula de globo aberto	Válvula de ângulo aberto	Válvula de pé e crivo	Saída da canalização	Válvula de retenção tipo leve	Válvula de retenção tipo pesado
mm	mm																
15	12	0,8	1,0	1,2	0,4	0,2	0,6	0,7	1,0	1,2	0,1	4,9	2,6	3,6	0,4	1,1	1,8
20	17	0,9	1,1	1,3	0,5	0,3	0,8	0,8	2,3	2,5	0,1	6,7	3,6	5,6	0,5	1,6	2,4
25	22	1,0	1,2	1,4	0,7	0,4	0,9	0,9	2,4	2,6	0,2	8,2	4,6	7,3	0,7	2,1	3,2
32	28	1,2	1,5	1,8	0,9	0,5	1,1	1,2	3,1	3,3	0,2	11,3	5,6	10,0	0,9	2,7	4,0
40	35	1,4	2,0	2,6	1,0	0,6	1,2	1,5	4,6	4,8	0,3	13,4	6,7	11,6	1,0	3,2	4,8
50	44	2,0	3,2	4,4	1,3	0,8	1,5	2,2	7,3	7,5	0,4	17,4	8,5	14,0	1,5	4,2	6,4
60	53	2,4	3,4	4,6	1,5	1,0	1,9	2,3	7,6	7,8	0,4	21,0	10,0	17,0	1,9	5,2	8,1
75	67	2,8	3,7	4,7	1,7	1,2	2,2	2,4	7,8	8,0	0,5	26,0	13,0	20,0	2,2	6,2	9,7
85	76	3,2	3,9	5,0	1,8	1,5	2,6	2,5	8,0	9,0	0,6	30,0	15,0	21,0	2,7	6,3	11,4
100	90	3,6	4,1	6,0	1,9	2,0	3,2	2,6	8,2	10,0	0,7	34,0	17,0	23,0	3,2	6,5	12,9
110	98	4,0	4,3	7,0	2,0	2,5	4,0	2,7	8,4	11,0	0,9	43,0	21,0	30,0	4,0	10,4	16,1
150	136	4,5	5,2	8,0	2,3	3,0	5,0	3,4	10,0	12,0	1,1	51,0	26,0	39,0	5,0	12,5	19,3
200	182	5,0	5,5	9,0	3,0	4,0	6,0	4,3	13,0	14,0	1,4	67,0	34,0	52,0	6,0	16,0	25,0
250	228	6,0	6,7	10,0	3,8	5,0	7,5	5,5	16,0	18,0	1,7	85,0	43,0	65,0	7,5	20,0	32,0
300	275	7,0	7,9	11,0	4,6	6,0	9,0	6,1	19,0	21,0	2,1	102,0	51,0	78,0	9,0	24,0	38,0
350	320	8,0	9,5	12,0	5,3	7,0	11,0	7,3	22,0	25,0	2,4	120,0	60,0	90,0	11,0	28,0	45,0

* Os valores indicados para válvulas de disco (globo) aplicam-se também às "torneiras", válvulas para chuveiros e válvulas de descarga.
Tabela adaptada pelo autor (MFF) a partir de normas e tabelas de uso corrente para tubos e conexões novos ou materiais não oxidáveis e não incrustantes e plásticos, para fins de cálculos expeditos e avaliações.

Tabela A-7.8.13-a Perdas localizadas expressas em diâmetros de canalização retilínea (comprimentos equivalentes)

Peça	Comprimento em número de diâmetros	Peça	Comprimento em número de diâmetros
Ampliação gradual: $A_2/A_1 < 1,6$ e $2D_1 < L < 2D_2$	12	Válvula de gaveta aberta 100%	8
Ampliação brusca (90°)	20	Válvula borboleta aberta 100%	40
Redução gradual: $A_2/A_1 < 1,6$ e $2D_1 < L < 2D_2$	6	Válvula de ângulo aberta 100%	170
Redução brusca (90°) $0,01 < (D_2/D_1)^2 > 0,8$	10	Válvula de disco (globo) aberta 100%	350
Bocais $0,5 < D_2/D_1 < 0,8$ (ver *item A-5.2.3/A-5.2.7*)	6	Válvula controladora de vazão aberta 100%	350
Curva 90° longa	30	Válvula de pé 100% aberta	100
Curva 90° raio curto (cotovelo)	45	Válvula retenção portinhola ou disco, sem mola	100
Curva 45° longa	15	Crivo	150
Curva 45° curta	20	Saída (chegada) aérea (pressão atmosférica)	35
Curva 22,5	15	Saída (chegada) afogada em reservatório	5
Tê passagem direta DN_1 (saída lateral fechada)	20	Tomada (entrada normal), *Figura A-7.8.3-a(1)*	17
Tê passagem + saída lateral < 20% Q_1, $D_2 < D_1$	50	Tomada (entrada reentrante), *Figura A-7.8.3-a(2)*	35
Tê bifurcação simétrica	65	Tomada (entrada em sino), *Figura A-7.8.3-a(3)*	10
Pequenas derivações (tipo ferrule) $0,05 < D_2/D_1 < 0,25$	40	Tomada (entrada redução cônica), *Figura A-7.8.3-a(4)*	12
Junção a 45°, tipo barrilete	30	Medidor Venturi	18
Curva 30° aço, segmentada 2 gomos	7	Curva 45° aço, segmentada 2 gomos	15
Curva 45° aço, segmentada 3 gomos	10	Curva 60° aço, segmentada 2 gomos	25
Curva 60° aço, segmentada 3 gomos	15	Curva 90° aço, segmentada 2 gomos	65
Curva 90° aço, segmentada 3 gomos	25	Curva 30° aço, segmentada 4 gomos	15

Notas:
01 – Consultar catálogos de fabricantes.
02 – Em aço, considerar peças novas e tubulação nova; sendo toda em plástico, cobre etc., supõe-se sempre nova.
03 – Dados das válvulas considerando-as 100% abertas.
04 – No caso de reduções e ampliações, usar o diâmetro de jusante.
05 – Valores compulsados e interpolados de forma expedita para fins de avaliações.
Consultar catálogo fabricantes – dados das válvulas considerando-as 100% abertas.

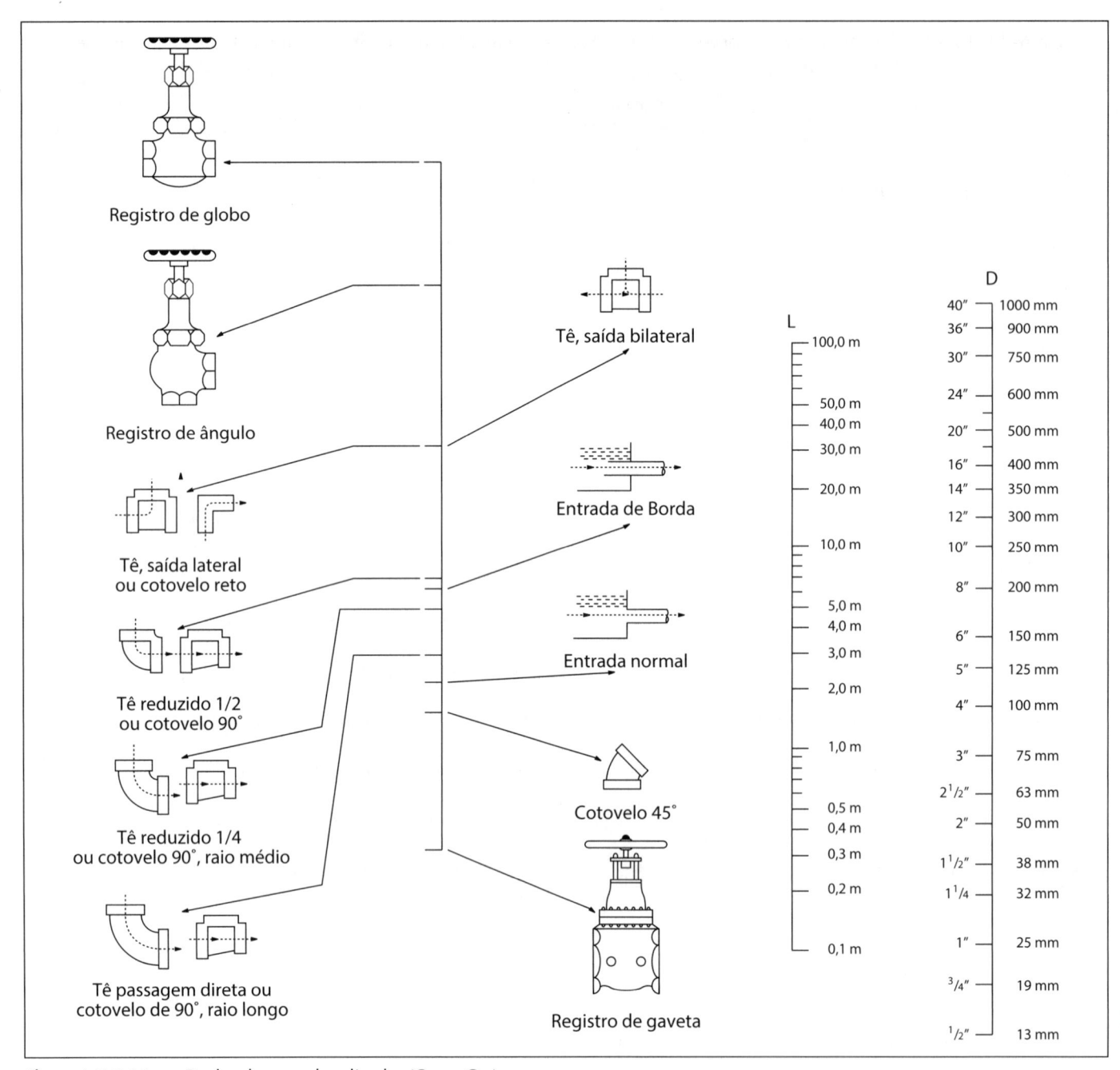

Figura A-7.8.12-a – Perdas de carga localizadas (Crane Co.).

A-7.9 ANÁLISE DIMENSIONAL

A interpretação de vários fenômenos comuns à Hidráulica, a análise dos modelos reduzidos e a comparação entre experimentos realizados no passado, tais como determinação da perda de carga em tubos e canais, fica grandemente facilitada pela Análise Dimensional. A Análise Dimensional conduz à forma adequada de uma equação, mas não leva a resultados numéricos.

A-7.9.1 Teorema de Buckingham

A Análise Dimensional repousa sobre o seguinte teorema, que recebeu o nome de teorema de Buckingham (ou teorema dos π):

Sejam n grandezas físicas e constantes dimensionais e k o número total de grandezas fundamentais, em termos das quais se exprimem aquelas n grandezas. Se um fenômeno físico puder ser considerado como uma função:

$$F(G_1, G_2, ..., G_n) = 0$$

das n grandezas G_i interdependentes, também poderá ser considerado como uma função adimensional

$$\phi(\pi_1, \pi_2, ..., \pi_{n-k}) = 0$$

de $n-k$ coeficientes (parâmetros) adimensionais π_i independentes, quaisquer, da forma:

$$\pi_i = \Delta_i \times G_1^{\alpha1} \times G_2^{\alpha2} \times \cdots \times G_m^{\alpha m}$$

onde Δ_i é um número puro.

Observa-se aqui que só o teorema dos π não dá a relação entre os vários adimensionais. Entretanto, conhecendo os adimensionais de um certo fenômeno, a experiência pode dar esses adimensionais em números puros que, devidamente apresentados, podem fornecer a relação procurada.

A-7.9.2 Aplicação do teorema de Buckingham ao caso geral de um fluido que se movimenta relativamente a uma superfície sólida

Neste caso, o fenômeno depende das seguintes grandezas dimensionais:

R_1 resistência (atrito) da parede sólida à passagem do fluido (kgf/m^2);

μ viscosidade do fluido ($kgfs/m^2$);

ρ massa específica do fluido (kg/m^3 ou $kgfs^2/m^4$);

v velocidade relativa entre o fluido e a superfície sólida (m/s);

D dimensão linear característica da superfície sólida; define a forma geométrica (m);

e grandeza linear característica rugosidade superfície sólida – altura das asperezas (m);

g aceleração local da gravidade (m/s^2);

ε módulo de elasticidade de volume (kgf/m^2);

σ tensão superficial (kgf/m).

Escolhem-se aqui as grandezas ρ, v, D como grandezas fundamentais, em termos das quais se exprimirão nove grandezas dimensionais. Assim,

$$R_1 = \Delta_1 \times \rho^{\alpha1} \times v^{\alpha2} \times D^{\alpha3}$$

Como o primeiro e o segundo termos têm as mesmas dimensões de força, comprimento e tempo, podem-se igualar essas dimensões.

A *Tabela A-7.9.2-a* facilita esse trabalho.

Tabela A-7.9.2-a Análise Dimensional

	F	L	T
R_1	1	–2	0
$\rho^{\alpha1}$	α_1	$-4\alpha_1$	$2\alpha_1$
$v^{\alpha2}$	0	α_2	$-\alpha_2$
$D^{\alpha3}$	0	α_3	0

Desse modo, igualando os expoentes das grandezas básicas,

$$\alpha_1 = 1$$
$$-4 \times \alpha_1 + \alpha_2 + \alpha_3 = -2 \quad \therefore \quad \alpha_3 = 4 \times \alpha_1 - \alpha_2 - 2$$
$$2 \times \alpha_1 - \alpha_2 = 0 \quad \therefore \quad \alpha_2 = 2 \times \alpha_1$$

Portanto,

$$\alpha_1 = 1, \quad \alpha_2 = 2, \quad \alpha_3 = 0$$

Então o adimensional do R_1 será

$$\pi_1 = \frac{R_1}{\rho \times v^2}$$

também chamado número índice de resistência ou Wiederstandzahl.

Da mesma forma, encontram-se os adimensionais dados a seguir:

$$R_e = \frac{\rho \times v \times D}{\mu} \quad \text{(da viscosidade, Reynolds)}$$

$$\frac{e}{D} \quad \text{(da rugosidade)}$$

$$F_r = \frac{v^2}{g \times D} \quad \text{(da aceleração da gravidade, Froude)}$$

$$\frac{\varepsilon}{\rho \times v^2} \quad \text{(do módulo de elasticidade)}$$

$$\frac{\sigma}{\rho \times v^2 \times D} \quad \text{(da tensão superficial)}$$

Assim, o fenômeno em questão, que poderia ser descrito por uma relação entre nove grandezas dimensionais:

$$F(R_1, \mu, \rho, v, D, e, g, \varepsilon, \sigma) = 0,$$

poderá também ser descrito por uma relação entre seis grandezas adimensionais:

$$\phi = \left(\frac{R_1}{\rho \times v^2}, \frac{\rho \times v \times D}{\mu}, \frac{e}{D}, \frac{v^2}{g \times D}, \frac{\varepsilon}{\rho \times v^2}, \frac{\sigma}{\rho \times v^2 \times D} \right) = 0$$

A-7.9.3 Perda de carga em tubos. Movimento uniforme

A experiência mostra que a perda de carga em tubos, veiculando um fluido incompressível com movimento uniforme (caso particular da aplicação do teorema dos ϖ, feita aqui), pode ser expressa apenas em função das seguintes grandezas dimensionais: R_2, μ, ρ, v, D, e.

Então, a perda de carga em questão poderá ser expressa através dos números adimensionais: $R_1/(p \times v^2)$, $(p \times v \times D)/\mu$ e e/D.

Podendo-se expressar a perda de carga em tubos veiculando fluido incompressível em movimento uniforme, por:

$$\frac{R_1}{\rho \times v^2} = \phi \times \left(\frac{\rho \times v \times D}{\mu}, \frac{e}{D} \right) \qquad Equação\ (7.8)$$

A-7.9.4 Expressão de R_1. Fórmula Universal

Seja um duto cilíndrico veiculando uma vazão constante de fluido incompressível (*Figura A-7.9.4-a*), sendo D o diâmetro; A_m a área da secção transversal do tubo; e P_m o perímetro molhado da face interna do tubo.

$$A_m = \frac{\pi \times D^2}{4}; \quad P_m = \pi \times D$$

Por equilíbrio das forças que agem sobre o fluido, tem-se (na direção do movimento):

$$(p_1 - p_2) \times A_m + \gamma \times A_m \times L \times \mathrm{sen}\,\alpha = R_1 \times P_m \times L$$

Mas

$$\mathrm{sen}\,\alpha = \frac{z_1 - z_2}{L}$$

então

$$\left[\left(\frac{p_1}{\gamma} + z_1 \right) - \left(\frac{p_2}{\gamma} + z_2 \right) \right] \times \gamma \times A_m = R_1 \times P_m \times L$$

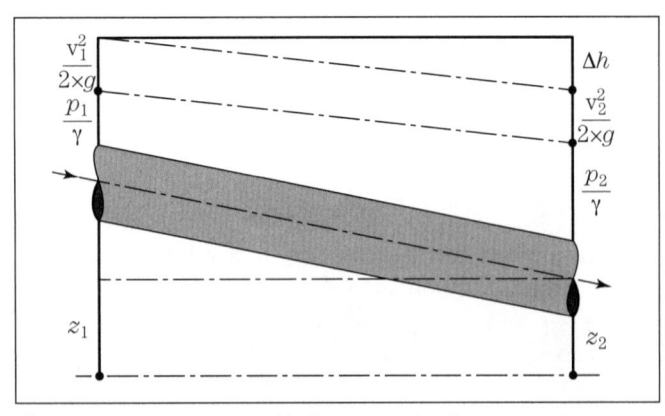

Figura A-7.9.4-a – Duto cilíndrico veiculando uma vazão constante de fluido incompressível.

Contudo, pelo teorema de Bernoulli (*Capítulo A-4*), a perda de carga é:

$$h_f = \Delta h = \left(\frac{p_1}{\gamma} + z_1 \right) - \left(\frac{p_2}{\gamma} + z_2 \right)$$

Assim,

$$R_1 = \gamma \times \frac{A}{P_m} \times \frac{\Delta h}{L}$$

Ao valor A_m/P_m dá-se o nome de raio hidráulico R_H ou raio médio,

$$R_H = \frac{A_m}{P_m}$$

No caso do movimento uniforme, o valor $\Delta h/L$ recebe a designação de declividade piezométrica J:

$$J = \frac{\Delta h}{L} = \frac{h_f}{L}$$

Então, $R_1 = \gamma \times R_H \times J$, ou $R_1 = \rho \times g \times R_H \times J$

Substituindo-se na *Equação (7.8)* o valor de R_1 dado acima vem:

$$\frac{g \times R_H \times J}{v^2} = \phi \left(\frac{\rho \times v \times D}{\mu}, \frac{e}{D} \right) \qquad Equação\ (7.9)$$

ou, com

$$\lambda = \frac{g \times R_H \times J}{v^2} \qquad Equação\ (7.10)$$

resulta

$$\lambda = \phi \left(\frac{\rho \times v \times D}{\mu}, \frac{e}{D} \right)$$

expressão geral adimensional que relaciona declividade piezométrica (J) e, portanto, a perda de carga ($\Delta h = J \times L$) com R_e e com e/D.

Pode-se dizer que praticamente todas as fórmulas experimentais para o cálculo de perdas de cargas podem derivar daí.

A chamada fórmula Universal deriva dessa expressão.

Da *Equação (7.10)* vem:

$$J = \lambda \times \frac{1}{R_H} \times \frac{v^2}{g}$$

Para tubos de seção circular, $R_H = D/4$, lembrando que:

$$\Delta h = h_f = J \times L$$

tem-se:

$$\Delta h = 8 \times \lambda \times \frac{L}{D} \times \frac{v^2}{2 \times g}$$

Ora, fazendo $f = 8 \times \lambda$, tem-se a chamada fórmula Universal:

$$h_f = \Delta h = f \times \frac{L \times v^2}{D \times 2 \times g} \quad \begin{pmatrix} \text{Fórmula} \\ \text{Universal} \end{pmatrix}$$

onde

$$f = 8 \times \lambda = \phi'\left(R_e, \frac{e}{D}\right)$$

Os valores de f são, em geral, dados por diagramas e ábacos, tais como o diagrama de Moody e o ábaco de Rousse (*Capítulo A-8*), provenientes também da Análise Dimensional.

A-7.9.5 Fórmula de Chézy

Da *Equação (7.10)* vem:

$$v = \sqrt{\frac{g}{\lambda}} \times \sqrt{R_H \times J}$$

Fazendo:

$$C = \sqrt{\frac{g}{\lambda}}$$

vem:

$$v = C \times \sqrt{R_H \times J} \quad \text{(Chézy)} \qquad Equação\ (7.11)$$

que é a fórmula de Chézy, de caráter tão geral quanto a fórmula Universal, com a vantagem de o coeficiente de Chézy ter sido obtido por inúmeros experimentadores, entre os quais: Manning, Ganguillet e Kutter, que exprimiram a rugosidade não só pela altura das asperezas (e), mas pelo seu efeito global.

A-7.9.6 Fórmula de Chézy com coeficiente de Manning

Manning, adotando o coeficiente de rugosidade de Ganguillet e Kutter, chegou à seguinte expressão para o coeficiente C de Chézy:

$$C = \frac{1}{n} \times R_H^{1/6}$$

Substituindo na *Equação (7.11)* e lembrando a equação da continuidade,

$$Q = A \times v,$$

vem:

$$\frac{n \times Q}{\sqrt{J}} = A \times R_H^{2/3} \quad \text{(Manning)}$$

A-7.9.7 Fórmula de Hazen-Williams

Das experiências de Hazen-Williams tem-se a seguinte expressão para a *Equação (7.9)*:

$$\frac{J}{Q^{1,85}} = \frac{10{,}643}{C^{1,85}} \times D^{-4,87} \quad \text{(Hazen-Williams)}$$

A fórmula de Hazen-Williams tem sido a mais usada e é a que dispõe de mais observações ao longo do tempo, com os valores de C organizados em tabelas, correlacionados ao material e tempo de uso das tubulações.

Como a atribuição do coeficiente C a determinado projeto em determinadas épocas, presentes ou futuras, é uma das tarefas a cargo da "arte" do engenheiro, dispor de dados do que ocorreu na realidade em situações similares passadas e em operação transmite mais segurança do que usar apenas ilações teóricas.

A-7.9.8 Fórmula de Poiseuille (para movimentos laminares)

Para movimentos laminares ($R_e < 2.000$), o valor de λ, tanto experimental como deduzido teoricamente, é

$$\lambda = \frac{8}{R_e} = \frac{8 \times \mu}{\rho \times v \times D}$$

Substituindo na *Equação (7.10)*, vem:

$$\frac{8 \times \mu}{\rho \times v \times D} = \frac{g \times D \times J}{4 \times v^2},$$

$$J = 32 \times \frac{\mu \times v}{\gamma \times D^2} \quad \text{(Poiseuille)}$$

Observa-se que a fórmula de Poiseuille é válida para $R_e < 2.000$; mas, devido a perturbações que causam turbulência no movimento, ela deve ser aplicada com maior segurança para $R_e < 1.000$.

A-7.10 SEMELHANÇA MECÂNICA

A "matemática" da Hidráulica só se aplica na prática mediante comparação com dados experimentais, pois a complexidade dos fenômenos nem sempre permite a sua perfeita interpretação por equações ou métodos numéricos. A forma de comparar experimentos e experiências de uma escala para outra é a principal aplicação deste tema.

Com efeito, modelos reduzidos são construídos para avaliar como vão funcionar protótipos em escala 1:1 (tamanho "real" ou "verdadeiro") e as comparações não são diretas, necessitando diversas considerações matemáticas e físicas. O mesmo ocorre por exemplo na comparação de rotores de bombas de diversos diâmetros (ver *item A-11.4*).

Se, por um lado, grandezas geométricas simples como as dimensões das coisas são proporcionais às escalas, outras grandezas não podem ser variadas no experimento como, por exemplo, a aceleração da gravidade, a densidade específica de um grão de areia ou o tamanho da molécula da água. Para resolver, simplificar ou pelo menos aproximar a solução dessas questões, diversos recursos foram engenhosamente desenvolvidos e são uma especialidade da Hidráulica.

Há muito tempo as obras hidráulicas importantes são construídas após uma análise em modelo reduzido. Portos, quebra-ondas, barragens (extravasores-vertedores, canais de aproximação e de fuga) precisam desses importantes instrumentos de auxílio aos projetos. É por meio desses modelos que se busca entender como as estruturas funcionarão depois de prontas. O advento da computação permitiu que diversas questões passassem a ser respondidas pelos "modelos matemáticos". Como exemplo da predominância dos modelos matemáticos, tome-se um instituto mundialmente importante que no ano de 1990 tinha 5 galpões com modelos reduzidos físicos, e que já no ano 2000 tinha transformado 4 deles em escritórios para atividades predominantemente de modelagem matemática computacional. Entretanto, esse galpão que restava para a modelagem física continuava existindo em 2010 e tudo indica que vai permanecer por muito tempo, pois muitas questões ainda precisam de modelagem física, especialmente quando fenômenos tridimensionais são relevantes.

A-7.10.1 Tipos de semelhança

A "semelhança" entre um modelo e um protótipo pode ser de 3 tipos:

A – SEMELHANÇA GEOMÉTRICA (semelhança de forma – homotetia –, dimensões, áreas, volumes.)

B – SEMELHANÇA CINEMÁTICA (movimentos similares: se as trajetórias de partículas homólogas em movimento são geometricamente similares e se a razão entre as diversas partículas homólogas no modelo e no protótipo forem iguais.)

C – SEMELHANÇA DINÂMICA (similaridade de forças: protótipo e modelo são semelhantes dinamicamente se forem cinematicamente similares e se a relação entre as massas homólogas em movimento e as forças que produzem o movimento são iguais.)

Em alguns modelos, a semelhança geométrica absoluta (mesmas escalas na horizontal e na vertical) pode resultar em dimensões, ou variações dos fenômenos por observar no modelo, muito pequenas (normalmente na vertical). Para melhor observar o modelo, fazem-se, então, modelos com escalas ditas "distorcidas", quando a dimensão na escala vertical é mais próxima do protótipo do que na horizontal, levando-se isso em consideração nas observações.

A proporcionalidade (razão) das quantidades (em valores) das três formas de semelhança hidráulica pode ser deduzida das unidades em que se expressam as quantidades.

Chamando de:

D_m a dimensão do modelo;
D_p a dimensão do protótipo;
D_{Rz} a "razão" ou "proporção" entre modelo e protótipo.

Normalmente essa "razão" é expressa em fração, por exemplo: um modelo que tenha todas as suas dimensões dez vezes menores que o protótipo (10% do protótipo), diz-se que é um modelo de "razão" 1/10 do protótipo. E, nos estudos com modelos hidráulicos, normalmente se usa a "razão" de todas as quantidades envolvidas em função da "razão" das escalas geométricas.

A-7.10.2 Semelhança geométrica

Podem ser assim apresentadas:

De longitudes (comprimentos):

$$L_{Rz} = \frac{L_m}{L_p} \qquad\qquad Equação\ (7.12)$$

De áreas:

$$L_{Rz}^2 = \frac{L_m^2}{L_p^2} = \frac{A_m}{A_p} \qquad\qquad Equação\ (7.13)$$

De volumes:

$$L_{Rz}^3 = \frac{L_m^3}{L_p^3} = \frac{V_m}{V_p} \qquad\qquad Equação\ (7.14)$$

A-7.10.3 Semelhança cinemática

Introduz o fator TEMPO junto ao de DIMENSÃO. A "razão" ou proporção (R_z) entre os tempos necessários para que duas partículas, uma no modelo e outra no protótipo, percorram duas trajetórias homólogas uma no modelo e outra no protótipo é:

$$T_{Rz} = \frac{T_m}{T_p} \qquad \textit{Equação (7.15)}$$

As "grandezas" cinemáticas normalmente usadas em trabalhos de modelagem são:

- a velocidade e a aceleração linear;
- a vazão;
- a velocidade e a aceleração angular;
- a velocidade "v" pode ser expressa como comprimento por unidade de tempo:

$$\frac{v_m}{v_p} = \frac{L_m/T_m}{L_p/T_p} = \frac{L_m/L_p}{T_m/T_p} = \frac{L_{Rz}}{T_{Rz}} \qquad \textit{Equação (7.16)}$$

- a aceleração linear "a" pode ser expressa como comprimento por unidade de tempo ao quadrado:

$$\frac{a_m}{a_p} = \frac{L_m/T_m^2}{L_p/T_p^2} = \frac{L_m/L_p}{T_m^2/T_p^2} = \frac{L_{Rz}}{T_{Rz}^2} \qquad \textit{Equação (7.17)}$$

- a vazão "Q" é volume por unidade de tempo:

$$\frac{Q_m}{Q_p} = \frac{\text{Volume}_m/T_m}{\text{Volume}_p/T_p} = \frac{L_m^3/L_p^3}{T/T_p} = \frac{L_{Rz}^3}{T_{Rz}} \qquad \textit{Equação (7.18)}$$

- a velocidade angular "ω" (em radianos por unidade de tempo é igual à velocidade linear na tangente de raio R):

$$\frac{w_m}{w_p} = \frac{v_m/R_m}{v_p/R_p} = \frac{v_m/v_p}{R_m/R_p} = \frac{L_{Rz}/T_{Rz}}{L_{Rz}} = \frac{1}{T_{Rz}} \qquad \textit{Equação (7.19)}$$

Considerando "N" a medida de velocidade angular em rotações por unidade de tempo (por exemplo, rotações por minuto):

$$\frac{N_m}{N_p} = \frac{1}{T_{Rz}} \qquad \textit{Equação (7.20)}$$

- sendo a aceleração angular "α" em radianos por unidade de tempo ao quadrado e considerando a equação da velocidade angular:

$$\frac{\alpha_m}{\alpha_p} = \frac{1}{T_{Rz}^2} \qquad \textit{Equação (7.21)}$$

A-7.10.4 Semelhança dinâmica

Para haver semelhança dinâmica, é necessário que a relação entre as forças homólogas do modelo e do protótipo sejam proporcionais (constantes) segundo uma razão R_z:

$$\frac{F_m}{F_p} = F_{Rz} \qquad \textit{Equação (7.22)}$$

Uma vez que "Força" é "massa (m) × aceleração (a)" (Newton):

$$F_{Rz} = \frac{F_m}{F_p} = \frac{m_m \times a_m}{m_p \times a_p} = m_{Rz} \times \frac{L_{Rz}}{T_{Rz}^2} \qquad \textit{Equação (7.23)}$$

Como $F = m \times a$ é a denominada "força de inércia" ou "força inercial", a equação F_{Rz} define a relação das forças inerciais entre modelo e protótipo. Além disso, considerando "ρ" como densidade ou massa específica, Massa = $\rho \times$ Volume e, então, a equação anterior pode ser transformada em (onde A é área):

$$F_{Rz} = \left(\rho_{Rz} \times L_{Rz}^3\right) \times \frac{L_{Rz}}{T_{Rz}^2} = \rho_{Rz} \times L_{Rz}^2 \times \left(\frac{L_{Rz}}{T_{Rz}}\right)^2 =$$

$$= \rho_{Rz} \times A_{Rz} \times V_{Rz}^2 \qquad \textit{Equação (7.24)}$$

também conhecida como "lei de semelhança de Newton" e que define a lei geral de semelhança dinâmica entre modelo e protótipo. A partir dessa equação pode-se escrever:

$$m_{Rz} = \frac{F_{Rz} \times T_{Rz}^2}{L_{Rz}} \qquad \textit{Equação (7.25)}$$

Então:

- Trabalho: Trabalho = Força × Distância, e a proporcionalidade de trabalho entre modelo e protótipo feita por forças homólogas é:

$$\frac{\text{Trabalho}_m}{\text{Trabalho}_p} = \frac{F_m \times L_m}{F_p \times L_p} = F_{Rz} \times L_{Rz} \qquad \textit{Equação (7.26)}$$

- Potência é o tempo em que se faz o trabalho (ou a rapidez com que se faz o trabalho), então:

$$\frac{\text{Potência}_m}{\text{Potência}_p} = \frac{F_m \times L_m/T_m}{F_p \times L_p/T_p} = \frac{F_{Rz} \times L_{Rz}}{T_{Rz}} \qquad \textit{Equação (7.27)}$$

- Gravidade: o peso unitário "φ" é a força de atração do planeta sobre cada unidade de volume de água:

$$\frac{\varphi_m}{\varphi_p} = \frac{F_m/\text{Volume}_m}{F_p/\text{Volume}_p} = \frac{F_m/F_p}{V_m/V_p} = \frac{F_{Rz}}{L_{Rz}^3} \qquad \textit{Equação (7.28)}$$

Finalmente, como a densidade "ρ" (de massa) é a massa por unidade de volume:

$$\frac{\rho_m}{\rho_p} = \frac{\left(F_m \times T_m^2/L_p\right)/\text{Volume}_m}{\left(F_m \times T_p^2/L_p\right)/\text{Volume}_p} = \frac{F_{Rz} \times T_{Rz}^2}{L_{Rz}^4} \qquad \textit{Equação (7.29)}$$

A-7.10.5 Forças gravitacionais predominantes – Froude

Podendo admitir que as "forças" que comandam um movimento são as de inércia e as de gravidade, a relação de forças que atuam sobre partículas "homólogas" do modelo e do protótipo pode ser definida tanto pela *Equação (7.23)* quanto pelo fato de que a força de gravidade que atua sobre um elemento de massa é igual ao "peso" "*P*" desse elemento de massa. Por consequência, para elementos homólogos:

$$F_{Rz} = \frac{P_m}{P_p} = \frac{\varphi_m \times L_m^3}{\varphi_p \times L_p^3} = \varphi_{Rz} \times L_{Rz}^3 \quad Equação\ (7.30)$$

Então, como

$$Massa = \frac{\varphi/g}{Volume}$$

a *Equação(7.23)* pode ser assim apresentada:

$$m_{Rz} = \frac{\varphi_{Rz}}{g_{Rz}} \times L_{Rz}^3 \qquad Equação\ (7.31)$$

e então:

$$F_{Rz} = \frac{\varphi_{Rz}}{g_{Rz}} \times \frac{L_{Rz}^4}{T_{Rz}^2} \qquad Equação\ (7.32)$$

e igualando "F_{Rz}" nas *Equações(7.30)* e *(7.32)*:

$$\varphi_{Rz} \times L_{Rz}^3 = \frac{\varphi_{Rz}}{g_{Rz}} \times \frac{L_{Rz}^4}{T_{Rz}^2} \qquad Equação\ (7.33)$$

Que é o mesmo que:

$$T_{Rz} = \sqrt{\frac{L_{Rz}}{g_{Rz}}} \qquad Equação\ (7.34)$$

conhecida como Lei de Froude para modelos e que se aplica à maioria dos ensaios com modelos de estruturas hidráulicas, principalmente naqueles com grande perda de energia, como ondas de superfície quebrando e/ou refletindo e/ou refratando em portos e praias, em barragens (descargas, vertedores etc.).

Como "*g*" é igual para modelo e para protótipo, "g_{Rz}" = 1, e então a *Equação (7.34)* será:

$$T_{Rz} = \sqrt{L_{Rz}}$$

Substituindo T_{Rz} por $\sqrt{L_{Rz}}$ nas *Equações (7.12)* até *(7.29)*, essas equações serão função da proporção das dimensões longitudinais L_{Rz} e da proporção dos "pesos específicos φ_{Rz}" (*Tabela A-7.10.5-a*).

Considerando que a relação das densidades da água (peso específico) tanto no modelo quanto no protótipo é igual à unidade (como costuma ocorrer), as proporções (razões) das grandezas consideradas na semelhança dinâmica tanto no modelo quanto no protótipo também podem ser expressas em função de L_{Rz}.

Substituindo T_{Rz} na *Equação (7.16)* pelo valor de T_{Rz} na *Equação (7.34)*, a relação de velocidades entre modelo e protótipo fica sendo:

$$\frac{v_m}{v_p} = \frac{L_{Rz}}{T_{Rz}} = \sqrt{L_{Rz} \times g_{Rz}} = \frac{\sqrt{L_m \times g_m}}{\sqrt{L_p \times g_p}} =$$

$$= \frac{v_m}{\sqrt{L_m \times g_m}} = \frac{v_p}{\sqrt{L_p \times g_p}} \qquad Equação\ (7.35)$$

Essa forma de equação $v/\sqrt{L \times g}$ é uma adimensional (ou "um adimensional") que se denomina "Número de Froude".

A demonstração de que é um adimensional pode ser feita por "análise dimensional", substituindo os fatores (v, L e g) pelas unidades:

$$\frac{m/s}{\sqrt{m \times m/s}} = \frac{m/s}{\sqrt{m^2/s^2}} = \frac{m/s}{m/s} = 1$$

Dentre outras maneiras de apresentar o número de Froude (NF), a mais frequente deve ser $v^2/(L \times g)$.

Se o número de Froude é o mesmo para o modelo e para o protótipo, é porque existe uma semelhança completa entre modelo e protótipo (quando predominam as forças gravitacionais e de inércia).

Tabela A-7.10.5-a Razões de escala para Leis de Modelo de Froude quando $g_r = 1$

Semelhança Geométrica		Semelhança Cinemática		Semelhança Dinâmica	
Longitude	L_r	Tempo	$L_r^{1/2}$	Peso unitário	ω_r
		Velocidade	$L_r^{1/2}$	Densidade de massa	ω_r
Área	L_r^2	Aceleração	1	Força	$\omega_r L_r^3$
		Descarga	$L_r^{5/2}$	Massa	$\omega_r L_r^3$
Volume	L_r^3	Velocidade angular	$L_r^{-1/2}$	Trabalho	$\omega_r L_r^4$
		Aceleração angular	L_r^{-1}	Potência	$\omega_r L_r^{7/2}$

A-7.10.6 Forças viscosas predominantes – Reynolds

Podendo-se admitir que as "forças" de viscosidade que influem no movimento ou ação do fluido (no caso água) são tão importantes que possam ser consideradas predominantes sobre as forças gravitacionais, a viscosidade e a inércia comandarão o movimento de qualquer partícula do fluido.

Em *A-1.4.6* viu-se que a força cortante unitária resultante da resistência viscosa de um fluido em movimento sobre uma área A pode ser assim expressa:

$$F = \mu \times A \times \frac{dv}{dn} \qquad Equação\ (7.36)$$

Então a proporção (*Rz*) entre forças viscosas homólogas no modelo e no protótipo pode ser assim:

$$F_{Rz} = \frac{\mu_m(dv_m/dn_m)A_m}{\mu_p(dv_p/dn_p)A_p} =$$

$$= \frac{\mu_m(L_m/(T_m \times L_m))L_m^2}{\mu_p(L_p/(T_p \times L_p))L_p^2} = \mu_{Rz} \times \frac{L_{Rz}^2}{T_{Rz}} \qquad Equação\ (7.37)$$

Igualando com *(7.23)* e substituindo m_{Rz} por $\rho_{RZ} \times L_{RZ}^3$, vem:

$$\mu_{Rz} \times \frac{L_{Rz}^2}{T_{Rz}} = \rho_{Rz} \times L_{Rz}^3 \times \frac{L_{Rz}}{T_{Rz}^2} \qquad Equação\ (7.38)$$

Que, explicitando para T_{Rz}:

$$T_{Rz} = \frac{L_{Rz}^2}{\mu_{Rz}/\rho_{Rz}} = \frac{L_{Rz}^2}{v_{Rz}}, \qquad Equação\ (7.39)$$

conhecida como Lei de Modelagem de Reynolds.

Substituindo T_{Rz} por L_{Rz}^2/v_{Rz} nas *Equações (7.12)* a *(7.29)*, a proporção R_z das quantidades das diversas grandezas envolvidas encontra-se na *Tabela A-7.10.6-a*. E se for usado o mesmo fluido no modelo e no protótipo, de forma que $\omega_{Rz} = \rho_{Rz} = 1$ e $v_{Rz} = 1$, todas as proporções R_z podem ser expressas pela proporção de longitudes (*comprimentos).

Substituindo na *Equação (7.16)* o valor de T_{Rz} da *Equação (7.37)* chega-se à seguinte expressão, para a proporção de velocidades entre modelo e protótipo:

$$\frac{v_m}{v_p} = \frac{L_{Rz}}{T_{Rz}} = \frac{L_{Rz} \times v_{Rz}}{L_{Rz}^2} = \frac{v_{Rz}}{T_{Rz}} =$$

$$= \frac{v_m/v_p}{L_m/L_p} = \frac{v_m \times L_m}{v_m} = \frac{v_p \times L_p}{v_p} \qquad Equação\ (7.39)$$

Nessa forma ($v \times L/v$) a equação não tem dimensões, é um "adimensional"; é o conhecido "Número de Reynolds" (Re) que aparece em diversos locais deste livro.

Por exemplo, no escoamento em tubulações, a medida linear (longitudinal) característica é o diâmetro. A equação que demonstra que o número de Reynolds é uma adimensional pode ser:

$$\frac{(\text{metro/segundo}) \times (\text{metro})}{\left(\text{metro}^2/\text{segundo}\right)} = 1$$

Nos modelos em que as forças de viscosidade e de inércia predominam na indução e controle do movimento, o "Número de Reynolds" tem importância significativa. Se o número de Reynolds é o mesmo tanto para o modelo quanto para o protótipo, pode-se dizer que há uma semelhança completa entre um e outro. É o que ocorre com modelos de escoamento de fluidos (água) em tubos, em canais, em córregos e rios, ou em objetos imersos em líquidos em movimento (o pilar de uma ponte) ou objetos em movimento em líquidos tais como um navio ou um avião (fluido ar) (desde que as velocidades sejam abaixo de determinados valores).

A-7.10.7 Forças de tensão superficial predominantes – "Weber"

Normalmente os modelos são em escala menor do que os protótipos, daí o nome "modelo reduzido". Ora, nos modelos reduzidos, por serem menores, algumas forças como a tensão superficial podem passar a ter importância maior. Em escoamentos com pequenas lâminas a

---

Tabela A-7.10.6-a Razões de escala para Leis de Modelo de Reynolds quando $g_r = 1$

Semelhança Geométrica		Semelhança Cinemática		Semelhança Dinâmica	
Longitude	L_r	Tempo	L_r^2/v_r	Peso unitário	$\rho_r \times v_r^2/L_r^3$
		Velocidade	v_r/L_r	Densidade de massa	ρ_r
Área	L_r^2	Aceleração	v_r^2/L_r^3	Força	$\rho_r \times v_r^2$
		Descarga	$L_r \times v_r$	Massa	$\rho_r \times L_r^3$
Volume	L_r^3	Velocidade angular	v_r/L_r^2	Trabalho	$\rho_r \times v_r^2 \times L_r$
		Aceleração angular	v_r^2/L_r^4	Potência	$\rho_r \times v_r^3/L_r$

tensão superficial pode predominar. É o que pode ocorrer em um vertedor ao começar a escoar, ou próximo ao fim de uma descarga maior, em trechos rasos, em pequenas ondas etc.

A tensão superficial, já abordada neste livro, é representada por "σ" e medida em força por unidade de comprimento. Portanto, a força da tensão superficial é $F = \sigma \times L$.

Então, a proporção (razão) das forças homólogas de tensão superficial entre um modelo e um protótipo, seguida de uma igualdade dessa relação de forças de tensão superficial à relação de forças de inércia, resulta em:

$$\frac{F_m}{F_p} = \frac{\sigma_m \times L_m}{\sigma_p \times L_p} = \sigma_{Rz} \times L_{Rz} = \rho_{Rz} \times \frac{L_{Rz}^4}{T_{Rz}^2} \quad Equação\ (7.40)$$

E então pode-se escrever:

$$T_{Rz} = \sqrt{\frac{L_{Rz}^3 \times \rho_{Rz}}{\sigma_{Rz}}} \qquad Equação\ (7.41)$$

Considerando o mesmo fluido no modelo e no protótipo, vem que $\rho_{Rz} = 1$ e $\sigma_{Rz} = 1$, então:

$$T_{Rz} = L_{Rz}^{1/2} \qquad Equação\ (7.42)$$

e, substituindo na *Equação (7.40)*:

$$\frac{v_m}{v_p} = \frac{L_{Rz}}{\sqrt{L_{Rz}^3 \times \rho_{Rz}/\sigma_{Rz}}} = \sqrt{\frac{\sigma_{Rz}}{L_{Rz} \times \rho_{Rz}}} = \frac{\sqrt{\sigma_m/L_m \times \rho_m}}{\sqrt{\sigma_m/L_p \times \rho_p}}$$

$$Equação\ (7.43)$$

que, transformada também pode ficar:

$$\frac{v_m^2 \times L_m \times \rho_m}{\sigma_m} = \frac{v_p^2 \times L_p \times \rho_p}{\sigma_p}$$

Essa fórmula: $(v^2 \times L \times \rho)/\sigma$ é um adimensional conhecido como "Número de Weber" (N_w), importante no estudo de modelos onde as forças de tensão superficial e de inércia são predominantes.

Exercício A-7-a

Uma tubulação em aço, nova, com 10 cm de diâmetro interno, conduz 757 m³/dia de óleo combustível pesado à temperatura de 33 °C. Pergunta-se: o regime de escoamento é laminar ou turbulento? Informa-se a viscosidade do óleo pesado para 33 °C: $v_{cn} = 0,000077$ m²/s.

Solução:

$$Q = 757 \text{ m}^3/\text{dia} = \frac{757}{86.400} = 0,0088 \text{ m}^3/\text{s}$$

$$A = \frac{\pi \times D^2}{4} = \frac{\pi \times 0,010^2}{4} = 0,00785 \text{ m}^2$$

$$Q = A \times v \therefore v = \frac{Q}{A} = \frac{0,00880}{0,00785} = 1,10 \text{ m/s}$$

$$R_e = \frac{1,10 \times 0,10}{0,000077} \cong 1.400$$

Portanto, o movimento é laminar.

Exercício A-7-b

Uma tubulação de ferro dúctil com 1.800 m de comprimento e 300 mm de diâmetro nominal descarrega em um reservatório 60 ℓ/s. Calcular a diferença de nível entre a represa e o reservatório, considerando todas as perdas de carga. Verificar quanto as perdas localizadas representam da perda por atrito ao longo da tubulação (em %). Há na linha apenas 2 curvas de 90°, 2 de 45° e 2 válvulas de gaveta (abertas).

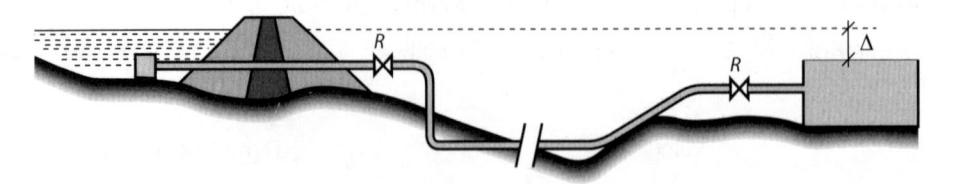

Figura A-7-b

Solução:

A velocidade na canalização é

$$v = \frac{Q}{A} = \frac{0,060}{0,0707} = 0,85 \text{ m/s}$$

Exercício A-7-b (continuação)

portanto,

$$\frac{v^2}{2 \times g} = \frac{0,85^2}{2 \times 9,8} = 0,037 \text{ m}$$

As perdas de carga acidentais serão determinadas em função de $\frac{v^2}{2 \times g}$

Calculando a entrada na tubulação:

$$K \times \frac{v^2}{2 \times g} = 1 \times \frac{0,85^2}{2 \times 9,8} = 0,037 \text{ m}$$

As 2 curvas de 90° (sendo de FFD, pressupõe-se tipo longas):
$2 \times 0,40 \times 0,037 = 0,030$ m

As 2 curvas de 45°:
$2 \times 0,20 \times 0,037 = 0,015$ m

As 2 válvulas de gaveta abertas:
$2 \times 0,02 \times 0,037 = 0,0015$ m

A saída da tubulação = $1 \times 0,037$ m

Somatório: $\Sigma h_f = 0,121$ m

Portanto, essas perdas localizadas não atingem 13 cm.

A perda por atrito ao longo da tubulação pode ser encontrada na *Tabela A-8.4-a* (Fórmula de Hazen-Williams): para $Q = 60$ ℓ/s, DN 300 mm, e considerando $C = 100$, vem:

$J = 0,41$ m/100 m = 0,0041 m/m
$h_f = J \times L = 0,0041 \times 1.800 = 7,38$ m

A perda de carga total será a diferença de nível entre a represa e o reservatório,

$\Delta = 0,121 + 7,38 = 7,501$ m

Para essa tubulação, as perdas localizadas representarão

$$\frac{\Sigma h_f}{h_f} \times 100 = \frac{0,121 \times 100}{7,38} = 1,64\%$$

isto é, cerca de 2% da perda por atrito. Em casos como esse, de canalizações relativamente longas com pequeno número de peças especiais, funcionando com velocidades baixas, as perdas locais são desprezíveis em face da perda por atrito.

A própria variação do valor perdido por atrito, segundo as diferentes fórmulas que poderiam ser adotadas para o seu cálculo, justificaria tal afirmação. Se, por exemplo, ao invés da fórmula de Hazen-Williams, fosse adotada a fórmula Universal, resultaria para $e = 1,50$ mm logo

$J = 0,0038$ (*Tabela A-8.4-b*)
$h'_f = J \times L = 0,0038 \times 1.800 = 6,84$ m

As perdas localizadas corresponderiam apenas a:

$$\frac{0,121 \times 100}{6,84} = 1,77\%$$

No caso de instalações prediais, o número de peças especiais é significativo, costumando causar perdas localizadas consideráveis.

Exercício A-7-c

Analisar as perdas localizadas no ramal de 20 mm que abastece o chuveiro de uma instalação predial. Verificar qual a porcentagem dessas perdas em relação à perda por atrito ao longo do ramal. Ver *Figura A-7-c*.

Solução:

Aplicando o método dos comprimentos equivalentes a essas perdas localizadas ou singulares pela *Tabela A-7.8.12-a*:

(1) Tê, saída do lado: 2,5 m de canalização
(2) Curvas raio curto, 90°: 1,3 m
(3) Válvula de gaveta aberta: 0,1 m
(4) Curvas raio curto, 90°: 1,3 m
(5) Tê, passagem direta: 0,8 m
(6) Curvas raio curto, 90°: 1,3 m
(7) Válvula de gaveta aberta: 0,1 m
(8) Curvas raio curto, 90°: 1,3 m
(9) Curvas raio curto, 90°: 1,3 m
    Total: 10 m

Portanto, as perdas localizadas correspondem ou equivalem a um comprimento virtual adicional de tubulação de 10 m.

A perda por atrito é devida ao comprimento real da canalização, isto é:

$0,35 + 1,10 + 1,65 + 1,50 + 0,50 + 0,20 = 5,30$ m

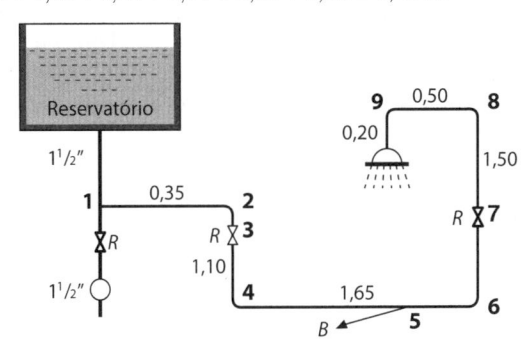

Figura A-7-c

Como as perdas localizadas equivalem à perda em 10 m de tubulação retilínea, são mais elevadas do que as perdas ao longo dos 5,30 m de canalização.

$$\frac{10}{5,30} = 187\%$$

As perdas singulares representam, pois, 187% das perdas por atrito.

Exercício A-7-d

Um conduto forçado com 1.200 mm de diâmetro nominal e 150 m de extensão parte de uma câmara de extravasão para conduzir 4,5 m³/s de água extravasada para um rio cujo nível está 6,50 m abaixo do nível máximo que as águas poderão atingir na câmara. Na linha existem 4 curvas de 90° e considera-se que o coeficiente de rugosidade "C" para a fórmula de Hazen-Williams é 100. Verificar as condições hidráulicas.

Solução:

São, portanto conhecidos: diâmetro DN, Comprimento L, a carga disponível h e a rugosidade C.

Tem-se a vazão Q mínima a transportar. Consultando a *Tabela A-8.4-a* encontra-se:

Velocidade para a vazão desejada:

$$v = 3,98 \text{ m/s}; \quad \frac{v^2}{2 \times g} = 0,807; \quad J = 1,41 \text{ m/100 m} \quad (C = 100)$$

As perdas localizadas são: $\Sigma K = 4 \times 0,4 + 0,5 + 1 = 3,1$
(1 entrada + 4 curvas + 1 saída)

$h'_f = 3,1 \times 0,807 = 2,50 \text{ m} \ (54\%)$

Perda ao longo da linha:

$h_f = 1,41 \text{ m/m} \times 1,5 \text{ m} = 2,12 \text{ m} \ (46\%)$

Perdas totais: $2,50 + 2,12 = 4,62 \text{ m}$

Como é menos do que a altura disponível (6,50 m), o diâmetro é satisfatório.

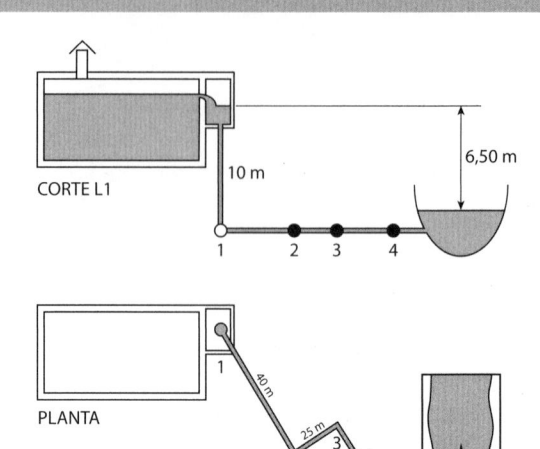

Figura A-7-d

Exercício A-7-e

Deseja-se ensaiar um vertedor de uma barragem de 100 m de altura através de um modelo em escala 1:50. Pretende-se saber se a lâmina vertente no protótipo age com pressão maior que a atmosférica sobre o vertedor. Dar a vazão do modelo. A vazão do protótipo é de 1.000 m³/s.

Solução:

De acordo com o tratamento geral feito no *item A-7.10*, os adimensionais que influem nesse caso (movimento relativo entre fluido e superfície sólida) são:

$$\lambda, \ R_e, \ F_r, \ \frac{e}{D}, \ \frac{\varepsilon}{\rho \times v^2} \ \text{e} \ \frac{\sigma}{\rho \times v^2 \times D}$$

Os adimensionais mais importantes, devido à grande predominância das forças de peso em relação às forças de viscosidade, de tensão superficial etc., são:

$$F_r \ \text{e} \ \frac{e}{D}$$

O número-índice selecionado será o número de Froude (Fr), sendo que o valor de e/D será aproximado o máximo possível pela confecção de superfícies tão lisas quanto for realizável em laboratório.

Assim, as escalas desejadas são a de vazão, $d^{5/2}$, e a de pressões, d. Mas:

$$d = \frac{1}{50} = 0,20, \quad d^{5/2} = 5,66 \times 10^{-5}$$

Daí:

$$Q_2 = d^{5/2} \times Q_1 = 5,66 \times 10^{-5} \times 1.000 = 0,0566 \text{ m}^3/\text{s}$$

$$Q_2 = 56,6 \ \ell/\text{s}$$

$$p_1 = 50 \times p_2$$

Conhecendo as pressões p_2 do modelo, tem-se as pressões p_1 do protótipo.

A altura do modelo será 2 m (1:50).

Exercício A-7-f

Uma tubulação AC, DN 75 mm, tem 160 m de comprimento (*Figura A-7-f*). No trecho inicial AB transporta 8,9 ℓ/s de água de A para B. Exatamente no meio dessa tubulação (no ponto B), portanto, a 80 m do início, há um tê de saída lateral com DN 50 mm, onde se inicia outra tubulação DN 50 mm, comprimento 80 m, e, quando se abre a válvula, D recebe 3,5 ℓ/s.

Calcule a perda de carga no trajeto *AD* por dois métodos de cálculo das perdas localizadas.

1) Usando o método de cálculo da equação geral das perdas de carga $(K \times v^2)/(2 \times g)$.

2) Usando o método dos comprimentos virtuais.

Solução:

				Método do Coeficiente K				Método dos comprimentos virtuais				
				Coeficiente de perda de carga		Perda de carga		Coeficiente de perda de carga		Perda de carga		
				K (localizado) (*1)	C (Hazen-Williams)	Unitária (m)	Localizada (m)	Distribuída (L × m/m)	Comprimento Equiv (*2)	C (Hazen-Williams)	Unitária (m)	Localizada (m)	Distribuída (L × m/m)
A	Entrada reentrante	DN (mm)	75	1,00			0,2069		2,63	135	0,059	0,1548	
		Q (ℓ/s)	8,9										
		v (m/s)	2,01										
		$v^2/(2 \times g)$ (m)	0,21										
AB	Tubulação	DN (mm)	75	135	0,059			4,72	80	135	0,059		4,72
		Q (ℓ/s)	8,9										
		v (m/s)	2,01										
		$v^2/(2 \times g)$ (m)	80										
B	Tê saída de lado	DN (mm)	50	1,45			0,2348		2,50	135	0,08	0,189	
		Q (ℓ/s)	3,5										
		v (m/s)	1,78										
		$v^2/(2 \times g)$ (m)	0,16										
BD	Tubulação	DN (mm)	50	135	0,076			6,05	80	135	0,076		6,05
		Q (ℓ/s)	3,5										
		v (m/s)	1,78										
		L (m)	80										
D1	Válvula de gaveta	DN (mm)	50	0,04			0,0064		0,40	135	0,08	0,030	
		Q (ℓ/s)	3,5										
		v (m/s)	1,78										
		$v^2/(2 \times g)$ (m)	0,16										
D2	Saída de tubulação	DN (mm)	50	1,00			0,1619		1,75	135	0,08	0,1323	
		Q (ℓ/s)	3,5										
		v (m/s)	1,78										
		$v^2/(2 \times g)$ (m)	0,16										
Somatório							0,6100	10,7666				0,5064	10,7666
Perda de carga total (m)							11,3766					11,273	

(*1) De acordo com a *Tabela A-7.8.2-a*.
(*2) De acordo com a *Tabela A-7.8.13-a*.

(continua)

Exercício A-7-f (continuação)

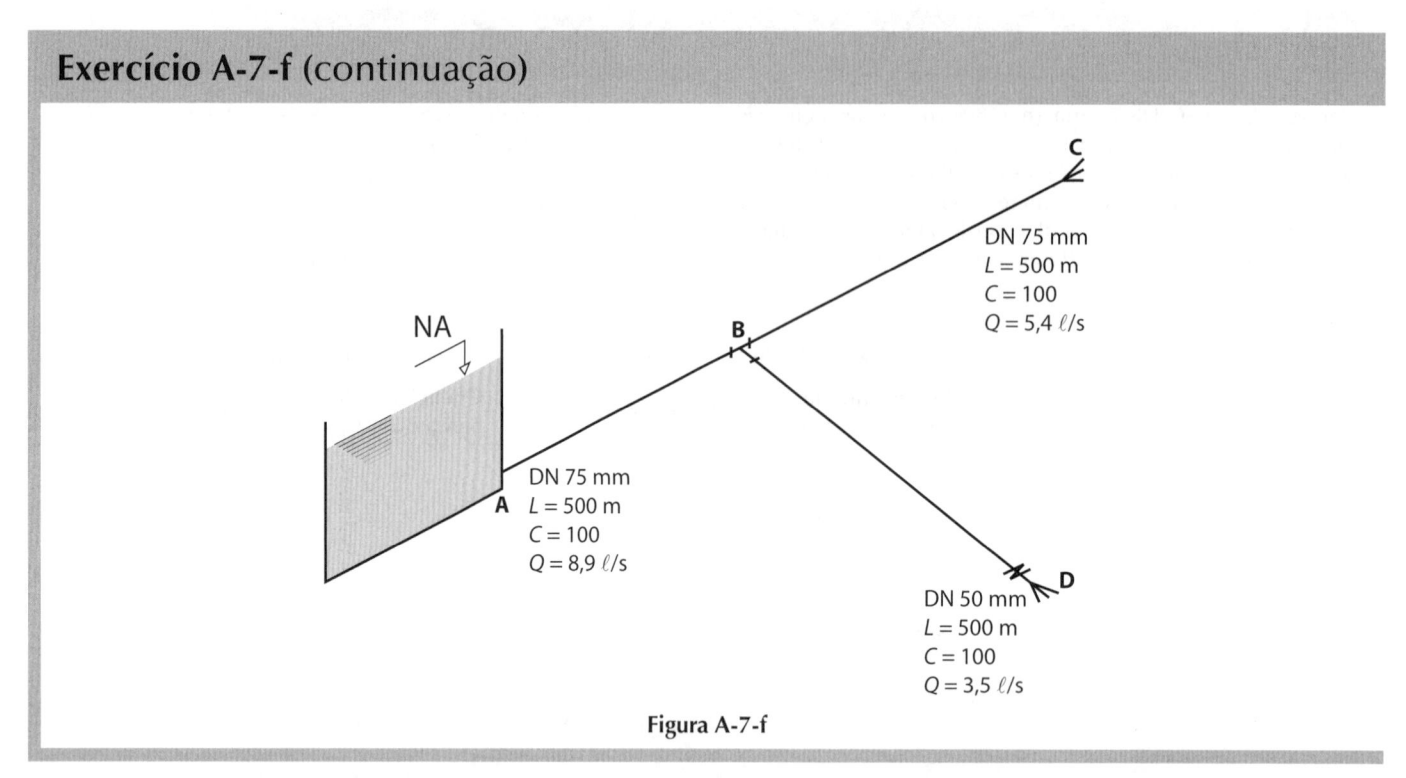

NA

A
DN 75 mm
$L = 500$ m
$C = 100$
$Q = 8,9$ ℓ/s

B

C
DN 75 mm
$L = 500$ m
$C = 100$
$Q = 5,4$ ℓ/s

D
DN 50 mm
$L = 500$ m
$C = 100$
$Q = 3,5$ ℓ/s

Figura A-7-f

Usina Hidroelétrica de Estreito, 1.050 MW, construída entre 1964 e 1969, 140 km a jusante da Usina Hidroelétrica de Furnas, no Rio Grande (MG/SP). Descarga máxima de projeto: 13.000 m³/s; área inundada: 46 km²; altura máxima sobre fundações: 92 m. Seis turbinas tipo Francis para 175.000 kw e engolimento nominal da ordem de 315 m³/s cada; altura nominal sobre as turbinas: 60 m.c.a. (Bib. M175).

Cálculo do Escoamento em Tubulações sob Pressão

Cálculo do Escoamento em Tubulações sob Pressão

A-8.1 INTRODUÇÃO

No projeto de uma tubulação, a questão principal é determinar a quantidade de energia necessária para "empurrar" a quantidade de água desejada entre um ponto e outro dessa tubulação.

Engenheiros e pesquisadores que se ocuparam da questão buscaram sempre encontrar uma fórmula prática que permitisse a solução desse problema.

Normalmente, em um abastecimento de água por gravidade, os dados conhecidos são a carga disponível e a vazão desejada, e a incógnita é o diâmetro do tubo. Mas qualquer combinação de parâmetros conhecidos ou por determinar é frequente no dia a dia dos engenheiros.

Por exemplo, em geração hidrelétrica é comum conhecer a vazão necessária para a turbina, a altura geométrica entre o nível de água a montante e a jusante e a perda de carga máxima admissível, sendo a incógnita novamente o diâmetro.

A-8.2 O MÉTODO EMPÍRICO E A MULTIPLICIDADE DE FÓRMULAS

Conforme visto no *item A-7.7*, a fórmula de Darcy-Weisbach ou fórmula Universal apresenta o inconveniente de precisar de aferição de um coeficiente f que nem sempre é transladável de uma situação para outra, o que torna sua utilização problemática.

Assim, diversos engenheiros e pesquisadores dedicaram-se a lançar os dados observados na prática em gráficos e tentar desenvolver equações empíricas a partir destes.

A fórmula empírica consagrada pelo uso é a fórmula de Hazen-Williams (ou Williams-Hazen), que, pela tradição de bons resultados e simplicidade de uso via tabelas, há de permanecer em uso por muito tempo no meio dos engenheiros, em que pese a campanha pelo abandono das fórmulas empíricas e tentativas de obrigatoriedade do uso do método científico. Tal colocação de obrigatoriedade de fórmula, já incluída em diversas normas brasileiras, nos parece ser exigência desnecessária que extrapola os objetivos de normatização.

As fórmulas empíricas normalmente só se aplicam ao líquido em que foram ensaiadas, e a temperaturas semelhantes, uma vez que não incluem termos relativos às propriedades físicas do líquido (fluido).

Também é importante anotar que tais fórmulas assumem que o escoamento é sempre turbulento, que é o que ocorre na prática, com raríssimas exceções, para as quais o leitor deverá estar atento.

As fórmulas empíricas são fórmulas monômias, por isso facilmente calculadas e tabeladas.

O grande número de fórmulas existentes para o cálculo de canalizações certamente impressiona e põe em dúvida aqueles que se iniciam nesse setor da Hidráulica aplicada.

Desde a apresentação da fórmula de Chézy, em 1775, que representou a primeira tentativa para exprimir algebricamente a resistência ao longo de um conduto, inúmeras foram as expressões propostas para o mesmo fim, muitas das quais ainda hoje são reproduzidas e encontradas nos manuais de Hidráulica. No preparo deste capítulo foram compulsadas numerosas fórmulas, podendo-se dizer que existam mais de cem.

Parece mesmo ter havido época em que todos os engenheiros hidráulicos – uns mais, outros menos – preocupavam-se no sentido de apresentar fórmulas próprias, ou, pelo menos, de prestigiar fórmulas "nacionais". Como curiosidade, mantém-se nesta edição a *Tabela A-8.2-a*, a seguir, onde se listam as supostas 40 fórmulas principais.

A-8.2.1 Critério para a adoção de uma fórmula

Evidentemente, uma expressão não deve ser adotada simplesmente por motivos de simpatia pelo nome do autor, pela sua escola ou país de origem, ou, ainda, pelo fato de a fórmula já ter sido empregada com "bons resultados". Raramente as canalizações, depois de postas em serviço, são ensaiadas de modo conveniente para a determinação das suas características hidráulicas; mesmo assim os resultados do seu funcionamento, invariavelmente, são classificados como bons.

Como os resultados obtidos com o emprego de fórmulas diferentes chegam a variar em 100%, Fanning, em seu tratado, ponderou: "Graves erros podem provir do uso pouco racional e inconveniente das fórmulas. O bom conhecimento da origem de uma fórmula é essencial para a segura aplicação prática".

No presente capítulo serão feitas algumas considerações, como contribuição para o melhor esclarecimento do assunto e fixação de critérios mais racionais para a escolha de uma fórmula.

Tabela A-8.2-a Algumas fórmulas empíricas (práticas)

	Ano	Autor	País
1	1775	Chézy	França
2	1779	Dubuat	França
3	1791	Woltmann	Alemanha
4	1796	Eytekweub	Alemanha
5	1800	Coulomb	França
6	1802	Eisenmann	Alemanha
7	1804	Prony	França
8	1825	D'aAubuisson	França
9	1828	Tadini	Itália
10	1845	Weisbach	Alemanha
11	1851	Saint Venant	França
12	1854	Hagen	Alemanha
13	1855	Dupuint	França
14	1855	Leslie	Inglaterra
15	1855	Darcy	França
16	1867	Ganguillet-Kutter	Suíça
17	1867	Levy	França
18	1868	Bresse	França
19	1868	Gauckler	França
20	1873	Lampe	Alemanha
21	1877	Fanning	Estados Unidos
22	1877	Hamilton Smith	Estados Unidos
23	1878	Colombo	França
24	1878	Darrach	Estados Unidos
25	1880	Ehrmann	Alemanha
26	1880	Iben	Alemanha
27	1881	Franck	Alemanha
28	1883	Reynolds	Inglaterra
29	1884	Thrupp	Inglaterra
30	1886	Unwin	Estados Unidos
31	1887	Stearbs-Brusch	Estados Unidos
32	1889	Geslain	França
33	1889	Tutton	Inglaterra
34	1890	Manning	Irlanda
35	1892	Flamant	França
36	1896	Lang	Alemanha
37	1898	Fornié	França
38	1902	Hiram-mills	Estados Unidos
39	1903	Christen	Estados Unidos
40	1903(*1)	Hazen-Williams	Estados Unidos

(*1) Fórmula verificada e atualizada em 1920 e em 1994.

A-8.2.2 Fórmula de Darcy

Darcy teve o grande mérito de ter sido o primeiro investigador a considerar a natureza e o estado das paredes dos tubos, isto é, foi quem primeiro apresentou uma fórmula moderna na atual acepção da palavra.

Foi Darcy um verdadeiro gênio da Hidráulica; com base em apenas duzentas observações, obteve uma fórmula cuja utilidade e aplicação têm sido reconhecidas e asseguradas há cerca de 150 anos.

Analisando os próprios dados do antigo diretor da Repartição de Águas de Paris, verifica-se que, para ele, o expoente n da velocidade na expressão geral:

$$J = k \times \frac{v^n}{D}$$

está compreendido entre 1,76 e 2. Entretanto, em sua fórmula, Darcy, como os demais pesquisadores de sua época, adotou o expoente 2. Considerando que aquele hidráulico tinha em vista estabelecer uma fórmula prática, para uso generalizado, e que no seu tempo eram desconhecidas as réguas de cálculo e a Nomografia, assim como eram praticamente inexistentes as tabelas, a orientação tomada por Darcy veio a seu crédito (embora os oficiais de Napoleão já usassem réguas para a solução rápida dos problemas de balística, só em 1859 surgiu a régua logarítmica de Manhcim).

Um fato pouco conhecido e que demonstra o bom senso e o espírito cuidadoso de Darcy é que os seus dados e observações geralmente se referiam a tubos novos, mas ele soube admitir, com critério razoável, o fenômeno do envelhecimento dos tubos, dobrando os seus coeficientes.

A-8.2.2.1 Apresentação alemã da Fórmula de Darcy (Forcheimer)

Com relação à expressão geral de resistência oposta ao escoamento (*item A-7.7*) $D \times J = \varphi(v)$, Darcy admitiu: $\varphi(v) = K \times v^2$.

Então, a fórmula de Darcy pode ser escrita assim:

$$J = K \times Q^2 \qquad \text{Equação (8.1a)}$$

$$\frac{v^2}{2 \times g} = K' \times Q^2 \qquad \text{Equação (8.1b)}$$

$$v = K'' \times Q \qquad \text{Equação (8.1c)}$$

Tabela A-8.2.2.1-a Valores para os coeficientes "*K*" na fórmula de Darcy-Forcheimer para tubos de ferro e de aço, sem revestimento permanente, conduzindo água fria

Diâmetros (mm)	K (*1)		K'	K''
	Tubos usados	Tubos novos		
10	116.785.000,0000	58.392.500,0000	8.263.800,0000	12.732,0000
20	2.338.500,0000	1.169.250,0000	516.490,0000	3.183,0000
30	250.310,0000	125.155,0000	102.022,0000	1.414,7000
40	52.560,0000	26.280,0000	32.281,0000	795,8000
50	15.874,0000	7.937,0000	13.222,0000	509,3000
60	6.021,0000	3.011,0000	6.376,4000	353,6800
75	1.990,0000	995,0000	2.730,0000	230,0000
100	412,0000	206,2000	826,3800	127,3200
125	133,0000	66,5000	344,0000	81,9000
150	50,6400	25,3200	163,2400	56,5900
200	11,5700	5,7900	51,6490	31,8310
250	3,7050	1,8530	21,1550	20,3720
300	1,4680	0,7340	10,2020	14,1470
350	0,6704	0,3852	5,5070	10,3940
400	0,3413	0,1707	3,2280	7,9580
450	0,1880	0,0940	2,0150	6,2880
500	0,1104	0,0552	1,3220	5,0930
550	0,0683	0,0342	0,9030	4,2100
600	0,0440	0,0220	0,6380	3,5370

(*1) Para tubos usados considerar o dobro do valor de K.

A *Tabela A-8.2.2.1-a* apresenta os valores de K, K' e K''. O *Exercício A-8-a* exemplifica o uso da Tabela Darcy--Forcheimer.

A-8.2.2.2 Apresentação americana da Fórmula de Darcy

Modernamente apresenta-se a expressão de Darcy com a seguinte forma:

$$h_f = f \times \frac{L \times v^2}{D \times 2 \times g}$$ *Equação (8.2)*

onde:

h_f = perda de carga (m);
f = coeficiente de atrito (*Tabelas A-8.2.2.2-a* e *b*);
L = comprimento da canalização (m);
v = velocidade média (m/s);
g = aceleração da gravidade ($\sim$9,8 m/s^2)

O *Exercício A-8-b* é um exemplo de aplicação da fórmula de Darcy na apresentação americana.

A-8.2.3 Outras fórmulas para tubulações e seus limites de aplicação

Cada fórmula de resistência costuma ser apresentada com a indicação dos limites para a sua aplicação fixando-se, geralmente, os diâmetros e/ou as velocidades mínimas e máximas. Esses valores, algumas vezes estabelecidos pelos próprios autores das expressões, foram outras vezes fixados pelos engenheiros interessados na sua aplicação.

Tais limites, entretanto, não têm o significado absoluto que frequentemente lhes é atribuído e, sobretudo, não são comparáveis. Enquanto algumas fórmulas foram estabelecidas com base em poucas dezenas de dados, outras decorreram da análise de alguns milhares de observações. Prony, por exemplo, baseou-se em 51 experiências; Weisbach, em 63; Darcy, em 200; Flamant, em 552; enquanto Hazen e Williams serviram-se de alguns milhares de dados. Entre os limites fixados para a fórmula de Darcy estariam compreendidos dados compulsados por Hazen e Williams, num total muito superior a 200. Flamant baseou-se em observações feitas com tubos de até 90 cm de diâmetro; não obstante, a sua fórmula tem

Tabela A-8.2.2.2-a Valores do coeficiente de atrito "f" na fórmula de Darcy (apresentação americana), para tubos novos de ferro fundido e de aço (lisos), conduzindo água fria

DN (mm)	Velocidade média em m/s							
	0,20	0,40	0,60	0,80	1,00	1,50	2,00	3,00
13	0,041	0,037	0,034	0,032	0,031	0,029	0,028	0,027
19	0,040	0,036	0,033	0,031	0,030	0,028	0,027	0,026
25	0,039	0,034	0,032	0,030	0,029	0,027	0,026	0,025
38	0,037	0,033	0,031	0,029	0,029	0,027	0,026	0,025
50	0,035	0,032	0,030	0,028	0,027	0,026	0,026	0,024
75	0,034	0,031	0,029	0,027	0,026	0,025	0,025	0,024
100	0,033	0,030	0,028	0,026	0,026	0,025	0,025	0,023
150	0,031	0,028	0,026	0,025	0,025	0,024	0,024	0,022
200	0,030	0,027	0,025	0,024	0,024	0,023	0,023	0,021
250	0,028	0,026	0,024	0,023	0,023	0,022	0,022	0,020
300	0,027	0,025	0,023	0,022	0,022	0,021	0,021	0,019
350	0,026	0,024	0,022	0,022	0,022	0,021	0,021	0,018
400	0,024	0,023	0,022	0,021	0,021	0,020	0,020	0,018
450	0,024	0,022	0,021	0,020	0,022	0,020	0,020	0,017
500	0,023	0,022	0,020	0,020	0,019	0,019	0,019	0,017
550	0,023	0,021	0,019	0,019	0,018	0,018	0,018	0,016
600	0,022	0,020	0,019	0,018	0,018	0,017	0,017	0,015

Tabela A-8.2.2.2-b Valores do coeficiente de atrito "f" na fórmula de Darcy (apresentação americana), para tubos usados de ferro fundido e de aço sem revestimento permanente e para tubulações de concreto (ásperos), conduzindo água fria

DN (mm)	Tubos de aço e ferro					Tubos de concreto Novos ou velhos		
	Com 10 anos de uso				Velhos			
	Velocidade média em m/s							
	0,50	1,00	1,50	3,00	qualquer	0,50	1,00	1,50
25	0,054	0,053	0,052	0,051	0,071	-	-	-
50	0,048	0,047	0,046	0,045	0,059	-	-	-
75	0,044	0,043	0,042	0,041	0,054	-	-	-
100	0,041	0,040	0,039	0,038	0,050	-	-	-
150	0,037	0,036	0,035	0,034	0,047	-	-	-
200	0,035	0,034	0,033	0,032	0,044	-	-	-
250	0,033	0,032	0,031	0,030	0,043	-	-	-
300	0,031	0,031	0,030	0,029	0,042	0,030	0,029	0,027
350	0,030	0,030	0,029	0,028	0,041	0,028	0,027	0,026
400	0,029	0,029	0,028	0,027	0,040	0,027	0,026	0,025
450	0,028	0,028	0,027	0,026	0,038	0,026	0,025	0,024
500	0,023	0,027	0,026	0,025	0,037	0,025	0,024	0,023
550	0,026	0,026	0,025	0,024	0,035	0,025	0,023	0,022
600	0,025	0,024	0,023	0,022	0,032	0,024	0,022	0,021

Obs.: para mangueiras de borracha adotar $0,02 < f < 0,03$.

sido recomendada para tubulações de maior diâmetro. As investigações conduzidas por Hazen e Williams incluíram dados sobre condutos desde 25 mm de diâmetro até cerca de 4.500 mm.

A-8.2.4 Comparação de algumas fórmulas prática

Seja a expressão geral para perda de carga unitária:

$$J = k \times \frac{v^n}{D^p}$$

- para movimento laminar: $n = 1$ e $p = 2$;
- para movimento francamente turbulento: $n = 2$ e $p = 1$

Na *Tabela A-8.2.4-a*, estão comparadas sob esse aspecto (relação entre os expoentes de "v" e "D") algumas das expressões propostas:

Tabela A-8.2.4-a Algumas fórmulas práticas e a relação entre os expoentes de "v" e "D"

Autor[*2]	Fórmula (aspecto geral)	Expoentes de v	Expoentes de D	Soma dos expoentes
Darcy	$J = k_1 \times (v^2/D)$	2,00	1,000	3,000[*1]
Levy-Vallot	$J = k_2 \times (v^2/D^{1,33})$	2,00	1,330	3,330
Manning	$J = k_3 \times (v^2/D^{1,33})$	2,00	1,330	3,330
Flamant	$J = k_4 \times (v^{1,75}/D^{1,33})$	1,75	1,250	3,000
Biegeleisen-Bukowsky	$J = k_5 \times (v^{1,9}/D^{1,1})$	1,90	1,100	3,000
Lawford	$J = k_6 \times (v^{1,87}/D^{1,127})$	1,87	1,127	2,997
Scobey	$J = k_7 \times (v^2/D^{1,25})$	2,00	1,250	3,250
Fair, Whipple e Hsiao	$J = k_8 \times (v^{1,88}/D^{1,12})$	1,88	1,120	3,000
Hazen-Williams	$J = k_9 \times (v^{1,85}/D^{1,17})$	1,85	1,170	3,020

[*1] Na expressão de Darcy, a variação k_1 com D está em torno de 7%.
[*2] Apenas as fórmulas empíricas mais consagradas pelo uso ou por seu valor histórico.

A-8.2.5 Inconvenientes das primeiras fórmulas

A fórmula de Darcy há muitos anos completou seu centenário; a de Levy é apenas 10 anos mais nova; a de Manning resultou de uma simplificação da expressão de Ganguillet-Kutter, fórmula essa que remonta a 1867.

No decorrer de tantos anos a indústria dos materiais e a técnica de fabricação dos tubos evoluíram bastante. A superfície interna dos tubos apresenta-se mais homogênea e mais favorável ao escoamento (mais lisa). Evoluíram os processos de revestimento e, ainda mais, com a produção de tubos mais longos reduziu-se o número de juntas.

Por outro lado, definiram-se melhor as características das águas a transportar, tornou-se mais conhecido o fenômeno da corrosão/incrustação e pôde-se controlar a agressividade das águas.

Essas considerações mostram as inconveniências do emprego de muitas das fórmulas estabelecidas há muito tempo. O emprego das primeiras fórmulas está condicionado à classificação das canalizações em uma de duas classes: tubos novos e tubos usados. Os resultados geralmente variam de 1 para 2, isto é, os coeficientes para tubos em uso são duas vezes maiores do que os para tubos novos. Resta perguntar quando um tubo deixa de ser novo e se uma tubulação de 10 anos é velha. O número limitado de observações não permitia uma classificação melhor ou uma apreciação mais precisa do fenômeno conhecido como o "envelhecimento dos tubos".

Registre-se que tais inconvenientes, atribuídos à velha expressão de Darcy, são removidos quando se considera a nova apresentação de sua fórmula, mais conhecida como apresentação americana ou fórmula de Darcy-Weisbach.

A-8.2.6 Contribuição da estatística. Uma fórmula média

O tratamento estatístico dos inúmeros dados existentes sobre o assunto ao longo do tempo (observações e experimentações realizadas pelos diversos investigadores) mostra que o expoente de v varia entre ~1,7 e 2,0. Um valor médio pode ser assumido em torno de 1,85.

As próprias experiências de Darcy levam a valores de n compreendidos entre 1,76 e 2,00. Reynolds, que teve a primazia de investigar as velocidade-limite entre os regimes de escoamento laminar e turbulento, chegou à conclusão de que o expoente n assume o valor da unidade para o movimento laminar e que, para os movimentos turbulentos que ocorrem na prática, n depende da rugosidade da parede dos tubos, oscilando entre 1,73 e 2,0.

Para os tubos muito lisos, n é cerca de 1,75, ao passo que, para tubos muito "enrrugados", n tende a 2,00.

Com base nessas considerações e no que indica a análise dimensional, conclui-se que uma fórmula "racionalizada" para a determinação da perda de carga nas tubulações seria:

$$J = k \times \frac{v^{1+x}}{D^{2-x}}$$

onde, para o movimento 100% turbulento, o valor experimental de x seria 1,00 e, para as condições correntes, com movimento turbulento, oscilaria de 0,70 a 1,00; tomando para o último caso o valor médio de $x = 0,85$, resulta a seguinte expressão:

$$J = k \times \frac{v^{1,85}}{D^{1,15}}$$

A-8.2.7 Fórmula de Hazen-Williams

Em 1903, dois pesquisadores norte-americanos, após cuidadoso exame estatístico de dados obtidos por mais de trinta investigadores, inclusive os de Darcy e os decorrentes de pesquisas próprias, propuseram uma fórmula prática que pode ser assim escrita:

$$J = k \times \frac{v^{1,85}}{D^{1,17}} \qquad \textit{Equação (8.3)}$$

É a denominada fórmula de Hazen-Williams (Allen Hazen, engenheiro civil e sanitarista, e Gardner S. Williams, professor de Hidráulica) que goza de grande aceitação, devido ao amplo uso, às confirmações experimentais e ao banco de dados daí resultante.

A fórmula de Hazen-Williams, com o seu fator numérico em unidades SI, é a seguinte:

$$J = 10,643 \times Q^{1,85} \times C^{-1,85} \times D^{-4,87} \qquad \textit{Equação (8.4)}$$

onde:

Q m^3/s – vazão;
D m – diâmetro;
J m/m – perda de carga unitária;
C (adimensional) – rugosidade paredes internas tubulação (*Tabela A-8.2.7-a*).

A fórmula também pode ser escrita explicitando-se a vazão ou a velocidade:

$$Q = 0,279 \times C \times D^{2,63} \times J^{0,54} \qquad \textit{Equação (8.5)}$$

E, como:

$$Q = A \times v = \frac{\pi \times D^2}{4} \times v$$

substituindo em *(8.5)* tem-se:

Tabela A-8.2.7-a Valor do coeficiente C sugerido para a fórmula de Hazen-Williams para águas a ~20 °C, pouco incrustantes, pouco corrosivas (corrigidas)

Tubulações compostas por tubos de	Novos	Usados ± 10 anos	Usados ± 20 anos
Aço soldado, revestimento não permanente (betuminoso), até DN 125	135	107,5	85
Aço soldado, revestimento não permanente (betuminoso), 125 < DN < 550	137,5	110	90
Aço soldado, revestimento não permanente (betuminoso), 550 < DN < 1.500	142,5	117,5	95
Aço soldado, revestimento permanente (epóxi), até DN 125	130	120	110
Aço soldado, revestimento permanente (epóxi), 125 < DN < 550	140	130	120
Aço soldado, revestimento permanente (epóxi), 550 < DN < 1.500	145	135	130
Concreto[*5] 750 < DN < 1.250	135	132,5	130
Concreto[*5] 1.050 < DN < 2.000	140	135,5	135
Ferro fundido sem revestimento permanente, até DN 125	120	100	90
Ferro fundido sem revestimento permanente, 125 < DN < 550	125	105	95
Ferro fundido sem revestimento permanente, 550 < DN < 1.500	130	110	100
Ferro fundido dúctil revestido argamassa cimento, até DN 125	125	115	110
Ferro fundido dúctil revestido argamassa cimento, 125 < DN < 550	130	120	115
Ferro fundido dúctil revestido argamassa cimento, 550 < DN < 1.500	135	125	120
Ferro fundido dúctil revestimento permanente (epóxi), até DN 125	125	120	115
Ferro fundido dúctil revestimento permanente (epóxi), 125 < DN < 550	135	130	125
Ferro fundido dúctil revestimento permanente (epóxi), 550 < DN < 1.500	140	137,5	135
PVC ou resina com fibra, juntas tipo PB ou luva, até DN 125	137,5	135	132,5
PVC ou resina com fibra, juntas tipo PB ou luva, 125 < DN < 550	140	137,5	135
PVC ou resina com fibra, juntas tipo PB ou luva, 550 < DN < 1.500	142,5	140	137,5
PEAD, polipropileno outros termoplásticos, juntas soldadas, DN até 125 mm	140	137,5	135
PEAD, polipropileno outros termoplásticos, juntas soldadas, 125 < DN < 550	142,5	140	137,5
PEAD, polipropileno outros termoplásticos, juntas soldadas, 550< DN até 1.500	145	142,5	140
Material usado eventualmente ou em desuso:			
Aço ("ferro doce") galvanizado roscado, até DN 125 mm	125	100	75
Aço corrugado (chapa ondulada)	60	-	-
Aço rebitado	110	90	80
Chumbo	130	120	120
Cobre, latão, bronze, aço inox, até DN 125 mm	140	138	135
Cimento-amianto	140	135	125
Madeira, em aduelas (tanoaria)	120	120	110
Mangueiras de incêndio emborrachadas internamente	135	-	-
Manilhas de barro vidrado (tubos cerâmicos) com 3 m, 125 < DN < 750	130	127,5	125
Tijolos, condutos muito bem executados em concreto in loco etc.	115	110	105
Vidro (laboratório)	145	145	145

Compilação de diversas fontes, ajustada pelo autor, para fins de cálculos e avaliações expeditas, constantes da *Tabela A-8.2.7-a*.

Observações:

(*1) os revestimentos indicados referem-se à superfície interna dos tubos. As juntas "ponta-e-bolsa", para fins de perdas equivalem às juntas tipo "luva" e às "roscadas". O termo "juntas soldadas" foi reservado para as "soldas de topo".

(*2) o engenheiro projetista, ao adotar um coeficiente C, deve levar em conta e precaver-se contra valores abaixo daqueles aqui indicados. Ocorre que muitas vezes os valores indicados nos catálogos e em referências bibliográficas costumam ser obtidos em condições de laboratório, para um tubo reto, e, na prática, outros fatores intervêm, tais como o efeito das juntas, falta de alinhamento na montagem, irregularidades ou recalques no terreno, qualidade da água etc.

(*3) para avaliar o "C" em tubos metálicos logo após serem raspados internamente com equipamento tipo "*pig*", considerar um valor entre 10 e 20 anos. Para tubos recuperados internamente com algum tipo de revestimento permanente, considerar o valor médio das colunas "Novos" e "10 anos" e o novo diâmetro interno.

(*4) FFD – Ferro Fundido Dúctil. Até os anos 1965 essa linha de tubos era em "ferro fundido cinzento". Dos anos 1970 em diante passaram a ser fabricados em liga metálica denominada Ferro Fundido Dúctil. Cada tubo tem comprimento útil aproximado de 6 m e, internamente, os diversos tipos de juntas disponíveis são equivalentes para este fim.

(*5) concreto pré-fabricado, muito bom acabamento, juntas tipo ponta-e-bolsa, mínimo 3 a 6 m por tubo.

$$v = 0,355 \times C \times D^{0,63} \times J^{0,54}$$

Equação (8.6)

onde: v = velocidade (m/s)

No final deste capítulo (*item A-8.4*), estão apresentadas as *Tabelas A-8.4-a* com o resultado dos cálculos pela fórmula de Hazen-Williams para os diâmetros comerciais e velocidades usuais e para diferentes valores do coeficiente C.

Tabela A-8.2.7-b Valores aproximados de f (fórmula Universal) para $C=100$ da expressão de Hazen-Williams

DN	v		
	0,50	1,00	1,50
mm	m/s	m/s	m/s
50	0,049	0,044	0,042
100	0,043	0,039	0,037
150	0,040	0,036	0,034
200	0,038	0,034	0,032
300	0,036	0,032	0,030
400	0,034	0,031	0,029
500	0,033	0,030	0,028
600	0,032	0,029	0,027

A-8.2.8 Vantagens da fórmula de Hazen-Williams

É uma fórmula que resultou de um estudo estatístico considerando dados experimentais disponíveis, obtidos anteriormente de um grande número de fontes, e de observações dos próprios autores, em materiais tão distintos quanto tubos de aço, de ferro fundido, de concreto, de alvenaria, de madeira, de latão (bronze), chumbo e de vidro.

A expressão de Hazen-Williams é teoricamente correta: a soma dos expoentes "p" e "n", que é 3,02, apresenta uma diferença insignificante sobre o valor teórico (variações provocadas pela variação de temperatura da água normalmente provocam alterações maiores nos resultados).

Os expoentes da fórmula foram estabelecidos de maneira a resultarem as menores variações do coeficiente numérico C para tubos de mesmo grau de rugosidade. Em consequência, o coeficiente C é, tanto quanto possível e praticável, uma função quase que exclusiva da natureza das paredes.

A grande aceitação que teve a fórmula permitiu que fossem obtidos valores bem determinados do coeficiente C. Nessas condições, pode-se estimar o envelhecimento dos tubos.

É uma fórmula que pode ser satisfatoriamente aplicada a qualquer tipo de conduto e de material: canais (condutos livres) ou condutos forçados. Usa-se em água, esgotos e irrigação. Os seus limites de aplicação são os mais largos: diâmetros de 50 a 3.500 mm e velocidades até 3 m/s, ou seja, praticamente todos os casos do dia a dia aí se enquadram.

A disposição dos vários aspectos da fórmula, tal como está apresentada na *Tabela A-8.2.8-a*, é de grande conveniência.

Tabela A-8.2.8-a Fórmula de Hazen-Williams no sistema SI

Para $C = 100$	$v = 35,5 \times D^{0,63} \times J^{0,54}$ $Q = 27,88 \times D^{2,63} \times J^{0,54}$ $J = 0,00135 \times \dfrac{v^{1,852}}{D^{1,167}}$ $J = 0,0021 \times \dfrac{v^{1,852}}{D^{4,87}}$
Relações para C qualquer: $C = N$	$\dfrac{J_{C_N}}{J_{C=100}} = \left(\dfrac{100}{C_N}\right)^{1,852}$ $\dfrac{D_{C_N}}{D_{C=100}} = \left(\dfrac{C_N}{100}\right)^{0,38}$ $\dfrac{V_{C_N}}{V_{C=100}} = \dfrac{C_N}{100}$ $\dfrac{Q_{C_N}}{Q_{C=100}} = \dfrac{C_N}{100}$

Tabela A-8.2.7-c Correspondência aproximada entre os coeficientes C de Hazen-Williams e n de Manning, K de Strickler e γ de Bazin

C	40	60	80	90	100	110	120	130	140
n	0,031	0,021	0,016	0,014	0,013	0,012	0,011	0,010	0,009
K	35	50	60	70	75	85	90	100	110
γ	1,75	1,30	0,45	0,23	0,20	0,17	0,12	0,06	0,04

A-8.2.9 O envelhecimento das tubulações e outras alterações com o tempo nas fórmulas "empíricas"

Ensaios e verificações feitos em linhas de aço e de ferro fundido, muito bem executadas e em que foram empregados tubos de boa qualidade, sem revestimento interno, mostraram que, para o início de funcionamento, o coeficiente C assume valores nas vizinhanças de 140. Pouco depois, entretanto, esse valor cai para 130 e, com o decorrer do tempo, passa a valores cada vez mais baixos, A tendência de o ferro entrar em solução e a presença de oxigênio dissolvido na água – fatores primordiais da corrosão – são responsáveis pela formação de tubérculos na superfície interna dos tubos. Da redução da seção e do aumento da rugosidade resultam a diminuição da capacidade de transporte da canalização e o decréscimo de C.

Tal fenômeno da tuberculização, que se caracteriza por formações esponjosas duras que crescem como se fossem corais e que, uma vez bem secas, se "esfarelam" com relativa facilidade, é algumas vezes erroneamente designado por incrustação.

O termo incrustação deve ser reservado ao fenômeno da constituição de camadas ou crostas devidas a certas substâncias presentes em quantidades excessivas na água, que vão se depositando ou aderindo às paredes dos tubos, especialmente os tubos metálicos, diminuindo o diâmetro interno do tubo. O caso típico de incrustação ocorre quando a água transportada pelo tubos apresenta elevados teores de cálcio, por exemplo. Em águas de terrenos calcários, incrustações são bastante frequentes.

Entre os vários fatores que afetam as paredes internas dos tubos metálicos, o pH e a dureza têm uma influência marcante. Outros fatores que afetam as paredes internas dos tubos são: o potencial de oxidação do material (entropia), sobretensão, oxigênio dissolvido, gás carbônico (CO_2), alcalinidade, presença de substância inibidoras ou capazes de formar películas, homogeneidade da superfície dos tubos, temperatura, existência de resíduos de sulfato de alumínio, cloro etc.

Também a velocidade da água nos tubos tem efeito direto sobre as incrustações: velocidades maiores ajudam a manter as paredes dos tubos mais lisas (ajudam a manter um C maior por mais tempo). Portanto, velocidades muito baixas não são recomendáveis em tubos metálicos.

Mesmo tubos não metálicos (plásticos) apresentam caimentos de "rendimento", ou seja, perdem capacidade de condução, por motivos não plenamente explicados, mas certamente relacionados a fenômenos tais como ovalizações, reações físico-químico-bacteriológicas que vão lentamente alterando tudo, como por exemplo as características dos plásticos, enrijecendo-os etc.

Entretanto, cada vez mais os tubos se parecem internamente, pois os fabricantes dos tubos metálicos vêm aplicando internamente camadas de tintas tipo epóxi, armadas por fibras ou não e outros recursos em que, na prática, as paredes internas também ficam revestidas de material plástico, sucetíveis a menos arranhões ou acidentes, mas estruturalmente são mais resistentes.

A *Tabela A-8.2.9-a* foi construída pelo autor com fins didáticos e para servir de base para avaliações, no entendimento da evolução da rugosidade dos tubos, com aplicações práticas, especialmente quando for importante avaliar a evolução da rugosidade, por exemplo quando se calculem custos de energia ao longo dos anos em canalizações de certa importância. Na *Figura A-8.2.9-a* estão representados os valores indicados na *Tabela A--8.2.9-a*.

Parte-se do princípio de que as águas consideradas serão de condições médias e não tratadas quimicamente e de que o coeficiente "C" varia com a rugosidade e com o raio hidráulico, ou seja, os diâmetros maiores apresentam um "C" maior do que os diâmetros menores para uma mesma rugosidade.

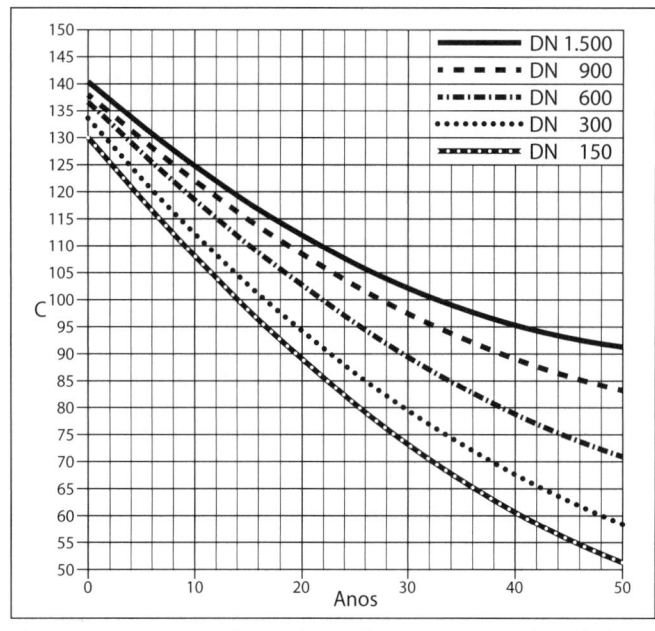

Figura A-8.2.9-a – Evolução do coeficiente C para tubos de ferro fundido sem revestimento interno.

A-8.2.10 Escolha criteriosa do coeficiente C

A fórmula de Hazen-Williams é das mais perfeitas e fáceis de usar mas, negligenciada a escolha criteriosa do coeficiente C, como a fixação de um valor médio invariável, pode levar a fracassos (nem sempre percebidos na inauguração de uma tubulação quando o coeficiente C é máximo).

Tabela A-8.2.9-a Evolução do coeficiente *C* para a fórmula de Hazen-Williams, para tubos de ferro fundido sem revestimento interno(*)

Idade (anos)	DNs																				
	100	150	200	250	300	350	400	450	500	550	600	650	700	750	800	850	900	1000	1100	1250	1500
0	130	131	132	133	134	135	136	137	137	137	138	138	138	138	139	139	139	140	140	141	142
5	118	119	120	122	123	124	125	126	127	127	127	128	128	129	129	129	130	130	131	132	133
10	107	108	110	111	112	114	115	116	117	117	118	118	119	120	120	121	121	122	123	123	124
15	97	99	100	102	103	105	106	107	108	109	110	110	111	112	113	113	114	115	116	116	117
20	88	90	91	93	95	97	98	100	101	102	103	104	105	106	107	107	108	109	110	111	112
25	79	81	83	85	87	89	91	92	94	95	96	97	98	99	100	102	103	104	105	106	107
30	70	72	74	76	78	81	83	85	86	88	89	90	92	93	95	96	97	99	100	102	103
35	62	64	66	69	71	73	76	77	79	81	83	84	86	87	89	91	92	94	96	97	99
40	57	59	61	64	66	68	71	73	75	76	78	80	82	83	85	87	89	91	92	94	96
45	53	55	57	60	62	64	66	68	71	72	74	76	78	80	82	84	85	87	89	91	93
50	50	52	54	56	58	60	62	64	66	68	70	72	74	76	78	80	82	84	86	88	90

Notas: [*1]: Para tubulações de aço sem revestimento interno com: a) Juntas soldadas: tomar como valores de *C* os valores indicados para tubos de ferro fundido 5 anos mais novos; b) Junta tipo luva (*lock-bar*, *victaulic* etc.), adotar mesmos coeficientes indicados para os tubos de ferro fundido; c) Com revestimentos especiais, admitir 130.

Como visto, o coeficiente *C*, na prática, é uma função do tempo, de modo que o seu valor deve prever a vida útil que se espera na canalização, especialmente para os tubos metálicos, mais influenciáveis por essas mudanças de rugosidade interna e muito duráveis.

Para avaliações expeditas, no século XX costumava-se usar, para tubos metálicos, *C* = 100. Hoje, no século XXI, com os revestimentos internos reportados anteriormente, talvez seja mais correto fazer a conta usando um *C* entre 115 e 120. Tais valores correspondem, aproximadamente, à situação da tubulação em quinze a vinte anos, portanto dentro de qualquer vida útil esperada, quando uma tubulação ainda deverá estar funcionando para as vazões de cálculo.

O desempenho pode ser melhorado se periodicamente for feita uma "limpeza" na tubulação. Tal limpeza periódica é muito pouco usual na América Latina, até porque os projetos não a preveem e depois passa a ser muito difícil fazê-la, pois não são instalados os acessórios necessários para facilitar a operação, especialmente a colocação e retirada do "*pig*" de limpeza. Menos usual ainda é a recomposição do revestimento interno. Também pouco se faz em termos de controle de qualidade eficaz para a corrosividade da água.

Na *Figura A-8.2.10-a* estão comparados os dados disponíveis de diversos investigadores, relativos ao envelhecimento de tubulações de ferro fundido. Pode-se notar que as condições adotadas por Hazen e Williams,

bem próximas das investigações de Carter, são bastante razoáveis, não constituindo condições extremas, mas, bem ao contrário, dados médios.

O aumento de rugosidade, a redução de diâmetro e as dimensões relativas dos tubérculos maiores para os tubos de menor diâmetro causam, para estes, um envelhecimento mais rápido.

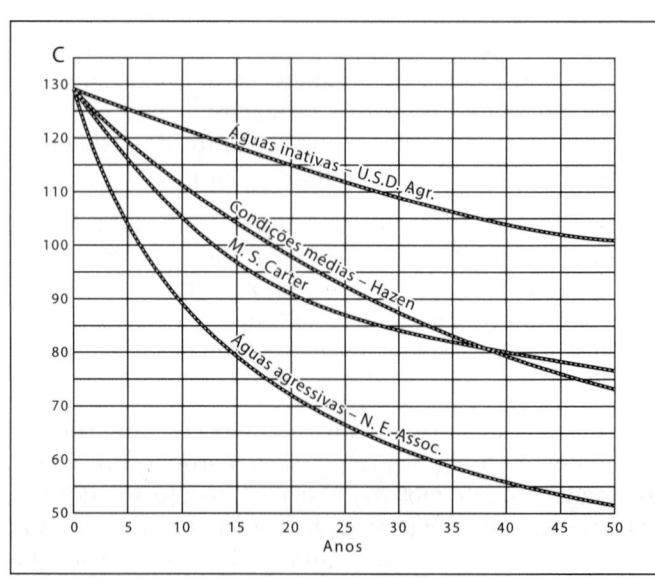

Figura A-8.2.10-a – Evolução do coeficiente "C" ao longo do tempo para tubulações de ferro fundido.

Portanto, note-se que, para uma mesma rugosidade de parede interna do tubo, na fórmula de Hazen-Williams, um tubo de maior diâmetro deverá ter um coeficiente C ligeiramente maior que o de um tubo de diâmetro menor. Isso significa que, ao estudar alternativas de diâmetros diferentes usando Hazen-Williams, para ser rigoroso o engenheiro deve atribuir a tubos de diâmetros diferentes valores diferentes de C, valendo-se para isso de sua experiência.

A-8.2.11 Fórmulas empíricas para tubulações de pequeno diâmetro

A fórmula de Hazen-Williams tem sido preconizada para tubulações acima de 50 mm de diâmetro.

Para "canos" de pequeno diâmetro (12 a 50 mm), Fair-Whipple-Hsiao, por volta de 1930, após um grande número de experiências, propuseram fórmulas especiais do tipo da fórmula de Hazen-Williams, que têm sido aceitas como satisfatórias.

Foram experimentados tubos de cobre, latão, metal *admiralty,* aço/ferro galvanizado, aço e ferro nu, tanto para água fria como para água quente.

O saudoso engenheiro Eduardo Eurico de Oliveira, no estudo que fez de um projeto de regulamento para as instalações domiciliares de abastecimento de água do Rio de Janeiro, já havia recomendado a fórmula de Fair-Whipple-Hsiao, tendo qualificado os trabalhos experimentais dos seus autores como a "melhor orientação prática".

Para tubulações de aço galvanizado e água fria, e sendo Q em m^3/s, D em m e J em m/m, a fórmula é a seguinte:

$$J = 0,002021 \times \frac{Q^{1,88}}{D^{4,88}}$$

ou

$$Q = 27,113 \times J^{0,532} \times D^{2,596}$$

Para tubos de cobre ou latão e água fria, as fórmulas de Fair-Whipple-Hsiao são:

$$J = 0,000874 \times \frac{Q^{1,75}}{D^{4,75}}$$

ou

$$Q = 55,934 \times D^{2,714} \times J^{0,571}$$

e para água quente:

$$Q = 63,28 \times D^{2,714} \times J^{0,571}$$

ou

$$J = 0,000704 \times \frac{Q^{1,75}}{D^{4,75}}$$

A norma brasileira para instalações prediais (NBR 5626/98 Bib. A045) recomenda as fórmulas de Fair-Whipple-Hsiao, considerando:

Q em ℓ/s, D em mm e J em m/m,

nas seguintes formas:

1) Para tubos hidraulicamente rugosos (aço carbono galvanizado ou não):

$$J = 20,2 \times 10^6 \times Q^{1,88} \times D^{-4,88}$$

2) Para tubos hidraulicamente lisos (plástico, cobre ou ligas de cobre):

$$J = 8,69 \times 10^6 \times Q^{1,75} \times D^{-4,75}$$

Outra fórmula também bastante usada para tubulações de pequeno diâmetro é a de Flamant (1892):

$$\frac{D \times J}{4} = b \times \sqrt[4]{\frac{v^7}{D}}$$

ou

$$J = 4 \times b \times v^{1,75} \times D^{-1,25},$$

com v em m/s, D em m e J em m/m, sendo:

$b = 0,000230$ para canos de ferro ou de aço usados;
$b = 0,000185$ para canos de ferro e aço novos;
$b = 0,000140$ para canos de chumbo;
$b = 0,000130$ para canos de cobre;
$b = 0,000120$ para canos de plástico (PVC etc.).

A *Tabela A-8.2.11-a* é para $b = 0,00023$. Para outros materiais basta multiplicar J por $(b/0,00023)$.

A-8.3 O MÉTODO CIENTÍFICO. A "FÓRMULA UNIVERSAL"

As abordagens científicas referentes às relações físicas que regem o escoamento em tubulações datam de meados do século XVIII, com Chezy e, depois, no século XIX, com Darcy e Weisbach, conforme abordado no *item A-7.7*, resultando na fórmula:

$$h_f = f \times \frac{L \times v^2}{D \times 2 \times g} \qquad\qquad Equação\ (8.7)$$

A-8.3.1 Considerações sobre a fórmula

Convém observar que na *Equação (8.7)*, o coeficiente de atrito f não tem dimensões, sendo função do número de Reynolds. Como L/D é uma relação entre duas quantidades de dimensões lineares, ela também constitui um número adimensional.

Tabela A-8.2.11-a Fórmula de Flamant – Tubos pequenos diâmetros – ferro e aço galvanizado usados
$[v_{máximo} < 14\sqrt{D}$, em metros]

Q (ℓ/s)	19 mm (¾")		25 mm (1")		32 mm (1¼")		38 mm (1½")	
	v (m/s)	J (m/m)	v (m/s)	J (m/m)	v (m/s)	J (m/m)	v (m/s)	J (m/m)
0,02	0,071	0,0012	0,041	0,0003	0,025	0,0001	0,018	0,00005
0,04	0,141	0,0041	0,081	0,0011	0,050	0,0003	0,035	0,00015
0,06	0,212	0,0084	0,122	0,0023	0,075	0,0007	0,053	0,00031
0,08	0,282	0,0139	0,163	0,0038	0,099	0,0012	0,071	0,00052
0,10	0,353	0,0206	0,204	0,0056	0,124	0,0017	0,088	0,00077
0,12	0,423	0,0283	0,244	0,0077	0,149	0,0024	0,106	0,00105
0,14	0,494	0,0371	0,285	0,0101	0,174	0,0031	0,123	0,00138
0,16	0,564	0,0469	0,326	0,0127	0,199	0,0039	0,141	0,00174
0,18	0,635	0,0576	0,367	0,0156	0,224	0,0048	0,159	0,00214
0,20	0,705	0,0693	0,407	0,0188	0,249	0,0058	0,176	0,00257
0,22	0,776	0,0818	0,448	0,0222	0,274	0,0069	0,194	0,00304
0,24	0,846	0,0953	0,489	0,0259	0,298	0,0080	0,212	0,00354
0,26	0,917	0,1096	0,530	0,0298	0,323	0,0092	0,229	0,00407
0,28	0,988	0,1248	0,570	0,0339	0,348	0,0105	0,247	0,00464
0,30	1,058	0,1408	0,611	0,0382	0,373	0,0118	0,265	0,00523
0,32	1,129	0,1577	0,652	0,0428	0,398	0,0133	0,282	0,00586
0,34	1,199	0,1753	0,693	0,0476	0,423	0,0147	0,300	0,00652
0,36	1,270	0,1938	0,733	0,0526	0,448	0,0163	0,317	0,00720
0,38	1,340	0,2130	0,774	0,0578	0,472	0,0179	0,335	0,00792
0,40	1,411	0,2330	0,8/15	0,0633	0,497	0,0196	0,353	0,00866
0,42	1,481	0,2538	0,856	0,0689	0,522	0,0213	0,370	0,00943
0,44	1,552	0,2753	0,896	0,0748	0,547	0,0213	0,388	0,01023
0,46	1,622	0,2976	0,937	0,0808	0,572	0,0231	0,406	0,01106
0,48	1,693	0,3206	0,978	0,0871	0,597	0,0250	0,423	0,01191
0,50	1,763*	0,3443	1,019	0,0935	0,622	0,0269	0,441	0,01280
0,55	1,940	0,4068	1,120	0,1105	0,684	0,0289	0,485	0,01512
0,60	2,116	0,4737	1,222	0,1286	0,746	0,0342	0,526	0,01760
0,65	2,293	0,5449	1,324	0,1480	0,808	0,0398	0,573	0,02025
0,70	2,469	0,6204	1,426	0,1685	0,870	0,0458	0,617	0,02306
0,75	2,645	0,7000	1,528	0,1901	0,933	0,0522	0,661	0,02601
0,80	2,822	0,7837	1,630	0,2128	0,995	0,0588	0,705	0,02913
0,85	2,998	0,8714	1,732	0,2366	1,057	0,0659	0,749	0,03239
0,90	3,174	0,9631	1,833	0,2615	1,119	0,0733	0,794	0,03579
0,95			1,935	0,2875	1,181	0,0810	0,838	0,03934
1,00			2,037*	0,3145	1,243	0,0890	0,882	0,04304
1,10			2,241	0,3716	1,368	0,0974	0,970	0,05085
1,20			2,445	0,4327	1,492	0,1150	1,058	0,05921
1,30			2,648	0,4978	1,616	0,1339	1,146	0,06812
1,40			2,852	0,5677	1,741	0,1541	1,234	0,07755
1,50			3,956	0,6394	1,865	0,1754	1,323	0,08750
1,60					1,989	0,1979	1,411	0,09797
1,70					2,114	0,2216	1,499	0,10893
1,80					2,238	0,2474	1,587	0,12039
1,90					2,362	0,2723	1,675	0,13234
2,00					2,487*	0,2994	1,763	0,14477
2,10					2,611	0,3275	1,852	0,15767
2,20					2,735	0,3567	1,940	0,17104
2,30					2,860	0,3869	2,028	0,18488
2,40					2,984	0,4182	2,116	0,19917
2,50					3,108	0,4505	2,204	0,21392
2,60						0,4839	2,293	0,22912
2,70							2,381	0,24476
2,80							2,469	0,26085
2,90							2,557	0,27737
3,00							2,645*	0,29432
3,10							2,733	0,31171
3,20							2,822	0,32951
3,30							2,910	0,34774
3,40							2,998	0,36639
3,50							3,086	0,38546

Portanto, essa equação exprime o fato de a perda de carga em determinada tubulação ser igual ao produto de um número puro pela carga de velocidade ($v^2/(2 \times g)$).

A fórmula de Darcy-Weisbach é aplicável aos problemas de escoamento de qualquer líquido (água, óleos, gasolina etc.) em tubulações. Com restrições, ela se aplica também às questões que envolvem o movimento de fluidos aeriformes, como se verá adiante.

A *Equação (8.7)* também pode ser apresentada em função da vazão Q (m^3/s), fazendo-se a substituição de

$$v^2 = \frac{Q^2}{A^2} = \frac{Q^2}{\left(\dfrac{\pi \times D^2}{4}\right)^2}$$

Então:

$$h_f = f \times \frac{L \times Q^2}{\left(\dfrac{2 \times g \times \pi^2}{16}\right) \times D^5}$$

e, portanto:

$$h_f = 0,0827 \times \frac{f \times L \times Q^2}{D^5} \qquad Equação\ (8.8)$$

A perda de pressão em kgf/m^2 (tubulação horizontal) seria:

$$p_1 - p_2 = 0,0827 \times \frac{\gamma \times f \times L \times Q^2}{D^5} \qquad Equação\ (8.9)$$

sendo:

p_1 = pressão inicial, em kgf/m^2;

p_2 = pressão final, em kgf/m^2;

γ = peso específico do fluido, em kgf/m^3.

A-8.3.2 O coeficiente de atrito *f*

O coeficiente de atrito *f*, sem dimensões, é função do número de Reynolds e da rugosidade relativa. A espessura ou altura "*e*" das asperezas (rugosidade) dos tubos pode ser avaliada determinando-se valores para *e/D*.

Nos problemas de escoamento de fluidos em canalizações, considera-se como valor de "*e*" a *rugosidade equivalente*, isto é, a rugosidade correspondente ao mesmo valor de *f* que se teria para asperezas constituídas por grãos de areia, tais como os experimentados por Nikuradse com valores elevados do número de Reynolds (ver *item A-8.3.6* adiante).

Conforme já visto no *item A-7.2*, o número de Reynolds classifica o regime de escoamento em "laminar", em "turbulento" ou em "transição".

O escoamento em regime laminar ocorre e é estável para valores do número de Reynolds inferiores a 2.000.

Com valores superiores a 4.000, o escoamento passa a regime turbulento. Entretanto, essa mudança de regime não é exatamente nesses dois limites (2.000 e 4.000).

Entre esses dois valores, encontra-se a denominada "zona crítica". O regime completamente turbulento só é atingido com valores ainda mais elevados do número de Reynolds, existindo, portanto, uma segunda zona intermediária, conhecida como zona de transição (*Figura A-8.3.2-a*).

Os valores do coeficiente de atrito *f* são obtidos em função do número de Reynolds e da rugosidade relativa, tendo em vista o regime de escoamento.

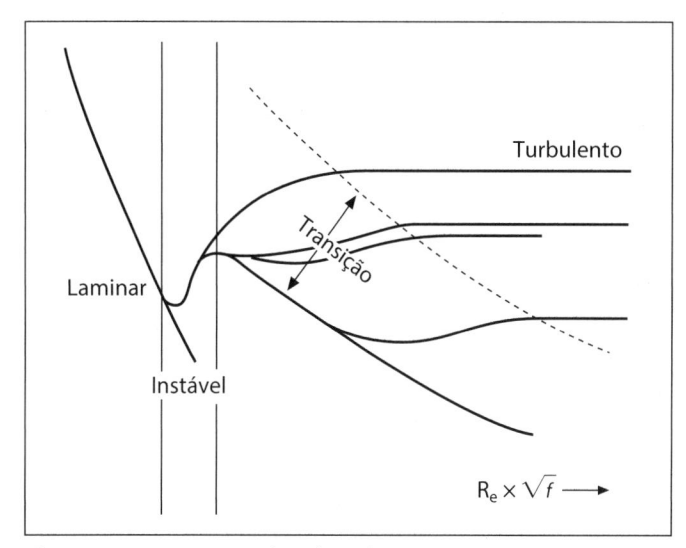

Figura A-8.3.2-a Harpa de Nikuradse.

A-8.3.3 Natureza da perda de carga

O fato de algumas vezes designar-se a "perda de carga" por "perda por atrito", ou, ainda, por resistência oferecida pela tubulação ao escoamento, tem levado a interpretações não muito corretas. A perda de carga não deve ser suposta ou imaginada como sendo uma espécie de atrito semelhante ao que se verifica quando dois sólidos em contato se deslocam um sobre o outro.

Ao contrário, não há movimento ou deslocamento do fluido em contato com as paredes dos tubos, mesmo porque, junto a essas paredes, estabelece-se uma camada aderente estacionária.

No regime de escoamento laminar, o que se verifica é tão somente uma deformação contínua da massa fluida, sendo a viscosidade ou atrito interno do fluido responsável pela perda de carga.

No caso do escoamento turbulento, o movimento é agitado, complexo e de difícil descrição. As partículas no seu movimento irregular ocupam as mais variadas posições numa seção do tubo; verifica-se, continuamente, a mistura de toda a massa fluida. A resistência ao escoamento turbulento é devida ao efeito combinado das forças relativas à inércia e à viscosidade do fluido.

A-8.3.4 Camada limite, zona de turbulência e filme laminar

Quando um fluido escoa sobre uma superfície, observa-se a existência de uma camada de fluido contígua (e, pode-se dizer, aderente) a essa superfície, onde se verifica a variação de velocidade do fluido para a superfície. Essa camada foi concebida por Ludwig Prandtl (1904) e notada pela primeira vez por Hele-Shaw, tendo sido designada por camada limite.

A *Figura A-8.3.4-a* mostra o escoamento de um fluido ao longo de uma chapa. A partir da aresta inicial da chapa, constitui-se uma camada de escoamento laminar (camada limite) que vai aumentando em espessura até um ponto crítico. À medida que aumenta a espessura da camada limite, decresce a sua estabilidade, até um ponto T, de transição, onde o seu equilíbrio se rompe.

A partir desse ponto crítico, a espessura da camada laminar se reduz a um valor δ, que se mantém aproximadamente constante (subcamada laminar ou filme laminar). No ponto T, tem início uma camada turbulenta, cuja espessura vai aumentando rapidamente.

A espessura da camada limite pode ser definida como sendo a dimensão correspondente a 99% do seu limite assintótico. É nessa camada que se verifica a maior parte da deformação viscosa.

No caso das tubulações, também prevalecem condições análogas à descrita. Se o escoamento na tubulação for laminar, o fluido percorrerá uma distância relativamente grande, até que o perfil normal das velocidades seja atingido. Isso porque é necessário que a camada limite (mostrada na *Figura A-8.3.4-a*, de O a T) continue aumentando até atingir as vizinhanças do eixo do tubo.

Tratando-se de escoamento turbulento, o ponto crítico T ocorre a uma pequena distância da entrada; a partir desse ponto, a espessura da camada turbulenta aumenta tão rapidamente que o perfil normal de velocidade é obtido a uma distância relativamente curta (*Figura A-8.3.4-b*).

Portanto, no escoamento de fluidos em canalizações, existe sempre uma camada laminar, mesmo no caso de regimes turbulentos. A espessura dessa camada depende do número de Reynolds, sendo mais fina para os valores mais elevados de R_e.

A camada laminar é de grande importância nas questões relativas à rugosidade dos tubos, assim como nos problemas referentes ao escoamento de calor.

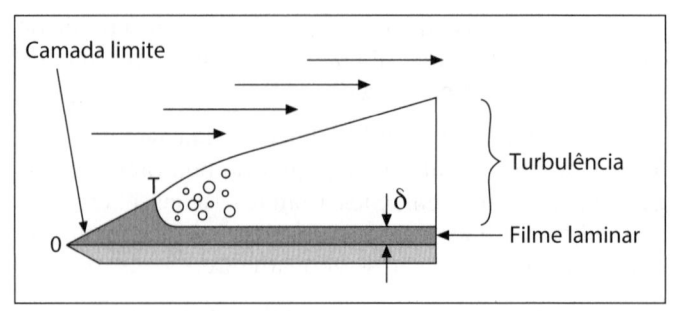

Figura A-8.3.4-a – Escoamento de um fluido ao longo de uma chapa.

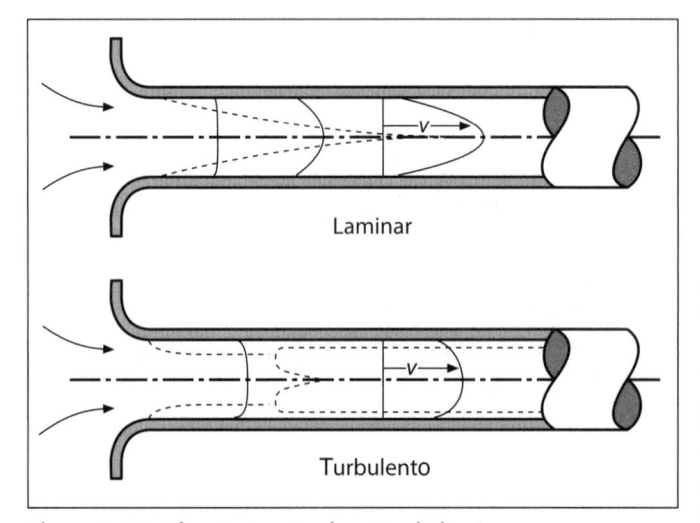

Figura A-8.3.4-b – Formação de camada laminar.

A-8.3.5 Tubos lisos e tubos rugosos

Na realidade, não existe uma superfície perfeitamente lisa. Qualquer superfície examinada sob um bom microscópio mostra uma certa rugosidade.

Entretanto, diz-se que uma superfície é *aerodinamicamente lisa* quando as asperezas que caracterizam a sua rugosidade não se projetam além da camada laminar (desenho (a) da *Figura A-8.3.5-a*).

Quando as superfícies são de tal forma rugosas que apresentam protuberâncias que ultrapassam o filme laminar e se projetam na zona turbulenta, elas provocam o aumento desta, resultando daí uma perda mais elevada para o escoamento (desenho (b) da *Figura A-8.3.5-a*).

Se as rugosidades forem muito menores que a espessura da camada, não afetarão a resistência ao escoamento. Todas as superfícies que apresentarem essas condições poderão ser consideradas igualmente lisas.

É por isso que, na prática, tubos feitos com certos materiais, tais como vidro, chumbo e latão, podem apresentar as mesmas perdas de carga, perdas essas idênticas às que seriam obtidas no caso de superfícies lisas ideais. Conclui-se, também, que não há interesse em se

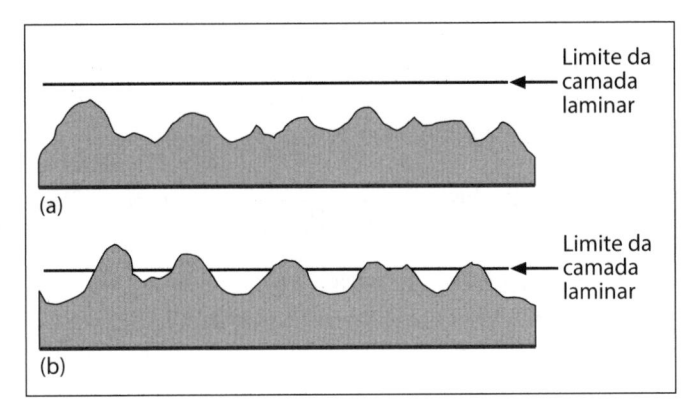

Figura A-8.3.5-a – Superfícies lisas e rugosas.

fazer com que as superfícies internas dos tubos sejam mais lisas do que um certo limite.

Define-se como rugosidade absoluta "e" a medida das saliências da parede do tubo, ou seja, se houver protuberâncias de 1 mm, essa é a rugosidade absoluta.

A rugosidade relativa é a divisão da rugosidade absoluta pelo diâmetro do tubo: e/D.

O problema prático que surge da aplicação desses conceitos é que a rugosidade absoluta nunca é única, sendo as saliências dos tubos de diversos tamanhos e distribuições, e esse número acaba sendo obtido por uma conta de trás para frente, onde se chega a um valor médio para a rugosidade absoluta, o que acaba tendo precisão científica só para as condições de medição.

A-8.3.6 Experiências de Nikuradse

Em 1933, J. Nikuradse divulgou, na Alemanha, os resultados de uma série de investigações que marcaram um passo decisivo na moderna mecânica dos fluidos.

Utilizando tubos de três diâmetros diferentes, Nikuradse produziu neles uma rugosidade artificial, cimentando, na superfície interna, grãos de areia de tamanho conhecido e obtendo a mesma rugosidade relativa para os três tubos. Pôde, então, verificar que, para um determinado valor do número de Reynolds (R_e), o coeficiente de resistência (f) era idêntico para as três tubulações. As experiências foram repetidas para cinco valores da rugosidade relativa. Elas vieram a provar que é válido o conceito de rugosidade relativa e que é correta a expressão

$$f = \varphi\left(R_e, \frac{e}{D}\right)$$

para o tipo de rugosidade ensaiado.

Experiências posteriores conduzidas pelo Instituto Tecnológico de Illinois, com tubos de rugosidade artificial (roscas), mostraram que "f" é também uma função da disposição (arranjo), do espaçamento, da forma, da rigidez, enfim, de uma série de fatores das asperezas.

A-8.3.7 Regime laminar, $R_e < 2\ 000$

O escoamento é calmo, regular; os filetes, retilíneos. O perfil das velocidades tem a forma parabólica; a velocidade máxima no centro é igual a duas vezes a velocidade média (*Figura A-8.3.7-a*).

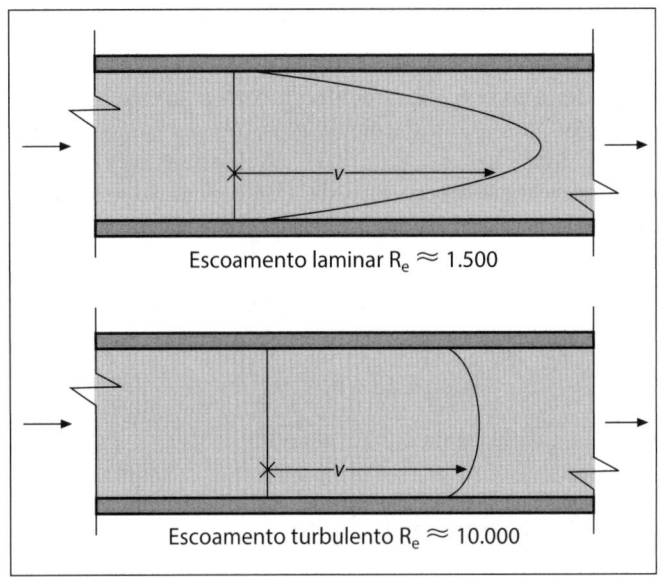

Escoamento laminar $R_e \approx 1.500$

Escoamento turbulento $R_e \approx 10.000$

Figura A-8.3.7-a – Perfil de velocidade de um escoamento líquido em um tubo.

Para o escoamento com movimento ou regime laminar, aplica-se a equação conhecida como de Hagen-Poiseuille:

$$h_f = \frac{128 \times \upsilon_{cn} \times L \times Q}{\pi \times D^4 \times g} \qquad Equação\ (8.10)$$

determinada, experimentalmente, por Hagen (1839) e, independentemente, por Poiseuille (1840). A sua dedução analítica foi feita posteriormente por Wiedermann, em 1856.

Verifica-se que, para o "escoamento laminar", a perda de carga é proporcional à primeira potência da velocidade. Substituindo na *Equação (8.10)* o valor:

$$Q = A \times v = \frac{\pi \times D^2}{4} \times v$$

resulta:

$$h_f = \frac{64 \times \upsilon_{cn} \times L \times v}{2 \times g \times D^2} = \frac{64 \times \upsilon_{cn}}{D \times v} \times \frac{L \times v^2}{D \times 2 \times g}$$

Comparando a expressão acima com a fórmula de Darcy-Weisbach (*Equação 8.7*), verifica-se que:

$$f = \frac{64 \times \upsilon_{cn}}{D \times v}$$

então

$$f = \frac{64}{R_e}$$ *Equação (8.11)*

Observa-se que essa fórmula não envolve fatores empíricos ou coeficientes experimentais de qualquer natureza; só inclui dados relativos às propriedades do fluido (viscosidade, peso específico).

A *Equação (8.11)* mostra, ainda, que a perda por atrito nesse caso é independente da rugosidade das paredes dos tubos. As experiências comprovam isso.

O regime laminar raramente ocorre na prática, exceção feita para o escoamento de certos fluidos bastante viscosos, tais como determinados óleos pesados, melaços e caldas, ou, então, para o caso de tubos capilares ou escoamento em meios porosos. O escoamento do sangue nos tecidos do organismo constitui um exemplo interessante de escoamento em regime laminar.

A *Equação (8.10)* também pode ser escrita:

$$J = 32 \times \frac{\mu \times V}{\rho \times g \times D^2}$$

outra forma da equação de Poiseuille.

A-8.3.8 Regime turbulento

O escoamento é agitado e o comportamento com tubos lisos é diverso daquele que se verifica com tubos rugosos.

Em 1930, Theodore Von Kármán estabeleceu uma fórmula teórica, relacionando os valores de "f" de "R_e" para os tubos lisos:

$$\frac{1}{\sqrt{f}} = 2 \times \log\left(R_e \times \sqrt{f}\right) - 0,8$$ *Equação (8.12)*

Essa equação é válida para os tubos lisos e para qualquer valor de R_e compreendido entre o valor crítico e ∞ ($f = 0$). É teoricamente correta e os seus resultados têm sido comprovados experimentalmente.

Para os tubos rugosos funcionando na zona de turbulência completa, Nikuradse encontrou:

$$\frac{1}{\sqrt{f}} = 1,74 + 2 \times \log\left(\frac{D}{2 \times e}\right)$$ *Equação (8.13)*

Os valores de "f" obtidos para tubos rugosos são maiores do que os obtidos pela *Equação (8.12)*.

Convém notar que a *Equação (8.13)* não inclui o número de Reynolds e que, portanto, para uma certa tubulação de determinado diâmetro D, o valor de f dependerá apenas da rugosidade.

Para a região compreendida entre as condições precedentes, isto é, entre o caso de tubos lisos e a zona de turbulência completa, C. F. Colebrook propôs, em 1938, uma equação semiempírica:

$$\frac{1}{\sqrt{f}} = -2 \times \log\left[\frac{e}{3,7 \times D} + \frac{2,51}{R_e \times \sqrt{f}}\right]$$ *Equação (8.14)*

Essa equação tende para a *Equação (8.12)* dos tubos lisos quando "$e/(3,7\,D)$" torna-se muito pequeno, assim como tende para a *Equação (8.13)* quando se reduz o valor de $2,51/(R_e \times \sqrt{f})$.

Nessas condições, quando a espessura do filme laminar for grande, comparada à altura das saliências rugosas, a perda na tubulação será a mesma que resultaria se a canalização fosse muito lisa.

A-8.3.9 Diagramas de Stanton, Rouse e Moody

A equação de Colebrook pode ser convenientemente representada num diagrama, tomando-se, nos eixos, valores de f (ou de $1/\sqrt{f}$ e $R_e \times \sqrt{f}$) e os valores de D/e aparecem como uma família de curvas [Harpa de Nikuradse (*Figura A-8.3.2-a*)]. Diagramas desse tipo foram publicados por Hunter Rouse e L. F. Moody. Outro diagrama semelhante foi originalmente divulgado por Stanton.

Na *Figura A-8.3.9-a*, encontra-se o diagrama de Rouse e, na *Figura A-8.3.9-b*, o de Moody, úteis na solução geral dos problemas de escoamento em tubos, especialmente quando não se tiver à mão máquinas de calcular.

A viscosidade cinemática da água pode ser obtida na *Tabela A-1.4.6-b*.

Ao final deste capítulo (*item A-8.4*), estão apresentadas as *Tabelas A-8.4-a* e *b*, com o resultado dos cálculos pela fórmula Universal (Colebrook) e por Hazen-Williams, para diâmetros comerciais e velocidades usuais e para diferentes valores de rugosidade absoluta.

A-8.3.10 Problemas-tipo

Solução com o emprego dos diagramas de Rouse e de Moody.

A *Tabela A-8.3.10-a* auxilia o encaminhamento dos vários tipos de problemas. Consideram-se como conhecidos os dados complementares relativos à natureza e condições do fluido que permitam conhecer a sua viscosidade (v_{cn}), bem como as características da tubulação: comprimento (L), material, estado e aspereza (e).

Os *Exercícios A-8-f, A-8-g, A-8-h* e *A-8-i* servem de exemplo do uso dos diagramas.

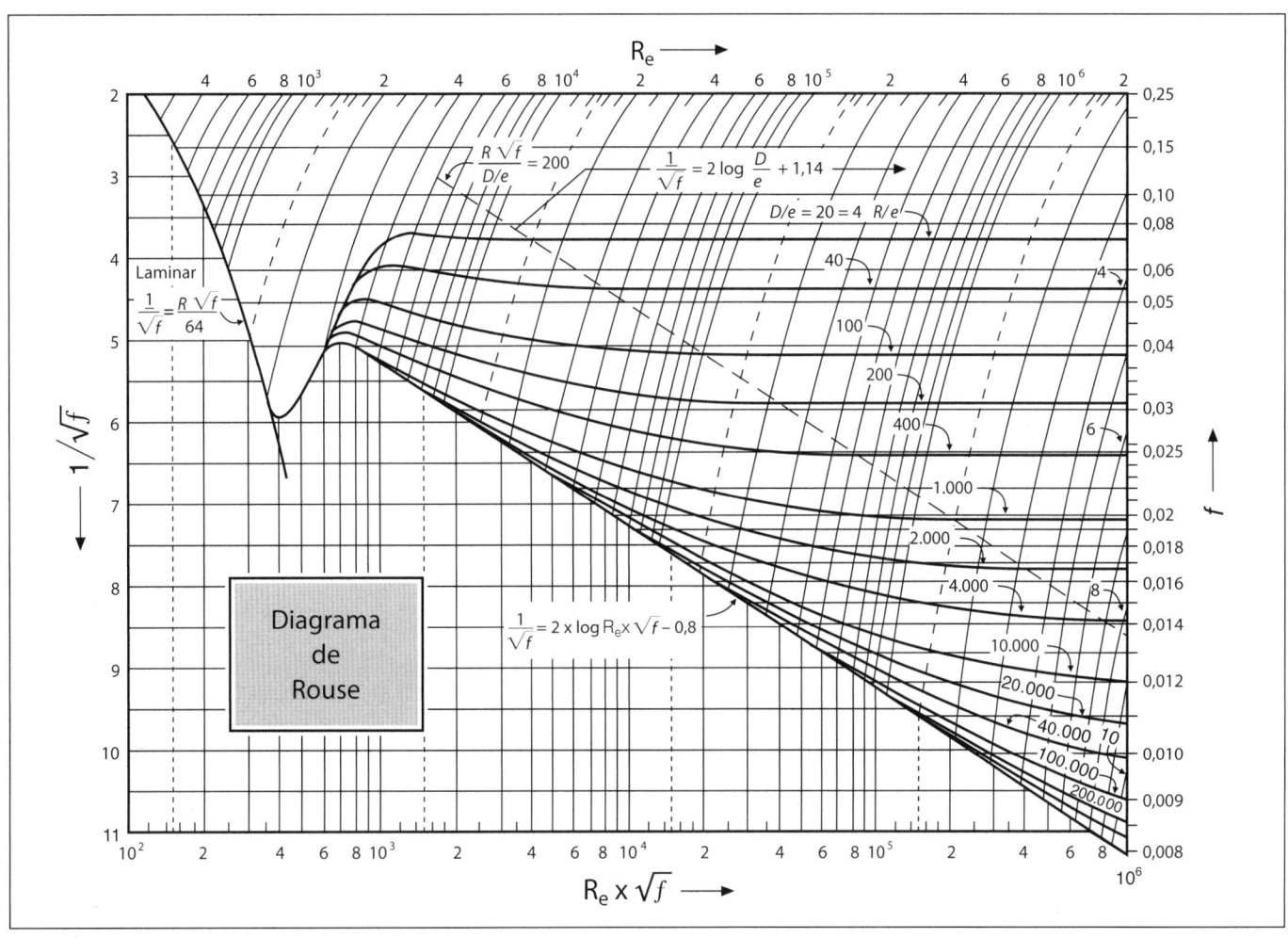

Figura A-8.3.9-a – Diagrama de Rouse.

A-8.3.11 Observações sobre o emprego da fórmula Universal

O emprego da fórmula Universal tem-se ampliado, embora ainda não exista um conhecimento satisfatório a respeito da variação dos valores dos coeficientes de rugosidade (*e*). Muitos engenheiros não se sentem seguros principalmente quando consideram o caso de tubulações sujeitas à tuberculização ou a incrustações internas.

A maioria dos dados divulgados sobre esses coeficientes corresponde a tubos *novos* ou a canalizações não sujeitas ao fenômeno do "envelhecimento", e por isso muitos técnicos têm sido levados a cometer enganos na avaliação do comportamento hidráulico de tubulações, pois, ao longo do tempo surgem diferenças sensíveis.

A *Tabela A-8.3.11-a* apresentada a seguir revela a grande variabilidade de valores para o coeficiente "*e*", mostrando ao mesmo tempo os valores sugeridos.

Na prática, essas incertezas sobre as temperaturas a adotar e as rugosidades reais a encontrar anulam em grande parte as vantagens teóricas do uso das fórmulas

"científicas" sobre as empíricas, pois a ordem de grandeza das imprecisões remetem ambos os métodos a uma mesma faixa de soluções.

A normatização brasileira prefere indicar o uso da fórmula Universal para o cálculo de adutoras em sistemas de distribuição de água. Esse é um assunto que transcende os objetivos de uma normalização técnica e que deve ficar a critério do projetista, uma vez que a metodologia de trabalho e de cálculo é da alçada do engenheiro autor do projeto e, como visto anteriormente, na prática as imprecisões do uso de fórmulas empíricas não alteram a ordem de grandeza em relação às imprecisões dos parâmetros a adotar na fórmula Universal; e o uso das fórmulas empíricas é mais ágil. No *Capítulo B-I.1*, este assunto é novamente abordado neste livro.

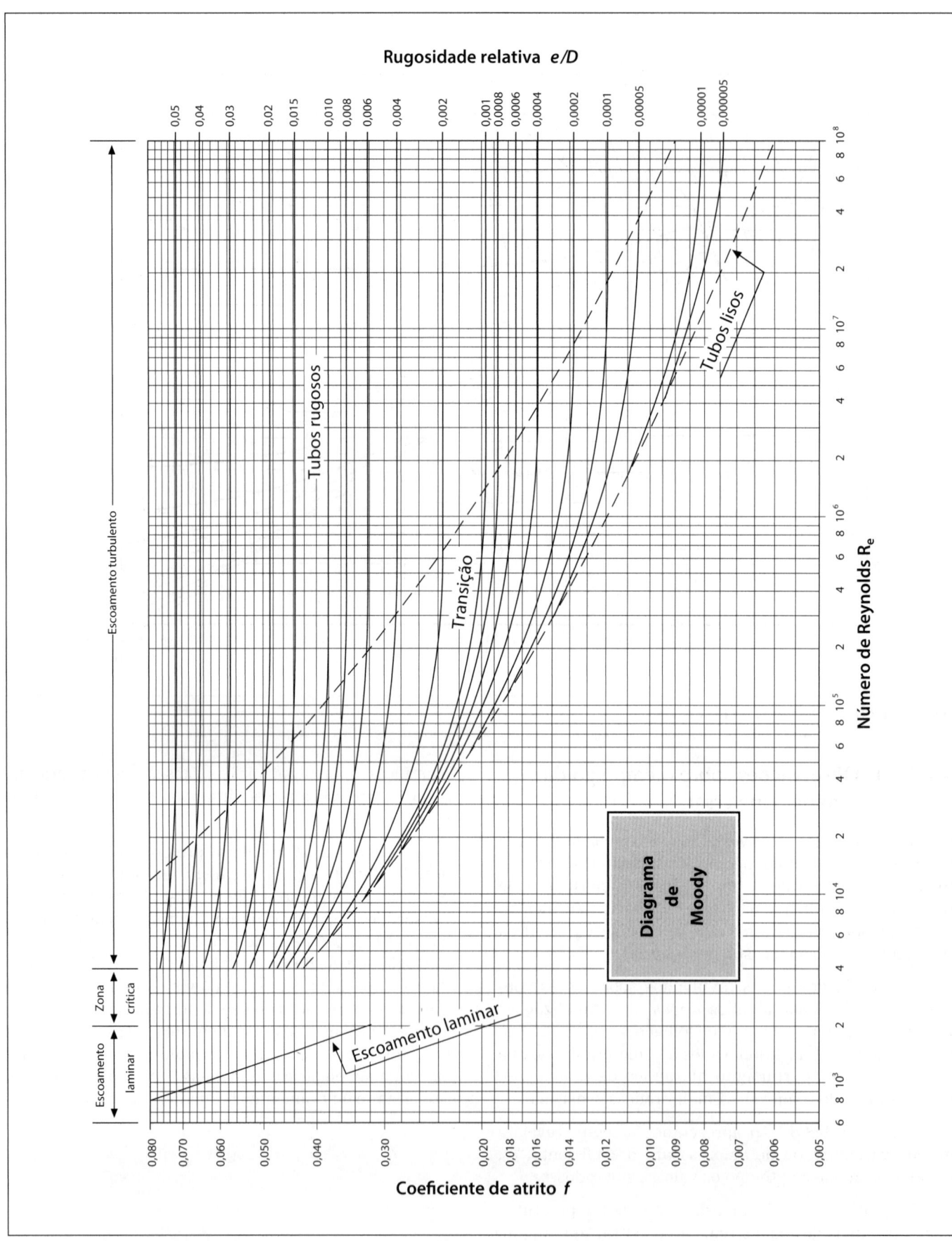

Figura A-8.3.9-b – Diagrama de Moody.

Tabela A-8.3.10-a Emprego dos diagramas de Rouse e Moody

Problema-tipo	Dados	Incógnitas	1° passo	2° passo	3° passo	4° passo	5° passo
I	D, Q	h_f, v	Calcular $v = \dfrac{Q}{A}$	Calcular $R_e = \dfrac{v \times D}{v_{cn}}$	Determinar $\dfrac{e}{D}$	Com valores de R_e e de $\dfrac{e}{D}$ encontrar f no diagrama (Moody)	Calcular $h_f = \dfrac{f \times L \times v^2}{D \times 2 \times g}$ (Darcy)
II	D, h_f	v, Q	Calcular $R_e \times \sqrt{f} = \sqrt{\dfrac{2 \times g \times h_f \times D^3}{L \times v_{cn}^2}}$	Determinar $\dfrac{e}{D}$	Com os valores de $R_e \times \sqrt{f} =$ e de $\dfrac{D}{e}$ encontrar f no diagrama (Rouse)	Calcular $v = \sqrt{\dfrac{h_f \times D \times 2 \times g}{f \times L}}$	Calcular $Q = A \times v$
III	h_f, Q	D, v	Assumir um primeiro valor para $f: f_1$	Com f_1 calcular $D_1 = \sqrt[5]{\dfrac{f \times 8 \times L \times Q^2}{h_f \times \pi^2 \times g}}$	Calcular $R_e = \dfrac{4 \times Q}{\pi \times D_1 \times v_{cn}}$	Determinar $\dfrac{e}{D_1}$	Com esses valores, encontrar um novo valor para $f: f_2$, repetir as operações até que $f_{n+1} = f_n$ (Moody)
IV	h_f, v	D, Q	Assumir um primeiro valor para $f: f_1$	Com f_1 calcular $D_1 = \dfrac{f \times L \times v^2}{h_f \times 2 \times g}$	Calcular $R_e = \dfrac{v \times D_1}{v_{cn}}$	Determinar $\dfrac{e}{D_1}$	—
V	v, Q	D, h_f	Calcular $v = \dfrac{Q}{A}$	Conhecido D, o problema recai no tipo I	—	—	—
VI	v, D	h_f, Q	Calcular $Q = A \times v$	Conhecido Q, o problema recai no tipo I	—	—	—

Tabela A-8.3.11-a Valores de "e" (em mm) para a rugosidade das tubulações para a fórmula "Universal" para águas a ~20 °C, pouco incrustantes, pouco corrosivas (corrigidas) [$v \sim 1,5$ m/s]

Tubulações compostas por tubos de	Novos	Usados ± 10 anos	Usados ± 20 anos
Aço soldado, revestimento não permanente (betuminoso)	0,250	1,250	3,000
Aço soldado, revestimento interno permanente (epóxi)	0,020	0,032	0,100
Concreto	0,750	1,250	2,500
Ferro fundido dúctil/aço PB revestido argamassa cimento	0,020	1,000	2,500
Ferro fundido dúctil/aço PB revestimento permanente (epóxi)	0,0175	0,0325	0,0750
PVC ou resina com fibra, juntas tipo PB ou luva	0,0050	0,0200	0,0400
PEAD, polipropileno outros termoplásticos, junta soldada	0,0025	0,0100	0,0200
Material em desuso ou usado eventualmente:			
Aço ("ferro doce") galvanizado roscado, até DN 125 mm	0,20	1,50	5,00
Aço corrugado (chapa ondulada)	8,00	-	-
Aço rebitado	2,00	4,00	6,00
Chumbo	0,01	0,02	0,03
Cobre, latão, bronze, aço inox, até DN 125 mm	0,01	0,01	0,02
Cimento-amianto	0,02	0,10	0,20
Ferro fundido/aço PB ou luva, sem revestimento permanente	0,300	2,500	4,000
Madeira, em aduelas (tanoaria)	0,20	0,65	1,00
Mangueiras de Incêndio emborrachadas internamente	0,02	-	-
Manilhas de barro vidrado (tubos cerâmicos) com 3 m, 125 < DN < 750	1,50	2,50	3,50
Tijolos, condutos muito bem executados em concreto *in loco* etc.	0,75	1,00	1,05
Vidro (laboratório)	0,01	0,01	0,01

Compilação de diversas fontes, ajustada pelo autor, para fins didáticos e para cálculos e avaliações expeditas
Observações: (*1) Valem todas as observações feitas para a *Tabela A-8.2.7-a*; (*2) ver também a *Tabela A-8.3.11-b*

Tabela A-8.3.11-b Coeficientes de rugosidade "e" em mm para a fórmula Universal

Autores	Valores recomendados para projeto (pesquisa da literatura internacional)							Tubos em serviço (Azevedo Netto)		
	Tubos de aço com revestimento especial ou esmalte	Tubos de concreto	Tubos de ferro fundido e ferro dúctil sem revestimento especial	Tubos de ferro fundido e ferro dúctil com revestimento especial	Tubos de cimento-amianto	Ferro galvanizado	Tubos lisos chumbo, cobre, latão etc.	PVC	Tubos cerâmicos
Câmara Sindical Nacional (SCNHP) França	0,1	-	-	0,1	-	-	-	-	-
Dégremont, M. Techinique de léau (1978)	0,1	0,2 a 0,5	0,2	0,1	0,1	-	0,01	0,03 a 0,1	1,0
Lamont, Peter, IWSA, 3° Congresso (1955)	0,06	0,25 a 0,50	0,25	0,125	0,025	0,125	-	-	-
Manual of British Water Engineering Pratice, IWE, (1961)	0,125	0,04	-	0,125	0,03	-	-	-	-
Chemical Engineers Handbook, R. H. Perry, 4ª ed. (1963)	0,05	0,3	0,26	-	-	0,15	-	-	-
Internal Flow, British Hydromechanics Research Association	0,025 a 0,50	0,1	-	-	-	-	-	-	-
Pipping Handbook, King e Croker (1967)	0,05	-	-	0,12	-	-	-	-	-
Fair, Geyer e Okun (1966)	0,03 a 0,09	0,3 a 3,0	0,06 a 0,12	-	-	0,06 a 0,24	< 0,03	-	-
R. W. Powell (citado Azevedo Netto) (1951)	0,5 a 1,2	0,3 a 1,0	2,1	-	-	-	-	-	3
Hydraulic Institute (1979)	0,05	-	0,14	-	-	0,17	-	-	-
A. Lencastre	0,06 a 0,15	0,06 a 0,5	-	-	-	-	-	-	-
Linsley & Franzine (1978)	-	0,3 a 3,0	0,26	0,12	-	0,15	-	0,02	-
PNB 591 (1977)	0,08 a 0,12	0,08 a 0,66	-	0,14 a 0,20	0,14 a 0,20	-	-	0,08 a 0,12	-
Azevedo Netto	0,125	0,30	0,25	0,125	0,05	0,15	0,02	0,1	1,5

Obs.: A experiência francesa recomendada é de $e = 0,1$ mm para tubos e para tubos não sujeitos à corrosão e incrustação e $e = 2$ mm para tubos sujeitos sujeitos a esse fenômeno de deterioração.

A-8.3.12 Envelhecimento das tubulações e a rugosidade na abordagem das fórmulas de Colebrook

No *item A-8.2.9*, trata-se deste tema com a abordagem de Hazen-Williams, e este item deve ser lido tendo presente o que se tratou naquele item.

As tubulações estão sujeitas ao fenômeno do envelhecimento. Em geral, após algum tempo, as tubulações vão se tornando mais rugosas, por diversos motivos, especialmente os ferrosos (ferro dúctil e aço) sem revestimento permanente, por causa de efeitos de corrosão ou de incrustações nas paredes internas. Mas todas as tubulações, de quaisquer materiais, costumam apresentar variações com o tempo, inclusive desalinhamentos, ovalizações etc., enterradas ou não.

Para levar em conta o aumento da rugosidade com o tempo, Colebrook e White estabeleceram uma relação linear que pode ser expressa por:

$$e = e_0 + \alpha \times t,$$

onde:

e_0 = altura das rugosidades nos tubos novos (m);

e = altura das rugosidades nos tubos após t anos (m);

t = tempo, em anos;

α = taxa de crescimento das asperezas, em m/ano.

Tratando-se de canalizações de água, a taxa de crescimento α depende consideravelmente da qualidade da água e, portanto, varia com as condições locais.

Nos Estados Unidos da América foram determinados alguns valores para α:

- de 0,0006 a 0,00006 m/ano para a região dos Grandes Lagos;

- de 0,0006 a 0,00006 m/ano (idem) para a Bacia do Mississipi;

- de 0,002 a 0,0004 m/ano para a parte leste dos EUA.

Azevedo Netto anotou que, na falta de dados seguros para correlação, os ingleses desenvolveram, baseados em sua experiência, para tubos de ferro fundido sem revestimento e para condições médias, a seguinte expressão:

$$2 \times \log\alpha = 6,6 - pH,$$

onde o coeficiente "α" é em mm/ano.

Essa expressão evidencia a importância do pH da água no fenômeno da corrosão (*Tabela A-8.3.12-a*).

Também é justo considerar variações em função do tipo de aço ou de ferro fundido considerado. Por outro lado, os fenômenos de corrosão relacionados com a diferença de eletronegatividade dos terrenos cruzados pela tubulação, correntes elétricas parasitas etc., normalmente combatidos pela proteção externa do tubo e pela proteção catódica, não apresentam relação direta com o aumento da rugosidade das tubulações.

Outros critérios existem e são igualmente válidos, como os de Langelier; entretanto, nenhum superará o estudo real das características da água, a observação de situações correlatas na região em estudo e o acompanhamento da tubulação em questão ao longo dos anos.

Tabela A-8.3.12-a Aumento da rugosidade função do pH da água (tubulações ferro fundido sem revestimento – aproximação inglesa)

pH	α (mm/ano)	pH	α (mm/ano)
5,5	0,00305	7,5	0,00038
6,0	0,00203	8,0	0,00020
6,5	0,00113	8,5	0,00011
7,0	0,00063	9,0	0,00006

A-8.3.13 Condições de entrada nas canalizações

As fórmulas apresentadas para o escoamento em regime laminar (*Equação (8.11)*) e em regime turbulento (*Equação (8.13)* e *Equação (8.14)*) não são válidas para a parte inicial das tubulações. No caso de regime laminar, por exemplo, em uma tubulação que parta de um reservatório, se a entrada na canalização for bem feita, de modo a evitar contrações, todas as partículas do fluido tenderão, inicialmente, a escoar com a mesma velocidade, exceto aquelas de uma camada muito fina, junto às paredes. Nesse primeiro instante, o perfil das velocidades é uma reta e a energia cinética é dada por $v^2/(2 \times g)$.

À medida que o escoamento vai se processando ao longo da tubulação, as partículas mais próximas das paredes vão sendo retardadas, enquanto que as mais centrais vão tendo o seu movimento acelerado até que seja atingido o perfil de equilíbrio (parábola), como se vê na *Figura A-8.3.4-b*.

Na prática, a distância necessária para atingir as condições de equilíbrio pode ser estimada pela relação $x = 0,58 \times R_e \times D$ e, geralmente, supera 50 diâmetros.

A perda suplementar nesse trecho é aproximadamente igual a $1,16 \times v^2/(2 \times g)$.

No caso de escoamento turbulento, o equilíbrio se estabelece a uma distância muito menor, a cerca de 10 a 30 diâmetros da entrada na tubulação:

$$x = 0,8 \times R_e^{0,25} \times D$$

A-8.3.14 Escoamento de líquidos com viscosidade diferente da água

É importante determinar o número de Reynolds para verificar o regime de escoamento (laminar ou turbulento).

O número de Reynolds (R_e) é dado por:

$$R_e = D \times \frac{v}{v_{cn}}$$

onde:

D = diâmetro da canalização (m);
v = a velocidade média do fluido (m/s);
v_{cn} = viscosidade cinemática (m^2/s).

Na *Tabela A-1.4.6-c* encontram-se valores da viscosidade cinemática para diversos fluidos em diferentes temperaturas. Deve-se atentar para o caso de escoamento de *fluido não newtoniano*, quando a teoria desenvolvida neste capítulo não se aplica. Ver *item A-1.4.5* e, para maiores detalhes, consultar bibliografia (Daugherty and Franzini etc.).

O *Exercício A-8-j.* e o *Exercício A-8-k*, ao final deste capítulo, servem para exemplificar este assunto.

A-8.3.15 Escoamento de gases

O peso específico dos gases varia diretamente com a pressão a que estão submetidos e inversamente com a temperatura absoluta, de acordo com a equação dos gases perfeitos:

$$\gamma = \frac{p}{R \times T}$$

onde:

γ = peso específico (kgf/m^3);
T = temperatura absoluta (t °C + 273°);
p = pressão (kgf/m^2);
R = constante do gás.

O escoamento de gases praticamente sempre é acompanhado de variação de pressão e, consequentemente, de alteração do peso específico. Para os gases, a equação da continuidade deve ser escrita em termos de peso ou massa:

$$\gamma_1 \times A_1 \times v_1 = \gamma_2 \times A_2 \times v_2$$

Constata-se portanto que, se em um conduto de seção circular com diâmetro uniforme e sob temperatura constante a pressão absoluta cair para a metade (50%) do valor inicial, o peso específico do gás também será reduzido à metade (50%) e, consequentemente, a velocidade deverá elevar-se ao dobro.

Sempre que a variação de pressão de um ponto para outro não for elevada, a alteração de peso específico será pequena, podendo-se aplicar as expressões gerais de resistência, estabelecidas para o escoamento de fluidos incompressíveis.

Esse é um caso que frequentemente se verifica em canalizações curtas ou em condutos de baixa velocidade, onde:

$$\frac{p_2}{p_1} > 0,90 \quad \text{ou} \quad p_2 > 0,90$$

Com maior rigor poderia ser limitada a variação de pressão a apenas 4% [$p_2 > 0,96 \times p_1$], o que traria um erro da ordem de 2% nos resultados.

Em tais condições, a linha de carga é admitida como sendo retilínea (*Figura A-8.3.15-a*), sendo aplicável a fórmula Universal do escoamento de fluidos incompressíveis.

Os problemas nesse caso são resolvidos de maneira idêntica à que se adota para as questões relativas ao escoamento de líquidos, podendo-se admitir o peso específico constante e, se for desejada maior precisão, levar em conta o seu valor médio.

O valor de h_f (*Equação (8.7)*) será dado em metros de coluna de um líquido imaginário, de peso específico idêntico ao do gás. A rugosidade relativa será a mesma indicada para o movimento dos líquidos nas tubulações, mantendo-se praticamente constantes os valores de R_e e de f (*item A-8.3.2*). Os diagramas de Rouse e de Moody aplicam-se tanto aos fluidos compressíveis como aos incompressíveis.

Se, ao contrário do que vem sendo admitido, a queda de pressão for acentuada, as expressões da Hidráulica não poderão mais ser aplicadas, exigindo o problema um tratamento mais complexo. Nesse caso, a linha de carga será representada por uma curva (*Figura A-8.3.15-b*).

Tal é o caso das tubulações em que a perda de carga ($p_1 - p_2$) representa uma porção importante da pressão inicial p_1, o que geralmente ocorre nos condutos longos e nas canalizações com pressões e velocidades elevadas.

Para a solução desse problema, a tubulação em questão poderia ser subdividida em trechos, para efeito de cálculos, para os quais pudesse ser aplicado o critério precedente. Isso corresponderia à substituição da curva representativa da linha de carga por inúmeros trechos retos. Em cada um desses trechos, seria admissível adotar valores médios para o peso específico e para a velocidade

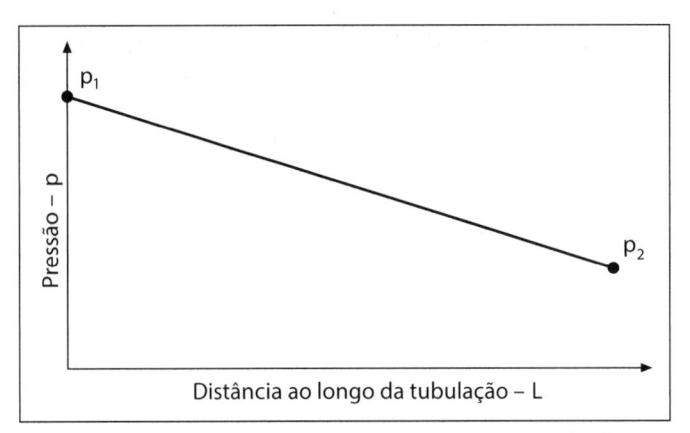

Figura A-8.3.15-a – Linha de carga de escoamento de fluido incompressível.

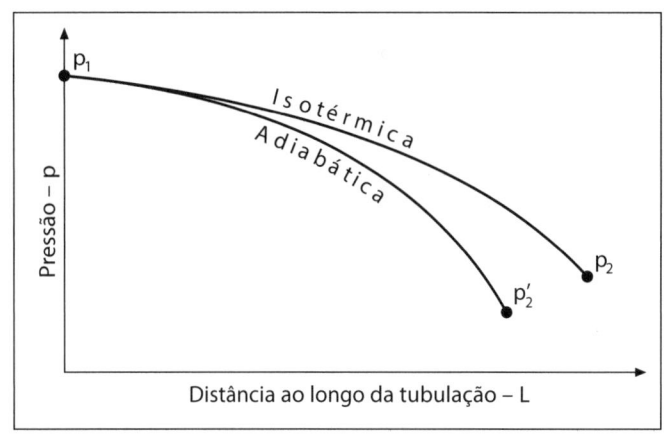

Figura A-8.3.15-b – Linha de carga de escoamento de fluido compressível.

média de escoamento. Esse método de cálculo, contudo, além de ser aproximado, poderá se tornar bastante trabalhoso no caso de tubulações de grande extensão.

O estudo geral do escoamento de gases, sob o ponto de vista teórico, abrange dois casos extremos:

a) *Escoamento isotérmico.* Tubulações não protegidas termicamente, onde prevalece a temperatura ambiente, considerada uniforme.

b) *Escoamento adiabático.* Tubulações perfeitamente protegidas, onde não ocorrem trocas de calor.

Na prática, o escoamento de gases aproxima-se mais das condições isotérmicas, uma vez que as tubulações metálicas são instaladas sem proteção especial. Admitindo, portanto, a expansão isotérmica, pode-se deduzir a expressão seguinte (Bib. P590):

$$h_f = \frac{p_1 - p_2}{\gamma} = \frac{f \times L \times v^2}{D \times 2 \times g} \times \frac{2 \times p_1}{p_1 + p_2}$$

Essa expressão difere da anterior apenas pelo fator:

$$\frac{2 \times p_1}{p_1 + p_2}$$

A partir dela podem-se verificar as diferenças que resultariam da aplicação da primeira expressão aos problemas em consideração.

Para:

$$p_2 = 0,96 \times p_1 \quad \Rightarrow \quad \frac{2 \times p_1}{p_1 + 0,96 \times p_1} = 1,02$$

erro de 2%, e para:

$$p_2 = 0,90 \times p_1 \quad \Rightarrow \quad \frac{2 \times p_1}{p_1 + 0,90 \times p_1} = 1,05$$

erro de 5%.

Deve-se observar que, para a gama de pressões correntes a que estão submetidos os gases, o coeficiente de viscosidade absoluta é praticamente constante. Como a velocidade varia inversamente com o peso específico, o número de Reynolds permanece constante ao longo das tubulações e, consequentemente, o coeficiente de atrito f mantém-se com igual valor ao longo dos condutos. A viscosidade cinemática varia inversamente com as pressões.

O escoamento em condições adiabáticas ocorre, na prática, somente nos casos em que se torna conveniente o isolamento térmico das tubulações. Os casos mais comuns são os dos condutos de vapor de água e de fluidos refrigerantes, como, por exemplo, a amônia.

Como na maioria dos casos correntes as tubulações são relativamente curtas, as perdas de pressão são reduzidas, podendo-se mais uma vez aplicar as expressões já mencionadas. Todavia, há casos em que esse tratamento simplificado do problema não pode ser admitido. Uma análise simples, porém bem feita, das condições de escoamento em tais casos, encontra-se em Mecânica dos Fluidos, de R. C. Binder (Bib. B330).

A rigor, o escoamento de um gás pode não ser adiabático e nem realmente isotérmico. Para que as condições fossem isotérmicas, seria necessário que as trocas de calor se fizessem com uma determinada velocidade e de acordo com uma lei preestabelecida. As condições da prática aproximam-se mais do escoamento isotérmico, quando a temperatura ambiente excede a temperatura do fluido.

Assim como existem para as questões de escoamento da água fórmulas práticas simplificadas, para os condutos de gás foram propostas e têm sido aplicadas, diversas expressões. Incluem-se entre essas a fórmula de Biel:

$$f = \frac{0,0637 \times v_{cn}^{0,184}}{Q^{1,125}}$$

onde Q está em m³/s, assim como a fórmula de Aubery (para escoamento de gás de iluminação, em canalizações de ferro fundido):

$$h_f = \frac{1.625 \times Q^{1,85}}{D^{4,92}}$$

onde:

h_f é em mm de água/km;
Q, em m³/h;
D, em cm.

A Cia. de Gás de São Paulo, SP (Comgás) adota a fórmula do Dr. Pole para os cálculos relativos às canalizações de baixa pressão da rede de distribuição:

$$Q = 0,6659 \times \sqrt{\frac{D^5 \times h}{d \times L}}$$

onde:

Q = vazão de gás, em m³/hora;
d = densidade do gás em relação ao ar;
D = diâmetro da tubulação, em cm;
L = extensão da canalização, em m;
h = perda de carga, em m.c.a.

A-8.4 TABELAS PARA AS FÓRMULAS DE HAZEN-WILLIAMS E UNIVERSAL (COLEBROOK)

A *Tabela A-8.4-a* apresenta o resultado dos cálculos pela fórmula de Hazen-Williams para os diâmetros comerciais e velocidades usuais e para diferentes valores do coeficiente *"C"*.

A *Tabela A-8.4-b* apresenta (marcado em cinza) o resultado dos cálculos pela fórmula Universal (Colebrook) para os mesmos diâmetros comerciais e mesmas velocidades usuais e para diferentes valores de *"e"* (rugosidade absoluta).

Optou-se por calcular a tabela à temperatura de 4 °C (densidade e viscosidade máximas da água), porque assim se estará a favor tanto da segurança quanto da capacidade dos tubos. E nos mais diversos locais, mesmo em países tropicais, há dias ou noites em que é justo esperar temperaturas dessa ordem para a água.

Apresentadas entrelaçadas (lado a lado), as tabelas proporcionam ao usuário imediata comparação dos resultados obtidos pela fórmula empírica largamente utilizada de Hazen-Williams e a fórmula Universal.

Além disso, o usuário da fórmula de Hazen-Williams poderá inferir dessa comparação desvios do coeficiente C, em função do diâmetro e da velocidade, conforme já explicado no *item A-8.2.10*.

Tabela A-8.4-a Fórmula de Hazen-Williams e Tabela A-8.4-b Fórmula Universal (4 °C) — DN 50 mm (0,002 m²)

Perdas de carga em metros por 100 metros

Vazão (ℓ/s)	Vel. (m/s)	v²/(2×g) (m)	C=80 / 4,00		C=90 / 2,00		C=100 / 1,50		C=110 / 1,00		C=120 / 0,50		C=130 / 0,10		C=140 / 0,05	
0,4	0,20	0,0021	0,39	0,35	0,28	0,28	0,25	0,23	0,22	0,20	0,18	0,17	0,14	0,14	0,14	0,13
0,6	0,31	0,0048	0,87	0,75	0,63	0,60	0,56	0,49	0,49	0,41	0,40	0,35	0,30	0,30	0,28	0,27
0,8	0,41	0,0085	1,54	1,27	1,12	1,02	0,99	0,84	0,85	0,71	0,69	0,60	0,50	0,52	0,47	0,45
1,0	0,51	0,0132	2,40	1,92	1,74	1,55	1,54	1,27	1,33	1,07	1,06	0,91	0,76	0,78	0,71	0,68
1,2	0,61	0,0190	3,45	2,70	2,49	2,17	2,21	1,78	1,90	1,50	1,51	1,27	1,07	1,10	0,99	0,96
1,4	0,71	0,0259	4,70	3,59	3,39	2,89	3,01	2,37	2,58	1,99	2,05	1,69	1,43	1,46	1,31	1,27
1,6	0,81	0,0338	6,13	4,60	4,42	3,70	3,92	3,04	3,36	2,55	2,66	2,17	1,83	1,87	1,68	1,63
1,8	0,92	0,0428	7,75	5,72	5,59	4,60	4,95	3,78	4,24	3,17	3,36	2,70	2,29	2,33	2,08	2,03
2,0	1,02	0,0529	9,57	6,95	6,69	5,59	6,11	4,60	5,22	3,85	4,13	3,28	2,80	2,83	2,54	2,46
2,2	1,12	0,0640	11,57	8,29	8,33	6,67	7,38	5,48	6,31	4,60	4,99	3,91	3,36	3,37	3,03	2,94
2,4	1,22	0,0761	13,77	9,74	9,91	7,83	8,78	6,44	7,50	5,40	5,92	4,60	3,96	3,96	3,57	3,45
2,6	1,32	0,0894	16,16	11,30	11,62	9,08	10,30	7,47	8,80	6,26	6,93	5,33	4,62	4,60	4,14	4,01
2,8	1,43	0,1036	18,73	12,96	13,48	10,42	11,94	8,57	10,19	7,18	8,03	6,12	5,33	5,27	4,77	4,60
3,0	1,53	0,1190	21,50	14,72	15,46	11,84	13,70	9,74	11,69	8,16	9,20	6,95	6,09	5,99	5,43	5,22
3,2	1,63	0,1354	24,46	16,59	17,59	13,34	15,58	10,98	13,29	9,20	10,46	7,83	6,89	6,75	6,13	5,89
3,4	1,73	0,1528	27,61	18,56	19,85	14,93	17,58	12,28	15,00	10,29	11,79	8,76	7,75	7,55	6,88	6,59
3,6	1,83	0,1713	30,95	20,64	22,25	16,59	19,70	13,65	16,81	11,44	13,21	9,74	8,65	8,40	7,67	7,32
3,8	1,94	0,1909	34,48	22,81	24,78	18,34	21,94	15,09	18,72	12,65	14,71	10,77	9,61	9,28	8,50	8,09
4,0	2,04	0,2115	38,20	25,08	27,46	20,17	24,31	16,59	20,73	13,91	16,28	11,84	10,61	10,21	9,37	8,90
4,2	2,14	0,2332	42,11	27,46	30,26	22,08	26,79	18,16	22,85	15,22	17,94	12,96	11,67	11,17	10,28	9,74
4,4	2,24	0,2559	46,22	29,93	33,21	24,06	29,40	19,80	25,07	16,59	19,67	14,12	12,77	12,18	11,24	10,62
4,6	2,34	0,2797	50,51	32,49	36,29	26,13	32,12	21,49	27,39	18,02	21,49	15,34	13,92	13,22	12,24	11,53
4,8	2,44	0,3046	54,99	35,16	39,51	28,27	34,97	23,26	29,81	19,49	23,39	16,59	15,13	14,31	13,27	12,47
5,0	2,55	0,3305	59,67	37,92	42,87	30,49	37,94	25,08	32,34	21,03	25,36	17,90	16,38	15,43	14,36	13,45
5,2	2,65	0,3575	64,53	40,78	46,36	32,79	41,03	26,97	34,97	22,61	27,42	19,24	17,68	16,59	15,48	14,46
5,4	2,75	0,3855	69,59	43,73	49,99	35,16	44,24	28,93	37,71	24,25	29,55	20,64	19,03	17,79	16,64	15,51
5,6	2,85	0,4146	74,83	46,78	53,75	37,61	47,57	30,94	40,54	25,94	31,77	22,08	20,43	19,03	17,85	16,59
5,8	2,95	0,4447	80,27	49,92	57,65	40,13	51,02	33,02	43,48	27,68	34,07	23,56	21,88	20,31	19,09	17,71
6,0	3,06	0,4759	85,90	53,15	61,69	42,73	54,59	35,16	46,52	29,47	36,45	25,08	23,38	21,63	20,38	18,85
6,2	3,16	0,5082	91,71	56,48	65,87	45,41	58,28	37,36	49,67	31,32	38,90	26,65	24,93	22,98	21,71	20,03
6,4	3,26	0,5415	97,72	59,90	70,18	48,16	62,10	39,62	52,92	33,21	41,44	28,27	26,53	24,37	23,09	21,25
6,6	3,36	0,5759	103,92	63,41	74,63	50,98	66,03	41,95	56,27	35,16	44,06	29,93	28,18	25,80	24,50	22,49
6,8	3,46	0,6113	110,31	67,02	79,22	53,88	70,09	44,33	59,72	37,16	46,76	31,63	29,88	27,27	25,96	23,77
7,0	3,57	0,6478	116,89	70,71	83,94	56,85	74,27	46,78	63,28	39,21	49,53	33,37	31,63	28,77	27,45	25,08
7,2	3,67	0,6853	123,66	74,50	88,80	59,90	78,57	49,28	66,94	41,31	52,39	35,16	33,43	30,32	28,99	26,43
7,4	3,77	0,7239	130,63	78,38	93,80	63,02	82,98	51,85	70,70	43,46	53,33	36,99	35,27	31,89	30,57	27,80
7,6	3,87	0,7636	137,78	82,35	98,93	66,21	87,52	54,47	74,56	45,66	58,35	38,86	37,17	33,51	32,19	29,21
7,8	3,97	0,8043	145,12	86,41	104,20	69,47	92,18	57,16	78,53	47,91	61,45	40,78	39,11	35,16	33,86	30,65
8,0	4,07	0,8461	152,65	90,55	109,61	72,81	96,97	59,90	82,60	50,21	64,63	42,73	41,11	36,85	35,56	32,12
8,2	4,18	0,8889	160,38	94,79	115,15	76,21	101,87	62,70	86,77	52,56	67,88	44,73	43,16	38,57	37,31	33,62

Tabela A-8.4-a Fórmula de Hazen-Williams e Tabela A-8.4-b Fórmula Universal (4 °C) *(continuação)*																DN 60 mm

Tabela A-8.4-a Fórmula de Hazen-Williams e Tabela A-8.4-b Fórmula Universal (4 °C) *(continuação)* — **DN 60 mm**

Perdas de carga em metros por 100 metros — (0,003 m²)

Coeficiente C [Hazen-Williams]			80		90		100		110		120		130		140	
Rugosidade em mm [Colebrook]			4,00		2,00		1,50		1,00		0,50		0,10		0,05	
Vazão (ℓ/s)	Vel. (m/s)	$v^2/(2\times g)$ (m)														
0,6	0,21	0,0023	0,32	0,31	0,24	0,25	0,21	0,20	0,19	0,17	0,15	0,15	0,12	0,13	0,12	0,11
0,8	0,28	0,0041	0,57	0,52	0,42	0,42	0,37	0,35	0,33	0,29	0,27	0,25	0,20	0,21	0,19	0,19
1,0	0,35	0,0064	0,88	0,79	0,65	0,64	0,58	0,52	0,50	0,44	0,41	0,37	0,31	0,32	0,29	0,28
1,2	0,42	0,0092	1,27	1,11	0,93	0,89	0,83	0,73	0,72	0,62	0,58	0,52	0,43	0,45	0,40	0,39
1,4	0,50	0,0125	1,72	1,48	1,26	1,19	1,13	0,98	0,98	0,82	0,79	0,70	0,57	0,60	0,53	0,52
1,6	0,50	0,0163	2,25	1,89	1,65	1,52	1,47	1,25	1,27	1,05	1,02	0,89	0,73	0,77	0,68	0,67
1,8	0,64	0,0207	2,85	2,35	2,08	1,89	1,86	1,56	1,60	1,30	1,29	1,11	0,91	0,96	0,85	0,83
2,0	0,71	0,0255	3,51	2,86	2,57	2,30	2,29	1,89	1,97	1,59	1,59	1,35	1,11	1,16	1,03	1,01
2,2	0,78	0,0309	4,25	3,41	3,10	2,74	2,77	2,26	2,38	1,89	1,91	1,61	1,33	1,39	1,22	1,21
2,4	0,85	0,0367	5,05	4,01	3,69	3,22	3,29	2,65	2,83	2,22	2,26	1,89	1,57	1,63	1,44	1,42
2,6	0,92	0,0431	5,93	4,65	4,33	3,74	3,86	3,07	3,32	2,58	2,65	2,19	1,83	1,89	1,67	1,65
2,8	0,99	0,0500	6,87	5,33	5,02	4,29	4,47	3,53	3,84	2,96	3,06	2,52	2,11	2,17	1,92	1,89
3,0	1,06	0,0574	7,88	6,06	5,76	4,87	5,13	4,01	4,41	3,36	3,51	2,86	2,40	2,47	2,18	2,15
3,2	1,13	0,0653	8,97	6,83	6,55	5,49	5,83	4,52	5,01	3,79	3,99	3,22	2,72	2,78	2,46	2,42
3,4	1,20	0,0737	10,12	7,64	7,39	6,14	6,58	5,05	5,65	4,24	4,49	3,61	3,05	3,11	2,76	2,71
3,6	1,27	0,0826	11,35	8,49	8,28	6,83	7,37	5,62	6,33	4,71	5,03	4,01	3,40	3,46	3,97	3,01
3,8	1,34	0,0921	12,64	9,39	9,22	7,55	8,21	6,21	7,05	5,20	5,60	4,43	3,78	3,82	3,40	3,33
4,0	1,41	0,1020	14,00	10,32	10,21	8,30	9,09	6,83	7,81	5,72	6,20	4,87	4,17	4,20	3,74	3,66
4,2	1,49	0,1125	15,44	11,30	11,26	9,08	10,02	7,47	8,60	6,26	6,83	5,33	4,58	4,60	4,10	4,01
4,4	1,56	0,1234	16,94	12,31	12,35	9,90	10,99	8,15	9,43	6,83	7,49	5,81	5,01	5,01	4,48	4,37
4,6	1,63	0,1349	18,51	13,37	13,50	10,75	12,01	8,84	10,31	7,41	8,17	6,31	5,45	5,44	4,87	4,74
4,8	1,70	0,1469	20,15	14,47	14,69	11,63	13,07	9,57	11,22	8,02	8,89	6,83	5,92	5,89	5,28	5,13
5,0	1,77	0,1594	21,87	15,60	15,94	12,55	14,18	10,32	12,17	8,65	9,64	7,36	6,41	6,35	5,71	5,54
5,2	1,84	0,1724	23,65	16,78	17,24	13,49	15,33	11,10	13,16	9,30	10,42	7,92	6,91	6,83	6,15	5,95
5,4	1,91	0,1859	25,50	17,99	18,59	14,47	16,53	11,90	14,18	9,98	11,23	8,49	7,44	7,32	6,60	6,38
5,6	1,98	0,1999	27,42	19,25	19,99	15,48	17,78	12,73	15,25	10,67	12,07	9,08	7,98	7,83	7,08	6,83
5,8	2,05	0,2145	29,41	20,54	21,44	16,51	19,07	13,59	16,35	11,39	12,94	9,69	8,54	8,36	7,57	7,29
6,0	2,12	0,2295	31,48	21,87	22,94	17,58	20,40	14,47	17,50	12,13	13,85	10,32	9,12	8,90	8,07	7,76
6,2	2,19	0,2451	33,61	23,24	24,49	18,69	21,78	15,37	18,68	12,89	14,78	10,97	9,72	9,46	8,60	8,24
6,4	2,26	0,2611	35,81	24,65	26,09	19,82	23,20	16,30	19,90	13,67	15,74	11,63	10,34	10,03	9,13	8,74
6,6	2,33	0,2777	38,08	26,09	27,75	20,98	24,67	17,26	21,16	14,47	16,73	12,31	10,98	10,62	9,69	9,26
6,8	2,41	0,2948	40,42	27,58	29,45	22,17	26,19	18,24	22,45	15,29	17,75	13,01	11,64	11,22	10,26	9,78
7,0	2,48	0,3124	42,83	29,10	31,20	23,40	27,75	19,25	23,79	16,13	18,81	13,73	12,31	11,84	10,84	10,32
7,2	2,55	0,3305	45,31	30,66	33,01	24,65	29,35	20,28	25,16	17,00	19,89	14,47	13,01	12,47	11,44	10,87
7,4	2,62	0,3491	37,86	32,25	34,87	25,93	31,00	21,33	26,58	17,88	21,00	15,22	13,72	13,12	12,06	11,44
7,6	2,69	0,3683	50,48	33,88	36,77	27,24	32,69	22,41	28,03	18,79	22,15	15,99	14,46	13,79	12,70	12,02
7,8	2,76	0,3879	53,17	35,55	38,73	28,59	34,43	23,52	29,52	19,71	23,32	16,78	15,21	14,47	13,,35	12,61
8,0	2,83	0,4080	55,93	37,26	40,74	29,96	36,22	24,65	31,05	20,66	24,52	17,58	15,98	15,16	14,01	13,22
8,2	2,90	0,4287	58,76	39,01	42,80	31,36	38,05	25,80	32,61	21,63	25,76	18,41	16,77	15,87	14,70	13,84
8,4	2,97	0,4499	61,66	40,79	44,91	32,79	39,92	26,98	34,22	22,61	27,02	19,25	17,58	16,60	15,39	14,47

Tabela A-8.4-a Fórmula de Hazen-Williams e Tabela A-8.4-b Fórmula Universal (4 °C) *(continuação)*																DN 75 mm	
Perdas de carga em metros por 100 metros																(0,005 m²)	
Coeficiente C [Hazen-Williams]			80		90		100		110		120		130		140			
Rugosidade em mm [Colebrook]			4,00		2,00		1,50		1,00		0,50		0,10		0,05			
Vazão (ℓ/s)	Vel. (m/s)	v²/(2×g) (m)																
1,2	0,27	0,0038	0,38	0,37	0,28	0,30	0,25	0,25	0,22	0,21	0,18	0,18	0,14	0,15	0,14	0,13		
1,4	0,32	0,0051	0,51	0,50	0,38	0,40	0,34	0,33	0,30	0,28	0,25	0,24	0,19	0,20	0,18	0,18		
1,6	0,36	0,0067	0,66	0,64	0,50	0,51	0,45	0,42	0,39	0,35	0,32	0,30	0,24	0,26	0,23	0,23		
1,8	0,41	0,0085	0,84	0,79	0,63	0,64	0,56	0,52	0,49	0,44	0,40	0,37	0,30	0,32	0,28	0,28		
2,0	0,45	0,0104	1,04	0,96	0,77	0,78	0,69	0,64	0,60	0,53	0,49	0,46	0,37	0,39	0,34	0,34		
2,2	0,50	0,0126	1,25	1,15	0,93	0,93	0,84	0,76	0,73	0,64	0,59	0,54	0,44	0,47	0,41	0,41		
2,4	0,54	0,0150	1,49	1,35	1,11	1,09	0,99	0,89	0,86	0,75	0,70	0,64	0,51	0,55	0,48	0,48		
2,6	0,59	0,0177	1,75	1,57	1,30	1,26	1,17	1,04	1,01	0,87	0,82	0,74	0,60	0,64	0,55	0,56		
2,8	0,63	0,2005	2,03	1,80	1,51	1,45	1,35	1,19	1,17	1,00	0,95	0,85	0,68	0,73	0,64	0,64		
3,0	0,68	0,0235	2,32	2,04	1,73	1,64	1,55	1,35	1,34	1,13	1,09	0,96	0,78	0,83	0,72	0,72		
3,2	0,72	0,0267	2,64	2,30	1,96	1,85	1,76	1,52	1,53	1,28	1,23	1,09	0,88	0,94	0,81	0,82		
3,4	0,77	0,0302	2,98	2,58	2,21	2,07	1,98	1,70	1,72	1,43	1,39	1,22	0,99	1,05	0,91	0,91		
3,6	0,81	0,0338	3,34	2,86	2,48	2,30	2,22	1,89	1,93	1,59	1,55	1,35	1,10	1,17	1,01	1,02		
3,8	0,86	0,0377	3,72	3,17	2,76	2,55	2,47	2,09	2,14	1,76	1,73	1,49	1,22	1,29	1,12	1,12		
4,0	0,91	0,0418	4,12	3,48	3,06	2,80	2,74	2,30	2,37	1,93	1,91	1,64	1,34	1,42	1,23	1,23		
4,2	0,95	0,0461	4,55	3,81	3,37	3,06	3,02	2,52	2,61	2,11	2,11	1,80	1,47	1,55	1,35	1,35		
4,4	1,00	0,0506	4,99	4,15	3,70	3,34	3,31	2,75	2,87	2,30	2,31	1,96	1,61	1,69	1,47	1,47		
4,6	1,04	0,0553	5,45	4,51	4,04	3,63	3,62	2,98	3,13	2,50	2,52	2,13	1,75	1,84	1,60	1,60		
4,8	1,09	0,0602	5,94	4,88	4,40	3,92	3,94	3,23	3,41	2,71	2,74	2,30	1,90	1,99	1,73	1,73		
5,0	1,13	0,0653	6,44	5,26	4,77	4,23	4,27	3,48	3,70	2,92	2,97	2,48	2,05	2,14	1,86	1,87		
5,2	1,18	0,0706	6,96	5,66	5,16	4,55	4,62	3,74	4,00	3,14	3,21	2,67	2,21	2,30	2,01	2,01		
5,4	1,22	0,0761	7,51	6,07	5,57	4,88	4,98	4,01	4,31	3,37	3,46	2,86	2,38	2,47	2,15	2,15		
5,6	1,27	0,0819	8,07	6,49	5,98	5,22	5,35	4,29	4,63	3,60	3,71	3,06	2,55	2,64	2,31	2,30		
5,8	1,31	0,0878	8,66	6,93	6,42	5,57	5,74	4,58	4,96	3,84	3,98	3,27	2,73	2,82	2,46	2,46		
6,0	1,36	0,0940	9,27	7,38	6,87	5,93	6,14	4,88	5,31	4,09	4,26	3,48	2,91	3,00	2,63	2,62		
6,2	1,40	0,1004	9,89	7,84	7,33	6,30	6,56	5,19	5,67	4,35	4,54	3,70	3,10	3,19	2,79	2,78		
6,4	1,45	0,1070	10,54	8,31	7,81	6,68	6,99	5,50	6,04	4,61	4,84	3,92	3,29	3,38	2,97	2,95		
6,6	1,49	0,1138	11,21	8,80	8,30	7,08	7,43	5,82	6,42	4,88	5,14	4,15	3,50	3,58	3,14	3,12		
6,8	1,54	0,1208	11,90	9,30	8,81	7,48	7,88	6,15	6,81	5,16	5,45	4,39	3,70	3,78	3,33	3,30		
7,0	1,58	0,1280	12,61	9,81	9,34	7,89	8,35	6,49	7,22	5,44	5,77	4,63	3,92	3,99	3,51	3,48		
7,2	1,63	0,1354	13,34	10,34	9,88	8,31	8,83	6,84	7,63	5,73	6,11	4,88	4,13	4,21	3,71	3,67		
7,4	1,68	0,1430	14,09	10,88	10,43	8,75	9,33	7,20	8,06	6,03	6,45	5,13	4,36	4,43	3,90	3,86		
7,6	1,72	0,1508	14,86	11,43	11,00	9,19	9,84	7,56	8,50	6,34	6,80	5,39	4,59	4,65	4,11	4,05		
7,8	1,77	0,1589	15,65	11,99	11,59	9,64	10,36	7,93	8,95	6,65	7,16	5,66	4,83	4,88	4,31	4,25		
8,0	1,81	0,1671	16,46	12,57	12,19	10,10	10,90	8,31	9,41	6,97	7,52	5,93	5,07	5,11	4,53	4,46		
8,2	1,86	0,1756	17,30	13,16	12,80	10,58	11,45	8,70	9,89	7,29	7,90	6,21	5,32	5,35	4,75	4,67		
8,4	1,90	0,1843	18,15	13,76	13,44	11,06	12,01	9,10	10,37	7,63	8,29	6,49	5,57	5,60	4,97	4,88		
8,6	1,95	0,1931	19,02	14,37	14,08	11,55	12,59	9,51	10,87	7,97	8,69	6,78	5,83	5,85	5,20	5,10		
8,8	1,99	0,2022	19,92	14,99	14,74	12,06	13,18	9,92	11,38	8,31	9,09	7,08	6,10	6,10	5,43	5,32		
9,0	2,04	0,2115	20,83	15,63	15,42	12,57	13,78	10,34	11,90	8,67	9,51	7,38	6,37	6,36	5,67	5,54		

Tabela A-8.4-a Fórmula de Hazen-Williams e Tabela A-8.4-b Fórmula Universal (4 °C) (*continuação*) | **DN 100 mm**

Perdas de carga em metros por 100 metros | (0,008 m²)

| Coeficiente C [Hazen-Williams] | | | 80 | | 90 | | 100 | | 110 | | 120 | | 130 | | 140 |
| Rugosidade em mm [Colebrook] | | | 4,00 | | 2,00 | | 1,50 | | 1,00 | | 0,50 | | 0,10 | | 0,05 | |
Vazão (ℓ/s)	Vel. (m/s)	v²/(2×g) (m)														
2,5	0,32	0,0052	0,34	0,36	0,26	0,29	0,23	0,24	0,21	0,20	0,17	0,17	0,13	0,15	0,13	0,13
3,0	0,38	0,0074	0,49	0,50	0,37	0,40	0,33	0,33	0,29	0,28	0,24	0,24	0,19	0,20	0,18	0,18
3,5	0,45	0,0101	0,66	0,67	0,50	0,54	0,45	0,44	0,40	0,37	0,33	0,32	0,25	0,27	0,23	0,24
4,0	0,51	0,0132	0,86	0,86	0,65	0,69	0,59	0,57	0,52	0,48	0,42	0,40	0,32	0,35	0,30	0,30
4,5	0,57	0,0167	1,09	1,07	0,82	0,86	0,74	0,71	0,65	0,59	0,53	0,50	0,40	0,43	0,37	0,38
5,0	0,64	0,0207	1,34	1,30	1,02	1,04	0,92	0,86	0,80	0,72	0,66	0,61	0,48	0,53	0,45	0,46
5,5	0,70	0,0250	1,63	1,55	1,23	1,24	1,11	1,02	0,97	0,86	0,79	0,73	0,58	0,63	0,53	0,55
6,0	0,76	0,0297	1,93	1,82	1,46	1,46	1,32	1,20	1,15	1,01	0,94	0,86	0,68	0,74	0,63	0,64
6,5	0,83	0,0349	2,27	2,11	1,71	1,69	1,54	1,39	1,35	1,17	1,10	0,99	0,79	0,86	0,73	0,75
7,0	0,89	0,0405	2,63	2,42	1,99	1,94	1,79	1,60	1,56	1,34	1,27	1,14	0,91	0,98	0,84	0,86
7,5	0,95	0,0465	3,02	2,75	2,28	2,21	2,05	1,82	1,79	1,52	1,46	1,30	1,04	1,12	0,95	0,97
8,0	1,02	0,0529	3,43	3,10	2,59	2,49	2,33	2,05	2,04	1,72	1,65	1,46	1,17	1,26	1,07	1,10
8,5	1,08	0,0597	3,87	3,46	2,92	2,78	2,63	2,29	2,30	1,92	1,86	1,63	1,31	1,41	1,20	1,23
9,0	1,15	0,0669	4,34	3,85	3,28	3,10	2,95	2,55	2,57	2,13	2,09	1,82	1,47	1,57	1,34	1,37
9,5	1,21	0,0746	4,84	4,26	3,65	3,42	3,29	2,82	2,86	2,36	2,32	2,01	1,63	1,73	1,48	1,51
10,0	1,27	0,0826	5,36	4,68	4,04	3,76	3,64	3,10	3,17	2,59	2,57	2,21	1,79	1,90	1,63	1,66
10,5	1,34	0,0911	5,91	5,12	4,46	4,12	4,01	3,39	3,49	2,84	2,83	2,42	1,97	2,08	1,79	1,82
11,0	1,40	0,1000	6,48	5,58	4,89	4,49	4,40	3,69	3,83	3,10	3,10	2,64	2,15	2,27	1,95	1,98
11,5	1,46	0,1093	7,08	6,06	5,34	4,87	4,81	4,01	4,19	3,36	3,39	2,86	2,35	2,47	2,12	2,15
12,0	1,53	0,1190	7,71	6,56	5,82	5,27	5,23	4,34	4,58	3,64	3,69	3,10	2,55	2,67	2,30	2,33
12,5	1,59	0,1291	8,37	7,07	6,31	5,69	5,68	4,68	4,94	3,92	4,00	3,34	2,76	2,88	2,49	2,51
13,0	1,66	0,1396	9,05	7,61	6,82	6,12	6,14	5,03	5,34	4,22	4,32	3,59	2,97	3,10	2,68	2,70
13,5	1,72	0,1506	9,76	8,16	7,36	6,56	6,62	5,40	5,76	4,52	4,66	3,85	3,20	3,32	2,88	2,89
14,0	1,78	0,1619	10,49	8,73	7,91	7,02	7,12	5,77	6,19	4,84	5,00	4,12	3,43	3,55	3,08	3,10
14,5	1,85	0,1737	11,25	9,31	4,84	7,49	7,63	6,16	6,64	5,16	5,36	4,40	3,67	3,79	3,30	3,30
15,0	1,91	0,1859	12,04	9,92	9,08	7,97	8,17	6,56	7,10	5,50	5,74	4,68	3,92	4,04	3,52	3,52
15,5	1,97	0,1985	12,86	10,54	9,69	8,47	8,72	6,97	7,58	5,84	6,12	4,97	4,18	4,29	3,74	3,74
16,0	2,04	0,2115	13,70	11,18	10,32	8,99	9,29	7,39	8,08	6,20	6,52	5,27	4,45	4,55	3,98	3,96
16,5	2,10	0,2250	14,57	11,83	10,98	9,51	9,87	7,83	8,59	6,56	6,93	5,58	4,72	4,81	4,22	4,20
17,0	2,16	0,2388	15,47	12,50	11,65	10,05	10,48	8,27	9,12	6,93	7,36	5,90	5,00	5,09	4,46	4,44
17,5	2,23	0,2530	16,59	13,19	12,35	10,61	11,10	8,73	9,66	7,32	7,79	6,23	5,29	5,37	4,72	4,68
18,0	2,29	0,2677	17,34	13,90	13,06	11,18	11,75	9,19	10,22	7,71	8,24	6,56	5,59	5,66	4,98	4,93
18,5	2,39	0,2828	18,31	14,62	13,80	11,76	12,41	9,67	10,79	8,11	8,70	6,90	5,90	5,95	5,25	5,19
19,0	2,42	0,2983	19,31	15,36	14,55	12,35	13,09	10,16	11,38	8,52	9,17	7,25	6,21	6,25	5,52	5,45
19,5	2,48	0,3142	20,34	16,12	15,33	12,96	13,78	10,66	11,98	8,94	9,66	7,61	6,53	6,56	5,81	5,72
20,0	2,25	0,3305	21,40	16,89	16,12	13,58	14,50	11,18	12,60	9,37	10,16	7,97	6,86	6,87	6,10	5,99
20,5	2,61	0,3472	22,48	17,69	16,12	14,22	15,23	11,70	13,24	9,81	10,67	8,35	7,20	7,20	6,39	6,27
21,0	2,67	0,3644	23,59	18,49	17,77	14,87	15,98	12,23	13,89	10,25	11,19	8,73	7,55	7,52	6,69	6,56
21,5	2,74	0,3819	24,73	19,32	18,62	15,53	16,75	12,78	14,58	10,71	11,73	9,12	7,90	7,86	7,00	6,85
22,0	2,80	0,3990	25,89	20,16	19,50	16,21	17,53	13,33	15,24	11,18	12,28	9,51	8,27	8,20	7,32	7,15

Tabela A-8.4-a Fórmula de Hazen-Williams e Tabela A-8.4-b Fórmula Universal (4 °C) *(continuação)*															DN 150 mm	
Perdas de carga em metros por 100 metros															(0,018 m²)	
Coeficiente C [Hazen-Williams]			80		90		100		110		120		130		140	
Rugosidade em mm [Colebrook]			4,00		2,00		1,50		1,00		0,50		0,10		0,05	
Vazão (ℓ/s)	Vel. (m/s)	v²/(2×g) (m)														
5,0	0,28	0,0041	0,15	0,18	0,12	0,14	0,11	0,12	0,10	0,10	0,08	0,08	0,06	0,07	0,06	0,06
6,5	0,37	0,0069	0,25	0,29	0,20	0,24	0,18	0,19	0,16	0,16	0,13	0,14	0,10	0,12	0,10	0,10
8,0	0,45	0,0104	0,38	0,43	0,30	0,35	0,27	0,28	0,24	0,24	0,20	0,20	0,15	0,17	0,15	0,15
9,5	0,54	0,0147	0,54	0,59	0,42	0,47	0,38	0,39	0,34	0,33	0,28	0,28	0,21	0,24	0,20	0,21
11,0	0,62	0,0197	0,72	0,77	0,56	0,62	0,51	0,51	0,45	0,43	0,37	0,37	0,28	0,32	0,26	0,27
12,5	0,71	0,0255	0,93	0,98	0,72	0,70	0,65	0,65	0,58	0,54	0,48	0,46	0,35	0,40	0,33	0,35
14,0	0,79	0,0320	1,17	1,21	0,90	0,97	0,82	0,80	0,72	0,67	0,60	0,57	0,44	0,49	0,41	0,43
15,5	0,88	0,0392	1,43	1,46	1,10	1,18	1,00	0,97	0,88	0,81	0,73	0,69	0,53	0,60	0,49	0,52
17,0	0,96	0,0472	1,72	1,74	1,33	1,40	1,20	1,15	1,06	0,96	0,87	0,82	0,64	0,71	0,59	0,62
18,5	1,05	0,0559	2,04	2,03	1,57	1,63	1,43	1,34	1,25	1,13	1,03	0,96	0,75	0,83	0,69	0,72
20,0	1,13	0,0653	2,38	2,34	1,84	1,89	1,66	1,55	1,46	1,30	1,21	1,11	0,87	0,95	0,80	0,83
21,5	1,22	0,0754	2,75	2,68	2,12	2,16	1,92	1,77	1,69	1,49	1,39	1,27	0,99	1,09	0,91	0,95
23,0	1,30	0,0863	3,14	3,04	2,42	2,44	2,20	2,01	1,93	1,68	1,59	1,43	1,13	1,24	1,03	1,08
24,5	1,39	0,0980	3,57	3,41	2,75	2,75	2,49	2,26	2,19	1,89	1,80	1,61	1,28	1,39	1,17	1,21
26,0	1,47	0,1103	4,02	3,81	3,10	3,06	2,81	2,52	2,47	2,11	2,02	1,80	1,43	1,55	1,30	1,35
27,5	1,56	0,1234	4,49	4,23	3,46	3,40	3,14	2,80	2,76	2,34	2,26	2,00	1,60	1,72	1,45	1,50
29,0	1,64	0,1373	5,00	4,67	3,85	3,75	3,49	3,09	3,07	2,59	2,51	2,20	1,77	1,90	1,60	1,66
30,5	1,73	0,1518	5,52	5,12	4,26	4,12	3,86	3,39	3,39	2,84	2,78	2,42	1,95	2,08	1,77	1,82
32,0	1,81	0,1671	6,08	5,60	4,69	4,50	4,25	3,70	3,73	3,10	3,06	2,64	2,14	2,28	1,93	1,99
33,5	1,90	0,1832	6,66	6,10	5,13	4,90	4,65	4,03	4,09	3,38	3,35	2,88	2,34	2,48	2,11	2,16
35,0	1,98	0,1999	7,27	6,61	5,60	5,31	5,08	4,37	4,46	3,67	3,65	3,12	2,55	2,69	2,30	2,34
36,5	2,07	0,2174	7,91	7,14	6,09	5,74	5,52	4,73	4,85	3,96	3,97	3,37	2,76	2,91	2,49	2,53
38,0	2,15	0,2357	8,57	7,70	6,60	6,19	5,98	5,09	5,25	4,27	4,30	3,63	2,99	3,13	2,69	2,73
39,5	2,24	0,2547	9,26	8,27	7,13	6,65	6,46	5,47	5,67	4,59	4,64	3,90	3,22	3,37	2,89	2,93
41,0	2,32	0,2744	9,98	8,86	7,68	7,12	6,96	5,86	6,11	4,91	5,00	4,18	3,46	3,61	3,11	3,14
42,5	2,41	0,2948	10,72	9,47	8,26	7,61	7,48	6,26	6,57	5,25	5,37	4,47	3,72	3,85	3,33	3,36
44,0	2,49	0,3160	11,49	10,10	8,85	8,12	8,02	6,68	7,04	5,60	5,75	4,77	3,98	4,11	3,56	3,58
45,5	2,57	0,3379	12,29	10,75	9,46	8,64	8,57	7,11	7,52	5,96	6,15	5,07	4,24	4,37	3,79	3,81
47,0	2,66	0,3605	13,11	11,41	10,09	9,17	9,14	7,55	8,02	6,33	6,56	5,39	4,52	4,64	4,04	4,05
48,5	2,74	0,3839	13,96	12,09	10,75	9,72	9,74	8,00	8,54	6,71	6,98	5,71	4,81	4,92	4,29	4,29
50,0	2,83	0,4080	14,83	12,80	11,42	10,29	10,35	8,46	9,08	7,10	7,41	6,04	5,10	5,21	4,55	4,54
51,5	2,91	0,4329	15,74	13,52	12,12	10,87	10,98	8,94	9,63	7,49	7,86	6,38	5,41	5,50	4,82	4,79
53,0	3,00	0,4585	16,67	14,26	12,83	11,46	11,62	9,43	10,20	7,90	8,32	6,73	5,72	5,80	5,09	5,06
54,5	3,08	0,4848	17,62	15,01	13,57	12,07	12,29	9,93	10,78	8,32	8,80	7,08	6,04	6,11	5,37	5,32
56,0	3,17	0,5118	18,60	15,79	14,32	12,69	12,97	10,44	11,38	8,75	9,29	7,45	6,37	6,42	5,66	5,60
57,5	3,25	0,5396	19,61	16,58	15,10	13,33	13,68	10,97	12,00	9,19	9,79	7,82	6,71	6,75	5,96	5,88
59,0	3,34	0,5681	20,65	17,39	15,90	13,98	14,40	11,50	12,63	9,64	10,31	8,21	7,06	7,08	6,26	6,17
60,5	3,42	0,5974	21,71	18,21	16,71	14,64	15,14	12,05	13,28	10,10	10,83	8,60	7,41	7,41	6,57	6,46
62,0	3,51	0,6274	22,80	19,06	17,55	15,32	15,90	12,61	13,94	10,57	11,37	8,99	7,78	7,76	6,89	6,76
63,5	3,59	0,6581	23,92	19,92	18,41	16,02	16,67	13,18	14,63	11,05	11,93	9,40	8,15	8,11	7,22	7,07

Tabela A-8.4-a Fórmula de Hazen-Williams e Tabela A-8.4-b Fórmula Universal (4 °C) (*continuação*) | **DN 200 mm**

Perdas de carga em metros por 100 metros | (0,031 m²)

Vazão (ℓ/s)	Vel. (m/s)	v²/(2×g) (m)	80 / 4,00		90 / 2,00		100 / 1,50		110 / 1,00		120 / 0,50		130 / 0,10		140 / 0,05	
14,0	0,45	0,0101	0,25	0,30	0,20	0,24	0,18	0,20	0,16	0,17	0,13	0,14	0,10	0,12	0,10	0,11
16,0	0,51	0,0132	0,32	0,38	0,25	0,31	0,23	0,25	0,21	0,21	0,17	0,18	0,13	0,16	0,13	0,14
18,0	0,57	0,0167	0,41	0,48	0,32	0,38	0,29	0,31	0,26	0,26	0,22	0,22	0,17	0,19	0,16	0,17
20,0	0,64	0,0207	0,51	0,58	0,40	0,46	0,36	0,38	0,32	0,32	0,27	0,27	0,20	0,24	0,19	0,20
22,0	0,70	0,0250	0,61	0,69	0,48	0,55	0,44	0,46	0,39	0,38	0,32	0,33	0,24	0,28	0,23	0,24
24,0	0,76	0,0297	0,73	0,81	0,57	0,65	0,52	0,54	0,46	0,45	0,38	0,38	0,29	0,33	0,27	0,29
26,0	0,83	0,0349	0,85	0,94	0,67	0,75	0,61	0,62	0,54	0,52	0,45	0,44	0,33	0,38	0,31	0,33
28,0	0,89	0,0405	0,99	1,08	0,77	0,87	0,71	0,71	0,63	0,60	0,52	0,51	0,39	9,44	0,36	0,38
30,0	0,95	0,0465	1,13	1,22	0,89	0,98	0,81	0,81	0,72	0,68	0,60	0,58	0,44	0,50	0,41	0,43
32,0	1,02	0,0529	1,29	1,38	1,01	1,11	0,92	0,91	0,82	0,76	0,68	0,65	0,50	0,56	0,46	0,49
34,0	1,08	0,0597	1,46	1,54	1,14	1,24	1,04	1,02	0,92	0,86	0,76	0,73	0,56	0,63	0,52	0,55
36,0	1,15	0,0669	1,63	1,72	1,28	1,38	1,16	1,13	1,03	0,95	0,85	0,81	0,62	0,70	0,57	0,61
38,0	1,21	0,0746	1,82	1,90	1,42	0,52	1,30	1,25	1,15	1,05	0,95	0,89	0,69	0,77	0,64	0,67
40,0	1,27	0,0826	2,02	2,09	1,58	1,68	1,44	1,38	1,27	1,16	1,05	0,98	0,76	0,85	0,70	0,74
42,0	1,34	0,0911	2,22	2,28	1,74	1,83	1,58	1,51	1,40	1,27	1,16	1,08	0,84	0,93	0,77	0,81
44,0	1,40	0,1000	2,44	2,49	1,91	2,00	1,74	1,65	1,53	1,38	1,27	1,17	0,92	1,01	0,84	0,88
46,0	1,46	0,1093	2,66	2,70	2,08	2,17	1,90	1,79	1,68	1,50	1,39	1,27	1,00	1,10	0,91	0,96
48,0	1,53	0,1190	2,90	2,92	2,27	2,35	2,06	1,93	1,82	1,62	1,51	1,38	1,08	1,19	0,99	1,04
50,0	1,59	0,1291	3,15	3,15	2,46	2,53	2,24	2,09	1,98	1,75	1,64	1,49	1,17	1,28	1,07	1,12
52,0	1,66	0,1396	3,40	3,39	2,66	2,73	2,42	2,24	2,14	1,88	1,77	1,60	1,26	1,38	1,15	1,20
54,0	1,72	0,1506	3,67	3,63	2,87	2,92	2,61	2,40	2,31	2,02	1,91	1,72	1,36	1,48	1,24	1,29
56,0	1,78	0,1619	3,95	3,89	3,08	3,13	2,81	2,57	2,48	2,16	2,05	1,83	1,46	1,58	1,32	1,38
58,0	1,85	0,1737	4,23	4,15	3,31	3,34	3,01	2,74	2,66	2,30	2,20	1,96	1,56	1,69	1,42	1,47
60,0	1,91	0,1859	4,53	4,42	3,54	3,55	3,22	2,92	2,85	2,45	2,35	2,09	1,67	1,80	1,51	1,57
62,0	1,97	0,1985	4,84	4,69	3,78	3,77	3,44	3,11	3,04	2,60	2,51	2,22	1,78	1,91	1,61	1,67
64,0	2,04	0,2115	5,15	4,98	4,02	4,00	3,66	3,29	3,24	2,76	2,67	2,35	1,89	2,03	1,71	1,77
66,0	2,10	0,2250	5,48	5,27	4,28	4,24	3,90	3,49	3,44	2,92	2,84	2,49	2,01	2,14	1,81	1,87
68,0	2,16	0,2388	5,82	5,57	4,54	4,48	4,13	3,69	3,65	3,09	3,01	2,63	2,13	2,27	1,92	1,98
70,0	2,23	0,2530	6,16	5,88	4,81	4,73	4,38	3,89	3,87	3,26	3,19	2,77	2,25	2,39	2,03	2,09
72,0	2,29	0,2677	6,52	6,19	5,09	4,98	4,83	4,10	4,09	3,43	3,37	2,92	2,38	2,52	2,14	2,20
74,0	2,36	0,2828	6,89	6,52	5,38	5,24	4,89	4,31	4,32	3,61	3,56	3,07	2,51	2,65	2,26	2,31
76,0	2,42	0,2983	7,26	6,85	5,67	5,50	5,16	4,53	4,56	3,80	3,76	3,23	2,64	2,79	2,37	2,43
78,0	2,48	0,3142	7,65	7,18	5,97	5,77	5,44	4,75	4,80	3,98	3,96	3,39	2,78	2,92	2,50	2,55
80,0	2,55	0,3305	8,05	7,53	6,28	6,05	5,72	4,98	5,05	4,17	4,16	3,55	2,92	3,06	2,62	2,67
82,0	2,61	0,3472	8,45	7,88	6,60	6,34	6,01	5,21	5,30	4,37	4,37	3,72	3,06	3,21	2,75	2,80
84,0	2,67	0,3644	8,87	8,24	6,92	6,62	6,30	5,45	5,56	4,57	4,58	3,89	3,21	3,35	2,88	2,92
86,0	2,74	0,3819	9,30	8,61	7,26	6,92	6,61	5,69	5,83	4,77	4,80	4,06	3,36	3,50	3,01	3,05
88,0	2,80	0,3999	9,74	8,98	7,60	7,22	6,92	5,94	6,11	4,98	5,03	4,24	3,51	3,65	3,15	3,19
90,0	2,86	0,4183	10,18	9,36	7,95	7,53	7,23	6,19	6,39	5,19	5,26	4,42	3,67	3,81	3,29	3,32
92,0	2,93	0,4371	10,64	9,75	8,30	7,84	7,56	6,45	6,67	5,41	5,49	4,60	3,83	3,97	3,43	3,46

Coeficiente C [Hazen-Williams]: 80, 90, 100, 110, 120, 130, 140
Rugosidade em mm [Colebrook]: 4,00, 2,00, 1,50, 1,00, 0,50, 0,10, 0,05

Tabela A-8.4-a Fórmula de Hazen-Williams e Tabela A-8.4-b Fórmula Universal (4 °C) (*continuação*) | DN 250 mm

Perdas de carga em metros por 100 metros — (0,049 m²)

Vazão (ℓ/s)	Vel. (m/s)	$v^2/(2\times g)$ (m)	80 / 4,00	80	90 / 2,00	90	100 / 1,50	100	110 / 1,00	110	120 / 0,50	120	130 / 0,10	130	140 / 0,05	140
10,0	0,20	0,0021	0,04	0,05	0,03	0,04	0,03	0,04	0,03	0,03	0,02	0,03	0,02	0,02	0,02	0,02
14,0	0,29	0,0041	0,08	0,10	0,06	0,08	0,06	0,07	0,05	0,06	0,04	0,05	0,03	0,04	0,03	0,04
18,0	0,37	0,0069	0,12	0,16	0,10	0,13	0,09	0,11	0,08	0,09	0,07	0,08	0,06	0,07	0,05	0,06
22,0	0,45	0,0102	0,18	0,23	0,15	0,19	0,13	0,15	0,12	0,13	0,10	0,11	0,08	0,09	0,08	0,08
26,0	0,53	0,0143	0,26	0,32	0,20	0,25	0,19	0,21	0,17	0,18	0,14	0,15	0,11	0,13	0,10	0,11
30,0	0,61	0,0190	0,34	0,41	0,27	0,33	0,25	0,27	0,22	0,23	0,19	0,19	0,14	0,17	0,14	0,15
34,0	0,69	0,0245	0,44	0,52	0,35	0,42	0,32	0,34	0,28	0,29	0,24	0,25	0,18	0,21	0,17	0,18
38,0	0,77	0,0305	0,55	0,64	0,43	0,51	0,40	0,42	0,35	0,35	0,30	0,30	0,22	0,26	0,21	0,23
42,0	0,86	0,0373	0,67	0,77	0,53	0,62	9,49	0,51	0,43	0,43	0,36	0,36	0,27	0,31	0,25	0,27
46,0	0,94	0,0448	0,80	0,91	0,64	0,73	0,58	0,60	0,52	0,51	0,43	0,43	0,32	0,37	0,30	0,32
50,0	1,02	0,0529	0,95	1,06	0,75	0,85	0,69	0,70	0,61	0,59	0,51	0,50	0,38	0,43	0,35	0,38
54,0	1,10	0,0617	1,11	1,23	0,87	0,99	0,80	0,81	0,71	0,68	0,59	0,58	0,44	0,50	0,41	0,43
58,0	1,18	0,0712	1,28	1,40	1,01	1,13	0,92	0,93	0,82	0,78	0,68	0,66	0,50	0,57	0,46	0,50
62,0	1,26	0,0813	1,46	1,58	1,15	1,27	1,05	1,05	0,94	0,88	0,78	0,75	0,57	0,64	0,53	0,56
66,0	1,34	0,0921	1,65	1,78	1,30	1,43	1,19	1,18	1,06	0,99	0,88	0,84	0,64	0,72	0,59	0,63
70,0	1,43	0,1036	1,86	1,98	1,47	1,59	1,34	1,31	1,19	1,10	0,99	0,94	0,72	0,81	0,66	0,70
74,0	1,51	0,1158	2,08	2,20	1,64	1,77	1,50	1,45	1,33	1,22	1,11	1,04	0,80	0,89	0,74	0,78
78,0	1,59	0,1287	2,31	2,42	1,82	1,95	1,66	1,60	1,48	1,34	1,23	1,14	0,89	0,99	0,81	0,86
82,0	1,67	0,1422	2,55	2,66	2,01	2,14	1,84	1,76	1,63	1,47	1,36	1,25	0,98	1,08	0,89	0,94
86,0	1,75	0,1564	2,80	2,90	2,21	2,33	2,02	1,92	1,79	1,61	1,49	1,37	1,07	1,18	0,98	1,03
90,0	1,83	0,1713	3,07	3,16	2,42	2,54	2,21	2,09	1,96	1,75	1,63	1,49	1,17	1,28	1,07	1,12
94,0	1,91	0,1869	3,35	3,42	2,64	2,75	2,41	2,26	2,14	1,90	1,78	1,62	1,28	1,39	1,16	1,21
98,0	2,00	0,2031	3,64	3,70	2,87	2,97	2,62	2,45	2,33	2,05	1,93	1,74	1,38	1,50	1,25	1,31
102,0	2,08	0,2201	3,94	3,98	3,11	3,20	2,84	2,63	2,52	2,21	2,09	1,88	1,49	1,62	1,35	1,41
106,0	2,16	0,2377	4,26	4,28	3,36	3,44	3,07	2,83	2,72	2,37	2,26	2,02	1,61	1,74	1,46	1,52
110,0	2,24	0,2559	4,59	4,58	3,62	3,68	3,30	3,03	2,93	2,54	2,43	2,16	1,73	1,86	1,57	1,62
114,0	2,32	0,2749	4,93	4,89	3,88	3,93	3,55	3,24	3,15	2,71	2,61	2,31	1,86	1,99	1,68	1,74
118,0	2,40	0,2945	5,28	5,21	4,16	4,19	3,80	3,45	3,37	2,89	2,79	2,46	1,98	2,12	1,79	1,85
122,0	2,49	0,3148	5,46	5,55	4,45	4,46	4,06	3,67	3,60	3,08	2,99	2,62	2,12	2,26	1,91	1,97
126,0	2,57	0,3358	6,02	5,89	4,74	4,73	4,33	3,90	3,84	3,26	3,18	2,78	2,26	2,40	2,03	2,09
130,0	2,65	0,3575	6,40	6,24	5,05	5,02	4,61	4,13	4,09	3,46	3,39	2,94	2,40	2,54	2,16	2,21
134,0	2,73	0,3798	6,80	6,24	5,05	5,02	4,61	4,13	4,09	3,46	3,39	2,94	2,40	2,54	2,16	2,21
138,0	2,81	0,4028	7,22	6,97	5,69	5,60	5,19	4,61	4,60	3,86	3,82	3,29	2,69	2,84	2,42	2,47
142,0	2,89	0,4265	7,64	7,35	6,02	5,91	5,50	4,86	4,87	4,07	4,04	3,47	2,85	2,99	2,56	2,61
146,0	2,97	0,4509	8,08	7,74	6,36	6,22	5,81	5,12	5,15	4,29	4,27	3,65	3,01	3,15	2,70	2,74
150,0	3,06	0,4759	8,52	8,13	6,72	6,54	6,13	5,38	5,44	4,51	4,50	3,84	3,17	3,31	2,84	2,88
154,0	3,14	0,5017	8,98	8,54	7,08	6,87	6,46	5,65	5,73	4,73	4,75	4,03	3,34	3,47	2,99	3,03
158,0	3,22	0,5281	9,46	8,95	7,45	7,20	6,80	5,92	6,03	4,96	4,99	4,23	3,51	3,64	3,14	3,18
162,0	3,30	0,5551	9,94	9,38	7,83	7,54	7,15	6,20	6,34	5,20	5,25	4,43	3,69	3,82	3,30	3,33
166,0	3,38	0,5829	10,44	9,81	8,22	7,89	7,51	6,49	6,65	5,44	5,51	4,63	3,87	3,99	3,46	3,48

Coeficiente C [Hazen-Williams]; Rugosidade em mm [Colebrook]

Tabela A-8.4-a Fórmula de Hazen-Williams e Tabela A-8.4-b Fórmula Universal (4 °C) (*continuação*)																DN 300 mm
Perdas de carga em metros por 100 metros																(0,071 m²)

Coeficiente C [Hazen-Williams]			80		90		100		110		120		130		140	
Rugosidade em mm [Colebrook]			4,00		2,00		1,50		1,00		0,50		0,10		0,05	
Vazão (ℓ/s)	Vel. (m/s)	v²/(2×g) (m)														
20,0	0,28	0,0041	0,06	0,08	0,05	0,06	0,04	0,05	0,04	0,04	0,03	0,04	0,03	0,03	0,03	0,03
25,0	0,35	0,0064	0,09	0,12	0,07	0,10	0,07	0,08	0,06	0,07	0,05	0,06	0,04	0,05	0,04	0,04
30,0	0,42	0,0092	0,13	0,17	0,10	0,14	0,10	0,11	0,09	0,09	0,07	0,08	0,06	0,07	0,06	0,06
35,0	0,50	0,0125	0,18	0,23	0,14	0,18	0,13	0,15	0,12	0,13	0,10	0,11	0,08	0,09	0,07	0,08
40,0	0,57	0,0163	0,23	0,29	0,18	0,23	0,17	0,19	0,15	0,16	0,13	0,14	0,10	0,12	0,09	0,10
45,0	0,64	0,0207	0,29	0,36	0,23	0,29	0,21	0,24	0,19	0,20	0,16	0,17	0,12	0,15	0,12	0,13
50,0	0,71	0,0255	0,36	0,44	0,29	0,35	0,26	0,29	0,23	0,24	0,20	0,21	0,15	0,18	0,14	0,16
55,0	0,78	0,0309	0,43	0,52	0,34	0,42	0,32	0,35	0,28	0,29	0,24	0,25	0,18	0,21	0,17	0,19
60,0	0,85	0,0367	0,51	0,61	0,41	0,49	0,38	0,41	0,34	0,34	0,28	0,29	0,21	0,25	0,20	0,22
65,0	0,92	0,0431	0,60	0,71	0,48	0,57	0,44	0,47	0,39	0,39	0,33	0,34	0,25	0,29	0,23	0,25
70,0	0,99	0,0500	0,70	0,82	0,56	0,66	0,51	0,54	0,46	0,45	0,38	0,39	0,29	0,33	0,27	0,29
75,0	1,06	0,0574	0,80	0,93	0,64	0,75	0,59	0,61	0,52	0,51	0,44	0,44	0,33	0,38	0,30	0,33
80,0	1,13	0,0653	0,91	1,04	0,73	0,84	0,67	0,69	0,59	0,58	0,50	0,49	0,37	0,43	0,34	0,37
85,0	1,20	0,0737	1,03	1,17	0,82	0,94	0,75	0,77	0,67	0,65	0,56	0,55	0,42	0,48	0,38	0,41
90,0	1,27	0,0826	1,16	1,30	0,92	1,04	0,84	0,86	0,75	0,72	0,63	0,61	0,46	0,53	0,43	0,46
95,0	1,34	0,0921	1,29	1,44	1,02	1,15	0,94	0,95	0,84	0,80	0,70	0,68	0,52	0,58	0,47	0,51
100,0	1,41	0,1020	1,43	1,58	1,13	1,27	1,04	1,04	0,93	0,88	0,78	0,75	0,57	0,64	0,52	0,56
105,0	1,49	0,1125	1,57	1,73	1,25	1,39	1,15	1,14	1,02	0,96	0,85	0,82	0,62	0,70	0,57	0,61
110,0	1,56	0,1234	1,73	1,88	1,37	1,51	1,26	1,25	1,12	1,04	0,94	0,89	0,68	0,77	0,63	0,67
115,0	1,63	0,1349	1,89	2,05	1,50	1,64	1,37	1,35	1,22	1,13	1,02	0,97	0,74	0,83	0,68	0,73
120,0	1,70	0,1469	2,05	2,21	1,63	1,78	1,50	1,46	1,33	1,23	1,11	1,04	0,81	0,90	0,74	0,79
125,0	1,77	0,1594	2,23	2,39	1,77	1,92	1,62	1,58	1,44	1,32	1,21	1,13	0,88	0,97	0,80	0,85
130,0	1,84	0,1724	2,41	2,57	1,92	2,06	1,75	1,70	1,56	1,42	1,30	1,21	0,94	1,04	0,86	0,91
135,0	1,91	0,1859	2,60	2,75	2,07	2,21	1,89	1,82	1,68	1,53	1,41	1,30	1,02	1,12	0,93	0,98
140,0	1,98	0,1999	2,80	2,95	2,22	2,37	2,03	1,95	1,81	1,63	1,51	1,39	1,09	1,20	0,99	1,04
145,0	2,05	0,2145	3,00	3,14	2,38	2,53	2,18	2,08	1,94	1,74	1,62	1,48	1,17	1,28	1,06	1,11
150,0	2,12	0,2295	3,21	3,35	2,55	2,69	2,33	2,21	2,08	1,86	1,73	1,58	1,25	1,36	1,13	1,19
155,0	2,19	0,2451	3,43	3,56	2,72	2,86	2,49	2,35	2,22	1,97	1,85	1,68	1,33	1,45	1,21	1,26
160,0	2,26	0,2611	3,65	3,77	2,90	3,03	2,66	2,49	2,36	2,09	1,97	1,78	1,41	1,53	1,28	1,34
165,0	2,33	0,2777	3,88	3,99	3,08	3,21	2,82	2,64	2,51	2,21	2,09	1,88	1,50	1,62	1,36	1,42
170,0	2,41	0,2948	4,12	4,22	3,27	3,39	3,00	2,79	2,67	2,34	2,22	1,99	1,59	1,72	1,44	1,50
175,0	2,48	0,3124	4,37	4,45	3,47	3,58	3,18	2,95	2,82	2,47	2,35	2,10	1,68	1,81	1,52	1,58
180,0	2,55	0,3305	4,62	4,69	3,67	3,77	3,36	3,10	2,99	2,60	2,49	2,21	1,78	1,91	1,61	1,66
185,0	2,62	0,3491	4,88	4,93	3,87	3,97	3,55	3,26	3,16	2,74	2,63	2,33	1,88	2,01	1,69	1,75
190,0	2,69	0,3683	5,15	5,18	4,09	4,17	3,74	3,43	3,33	2,87	2,77	2,45	1,98	2,11	1,78	1,84
195,0	2,76	0,3879	5,42	5,44	4,30	4,37	3,94	3,60	3,50	3,02	2,92	2,57	2,08	2,21	1,87	1,93
200,0	2,83	0,4080	5,70	5,70	4,53	4,58	4,14	3,77	3,69	3,16	3,07	2,69	2,18	2,32	1,97	2,02
205,0	2,90	0,4287	5,99	5,97	4,76	4,80	4,35	3,95	3,87	3,31	3,22	2,82	2,29	2,43	2,06	2,12
210,0	2,97	0,4499	6,29	6,24	4,99	5,02	4,57	4,13	4,06	3,46	3,38	2,95	2,40	2,54	2,16	2,21
215,0	3,04	0,4715	6,59	6,52	5,23	5,24	4,79	4,31	4,26	3,61	3,54	3,08	2,52	2,65	2,26	2,31

Tabela A-8.4-a Fórmula de Hazen-Williams e Tabela A-8.4-b Fórmula Universal (4 °C) *(continuação)*															DN 350 mm	
Perdas de carga em metros por 100 metros															(0,096 m²)	
Coeficiente C [Hazen-Williams]			80		90		100		110		120		130		140	
Rugosidade em mm [Colebrook]			4,00		2,00		1,50		1,00		0,50		0,10		0,05	
Vazão (ℓ/s)	Vel. (m/s)	v²/(2×g) (m)														
20,0	0,21	0,0022	0,03	0,04	0,02	0,03	0,02	0,03	0,02	0,02	0,02	0,02	0,01	0,02	0,01	0,01
30,0	0,31	0,0050	0,06	0,08	0,05	0,06	0,04	0,05	0,04	0,04	0,03	0,04	0,03	0,03	0,03	0,03
40,0	0,42	0,0088	0,10	0,14	0,08	0,11	0,07	0,09	0,07	0,08	0,06	0,06	0,05	0,06	0,04	0,05
50,0	0,52	0,0138	0,16	0,21	0,13	0,17	0,12	0,14	0,10	0,11	0,09	0,10	0,07	0,08	0,07	0,07
60,0	0,62	0,0198	0,23	0,29	0,18	0,23	0,17	0,19	0,15	0,16	0,13	0,14	0,10	0,12	0,09	0,10
70,0	0,73	0,2700	0,31	0,39	0,25	0,31	0,23	0,25	0,20	0,21	0,17	0,18	0,13	0,16	0,12	0,14
80,0	0,83	0,0352	0,40	0,49	0,32	0,40	0,30	0,33	0,26	0,27	0,22	0,23	0,17	0,20	0,16	0,17
90,0	0,94	0,0446	0,51	0,61	0,41	0,49	0,37	0,41	0,33	0,34	0,28	0,29	0,21	0,25	0,20	0,22
100,0	1,04	0,0551	0,63	0,75	0,50	0,60	0,46	0,49	0,41	0,41	0,35	0,35	0,26	0,30	0,24	0,26
110,0	1,14	0,0666	0,76	0,89	0,61	0,72	0,56	0,59	0,50	0,49	0,42	0,42	0,31	0,36	0,29	0,32
120,0	1,25	0,0793	0,90	1,04	0,72	0,84	0,66	0,69	0,59	0,58	0,50	0,49	0,37	0,43	0,34	0,37
130,0	1,35	0,0931	1,06	1,21	0,85	0,97	0,78	0,80	0,69	0,67	0,58	0,57	0,43	0,49	0,40	0,43
140,0	1,46	0,1079	1,23	1,39	0,98	1,12	0,90	0,92	0,80	0,77	0,68	0,66	0,50	0,57	0,46	0,49
150,0	1,56	0,1239	1,41	1,58	1,13	1,27	1,03	1,04	0,92	0,88	0,77	0,75	0,57	0,64	0,52	0,56
160,0	1,66	0,1410	1,60	1,78	1,28	1,43	1,18	1,18	1,05	0,99	0,88	0,84	0,64	0,72	0,59	0,63
170,0	1,77	0,1591	1,81	1,99	1,44	1,60	1,33	1,32	1,18	1,10	0,99	0,94	0,72	0,81	0,66	0,71
180,0	1,87	0,1784	2,03	2,21	1,62	1,78	1,49	1,46	1,33	1,23	1,11	1,04	0,80	0,90	0,74	0,79
190,0	1,97	0,1988	2,26	2,45	1,80	1,97	1,66	1,62	1,48	1,36	1,24	1,15	0,90	1,00	0,82	0,87
200,0	2,08	0,2202	2,50	2,69	2,00	2,16	1,83	1,78	1,64	1,49	1,37	1,27	0,99	1,10	0,90	0,95
210,0	2,18	0,2428	2,76	2,95	2,20	2,37	2,02	1,95	1,80	1,63	1,51	1,39	1,09	1,20	0,99	1,04
220,0	2,29	0,2665	3,03	3,21	2,42	2,58	2,22	2,12	1,98	1,78	1,66	1,52	1,20	1,31	1,09	1,14
230,0	2,39	0,2913	3,31	3,49	2,64	2,80	2,42	2,31	2,16	1,93	1,81	1,65	1,30	1,42	1,18	1,24
240,0	2,49	0,3172	3,60	3,77	2,87	3,03	2,64	2,50	2,35	2,09	1,97	1,78	1,42	1,53	1,28	1,34
250,0	2,60	0,3441	3,91	4,07	3,12	3,27	2,86	2,69	2,55	2,26	2,14	1,92	1,53	1,66	1,39	1,44
260,0	2,70	0,3722	4,22	4,37	3,37	3,52	3,10	2,89	2,76	2,43	2,31	2,06	1,66	1,78	1,50	1,55
270,0	2,81	0,4014	4,56	4,69	3,64	3,77	3,34	3,10	2,98	2,60	2,49	2,21	1,78	1,91	1,61	1,66
280,0	2,91	0,4317	4,90	5,02	3,91	4,03	3,59	3,32	3,20	2,78	2,67	2,37	1,91	2,04	1,73	1,78
290,0	3,01	0,4631	5,25	5,36	4,20	4,31	3,85	3,54	3,43	2,97	2,87	2,53	2,05	2,18	1,85	1,90
300,0	3,12	0,4956	5,62	5,70	4,49	4,58	4,12	3,77	3,67	3,16	3,07	2,69	2,19	2,32	1,97	2,02
310,0	3,22	0,5291	6,00	6,06	4,79	4,87	4,40	4,01	3,92	3,36	3,28	2,86	2,34	2,47	2,10	2,15
320,0	3,33	0,5638	6,40	6,43	5,11	5,17	4,69	4,25	4,18	3,56	3,49	3,03	2,49	2,61	2,24	2,28
330,0	3,43	0,5996	6,80	6,80	5,43	5,47	4,98	4,50	4,44	3,77	3,71	3,21	2,64	2,77	2,37	2,41
340,0	3,53	0,6365	7,22	7,19	5,76	5,78	5,29	4,76	4,71	3,99	3,94	3,39	2,80	2,93	2,51	2,55
350,0	3,64	0,6745	7,65	7,59	6,11	6,10	5,60	5,02	4,99	4,21	4,17	3,58	2,97	3,09	2,66	2,69
360,0	3,74	0,7136	8,10	7,99	6,46	6,43	5,93	5,29	5,28	4,43	4,41	3,77	3,13	3,25	2,81	2,84
370,0	3,85	0,7538	8,55	8,41	6,83	6,76	6,26	5,56	5,58	4,66	4,66	3,97	3,31	3,42	2,96	2,98
380,0	3,95	0,7951	9,02	8,83	7,20	7,10	6,60	5,84	5,89	4,90	4,91	4,17	3,49	3,59	3,12	3,13
390,0	4,05	0,8375	9,50	9,27	7,58	7,45	6,96	6,13	6,20	5,14	5,17	4,37	3,67	3,77	3,28	3,29
400,0	4,16	0,8810	9,99	9,71	7,98	7,81	7,32	6,43	6,52	5,39	5,44	4,58	3,86	3,95	3,45	3,45
410,0	4,26	0,9256	10,50	10,17	8,38	8,18	7,69	6,73	6,85	5,64	5,72	4,80	4,05	4,14	3,62	3,61

Tabela A-8.4-a Fórmula de Hazen-Williams e Tabela A-8.4-b Fórmula Universal (4 °C) (*continuação*) | DN 400 mm

Perdas de carga em metros por 100 metros   (0,126 m²)

Coeficiente C [Hazen-Williams]		80		90		100		110		120		130		140	
Rugosidade em mm [Colebrook]		4,00		2,00		1,50		1,00		0,50		0,10		0,05	
Vazão (ℓ/s)	Vel. (m/s)	v²/(2×g) (m)														
40,0	0,32	0,0052	0,05	0,07	0,04	0,06	0,04	0,05	0,03	0,04	0,03	0,03	0,02	0,03	0,02	0,03
50,0	0,40	0,0081	0,08	0,11	0,06	0,09	0,06	0,07	0,05	0,06	0,04	0,05	0,04	0,04	0,03	0,04
60,0	0,48	0,0116	0,11	0,15	0,09	0,12	0,08	0,10	0,07	0,08	0,06	0,07	0,05	0,06	0,05	0,05
70,0	0,56	0,0158	0,15	0,20	0,12	0,16	0,11	0,13	0,10	0,11	0,09	0,09	0,07	0,08	0,06	0,07
80,0	064	0,0207	0,20	0,26	0,16	0,21	0,15	0,17	0,13	0,14	0,11	0,12	0,09	0,10	0,08	0,09
90,0	0,72	0,0261	0,25	0,32	0,20	0,26	0,18	0,21	0,17	0,18	0,14	0,15	0,11	0,13	0,10	0,11
100,0	0,80	0,0323	0,31	0,39	0,25	0,31	0,23	0,26	0,20	0,22	0,17	0,18	0,13	0,16	0,13	0,14
110,0	0,88	0,0391	0,37	0,46	0,30	0,37	0,28	0,31	0,25	0,26	0,21	0,22	0,16	0,19	0,15	0,16
120,0	0,95	0,0465	0,44	0,55	0,36	0,44	0,33	0,36	0,29	0,30	0,25	0,26	0,19	0,22	0,18	0,19
130,0	1,03	0,0545	0,52	0,63	0,42	0,51	0,38	0,42	0,34	0,35	0,29	0,30	0,22	0,26	0,21	0,22
140,0	1,11	0,0633	0,60	0,73	0,48	0,58	0,45	0,48	0,40	0,40	0,34	0,34	0,25	0,30	0,24	0,26
150,0	1,19	0,0726	0,69	0,82	0,55	0,66	0,51	0,55	0,46	0,46	0,39	0,39	0,29	0,34	0,27	0,29
160,0	1,27	0,0826	0,79	0,93	0,63	0,75	0,58	0,61	0,52	0,52	0,44	0,44	0,33	0,38	0,30	0,33
170,0	1,35	0,0933	0,89	1,04	0,71	0,84	0,66	0,69	0,59	0,58	0,49	0,49	0,37	0,42	0,34	0,37
180,0	1,43	0,1046	0,99	1,16	0,80	0,93	0,73	0,76	0,66	0,64	0,55	0,55	0,41	0,47	0,38	0,41
190,0	1,51	0,1165	1,11	1,28	0,89	1,03	0,82	0,84	0,73	0,71	0,62	0,60	0,46	0,52	0,42	0,45
200,0	1,59	0,1291	1,23	1,40	0,98	1,13	0,91	0,93	0,81	0,78	0,68	0,66	0,50	0,57	0,46	0,50
210,0	1,67	0,1423	1,35	1,54	1,09	1,24	1,00	1,02	0,89	0,85	0,75	0,73	0,55	0,63	0,51	0,55
220,0	1,75	0,1562	1,48	1,68	1,19	1,35	1,10	1,11	0,98	0,93	0,82	0,79	0,61	0,68	0,56	0,59
230,0	1,83	0,1707	1,62	1,82	1,30	1,46	1,20	1,20	1,07	1,01	0,90	0,86	0,66	0,74	0,60	0,65
240,0	1,91	0,1859	1,76	1,97	1,42	1,58	1,30	1,30	1,17	1,09	0,98	0,93	0,72	0,80	0,66	0,70
250,0	1,99	0,2017	1,91	2,12	1,54	1,71	1,41	1,40	1,26	1,18	1,06	1,00	0,78	0,86	0,71	0,75
260,0	2,07	0,2182	2,07	2,28	1,66	1,84	1,53	1,51	1,37	1,27	1,15	1,08	0,84	0,93	0,76	0,81
270,0	2,15	0,2353	2,23	2,45	1,79	1,97	1,65	1,62	1,47	1,36	1,24	1,16	0,90	1,00	0,82	0,87
280,0	2,23	0,2530	2,40	2,62	1,93	2,11	1,77	1,73	1,58	1,45	1,33	1,24	0,97	1,07	0,88	0,93
290,0	2,31	0,2714	2,58	2,79	2,07	2,25	1,90	1,85	1,70	1,55	1,43	1,32	1,04	1,14	0,94	0,99
300,0	2,39	0,2905	2,76	2,98	2,21	2,39	2,03	1,97	1,82	1,65	1,53	1,40	1,11	1,21	1,01	1,06
310,0	2,47	0,3102	2,94	3,16	2,36	2,54	2,17	2,09	1,94	1,75	1,63	1,49	1,18	1,29	1,07	1,12
320,0	2,55	0,3305	3,14	3,35	2,52	2,70	2,31	2,22	2,07	1,86	1,74	1,58	1,25	1,36	1,14	1,19
330,0	2,63	0,3515	3,33	3,55	2,68	2,85	2,46	2,35	2,20	1,97	1,84	1,68	1,33	1,44	1,21	1,26
340,0	2,71	0,3731	3,54	3,75	2,84	3,02	2,61	2,48	2,33	2,08	1,96	1,77	1,41	1,53	1,28	1,33
350,0	2,79	0,3954	3,75	3,96	3,01	3,18	2,77	2,62	2,47	2,20	2,07	1,87	1,49	1,61	1,35	1,40
360,0	2,86	0,4183	3,97	4,17	3,18	3,35	2,93	2,76	2,62	2,31	2,19	1,97	1,58	1,70	1,43	1,48
370,0	2,94	0,4419	4,19	4,39	3,36	3,53	3,09	2,90	2,76	2,43	2,32	2,07	1,67	1,79	1,51	1,56
380,0	3,02	0,4661	4,42	4,61	3,55	3,71	3,26	3,05	2,91	2,56	2,44	2,18	1,76	1,88	1,59	1,64
390,0	3,10	0,4909	4,66	4,84	3,74	3,89	3,43	3,20	3,07	2,68	2,57	2,28	1,85	1,97	1,67	1,72
400,0	3,18	0,5164	4,90	5,07	3,93	4,08	3,61	3,35	3,23	2,81	2,70	2,39	1,94	2,06	1,75	1,80
410,0	3,26	0,5426	5,15	5,31	4,13	4,27	3,79	3,51	3,39	2,94	2,84	2,50	2,04	2,16	1,84	1,88
420,0	3,34	0,5694	5,40	5,55	4,33	4,46	3,98	3,67	3,56	3,08	2,98	2,62	2,14	2,26	1,92	1,97
430,0	3,42	0,5968	5,66	5,80	4,54	4,66	4,17	3,83	3,73	3,21	3,12	2,74	2,24	2,36	2,01	2,06

Tabela A-8.4-a Fórmula de Hazen-Williams e Tabela A-8.4-b Fórmula Universal (4 °C) (*continuação*)														DN 450 mm
Perdas de carga em metros por 100 metros														(0,159 m²)

Coeficiente C [Hazen-Williams]			80		90		100		110		120		130		140
Rugosidade em mm [Colebrook]			4,00		2,00		1,50		1,00		0,50		0,10		0,05
Vazão (ℓ/s)	Vel. (m/s)	v²/(2×g) (m)													
20,0	0,13	0,0008	0,01	0,01	0,01	0,01	0,01	0,01	0,00	0,01	0,00	0,01	0,00	0,00	0,00	0,00
40,0	0,25	0,0032	0,03	0,04	0,02	0,03	0,02	0,03	0,02	0,02	0,02	0,02	0,01	0,02	0,01	0,01
60,0	0,38	0,0073	0,06	0,09	0,05	0,07	0,04	0,06	0,04	0,05	0,03	0,04	0,03	0,03	0,03	0,03
80,0	0,50	0,0129	0,11	0,14	0,09	0,12	0,08	0,10	0,07	0,08	0,06	0,07	0,05	0,06	0,05	0,05
100,0	0,63	0,0201	0,16	0,22	0,13	0,18	0,12	0,14	0,11	0,12	0,09	0,10	0,07	0,09	0,07	0,08
120,0	0,75	0,0290	0,24	0,31	0,19	0,25	0,18	0,20	0,16	0,17	0,14	0,14	0,10	0,13	0,10	0,11
140,0	0,88	0,0395	0,32	0,41	0,26	0,33	0,24	0,27	0,22	0,23	0,18	0,19	0,14	0,17	0,13	0,14
160,0	1,01	0,0516	0,42	0,52	0,34	0,42	0,31	0,35	0,28	0,29	0,24	0,25	0,18	0,21	0,17	0,19
180,0	1,13	0,0653	0,53	0,65	0,43	0,52	0,39	0,43	0,35	0,36	0,30	0,31	0,23	0,26	0,21	0,23
200,0	1,26	0,0806	0,65	0,79	0,53	0,64	0,49	0,52	0,44	0,44	0,37	0,37	0,28	0,32	0,26	0,28
220,0	1,38	0,0975	0,79	0,94	0,64	0,76	0,59	0,62	0,53	0,52	0,45	0,45	0,33	0,38	0,31	0,33
240,0	1,51	0,1161	0,94	1,11	0,76	0,89	0,70	0,73	0,63	0,61	0,53	0,52	0,39	0,45	0,36	0,39
260,0	1,63	0,1362	1,11	1,29	0,89	1,03	0,82	0,85	0,74	0,71	0,62	0,61	0,46	0,52	0,42	0,46
280,0	1,76	0,1580	1,28	1,48	1,03	1,19	0,95	0,98	0,85	0,82	0,72	0,70	0,53	0,60	0,49	0,52
300,0	1,89	0,1813	1,47	1,68	1,19	1,35	1,09	1,11	0,98	0,93	0,83	0,79	0,61	0,68	0,56	0,59
320,0	2,01	0,2063	1,67	1,89	1,35	1,52	1,24	1,25	1,11	1,05	0,94	0,89	0,69	0,77	0,63	0,67
340,0	2,14	0,2329	1,89	2,11	1,52	1,70	1,40	1,40	1,26	1,17	1,06	1,00	0,77	0,86	0,71	0,75
360,0	2,26	0,2611	2,12	2,35	1,71	1,89	1,57	1,55	1,41	1,30	1,19	1,11	0,87	0,96	0,79	0,83
380,0	2,39	0,2910	2,36	2,60	1,90	2,09	1,75	1,72	1,57	1,44	1,32	1,23	0,96	1,06	0,87	0,92
400,0	2,52	0,3224	2,61	2,86	2,11	2,30	1,94	1,89	1,74	1,58	1,46	1,35	1,06	1,16	0,97	1,01
420,0	2,64	0,3554	2,88	3,13	2,32	2,51	2,14	2,07	1,91	1,73	1,61	1,48	1,17	1,27	1,06	1,11
440,0	2,77	0,3901	3,16	3,41	2,55	2,74	2,35	2,25	2,10	1,89	1,77	1,61	1,28	1,39	1,16	1,21
460,0	2,89	0,4264	3,46	3,70	2,78	2,98	2,56	2,45	2,29	2,05	1,93	1,75	1,40	1,51	1,26	1,31
480,0	3,02	0,4643	3,76	4,00	3,03	3,22	2,79	2,65	2,50	2,22	2,10	1,89	1,52	1,63	1,37	1,42
500,0	3,14	0,5037	4,08	4,32	3,29	3,47	3,03	2,86	2,71	2,39	2,28	2,04	1,64	1,76	1,48	1,53
520,0	3,27	0,5449	4,42	4,64	3,56	3,73	3,27	3,07	2,93	2,57	2,46	2,19	1,77	1,89	1,60	1,65
540,0	3,40	0,5876	4,76	4,98	3,84	4,00	3,53	3,29	3,16	2,76	2,65	2,35	1,91	2,03	1,72	1,77
560,0	3,52	0,6319	5,12	5,33	4,12	4,28	3,80	3,52	3,40	2,95	2,85	2,51	2,05	2,17	1,85	1,89
580,0	3,65	0,6778	5,49	5,68	4,42	4,57	4,07	3,76	3,64	3,15	3,06	2,68	2,20	2,31	1,98	2,02
600,0	3,77	0,7254	5,88	6,05	4,73	4,87	4,36	4,00	3,90	3,36	3,27	2,86	2,35	2,46	2,11	2,15
620,0	3,90	0,7746	6,28	6,43	5,05	5,17	4,65	4,25	4,16	3,57	3,50	3,04	2,51	2,62	2,25	2,28
640,0	4,02	0,8253	6,69	6,82	5,39	5,48	4,96	4,51	4,43	3,78	3,72	3,22	2,67	2,78	2,40	2,42
660,0	4,15	0,8777	7,11	7,22	5,73	5,81	5,27	4,78	4,72	4,00	3,96	3,41	2,83	2,94	2,54	2,56
680,0	4,28	0,9317	7,55	7,63	6,08	6,14	5,59	5,05	5,01	4,23	4,20	3,60	3,01	3,11	2,70	2,71
700,0	4,40	0,9873	8,00	8,05	6,44	6,47	5,93	5,33	5,30	4,47	4,45	3,80	3,18	3,28	2,85	2,86
720,0	4,53	1,0446	8,46	8,48	6,81	6,82	6,27	5,61	5,61	4,70	4,71	4,00	3,36	3,45	3,01	3,01
740,0	4,65	1,1034	8,94	8,93	7,20	7,18	6,62	5,90	5,93	4,95	4,97	4,21	3,55	3,63	3,18	3,17
760,0	4,78	1,1639	9,43	9,38	7,59	7,54	6,99	6,20	6,25	5,20	5,24	4,43	3,74	3,82	3,35	3,33
780,0	4,90	1,2259	9,93	9,84	8,00	7,91	7,36	6,51	6,58	5,46	5,52	4,64	3,94	4,00	3,52	3,49
800,0	5,03	1,2896	10,45	10,31	8,41	8,29	7,74	6,82	6,92	5,72	5,81	4,87	4,14	4,20	3,70	3,66

Tabela A-8.4-a Fórmula de Hazen-Williams e Tabela A-8.4-b Fórmula Universal (4 °C) (*continuação*) — DN 500 mm

Perdas de carga em metros por 100 metros — (0,196 m²)

Coeficiente C [Hazen-Williams]			80		90		100		110		120		130		140
Rugosidade em mm [Colebrook]			4,00		2,00		1,50		1,00		0,50		0,10		0,05	
Vazão (ℓ/s)	Vel. (m/s)	v²/(2×g) (m)														
40,0	0,20	0,0021	0,02	0,02	0,01	0,02	0,01	0,02	0,01	0,01	0,01	0,01	0,01	0,01	0,01	0,01
60,0	0,31	0,0048	0,03	0,05	0,03	0,04	0,03	0,03	0,02	0,03	0,02	0,02	0,02	0,02	0,02	0,02
80,0	0,41	0,0085	0,06	0,09	0,05	0,07	0,05	0,06	0,04	0,05	0,04	0,04	0,03	0,04	0,03	0,03
100,0	0,51	0,0132	0,09	0,13	0,08	0,11	0,07	0,09	0,06	0,07	0,05	0,06	0,04	0,05	0,04	0,05
120,0	0,61	0,0190	0,13	0,18	0,11	0,15	0,10	0,12	0,09	0,10	0,08	0,09	0,06	0,07	0,06	0,07
140,0	0,71	0,0259	0,18	0,24	0,15	0,20	0,14	0,16	0,12	0,14	0,11	0,12	0,08	0,10	0,08	0,09
160,0	0,81	0,0338	0,24	0,31	0,19	0,25	0,18	0,21	0,16	0,17	0,14	0,15	0,11	0,13	0,10	0,11
180,0	0,92	0,0428	0,30	0,39	0,25	0,31	0,23	0,26	0,20	0,22	0,17	0,18	0,13	0,16	0,13	0,14
200,0	1,02	0,0529	0,37	0,47	0,30	0,38	0,28	0,31	0,25	0,26	0,21	0,22	0,16	0,19	0,15	0,17
220,0	1,12	0,0640	0,45	0,57	0,37	0,45	0,34	0,37	0,30	0,31	0,26	0,27	0,20	0,23	0,18	0,20
240,0	1,22	0,0761	0,54	0,66	0,44	0,53	0,40	0,44	0,36	0,37	0,31	0,31	0,23	0,27	0,21	0,24
260,0	1,32	0,0894	0,63	0,77	0,51	0,62	0,47	0,51	0,42	0,43	0,36	0,36	0,27	0,31	0,25	0,27
280,0	1,43	0,1036	0,73	0,88	0,59	0,71	0,55	0,58	0,49	0,49	0,42	0,42	0,31	0,36	0,29	0,31
300,0	1,53	0,1190	0,84	1,00	0,68	0,81	0,63	0,66	0,56	0,56	0,48	0,47	0,36	0,41	0,33	0,36
320,0	1,63	0,1354	0,96	1,13	0,77	0,91	0,71	0,75	0,64	0,63	0,54	0,53	0,40	0,46	0,37	0,40
340,0	1,73	0,1528	1,08	1,27	0,87	1,02	0,80	0,84	0,72	0,70	0,61	0,60	0,45	0,51	0,42	0,45
360,0	1,83	0,1713	1,21	1,41	0,98	1,13	0,90	0,93	0,81	0,78	0,68	0,66	0,51	0,57	0,46	0,50
380,0	1,94	0,1909	1,35	1,56	1,09	1,25	1,00	1,03	0,90	0,86	0,76	0,73	0,56	0,63	0,51	0,55
400,0	2,04	0,2115	1,49	1,71	1,21	1,37	1,11	1,13	1,00	0,95	0,84	0,81	0,62	0,70	0,57	0,61
420,0	2,14	0,2332	1,64	1,87	1,33	1,50	1,23	1,24	1,10	1,04	0,93	0,88	0,68	0,76	0,62	0,66
440,0	2,24	0,2559	1,80	2,04	1,46	1,64	1,35	1,35	1,21	1,13	1,02	0,96	0,75	0,83	0,68	0,72
460,0	2,34	0,2797	1,97	2,22	1,59	1,78	1,47	1,47	1,32	1,23	1,11	1,05	0,81	0,90	0,74	0,79
480,0	2,44	0,3046	2,15	2,40	1,74	1,93	1,60	1,59	1,44	1,33	1,21	1,13	0,89	0,98	0,81	0,85
500,0	2,55	0,3305	2,33	2,59	1,88	2,08	1,74	1,71	1,56	1,43	1,31	1,22	0,96	1,05	0,87	0,92
520,0	2,65	0,3575	2,52	2,78	2,04	2,24	1,88	1,84	1,68	1,54	1,42	1,31	1,03	1,13	0,94	0,99
540,0	2,75	0,3855	2,72	2,98	2,20	2,40	2,02	1,97	1,82	165	1,53	1,41	1,11	1,21	1,01	1,06
560,0	2,85	0,4146	2,92	3,19	2,36	2,56	2,18	2,11	1,95	1,77	1,65	1,50	1,20	1,30	1,08	1,13
580,0	2,95	0,4447	3,13	3,40	2,53	2,74	2,34	2,25	2,09	1,89	1,76	1,61	1,28	1,38	1,16	1,21
600,0	3,06	0,4759	3,35	3,62	2,71	2,91	2,50	2,24	2,24	2,01	1,89	1,71	1,37	1,47	1,24	1,29
620,0	3,16	0,5082	3,58	3,85	2,89	3,10	2,67	2,55	2,39	2,13	2,02	1,82	1,46	1,57	1,32	1,37
640,0	3,26	0,5415	3,82	4,08	3,08	3,28	2,84	2,70	2,55	2,26	2,15	1,93	1,55	1,66	1,40	1,45
660,0	3,36	0,5459	4,06	4,32	3,28	3,48	3,02	2,86	2,71	2,40	2,28	2,04	1,65	1,76	1,49	1,53
680,0	3,46	0,6113	4,31	4,57	3,48	3,67	3,21	3,02	2,88	2,53	2,42	2,16	1,75	1,86	1,58	1,62
700,0	3,57	0,6478	4,56	4,82	3,69	3,88	3,40	3,19	3,05	2,67	2,57	2,28	1,85	1,96	1,67	1,71
720,0	3,67	0,6853	4,83	5,08	3,90	4,08	3,60	3,36	3,22	2,82	2,71	2,40	1,96	2,07	1,76	1,80
740,0	3,77	0,7239	5,10	5,34	4,12	4,30	3,80	3,53	3,40	2,96	2,87	2,52	2,07	2,17	1,86	1,90
760,0	3,87	0,7636	5,38	5,61	4,35	4,51	4,01	3,71	3,59	3,11	3,02	2,65	2,18	2,28	1,96	1,99
780,0	3,87	0,8043	5,67	5,89	4,58	4,74	4,22	3,90	3,78	3,27	3,18	2,78	2,29	2,40	2,06	2,09
800,0	4,07	0,8461	5,96	6,17	4,82	4,96	4,44	4,08	3,98	3,42	3,35	2,91	2,41	2,51	2,16	2,19
820,0	4,18	0,8889	6,26	6,46	5,06	5,20	4,66	4,27	4,18	3,58	3,52	3,05	2,53	2,63	2,27	2,29

Tabela A-8.4-a Fórmula de Hazen-Williams e Tabela A-8.4-b Fórmula Universal (4 °C) *(continuação)*																DN 550 mm	
Perdas de carga em metros por 100 metros																(0,238 m²)	
Coeficiente C [Hazen-Williams]			80		90		100		110		120		130		140		
Rugosidade em mm [Colebrook]			4,00		2,00		1,50		1,00		0,50		0,10		0,05		
Vazão (ℓ/s)	Vel. (m/s)	v²/(2×g) (m)															
40,0	0,17	0,0014	0,01	0,02	0,01	0,01	0,01	0,01	0,01	0,01	0,01	0,01	0,01	0,01	0,00	0,01
60,0	0,25	0,0033	0,02	0,03	0,02	0,03	0,02	0,02	0,01	0,02	0,01	0,02	0,01	0,01	0,01	0,01
80,0	0,34	0,0058	0,04	0,05	0,03	0,04	0,03	0,04	0,03	0,03	0,02	0,03	0,02	0,02	0,02	0,02
100,0	0,42	0,0090	0,06	0,08	0,05	0,07	0,04	0,05	0,04	0,05	0,03	0,04	0,03	0,03	0,03	0,03
120,0	0,51	0,0130	0,08	0,12	0,07	0,09	0,06	0,08	0,06	0,06	0,05	0,05	0,04	0,05	0,04	0,04
140,0	0,59	0,0177	0,11	0,15	0,09	0,12	0,08	0,10	0,08	0,09	0,06	0,07	0,05	0,06	0,05	0,05
160,0	0,67	0,0231	0,14	0,20	0,12	0,16	0,11	0,13	0,10	0,11	0,08	0,09	0,07	0,08	0,06	0,07
180,0	0,76	0,0293	0,18	0,24	0,15	0,20	0,14	0,16	0,12	0,14	0,11	0,12	0,08	0,09	0,08	0,09
200,0	0,84	0,0361	0,23	0,30	0,18	0,24	0,17	0,20	0,15	0,17	0,13	0,14	0,10	0,12	0,10	0,11
220,0	0,93	0,0437	0,27	0,36	0,22	0,29	0,20	0,24	0,18	0,20	0,16	0,17	0,12	0,14	0,11	0,13
240,0	1,01	0,0520	0,32	0,42	0,26	0,34	0,24	0,28	0,22	0,23	0,19	0,20	0,14	0,17	0,13	0,15
260,0	1,09	0,0610	0,38	0,48	0,31	0,39	0,29	0,32	0,26	0,27	0,22	0,23	0,17	0,20	0,16	0,17
280,0	1,18	0,0708	0,44	0,56	0,36	0,45	0,33	0,37	0,30	0,31	0,25	0,26	0,19	0,23	0,18	0,20
300,0	1,26	0,0813	0,51	0,63	0,41	0,51	0,38	0,42	0,34	0,35	0,29	0,30	0,22	0,26	0,20	0,22
320,0	1,35	0,0925	0,58	0,71	0,47	0,57	0,43	0,47	0,39	0,39	0,33	0,34	0,25	0,29	0,23	0,25
340,0	1,43	0,1044	0,65	0,80	0,53	0,64	0,49	0,53	0,44	0,44	0,37	0,38	0,28	0,32	0,26	0,28
360,0	1,52	0,1170	0,73	0,88	0,59	0,71	0,55	0,59	0,49	0,49	0,42	0,42	0,31	0,36	0,29	0,31
380,0	1,60	0,1304	0,81	0,98	0,66	0,79	0,61	0,65	0,55	0,54	0,46	0,47	0,35	0,40	0,32	0,35
400,0	1,68	0,1445	0,90	1,07	0,73	0,86	0,67	0,71	0,61	0,60	0,51	0,51	0,38	0,44	0,35	0,38
420,0	1,77	0,1593	0,99	1,18	0,80	0,95	0,74	0,78	0,67	0,65	0,57	0,56	0,42	0,48	0,39	0,42
440,0	1,85	0,1748	1,09	1,28	0,88	1,03	0,81	0,85	0,73	0,71	0,62	0,61	0,46	0,52	0,42	0,45
460,0	1,94	0,1911	1,19	1,39	0,96	1,12	0,89	0,92	0,80	0,77	0,68	0,66	0,50	0,57	0,46	0,49
480,0	2,02	0,2080	1,29	1,51	1,05	1,21	0,97	1,00	0,87	0,84	0,74	0,71	0,54	0,61	0,50	0,53
500,0	2,10	0,2257	1,40	1,63	1,14	1,31	1,05	1,07	0,94	0,90	0,80	0,77	0,59	0,66	0,54	0,58
520,0	2,19	0,2442	1,52	1,75	1,23	1,41	1,14	1,16	1,02	0,97	0,86	0,82	0,64	0,71	0,58	0,62
540,0	2,27	0,2633	1,64	1,87	1,33	1,51	1,23	1,24	1,10	1,04	0,93	0,88	0,68	0,76	0,63	0,66
560,0	2,36	0,2832	1,76	2,00	1,43	1,61	1,32	1,33	1,18	1,11	1,00	0,95	0,74	0,82	0,67	0,71
580,0	2,44	0,3038	1,89	2,14	1,53	1,72	1,41	1,42	1,27	1,19	1,07	1,01	0,79	0,87	0,72	0,76
600,0	2,53	0,3251	2,02	2,28	1,64	1,83	1,51	1,51	1,36	1,26	1,15	1,07	0,84	0,93	0,77	0,81
620,0	2,61	0,3471	2,16	2,42	1,75	1,95	1,61	1,60	1,45	1,34	1,23	1,14	0,90	0,98	0,82	0,86
640,0	2,69	0,3699	2,30	2,57	1,86	2,06	1,72	1,70	1,54	1,42	1,31	1,21	0,95	1,04	0,87	0,91
660,0	2,78	0,3933	2,44	2,72	1,98	2,18	1,83	1,80	1,64	1,51	1,39	1,28	1,01	1,11	0,92	0,96
680,0	2,86	0,4175	2,59	2,87	2,10	2,31	1,94	1,90	1,74	1,59	1,47	1,36	1,07	1,17	0,97	1,02
700,0	2,95	0,4425	2,75	3,03	2,23	2,44	2,06	2,00	1,85	1,68	1,56	1,43	1,14	1,23	1,03	1,07
720,0	3,03	0,4681	2,91	3,19	2,36	2,57	2,18	2,11	1,95	1,77	1,65	1,51	1,20	1,30	1,09	1,13
740,0	3,11	0,4945	3,07	3,36	2,49	2,70	2,30	2,22	2,06	1,86	1,74	1,59	1,27	1,37	1,15	1,19
760,0	3,20	0,5216	3,24	3,53	2,63	2,84	2,42	2,33	2,18	1,96	1,84	1,67	1,34	1,44	1,21	1,25
780,0	3,28	0,5494	3,41	3,70	2,77	2,98	2,55	2,45	2,29	2,05	1,93	1,75	1,41	1,51	1,27	1,31
800,0	3,37	0,5779	3,59	3,88	2,91	3,12	2,68	2,57	2,41	2,15	2,03	1,83	1,48	1,58	1,33	1,38
820,0	3,45	0,6072	3,77	4,06	3,06	3,27	2,82	2,69	2,53	2,25	2,14	1,92	1,55	1,65	1,40	1,44

Tabela A-8.4-a Fórmula de Hazen-Williams e Tabela A-8.4-b Fórmula Universal (4 °C) *(continuação)*															DN 600 mm	
Perdas de carga em metros por 100 metros															(0,283 m²)	
Coeficiente C [Hazen-Williams]			80		90		100		110		120		130		140	
Rugosidade em mm [Colebrook]			4,00		2,00		1,50		1,00		0,50		0,10		0,05	
Vazão (ℓ/s)	Vel. (m/s)	v²/(2×g) (m)														
140,0	0,50	0,0125	0,07	0,10	0,06	0,08	0,05	0,07	0,05	0,06	0,04	0,05	0,03	0,04	0,03	0,04
160,0	0,57	0,0163	0,09	0,13	0,07	0,10	0,07	0,09	0,06	0,07	0,05	0,06	0,04	0,05	0,04	0,05
180,0	0,64	0,0207	0,11	0,16	0,09	0,13	0,09	0,11	0,08	0,09	0,07	0,08	0,05	0,07	0,05	0,06
200,0	0,71	0,0255	0,14	0,19	0,12	0,16	0,11	0,13	0,10	0,11	0,08	0,09	0,07	0,08	0,06	0,07
220,0	0,78	0,0309	0,17	0,23	0,14	0,19	0,13	0,15	0,12	0,13	0,10	0,11	0,08	0,09	0,07	0,08
240,0	0,85	0,0367	0,20	0,27	0,17	0,22	0,15	0,18	0,14	0,15	0,12	0,13	0,09	0,11	0,09	0,10
260,0	0,92	0,0431	0,24	0,32	0,20	0,25	0,18	0,21	0,16	0,18	0,14	0,15	0,11	0,13	0,10	0,11
280,0	0,99	0,0500	0,28	0,36	0,23	0,29	0,21	0,24	0,19	0,20	0,16	0,17	0,12	0,15	0,12	0,13
300,0	1,06	0,0574	0,32	0,41	0,26	0,33	0,24	0,27	0,22	0,23	0,18	0,19	0,14	0,17	0,13	0,15
320,0	1,13	0,0653	0,36	0,47	0,30	0,27	0,27	0,31	0,25	0,26	0,21	0,22	0,16	0,19	0,15	0,17
340,0	1,20	0,0737	0,41	0,52	0,33	0,42	0,31	0,34	0,28	0,29	0,24	0,25	0,18	0,21	0,17	0,18
360,0	1,27	0,0826	0,46	0,58	0,37	0,47	0,35	0,38	0,31	0,32	0,27	0,27	0,20	0,24	0,19	0,21
380,0	1,34	0,0921	0,51	0,64	0,42	0,51	0,38	0,42	0,35	0,35	0,29	0,30	0,22	0,26	0,21	0,23
400,0	1,41	0,1020	0,57	0,70	0,46	0,57	0,43	0,47	0,38	0,39	0,22	0,33	0,25	0,29	0,23	0,25
420,0	1,49	0,1125	0,62	0,77	0,51	0,62	0,47	0,51	0,42	0,43	0,36	0,36	0,27	0,31	0,25	0,27
440,0	1,56	0,1234	0,68	0,84	0,56	0,67	0,52	0,56	0,46	0,47	0,39	0,40	0,30	0,34	0,27	0,30
460,0	1,63	0,1349	0,75	0,91	0,61	0,73	0,56	0,60	0,51	0,51	0,43	0,43	0,32	0,37	0,30	0,32
480,0	1,70	0,1469	0,81	0,99	0,66	0,79	0,61	0,65	0,55	0,55	0,47	0,47	0,35	0,40	0,32	0,35
500,0	1,77	0,1594	0,88	1,06	0,72	0,86	0,66	0,70	0,60	0,59	0,51	0,50	0,38	0,43	0,35	0,38
520,0	1,84	0,1724	0,96	1,14	0,78	0,92	0,72	0,76	0,65	0,63	0,55	0,54	0,41	0,47	0,38	0,41
540,0	1,91	0,1859	1,03	0,12	0,84	0,99	0,77	0,81	0,70	0,68	0,59	0,58	0,44	0,50	0,40	0,44
560,0	1,98	0,1999	1,11	1,31	0,90	1,05	0,83	0,87	0,75	0,73	0,64	0,62	0,47	0,53	0,43	0,47
580,0	2,05	0,2145	1,19	1,40	0,97	1,13	0,89	0,93	0,80	0,78	0,68	0,66	0,51	0,57	0,46	0,50
600,0	2,12	0,2295	1,27	1,49	1,03	1,20	0,96	0,99	0,86	0,83	0,73	0,70	0,54	0,61	0,49	0,53
620,0	2,19	0,2451	1,36	1,58	1,10	1,27	1,02	1,05	0,92	0,88	0,78	0,75	0,58	0,64	0,53	0,56
640,0	2,26	0,2611	1,45	1,68	1,18	1,35	1,09	1,11	0,98	0,93	0,83	0,79	0,61	0,68	0,56	0,60
660,0	2,33	0,2777	1,54	1,78	1,25	1,43	1,16	1,18	1,04	0,99	0,88	0,84	0,65	0,72	0,59	0,63
680,0	2,41	0,2948	1,63	1,88	1,33	1,51	1,23	1,24	1,10	1,04	1,04	0,89	0,69	0,76	0,63	0,67
700,0	2,48	0,3124	1,73	1,98	1,41	1,59	1,30	1,31	1,17	1,10	0,99	0,94	0,73	0,81	0,66	0,70
720,0	2,55	0,3305	1,83	2,09	1,49	1,68	1,38	1,38	1,24	1,16	1,05	0,99	0,77	0,85	0,70	0,74
740,0	2,62	0,3491	1,93	2,20	1,57	1,77	1,45	1,45	1,31	1,22	1,11	1,04	0,81	0,89	0,74	0,78
760,0	2,69	0,3683	2,04	2,31	1,66	1,86	1,53	1,53	1,38	1,28	1,17	1,09	0,86	0,94	0,78	0,82
780,0	2,76	0,3879	2,15	2,42	1,75	1,95	1,61	1,60	1,45	1,34	1,23	1,14	0,90	0,99	0,82	0,86
800,0	2,83	0,4080	2,26	2,54	1,84	2,04	1,70	1,68	1,53	1,41	1,29	1,20	0,95	1,03	0,86	0,90
820,0	2,90	0,4287	2,37	2,66	1,93	2,14	1,78	1,76	1,60	1,47	1,36	1,25	0,99	1,08	0,90	0,94
840,0	2,97	0,4499	2,49	2,78	2,03	2,24	1,87	1,84	1,68	1,54	1,42	1,31	1,04	1,13	0,94	0,99
860,0	3,04	0,4715	2,61	2,90	2,12	2,34	1,96	1,92	1,76	1,61	1,49	1,37	1,09	1,18	0,99	1,03
880,0	3,11	0,4937	2,73	3,03	2,22	2,44	2,05	2,00	1,85	1,68	1,56	1,43	1,14	1,23	1,03	1,08
900,0	3,18	0,5164	2,86	3,16	2,33	2,54	2,15	2,09	1,93	1,75	1,63	1,49	1,19	1,29	1,08	1,12
920,0	3,25	0,5396	2,99	3,29	2,43	2,65	2,24	2,18	2,02	1,82	1,71	1,55	1,24	1,34	1,13	1,17

Tabela A-8.4-a Fórmula de Hazen-Williams e Tabela A-8.4-b Fórmula Universal (4 °C) *(continuação)*																DN 700 mm
Perdas de carga em metros por 100 metros																(0,385 m^2)

Coeficiente C [Hazen-Williams]			80		90		100		110		120		130		140	
Rugosidade em mm [Colebrook]			4,00		2,00		1,50		1,00		0,50		0,10		0,05	
Vazão (ℓ/s)	Vel. (m/s)	$v^2/(2\times g)$ (m)														
100,0	0,26	0,0034	0,02	0,03	0,01	0,02	0,01	0,02	0,01	0,01	0,01	0,01	0,01	0,01	0,01	0,01
150,0	0,39	0,0077	0,04	0,05	0,03	0,04	0,03	0,04	0,02	0,03	0,02	0,03	0,02	0,02	0,02	0,02
200,0	0,52	0,0138	0,06	0,09	0,05	0,07	0,05	0,06	0,04	0,05	0,04	0,04	0,03	0,04	0,03	0,03
250,0	0,65	0,0215	0,10	0,14	0,08	0,11	0,07	0,08	0,07	0,08	0,06	0,07	0,05	0,06	0,04	0,05
300,0	0,78	0,0310	0,14	0,19	0,12	0,16	0,11	0,13	0,10	0,11	0,08	0,09	0,07	0,08	0,06	0,07
350,0	0,91	0,0422	0,19	0,26	0,16	0,21	0,15	0,17	0,13	0,14	0,11	0,12	0,09	0,11	0,08	0,09
400,0	1,04	0,0551	0,25	0,33	0,20	0,27	0,19	0,22	0,17	0,18	0,15	0,16	0,11	0,14	0,11	0,12
450,0	1,17	0,0697	0,32	0,41	0,26	0,33	0,24	0,27	0,22	0,23	0,19	0,19	0,14	0,17	0,13	0,15
500,0	1,30	0,0860	0,39	0,50	0,32	0,40	0,30	0,33	0,27	0,28	0,23	0,24	0,17	0,20	0,16	0,18
550,0	1,43	0,1041	0,47	0,60	0,39	0,48	0,36	0,40	0,32	0,33	0,28	0,28	0,21	0,24	0,19	0,21
600,0	1,56	0,1239	0,56	0,70	0,46	0,57	0,43	0,47	0,38	0,39	9,33	0,33	0,25	0,29	0,23	0,25
650,0	1,69	0,1454	0,66	0,82	0,54	0,66	0,50	0,54	0,45	0,45	0,38	0,39	0,29	0,33	0,27	0,29
700,0	1,82	0,1686	0,76	0,94	0,62	0,75	0,58	0,62	0,52	0,52	0,44	0,44	0,33	0,38	0,31	0,33
750,0	1,95	0,1936	0,88	1,06	0,72	0,86	0,66	0,70	0,60	0,59	0,51	0,50	0,38	0,43	0,35	0,38
800,0	2,08	0,2202	1,00	1,20	0,82	0,96	0,75	0,79	0,68	0,66	0,58	0,57	0,43	0,49	0,40	0,43
850,0	2,21	0,2486	1,13	1,34	0,92	1,08	0,85	0,89	0,77	0,74	0,65	0,63	0,48	0,55	0,44	0,48
900,0	2,34	0,2787	1,26	0,49	0,103	0,20	0,95	0,99	0,86	0,83	0,73	0,70	0,54	0,61	0,50	0,53
950,0	2,47	0,3106	1,41	1,65	1,15	1,33	1,06	0,09	0,96	0,91	0,81	0,78	0,60	0,67	0,55	0,58
1000,0	2,60	0,3441	1,56	1,81	1,27	1,46	1,18	1,20	1,06	1,00	0,90	0,86	0,67	0,74	0,61	0,64
1050,0	2,73	0,3794	1,72	1,98	1,40	1,60	1,30	1,31	1,17	1,10	0,99	0,94	0,73	0,81	0,67	0,70
1100,0	2,86	0,4164	1,88	2,16	1,54	1,74	1,42	1,43	1,28	1,20	1,09	1,02	0,80	0,88	0,73	0,77
1150,0	2,99	0,4551	2,06	2,35	1,68	1,89	1,56	1,55	1,40	1,30	1,19	1,11	0,88	0,96	0,80	0,83
1200,0	3,12	0,4956	2,24	2,54	1,83	2,04	1,69	1,68	1,53	1,41	1,30	1,20	0,95	1,03	0,86	0,90
1250,0	3,25	0,5377	2,43	2,74	1,99	2,20	1,84	1,81	1,66	1,52	1,41	1,29	1,03	1,11	0,93	0,97
1300,0	3,38	0,5816	2,63	2,95	2,15	2,37	1,99	1,95	1,79	1,63	1,52	1,39	1,11	1,20	1,01	1,05
1350,0	3,51	0,6272	2,84	3,16	2,32	2,54	2,14	2,09	1,93	1,75	1,64	1,49	1,20	1,29	1,09	1,12
1400,0	3,64	0,6745	3,05	3,38	2,49	2,72	2,30	2,24	2,08	1,87	1,76	1,60	1,29	1,38	1,16	1,20
1450,0	3,77	0,7235	3,27	3,61	2,67	2,90	2,47	2,39	2,23	2,00	1,89	1,70	1,38	1,47	1,25	1,28
1500,0	3,90	0,7743	3,50	3,84	2,86	3,09	2,65	2,54	2,38	2,13	2,02	1,81	1,47	1,56	1,33	1,36
1550,0	4,03	0,8268	3,74	4,08	3,05	3,28	2,82	2,70	2,54	2,26	2,16	1,93	1,57	1,66	1,42	1,45
1600,0	4,16	0,8810	3,98	4,33	3,25	3,48	3,01	2,86	2,71	2,40	2,30	2,04	1,67	1,76	1,51	1,54
1650,0	4,29	0,9369	4,24	4,58	3,46	3,68	3,20	3,03	2,88	2,54	2,44	2,16	1,78	1,86	1,60	1,63
1700,0	4,42	0,9946	4,50	4,84	3,67	3,89	3,40	3,20	3,06	2,68	2,59	2,29	1,89	1,97	1,70	1,72
1750,0	4,45	1,0539	4,77	5,11	3,89	4,11	3,60	3,38	3,24	2,83	2,75	2,41	2,00	2,08	1,80	1,81
1800,0	4,68	1,1150	5,04	5,38	4,12	4,33	3,81	3,56	3,43	2,98	2,91	2,54	2,11	2,19	1,90	1,91
1850,0	4,81	1,1778	5,33	5,66	4,35	4,55	4,02	3,75	3,62	3,14	3,07	2,67	2,23	2,30	2,00	2,01
1900,0	4,94	1,2423	5,62	5,95	4,59	4,78	4,24	3,94	3,82	3,30	3,24	2,81	2,35	2,42	2,11	2,11
1950,0	5,07	1,3086	5,92	6,124	4,83	5,02	4,47	4,13	4,02	3,46	3,41	2,95	2,47	2,54	2,22	2,21
2000,0	5,20	1,3765	6,22	6,54	5,08	5,26	4,70	4,33	4,20	3,63	3,58	3,09	2,60	2,66	2,33	2,32
2050,0	5,33	1,4462	6,54	6,85	5,34	5,51	4,94	4,53	4,45	3,80	3,77	3,23	2,73	2,79	2,45	2,43

Tabela A-8.4-a Fórmula de Hazen-Williams e Tabela A-8.4-b Fórmula Universal (4 °C) (*continuação*) | **DN 800 mm**

Perdas de carga em metros por 100 metros   (0,503 m^2)

Coeficiente C [Hazen-Williams]				80		90		100		110		120		130		140
Rugosidade em mm [Colebrook]			4,00		2,00		1,50		1,00		0,50		0,10		0,05	
Vazão (ℓ/s)	Vel. (m/s)	v²/(2×g) (m)														
100,0	0,20	0,0020	0,01	0,01	0,01	0,01	0,01	0,01	0,01	0,01	0,01	0,01	0,00	0,01	0,00	0,00
150,0	0,30	0,0045	0,02	0,03	0,01	0,02	0,01	0,02	0,01	0,02	0,01	0,01	0,01	0,01	0,01	0,01
200,0	0,40	0,0081	0,03	0,05	0,03	0,04	0,02	0,03	0,02	0,03	0,02	0,02	0,02	0,02	0,02	0,02
250,0	0,50	0,0126	0,05	0,07	0,04	0,06	0,04	0,05	0,03	0,04	0,03	0,03	0,02	0,03	0,02	0,03
300,0	0,60	0,0182	0,07	0,10	0,06	0,08	0,05	0,07	0,05	0,06	0,04	0,05	0,03	0,04	0,03	0,04
350,0	0,70	0,0247	0,09	0,14	0,08	0,11	0,07	0,09	0,07	0,08	0,06	0,06	0,04	0,06	0,04	0,05
400,0	0,80	0,0323	0,12	0,17	0,10	0,14	0,09	0,11	0,09	0,10	0,07	0,08	0,06	0,07	0,05	0,06
450,0	0,90	0,0408	0,16	0,22	0,13	0,17	0,12	0,14	0,11	0,12	0,09	0,10	0,07	0,09	0,07	0,08
500,0	0,99	0,0504	0,19	1,26	0,16	0,21	0,15	0,17	0,13	0,15	0,11	0,12	0,09	0,11	0,08	0,09
550,0	1,09	0,0610	0,23	0,31	0,19	0,25	0,18	0,21	0,16	0,17	0,14	0,15	0,11	0,13	0,10	0,11
600,0	1,19	0,0726	0,28	0,37	0,23	0,30	0,21	0,24	0,19	0,20	0,16	0,17	0,13	0,15	0,12	0,13
650,0	1,29	0,0852	0,32	0,43	0,27	0,34	0,25	0,28	0,22	0,24	0,19	0,20	0,15	0,17	0,14	0,15
700,0	1,39	0,0988	0,38	0,49	0,31	0,39	0,29	0,32	0,26	0,27	0,22	0,23	0,17	0,20	0,16	0,17
750,0	1,49	0,1135	0,43	0,56	0,35	0,45	0,33	0,37	0,30	0,31	0,25	0,26	0,19	0,23	0,18	0,20
800,0	1,59	0,1291	0,49	0,63	0,40	0,50	0,37	0,41	0,34	0,35	0,29	0,30	0,22	0,25	0,20	0,22
850,0	1,69	0,1457	0,55	0,70	0,46	0,56	0,42	0,46	0,38	0,39	0,33	0,33	0,25	0,28	0,23	0,25
900,0	1,79	0,1634	0,62	0,78	0,51	0,63	0,47	0,51	0,43	0,43	0,37	0,37	0,27	0,32	0,25	0,28
950,0	1,89	0,1821	0,69	0,86	0,57	0,69	0,53	0,57	0,48	0,48	0,41	0,41	0,31	0,35	0,28	0,31
1000,0	1,99	0,2017	0,77	0,95	0,63	0,76	0,58	0,63	0,53	0,52	0,45	0,45	0,34	0,38	0,31	0,34
1050,0	2,09	0,2224	0,85	1,04	0,69	0,83	0,64	0,68	0,58	0,57	0,50	0,49	0,37	0,42	0,34	0,37
1100,0	2,19	0,2441	0,93	1,13	0,76	0,91	0,71	0,75	0,64	0,63	0,54	0,53	0,41	0,46	0,37	0,40
1150,0	2,29	0,2668	1,01	1,23	0,83	0,99	0,77	0,81	0,70	0,68	0,59	0,58	0,44	0,50	0,41	0,43
1200,0	2,39	0,2905	1,10	1,33	0,91	1,07	0,84	0,88	0,76	0,74	0,65	0,63	0,48	0,54	0,44	0,47
1250,0	2,49	0,3152	1,20	1,43	0,98	1,15	0,91	0,95	0,82	0,79	0,70	0,67	0,52	0,58	0,48	0,51
1300,0	2,59	0,3409	1,30	1,54	1,06	1,24	0,98	1,02	0,89	0,85	0,76	0,73	0,56	0,63	0,51	0,55
1350,0	2,69	0,3676	1,40	1,65	1,15	1,33	1,06	1,09	0,96	0,91	0,82	0,78	0,61	0,67	0,55	0,58
1400,0	2,79	0,3954	1,50	1,76	1,23	1,42	1,14	1,17	1,03	0,98	0,88	0,83	0,65	0,72	0,59	0,63
1450,0	2,88	0,4241	1,61	1,88	1,32	1,51	1,22	1,25	1,11	1,04	0,94	0,89	0,70	0,77	0,63	0,67
1500,0	2,98	0,4539	1,72	2,00	1,41	1,61	1,31	1,33	1,18	1,11	1,01	0,95	0,74	0,82	0,68	0,71
1550,0	3,08	0,4846	1,84	2,13	1,51	1,71	1,40	1,41	1,26	1,18	1,08	1,01	0,79	0,87	0,72	0,76
1600,0	3,18	0,5164	1,96	2,26	1,61	1,82	1,49	1,49	1,35	1,25	1,15	1,07	0,84	0,92	0,77	0,80
1650,0	3,28	0,5492	2,09	2,39	1,71	1,92	1,59	1,58	1,43	1,33	1,22	1,13	0,90	0,97	0,81	0,85
1700,0	3,38	0,5830	2,21	2,53	1,82	2,03	1,68	1,67	1,52	1,40	1,29	1,19	0,95	1,03	0,86	0,90
1750,0	3,48	0,6178	2,35	2,67	1,92	2,14	1,78	1,76	1,61	1,48	1,37	1,26	1,01	1,09	0,91	0,95
1800,0	3,58	0,6536	2,48	2,81	2,04	2,26	1,89	1,86	1,70	1,56	1,45	1,33	1,06	1,14	0,96	1,00
1850,0	3,68	0,6904	2,62	2,96	2,15	2,38	1,99	1,96	1,80	1,64	1,53	1,39	1,12	1,20	1,02	1,05
1900,0	3,78	0,7282	2,77	3,11	2,27	2,50	2,10	2,05	1,90	1,72	1,61	1,47	1,18	1,26	1,07	1,10
1950,0	3,88	0,7671	2,91	3,26	2,39	2,62	2,21	2,16	2,00	1,81	1,70	1,54	1,24	1,33	1,13	1,16
2000,0	3,98	0,8069	3,07	3,41	2,51	2,75	2,33	2,26	2,10	1,89	1,79	1,61	1,31	1,39	1,18	1,21
2050,0	4,08	0,8478	3,22	3,57	2,64	2,87	2,45	2,36	2,21	1,98	1,88	1,69	1,37	1,45	1,24	1,27

Tabela A-8.4-a Fórmula de Hazen-Williams e Tabela A-8.4-b Fórmula Universal (4 °C) (*continuação*)																DN 900 mm	
Perdas de carga em metros por 100 metros																(0,636 m²)	
Coeficiente C [Hazen-Williams]			80		90		100		110		120		130		140			
Rugosidade em mm [Colebrook]			4,00		2,00		1,50		1,00		0,50		0,10		0,05			
Vazão (ℓ/s)	Vel. (m/s)	v²/(2×g) (m)																
200,0	0,31	0,0050	0,02	0,03	0,01	0,02	0,01	0,02	0,01	0,01	0,01	0,01	0,01	0,01	0,01	0,01
250,0	0,39	0,0079	0,03	0,04	0,02	0,03	0,02	0,03	0,02	0,02	0,02	0,02	0,01	0,02	0,01	0,01
300,0	0,47	0,0113	0,04	0,06	0,03	0,05	0,03	0,04	0,03	0,03	0,02	0,03	0,02	0,02	0,02	0,02
350,0	0,55	0,0154	0,05	0,08	0,04	0,06	0,04	0,05	0,04	0,04	0,03	0,04	0,02	0,03	0,02	0,03
400,0	0,63	0,0201	0,07	0,10	0,05	0,08	0,05	0,06	0,05	0,05	0,04	0,05	0,03	0,04	0,03	0,03
450,0	0,71	0,0255	0,08	0,12	0,07	0,10	0,06	0,08	0,06	0,07	0,05	0,06	0,04	0,05	0,04	0,04
500,0	0,79	0,0315	0,10	0,15	0,09	0,12	0,08	0,10	0,07	0,08	0,06	0,07	0,05	0,06	0,05	0,05
550,0	0,86	0,0381	0,12	0,18	0,10	0,14	0,10	0,12	0,09	0,10	0,07	0,08	0,06	0,07	0,06	0,06
600,0	0,94	0,0453	0,15	0,21	0,12	0,17	0,11	0,14	0,10	0,11	0,09	0,10	0,07	0,08	0,07	0,07
650,0	1,02	0,0532	0,17	0,24	0,14	0,19	0,13	0,16	0,12	0,13	0,10	0,11	0,08	0,10	0,08	0,09
700,0	1,10	0,0617	0,20	0,28	0,17	0,22	0,15	0,18	0,14	0,15	0,12	0,13	0,09	0,11	0,09	0,10
750,0	1,18	0,0708	0,23	0,31	0,19	0,25	0,18	0,21	0,16	0,17	0,14	0,15	0,11	0,13	0,10	0,11
800,0	1,26	0,0806	0,26	0,35	0,22	0,28	0,20	0,23	0,18	0,20	0,16	0,17	0,12	0,14	0,11	0,13
850,0	1,34	0,0910	0,30	0,39	0,24	0,32	0,23	0,26	0,21	0,22	0,18	0,19	0,14	0,16	0,13	0,14
900,0	1,41	0,1020	0,33	0,44	0,27	0,35	0,25	0,29	0,23	0,24	0,20	0,21	0,15	0,18	0,14	0,16
950,0	1,49	0,1137	0,37	0,48	0,31	0,39	0,28	0,32	0,26	0,27	0,22	0,23	0,17	0,20	0,16	0,17
1000,0	1,57	0,1259	0,41	0,53	0,34	0,43	0,31	0,35	0,28	0,30	0,24	0,25	0,19	0,22	0,17	0,19
1050,0	1,65	0,1388	0,45	0,58	0,37	0,47	0,35	0,39	0,31	0,32	0,27	0,28	0,20	0,24	0,19	0,21
1100,0	1,73	0,1524	0,50	0,64	0,41	0,51	0,38	0,42	0,34	0,35	0,29	0,30	0,22	0,26	0,21	0,23
1150,0	1,81	0,1666	0,54	0,69	0,45	0,56	0,42	0,46	0,38	0,38	0,32	0,33	0,24	0,28	0,22	0,24
1200,0	1,89	0,1813	0,59	0,75	0,49	0,60	0,45	0,49	0,41	0,41	0,35	0,35	0,26	0,30	0,24	0,26
1250,0	1,96	0,1968	0,64	0,81	0,53	0,65	0,49	0,53	0,44	0,45	0,38	0,38	9,29	9,33	0,26	0,29
1300,0	2,04	0,2128	0,69	0,87	0,57	0,70	0,53	0,57	0,48	0,48	0,41	0,41	0,31	0,35	0,28	0,31
1350,0	2,12	0,2295	0,75	0,93	0,62	0,75	0,57	0,61	0,52	0,52	0,44	0,44	0,33	0,38	0,31	0,33
1400,0	2,20	0,2468	0,81	0,99	0,66	0,80	0,62	0,66	0,56	0,55	0,48	0,47	0,36	0,40	0,33	0,35
1450,0	2,28	0,2648	0,86	1,06	0,71	0,85	0,66	0,70	0,60	0,59	0,51	0,50	0,38	0,43	0,35	0,38
1500,0	2,36	0,2834	0,92	1,13	0,76	0,91	0,71	0,75	0,64	0,63	0,55	0,53	0,41	0,46	0,37	0,40
1550,0	2,44	0,3026	0,99	1,20	0,81	0,96	0,75	0,79	0,68	0,67	0,58	0,57	0,43	0,49	0,40	0,43
1600,0	2,52	0,3224	1,05	1,27	0,87	1,02	0,80	0,84	0,73	0,71	0,62	0,60	0,46	0,52	0,42	0,45
1650,0	2,59	0,3429	1,12	1,35	0,92	1,08	0,85	0,89	0,77	0,75	0,66	0,64	0,49	0,55	0,45	0,48
1700,0	2,67	0,3640	1,19	1,42	0,98	1,14	0,91	0,94	0,82	0,79	0,70	0,67	0,52	0,58	0,48	0,51
1750,0	2,75	0,3857	1,26	1,50	1,04	1,21	0,96	0,99	0,87	0,83	0,74	0,71	0,55	0,61	0,50	0,53
1800,0	2,83	0,4080	1,33	1,58	1,10	1,27	1,02	1,05	0,92	0,88	0,78	0,75	0,58	0,64	0,53	0,56
1850,0	2,91	0,4310	1,41	1,67	1,16	1,34	1,07	1,10	0,97	0,92	0,83	0,79	0,61	0,68	0,56	0,59
1900,0	2,99	0,4546	1,48	1,75	1,22	1,41	1,13	1,16	1,02	0,97	0,87	0,83	0,65	0,71	0,59	0,62
1950,0	3,07	0,4789	1,56	1,84	1,28	1,48	1,19	1,21	1,08	1,02	0,92	0,87	0,68	0,75	0,62	0,65
2000,0	3,14	0,5037	1,64	1,92	1,35	1,55	1,25	1,27	1,13	1,07	0,97	0,91	0,72	0,78	0,65	0,68
2050,0	3,22	0,5292	1,73	2,01	1,42	1,62	1,32	1,33	1,19	1,12	1,02	0,95	0,75	0,82	0,68	0,71
2100,0	3,30	0,5554	1,81	2,11	1,49	1,69	1,38	1,39	1,25	1,17	1,07	0,99	0,79	0,86	0,72	0,75
2150,0	3,38	0,5821	1,90	2,20	1,56	1,77	1,45	1,46	1,31	1,22	1,12	1,04	0,82	0,90	0,75	0,78

Tabela A-8.4-a Fórmula de Hazen-Williams e Tabela A-8.4-b Fórmula Universal (4 °C) (*continuação*) — DN 1000 mm

Perdas de carga em metros por 100 metros — (0,785 m²)

Vazão (ℓ/s)	Vel. (m/s)	$v^2/(2 \times g)$ (m)	80 / 4,00	80	90 / 2,00	90	100 / 1,50	100	110 / 1,00	110	120 / 0,50	120	130 / 0,10	130	140 / 0,05	140
100,0	0,13	0,0008	0,00	0,00	0,00	0,00	0,00	0,00	0,00	0,00	0,00	0,00	0,00	0,00	0,00	0,00
200,0	0,25	0,0033	0,01	0,02	0,01	0,01	0,01	0,01	0,01	0,01	0,01	0,01	0,01	0,01	0,01	0,01
300,0	0,38	0,0074	0,02	0,03	0,02	0,03	0,02	0,02	0,02	0,02	0,01	0,02	0,01	0,01	0,01	0,01
400,0	0,51	0,0132	0,04	0,06	0,03	0,05	0,03	0,04	0,03	0,03	0,02	0,03	0,02	0,02	0,02	0,02
500,0	0,064	0,0207	0,06	0,09	0,05	0,07	0,05	0,06	0,04	0,05	0,04	0,04	0,03	0,04	0,03	0,03
600,0	0,76	0,0297	0,08	0,12	0,07	0,10	0,07	0,08	0,06	0,07	0,05	0,06	0,04	0,05	0,04	0,04
700,0	0,89	0,0405	0,12	0,16	0,10	0,13	0,09	0,11	0,08	0,09	0,07	0,08	0,06	0,07	0,05	0,06
800,0	1,02	0,0529	0,15	0,21	0,12	0,17	0,12	0,14	0,11	0,12	0,09	0,10	0,07	0,09	0,07	0,07
900,0	1,15	0,0669	0,19	0,26	0,16	0,21	0,15	0,17	0,13	0,15	0,11	0,12	0,09	0,11	0,08	0,09
1000,0	1,27	0,0826	0,24	0,32	0,19	0,26	0,18	0,21	0,16	0,18	0,14	0,15	0,11	0,13	0,10	0,11
1100,0	1,40	0,1000	0,28	0,38	0,24	0,31	0,22	0,25	0,20	0,21	0,17	0,18	0,13	0,15	0,12	0,14
1200,0	1,53	0,1190	0,34	0,45	0,28	0,36	0,26	0,30	0,24	0,25	0,20	0,21	0,15	0,18	0,14	0,16
1300,0	1,66	0,1396	0,40	0,52	0,33	0,42	0,31	0,34	0,28	0,29	0,24	0,24	0,18	0,21	0,17	0,18
1400,0	1,78	0,1619	0,46	0,59	0,38	0,48	0,35	0,39	0,32	0,33	0,28	0,28	0,21	0,24	0,19	0,21
1500,0	1,91	0,1859	0,53	0,68	0,44	0,54	0,41	0,45	0,37	0,37	0,32	0,32	0,24	0,28	0,22	0,24
1600,0	2,04	0,2115	0,60	0,76	0,50	0,61	0,46	0,50	0,42	0,42	0,36	0,36	0,27	0,31	0,25	0,27
1700,0	2,16	0,2388	0,68	0,85	0,56	0,69	0,52	0,56	0,47	0,47	0,40	0,40	0,30	0,35	0,28	0,30
1800,0	2,29	0,2677	0,76	0,95	0,63	0,76	0,58	0,63	0,53	0,53	0,45	0,45	0,34	0,.39	0,31	0,34
1900,0	2,42	0,2983	0,85	1,05	0,70	0,84	0,65	0,69	0,59	0,58	0,50	0,49	0,38	0,43	0,35	0,37
2000,0	2,55	0,3305	0,94	1,15	0,78	0,93	0,72	0,76	0,65	0,64	0,56	0,54	0,42	0,47	0,38	0,41
2100,0	2,67	0,3644	1,04	1,26	0,86	1,01	0,79	0,83	0,72	0,70	0,62	0,59	0,46	0,51	0,42	0,45
2200,0	2,80	0,3999	1,14	1,37	0,94	1,10	0,87	0,91	0,79	0,76	0,68	0,65	0,50	0,56	0,46	0,49
2300,0	2,93	0,4371	1,24	1,49	1,03	1,20	0,95	0,99	0,86	0,83	0,74	0,70	0,55	0,61	0,50	0,53
2400,0	3,06	0,4759	1,35	1,61	1,12	1,30	1,04	1,07	0,94	0,90	0,80	0,76	0,60	0,66	0,54	0,57
2500,0	3,18	0,5164	1,47	1,74	1,21	1,40	1,13	1,15	1,02	0,97	0,87	0,82	0,65	0,71	0,59	0,62
2600,0	3,31	0,5586	1,50	1,87	1,31	1,51	1,22	1,24	1,10	1,04	0,94	0,88	0,70	0,76	0,64	0,66
2700,0	3,44	0,6023	1,71	2,01	1,41	1,61	1,31	1,33	1,19	1,11	1,01	0,95	0,75	0,82	0,68	0,71
2800,0	3,57	0,6478	1,84	2,15	1,52	1,73	1,41	1,42	1,28	1,19	1,09	1,01	0,81	0,87	0,73	0,76
2900,0	3,69	0,6949	1,98	2,29	1,63	1,84	1,51	1,52	1,37	1,27	1,17	1,08	0,87	0,93	0,79	0,81
3000,0	3,82	0,7436	2,11	2,44	1,74	1,96	1,62	1,61	1,47	1,35	1,25	1,15	0,93	0,99	0,84	0,87
3100,0	3,95	0,7940	2,26	2,59	1,86	2,09	1,73	1,72	1,57	1,44	1,34	1,22	0,99	1,06	0,90	0,92
3200,0	4,07	0,8461	2,41	2,75	1,99	2,21	1,84	1,82	1,67	1,52	1,42	1,30	1,05	1,12	0,95	0,98
3300,0	4,20	0,8998	2,56	2,91	2,11	2,34	1,96	1,93	1,77	1,61	1,51	1,37	1,12	1,18	1,01	1,03
3400,0	4,33	0,9552	2,72	3,08	2,25	2,47	2,08	2,04	1,88	1,71	1,61	1,45	1,18	1,25	1,07	1,09
3500,0	4,46	1,0122	2,88	3,25	2,37	2,61	2,20	2,15	1,99	1.80	1,70	1,53	1,25	1,32	1,13	1,15
3600,0	4,58	1,0708	3,04	3,42	2,51	2,75	2,33	2,26	2,11	1,90	1,80	1,61	1,32	1,39	1,20	1,21
3700,0	4,71	1,1312	3,22	3,60	2,65	2,89	2,46	23,38	2,23	2,00	1,90	1,70	1,40	1,46	1,26	1,28
3800,0	4,84	1,1931	3,39	3,78	2,80	3,04	2,60	2,50	2,35	2,10	2,01	1,78	1,47	1,54	1,33	1,34
3900,0	4,97	1,2568	3,57	3,97	2,95	3,19	2,74	2,62	2,48	2,20	2,11	1,87	1,55	1,61	1,40	1,41
4000,0	5,09	1,3220	3,76	4,16	3,10	3,34	2,88	2,75	2,60	2,31	2,22	1,96	1,63	1,69	1,47	1,47

Coeficiente C [Hazen-Williams]: 80, 90, 100, 110, 120, 130, 140.
Rugosidade em mm [Colebrook]: 4,00, 2,00, 1,50, 1,00, 0,50, 0,10, 0,05.

Tabela A-8.4-a Fórmula de Hazen-Williams e Tabela A-8.4-b Fórmula Universal (4 °C) (*continuação*)															DN 1200 mm	
Perdas de carga em metros por 100 metros															(1,131 m²)	
Coeficiente C [Hazen-Williams]			80		90		100		110		120		130		140	
Rugosidade em mm [Colebrook]			4,00		2,00		1,50		1,00		0,50		0,10		0,05	
Vazão (ℓ/s)	Vel. (m/s)	v²/(2×g) (m)														
600,0	0,53	0,0143	0,03	0,05	0,03	0,04	0,03	0,03	0,02	0,03	0,02	0,02	0,02	0,02	0,02	0,02
700,0	0,62	0,0195	0,04	0,07	0,04	0,05	0,03	0,04	0,03	0,04	0,03	0,03	0,02	0,03	0,02	0,02
800,0	0,71	0,0255	0,06	0,09	0,05	0,07	0,04	0,06	0,04	0,05	0,04	0,04	0,03	0,04	0,03	0,03
900,0	0,80	0,0323	0,07	0,11	0,06	0,09	0,06	0,07	0,05	0,06	0,04	0,05	0,04	0,04	0,03	0,04
1000,0	0,88	0,0398	0,09	0,13	0,07	0,11	0,07	0,09	0,6	0,07	0,06	0,06	0,04	0,05	0,04	0,05
1100,0	0,97	0,0482	0,11	0,16	0,09	0,13	0,08	0,10	0,08	0,09	0,07	0,07	0,5	0,06	0,05	0,06
1200,0	1,06	0,0574	0,13	0,18	0,11	0,15	0,10	0,12	0,09	0,10	0,08	0,09	0,06	0,07	0,06	0,07
1300,0	1,15	0,0673	0,15	0,21	0,13	0,17	0,12	0,14	0,11	0,12	0,09	0,10	0,07	0,09	0,7	0,08
1400,0	1,24	0,0781	0,18	0,24	0,15	0,20	0,14	0,16	0,12	0,14	0,11	0,12	0,08	0,10	0,08	0,09
1500,0	1,33	0,0897	0,20	0,28	0,17	0,22	0,16	0,18	0,14	0,15	0,12	0,13	0,09	0,11	0,09	0,10
1600,0	1,41	0,1020	0,23	0,31	0,19	0,25	0,18	0,21	0,16	0,17	0,14	0,15	0,11	0,13	0,10	0,11
1700,0	1,50	0,1152	0,26	0,35	0,22	0,28	0,20	0,23	0,18	0,19	0,16	0,17	0,12	0,14	0,11	0,12
1800,0	1,59	0,1291	0,29	0,39	0,24	0,31	0,22	0,26	0,20	0,22	0,18	0,18	0,13	0,16	0,13	0,14
1900,0	1,68	0,1438	0,32	0,43	0,27	0,35	0,25	0,29	0,23	0,24	0,20	0,20	0,15	0,18	0,14	0,15
2000,0	1,77	0,1594	0,36	0,47	0,30	0,38	0,28	0,31	0,25	0,26	0,22	0,22	0,17	0,19	0,15	0,17
2100,0	1,86	0,1757	0,40	0,52	0,33	0,42	0,31	0,34	0,28	0,29	0,24	0,24	0,18	0,21	0,17	0,18
2200,0	1,95	0,1929	0,43	0,57	0,36	0,45	0,34	0,37	0,30	0,31	0,26	0,27	0,20	0,23	0,18	0,20
2300,0	2,03	0,2108	0,47	0,61	0,39	0,49	0,37	0,41	0,33	0,34	0,29	0,29	0,22	0,25	0,20	0,22
2400,0	2,12	0,2295	0,52	0,66	0,43	0,53	0,40	0,44	0,36	0,37	0,31	0,31	0,24	0,27	0,22	0,24
2500,0	2,21	0,2490	0,56	0,72	0,46	0,58	0,43	0,47	0,39	0,40	0,34	0,34	0,26	0,29	0,24	0,25
2600,0	2,30	0,2694	0,61	0,77	0,50	0,62	0,47	0,51	0,42	0,43	0,36	0,36	0,28	0,31	0,25	0,27
2700,0	2,39	0,2905	0,65	0,83	0,54	0,66	0,50	0,55	0,46	0,46	0,39	0,39	0,30	0,34	0,27	0,29
2800,0	2,48	0,3124	0,70	0,88	0,58	0,71	0,54	0,58	0,49	0,49	0,42	0,42	0,32	0,36	0,29	0,31
2900,0	2,56	0,3351	0,75	0,94	9,63	0,76	0,58	0,62	0,53	0,52	0,45	0,45	0,34	0,38	0,31	0,33
3000,0	2,65	0,3586	0,81	1,00	0,67	0,81	0,62	0,66	0,56	0,56	0,48	0,47	0,36	0,41	0,33	0,36
3100,0	2,74	0,3829	0,86	1,07	0,71	0,86	0,66	0,71	0,60	0,59	0,52	0,50	0,39	0,43	0,36	0,38
3200,0	2,83	0,4080	0,92	1,13	0,76	0,91	0,71	0,75	0,64	0,63	0,55	0,53	0,41	0,46	0,38	0,40
3300,0	2,92	0,4339	0,98	1,20	0,81	0,96	0,75	0,79	0,68	0,66	0,59	9,57	0,44	0,49	0,40	0,42
3400,0	3,01	0,4606	1,04	1,27	0,86	1,02	0,80	0,84	0,73	0,70	0,62	0,60	0,47	0,52	0,43	0,45
3500,0	3,09	0,4881	1,10	1,34	0,91	1,07	0,85	0,88	0,77	0,74	0,66	0,63	0,49	0,54	0,45	0,47
3600,0	3,18	0,5164	1,16	1,41	0,96	1,13	0,90	0,93	0,81	0,78	0,70	0,66	0,52	0,57	0,48	0,50
3700,0	3,27	0,5455	1,23	1,48	1,02	1,19	0,95	0,98	0,86	0,82	0,74	0,70	0,55	0,60	0,50	0,53
3800,0	3,36	0,5754	1,29	1,56	1,07	1,25	1,00	1,03	0,91	0,86	0,78	0,73	0,58	0,63	0,53	0,55
3900,0	3,45	0,6061	1,36	1,63	1,13	1,31	1,05	1,08	0,95	0,91	0,82	0,77	0,61	0,66	0,56	0,58
4000,0	3,54	0,6376	1,43	1,71	1,19	1,38	1,11	1,13	1,00	0,95	0,86	0,81	0,64	0,70	0,58	0,61
4100,0	3,63	0,6698	1,51	1,79	1,25	1,44	1,16	1,18	1,05	0,99	0,90	0,85	0,67	0,73	0,61	0,64
4200,0	3,71	0,7029	1,58	1,87	1,31	1,51	1,22	1,24	1,11	1,04	0,95	0,88	0,70	0,76	0,64	0,66
4300,0	3,80	0,7368	1,66	1,96	1,37	1,57	1,28	1,29	1,16	1,08	0,99	0,92	0,74	0,80	0,67	0,69
4400,0	3,89	0,7714	1,73	2,04	1,44	1,64	1,34	1,35	1,21	1,13	1,04	0,96	0,77	0,83	0,70	0,72
4500,0	3,98	0,8069	1,81	2,13	1,50	1,71	1,40	1,41	1,27	1,18	1,09	1,00	0,81	0,87	0,73	0,75

Tabela A-8.4-a Fórmula de Hazen-Williams e Tabela A-8.4-b Fórmula Universal (4 °C) (*continuação*)																DN 1400 mm
Perdas de carga em metros por 100 metros																(1,539 m²)
Coeficiente C [Hazen-Williams]			80		90		100		110		120		130		140	
Rugosidade em mm [Colebrook]			4,00		2,00		1,50		1,00		0,50		0,10		0,05	
Vazão (ℓ/s)	Vel. (m/s)	$v^2/(2\times g)$ (m)														
400,0	0,26	0,0034	0,01	0,01	0,01	0,01	0,01	0,01	0,00	0,01	0,00	0,01	0,00	0,00	0,00	0,00
600,0	0,39	0,0077	0,01	0,02	0,01	0,02	0,01	0,02	0,01	0,01	0,01	0,01	0,01	0,01	0,01	0,01
800,0	0,52	0,0138	0,03	0,04	0,02	0,03	0,02	0,03	0,02	0,02	0,02	0,02	0,01	0,02	0,01	0,01
1000,0	0,65	0,0215	0,04	0,06	0,03	0,05	0,03	0,04	0,03	0,03	0,02	0,03	0,02	0,03	0,02	0,02
1200,0	0,78	0,0310	0,06	0,09	0,05	0,07	0,04	0,06	0,04	0,05	0,04	0,04	0,03	0,4	0,03	0,03
1400,0	0,91	0,0422	0,08	0,12	0,07	0,09	0,06	0,08	0,06	0,06	0,05	0,05	0,04	0,05	0,04	0,04
1600,0	1,04	0,0551	0,10	0,15	0,09	0,12	0,08	0,10	0,07	0,08	0,06	0,07	0,05	0,06	0,05	0,05
1800,0	1,17	0,0697	0,13	0,18	0,11	0,15	0,10	0,12	0,09	0,10	0,08	0,09	0,06	0,07	0,06	0,07
2000,0	1,30	0,0860	0,16	0,22	0,13	0,18	0,12	0,15	0,11	0,12	0,10	0,12	0,08	0,09	0,07	0,08
2200,0	1,43	0,1041	0,19	0,27	0,16	0,21	0,15	0,18	0,14	0,15	0,12	0,13	0,09	0,11	0,09	0,09
2400,0	1,56	0,1239	0,23	0,31	0,19	0,25	0,18	0,21	0,16	0,17	0,14	0,15	0,11	0,13	0,19	0,11
2600,0	1,69	0,1454	0,27	0,36	0,22	0,29	0,21	0,24	0,19	0,20	0,16	0,17	0,13	0,15	0,12	0,13
2800,0	1,82	0,1686	0,31	0,42	0,26	0,34	0,24	0,28	0,22	0,23	0,19	0,20	0,15	0,17	0,14	0,15
3000,0	1,95	0,1936	0,36	0,47	0,30	0,38	0,28	0,31	0,25	0,26	0,22	0,22	0,17	0,19	0,15	0,17
3200,0	2,08	0,2202	0,41	0,53	0,34	0,43	0,32	0,35	0,29	0,30	0,25	0,25	0,19	0,22	0,17	0,19
3400,0	2,21	0,2486	0,46	0,60	0,38	0,48	0,36	0,40	0,32	0,33	0,28	0,28	0,21	0,24	0,20	0,21
3600,0	2,34	0,2787	0,51	0,66	0,43	0,53	0,40	0,44	0,36	0,37	0,31	0,31	0,24	0,27	0,22	0,24
3800,0	2,47	0,3106	0,57	0,73	0,48	0,59	0,44	0,49	0,40	0,41	0,35	0,35	0,26	0,30	0,24	0,26
4000,0	2,60	0,3441	0,64	0,81	0,53	0,65	0,49	0,53	0,45	0,45	0,39	0,38	0,29	0,33	0,27	0,29
4200,0	2,73	0,3794	0,70	0,88	0,58	0,71	0,54	0,58	0,49	0,49	0,43	0,42	0,32	0,36	0,29	0,31
4400,0	2,86	0,4164	0,77	0,96	0,64	0,77	0,60	0,64	0,54	0,53	0,47	0,45	0,35	0,39	0,32	0,34
4600,0	2,99	0,4551	0,84	1,05	0,70	0,84	0,65	0,69	0,59	0,58	0,51	0,49	0,38	0,43	0,35	0,37
4800,0	3,12	0,4956	0,91	1,13	0,76	0,91	0,71	0,75	0,64	0,63	0,55	0,53	0,42	0,46	0,38	0,40
5000,0	3,25	0,5377	0,99	1,22	0,83	0,98	0,77	0,81	0,70	0,68	0,60	0,58	0,45	0,50	0,41	0,43
5200,0	3,38	0,5816	1,07	1,31	0,89	1,06	0,83	0,87	0,76	0,73	0,65	0,62	0,49	0,53	0,45	0,47
5400,0	3,51	0,6272	1,16	1,41	0,96	1,13	1,90	0,93	0,82	0,78	0,70	0,66	0,52	0,57	0,48	0,50
5600,0	3,64	0,6745	1,24	1,51	1,04	1,21	0,96	1,00	0,88	0,83	0,75	0,71	0,56	0,61	0,51	0,53
5800,0	3,77	0,7235	1,33	1,61	1,11	1,29	1,03	1,06	0,94	0,89	0,81	0,76	0,60	0,65	0,55	0,57
6000,0	3,90	0,7743	1,43	1,71	1,19	1,38	1,11	1,13	1,01	0,95	0,86	0,81	0,65	0,70	0,59	0,61
6200,0	4,03	0,8268	1,53	1,82	1,27	1,46	1,18	1,20	1,07	1,01	0,92	0,86	0,69	0,74	0,63	0,64
6400,0	4,16	0,8810	1,63	1,93	1,35	1,55	1,26	1,28	1,14	1,07	0,98	0,91	0,73	0,78	0,67	0,68
6600,0	4,29	0,9369	1,73	2,04	1,44	1,64	1,34	1,35	1,22	1,13	1,05	0,96	0,78	0,83	0,71	0,72
6800,0	4,42	0,9946	1,83	2,16	1,53	1,73	1,42	1,43	1,29	1,20	1,11	1,02	0,83	0,88	0,75	0,77
7000,0	4,55	1,0539	1,94	2,28	1,62	1,83	1,51	1,51	1,37	1,26	1,18	1,07	0,87	0,93	0,79	0,81
7200,0	4,68	1,1150	2,06	2,40	1,71	1,93	1,59	1,59	1,45	1,33	1,24	1,13	0,92	0,98	0,84	0,85
7400,0	4,81	1,1778	2,17	2,52	1,81	2,03	1,68	1,67	1,53	1,40	1,31	1,19	0,98	1,03	0,88	0,90
7600,0	4,94	1,2423	2,29	2,65	1,91	2,13	1,78	1,75	1,61	1,47	1,38	1,25	1,03	1,08	0,93	0,94
7800,0	5,07	1,3086	2,41	2,78	2,01	2,24	1,87	1,84	1,70	1,54	1,46	1,31	1,08	1,13	0,98	0,99
8000,0	5,20	1,3765	2,54	2,92	2,11	2,34	1,97	1,93	1,79	1,62	1,53	1,38	1,14	1,19	1,03	1,03
8200,0	5,33	1,4462	2,67	3,05	2,22	2,45	2,07	2,02	1,88	1,69	1,61	1,44	1,19	1,24	1,08	1,08

Tabela A-8.4-a Fórmula de Hazen-Williams e Tabela A-8.4-b Fórmula Universal (4 °C) *(continuação)*															DN 1800 mm	
Perdas de carga em metros por 100 metros															(2,545 m²)	
Coeficiente C [Hazen-Williams]			80		90		100		110		120		130		140	
Rugosidade em mm [Colebrook]			4,00		2,00		1,50		1,00		0,50		0,10		0,05	
Vazão (ℓ/s)	Vel. (m/s)	v²/(2×g) (m)														
1000,0	0,39	0,0079	0,01	0,02	0,01	0,01	0,01	0,01	0,01	0,01	0,01	0,01	0,01	0,01	0,01	0,01
1200,0	0,47	0,0113	0,02	0,03	0,01	0,02	0,01	0,02	0,01	0,01	0,01	0,01	0,01	0,01	0,01	0,01
1400,0	0,55	0,0154	0,02	0,03	0,02	0,03	0,02	0,02	0,02	0,02	0,01	0,02	0,01	0,01	0,01	0,01
1600,0	0,63	0,0201	0,03	0,04	0,02	0,03	0,02	0,03	0,02	0,02	0,02	0,02	0,01	0,02	0,01	0,02
1800,0	0,71	0,0255	0,03	0,05	0,03	0,04	0,03	0,04	0,02	0,03	0,02	0,03	0,02	0,02	0,02	0,02
2000,0	0,79	0,0315	0,04	0,07	0,04	0,05	0,03	0,04	0,03	0,04	0,03	0,03	0,02	0,03	0,02	0,02
2200,0	0,86	0,0381	0,05	0,08	0,04	0,06	0,04	0,05	0,04	0,04	0,03	0,04	0,03	0,03	0,02	0,03
2400,0	0,94	0,0453	0,06	0,09	0,05	0,07	0,05	0,06	0,04	0,05	0,04	0,04	0,03	0,04	0,03	0,03
2600,0	1,02	0,0532	0,07	0,11	0,06	0,09	0,06	0,07	0,05	0,06	0,04	0,05	0,04	0,04	0,03	0,04
2800,0	1,10	0,0617	0,08	0,12	0,07	0,10	0,07	0,08	0,06	0,07	0,05	0,06	0,04	0,05	0,04	0,04
3000,0	1,18	0,0708	0,10	0,14	0,08	0,11	0,07	0,09	0,07	0,08	0,06	0,07	0,05	0,06	0,04	0,05
3200,0	1,26	0,0806	0,11	0,16	0,09	0,13	0,08	0,10	0,08	0,09	0,07	0,07	0,05	0,06	0,05	0,06
3400,0	1,34	0,0910	0,12	0,18	0,10	0,14	0,10	0,12	0,09	0,10	0,08	0,08	0,06	0,07	0,06	0,06
3600,0	1,41	0,1020	0,14	0,20	0,11	0,16	0,11	0,13	0,10	0,11	0,09	0,09	0,07	0,08	0,06	0,07
3800,0	1,49	0,1137	0,15	0,22	0,13	0,17	0,12	0,13	0,11	0,12	0,09	0,10	0,07	0,09	0,07	0,08
4000,0	1,57	0,1259	0,17	0,24	0,14	0,19	0,13	0,16	0,12	0,13	0,10	0,11	0,08	0,10	0,08	0,08
4200,0	1,65	0,1388	0,19	0,26	0,16	0,21	0,15	0,17	0,13	0,14	0,12	0,12	0,09	0,11	0,08	0,09
4400,0	1,73	0,1524	0,20	0,28	0,17	0,23	0,16	0,19	0,15	0,16	0,13	0,13	0,10	0,12	0,09	0,10
4600,0	1,81	0,1666	0,22	0,31	0,19	0,25	0,17	0,20	0,16	0,17	0,14	0,15	0,11	0,13	0,10	0,11
4800,0	1,89	0,1813	0,24	0,33	0,20	0,27	0,19	0,22	0,17	0,18	0,15	0,16	0,12	0,14	0,11	0,12
5000,0	1,96	0,1968	0,26	0,36	0,22	0,29	0,21	0,24	0,19	0,20	0,16	0,17	0,13	0,15	0,12	0,13
5200,0	2,04	0,2128	0,29	0,39	0,24	0,31	0,22	0,26	0,20	0,21	0,18	0,18	0,14	0,16	0,13	0,14
5400,0	2,12	0,2295	0,31	0,41	0,26	0,33	0,24	0,27	0,22	0,23	0,19	0,20	0,15	0,17	0,14	0,15
5600,0	2,20	0,2468	0,33	0,44	0,28	0,36	0,26	0,29	0,24	0,25	0,20	0,21	0,16	0,18	0,14	0,16
5800,0	2,28	0,2648	0,35	0,47	0,30	0,38	0,28	0,31	0,25	0,26	0,22	0,22	0,17	0,19	0,16	0,17
6000,0	2,36	0,2834	0,38	0,50	0,32	0,40	0,30	0,33	0,27	0,28	0,23	0,24	0,18	0,20	0,17	0,18
6200,0	2,44	0,3026	0,41	0,53	0,34	0,43	0,32	0,35	0,29	0,30	0,25	0,25	0,19	0,22	0,18	0,19
6400,0	2,52	0,3224	0,43	0,57	0,36	0,46	0,34	0,38	0,31	0,31	0,27	0,27	0,20	0,23	0,19	0,20
6600,0	2,59	0,3429	0,46	0,60	0,38	0,48	0,36	0,40	0,33	0,33	0,28	0,28	0,22	0,24	0,20	0,21
6800,0	2,67	0,3640	0,49	0,63	0,41	0,51	0,38	0,42	0,35	0,35	0,30	0,30	0,23	0,26	0,21	0,23
7000,0	2,75	0,3857	0,52	0,67	0,43	0,54	0,40	0,44	0,37	0,37	0,32	0,32	0,24	0,27	0,22	0,24
7200,0	2,83	0,4080	0,55	0,71	0,46	0,57	0,43	0,47	0,39	0,39	0,34	0,33	0,26	0,29	0,24	0,25
7400,0	2,91	0,4310	0,58	0,74	0,48	0,60	0,45	0,49	0,41	0,41	0,36	0,35	0,27	0,30	0,25	0,26
7600,0	2,99	0,4546	0,61	0,78	0,51	0,63	0,48	0,52	0,43	0,43	0,38	0,37	0,28	0,32	0,26	0,28
7800,0	3,07	0,4789	0,64	0,82	0,54	0,66	0,50	0,54	0,46	0,45	0,39	0,39	0,30	0,33	0,27	0,29
8000,0	3,14	0,5037	0,67	0,86	0,57	0,69	0,53	0,57	0,48	0,48	0,42	0,40	0,31	0,35	0,29	0,30
8200,0	3,22	0,5292	0,71	0,90	0,59	0,72	0,55	0,59	0,51	0,50	0,44	0,42	0,33	0,37	0,30	0,32
8400,0	3,30	0,5554	0,74	0,94	9,62	0,75	0,58	0,62	0,53	0,52	0,46	0,44	0,35	0,38	0,32	0,33
8600,0	3,38	0,5921	0,78	0,98	0,65	0,79	0,61	0,65	0,56	0,54	0,48	0,46	0,36	0,40	0,33	0,35
8800,0	3,46	0,6095	0,82	1,02	0,68	0,82	0,64	0,68	0,58	0,57	0,50	0,48	0,38	0,42	0,35	0,36

Tabela A-8.4-a Fórmula de Hazen-Williams e Tabela A-8.4-b Fórmula Universal (4 °C) (*continuação*)

Perdas de carga em metros por 100 metros

DN 2000 mm (3,142 m²)

Vazão (ℓ/s)	Vel. (m/s)	v²/(2×g) (m)	C=140 / ε=0,05	C=130 / ε=0,10	C=120 / ε=0,50	C=110 / ε=1,00	C=100 / ε=1,50	C=90 / ε=2,00	C=80 / ε=4,00
			Coeficiente C [Hazen-Williams]						
			0,05	**0,10**	**0,50**	**1,00**	**1,50**	**2,00**	**4,00**
			Rugosidade em mm [Colebrook]						
3000,0	0,95	0,0465	0,03	0,03	0,04	0,05	0,06	0,07	0,08
3200,0	1,02	0,0529	0,03	0,04	0,04	0,05	0,06	0,08	0,09
3400,0	1,08	0,0597	0,04	0,04	0,05	0,06	0,07	0,08	0,11
3600,0	1,15	0,0669	0,04	0,05	0,06	0,06	0,08	0,09	0,12
3800,0	1,21	0,0746	0,05	0,05	0,06	0,07	0,09	0,10	0,13
4000,0	1,27	0,0826	0,05	0,06	0,07	0,08	0,09	0,11	0,14
4200,0	1,34	0,0911	0,06	0,06	0,07	0,09	0,10	0,13	0,16
4400,0	1,40	0,1000	0,06	0,07	0,08	0,09	0,11	0,14	0,17
4600,0	1,46	0,1093	0,07	0,07	0,09	0,10	0,12	0,15	0,18
4800,0	1,53	0,1190	0,07	0,08	0,09	0,11	0,13	0,16	0,20
5000,0	1,59	0,1291	0,08	0,09	0,10	0,12	0,14	0,17	0,21
5200,0	1,66	0,1396	0,08	0,09	0,11	0,13	0,15	0,19	0,23
5400,0	1,72	0,1506	0,09	0,10	0,12	0,14	0,16	0,20	0,25
5600,0	1,78	0,1619	0,09	0,11	0,13	0,15	0,18	0,21	0,27
5800,0	1,85	0,1737	0,10	0,12	0,13	0,16	0,19	0,23	0,28
6000,0	1,91	0,1859	0,7	0,12	0,14	0,17	0,20	0,24	0,30
6200,0	1,97	0,1985	0,07	0,13	0,15	0,18	0,21	0,26	0,32
6400,0	2,04	0,2115	0,08	0,14	0,16	0,19	0,22	0,27	0,34
6600,0	2,10	0,2250	0,09	0,15	0,17	0,20	0,24	0,29	0,36
6800,0	2,16	0,2388	0,09	0,15	0,18	0,21	0,25	0,31	0,38
7000,0	2,23	0,2530	0,10	0,16	0,19	0,22	0,27	0,32	0,40
7200,0	2,29	0,2677	0,11	0,17	0,20	0,23	0,28	0,34	0,42
7400,0	2,36	0,2828	0,11	0,18	0,21	0,25	0,29	0,36	0,44
7600,0	2,42	0,2983	0,12	0,19	0,22	0,26	0,31	0,38	0,47
7800,0	2,48	0,3142	0,13	0,20	0,23	0,27	0,32	0,39	0,49
8000,0	2,55	0,3305	0,14	0,21	0,24	0,28	0,34	0,41	0,51
8200,0	2,61	0,3472	0,15	0,22	0,25	0,30	0,36	0,43	0,54
8400,0	2,67	0,3644	0,16	0,23	0,27	0,31	0,37	0,45	0,56
8600,0	2,74	0,3819	0,16	0,24	0,28	0,33	0,39	0,47	0,59
8800,0	2,80	0,3999	0,17	0,25	0,29	0,34	0,40	0,49	0,61
9000,0	2,86	0,4183	0,18	0,26	0,30	0,35	0,42	0,51	0,64
9200,0	2,93	0,4371	0,19	0,27	0,31	0,37	0,44	0,53	0,66
9400,0	2,99	0,4563	0,19	0,28	0,33	0,38	0,46	0,56	0,69
9600,0	3,06	0,4759	0,20	0,29	0,34	0,40	0,48	0,58	0,72
9800,0	3,12	0,4960	0,21	0,30	0,35	0,41	0,49	0,60	0,75
10000,0	3,18	0,5164	0,22	0,32	0,37	0,43	0,51	0,62	0,78
10200,0	3,25	0,5373	0,23	0,33	0,38	0,45	0,53	0,65	0,80
10400,0	3,31	0,5586	0,24	0,34	0,39	0,46	0,55	0,67	0,83
10600,0	3,37	0,5802	0,25	0,35	0,41	0,48	0,57	0,69	0,86
10800,0	3,44	0,6023	0,26	0,36	0,42	0,50	0,59	0,72	0,89

Tabela A-8.4-a Fórmula de Hazen-Williams e Tabela A-8.4-b Fórmula Universal (4 °C) (*continuação*)																DN 2500 mm	
Perdas de carga em metros por 100 metros																(4,909 m³)	
Coeficiente C [Hazen-Williams]			80		90		100		110		120		130		140			
Rugosidade em mm [Colebrook]			4,00		2,00		1,50		1,00		0,50		0,10		0,05			
Vazão (ℓ/s)	Vel. (m/s)	$v^2/(2\times g)$ (m)																
1000,0	0,20	0,0021	0,00	0,00	0,00	0,00	0,00	0,00	0,00	0,00	0,00	0,00	0,00	0,00	0,00	0,00		
1500,0	0,31	0,0048	0,00	0,01	0,00	0,01	0,00	0,01	0,00	0,00	0,00	0,00	0,00	0,00	0,00	0,00		
2000,0	0,41	0,0085	0,01	0,01	0,01	0,01	0,01	0,01	0,01	0,01	0,00	0,01	0,00	0,01	0,00	0,00		
2500,0	0,51	0,0132	0,01	0,02	0,01	0,02	0,01	0,01	0,01	0,01	0,01	0,01	0,01	0,01	0,01	0,01		
3000,0	0,61	0,0190	0,02	0,03	0,01	0,02	0,01	0,02	0,01	0,02	0,01	0,01	0,01	0,01	0,01	0,01		
3500,0	0,71	0,0259	0,02	0,04	0,02	0,03	0,02	0,02	0,02	0,02	0,01	0,02	0,01	0,02	0,01	0,01		
4000,0	0,81	0,0338	0,03	0,05	0,03	0,04	0,02	0,03	0,02	0,03	0,02	0,02	0,02	0,02	0,01	0,02		
4500,0	0,92	0,0428	0,04	0,06	0,03	0,05	0,03	0,04	0,03	0,03	0,02	0,03	0,02	0,02	0,02	0,02		
5000,0	1,02	0,0529	0,05	0,07	0,04	0,06	0,04	0,05	0,03	0,04	0,03	0,03	0,02	0,02	0,02	0,03		
5500,0	1,12	0,0640	0,06	0,09	0,05	0,07	0,05	0,06	0,04	0,05	0,04	0,04	0,03	0,04	0,03	0,03		
6000,0	1,22	0,0761	0,07	0,10	0,06	0,08	0,05	0,07	0,05	0,06	0,04	0,05	0,03	0,04	0,03	0,04		
6500,0	1,32	0,0894	0,08	0,12	0,07	0,09	0,06	0,08	0,06	0,07	0,05	0,06	0,04	0,05	0,04	0,04		
7000,0	1,43	0,1036	0,09	0,14	0,08	0,11	0,07	0,09	0,07	0,07	0,06	0,06	0,05	0,05	0,04	0,05		
7500,0	1,53	0,1190	0,11	0,15	0,09	0,12	0,08	0,10	0,08	0,09	0,07	0,07	0,05	0,06	0,05	0,05		
8000,0	1,63	0,1354	0,12	0,17	0,10	0,14	0,09	0,11	0,09	0,10	0,08	0,08	0,06	0,07	0,06	0,06		
8500,0	1,73	0,1528	0,14	0,19	0,11	0,16	0,11	0,13	0,10	0,11	0,09	0,09	0,07	0,08	0,06	0,07		
9000,0	1,83	0,1713	0,15	0,22	0,13	0,17	0,12	0,14	0,11	0,12	0,10	0,10	0,07	0,09	0,07	0,08		
9500,0	1,94	0,1909	0,17	0,24	0,14	0,19	0,13	0,16	0,12	0,13	0,11	0,11	0,08	0,10	0,08	0,08		
10000,0	2,04	0,2115	0,19	0,26	0,16	0,21	0,15	0,17	0,14	0,15	0,12	0,12	0,09	0,11	0,09	0,09		
10500,0	2,14	0,2332	0,21	0,29	0,17	0,23	0,16	0,19	0,15	0,16	0,13	0,14	0,10	0,12	0,09	0,10		
11000,0	2,24	0,2559	0,23	0,31	0,19	0,25	0,18	0,21	0,16	0,17	0,14	0,15	0,11	0,13	0,10	0,11		
11500,0	2,34	0,2797	0,25	0,34	0,21	0,27	0,20	0,22	0,18	0,19	0,16	0,16	0,12	0,14	0,11	0,12		
12000,0	2,44	0,3046	0,27	0,37	0,23	0,29	0,21	0,24	0,19	0,20	0,17	0,17	0,13	0,15	0,12	0,13		
12500,0	2,55	0,3305	0,29	0,40	0,25	0,32	0,23	0,26	0,21	0,22	0,18	0,19	0,14	0,16	0,13	0,14		
13000,0	2,65	0,3575	0,32	0,43	0,27	0,34	0,25	0,28	0,23	0,24	0,20	0,20	0,15	0,17	0,14	0,15		
13500,0	2,75	0,3855	0,34	0,46	0,29	0,37	0,27	0,30	0,25	0,25	0,21	0,22	0,16	0,19	0,15	0,16		
14000,0	2,85	0,4146	0,37	0,49	0,31	0,39	0,29	0,32	0,26	0,27	0,23	0,23	0,18	0,20	0,16	0,17		
14500,0	2,95	0,4447	0,39	0,52	0,33	0,42	0,31	0,34	0,28	0,29	0,25	0,25	0,19	0,21	0,17	0,18		
15000,0	3,06	0,4759	0,42	0,55	0,36	0,45	0,33	0,37	0,30	0,31	0,26	0,26	0,20	0,23	0,19	0,20		
15500,0	3,16	0,5082	0,45	0,59	0,38	0,47	0,35	0,39	0,32	0,33	0,28	0,28	0,22	0,24	0,20	0,21		
16000,0	3,26	0,5415	0,48	0,62	0,40	0,50	0,38	0,41	0,35	0,35	0,30	0,29	0,23	0,25	0,21	0,22		
16500,0	3,36	0,5759	0,51	0,66	0,43	0,53	0,40	0,44	0,37	0,37	0,32	0,31	0,24	0,27	0,22	0,23		
17000,0	3,46	0,6113	0,54	0,70	0,46	0,56	0,43	0,46	0,39	0,39	0,34	0,33	0,26	0,28	0,24	0,25		
17500,0	3,57	0,6478	0,57	0,74	0,48	0,59	0,45	0,49	0,41	0,041	0,36	0,35	0,27	0,30	0,25	0,26		
18000,0	3,67	0,6853	0,61	0,78	0,51	0,62	0,48	0,51	0,44	0,43	0,38	0,37	0,29	0,32	0,26	0,28		
18500,0	3,77	0,7239	0,64	0,82	0,54	0,66	0,51	0,54	0,46	0,45	0,40	0,39	0,30	0,33	0,28	0,29		
19000,0	3,87	0,7636	0,68	0,86	0,57	0,69	0,53	0,57	0,49	0,48	0,42	0,41	0,32	0,35	0,29	0,30		
19500,0	3,97	0,8043	0,71	0,90	0,60	0,72	0,56	0,60	0,51	0,50	0,45	0,43	0,34	0,37	0,31	0,32		
20000,0	4,07	0,8461	0,75	0,94	0,63	0,76	0,59	0,62	0,54	0,52	0,47	0,45	0,36	0,38	0,33	0,34		
20500,0	4,18	0,8889	0,79	0,99	0,66	0,79	0,62	0,65	0,57	0,55	0,49	0,47	0,37	0,40	0,34	0,35		

Exercício A-8-a

Para o abastecimento de água de uma fábrica será executada uma linha adutora com tubos de ferro fundido numa extensão de 2.100 m. Dimensionar a tubulação para uma capacidade de 25 ℓ/s usando Darcy-Forcheimer (*item A-8.2.2.1*). O nível de água na barragem de captação é 615 m e a cota do NA sobre o tubo na entrada do reservatório de distribuição é 599,65 m (para visualizar a instalação, pode-se usar o mesmo esquema da figura do *Exercício A-7-b*). Logo:

Solução:

L = 2.100 m

A perda de carga disponível é:

h_f = 615 – 599,65 = 15,35 m

A perda de carga unitária disponível:

$$J = \frac{h_f}{L} = \frac{15,35}{2.100} = 0,0073 \text{ m/m}$$

A vazão em MKS:

Q = 25 ℓ/s = 0,025 m^3/s

Portanto, são dados J e Q; a incógnita é D (problema tipo IV, *Tabela A-7.7.3-a*).

Então calcula-se K:

$$J = K \times Q^2 \therefore K = \frac{J}{Q^2} = \frac{0,0073}{0,025^2} = 11,7$$

Para esse valor de K, encontra-se, na *Tabela A-8.2.2.1-a*, D = 0,20 m (tubos usados).

Exercício A-8-b

Uma estação de bombeamento recalca 220 ℓ/s de água através de uma tubulação antiga (canalização), de aço não revestido, com 500 mm de diâmetro interno e 1.600 m de extensão.

Estimar a economia mensal de energia elétrica que será feita quando essa tubulação for substituída por uma linha nova, de aço, com revestimento interno especial permanente, tipo epóxi. Considere o preço da energia elétrica $0,10/kWh.

Solução:

$$h_f = f \times \frac{L \times v^2}{2 \times g \times D}; \qquad A = 0,196 \text{ m}^2;$$

$$v = \frac{Q}{A} = \frac{0,220}{0,196} = 1,13 \text{ m/s}.$$

Para a canalização antiga, f = 0,037 e, para a tubulação nova, f = 0,019, valor que se manterá devido à existência do revestimento especial "permanente".

A perda de carga nas condições iniciais (tubulação velha) é:

$$h_f = 0,037 \times \frac{1.600 \times 1,13^2}{2 \times 9,8 \times 0,5} = \frac{75,6}{9,8} = 7,71 \text{ m}$$

Para a tubulação nova resultará:

$$h_f = 0,019 \times \frac{1.600 \times 1,13^2}{2 \times 9,8 \times 0,5} = \frac{38,8}{9,8} = 3,93 \text{ m}$$

A diferença de altura de recalque será, portanto, de 3,75 m, o que corresponde a uma potência de:

$$P = Q \times H \times \frac{0,736}{75} = 220 \times 3,75 \times \frac{0,736}{75} =$$

= 8,085 kW (teórica)

Levando em conta o rendimento do conjunto motor-bomba, estimado em 70%:

$$P = 8.085 \times \frac{1}{0,70} = 11.500 \text{ W} = 11,55 \text{ kW}$$

Então a economia diária será de 11,55 kW × $0,10/kWh × 24 h/dia = $27,72/dia.

A economia mensal será de $831,60.

Exercício A-8-c

Uma tubulação sob bombeamento (uma linha de recalque), com 500 mm de diâmetro, 10 km de extensão e desnível de 100 m entre os níveis de água de montante e de jusante, está funcionando com uma vazão de 220 ℓ/s.

As bombas funcionam "afogadas", junto à tomada de água, e o manômetro existente indica uma pressão de 135 m.c.a. quando funcionando em regime. Pergunta-se:

a) Qual o coeficiente C dessa tubulação?

b) Se com uma limpeza interna da tubulação o C aumentar em 20%, qual será a nova perda de carga unitária em m/km?

Solução:

a) A perda de carga por atrito é: 135 m – 100 m = 35 m

A perda de carga unitária é: 35 m/10.000 m = 0,0035 m/m = 3,5 m/km.

Pela *Equação(8.4)* vem que:

$$J = 10,643 \times Q^{1,85} \times C^{-1,85} \times D^{-4,87},$$

então:

$$0,0035 = 10,643 \times \left(0,220 \text{ m}^3/\text{s}\right)^{1,85} \times C^{-1,85} \times (0,500 \text{ m})^{-4,87}$$

$$C^{-1,85} = \left(\frac{0,0035}{10,643 \times 0,22^{1,85} \times 0,5^{-4,87}} \right) =$$

$$= \left(\frac{0,0035}{10,643 \times 0,0607 \times 29,2426} \right) = 0,000185$$

$$C^{-1,85} = 0,000185 \therefore C = {}^{-1,85}\sqrt{0,000185} = 104$$

b) A perda de carga vai reduzir para: $104 \times 1,20$ (20%) $\rightarrow C_2 \approx 125$, então:

$$J_{C125} = 10,643 \times (0,22 \text{ m}^3/\text{s})^{1,85} \times 125^{-1,85} \times (0,5 \text{ m})^{-4,87}$$

$$J_{C125} \approx 0,0025 \text{ m/m} \equiv 2,5 \text{ m/km}$$

(As perdas se reduziriam em 1 m por km)

Exercício A-8-d

A área urbana de uma cidade do interior está composta por 1.340 domicílios (casas) e, segundo a agência de estatística regional, a ocupação média dos domicílios gira em torno de 5 habitantes (pessoas) por residência. A cidade já conta com um serviço de abastecimento de água, localizando-se o manancial na encosta de uma serra, em nível mais elevado do que o reservatório de distribuição de água na cidade (*Figura A-8-d*).

O DN (Diâmetro Nominal Interno) da linha adutora existente é de 150 mm, sendo os tubos de ferro fundido com mais de 20 anos de uso.

O nível de água no ponto de captação flutua em torno da cota 812 msnmm (metros sobre o nível médio do mar); o nível de água médio no reservatório de distribuição é 776 msnmm; o comprimento da linha adutora é 4.240 m.

Verificar se o volume de água aduzido diariamente pode ser considerado satisfatório para o abastecimento atual da cidade, admitindo-se o consumo individual médio como sendo de 200 litros por habitante por dia, aí incluídos todos os usos da cidade, mesmo aqueles não domésticos, e que nos dias de maior calor a demanda é cerca de 25% maior que a média.

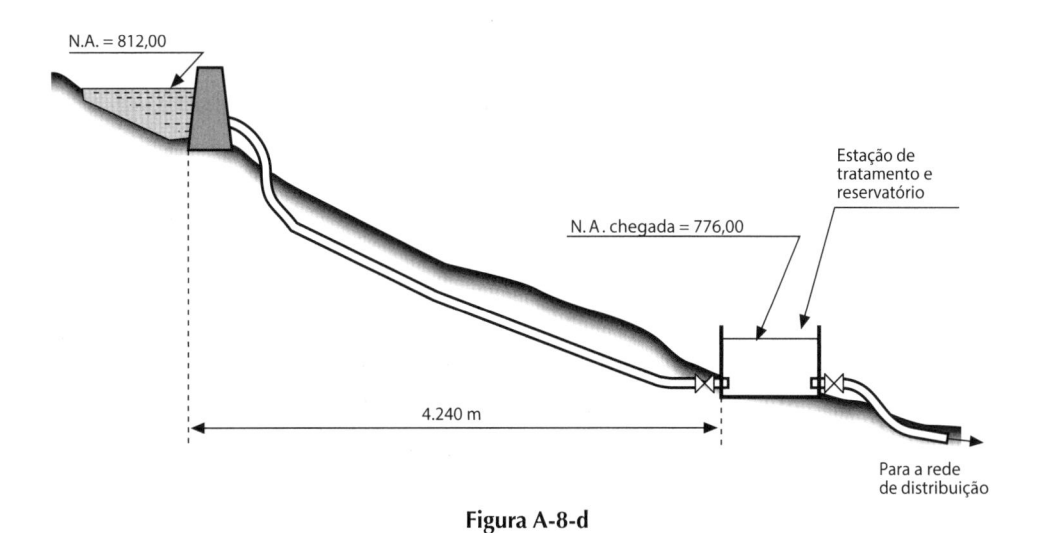

N.A. = 812,00

Estação de tratamento e reservatório

N.A. chegada = 776,00

4.240 m

Para a rede de distribuição

Figura A-8-d

Exercício A-8-d (continuação)

Solução:

Cálculo do consumo no dia de maior demanda:

1.340 dom. × 5 hab./dom. × 200 ℓ/hab×dia × 1,25 =
= 1.675 m³/dia

A vazão dita instantânea, ou seja, na unidade de tempo de segundo (86.400 segundos/dia), é: 1.675.000 ℓ/dia ≡ 19,4 ℓ/s ≡ 0,0194 m³/s

Usando os dados da adutora existente, calcula-se a carga total disponível:

812 m – 776 m = 36 m

A perda de carga unitária máxima possível é:

$$J = \frac{H}{L} = \frac{36\ m}{4.240\ m} \equiv 0,0085\ m/m$$

e a velocidade necessária para fazer passar essa vazão pela seção do tubo seria:

$$v = \frac{Q}{A} = \left(\frac{0,0194\ m^3/s}{\pi \times \dfrac{D^2}{4}}\right) = \frac{0,0194}{3,1416 \times 0,15^2/4} = 1,0978\ m/s$$

Aplicando Hazen-Williams (HW): pela *Tabela A-8.2.7-a*, e como o tubo é considerado "velho", resolveu-se adotar $C = 100$.

São conhecidos D e J, e são incógnitas v e Q porque só se conhecem as velocidades e vazões necessárias, mas não se sabe se a configuração implantada permite passar essa vazão.

Escolhendo primeiro a fórmula de HW explicitada para Q *(Equação (8.5)* ou *Tabela A-8.2.8-a)*

$Q = 0,279 \times C \times D^{2,63} \times J^{0,54}$,

logo:

$Q = 0,279 \times 100 \times 0,150^{2,63} \times 0,0085^{0,54} = 0,014475\ m^3/s = 14,47\ \ell/s$

vazão insuficiente (~30% abaixo) pois são necessários 19,4 ℓ/s.

Entretanto, pela quantidade de parâmetros "avaliados" e pela facilidade de medir a vazão em uma configuração como essa (basta fechar a saída do reservatório vazio e medir o tempo para encher determinado volume), deve-se proceder a uma avaliação de bom senso sobre o quê e quando fazer.

Se fosse escolhida a fórmula explicitada para v:

$v = 0,355 \times C \times D^{0,63} \times J^{0,54}$,

logo:

$v = 0,355 \times 100 \times 0,150^{2,63} \times 0,0085^{0,54} = 0,814856\ m/s$,

velocidade insuficiente, porque menor que a necessária (< 1,0978 m/s).

Uma das soluções para aumentar a vazão seria a limpeza da tubulação, aumentando o valor de C.

Exercício A-8-e

Para a adução de água da Represa do Guarapiranga para a Estação de Tratamento do Alto de Boa Vista, em São Paulo, foram construídas, por volta do ano de 1960, várias linhas paralelas, com tubos de ferro fundido, juntas ponta-e-bolsa, revestimento interno não permanente, com 1 m de diâmetro nominal e 5.900 m de comprimento em cada linha. Cada linha deve conduzir 1.000 ℓ/s sob bombeamento. As cotas dos níveis de água na tomada de água na represa e na chegada da ETA são aproximadamente iguais e assim serão consideradas.

Estimar as perdas de carga para as seguintes épocas: inicial, após 10, após 20 e após 30 anos de funcionamento, admitindo que não haverá limpeza da tubulação.

Solução:

O problema é resolvido para uma linha, já que são todas iguais e paralelas. São conhecidos os diâmetros e as vazões (logo, a velocidade também).

É incógnita a perda de carga, que será função do coeficiente de rugosidade. Pela *Tabela A-8.2.8-a* resultam os coeficientes C ao longo dos anos constantes da tabela ao fim deste exercício.

Pela fórmula explicitada para J:

$J = 10,643 \times Q^{1,85} \times C^{-1,85} \times D^{-4,87}$

Para $C = 139,5$, vem que:

$J = 10,643 \times 1,0^{1,85}\ 139,5^{-1,85}\ 1,0^{-4,87} = 0,0011\ m/m$,

o que resulta em uma perda de carga total de 5.900 × 0,0011 = 6,49 m

Para $C = 109$,

$J = 10,643 \times 10^{1,85} \times 109^{-1,85} \times 1,0^{-4,87} = 0,0018\ m/m$

e uma perda de carga total de 5.900 m × 0,0018 m/m = 10,62 m, e assim por diante.

A tabela a seguir mostra os resultados e, portanto, a variação de altura manométrica que as bombas deverão vencer para que a vazão não se altere ao longo desse período:

Idade em anos:	Novo	10	20	30
Valor C para DN 1.000 mm:	139,5	122	109	98
h_f em metros	6,49	8,26	10,62	12,98

Exercício A-8-f

(Problema-tipo I – *Tabela A-8.3.10-a*)

Uma tubulação de aço rebitado, com 0,30 m de diâmetro e 300 m de comprimento, conduz 130 ℓ/s de água a 15,5°C. A rugosidade do tubo é 0,003 m.

Determinar a velocidade média e a perda de carga.

Solução:

A viscosidade cinemática da água a 15,5°C = 0,000001132 m²/s (*Tabela A-1.4.6-b*)

$$v = \frac{Q}{A} = \frac{0,130}{0,0707} = 1,84 \text{ m/s} \therefore$$

$$R_e = v \times \frac{D}{v_{cn}} \times \frac{1,84 \times 0,30}{0,000001132} \cong 490.000 = 4,9 \times 10^5$$

$$\frac{e}{D} = \frac{0,003}{0,3} = 0,01$$

e, pelo diagrama de Moody: $f = 0,038$

$$h_f = f \times \frac{L \times v^2}{D \times 2 \times g} = \frac{0,038 \times 300 \times 1,84^2}{0,30 \times 2 \times 9,8} \therefore h_f = 6,55 \text{ m}$$

Exercício A-8-g

(Problema-tipo II – *Tabela A-8.3.10-a*)

Dois reservatórios estão ligados por uma canalização de ferro fundido ($e = 0,000260$ m) com 0,15 m de diâmetro e 360 m de extensão.

Determinar a velocidade e a vazão no momento em que a diferença de nível entre os dois reservatórios igualar-se a 9,30 m.

Admitir a temperatura da água como sendo de 26,5°C.

Solução:

Pela *Tabela A-1.4.6-b*, tira-se a viscosidade cinemática "v_{cn}" da água a essa temperatura: $v_{cn} = 0,000000866$ m²/s, então:

$$R_e \times \sqrt{f} = \sqrt{\frac{2 \times g \times h_f \times D^3}{L \times v_{cn}^2}} = \sqrt{\frac{2 \times 9,8 \times 9,3 \times 0,15^3}{360 \times 0,000000866^2}}$$

$$R_e \times \sqrt{f} \cong 47.800 \cong 4,8 \times 10^4 \quad \text{e} \quad \frac{D}{e} = \frac{0,15}{0,000260} \cong 580$$

Pelo diagrama: $f = 0,023$ (Rouse)

$$v = \sqrt{\frac{h_f \times D \times 2 \times g}{f \times L}} = \sqrt{\frac{9,30 \times 0,15 \times 2 \times 9,8}{0,023 \times 360}}$$

$$\therefore = 1,80 \text{ m/s}$$

$$Q = A \times v = 0,01777 \times 1,80 = 0,031 \text{ m}^3/\text{s}$$

Exercício A-8-h

(Problema-tipo III – *Tabela A-8.3.10-a*)

Determinar o diâmetro necessário para que uma tubulação de aço ($e = 0,000046$ m) conduza 19 ℓ/s de querosene a 10°C ($v_{cn} = 0,00000278$ m²/s), com uma perda de carga que não exceda 6 m em 1.200 m de extensão. Calcular velocidade e perda de carga para o diâmetro adotado.

Solução:

Assumindo $f_1 = 0,03$,

$$D = \sqrt[5]{\frac{f \times 8 \times L \times Q^2}{h_f \times \pi^2 \times g}} = \sqrt[5]{\frac{0,03 \times 8 \times 1.200 \times 0,019^2}{6 \times \pi^2 \times 9,8}}$$

$$\therefore D_1 = 0,179 \text{ m}$$

$$R_{e1} = \frac{4 \times Q}{\pi \times D_1 \times v_{cn}} = \frac{4 \times 0,019}{\pi \times 0,179 \times 0,00000278}$$

$$\therefore R_{e1} \cong 48.600 \cong 4,9 \times 10^4$$

$$\frac{e}{D_1} = \frac{0,000046}{0,179} \cong 0,000257 \Rightarrow \text{pelo diagrama:}$$

$$f_2 = 0,022 \text{ (Moody)}$$

$$D_2 = \sqrt[5]{\frac{0,22 \times 8 \times 1.200 \times 0,019^2}{6 \times \pi^2 \times 9,8}} = 0,168 \text{ m}$$

$$R_{e2} = \frac{4 \times 0,019}{\pi \times 0,168 \times 0,00000278} \cong 52.000 = 5,2 \times 10^4$$

$$\frac{e}{D_1} = \frac{0,000046}{0,168} \cong 0,00027 \Rightarrow \text{pelo diagrama:}$$

$$f_3 = 0,022 \text{ (Moody)}$$

Portanto, o diâmetro 0,168 m seria suficiente. Entretanto, o diâmetro comercial mais próximo é 0,20 m, e este será o adotado. A velocidade resultará, então:

$$v = \frac{0,019}{0,0314} = 0,605 \text{ m/s}, \quad \text{então,} \quad h_f = 2,58 \text{ m}$$

Exercício A-8-i

(Problema-tipo IV – *Tabela A-8.3.10-a*)

Uma canalização nova de aço com 150 m de comprimento transporta gasolina a 10 °C ($v_{cn} = 0,000000710$ m^2/s) de um tanque para outro, com uma velocidade média de 1,44 m/s. A rugosidade dos tubos pode ser admitida como igual a 0,000061 m. Determinar o diâmetro e a vazão na linha, conhecida a diferença de nível entre os dois depósitos, de 1,86 m.

Solução:

Admitindo inicialmente:

$$f_1 = 0,025 \Rightarrow D_1 = \frac{f \times L \times v^2}{h_f \times 2 \times g} = \frac{0,025 \times 150 \times 1,44^2}{1,86 \times 2 \times 9,8} = 0,214 \text{ m,}$$

$$\text{e } R_{e1} = \frac{v \times D_1}{v_{cn}} = \frac{1,44 \times 0,214}{0,000000710} \cong 435.000 \cong 4,4 \times 10^5$$

$$\frac{e}{D_1} = \frac{0,000061}{0,214} \cong 0,000285$$

pelo diagrama: $f_2 = 0,017$ (Moody)

Então:

$$D_2 = \frac{0,017 \times 150 \times 1,44^2}{1,86 \times 2 \times 9,8} = 0,145 \text{ m,}$$

$$\text{e } R_{e2} = \frac{v \times D_2}{v_{cn}} = \frac{1,44 \times 0,145}{0,000000710} = 2,9 \times 10^5$$

$$\frac{e}{D_1} = \frac{0,000061}{0,145} \cong 0,00042$$

Pelo diagrama: $f_3 = 0,018$ (Moody)

$$D_3 = \frac{0,018 \times 150 \times 1,44^2}{1,86 \times 2 \times 9,8} = 0,153 \text{ m}$$

ou seja, muito próximo do diâmetro comercial de 150 mm, resultado que será aceito.

A vazão será:

$$Q = A \times v = 0,177 \times 1,44 = 0,0255 \text{ m}^3/\text{s} = 25 \text{ } \ell/\text{s}$$

Exercício A-8-j (Escoamento laminar)

Calcular a perda de carga devida ao escoamento de 22,5 ℓ/s de óleo pesado (934 kgf/m^3), com um coeficiente de viscosidade cinemática de 0,0001756 m^2/s, através de uma tubulação nova de aço de 150 mm de diâmetro nominal e 6.100 m de extensão.

Solução:

$$v = \frac{Q}{A} = \frac{0,0225}{0,0177} = 1,27 \text{ m/s}$$

$$R_e = \frac{D \times v}{v_{cn}} = \frac{0,150 \times 1,27}{0,0001756} = 1.085$$

Portanto, o regime de escoamento é laminar, podendo ser aplicada a *Equação (8.10)*:

$$h_f = \frac{128 \times v_{cn} \times L \times Q}{\pi \times D^4 \times g} =$$

$$= \frac{128 \times 0,0001756 \times 6.100 \times 0,0225}{\pi \times 0,150^4 \times 9,8} = 198 \text{ m de}$$

coluna de óleo, ou

$$198 \times 934 \cong 185.000 \text{ kgf/m}^2$$

Exercício A-8-k (Escoamento de ar)

Um duto de aço de 150 mm de diâmetro nominal e 30 m de extensão será utilizado para fornecer 275 ℓ/s de ar à pressão atmosférica e a 15 °C. Calcular a perda de pressão.

Solução:

$$v = \frac{Q}{A} = 15,5 \text{ m/s}; \quad R_e = \frac{D \times v}{v_{cn}} \cong 1,6 \times 10^5$$

$$e = 0,000046 \text{ m}$$

$$\frac{D}{e} = \frac{0,15}{0,000046} = 3.250 \text{ m}$$

e, pelo diagrama: $f = 0,019$, então:

$$h_f = \frac{f \times L \times v^2}{D \times 2 \times g} = \frac{0,19 \times 30 \times 15,5^2}{0,15 \times 19,6} = 47 \text{ m}$$

(47 metros de coluna de ar ou pouco menos de 6 centímetros de coluna de água).

Condutos Forçados

Posição das Tubulações, Cálculo Prático, Materiais e Considerações Complementares

Condutos Forçados
Posição das Tubulações, Cálculo Prático, Materiais e Considerações Complementares

A-9.1 GENERALIDADES

Este capítulo é dedicado ao estudo do escoamento permanente uniforme em tubulações forçadas, isto é, aquelas em que o perímetro molhado coincide com todo o perímetro do tubo e que a pressão interna obrigatoriamente não coincide com a pressão atmosférica.

Fixa-se ainda, como premissa, que o comprimento do conduto seja superior a 100 vezes o seu diâmetro (veja *item A-5.3.2*). Sempre que não haja menção expressa, a seção transversal dos tubos é circular.

Sendo o movimento uniforme, por qualquer forma de escoamento em regime turbulento ou laminar, a declividade da linha piezométrica é constante.

A-9.2 LINHA DE CARGA E LINHA PIEZOMÉTRICA

Tomem-se as ilustrações da *Figura A-9.2-a* e a da *Figura A-9.2-b*.

A linha de carga referente a uma tubulação é o lugar geométrico dos pontos representativos das três cargas: a de velocidade, a de pressão e a de posição.

A linha piezométrica corresponde às alturas a que o líquido subiria em "piezômetros" instalados ao longo da tubulação; é a linha das pressões.

As duas linhas estão separadas pelo valor correspondente ao termo $v^2/(2 \times g)$, isto é, a energia cinética ou carga de velocidade. Se o diâmetro da tubulação for constante, a velocidade do líquido será constante e as duas linhas paralelas.

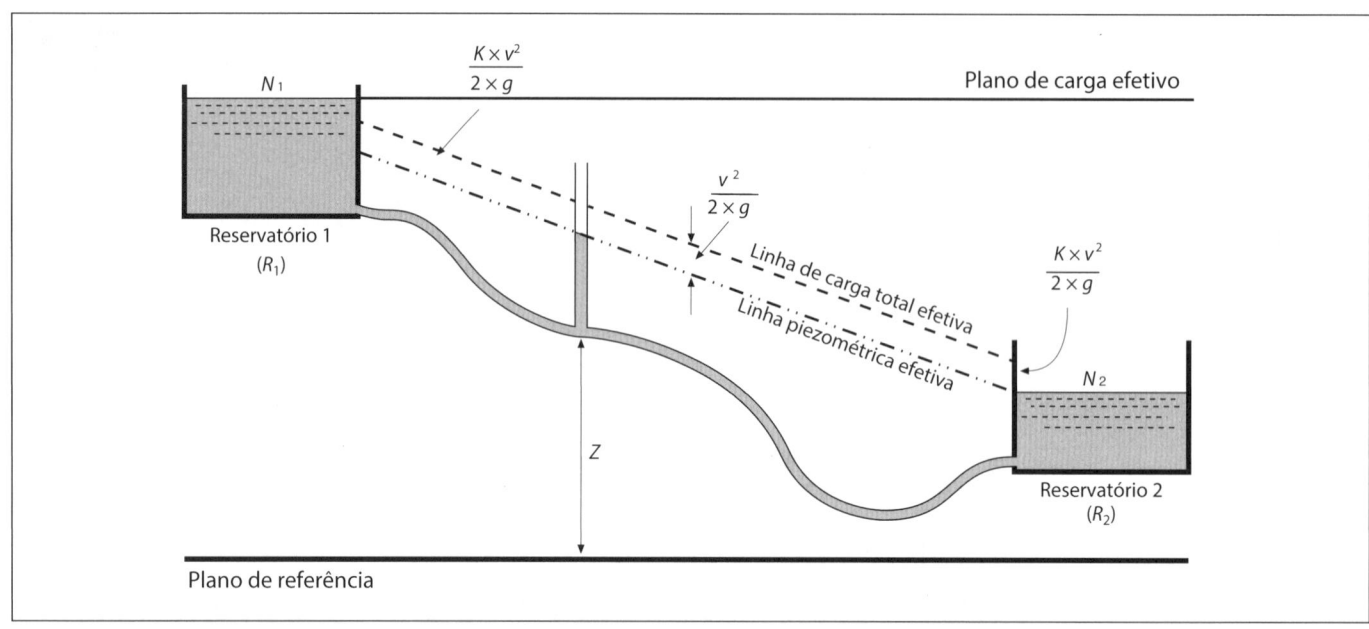

Figura A-9.2-a – Esquema de dois reservatórios.

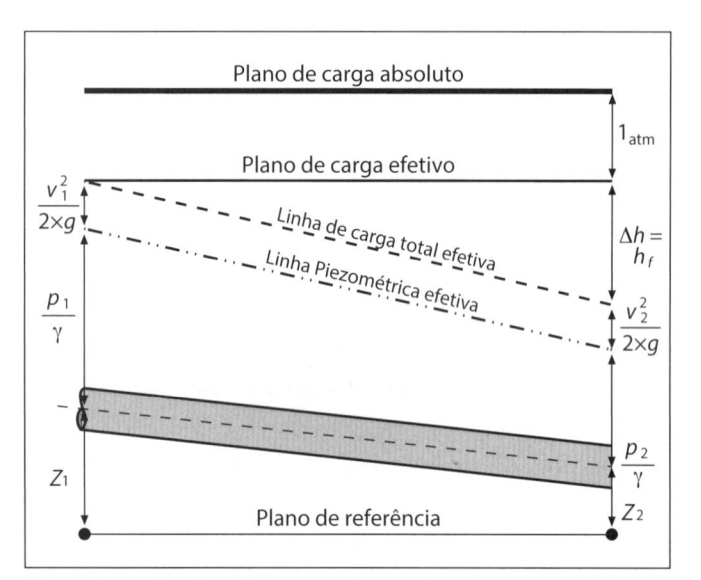

Figura A-9.2-b – Detalhe para a *Figura A-9.2-a*.

Na *Figura A-9.2-a*, o nível N_1 corresponde à energia total disponível no primeiro reservatório (em relação ao plano de referência adotado) e o nível N_2, à carga total no segundo reservatório.

Na saída, em R_1, há uma perda de carga: entrada da tubulação $(0,5 \times v^2/(2 \times g))$; na entrada de R_2, há uma segunda perda localizada $(1,0 \times v^2/(2 \times g))$. Entre esses dois pontos existe a perda de carga por atrito, ao longo da tubulação, representada pela inclinação das linhas.

A-9.3 CONSTRUÇÃO DA LINHA DE CARGA

A *Figura A-9.3-a* mostra o traçado das linhas de carga e da linha piezométrica para o caso de uma tubulação composta de três trechos de diâmetros diferentes.

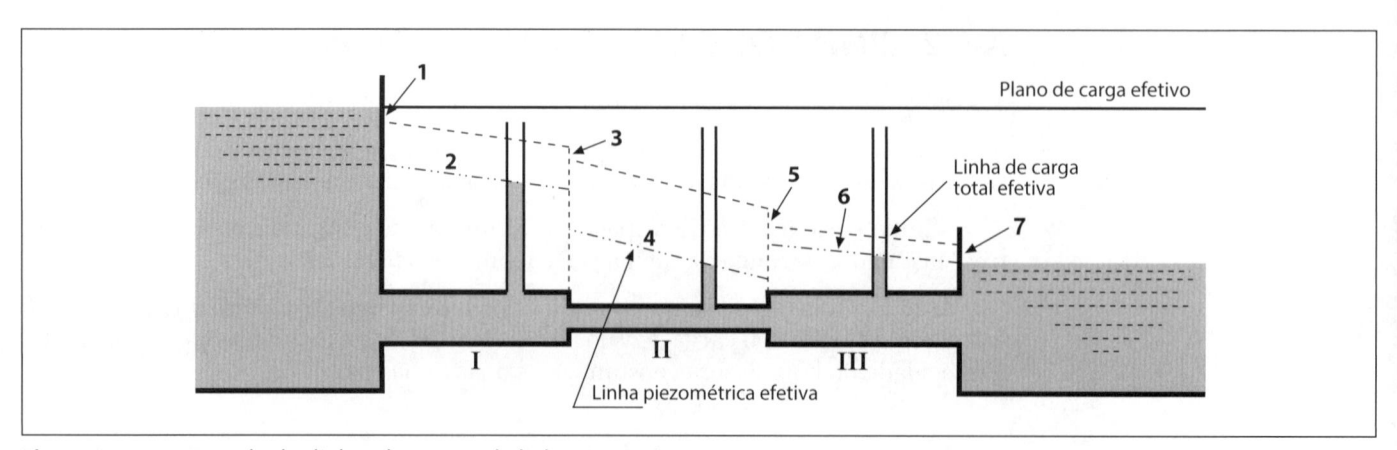

Figura A-9.3-a – Traçado das linhas de carga e da linha piezométrica.

As perdas enumeradas são as seguintes:

1. perda de carga localizada; entrada na tubulação $(0,5 \times v^2/(2 \times g))$;

2. perda de carga por atrito ao longo do trecho I (medida pela inclinação da linha);

3. perda de carga localizada, por contração brusca;

4. perda de carga por atrito ao longo do trecho II (medida pela inclinação da linha; é maior nesse trecho em que o diâmetro é menor);

5. perda de carga localizada devida ao alargamento brusco de seção;

6. perda de carga por atrito ao longo do trecho III;

7. perda de carga localizada: saída da tubulação e entrada no reservatório.

Entre os trechos I e II há uma queda brusca na linha piezométrica. Parte da energia de pressão se converte em energia de velocidade porque no trecho II, de menor diâmetro, a velocidade se eleva; na passagem de II para III há uma recuperação pela razão inversa.

A-9.4 CONSIDERAÇÃO PRÁTICA

Nos problemas correntes, geralmente se despreza a diferença existente entre as duas linhas (energética e piezométrica).

Na prática, a velocidade da água nas tubulações é limitada. Admitindo-se, por exemplo, 0,9 m/s como velocidade média, resulta a seguinte carga de velocidade:

$$\frac{v^2}{2 \times g} = \frac{0,9^2}{2 \times 9,8} \cong 0,04 \text{ m (4 cm)}$$

Fosse a velocidade da ordem de 1,5 m/s, a carga de velocidade seria da ordem de 11 cm, e se de 2 m/s, da ordem de 20 cm. A ordem de grandeza nos casos reais é desse naipe.

Por outro lado, essa energia costuma ser recuperável nas chegadas. Por isso, é frequente para efeito de estudos admitir a coincidência das linhas de carga total e piezométrica. Quando isso ocorrer, será utilizada a denominação apenas de linha de carga total.

A-9.5 POSIÇÃO DAS TUBULAÇÕES EM RELAÇÃO À LINHA DE CARGA

No caso geral do escoamento de líquido em tubulações, podem ser considerados dois planos de carga: o *absoluto*, em que se considera a pressão atmosférica, e o *efetivo*, referente ao nível de montante. Em correspondência, são consideradas a linha de carga total absoluta e a linha de carga total efetiva (essa última confundida com a linha piezométrica pela razão já exposta); ver *Figura A-9.5-a*.

Serão analisadas sete posições relativas da tubulação.

1ª posição

Tubulação assentada abaixo da linha de carga efetiva em toda a sua extensão. Para um ponto qualquer N, são definidas

N_1 = carga estática absoluta;
N_2 = carga dinâmica absoluta;
N_3 = carga estática efetiva;
N_4 = carga dinâmica efetiva.

Na prática procura-se manter a tubulação pelo menos 4 metros abaixo da linha piezométrica.

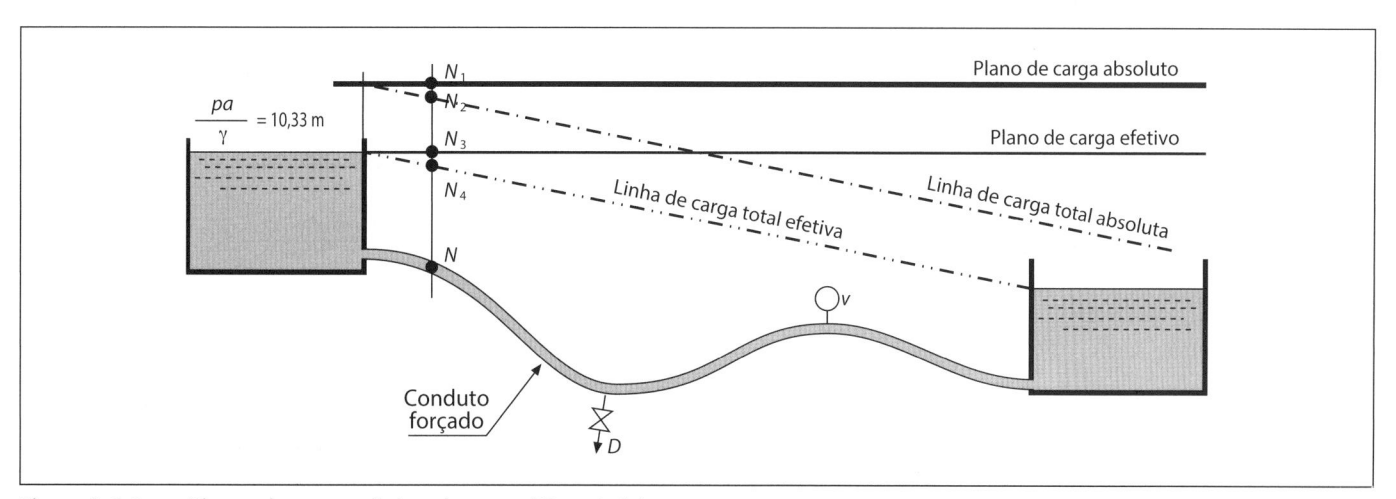

Figura A-9.5-a – Planos de carga e linhas de carga (1ª posição).

Essa é uma posição ótima para a tubulação. O escoamento será normal e a vazão real corresponderá à vazão calculada.

Nos pontos mais baixos da tubulação, devem ser previstas descargas com válvulas de bloqueio para limpeza periódica da tubulação e também para possibilitar o seu esvaziamento, quando necessário.

Nos pontos mais elevados (*Figura A-9.5-b*) devem ser instaladas *ventosas*, válvulas que possibilitam o escapamento automático de ar acumulado. Nesse caso, as ventosas funcionarão bem, porque a pressão na tubulação sempre será maior do que a atmosférica. Para que o ar se localize em determinados pontos mais elevados, a tubulação deve ser assentada com uma declividade que satisfaça:

$$I > \frac{1}{2.000 \times D}$$

sendo D o diâmetro da tubulação em metros.

Em geral, denominam-se sifões invertidos os trechos baixos das tubulações, onde atuam pressões elevadas.

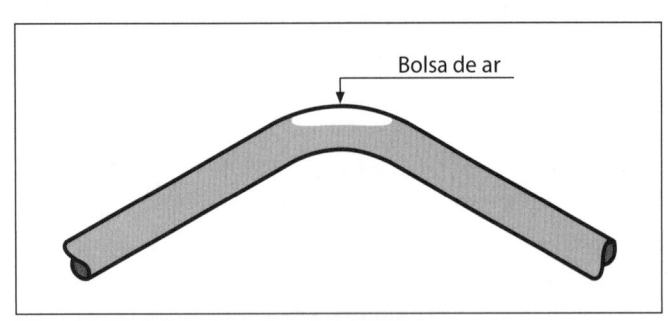

Figura A-9.5-b – Pontos da tubulação onde devem ser instaladas ventosas.

2ª posição

A tubulação coincide com a linha de carga total efetiva (linha piezométrica efetiva):

Carga dinâmica efetiva = 0.

É o caso dos chamados condutos livres. Um orifício feito na geratriz superior dos tubos não provocaria a saída da água nem a entrada de ar (*Figura A-9.5-c*).

Na prática, deve-se procurar executar as tubulações segundo uma das duas posições anteriormente estudadas. Sempre que a tubulação cortar a linha de carga efetiva, as condições de funcionamento não serão satisfatórias. Por isso, nos casos em que for impraticável manter a tubulação sempre abaixo dessa linha de carga efetiva, cuidados especiais deverão ser tomados.

3ª posição

A tubulação passa acima da linha de carga total efetiva (linha piezométrica efetiva), porém abaixo da linha de carga total absoluta (linha piezométrica absoluta) (*Figura A-9.5-d*).

Comentário: A pressão efetiva assume valor negativo entre os pontos A e B. É difícil evitar bolsas de ar nesse trecho, já que as ventosas comuns não funcionam corretamente, pois nesse trecho a pressão é inferior à atmosférica e, ao invés de sair ar pelas ventosas, entraria. Em consequência da eventual formação de bolsas de ar, a vazão diminuirá. É um caso que necessita de escorva (remoção do ar acumulado) para funcionar a contento. Veja também o comentário sobre a 4ª posição.

4ª posição

A tubulação corta a linha de carga total absoluta (linha piezométrica absoluta), mas fica abaixo do plano de carga efetivo (*Figura A-9.5-e*).

Nesse caso, podem ser considerados dois trechos da tubulação com funcionamento distinto:

R_1 a T, escoamento em carga;

T a R_2, escoamento como em canal-vertedor.

A vazão é reduzida e imprevisível.

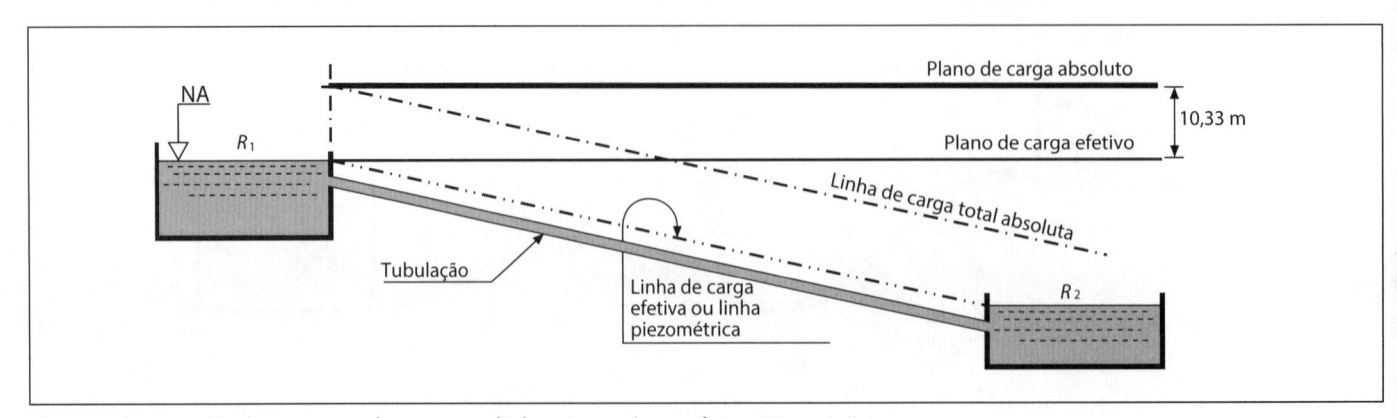

Figura A-9.5-c – Tubulação coincidente com a linha piezométrica efetiva (2ª posição).

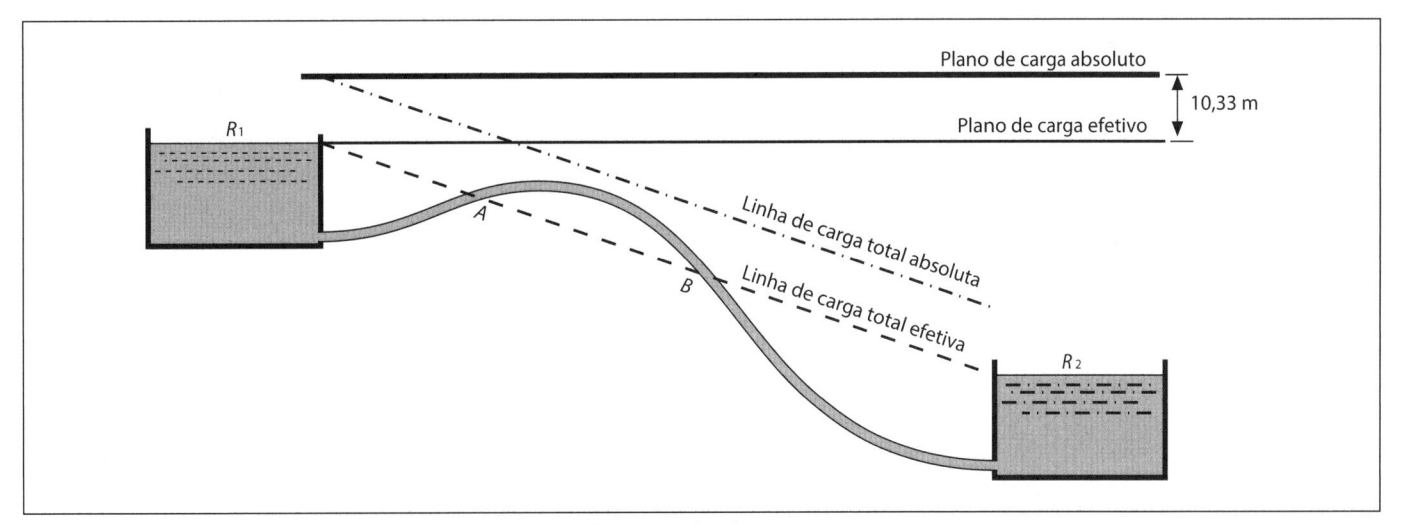

Figura A-9.5-d – Tubulação entre a linha de carga total efetiva e a absoluta (3ª posição).

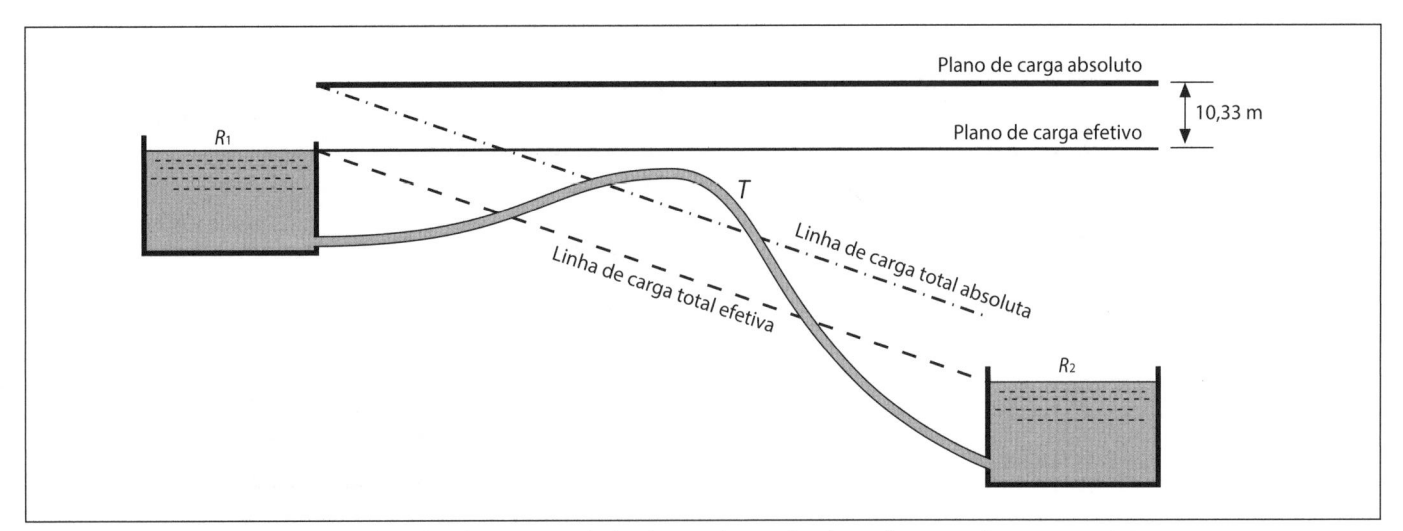

Figura A-9.5-e – Tubulação acima da linha de carga total absoluta e abaixo do plano de carga efetivo (4ª posição).

Comentário: Se a tubulação estiver abaixo do plano de carga efetivo e cortar a linha de carga total efetiva (linha piezométrica efetiva) (*Figura A-9.5-d* e *Figura A-9.5-e*) e se for estabelecida a comunicação com o exterior (pressão atmosférica) no seu ponto mais desfavorável (executando-se uma caixa de passagem), a tubulação passará a funcionar com dois trechos distintos, indo do reservatório 1 até o ponto alto da tubulação com escoamento sob a carga reduzida correspondente a esse ponto e daí para o reservatório 2, sob a ação da carga restante.

5ª posição

A tubulação corta a linha de carga total efetiva (linha piezométrica efetiva) e o plano de carga efetivo, mas fica abaixo da linha de carga total absoluta (linha piezométrica absoluta) (*Figura A-9.5-f*).

Trata-se de um sifão verdadeiro e, como todo sifão, funciona em condições instáveis, exigindo escorva sempre que entrar ar na tubulação e para a "partida" do sistema.

6ª posição

Tubulação acima do plano de carga efetivo e da linha de carga total absoluta (linha piezométrica absoluta), mas abaixo do plano de carga absoluto (*Figura A-9.5-g*).

Trata-se de outro "sifão verdadeiro" funcionando em condições mais instáveis do que na 5ª posição.

Observação: Na prática, executam-se, algumas vezes, sifões verdadeiros para atender a condições especiais. Nesses casos, são tomadas as medidas necessárias para o escorvamento por meio de dispositivos mecânicos.

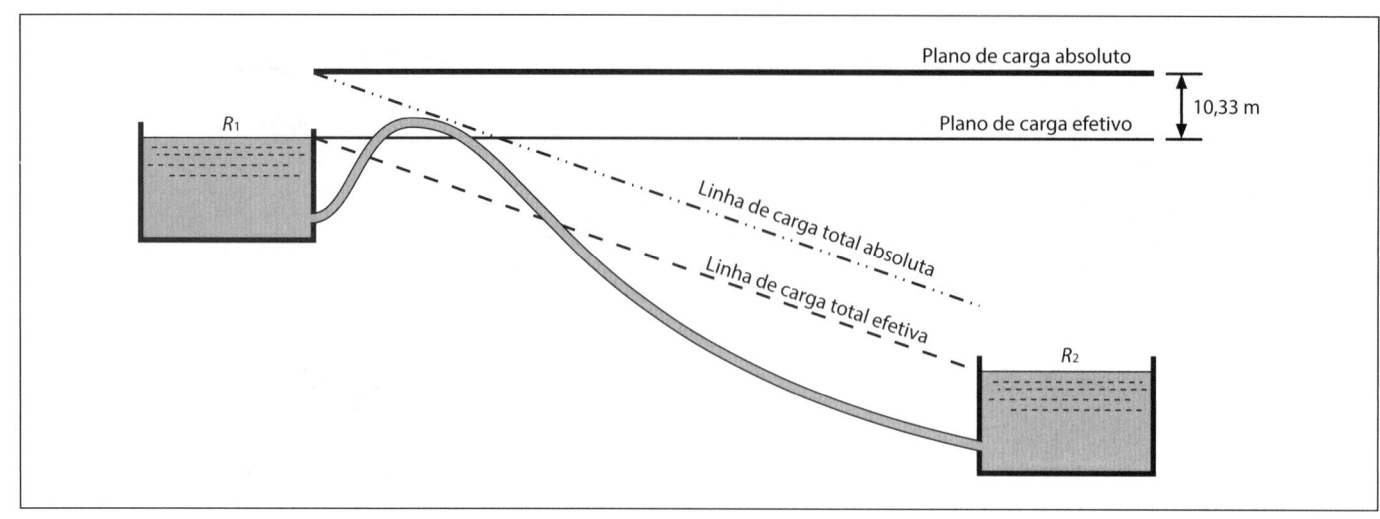

Figura A-9.5-f – Tubulação abaixo da linha piezométrica absoluta e acima do plano de carga efetivo (5ª posição).

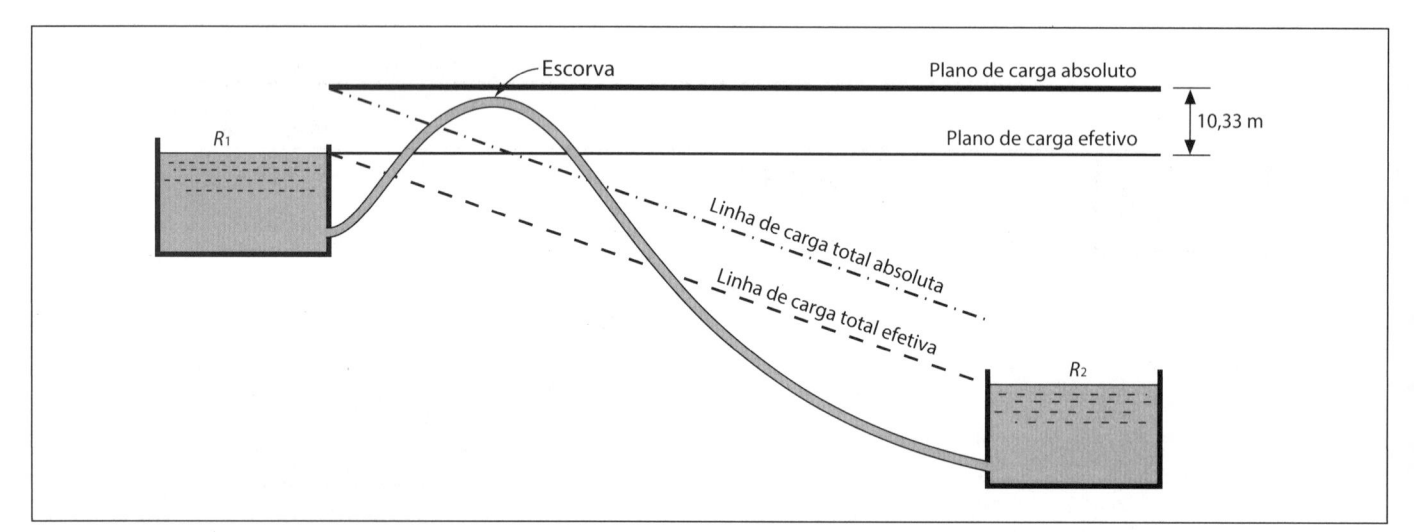

Figura A-9.5-g – Tubulação acima do plano de carga efetivo e abaixo do plano de carga absoluto (6ª posição).

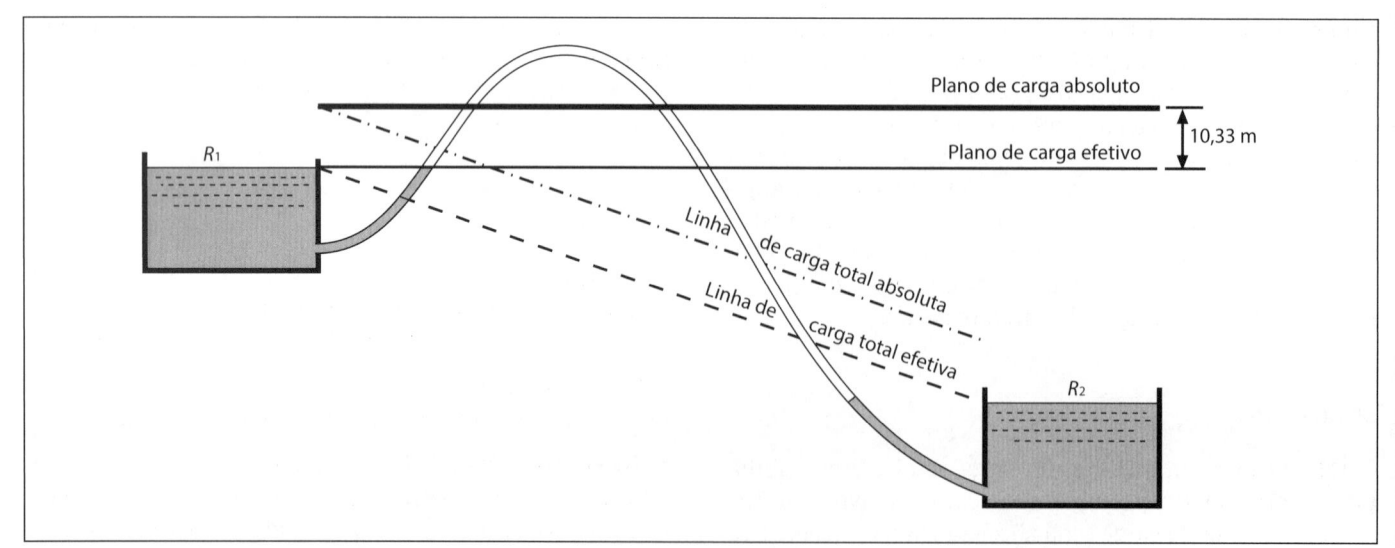

Figura A-9.5-h – Tubulação acima do plano de carga absoluto (7ª posição).

7ª posição

A tubulação corta o plano de carga absoluto.

O escoamento por gravidade é impossível, pois há necessidade de recalque (no primeiro trecho) (*Figura A-9.5-h*).

A-9.6 PROBLEMAS HIDRAULICAMENTE DETERMINADOS E INDETERMINADOS

No *item A-7.7.3* e no *item A-8.3.10* já se abordaram os seis tipos de problemas possíveis para tubulações. Recordando:

As variáveis são:

J a declividade da linha piezométrica ou perda de carga unitária;
Q a vazão ou descarga;
D o diâmetro interno;
v a velocidade de escoamento.

São problemas hidraulicamente determinados aqueles em que, a partir dos dados, tem-se uma incógnita, só com a equação do movimento e a equação da continuidade.

São exemplos de problemas hidraulicamente indeterminados: o dimensionamento (cálculo do diâmetro) de uma tubulação em recalque, onde o único dado é a vazão; o dimensionamento de um conduto alimentador de uma turbina, onde o único dado é a vazão; e o dimensionamento de redes de água (sistemas complexos).

Em geral, essas indeterminações são levantadas levando-se em conta o aspecto econômico do problema.

A-9.7 REGIME DE ESCOAMENTO E FÓRMULAS UTILIZADAS

No *item A-8.3.7* e no *item A-8.3.8*, já se abordou o assunto do escoamento ser laminar ou turbulento e as considerações a fazer em cada caso e na zona de transição. Recordando:

Para escoamento laminar ($R_e < 2.000$), em tubos de seção circular, utiliza-se, por exemplo, a fórmula de Poiseuille (*item A-8.3.7*).

Para escoamentos turbulentos ($R_e > 4.000$), utiliza-se a fórmula de Hazen-Williams, ou a fórmula Universal (*Capítulo A-8*).

Para escoamentos com números de Reynolds compreendidos entre 2.000 e 4.000, utiliza-se o diagrama de Rouse ou o de Moody (*Capítulo A-8*).

Na prática, quase todas as aplicações referem-se a escoamento turbulento. O engenheiro deverá estar alerta para reconhecer as exceções e não se equivocar. Os mesmos cuidados deve ter quanto aos "fluidos não newtonianos".

Confirmando a fórmula a usar na resolução dos problemas propostos no *item A-9.8* a seguir (e resolvidos nos *Exercícios A-9-a* até *A-9-f*), ou seja, verificando o número de Reynolds (R_e):

Adotando para a viscosidade cinemática (v_{cn}) da água o valor 10^{-6} m²/s, o número de Reynolds será:

$$R_e = v \times D \times 10^6$$

Sendo v a velocidade, D será o diâmetro. Daí resulta a *Tabela A-9.7-a*.

Tabela A-9.7-a Número de Reynolds de cada tipo de problema

Problema-tipo	Exercício	R_e
I	9-a	280.000
II	9-b	1.698.000
III	9-c	1.125.000
IV	9-d	796.000
V	9-e	600.000
VI	9-f	1.272.000

Portanto, todos os exercícios, de *A-9-a* até A-9-f, consideram escoamento turbulento, podendo usar a fórmula de Hazen-Williams e/ou a de Colebrook.

A-9.8 SOLUÇÃO DE PROBLEMAS HIDRAULICAMENTE DETERMINADOS PARA MOVIMENTO UNIFORME TURBULENTO

No *item A-7.7.3*, aborda-se este assunto, ao qual se volta após os conceitos estabelecidos entre aquele e este item, conforme já previsto ao fim do *item A-7.7.3*.

Problema-tipo I

Dados D e J, determinar o valor de Q e o de v.

Conhecendo D e J, tira-se diretamente da *Tabela A-8.4-a* o valor da vazão. Calcula-se a velocidade pela equação da continuidade, que, aliás, também se encontra já calculada nas *Tabelas A-8.4-a*.

Veja exemplo no *Exercício A-9-a*.

Problema-tipo II

Dados D e Q, achar J e v.

Conhecendo D e Q, calcula-se diretamente pelas *Tabelas A-8.4-a* o valor de J. A velocidade será dada pela equação da continuidade (e pela própria *Tabela A-8.4-a*).

Veja exemplo no *Exercício A-9-b*.

Problema-tipo III

Sabidos D e v, encontrar J e Q.

Conhecendo D e v, pela equação da continuidade calcula-se Q e, pela *Tabela A-8.4-a*, encontra-se J.

Veja exemplo no *Exercício A-9-c*.

Problema-tipo IV

Dados J e Q, achar D e v.

Conhecendo J e Q e o material do conduto, procura-se, na *Tabela A-8.4-a*, o valor de J que corresponda ao valor de Q na coluna própria para o material; só há um valor do diâmetro D que resolve o problema. Conhecido o diâmetro, pela equação da continuidade calcula-se v.

Veja exemplo no *Exercício A-9-d*.

Problema-tipo V

Dados J e v, determinar o valor de D e o de Q.

Conhecendo J e v, constrói-se para vários diâmetros um quadro como o do exemplo no *Exercício A-9-e*.

Problema-tipo VI

Dados Q e v, achar o valor de J e o de D.

Conhecendo Q e v, pela equação da continuidade obtém-se D e, pela *Tabela A-8.4-a*, extrai-se o valor de J.

Veja exemplo no *Exercício A-9-f*.

A-9.9 PROBLEMA COM MOVIMENTO LAMINAR

No *item A-8.3.7* e no *Exercício A-8-j* abordou-se o escoamento em regime laminar e seu cálculo.

No *Exercício A-9-g* exemplifica-se o cálculo.

A-9.10 APROXIMAÇÃO E COMPARAÇÃO DE RESULTADOS

Na maioria dos problemas da Hidrodinâmica, a segurança nos resultados não abrange mais do que três algarismos significativos. Essa é, pois, a aproximação a que se precisa e se deve chegar nos cálculos, o que possibilita o uso generalizado de tabelas e curvas.

Para ter ideia da variação que pode ocorrer nos resultados, de acordo com as diversas fórmulas mais comumente empregadas, façamos o seguinte exemplo:

$D = 0,45$ m (DN 450);

$J = 0,0038$ m/m.

Calculando as vazões para um mesmo tubo qualquer (por exemplo, tubos de ferro fundido em uso), e fazendo o desvio em relação a uma média (ou em relação a um dos métodos), encontram-se os valores da *Tabela A-9.10-a*.

Tabela A-9.10-a

Pela fórmula de	Vazão Q (ℓ/s)	% da média	Desvio (%)
Darcy	142	85,29	14,71
Flamant	202	121,32	−21,32
Colebrook $k = 0,003$	156	93,69	6,31
Hazen-Williams $C = 100$	166	99,70	0,30
Média	166,50	100,00	0

A-9.11 EMPREGO DE NOMOGRAMAS E TABELAS

Na prática, para a solução rápida dos problemas que envolvem a perda de carga em tubulações, os engenheiros contavam com um grande número de ábacos de escalas paralelas, das fórmulas de Flamant e Hazen-Williams. Para essa última fórmula era também usual um ábaco de alinhamentos múltiplos. Para os casos mais correntes, a precisão obtida com o emprego de nomogramas era satisfatória.

Havia também réguas de cálculo especialmente feitas para o dimensionamento de tubulações. Os manuais de Hidráulica ainda apresentam tabelas para a leitura imediata dos resultados. Com o advento das calculadoras eletrônicas e microcomputadores as soluções tornaram-se mais expeditas, substituindo-se os cálculos tediosos (e repetitivos) por programas de cálculo.

Entretanto, na formulação de alternativas, no cálculo e avaliação expedita de situações, e até na verificação de uma ordem de grandeza para evitar erros grosseiros, o manuseio de uma tabela ou de um ábaco tem e sempre terá seu lugar para o profissional envolvido com tubulações a pressão, pois permite perceber tendências e daí tirar conclusões, nem sempre fáceis, analisando dígitos resultantes de um cálculo.

A-9.12 PERDA DE CARGA UNITÁRIA, DECLIVIDADE E DESNÍVEL DISPONÍVEL

É comum dizer que a perda de carga total é igual ao desnível do terreno. Para aqueles que se iniciam na Hidráulica, essa afirmativa pode gerar confusão.

Na realidade, em muitos problemas, procura-se aproveitar toda a diferença de nível existente entre dois pontos para o transporte da água. O objetivo é, sempre, obter economia. No caso de adução por gravidade eleva-se a perda de carga ao máximo admissível, resultando o menor diâmetro possível para a tubulação, logo o mais econômico: *Figura A-9.12-a*.

Contudo, os dois conceitos não devem ser confundidos, pois nem sempre se deseja o aproveitamento total do desnível para o transporte da água.

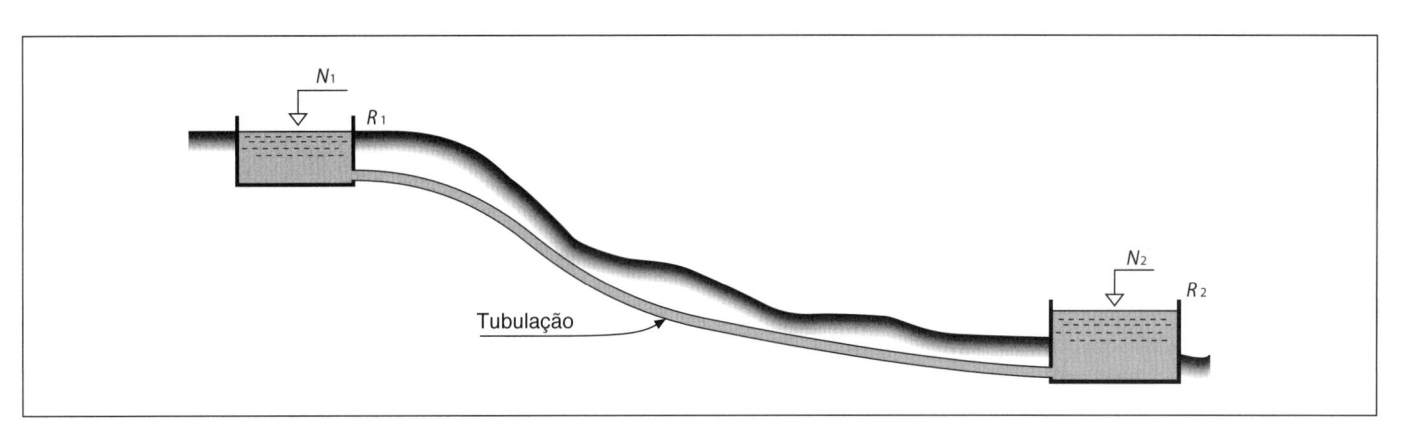

Figura A-9.12-a – Esquema de adução por gravidade.

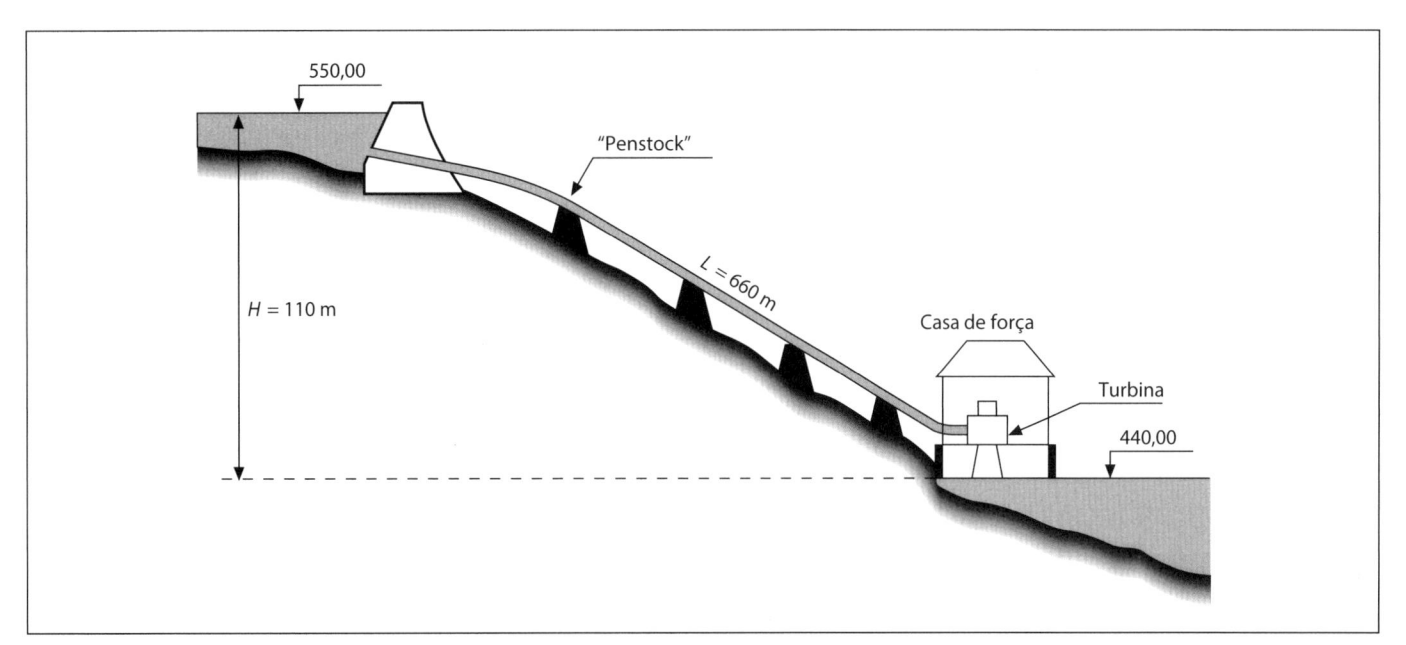

Figura A-9.12-b – Esquema de geração de energia elétrica.

Se, por exemplo, em lugar do reservatório *(Figura A-9.12-a)*, existisse um serviço de distribuição de água no qual fosse requerida uma certa pressão, a perda de carga não poderia igualar $N_1 - N_2$.

No caso de geração de energia elétrica (hidrelétricas), evidentemente a situação é inversa, quer-se um mínimo de perda de carga na tubulação. A *Figura A-9.12-b* e o *Exercício A-9-h* são bastante ilustrativos.

A-9.13 COMPRIMENTO DAS TUBULAÇÕES

Geralmente as tubulações têm inclinações pequenas, o que permite aos engenheiros determinar o seu comprimento, medindo-o em planta (projeção horizontal). Esse é o caso mais comum.

Seja, por exemplo, uma tubulação assentada *(Figura A-9.13-a)* com uma declividade de 10%, valor relativamente elevado.

O comprimento exato do trecho de tubulação seria praticamente 10 m:

$$L = \sqrt{10^2 + 1^2} = \sqrt{101} = 10,05$$

Na aquisição dos tubos, sempre se adiciona uma certa porcentagem, de 2 a 6%, para fazer face a essas diferenças, às quebras, substituições futuras etc.

É evidente que esse critério não se aplica a muitos casos onde a inclinação é significativamente maior, como são bombeamentos curtos, os casos de tubulações forçadas de usinas hidrelétricas, como o indicado na *Figura A-9.12-b (Exercício A-9-h)*, em que deve ser verificado o perfil para a determinação do comprimento real da tubulação.

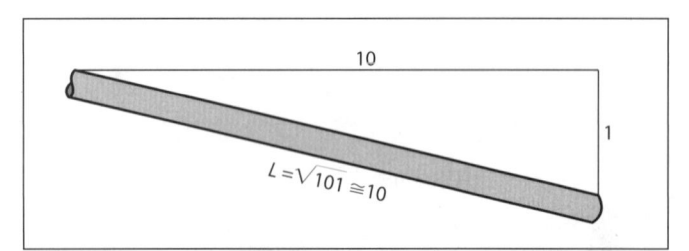

Figura A-9.13-a – Tubulação assentada com declividade de 10%.

A-9.14 TUBOS NOVOS E TUBOS USADOS

Não é pequena a vida útil das obras hidráulicas, e o seu funcionamento deve ser satisfatório durante o período previsto para a sua utilização. Normalmente esperam-se vidas úteis da ordem de 50 anos.

Como as obras devem ser projetadas para serem duráveis, as tubulações devem ser dimensionadas com coeficientes para tubos em uso, tendo em vista a duração prevista para eles. Os coeficientes para tubos novos são úteis e por isso indicados, porque interessa ao engenheiro conhecer a perda de carga inicial ou a vazão que se poderá obter de início e com o menor investimento inicial.

Entretanto, também é justo prever que medidas de operação e manutenção tais como limpeza interna periódica, eventuais correções químicas etc., cuidarão de manter as perdas de carga dentro de valores adequados e econômicos. Para que a limpeza interna se torne rotina e não apresente custos significativos é importante que o projeto preveja pontos de inserção e de retirada de raspadores *(pig)*.

A-9.15 CALOR PRODUZIDO

Embora seja frequentemente empregada a expressão perda de energia, ao se designar a perda de carga não se deve esquecer que, na realidade, jamais se verifica uma perda de energia. Com o escoamento dos fluidos, parte da energia disponível se dissipa sob a forma de calor. Nessas condições, teoricamente, há um ligeiro aquecimento do fluido e dos tubos.

No caso de líquidos, na prática essa energia, sob a forma de calor, é completamente perdida. Tratando-se de fluido aeriforme, uma parte do calor pode ser aproveitada.

É fácil mostrar que a elevação de temperatura em um fluido, em consequência da perda de carga, é desprezível. Suponhamos que, em uma tubulação longa, a perda de carga total atinja 70 m. A elevação de temperatura correspondente seria

$$\frac{70}{427} = 0,16° \text{ (ou seja, 1/6 de grau centígrado)}$$

sendo 427 o equivalente mecânico do calor. (Para a água, a elevação de 1 °C requer aproximadamente uma caloria nas CNTP – condições normais de temperatura e pressão).

A-9.16 MATERIAIS EMPREGADOS NAS TUBULAÇÕES SOB PRESSÃO

Na *Tabela A-9.16-a* buscou-se resumir o assunto.

Tabela A-9.16-a Materiais empregados nas tubulações de água sob pressão

Material/Fabricação	Indicações gerais sobre tubos normalmente usados no mercado					
	Sigla	Juntas Montagem	Diâmetros nominais internos em mm	Uso preponderante	Breve descrição	Exemplo de fornecedor/fabricante
a. Metálicos						
a.1 Aço-carbono soldado	Mais competitivo nos diâmetros maiores e nas maiores pressões e principalmente nos barriletes (nestes últimos por facilitar as ancoragens); mais suscetível à corrosão do que o FFD, requer muito boa proteção química (pintura) e catódica. Resistência à tração do aço normalmente usado para tubulações de água (ASTM A 283, grau C; AWWA C200): $\sigma_{admissível} < 1.055$ kgf/cm^2. Disponíveis em qualquer diâmetro e qualquer classe de pressão. É o melhor material para estruturas autoportantes (aéreas ou largadas em fundos ou locais onde possa vir a haver movimentos, recalques diferenciais etc. em relação ao momento da colocação da tubulação). Normalmente fornecidos em tubos de 12 m de comprimento. Tomadas por perfuração para conexões domiciliares executadas facilmente com tecnologia sedimentada.					
a.1.1 solda contínua	ST, PB, FL, LU		100 a 500	AD		www.confab.com.br
a.1.2 em segmentos (UOE)	ST, PB, FL, LU		qualquer, a partir de 50 mm	AD, BR, IR, HE		www.ebse.com.br
a.1.3 solda em espiral	ST, FL, LU		de 50 a 900	AD, BR, IR, HE		www.alvenius.ind.br
a.2 Aço inoxidável	BS, LU		qualquer, a partir de 10 mm	IE	Instalações prediais e industriais especiais, em circuitos de comando hidráulico, em ETAs	www.prominas.com.br
a.3 Cobre ou ligas de cobre	BS, LU		10 a 50	IP, IE	Uso em água quente, instalações prediais e industriais	
a.4 Chumbo	BS		10 a 50	IP, IE	Em desuso	
a.5 Ferro "doce" galvanizado	Ou ferro "maleável" preto, NBR 6950/circuitos de ar comprimido, de gás, instalações especiais/instalações prediais "aéreas"/caiu em desuso nas instalações prediais de água					
	RS		10 a 100	IP, IE		www.tupy.com.br
a.6 Ferro fundido dúctil, ou FFD	Mais competitivo no intervalo $300 \le$ DN mm ≤ 1.200, é o material mais tradicional e mais usado em sistemas de água e o que acarreta menores custos de instalação. Muito robusto, costuma suportar situações adversas de instalação, de cargas externas, de conflitos de subsolo, de vandalismo etc. Mais resistente à corrosão do que o aço. Em instalações com altas pressões e/ou com fortes inclinações ou mudanças de direção, pode requerer ancoragens cuidadosas. Resistência à tração do FFD: $\sigma_{admissível} < 420$ kgf /cm^2; 420 MPa. Normalmente fabricados em espessuras padronizadas para classes de pressão definidas (PN 10, 16, 25 kgf/cm^2), pode atingir PN 40 (adutora Hampaturi-Pampahasi, LaPaz, Bolívia, DN 800 mm). Normalmente fornecido em tubos com cerca de 6 m de comprimento útil. Tomadas por perfuração para conexões domiciliares executadas facilmente com tecnologia sedimentada.					
	FFD	PB, FL, LU	75 a 2.000	AD, BR, RD, IR, HE, IP, IE		www.sgpam.com.br

Tabela A-9.16-a Materiais empregados nas tubulações de água sob pressão (*continuação*)

Material/Fabricação	Indicações gerais sobre tubos normalmente usados no mercado					
	Sigla	Juntas Montagem	Diâmetros nominais internos em mm	Uso preponderante	Breve descrição	Exemplo de fornecedor/fabricante
b. Plásticos (orgânicos)						
b.1 Termoplásticos						
b.1.1 Cloreto de polivinil rígido	Desde os anos 1970 é o material predominante em tubos de até DN 250 mm e pressão de até 120 m.c.a. É fabricado de até 900 mm, mas perde a competitividade para as pressões de trabalho usuais. A resistência à pressão interna varia com a temperatura, sendo a classe de pressão informada para o entorno dos 20 a 23 °C. Não deve ser usado exposto à radiação ultravioleta (sol) por apresentar alterações químicas (e das características mecânicas). Os tubos de PVC são de montagem fácil; não requerem proteção (revestimento) externa nem interna, apenas cuidados para não se movimentarem na direção das bolsas, pois os atritos laterais e a capacidade de transmissão de esforços longitudinais dos anéis de borracha podem ser insuficientes para compensar esses esforços (ver *item A-10.1.4*). Normalmente as juntas são PB com anel de borracha, os diâmetros externos iguais aos de FFD. Normalmente as curvas e acessórios são tipo BB (bolsa-e-bolsa) em FFD. Resistência do PVC à tração: $\sigma_{admissível}$ < 4.200 kgf/cm^2; 420 MPa Tubos com $\approx$ 6 m de comprimento. Tomadas por perfuração para conexões domiciliares executadas facilmente com tecnologia sedimentada.					
	PVC	PB, FL, LU	10 a 300	AD, BR, RD, IR, IP, IE		www.tigre.com.br
b.1.2 Polietileno de alta densidade	Este material vem conquistando mercado nos serviços de distribuição de água urbanos graças a diversas características favoráveis. A resistência à pressão interna varia com a temperatura e a informação sobre isso refere-se à temperatura de 23 °C (consulte a norma AWWA C906). Os diferentes fornecedores e as diferentes aplicações geram diferentes composições químicas variando sobre o mesmo tema, mas com diferentes características mecânicas e diferentes condições de solda, que requerem uma certa "arte" do soldador, situação extensiva às tomadas por perfuração para conexões domiciliares em que a tecnologia está por sedimentar. O comprimento dos tubos pode ser qualquer um, podendo até ser extrudados no local.					
	PEAD	ST	10 a 1.500			www.polierg.com.br
b.1.3 Polipropileno			10 a 300		Água quente em instalações prediais e industriais	
b.1.4 Polietileno de baixa densidade			10 a 100		Mangueiras e instalações onde se requer bastante flexibilidade	
b.1.5 Polietileno de baixa densidade armado			25 a 250		Mangueiras e instalações onde se requer bastante flexibilidade	
b.2 Termo estáveis						
b.2.1 Resinas bicomponente armadas	Trata-se de tubo em material composto, em resina bicomponente (reação química irreversível) contra um molde metálico (externo ou interno, depende do equipamento), "armado" com fibra de vidro e algum "enchimento inerte" (normalmente areia) para aumentar a espessura da parede a custo mais baixo e acrescentar características mecânicas favoráveis (como a brita no concreto armado). Normalmente essa "armação" é feita com filamentos contínuos de fibra de vidro trançados helicoidalmente, em quantidade conforme o cálculo da pressão interna que se quer suportar. Ou seja, é um tubo "sob encomenda". Excelente resistência química (as resinas normalmente são poliuretanos especificados conforme o comprador defina). Entretanto, sofrem de comentários do mercado quanto a eventuais fragilidades e suscetibilidade a vandalismos e exigir muitos cuidados na montagem. Em contrapartida, não aceita ligações clandestinas, uma vez que a "perfuração" necessária rompe a armação e colapsa o tubo, denunciando imediatamente o ocorrido. Ao não aceitar perfurações sem comprometer a armação, não se adapta a redes de distribuição. Sua aplicação restringe-se a linhas adutoras "virgens" ou com derivações previstas em projeto.					
	PB		100 a 1.000			www.edra.com.br

Tabela A-9.16-a Materiais empregados nas tubulações de água sob pressão (*continuação*)

| Material/Fabricação | Indicações gerais sobre tubos normalmente usados no mercado | | | | | Exemplo de fornecedor/fabricante |
	Sigla	Juntas Montagem	Diâmetros nominais internos em mm	Uso preponderante	Breve descrição	
b.2.2 Resinas bicomponente armadas, fôrma interna PVC	RPVC	PB	100 a 1.000		Idem aos tubos RFV, entretanto o molde é um tubo fino de PVC que ficará como forma perdida interna.	www.edra.com.br
c. Compostos Inorgânicos						
c.1 Concreto armado	Em grande parte, trata-se de tubos de aço de parede fina, reforçados externamente e internamente com concreto armado e normalmente protendido. Normalmente são fabricados por encomenda para situações específicas, quase sempre grandes adutoras que compensem a produção no local da obra.					
	CA	PB, BS	300 a 3.000			www.vianinipipe.com
c.2 Cimento-amianto		LU	100 a 1.000		Em desuso por motivos não hidráulicos	
d. Alternativos						
d.1 Madeira (tanoaria)		tanoaria	diversos		Em desuso	
d.2 Túneis em rocha			a partir de 1,5 m		Necessita rocha sã e revestimento em alguns trechos	

Tipos de juntas:

ST Solda de Topo

PB Ponta-e-bolsa com anel de borracha e variantes

BS Ponta e bolsa de encaixe, com solda ou similar

FL Flanges

LU Luva com anel de borracha e variantes

RS Roscada

Uso preponderante

AD Adutoras

BR Barriletes

RD Redes de distribuição

IR Irrigação

HE Hidrelétricas

IP Instalações prediais

IE Instalações especiais (ETAs etc.)

Revestimentos "permanentes" para tubos metálicos:

01. Como revestimento interno, o "padrão" é a argamassa de cimento-e-areia, colocada em fábrica por algum processo tipo centrifugante, ou no campo, normalmente após uma raspagem interna de tubulação usada. É um excelente revestimento e as espessuras variam de 3 a 12 mm, podendo chegar a 19 mm quando no campo.

02. Epóxi ou polietileno extrudada/pintada a quente no local com equipamento especial.

Nota: para comparar materiais, somar todos os custos de implantação inerentes a cada produto.

A-9.17 DIÂMETROS E CLASSES DE PRESSÃO COMERCIAIS DOS TUBOS

Na prática, usam-se os tubos disponíveis no mercado, que são fabricados em determinados padrões. Em geral, calcula-se um diâmetro e uma espessura de parede que raramente existe e especifica-se um dos tubos comerciais mais próximos: ou o imediatamente acima, ou o imediatamente abaixo. A "arte" (sensibilidade) do engenheiro vai, em última instância, avaliar se adota o diâmetro e a classe de pressão ligeiramente inferior ou ligeiramente superior (normalmente os imediatamente superiores).

Os tubos empregados na prática satisfazem padrões estabelecidos em Normas Técnicas amplamente aceitas, como são a ABNT (Associação Brasileira de Normas Técnicas), a AWWA (American Water Works Association), a DIN, a ASTM etc., de forma que os produtos possam ser intercambiáveis, tenham diversos fornecedores, não ficando presos a um só fabricante. Além disso, é preciso compatibilizar tubos e acessórios (conexões, válvulas, curvas etc.).

O material e o processo de fabricação dos tubos também devem ser do conhecimento do usuário, pois enquanto uns se referem ao seu diâmetro nominal (DN) e este é muito próximo do diâmetro útil ou diâmetro interno do tubo, outros se referem a diâmetros externos ou, então, ao mudar de uma classe de pressão para outra, no mesmo material, a espessura da parede do tubo varia significativamente, a maioria das vezes diminuindo o diâmetro interno, isto é, a área útil de passagem da água.

Esse aumento de espessura para dentro do tubo (mantendo o diâmetro externo constante) pode dar-se por dois motivos principais:

a) padronizar as juntas, permitindo intercambiar tubos, conexões, acessórios, mesmo que de materiais diferentes;

b) o método de fabricação usa uma forma externa.

Ao longo do tempo, os diâmetros comerciais e os tipos de acoplamentos (conexões, soldas etc.) sofrem pequenas alterações, mesmo que respaldados pelas normas, e o leitor deve informar-se sempre sobre o assunto, consultando catálogos dos fabricantes ou acessando sites pela internet. A seguir informamos alguns endereços de internet para, quando necessário, iniciar pesquisas a respeito (*Tabela A-9.17-a*).

Tabela A-9.17-a Endereço do sítio eletrônico de alguns fabricantes

Tubos de ferro fundido dúctil	www.sgpam.com
Tubos de PVC	www.tigre.com.br
Tubos de aço-carbono	www.confab.com.br
Tubos de polietileno	www.polierg.com.br
Tubos de polipropileno	www.amanco.com.br
Tubos de RPVC	www.edra.com.br
Tubos de concreto	www.ameron.com

Entretanto, os tubos usuais, comercialmente padronizados enquadram-se, grosso modo, segundo seus Diâmetros Nominais conforme a *Tabela A-9.17-b*.

Ainda nessa tabela, buscou-se padronizar (resumir) as classes de pressão em torno do material FFD (o mais tradicional e mais padronizado) de forma que se possam comparar os materiais disponíveis.

É interessante observar a *Tabela A-9.17-c* (baseado no Catálogo de 2006 de tubos e conexões em FFD da Saint Gobain Canalizações – SGC).

Para os fins de projeto de uma adutora interessa saber a ***PMC*** – Pressão Máxima de Cálculo – ou ***PN*** – Pressão Nominal (pelo fabricante: ***PMS*** – Pressão Máxima de Serviço) – e tratar de manter o golpe de aríete dentro desse valor.

As tubulações de aço podem ser executadas com aços de diversas características e com diferentes tipos de revestimentos, especificados de acordo com a qualidade da água e a natureza do terreno. Especificações: ABNT, AWWA, DIN, ASTM, API etc. (Vide NBR 09914, 09797 e 13061).

Tabela A-9.17-c Organização da classificação dos tubos pela pressão interna (vale para válvulas e conexões)

	Engenheiros (projetistas) chamam de		Fabricantes chamam de
1	Pressão de cálculo em Regime Permanente – PRP	1	Pressão de Serviço Admissível – PSA – regime permanente
2	Pressão Máxima de Cálculo (inclui transientes hidráulicos – golpes de aríete) – PMC ou Pressão Nominal – PN	2	Pressão Máxima de Serviço – PMS (inclui sobrepressões)
3	Pressão de Teste da Rede – PTR	3	Pressão de Reste Admissível – PTA

PN: Pressão Nominal define a faixa de fabricação de tubos, válvulas e furação de flanges.

Tabela A-9.17-b Diâmetros nominais, "classes" de tubos e "pressões de serviço"

DN	FFD – Ferro Fundido Dúctil (*1)						AÇO – Aço carbono (*5)								
	PN10		PN16		PN25		PN10			PN16			PN25		
Diâmetro nominal interno	"Classe 1"		"K7"		"K9"		PN ≡ 100 m.c.a. ≡ 1 MPa			PN ≡ 150 m.c.a. ≡ 1,5 MPa			PN ≡ 200 m.c.a. ≡ 2 MPa		
	PN	e	PN	e (*2)	PN	e (*2)	e (*6)	e (*7)	e (*8)	e (*6)	e (*7)	e (*8)	e (*6)	e (*7)	e (*8)
mm	MPa	mm	MPa	mm	MPa	mm	mm	mm	mm	mm	mm	mm	mm	mm	mm
50	-	-	-	-	-	-									
75	-	-	-	-	7,7	6,0				-					
100	1	nd	-	-	7,7	6,1				-					
150	1	nd	7,7	5,2	7,7	6,3				-					
200	1	nd	6,3	5,4	7,4	6,4	1,0	3,0	4,8	1,4	3,4	4,8	1,9	3,9	4,8
250	1	nd	5,2	5,5	6,6	6,8	1,2	3,2	4,8	1,8	3,8	4,8	2,4	4,4	4,8
300	1	nd	4,6	5,7	5,9	7,2	1,4	3,4	4,8	2,2	4,2	4,8	2,9	4,9	5,2
350	-	-	4,1	5,9	5,5	7,7	1,7	3,7	4,8	2,5	4,5	4,8	3,4	5,4	5,6
400	-	-	3,6	6,3	5,1	8,1	1,9	3,9	4,8	2,9	4,9	5,2	3,9	5,9	6,0
450	-	-	3,5	6,7	4,9	8,6	2,2	4,2	4,8	3,3	5,3	5,3	4,3	6,3	6,4
500	-	-	3,4	7,0	4,6	9,0	2,4	4,4	5,6	3,6	5,6	5,6	4,8	6,8	7,0
550	-	-	-	-	-	-	2,7	4,7	5,6	4,0	6,0	6,0	5,3	7,3	7,8
600	-	-	3,1	7,7	4,3	9,9	2,9	4,9	6,4	4,3	6,3	6,4	5,8	7,8	7,8
700	-	-	2,9	8,4	4,1	10,8	3,4	5,4	6,4	5,1	7,1	7,1	6,8	8,8	9,3
800	-	-	2,8	9,1	3,9	11,7	3,9	5,9	6,4	5,8	7,8	7,9	7,7	9,7	10,3
900	-	-	2,7	9,8	3,7	12,6	4,3	6,3	6,4	6,5	8,5	8,7	8,7	10,7	11,1
1.000	-	-	2,6	10,5	3,6	13,5	4,8	6,8	7,0	7,2	9,2	9,3	9,7	11,7	12,7
1.100	-	-	-	-	-	-	5,3	7,3	7,8	8,0	10,0	10,3	10,6	12,6	12,7
1.200	-		2,5	11,9	3,5	15,3	5,8	7,8	7,8	8,7	10,7	11,1	11,6	13,6	14,3
1.400	-	-	-	13,3	3,3	17,1	-	-	-	-			-		
1.500	-	-	-	14,0	3,3	18,0	7,2	9,2	9,3	10,9	12,9	14,3	14,5	16,5	16,7
1.600	-	-	-	14,7	3,3	18,9	-	-	-	-			-		
1.800	-	-	-	16,1	3,2	20,7	8,7	10,7	11,1	13,0	15,0	15,1	17,4	19,4	20,6
2.000	-	-	-	-	3,1	22,5	9,7	11,7	12,7	14,5	16,5	16,7	19,3	21,3	21,4
2.500	-	-	-	-	-	-	12,1	14,1	14,3	18,1	20,1	20,6	24,2	26,2	28,6
3.000	-	-	-	-	-	-	14,5	16,5		21,7	23,7		29,0	31,0	31,8

(continua)

Tabela A-9.17-b Diâmetros nominais, "classes" de tubos e "pressões de serviço" (*continuação*)

(*1) Fonte: SGC – Saint-Gobain Canalizações, Catálogo Linha Água 2006, para tubos, juntas e conexões.

(*2) SGC – Espessura do ferro na parede do tubo, sem revestimentos, comercial (final de venda, já com coeficientes de segurança etc.).

(*5) Fonte: catálogo CONFAB "produção normal" aço AWWA C200 ≡ ASTM A 283, grau C: $\sigma_{escoamento}$ = 2.110 kgf/cm² ≡ 30.000 psi/$\sigma_{admissível}$ = 1.055 kgf/cm² ≡ 30.000 psi/$\sigma_{escoamento}$ = 3.870 a 4.570 kgf/cm² ≡ 30.000 psi.

(*6) Calculado só para pressão interna, segundo M11 da AWWA: e = (p x DN)/(2 x σ), aço ASTM A 283, grau C, AWWA C200.

(*7) Idem ao anterior, acrescido de 2 mm de espessura para efeito de corrosão (a de cálculo + 2 mm).

(*8) Espessuras comerciais (do aço, sem revestimentos). Correspondem às das chapas de aço usadas na fabricação, portanto à primeira "bitola" comercial acima da teórica mais os 2 mm para satisfazer a eventual corrosão, conforme catálogo CONFAB "Produção Normal". Para grandes quantidades pode ser melhor ajustado o cálculo às chapas existentes.

nd = não informada, não disponível.

PMC: Pressão Máxima de Cálculo ou Pressão Nominal (terminologia dos Engenheiros).

Nota: quando a espessura comercial coincide com a de cálculo mais espessura por conta da corrosão, significa que não há folga além do coeficiente de segurança e a PN é igual à Pressão Máxima de Cálculo e vice-versa.

EXERCÍCIO: complete as células em branco na parte de aço.

A espessura das chapas de aço geralmente são superiores a 1/150 do diâmetro, para evitar paredes muito finas e excesso de flexibilidade, ovalização (formando secção não cilíndrica, tais como elipses ou "amassando" a secção dos tubos e forçando o colapso por carga externa e/ou o despregamento do revestimento).

Sobre os tubos de **cimento-amianto (ou asbestos--cimento)**, hoje praticamente sem fornecedores, cabe registrar as informações a seguir, que podem ser úteis ao engenheiro que os encontre em seu sistema:

1) Foram fabricados em DN 50, 60, 75, 100, 125, 150, 175, 200, 250, 300, 350, 400 e 500 mm.

2) Foram produzidos em classes correspondentes a diferentes pressões de trabalho (veja NBR 08056 e 08057 e *Tabela A-9.17-d*).

Tabela A-9.17-d Tubos em Cimento-Amianto

"Classe"	PTR (kgf/cm²)	PN (kgf/cm²)
10	10	5
15	15	7,5
20	20	10
25	25	12,5
30	30	15

Além de tubos para condução de água sob pressão, existem tubos para condução de água por gravidade, assunto a ser abordado nos capítulos referentes a canais, esgotos, drenagem e irrigação. Merecem destaque:

1) Tubos cerâmicos (manilhas de barro). DN 100 a 400 mm (veja NBR 05645).

2) Tubos corrugados (ondulados) em chapas de aço galvanizadas (ver <www.armco.com.br>) ou em termoplástico (ver <www.tigre.com.br>).

A-9.18 VELOCIDADES MÉDIAS COMUNS NAS TUBULAÇÕES – VALORES-LIMITE

A-9.18.1 Velocidade mínima

Só se justifica temer uma velocidade baixa pela possibilidade de deposição de matéria em suspensão, e isso só ocorre em se tratando de água bruta com areias, siltes e outros materiais sedimentáveis em suspensão. Em se tratando de água tratada, não há porque evitar velocidades baixas, exceto o tempo de residência médio da água na rede, que pode afetar a qualidade da água a distribuir.

Para evitar deposições nas tubulações, a velocidade mínima geralmente é fixada entre 0,25 e 0,40 m/s, dependendo da qualidade da água. Para as águas que contêm certos materiais em suspensão, a velocidade não deve ser inferior a 0,50 m/s (no caso de esgotos, por exemplo).

A NBR 12218 (Bib. A073) "sugere" 0,60 m/s como velocidade mínima para os sistemas de distribuição de água potável, sem entretanto explicar por quê. Sobre este assunto, veja-se ainda *B-I.1.15*.

A-9.18.2 Velocidade máxima

A velocidade máxima da água nas tubulações geralmente depende dos seguintes fatores:

1. condições econômicas;

2. condições relacionadas ao bom funcionamento dos sistemas, tais como ruídos (assovios), vibrações;

3. possibilidade de ocorrência de efeitos dinâmicos nocivos (sobrepressões prejudiciais, vibrações, excesso de tempo para fechamento de válvulas etc.). O engenheiro deve atentar para a possibilidade da ocorrência de fenômenos de ressonância harmônica, especialmente no projeto de instalações onde haverá velocidades altas. O combate a esse eventual problema pode vir a requerer um especialista ou apenas mais apoios não simétricos ou ainda uma diminuição de velocidade;

4. limitação da perda de carga;

5. desgaste das tubulações e peças acessórias (erosão);

6. controle da corrosão.

O limite máximo recomendado é, por isso, função de cada caso em especial:

a) Redes de abastecimento de água: ver *item B-I.1.10*. Para a determinação da velocidade máxima nas redes de distribuição, é usual a seguinte expressão:

$$v_{máx} = 0,60 + 1,50 \times D$$

onde:

D = diâmetro em m, e

$v_{máx}$ = velocidade máxima em m/s.

Com velocidades relativamente baixas são minimizadas as perdas singulares.

Por outro lado, trabalhos recentes indicam que velocidades baixas parecem colaborar para o aumento da rugosidade dos tubos ao longo do tempo.

A *Tabela A-9.18.2-a* apresenta os valores máximos indicados por diversos autores, comparados com os dados geralmente aceitos no Brasil.

b) Tubulações prediais: ver o *item B-II.1.3*.

c) Linhas de recalque. A velocidade é estabelecida tendo em vista condições econômicas. Geralmente, é superior a 0,80 m/s e, raramente, ultrapassa 2,40 m/s. O assunto será tratado com mais detalhes em capítulo posterior (*itens A-11.15 e A-11.18*).

d) Condutos forçados das usinas hidrelétricas *(penstocks)*. Nesse caso, também a velocidade é fixada por considerações econômicas, sendo, porém, mais elevada do que no caso anterior. De um modo geral, o seu valor resulta entre 1,50 e 4,50 m/s, dependendo das condições econômicas e dos dispositivos reguladores das turbinas. Nas Usinas de Cubatão (AES Eletropaulo), a velocidade atingia o valor excepcional de 7 m/s.

e) Instalações industriais. A velocidade da água comumente está compreendida entre 1 e 2 m/s.

f) Tubulações de gás, ar comprimido e vapor. As velocidades são mais elevadas, sendo comuns os seguintes limites superiores:

gás: 5 a 10 m/s (até 20);
ar comprimido: 15 a 25 m/s;
vapor: 10 a 20 m/s (até 40).

Tabela A-9.18.2-a Velocidades máximas sugeridas nas redes de distribuição de água

D	L. Bonnet (França)	Fanning (EUA)	M. Marchetti (Itália)	Azv & Fdz (Brasil)
75	0,70	0,80	0,75	0,90
100	0,75	0,95	0,80	1,00
150	0,80	1,20	0,90	1,10
200	0,90	1,35	1,00	1,20
250	1,00	1,50	1,10	1,40
300	1,10	1,65	1,20	1,55
350	1,20	1,75	1,25	1,65
400	1,25	1,80	1,35	1,75
450	1,30	1,90	1,40	1,85
500	1,40	2,00	1,50	1,95
550	1,50	2,05	1,60	2,00
600	1,60	2,10	1,70	2,05
750	1,75	2,15	1,90	2,10
1000	2,00	2,40	2,20	2,15

A-9.19 PRÉ-DIMENSIONAMENTO DE DIÂMETROS DE TUBULAÇÕES

As tubulações que transportem água por gravidade com o único fim de abastecer determinado local serão, sempre, as de menor diâmetro possível para a perda de carga disponível.

Se o objetivo for múltiplo (por exemplo, ora abastecer a cidade, ora gerar energia, como o Sistema de Uberlândia – MG), os critérios passam a ser outros.

Já nos sistemas sob bombeamento, os valores encontrados mostram que a velocidade da água nas tubulações geralmente está compreendida entre limites não muito afastados. Em consequência, a velocidade pode constituir um critério conveniente para o pré-dimensionamento rápido dessas tubulações.

A velocidade econômica (ver *Capítulo A-11*) para sistemas com 24 hs de bombeamento na década de 1995 a 2005 (kW × h ≈ US$ 0,10) andou no entorno de 1,6 m/s (América Latina). Com esse dado, pode-se buscar o diâmetro diretamente na *Tabela A-8.4-a*.

A-9.20 PRÉ-DIMENSIONAMENTO DE ESPESSURA DE PAREDE DE TUBOS

Embora não se trate de um problema hidráulico, e sim "estrutural" ou de "estruturas", cabe tocar no assunto pelas frequentes interfaces e sobreposições, de forma que aquele que se depare com esses problemas tenha por onde iniciar seu aprendizado e basear seus cálculos.

A tubulação que for especificada deve conduzir água e deve resistir às pressões internas e às cargas externas do terreno onde for enterrada ou aos intervalos dos apoios quando for aérea. Deve até compensar longitudinalmente esforços opostos em um sistema de curvas e válvulas, tensões térmicas internas derivadas de variações de temperatura, de recalques diferenciais do terreno, dos apoios, das estruturas iniciais ou finais, de pontos hiperestáticos intermediários, enfim, normalmente até um conjunto desses esforços, sem colapsar mecanicamente.

A-9.20.1 Tensões térmicas

Os esforços provocados pelas tensões térmicas são mais sensíveis quando a tubulação está vazia e quando não está enterrada, o que costuma ocorrer antes de a tubulação entrar em serviço. Note-se que em muitas regiões a variação de temperatura entre meio-dia e meia-noite pode atingir 40 °C. Portanto são esforços não desprezíveis. Seja uma variação de temperatura ΔT em uma tubulação de comprimento L feita em um material com coeficiente de dilatação térmica α_m e módulo de elasticidade E. Então a dilatação ΔL do tubo será:

$$\Delta L = \alpha_m \times L \times \Delta T$$

Equação (9.1)

Se esses esforços não forem de alguma forma absorvidos (normalmente por juntas de expansão), deverão ser ancorados ou produzirão uma força longitudinal que precisará ser absorvida. Do estudo da Resistência dos Materiais sabe-se que:

$$E \times \frac{\Delta L}{L} = E \times \varepsilon = \sigma$$

Equação (9.2)

onde σ é a força unitária que resultará e ε é a deformação por unidade de comprimento da tubulação. Considerando a *Equação (9.1)* e a *Equação (9.2)* chega-se a:

$$\sigma = E \times \alpha_m \times \Delta T,$$

que vem a ser o esforço longitudinal em uma extremidade da tubulação quando a outra extremidade esteja ancorada, havendo uma mudança de temperatura. O *Exercício A-9-j* ajuda a entender melhor o assunto e a ordem de grandeza das forças envolvidas.

Em zonas onde não ocorra congelamento (zonas tropicais), uma vez cheios os tubos, os problemas desse tipo são menores, pois a inércia térmica da água é muito grande.

A-9.20.2 Flexão

Um tubo que não seja apoiado continuamente funcionará como uma viga entre apoios. Deverão ser considerados o intervalo entre os apoios, o peso próprio do tubo, o peso da água, o material do tubo, se homogêneo ou se composto (se composto, a "armadura") etc. A análise do problema é exatamente a que se faria em uma viga com a secção circular à luz das teorias da elasticidade. Deve-se cuidar para que os apoios não "puncionem" os tubos.

A-9.20.3 Cargas externas

No *item A-10.1.6* este assunto é abordado no que interessa ao engenheiro hidráulico. Basicamente, trata-se da teoria de Marston aplicada às tubulações de água, tanto rígidas quanto flexíveis. Os fabricantes de tubos e os montadores de tubulações, especialmente os primeiros, possuem livros e manuais detalhados sobre o assunto, pois quanto mais barato e mais leve o tubo mais cuidados devem ser tomados quanto às cargas externas.

A-9.20.4 Pressões internas

Diante da complexidade dos esforços que atuam nas tubulações de água e do fato de que os tubos resultam estruturalmente superdimensionados quer pelo método construtivo, quer por exigências do transporte e manuseio, quer pelos cuidados com a durabilidade, quer pelos coeficientes de segurança envolvidos, quer pela rara ocorrência simultânea de hipóteses de carga (o que dá uma falsa impressão de segurança), quer pelo fato de que, enterrados, os esforços se distribuem sem concentração, raramente os tubos são analisados em sua estrutura interna. A exceção fica por conta das travessias autoportantes e dos *pen-stocks* de hidrelétricas.

Na *Tabela A-9.17-c*, é citada a fórmula (extraída do M11 da AWWA, Bib. A903):

$$e = \frac{p \times DE}{2 \times \sigma_m}$$

que dá a espessura do tubo de aço (material homogêneo), e onde:

e = espessura da parede do tubo em mm;

p = pressão em Pa;

DE = diâmetro externo em mm;

σ_m = Tensão admissível no material (é a tensão de escoamento do material por um coeficiente de segurança que no caso daquele aço recomendou-se ser a tensão admissível a metade da de escoamento).

Com efeito, a pressão interna da água sobre as paredes da tubulação tomada como um cilindro gera esforços perpendiculares às paredes internas que, por ter um formato circular, não podem mais se deformar e tendem a se anular, pois são diametralmente opostas, desenvolvendo tensões tangenciais (ou circunferenciais) nas paredes do cilindro.

Para transmitir esses esforços simétricos de um lado ao outro, anulando-os, a espessura da parede do tubo, aliada às características mecânicas do material do tubo, deverá ser capaz de tal. Essa fórmula, que também pode ser escrita em função da tensão:

$$\sigma_m = \frac{p \times DE}{2 \times e}$$

vale para determinar a tensão em qualquer cilindro e espessura e daí ser aplicada a qualquer material.

No *item A-9.17*, também se viu que há uma série de pressões a considerar. Neste caso, é a pressão hidrostática máxima acrescida das ondas de pressão transitória, ou seja, o que na *Tabela A-9.17-a* se chamou de PMC ou PN.

Exercício A-9-a

Calcular a vazão que escoa por um conduto de ferro fundido usado ($C = 90$), de 200 m de diâmetro, desde um reservatório na cota 200 m até outro reservatório na cota zero (*Figura A-9-a*).

O comprimento do conduto é de 10.000 m. Calcular também a velocidade.

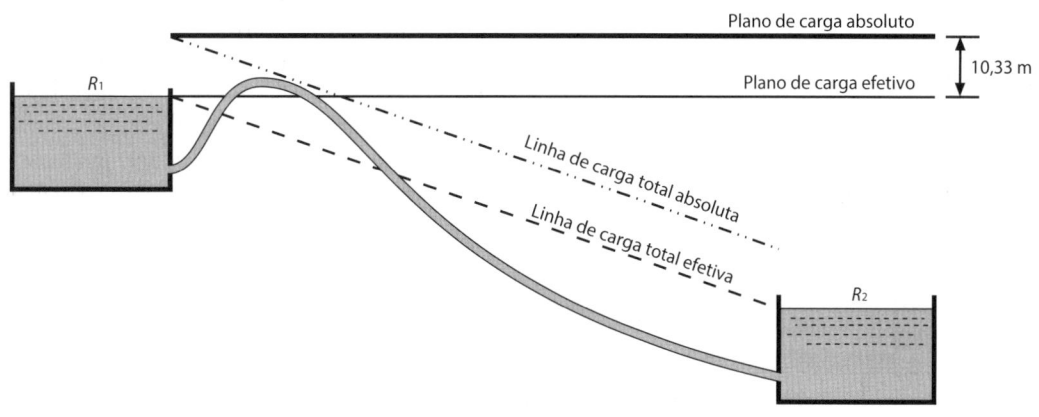

Figura A-9-a

Solução:

$$J = \frac{h_f}{L} = \frac{200}{10.000} = 0,02 \text{ m/m} \quad \text{ou} \quad J = 2 \text{ m/100 m}$$

Na *Tabela A-8.4-a*, para $D = 200$ mm e $C = 90$, tira-se, para a perda de carga de 2 m/100 m, a vazão de 44 ℓ/s. A velocidade será lida na linha da vazão de 44 ℓ/s e resulta igual a 1,4 m/s.

A validade da solução está verificada no *item A-8.3.7*.

Exercício A-9-b

Seja um conduto de diâmetro nominal interno $D = 0,600$ m, transportando uma vazão de 800 ℓ/s. Calcular a perda de carga e a velocidade do escoamento. Trata-se de tubo de aço com 20 anos de uso. O comprimento do conduto é 10.000 m.

Solução:

Pela *Tabela A-8.4-a*, no DN 600 mm, tem-se para $C = 100$:

$J = 1,68$ m/100 m $= 0,0168$ m/m

A perda é:

$h_f = J \times L = 0,0168 \times 10.000 = 168$ m;

a velocidade, também lida na *Tabela A-8.4-a* (para o diâmetro de 600 mm), será 2,83 m/s.

A validade da solução está verificada no *item A-8.3.7*.

Exercício A-9-c

Deseja-se conhecer a vazão e a perda de carga unitária de um escoamento, em uma tubulação de aço com 5 anos de uso, 0,45 mm de diâmetro nominal interno, funcionando com uma velocidade de 2,5 m/s.

Solução:

Pela *Tabela A-8.2.7-a*, assume-se que $C = 120$.

Pela *Tabela A-8.4-a*, em $C = 120$,

para $v = 2,52$ m/s, obtêm-se:

$Q = 400$ ℓ/s

e $J = 1,35$ m/100 m ... ($J = 0,0135$ m/m)

Exercício A-9-d

Calcular o diâmetro de uma tubulação de aço usada ($C = 90$), que veicula uma vazão de 250 ℓ/s com uma perda de carga de 1,70 m por 100 m. Calcular também a velocidade.

Solução:

Pela *Tabela A-8.4-a*, observa-se que, para uma vazão de 250 ℓ/s, a perda de carga de 1,70 m/100 m encontra-se na tabela referente ao diâmetro de 400 mm (16"). Nesse caso, a velocidade seria lida na mesma linha da tabela e seria igual a 1,99 m/s.

Utilizando diretamente a fórmula de Hazen-Williams, obtém-se:

Sendo:

$$D = \left[\frac{10,643}{J} \times \left(\frac{Q}{C}\right)^{1,85}\right]^{\frac{1}{4,87}}$$

Com:

$J = 170$ mm/100 m = 0,0170 m/m
$Q = 250$ ℓ/s = 0,25 m³/s
$C = 90$

Resulta:

$D = 0,398$ m ou $D = 400$ mm

Sendo:

$$V = \frac{Q}{A} = \frac{4 \times Q}{\pi \times D^2} = \frac{4 \times 0,25}{\pi \times 0,4^2}$$

$v = 1,99$ m/s

A validade da solução está verificada no *item A-8.3.7*.

Em casos especiais, por exemplo, se existirem tubos em estoque, de diâmetros diferentes, poderia ser considerada a adoção de dois diâmetros comerciais diferentes, determinando-se a extensão de cada trecho de maneira que a soma das perdas de carga parciais resultasse igual à perda total que deveria haver em toda a linha.

No caso em que a topografia do terreno fosse como a indicada na *Figura A-9-d*, o trecho de diâmetro maior seria assentado a montante, para que se tenha melhores condições em relação à linha piezométrica.

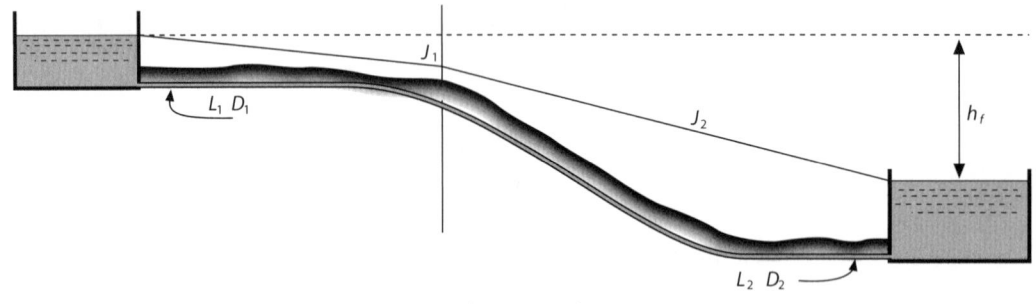

Figura A-9-d

Exercício A-9-e

Deseja-se conhecer a vazão e o diâmetro de uma tubulação com $C = 120$, de forma que a velocidade seja 3 m/s e a perda de carga seja 5 m/100 m. Constrói-se a tabela ao lado.

Da tabela, pode-se construir o gráfico da *Figura A-9-e*. O diâmetro teórico seria 0,190 m. Entretanto, nos casos práticos, DN (*Diâmetro Nominal interno*) seria adotado como sendo 0,200 (DN 200 mm). Nesse caso, a vazão seria 94 ℓ/s (veja *Tabela A-8.4-a*).

DN	$A = 0,785 \times D^2$	$Q = v \times A$	Q	J
(m)	(m²)	(m³/s)	(ℓ/s)	(m/100 m)
0,100	0,00785	0,0235	23,5	10,89
0,150	0,01766	0,053	53	6,81
0,200	0,03140	0,0942	94	4,84

Exercício A-9-e (continuação)

A validade da solução está verificada no *item A-8.3.7.*

Note-se que poderiam ser dispensadas a segunda e a terceira colunas acima, pois essa tabela dá diretamente as vazões em ℓ/s quando se fixam o diâmetro e a velocidade.

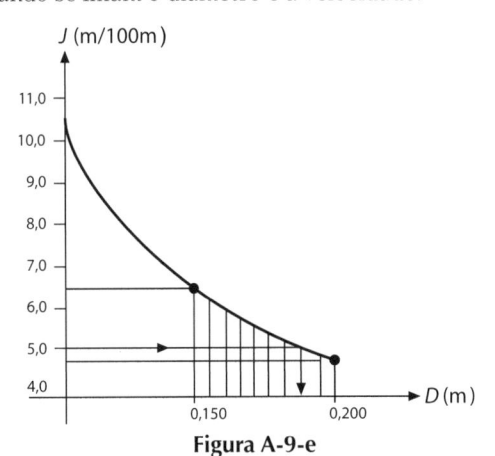

Figura A-9-e

O mesmo resultado seria alcançado também usando a fórmula de Hazen-Williams.

Assim, para:

$C = 120, \quad v = 3 \text{ m/s} \quad \text{e} \quad J = 0,05 \text{ m/m}$

Resultando:

$DN = 0,200 \text{ m} \quad \text{e} \quad Q = 0,94 \ \ell/s$

Da equação:

$v = 0,355 \times C \times D^{0,63} \times J^{0,54}$

ou:

$$D = \left(2,817 \times \frac{v}{C \times J^{0,54}}\right)^{1,587}$$

$D = 1,193 \cong 200 \text{ mm}$

$Q = A \times v = 0,094 \text{ m}^3/\text{s} = 94 \ \ell/s$

Exercício A-9-f

Deseja-se transportar 1.200 ℓ/s de água com a velocidade de 1 m/s. Calcular o Diâmetro Nominal interno e a perda de carga. Considerar a rugosidade $C = 100$. O comprimento da tubulação é 500 m.

Solução:

Pela equação da continuidade, tem-se:

$A = \dfrac{Q}{v} = \dfrac{1,200}{1,0} = 1,2 \text{ m}^2 \therefore D = 1,235 \text{ m}$

Da *Tabela A-8.4-a*, para DN = 1.200 mm, obtêm-se:

$Q = 1.200 \ \ell/s, \quad J = 0,12 \text{ m/100 m} \quad \text{e} \quad v = 1,06 \text{ m/s}$

Já para DN = 1.400 mm:

$Q = 1.200 \ \ell/s, \quad J = 0,06 \text{ m/100 m} \quad \text{e} \quad v = 0,78 \text{ m/s}$

É preferível a solução $D = 1,2$ m e $v = 1,06$ m/s, porque o valor de "v" está mais próximo da velocidade dada. A validade da solução está verificada no *item A-8.3.7.*

Exercício A-9-g

Calcular o diâmetro de um oleoduto por gravidade (*Figura A-9-g*) sabendo que: a viscosidade cinemática (v_{cn}) é 4×10^{-3} m^3/s, a vazão é 100 ℓ/s; 0,1 m^3/s, $\Delta h = h_f = 100$ m.

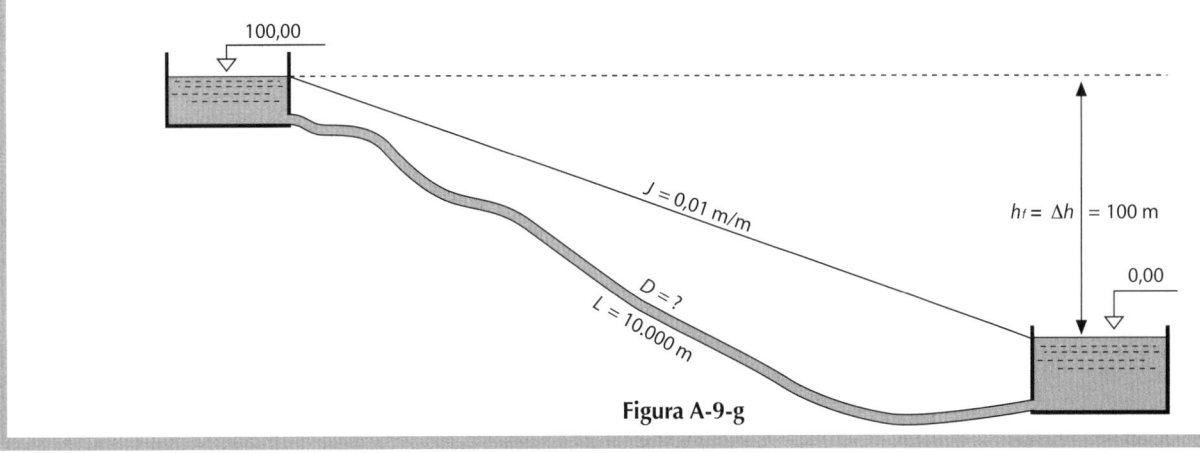

Figura A-9-g

Exercício A-9-g (continuação)

Solução:
Pela fórmula de Poiseuille (*Equação (8.10)* do *Capítulo A-8*)

$$h_f = \frac{128 \times v_{cn} \times L \times Q}{\pi \times D^4 \times g}$$

ou

$$J = \frac{128 \times \pi \times v_{cn} \times Q}{\pi \times D^4 \times g} \quad \therefore \quad D = \sqrt[4]{\frac{128 \times v_{cn} \times Q}{\pi \times J \times g}}$$

$$J = \frac{\Delta h}{L} = 0,01 \text{ m/m} \quad \therefore \quad D = \sqrt[4]{\frac{128 \times 4 \times 10^{-3} \times 0,1}{3,14 \times 0,01 \times 9,81}} = 0,638 \text{ m}$$

Então a velocidade será $v = Q/A$,

$$v = \frac{0,1}{0,785 \times (0,638)^2} = 0,313 \text{ m/s}$$

O número de Reynolds será $R_e = v \times D/v_{cn}$

$$R_e = \frac{0,313 \times 0,638}{4 \times 10^{-3}} \cong 50$$

Portanto, o movimento é laminar e a aplicação da fórmula de Poiseuille é válida.

Exercício A-9-h

Em uma pequena usina hidrelétrica (*Figura A-9.12-b*), o nível da água no canal de acesso (tomada) está na elevação 550 m e, o canal de fuga na saída da turbina (tipo Francis) está na cota 440 m. A vazão disponível é 330 ℓ/s.

A tubulação "*penstock*" tem 660 m de extensão. Determinar o seu diâmetro de modo que a potência perdida sob a forma de perda de carga nos tubos seja menos de 2% da potência total aproveitável. Admita que o tubo terá uma rugosidade C equivalente a 100 por HW.

Solução:

$$h_f \leq 2\%(H) \leq 0,02 \times 110 \leq 2,20 \text{ cm}$$

$$J = \frac{h_f}{L} = \frac{2,20}{660} = 0,0033 \text{ m/m}$$

Para esse valor, $Q = 330$ ℓ/s e $C = 100$. Buscando na *Tabela A-8.4-a* (Hazen-Williams), o menor diâmetro que satisfaz às condições é DN 600 (com uma velocidade 1,16 m/s).

Exercício A-9-i

No *Exercício A-8-a* dimensionou-se uma linha adutora, aplicando coeficientes para tubos "em uso". Encontrou-se que $D = 0,20$ m para 25 ℓ/s e $J = 0,0073$ m/m.

Verificar a vazão inicial que se poderá conseguir nessa linha.

Solução:

Empregando a mesma fórmula de Darcy, $J = K \times Q^2$.

Para tubos novos, $K = 5,79$ (*Tabela A-8.2.2.1-a*).

$$Q = \sqrt{\frac{J}{K}} = \sqrt{\frac{0,0073}{5,79}} = 0,035 \text{ m}^3/\text{s}$$

ou 35 ℓ/s (contra 25 ℓ/s no fim do plano, supondo tubulação sem revestimento e sem manutenção).

Exercício A-9-j

Em Brasília, uma tubulação de aço de juntas soldadas, durante a construção (vazia), pode chegar a 50 °C ao meio-dia (exposta ao sol) e a 10 °C durante a noite. Admitindo que nenhuma ação mitigadora das diferenças de temperatura será executada, que o módulo de elasticidade (E) do aço dessa tubulação é 20.500 kgf/cm², que o coeficiente de dilatação térmica (α_m) desse aço é $1,2 \times 10^{-5}$ m/m °C, e que a tubulação estará firmemente ancorada em um barrilete de uma casa de bombas situada em linha reta a 200 m de um reservatório onde se acoplará a tubulação de forma rígida, pergunta-se: qual o esforço que terá de ser absorvido se esse gradiente térmico ocorrer? Qual a dilatação que ocorreria?

Solução:

A dilatação será $\Delta L = \alpha_m \times L \times \Delta T$
$\Delta L = 0,000012 \times 100 \text{ m} \times (40 - 10) = 0,04 \text{ m} = 4 \text{ cm}$

O esforço é assim calculado:

A espessura "e" das paredes do tubo DN 600, PN 20, obtida na *Tabela A-9.17-c*, é 7,8 mm. Então, a área A_a de aço na seção transversal é $A_a = \pi \times DN \times e = 3,1416 \times 0,6 \text{ m} \times 0,0078 \text{ m} = 0,0147 \text{ m}^2 = 147 \text{ cm}^2$

O esforço unitário $\sigma_{\Delta 30°}$ será $\sigma_{\Delta 30°} = E_a \times \alpha_a \times \Delta T = 20.500 \times 1,2 \times 10^{-5} \times 30 = 0,108486$ kgf/cm²

O esforço por metro de tubo:
0,108486 kgf/cm² × 147 cm² = 15,95 kgf

Acessórios de Tubulações

Acessórios de Tubulações

O presente capítulo abordará diversos acessórios que, junto com os tubos, compõem os sistemas hidráulicos práticos. Pela sua importância e particularidades, alguns desses acessórios constituem capítulo à parte deste livro, como é o caso das bombas (*Capítulo A-11*).

A-10.1 ACESSÓRIOS ESTRUTURAIS

A-10.1.1 Juntas de construção

Na prática, os tubos não são fabricados continuamente e assim instalados. Essa condição não ocorre porque seria necessário levar as fábricas dos tubos aos locais de instalação das tubulações (a exceção seria o PEAD para certas condições em que pode ser extrudado no local da instalação). As limitações de ordem prática dizem respeito aos métodos de fabricação, de transporte e de instalação. Esse assunto já foi "tabulado" no *item A-9.17*.

Para acoplar (juntar) os tubos formando as tubulações, as "juntas" mais comuns, conforme o material dos tubos, são:

MATERIAIS		
	AÇO	solda de topo por eletrofusão (alternativamente juntas elásticas tipo ponta-e-bolsa com anéis de borracha). Também é comum a união por flanges onde se precise montar ou desmontar acessórios tais como válvulas, bombas etc. Normalmente os tubos saem da fábrica com 12 m cada.
	FFD	junta elástica a cada 6 a 7 m (ponta-e-bolsa com anel de borracha, travada ou não) ou flanges onde se precisa montar ou desmontar acessórios tais como válvulas, bombas etc.
	PVC	junta elástica, junta soldada (química) ou junta roscada.
	PEAD	solda de topo por ação térmica e pressão.
	RPVC	normalmente juntas elásticas (tipo ponta-e-bolsa ou luvas).

Os catálogos dos fabricantes e as normas que padronizam as juntas devem ser consultados pelo engenheiro interessado no assunto para inteirar-se e atualizar-se nos detalhes, que estão sempre em constantes modificações.

A seguir são apresentados os principais tipos de juntas presentes na prática da implantação de tubulações.

A-10.1.1.1 Junta elástica

Montagem muito fácil e prática, não é feita para resistir a trações longitudinais, que vão desembolsar (desmontar) os tubos. Para combater esses eventuais esforços longitudinais podem ser feitos blocos de ancoragem ou usar o atrito lateral (quando enterrados). É a junta mais usada (*Figura A-10.1.1.1-a*).

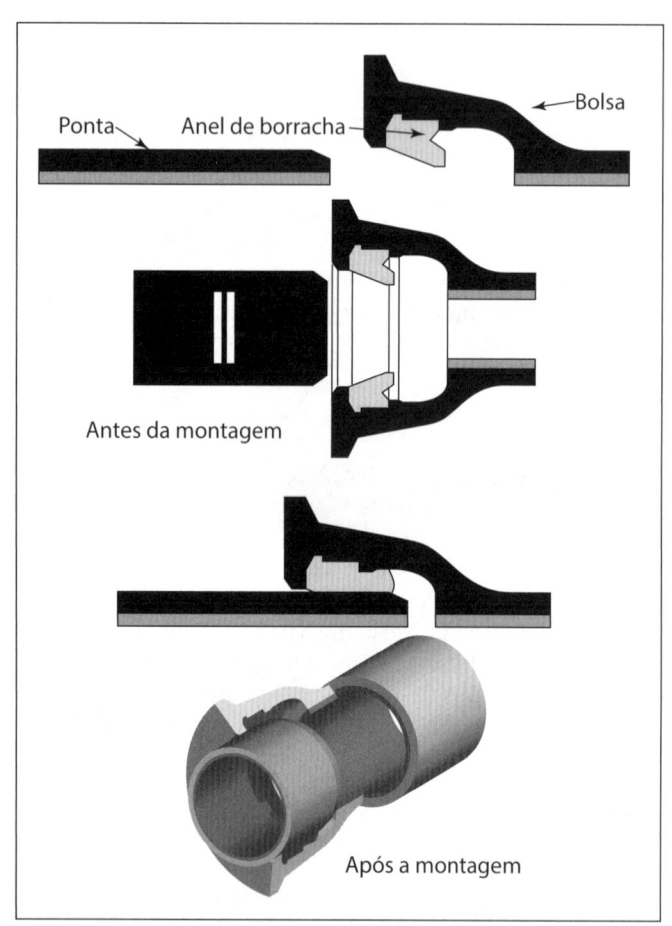

Figura A-10.1.1.1-a – Junta elástica comum tipo ponta e bolsa usada nos tubos de FFD.

A-10.1.1.2 Junta elástica tipo luva

As pontas dos tubos são iguais e há uma terceira peça, onde o diâmetro interno é aproximadamente o diâmetro externo das pontas dos tubos a serem acoplados. A essa terceira peça, chama-se "luva" (*Figura A-10.1.1.2-a*).

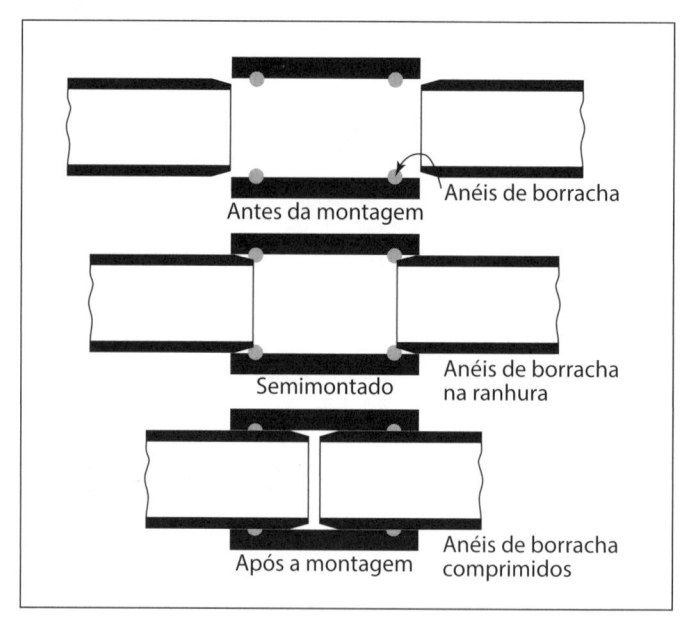

Figura A-10.1.1.2-a – Junta elástica tipo luva.

Incluímos nesta classificação as juntas tipo "victaulic" (*Figura A-10.1.1.2-b* e *A-10.1.1.2-c*), com luvas "bipartidas".

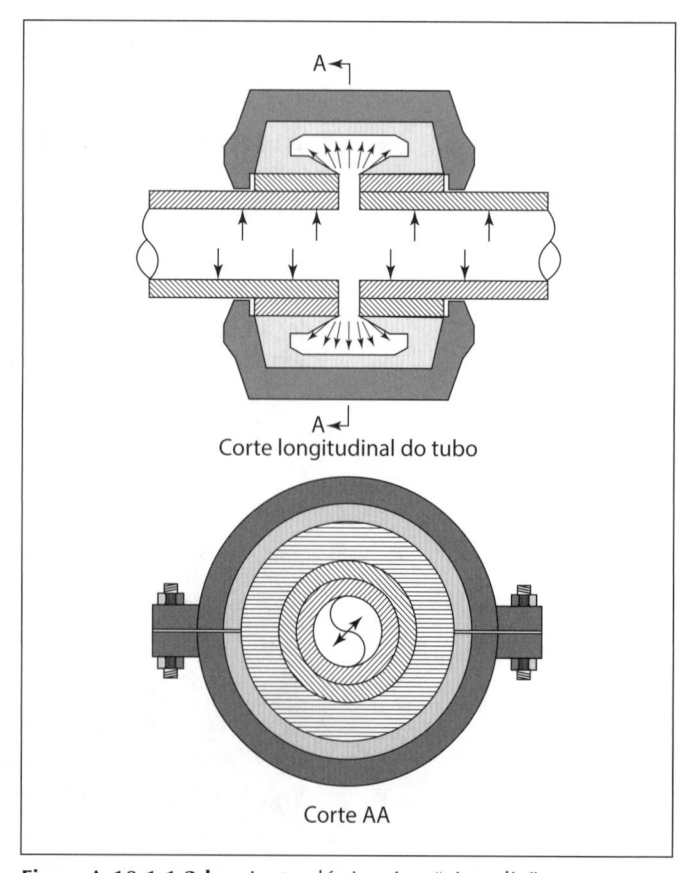

Figura A-10.1.1.2-b – Junta elástica tipo "victaulic".

Figura A-10.1.1.2-c – Foto da junta tipo "victaulic".

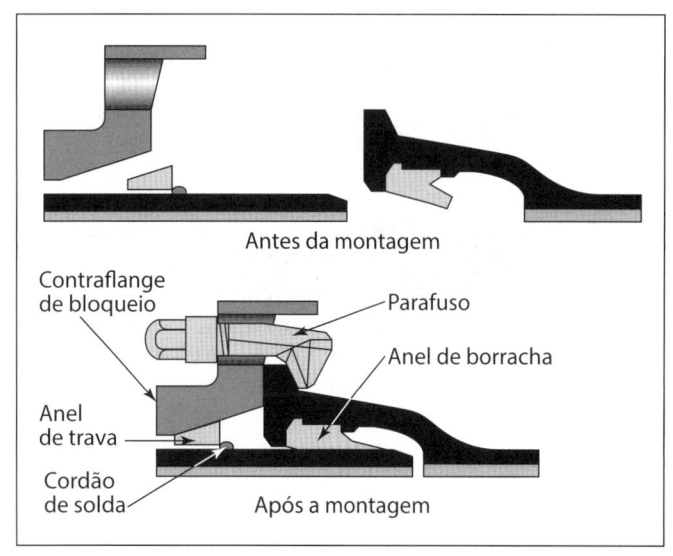

Figura A-10.1.1.3-a – Junta elástica travada tradicional FFD.

A-10.1.1.3 Junta elástica travada

É, basicamente, uma junta elástica com um dispositivo que não permite ao tubo "desembolsar" devido à ação das forças internas longitudinais (*Figura A-10.1.1.3-a*).

Os fabricantes de FFD, atualmente, fornecem um anel de borracha com grampos de aço que só permitem o deslizamento em uma direção, na hora do encaixe (*Figura A-10.1.1.3-b*).

Tubos de aço, RPVC e FFD também dispõem de outros sistemas de travamento para suas juntas elásticas, ponta-e-bolsa ou "luva" mais ou menos engenhosos.

Vantagens:

- Dispensa a construção de blocos de ancoragem.

- Descongestiona o subsolo dos grandes centros urbanos.

Utilização:

- Em terrenos de resistência insuficiente, onde se esperam recalques diferenciais significativos.

- No subsolo "atravancado" das grandes cidades, onde pode não haver espaço para blocos de ancoragem ou as escavações de subsolo por outro usuário possam "descalçar" uma peça com junta elástica simples.

- Em travessias de rios e canais.

- Em declives acentuados.

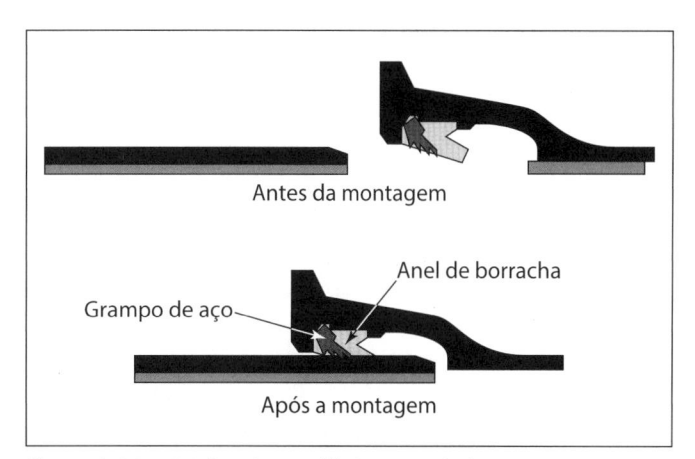

Figura A-10.1.1.3-b – Junta elástica travada interna.

A-10.1.1.4 Junta mecânica

É uma "junta elástica" para conexões fabricadas com bolsa especial, na qual tem-se (*Figura A-10.1.1.4-a*):

- Um alojamento para o anel de borracha (a) situado na entrada da bolsa e limitado por um batente circular (b), que evita o deslizamento do anel para o fundo da bolsa ao mesmo tempo em que efetua a centragem da ponta do tubo ou conexão.

- Um compartimento (c), posterior ao batente do anel, que possibilita os deslocamentos angulares e longitudinais do tubo ou conexão contíguos.

No exterior, a bolsa termina por um flange especial (d) para sustentação da cabeça dos parafusos de aperto (e). O contraflange (f) apresenta uma coroa inferior (g) que pressiona o anel de borracha, simultaneamente, contra o fundo da bolsa e a parede exterior da ponta do tubo ou conexão contíguos.

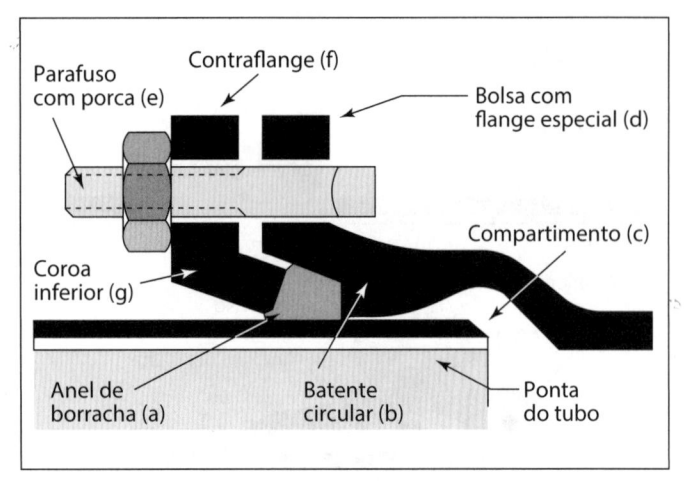

Figura A-10.1.1.4-a – Conexões com junta mecânica.

É especialmente recomendada para as canalizações de diâmetros médios e sobretudo grandes (DN 300 mm a DN 1.200 mm), devido à facilidade e rapidez de sua montagem. Oferece também a possibilidade de desmontagem e reaproveitamento do material no caso de modificação ou desativação da canalização.

A-10.1.1.5 Juntas com flanges

Os flanges são usados onde se colocam acessórios tais como válvulas, bombas e outros, e são o melhor meio de passar a tubulação (*Figuras A-10.1.1.5-a* e *b*).

Note-se que os flanges são excelentes para transmitir esforços longitudinais aos tubos (perpendiculares ao plano do flange) e até mesmo esforços cortantes, mas não transmitem nem resistem bem a esforços de momentos. Portanto, ao projetar o uso de flanges, evite "momentos" de esforços sobre eles.

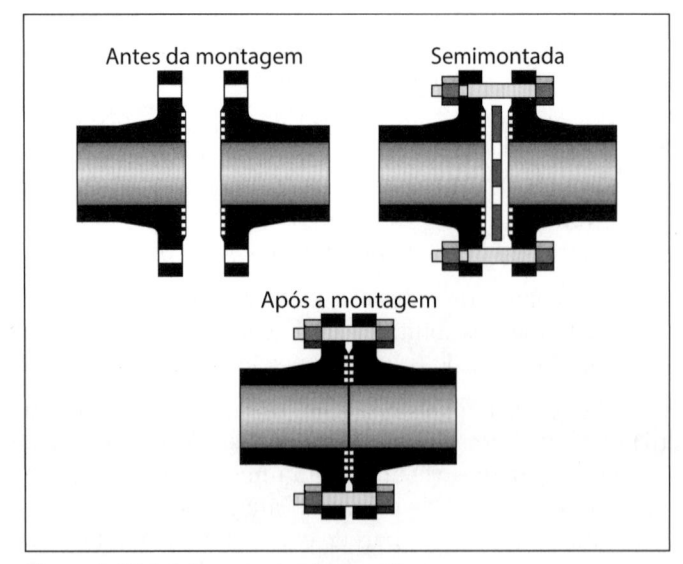

Figura A-10.1.1.5-a – Juntas flangeadas.

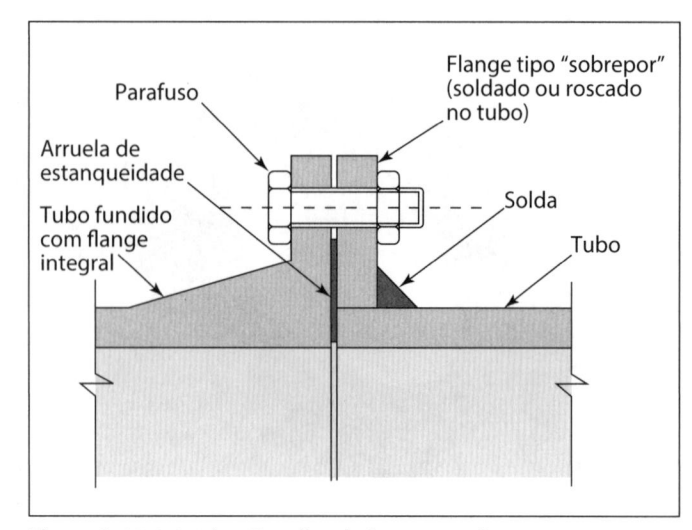

Figura A-10.1.1.5-b – Detalhe de junta com flange.

A-10.1.1.6 Juntas roscadas

Na prática, estão em desuso para tubulações com DN acima de 50 mm. Entretanto, ainda são bastante usadas para acoplar acessórios e pequenas tubulações "piloto" para instrumentação hidráulica, e em algumas instalações prediais e industriais de pequenos diâmetros. Normalmente, as extremidades roscadas externamente são unidas por uma "luva" roscada internamente (*Figura A-10.1.1.6-b*).

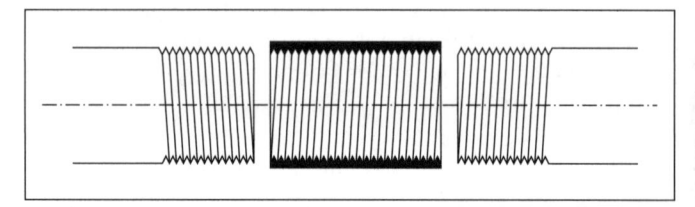

Figura A-10.1.1.6-b – Junta roscada.

A-10.1.1.7 Juntas soldadas

São aquelas que, por processos físicos e/ou químicos, unem (fundem) o material de dois tubos (de mesmo material) de forma contínua, como se fosse um só tubo.

Normalmente, a região próxima às soldas termina por apresentar características físico-químicas ligeiramente inferiores às dos tubos fabricados. Para serem confiáveis, os processos de solda exigem muitos controles de qualidade (raios-x, líquidos penetrantes, ultrassom, entre outros).

Os tubos metálicos soldados exigem recomposição da proteção (pintura/isolante) tanto por fora quanto por dentro.

A-10.1.2 Juntas de montagem/desmontagem

São aquelas necessárias em razão do plano de obra, ou para a colocação de um acessório intermediário. Por exemplo: quando duas frentes de obra se encontram, pode-se necessitar de uma junta extra para "fechar" os dois trechos. Para colocar uma válvula ou uma derivação em seu local exato, pode-se necessitar de um corte de tubo e uma junta a mais. Também são assim chamadas as juntas que permitem montar e desmontar, colocar e retirar trechos ou acessórios.

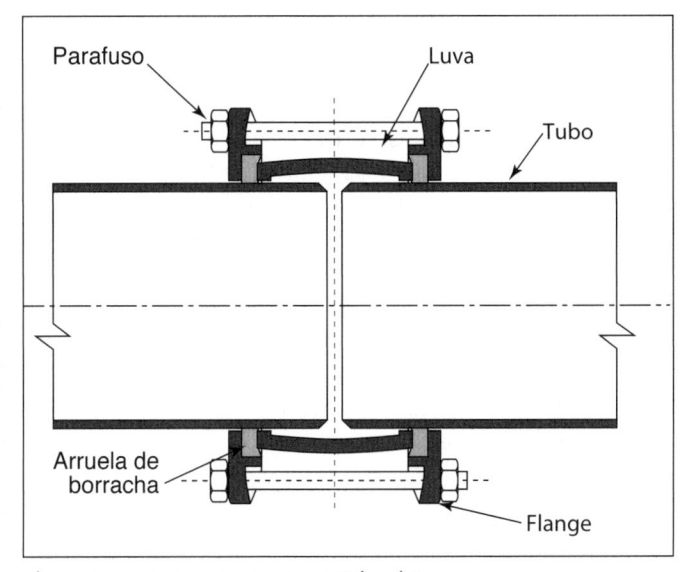

Figura A-10.1.2-a – Junta tipo "Gibault".

A-10.1.3 Juntas de dilatação e/ou de expansão

Trechos grandes e retilíneos de tubulação podem apresentar esforços internos muito grandes, provenientes das variações térmicas a que o tubo está submetido e, portanto, da dilatação e contração.

Normalmente, as variações térmicas extremas ocorrem durante a construção, quando o tubo está vazio, sujeito a sol e frio. Esses esforços podem ser de compressão ou de tração, dependendo da condição em que o trecho é terminado entre dois pontos rígidos. No caso de tubo enterrado, pode ser que o atrito lateral com o solo absorva os esforços gerados, anulando-os.

As juntas comercialmente disponíveis dividem-se em dois tipos principais: sanfonadas e deslizantes.

As primeiras (*Figura A-10.1.3-a*) são pedaços de tubo com parede especial, sanfonada, construída de forma a deformar-se ao absorver esforços.

As segundas (*Figura A-10.1.3-b*) são baseadas em dois tubos de diâmetros diferentes deslizando um sobre o outro, com vedação, normalmente com anel de borracha ou similar.

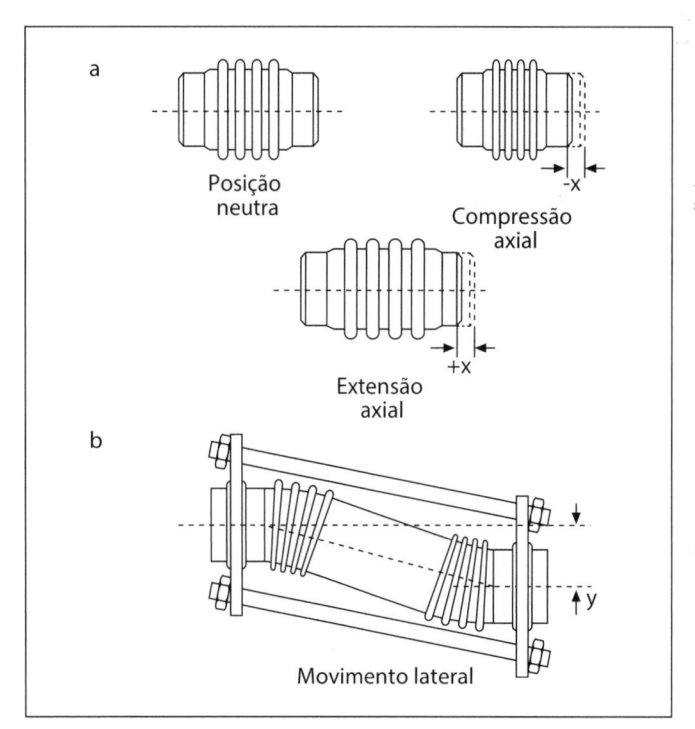

Figura A-10.1.3-a – Expansão sanfonada (a) e (b).

Também é frequente encontrar projetos de trechos aéreos de tubulações executados de tal forma que os "arcos elásticos" de seus traçados sejam capazes de absorver, por deformação, os esforços gerados, sem colapsar.

A opção por um tipo ou outro de junta pode ser determinada meramente pelo custo, que varia em função do diâmetro, pressão e deformação a absorver. Alguns tipos de juntas de dilatação foram patenteados e, muito embora em alguns desses casos as patentes já tenham expirado, continuam sendo conhecidos pelos antigos nomes, como é o caso das juntas Dresser, juntas Gibault e juntas Harness.

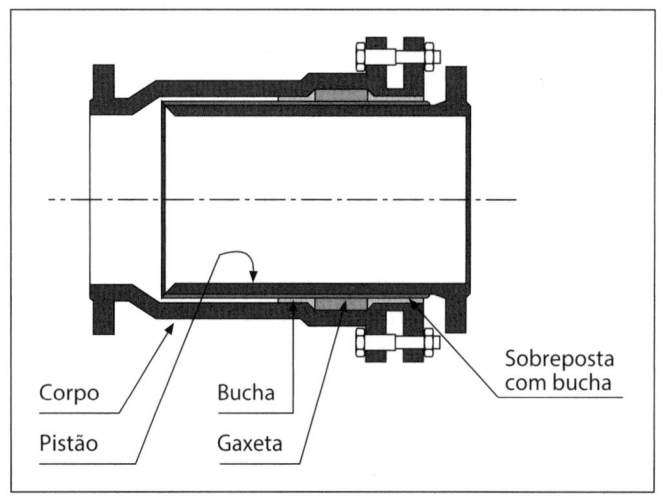

Figura A-10.1.3-b – Junta de expansão deslizante ou junta de montagem para deslocamentos axiais.

Nas chegadas e saídas de estruturas, tais como reservatórios e casas de bombas, entre outras, pode haver movimentos relativos não diretamente ligados a problemas térmicos, onde também se empregam pares de juntas ou outros arranjos para absorver os esforços. É o caso de recalques diferenciais entre reservatórios e tubulação quando os reservatórios são enchidos para o início da operação (*Figura A-10.1.3-c*).

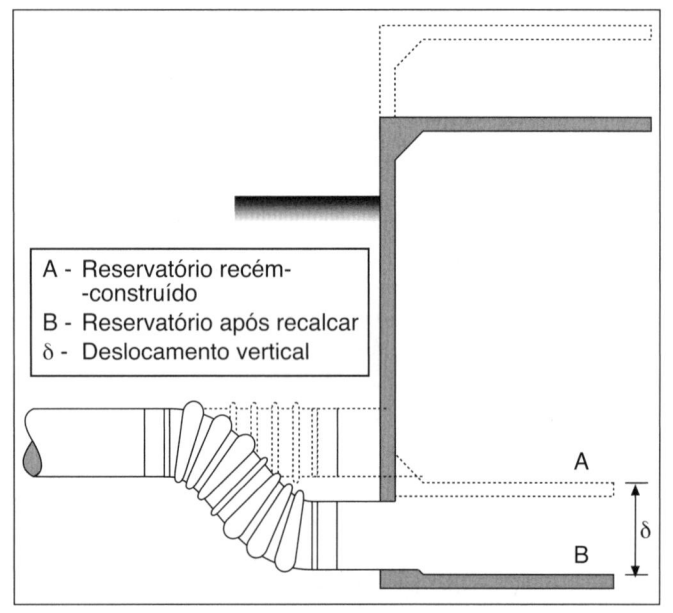

Figura A-10.1.3-c – Junta para absorver esforços provenientes de recalques diferenciais entre a tubulação e o reservatório onde está engastada (desenho esquemático sem escala).

A-10.1.4 Ancoragens

A-10.1.4.1 Introdução

As tubulações e seus acessórios, além de esforços internos, geram ou podem gerar esforços externos que necessitam ser absorvidos e transferidos a outras estruturas. Os pontos onde se produzem essas transferências de esforços são denominados ancoragens, e as formas de fazê-las são objeto de grande criatividade por parte dos engenheiros, além de contar com algumas peças de catálogo de fabricantes.

Os esforços externos que desequilibram um sistema fechado (como é o de uma tubulação cilíndrica, onde esforços se anulam por simetria) são originados em curvas, reduções, válvulas fechadas ou parcialmente fechadas, derivações, enfim, numa infinidade de situações em que os vetores do produto *Pressão × Área* não se anulam em todas as direções e sentidos opostos. A resultante da soma desses vetores é a força a ser absorvida externamente. Tal força é chamada na prática por Resultante, Esforço ou Empuxo, sendo mais adequado o termo Re-

sultante, que passaremos a adotar neste livro (Esforço é qualquer um, e Empuxo já é usado para flutuação).

Deve-se registrar, ainda, que em tubulações de grande diâmetro e pequenas pressões, a simplificação de considerar a pressão a mesma em toda a seção de um tubo deve ser analisada com cuidado, pois a parte inferior tem pressão maior que a superior. O mesmo ocorre quando as velocidades se elevam muito e a simplificação de usar apenas a pressão, desprezando a quantidade de movimento, pode trazer diferenças consideráveis, embora se calculem as ancoragens para as pressões de teste, ou seja, "pressão máxima + segurança", o que costuma sobrepassar a energia total disponível mais eventuais golpes. Não se deve esquecer ainda o peso da água e do tubo.

Em tubulações contínuas, tais como de aço soldado, a importância dessas estruturas é muito menor, pois a própria estrutura do tubo, longitudinalmente, costuma ser suficiente para absorver os esforços resultantes de uma curva ou mesmo de uma extremidade fechada ou válvula, transferindo-os para outra parte do sistema, que, por ser fechado, acaba por anular todas as forças ou transferi-las ao solo por atrito.

Deve-se atentar para os casos em que se exigem testes de pressão antes do reaterro das valas, quando esse atrito ainda não existe.

Igualmente, devem ser tomadas precauções para não construir trechos aéreos com intervalos de apoio e engate muito largos, facilitando a ocorrência de fenômenos de amplificação de ressonâncias oriundas de vibrações. Em casos de grande responsabilidade, deve ser feita análise de vibrações. O problema das ancoragens é causa de inúmeros acidentes sérios, e é mais frequente quando se trata de tubulações com juntas flexíveis ou com juntas de pouca ou nenhuma condição de resistir a momentos, como é o caso da maioria dos flanges.

A resultante gerada pela pressão interna num tubo é, portanto, transferida a uma estrutura externa, encarregada de absorvê-la e transferi-la ao solo, normalmente denominada "bloco de ancoragem".

Visando sistematizar o estudo das ancoragens, pode-se organizar um esquema como o seguinte:

Ancoragens	Quanto à direção	Horizontal
		Vertical
	Quanto à posição em relação ao bloco de ancoragem	Compressão – descarga direta sobre o bloco de ancoragem
		Tração – necessita braçadeiras ou tirantes envolvendo a peça e transferindo o esforço para o bloco
	Quanto ao sentido	Ao terreno
		Ao vazio

Ressaltando a atenção que deve ser dada ao tema, registra-se, na *Tabela A-10.1.4.1-a*, as resultantes em um tubo de 500 mm de diâmetro, em uma curva de 45°.

Tabela A-10.1.4.1-a - Resultantes

Pressão (m.c.a.)	Resultante em	
	kgf	toneladas*
100	17.013	17
150	25.520	25,5
200	34.026	34

Obs.: 1 kgf ≡ 10 N

A-10.1.4.2 Cálculo dos esforços externos (resultantes)

Como já foi dito, a resultante a ser combatida pode ser interpretada como provinda de um desequilíbrio da simetria do produto *Pressão × Área*. Como a pressão é praticamente a mesma em qualquer ponto de uma seção, equivale a dizer que provém de um desequilíbrio das áreas. Por exemplo, em uma curva, a área da superfície externa é maior que a da parte interna.

Pelo esquema da *Figura A-10.1.4.2-a* (planta e corte), o setor $\delta\alpha$ tem uma "área da superfície do lado externo da curva" maior do que a "área da superfície do lado interno da curva".

Supondo a curva horizontal, os esforços V_e e V_i (esforços verticais resultantes ao longo da curva) se anulam inteiramente, porque a curva é simétrica em relação ao plano horizontal que passa pelo seu centro. Os esforços H_e e H_i não se anulam, porque haverá "mais H_e" do que H_i, ou seja, mais área do lado de fora do que para o lado de dentro da curva.

Observa-se que, no caso de curvas com juntas tipo ponta e bolsa, para o cálculo da resultante deve considerar-se a seção transversal com o diâmetro externo (De) do tubo, ou seja, o diâmetro nominal (DN) acrescido da espessura do tubo. Isso porque, nas tubulações com juntas tipo ponta e bolsa, a bolsa fica cheia de água à mesma pressão, aumentando a área e a resultante, conforme se indica nas *Figuras A-10.1.4.2-b* e *c*.

O cálculo genérico simplificado da resultante dos esforços em pontos especiais é obtido pela fórmula:

$$R = k \times p \times A,$$

onde:

R = é a resultante (em N ou em kgf);

p = é a pressão máxima (em Pa, ou em kgf/cm² ou em m.c.a.);

$A=$ é a área da seção externa do tubo ou da saída do T (tê) ou a diferença de áreas no caso de redução (em m²);

$k = 2 \times sen(\alpha/2)$, onde α é o ângulo da curva.

Para outras peças, tais como reduções, válvulas fechadas, extremidades, tês, entre outras, $k = 1$.

Para demonstrar essa fórmula, basta observar que o valor da resultante é obtido dos dois vetores (pressão) perpendiculares às seções da tubulação cilíndrica que chega e sai do trecho em análise (*Figura A-10.1.4.2-d*).

A direção da resultante é sempre na bissetriz do ângulo da curva e no plano desse ângulo. O sentido é para fora da curva. Quando se fala em cálculo simplificado, significa que se abstrai o peso do líquido, a velocidade e a perda de carga, o que é perfeitamente válido quando se calcula a resultante para a pressão máxima estática acrescida de uma folga para segurança.

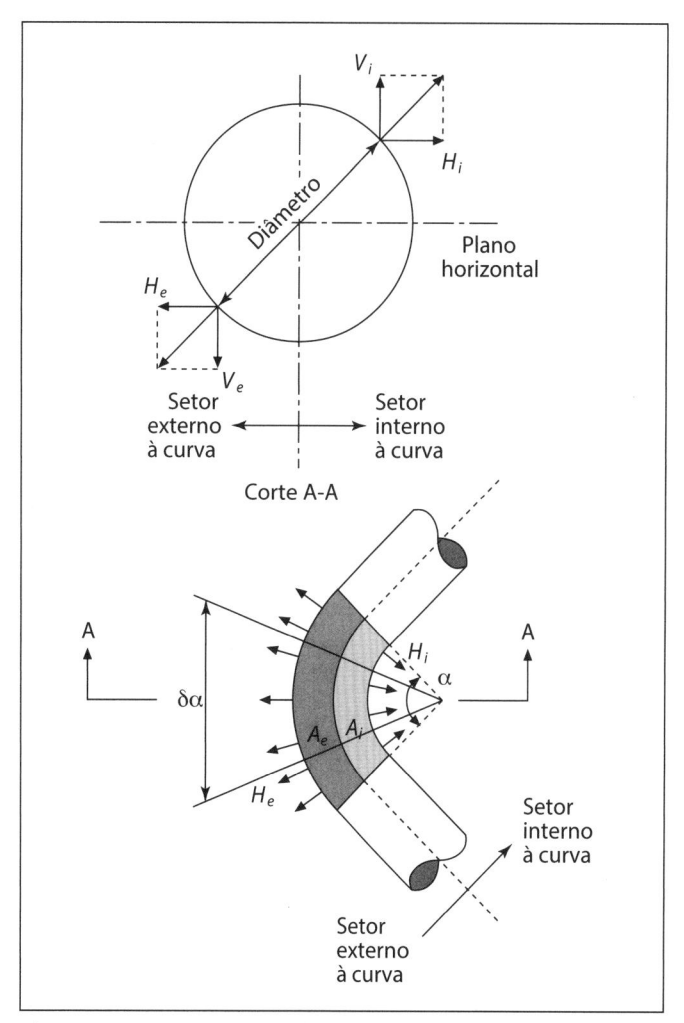

Figura A-10.1.4.2-a – Curva horizontal em planta e seção transversal.

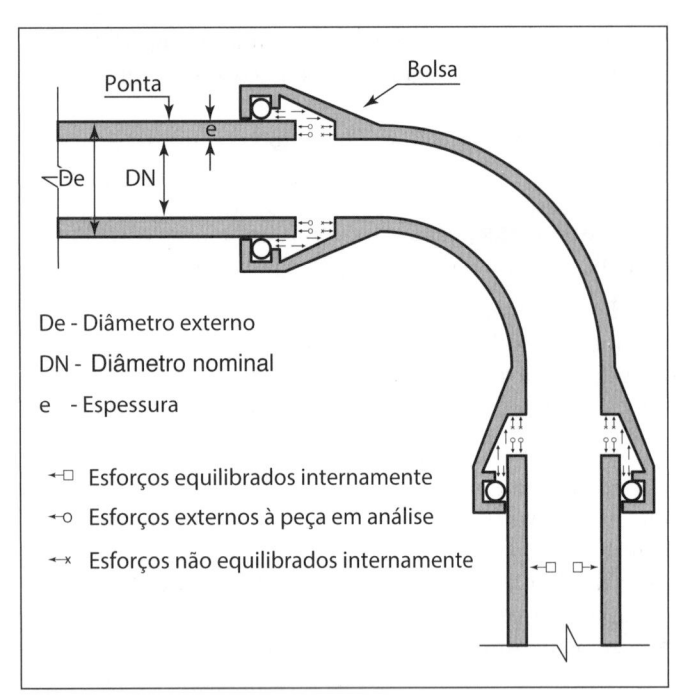

Figura A-10.1.4.2-b – Detalhe da curva em tubulação com junta tipo ponta e bolsa.

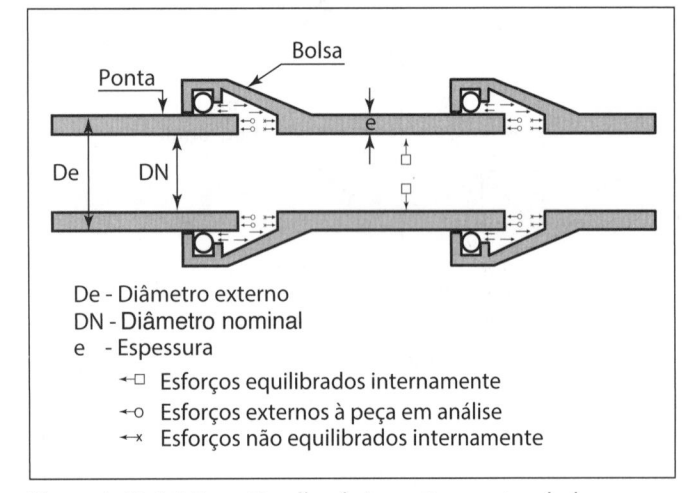

Figura A-10.1.4.2-c – Detalhe da junta tipo ponta e bolsa.

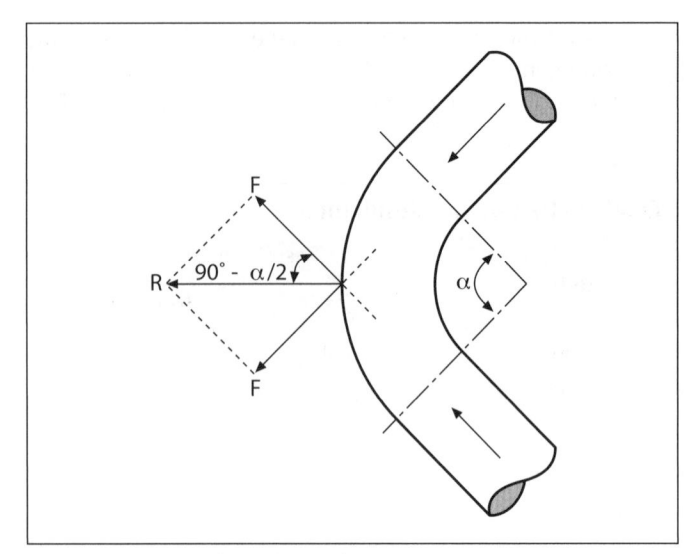

Figura A-10.1.4.2-d – Cálculo da resultante em curvas.

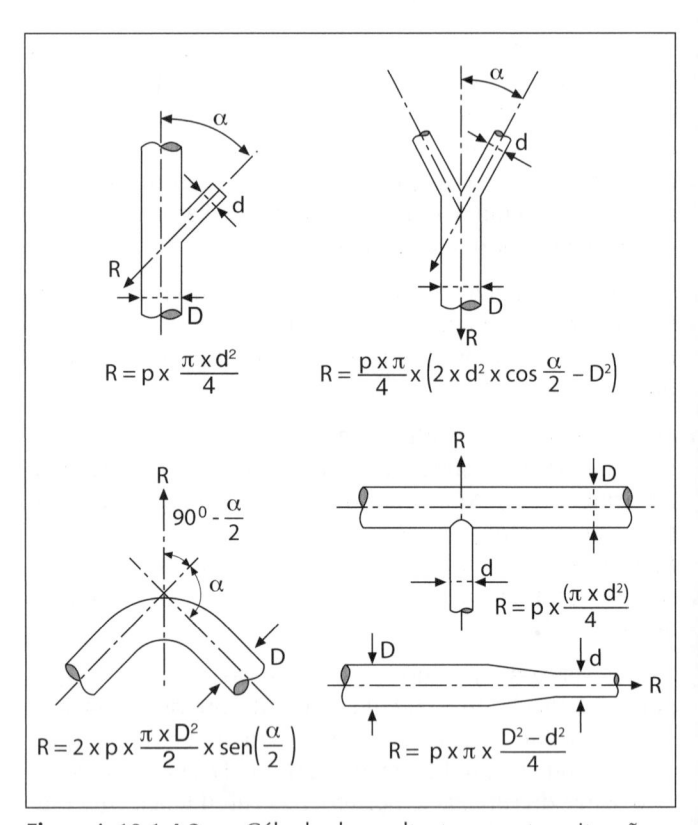

Figura A-10.1.4.2-e – Cálculo da resultante em outras situações.

A *Figura A-10.1.4.2-e* mostra o cálculo da resultante em outras situações.

Ao final do capítulo, o *Exercício A-10-a* e o *Exercício A-10-b* exemplificam o cálculo de resultantes em peças de tubulações.

A-10.1.4.3 Blocos de ancoragem – Considerações gerais

Sempre que a resultante R não for absorvida pela própria tubulação, ou pelo terreno natural, deverá ser providenciado um bloco de ancoragem com esse objetivo.

Os blocos de ancoragem normalmente são blocos de concreto estruturalmente projetados para resistir aos esforços sobre ele aplicados, quer quanto ao peso, quer quanto à estabilidade. Podem ser meros apoios de transição quando junto a terreno rochoso, por exemplo, e com a "resultante ao terreno", até grandes blocos de peso, onde se atirantam curvas com "resultante ao vazio".

Podem ser estaqueados, atirantados ao terreno, enfim, são objetos de diversas análises de engenharia, objetivando a solução mais econômica.

Os dados necessários para o cálculo dos blocos, além da resultante (direção e intensidade), são:

- Tensão máxima admissível na parede lateral da vala, já incluído um coeficiente de segurança – é designada por $\sigma_{h\,adm}$ e expressa em kN/m². Na falta de dados, adotar como valor médio para estimativas $\sigma_{h\,adm}$ = 100 kN/m² ≡ 1 kgf/cm². Em obras urbanas, onde é muito provável que se venha escavar ao lado por outros motivos, é muito questionável descarregar esforços na lateral. Também não convém contar com essa reação, se a vala for muito rasa ou se o terreno ficar muito tempo exposto às intempéries entre a escavação e a ancoragem. Caberá ao projetista e ao proprietário da obra definir quando e onde considerar esse dado.

- Coesão – é designada por C' e expressa em kN/m². Recomenda-se adotar coeficiente de segurança igual a 2 (dois). Muitos engenheiros não consideram a coesão do solo no equilíbrio dos blocos, pois julgam a coesão prejudicada pela movimentação do terreno durante as escavações.

- Ângulo de atrito interno do solo – é designado por φ' e varia entre 20° e 45° e já se informa com o coeficiente de segurança 2 (dois).

- Tensão máxima admissível pelo solo na vertical – é designada por $\sigma_{v\,adm}$ e varia entre 120 e 1.000 kN/m², já incluído o coeficiente de segurança 2 (dois).

- Peso específico do solo – na falta de informações precisas, normalmente é considerado da ordem de 18 kN/m³ e o solo admitido granular e homogêneo. Não convém considerar o peso do reaterro sobre blocos de ancoragem e sobre tubos sem contar com grande certeza sobre isso, já que os ensaios hidráulicos de estanqueidade e pressão são, muitas vezes, feitos antes do reaterro.

- Concreto – normalmente armado (armadura de casca):

  f_{ck} = 15 MPa, γ = 1,4
  $f_{cd} = f_{ck}/\gamma$ = 10,71 MPa
  γ_c = 22 a 24 kN/m³

- Atrito concreto–solo:

  Ângulo de atrito (φ): na falta de dados, adotar φ = 30° como médio
  Coeficiente de atrito μ: $\mu = \tan\varphi \leq \tan\varphi'$
  Ângulo de atrito interno do solo (φ')

A-10.1.4.4 Blocos de ancoragem – Critérios de cálculo

Verificar a estabilidade dos blocos de ancoragem quanto ao:

a) Equilíbrio de esforços horizontais

a.1) Ao terreno:

Uma vez admitido que o terreno lateral é confiável para descarregar esforços, não há porque não descarregar toda a resultante horizontal na lateral. Logo, a área lateral mínima "$A_{v\,min}$" de contato bloco-terreno é dada por:

$$A_{v\,min} = \frac{R_h(\text{kN})}{\sigma_{h\,adm}\left(\text{kN/m}^2\right)} \qquad Equação(10.1)$$

onde:
R_h = resultante na horizontal;
$\sigma_{h\,adm}$ = tensão máxima admissível na parede lateral da vala.

Observação: Não se recomenda que a face superior do bloco de ancoragem fique a menos de 60 cm da superfície do terreno, e, assim mesmo, deve-se verificar a estabilidade do conjunto bloco-terreno.

a.2) Ao vazio, ou sem confiabilidade pela lateral (áreas urbanas):

Considera-se só a força de atrito concreto-terreno. O esforço horizontal deve ser multiplicado por um coeficiente de segurança igual a 1,5. O volume do bloco é dado por (peso específico do concreto ≈ 24 kN/m³):

$$V_{min} = \frac{R_h(\text{kN}) \times 1,5}{\text{tg } \varphi \times 24\left(\text{kN/m}^3\right)} \qquad Equação(10.2)$$

Nunca considerar nem as forças de atrito lateral do bloco nem as cunhas laterais de resistência passiva.

Observação: algumas normas práticas em uso e algumas "normas" de empresas e regiões informam que, em áreas urbanas, admite-se a descarga na lateral do terreno de 1/3 do esforço resultante de tubulação enterrada. Compreende-se o objetivo dos autores de tais normas em tentar diminuir o volume total de concreto dos blocos, que, em diâmetros e pressões maiores, ficam muito grandes. Tais normas certamente consideram, com alguma razão, que é pouco provável a coincidência de pressão máxima, escavação em toda a lateral do bloco, etc., e preferem arriscar um ou outro eventual deslocamento de bloco. O que se entende errado nessas normas é a maneira fantasiosa de assumir a retirada do coeficiente de segurança, alegando admitir descarga na lateral do terreno. Sugere-se que, a critério do proprietário da obra, em comum acordo com o projetista, considerando os riscos envolvidos, diminua-se ostensivamente o coeficiente de segurança (ou até se elimine), contando que haverá alguma descarga lateral do bloco ou pressão dinâmica abaixo da máxima, que atuará com segurança na maior parte do tempo. Atentar ainda para que, quanto mais funda a tubulação, menor o risco de escavação na lateral.

b) Equilíbrio de esforços verticais

b.1) Ao terreno (para baixo):

A resultante será equilibrada pela reação do terreno. A área horizontal mínima do bloco será:

$$A_{h\min} = \frac{(R_v + P_b + P_t)(kN)}{\sigma_{v\,adm}\left(kN/m^2\right)} \qquad Equação(10.3)$$

onde:
P_b é o peso do bloco;
P_t é peso da tubulação cheia;
R_v é a resultante na vertical;
$\sigma_{v\,adm}$ é a tensão máxima admissível pelo solo na vertical.

Observação: entende-se por tubulação cheia: (a) tubulação aérea (peso do trecho do tubo entre dois apoios consecutivos + peso da água nesse trecho); e (b) tubulação enterrada (peso da peça ancorada + peso da água dentro dela).

b.2) Ao vazio (para cima):

A resultante será equilibrada pelo peso do bloco, cujo volume mínimo será dado por:

$$V_{\min} = \frac{R_v - P_t(kN)}{24\left(kN/m^3\right)} \qquad Equação(10.4)$$

c) Equilíbrio ao tombamento

Na falta de outras instruções, recomenda-se adotar:

- momento equilibrante maior ou igual a 1,5 × momento do tombamento, sendo 1,5 o coeficiente de segurança.

- força resultante passando pelo núcleo central da base, isto é, excentricidade em relação ao eixo médio da base menor ou igual a 1/6 da longitude da base.

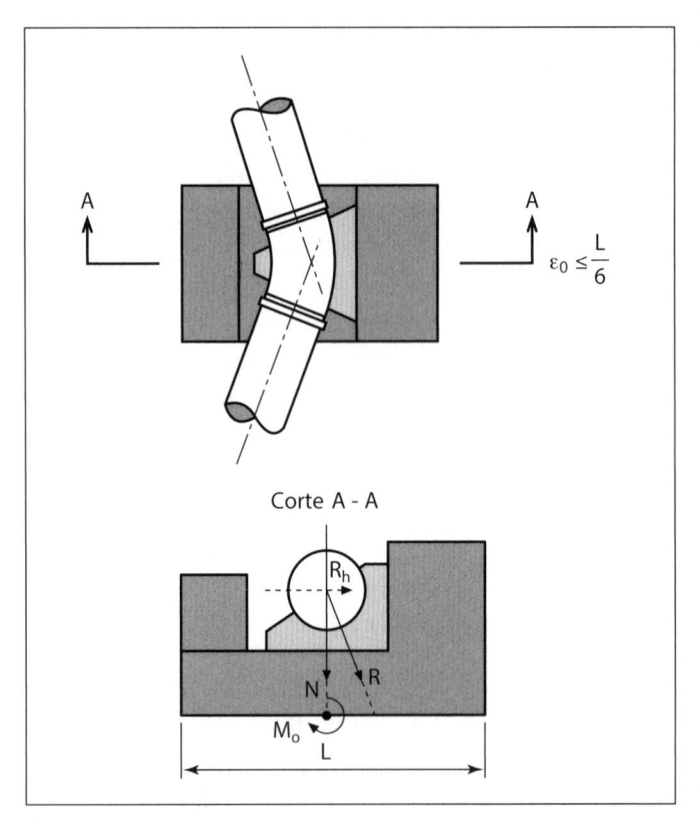

Figura A-10.1.4.4-a

Nesse caso, a pressão no terreno é:

$$\sigma_v = \frac{N}{A} \pm \frac{M_o}{W}, \text{ com } W = \frac{b \times L^2}{6} \text{ ou } \sigma_v = \frac{N}{A} \times \left(1 \pm \frac{b \times \varepsilon_0}{L}\right)$$

onde (*Figura A-10.1.4.4-a*):
L = comprimento da base (m);
b = a largura da base (m);
$A = b \times L$ é a área horizontal (m²);
M_o = momento resultante em relação ao ponto médio da base (kN × m);
N = força resultante vertical (kN) = $R_v + P_b + P_t$;
$\varepsilon_0 = M_o/N$ é a excentricidade (m).

Observação: os valores devem ser positivos.

d) Considerações práticas

Os blocos devem distribuir-se simetricamente em relação à resultante e ao eixo da tubulação, e sua dimensão y deve ficar dentro de uma cunha de 45° tirada desde o eixo da tubulação e desde a extremidade e o fim da peça (*Figura A-10.1.4.4-b*), de forma que o bloco trabalhe o máximo possível só a compressão.

Por exemplo, a dimensão "a" a ser dada à ancoragem em curva horizontal contra o terreno natural é calculada pela expressão:

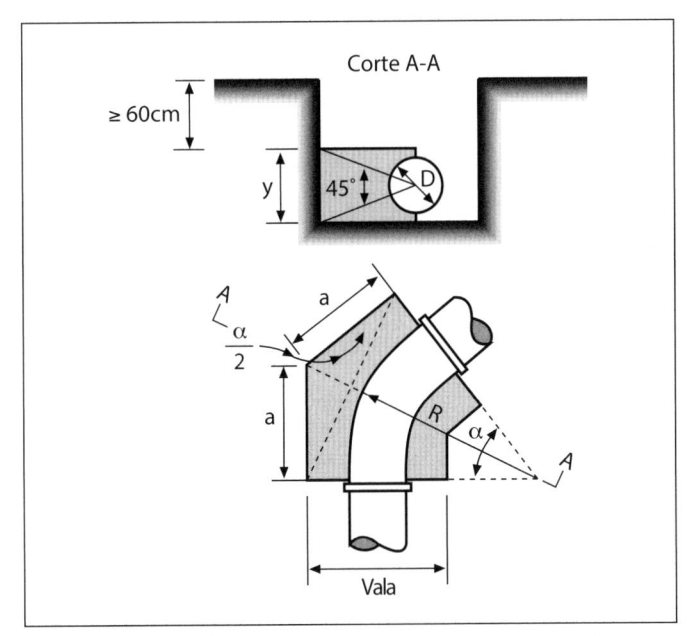

Corte A-A

≥ 60cm

y

45°

D

a

$\frac{\alpha}{2}$

a

R

α

A

A

Vala

Figura A-10.1.4.4-b

$$a = \frac{A}{\sigma} \times \frac{p}{y} \times \tan\frac{\alpha}{2} \qquad Equação(10.5)$$

onde:

a = lado do encosto (cm);

A = seção do tubo (cm²);

p = pressão interna máxima (kgf/cm²);

σ = pressão admitida no terreno: argila compacta 1,0 kgf/cm² e terra vegetal 0,5 kgf/cm²;

y = altura da ancoragem (em cm), obtida a partir da linha de centro do tubo com ângulo de 45°.

e) Ábaco para determinação da resultante em tubulações

Considerou-se a pressão interna unitária p = 1 kgf/cm². Para outras pressões, basta multiplicar o valor obtido da resultante, pela nova pressão na mesma unidade, para ter a nova resultante (*Figura A-10.1.4.4-c*).

Ao final do capítulo, os *Exercícios A-10-c* a *A-10-h* tratam deste assunto.

Tabela A-10.1.4.4-a Taxa admissível na VERTICAL $\sigma_{v,adm}$, no terreno, para cálculos expeditos (valores recomendados pelo IPT de São Paulo)

Terrenos	kgf/cm²
Rocha, conforme sua natureza e estado	20
Rocha alterada, mantendo ainda a estrutura original, necessitando martelete pneumático ou dinamite para desmonte	10
Rocha alterada, necessitando, quando muito, de picareta para escavação	3
Pedregulho ou areia grossa compacta, necessitando picareta para escavação	4
Argila rígida que não pode ser moldada com os dedos	4
Argila dura dificilmente moldada com os dedos	2
Areia grossa de compacidade média	2
Areia fina compacta	2
Areia fofa ou argila mole, escavação a pá	menor que 1

Taxa admissível na HORIZONTAL $\sigma_{h\,adm}$, no terreno, na falta de maiores informações (para cálculos e avaliações expeditos): considerar a taxa na horizontal como metade da taxa na vertical.

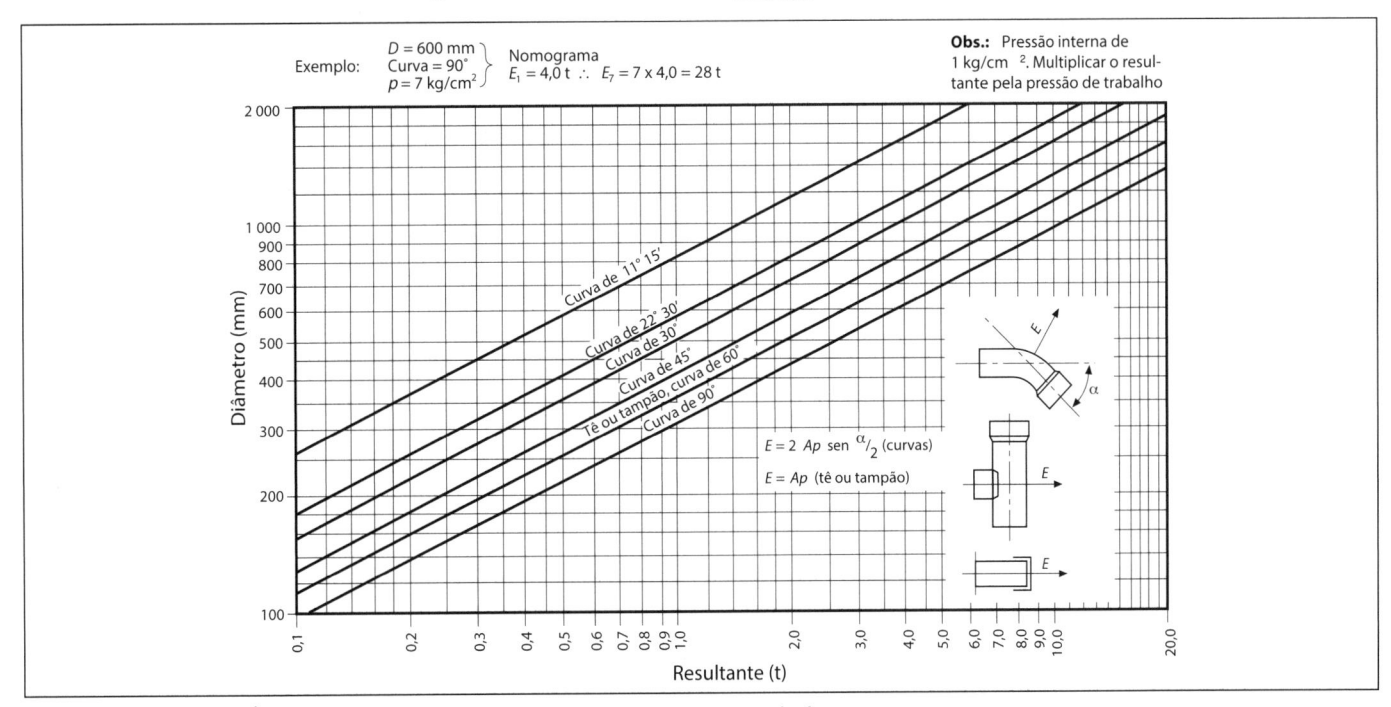

Exemplo:
D = 600 mm
Curva = 90°
p = 7 kg/cm²

Nomograma
E_1 = 4,0 t ∴ E_7 = 7 x 4,0 = 28 t

Obs.: Pressão interna de 1 kg/cm². Multiplicar o resultante pela pressão de trabalho

Curva de 11° 15'
Curva de 22° 30'
Curva de 30°
Curva de 45°
Tê ou tampão, curva de 60°
Curva de 90°

Diâmetro (mm)

$E = 2\ Ap\ sen\ \alpha/2$ (curvas)

$E = Ap$ (tê ou tampão)

E

α

E

E

Resultante (t)

Figura A-10.1.4.4-c – Ábaco de determinação de esforços resultantes em tubulações.

Tabela A-10.1.4.4-b Valores de tan φ (coeficiente de atrito), no terreno, para avaliações e cálculos expeditos

Tipo de terreno	tan $\varphi_{máx}$
Areia argilosa com silte e sem argila	0,50
Areia argilosa	0,40
Argila dura	0,35
Argila úmida	0,30

A-10.1.5 Deflexões

Os tubos com juntas flexíveis não precisam estar perfeitamente alinhados, comportando deflexões em suas juntas. Quanto maiores os diâmetros e as pressões, menores as deflexões possíveis, porque as tolerâncias se estreitam. Cada uma dessas deflexões se comporta como uma verdadeira curva, inclusive para os efeitos de resultantes externas, o que pode vir a obrigar a sua ancoragem (ou travamento), especialmente quando não enterrados. O uso adequado das deflexões economiza curvas, peças especiais e ancoragens. Não observar essas resultantes e, portanto, não avaliar suas possíveis consequências não é recomendável em nenhuma hipótese, pois os esforços podem ser consideráveis.

Nota-se que uma deflexão de 1,5 graus em um tubo de 500 mm de diâmetro sob uma pressão de 12 kgf/cm² provoca uma resultante de 617 kgf, que tem de ser absorvida externamente.

Os catálogos dos fabricantes informam as deflexões máximas permitidas em cada caso. Deve-se trabalhar 25% abaixo desses limites, muitas vezes difíceis de se atingir na prática, ou então favorecendo vazamentos.

A-10.1.6 Valas de instalação. Cargas sobre tubulações enterradas. Flutuação

As tubulações de água costumam ser instaladas preferivelmente enterradas, e a uma profundidade mínima que ofereça proteção contra cargas acidentais, choques, efeitos de temperatura, movimentos etc. As tubulações "aparentes" normalmente são preteridas, por esses motivos listados, a favor de enterrar os tubos, além de serem um estorvo por onde passam, constituindo-se em um obstáculo à livre circulação. Normalmente prevalece a construção enterrada, onde a escavação é muito onerosa.

As valas para instalação devem ter uma largura tal que, quando necessário, permita o trabalho livre ao redor do tubo, ou seja, permita o acesso do operário encarrega-do da montagem, em boas condições. Tal dimensão varia com a profundidade da vala, o tipo de escoramento, o tipo de junta, o reaterro especificado, equipamento disponível, enfim, deve ser analisado caso a caso. Normalmente, usa-se uma folga de 25 a 30 cm de cada lado do tubo.

Quanto à profundidade, o recobrimento mínimo deve ser de 0,60 m para tubos de ferro fundido, aço e concreto armado, e de 0,80 m para os demais materiais.

Os tubos assentados em valas estão sujeitos às seguintes cargas:

- peso da água, quando cheios;
- pressão interna;
- peso próprio dos tubos;
- empuxo, quando submersos no lençol freático;
- carga de aterro sobre os tubos;
- cargas móveis;
- sobrecargas ou cargas acidentais internas e externas.

Há casos em que se deve considerar a possibilidade e o efeito de um vácuo parcial na tubulação.

A carga devida ao aterro da vala depende da natureza do material, da sua condição, da profundidade e da largura da vala e do método de reenchimento.

De acordo com os estudos do prof. Wästlund, a carga do aterro sobre os tubos pode ser calculada pela seguinte fórmula aproximada (*Figura A-10.1.6-a*):

$$P = \gamma \times y \times (b - 0,08 \times y)$$

onde:

P = carga por unidade de comprimento de tubo (kgf/m);

γ = peso específico da terra (kgf/m³);

y = altura de recobrimento (considera-se ótima em torno de 1,5 m);

b = largura do fundo da vala (m) e resulta,

$$b = \frac{4 \times D}{3} + 0,20$$

Outra fórmula experimental foi obtida pelo professor Marston (Iowa), após mais de 20 anos de observações. Em sua forma mais simples é:

$$P = C \times \gamma \times b^2$$

onde:

P = carga vertical sobre os tubos (kgf/m);

C = coeficiente experimental, função da natureza e estado do material de recobrimento e da relação y/b (*Tabela A-10.1.6-a*);

γ = peso específico do material de reaterro úmido (kgf/cm³);

b = largura da vala (m).

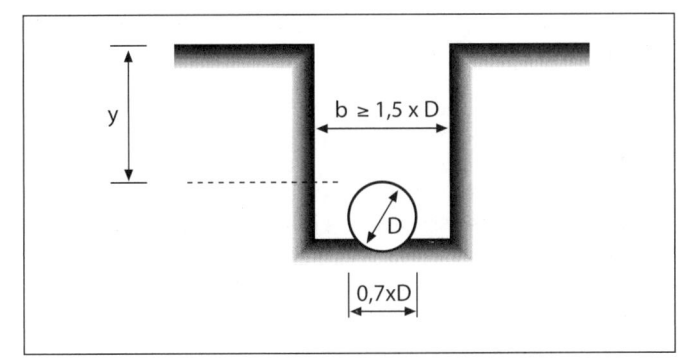

Figura A-10.1.6-a – As cargas móveis ou vivas raramente ultrapassam 2.000 kgf/m².

Tabela A-10.1.6-a Valores mais comuns de C

y/b	1,0	2,0	4,0	6,0	8,0	10,0
Terra ordinária saturada	0,8	1,5	2,2	2,6	2,8	2,9
Areia ou pedregulho	0,8	1,5	2,3	2,8	3,1	3,2
Argila saturada	0,8	1,5	2,6	3,3	3,8	4,1

Todo projeto de tubulação enterrada deve verificar a possibilidade de flutuação do tubo quando vazio e enterrado. Muito trabalho tem sido perdido por falta dessa verificação, e muitas instalações resultam defeituosas por movimentos no tubo, devido à flutuação, não percebidos à superfície. Na prática, pode ocorrer a flutuação do tubo com a vala aberta ou fechada. Com a vala aberta, pode ocorrer a inundação desta por chuva, vazamento próximo, defeito no rebaixamento do lençol etc., e o resultado é evidente. Com a vala fechada, caso não tenha havido boa compactação, o efeito é o mesmo, pois a água encharca o reaterro e dá-se a flutuação. Mesmo com boa compactação, deve-se verificar o empuxo e o tipo de solo. A solução, em muitos casos, é construir blocos de concreto de contrapeso para garantir a não flutuação. Todos os tipos de tubo estão sujeitos a esse tipo de acidente. Alguns materiais só apresentam essa possibilidade a partir de determinado diâmetro, quando o volume deslocado é superior ao peso próprio.

O *Exercício A-10-i*, ao final do capítulo, mostra a aplicação das fórmulas citadas para calcular a carga do aterro sobre os tubos.

A-10.1.7 Suportes e apoios

Não deixam de ser um caso particular de ancoragens. As tubulações aéreas e as inclinadas devem estar controladas quanto ao seu deslizamento e quanto ao seu deslocamento, provocados por efeitos térmicos, esforços transversais etc. O dimensionamento dos suportes deve levar em conta a estrutura dos tubos, para não provocar concentração de esforços nem pontos de corrosão preferenciais, que, infelizmente, são bastante comuns.

No caso de travessias em pontes ou túneis, os apoios devem ser solidários à estrutura e permitir o deslizamento do tubo no sentido longitudinal.

No caso das pontes, deve-se levar em conta as resultantes provenientes de flexas admissíveis na estrutura após o enchimento com água e pressurização, além de ser necessário bom alinhamento e apoios em intervalos pequenos, evitando que o tubo possa vibrar por algum fenômeno de ressonância. A *Figura A-10.1.7-a* é um exemplo de suportes em ponte.

No caso de travessias subterrâneas em túneis, nunca se deve encher o espaço entre o tubo e a camisa do túnel com concreto. Qualquer recalque diferencial ou flexão vai trincar o concreto e provocar uma concentração de esforços cortantes no tubo junto a essa trinca, pois o tubo terá se transformado na armadura dessa "viga". O enchimento, se necessário, deve ser feito com areia.

Figura A-10.1.7-a – Foto de tubulações (3 x 500 mm, FFD) sobre suportes em vigas metálicas ancoradas com fitas de aço inox na diagonal em cada apoio, vão com 6 m, entre duas pontes novas, em concreto protendido (comprimento 350 m) sobre o canal Itajuru-Palmer, Cabo Frio, RJ, 2006.

A-10.1.8 Proteção físico-química (e bacteriana)

A maioria dos materiais das tubulações sofre ataques físico-químicos e bacterianos, interna e externamente, no subsolo ou ao ar livre, em uso ou não. A exceção, talvez, fique por conta das manilhas de barro bem feitas (achados arqueológicos mostram manilhas milenares em muito boas condições).

O efeito dos ataques físico-químicos é mais notado nas tubulações metálicas, e há uma quantidade imensa de recursos, aos quais fabricantes e instaladores lançam mão para minorar o problema. A cada ano, se evolui um pouco mais no assunto.

Não nos deteremos, no âmbito deste livro, em tratar do tema. O leitor interessado deve buscar livros específicos e catálogos de fabricantes sobre:

- proteção catódica;
- proteção por anodos de sacrifício;
- proteção por corrente impressa;
- revestimentos externos de tubulações;
- revestimentos internos;
- substituição de solo ao longo de valas e/ou correção de solo.

Muitas vezes, o custo da solução de proteção pode ser determinante para a mudança do material do tubo ou para a condenação de determinado material.

A-10.1.9 Entradas e saídas

Toda tubulação começa e termina em uma estrutura. Tais locais são objetos de detalhes especiais, normalmente minimizando perdas de carga, garantindo submergências para que não haja formação de vórtices ou turbulências, erosões, concentrações de esforços, dissipação de energia, enfim, adequando as condições existentes às necessidades, para o que a engenhosidade do projetista não tem regras.

O mercado oferece alguns equipamentos tais como defletores e orifícios múltiplos, para evitar a formação de vórtices em tomadas de água, válvulas dissipadoras de energia em chegadas de água, crivos destinados a evitar a entrada de corpos estranhos, e juntas, destinadas a absorver movimentos relativos entre as estruturas e as tubulações. Normalmente entradas e saídas são dotadas de válvulas e medidores que permitem sua operação e controle.

A-10.2 ACESSÓRIOS OPERACIONAIS

A-10.2.1 Válvulas

Destinam-se a abrir/fechar/regular a passagem da água pelas tubulações. Podem estar situadas em diversas posições da linha e são de diversos tipos. A definição do tipo de válvula é função do fim a que se destina, frequência de uso, forma de acionamento, localização e acesso, pressão de serviço, diâmetro, vazão e custo (*Tabela A-10.2.1-a*). No Brasil, algumas válvulas também são conhecidas como "registros", num uso inadequado da palavra (já que não registram nada), e que não será mais usada neste livro.

O autor entende que o uso indevido deu-se pelo fato de que, junto aos primeiros hidrômetros (que registravam os consumos), sempre se colocava uma válvula. Daí a confusão dos leigos.

Tabela A-10.2.1-a Utilização normal da válvula

Tipo de válvula	Regulagem de vazão (1)	Abrir x fechar (2)	Frequência de uso (3)	Sentido do fluxo (4)	
Gaveta	NR	R	pouca	ambos	(1) e (3) ABP
Borboleta	NR	R	grande	ambos	(1) ABP (4) DM
Rotativa ou cilíndrica	NR	R		ambos	
Agulha	R	R		unidirecional	
Globo ou disco	R	R	grande	unidirecional	
Multijato	R	NR	grande	unidirecional	
Diafragma	R	R		ambos	(1) E (2) ABP (2) DM
Reguladora ou automática	R	R		unidirecional	(2) DM
Limitadora de pressão	-	-	pouca	unidirecional	
Esfera	NR	R		ambos	(1) ABP
Cônica (macho)	NR	-	pouca	ambos	(1) ABP
Retenção	-	-		unidirecional	
Expulsão/Admissão de ar (ventosas)		R			

ABP - aceitável em baixas pressões (até 6kgf/cm^2); R - recomendável; NR - não recomendável; DM - depende do modelo.

As válvulas podem ser acionadas manualmente, muitas vezes com algum dispositivo auferindo vantagem mecânica (parafuso, engrenagem de redução, alavanca etc.), por motores elétricos, por comandos hidráulicos ou pneumáticos, ou ainda por efeito do próprio líquido em função de pressão e velocidade, quando se denominam válvulas automáticas (auto-operadas).

A-10.2.1.1 Válvula de gaveta

É uma cunha ou gaveta que, quando fechada, atravessa a tubulação e, quando aberta, recolhe-se a uma campânula (*Figura A-10.2.1.1-a*). Quando aberta, dá passagem total ao fluxo e a perda de carga é muito pequena, devido apenas às reentrâncias laterais que servem de guia e sede de vedação quando a gaveta se fecha.

Existem diversos tipos, com gavetas de faces paralelas, ligeiramente trapezoidais ou em cunha. O acionamento pode ser por parafuso interno ou externo etc. A vedação é obtida, em parte, pela pressão da água sobre a gaveta, forçando-a contra a guia/sede. Portanto, a abertura e o fechamento são feitos com arraste entre duas superfícies, sendo possível uma má vedação ao longo do tempo. Válvulas de grandes dimensões e grandes pressões necessitam de um dispositivo denominado "*by-pass*" (desvio), de forma a estabelecer um enchimento e uma compressão pelo outro lado da face da gaveta, sem o qual não se consegue abri-las.

As válvulas de gaveta destinam-se a funcionar nas posições aberta ou fechada e são para pouca frequência de uso. Sua utilização para regular a vazão em trânsito com manobras frequentes é uma improvisação. Em baixas pressões e quando não se requer estanqueidade, não há impedimento técnico ao seu uso mais frequente e para regulagem de vazão. Podem vedar em um sentido ou em ambos, dependendo da concepção.

A-10.2.1.2 Válvula borboleta

É um disco preso a um eixo que atravessa a tubulação. Tendo um movimento de 90°, pode fechar a tubulação ou ficar alinhado com o escoamento (*Figura A-10.2.1.2-a*). Esse disco pode ser simétrico em relação ao eixo ou não, dependendo do projeto mecânico da válvula ser equilibrado, ou seja: a pressão da água sobre as duas metades do disco em relação ao eixo é simétrica e equilibrada, ou pode ter uma excentricidade tendendo a abrir ou fechar, conforme se projete.

Aliás, a grande vantagem da válvula borboleta é esse equilíbrio em torno do eixo, que faz com que a pressão tendente a fechar se anule com a pressão tendente a abrir, possibilitando uma manobra com pouco esforço externo. Acrescendo-se a vantagem de ser uma peça de fabricação mais fácil que outros tipos de válvulas, torna-se usualmente a opção mais econômica. Em relação às válvulas de passagem direta, apresenta maior perda de carga localizada, pelo fato de o disco ficar atravessado, embora possa melhorar muito com cuidados no projeto

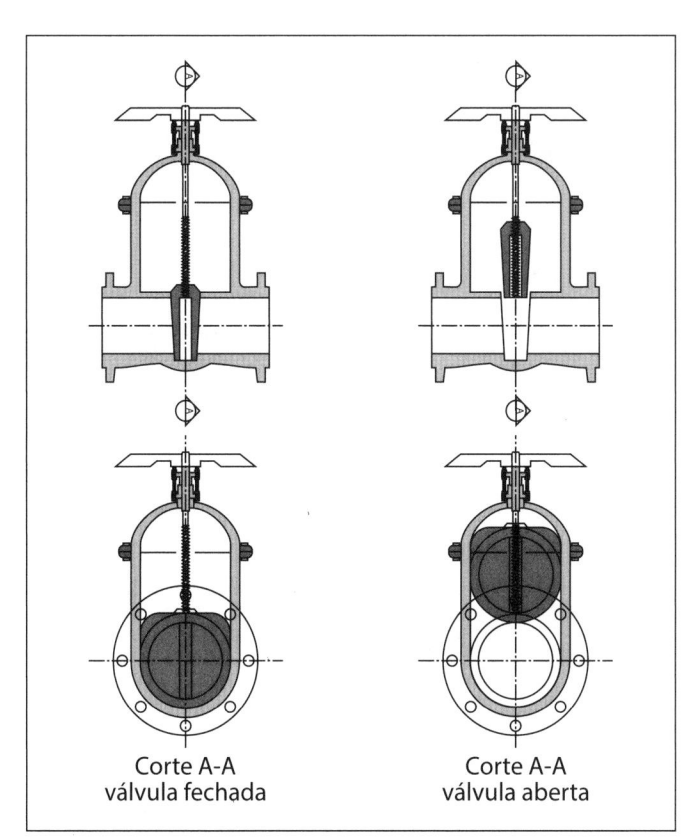

Corte A-A
válvula fechada

Corte A-A
válvula aberta

Figura A-10.2.1.1-a – Válvula de gaveta.

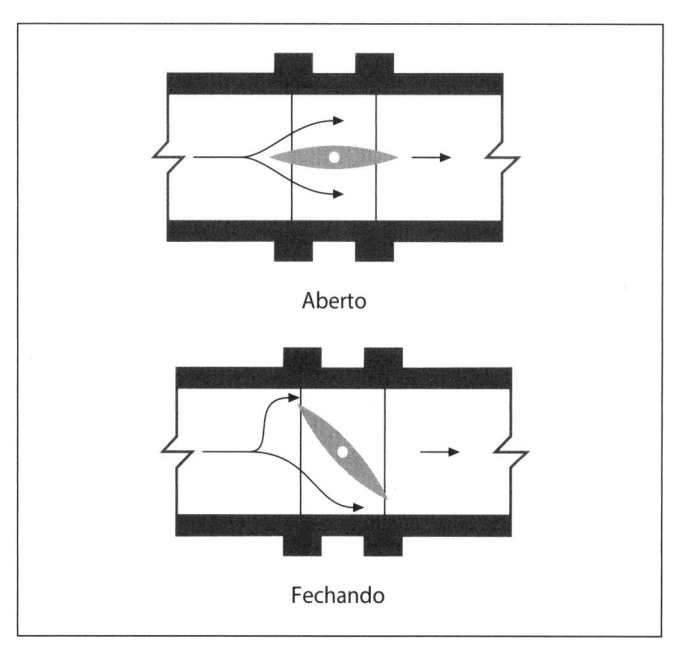

Aberto

Fechando

Figura A-10.2.1.2-a – Válvula borboleta, eixo simétrico.

do disco. Existem válvulas borboleta, ditas de "dupla excentricidade" em que, quando abertas, o disco é recolhido a uma das laterais, permitindo passagem direta pela tubulação, com grande redução na perda de carga.

As válvulas borboleta destinam-se a estar abertas ou fechadas e admitem grande frequência de uso. A utilização para regular vazão é uma improvisação, que não será notada em baixas pressões e quando houver contrapressão suficiente para não haver cavitação, ou seja, nesses casos não chega a ser uma improvisação, mas uma opção econômica. Note-se que toda válvula reguladora é uma redutora de pressão, logo, uma dissipadora de energia, passível de cavitações, vibrações e erosões.

As válvulas borboleta normalmente são para montagem com o eixo na posição horizontal. Tal recomendação prende-se aos detalhes dos mancais, que, em caso contrário, deveriam prever força axial do peso do disco (rolamentos cônicos).

São as válvulas de uso mais difundido hoje em dia, de maior gama de aplicação e normalmente de menor custo. Geralmente aceitam fluxo em ambas as direções, vedando também em qualquer uma delas.

A perda de carga localizada em uma válvula borboleta pode ser calculada pela fórmula $\Delta H_\alpha = K_\alpha \times V_\alpha/2g$ (m.c.a.), onde V_α é a velocidade de escoamento, em m/s, correspondente a um ângulo α de abertura de válvula, g a aceleração da gravidade, em m/s² e K_α o coeficiente de perda de carga, cujos valores são os seguintes:

									Aberta
α	10°	20°	30°	40°	50°	60°	70°	80°	90°
K_α	670	145	47	18	7	3	1,4	0,7	0,36

A-10.2.1.3 Válvula rotativa ou cilíndrica

Também conhecida como válvula esférica, é um dispositivo cilíndrico, como se fosse um pedaço de tubo, com um eixo perpendicular ao eixo do cilindro/tubo, montado dentro de um corpo estanque, onde gira em torno desse eixo (*Figura A-10.2.1.3-a*).

Na posição aberta tem perda de carga praticamente zero, pois, como internamente é um tubo liso que se alinha com a tubulação onde se insere, não há descontinuidades. Na posição fechada tem estanqueidade garantida por um desenho adequado, podendo vedar em um sentido ou em ambos. Normalmente é utilizada para grandes diâmetros e grandes pressões, sendo acionada por mecanismos eletro-hidráulicos. Destina-se a operar 100% aberta ou 100% fechada, ou seja, não se regulam vazões nessa válvula.

Um caso particular aproximadamente igual é o da válvula denominada "Rotovalve", na verdade um corpo cônico (quase cilíndrico), ou seja, classificar-se-ia como "válvula de macho", ver *subitem A-10.2.1.11*, mais adiante.

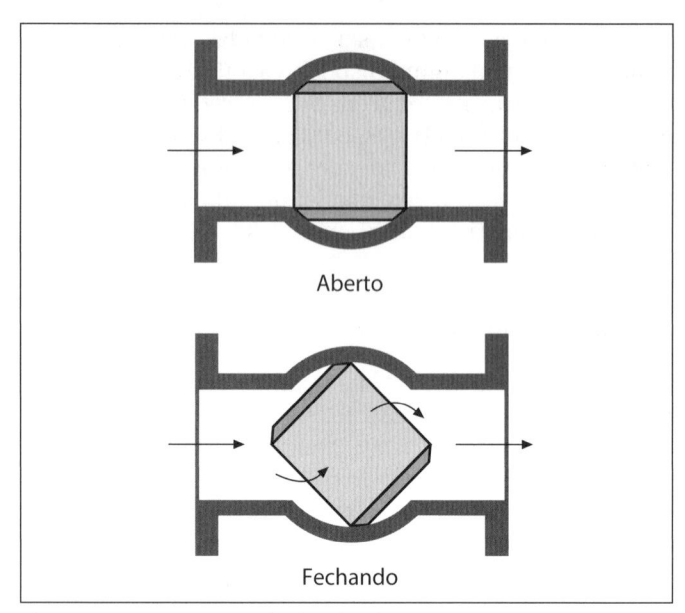

Figura A-10.2.1.3-a – Válvula cilíndrica.

A-10.2.1.4 Válvula de agulha

Também conhecida como válvula anular e "*needle valve*", destina-se à regulagem de vazão e fechamento final em descargas para a atmosfera. Existem desde pequeninas válvulas para tubos de cerca de 1 cm de diâmetro até diâmetros de mais de 1 m. O desenho dessa válvula procura minimizar o efeito da cavitação quando as velocidades são muito altas, fazendo com que o fenômeno se dê após a válvula, na atmosfera, ou em uma "câmara de expansão". São previstas para fluxo unidirecional.

Podem ter o obturador por montante ou por jusante do orifício de passagem (*Figura A-10.2.1.4-a*).

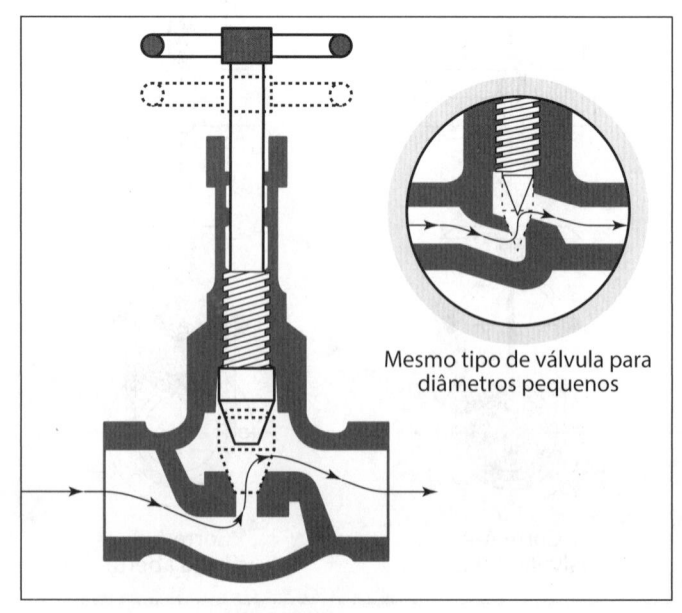

Figura A-10.2.1.4-a – Válvula de agulha.

As válvulas "*polyjet*", ver *subitem A-10.2.1.6* adiante, não deixam de ser um caso particular de maior complexidade. Algumas válvulas de boia de entrada em reservatórios são válvulas de agulha, de utilização adequada e recomendada.

A-10.2.1.5 Válvula de disco (ou de globo)

Também conhecida como registro de pressão, assim como a de agulha, presta-se a regular vazão e bloquear o fluxo.

Consiste de um disco apertado contra um orifício por um eixo roscado (parafuso) ou por uma haste (êmbolo) (*Figura A-10.2.1.5-a*). Visto por fora, o corpo da válvula é aproximadamente esférico, daí o nome "globo" (mais uma vez inadequado, preferiremos chamá-la de válvula de disco), e está projetado de forma a desviar o fluxo para entrar perpendicularmente ao disco de vedação. São previstas para fluxo unidirecional e não permitem o contra-fluxo, porque o disco, que normalmente é "pivotante" em um eixo que fica dentro da haste de fechamento, age como uma válvula de retenção. As válvulas de agulha são um caso particular das de globo e vice-versa.

Existem desde as válvulas domésticas até válvulas com cerca de 300 mm. A maioria das "torneiras" de lavatórios, chuveiros e pias são válvulas de "disco-globo", com o disco de vedação sendo chamado no Brasil de "carrapeta". A partir do DN 300 mm não se encontram mais em catálogos, com exceção da válvula de disco autocentrante (*Figura A-10.2.1.5-b*), caso particular desse tipo, para saídas à pressão atmosférica, fabricada pela Neyrtec.

A-10.2.1.6 Válvula multijato

Válvula destinada a regular vazão e/ou dissipar energia

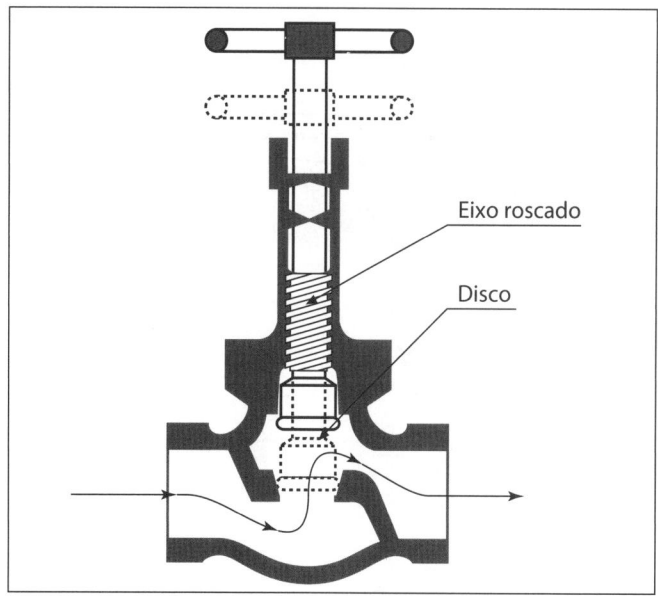

Figura A-10.2.1.5-a – Válvula de disco.

em altas pressões, quando o problema de cavitação e vibrações pode ser crucial. São poucos os fabricantes, e normalmente envolvem patentes. O princípio básico é criar diversos orifícios com um perfil especial por onde passa a água, dando-se o fenômeno da cavitação logo após os orifícios, já na massa líquida. Como são diversos orifícios, as explosões de cavitação são diversas e menores, diminuindo a vibração por umas anularem as outras. Também são reguláveis, por deslizarem uma placa com orifícios sobre outra, ou por oferecerem mais ou menos orifícios ao fluxo.

Só podem ser usadas em uma direção e não interrompem o fluxo, ou melhor, não vedam (*Figura A-10.2.1.6-a* e *Figura A-10.2.1.6-b*).

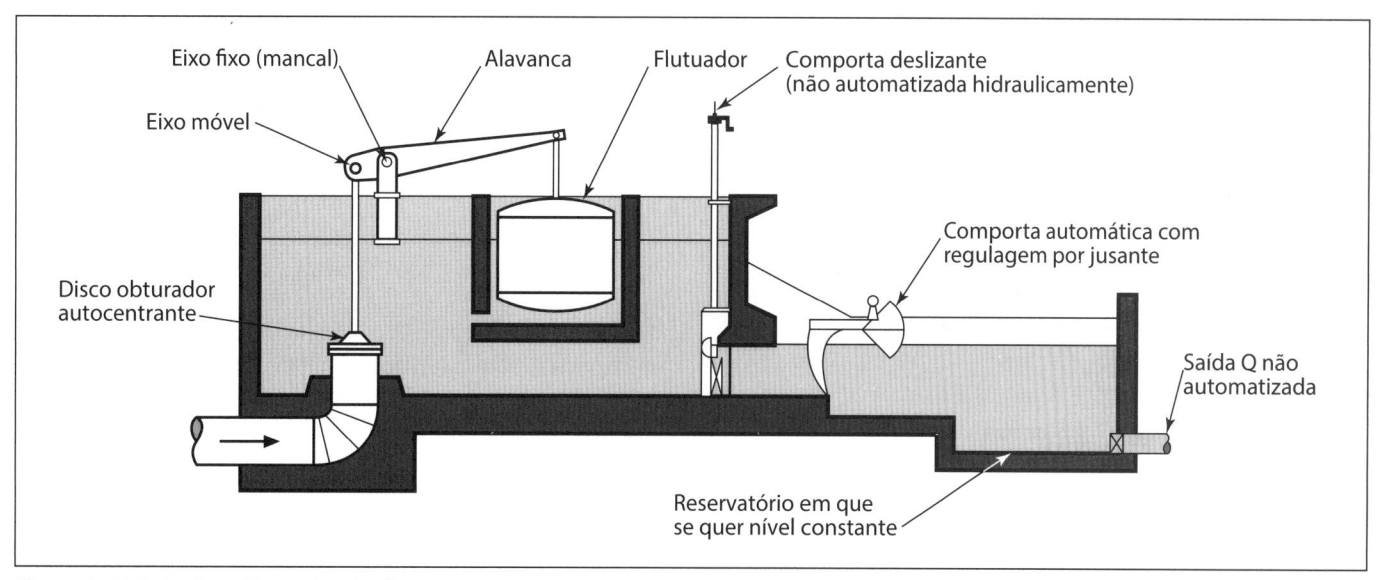

Figura A-10.2.1.5-b – Obturador de disco autocentrante.

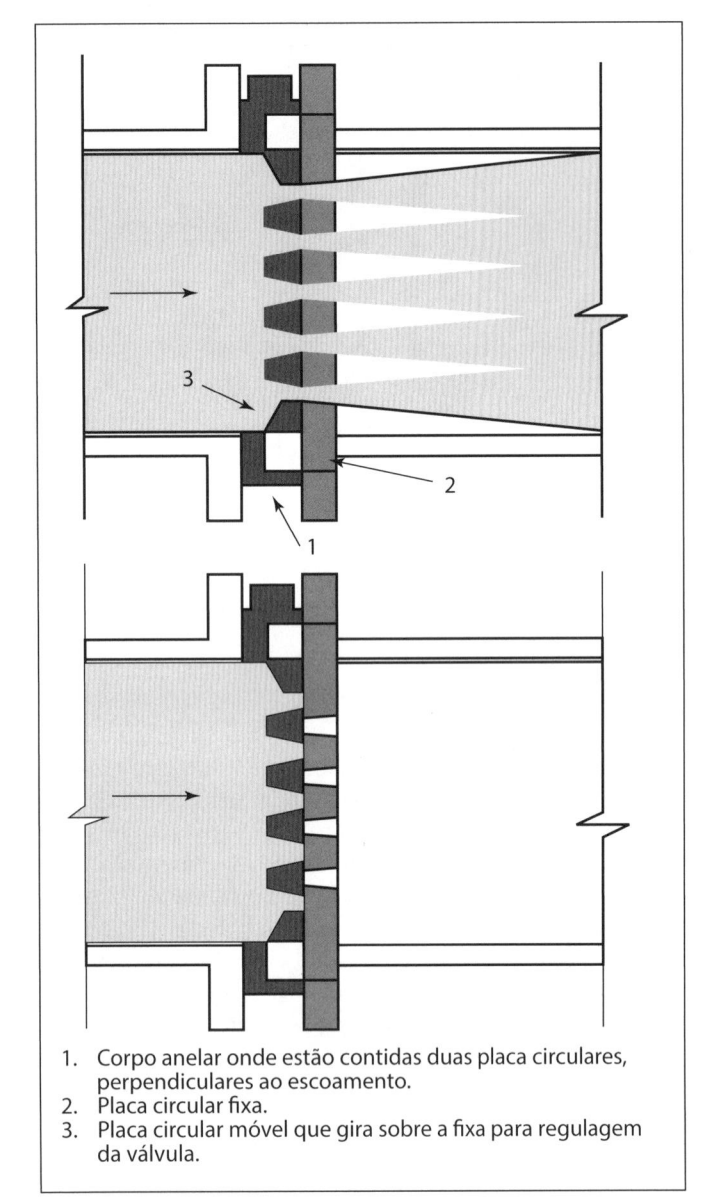

1. Corpo anelar onde estão contidas duas placa circulares, perpendiculares ao escoamento.
2. Placa circular fixa.
3. Placa circular móvel que gira sobre a fixa para regulagem da válvula.

Figura A-10.2.1.6-a – Válvula multijato (monovar).

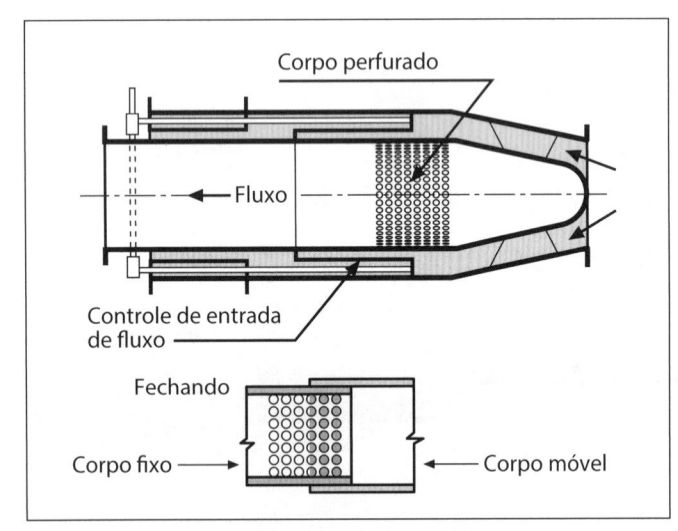

Figura A-10.2.1.6-b – Válvula multijato (Polyjet).

A-10.2.1.7 Válvula de diafragma

O elemento de fechamento é um elastômero, ou seja, um material elástico que recebe pressão de um dos lados (ar comprimido ou líquido sob pressão maior que o do fluido na tubulação principal) e se deforma até obturar a passagem no pedaço de tubo onde se situa, e que é o corpo da válvula (*Figura A-10.2.1.7-a*).

Em mais um uso incorreto de nomenclatura, algumas válvulas de acionamento com diafragma (ver *subitem A-10.2.1.8*) são indevidamente, até em catálogos, chamadas de válvulas de diafragma, sem sê-las.

As válvulas de diafragma "puras" têm sido relativamente pouco usadas em hidráulica, prestando-se à regulagem de vazões e obturação dentro de baixas pressões, ou de material pastoso ou com muitas impurezas (esgotos, lodos etc).

Um dos fatores prejudiciais à disseminação desse tipo de válvula tem sido a falta de confiança dos usuários na durabilidade e na reposição das membranas.

São válvulas muito resistentes à abrasão (erosão).

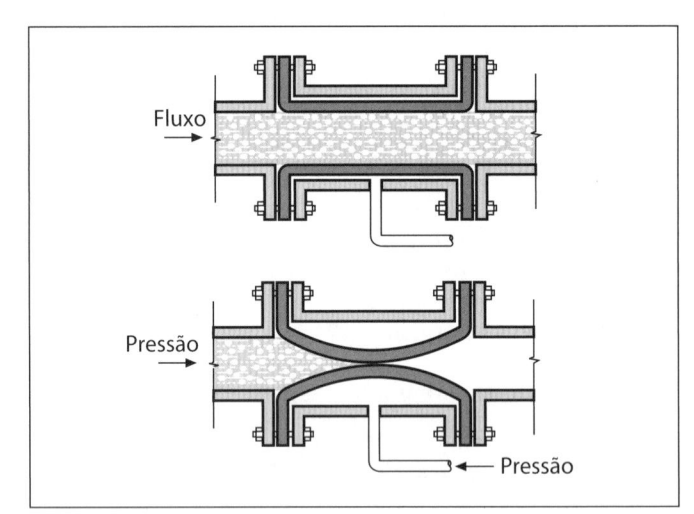

Figura A-10.2.1.7-a – Válvula de diafragma (de mangote ou flexível).

Um tipo particular de válvula de diafragma é a válvula tipo "bico-de-pato" (*Figura A-10.2.1.7-b*), em borracha ou similares, usada como válvula de retenção ou comporta unidirecional (corrente de maré). É usada virada para a atmosfera ou em baixas pressões (*Figura A-10.2.1.7-c*).

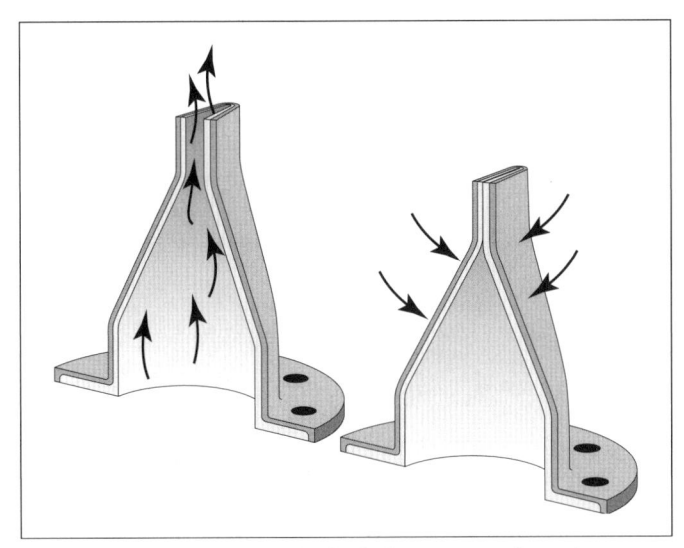

Figura A-10.2.1.7-b – Válvula de diafragma tipo "bico-de-pato".

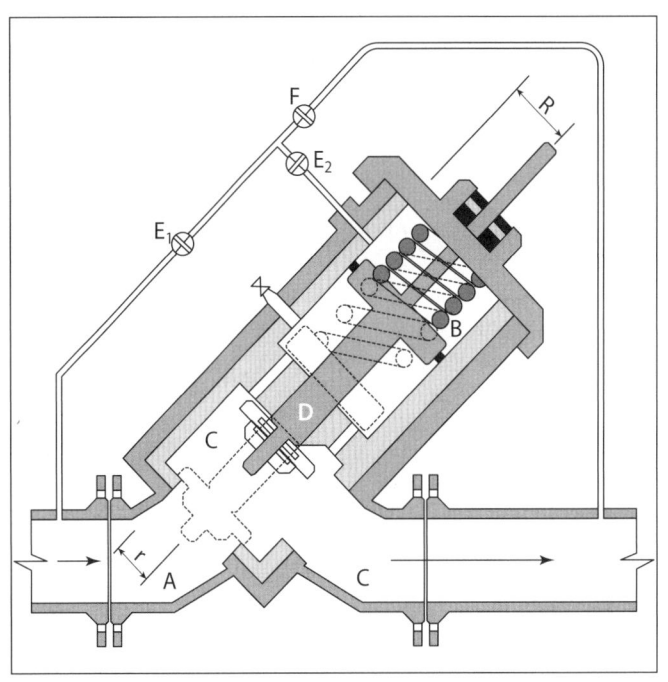

Figura A-10.2.1.8-a – Válvula automática de acionamento por pistão.

Há diversas variações de válvulas desse tipo; cada fabricante tem uma patente do formato do corpo e de detalhes da válvula. Essas válvulas prestam-se muito a arranjos criativos de automatismo hidráulico. A *Figura A-10.2.1.8-g* ilustra o aspecto de uma válvula automática complexa.

Figura A-10.2.1.7-c – Foto da válvula de diafragma tipo "bico-de-pato".

A-10.2.1.8 Válvula automática ou reguladora (de acionamento com diafragma ou com pistão)

Nesse tipo de válvula, um pistão (*Figura A-10.2.1.8-a*) ou um disco com um diafragma (*Figuras A-10.2.1.8-b a f*) serve para empurrar, através de um eixo, um outro disco ou agulha contra um "orifício-sede". Uma válvula automática também pressupõe a existência de um sistema "piloto" onde se inserem válvulas auxiliares reguláveis, de pequenas dimensões, normalmente tipo agulha.

Figura A-10.2.1.8-g – Válvula automática complexa.

As *Figuras A-10.2.1.8-b* a *d* apresentam o esquema básico de funcionamento das válvulas automáticas.

Na *Figura A-10.2.1.8-b* a válvula está na posição "fechada" (não há fluxo). As válvulas "piloto" **E₁** e **E₂** estão na posição aberta, e a **F₁**, na posição fechada. A água com pressão de montante ocupa a região **A** e a região **B** (interligadas pela tubulação "piloto" **AEB**). A pressão sobre o êmbolo **D** é a mesma tanto pelo lado da região **A** quanto pelo lado da região **B**. O peso do êmbolo e a mola desequilibram as forças (pressão × área) a favor do fechamento. Então o êmbolo **D** permanece fechando a passagem (área **a₁**). Não há escoamento para a região **C** (a jusante).

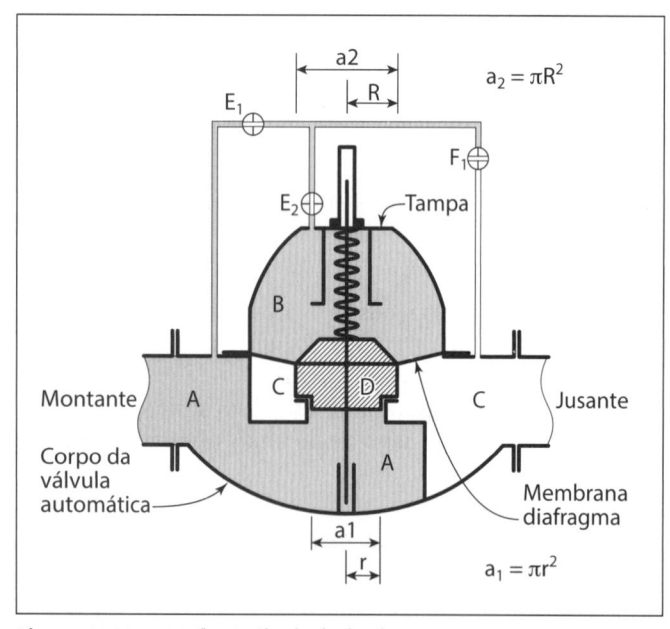

Figura A-10.2.1.8-b – Válvula fechada.

Na *Figura A-10.2.1.8-c* a válvula está na posição "aberta" (há fluxo e a vazão pode flutuar). A válvula "piloto" **E₁** está na posição fechada e as válvulas "piloto" **E₂** e **F₁** estão na posição aberta. A região **C** tem menor pressão do que a região **A** (caso contrário, não seria a região jusante!), então o líquido que ocupava **B** escoa para **C** diminuindo a pressão em **B** e o êmbolo **D** tende a ser suspenso pela força de pressão da região **A** sobre a superfície **a₁** (essa força deve ser superior à força do peso do êmbolo mais a mola).

Quanto menor a pressão em **C**, **D** abrirá mais e mais rápido e vice-versa. Então, se a pressão em **C** ou em **A** flutuar, **D** pode flutuar, criando um automatismo hidráulico que, bem explorado e bem calibrado pode ser de utilidade. Esta posição aberta também pode ser considerada "regulando", pois, se as válvulas "piloto" forem operadas (através de servomecanismos hidráulicos ou mecânicos, ou eletricamente, ou eletronicamente, ou

a ar comprimido, ou manualmente ou até ajustadas de forma a responderem de forma sensível a variações de pressão (como orifícios calibrados), o disco/agulha pode ficar mais ou menos fechado, fazendo a função "reguladora".

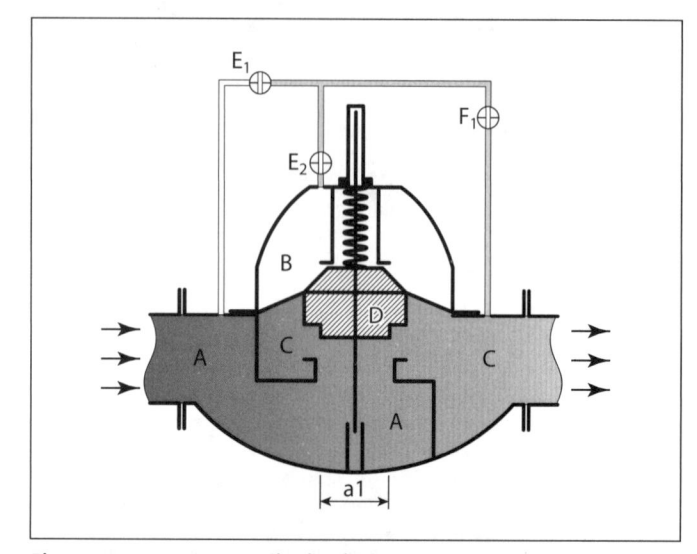

Figura A-10.2.1.8-c – Válvula aberta.

Na *Figura A-10.2.1.8-d* a válvula está na posição "travada". As válvulas "piloto" **E₁** e **E₂** estão na posição fechada. A válvula fica com o êmbolo **D** parado (travado) no local em que estiver quando **E₁** e **E₂** forem fechadas.

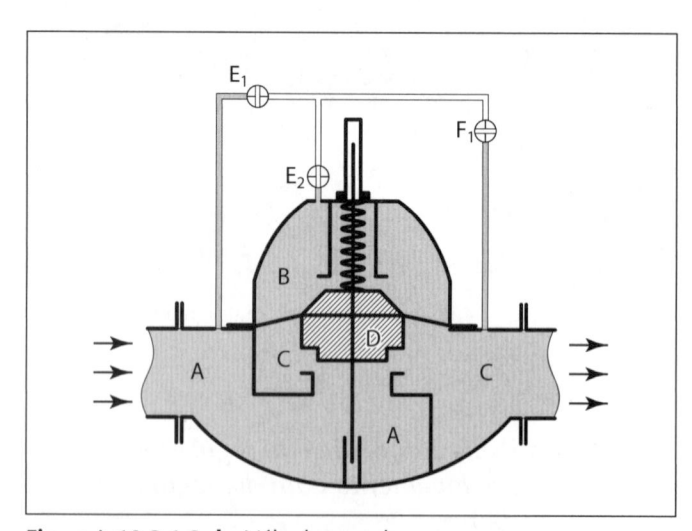

Figura A-10.2.1.8-d – Válvula travada.

As válvulas automáticas (ou reguladoras) servem a diversos fins, por exemplo:

a)   controle de grupos moto-bombas (podem abrir lentamente segundo uma lei que se pode ajustar a eles com facilidade), sempre que é dada a partida, fazendo com que o pico de consumo de energia no motor seja amenizado;

b)   como válvula de retenção;
c)   como limitadoras de pressão;
d)   como válvulas de fechamento;
e)   como válvulas limitadoras de nível ou válvulas de altura;
f)   como sustentadoras de pressão;
g)   como redutoras de pressão;
h)   como controladoras de vazão;
i)   como antecipadora de golpe de aríete.

O arranjo de uma válvula reguladora operando como "válvula de altura" é frequentemente chamado de "válvula de altitude", o que é uma tradução literal (e infeliz) do inglês (*altitude valve*), engano que também cometemos até a 8ª edição deste livro. Trata-se de um arranjo que serve para controlar a altura de água dentro do reservatório, quando abastecidos por gravidade (ou, quando bombeado, esse reservatório não comanda o liga-desliga das bombas). A "válvula automática" fica ao nível do solo, ou até distante do reservatório a controlar e é comandada para abrir ou fechar através de uma pequena tubulação-piloto de diâmetro muito pequeno (±6 mm). As *Figuras A-10.2.1.8-e* e *A-10.2.1.8-f* apresentam o esquema de ligação de uma válvula automática para esse fim (de "altura"). Note-se que a válvula-piloto E_1 deve estar regulada de forma a introduzir uma perda de carga maior que a do trecho E_2-F_2 de forma que, quando F_2 estiver aberta, a pressão na região **B** seja sensivelmente menor que a pressão na região **C**.

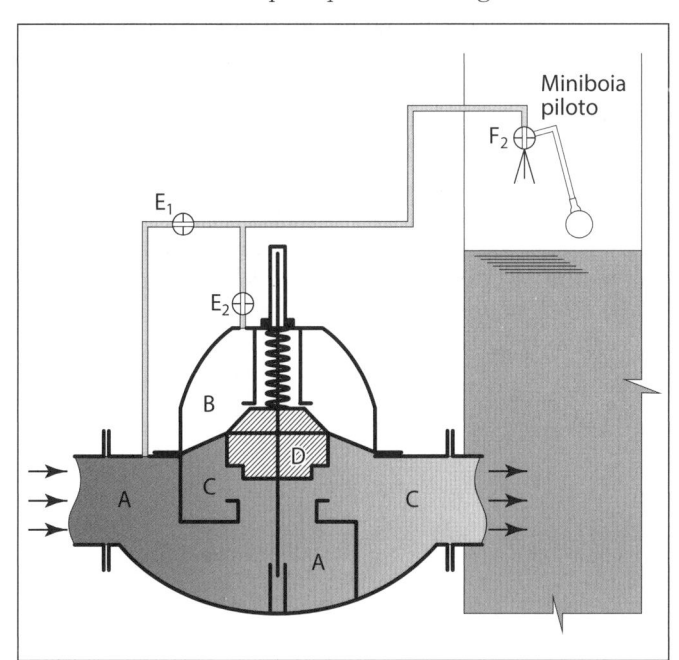

Figura A-10.2.1.8-e – Válvula de altura ou de nível aberta.

Como exemplo de "válvula de altura", ver ainda a *Figura B-I.1.9-a, Capítulo B-I.1*, arranjo que é uma das montagens possíveis (no caso com um "reservatório de ponta") e, portanto, um dos inúmeros casos particulares de arranjos de válvula auto-operada hidraulicamente.

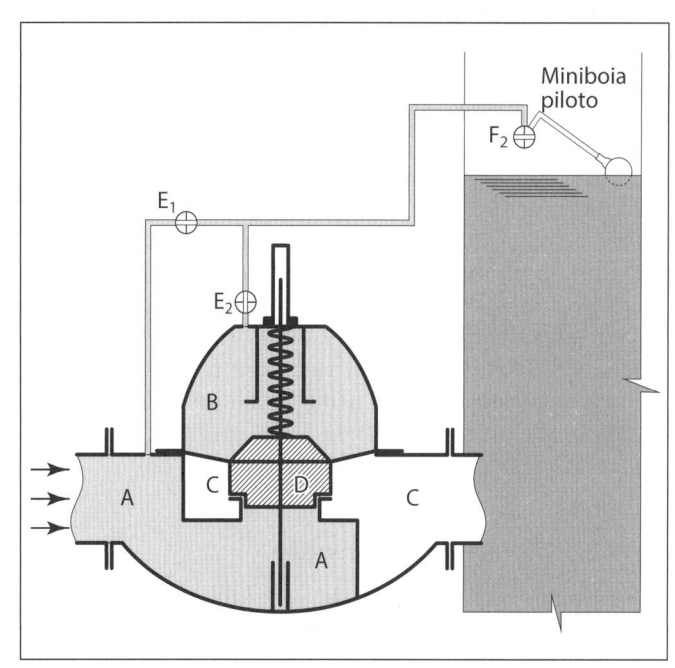

Figura A-10.2.1.8-f – Válvula de altura ou de nível fechada.

A-10.2.1.9 Válvula limitadora de pressão

É um outro caso de válvula automática, também conhecida por válvula de alívio de pressão e válvula de controle de pressão. No caso de válvulas redutoras de pressão, usadas para limitar as pressões máximas em edifícios muito altos, para evitar, além do desconforto, o rompimento de ligações frágeis do tipo flexível usadas em pias, lavatórios e bidês, deve-se verificar se o tipo de válvula redutora de pressão é eficaz mesmo quando a vazão é muito próxima de zero. Muitas dessas válvulas, ao se aproximar da vazão zero, ou até mesmo sem vazão alguma, transmitem a pressão estática, às vezes até por pequenos problemas de estanqueidade. Daí o elevado número de problemas em algumas dessas instalações durante a noite, quando a vazão pode ser zero ou muito próxima desse valor. Em redes de distribuição de água, são usadas para compatibilizar as pressões máximas das zonas baixas com os limites admitidos.

A-10.2.1.10 Válvula de esfera

De pequenos diâmetros, acionada por alavanca diretamente, girando 90°, destina-se a abrir/fechar e não a regulagens. Quando aberta, a perda de carga é zero. Para estanqueidade confiável e durável, deve ser de muito boa qualidade. Pode ser considerada como caso particular da válvula rotativa ou cilíndrica.

A-10.2.1.11 Válvula cônica (ou "macho")

Similar à de esfera, com pivô cônico e não esférico, pode ser considerada como caso particular da "válvula rotativa".

Muito usada domesticamente em instalações de gás e em ramais de água. Muitas vezes o pivô tem passagem em ângulo, permitindo direcionar o fluxo para uma ou outra direção. As válvulas cônicas simples, se usadas com muita frequência, devem ser de muito boa qualidade, para não apresentarem problemas de vedação. Há válvulas sofisticadas com lubrificação e molas de compressão e vedação. Com variações, atingem diâmetros de 500 mm ou até mais, no caso particular das Rotovalves (ver *subitem A-10.2.1.3*). Muitas vezes, as válvulas de boia de entrada de água em reservatórios são desse tipo, acionadas diretamente por uma boia presa a uma alavanca solidária ao eixo e, como resultam "reguladoras", rapidamente perdem vedação. Para esse fim, devem ser utilizadas válvulas de agulha.

A-10.2.1.12 Válvula de retenção

São válvulas que só permitem o escoamento em uma direção. São usadas em bombeamento, em linhas por gravidade e em casos específicos. Na verdade, é uma aplicação de diversos tipos de válvulas, havendo algumas específicas para esse fim:

a) **Tipo portinhola (*sewing check valve*)** – são as mais tradicionais. Consistem de um corpo onde bascula uma portinhola que abre sob a pressão do escoamento de água. Normalmente podem ser instaladas na horizontal ou na vertical, sendo preferível na horizontal. Existem até diâmetros de mais de um metro (*Figura A-10.2.1.12-a*).

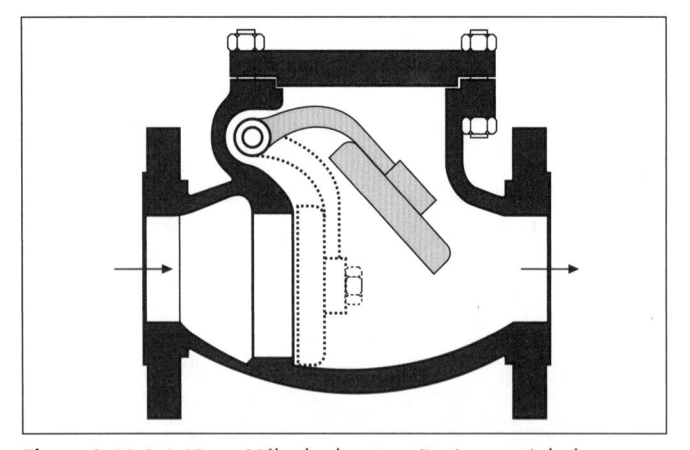

Figura A-10.2.1.12-a – Válvula de retenção tipo portinhola.

b) **Tipo disco ou "plugue" (*lift check valve*)** – é uma válvula de disco (globo) em que a haste não é roscada, e sobe e desce com a ação da gravida-

de e da pressão do líquido (*Figura A-10.2.1.12-b*). Só funciona bem se instalada em trecho de tubo na horizontal com haste na vertical. Há válvulas desse tipo exclusivas para instalação na vertical, algumas muito usadas como válvulas de pé em sucção de bombas (*Figura A-10.2.1.12-b*). A perda de carga é maior que nas de portinhola.

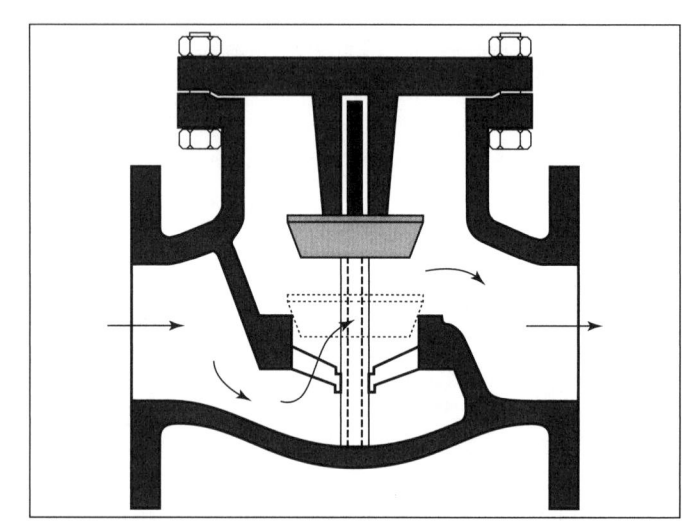

Figura A-10.2.1.12-b – Válvula de retenção tipo plugue ou disco.

c) **Válvula de dupla portinhola (*dual check*)** – o tempo de fechamento das válvulas de retenção passa a ser um problema muito importante quando a influência do golpe de aríete também assume importância. Nessas circunstâncias, o ideal seria o fechamento instantâneo. Como isso é impossível, busca-se fechar a válvula de retenção o mais rápido possível. Assim, há válvulas que incorporam uma mola com essa intenção. No caso da válvula de dupla portinhola, existe uma mola e, em paralelo, dividiu-se a portinhola em duas para que o tempo de fechamento já ficasse dividido por dois, pois a trajetória do fechamento é a metade. O desenho é auto-explicativo (*Figura A-10.2.1.12-c*).

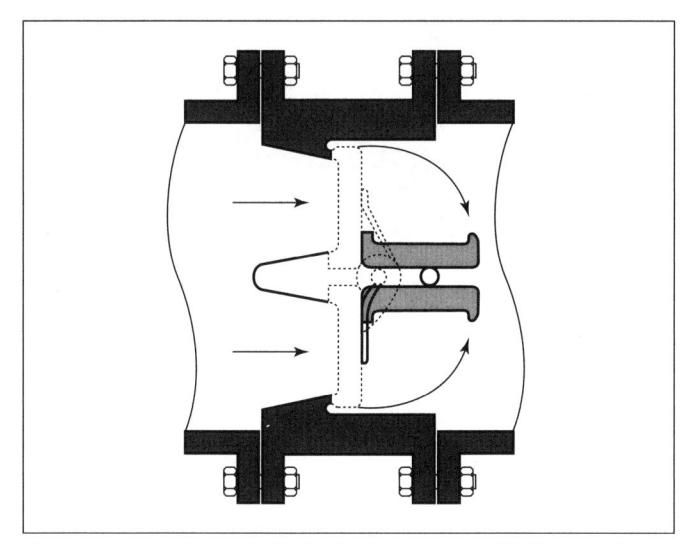

Figura A-10.2.1.12-c – Válvula de retenção tipo dupla portinhola.

d) Retenção – diversas – em instalações de grande porte, com problemas de golpe de aríete importantes, como já explicado no item (c) acima, os projetistas têm se esmerado na busca de soluções criativas para diminuir o tempo de fechamento da retenção. A *Figura A-10.2.1.12-d* apresenta um tipo de solução, projeto Neyrtec, em que se procura reduzir o percurso para o fechamento pela multiplicidade de orifícios menores, e a inércia do corpo a movimentar pela utilização de material leve (elastômetro).

A-10.2.2 Válvula de expulsão e/ou admissão de ar (ventosas)

É um dispositivo de funcionamento automático para admissão e expulsão de ar das tubulações sob pressão.

Sua necessidade é evidente para fins de esvaziamento e enchimento de tubulações com desenvolvimento vertical (perfil) sinuoso, localizando-se as ventosas nos pontos altos e antes ou depois de válvulas de seccionamento da linha.

Também durante o funcionamento, tem grande utilidade: primeiro, purgando o ar que se acumula nos pontos altos, em função do ar carreado e dissolvido pela água e que vai "flutuando", especialmente quando há redução de pressão, formando bolhas e reduzindo a vazão de projeto pela obstrução que causa; e, segundo, permitindo a rápida entrada de ar em condições de subpressão, evitando o esmagamento dos tubos pela pressão atmosférica (ou evitando o superdimensionamento das paredes do tubo), e também evitando uma eventual onda de sobrepressão após a onda de subpressão, com o colapso por sobrepressão nos pontos críticos.

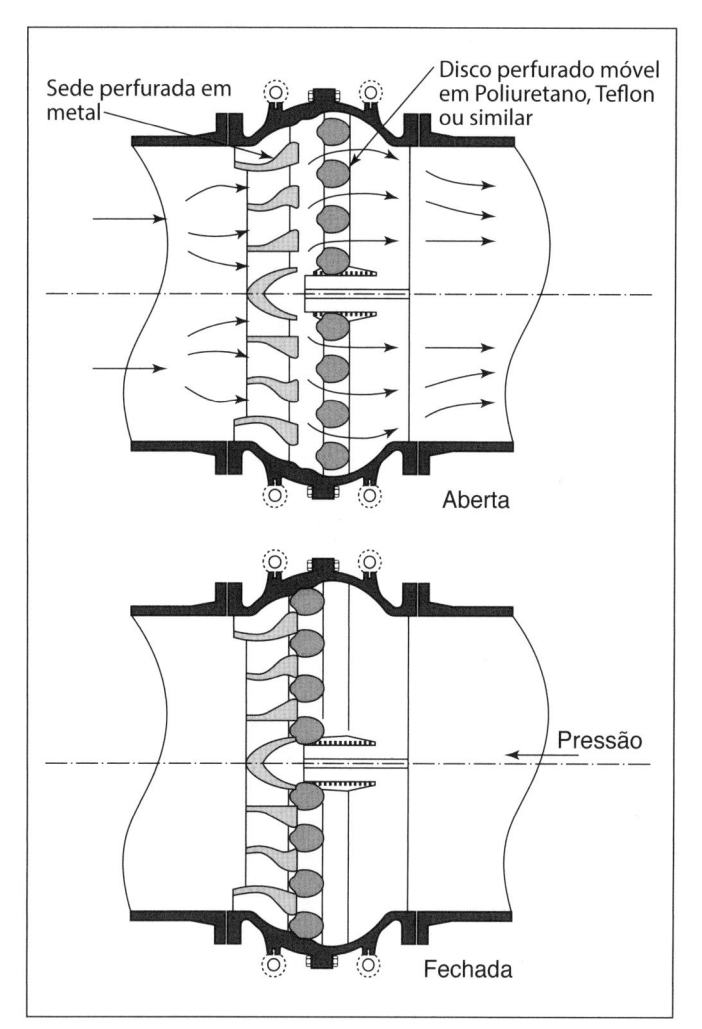

Figura A-10.2.1.12-d – Válvula de retenção "Clasar".

Não existem válvulas só de expulsão de ar (embora teoricamente seja fácil construí-las), porque sempre convém que as válvulas de expulsão também admitam ar para o tubo. Os fabricantes normalmente classificam as válvulas em três tipos:

* ventosa simples;
* ventosa dupla, de pequeno e grande orifício;
* ventosa de admissão.

Alguns fabricantes chamam suas válvulas de expulsão de ar de "ventosas de duplo efeito" (não há ventosa de único efeito) e as com orifício grande e pequeno de "ventosas de duplo efeito e tríplice função", o que nada mais quer dizer que o ar entra e sai (duplo efeito), e com as funções de encher, esvaziar e operar. Essa nomenclatura "pomposa" pode causar uma certa confusão ao engenheiro iniciante, daí esta explicação.

Também há catálogos que chamam de "purgador sônico" a ventosa simples, com pequenas nuances que não justificam a mudança de nome.

Para o mesmo objetivo podem ser usadas "chaminés", quando o ponto alto em questão está próximo da linha piezométrica máxima.

As *Figuras A-10.2.2-a, A-10.2.2-b* e *A-10.2.2-c* mostram esquemas ilustrativos das válvulas citadas.

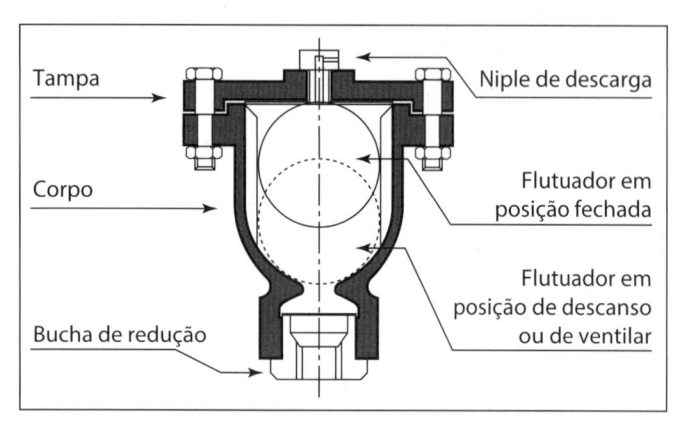

Figura A-10.2.2-a – Ventosa simples.

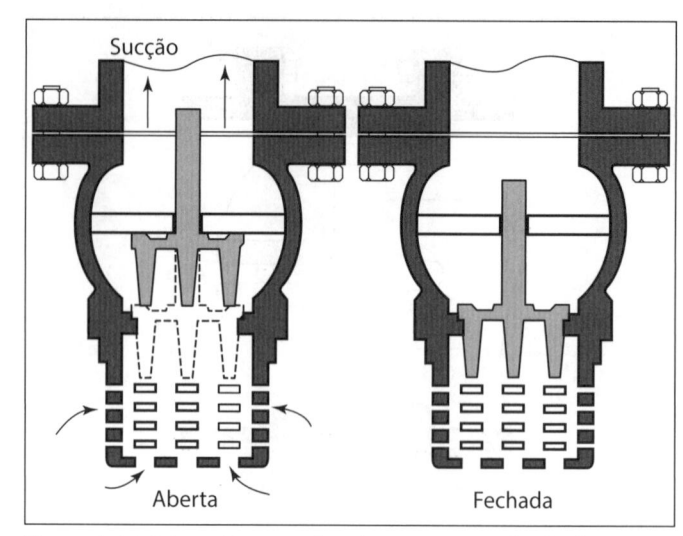

Figura A-10.2.2-c – Ventosa de admissão (tipo válvula de pé).

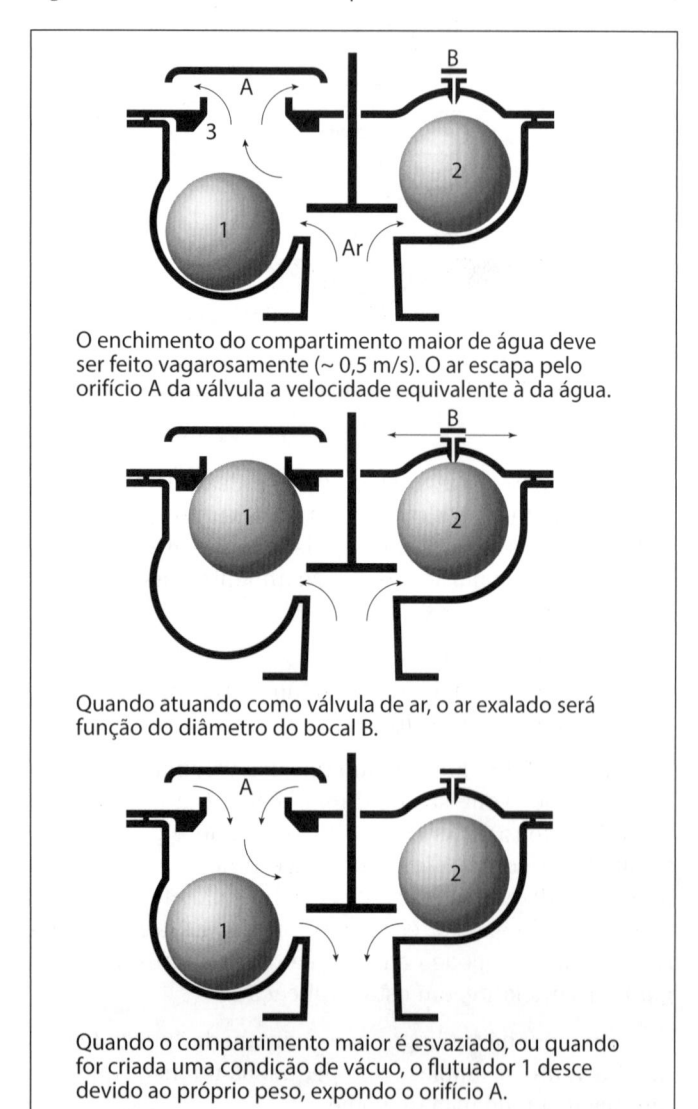

O enchimento do compartimento maior de água deve ser feito vagarosamente (~ 0,5 m/s). O ar escapa pelo orifício A da válvula a velocidade equivalente à da água.

Quando atuando como válvula de ar, o ar exalado será função do diâmetro do bocal B.

Quando o compartimento maior é esvaziado, ou quando for criada uma condição de vácuo, o flutuador 1 desce devido ao próprio peso, expondo o orifício A.

Figura A-10.2.2-b – Ventosa dupla (tríplice função).

A observação das condições de funcionamento de diversas tubulações, respaldada por comprovações de laboratórios de hidráulica, também verificou que dentro de determinados limites de declividades, ascendentes/descendentes (declividades críticas), e em função da velocidade de operação, o ar não fica retido em certos pontos altos, sendo carreado pela massa líquida e, portanto, dispensando a instalação de ventosas de expulsão.

O carreamento do ar pelo fluxo numa tubulação ocorre quando a velocidade média do escoamento é maior ou igual ao valor da fórmula:

$$v_c = 1,36 \times \sqrt{g \times D \times \operatorname{sen}\beta}$$

onde:

v_c = velocidade crítica de arraste do ar (m/s);
D = diâmetro do tubo (m);
g = aceleração da gravidade (m/s^2);
β = ângulo de inclinação do trecho descendente (graus).

A inclinação do trecho descendente da tubulação para o carreamento das bolhas de ar deve ser menor ou igual a:

$$S_c = \tan(\beta)$$

onde S_c é a inclinação crítica para o carreamento do ar (m/m) pelo fluxo da água.

A seguir, descreve-se o funcionamento de uma ventosa dupla ("ventosa de tríplice função"):

a) Compartimento maior (principal): destina-se a funcionar no enchimento/esvaziamento da tubulação, quando a vazão de ar requerida é grande.

Compõe-se de uma esfera-flutuadora que, quando não houver água, se aloja em uma concavidade do fundo. Dessa forma, o ar deslocado pelo enchimento da adutora sairá pela abertura na tampa do compartimento. À medida que o ar vá sendo eliminado, a água alcançará o flutuador, deslocando-o para cima, de encontro à respectiva abertura. Assim, fecha-se automaticamente a ventosa, ficando nesse trecho a adutora sob pressão da água. A própria pressão interna manterá o flutuador contra a sua sede.

Em caso de esvaziamento da tubulação (falta de água, manutenção, falhas etc.) ou quaisquer outras condições que provoquem uma redução da pressão interna, a pressão atmosférica, auxiliada pelo peso próprio do flutuador, provocará admissão de ar, evitando a criação de vácuo.

b) Compartimento menor (auxiliar): destina-se a funcionar durante a operação normal da tubulação. Compõe-se de outra esfera-flutuadora, menor que a do outro compartimento, que, quando não houver água suficiente para fazê-la flutuar, afasta-se do pequeno orifício existente na tampa; a pressão interna é suficiente para manter o flutuador contra a sede, ficando, assim, vedada a saída do ar que porventura venha a se acumular nos pontos altos da adutora durante sua operação normal.

A-10.2.2.1 Seleção do tamanho de uma ventosa

Conhecida a vazão da linha, e adotado um valor para o diferencial de pressão entre o interior da ventosa e a atmosfera no momento do enchimento ou esvaziamento (adota-se 3,5 m.c.a. ≡ 0,035 MPa), obtém-se um ponto na *Figura A-10.2.2.1-a* que indicará o tamanho da ventosa a ser escolhida.

A localização das válvulas de expulsão/admissão de ar é objeto de estudo do perfil possível para a tubulação (*Figura A-10.2.2.1-b*).

Há casos singulares a serem apreciados, tais como os pontos de inflexão de declividade, como será visto nos exemplos mais adiante.

O dimensionamento das ventosas é feito em função da vazão de ar a ser expulsa ou admitida em determinado tempo, e sob determinada pressão ou subpressão em relação à pressão atmosférica local. Portanto, os elementos básicos são a vazão de enchimento da tubulação para as ventosas de expulsão (ou o tempo de enchimento desejado) e a vazão de entrada, além da geometria da válvula de cada fabricante; logo, cada uma tem sua "curva".

Note-se que em pressões negativas, acima de 4,9 m.c.a. (0,049 MPa), o ar penetra na tubulação à velocidade do som, que é a velocidade limite para o fluido ar. Portanto, embora alguns catálogos de fabricantes in-

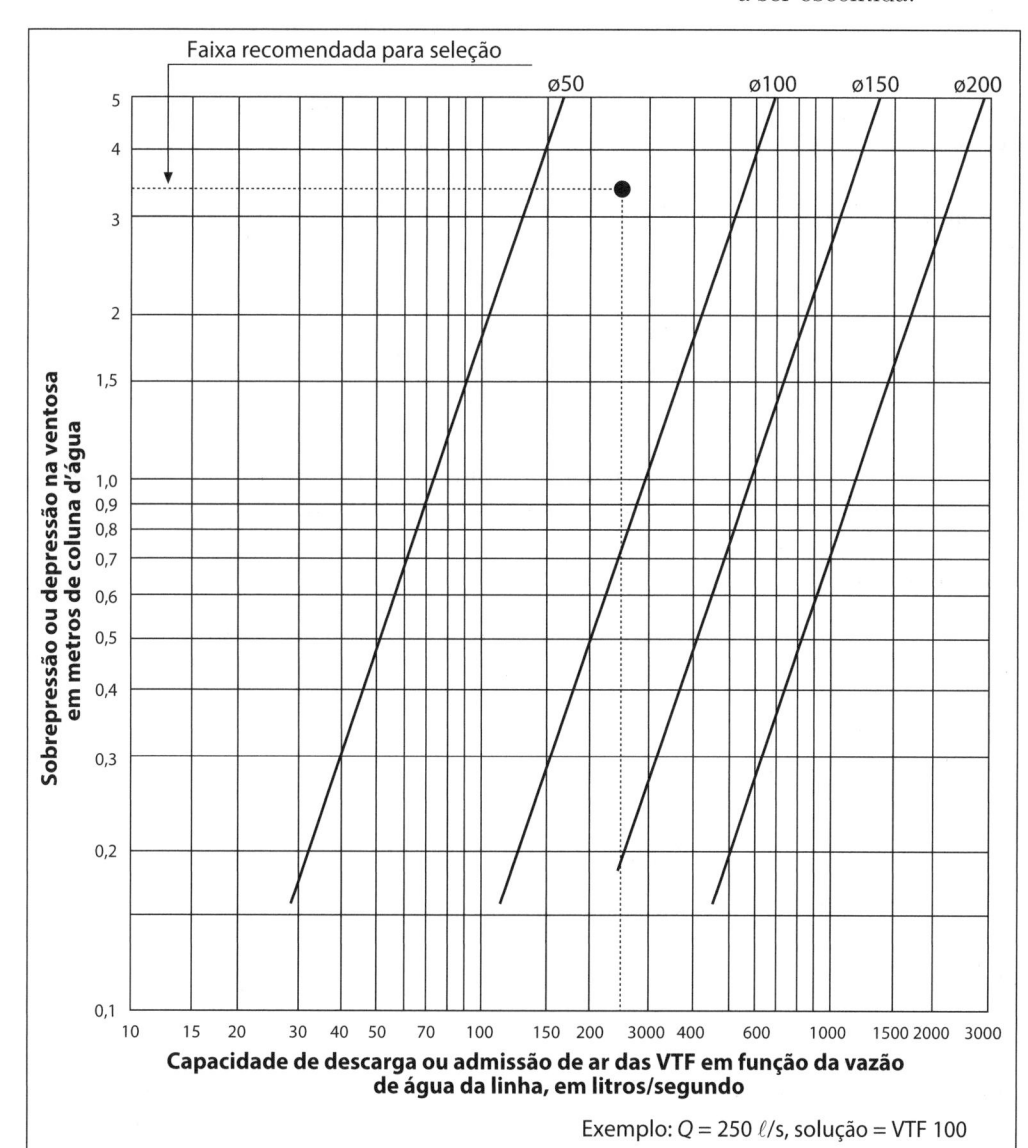

Figura A-10.2.2.1-a – Gráfico para escolha das VTF.

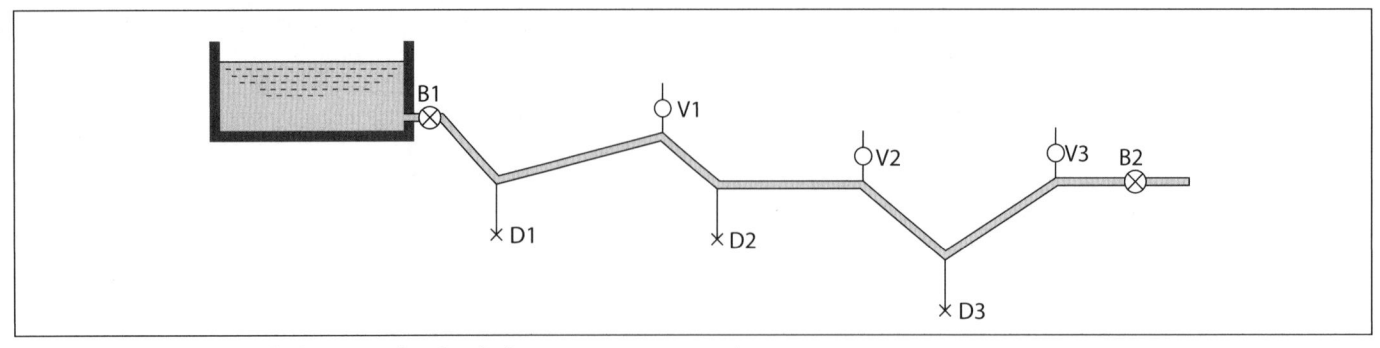

Figura A-10.2.2.1-b – Perfil de um trecho de tubulação com ventosas e descargas.

diquem pressões abaixo dessa, não devem ser consideradas.

As entradas de ar através de ventosas devem ser protegidas contra a possibilidade de sucção de águas externas, recomendando-se sua colocação a uma altura mínima de 1 m acima do nível máximo de inundação no local.

Tabela A-10.2.2.1-a Prática norte-americana para a localização de ventosas

Em uma tubulação deverão ser examinados os seguintes pontos para verificar a necessidade de instalação de ventosas
1. Todos os pontos altos;
2. Os pontos de mudança acentuada de inclinação em trechos ascendentes;
3. Os pontos de mudança acentuada de inclinação em trechos descendentes;
4. Os pontos intermediários de trechos ascendentes muito longos;
5. Os pontos intermediários de trechos horizontais muito longos;
6. Os pontos intermediários de trechos descendentes muito longos;
7. Os pontos iniciais e finais de trechos horizontais;
8. Os pontos iniciais e finais de trechos paralelos à linha piezométrica.

A-10.2.2.2 Dimensionamento de uma válvula de admissão de ar ("ventosa de admissão" ou "válvula antivácuo")

Premissas: o dimensionamento deve ser feito para a hipótese mais desfavorável, que corresponde normalmente à ruptura total e instantânea de um ponto baixo da tubulação. Portanto, a válvula, ou conjunto de válvulas, a ser calculada deve ter a capacidade de admitir uma vazão de ar igual à vazão no ponto de rompimento, para minimizar os efeitos de subpressão.

Considere-se um perfil típico de um trecho de tubulação (*Figura A-10.2.2.2-a*), no qual existe uma mudança de declividade no perfil, sendo que a parte superior BC do tubo tem uma declividade (α) menor que a da parte inferior CD (β).

Rompendo-se a linha no ponto mais baixo, o fluxo de água tende a ser maior (mais rápido) no trecho inferior CD (de maior declividade) do que no trecho superior BC (de menor declividade). No ponto de mudança de declividade, tenderá a haver uma separação da coluna d'água, formando-se um "vácuo", ou melhor, uma subpressão, que corresponde à diferença desses dois "fluxos" de água dos trechos superior e inferior, com declividades desiguais, podendo-se estabelecer os equilíbrios (ou igualdades) apresentados na *Figura A-10.2.2.2-b*, com base na equação da continuidade.

Evidentemente, pode-se eliminar a ventosa de admissão em C desde que a estrutura do tubo, especialmente no entorno de C, resista às subpressões resultantes e admitindo a ventosa de admissão em B dimensionada para admitir a vazão total calculada para o trecho BD, menos Q_1. Cabe observar que Q_1 pode tornar-se zero em algumas configurações (*Figura. A-10.2.2.2-h*).

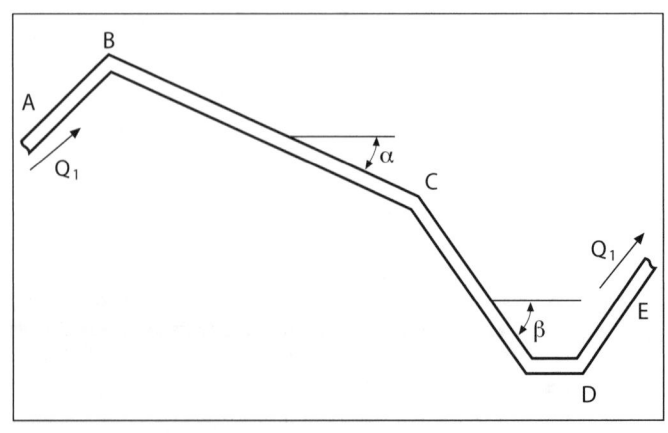

Figura A-10.2.2.2-a – Perfil típico de um trecho de tubulação.

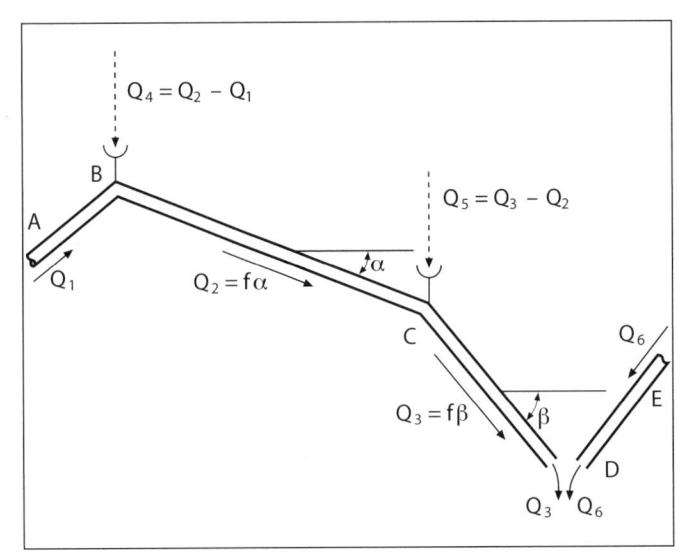

Figura A-10.2.2.2-b – Momento do rompimento em "D".

tal situação, ou protegidos para que isso não ocorra. A proteção refere-se à colocação de ventosas de admissão nesse pontos, de forma que a configuração do esquema apresentado seja o da *Figura A-10.2.2.2-e*.

O arranjo apresentado na *Figura A-10.2.2.2-c*, na *Figura A-10.2.2.2-d* e na *Figura A-10.2.2.2-e* corresponde a uma situação simples, podendo-se imaginar situações mais complexas como a da *Figura A-10.2.2.2-f*.

Admitindo o rompimento em E, a configuração seria conforme a *Figura A-10.2.2.2-g*.

Como, nessas circunstâncias, é possível que o pessoal da operação feche as válvulas de saída junto aos reservatórios A e F, a configuração vai evoluir para a situação mostrada na *Figura A-10.2.2.2-h* (caso a operação não feche as válvulas, mas os reservatórios fiquem vazios, o resultado será o mesmo das válvulas fechadas).

Note-se ainda que os trechos DC e CB devem resistir à subpressão resultante da primeira onda de subpressão, que se propagará de baixo para cima até abrir as ventosas de admissão. A análise dessa e de outras situações dá-se mais adiante, com o traçado de alguns perfis teóricos onde se representa a linha piezométrica e, em seguida, com a apresentação de um caso concreto.

Seja o perfil apresentado na *Figura A-10.2.2.2-c*.

Nas condições de operação normal, a linha piezométrica (LP) está representada no desenho unindo os níveis de montante e jusante. A pressão dinâmica (p_d) em cada ponto da tubulação corresponde à distância entre a tubulação e a LP.

No caso de rompimento ou abertura inadequada da válvula no ponto C, ocorreria a configuração da *Figura A-10.2.2.2-d*.

As maiores subpressões correspondem aos pontos B (p_{d2}) e D (p_{d3}), e os tubos devem ser dimensionados para

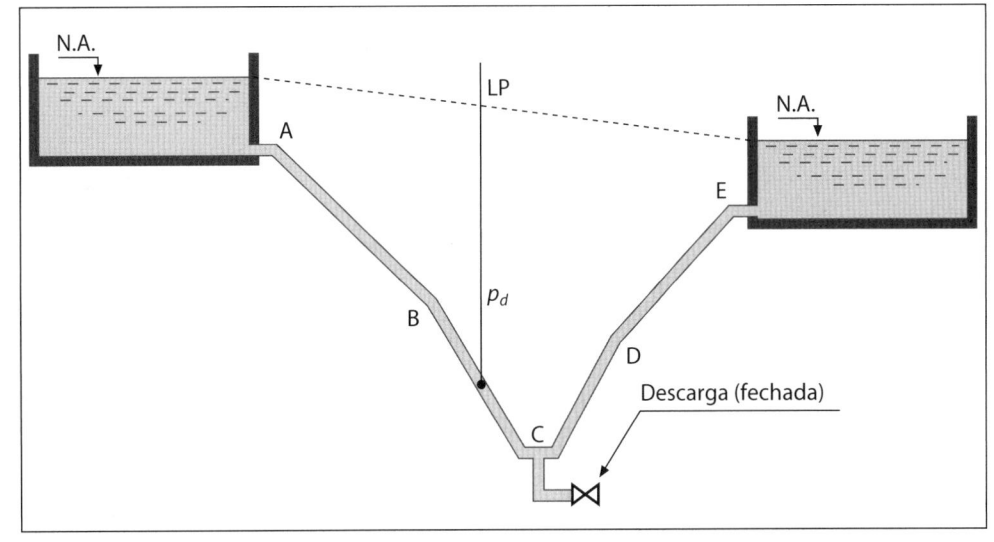

Figura A-10.2.2.2-c – Perfil de uma tubulação.

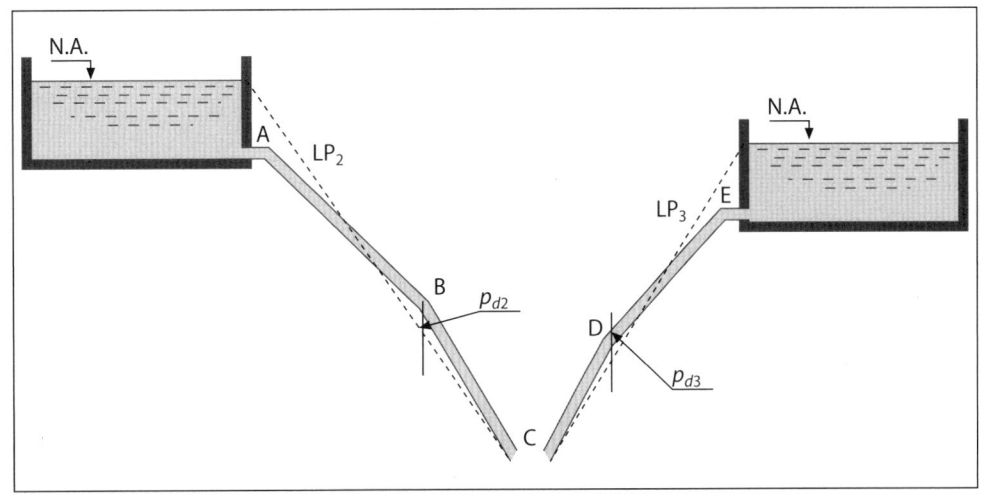

Figura A-10.2.2.2-d – Representação do rompimento da tubulação.

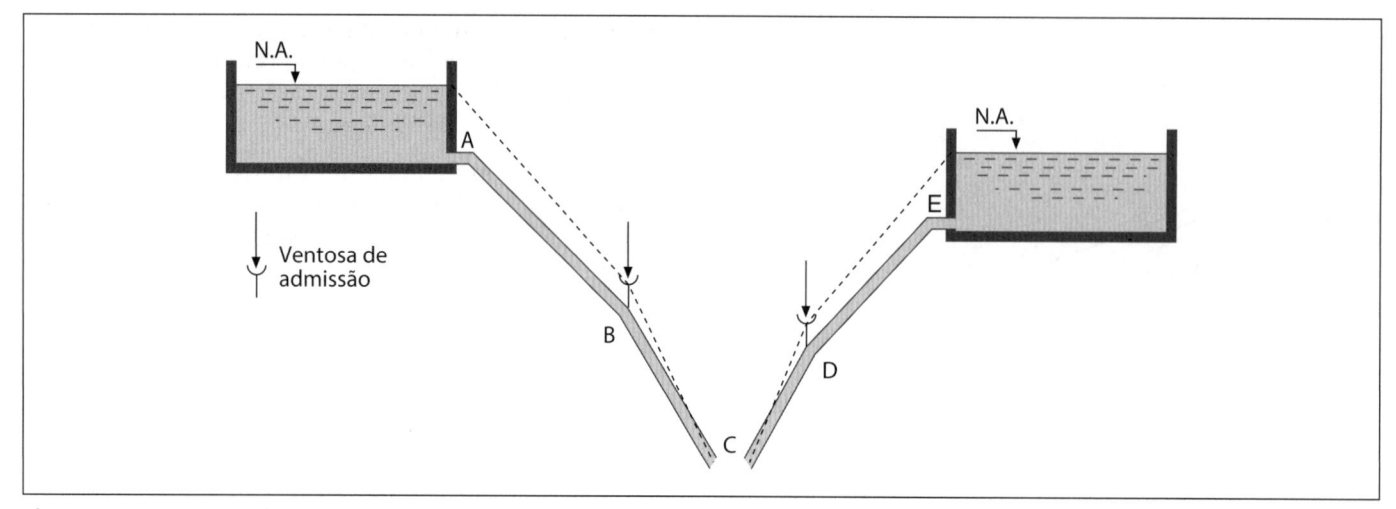

Figura A-10.2.2.2-e – Tubulação com a indicação das ventosas.

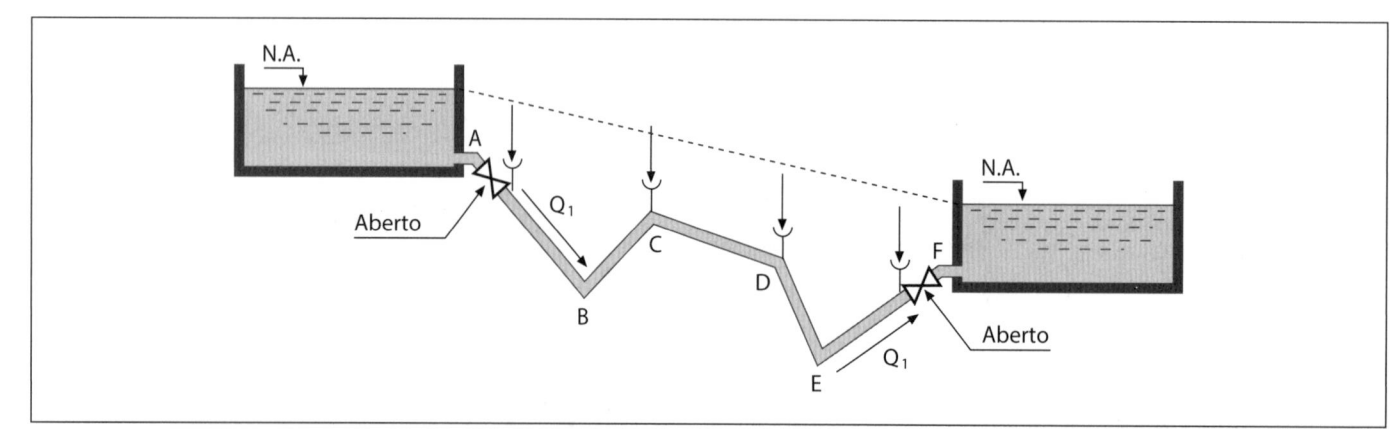

Figura A-10.2.2.2-f – Arranjo de uma situação mais complexa.

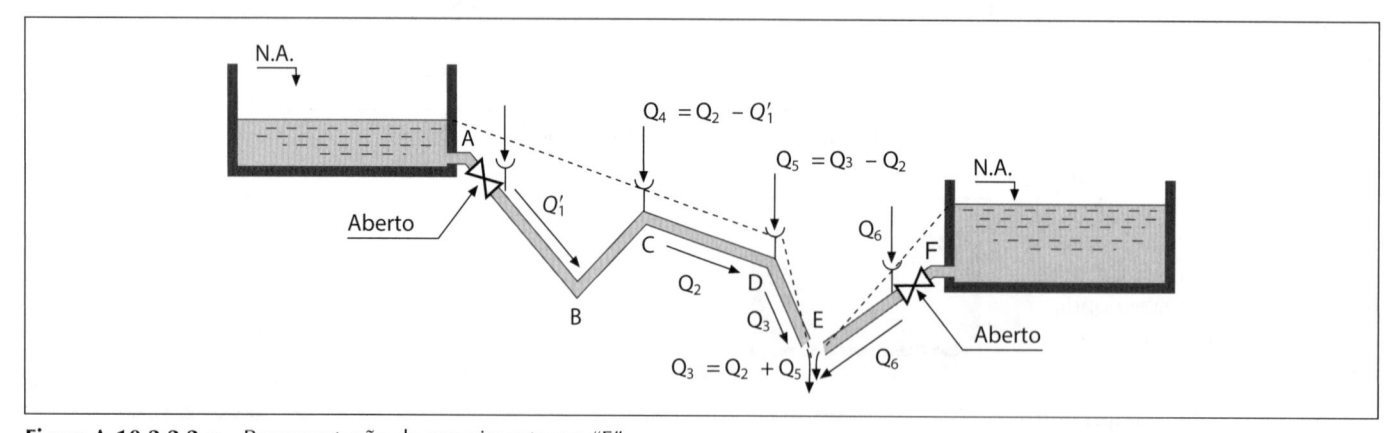

Figura A-10.2.2.2-g – Representação do rompimento em "E".

Observa-se que a ventosa em C aumenta de capacidade para atender ao período de esvaziamento do trecho CE.

Na impossibilidade de dimensionamento detalhado, ou seja, como solução provisória de campo, recomenda-se adotar como critério de escolha expedita de válvula de admissão de ar uma seção de passagem de ar igual ou maior a 12,5% da seção do tubo (≥ 1/8 do diâmetro do tubo onde for instalada).

O *Exercício A-10-j*, ao final do capítulo, serve de exemplo para o assunto.

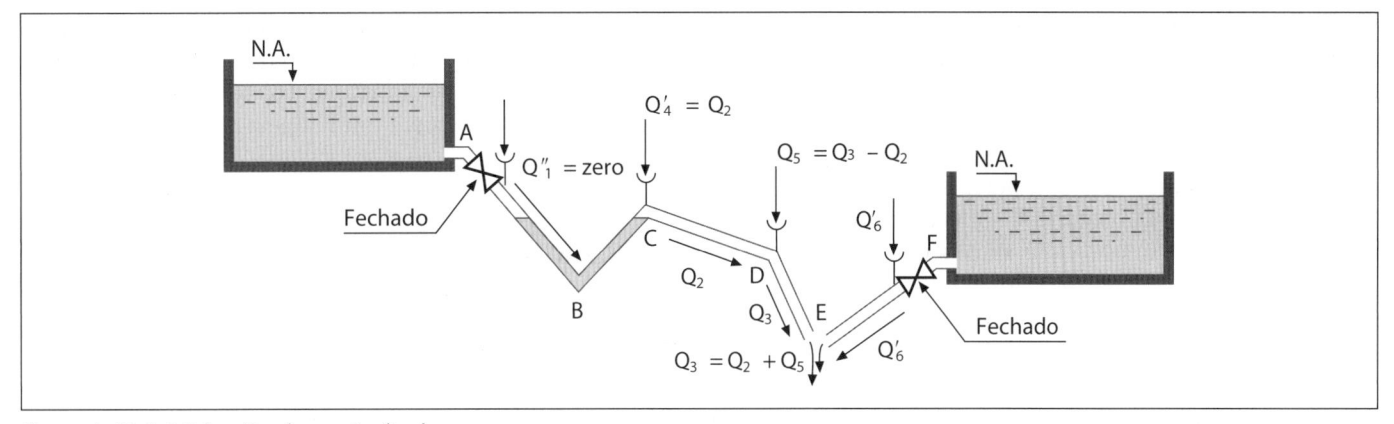

Figura A-10.2.2.2-h – Configuração final.

A-10.2.2.3 Dimensionamento de uma válvula de expulsão de ar ("ventosa de expulsão" ou "válvula de purga" ou "purgador de ar sônico")

O dimensionamento deve ser feito para a etapa de enchimento da tubulação, porque é nessa condição que se espera a maior vazão de ar a sair. A velocidade de enchimento normalmente é dada por razões operacionais; entretanto, pode ocorrer o inverso, pois para não ocorrer a instalação de ventosas, ou para minimizar seu tamanho, estas podem ditar a velocidade de enchimento. Daí deduz-se que a fixação desses diâmetros não é um tema de cálculo tão preciso quanto o das válvulas de admissão. Alguns critérios práticos são correntes, tais como um que manda fixar os diâmetros das ventosas em 1/12 do diâmetro da tubulação quando não houver condições de melhor detalhar a questão. Sugere-se, aqui, que a vazão de enchimento de uma tubulação não supere 20% da vazão de projeto, sendo desejáveis velocidades menores.

Como exemplo para este item, veja, ao final do capítulo, o *Exercício A-10-k*.

A-10.2.3 Orifícios calibrados ou placa de orifícios

São placas perfuradas, colocadas transversalmente à tubulação, destinadas a criar uma perda de carga localizada considerável, por algum motivo hidráulico-operacional. Podem ser fixas ou ajustáveis, sendo as primeiras mais comuns. O caso do orifício ajustável recai em válvulas de ajuste de vazão (dissipação de energia).

São acessórios com grande e frequente utilidade, bastante simples e eficazes. Normalmente localizam-se a jusante de válvulas, bombas, derivações etc. Podem ser calculados para todo o tempo de operação, ou serem previstos para uma etapa de funcionamento e depois substituídos ou eliminados. Recomenda-se que, após o cálculo

da seção necessária, a área do orifício seja dividida em diversos orifícios, visando minimizar problemas de vibração. Os orifícios também devem ser cônicos, convergentes no sentido do fluxo, com ângulo de 30°, visando minimizar os efeitos de cavitação (*Figura A-10.2.3-a*).

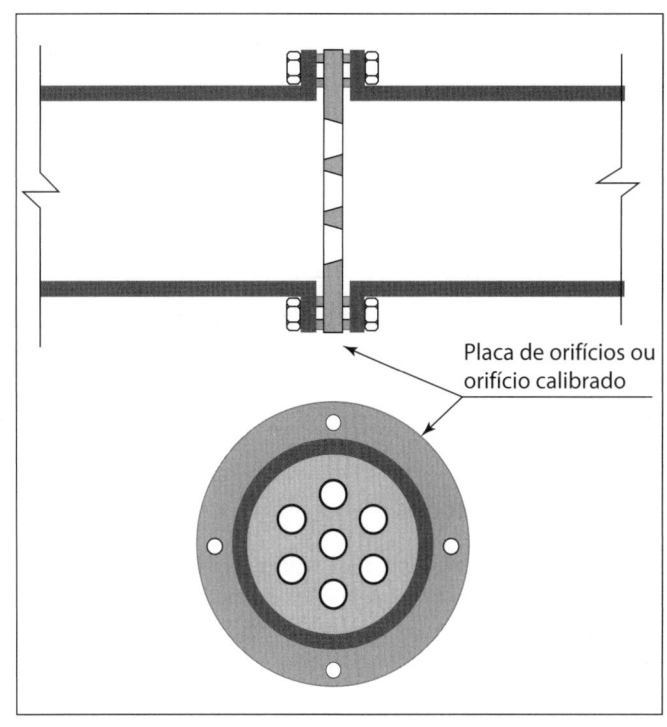

Figura A-10.2.3-a – Placa de orifícios.

A-10.2.4 Descargas

Localizadas nos pontos mais baixos das tubulações, permitem o esvaziamento quando necessário e também a limpeza da tubulação.

As descargas são dimensionadas como bocais, tendo em vista o tempo admitido para o esvaziamento completo da linha ou do trecho de linha em consideração.

Na falta de melhores estudos, e como regra prática de campo para um dimensionamento provisório, recomenda-se adotar o diâmetro da descarga como sendo igual a 1/6 do diâmetro da tubulação a drenar. A descarga é feita em galerias, valas, córregos etc., devendo ser evitada qualquer conexão perigosa com esgotos. É frequente que o ponto baixo esteja localizado abaixo do local de lançamento, prevendo-se nesse caso o término do esvaziamento, se necessário, por bombeamento, e um arranjo que permita essa opção, conforme a *Figura A-10.2.4-a.*

As válvulas utilizadas nas descargas são do tipo gaveta ou borboleta. Entretanto, soluções tecnicamente mais corretas seriam válvulas de disco ou de agulha, especialmente para maiores pressões. A cavitação deve ser sempre verificada, sob pena de, ao fechar novamente a descarga, esta não mais vedar. Nesse caso, é recomendada a implantação de placa de orifícios antes da descarga para a atmosfera, que pode até ser retirada quando a pressão cair, se houver pressa no esvaziamento.

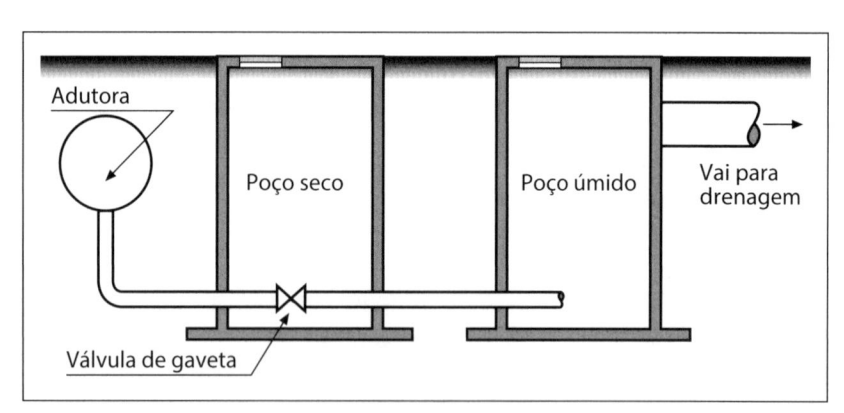

Figura A-10.2.4-a – Esquema de localização da válvula de descarga.

A-10.2.5 Inspeções

Nas tubulações de grandes diâmetros (maiores que 800 mm) visitáveis, ou seja, possíveis de serem inspecionadas internamente por um homem, devem ser previstos acessos ao interior da tubulação a cada 500 m, no máximo.

Nas tubulações de diâmetros menores, os acessos devem permitir a introdução de equipamentos de inspeção e limpeza.

Tais acessos devem ficar em posições estratégicas, escolhidas por bom senso, e serão usados para entrada e saída de pessoal e de equipamentos. Consistem simplesmente de um T (tê) com um flange cego, que é retirado/colocado no local.

A-10.2.6 Medidores

As tubulações devem estar providas de medidores de vazão e de pressão para que seu estado e eficácia possam ser aferidos, além de permitir sua operação racional.

Há diversos tipos de medidores de vazão, dividindo-se em alguns tipos ou grupos, dos quais os dois primeiros são os mais usados:

- Medidor por diferencial de pressão (tipo Venturi);
- Medidor velocimétrico (tipo molinete ou hidrômetro);
- Medidor eletrônico (tipo ultrassom/Doppler).

Todos eles medem a velocidade da água em sua seção de área conhecida, daí tirando a vazão instantânea. Todos os medidores podem totalizar ou não a vazão instantânea, pelo acréscimo de mecanismos tipo hodômetro ou contadores. O assunto é objeto do *Capítulo A-15* deste livro.

Os medidores de pressão são os manômetros, assunto já tratado no *Capítulo A-2* e também abordado em medidores de pressão diferencial.

A-10.2.7 Bombas

As tubulações que se destinam a elevar a água de um ponto a outro estão providas de bombas, que são equipamentos mecânicos que lhes transferem a energia necessária para um deslocamento. Há diversos tipos de bombas e diversas configurações para o seu arranjo. Pela importância e extensão do assunto, constituem objeto do *Capítulo A-11* deste livro.

Exercício A-10-a

Calcular o esforço resultante em uma curva horizontal de 45° de uma tubulação com DN 500 mm, com juntas elásticas sujeitas a 60 m.c.a. de pressão interna máxima. Idem supondo a curva vertical com resultante para baixo.

Solução:

$R = 2 \times \text{sen}(\alpha/2) \times p \times A$,

sendo:

$\text{sen}(\alpha/2) = 0,38268$

$p = 60$ m.c.a. $= 6$ kgf/cm^2

$A = \pi \times D^2/4$ (DN $= 500$ mm $\rightarrow DE = 532$ mm)

$A = 0,2223$ m$^2 = 2.223$ cm^2

$R = 2 \times 0,38268 \times 6 \times 2.223 \cong 10.208$ kgf,

para qualquer situação, seja horizontal, vertical ou inclinada.

Exercício A-10-b

Calcular o esforço resultante em uma curva horizontal com ângulo de 60°, redução de DN 800 mm para DN 600 mm, junta elástica, sujeita à pressão de 10 kgf/cm^2 (pressão máxima de teste estático), conforme *Figura A-10-b*.

Solução:

Áreas das seções de escoamento são:

$A_1 = A_{600} = 0,317$ m^2 ($D_e = 635$ mm)

$A_2 = A_{800} = 0,557$ m^2 ($D_e = 842$ mm)

As componentes de R:

($p = 100.000$ kgf/m^2)

$F_1 = p \times A_1 = 100.000 \times 0,317 = 31.700$ kgf

$F_2 = p \times A_2 = 100.000 \times 0,557 = 55.700$ kgf

A resultante R é calculada pela expressão:

$R = \sqrt{F_1^2 + F_2^2 - 2F_1 \times F_2 \times \cos\alpha}$

$R = \sqrt{31.700^2 + 55.700^2 - 2 \times 3.700 \times 55.700 \times \cos 60°}$

$R = 48.391$ kgf, ou seja, 48,4 toneladas-força

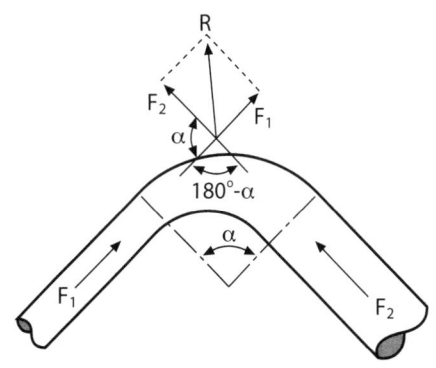

Figura A-10-b – Resultante numa curva de redução.

Exercício A-10-c

Um trecho horizontal de tubulação DN 700 mm está sujeito à pressão hidrostática máxima de 90 m.c.a. Dimensionar a ancoragem para uma curva de 30°, admitindo que o terreno possa suportar, na vertical, 1kgf/cm^2. A altura máxima de ancoragem é de 1,40 m.

Solução:

Pela *Equação(10.5)* vem que:

$$a = \frac{A}{\sigma} \times \frac{p}{y} \times \tan\frac{\alpha}{2} = \frac{3.848}{1,0} \times \frac{9}{140} \times 0,268 \cong 66 \text{ cm},$$

sendo:

A em cm^2 // p em kgf/cm^2 // y em cm

Esse mesmo bloco, uma vez que tem uma superfície horizontal e um "peso", pode descarregar parte do esforço por atrito na face inferior, diminuindo seu tamanho.

Caso a tubulação seja enterrada em área urbana, sujeita a escavações ao lado, o bloco dessa curva deve descarregar todo o esforço por atrito. Nesse caso, em vez da área do bloco, deve-se verificar o peso do bloco de ancoragem (*Equação (10.2)* e *Equação (10.4)*).

Logo, a expressão geral do peso do bloco é:

$$P_b \geq \frac{R_h}{\tan\varphi_{máx}} \pm R_v \text{ (ver } Tabela A-10.1.4.4-b).$$

Exercício A-10-d

Usando o Ábaco da *Figura A-10.1.4.4-c*, calcular a resultante numa curva 45°, DN 200 mm, sujeita a uma pressão interna "*p*" de 5 kgf/cm^2.

Solução:

Entrando no eixo vertical do Ábaco com o *DN* 200 mm, percorrendo a horizontal até encontrar a linha das curvas 45° e daí descendo na vertical até o eixo horizontal com as Resultantes (em tonelada-força), encontra-se o valor aproximado de 0,25, ou seja, $R_{\text{ábaco}} \approx 250$ kgf. Mas como o Ábaco está feito para a pressão de 1 kgf/cm^2, então a resultante real será calculada como:

$$R = R_{\text{ábaco}} \times p = 250 \times 5 = 1.250 \text{ kgf}$$

Exercício A-10-e

Ancorar lateralmente, contra a parede da vala, um tê (ou um tampão) DN 350 mm em que a pressão máxima de serviço é de 42 m.c.a. (4,2 kgf/cm^2) e o terreno é rocha alterada, necessitando de picareta para sua escavação.

Solução:

Pelo Ábaco de "resultantes" da *Figura A-10.1.4.4-c*,

$R_{\text{ábaco}} = 1.000$ kgf, então $R_{\text{real}} = R_{\text{ábaco}} \times 4,2 = 4.200$ kgf

Pela *Tabela A-10.1.4.4-a*: $\sigma_{v\,\text{adm}} = 3$ kgf/cm^2

Como $\sigma_h = 0,5 \times \sigma_v$, resulta que $\sigma_{h\,\text{adm}} = 1,5$ kgf/cm^2

Então

$$A = \frac{R}{\sigma_{h\,\text{adm}}} = \frac{4.200}{1,5} = 2.800 \text{ cm}^2$$

Logo, pode-se construir um bloco, por exemplo, com 70 cm × 40 cm, ou com outras duas medidas quaisquer que dêem área de contato superior a 2.800 cm^2 (equivalente a 0,7 × 0,4 m ≡ 0,28 m^2)

Exercício A-10-f

Ancorar uma curva vertical de 90°, DN 200 mm, contra o fundo da vala, sendo a pressão de serviço de 115 m.c.a., e o terreno, arenoso.

Solução:

Pelo Ábaco de "resultantes" da *Figura A-10.1.4.4-c*,

$R_{\text{ábaco}} = 450$ kgf, então $R_{\text{real}} = 450 \times 11,5 = 5.175$ kgf

Pela *Tabela A-10.1.4.4-a*: $\sigma_{v\,\text{adm}} = 2$ kgf/cm^2

Então

$$A = \frac{R}{\sigma_{v\,\text{adm}}} = \frac{5.175}{2} = 2.587 \text{ cm}^2$$

Portanto, pode-se construir um bloco de 70 × 40 cm, ou com outras duas medidas, que deem área de contato superior a 2.587 cm^2.

Exercício A-10-g

Calcular um bloco capaz de resistir à resultante de 4.000 kgf que faz um ângulo de 10° com a horizontal. O terreno é areia argilosa.

Solução:

$$P_b \geq \frac{R_h}{\tan \varphi_{\text{máx}}} \pm R_v$$

Pela *Tabela A-10.1.4.4-b*: $\tan \varphi_{\text{máx}} = 0,40$

Então

$R_h = R \times \cos\alpha = 4.000 \times \cos 10° = 4.000 \times 0,98 = 3.920$ kgf

$R_v = R \times \text{sen}\,\alpha = 4.000 \times \text{sen}\,10° = 4.000 \times 0,17 = 680$ kgf

$$P_b > \frac{3.920}{0,40} + 680 = 10.480 \text{ kgf}$$

Para um bloco de concreto (~ 2.200 kg/m^3), tem-se um volume de ~ 5 m^3. Convém notar ainda que, para esse caso, é necessário verificar a posição relativa da resultante e centro de gravidade do bloco para que não haja tombamento.

Exercício A-10-h

Seja uma curva espacial (não horizontal e não vertical) com resultante ao terreno e ao vazio ao mesmo tempo (encosta de morro). O diâmetro nominal (DN) é 800 mm, a curva é de 11° (obtida por uma curva de 11°15' ponta-e-bolsa, acrescida de 7,5' em cada bolsa). A pressão de teste (máxima a considerar) no ponto é de 2,1 MPa. As características do terreno são: $\sigma_{v\,adm} = 300$ a 400 kN/m² // $\sigma_{h\,adm} = 100$ kN/m² // $\varphi' = 30°$.

Solução:

O cálculo da resultante e suas componentes foi feito com auxílio de computação gráfica, em face da grande complexidade do cálculo geométrico envolvido. Os resultados obtidos foram:

$R = 253,55$ kN // $R_v = -165,35$ kN // $R_h = 192,21$ kN //

$V_r = -40,70°$ // $H_r = 90,99°$

As dimensões mínimas recomendadas no texto para garantir a estabilidade do bloco são (peso específico do concreto = 24 kN/m³):

$$V_{min} = \frac{R_h}{\tan\varphi \times 24} - \frac{R_v}{24}$$

$$V_{min} = \frac{192,21 \times 1,5}{tg30° \times 24} - \frac{165,25}{24} = 13,91 \text{ m}$$

A ancoragem foi dimensionada conforme a *Figura A-10-h*.

Para verificar a tensão no terreno na vertical e assegurar o equilíbrio ao tombamento, deve-se calcular:

$$\sigma_v = \frac{N}{A} \times \left(1 \pm \frac{6 \times \varepsilon_0}{L}\right) \cdots \begin{cases} \begin{cases} > 0 \\ < \sigma_{v\,adm} \end{cases} \\ \varepsilon_0 \leq \dfrac{L}{6} \end{cases}$$

Além da resultante devida à pressão, deve-se considerar a do peso do bloco e a do peso da tubulação cheia (8 kN/m).

$$\sigma_v = \frac{P_b + P_t + R_v}{A} \times \left(1 \pm \frac{6 \times \varepsilon_0}{L}\right)$$

$P_b = [(5,3 \times 1,1 \times 1,7) + 2 \times (1,0 \times 1,3 \times 1,7)] \times 24 = 343,94$ kN

$P_t = 8,0 \times 1,7 = 13,60$ kN

$N = P_b + P_t + R_v = 522,89$ kN

$\varepsilon_0 = \dfrac{M_0}{N} = \dfrac{R_h \times y}{N} = \dfrac{192,21 \times 1,85}{522,89} = 0,68$ m

$\varepsilon_0 = 0,68 < \dfrac{L}{6} = 0,88$ m

$$\sigma_v = \frac{522,89}{1,7 \times 5,3} \times \left(1 \pm \frac{6 \times 0,68}{5,3}\right) = \begin{cases} 102,71 \text{ N/m}^2 < \sigma_{v\,adm} \cdots \left(\substack{quando \\ positivo}\right) \\ 13,35 \text{ kN/m}^2 > 0 \cdots \left(\substack{quando \\ negativo}\right) \end{cases}$$

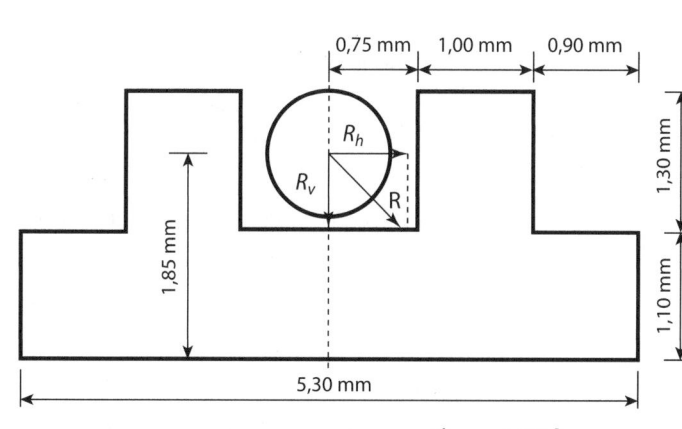

Figura A-10-h

Exercício A-10-i

Uma canalização de concreto protendido com 0,90 m de diâmetro externo (DN 750 mm) será assentada em um trecho de vala com 2,50 m de recobrimento de terra, de peso específico igual a 1.800 kgf/m³. Calcular a carga exercida pelo aterro sobre os tubos.

Solução:

a) Aplicando a fórmula do prof. Wästlund:

$$b = \frac{4 \times D}{3} + 0,20 = \frac{4 \times 0,90}{3} + 0,20 = 1,40 \text{ m}$$

$p = \gamma \times y \times (b - 0,08 \times y)$

$p = 1.800 \times 2,50 \times (1,40 - 0,08 \times 2,50) = 5.400$ kgf/m

b) Aplicando a fórmula do prof. Marston:

$b = 1,5 \times D = 1,35$ m

$y/b = 1,85$

$C = 1,3$

$p = 1,3 \times 1.800 \times \overline{1,35}^2 = 4.265$ kgf/m

Exercício A-10-j (exemplo)

Seja um trecho de adutora por gravidade, extensão de 1.500 m, em tubulação de aço, diâmetro 1.100 mm, espessura de chapa 6,53 mm (1/4"), dimensionada para resistir à pressão interna e cargas externas correspondentes ao peso do recobrimento, empuxos laterais e carga de trânsito (*Figura A-10-j (1)*). A pressão de colapso admissível é de –4,3 m.c.a. (ver *A-9.20*).

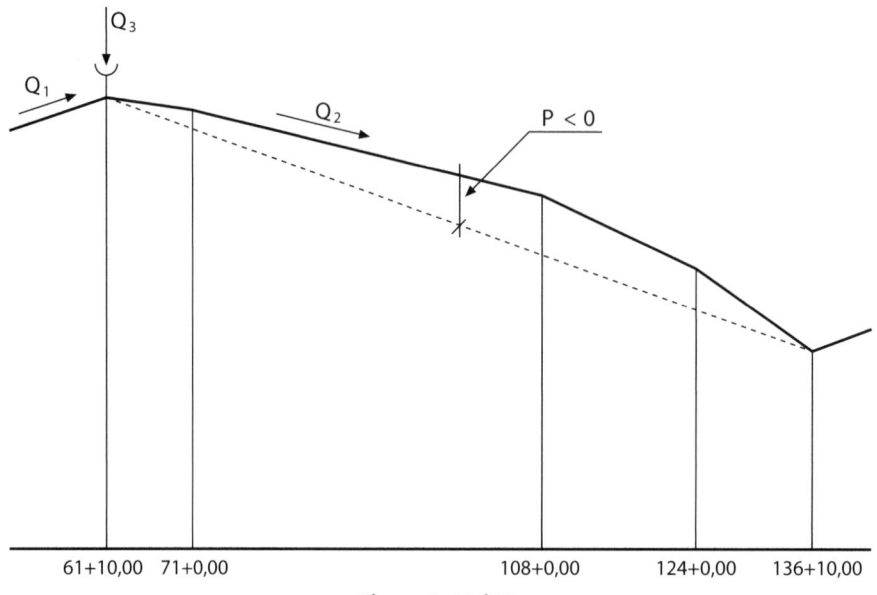

Figura A-10-j(1)

Ocorrendo um rompimento total no ponto baixo (estaca 136 + 10,00), a depressão resultante atingirá rapidamente o ponto mais alto (estaca 61 + 10,00), provocando a abertura da ventosa aí instalada. A partir desse instante, a linha piezométrica corresponderá à reta unindo os extremos do trecho. Como:

$L = 1.500$ m

$h_f = 806,85 – 726,27 = 80,58$ m (ver tabela a seguir)

$J = 0,05372$ m/m

$Q = 9,36$ m³/s

Será necessário instalar duas ventosas de 200 mm, juntas, ou uma válvula de admissão de ar equivalente (*Figura A-10.2.2.1-a*).

As pressões ao longo de todo o trecho serão negativas, calculadas na *Tabela A-10-j*:

Observando os valores de pressão na *Tabela A-10-j*, verifica-se que há necessidade de reforçar a tubulação, empregando chapa de 5/16" (colapso admissível de –8,4 m.c.a.) em uma extensão de 227 m, entre as estacas 66 + 15,00 e 74 + 0,00 e entre as estacas 128 + 0,00 e 132 + 2,00. Já entre as estacas 74 + 0,00 e 128 + 0,00, com uma extensão de 1.080 metros, a tubulação terá que ser executada em chapa de 9,53 mm(3/8"), cuja pressão de colapso admissível chega a 14,50 m.c.a.

Tabela A-10-j

Estaca	Cota piezométrica	Cota geométrica	Pressão (m.c.a)
61 + 10,00	806,85 m	806,85 m	0,00
66 + 15,00	801,21 m	805,51 m	-4,30
69 + 10,00	798,25 m	804,83 m	-6,58
71 + 0,00	796,64 m	804,45 m	-7,81
74 + 0,00	793,42 m	801,81 m	-8,39
81 + 0,00	785,90 m	795,64 m	-9,74
91 + 0,00	775,15 m	786,83 m	-11,68
101 + 0,00	764,40 m	778,02 m	-13,62
108 + 0,00	756,89 m	771,85 m	-14,96
114 + 0,00	750,44 m	764,35 m	-13,91
119 + 0,00	754,07 m	758,10 m	-13,03
124 + 0,00	739,70 m	751,85 m	-12,15
128 + 0,00	735,40 m	743,66 m	-8,26
132 + 2,00	730,99 m	735,27 m	-4,28
134 + 0,00	728,96 m	731,39 m	-2,43
136 + 10,00	726,27 m	726,27 m	0,00

Obs.: nos trechos com pressões abaixo de –10,3 m.c.a., deve ocorrer separação de coluna por vaporização da água. Assim, as pressões abaixo desse valor são meramente indicativas.

Exercício A-10-j (continuação)

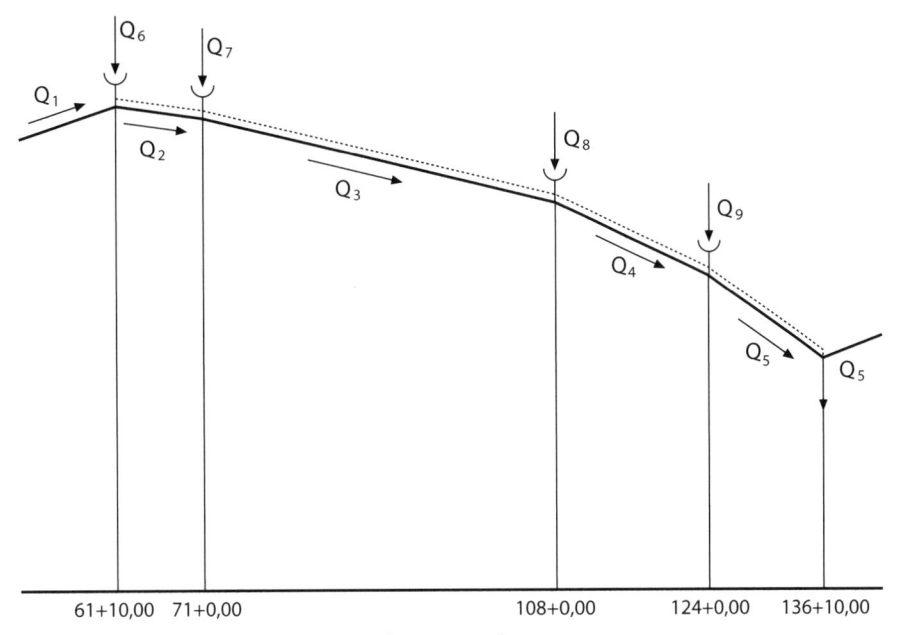

61+10,00 71+0,00 108+0,00 124+0,00 136+10,00

Figura A-10-j(2)

Observa-se que, assim, de um total de 1.500 m, apenas 193 m não necessitam de chapa mais espessa.

Esse problema poderá ser completamente sanado se forem instaladas ventosas de admissão de ar em todos os pontos de variação sensível de declividade, isto é, nas Estacas 71 + 0,00; 108 + 0,00 e 124 + 0,00.

Ao abrirem-se todas as ventosas, o escoamento passará a ocorrer como indicado na *Figura A-10-j (2)*. As vazões nos diversos subtrechos serão:

Estaca 61 + 10,00 a 71 + 0,00	Estaca 71 + 0,00 a 108 + 0,00
$L = 190,00$ m	$L = 740,00$ m
$h_f = 806,85 - 804,45 = 2,40$ m	$h_f = 804,45 - 771,85 = 32,60$ m
$J = 0,01263$ m/m	$J = 0,04405$ m/m
$Q_2 = 4,50$ m³/s	$Q_3 = 8,47$ m³/s

Estaca 108 + 0,00 a 124 + 0,00	Estaca 124 + 0,00 a 136 + 0,00
$L = 320,00$ m	$L = 740,00$ m
$h_f = 771,85 - 751,85 = 20,00$ m	$h_f = 751,85 - 726,27 = 25,58$ m
$J = 0,06250$ m/m	$J = 0,10232$ m/m
$Q_2 = 10,10$ m³/s	$Q_2 = 12,94$ m³/s

Considerando nula a vazão de montante Q_1 para maior segurança, as vazões de ar a admitir e as ventosas necessárias, dentro do limite de subpressão de 4,3 m.c.a., serão as seguintes:

Estaca	Vazão ventosa	
61 + 10,00	$Q_6 = Q_2 = 4,50$ m³/s	200 mm
71 + 0,00	$Q_7 = Q_3 - Q_2 = 3,97$ m³/s	200 mm
108 + 0,00	$Q_8 = Q_4 - Q_3 = 1,63$ m³/s	150 mm
124 + 0,00	$Q_9 = Q_5 - Q_4 = 2,84$ m³/s	200 mm

Exercício A-10-k (exemplo)

Seja uma tubulação de diâmetro 800 mm com uma vazão de projeto de 1.000 ℓ/s e comprimento de 1.735 m. Admite-se uma vazão de enchimento (Q_c) igual a 15% da vazão máxima de operação, ou seja, 150 ℓ/s.

$t_e = V/Q_c$

$V = L \times A = 1.735 \times \pi \times D^2/4 = 873 \text{ m}^3$

$Q_e = 150 \ \ell/\text{s}$

$t_e = 873/(150 \times 10^{-3}) = 5.820 \text{ s} = 1 \text{ h } 37 \text{ min}$

O diâmetro mínimo do orifício de purga do ar pode ser calculado assim:

$Q_{ar} = C_d \times A_v \times \sqrt{2 \times g \times p}$

Onde:
Q_{ar} = é a vazão de saída do ar (m³/s) ($Q_{ar} = Q_e$)
C_d = coeficiente de descarga para ventosas comerciais (C_d = 0,44)
A_v = área do orifício da ventosa (m²)
g = aceleração da gravidade (m/s²)
p = diferença de pressões interna/externa (m.c.ar)

$p \text{ (m.c.ar)} = p(\text{m.c.água}) \times \rho_{\text{água}}/\rho_{\text{ar}} = 2.500$

onde:
$p = 3,5$ m.c.a.
$\rho_{\text{água}} = 1.000 \text{ kgf/m}^3$
$\rho_{\text{ar}} = 1,4 \text{ kgf/m}^3$

resulta:

$A_v = 0,0015 \text{ m}^2$ ou (D_v = 44 mm)

A velocidade do ar para esse orifício é de:

$V_{ar} = Q_{ar}/A_v = 100 \text{ m/s}$

Entretanto, essa velocidade pode provocar sons desagradáveis nas manobras de enchimento. Para evitar isso, deve-se evitar velocidades acima de 40 m/s, o que resulta em:

$A_v = 0,0038 \text{ m}^2$

e, portanto, o diâmetro mínimo do orifício da purga de ar deve ser de:

$D_v = 70$ mm

UHE Funil, 216 MW, construída entre 1961 e 1969, no Rio Paraíba do Sul, na divisa entre São Paulo e Rio de Janeiro (Itatiaia), bacia de drenagem 13.410 km², descarga máxima do rio no local: 1.543 m³/s, descarga regularizada: 138 m³/s, área inundada de 39 km², volume total de 890 x 10⁶ m³ e volume útil de 620 x 10⁶ m³, altura máxima sobre fundações: 85 m, tipo abóbada de concreto com dupla curvatura com comprimento de crista de 385 m, 3 turbinas Francis de eixo vertical com engolimento de 134 m³/s. A capacidade dos vertedouros é de 3.400 m³/s (Bib. M175/M176).

Bombeamentos

Bombeamentos

A-11.1 DEFINIÇÕES

Bombas são dispositivos mecânicos que introduzem "energia" em uma porção de massa de água, seja elevando sua posição, seja aumentando sua velocidade, mas sempre produzindo/transformando "trabalho mecânico" (força × deslocamento).

A "energia" pode ser introduzida por motores elétricos ou a explosão, ou diretamente por engenhosos sistemas eólicos ou hidráulicos, ou ainda por compressores ou turbinas.

Um "bombeamento" é constituído de motor, bomba, tubulação e acessórios.

Note-se que, em um bombeamento, normalmente "jusante" está acima de "montante", enquanto que nos escoamentos por gravidade dá-se o contrário. Por isso recomenda-se entender sempre assim:

montante → antes

jusante → depois

O assunto "bombeamento" é bastante multidisciplinar, sendo os equipamentos objeto de aprofundamento nas disciplinas de engenharia mecânica (bombas) e engenharia elétrica (motores). Portanto é necessário que os profissionais envolvidos tenham conhecimentos superpostos de forma a poder trabalhar melhor em conjunto nos projetos de sistemas de bombeamento. Neste capítulo, pretende-se fornecer os princípios básicos para esse fim.

A-11.2 PRINCIPAIS TIPOS DE BOMBAS

Existem diferentes tipos de bombas. Fruto da engenhosidade humana, normalmente cada uma se presta mais a determinado serviço, pressão, vazão, condições de trabalho, tipo de líquido a transportar, posição para instalar ou uma combinação de fatores.

Neste capítulo, e mais adiante na parte "*Hidráulica Aplicada*" (*Capítulo B-IV*), são abordados diversos aspectos necessários ao entendimento do assunto. A Bibliografia (ver Bib. H950 e M010) permite um maior aprofundamento no tema.

Tabela A-11.2-a Principais tipos de bombas

Deslocamento positivo	Intermitentes ou alternativas ou recíprocas	→	Pistão (*Figura A-11.2.1-a*) êmbolo/excêntrico/diafragma
	Ar comprimido	→	Câmera pressão (*Figura A-11.7.2-a*)
	Rotativas	→	Parafuso progressivo, engrenagens (*Figura A-11.2.1-b*), rolos, palhetas (*Figura A-11.2.1-c*), elemento flexível etc.
Cinéticas	Centrífugas	→ →	Radial (ortogonal ou pura) (*Figura A-11.2.2-a*) Diagonal ou mista (tipo Francis) (*Figuras A-11.2.2-c* e *A-11.5.1-m*)
	Axial ou dinâmica	→	Hélice (*Figuras A-11.2.2-f* e *A-11.2.2-g*)
	Especiais	→	Efeito Pitot/Venturi (ejetoras) (*Figura A-11.2.2-h*)
Outras	Densidade	→	Tipo *air-Lift* (*Figura A-11.7.1-a*)
	Aríete hidráulico	→	Tipo carneiro hidráulico (*Figuras A-11.6-a* e *b*)
	Atmosféricas	→	Parafuso Arquimedes (*Figuras A-11.8-a* e *b*)

Na *Tabela A-11.2-a* estão organizados de forma didática e simplificada os tipos de bombas.

A-11.2.1 Deslocamento positivo

Nas bombas de deslocamento positivo (ou volumétricas ou estáticas), os elementos móveis deslocam uma quantidade de fluido que é fixada pelas dimensões, pela geometria e pelo tempo, contra uma pressão que é determinada pelas alturas de recalque e de sucção.

As bombas de pistão (recíprocas) apresentam os seguintes elementos principais: êmbolo (pistão), cilindro, válvulas de entrada e de saída e também o mecanismo de acionamento (*Figura A-11.2.1-a*).

Esse tipo de bomba suga a água pelo vácuo parcial; a pressão ambiente no poço (atmosférica) força a água, pelo tubo de sucção, através da válvula de entrada, enchendo o cilindro. Invertendo-se a direção do êmbolo, a válvula de entrada se fecha e a de saída se abre, devido à pressão aplicada pelo êmbolo, e a água é forçada no tubo de recalque.

Evidentemente, quando a altura de sucção ou a aceleração do êmbolo for aumentada, a pressão ambiente no poço será insuficiente para acelerar a coluna de líquido no tubo de sucção e forçá-lo na bomba. Produz-se, nesse caso, um vácuo igual à pressão de vapor do líquido. A bomba começa então a sugar vapor e gases; devido à desaceleração do êmbolo, a pressão aumentará e o vapor recondensará, produzindo choques com impactos nas paredes. Esse fenômeno é chamado cavitação, que origina vibração, barulho e desgaste do material com erosões das paredes, se ela durar algum tempo. A cavitação deve ser evitada pela limitação da altura de sucção e pela redução da velocidade.

Nas bombas de deslocamento positivo "rotativas" (de engrenagem e de palhetas), em princípio, o efeito de bombear é produzido pela passagem do espaço entre dentes ou paletas deslizantes da entrada para a saída. (*Figuras A-11.2.1-b* e *A-11.2.1-c*)

As bombas de pistão produzem uma vazão pulsante que se torna constante com a adição de dispositivos adequados (reservatórios-pulmão). Normalmente obtêm-se vazões da ordem de até 0,1 m³/s, com diferença de pressão entre a entrada e a saída de 1.000 m.c.a. ou mais.

As bombas de deslocamento positivo "rotativas" normais, devido às folgas mecânicas maiores entre os elementos móveis e estacionários, não atingem pressões tão elevadas.

Do exposto, conclui-se que, das bombas de deslocamento positivo, as "de pistão" são indicadas para pressões extremas e vazões mínimas e as "rotativas" para pressões médias e pequenas vazões, particularmente para movimentar óleos, pois a lubrificação das partes internas é indispensável.

Na *Figura A-11.2.1-d* está demonstrada, graficamente, a relação típica entre vazão, potência absorvida, eficiência e pressão de uma bomba de deslocamento positivo com velocidade constante. A variação da velocidade modifica proporcionalmente a vazão e, também, aproximadamente, a potência. As perdas são principalmente mecânicas e volumétricas, devidas ao vazamento nas folgas entre elementos móveis e estacionários.

Na *Figura A-11.2.1-e* apresenta-se uma bomba rotativa tipo "progressiva" usada para líquidos de grande viscosidade. Trata-se de um cilindro em formato que lembra um parafuso e que se desloca dentro de um material flexível.

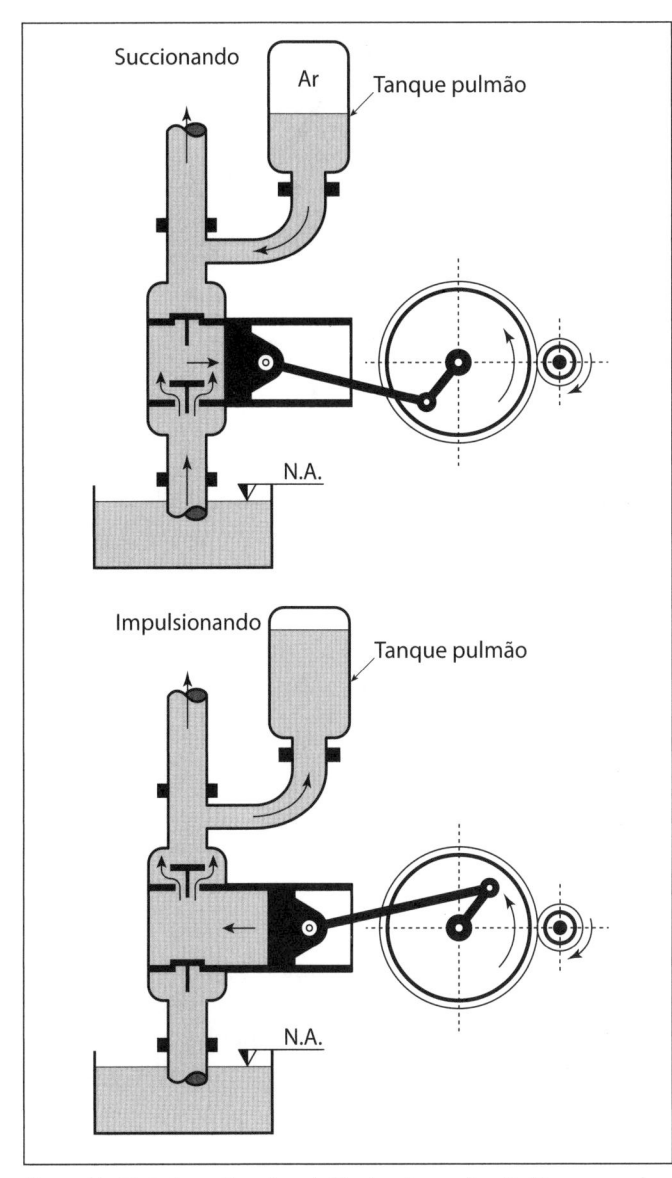

Figura A-11.2.1-a – Bomba pistão (recíproca) – O "Tanque pulmão" é opcional (visa melhorar o bombeamento ao distribuir o volume bombeado por mais tempo).

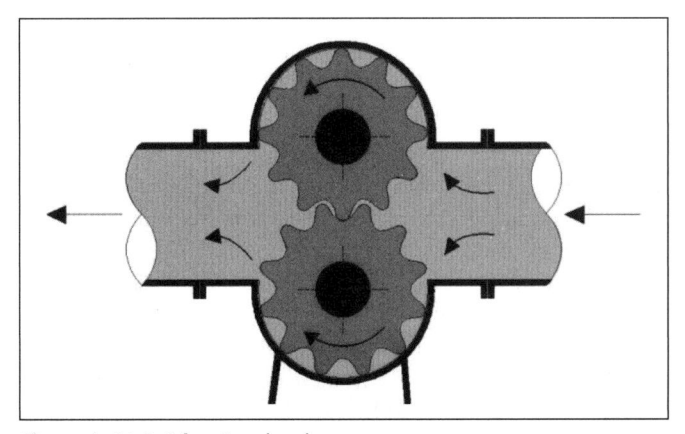

Figura A-11.2.1-b – Bomba de engrenagem.

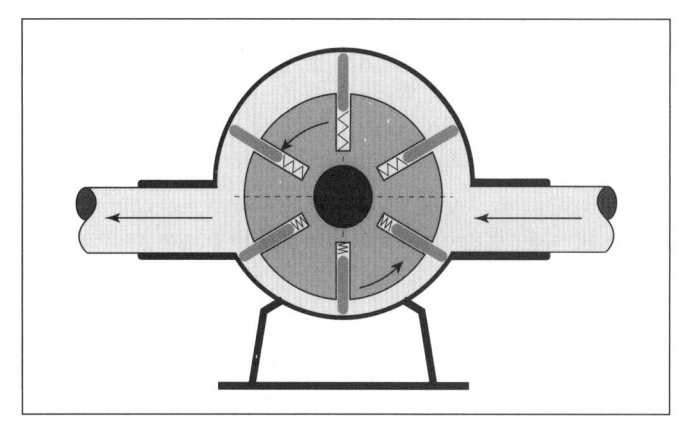

Figura A-11.2.1-c – Bomba de palhetas.

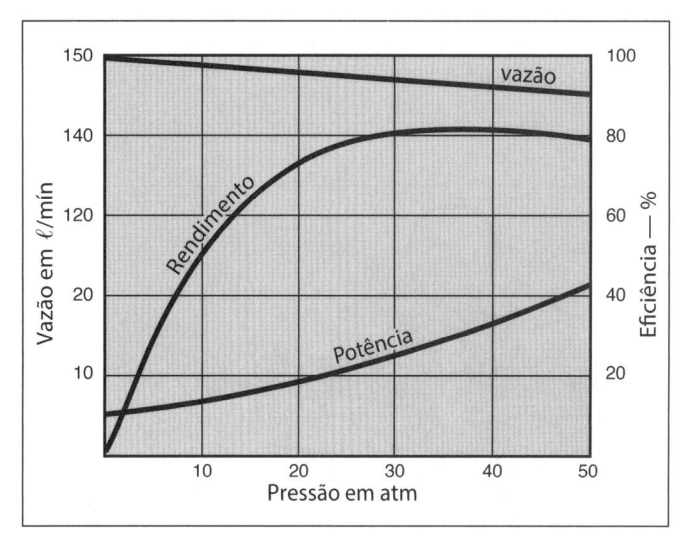

Figura A-11.2.1-d – Características de uma bomba de deslocamento positivo (ou volumétrica ou estática). Vazão, rendimento e potência em função da pressão.

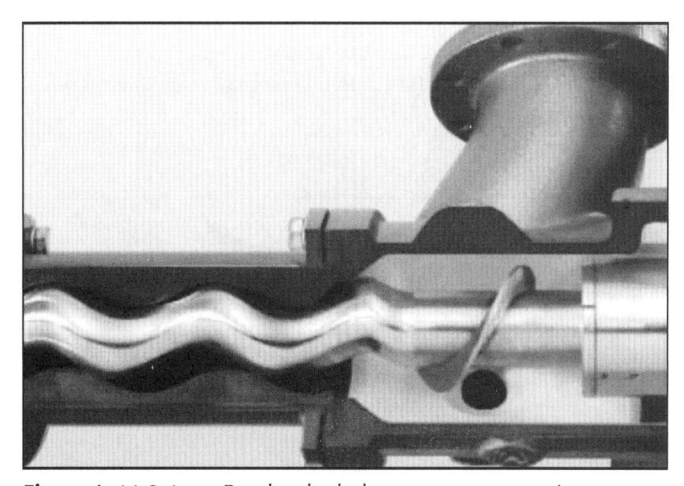

Figura A-11.2.1-e – Bomba de deslocamento progressivo, em corte didático para ver o interior.

A-11.2.2 Cinéticas

Como se vê pela *Tabela A-11.2-a*, são incluídas nessa categoria bombas centrífugas com resultante de descarga predominantemente radial no rotor (*Figura A-11.2.2-a*), bombas axiais com resultante de descarga predominantemente axial no rotor (*Figuras A-11.2.2-b, e, f*) e bombas de tipo intermediário, com resultante de descarga predominantemente diagonal no rotor (*Figura A-11.2.2-c*).

O trabalho é gasto em aumentar a energia cinética do líquido e acelerá-lo quando ele passa pelo rotor. A energia cinética é parcialmente transformada em energia potencial (pressão) no entorno das pás do "rotor" (parte móvel) e na carcaça (parte fixa, em forma de caracol para as bombas centrífugas, com ou sem pás diretrizes). Forças dinâmicas sobre os elementos móveis aparecem só quando o líquido está em movimento relativo às pás do rotor.

Numa bomba, as velocidades absolutas e relativas são proporcionais à velocidade circunferencial do rotor.

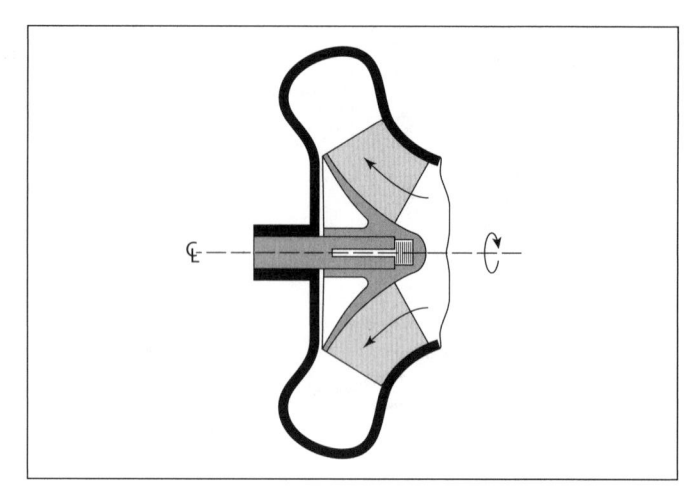

Figura A-11.2.2-c – Bomba tipo intermediário, resultante diagonal.

Consequentemente, sem levar em conta pequenas modificações do rendimento, pode-se dizer que:

- as vazões são proporcionais à velocidade (Q é função de v);

- as pressões são proporcionais ao quadrado da velocidade; e

- as potências são proporcionais ao cubo da velocidade.

A energia transferida ao fluido por unidade de vazão, chamada pressão manométrica (ou pressão total), é a diferença da energia potencial e cinética entre entrada e saída da bomba, expressa em termos de altura (H) do fluido movimentado.

As *Figuras A-11.2.2-d* e *A-11.2.2-e* mostram gráficos das curvas características típicas: capacidade, rendimento e potência versus vazão para bombas centrífugas e axial, respectivamente. Vê-se que as bombas centrífugas são mais adequadas a pressões altas e vazões pequenas, e que as bombas axiais são mais adequadas a pressões menores e grandes vazões.

O rendimento de uma bomba é determinado pela velocidade, formato, tamanho e dimensões relativas do rotor e carcaça.

A "eficiência" de uma bomba é a razão entre o valor do trabalho produzido ao elevar determinada massa de água a determinada altura e a potência exigida por essa mesma bomba numa determinada condição de funcionamento. Quanto mais adequada a bomba às condições, maior será o rendimento. Ao contrário, uma bomba não adequada àquelas condições pode até cumprir com os objetivos (vazão × altura), mas com baixa "eficiência", ou seja, com rendimento menor do que uma bomba mais adequada àquelas condições.

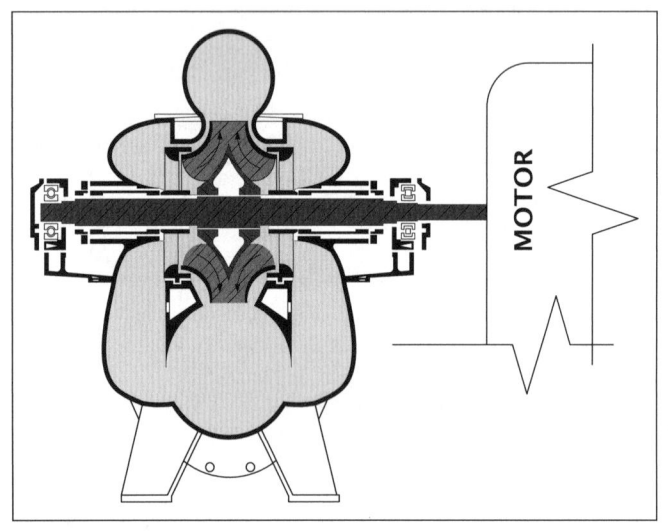

Figura A-11.2.2-a – Bomba centrífuga de dupla voluta em corte. Ver também a *Figura A-11.5.1-l*.

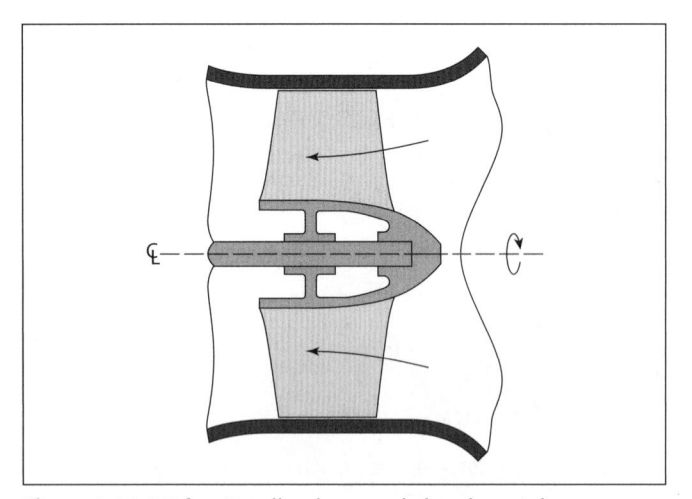

Figura A-11.2.2-b – Detalhe de rotor de bomba axial.

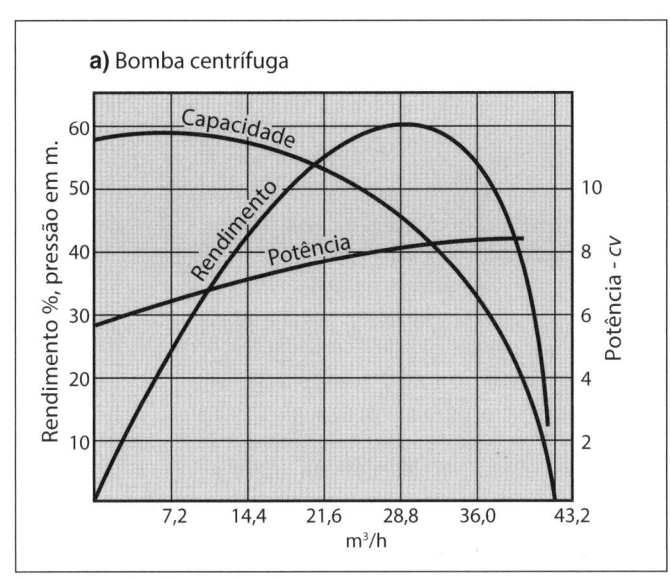

a) Bomba centrífuga

Figura A-11.2.2–d Curvas características de bombas centrífugas.

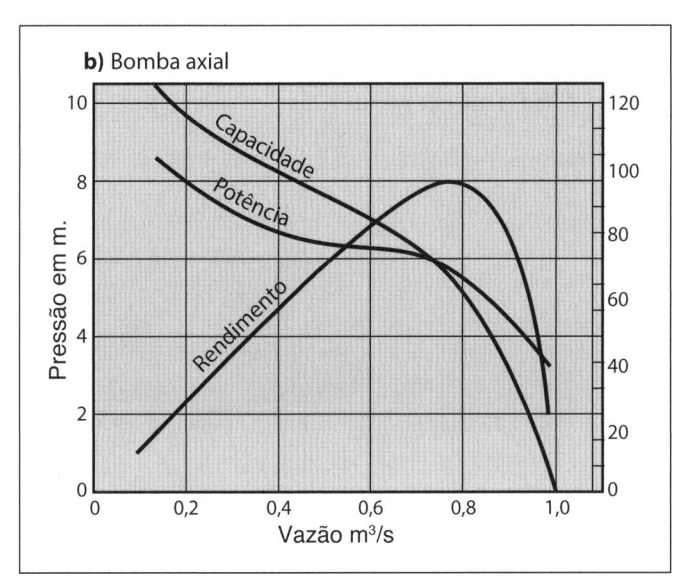

b) Bomba axial

Figura A-11.2.2-e Curvas características de bombas axiais.

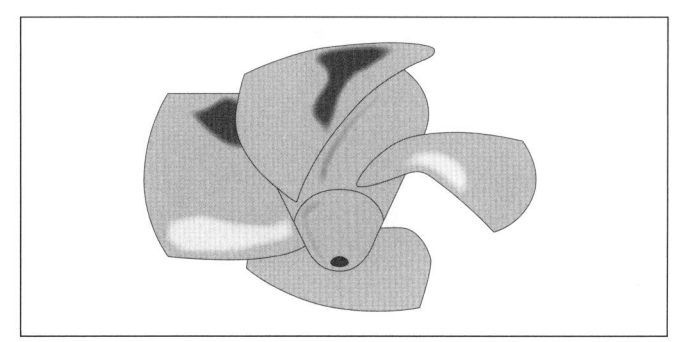

Figura A-11.2.2-f – Rotor em hélice de fluxo axial para alturas manométricas baixas e vazões grandes.

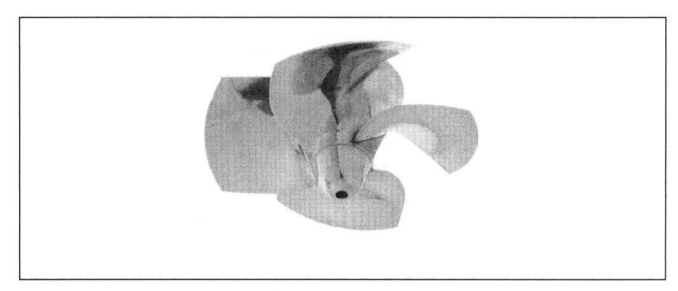

Figura A-11.2.2-g – Foto do rotor em hélice (Bib. F475).

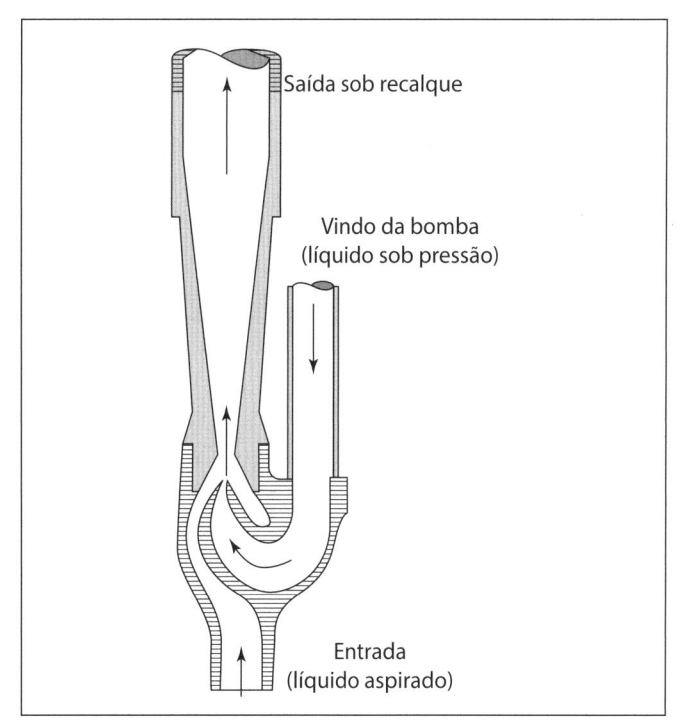

Figura A-11.2.2-h – Ejetor ou trompa de água (Bib. M010).

Nas bombas dinâmicas, a pressão na entrada do rotor é menor do que na superfície do líquido a montante, e depende da altura de sucção e da vazão. Devido a essa diferença de pressão, a bomba é capaz de "puxar" ("levantar, succionar") o líquido. Nas pás do rotor, a pressão é ainda mais baixa do que na entrada, dependendo da velocidade relativa do líquido. Aumentando a velocidade do rotor ou baixando o nível do poço, essa pressão pode atingir a pressão de vapor do líquido, o que produz o fenômeno da "cavitação". Portanto, a "cavitação" é influenciada pela altura de sucção e pela vazão. Esse assunto será melhor abordado no *item A-11.3.3*.

A-11.2.3 Outras

Nessa categoria estão incluídos o aríete hidráulico e as bombas de densidade por ar comprimido (*air lift*). Esses temas serão abordados nos *itens A-11.6* e *A-11.7.1*, respectivamente.

A-11.3 CONCEITOS PERTINENTES

A-11.3.1 Potência

Um "Grupo Motor-Bomba" (também conhecido por "conjunto elevatório") deverá ser capaz de transferir o trabalho necessário para transitar (transferir) uma determinada massa de líquido entre dois pontos, vencendo a diferença de nível mais as perdas de carga em todo o percurso (perda por atrito ao longo da canalização e perdas localizadas devidas às peças especiais).

Denomina-se (*Figura A-11.3.1-a(1) e (2)*):

H_g = altura geométrica a ser vencida (diferença dos níveis de água antes e depois da bomba);

H_s = altura de sucção (diferença entre o nível do eixo da bomba e o nível da água a montante, isto é, antes da bomba);

H_r = altura de recalque (diferença entre o nível do eixo da bomba e o nível da água a jusante, isto é, depois da bomba);

$H_s + H_r = H_g$;

hf_r = perda de carga no recalque;

hf_s = perda de carga na sucção

h_f = perda de carga total (= $hf_s + hf_r$);

H_{man} = altura manométrica, que corresponde a

$H_{man} = H_g + h_f$.

A potência necessária requerida para um "grupo moto-bomba" atender os requisitos de vazão e pressão é dada por:

$$P = \frac{\gamma \times Q \times H_{man}}{75 \times \eta_{global}}$$

onde:

P = potência em CV (praticamente em HP, pois 1 CV $\equiv$ 0,986 HP);

γ = peso específico do líquido a ser elevado (água ou esgoto: 1.000 kgf/m³);

Q = vazão ou descarga, em m³/s;

H_{man} = altura manométrica em m.c.a (metros coluna de água);

η_{global} = rendimento global do "conjunto moto-bomba" (conjunto elevatório);

$$\eta_{global} = \eta_{motor} \times \eta_{bomba}$$

Admitindo um rendimento global médio de 67% e exprimindo a vazão em ℓ/s, encontra-se (para água ou para esgoto),

$$P = (Q \times H_{man})/50 \qquad Equação(11.1)$$

equação que merece ser memorizada para uso no dia a dia.

A-11.3.1.1 Potência requerida

Denomina-se "potência requerida pela bomba" a potência exata necessária e consumida pela bomba para realizar o trabalho. Essa potência requerida por uma bomba pode variar conforme se abre uma válvula, por exemplo.

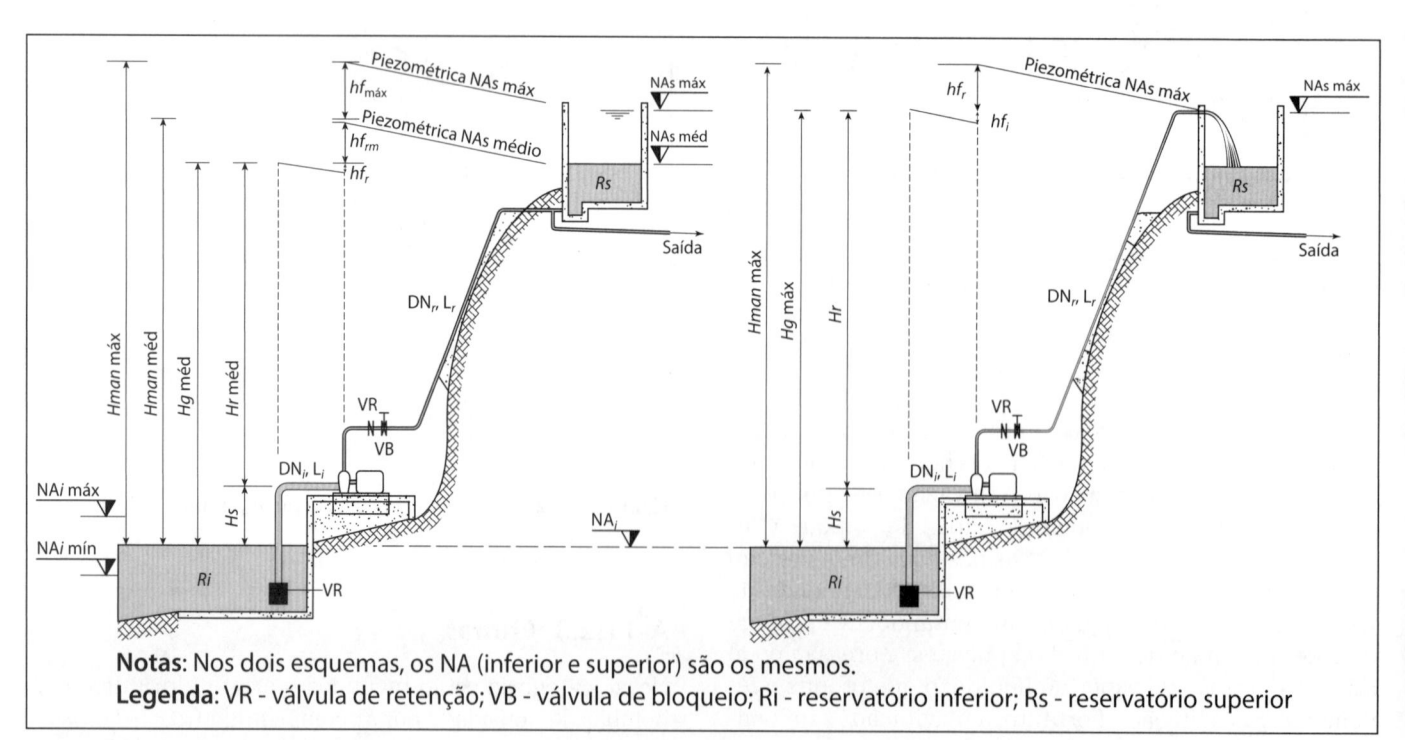

Notas: Nos dois esquemas, os NA (inferior e superior) são os mesmos.
Legenda: VR - válvula de retenção; VB - válvula de bloqueio; Ri - reservatório inferior; Rs - reservatório superior

Figura A-11.3.1-a(1) – Instalação típica, reservatório superior com entrada por baixo. Normalmente recomendado.

Figura A-11.3.1-a(2) – Instalação típica, reservatório superior com entrada por cima. Situações especiais.

É a potência "líquida" ou potência "neta". Por exemplo, com uma válvula fechada após uma bomba centrífuga a potência requerida é mínima, pois a massa de água dentro da bomba gira com o rotor e desliza sobre a massa de água na carcaça, e o único esforço é para vencer o atrito interno e nos mancais.

Analogamente, a "potência requerida no motor" é aquela requerida pela bomba mais as perdas por atrito e imperfeições do sistema e o rendimento do motor. Como a potência requerida na bomba varia com as condições (manobras) operacionais, o mesmo ocorre com os motores.

Finalmente, há o conceito de potência requerida no conjunto motor-bomba, que é igual à potência requerida pelo motor.

A "potência requerida pelo conjunto" costuma ser o que se denomina também como a potência nominal da instalação e corresponde ao consumo de energia nas condições operacionais estáveis (estacionárias). No *item A-11.3.1.3* trata-se da "potência instalada", sempre maior que a "requerida" (consumida).

A-11.3.1.2 Rendimento das máquinas (das bombas e dos motores)

O rendimento das máquinas, até certo ponto, pode variar com a potência, por motivos construtivos, sendo mais elevado para as grandes máquinas. O rendimento também varia consideravelmente com a temperatura e com a altitude. A potência nominal indicada pelos fabricantes das máquinas elétricas (exceto quando especificado de maneira diferente) é para operação em regime contínuo, em ambientes com temperatura variando entre –30 °C e +40 °C e em altitudes até 1.000 m acima do nível do mar (Bib. A066).

Para temperaturas e altitudes diferentes, deve-se utilizar a *Tabela A-11.3.1.2-a* para encontrar o fator de correção que deverá ser utilizado para definir a potência útil disponível.

A *Tabela A-11.3.1.2-b* apresenta os rendimentos mínimos dos motores elétricos usuais (de 1 cv até 250 cv, segundo padronização realizada pela Bib. M020).

A avaliação do rendimento das bombas centrífugas para fins de projeto deve ser tomado do catálogo do fabricante. A *Tabela A-11.3.1.2-c* apresenta, para fins de servir de balizamento para estimativas, uma referência de ordem de grandeza do rendimento médio considerando bombas centrífugas de 1.800 rpm.

Tabela A-11.3.1.2-a Fator de correção para a potência útil disponível nos motores elétricos quando fora das faixas de temperatura e altitude ditas normais (Bib. W180)

T(°C)	Altitude (m)								
	1.000	1.500	2.000	2.500	3.000	3.500	4.000	4.500	5.000
10							0,97	0,92	0,88
15						0,98	0,94	0,90	0,86
20					1,00	0,95	0,91	0,87	0,83
25				1,00	0,95	0,93	0,899	0,85	0,81
30			1,00	0,96	0,92	0,90	0,86	0,82	0,78
35		1,00	0,95	0,93	0,90	0,88	0,84	0,80	0,75
40	1,00	0,97	0,94	0,90	0,86	0,82	0,80	0,76	0,71
45	0,95	0,92	0,90	0,88	0,85	0,81	0,78	0,74	0,69
50	0,92	0,90	0,80	0,85	0,82	0,80	0,77	0,72	0,67
55	0,88	0,85	0,83	0,81	0,78	0,76	0,73	0,70	0,65
60	0,83	0,82	0,80	0,77	0,75	0,73	0,7	0,67	0,62
65	0,79	0,76	0,74	0,72	0,70	0,68	0,66	0,62	0,58
70	0,74	0,71	0,69	0,67	0,66	0,64	0,62	0,58	0,53
75	0,70	0,68	0,66	0,64	0,62	0,60	0,58	0,53	0,49
80	0,65	0,64	0,62	0,60	0,58	0,56	0,55	0,48	0,44

Tabela A-11.3.1.2-b Rendimentos nominais mínimos dos motores elétricos padronizados

Potência disponível		2 Polos	4 Polos	6 Polos	8 Polos	Potência disponível		2 Polos	4 Polos	6 Polos	8 Polos
cv (≈ HP)	kW	3.600 rpm(*1)	1.800 rpm(*1)	1.200 rpm(*1)	900 rpm(*1)	cv (≈ HP)	kW	3.600 rpm(*1)	1.800 rpm(*1)	1.200 rpm(*1)	900 rpm(*1)
0,16	0,12	-	-	-	-	25	18,5	91,00	92,40	91,70	89,50
0,25	0,18	-	-	-	-	30	22	91,00	92,40	91,70	91,00
0,33	0,25	-	-	-	-	40	30	91,70	93,00	93,00	91,00
0,50	0,37	65	-	-	-	50	37	92,40	93,00	93,00	91,70
0,75	0,55	70	-	-	-	60	45	93,00	93,60	93,60	91,70
1	0,75	80,00	80,50	80,00	70,00	75	55	93,00	94,10	93,60	93,00
1,5	1,10	82,50	81,50	77,00	77,00	100	75	93,60	94,50	94,10	93,00
2	1,5	83,50	84,00	83,00	82,50	125	90	94,50	94,50	94,10	93,60
3	2	85,00	85,00	83,00	84,00	150	110	94,50	95,00	95,00	93,60
4	3	85,00	86,00	85,00	84,50	175	132	94,70	95,00	95,00	-
5	3,7	87,50	87,50	87,50	85,50	200	150	95,00	95,00	95,00	-
6	4,5	88,00	88,50	87,50	85,50	250	185	95,40	95,00	-	-
7,5	5,5	88,50	89,50	88,00	85,50	300	200	-	-	-	-
10	7,5	89,50	89,50	88,50	88,50	350	260	-	-	-	-
12,5	9,2	89,50	90,00	88,50	88,50	400	300	-	-	-	-
15	11	90,20	91,00	90,20	88,50	450	330	-	-	-	-
20	15	90,20	91,00	90,20	89,50	500	370	-	-	-	-

(*1) rpm nominal.

Tabela A-11.3.1.2-c Rendimento médio sugerido para o cálculo de bombas centrífugas (a 1.800 rpm)

Q (ℓ/s)	5	7,5	10	15	20	25	30	40	50	100	200
η_b (%)	52	61	66	68	71	75	80	84	85	87	88

Tabela A-11.3.1.2-d Potência do motor, em cv, para bombas centrífugas de pequena capacidade

Va-zão	m³/h	0,54	1,08	1,8	3,6	5,4	7,2	10,8	18	27	36	45	54	63	72	81	90	99	108
	ℓ/s	0,15	0,3	0,5	1,0	1,5	2,0	3,0	5,0	7,5	10	12,5	15	17,5	20	22,5	25	27,5	30,0
Altura manométrica (m.c.a.) — 5		¼	¼	¼	¼	¼	½	½	¾	1½	1½	2	3	3	3	3	5	5	5
10		¼	¼	¼	½	½	¾	1	1½	3	3	5	5	5	10	10	10	10	10
15		¼	¼	¼	½	¾	1	1½	3	5	5	5	10	10	10	10	10	10	15
20		¼	¼	½	¾	1	1½	2	3	5	10	10	10	10	10	15	15	15	15
25		¼	¼	½	¾	1½	1½	3	5	10	10	10	10	15	15	15	15	20	20
30		¼	½	½	1	1½	2	3	5	10	10	10	15	15	15	20	20	20	25
35		¼	½	¾	1½	2	3	3	5	10	10	15	15	15	20	20	25	25	25
40		¼	½	¾	1½	2	3	5	10	10	10	15	20	20	20	25	25	25	30
45		¼	½	¾	1½	3	3	5	10	10	15	15	20	20	25	25	25	30	30
50		¼	½	¾	1½	3	3	5	10	10	15	15	20	25	25	25	30	50	50
55		½	½	1	2	3	3	5	10	10	15	20	20	25	25	30	50	50	50
60		½	¾	1	2	3	5	5	10	15	15	20	25	25	30	30	50	50	50
65		½	¾	1	2	3	5	10	10	15	15	20	25	30	30	50	50	50	50

Nota: A eletricidade e os motores considerados neste livro são sempre 60 Hz.

A-11.3.1.3 Potência instalada

Na prática, deve ser considerada uma certa folga para os motores elétricos. Para pequenas instalações, ou para quando não se pode contar com especialistas, os seguintes acréscimos são recomendáveis (*Tabela A-11.3.1.3-a*).

Tabela A-11.3.1.3-a Recomendação de acréscimo aos motores elétricos (Bib. M010)

Para bombas que demandem (em cv)	Folga recomendada no motor (em %)
até 2	50
2 a 5	30
5 a 10	20
10 a 20	15
mais de 20	10

Os motores elétricos padronizados (disponíveis nos estoques dos fornecedores) são, normalmente, fabricados conforme a *Tabela A-11.3.1.2-b*. Para potências maiores que as indicadas nessa tabela, os motores costumam ser fabricados por encomenda.

A-11.3.2 NPSH: Energia disponível no líquido na entrada da bomba

A sigla NPSH, do inglês "*Net Positive Suction Head*", é adotada universalmente para designar a "energia disponível na sucção", ou seja, a "carga positiva e efetiva na sucção". Há dois valores a considerar:

- "NPSH requerido", que é uma característica hidráulica da bomba, fornecida pelo fabricante;

- "NPSH disponível", que é uma característica das instalações de sucção, que se pode calcular:

$$NPSH_{\text{disponível}} = H + \frac{p_a - p_v}{\gamma} \times 10 - h_f$$

onde:

$+H$ = carga ou altura de água na sucção (entrada afogada). O valor de H é positivo;

$-H_s$ = altura de sucção. O valor de H é negativo;

p_a = pressão atmosférica no local. ver *Tabela A-1.3-d* (por altitude);

p_v = pressão de vapor (ver *Tabela A-1.4.1-a*);

γ = peso específico (1,0);

h_f = soma de todas as perdas de carga na sucção.

Para que uma bomba funcione bem, é preciso que:

$$NPSH_{\text{disponível}} \geq NPSH_{\text{requerido}}$$

A-11.3.3 Cavitação

É um conceito comumente vinculado ao NPSH.

Quando a pressão absoluta em um determinado ponto de um líquido se reduz a valores abaixo de um certo limite, alcançando o ponto de ebulição da água (para essa pressão) esse líquido começa a "ferver" e os condutos ou peças (de bombas, turbinas ou tubulações) passam a apresentar, em parte e subitamente, bolsas de vapor que se formam e desaparecem dentro da própria corrente, instantaneamente, como se fossem pequenas explosões. O fenômeno de formação e destruição dessas "bolsas ou cavidades" preenchidas com vapor denomina-se *cavitação*.

Sempre que a pressão em algum ponto de uma bomba ou turbina atinge o limite crítico (pressão de vapor), as condições de funcionamento tornam-se precárias e as máquinas começam a vibrar, em consequência da cavitação. Os efeitos da cavitação transmitem-se para as estruturas próximas, reduzindo o rendimento e podendo causar sérios danos materiais às instalações.

Os fenômenos de cavitação podem também ocorrer em câmaras e condutos fixos, nos pontos de pressão muito baixa e/ou velocidade muito elevada.

A cavitação contínua causa a desagregação de partículas do metal (*pitting*) ou no material que contém a água, seja uma bomba (rotor e carcaça), seja uma válvula, seja um tubo.

Na extremidade de saída da água do rotor de uma bomba centrífuga (no perímetro, onde a velocidade tangencial é máxima), há uma diminuição de pressão considerável. Como é nesses pontos mais desfavoráveis que se quer evitar a formação de vapor, a pressão absoluta antes da entrada no rotor deve ser, no mínimo, maior que o valor absoluto de queda da pressão na temperatura de operação.

A eliminação (prevenção) da cavitação é imperativa para toda a gama de vazões pretendidas. A sucção admissível depende do tipo da bomba, da velocidade de rotação e da pressão de vapor do líquido bombeado. Essas variáveis podem, eventualmente, impor uma "sucção negativa", ou seja, uma bomba "afogada".

Se o leitor quiser ou precisar se aprofundar no assunto, recomenda-se a leitura da bibliografia M010 e S790.

A-11.3.4 Sucção (tomada)

A canalização de sucção deve ser a mais curta possível, evitando-se ao máximo curvas e, quando inevitáveis, devem ser o menos bruscas possível (raios grandes, curvas 45° em lugar de 90° etc). Por exemplo, sempre que diversas bombas tiverem suas canalizações de sucção ligadas a uma tubulação única, as conexões deverão ser feitas por meio de "Y" (junções), evitando-se o emprego de "tês".

A tubulação de sucção deve ser sempre ascendente até atingir a bomba. Podem-se "admitir" trechos, no máximo, perfeitamente horizontais (*Figura A-11.3.4-a*).

Para a canalização de sucção é comum usar um diâmetro comercial imediatamente superior ao da tubulação de recalque. A altura máxima de sucção acrescida das perdas de carga deve satisfazer as especificações estabelecidas pelo fabricante das bombas. Teoricamente, a sucção máxima seria de 10,33 m ao nível do mar (1 atm). Na prática, é raro atingir 7 m. Para a maioria das bombas centrífugas, a sucção deve ser inferior a 5 m (os fabricantes geralmente especificam as condições de funcionamento para evitar a ocorrência dos fenômenos de cavitação. Para cada tipo de bomba, deve ser verificada a altura máxima de sucção). Ver *Tabela A-11.3.4-a.*

Tabela A-11.3.4-a Alturas máximas de sucção*

Altitude sobre o nível do mar (m)	Pressão atmosférica (m.c.a.)	Limite prático de sucção (m)
0	10,33	7,60
300	10,00	7,40
600	9,64	7,10
900	9,30	6,80
1.200	8,96	6,50
1.500	8,62	6,25
1.800	8,27	6,00
2.100	8,00	5,70
2.400	7,75	5,50
2.700	7,50	5,40
3.000	7,24	5,20

* Importante. A altura de sucção admissível para um determinado tipo de bomba depende de outras condições, devendo ser verificada em cada caso.

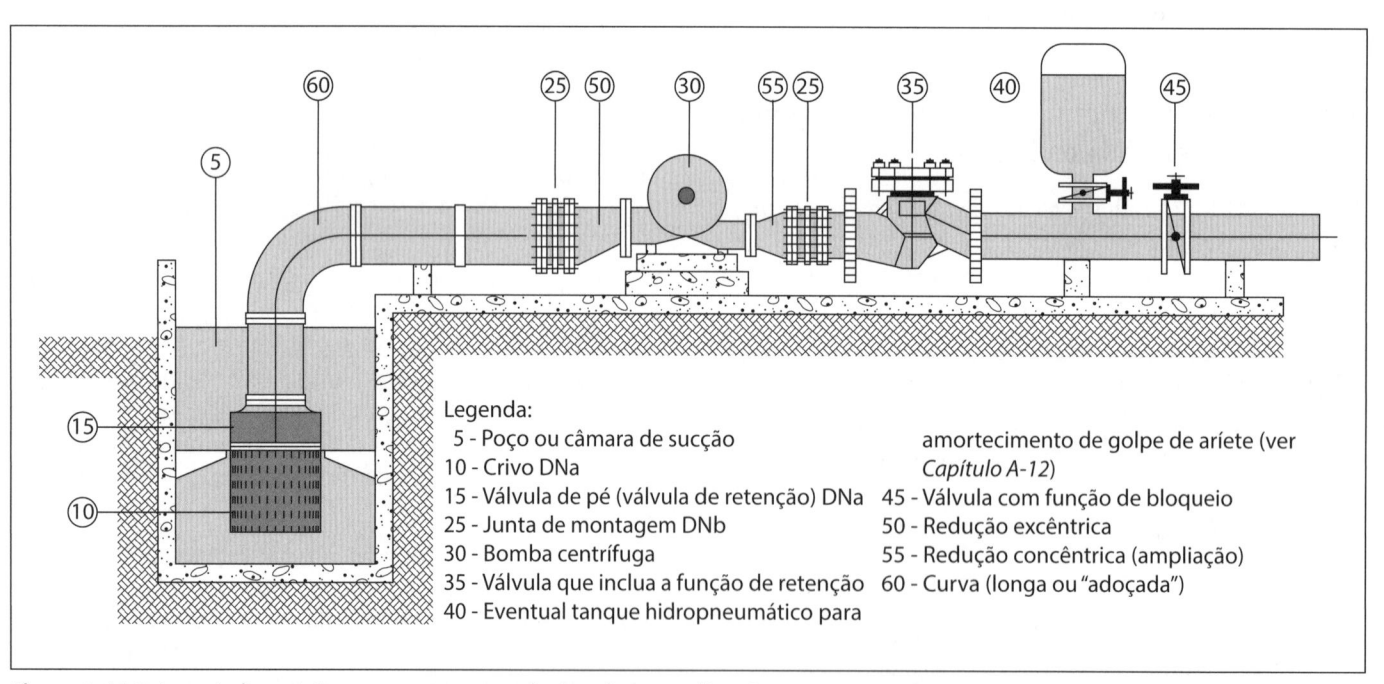

Legenda:
 5 - Poço ou câmara de sucção
10 - Crivo DNa
15 - Válvula de pé (válvula de retenção) DNa
25 - Junta de montagem DNb
30 - Bomba centrífuga
35 - Válvula que inclua a função de retenção
40 - Eventual tanque hidropneumático para

amortecimento de golpe de aríete (ver *Capítulo A-12*)
45 - Válvula com função de bloqueio
50 - Redução excêntrica
55 - Redução concêntrica (ampliação)
60 - Curva (longa ou "adoçada")

Figura A-11.3.4-a – A disposição e o assentamento das bombas, canalizações e peças especiais merecem muita atenção por parte dos projetistas e dos montadores. O esquema apresentado acima representa uma disposição "didática", nem sempre completa, nem sempre adequada a cada caso.

A-11.4 TUBULAÇÃO SOB BOMBEAMENTO (DIÂMETRO)

A-11.4.1 A multiplicidade de soluções

Teoricamente, o diâmetro de uma linha de recalque pode ser qualquer.

Se for adotado um diâmetro relativamente grande, resultarão perdas de carga pequenas e, em consequência, a potência do conjunto de bombeamento será reduzida, as bombas serão de custo mais baixo e o consumo de energia também, mas o custo para a implantação da tubulação de recalque será elevado.

Se, ao contrário, for estabelecido um diâmetro relativamente pequeno, resultarão perdas elevadas, exigindo maior potência para as máquinas. O custo da canalização será mais baixo e os conjuntos elevatórios serão dispendiosos, consumindo mais energia.

A-11.4.2 A velocidade econômica

Os diâmetros das entradas e das saídas das bombas não devem ser tomados como indicações para os diâmetros das tubulações de sucção e de recalque. Para as tubulações tanto antes quanto depois, costuma-se adotar diâmetros maiores, com o objetivo de reduzir as perdas de carga.

A velocidade da água na boca de entrada das bombas, geralmente, está compreendida entre 1,5 e 5 m/s, podendo-se tomar 3 m/s como um termo médio representativo. Na seção de saída das bombas, as velocidades são mais elevadas, podendo atingir o dobro desses valores.

Em sistemas de abastecimento de água a velocidade nas tubulações é calculada levando em consideração os custos de implantação e os custos operacionais (principalmente energia) com bombeamento (*item A-11.3.1*). Para funcionamentos contínuos ou quase (20 a 24 h/dia), longevidade igual ou maior do que 15 a 20 anos, extensões médias (10 km), e diâmetros nominais no entorno de 500 mm, as velocidades econômicas costumam estar ao redor de 1,5 m/s, considerando os preços médios de energia elétrica e de tubulações no mercado brasileiro nos anos de 2000 a 2014.

A-11.4.3 Fórmulas empíricas

Conforme visto no *item A-11.4.1*, existe um diâmetro conveniente para o qual o custo total é um mínimo.

Em primeira aproximação, podem-se admitir:

- p_1: um preço médio por unidade de potência (cavalo-vapor instalado) para o conjunto elevatório, incluindo unidades de reserva, conservação e custeio capitalizado (levado a uma mesma data usando uma determinada taxa "de oportunidade de capital" (ou "de juros");

- p_2: um preço médio por unidade de comprimento de um conduto de diâmetro unitário, assentado.

O preço do conduto de recalque será:

$$P_2 = p_2 \times D \times L$$

sendo L o comprimento da linha.

O custo dos conjuntos elevatórios será:

$$P_1 = \frac{\gamma \times Q \times H_{man}}{75 \times \eta} \times p_1$$

A altura manométrica inclui as perdas de carga,

$$H_{man} = H + \frac{K'}{D^5} \times Q^2 \times L$$

sendo que o valor de K' pode ser tirado das fórmulas práticas (Darcy). O custo total (instalação + operação) será, então:

$$C = \frac{\gamma \times Q \times p_1}{75 \times \eta} \left(H + \frac{K'}{D^5} \times Q^2 \times L \right) + p_2 \times D \times L$$

Para que o custo seja mínimo,

$$\frac{dC}{dD} = 0$$

$$\frac{dC}{dD} = \frac{\gamma \times Q \times p_1}{75 \times \eta} \times K' \times Q^2 \times L \times \left(\frac{-5 \times D^4}{D^{10}} \right) + p_2 \times L$$

$$\frac{dC}{dD} = -\frac{\gamma \times Q \times p_1}{15 \times \eta} \times K' \times \frac{Q^2 \times L}{D^6} + p_2 \times L = 0$$

$$\frac{\gamma \times K' \times p_1}{15 \times \eta \times p_2} \times Q^3 = D^6$$

$$D = \sqrt[6]{\frac{\gamma \times K' \times p_1}{15 \times \eta \times p_2}} \times \sqrt{Q}$$

ou

$$D = K \times \sqrt{Q}$$

que é a conhecida fórmula de Bresse (aplicável preferencialmente às instalações de funcionamento contínuo e constante). O coeficiente K é consequência dos preços da eletricidade, dos materiais das tubulações, dos custos de implantação das tubulações e das máquinas empregadas nas instalações, variando com a época e com a região considerada.

Verifica-se, portanto, que o dimensionamento de uma tubulação de recalque é feito por imposições econômicas. O mesmo acontecendo com as tubulações que alimentam as usinas hidrelétricas.

Em fins do século XIX, foi determinado um valor aproximado em função de preços da época (1886), que eram p_1 = 4.000 francos, p_2 = 100 francos, η = 0,60, resultando K = 1,5.

No Brasil, nas décadas de 1950 a 1970 adotavam-se valores para K entre 0,9 e 1,4.

Nas décadas de 1980 e 1990 passou-se a usar um K = 1,2 porque aceitou-se que os valores eram:

$$\frac{p_1}{p_2} = 9,0 \qquad \eta = 0,65 \qquad K' = 0,0032 \text{ (médio)}$$

Na década de 2000, de um modo geral, observou-se que aqueles que se contentam com usar "Bresse" adotavam um K entre 0,7 e 1,5.

Em princípio, a fórmula de Bresse não considera quantas horas por dia as bombas vão funcionar. A aproximação é muito grosseira e a solução obtida será sujeita a críticas, mormente com o advento dos computadores, que tornaram bem menos trabalhoso o cálculo cuidadoso caso a caso. A *Tabela A-11.4.3-a* procura corrigir esse ponto.

Tratando-se de pequenas instalações, a fórmula de Bresse pode levar a um diâmetro aceitável. Entretanto, nesse caso, o autor recomenda usar uma "velocidade econômica" como aproximação ainda mais fácil e provavelmente mais precisa: 1,5 m/s (em 2010).

Para o caso de grandes instalações, dará uma primeira aproximação, sendo conveniente uma pesquisa econômica em que sejam investigados os diâmetros mais próximos, inferiores e superiores. As *Tabelas A-11.4.3-b* e *A-11.4.3-c* facilitam a pesquisa do diâmetro mais conveniente. Na *Tabela A-11.4.3-b* encontram-se os diâmetros econômicos em função da vazão, para os valores usuais de K.

Na realidade, a adoção da fórmula de Bresse equivale à fixação de uma "velocidade média" a que se denomina "velocidade econômica", e sua melhor aproximação a um cálculo de fato do diâmetro econômico dar-se-á nas instalações de funcionamento contínuo e constante.

$$v = \frac{Q}{A} = \frac{Q}{\pi \times D^2 / 4} = \frac{4 \times Q}{\pi \times D^2}$$

$$D = K \times \sqrt{Q}$$

$$D^2 = K^2 \times Q \therefore v = \frac{4}{\pi \times K^2}$$

A velocidade nas canalizações de recalque, geralmente, é superior a 0,66 m/s, raramente ultrapassando 2,4 m/s. Esse limite superior é mais comumente encontrado nas instalações em que as bombas funcionam apenas algumas horas por dia.

Valores de K	Valores de v (m/s)
0,90	1,60
1,10	1,06
1,30	0,75
1,50	0,57

Nos Estados Unidos, na década de 1990-2000, empregava-se a seguinte fórmula aproximada:

$$D = 0,9 \times Q^{0,45}$$

(D em m, Q em m³/s).

Investigações realizadas na França, por Vibert, levaram à expressão seguinte:

$$D = K \times \left(\frac{t \times e}{f}\right)^{0,154} \times Q^{0,46}$$

onde,

t = número de horas de bombeamento por dia dividido por 24;

e = custo da energia elétrica ($/kWh);

f = custo do ferro dúctil ($/kg);

K = 1,55 para 24 horas e 1,35 para 10 horas de bombeamento;

Q = vazão (m³/s).

Para o dimensionamento das linhas de recalque de bombas que funcionam apenas algumas horas por dia propôs-se a fórmula:

$$D = 1,3 \times t^{1/4} \times \sqrt{Q}$$

É critério de alguns engenheiros estabelecer, para o caso de instalações prediais, diâmetros tais que a perda de carga unitária decorrente satisfaça a certos limites (geralmente 10 a 20%).

A-11.4.4 Hidrelétricas

As canalizações forçadas das usinas (*penstocks*) (*Figura A-11.4.4-a*) também são dimensionadas pelo critério econômico. Afinal, os diâmetros menores, embora mais econômicos na implantação, vão permitir gerar menos energia. Nesse caso, porém, as velocidades econômicas são maiores, em consequência de se considerar o preço de venda de energia (inferior ao que se considera para o bombeamento), onde se toma para a energia o preço de compra e porque são tubulações normalmente mais curtas.

Uma das fórmulas práticas aplicáveis ao pré-dimensionamento das tubulações forçadas de grande diâmetro (para geração hidroelétrica) foi proposta pelo Bureau of Reclamation dos EUA:

Tabela A-11.4.3-a Diâmetros econômicos, em mm, nas instalações prediais

		0,1	0,2	0,3	0,4	0,5	0,6	0,7	0,8	0,9	1	2	3	4	5	6	7	8	9	10
	Vazão (ℓ/s)																			
Funcionamento da bomba (h/dia)	**1**	10	10	10	10	10	10	20	20	20	20	30	30	40	40	50	50	50	60	60
	2	10	10	10	10	20	20	20	20	20	20	30	40	40	50	50	60	60	60	75
	3	10	10	10	20	20	20	20	20	30	30	30	40	50	50	60	60	75	75	75
	4	10	10	10	20	20	20	20	30	30	30	40	50	50	60	60	75	75	75	75
	5	10	10	20	20	20	20	30	30	30	30	40	50	60	60	75	75	75	75	100
	6	10	10	20	20	20	30	30	30	30	30	40	50	60	60	75	75	75	75	100
	7	10	10	20	20	20	30	30	30	30	30	40	50	60	75	75	75	75	100	100
	8	10	10	20	20	20	30	30	30	30	30	40	50	60	75	75	75	100	100	100
	9	10	10	20	20	30	30	30	30	30	30	50	60	60	75	75	75	100	100	100
	10	10	10	20	20	30	30	30	30	30	30	50	60	60	75	75	75	100	100	100
	11	10	20	20	20	30	30	30	30	30	30	50	60	75	75	75	100	100	100	100
	12	10	20	20	20	30	30	30	30	30	30	50	60	75	75	75	100	100	100	100
	13	10	20	20	20	30	30	30	30	30	40	50	60	75	75	75	100	100	100	100
	14	10	20	20	30	30	30	30	30	30	40	50	60	75	75	100	100	100	100	100
	15	10	20	20	30	30	30	30	30	30	40	50	60	75	75	100	100	100	100	100
	16	10	20	20	30	30	30	30	30	40	40	50	60	75	75	100	100	100	100	100
	17	10	20	20	30	30	30	30	30	40	40	50	60	75	75	100	100	100	100	100
	18	10	20	20	30	30	30	30	30	40	40	50	60	75	75	100	100	100	100	100
	19	10	20	20	30	30	30	30	30	40	40	50	60	75	75	100	100	100	100	100
	20	10	20	20	30	30	30	30	40	40	40	60	75	75	100	100	100	100	100	100
	21	10	20	20	30	30	30	30	40	40	40	60	75	75	100	100	100	100	100	100
	22	10	20	20	30	30	30	30	40	40	40	60	75	75	100	100	100	100	100	100
	23	10	20	20	30	30	30	30	40	40	40	60	75	75	100	100	100	100	100	100
	24	10	20	30	30	30	30	30	40	40	40	60	75	75	100	100	100	100	100	100

Tabela A-11.4.3-b Fórmula de Bresse. Diâmetro econômico das canalizações de recalque (funcionamento contínuo)

D (mm)	K = 1,0	K = 1,2	K = 1,3	K = 1,5
	Q em ℓ/s			
50	2,5	1,7	1,5	1,1
75	5,6	3,9	3,3	2,5
100	10,0	6,9	5,9	4,4
150	22,5	15,6	13,3	10,0
200	40,0	27,8	23,7	17,8
250	62,5	43,4	37,0	27,8
300	90,0	62,5	53,3	40,0
350	122,5	85,1	72,5	54,4
400	160,0	111,1	94,7	71,1
450	202,5	140,6	119,8	90,0
500	250,0	173,6	147,9	111,1
550	302,5	210,1	179,0	134,4
600	360,0	250,0	213,0	160,0

$$v = 0,125 \times \sqrt{2 \times g \times H}$$

onde,

H = altura de queda;

v = velocidade econômica.

É também bastante conhecida a fórmula de Barrows, que nas unidades métricas é a seguinte:

$$D = 0,583 \times \sqrt[7]{\frac{\mu \times b \times S \times Q^3}{c \times i \times H}}$$

onde,

μ = coeficiente de atrito (0,02 a 0,03);

b = valor de 1 cv durante 1 ano (assumido como sendo US$ 20 (2010));

S = pressão admissível (0,12 a 0,07 kg/m^2);

Q = vazão média (m^3/s);

c = custo do material do tubo (US$ 0,05 a 0,16/kg);

i = taxa fixa anual de juros e amortização (assumido como 0,10);

H = diferença de nível (m).

Tabela A-11.4.3-c Estudos econômicos de linhas de recalque. (Pesquisa do diâmetro mais conveniente)

Itens	D1	D2	D3	D4
Custo do tubo/m (incluindo juntas)				
Custo total da tubulação				
Amortização anual da tubulação, $ (1)				
Velocidade média, m/s				
Perda de carga, m/m				
Perda de carga ao longo da tubulação				
Carga cinética ($v^2/(2 \times g)$)				
Perdas localizadas				
Perda de carga total, m.c.a.				
Altura manométrica, m				
Potência consumida, HP				
Potência consumida, kW				
Custo anual de energia, $ (2)				
Custo por conjunto elevatório incluindo chaves				
Custo total dos conjuntos elevatórios				
Amortização anual dos conjuntos elevatórios (3)				
Despesa total anual, $ (1) + (2) + (3)				

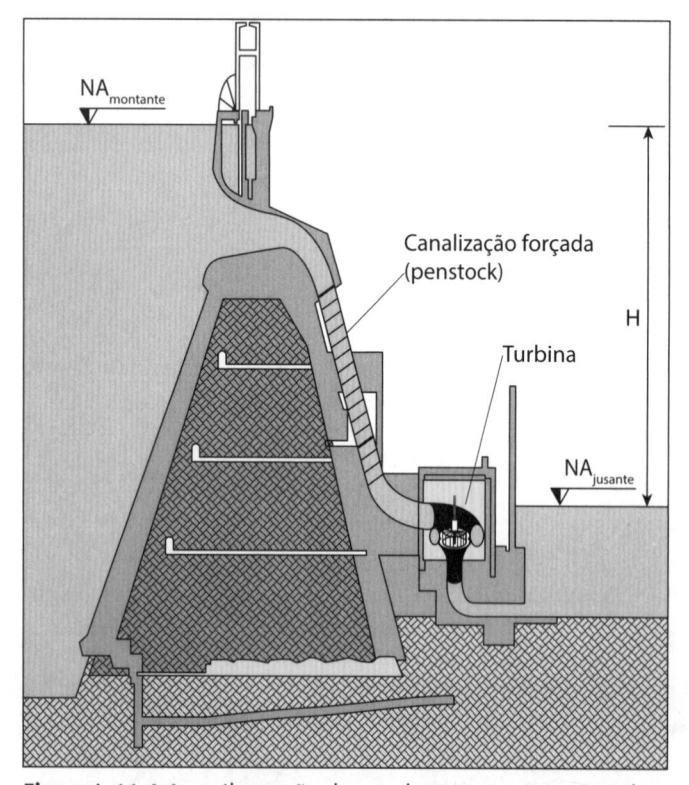

Figura A-11.4.4-a – Ilustração de uma barragem com uma turbina hidráulica.

A-11.5 BOMBAS CENTRÍFUGAS

A-11.5.1 Introdução

As bombas centrífugas respondem por mais de 90% das aplicações, geralmente acionadas por motores elétricos. A elas será dada maior atenção neste capítulo.

A *Tabela A-11.5.1-a*, com finalidades didáticas, apresenta uma sugestão para "classificação" das bombas centrífugas.

As *Figuras A-11.5.1-a* até *p* mostram alguns rotores (Bib. F475) e bombas centrífugas classificados de acordo com a *Tabela A-11.5.1-a*:

O número de pás, as formas da entrada e da saída, as curvaturas das pás, o diâmetro do rotor, o diâmetro da entrada e da saída, as relações com a velocidade de rotação, com a pressão, com a vazão, enfim, os detalhes internos de uma bomba, costumam ser objeto principalmente da atenção da engenharia mecânica e devem ser aprofundados na bibliografia por aqueles que precisem ou se interessem pelo tema.

Tabela A-11.5.1-a Classificação de bombas centrífugas

	Quanto ao (à):	
01	Movimento do líquido	a - simples sucção (rotor simples)
		b - dupla sucção (rotor dupla admissão)
02	Admissão do líquido	a - radial (tipos voluta e turbina)
		b - diagonal (tipo Francis)
		c - helicoidal
03	Número de "rotores" (ou "estágios")	a - um estágio (um só rotor)
		b - múltiplos estágios (dois ou mais rotores)
04	Tipo de rotor	a - aberto
		b - semi-fechado
		c - fechado
05	Posição do eixo	a - vertical
		b - horizontal
		c - inclinado
06	Pressão	a - baixa (até 20 m.c.a.)
		b - média (de 20 a 50 m.c.a.)
		c - alta (acima de 50 m.c.a.)

Nota: Praticamente todos os tipos podem ser fabricados/adaptados para instalação em diversas posições do eixo.

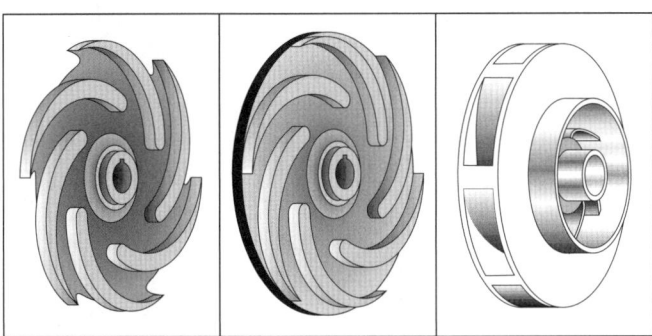

Figura A-11.5.1-a(1) Rotor tipo aberto, pás múltiplas, normalmente usado para águas com sólidos em suspensão, condições severas.

Figura A-11.5.1-b(1) Rotor semifechado, pás múltiplas, normalmente usado para águas com sólidos em suspensão.

Figura A-11.5.1-c(1) Rotor fechado de pás múltiplas, normalmente usado para águas sem material suspenso de tamanho significativo.

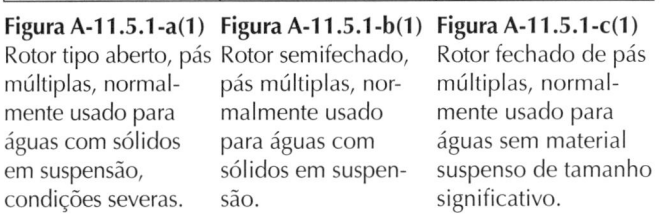

Figura A-11.5.1-a(2) Foto de rotor tipo aberto (Bib. F475).

Figura A-11.5.1-b(2) Foto de um rotor semifechado (Bib. F475).

Figura A-11.5.1-c(2) Foto de um rotor fechado (Bib. F475).

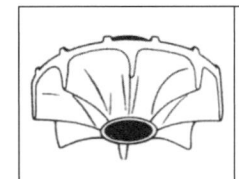
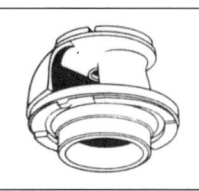

Figura A-11.5.1-d(1) Rotor semifechado de vórtice, para meios de alta viscosidade (Bib. F475).

Figura A-11.5.1-e(1) Rotor fechado, fluxo misto, para meios com sólidos em suspensão, alturas manométricas pequenas e vazões médias (Bib. F475).

Figura A-11.5.1-f(1) Carcaça utilizada para rotor tipo fluxo misto (*Figura A-11.5.1-e(1)*) ou similar (Bib. F475).

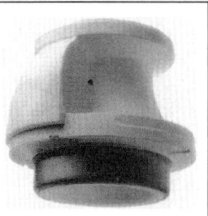
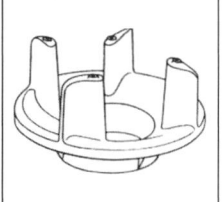

Figura A-11.5.1-d(2) Foto de rotor de vórtice (Bib. F475).

Figura A-11.5.1-e(2) Foto do rotor da *Figura A-11.5.1-e(1)* (Bib. F475).

Figura A-11.5.1-f(2) Estator com palhetas-guia para rotor tipo fluxo misto (*Figura A-11.5.1-e(1)*) ou similar (Bib. F475).

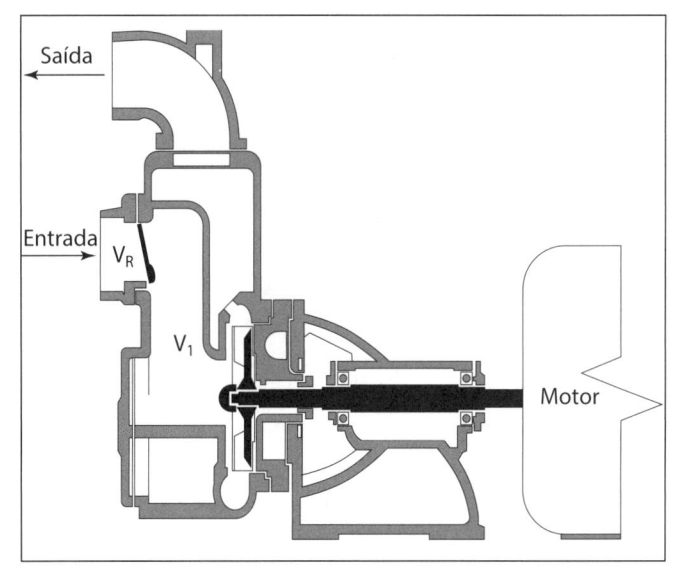

Figura A-11.5.1-g – Esquema de uma bomba autoescorvante com rotor semifechado. Note-se sua válvula de retenção VR e o compartimento com volume V_1 para ajudar na autoescorva. Em destaque (+ escuras), as peças móveis (Bib. K725).

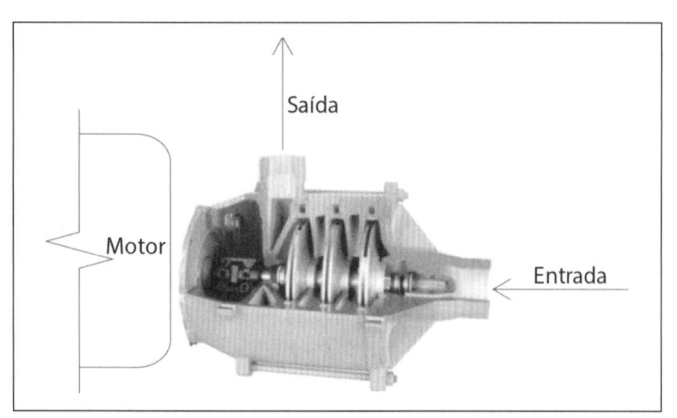

Figura A-11.5.1-h – Foto de uma bomba multiestágio com rotores fechados, em corte didático para mostrar o interior. A entrada é pelo eixo, à direita e a saída do recalque se dá em cima. O motor ficará acoplado no eixo pelo lado esquerdo da foto (Bib. S165).

Figura A-11.5.1-i – Foto de uma bomba centrífuga simples sucção, de pequeno porte, para aplicações múltiplas, tipo "monobloco" (acoplada ao motor elétrico) (Bib. D025).

Figura A-11.5.1-j – Foto de uma bomba centrífuga de um estágio, acoplada a um motor elétrico com um protetor de acoplamento, pronta para ser transportada (Bib. S820).

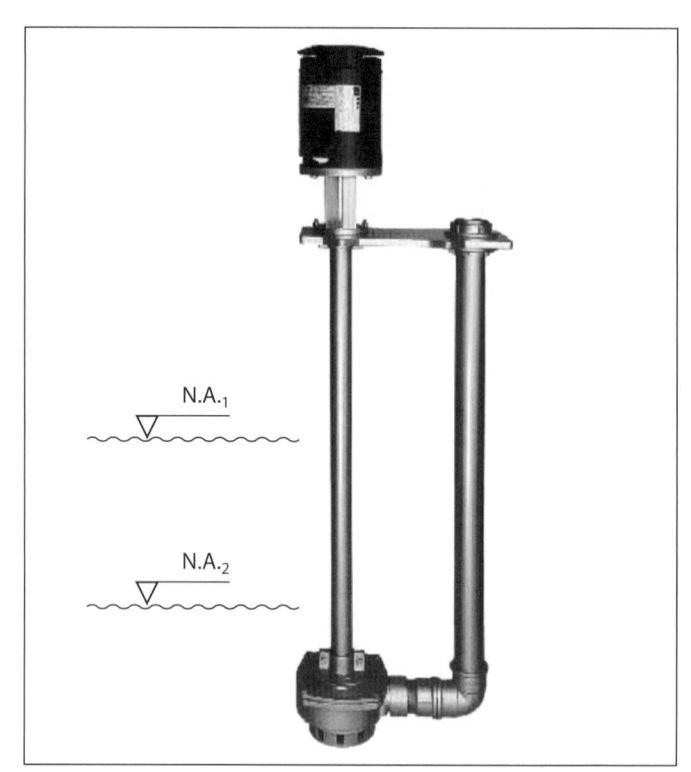

Figura A-11.5.1-k – Foto de uma bomba centrífuga de pequeno porte, com eixo vertical prolongado e tubo de elevação, com frequência aplicada em instalações prediais de esgotos (Bib. D026).

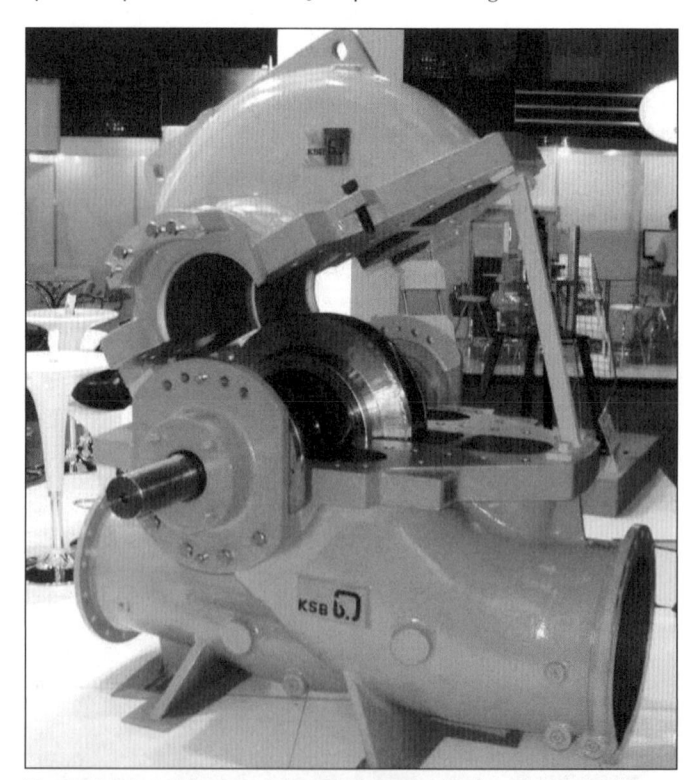

Figura A-11.5.1-l – Bomba centrífuga de dupla voluta, dupla sucção, carcaça bipartida semiaberta, em exibição na FITABES 2009. Ver *Figura A-11.2.2-a*: Esquema de uma bomba radial de carcaça bipartida, com rotor "fechado" de dupla voluta, com dupla sucção. Em destaque (+ escuras), as peças móveis (rotativas) (Bib. K725).

Figura A-11.5.1-m – Detalhe da *Figura A-11.5.1-l*, vendo-se o rotor de dupla sucção, do tipo fechado.

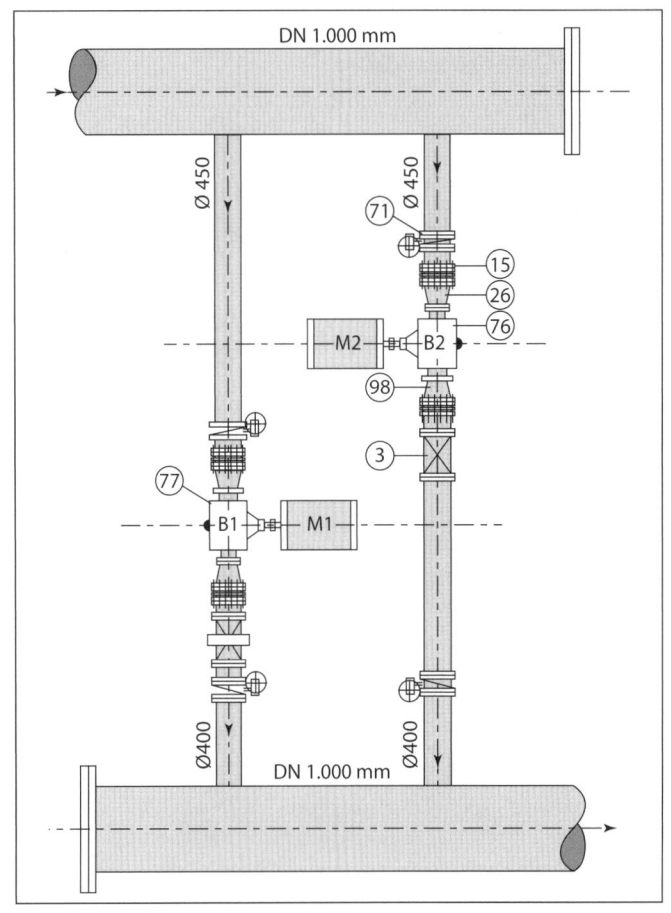

Figura A-11.5.1-o – Arranjo alternado dos grupos motor-bomba. Desenho esquemático da *Figura A-11.5.1-n*. (3) – Válvula de controle; (15) – Junta de montagem; (26) – Redução excêntrica; (71) – Válvula com função de bloqueio; (76) – Bomba (B2 - rotação sentido horário, M2 - rotação sentido horário); (77) Bomba (B1 - rotação sentido anti-horário, M1 - rotação sentido anti-horário); (98) – Redução (ampliação) concêntrica

Figura A-11.5.1-n – Estação de bombeamento com bombas centrífugas, dupla voluta e dupla sucção, com carcaça bipartida. Em primeiro plano, no canto inferior direito, uma válvula reguladora (também com função de retenção – ver *item A-10.2.1.8*). Note-se o arranjo alternado dos grupos motor-bomba para ocupar menos espaço (ver *Figura A-11.5.1-o*), levando a que metade das bombas sejam acopladas aos motores por um lado e metade por outro lado, e metade dos motores com rotação sentido horário e metade anti-horário (Booster Carijojó, Prolagos, Q_{total} 2,0 m³/s).

Figura A-11.5.1-p – Pequena bomba centrífuga acoplada diretamente a um motor elétrico, succionando de um reservatório de água e bombeando para duas direções.

A-11.5.2 Curvas características

Os resultados de ensaio de uma bomba centrífuga, funcionando com velocidade constante (número de rotações por minuto), podem ser representados em um diagrama traçando as curvas características de carga, rendimento e potência absorvida, em relação à vazão.

O diagrama da *Figura A-11.5.2-a* corresponde aos resultados de ensaios de uma bomba adquirida para recalcar 340 ℓ/s, a uma altura manométrica de 13,50 m, e trabalhando com 900 rpm nominais (motor 8 polos).

A *Figura A-11.5.2-b* apresenta a curva de uma bomba como costuma ser mostrada pelos fabricantes (Bib. W580). No caso, trata-se de uma bomba centrífuga, de carcaça bipartida.

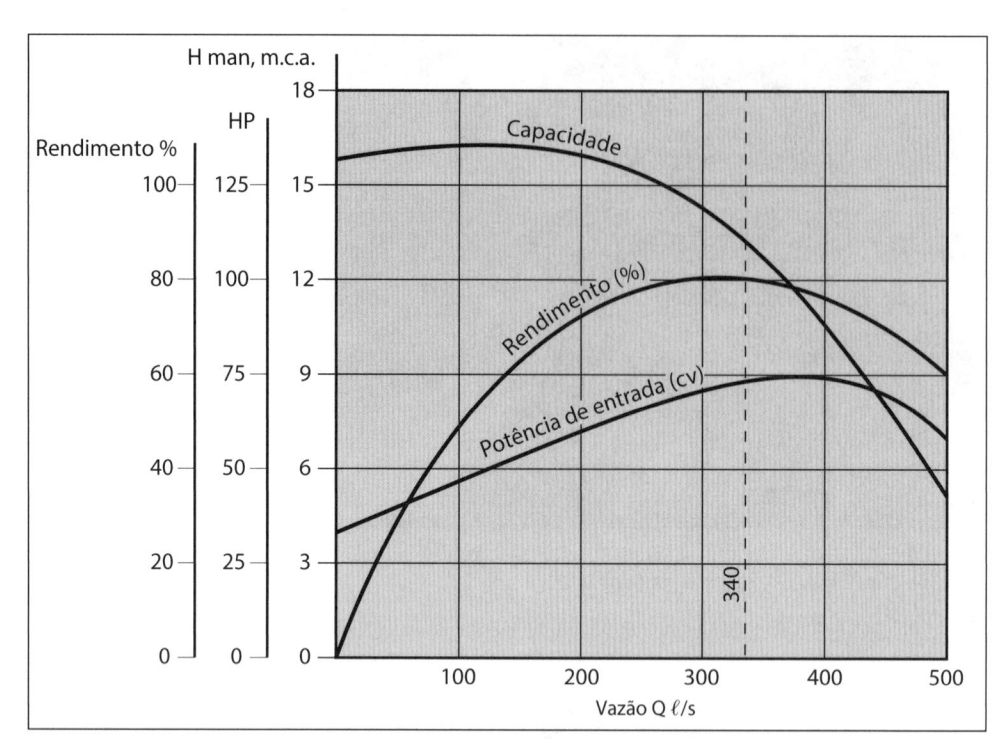

Figura A-11.5.2-a – Curvas características típicas para uma determinada bomba centrífuga.

A-11.5.2.1 Velocidade específica (n_s)

Para a escolha da bomba certa, para uma determinada vazão e pressão total, introduz-se o conceito da velocidade específica n_s, que é de grande utilidade na caracterização das bombas, pois independe de seu tamanho e velocidade de funcionamento (rpm).

Conceitualmente, a "velocidade específica" de uma determinada bomba B_n é o número de rotações por minuto de uma bomba "virtual", geometricamente semelhante (semelhança mecânica) à bomba B_n, que é capaz de elevar 75 ℓ/s de água a uma altura de 1 m demandando a potência efetiva de 1 cv.

Qualquer bomba com a mesma geometria (semelhança mecânica) tem uma mesma "velocidade específica". A "velocidade específica" é uma característica dessa geometria singular (geometricamente homotéticas da bomba virtual B_n).

Em unidades métricas, a velocidade específica n_s pode ser calculada pela seguinte expressão:

$$n_s = k \times n \times \frac{\sqrt{Q}}{H^{3/4}}$$

onde,

Q = vazão, em m³/s;
H = altura manométrica, em metros;
n = número de rotações por minuto (rpm);
k = 3,65 para m³/s e 0,1155 para ℓ/s.

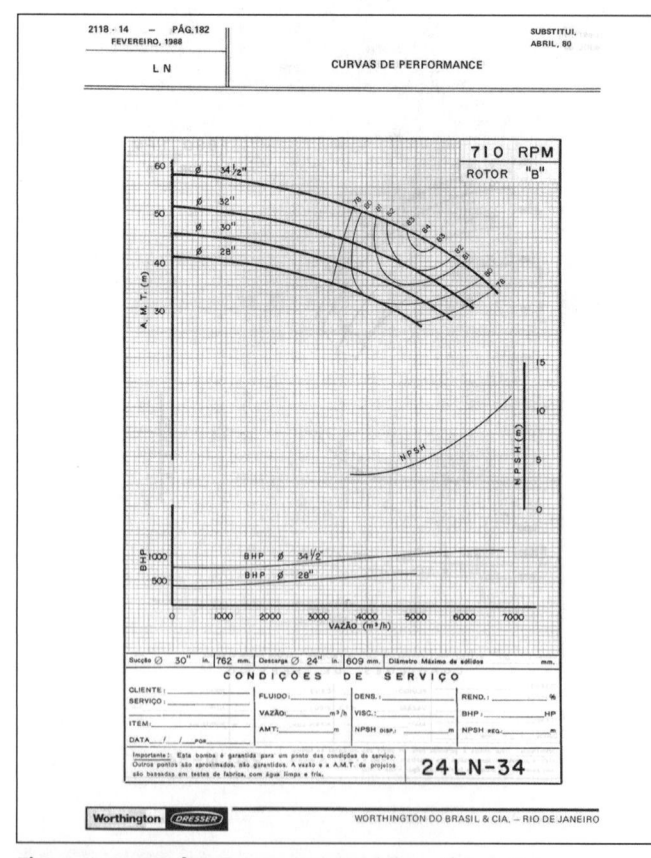

Figura A-11.5.2-b – Curvas características típicas para uma bomba centrífuga, carcaça bipartida (fabricante: Worthington/ Ingersoll/Flowserve , Bib. W580, p. 182). Termos utilizados: A.M.T – Altura Manométrica Total. BHP – Break Horse Power ou Consumo de Energia da Bomba, em HP ≡ cv. NPSH (Net Positive Succion Head – Pressão Positiva de Sucção), em m.c.a.

A *Figura A-11.5.2.1-a* procura apresentar as faixas de n_s em que cada tipo de rotor apresenta melhor rendimento.

No sistema métrico as unidades são $Q = 1$ m³/s e $H = 1$ m; e no sistema inglês $Q = 1$ gpm (galão por minuto) e $H = 1$ pé; n é a rotação (rpm). Convertem-se as velocidade específicas n_s de um sistema para o outro com o fator 1.935×10^{-2}. Ou seja, n_s métrico = $1.935 \times 10^{-2} \times n_s$ inglês. Neste texto usa-se o sistema métrico.

Em caso de duas entradas num só rotor, a n_s deve ser calculada com a metade da vazão, $Q/2$; do mesmo modo, em caso de bombas com mais de um estágio, a pressão deve ser dividida pelo número de rotores.

Calculando as velocidades específicas dos três tipos de bombas, cujas características são representadas nas *Figuras A-11.2.1-d, A-11.2.2-a e b*, resultam, respectivamente:

$H = 500$ m
$Q = 2,5 \times 10^{-3}$ m³/s $n = 1.000$ rpm $n_s = 1,72$
(bomba radial)

$H = 60$ m
$Q = 8 \times 10^{-2}$ m³/s $n = 3.450$ rpm $n_s = 165,21$
(bomba francis)

$H = 20$ m
$Q = 4 \times 10^{-1}$ m³/s $n = 2.000$ rpm $n_s = 488,18$
(bomba mista)

$H = 5,6$ m
$Q = 0,8$ m³/s $n = 900$ rpm $n_s = 807,12$
(bomba axial)

A velocidade específica n_s indica claramente os tipos a serem escolhidos.

A-11.5.3 Alterações nas condições de funcionamento

Os efeitos de alterações introduzidas nas condições de funcionamento de uma bomba não devem ser avaliados exclusivamente com base na expressão que permite determinar a sua potência (*item A-11.3.1*). É indispensável o exame das curvas características que indicam a variação do rendimento. A *Tabela A-11.5.3-a* apresenta alguns efeitos de alterações em conjuntos elevatórios.

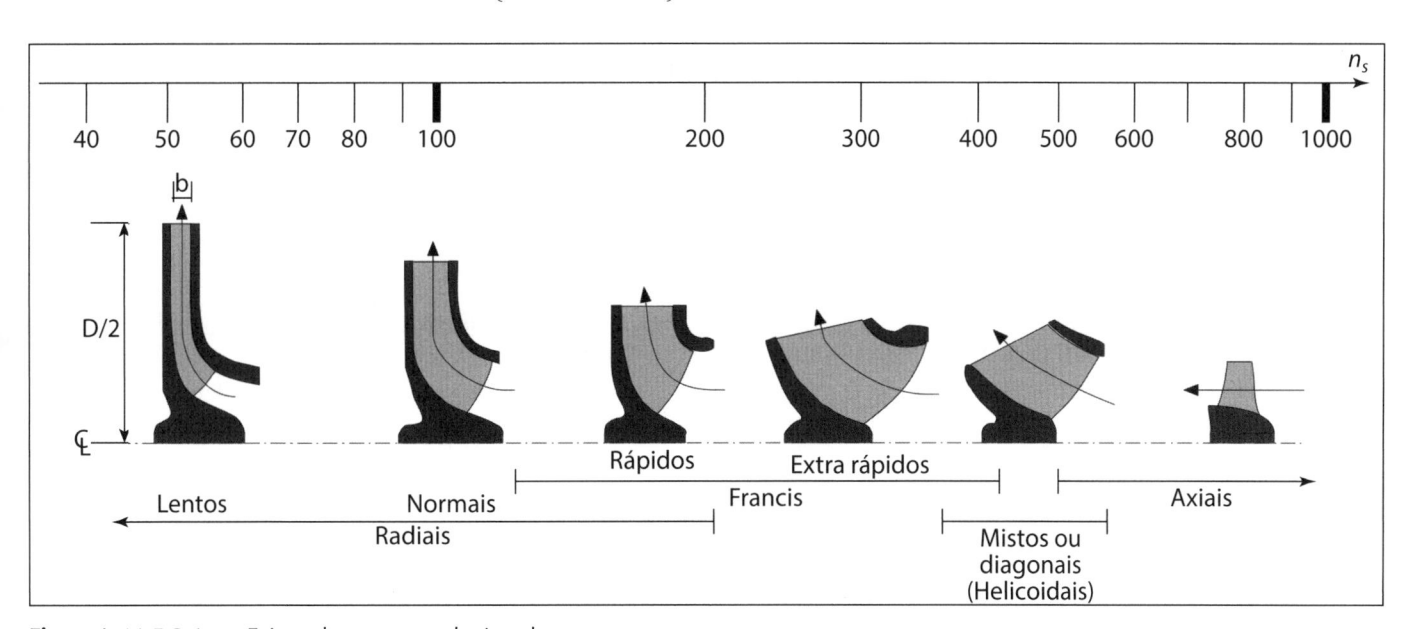

Figura A-11.5.2.1-a – Faixas de n_s para cada tipo de rotor.

Tabela A-11.5.3-a Efeitos de alterações em conjuntos elevatórios

Tipo de bomba	O que ocorre quando a altura de recalque é reduzida		O que ocorre quando a altura de recalque é aumentada	
	Capacidade (vazão)	Consumo (energia)	Capacidade (vazão)	Consumo (energia)
Centrífuga	Aumenta	Depende da velocidade (rpm)	Reduz	Depende da velocidade (rpm)
De êmbolo ou diafragma	Nada	Reduz	Nada	Aumenta

Nota: "altura de recalque" ou "altura manométrica"

As alterações na altura manométrica real de uma bomba centrífuga trazem as seguintes consequências:

a) aumentando a altura manométrica, Q (vazão) e a potência absorvida diminuem;

b) reduzindo a altura manométrica, Q (vazão) e a potência absorvida aumentam.

É por isso que, fechando a saída de uma bomba centrífuga (onde normalmente há uma válvula para esse e outros fins), reduz-se a potência necessária para o início de seu funcionamento (aumento da perda de carga e altura manométrica).

É recomendável, pois, o fechamento da válvula da canalização de recalque (por jusante da bomba, ou seja, após a bomba) ao dar a partida a uma bomba centrífuga.

O aumento ou redução da velocidade (rpm) tem os seguintes efeitos:

$$\frac{Q_1}{Q_2} = \frac{\mathrm{rpm}_1}{\mathrm{rpm}_2}, \qquad \frac{H_1}{H_2} = \frac{(\mathrm{rpm}_1)^2}{(\mathrm{rpm}_2)^2}, \qquad \frac{P_1}{P_2} = \frac{(\mathrm{rpm}_1)^3}{(\mathrm{rpm}_2)^3}$$

A-11.5.4 Operação em paralelo

Se duas bombas iguais forem instaladas em paralelo, bombeando na mesma tubulação, grosso modo admite-se a mesma altura manométrica, somando-se as vazões das unidades instaladas (na prática a vazão das duas operando em paralelo é menor que a soma, pois a altura manométrica será maior, já que a velocidade na mesma tubulação será maior e a perda de carga maior).

Duas ou mais bombas de capacidades diferentes funcionarão satisfatoriamente em paralelo se tiverem características semelhantes.

Com efeito, considerando um arranjo como o da *Figura A-11.5.4-a*, se a válvula VB1 estiver fechada, a água não circula e o rotor da bomba gira junto com a água contida na carcaça, e, entretanto, a pressão é a máxima possível. O termo técnico usado é pressão de partida (em inglês: pressão de *shutoff*, termo muito usado mesmo em outras línguas). Nessa situação o rendimento é também "zero".

À medida que se for abrindo a válvula VB1, e a água comece a circular, a pressão vai caindo. Esse processo de ir abrindo a válvula e a vazão ir aumentando prossegue até que o rendimento da bomba atinge um valor máximo e depois decresce. Esse ponto de rendimento máximo é função da bomba (tipo, detalhes de projeto e velocidade de rotação).

Como a água é bombeada por uma tubulação (em "sistema"), a "perda de carga" depende da velocidade, ou seja, da vazão. A curva de perda de carga em função da

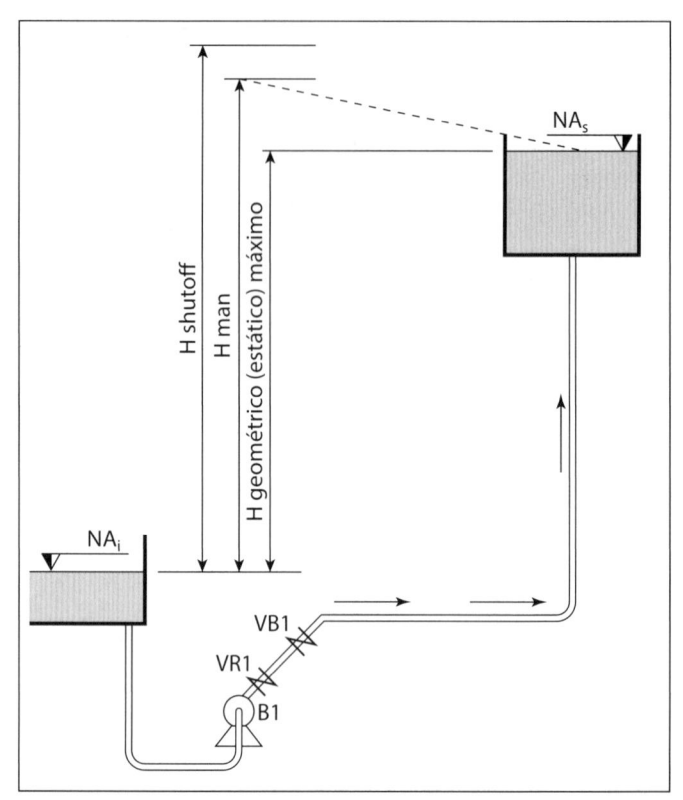

Figura A-11.5.4-a – Esquema de um sistema com 1 bomba em operação.

vazão é chamada de "curva do sistema" ou "curva característica do sistema". As forças que se opõem ao escoamento são:

- a pressão estática (gravidade), que vem a ser a altura H entre o NA inferior e o NA superior (que é aproximadamente constante ou constante);

- as perdas de carga (atrito), que variam com a vazão.

As bombas centrífugas funcionam no ponto de interseção da "curva da bomba" com a "curva do sistema". Especial atenção deve ser dada a esse "ponto ou zona de funcionamento" do sistema de bombeamento, para que se trabalhe nas melhores condições de rendimento.

A *Figura A-11.5.4-b* mostra as condições de vazão, pressão (altura manométrica) e eficiência (rendimento) de uma bomba centrífuga (KSB RDL 400-480 A, rotor ø 475 mm, 1.750 rpm, Bib. K725) e ilustra, em forma de gráfico, as considerações feitas anteriormente. A *Figura A-11.5.4-c* mostra a curva da bomba conforme catálogo do fornecedor.

O caso de bombas operando em paralelo contra uma mesma tubulação (*Figura A-11.5.4-d*) é uma situação muito frequente quando a vazão a ser bombeada não é constante.

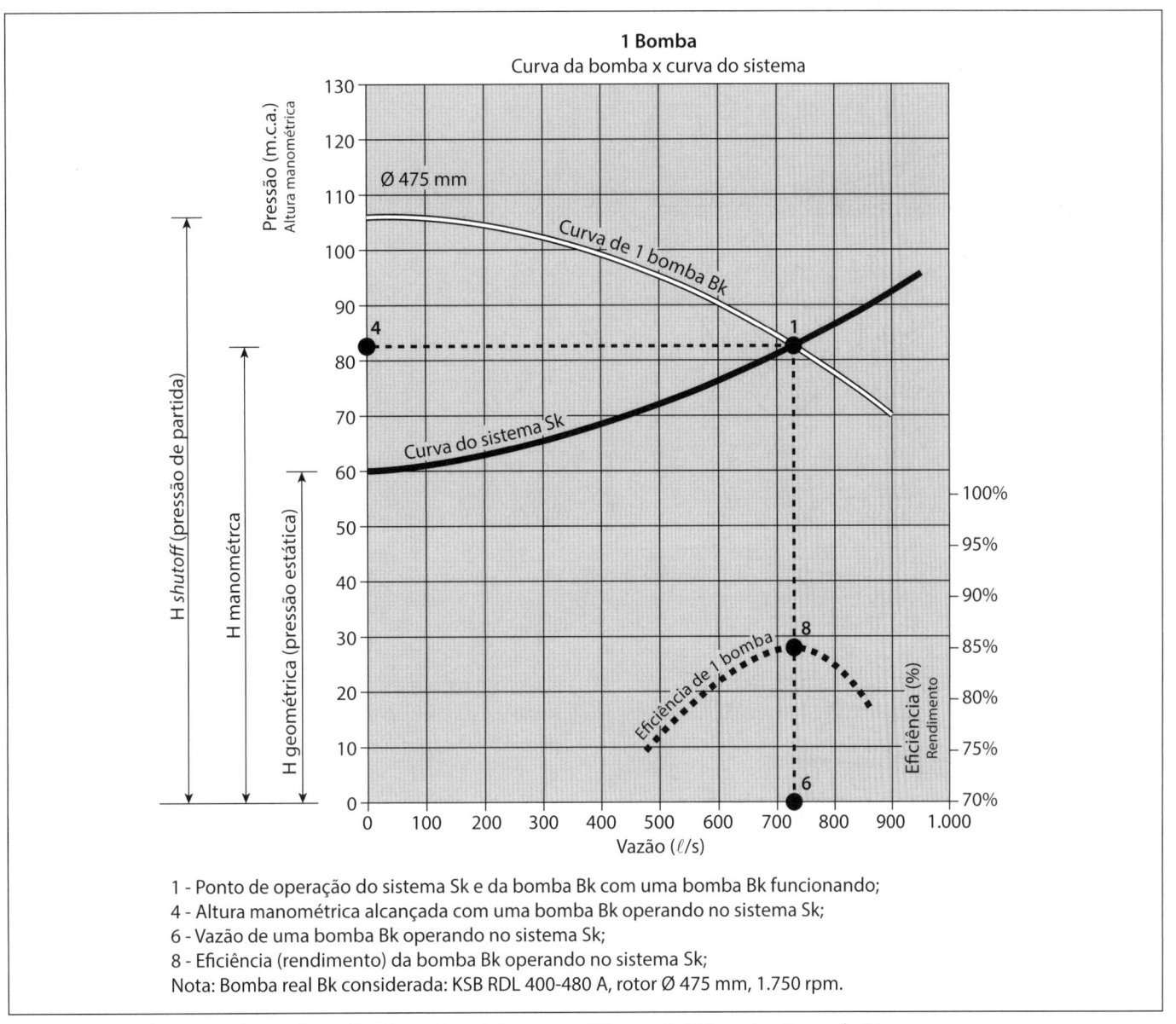

Figura A-11.5.4-b – Curva da Bomba (KSB RDL 400-480 A, rotor ø 475 mm, 1.750 rpm) x Curva do Sistema.
Nota: para traçar a curva do sistema da *Figura A-11.5.4-b*, arbitrou-se uma situação com os seguintes parâmetros (que chamaremos de sistema Sk):
a) Altura geométrica H_g = 60 m; b) Diâmetro DN da tubulação sob recalque = 500 mm; c) Rugosidade da tubulação (Hazen-Williams) C = 120;
d) Extensão L do recalque = 850 m.

Nessas situações, a altura geométrica normalmente é a mesma ou muito próxima, independente da vazão. O sistema de tubulação também costuma ser um só, pois é muito mais caro instalar dois tubos em paralelo do que uma só tubulação de diâmetro equivalente (a exceção são tubos muito curtos em que esse custo é irrelevante, frequentes em drenagem, esgotos, irrigação).

A *Figura A-11.5.4-e* apresenta a "curva da bomba × curva do sistema" para este caso.

A-11.5.5 Operação em série

Instalando duas ou mais bombas (iguais) em série, grosso modo, pode-se considerar para o novo sistema a soma das alturas de elevação que caracterizam cada uma das bombas e a mesma vazão de uma delas isoladamente.

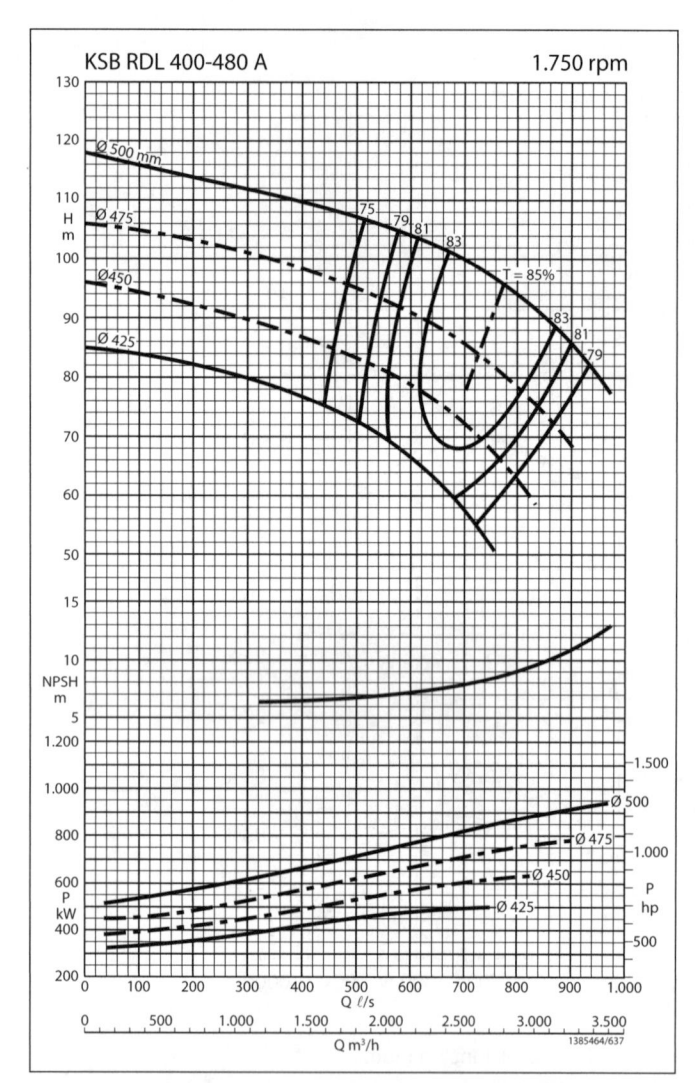

Figura A-11.5.4-c – Curva da Bomba (KSB RDL 400-480 A, 1.750 rpm, rotor ø 425, 450, 475 e 500 mm) conforme catálogo do fornecedor (Bib. K725).

A-11.5.6 Velocidade de rotação variável

Analogamente à análise feita para duas bombas operando em paralelo (*item A-11.5.4*), sobre uma curva do sistema altura × vazão, deve-se recomeçar pelo ponto de velocidade de rotação máxima, que é o ponto "normal" de funcionamento da bomba (na prática, a variação de velocidade de rotação se dá daí para baixo).

A partir daí se constroem "curvas" ditas "paralelas", por critérios de "semelhança mecânica", leis de "homologia" (ver *Figura A-11.5.6-a*).

$$1 - \frac{Q_1}{Q_2} = \frac{RPM_1}{RPM_2}$$

$$2 - \frac{H_1}{H_2} = \left(\frac{RPM_1}{RPM_2}\right)^2$$

$$3 - \frac{P_1}{P_2} = \left(\frac{RPM_1}{RPM_2}\right)^3 \quad \text{(fórmula pouco precisa)}$$

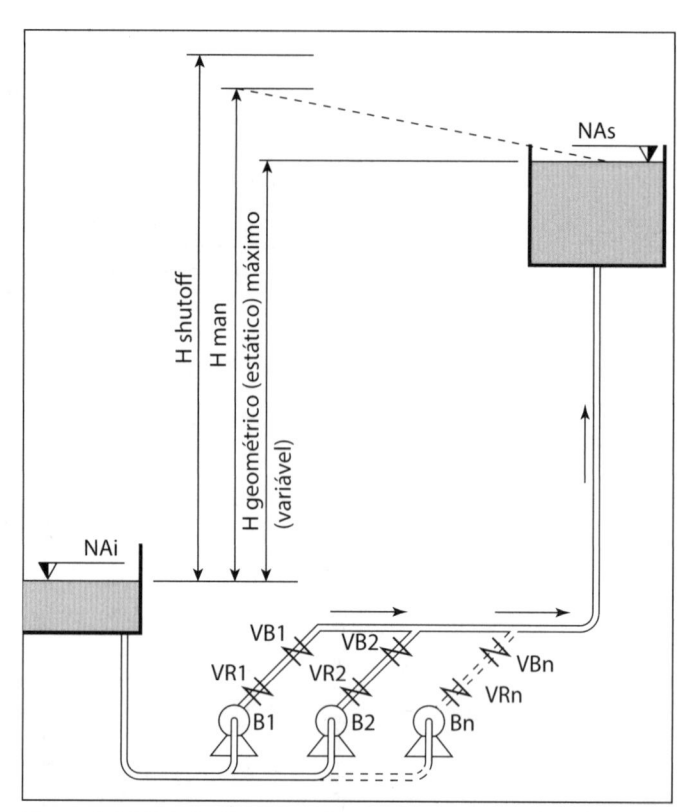

Figura A-11.5.4-d – Esquema de um sistema com 2 bombas operando em paralelo. Note-se que como a entrada do reservatório superior é por baixo, o H geométrico varia.

O assunto é extenso e optou-se por citá-lo neste manual no intuito de alertar o leitor, já que o barateamento dos "inversores" de frequência tem tornado o assunto frequente, levando alguns a acharem que se trata de solução para muitos casos, o que pode não corresponder à realidade.

É importante notar que ao variar a velocidade de rotação, a eficiência da bomba (e do motor) varia muito e as eventuais vantagens devem ser analisadas com extremo cuidado para verificar se o custo de energia não os anula.

A-11.5.7 Escolha (seleção) de bombas

A escolha da bomba é determinada, principalmente, pelas condições de operação e de manutenção e, ainda, por considerações econômicas. Naturalmente, o comprador está interessado em instalar uma unidade que forneça a vazão desejada de fluído para a pressão necessária. A *Figura A-11.5.7-a* apresenta o gráfico para seleção de bombas da fabricante Worthington.

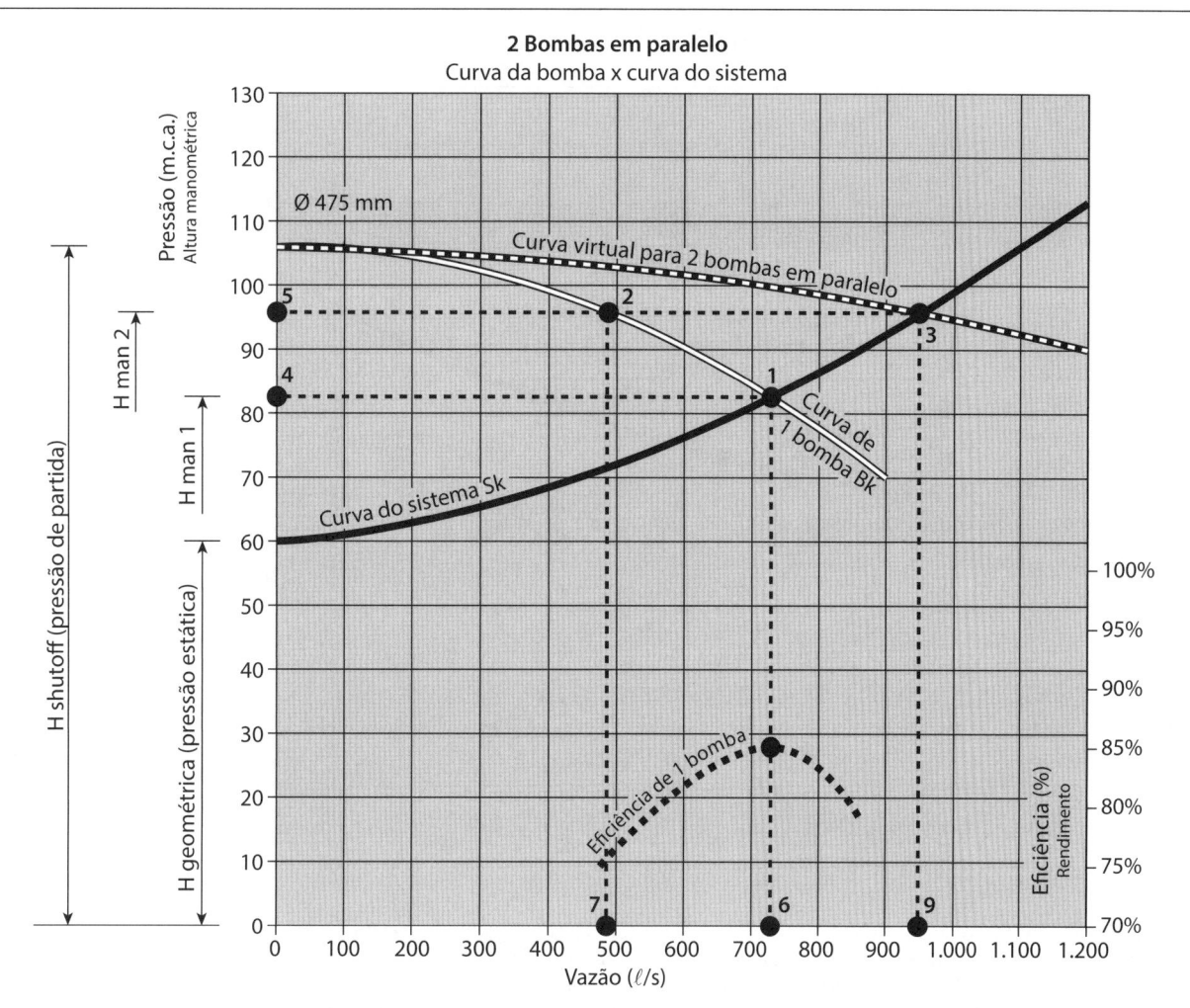

2 Bombas em paralelo
Curva da bomba x curva do sistema

1 - Ponto de operação do sistema Sk e da bomba Bk com uma bomba Bk funcionando;

2 - Ponto de operação de cada bomba Bk no sistema Sk com duas bombas iguais operando em paralelo (funcionando ao mesmo tempo);

3 - Ponto de operação do sistema Sk com duas bombas Bk iguais operando em paralelo (funcionando ao mesmo tempo). Corresponde também a um ponto "virtual" de operação dessas bombas operando em paralelo;

4 - Altura manométrica alcançada com uma só bomba Bk operando no sistema Sk;

5 - Altura manométrica alcançada com duas bombas Bk operando em paralelo no sistema Sk;

7 - Vazão de cada bomba Bk com duas bombas Bk iguais operando em paralelo no sistema Sk;

8 - Vazão de uma só bomba Bk funcionando no mesmo sistema Sk;

9 - Vazão com duas bombas Bk operando em paralelo no sistema Sk.

NOTA 1 — 52 = 23, ou seja, QBk1 = QBk2; isto é, a vazão em cada bomba quando duas bombas iguais operam em paralelo, em qualquer sistema, será sempre igual (07 = 79).

NOTA 2 — Bomba real Bk considerada: KSB RDL 400-480 A, rotor Ø 475 mm, 1.750 rpm.

Figura A-11.5.4-e – Curva da Bomba (KSB RDL 400-480 A, rotor ø 475 mm, 1750 rpm) x Curva do Sistema, para o caso de 2 bombas operando em paralelo.

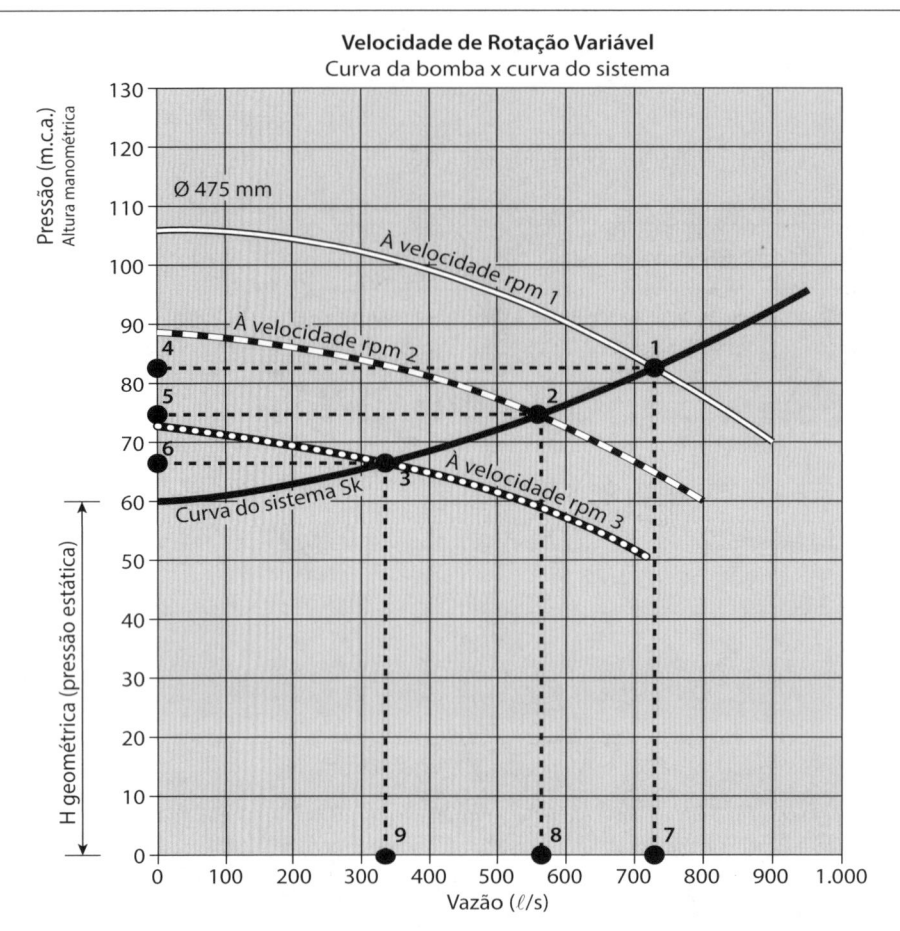

Figura A-11.5.6-a – Curva da Bomba (operando com velocidade de rotação variável) x Curva do Sistema
Nota: o sistema Sk considerado é o mesmo utilizado no *item A-11.5.4* e possui os seguintes parâmetros: a) Altura geométrica H_g = 60 m; b) Diâmetro DN da tubulação sob recalque = 500 mm; c) Rugosidade da tubulação (Hazen-Williams) C = 120 ; d) Extensão L do recalque = 850 m.

A-11.5.7.1 Vazão, pressão e rendimento

A pressão total H é a soma das pressões estáticas H_{est} de recalque e sucção e das perdas h_f nos condutos.

As *Figuras A-11.3.1-a (1)* e *(2)* representam instalações típicas. A pressão estática é simplesmente a diferença dos níveis do líquido na tomada e na saída do tubo de recalque.

As perdas h_f são proporcionais ao quadrado da velocidade v no conduto.

Então:

$$H = H_{est} + h_f$$

$$h_f = \left(\frac{v_r^2}{2 \times g} + \frac{v_i^2}{2 \times g} \right) \times \left[1 + \sum \lambda \times \left(\frac{DN_r}{DN_i} \right)^5 \times \frac{L_i}{D_0} + \right.$$

$$\left. + \sum \zeta_i \times \left(\frac{DN_r}{DN_i} \right)^4 + \xi \right]$$

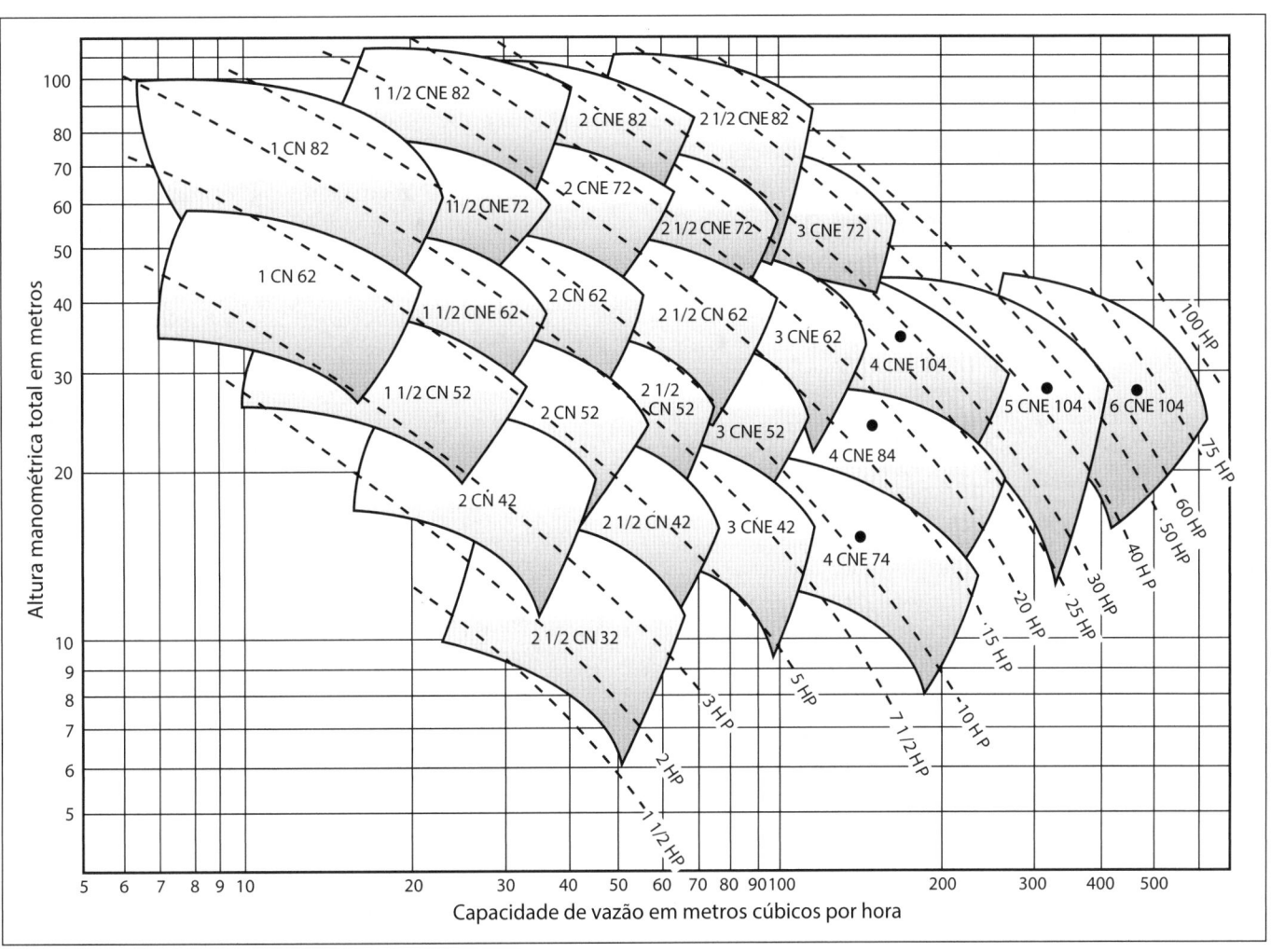

Figura A-11.5.7-a – Gráfico para seleção de bombas Worthington (o primeiro número indica o diâmetro de saída). Exemplo – 100 m³/h e altura manométrica de 35 m: bomba 3CNE 62 boca de 3″, entrada de 3″, 20 HP (Bib W580).

sendo:

DN_i = diâmetro do tubo na sucção;

v = velocidade (Q/A);

Q = vazão;

A = área da seção (($\pi \times DN^2$)/4);

L_i = comprimento do tubo de diâmetro DN_i;

λ = coeficiente de atrito, variável com o número de Reynolds (($v \times DN$)/v_{cn}) e com a rugosidade;

ζ = coeficiente de perdas localizadas (cotovelos, difusores etc.);

ξ = coeficiente da válvula de regulagem, variável entre k e ∞ (k: válvula aberta, ∞: válvula fechada);

DN_r = diâmetro do tubo no recalque;

v_r = velocidade na seção de saída.

Dá-se a seguir um exemplo prático.

Seja a bomba (3.450 r.p.m.), cujas características são dadas na *Figura A-11.5.7.1-a* e a instalação confor-

me *Figura A-11.3.1-a* (2) (entrada por cima, ou seja, altura de recalque sempre a máxima), com:

- tubo de sucção de DN_i = 75 mm e L_i = 10 m;
- tubo de recalque de DN_r = 60 mm e L_r = 90 m;
- H_{est} = 27,5 m entre os NA_i e o nível máximo do reservatório superior.

A mesma *Figura A-11.5.7.1-a* dá as curvas de perdas para tubos novos (lisos) e tubos usados, já corroídos, com a válvula de regulagem completamente aberta. A interseção dessas curvas, com a da pressão fornecida pela bomba, indica o ponto de funcionamento. No exemplo escolhido, esses pontos estão próximos ao do rendimento máximo, e essa bomba serve perfeitamente para vazões abaixo de 30 m³/hora (tubo liso) e 27 m³/hora (tubo enferrujado/incrustado).

Se fosse usado um tubo de recalque com diâmetro de 75 mm, a vazão poderia atingir 34 m³/hora com vál-

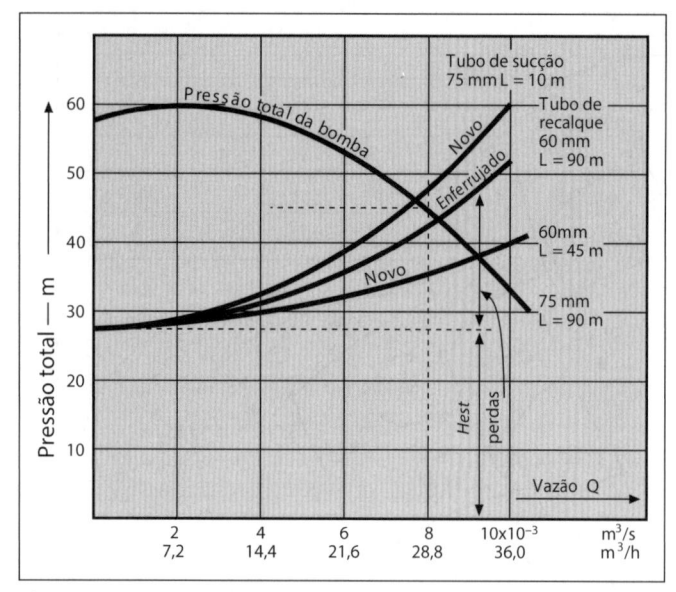

Figura A-11.5.7.1-a – Características de bomba e sistema de tubulação.

vula aberta (ver as curvas de perda para tubos de 75 mm e 60 mm), mas de comprimento L = 45 m, em vez de L = 90 m. Para a avaliação do perigo da cavitação, pode-se tirar da *Figura A-11.3.3-a* o H_s admissível para 9 ℓ/s ou 32,4 m³/hora.

$$H_S \cong 4,5 \text{ m}$$

As perdas no tubo de sucção serão:

$$h_f = \frac{v^2}{2 \times g} \times \left(\lambda \times \frac{L}{D} + \rho \right), \text{ ou } h_f = 1,7 \text{ m}$$

e a altura estática de sucção será:

$$H_{S,\,est} = H_S - h_f = 2,8 \text{ m}$$

Caso o comprimento do tubo de sucção fosse 5 m em vez de 10 m, resultaria:

$$h_f = 0,85 \text{ m e } H_{S,\,est} = 3,65 \text{ m.}$$

O exemplo mostra a importância da adaptação do sistema de tubulação à bomba, e vice-versa.

A-11.5.7.2 Motores de acionamento

A seleção do motor que aciona a bomba é de importância fundamental. As bombas estáticas ou volumétricas têm aumento da potência aproximadamente proporcional à pressão. A potência do motor deve corresponder, no mínimo, à pressão máxima de serviço. Válvulas de segurança, que limitam a pressão pelo retorno de fluido do lado da pressão de recalque para o lado de sucção, precisam ser previstas, em caso da possibilidade ou necessidade de que a vazão seja zero, sem parar o motor. Bombas centrífugas têm aumento da potência com aumento da

vazão, e a potência do motor deve satisfazer à potência de carga máxima de serviço. A inclinação da curva de potência em função da vazão diminui com a velocidade específica e torna-se negativa para bombas axiais, onde a potência é mínima para a vazão máxima.

Válvulas de regulagem em condutos de bombas axiais deverão ser evitadas, se as pás do rotor não forem reguláveis; as bombas centrífugas têm o arranque, preferivelmente, com as válvulas de regulagem fechadas. Esses aspectos são importantes do ponto de vista da sobrecarga de motores.

A maioria das instalações tem motores elétricos de corrente alternada, diretamente acoplados (elasticamente) às bombas. Nesse caso, o número de rotações é fixado pelo número de polos e pela frequência do sistema. Em casos de acoplamento por correia ou por intermédio de engrenagens (ou ainda em motores de velocidade variável), a velocidade pode ser escolhida livremente. Turbinas a vapor permitem a escolha de velocidades altas e ainda têm a vantagem da flexibilidade, possibilitando a adaptação da característica para dar o rendimento máximo, de acordo com a demanda variável do serviço.

A velocidade é limitada pela resistência dos materiais do rotor e também pelas condições de cavitação.

Ensaios das bombas são normalmente efetuados com água de 15 a 20 °C e todas as características fornecidas pelos fabricantes referem-se à água.

A-11.5.7.3 Outros fluidos

A modificação do peso específico não tem influência sobre a vazão e a pressão, se é expresso em metros do fluido movimentado, mas a potência modifica-se proporcionalmente ao peso específico. Mais importantes são as propriedades pressão de vapor e viscosidade. A pressão de vapor tem grande influência sobre as condições de cavitação; a viscosidade modifica a vazão, a pressão e o rendimento da bomba.

A-11.5.7.4 Cavitação, pressão de vapor (ver A-11.3.3)

A fim de levar em conta a pressão de vapor, os fabricantes fornecem, para cada tipo de bomba, não a altura de sucção H_s, mas uma quantidade NPSH (*net positive suction head*), ou um valor equivalente,

$$\sigma = \frac{NPSH}{H}$$

sendo H a pressão no ponto de rendimento máximo.

Por definição,

$$NPSH = p_i - p_v + \frac{v^2}{2 \times g}$$

sendo:

p_i (em metros) = pressão absoluta medida na entrada da bomba;

p_v (em metros) = pressão de vapor absoluta do líquido; v (a velocidade na entrada).

Quando as pressões p_i e p_v são medidas ou dadas em metros de água, a conversão em metros de líquidos movimentados deve ser feita. Resulta, então, a altura de sucção H_s.

$$H_S = p_0 - p_v - \sigma \times H,$$

$$H_S = H_{S,est} + \frac{\rho \times v^2}{2 \times g} = p_0 - p_v - NPSH,$$

sendo p_0 a pressão absoluta na superfície do líquido no poço, em metros de líquido.

Como exemplo, considere uma bomba com $H_s = 4,5$ m e NPSH $= 10 - H_s = 5,5$ m. Sendo o fluido água a 90 °C com $p_v = 7,15$ m e pressão atmosférica na instalação de 700 mm H_g, resulta $p_0 = 9,5$ m e:

$$H_S = p_0 - p_v - NPSH = -3,15 \text{ m}$$

Considerando-se as perdas de $(\rho \times v^2)/(2 \times g) = 1,7$ m, a bomba deve ser instalada ($H_{S, est}$) 4,85 m abaixo do nível do poço, afogada. Bombas projetadas para baixos valores de NPSH permitem maior sucção.

A-11.5.7.5 Viscosidade

O efeito da viscosidade na característica das bombas é complexo. São usados coeficientes determinados experimentalmente para modificar as características obtidas em ensaios com água. Indicando com índice x as quantidades concernentes a fluidos diferentes de água, tem-se:

rendimento $\eta_x = C_n \times \eta$; pressão $H_x = C_d \times H$; vazão $Q_x = C_q \times Q$.

Os coeficientes são, principalmente, funções do número de Reynolds convenientes para bombas.

Como exemplo seja dada a curva característica da bomba com água da *Figura A-11.2.2-d*, adaptada para um óleo de densidade 0,9 e viscosidade de SSU = 1.000 ou $v_{cn} = 220$ centistokes. Os resultados são dados na *Figura A-11.5.7.5-a*.

Para escolha da bomba adequada para um serviço determinado sob o ponto de vista hidráulico, são indispensáveis as seguintes informações:

a) o líquido movimentado;

b) as propriedades do líquido, densidade, viscosidade, temperatura, pressão de vapor;

c) a vazão e variações da vazão desejáveis;

d) a pressão estática, a sucção e o recalque;

e) a instalação prevista, o diâmetro e o comprimento da adutora, acessórios etc.;

f) o motor de acionamento, seu tipo e velocidade, o limite de sobrecarga.

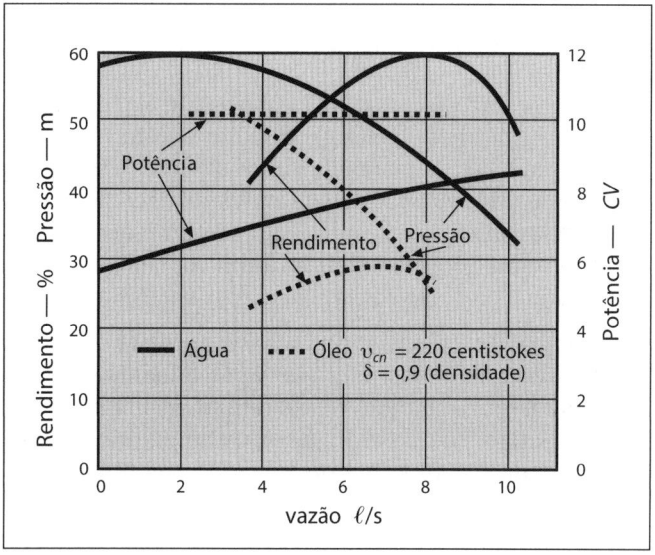

Figura A-11.5.7.5-a – Curva característica adaptada de uma bomba centrífuga com água, para óleo.

A-11.5.7.6 Considerações econômicas

Entram em consideração os custos de instalação e de operação. Os custos de instalação incluem bomba, motor, tubulação e acessórios. Os preços da bomba dependem do tamanho, determinado pela vazão e pressão, e do rendimento. A pressão é influenciada pelas perdas na tubulação, que são inversamente proporcionais a $D5$, de modo que um aumento do diâmetro D pode reduzir a pressão necessária. A redução da pressão diminui também a potência do motor, que é diretamente proporcional à pressão H. O motor deve ser escolhido de acordo com a potência máxima de serviço e folgas adequadas, evitando superdimensioná-lo, como acontece muitas vezes.

Os custos de operação dependem em primeiro lugar do número de horas de operação diárias, determinando o consumo da energia. O rendimento da bomba merece consideração. Em primeira aproximação pode ser indicado que o preço da bomba com motor corresponderia a 2% do aumento do rendimento se a bomba ficasse trabalhando 12 horas por dia em dez anos. Também as dimensões da tubulação, com a possibilidade de redução da pressão total H e consequentemente da potência e do consumo de energia, influenciam os custos de operação.

Por outro lado, como a vida da bomba é limitada pela corrosão causada pelo líquido movimentado ou outras razões, um sacrifício no rendimento pode compensar a redução do custo da bomba de construção simples e barata.

Nos casos em que o uso é de poucas horas por dia, pode-se considerar a diminuição da vazão e, com isso, a redução do tamanho da bomba e da potência, estendendo o serviço por mais horas, se for conveniente.

A-11.5.8 Materiais usados

Dois problemas distintos influenciam o material usado na construção de bombas. O primeiro determina o uso de materiais com resistência suficiente para resistir às solicitações antecipadas devido à pressão e temperatura; o segundo surge com respeito à corrosão e erosão, dependendo das propriedades do fluido movimentado, da velocidade e do conteúdo de partículas sólidas no fluido.

Bombas centrífugas para serviço normal e pressões de até 150 m ou mais, para pequenos tamanhos, têm a carcaça de ferro fundido, o eixo de aço de alta resistência e as partes sujeitas a desgaste, de bronze. Os rotores são normalmente fundidos de ferro, aço ou bronze.

As bombas para alta pressão são fabricadas com aço forjado ou fundidas, às vezes, em aço inoxidável.

Para temperaturas elevadas surge o problema da expansão, provocando dificuldades em manter folgas ou tolerâncias adequadas. Em caso de fluidos muito corrosivos, são aplicados também materiais cerâmicos e plásticos. Simplificações nos projetos das bombas para facilitar a aplicação desses materiais são muitas vezes adotadas, mesmo com sacrifício no rendimento.

Normalmente as gaxetas são satisfatórias, mas no caso de líquidos preciosos, tóxicos ou inflamáveis, são necessários selos mecânicos mais complexos. Gaxetas de algodão ensebadas, grafitadas ou ensopadas com teflon, de couro ou matérias plásticas são, em geral, fornecidos separadamente.

Selos mecânicos são usados para serviços mais severos; eles têm dois componentes, um girando e deslizando sobre o outro, impedindo o líquido de passar entre as superfícies deslizantes. Para compensar o material gasto e manter contato permanente entre os dois elementos, a força de uma mola é imprescindível. Os materiais dos dois membros têm durezas diferentes; aço, bronze, carvão e matérias plásticas são usadas; é importante que a superfície do material mais duro seja bem polida.

Entre o rotor e a parte estacionária da bomba existem selos hidráulicos separando a pressão alta da pressão baixa de entrada. Normalmente são previstos anéis ou discos de desgaste, que podem ser substituídos quando o desgaste tem influência inadmissível sobre o rendimento da bomba.

A-11.6 ARÍETE HIDRÁULICO

O aríete ou carneiro hidráulico é um aparelho destinado a elevar água por meio da própria energia hidráulica (*Figura A-11.6-a* e A-*11.6-b*). Normalmente tem aplicação rural, usando como manancial os córregos naturais.

O aparelho é instalado em nível inferior ao do manancial, na cota mais baixa possível. A água que chega ao aríete em um primeiro instante sai por uma válvula externa até o momento em que é atingida uma determinada velocidade. Nesse instante, a válvula fecha-se, repentinamente, ocasionando uma sobrepressão que possibilita a elevação da água.

A diferença de nível ou queda aproveitável para acionar o aparelho não costuma ser inferior a 1 m.

Os aparelhos disponíveis no mercado são operados "engolindo" vazões compreendidas entre 5 e 150 ℓ/min, podendo elevar de 0,2 a 13 ℓ/min (10 a 800 ℓ/hora).

A altura de elevação costuma ficar entre 4 a 8 vezes a altura de queda do manancial até o aparelho. A altura A é chamada de elevação útil.

A canalização de alimentação deve ser o mais retilínea possível e ter um diâmetro maior do que o da tubulação de elevação.

Pelos fabricantes, o comprimento L da alimentação deve satisfazer às seguintes relações:

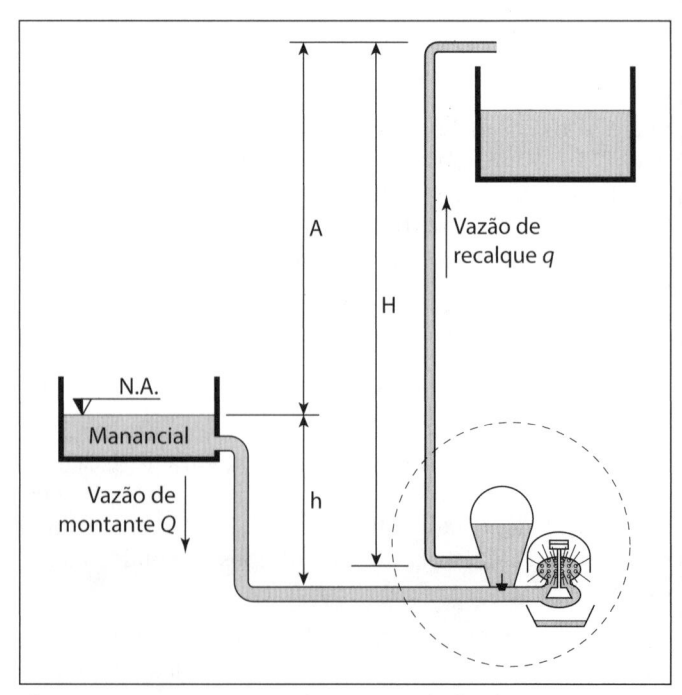

Figura A-11.6-a – Esquema de um aríete hidráulico.

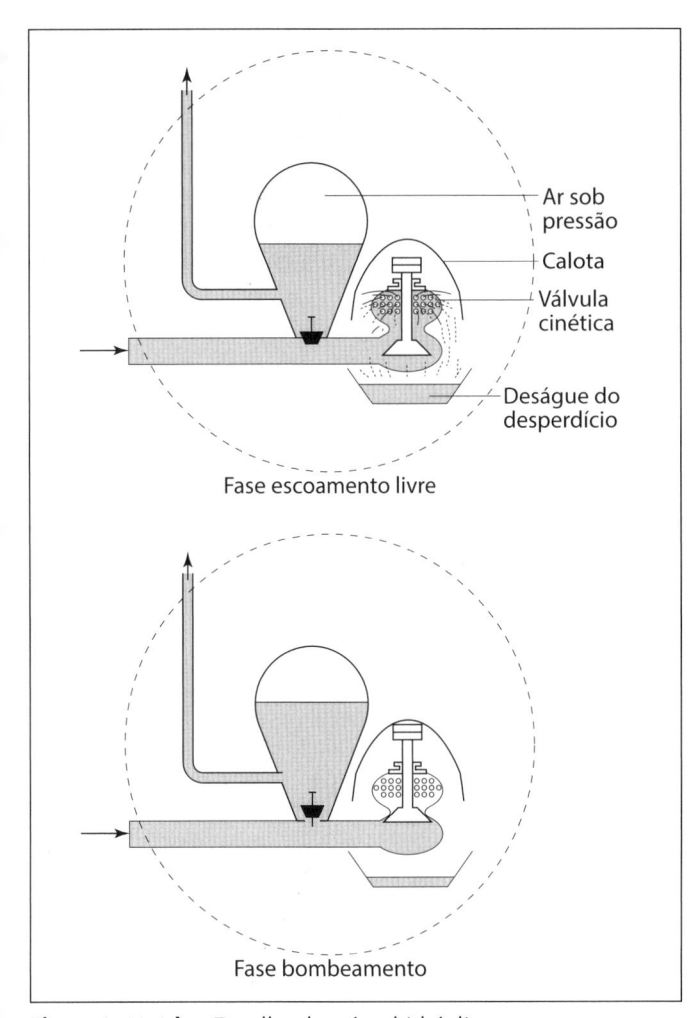

Figura A-11.6-b – Detalhe do aríete hidráulico.

$$L \geq 1 \times H \text{ a } 1,2 \times H$$
$$5 \times h < L < 10 \times h$$
$$8 \text{ m} < L < 75 \text{ m}$$

Na tomada de água deve-se instalar um crivo, que deverá ficar pelo menos 30 cm abaixo do nível da água e 10 cm acima do fundo (para evitar folhas e areias).

A quantidade de água que pode ser elevada é dada pela seguinte expressão:

$$q = \frac{Q \times h}{H} \times \eta$$

sendo:

q = vazão a elevar, ℓ/min;
Q = vazão mínima para operar o aparelho, ℓ/min;
h = altura de queda disponível, m;
H = altura de elevação, m;
η = rendimento do aparelho.

O rendimento do aríete varia entre 20 e 70%, de acordo com a relação H/h, decrescendo com o aumento de H/h.

A *Tabela A-11.6-a* foi tirada de Bib C030. Vide também *Exercício A-6-a* no *Capítulo A-6*.

A-11.7 AR COMPRIMIDO

A-11.7.1 Ar dissolvido (*air-lift*)

O *air-lift* é um sistema comumente empregado para a retirada de água de poços profundos. Consiste na introdução de ar comprimido em quantidade e pressão adequadas, para provocar a elevação da água (a água misturada emulsionada com microbolhas de ar tem menor densidade e tende a subir).

Entre as vantagens do sistema, citam-se grande capacidade, simplicidade, segurança e flexibilidade. O equipamento mecânico fica instalado acima do solo, em local de fácil acesso. O inconveniente é ser o rendimento mecânico relativamente baixo.

A submergência dinâmica ou de regime H_s é definida pela relação:

$$S = \frac{H_S}{H_g + H_S} \times 100$$

sendo S = porcentagem de submergência (*Tabela A-11.7.1-c*).

Tabela A-11.6-a em litros de água elevados em uma hora

Número do aparelho	Canos Diâmetro nominal				Relação altura a elevar e queda de água usada			
Tamanho/ modelo	Carga		Descarga		4:1	8:1	10:1	18:1
	(mm)	(pol)	(mm)	(pol)				
3	25	1″	12	1/2″	120 a 210	60 a 105	45 a 85	20 a 40
4	32	1 e 1/4″	12	1/2″	220 a 320	105 a 170	85 a 135	45 a 70
5	50	2″	20	3/4″	440 a 700	210 a 360	150 a 290	60 a 110

Tabela A-11.7.1-a Diâmetro dos tubos e potência requerida aproximada

Vazão água (ℓ/s)	Diâmetro tubulação água (mm)	Diâmetro tubulação ar (mm)	Potência aproximada (cv)
2,5	75	25	1,5
5,0	100	40	2,5
7,5	100	40	4
10,0	125	50	5
15,0	150	50	7,5
20,0	150	60	10
40,0	200	75	20

Tabela A-11.7.1-b Quantidade de ar comprimido utilizado

H_g (m)	H_s (m)	Q_{AR} (ℓ/s)	Pressão de ar (m.c.a.)
10	12	3,0	20
20	20	4,7	30
30	25	6,2	40
40	28	7,9	45
60	40	9,6	65
80	49	11,6	85
100	58	13,3	105

Tabela A-11.7.1-c Submergências recomendadas

H_g (m)	S% submergência		Tipo de compressor (estágios)
	Mínima	Máxima	
5	55	70	1
10	55	70	1
20	50	70	1
30	45	70	1
45	40	65	1
60	40	60	2
90	37	55	2
120	37	40	2
150	35	45	2

A submergência inicial ou de arranque (*Figura A-11.7.1-a*) considera o nível inicial da água:

$$S = \frac{H_S + \Delta H}{H_g + H_S} \times 100$$

A quantidade de ar necessária pode ser calculada pela fórmula prática da Ingersoll Rand:

$$V_a = \frac{2,46}{C} \times \frac{H_g}{\log\dfrac{H_S + 103,7}{103,7}}$$

onde,

V_a = volume de ar livre, em litros por litro de água elevada;

H_g = altura geométrica, em decímetros;

H_s = altura de submergência, em decímetros;

C = coeficiente prático, cujo valor está compreendido entre 180 e 350 (valor médio: 220).

A pressão necessária, a ser dada pelo compressor, pode ser determinada por:

$$p = \frac{H_S + h_f}{0,7}$$

onde h_f = perdas de carga na tubulação de ar.

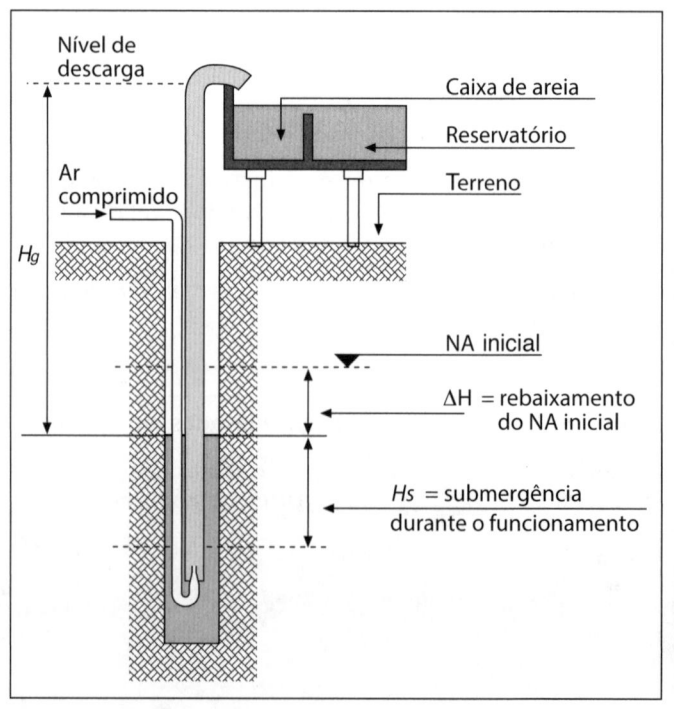

Figura A-11.7.1-a – Esquema de um sistema de bombeamento por ar dissolvido.

A pressão necessária na partida é sempre maior que a pressão de regime, devido à inércia inicial maior oferecida pela coluna de água ($Hs + \Delta H$) antes de começar a mover-se.

Sempre que a demanda de pressão para o arranque é excessiva, tem-se o recurso de se estabelecer uma injeção auxiliar de ar para o arranque, a uma profundidade conveniente.

Um compressor pode ser empregado na operação de vários poços. Nesse caso, deve ser especificado para as condições mais desfavoráveis (maior pressão).

A potência dos compressores é calculada a partir dos seguintes dados práticos:

- compressores de um estágio: 6 a 8 HP por 1.000 ℓ/min;

- compressores de dois estágios: 5 a 7 HP por 1.000 ℓ/min.

A canalização de ar é calculada a partir das velocidades normais do ar, que vão de 9 a 12 m/s. A perda de carga geralmente é limitada a 2 m.

A canalização de emulsão pode ser adotada de acordo com a *Tabela A-11.7.1-d*, dado por Kenneth Salisbury em *Kenfs Mechanical Engineers Handbook* (Bib. S020).

Tabela A-11.7.1-d Canalização de emulsão

Diâme-tro	(mm)	75	100	125	150	200	250	300
	(Pol)	3	4	5	6	8	10	12
Vazão elevada	(ℓ/s)	3,8	6,3	11,0	18,9	37,8	47,3	63,0
	(gpm)	60	100	175	300	600	750	1.000

Para melhor eficiência, a quantidade de ar injetada deve ser a mínima que produza escoamento contínuo. Pouco ar resulta em intermitência. Muito ar causa grande perda de carga por atrito nos tubos e desperdício de ar, dada a incompleta expansão na descarga.

Em regra, aumentando-se a submergência, melhora-se a eficiência do bombeamento, não obstante o aumento de perdas por atrito nos tubos, as perdas na entrada e a perda devida à incompleta expansão do ar na descarga serem essencialmente constantes por unidade de massa (peso, kgf) de ar. Expressas como porcentagem de energia elétrica potencial total do ar, essas perdas são menores para maiores submergências, isto é, para mais altas pressões de ar.

Para moderadas elevações, até 90 m, a eficiência, baseada na potência do ar na peça de pé, poderá ser da ordem de 70%. A eficiência total do sistema pode ser obtida multiplicando-a pela eficiência do compressor (em torno de 75%).

A-11.7.2 Câmara de pressão

Podem ser classificadas como bombas de deslocamento positivo. Funcionam à base de ar comprimido. O primeiro passo é a admissão do líquido (normalmente esgoto) em uma câmara. Quando um certo volume é atingido, o ar é admitido por uma canalização e o líquido é ejetado, então o processo começa novamente.

A *Figura A-11.7.2-a* é autoexplicativa. Esse tipo de dispositivo é usado para bombear esgotos em subsolos, ou onde a colocação de equipamento é problemática, uma vez que o compressor pode ficar em local de fácil acesso, simplificando a manutenção/operação.

A-11.8 PARAFUSO DE ARQUIMEDES

Atribui-se sua invenção a Arquimedes para bombear água no Egito (engenheiro e matemático grego que viveu por volta de 250 A.C. e que fez muitas contribuições à hidráulica, sendo a mais famosa sobre flutuação, ver *item A-3.1*).

Engenhosa e simples, até hoje presta relevantes serviços, quando a altura de elevação requerida não é grande, sendo muito usada quando a água (ou o fluido) a elevar tem muitos sólidos em suspensão, daí sua aplicação frequente em sistemas de esgotos sanitários e de drenagem urbana, em processos físico-químico-biológicos, inclusive tratamento de esgotos etc., já que também pode elevar graneis sólidos, pastas, lodos, enfim, uma infinidade de produtos (é a bomba mais difícil de entupir).

Uma característica interessante dessas bombas, frequentemente explorada pela criatividade dos projetistas, é que ela, uma vez construída, bombeia uma vazão de fluido independente da submergência da chegada, e relacionada apenas à velocidade de rotação, ou seja, a "eficiência" ("rendimento") desta bomba pouco se altera com a submergência (a altura de elevação), exceto se o NA de montante (da tomada) for abaixo do NA mínimo, quando, ainda assim, continuará a operar sem problemas. As taxas de rendimento, quando bem projetadas e construídas, ficam na faixa de 70 a 80%.

Nas estações de tratamento de esgotos é muito comum aparecer no retorno dos lodos ativados aos tanques de aeração, não só porque o lodo pode ter uma viscosidade alta, deixando de funcionar como fluido newtoniano, o que tornaria o uso de bombas centrífugas complicado, mas também porque pode-se controlar facilmente a vazão de retorno independentemente da submergência.

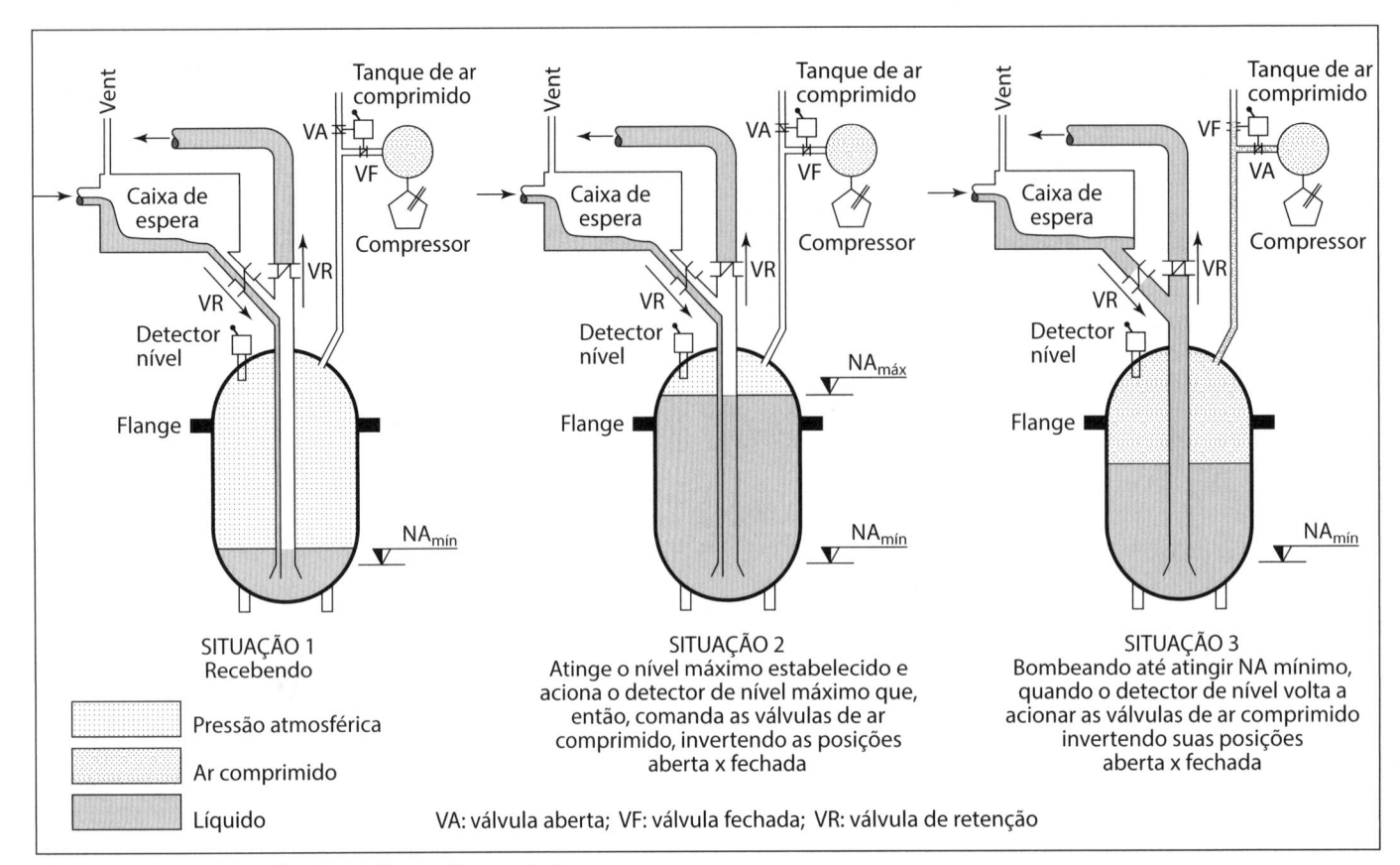

Figura A-11.7.2-a – Bomba tipo "câmara de pressão".

Se houver necessidade de elevações maiores, sempre se pode fazer instalações com mais de uma bomba em série. A limitação de altura desse equipamento é de ordem construtiva e deve-se ao material de construção: como não pode ter apoios intermediários, só nas extremidades, para grandes alturas, resultariam vãos muito grandes, com grandes flexas na estrutura do parafuso, combatida com o aumento do diâmetro do eixo e, para isso, há um limite até para transportar a peça. Em esgotos sanitários, pluviais e drenagem, consideram-se usuais elevações entre 7,5 e 12 metros.

Quanto às vazões, as bombas parafuso podem ser fabricadas cobrindo uma ampla faixa, sendo usual de 4 a 4.000 ℓ/s (±15 a 15.000 m³/h).

As bombas parafuso podem ser de um só helicoide (uma só entrada ou um só passo por unidade de comprimento) ou mais de um, sendo o máximo usual até 3. Quanto mais helicoides menor o espaço entre eles e menor a capacidade de transportar "pedaços" de coisas sem se "atrapar" (entupir). No caso de um só helicoide, o tamanho máximo de transporte de um corpo sólido é igual ao passo do parafuso (do helicoide).

Quanto aos diâmetros externos, o usual é encontrar parafusos de DN 150 a 3.000 mm (os diâmetros dos eixos

são função do intervalo de apoio e a flexa possível) e o ângulo de instalação entre 30 e 45°.

O projetista, em função da instalação que pretende, tratará de otimizar o comprimento do passo do parafuso, o ângulo de inclinação e a velocidade de rotação, além da potência do motor que a vai acionar, calculado para o maior desnível possível.

Evidentemente as bombas parafuso podem ser de eixo central com o parafuso externo ou o parafuso interno a um tubo. Existem as duas situações e fabricantes. O usual é com eixo central e o parafuso externo, visível e inspecionável. No caso de eixo central, é necessária uma "calha" fixa externa confinando o parafuso, sobre a qual o fluido será conduzido. A "folga" entre o parafuso e essa calha deve ser mínima para que a eficiência seja máxima (um dos motivos para que a "flexa" da estrutura do parafuso também seja mínima). Grande parte dessas calhas são construídas em concreto armado, e o construtor deixa para fazer o acabamento da calha com o parafuso já instalado e usando-o como "raspador" (desempenadeira) para a argamassa de acabamento ainda fresca.

As *Figuras A-11.8-a* e *A-11.8-b* ajudam a esclarecer o texto.

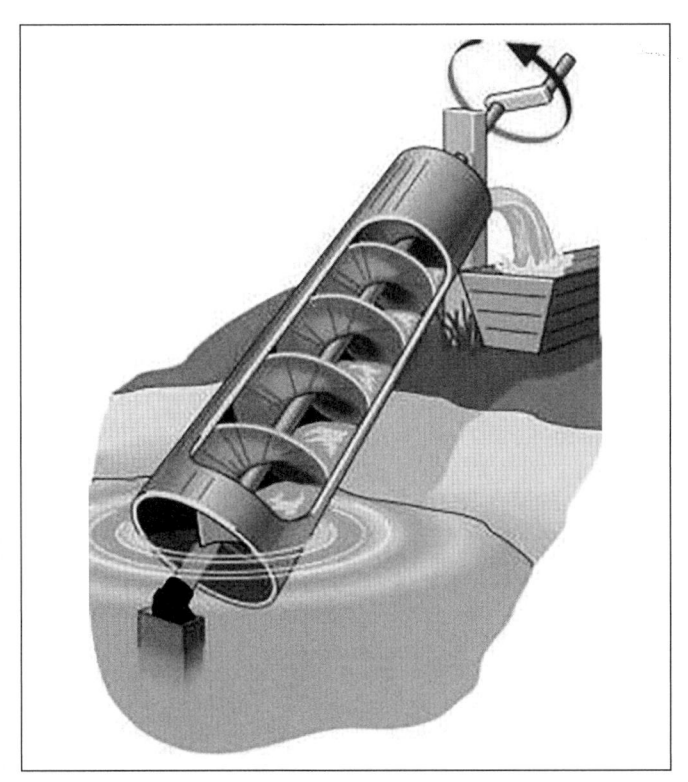

Figura A-11.8-a Parafuso de Arquimedes.

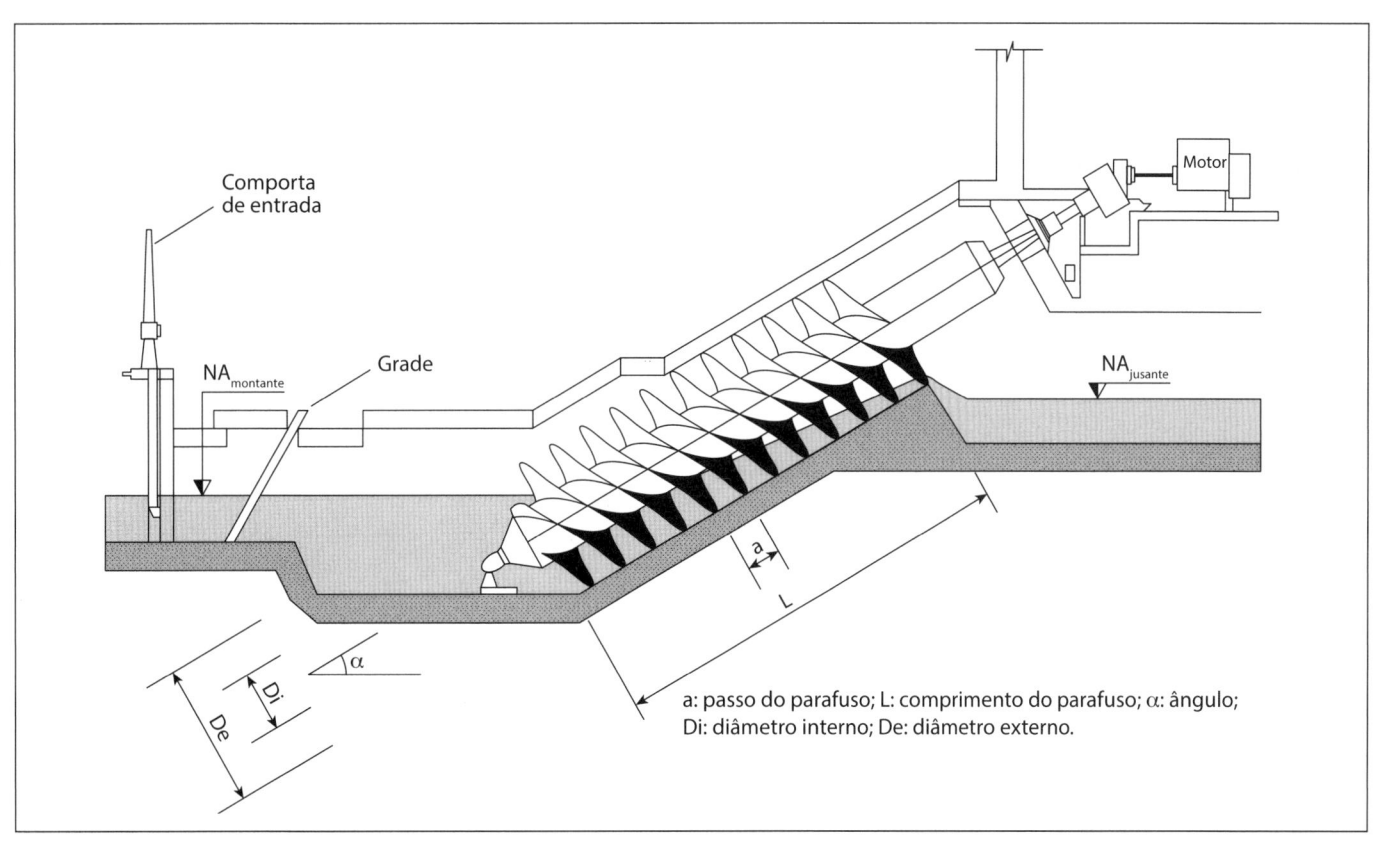

a: passo do parafuso; L: comprimento do parafuso; α: ângulo; Di: diâmetro interno; De: diâmetro externo.

Figura A-11.8-b Desenho esquemático do parafuso de Arquimedes.

Exercício A-11-a

Uma bomba centrífuga funcionando a 1.750 rpm consome uma potência P_1 de 20 cv, para elevar uma vazão Q_1 de 40 ℓ/s a 30 m de altura manométrica H_1.

Quais seriam as consequências de uma alteração de velocidade para 1.450 rpm (quais os novos Q, H e P)?

Solução:

$$Q_2 = 40 \times \frac{1.450}{1.750} = 33 \ \ell/s$$

$$H_2 = 30 \times \left(\frac{1.450}{1.750}\right)^2 = 20,5 \ m$$

$$P_2 = 20 \times \left(\frac{1.450}{1.750}\right)^3 = 11,4 \ cv$$

Exercício A-11-b

Foram adquiridas duas bombas iguais com capacidade de 60 ℓ/s e 45 m de altura manométrica. Verificar as condições para funcionamento em conjunto.

Solução:

Se essas duas bombas funcionarem em série, poderão recalcar os mesmos 60 ℓ/s contra uma altura manométrica de 90 m.

Se foram instaladas em paralelo, a vazão resultante será de 120 ℓ/s e a altura dinâmica de elevação continuará a ser de 45 m (admitindo-se a mesma perda de carga na canalização).

Exercício A-11-c

Dimensionar a linha de recalque esquematizada na *Figura A-11-c*, com o critério de economia, e calcular a potência do motor para as condições seguintes:

Vazão	= 30 ℓ/s;
Período de funcionamento	= 24 horas
Altura de sucção	= 2,5 m (H_s)
Altura de recalque	= 37,5 m (H_r)
Altura geométrica (total)	= 40 m (H_g)

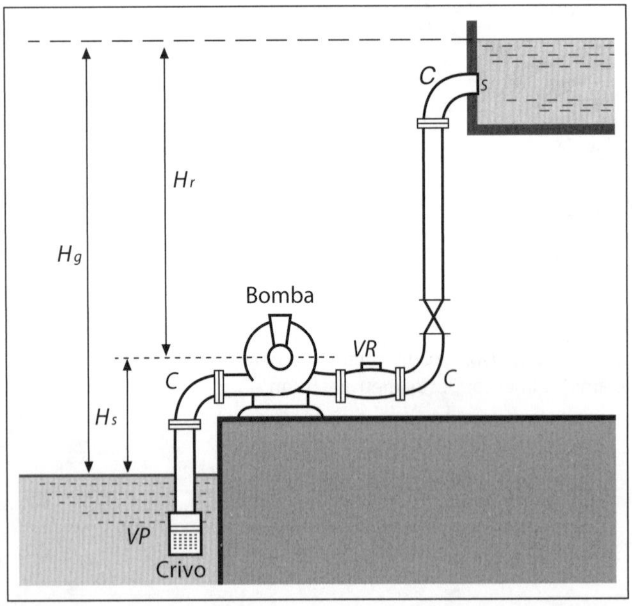

Figura A-11-c

Solução:

O diâmetro econômico da canalização de recalque (fórmula de Bresse) é igual a

$$K \times \sqrt{Q} = 1,2 \times \sqrt{0,030} \cong 0,20 \ m \ (8")$$

A canalização de sucção geralmente é executada com o diâmetro imediatamente superior; nesse caso, 0,25 m ou 10".

a) *Perdas de carga na canalização de sucção* (10").

Adotando-se o método dos comprimentos virtuais para levar em conta as perdas localizadas, encontram-se:

Válvula de pé e crivo	= 65,0 m de canalização
Curva de 90°	= 4,1 m de canalização
Canalização de sucção	= 2,5 m de comprimento
Comprimento virtual	= 71,6 m de canalização

A perda de carga nessa tubulação pode ser obtida empregando-se a fórmula de Hazen-Williams (C = 100),

$h_{f1} \cong 0,20 \ m$

Verificação. A altura de sucção ($H_s = 2,5$) mais essa perda de carga e mais a pressão do vapor de água não deve ultrapassar os limites práticos da capacidade de sucção das bombas, indicados pelo fabricante.

Exercício A-11-c (continuação)

b) *Perdas de carga na canalização de recalque* (8").

Válvula de retenção	= 16,0 m;
duas curvas de 90° a × 3,3	= 6,6;
registro de gaveta (aberto)	= 1,4;
saída de canalização	= 6,0
canalização de recalque (aproximada)	= 37,5;
comprimento virtual	= 67,5 m

A perda de carga nesse trecho de canalização (8") será:

$h_{f2} \cong 0,54$ m

A altura manométrica será:

$$H_{man} = H_g + \sum h_f$$
$$= H_S + H_r + h_{f1} + h_{f2}$$
$$= 2,5 + 37,5 + 0,2 + 0,54 = 40,74 \text{ m}$$

A potência do motor será dada por:

$$P = \frac{\gamma \times Q \times H_{man}}{75 \times \eta}$$

$$P = \frac{1.000 \times 0,030 \times 40,74}{75 \times 0,70} = 23 \text{ cv}$$

O motor elétrico comercial que mais se aproxima, com pequena folga, é o de 25 *HP*.

No cálculo efetuado, foram admitidos os seguintes rendimentos:

Rendimento da bomba: 80%

Rendimento do motor: 87%

Rendimento global: 70%

Exercício A-11-d

Estima-se que um edifício com 55 pequenos apartamentos seja habitado por 275 pessoas. A água de abastecimento é recalcada do reservatório inferior para o superior por meio de conjuntos elevatórios.

Dimensionar a linha de recalque, admitindo um consumo diário provável de 200 ℓ/hab. (máximo). As bombas terão capacidade para recalcar o volume consumido diariamente, em apenas 6 horas de funcionamento.

Solução:

Calcula-se o consumo:

$$275 \times 200 = 55.000 \text{ ℓ/dia.}$$

Considerando 6 horas de funcionamento, a vazão das bombas resultará:

$$Q = \frac{55.000}{6 \times 3.600} = 2,55 \text{ m}^3/\text{s}$$

$$D = 1,3 \times t^{1/4} \times \sqrt{Q}$$

$$D = 1,3 \times \left(\frac{6}{24}\right)^{1/4} \times \sqrt{0,00255} \cong 0,047 \text{ m}$$

Poderá, portanto, ser adotado o diâmetro de 50 mm (2").

Usina de Marmelos, Juiz de Fora, MG, primeira hidrelétrica da América do Sul destinada a serviço público, inaugurada em 05/09/1889, com potência de 3 × 125 kW. Antes, em 1883, foi instalada a Usina do Ribeirão do Inferno, em Diamantina, MG, com duas unidades de 48 HP para a alimentação de bombas d'água na exploração de diamantes. Após essas, em 1901 entrou em operação a Usina Edgard de Souza, no rio Tietê, para distribuição na cidade de São Paulo. Fonte, revista "IESA Notícias", ano 11, nº 8, dezembro 1980.

Golpe de Aríete/ Transiente Hidráulico

Golpe de Aríete/ Transiente Hidráulico

A-12.1 GOLPE DE ARÍETE. CONCEITO

No jargão técnico prático, denomina-se *"golpe de aríete"* ou *"martelo hidráulico"* a qualquer variação súbita de pressão em uma tubulação (conduto forçado), normalmente associada a uma mudança de velocidade súbita (acelerando ou desacelerando a massa de água) que se traduz em uma "pancada" como se a tubulação sofresse uma "martelada".

Em outras palavras, é a subpressão e/ou sobrepressão que os condutos forçados recebem quando, por exemplo, há uma pane no sistema elétrico com uma paralização instantânea do acionamento do motor das bombas, ou quando, por algum motivo, se fecha uma válvula, interrompendo o escoamento, ou quando se abre uma válvula, ou até quando há uma ruptura súbita em determinado ponto (ver *item A-10.2.2.2*). Podem ocorrer em sistemas bombeados ou em sistemas por gravidade.

Usa-se igualmente os termos "transiente" ou "transitório" hidráulico como sinônimos para descrever a ocorrência, pois trata-se de fenômeno ondulatório que percorre (transita) na tubulação numa velocidade (velocidade de propagação da onda) que é função do módulo de elasticidade da água e do material da canalização (que por sua vez variam com a temperatura, por exemplo).

As principais causas do "golpe de aríete" são:

- o fechamento ou a abertura de válvulas (ou rompimento);

- a partida ou a parada de bombas ou turbinas (ou rompimento de um eixo, por exemplo);

- o rompimento ou a obstrução súbita de uma secção de tubo (por exemplo, por colapso estrutural em determinado ponto);

- a presença de bolsões de ar ou vapor, quando as duas frentes de líquido voltam a se encontrar;

- a colisão da superfície da água dentro de um tubo com a ventosa quando termina o escape do ar, se for muito rápido.

No caso de fechamento rápido de uma válvula (*Figuras A-12.1-a* e *b*), a inércia da velocidade com que a água estava animada poderá converter-se em trabalho, determinando nas paredes da tubulação variações das pressões superiores às pressões de trabalho usuais na operação normal (ou "condições normais de serviço").

$$m \times v = F \times t$$

onde,

F = força de inércia;
t = tempo de manobra (redução ou aumento de velocidade);
m = massa da porção de água.

Se $t = 0$ (fechamento instantâneo), a água fosse incompressível e a canalização inelástica, a sobrepressão teria um valor infinito.

Na prática, o fechamento sempre leva algum tempo, por pequeno que seja, e a energia a ser absorvida transforma-se em esforços de compressão da água e de deformação das paredes da tubulação.

No caso de parada brusca dos motores que acionam uma bomba (interrupção de energia), dependendo da posição de cada acessório da tubulação (válvulas, bomba etc.), se por jusante ou por montante do escoamento, ou mesmo derivações, se abrem ou fecham conforme a onda de sub ou de sobrepressão, pode ser mais favorável ou mais desfavorável o fechamento lento ou o fechamento rápido.

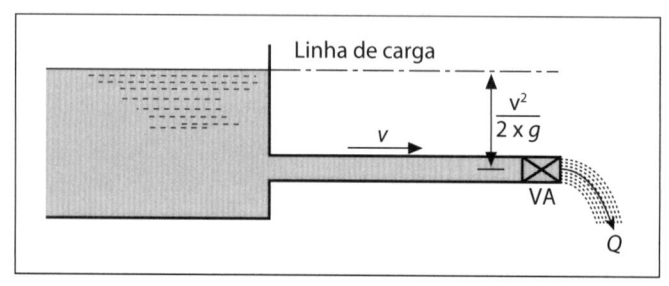

Figura A-12.1-a – VA = válvula aberta.

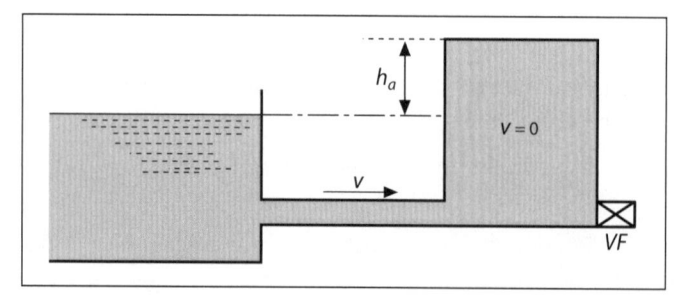

Figura A-12.1-b – VF = válvula fechada.

A-12.2 MECANISMO DO FENÔMENO

A tubulação representada na *Figura A-12.2-a* (instante t_1) está conduzindo água com uma certa velocidade. Considerando "elementos de volume" ao longo dessa massa de água líquida, que chamaremos de "*lâminas*", verifica-se o seguinte:

1. Com o fechamento da válvula "*R*" (instante t_2), o volume elementar representado pela "*lâmina 1*" comprime-se e a sua energia de velocidade (velocidade *v*) é convertida em pressão, ocorrendo, simultaneamente, a distensão do tubo e esforços internos na *lâmina* (deformação elástica). O mesmo acontecerá em seguida com as *lâminas* 2, 3, 4 etc., propagando-se uma "*onda de pressão*" até a *lâmina n* junto ao reservatório.

2. A *lâmina n* em seguida, devido aos esforços internos e à elasticidade do tubo, tende a sair da canalização em direção ao reservatório, com velocidade –*v*, o mesmo acontecendo sucessivamente com as *lâminas* n–1, n–2, ..., 4, 3, 2, 1.

   Enquanto isso, a *lâmina* 1 havia ficado com sobrepressão durante o tempo:

$$\tau = \frac{2 \times L}{c}$$

   onde:
   τ é a fase ou período da canalização; e
   c é a velocidade de propagação da onda, geralmente denominada *celeridade*.

   Há, então, a tendência de a água ir para fora da tubulação, pela extremidade superior.

   Como a extremidade inferior do tubo está fechada, haverá uma subpressão interna. Nessas condições, –*v* é convertida em uma onda de "*subpressão*" (ou de "*depressão*").

3. Devido à "*depressão*" na canalização, a água tende a ocupá-la novamente, voltando as lâminas de encontro à válvula, dessa vez com a velocidade *v*. E assim por diante. Na *Figura A-12.2-b*, representa-se a observação da pressão em um determinado ponto da tubulação, sem considerar perdas.

Nas considerações feitas, foi desprezado o atrito ao longo da tubulação, que, na prática, contribui para o amortecimento dos golpes sucessivos (da translação das ondas de sub e de sobrepressão em suas idas e vindas às extremidades da tubulação) (*Figura A-12.2-c*).

Os problemas para a tubulação são causados pela alternância de sobrepressão e depressão, pela superposição das ondas de sobrepressão ou de subpressão, pela

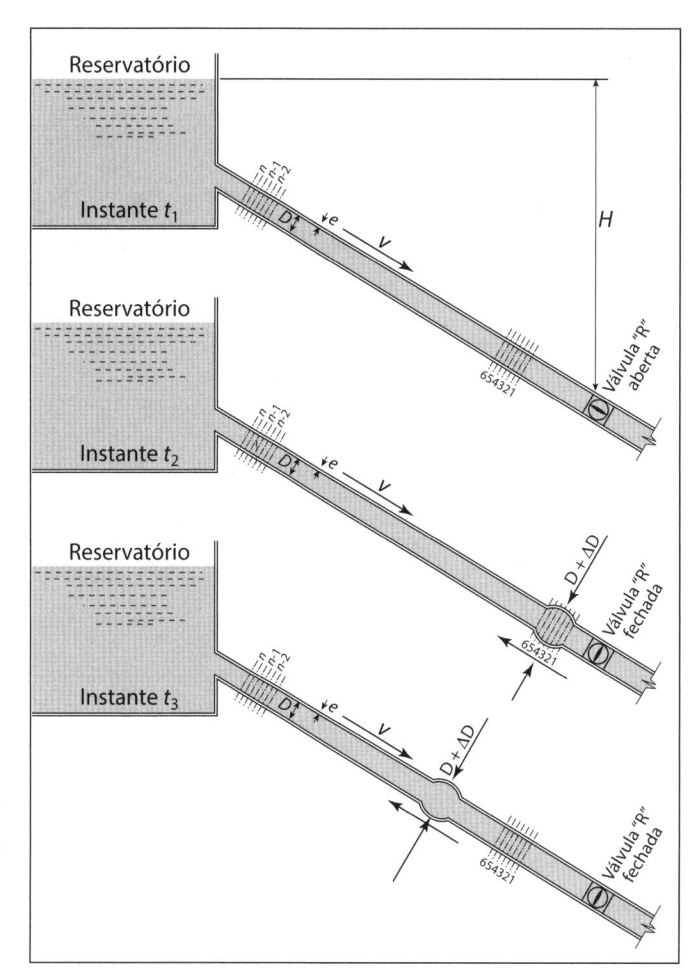

Figura A-12.2-a – Representação gráfica do golpe de aríete gerado pelo fechamento de uma válvula.

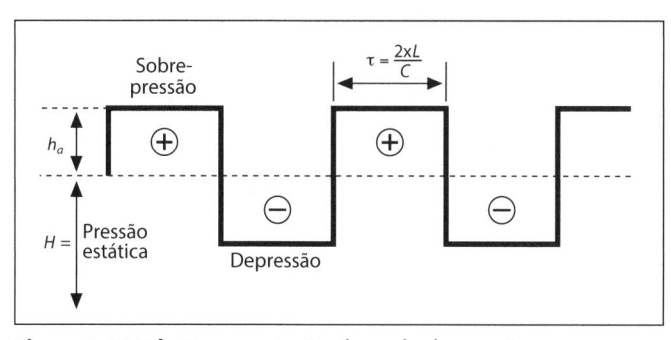

Figura A-12.2-b Representação da onda de pressão na tubulação da *Figura A-12.2-a*.

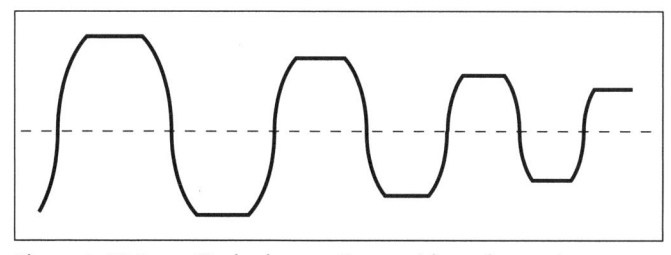

Figura A-12.2-c – Onda de pressão considerando o atrito.

possibilidade de surgirem fenômenos de ressonância e pela eventual fadiga de material.

Nas *Figuras A-12.2-d, e*, e *f* estão representados três verificações experimentais de golpes de aríete com tempos de manobras diferentes conduzidas nas instalações de Big Creek, Sul da Califórnia, EUA. Condições: $H = 92$ m; $L = 933$ m; $D = 52$ mm e $\tau = 1{,}40$ s (Bib. O050).

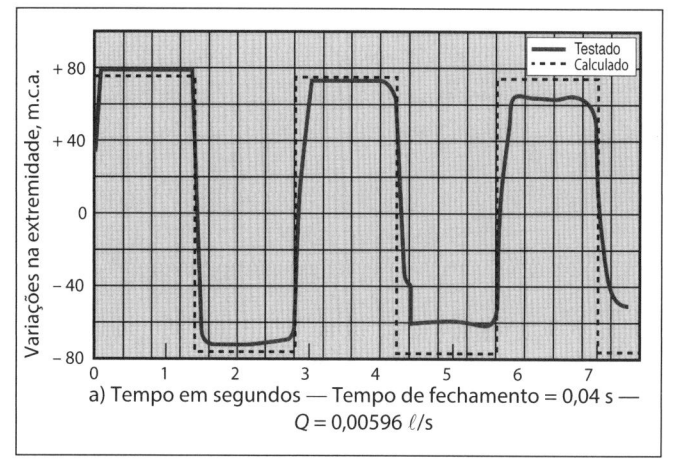

Figura A-12.2-d – Golpe de aríete com tempo de fechamento de 0,04 s (Bib. O050).

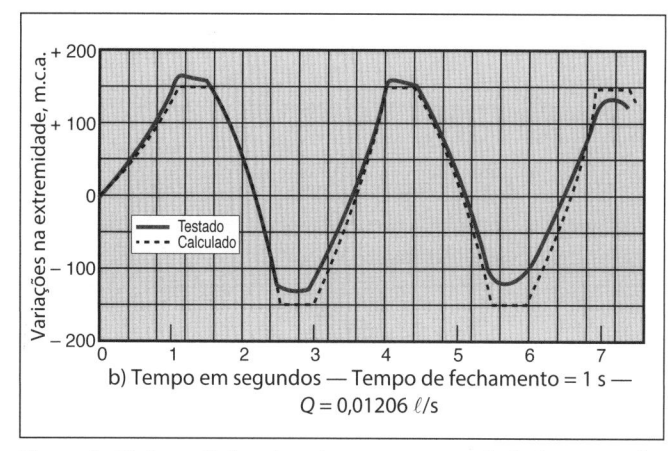

Figura A-12.2-e – Golpe de aríete com tempo de fechamento de 1 s (Bib. O050).

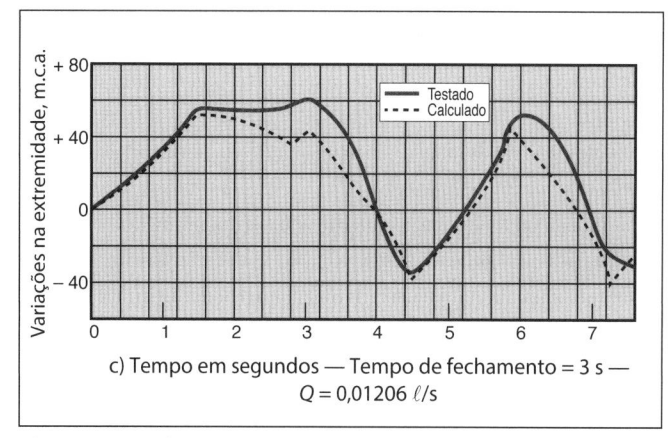

Figura A-12.2-f – Golpe de aríete com tempo de fechamento de 3 s (Bib. O050).

A-12.3 CELERIDADE (VELOCIDADE ACÚSTICA)

A velocidade de propagação das ondas de sobrepressão ou de subpressão em tubulações sob pressão é função do coeficiente de elasticidade do material de tubulação, da espessura relativa da parede dos tubos, da forma de fixação dos tubos (confinamento) etc., e é dada pela equação de Allievi, já em sistema métrico e para a água:

$$c = \frac{9.900}{\sqrt{48,3 + k \times \dfrac{D}{e}}} \qquad \text{Equação (12.1)}$$

onde:

c = celeridade da onda, m/s;
D = diâmetro interno útil dos tubos, m;
e = espessura dos tubos, m;
k = coeficiente que leva em conta os módulos de elasticidade (ε).

$$k = \frac{10^{10}}{\varepsilon}$$

para tubos de aço, $k = 0,5$;
para tubos de ferro fundido, $k = 1$;
para tubos de concreto, $k = 5$;
para tubos de cimento-amianto, $k = 4,4$;
para tubos plásticos, $k = 18$.

No caso de tubos de concreto armado, tomando $k = 5$, considera-se uma espessura representativa para os tubos, obtida pela expressão:

$$e = e_m \times \left(1 + \frac{1}{m} \times \frac{e_b}{e_m}\right)$$

onde:

e = espessura representativa;
e_m = espessura média distribuída dos ferros;
e_b = espessura do tubo;
m = coeficiente prático (valor aproximado = 10).

Para tubulações indeformáveis, $\varepsilon = \infty$, resultando $c = 1.425$ m/s, que é a velocidade de propagação do som na água.

A celeridade, geralmente da ordem de 1.000 m/s, algumas vezes chega a ser um terço desse valor. Entretanto, é sempre muito maior do que as velocidades do líquido, que na prática sempre estão abaixo de 10 m/s.

A *Tabela A-12.3-a* apresenta valores para celeridade.

Verificando: para um tubo DN 500 FFD, $K9$ ($e = 9$ mm): $D/e = 55,5$ e a celeridade será aproximadamente 975 m/s, valor coerente com a tabela.

Tabela A-12.3-a Valores da celeridade "c" da Equação (12.1) (m/s)

D/e	Aço	Ferro fundido (FFD)	Concreto	Plásticos tipo PVC rígido
	K = 0,5	K = 1	K = 5	K = 18
500	573,2	422,8	196,1	104,1
400	628,3	467,6	218,7	116,3
300	703,0	530,5	251,6	134,1
250	752,0	573,2	274,8	146,8
200	813,0	628,3	305,8	163,9
180	841,8	655,2	321,5	172,6
160	874,0	685,9	339,9	182,9
140	910,2	721,5	361,9	195,3
120	951,3	763,1	388,8	210,7
100	998,5	813,0	422,8	230,3
80	1053,5	874,0	467,6	256,6
60	1118,8	951,3	530,5	294,7
50	1156,3	998,5	573,2	321,5
40	1197,9	1053,5	628,3	357,2
30	1244,3	1118,8	703,0	408,2
20	1296,6	1197,9	813,0	489,9
10	1356,0	1296,6	998,5	655,2

A-12.4 "FASE" OU "PERÍODO" DA CANALIZAÇÃO – CLASSIFICAÇÃO E DURAÇÃO DOS FECHAMENTOS

Denomina-se "fase" ou "período" da canalização o tempo que a onda de sobrepressão (ou de subpressão) leva para ir e voltar de uma extremidade à outra da canalização.

$$\tau = \frac{2 \times L}{c} = \text{fase ou período da canalização "}x\text{"}$$

sendo:

L = comprimento da canalização;
c = velocidade de propagação da onda (celeridade) da canalização "x".

Quando a onda chega a uma extremidade da canalização, ela muda o sentido, fazendo novamente o mesmo percurso de volta no mesmo tempo τ, porém com o sinal contrário. Por exemplo, se a primeira onda foi de subpressão, voltará sob forma de onda de sobrepressão (*Figura A-12.2-b*).

O tempo de manobra de um acessório (válvulas, bombas etc) é um importante fator na geração de transientes hidráulicos. Daí a classificação da abertura ou fechamento pelo tempo "t"de manobra total da válvula ou acessório (*Tabela A-12.4-a*):

Tabela A-12.4-a Classificação das manobras de abertura ou fechamento quanto ao golpe de aríete

	$t < \dfrac{2 \times L}{c}$	$t > \dfrac{2 \times L}{c}$
diz-se de manobra	rápida	lenta

A sobrepressão ou a subpressão máxima ocorre quando a manobra é rápida, isto é, quando:

$$t < \frac{2 \times L}{c}$$

A-12.4.1 Fechamento rápido. Cálculo da sobrepressão máxima

A sobrepressão máxima, no extremo da linha, pode ser calculada pela expressão:

$$h_a = \frac{c \times v}{g}$$

sendo v a velocidade média da água, h_a o aumento de pressão em "m.c.a." e g a aceleração da gravidade, que para efeitos práticos e pelo lado da segurança costuma ser substituído pelo número 9 (nove).

Ao longo da tubulação, a sobrepressão distribui-se conforme o diagrama da *Figura A-12.4.1-a*.

A-12.4.2 Fechamento lento. Fórmula de Michaud-Vensano

No caso de manobra lenta, em que:

$$t > \frac{2 \times L}{c}$$

pode-se aplicar a fórmula aproximada de Michaud, que considera a proporcionalidade da velocidade com τ/t, (válida para manobras com variação linear da velocidade da água no tubo ao longo do tempo de fechamento).

$$h_a = \frac{c \times v}{g} \times \frac{\tau}{t}$$

onde:

v = velocidade média da água, m/s;
h_a = sobrepressão ou acréscimo de pressão, m.c.a.;
c = celeridade, m/s;
τ = fase $(2 \times L)/c$, s;
t = tempo de manobra, s.

Podendo-se escrever:

$$h_a = \frac{c \times v}{g} \times \frac{\dfrac{2 \times L}{c}}{t}$$

$$h_a = \frac{2 \times L \times v}{g \times t}$$

Ao longo da tubulação, a sobrepressão distribui-se conforme indica o diagrama da *Figura A-12.4.2-a*.

A fórmula de Michaud também pode ser aplicada para a determinação do tempo de manobra a ser adotado, a fim de que a sobrepressão não ultrapasse determinado limite preestabelecido.

A fórmula de Michaud leva a valores superiores aos verificados experimentalmente. Contudo, ainda vem sendo aplicada na prática por estar do lado da segurança, sobretudo para instalações de pequena importância. Para as instalações de grande porte o estudo deve ser aprofundado.

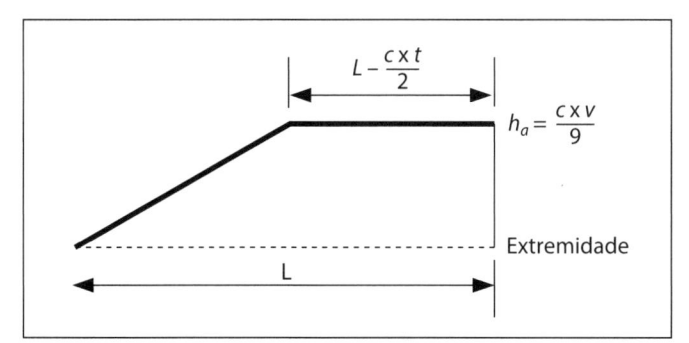

Figura A-12.4.1-a – Diagrama de distribuição da sobrepressão ao longo da tubulação, com fechamento rápido.

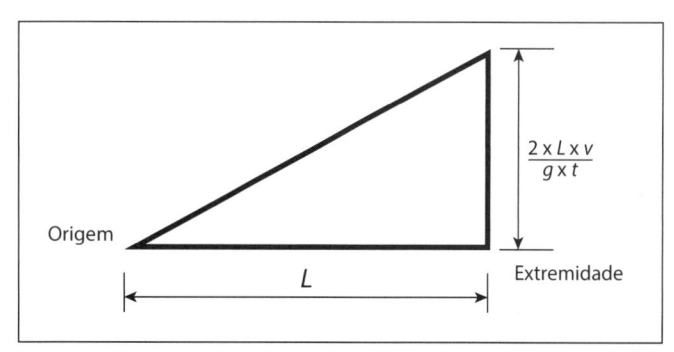

Figura A-12.4.2-a – Diagrama de distribuição da sobrepressão ao longo da tubulação, com fechamento lento.

A-12.5 OUTRAS FÓRMULAS E TEORIAS

O fenômeno do golpe de aríete é muito complexo, envolvendo no seu estudo muitas condições e inúmeras variáveis.

Sem pretender substituir a análise detalhada sempre que a situação, pela sua magnitude e consequências, assim aconselhar, diversas abordagens do problema através de teorias e fórmulas simplificadas e simplificadoras têm sido aplicadas para estimativa aproximada da sobrepressão e da subpressão, com a finalidade de facilitar a sua análise de forma expedita.

Uma dessas teorias é denominada abreviadamente "inelástica", pelo fato de admitir condições de rigidez para a tubulação e incompressibilidade para a água.

Segundo Parmakian (Bib. P020), essa teoria dá resultados aceitáveis para manobras relativamente lentas, quando:

$$\tau > \frac{L}{300}$$

A teoria elástica foi desenvolvida por Allievi, Gibson, Quick e outros. Para facilitar a sua aplicação existem monogramas e processos gráficos.

Símbolos:

h_a = sobrepressão, m.c.a.;
L = comprimento da canalização, m;
v = velocidade média da água, m/s;
g = aceleração da gravidade, 9,8 m/s^2;
t = tempo de manobra (fechamento da válvula) na extremidade;
H = carga ou pressão inicial, m.

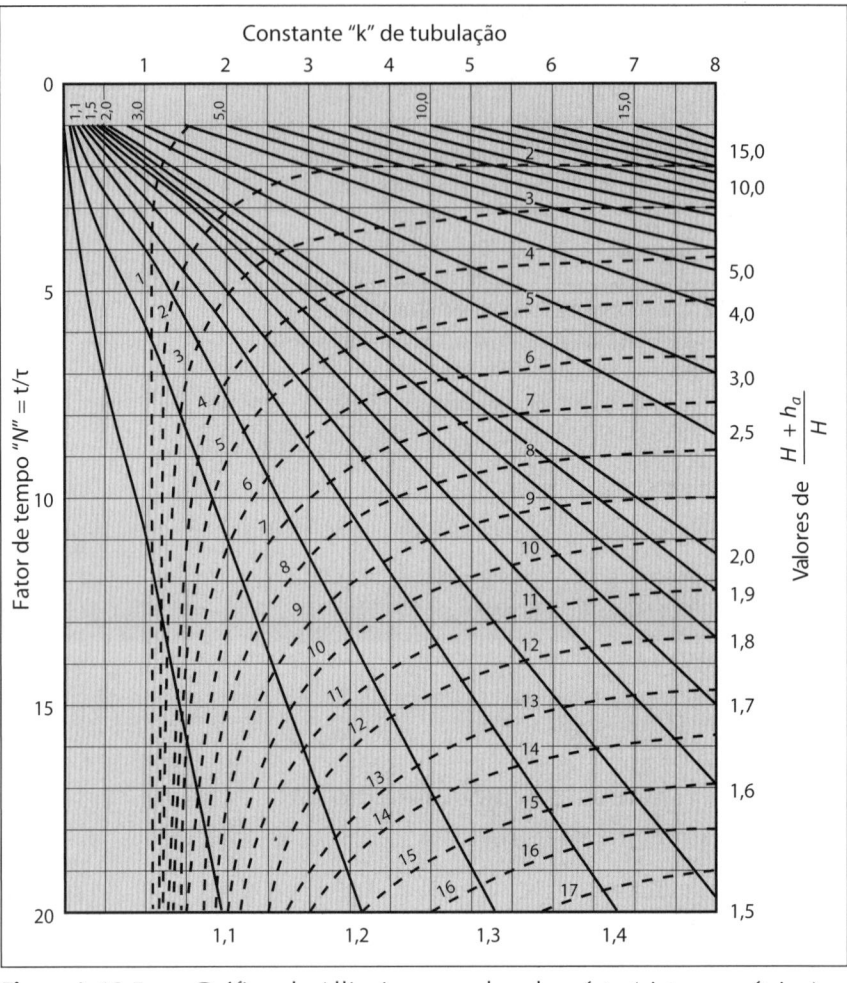

Figura A-12.5-a – Gráfico de Allievi para golpe de aríete (sistema métrico). As linhas diagonais grossas dão a relação

$$\frac{(H + h)}{H}$$

As linhas tracejadas numeradas, 1, 2 etc., dão os intervalos de tempo até atingir a pressão máxima.

Tabela A-12.5-a Golpe de aríete, principais teorias e fórmulas

Autor	Fórmula
Michaud, Vensano	$h_a = \dfrac{2 \times L \times v}{g \times t}$
De Sparre	$h_a = \dfrac{2 \times L \times v}{g \times t} \times \dfrac{1}{2 \times \left[1 - \dfrac{L \times v}{2 \times g \times t \times H}\right]}$
Teoria inelástica (Johnson, et al.)	$h_a = \dfrac{L \times v}{2 \times g^2 \times H \times t^2} \times \left[L \times v + \sqrt{4 \times g^2 \times H^2 \times t^2 + L^2 \times v^2}\right]$
Teoria elástica (Allievi, Gibson, Quick)	Veja Nomograma (*Figura A-12.5-a*)

A-12.6 CONDIÇÕES DE EQUIVALÊNCIA

Para o caso de um conduto em série, constituído de trechos de comprimentos L_1, L_2 e L_3..., com seções de escoamento diferentes A_1, A_2 e A_3..., pode-se considerar um conduto equivalente de diâmetro uniforme e de comprimento L e seção A_1.

$$L = L_1 + \frac{L_2 \times A_1}{A_2} + \frac{L_3 \times A_1}{A_3} + ...$$

Sempre que um conduto de diâmetro uniforme for constituído por trechos com celeridades diferentes, pode-se determinar a celeridade de uma tubulação equivalente pela expressão seguinte:

$$\frac{L}{c} = \frac{L_1}{c_1} + \frac{L_2}{c_2} + \frac{L_3}{c_3} + ...$$

onde $L = L_1 + L_2 + L_3$.

A-12.7 DISPOSITIVOS – ACESSÓRIOS USUAIS

A-12.7.1 Válvulas de alívio

Destinadas a impedir que a pressão ultrapasse determinado valor máximo pela abertura ao exterior de uma "purga" de água de determinados volumes (massa) em determinados tempos (mínimos possíveis), em determinados locais da tubulação. São para abertura instantânea e normalmente encontradas com dois tipos de dispositivos que as mantêm fechadas até a pressão atingir um valor máximo estabelecido e para o qual estão calibradas.

Há dois tipos de válvulas de alívio. São elas:

- tipo "vam": com "mola" metálica espiralada (*Figuras A-12.7.1-a* e *b*);

- tipo "vac": por ar comprimido (*Figura A-12.7.1-c* e *A-12.7.1-d*).

Normalmente são especificadas pela pressão máxima em MPa ou em m.c.a. para as condições desejadas de estanqueidade e da vazão máxima de purga, além das tolerâncias aceitas para essas grandezas (normalmente ±5%). A localização dos pontos de locação das válvulas de alívio e as vazões de purga normalmente são definidas no estudo do transiente hidráulico do sistema. Para fins de avaliação expedita, a vazão de purga pode ser considerada a vazão nominal da tubulação ou, então, pelo menos o volume nominal transitado no tempo $L/500$, por segundo, onde L é o comprimento da tubulação em m, o que for maior. Se for necessário podem ser usadas "n" válvulas em paralelo.

Como são equipamentos de operação automática e muito eventual, recomenda-se que seus componentes móveis e de vedação sejam muito duráveis e pouco sujeitos a corrosão e deterioração, tais como aço inox. As válvulas também devem ser ajustáveis no campo, acionadas periodicamente pela manutenção e protegidas contra curiosos e vândalos.

Outras precauções:

a) colocação direta junto ao tubo a ser protegido (o mais próximo possível);

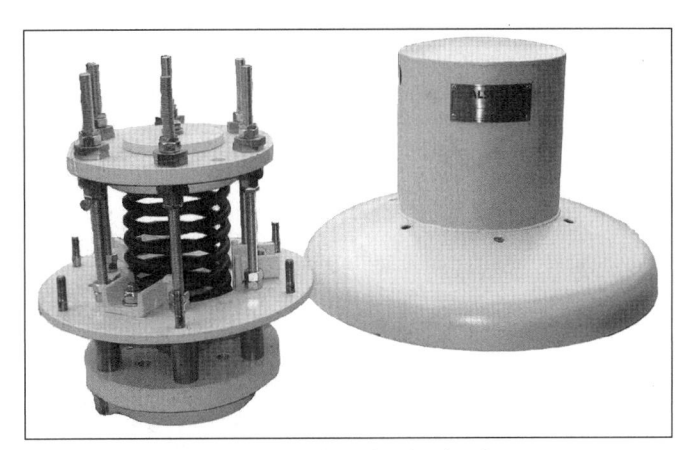

Figura A-12.7.1-a – Modelo de válvula de alívio tipo "vam" com mola metálica espiralada (Bib. A460).

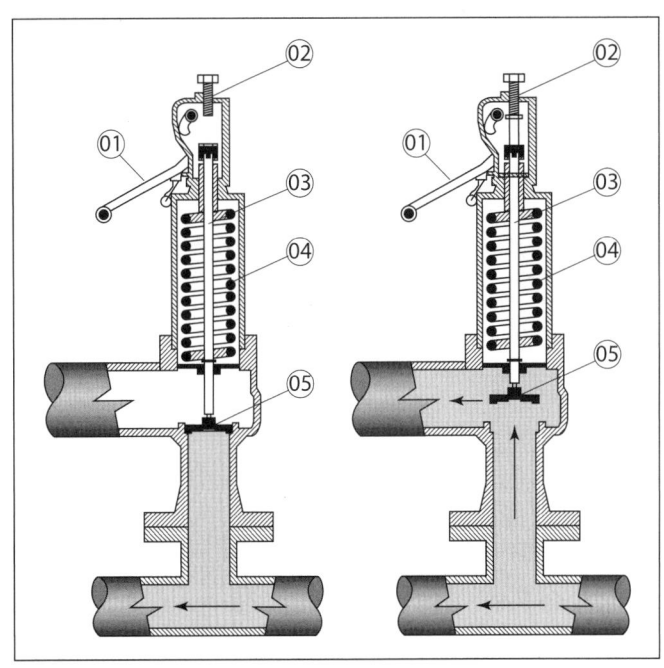

Figura A-12.7.1-b – Corte de válvula de alívio tipo "vam" com mola metálica espiralada.
01 – Alavanca para travamento da haste na posição "aberta"; 02 – Parafuso bloqueador; 03 – Haste; 04 – Mola; 05 – Disco de vedação.

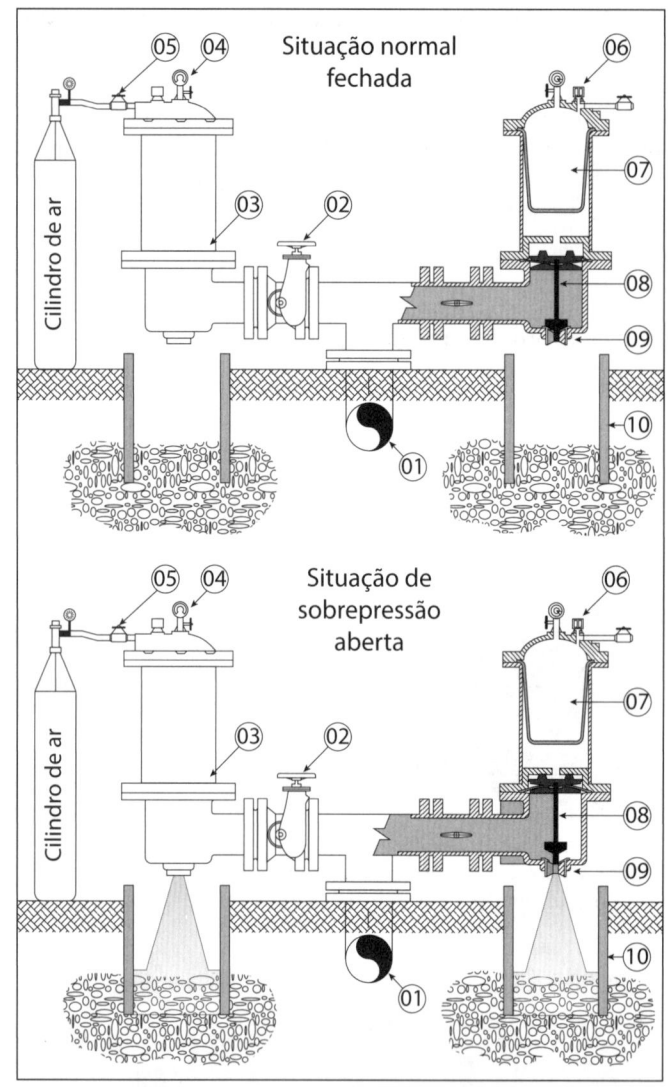

Situação normal fechada

Situação de sobrepressão aberta

Figura A.12.7.1-c – (Bib. B034) Esquema de Válvula de Alívio tipo "vac" com ar comprimido fechada e aberta. 01 – Tubulação a ser protegida; 02 – Válvula com função seccionadora (borboleta ou gaveta), normalmente aberta; 03 – Cilindro contendo a câmara de ar comprimido; 04 – Manômetro; 05 – Válvula de enchimento de ar; 06 – Purga de ar; 07 – Câmara de ar comprimido; 08 – Haste; 09 – Orifício de saída do jato de água; 10 – Poço.

b) dispor de mais de uma válvula em cada ponto (pelo menos duas peças, uma reserva);

c) dispor de uma válvula tipo gaveta (passagem total) entre o tubo e a válvula de alívio, normalmente aberta, para isolamento em eventuais manutenções.

A-12.7.2 Tanques "unidirecionais" ("TAUs")

Destinados a impedir que a pressão (dita "subpressão") ultrapasse determinados valores mínimos, pela injeção no tubo de determinados volumes (massas) em deter-

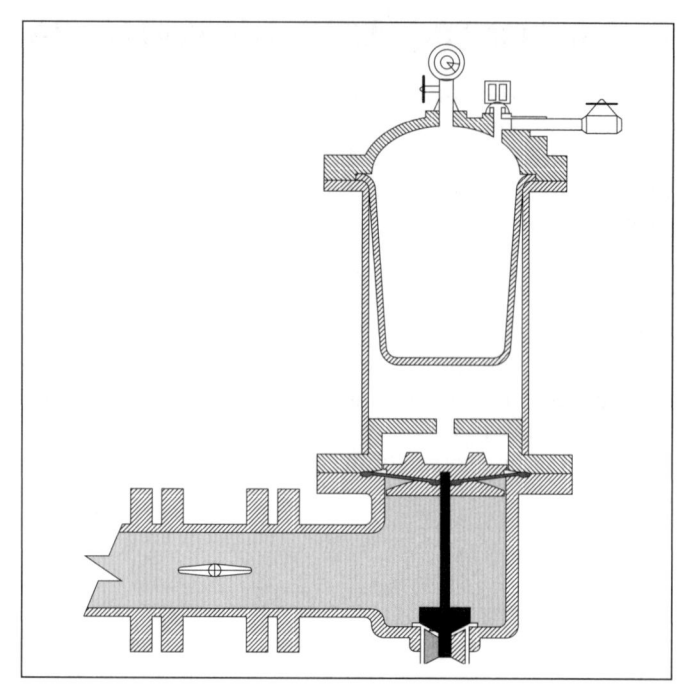

Figura A-12.7.1-d – Detalhe da válvula de alívio tipo "vac", na posição fechada.

minados tempos (mínimo possível), em determinados locais da tubulação. São para abertura instantânea e normalmente de dois tipos:

- tipo "tau": com pressão atmosférica;
- tipo "tbu": por ar comprimido.

Para fins de avaliação expedita, a vazão de injeção pode ser considerada a vazão nominal da tubulação ou, então, pelo menos o volume nominal transitado no tempo $L/500$, por segundo, onde L é o comprimento da tubulação em m, o que for maior.

A localização dos pontos a serem providos desses dispositivos normalmente é definida no estudo do transiente hidráulico do sistema.

Como são equipamentos de operação automática e muito eventual, recomenda-se que seus componentes móveis e de vedação sejam muito duráveis e pouco sujeitos a corrosão e deterioração, tais como aço inox e bronze. Também devem ser ajustáveis no campo e protegidos contra curiosos e vândalos.

Outras precauções a serem tomadas são citadas ao final do *item A-12.7.1*.

A Figura A-12.7.2-a apresenta um esquema detalhado de um tanque de alimentação unidirecional.

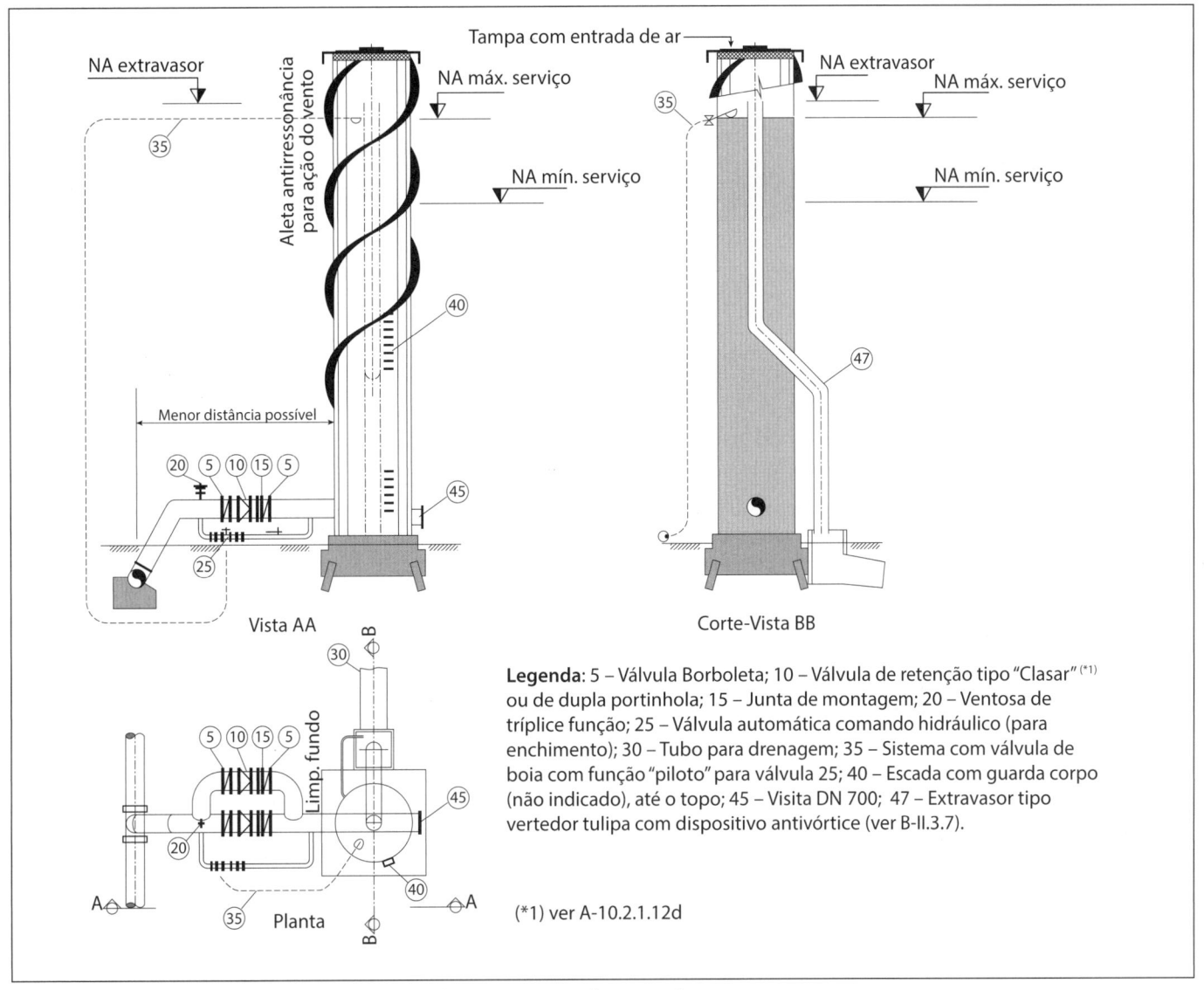

Figura A-12.7.2-a Esquema de um tanque de alimentação unidirecional (TAU).

A-12.7.3 Tanques "bidirecionais" ("TABs")

A-12.7.3.1 Tanques hidropneumáticos ou de gás ou de ar comprimido

As câmaras de ar comprimido são reservatórios fechados, com ar e água, normalmente localizados no início das tubulações de recalque, logo após as bombas.

Na primeira fase de um golpe de aríete (do tipo em que a primeira onda é de subpressão ou de depressão), a câmara cede uma certa quantidade de água para a tubulação, atenuando o golpe negativo, ao mesmo tempo em que o ar se expande; durante a segunda fase (sobrepressão), a câmara passa a receber água da canalização, comprimindo o ar e reduzindo a onda de sobrepressão (*Figura A-12.7.3.1-a*). O cálculo do volume das câmaras é feito fixando o valor-limite a ser tolerado para o golpe

de aríete. Os métodos de cálculo usualmente adotados são devidos aos engenheiros Sonnet, Sliosberge e Parmakian (a respeito, ver Bib. C285).

A *Figura A-12.7.3.1-b* apresenta dois tipos de acumuladores de ar comprimido: bexiga e pistão.

As câmaras de ar comprimido são mais indicadas para as pressões e vazões não muito elevadas. Elas exigem uma vigilância permanente para evitar a falta ou perda de ar por dissolução. É necessária a instalação de um compressor para fornecer o ar que vai sendo perdido por dissolução na própria água.

A *Figura A-12.7.3.1-c* apresenta um esquema com dois reservatórios, sem injeção de ar comprimido, em que a própria pressão da tubulação a proteger se encarrega de comprimir o ar. É simples mas precário porque exigirá uma frequente verificação e operação de drena-

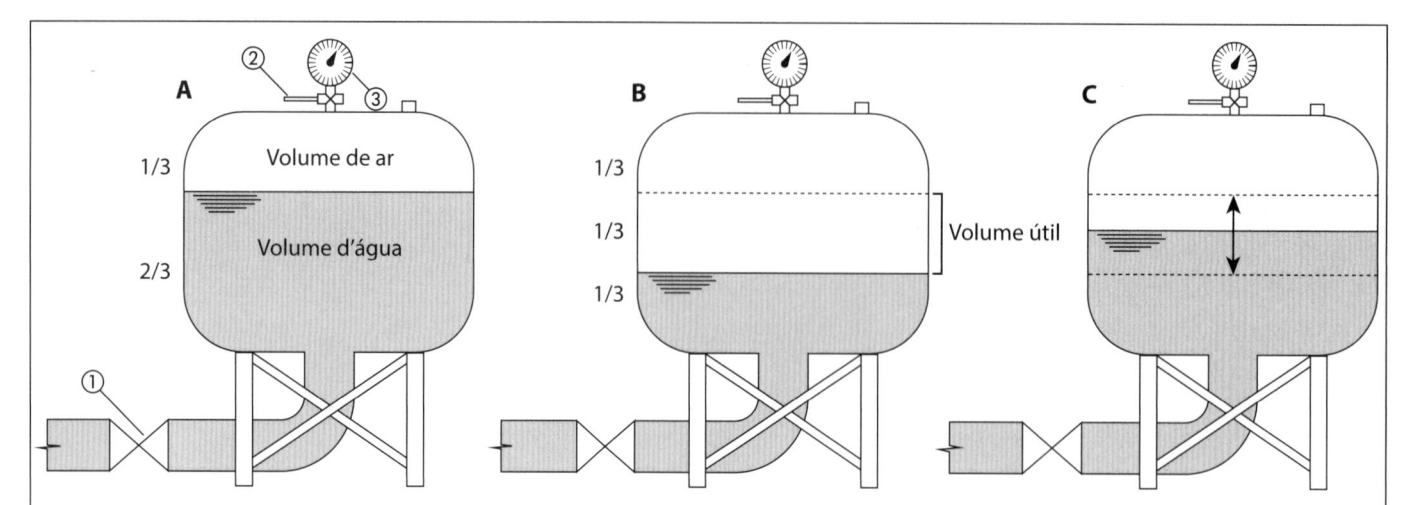

A – Em funcionamento normal, o reservatório está 2/3 cheio de água. **B** – Ao parar as bombas, o volume útil se destina a compensar a depressão produzida na tubulação. **C** – O nível d'água vai variando até o final de flutuação da pressão.

Legenda: ① – Válvula com mera função seccionadora (borboleta ou gaveta); ② – Válvula de enchimento de ar; ③ – Manômetro; ④ – Alguns tipos de reservatórios hidropneumáticos contêm uma bexiga em seu interior (para que não haja dissolução do ar na água).

Figura A-12.7.3.1-a – Princípio de funcionamento do reservatório hidropneumático (Bib. A460).

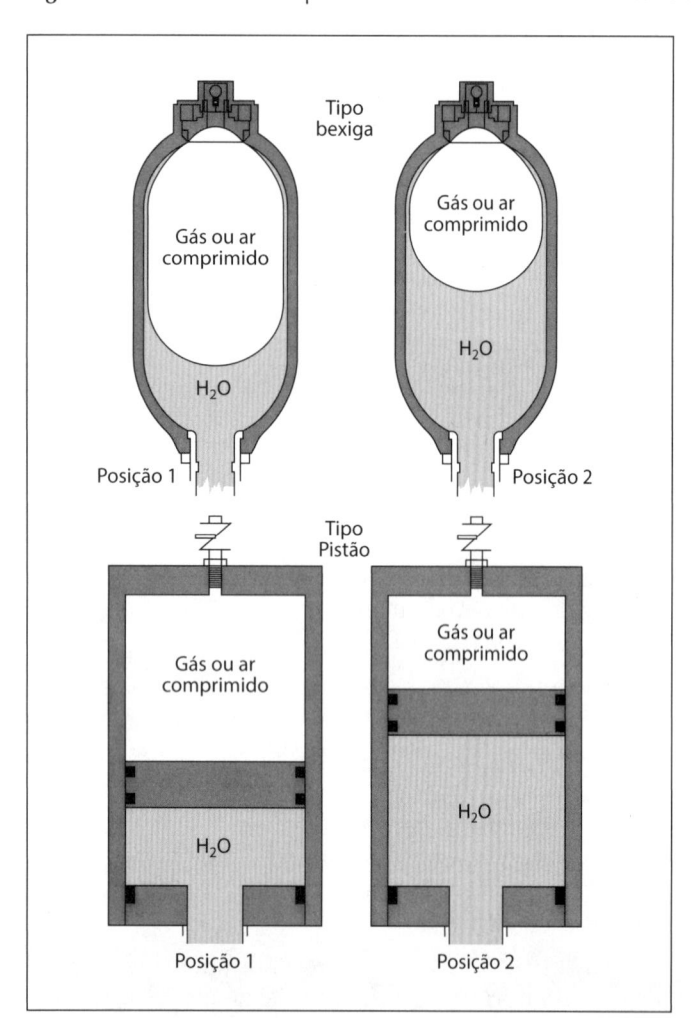

gem. Por isso só se recomenda para instalações pequenas e de pouca responsabilidade.

Uma capacidade correspondente a 10 a 20 s para a vazão máxima de funcionamento da tubulação é considerada satisfatória, podendo-se, sempre que houver conveniência, empregar dois reservatórios.

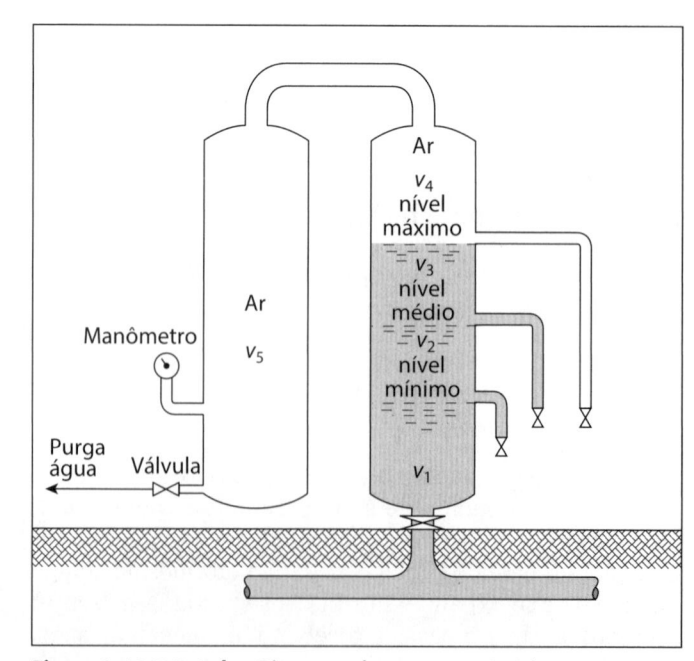

Figura A-12.7.3.1-b – Detalhe de dois tipos de acumuladores de ar comprimido: bexiga e pistão (posição 01 e 02) (Bib. C295).

Figura A-12.7.3.1-d – Câmaras de ar comprimido.

A-12.7.3.2 Chaminés de equilíbrio (ou "tubos piezométricos", ou "stand-pipes", ou "surge tanks")

A *Figura A12.7.3.2a* exemplifica bem, mostrando que as chaminés de equilíbrio funcionam por "vasos comunicantes", com a superfície do líquido totalmente aberta à pressão atmosférica. Por isso, a chaminé deve ser mais alta que o nível de água mais alto interligado a ela, acrescida da altura do golpe que se espera (pelo menos o $v_2/2g$) e com uma borda livre para o caso de superposição de ondas.

Condições topográficas favoráveis e/ou alturas manométricas não muito grandes costumam ser determinantes. As chaminés costumam ser localizadas tão próximas quanto possível das máquinas (bombas ou turbinas) e não precisam ser verticais.

Comparadas a outras soluções com essa finalidade, são as mais robustas e seguras e devem ser preferidas sempre que se mostrem econômicas.

Pode-se dizer que são dispositivos semelhantes aos TAUs, funcionando como bidirecionais, e com a vantagem de não depender de válvulas.

A-12.7.4 Volantes de inércia

São rodas (discos) com determinada massa e momento, acopladas solidariamente ao eixo motor-bomba, procu-

Figura A-12.7.3.2-b – Chaminé de equilíbrio – equipamento das obras do Departamento Municipal de Águas e Esgotos (DMAE), Porto Alegre, RS.

rando aumentar, de forma conveniente, o momento de inércia das partes rotativas das máquinas, prolongando o tempo de parada de rotação do conjunto motor-bomba (*Figura A-12.7.4-a*).

A intenção é que o "volante de inércia" tenha a massa/momento suficiente para converter a manobra rápida em manobra lenta.

Esse dispositivo, de grande segurança operacional pela robustez e simplicidade, é aplicável aos casos em que as linhas de recalque são relativamente curtas (Bib. C285).

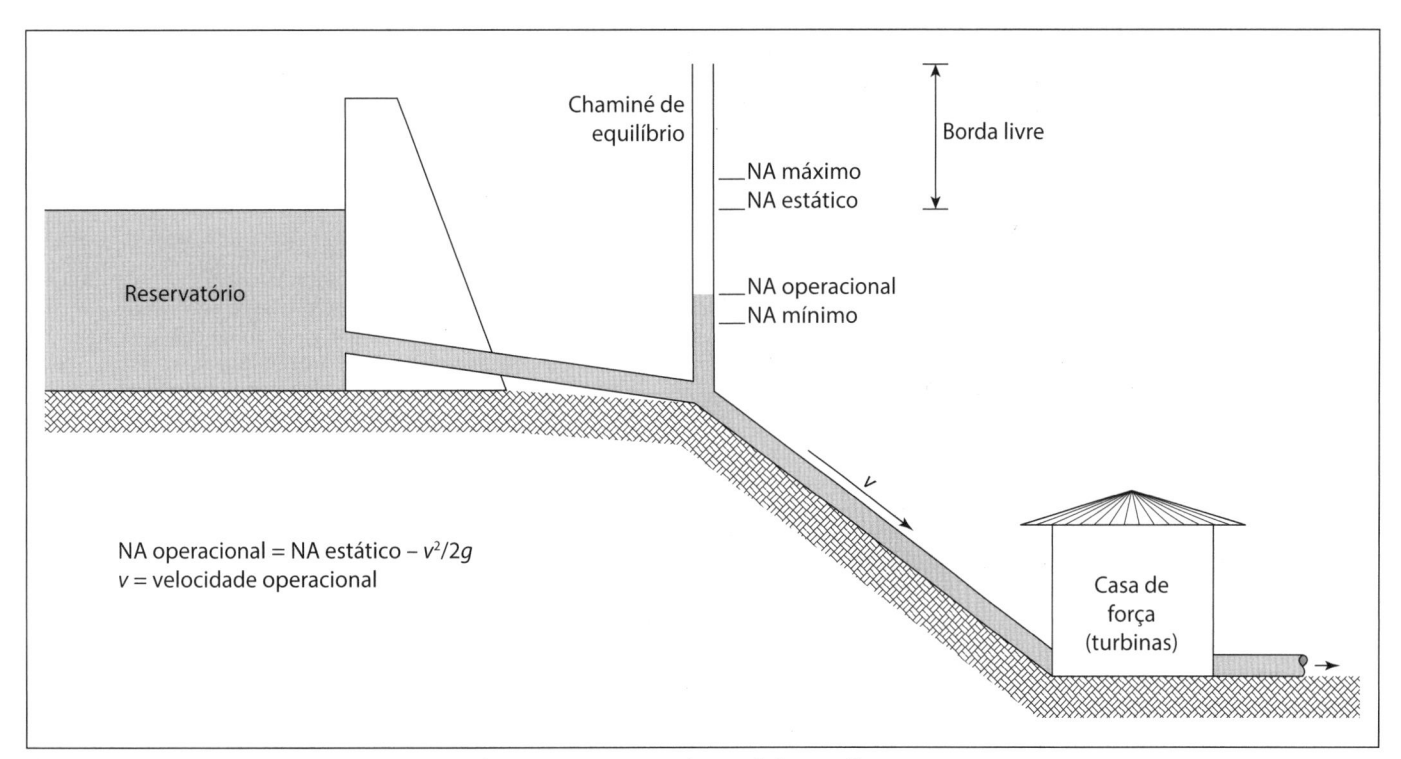

Figura A-12.7.3.2-a – Desenho esquemático de um sistema com chaminé de equilíbrio.

Figura A-12.7.4-a – Foto tirada em 05/04/2003 na usina hidrelétrica de Foz do Areia no Paraná. Notar o volante de inércia entre o gerador e a turbina (já fora de operação, expostos no local).

A-12.8 OUTROS (VENTOSAS, DE ADMISSÃO E DE EXPULSÃO DE AR, VÁLVULAS DE RETENÇÃO ETC.)

No *Capítulo A-10*, especialmente *item A-10.2.2.1* são abordados temas pertinentes a este assunto.

Figura A-12.8 – Válvula automática complexa normalmente usadas nos sistemas minimizadores de transitórios hidráulicos.

A-12.9 CONSIDERAÇÕES GERAIS

O golpe de aríete não pode ser negligenciado, pois pode acarretar acidentes sérios, com perda de vidas e bens. Pelas vazões envolvidas e também pelas pressões, as tubulações que alimentam, por gravidade, as turbinas em hidrelétricas são as que apresentam situações de maior grandeza.

O caso mais frequente de golpe de aríete ocorre nas linhas de recalque com as bombas centrífugas acionadas por motores elétricos, e é o que se verifica logo após uma interrupção de fornecimento de energia elétrica, seja operacional, seja uma parada programada, seja acidental.

Nesse caso, devido à inércia das partes rotativas dos conjuntos de bombeamento, imediatamente após a falta de energia, a velocidade das bombas começa a diminuir, reduzindo rapidamente (na prática pode-se dizer que quase instantaneamente) a vazão. A coluna líquida continua a seguir pela canalização de recalque, até o momento em que a inércia é vencida pelas forças que se opõem ao deslocamento da água (quando para cima, uma delas é a ação da gravidade, quando para baixo ou na horizontal, uma delas é o atrito). Durante esse período, verifica-se uma descompressão ou até uma subpressão no interior da canalização.

Em seguida (quando o bombeamento é em trecho ascendente), ocorre a inversão no sentido de escoamento e a coluna líquida retorna para as bombas.

Não existindo válvulas de retenção, as bombas começariam, então, a funcionar como turbinas, girando em sentido contrário.

Com exceção dos casos em que a altura de elevação é pequena, com descarga livre, nas tubulações sob recalque são instaladas válvulas de retenção ou válvulas especiais, com o objetivo de evitar o retorno do líquido através das bombas.

A corrente líquida, ao retornar para a bomba, encontrando a válvula de retenção fechada, ocasiona o choque e a compressão do fluido, dando origem a uma onda de sobrepressão (golpe de aríete).

Se a válvula de retenção funcionar conforme o previsto, fechando no momento preciso, o golpe de aríete não atingirá o valor máximo previsível.

Se, ao contrário, a válvula de retenção não fechar rapidamente, a coluna líquida retornará, passando através da bomba, e, com o tempo, ganhará velocidades mais altas, elevando consideravelmente o golpe de aríete no momento em que a válvula funcionar (podendo atingir 4 vezes a carga estática, dependendo do tempo de manobra).

O cálculo rigoroso do golpe de aríete em uma instalação com equipamento rotativo centrífugo ou axial, como são as bombas e as turbinas, exige o conhecimen-

de ser feita uma estimativa do golpe de aríete, com base em dados admitidos (aproximados).

Durante muito tempo o cálculo do golpe de aríete foi feito pelo processo gráfico de Bergeron, Schnyder e Angus, explicado de forma geral no livro *Water Hammer Analysis*, de J. Parmakian (Bib. P020). Embora o método permaneça válido e possa ser usado de forma expedita, com o advento da informática, os profissionais têm dado preferência aos métodos numéricos, como é o "método das características". Existem disponíveis diversos softwares para seu cálculo, para a simulação dos efeitos das medidas mitigadoras adotadas pelo engenheiro e para visualização das ondas e envoltórias.

Além dos dispositivos citados em *A-12.7*, o golpe de aríete também é "combatido", na prática, por algumas medidas adicionais:

- Alterações no perfil longitudinal da tubulação e limitação da velocidade nas tubulações, conforme já indicado no *Capítulo A-9*.

- Adequação das velocidades de abertura e de fechamento de válvulas através da concepção dos equipamentos e de dispositivos/peças espaciais e criativos.

- Uso de tubos com secção e com instalação adequada (espessura, reforços, materiais etc.) e instalação (ancoragens, juntas de dilatação etc.).

A presença de ar na tubulação pode potencializar (para mais ou para menos) problemas de golpe de aríete, na medida em que bolsões de ar podem agir como molas acumuladoras de energia.

Em 1977 surgiu o Projeto de Norma Brasileira (PNB) para projetos do sistema de adução de água (P-NB-591/77) baseada em texto do Eng° José Augusto Martins, da Politécnica de São Paulo. O capítulo 5.9 desse PNB trata do golpe de aríete e, por sua vez, remete ao Anexo E. Esses textos são de leitura útil a quem for tratar do assunto.

Exercício A-12-a

Calcule a sobrepressão máxima de uma tubulação de aço com 27" de diâmetro (700 mm), $e = 1/4$", $L = 250$ m, $v = 3,60$ m/s, $t = 2,1$ s (manobra lenta), carga $H = 50$ m, relação $D/e = 108$, celeridade $c = 980$ m/s.

Solução:

τ = fase = $\dfrac{2 \times L}{c} = \dfrac{2 \times 250}{980} = 0,51$ s.

a) Sobrepressão máxima (Michaud, Vensano):

$$h_a = \frac{2 \times 250 \times 3,60}{9,8 \times 2,1} = 87 \text{ m}$$

b) De Sparre:

$$h_a = \frac{2 \times 250 \times 3,60}{9,8 \times 2,1} \times \frac{1}{2 \times \left[1 - \dfrac{250 \times 3,60}{2 \times 9,8 \times 2,1 \times 50}\right]} = 78 \text{ m}$$

c) Teoria inelástica (Johnson):

$$h_a = \frac{250 \times 3,60}{2 \times 9,8^2 \times 50 \times 2,1^2} \times$$

$$\times \left[250 \times 3,60 \times \sqrt{4 \times 9,8^2 \times 50^2 \times 2,1^2 \times 250^2 \times 3,60^2}\right] =$$

$$= 67 \text{ m}$$

d) Allievi:

Calculam-se:

$$k = \frac{c \times v}{2 \times g \times H} = \frac{980 \times 3,60}{2 \times 9,8 \times 50} = 3,60$$

e

$$N = \frac{t}{\tau} = \frac{2,1}{0,51} \cong 4$$

Na interseção de $N = 4$ e $k = 3,60$, encontra-se:

$$\frac{H + h_a}{H} = 2,40 \quad (Figura\ A-12.5\text{-}a)$$

$$\frac{50 + h_a}{50} = 2,40 \therefore h_a = 50 \times 2,40 - 50 = 70 \text{ m}$$

Exercício A-12-b

Um conduto de aço, com 500 m de comprimento, 0,80 m de diâmetro e 12 mm de espessura, está sujeito a uma carga de 250 m (*Figura A-12-b*). A válvula localizada no ponto mais baixo é manobrada em 8 s. Qualificar o tipo de manobra e determinar a sobrepressão máxima. A velocidade média na canalização é de 3 m/s.

Solução:

Para a canalização considerada, a celeridade será:

$$c = \frac{9.900}{\sqrt{48,3 + 0,5 \times \dfrac{0,800}{0,012}}} = 1.098 \text{ m/s}$$

(valor esse que poderia ser obtido na *Tabela A-12.3-a*).

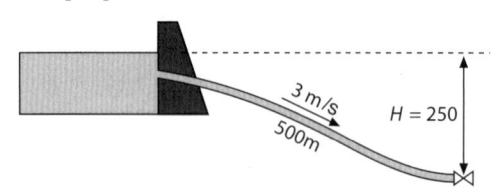

Figura A-12-b

$$\tau = \frac{2 \times L}{c} = \frac{2 \times 500}{1.098} = 0,91 \text{ s}$$

Portanto o tempo de manobra é maior,

$t = 8 \text{ s} > 0,91 \text{ s}$

e a manobra pode ser qualificada como lenta.

Nesse caso, a sobrepressão:

$$h_a = \frac{1.098 \times 3}{9,8} \times \frac{0,91}{8} = 38,2 \text{ m}$$

Pressão total = $H + h_a$ = 250 + 38,2 = 288,2 m

Sistemas de Tubulações

**Condutos Equivalentes, Problemas dos
Reservatórios, Distribuição em Marcha, Redes**

Sistemas de Tubulações
Condutos Equivalentes, Problemas dos Reservatórios, Distribuição em Marcha, Redes

A-13.1 INTRODUÇÃO

Até aqui, neste livro, as tubulações consideradas vão de um ponto a outro transportando uma vazão constante, isto é, a vazão na extremidade de jusante é igual à da extremidade de montante. Além disso, o diâmetro era constante e a tubulação única, ou seja, *tubulações simples*.

Na prática nem sempre é assim. As tubulações mudam de diâmetro, existem linhas paralelas, no percurso saem ou entram vazões e os tubos interligam mais de dois pontos extremos. São os *chamados sistemas de tubulações* ou *tubulações complexas (Figura A-13.1-a)*.

Para uma melhor análise desses casos, cabe definir alguns conceitos e nomenclaturas. É o caso de *nó*, de *trecho*, de *malha* e de *anel*.

Chama-se genericamente de nó qualquer ponto que represente uma quebra de continuidade na tubulação, podendo ser um cruzamento de mais de um tubo, uma mudança de direção, uma mudança de diâmetro, etc. Pode-se ainda chamar de *nó virtual* qualquer ponto de uma tubulação normalmente usado para caracterizar ou calcular valores nesses pontos. Em um nó, a soma das vazões de entrada é igual à soma das vazões de saída *(Figura A-13.1-b)*.

Chama-se de trecho a porção da tubulação entre dois nós.

Chama-se genericamente de malha ou de anel um circuito formado por dois tubos que interligam dois nós por caminhos diferentes ou um circuito que, saindo de um nó, retorna a esse mesmo nó. É o caso mais normal em cidades, onde as redes de distribuição de água formam malhas acompanhando as malhas das ruas, envolvendo quarteirão por quarteirão e interligando-se nos cruzamentos *(Figura A-13.1-c)*.

Especificamente, chama-se de *anel* um circuito de tubulações que envolve determinada região onde existem outras tubulações e até outras malhas *(Figura A-13.1-d)*.

Chama-se de sistema *ramificado*, ou de sistema em *derivações*, ou *espinha de peixe*, quando é composto de dois ou mais tubos que, partindo de um mesmo ponto, se ramificam, divergindo a partir daí e não mais se reunindo num só ponto *(Figura A-13.1-e)*.

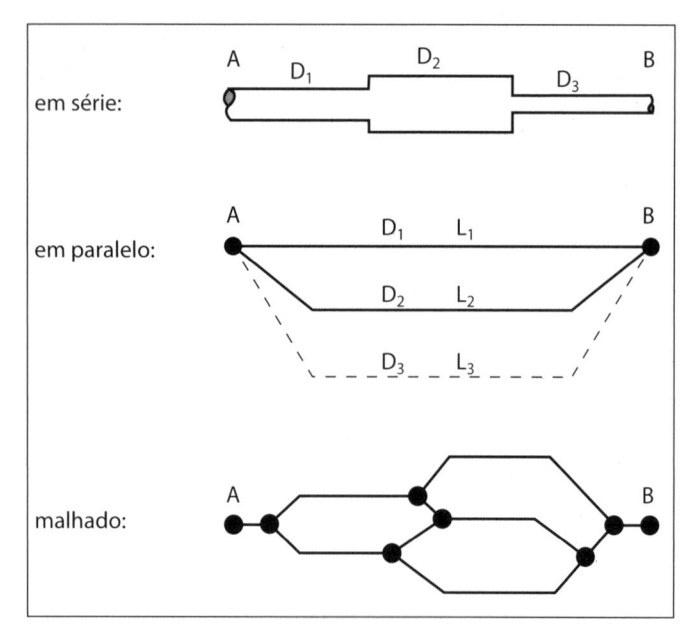

em série:

em paralelo:

malhado:

Figura A-13.1-a – Sistemas de tubulações.

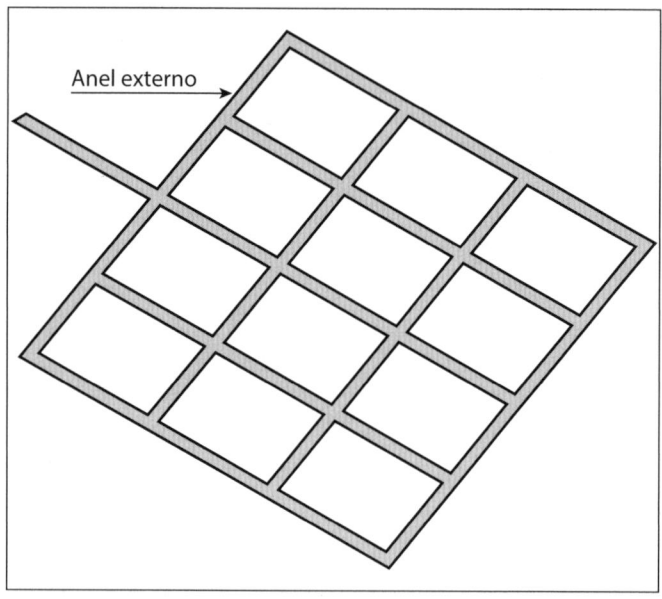

Figura A-13.1-d – Sistema malhado (com 12 malhas) e anel externo.

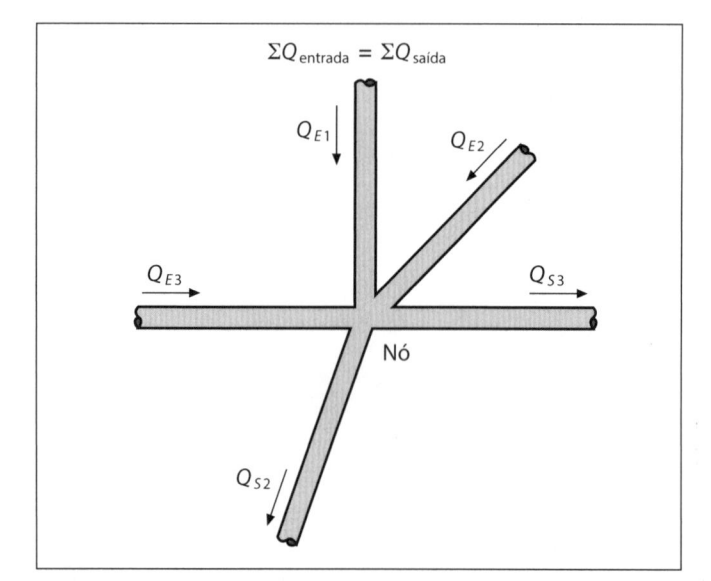

$\Sigma Q_{entrada} = \Sigma Q_{saída}$

Figura A-13.1-b – Esquema de um nó.

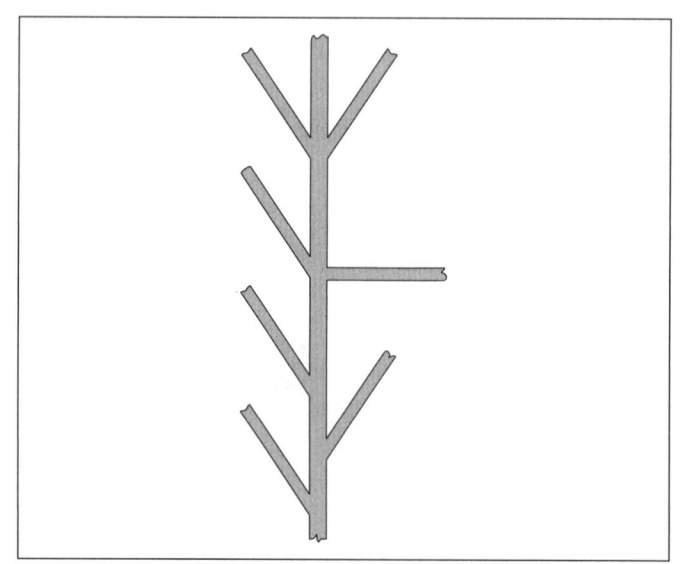

Figura A-13.1-e – Sistema ramificado, ou espinha de peixe.

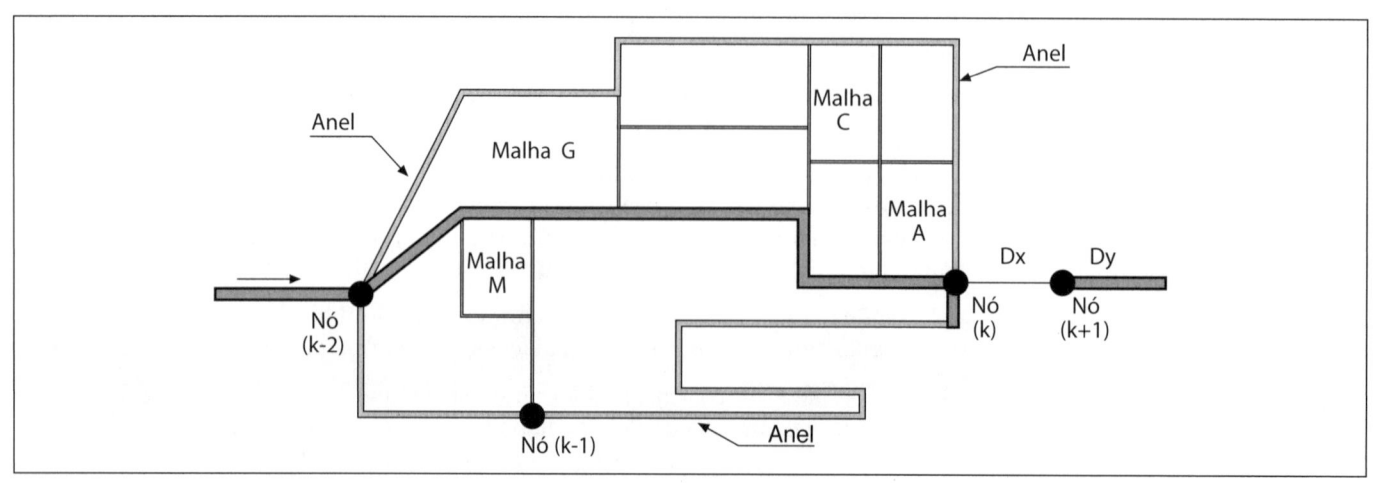

Figura A-13.1-c – Nós, malhas e anéis.

A-13.2 TUBULAÇÕES EQUIVALENTES

Pode-se levar água de um lugar para outro, ou por um só tubo de determinado diâmetro, ou por dois ou mais tubos de diâmetro menor instalados em paralelo, ou ainda por dois ou mais tubos de diâmetros maiores e menores instalados em série.

Observa-se que pode chegar mais ou menos água em cada configuração, ou *sistemas de tubulações*, que se possa imaginar para unir esses dois pontos.

Diz-se que um *sistema de tubulações* é equivalente a outro *sistema* ou a uma tubulação simples quando ele é capaz de conduzir a mesma vazão com a mesma perda de carga total (com a mesma energia).

É um dos problemas mais usuais na prática. Por exemplo:

- Pode-se substituir uma tubulação de diâmetro 600 mm por duas tubulações paralelas? De que diâmetro?

- Se tivermos um projeto de uma adutora de 2 km com DN 400 mm e o almoxarifado dispuser de 1,5 km de tubos com DN 300 mm e 1,5 km de tubos com DN 500 mm, é possível construir uma adutora equivalente? Com quantos metros de cada diâmetro?

Os seguintes casos podem ser considerados:

a) uma tubulação simples equivalente a outra (*item A-13.2.1*);

b) uma tubulação equivalente a um sistema de tubulações:
  - b.1 – em série (*item A-13.2.2*);
  - b.2 – em paralelo (*item A-13.2.3*);
  - b.3 – malhados (*item A-13.5.3*).

Basicamente existem dois tipos de problemas a serem considerados (*Tabela A-13.2-a*):

Tabela A-13.2-a Problemas de tubulações equivalentes

Tipo	Conhecidos	Pede-se
A	Os diâmetros dos trechos	As vazões em cada trecho
	Os comprimentos dos trechos	As cotas piezométricas em cada nó
	As cotas piezométricas de entrada e saída	
	As rugosidades dos trechos	
B	Os comprimentos dos trechos	Os diâmetros em cada trecho
	As cotas piezométricas de entrada e saída	As cotas piezométricas em cada nó
	A vazão em cada trecho	
	A rugosidade em cada trecho	

Os problemas do tipo A são matematicamente determinados, já que é possível montar um sistema de equações igual ao número de incógnitas, pois:

- para cada nó haverá uma equação representando que a soma das vazões afluentes é igual à soma das vazões efluentes:

$$\sum Q_a = \sum Q_e \quad (n \text{ equações})$$

e

- para cada trecho a diferença de altura piezométrica entre os dois nós do trecho (montante e jusante) pode ser traduzido por:

$$\Delta H_t = H_m - H_j = C \times \frac{v^2}{2 \times g} \times L_t = C \times \frac{Q_t^2}{D_t^5} \times L_t$$

$$(t \text{ equações})$$

Logo, para $[n + t]$ incógnitas, haverá $[n + t]$ equações.

Os problemas do tipo B são matematicamente indeterminados (diversas soluções), pois havendo $[n + t]$ incógnitas só existem t equações, já que, neste tipo B, as equações de continuidade são identidades sem sentido algébrico, uma vez que as vazões em torno dos *nós* são todas conhecidas. Para tentar resolver as indeterminações desse tipo de problema usam-se fatores alheios à hidráulica, do tipo:

- arbitram-se limites máximos e mínimos de pressão e velocidade;

- custo mínimo.

Para resolver esses problemas do tipo *B*, costuma se trabalhar por tentativas e deve-se cuidar para não chegar a soluções fora de sentido prático.

Seja a *Figura A-13.2-a*, representando três maneiras distintas de interligar dois pontos iguais, conforme as configurações (a), (b) e (c) (em distância ($L = x$) e em desnível ($M_1 - J_1$), ou seja, energéticamente iguais).

Supondo que há uma vazão que corresponda à configuração (a), diâmetro $D = y$, haverá sempre pelo menos mais duas configurações [(b) e (c)] capazes de transitar a mesma vazão que passa em (a). As relações possíveis estão descritas nessa *Figura A-13.2-a*.

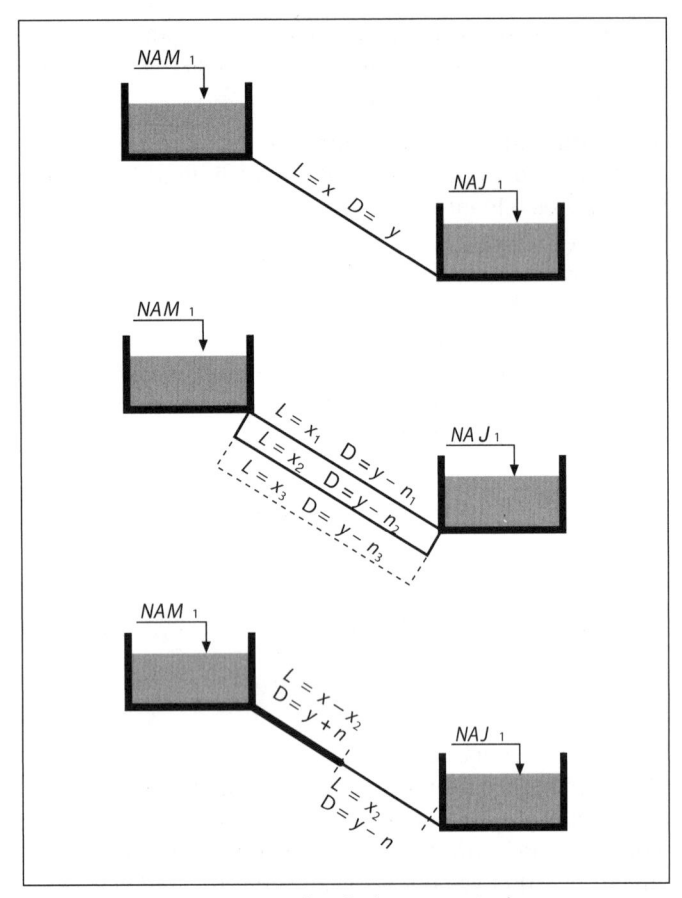

Figura A-13.2-a – Sistemas de tubulações equivalentes.

A-13.2.1 Uma tubulação simples equivalente a outra

Considerando duas tubulações, a primeira de diâmetro D_1, comprimento L_1, e coeficiente de rugosidade K'_1, e a segunda de diâmetro D_2, comprimento L_2 e coeficiente de rugosidade K'_2, para que a segunda tubulação seja equivalente à primeira é necessário que a perda de carga total h_f seja a mesma para o mesmo valor de Q (mesma vazão).

Para a perda de carga, a partir da *Equação (8.8)* do *item A-8.3.1*, pode-se escrever:

$$J = \frac{K' \times Q^2}{D^5},$$

sendo K' uma constante $K' = 0{,}0827 \times f$

A perda de carga total será:

$$h_f = J \times L = \frac{K' \times Q^2 \times L}{D^5}$$

Para a primeira tubulação:

$$h_f = \frac{K'_1 \times Q^2 \times L_1}{D_1^5}$$

e para a segunda:

$$h_f = \frac{K'_2 \times Q^2 \times L_2}{D_2^5}$$

Igualando essas duas expressões, para assegurar a equivalência das tubulações 1 e 2, obtém-se:

$$\frac{K'_1 \times Q^2 \times L_1}{D_1^5} = \frac{K'_2 \times Q^2 \times L_2}{D_2^5}$$

$$L_2 = L_1 \times \frac{K'_1}{K'_2} \times \left(\frac{D_2}{D_1}\right)^5 \qquad \text{Equação (13.1)}$$

expressão que permite calcular o comprimento L_2 de uma tubulação equivalente a outra de diâmetro e rugosidade diferentes.

Entretanto, essa equação só é resolvível por tentativas. Caso os coeficientes de rugosidade possam ser admitidos como iguais, a equação toma a forma a seguir, algebricamente resolvível:

$$L_2 = L_1 \times \left(\frac{D_2}{D_1}\right)^5 \qquad \text{Equação (13.2)}$$

Se fosse adotada a fórmula de Hazen-Williams, resultaria a seguinte relação (algebricamente resolvível):

$$L_2 = L_1 \times \left(\frac{C_2}{C_1}\right)^{1,85} \times \left(\frac{D_2}{D_1}\right)^{4,87} \qquad \text{Equação (13.3)}$$

Caso os coeficientes de rugosidade possam ser admitidos como iguais, toma a forma:

$$L_2 = L_1 \times \left(\frac{D_2}{D_1}\right)^{4,87} \qquad \text{Equação (13.4)}$$

O *Exercício A-13-a* e o *Exercício A-13-b*, ao final do presente capítulo, ajudam a fixar o que se expôs neste item.

A-13.2.2 Sistema de tubulações em série

Na prática, nem sempre as tubulações possuem diâmetro uniforme, ou seja, nem sempre uma tubulação tem diâmetro constante.

Tubulações em série é a terminologia usada para indicar uma sequência de tubos de diferentes diâmetros acoplados entre si, conforme a *Figura A-13.2.2-a*. A vazão em todos os tubos é a mesma. As perdas de carga em cada trecho de tubo são diferentes, e a perda de carga total é igual à soma das perdas de carga de cada trecho ou tubo.

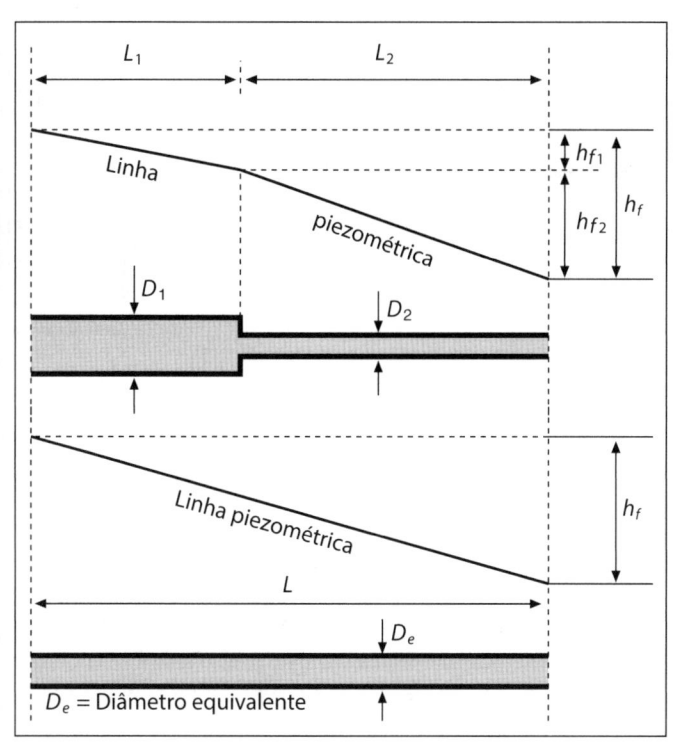

Figura A-13.2.2-a – Tubulação em série.

O problema consiste em, dada uma tubulação com duas seções, uma de comprimento L_1, diâmetro D_1 e coeficiente de Hazen Williams C_1, e outra de comprimento L_2, diâmetro D_2 e coeficiente de Hazen Wiliams C_2, determinar o diâmetro (D_e) único para uma canalização equivalente.

Empregando a Fórmula Universal:

$$J = \frac{K' \times Q^2}{D^5},$$

as perdas de carga resultarão:

no 1° trecho:

$$h_{f1} = J_1 \times L_1 = K_1' \times \frac{Q^2}{D_1^5} \times L_1$$

no 2° trecho:

$$h_{f2} = J_2 \times L_2 = K_2' \times \frac{Q^2}{D_2^5} \times L_2$$

sendo a perda de carga total:

$$h_f = h_{f1} + h_{f2} = \left(\frac{K_1' \times Q^2 \times L_1}{D_1^5} + \frac{K_2' \times Q^2 \times L_2}{D_2^5} \right)$$

Equação (13.5)

e para um conduto que seja equivalente:

$$h_f = K_e' \times \frac{Q^2}{D_e^5} \times L$$

Equação (13.6)

igualando a *Equação(13.5)* e a *Equação(13.6)*, resulta:

$$\frac{L \times K_e'}{D_e^5} = \frac{L_1 \times K_1'}{D_1^5} + \frac{L_2 \times K_2'}{D_2^5}.$$

Generalizando, encontra-se, para condutos em série:

$$\frac{L \times K_e'}{D_e^5} = \frac{L_1 \times K_1'}{D_1^5} + \frac{L_2 \times K_2'}{D_2^5} + \frac{L_3 \times K_3'}{D_3^5} + \cdots$$

Equação (13.7)

que é a chamada regra de Dupuit.

Ou aplicando a formula de Hazen-Williams (ver *item A-8.2.7*);

$$\frac{L}{D_e^{4,87} \times C_e^{1,85}} = \frac{L_1}{D_1^{4,87} \times C_1^{1,85}} + \frac{L_2}{D_2^{4,87} \times C_2^{1,85}} + \frac{L_3}{D_3^{4,87} \times C_3^{1,85}} + \cdots$$

Equação (13.8)

e, quando os coeficientes de rugosidade podem ser admitidos como iguais, a fórmula acima fica:

$$\frac{L}{D_e^{4,87}} = \frac{L_1}{D_1^{4,87}} + \frac{L_2}{D_2^{4,87}} + \cdots$$

Os *Exercícios A-13-c* e *A-13-d*, ao final do capítulo, servem para fixar o assunto.

A-13.2.3 Sistema de tubulações em paralelo

Duas ou mais tubulações são ditas em paralelo quando unem dois pontos conhecidos.

Duas ou mais tubulações nessas condições formam o que se convencionou chamar de rede ou malha, conforme classificação no *caput* do *item A-13.1*. Esquema típico de sistema de tubos em paralelo está representado na *Figura A-13.1-a*.

A vazão em cada um dos tubos em paralelo é função do diâmetro, do comprimento, do coeficiente de rugosidade e da diferença de pressão entre as extremidades desse tubo. Observa-se que a diferença de pressão entre as extremidades é igual para todos os tubos de um sistema em *paralelo*.

Assim, as perdas de carga em cada tubo são idênticas e iguais a h_f, uma vez que cada uma das extremidades dos trechos convergem em um mesmo ponto (um a montante e outro a jusante), e em cada um desses pontos só pode existir uma única pressão. Também se pode afirmar que a soma das vazões de cada tubo é igual à vazão total afluente (e à efluente).

Pode-se então escrever um sistema de equações de perda de carga, sendo uma equação para cada tubo, para o primeiro:

$$h_f = K_1' \times \frac{Q_1^2}{D_1^5} \times L_1 \therefore Q_1 = \sqrt{\frac{h_f}{K'_1}} \times \sqrt{\frac{D_1^5}{L_1}}$$

para o segundo:

$$h_f = K_2' \times \frac{Q_2^2}{D_2^5} \times L_2 \therefore Q_2 = \sqrt{\frac{h_f}{K'_2}} \times \sqrt{\frac{D_2^5}{L_2}}$$

e assim sucessivamente, até um total de n equações, igual ao número de tubos.

Entretanto, o número de incógnitas é $[n + 1]$, ou seja, as n vazões Q e a perda de carga h_f. A equação para tornar o sistema resolvível é:

$$Q = Q_1 + Q_2 + \cdots + Q_n$$

Para um único conduto equivalente a um grupo de n tubos em paralelo, pode-se escrever:

$$Q = \sqrt{\frac{h_f}{K_e'}} \times \sqrt{\frac{D_e^5}{L}}$$

como $Q = Q_1 + Q_2 + \cdots + Q_n$.

Resulta, de um modo geral,

$$\sqrt{\frac{D_e^5}{L \times K_e'}} = \sqrt{\frac{D_1^5}{L_1 \times K_1'}} + \sqrt{\frac{D_2^5}{L_2 \times K_2'}} + \cdots + \sqrt{\frac{D_n^5}{L_n \times K_n'}}$$

e, se a dedução fosse feita partindo de Hazen-Williams, encontrar-se-ia:

$$\frac{D_e^{2,63} \times C_e}{L^{0,54}} = \frac{D_1^{2,63} \times C_1}{L_1^{0,54}} + \frac{D_2^{2,63} \times C_2}{L_2^{0,54}} + \cdots + \frac{D_n^{2,63} \times C_n}{L_n^{0,54}}$$

Ao final do presente capítulo, o *Exercício A-13-e* aplica o assunto deste item.

A-13.3 PROBLEMA DOS RESERVATÓRIOS INTERLIGADOS

Corresponde a um tipo de problema clássico de cálculo, com diversas aplicações práticas, em que um sistema de tubulações é alimentado ou descarregado por mais de duas extremidades.

A-13.3.1 Problema dos reservatórios

Seja a *Figura A-13.3.1-a*, a seguir.

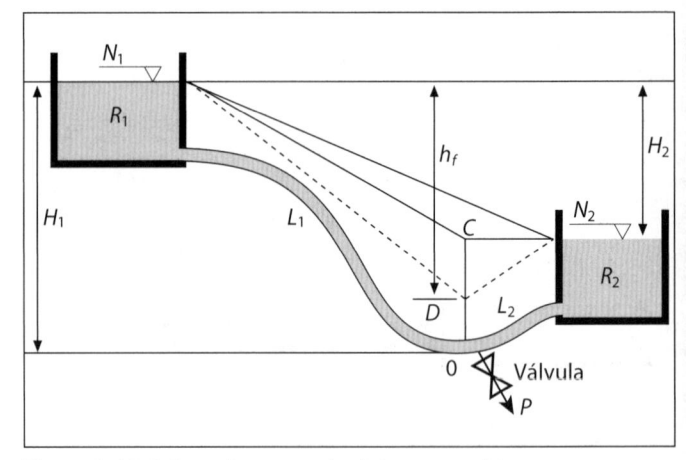

Figura A-13.3.1-a – Esquema de dois reservatórios.

São dois reservatórios (R_1 o mais alto e R_2, o mais baixo) ligados por um sistema de tubos que inclui uma derivação no ponto O, com uma válvula logo em seguida, no ponto P, descarregando para a atmosfera. Algumas hipóteses básicas de configurações podem ser estabelecidas:

1ª hipótese: a válvula está fechada, e R_1 abastece R_2.

$$H_2 = K' \times \frac{Q^2}{D^5} \times \left(L_1 + L_2\right) \Rightarrow Q = \sqrt{\frac{H_2 \times D^5}{K' \times \left(L_1 + L_2\right)}}$$

2ª hipótese: a válvula está aberta (pouco) de tal maneira que R_1 abastece R_2 e também a tubulação OP. A vazão em cada trecho dependerá de quanto estiver aberta a válvula.

3ª hipótese: a válvula está aberta de tal maneira que a linha de carga passa pelo ponto de derivação O, ou seja, o ponto C corresponde ao nível da água em R_2 (C-N_2 é horizontal). Não havendo gradiente hidráulico no trecho O-R_2, cessará o fornecimento para o reservatório R_2 e toda a água que vem do reservatório R_1 irá para a derivação OP.

$$H_2 = K' \times \frac{Q^2}{D^5} \times L_1 \Rightarrow Q = \sqrt{\frac{H_2 \times D^5}{K' \times L_1}}$$

4ª hipótese: a válvula está mais aberta ainda, de tal maneira que a linha de carga no ponto O, que corresponde ao ponto D, está abaixo do nível da água em R_2. Nesse caso, R_1 e R_2 abastecem a derivação OP.

$$Q = \sqrt{\frac{h_f \times D_5}{L_1}} + \sqrt{\frac{\left(h_f - H_2\right) \times D^5}{K' \times L_2}}$$

A descarga máxima dar-se-á quando D coincidir com O. Nesse caso:

$$Q_{max} = \sqrt{\frac{H_1 \times D^5}{K' \times L_1}} + \sqrt{\frac{(H_1 - H_2) \times D^5}{K' \times L_2}}$$

A-13.3.2 Problema dos três reservatórios

Convencionou-se assim chamar a uma configuração típica conforme ilustrado na *Figura A-13.3.2-a*, a seguir, cuja análise pode ser generalizada para n reservatórios.

Trata-se de três reservatórios com o nível da água em três cotas diferentes, interligados por um sistema de tubulações. O reservatório mais alto será sempre abastecedor, e o reservatório mais baixo será sempre receptor. O(s) reservatório(s) intermediário(s) poderá(ão) ser receptor(es) ou abastecedor(es), dependendo da configuração (cotas, diâmetros, comprimentos, coeficientes de rugosidade e eventuais acessórios ou perdas de carga localizadas significativas).

O problema pode apresentar-se de quatro formas ou casos diferentes:

1º caso:

São desconhecidas as vazões Q_1, Q_2 e Q_3, inclusive quanto ao sentido do fluxo, ou seja, desconhece-se H_2 e, portanto, o sentido do escoamento em L_2. São conhecidos os demais parâmetros.

Têm-se portanto quatro incógnitas. Sendo também quatro as equações disponíveis, temos assim um problema determinado:

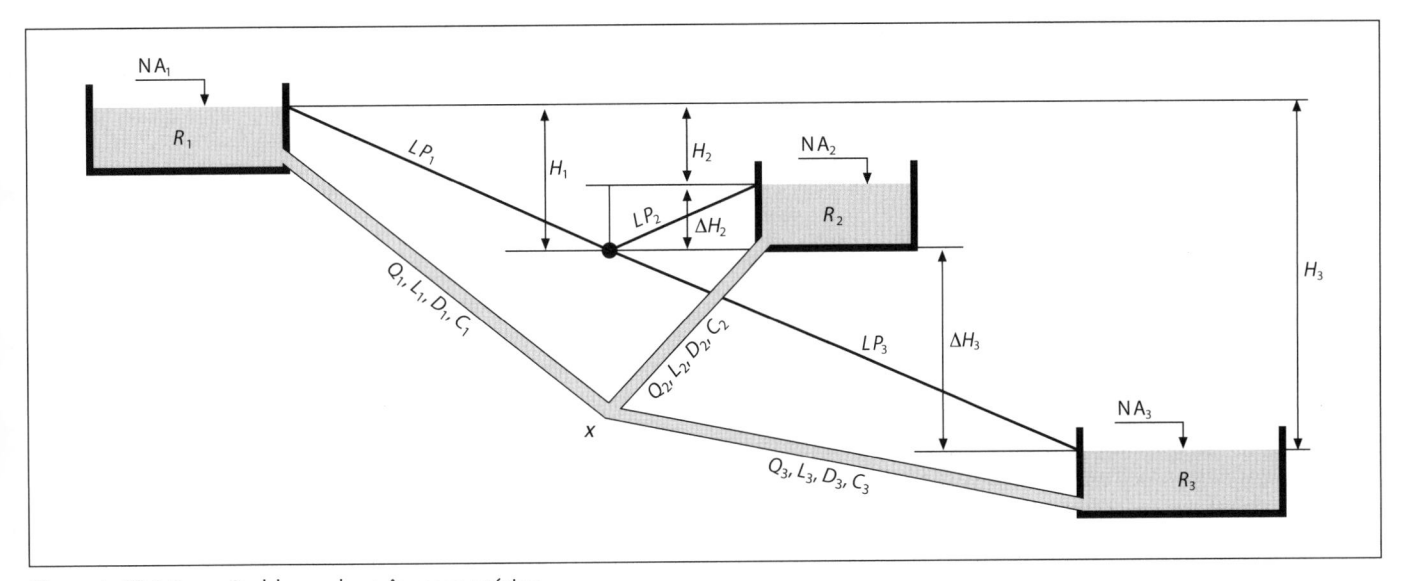

Figura A-13.3.2-a – Problema dos três reservatórios.

	1º caso	2º caso	3º caso	4º caso
vazão Q_1	DESCONHECIDO	conhecido	conhecido	conhecido
vazão Q_2	DESCONHECIDO	conhecido	DESCONHECIDO	DESCONHECIDO
vazão Q_3	DESCONHECIDO	conhecido	DESCONHECIDO	DESCONHECIDO
comprimento L_1	conhecido	conhecido	conhecido	conhecido
comprimento L_2	conhecido	conhecido	conhecido	conhecido
comprimento L_3	conhecido	conhecido	conhecido	conhecido
diâmetro D_1	conhecido	DESCONHECIDO	conhecido	conhecido
diâmetro D_2	conhecido	DESCONHECIDO	conhecido	conhecido
diâmetro D_3	conhecido	DESCONHECIDO	DESCONHECIDO	conhecido
Rugosidade C_1	conhecido	conhecido	conhecido	conhecido
Rugosidade C_2	conhecido	conhecido	conhecido	conhecido
Rugosidade C_3	conhecido	conhecido	conhecido	conhecido
Nível de água NA_1	conhecido	conhecido	conhecido	conhecido
Nível de água NA_2	conhecido	conhecido	conhecido	conhecido
Nível da água NA_3	conhecido	conhecido	conhecido	DESCONHECIDO

Empregando a fórmula de Darcy:

$$J = \frac{H_1}{L_1} = K' \times \frac{Q_1^2}{D_1^5}$$

$$Q_1 = \sqrt{\frac{D_1^5 \times H_1}{K' \times L_1}}$$

Equação (13.9)

$$Q_2 = \sqrt{\frac{D_2^5}{K' \times L_2} \times \sqrt{H_2 - H_1}}$$

Equação (13.10)

$$Q_3 = \sqrt{\frac{D_3^5}{K' \times L_3} \times \sqrt{H_3 - H_1}}$$

Equação (13.11)

$$Q_1 = Q_2 + Q_3$$

Equação (13.12)

Raciocínio semelhante aplica-se aos 3º e 4º casos acima planilhados, que são hidraulicamente (e matematicamente) determinados.

2º caso:

São desconhecidos os diâmetros D_1, D_2 e D_3, além do sentido de escoamento no trecho L_2. São conhecidos os demais parâmetros.

Nesse caso, a *Equação (13.12)*:

$$Q_1 = Q_2 + Q_3$$

transforma-se numa relação de quantidades conhecidas, ou seja, numa identidade, deixando de ser uma equação e, como as incógnitas ainda continuam sendo quatro, o problema passa a ser hidraulicamente indeterminado (diversas soluções).

Pode-se levantar a indeterminação com o auxílio de mais uma equação: a de custo mínimo.

Solução prática do 1º caso:

Na prática, o problema dos três reservatórios é resolvido por tentativas, admitindo-se inicialmente um valor para H_1. Para isso, sabe-se que H_1 está compreendido entre dois valores extremos:

$$H_1 \leq H_2,$$

porque R_1 é o único reservatório abastecedor,

$$H_1 \geq \left(\frac{L_1}{L_1 + L_3}\right) \times H_3,$$

porque, se não houvesse R_2 e não fosse $D_1 = D_3$, H_1 seria igual a

$$\left(\frac{L_1}{L_1 + L_3}\right) \times H_3;$$

havendo R_2, é claro que H_1 é maior do que essa expressão.

Sendo assim,

$$\left(\frac{L_1}{L_1 + L_3}\right) \times H_3 \leq H_1 \leq H_2$$

Escolhendo, a priori, um valor médio para H_1,

$$H_1 = \frac{1}{2} \times \left[H_2 + \left(\frac{L_1}{L_1 + L_3}\right) \times H_3\right],$$

determinam-se as vazões Q_1, Q_2 e Q_3.

Se resultar $Q_1 = Q_2 + Q_3$, o problema estará resolvido. Se $Q_1 \neq Q_2 + Q_3$, deverá ser admitido outro valor para H_1.

O *Exercício A-13-f* serve para fixar o assunto, ao final do capítulo.

Solução prática do 2º caso:

Desconhecidos D_1, D_2 e D_3, mas conhecidas as vazões e os sentidos de escoamento.

Tomar as quatro equações do caso anterior, como já visto, $[Q_1 = Q_2 + Q_3]$, carece de sentido algébrico por ter-se tornado uma identidade, sobrando três equações e, como são quatro incógnitas, o problema é indeterminado.

Para resolver, introduz-se mais uma equação: a de custo mínimo.

O problema também pode ser resolvido por aproximações sucessivas: ensaiam-se os valores de D_1 que conduzam ao mesmo valor de H_1. O problema pode admitir mais de uma solução (continua indeterminado). A análise dos resultados permite a escolha da solução aceitável entre as encontradas.

Solução prática do 3º caso:

São desconhecidos Q_2, Q_3 e D_3. Todos os demais elementos do trecho $\overline{R_1x}$ são conhecidos.

1º passo: calcular a perda de carga no trecho $\overline{R_1x}$:

$$H_1 = K' \times L_1 \times \frac{Q_1^2}{D_1^5}$$

(que também poderia ser calculado por Hazen-Williams).

2º passo: comparar H_1 com $(NA_1 - NA_2)$, resultando as seguintes possibilidades:

a) Se $H_1 > NA_1 - NA_2$, então o sentido do fluxo de Q é $\overline{R_2x}$, logo R_2 é abastecedor.

b) Se $H_1 = NA_1 - NA_2$, não há escoamento em $\overline{R_2x}$ (caso particular de dois reservatórios).

c) Se $H_1 < NA_1 - NA_2$, o sentido do escoamento é $\overline{xR_2}$, e R_2 é receptor.

3° *passo*: Considerando, por exemplo, a possibilidade a) acima (R_2 abastecedor) com a perda de carga no trecho $\overline{R_2x}$ sendo:

$$\Delta H_2 = H_1 - (NA_1 - NA_2)$$

Aplicando a fórmula da perda de carga, calcula-se Q_2:

$$\Delta H_2 = K' \times L_2 \times \frac{Q_2^2}{D_2^5}$$

onde Q_2 é a única incógnita. Logo:

$$Q_2 = \sqrt{\frac{D_2^5 \times \left[H_1 - \left(NA_1 - NA_2 \right) \right]}{K' \times L_2}}$$

Solução prática do 4º caso:

Neste caso são desconhecidos Q_2, Q_3 e NA_3, sendo os demais dados conhecidos.

1° *passo*: calcular H_1 (de forma idêntica ao 3° caso) e comparar com $NA_1 - NA_2$. Da mesma forma que no caso anterior, teremos as mesmas possibilidades a), b) e c) anteriormente descritas.

$2.^\circ$ *passo*: tomando, por exemplo, a possibilidade c) acima, $H_1 < NA_1 - NA_2$, temos:

$$\Delta H_2 = (NA_1 - NA_2) - H_1$$

e, calculando pela perda de carga:

$$\Delta H_2 = K' \times L_2 \times \frac{Q_2^2}{D_2^5}$$

o que nos permite obter:

$$Q_2 = \sqrt{\frac{D_2^5 \left(NA_1 - NA_2 \right)}{K' L_2}}$$

3° *passo*: comparando Q_2 e Q_1, chega-se a:

a) se $Q_2 > Q_1 \Rightarrow R_3$ é abastecedor:

$$Q_3 = Q_2 - Q_1 \ (NA_3 > NA_2);$$

b) se $Q_2 = Q_1 \Rightarrow R_3$ não entra no circuito e seu NA tem a mesma cota da piezométrica em x;

c) se $Q_2 < Q \Rightarrow R_3$ é receptor:

$$Q_3 = Q_1 - Q_2.$$

4° *passo*: conhecida a vazão Q_3, calcula-se a perda de carga ΔH_3, e assim o NA_3. Para exemplificar, se $Q_2 > Q_1$, caso a) acima, então:

$$Q_3 = Q_2 - Q_1,$$

então:

$$\Delta H_3 = K' \times L_3 \times \frac{Q_3^2}{D_3^5}$$

e, finalmente,

$$H_3 = H_1 - \Delta H_3$$

e

$$NA_3 = NA_1 - H_3$$

A-13.4 DISTRIBUIÇÃO EM MARCHA

Como visto no início do capítulo, na prática nem sempre a vazão de entrada em uma tubulação é igual à vazão de saída, ocorrendo o que se denomina de distribuição em marcha. Ou seja, existem diversas derivações ao longo do seu percurso, onde a água vai sendo consumida e de cada um desses pontos para jusante a vazão é menor que anteriormente.

A rigor, uma tubulação nesse caso poderia ser analisada trecho a trecho. Entretanto, isto só é prático se forem poucas e bem conhecidas as saídas ao longo da tubulação. Em inúmeros casos isso não ocorre, sendo grande o número de pequenas saídas ou derivações, que tornam sua consideração individual impraticável, ou de pouca precisão.

No entanto, o somatório dessas derivações não é irrelevante. É o que ocorre, por exemplo, em tubulações de distribuição de água em zonas urbanas, onde cada consumidor tem uma ligação, ou em irrigação em que cada parcela irrigada tem uma ou mais tomadas.

Nesses casos, leva-se em consideração essa distribuição, desprezando detalhes irrelevantes em termos de ordem de grandeza. Assim, para fins de projetos de engenharia, admite-se que, em havendo distribuição em marcha, esta se dá de forma uniforme e igual a $Q \times ds$ em cada trecho elementar da canalização, sendo q a vazão unitária distribuída no trecho.

A *Figura A-13.4-a* ilustra a linha piezométrica de três situações. A primeira (1) corresponde a um tubo sem distribuição em marcha. A segunda (2) e a terceira (3) correspondem a situações de distribuição em

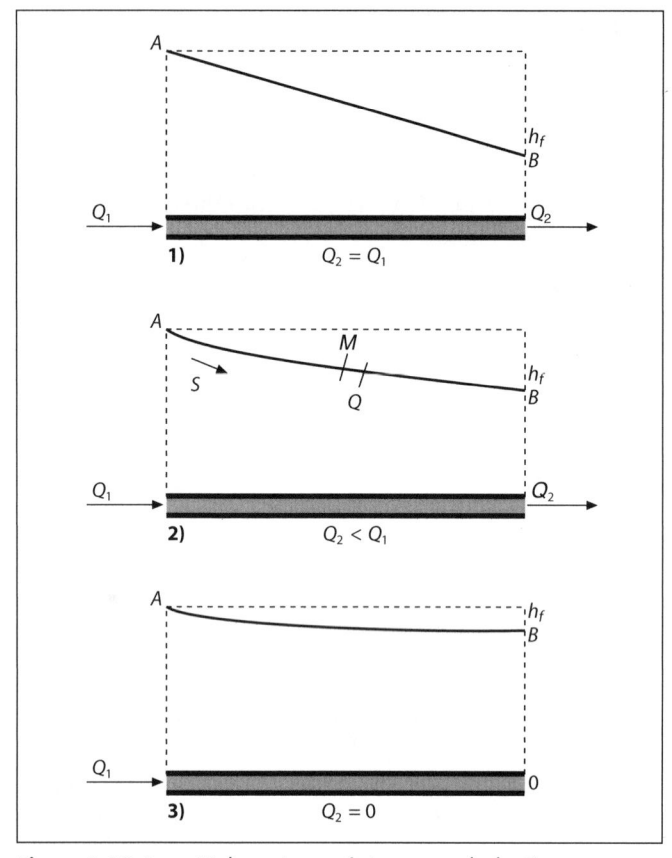

Figura A-13.4-a – Linhas piezométricas em tubulações.

marcha, desprezando as perdas de carga localizadas e admitindo a distribuição contínua no tempo. A vazão e, por consequência, a velocidade vão diminuindo continuamente de montante para jusante; logo a perda de carga também vai se reduzindo, uma vez que o diâmetro permanece constante.

A perda de carga no elemento dL será $J \times dL$; a perda de carga até um ponto M será dada por:

$$h_f = \int_0^L J \times dL = \int_0^L K' \times Q^2 \times dL = K' \times \int_0^L Q^2 \times dL$$

Como:

$$Q = Q_1 - \int_0^L q \times dL = Q_1 - (q \times L)$$

encontra-se:

$$h_f = K' \times \int_0^L \left(Q_1 - (q \times L)\right)^2 \times dL,$$

$$h_f = K' \times \left(Q_1^2 - (Q_1 \times q \times L) + \left(\frac{q^2 \times L^2}{3}\right)\right) \times L$$

e, como $Q_1 = Q + (q \times L)$ (onde Q é a vazão no ponto considerado), obtém-se:

$$h_f = K' \times \left(Q^2 + (Q \times q \times L) + \left(\frac{q^2 \times L^2}{3}\right)\right) \times L$$

Equação (13.13)

Fazendo:

$$Q^2 + (Q \times q \times L) + \left(\frac{q^2 \times L^2}{3}\right) = Q'^2$$

$$h_f = K' \times Q'^2 \times L$$

ou ainda:

$$\left(Q + \frac{q \times L}{2}\right)^2 < Q'^2 < \left(Q + \frac{q \times L}{\sqrt{3}}\right)^2$$

e, finalmente,

$$Q + (0{,}50 \times q \times L) < Q < Q + (0{,}58 \times q \times L)$$

podendo-se adotar, aproximadamente,

$$Q' = Q + (0{,}55 \times q \times L)$$

onde:
Q' = vazão para cálculo (fictícia);
Q = vazão de jusante (ponto M);
q = vazão unitária distribuída;
L = comprimento do trecho analisado.

Portanto, em uma tubulação sob pressão com distribuição em marcha, a perda de carga poderá ser sempre determinada tomando-se para cálculo uma vazão fictícia igual à vazão da extremidade de jusante aumentada de 55% da vazão distribuída em marcha.

Na prática, tem sido utilizada a seguinte simplificação:

$$Q' = Q + (0{,}5 \times q \times L)$$

ou

$$Q' = \frac{Q_1 + Q_2}{2}$$

Nessas condições, a perda de carga é calculada tomando como vazão no trecho a média das vazões de montante e de jusante (vazão fictícia).

No caso particular em que a vazão a jusante é igual a zero, ou seja, a água é totalmente distribuída no trajeto, *Figura A-13.4-a(c)*, no ponto B:

$$Q = 0$$

Portanto, a *Equação (13.13)* transforma-se em:

$$h_f = K' \times \left(\frac{q^2 \times L^2}{3}\right) \times L$$

e como $Q_1 = q \times L$, vem que:

$$h_f = \frac{1}{3} \times K' \times Q_1^2 \times L \qquad\qquad \textit{Equação (13.14)}$$

Por conseguinte, sempre que uma tubulação distribuir uniformemente em marcha toda a sua vazão, a perda de carga será a terça parte da perda que se teria no caso de uma tubulação em que não se verificasse a distribuição em marcha.

Nota-se que, nesse caso (distribuição total em marcha), se a tubulação não estiver fechada por jusante, pode passar a funcionar como canal a partir de certo ponto.

O *Exercício A-13-g*, ao final do capítulo, serve para exemplificar o assunto.

A-13.5 REDES

A-13.5.1 Introdução

Os sistemas de distribuição de água (urbanos, rurais, industriais) geralmente são compostos por inúmeras tubulações interligadas, formando *anéis* ou *malhas*, ou ramificando-se, o que se convencionou chamar de *redes hidráulicas*.

Distinguem-se dois tipos, já abordados na introdução deste capítulo:

a) **Rede ramificada**, onde as tubulações *divergem* a partir de um ponto inicial e onde facilmente, se pode estabelecer um sentido de escoamento;

b) **Rede malhada**, onde as tubulações formam malhas ou anéis, *divergem* e *convergem*, e onde não é elementar estabelecer o sentido de escoamento de cada trecho.

As redes malhadas, além de apresentarem vantagens hidráulicas, permitem que um mesmo ponto possa sempre ser abastecido por mais de um caminho, permitindo que o abastecimento não seja interrompido mesmo quando se interrompa um trecho para manutenção ou reparos; daí serem preferidas pelos projetistas.

Houve tempo em que se buscava fazer todo o sistema de distribuição de uma cidade como uma malha interligada. Posteriormente, devido às necessidades de controle operacional (medições), passou-se a projetar as redes subdividindo-as em *blocos* (conjuntos de malhas) isoláveis, onde o abastecimento de cada *bloco* opera normalmente por uma só entrada onde há um macromedidor (*Figura A-13.5.1-a*).

A-13.5.2 Cálculo das redes ramificadas

O sentido de escoamento é determinado pela própria configuração da rede. Assim, as vazões dos trechos decorrem da simples acumulação de jusante para montante, definindo também os diâmetros em função de uma velocidade tida como velocidade econômica.

A-13.5.3 Cálculo das redes malhadas

O problema que se apresenta no cálculo de uma rede malhada pode ser assim enunciado:

"Conhecidos os comprimentos e as vazões dos diversos trechos da rede e as pressões nas extremidades das tubulações distribuidoras, determinar os diâmetros necessários para os diversos trechos e as pressões em todos os nós do sistema."

Esse problema é hidraulicamente indeterminado, como se pode verificar. Admitindo ser m o número de nós e n o número de trechos das canalizações, o problema apresenta $m + n$ incógnitas (m pressões ou cotas piezométricas, e n diâmetros).

Já o número de equações disponíveis é apenas n, ou seja, as equações de resistência (fórmulas práticas) aplicadas a cada um dos n trechos. As equações da continuidade representam apenas relações entre os dados.

A indeterminação desse problema pode ser levantada de duas maneiras:

a) introduzindo novas equações alheias à Hidráulica (condições de custo mínimo);

b) admitindo valores para as cotas piezométricas nos m nós (pressões); solução por tentativas.

A primeira maneira de levantar a indeterminação apresenta grandes dificuldades de cálculo devido ao elevado número e grau das equações. Surgiram, então, soluções práticas aproximadas, sendo mais comuns os métodos seguintes:

a) *Seccionamento das redes malhadas.* Para efeito de cálculo, as malhas são decompostas em ramificações, transformando a rede malhada em um sistema ramificado (*Figura A-13.5.3-a*). É um método arbitrário e impreciso, aplicável às pequenas redes e canalizações secundárias dos grandes sistemas;

b) *Tentativas diretas.* Admite-se um conjunto de condições ligadas ao eficiente funcionamento

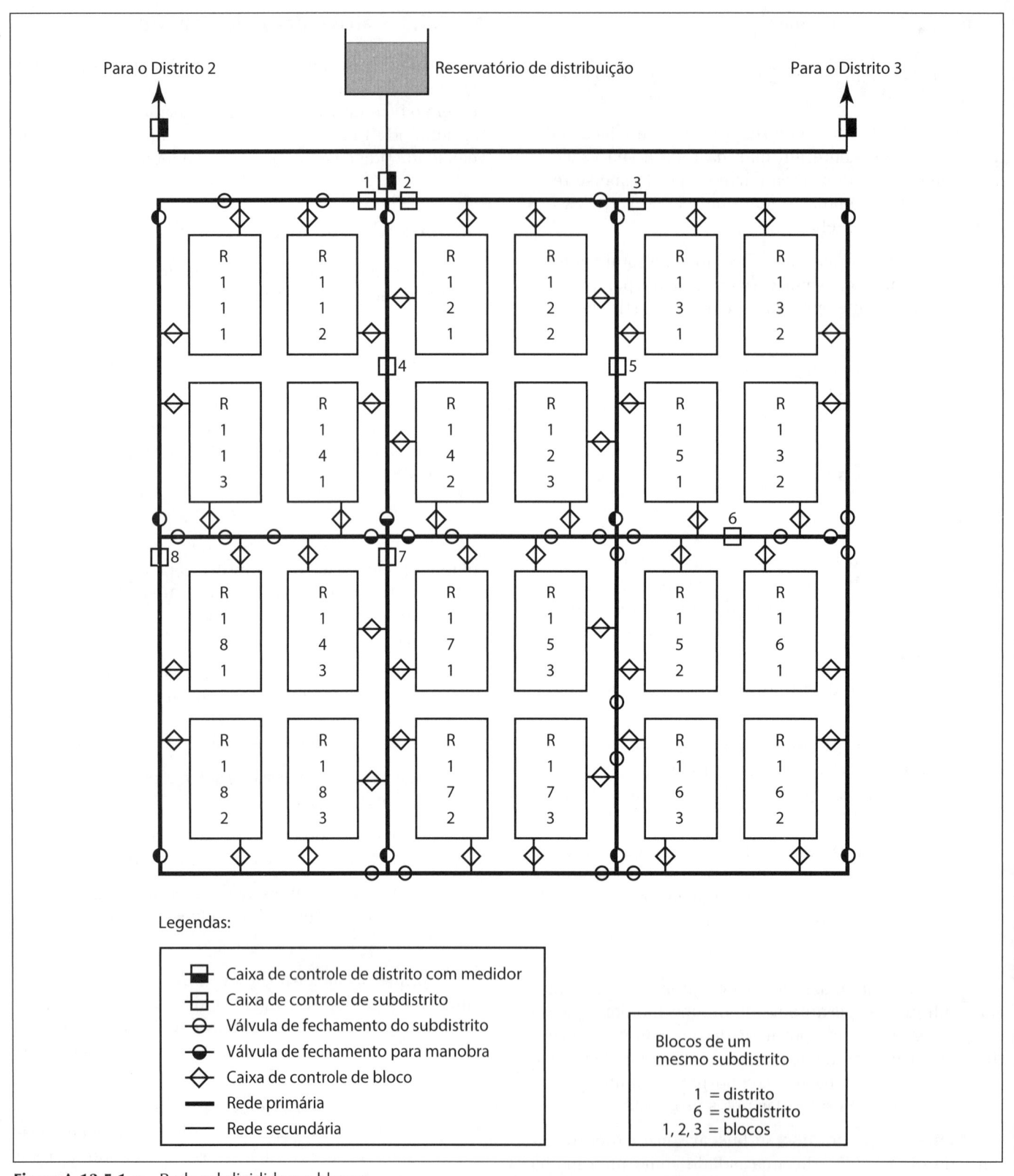

Figura A-13.5.1-a – Rede subdividida em blocos.

da rede e determinam-se as incógnitas por tentativas diretas.

O método usado é o de Hardy Cross (ver *Capítulo B-I.1, item B-I.1.11*). Com o método de Cross, os ajustes feitos sobre os valores previamente adotados são computados, resultando uma rápida convergência para os valores corretos.

O dimensionamento das redes de distribuição de água, pela sua importância, é tratado em detalhes em capítulo dedicado (*Capítulo B-I.1*).

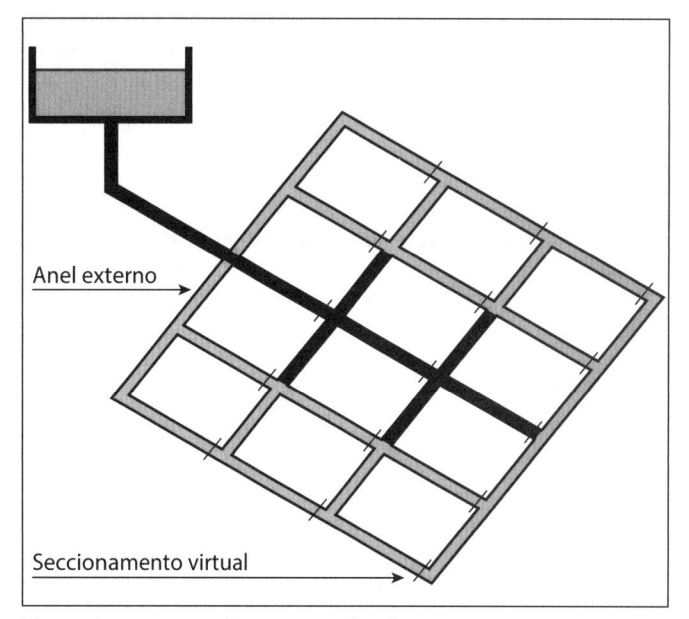

Figura A-13.5.3-a – Sistema ramificado.

Exercício A-13-a

Uma tubulação de 250 mm de diâmetro interno (DN 250 mm) tem 360 m de extensão. Determinar o comprimento de uma tubulação equivalente de DN 200 mm, com a mesma rugosidade da primeira.

Solução:

Aplicando a *Equação(13.2)*, vem:

$$L_2 = 360 \times \left(\frac{200}{250}\right)^5 = 360 \times 0,33 = 119 \text{ m}$$

Isso quer dizer que, em um trecho de 119 m de tubulação DN 200 mm, tem-se uma perda de carga equivalente à de um trecho de 360 m de tubulação DN 250 mm, admitida a mesma rugosidade.

Exercício A-13-b

Seja o mesmo exercício anterior, supondo que a tubulação de DN 250 mm tem rugosidade $e_1 = 1$ mm ($\approx C_1 = 105$, em Hazen-Williams) e a tubulação de DN 200 mm tem $e_2 = 0,20$ mm ($\approx C_2 = 130$ em Hazen-Williams).

Solução:

Para resolver pela Fórmula Universal, é necessário que se fixe uma vazão, sem o que o problema torna-se indeterminado (mais incógnitas que equações), pois para determinar K' é necessário associar uma vazão (e uma viscosidade).

Assim, admitindo uma velocidade de 1,5 m/s, considerada normal para tubos desses diâmetros, chega-se a uma vazão de $Q = 74 \; \ell/s$, para o tubo de DN 250 mm.

Com isso, determina-se f_1 (ver *item A-8.3.10*), calculando-se R_e e (e_1/D_1), e entrando no diagrama de Moody.

$$f_1 = 0,028, \quad \text{logo} \quad K'_1 = 0,00231$$

Da mesma forma, $K'_2 = 0,00165$ ($f_2 = 0,020$)

$$L_2 = L_1 \times \frac{K'_1}{K'_2} \times \left(\frac{D_2}{D_1}\right)^5 \therefore$$

$$L_2 = 360 \times \left(\frac{0,200}{0,250}\right)^5 \times \frac{0,00231}{0,00165} \therefore L_2 = 165 \text{ m}$$

Para resolver o problema por Hazen-Williams, aplica-se a fórmula diretamente, já que, grosso modo, admite-se que o coeficiente C de Hazen-Williams não varia com a velocidade.

$$L_2 = L_1 \times \left(\frac{C_2}{C_1}\right)^{1,85} \times \left(\frac{D_2}{D_1}\right)^{4,87} \therefore$$

$$L_2 = 360 \times \left(\frac{130}{105}\right)^{1,85} \times \left(\frac{0,200}{0,250}\right)^{4,87} \therefore L_2 = 180 \text{ m}$$

Exercício A-13-c

Seja uma tubulação ligando dois pontos distantes (18 km) para conduzir uma vazão de 0,5 m³/s. Tal tubulação será construída parte (10 km, DN 800 mm) em tubos de concreto de bom acabamento, e parte (8 km, DN 600 mm) em tubos de cerâmica vidrada, uma vez que se dispõe desses tubos no almoxarifado. Pergunta-se qual a perda de carga resultante para que se possa especificar as bombas a serem instaladas.

Solução:

Trecho 1: $L_1 = 10.000$ m, $D_1 = 800$ mm e $C_1 = 130$

Trecho 2: $L_2 = 8.000$ m, $D_2 = 600$ mm e $C_2 = 110$

$L = L_1 + L_2 = 10.000 + 8.000 = 18.000$ m

$Q = 0,500$ m³/s

Pela *Equação(13.8)* tem-se:

$$\frac{18.000}{D_e^{4,87} \times C_e^{1,85}} = \frac{L_1}{0,8^{4,87} \times 130^{1,85}} + \frac{L_2}{0,6^{4,87} \times 110^{1,85}} = 19,74$$

Logo,

$$D_e^{4,87} \times C_e^{1,85} = 911,67$$

e

$$h_f = \frac{10,643}{911,67} \times Q^{1,85} \times L$$

$h_f = 58,20$ m

Considerando um caso particular em que: $C_1 = C_2 = 130$,

$D_e = 670$ mm e $h_f = 45,70$ m

Exercício A-13-d

Seja uma tubulação composta por três trechos em série, a saber (*Figura A-13.d(1)*):

Trecho 1: DN_1 100 mm, $L_1 = 200$ m, $C = 110$
Trecho 2: DN_2 150 mm, $L_2 = 700$ m, $C = 120$
Trecho 3: DN_3 200 mm, $L_3 = 100$ m, $C = 100$

onde DN é o Diâmetro Nominal em milímetros e L é o comprimento em metros. Pergunta-se qual a tubulação de diâmetro único que substitui essa condição, seguindo o mesmo traçado?

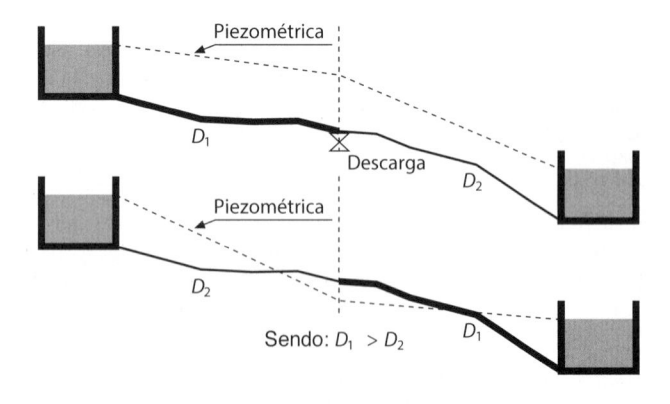

$D_1 = 100$ mm $D_2 = 150$ mm $D_3 = 200$ mm

$L_1 = 200$ m $L_2 = 700$ m $L_3 = 100$ m

Figura A-13-d(1)

Solução:

$$\frac{L}{D^5} = \frac{L_1}{D_1^5} + \frac{L_2}{D_2^5} + \frac{L_3}{D_3^5} \therefore \frac{1.000}{D^5} = \frac{200}{(0,100)^5} + \frac{700}{(0,150)^5} + \frac{100}{(0,200)^5}$$

$D = 0,127$ m → o diâmetro comercial mais próximo é 150 mm.

E se a pergunta variar para: "Qual o sistema equivalente composto de dois tubos de diâmetro comercial em série?"

O sistema equivalente mais econômico será aquele que tiver maior comprimento de tubulação comercial de diâmetro imediatamente inferior (100 mm) ao diâmetro equivalente teórico (127 mm), complementado pelo primeiro diâmetro comercial imediatamente superior (150 mm):

$$\frac{L}{D^5} = \frac{L - x}{D_{1c}^5} + \frac{x}{D_{2c}^5}$$

Sendo $L = 1.000$ m $D_{1c} = 0,150$ m $D = 0,127$ m $D_{2c} = 0,100$ m

Resulta: 215 m (DN 150 mm) e 785 m (DN 100 mm)

Obs.: Sugere-se instalar o maior diâmetro a montante para não acontecer de a linha piezométrica cruzar a tubulação, conforme ilustrado na *Figura A-13-d(2)*. (Deve-se prever uma "descarga" na transição para resolver entupimentos.)

Figura A-13-d(2)

Exercício A-13-e

Uma canalização está constituída de três trechos em série, com as características indicadas na tabela a seguir:

Trecho	Diâmetro (mm)	Comprimento (m)	Coeficiente rugosidade Hazen Williams
1	100	200	110
2	150	700	120
3	200	100	100

Pergunta-se:

1. Qual o diâmetro de uma tubulação de diâmetro único que substitui o sistema em série descrito, seguindo a mesma diretriz (mesmo traçado, ou seja, mesmo comprimento)?

2. Trabalhando com diâmetros comerciais, qual o sistema equivalente de dois tubos, mais econômico possível?

Solução:

Não sendo conhecida a rugosidade da tubulação equivalente de diâmetro único, o problema é indeterminado. Arbitrando-se a rugosidade da tubulação equivalente, por exemplo, em $C = 140$ (Hazen-Williams):

$$\frac{L}{D_e^{4,87} \times C_e^{1,85}} = \frac{L_1}{D_1^{4,87} \times C_1^{1,85}} + \frac{L_2}{D_2^{4,87} \times C_2^{1,85}} + \frac{L_3}{D_3^{4,87} \times C_3^{1,85}}$$

$$\frac{1.000}{D_e^{4,87} \times 140^{1,85}} = \frac{200}{0,10^{4,87} \times 110^{1,85}} + \frac{700}{0,15^{4,87} \times 120^{1,85}} + \frac{100}{0,20^{4,87} \times 100^{1,85}}$$

$$D_e = 118 \text{ mm} \quad (C = 140)$$

Quanto à segunda parte da pergunta, o sistema equivalente mais econômico será aquele que tiver maior comprimento de tubulação comercial de diâmetro imediatamente inferior (100 mm) ao diâmetro equivalente teórico (118 mm), $C = 140$), complementado pelo primeiro diâmetro comercial imediatamente superior (150 mm). Admitindo a rugosidade $C = 130$, para o tubo de diâmetro 100 mm e $C = 140$ para o tubo de 150 mm:

$$\frac{L}{D_e^{4,87} \times C_e^{1,85}} = \frac{L_1}{D_1^{4,87} \times C_1^{1,85}} + \frac{L_2}{D_2^{4,87} \times C_2^{1,85}}$$

sendo $L_2 = L - L_1$

$$\frac{1.000}{0,118^{4,87} \times 140^{1,85}} = \frac{L_1}{0,10^{4,87} \times 130^{1,85}} + \frac{1.000 - L_1}{0,15^{4,87} \times 140^{1,85}}$$

$$L_1 = 305 \text{ m (100 mm)} \quad \text{e} \quad L_2 = 695 \text{ m (150 mm)}$$

Exercício A-13-f

Três reservatórios estão ligados conforme mostra a *Figura A-13.3.2-a*. Obter as vazões Q_1, Q_2 e Q_3. Considere a tabela a seguir.

	[1]	[2]	[3]
Nível da água no reservatório $R_{[\,]}$, em metros	120,00	118,00	114,00
Diâmetro D no trecho [ ], em metros	0,30	0,30	0,30
Comprimento L no trecho [ ], em metros	100,00	200,00	600,00

Solução:

Com esses dados,

$H_3 = 120,00 - 114,00 = 6,00$ m

$H_2 = 120,00 - 118,00 = 2,00$ m

Sendo:

$Q_1 = 0,082 \times \sqrt{H_1}$

$Q_3 = 0,033 \times \sqrt{H_3 - H_1}$

$Q_2 = 0,058 \times \sqrt{H_2 - H_1}$ $\quad$ (para $K' = 0,0036$)

A 1ª tentativa é:

$$\overline{H_1} = \frac{1}{2} \times \left[H_2 + \left(\frac{L_1}{L_1 + L_3} \right) \times H_3 \right] =$$

$$= \frac{1}{2} \times \left[2,00 \times \left(\frac{100}{100 + 600} \right) \right] = 1,43 \text{ m}$$

Aplicando esse valor nas equações explicitadas para Q:

$$Q_1 = 0,082 \times \sqrt{\overline{H_1}} = 0,082 \times \sqrt{1,43} = 0,098 \text{ m}^3/\text{s}$$

$$Q_3 = 0,033 \times \sqrt{H_3 - \overline{H_1}} = 0,033 \times \sqrt{6,00 - 1,43} = 0,071 \text{ m}^3/\text{s}$$

$$Q_2 = 0,058 \times \sqrt{H_2 - \overline{H_1}} = 0,058 \times \sqrt{2,00 - 1,43} = 0,044 \text{ m}^3/\text{s},$$

Exercício A-13-f (continuação)

resulta que:

$$Q_1 \leq Q_2 + Q_3,$$

logo, deve-se aumentar H_1 para elevar Q_1.

E a 2ª tentativa é fazendo $\overline{H_1} = 1,65$ m:

$Q_1 = 0,082 \times \sqrt{1,65} = 0,105 \text{ m}^3/\text{s}$

$Q_3 = 0,033 \times \sqrt{4,35} = 0,069 \text{ m}^3/\text{s}$

$Q_2 = 0,058 \times \sqrt{0,35} = 0,034 \text{ m}^3/\text{s},$

onde, praticamente, $Q_1 = Q_2 + Q_3$

e, portanto, $H_1 = 1,65$ m

$Q_1 \cong 104$ m/s $Q_2 \cong 34$ m/s $Q_3 \cong 70$ m/s

Exercício A-13-g

Numa estação de tratamento de água existe um aerador constituído por um tubo de diâmetro nominal interno de 300 mm, perfurado em vinte locais, onde estão colocados vinte bocais geradores de repuxo tipo aspersores, conforme esquema da *Figura A-13-g*. Calcular a perda de carga no tubo *A-B* para uma vazão de 55 ℓ/s, considerando que toda a água sai por esses bocais.

Solução:

Considerando-se uma tubulação sem distribuição em marcha, a perda de carga J para $D = 300$ mm e $Q = 55$ ℓ/s seria $J = 0,0044$ m/m:

$h_f = J \times L = 0,0044 \times 7,20 = 0,032$ m

Como há uma distribuição uniforme e completa da vazão no tubo (vazão em $B = 0$), a perda de carga, segundo a *Equação (13.14)* será a terça parte da perda calculada, logo:

$h_f = \dfrac{1}{3} \times 0,0032 \cong 0,011$ m

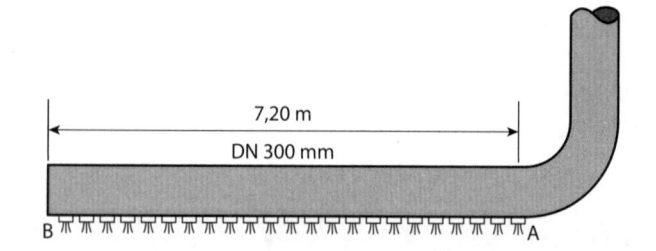

7,20 m

DN 300 mm

Figura A-13-g

Condutos Livres ou Canais

Condutos Livres ou Canais

A-14.1 INTRODUÇÃO

Os *condutos livres* estão sujeitos à pressão atmosférica, pelo menos em um ponto da sua seção do escoamento. Eles também são denominados *canais* e normalmente apresentam uma superfície livre de água, em contato com a atmosfera.

Na *Figura A-14.1-a* são mostrados dois casos típicos de condutos livres (a) e (b). Em (c) está indicado o caso-limite de um conduto livre: embora o conduto funcione completamente cheio, na sua geratriz interna superior atua uma pressão igual à atmosférica. Em (d) está representado um conduto no qual existe uma pressão maior do que a atmosférica.

Os cursos de água naturais constituem o melhor exemplo de condutos livres. Além dos rios e canais, funcionam como condutos livres os coletores de esgotos, as galerias de água pluviais, os túneis-canal, as calhas, canaletas etc.

São, pois, considerados *canais* todos os condutos que conduzem águas com uma superfície livre, com seção aberta ou fechada.

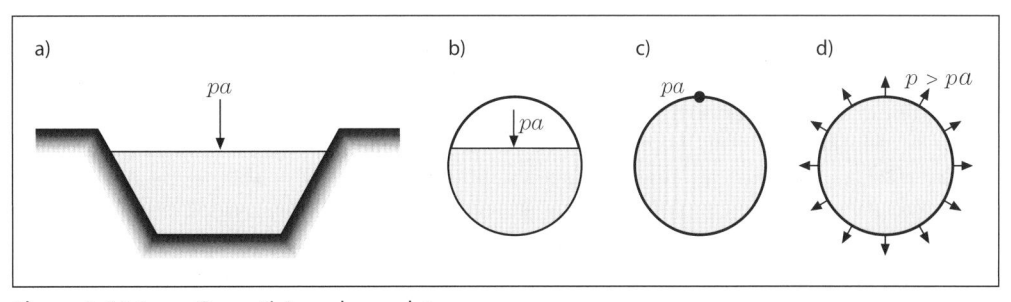

Figura A-14.1-a – Casos típicos de condutos.

A compreensão e o cálculo do escoamento com superfície livre são mais complicados que a compreensão e o cálculo do escoamento em condutos forçados.

Isso se dá principalmente porque, se o nível da água numa secção transversal do escoamento pode variar, a "área molhada" pode variar e, como isso pode ocorrer sem uma relação direta com a velocidade, as variáveis são muitas e o sistema de equações para definir o fenômeno do escoamento adquire uma complexidade consideravelmente maior do que nos dutos com secção transversal fixa.

Na prática, são feitas simplificações ou consideradas situações-limite, arbitrando alguns parâmetros de forma a facilitar os cálculos e as soluções de problemas reais. Fórmulas e coeficientes empíricos são usuais. Ultimamente, o advento da computação, com as possibilidades do uso de métodos numéricos com aproximações sucessivas, trouxe novas possibilidades e horizontes, destacando-se os modelos matemáticos de simulação do escoamento dos fluidos na natureza. As simplificações passaram a ser altamente complexas.

Para a percepção do fenômeno, deve-se ter presente que o escoamento dá-se pela inclinação (ou gradiente) da superfície do líquido, e não pela inclinação do fundo.

De fato, um canal pode ter seu fundo horizontal ou até mesmo com a declividade em rampa ascendente e o fluxo segue conforme a inclinação da superfície (ver *Figura A-14.1-b, c, d*).

O escoamento em condutos livres pode ocorrer de várias maneiras:

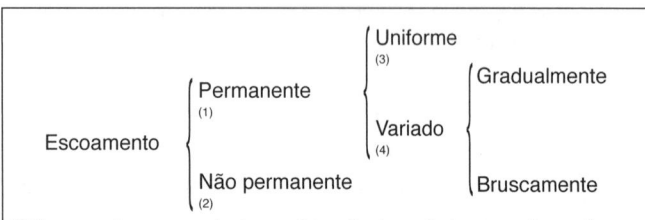

(1) Escoamento permanente [numa determinada seção transversal, a vazão e a velocidade permanece(m) constante(s) ao longo do tempo].

(2) Escoamento não permanente [numa determinada seção transversal, a vazão e a velocidade varia(m) ao longo do tempo].

(3) Escoamento permanente uniforme [trecho uniforme, profundidade e velocidade constante].

(4) Escoamento permanente variado [acelerado ou retardado].

Se ao longo do tempo o vetor velocidade não se alterar em grandeza e direção em determinada seção transversal de um líquido em movimento, o escoamento nesse ponto é qualificado como *permanente*. Nesse caso as características hidráulicas em cada seção independem do tempo (essas características podem, no entanto, variar de uma seção para outra, ao longo do canal; se elas não variarem de seção para seção ao longo do canal o escoamento será *uniforme*).

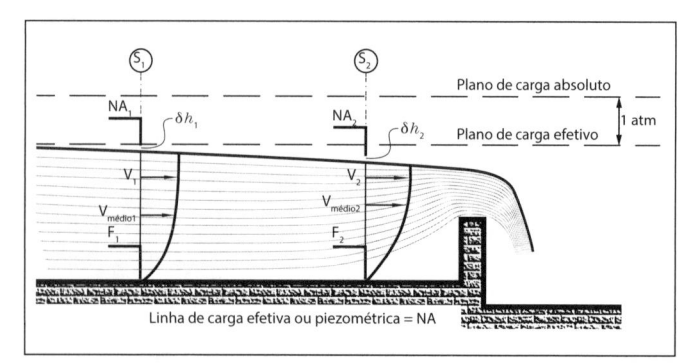

Figura A-14.1-b – Canal com fundo horizontal.

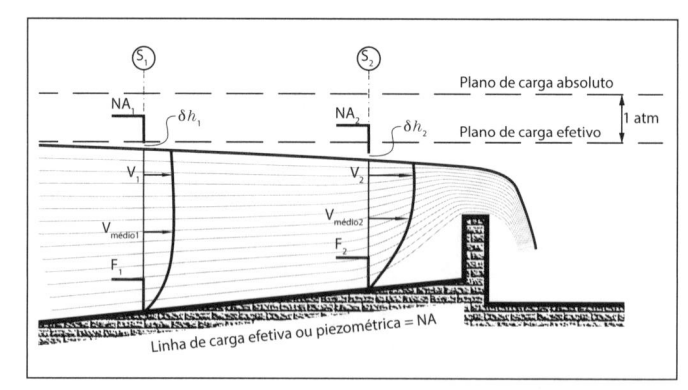

Figura A-14.1-c – Canal com fundo ascendente.

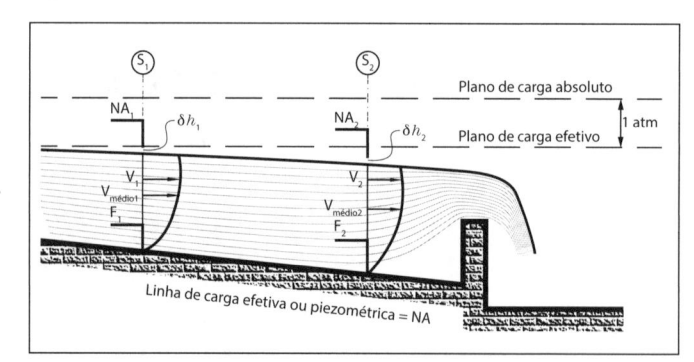

Figura A-14.1-d – Canal com fundo descendente.

Considerando-se agora um trecho de canal (uma seção longitudinal), para que o escoamento seja permanente no trecho, é necessário que a quantidade de líquido que entra e que sai mantenha-se constante.

Consideremos um canal longo, de forma geométrica única, com certa rugosidade homogênea e com uma pequena declividade, com certa velocidade e profundidade (correspondendo a determinada vazão constante). Com essa velocidade, fica balanceada a força que move o líquido e a resistência oferecida pelos atritos interno e externo (este decorrente da rugosidade das paredes).

Supondo a mesma vazão constante, e aumentando-se a declividade, a velocidade aumentará, reduzindo-se a profundidade e aumentando os atritos (resistência), sempre de maneira a manter o exato balanço das forças que atuam no sistema.

Não havendo novas entradas e nem saídas de líquido, a vazão será sempre a mesma e o escoamento será *permanente* (com permanência de vazão). Se a profundidade e a velocidade forem constantes (para isso a seção de escoamento não pode ser alterada), o escoamento será *uniforme* e o canal também será chamado uniforme desde que a natureza das suas paredes seja sempre a mesma. Nesse caso a linha d'água será paralela ao fundo do canal.

A-14.2 ESCOAMENTO PERMANENTE UNIFORME

A-14.2.1 Carga específica

Pode-se, então, escrever para a carga total (H_T) existente na seção:

$$H_T = Z + h + \alpha \times \frac{v^2}{2 \times g}$$

O coeficiente α, cujo valor geralmente está compreendido entre 1,0 e 1,1, leva em conta a variação de velocidades que existe na seção. Na prática adota-se o valor unitário como aproximação razoável, resultando:

$$H_T = Z + h + \frac{v^2}{2 \times g}$$

Em seções a jusante a carga será menor, pois o valor de Z vai se reduzindo para permitir a manutenção do escoamento contra os atritos.

Passando a tomar como referência o próprio fundo do canal, a carga na seção passa a ser:

$$H_T = h + \frac{v^2}{2 \times g}$$

Denomina-se H_e a carga específica, resultante da soma da altura de água com a carga cinética ou energia de velocidade (ver também *Capítulo A-4 – Teorema de Bernoulli*)(*Figura A-14.2.1-a*).

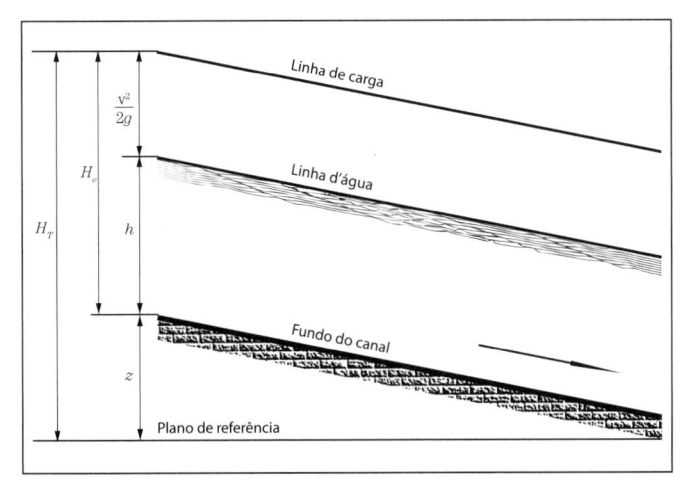

Figura A-14.2.1-a – Esquema de escoamento em canal.

Canais uniformes e escoamento uniforme não existem na natureza. Até mesmo no caso de condutos artificiais prismáticos, longos e de pequena declividade, as condições apenas se aproximam do escoamento uniforme.

Essas condições de semelhança só acontecem a partir de uma certa distância da seção inicial e também deixam de existir a uma certa distância da seção final (nas extremidades a profundidade e a velocidade são variáveis).

É por isso que nos canais relativamente curtos não podem prevalecer as condições de uniformidade.

Em coletores de esgotos, concebidos como canais de escoamento uniforme, ocorrem condições de remanso e ressaltos de água onde o escoamento se afasta da uniformidade, tratando-se, portanto, de simplificação para facilitar o cálculo, com os erros considerados dentro do aceitável na engenharia real e menores do que imprecisões outras, tais como a previsão das vazões que realmente ocorrerão.

Nos canais com escoamento uniforme o regime poderá se alterar, passando a variado em consequência de mudanças de declividade, variação de seção e presença de obstáculos.

A-14.2.2 Forma dos condutos

Os condutos livres podem ser abertos ou fechados, apresentando-se na prática com uma grande variedade de seções transversais, quase sempre função do método construtivo, do terreno, do custo de construção.

Os condutos de pequenas proporções geralmente são de forma circular.

Os grandes canais fechados muitas vezes apresentam formas elípticas, semielípticas, parabólicas, enfim, formas que favoreçam a estrutura da construção, a distribuição dos esforços das cargas externas (canais não têm pressão interna), o grau de fissuramento aceitável no material etc., e, por outro lado, mantenham condições de autolimpeza nas vazões baixas (por exemplo, ver *Figuras A-14.4.4-b, A-14.4.5.1-a e A-14.4.5.2-a*).

Os canais simplesmente escavados em terra normalmente apresentam uma seção trapezoidal que se aproxima tanto quanto possível da forma semi-hexagonal. O talude das paredes laterais depende da natureza do terreno (condições de estabilidade).

Os canais abertos em rocha são, aproximadamente, de forma retangular, com a largura igual a cerca de duas vezes a altura.

As calhas de coleta de água de chuva de telhados ou de microdrenagem, em aço, plástico ou concreto, são, em geral, semicirculares, ou retangulares.

A-14.2.3 Distribuição das velocidades nos canais

Para o entendimento da distribuição das velocidades considerem-se duas seções:

a) *Seção transversal*

A resistência (atrito) oferecida pelas paredes e pelo fundo reduz a velocidade. Na superfície livre a resistência oferecida pela atmosfera e pelos ventos também influencia a velocidade. A velocidade máxima será encontrada na vertical (1) central (*Figura A-14.2.3-a*) em um ponto pouco abaixo da superfície livre.

As curvas isotáquicas constituem o lugar geométrico dos pontos de igual velocidade (*Figura A-14.2.3-b*).

b) *Seção longitudinal*

A *Figura A-14.2.3-c* mostra a variação da velocidade nas verticais (1), (2) e (3), indicadas na *Figura A-14.2.3-a*.

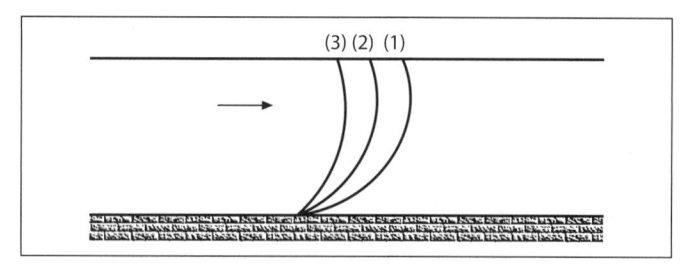

Figura A-14.2.3-c – Esquema de escoamento em canal.

Considerando a velocidade média em determinada seção como igual a 1,0 (um, unitária), pode-se traçar o diagrama de variação da velocidade com a profundidade (*Figura A-14.2.3-d*).

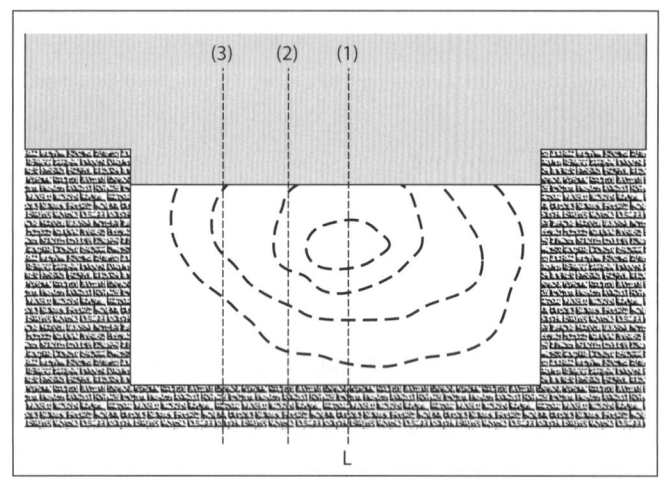

Figura A-14.2.3-a – Curvas isotáquicas em secção transversal de canal onde $v_1 > v_2 > v_3$.

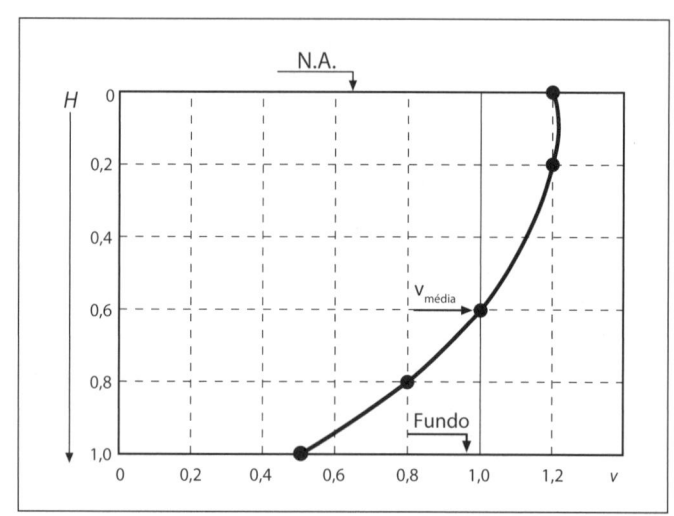

Figura A-14.2.3-d – Diagrama de variação da velocidade com a profundidade de um canal.

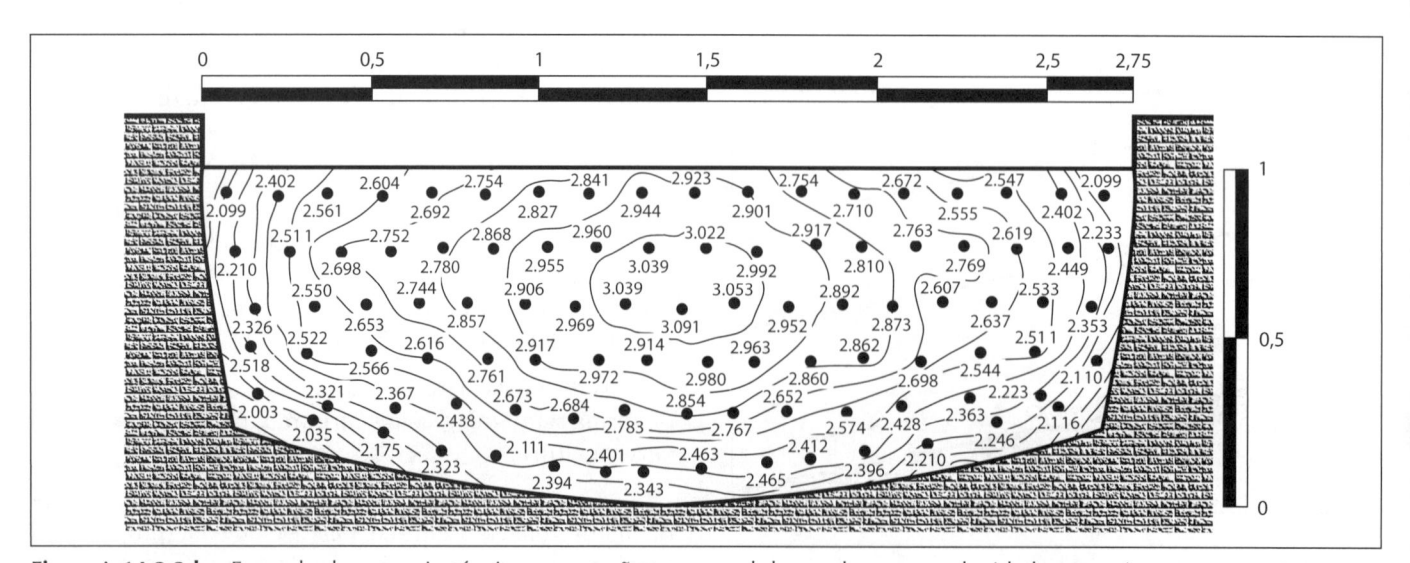

Figura A-14.2.3-b – Exemplo de curvas isotáquicas em secção transversal de canal, com as velocidades em m/s.

A-14.2.4 Relações para a velocidade média

No passado, o Serviço Geológico dos Estados Unidos (United States Geological Survey) determinou as relações a seguir, até hoje de grande utilidade nas estimativas expeditas de vazão.

A velocidade média numa vertical geralmente equivale de 80% a 90% da velocidade superficial.

A velocidade a seis décimos (60%) da profundidade é, geralmente, a que mais se aproxima da velocidade média,

$$V_{méd} \cong V_{0,6}$$

Com maior aproximação do que na relação anterior, tem-se:

$$V_{méd} \cong \frac{V_{0,2} + V_{0,8}}{2}$$

A velocidade média também pode ser obtida partindo de:

$$V_{méd} \cong \frac{V_{0,2} + V_{0,8} + 2 \times V_{0,6}}{4}$$

Essa última expressão é mais precisa. Sobre o assunto, veja também o *item A-15.7.*

A-14.2.5 Área molhada e perímetro molhado

Como os condutos livres podem apresentar as formas mais variadas, podendo ainda funcionar mais ou menos cheios, para o seu estudo e definição torna-se necessária a introdução de dois novos parâmetros:

"A_m": *área molhada* de um conduto é a área útil de escoamento numa seção transversal. Deve-se, portanto, distinguir S, seção transversal máxima de um canal, e A_m, área molhada (seção de escoamento).

"P_m": *perímetro molhado* é a linha que limita a área molhada junto às paredes e ao fundo do conduto. Não abrange, portanto, a superfície livre da água.

Canal circular (*Figura A-14.2.5-a*):

$$A_m = \frac{D^2 \times (\theta - sen\theta)}{8}$$

$$P_m = \frac{D \times \theta}{2}$$

Sendo: θ em radianos;
D diâmetro interno do conduto.

Canal trapezoidal (*Figura A-14.2.5-b*):

$$A_m = b \times h + \frac{x_1 \times h}{2} + \frac{x_2 \times h}{2}$$

$$P_m = b + Le + Ld$$

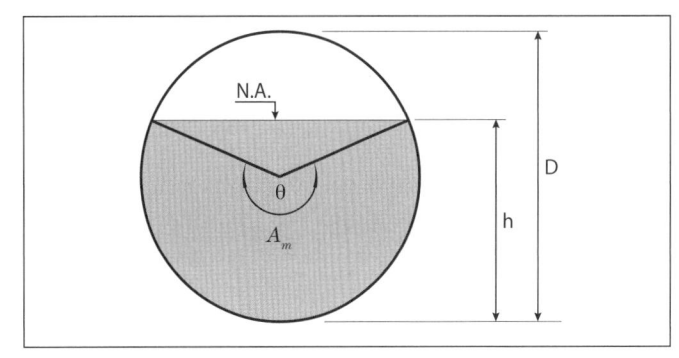

Figura A-14.2.5-a – Canal circular.

Sendo: h a altura da lâmina de água;
b a largura do fundo do canal.

$$x_1 = \frac{h}{\tan\alpha} \qquad x_2 = \frac{h}{\tan\beta}$$

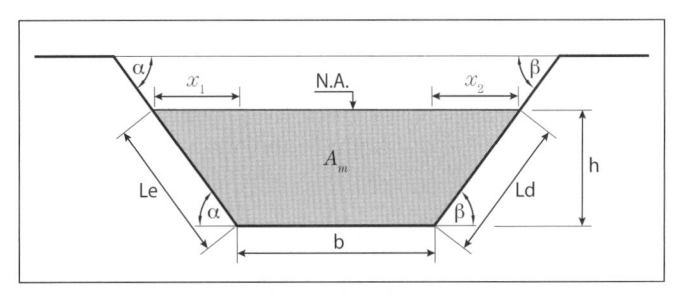

Figura A-14.2.5-b – Canal trapedoizal.

A-14.2.6 Equação geral de resistência

Tome-se um trecho de comprimento unitário. O escoamento sendo uniforme, a velocidade mantém-se à custa da declividade do fundo do canal, declividade essa que será a mesma para a superfície livre da água. Sendo γ o peso específico da massa líquida, a força que produz o escoamento será a componente tangencial do peso do líquido:

$$F = \gamma \times A_m \times sen\alpha \qquad \text{Equação (14.1)}$$

Se o escoamento é uniforme, deve haver equilíbrio entre as forças aceleradoras e retardadoras, de modo que a força F deve contrabalançar a resistência oposta ao escoamento pela resultante dos atritos. Essa resistência ao escoamento pode ser considerada proporcional aos seguintes fatores:

a) peso específico do líquido (γ);
b) perímetro molhado (P_m);
c) comprimento do canal (=1);
d) uma certa função $\phi(v)$ da velocidade média, ou seja, a "resistência" do atrito seria:

$$Res = \gamma \times P_m \times \phi(v) \qquad \text{Equação (14.2)}$$

Igualando-se as *Equações (14.1)* e *(14.2)* tem-se:

$$\gamma \times A_m \times \mathrm{sen}\,\alpha = \gamma \times P_m \times \phi(v)$$

ou

$$A_m \times \mathrm{sen}\,\alpha = P_m \times \phi(v)$$

Na prática, em geral, a declividade dos canais é relativamente pequena, menor que 10° ($\alpha \ll 10°$), permitindo que se tome:

$$\mathrm{sen}\,\alpha \approx \mathrm{tg}\,\alpha = I \text{ (declividade)},$$

resultando:

$$\frac{A_m}{P_m} \times I = \phi(v)$$

A relação A_m/P_m é denominada *raio hidráulico* (R_H) ou *raio médio*:

$$R_H = \frac{\text{área molhada}}{\text{perímetro molhado}}$$

Chega-se, então, à expressão:

$$R_H \times I = \phi(v)$$

que é a equação geral da resistência.

A declividade, nesse caso, corresponde à perda de carga unitária (J) dos condutos forçados.

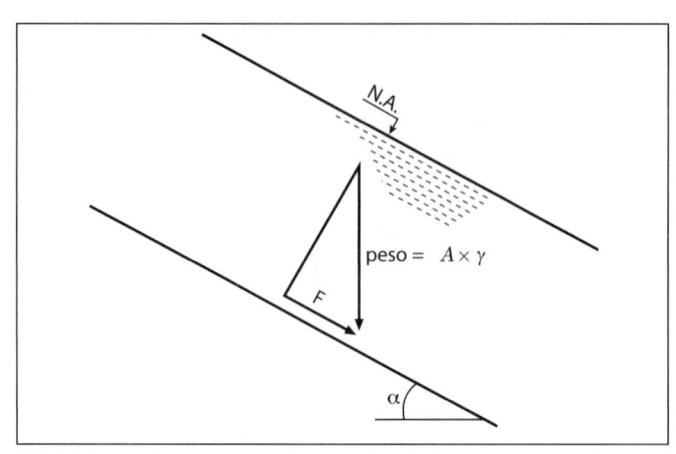

Figura A-14.2.6-a – Esquemático de componentes de força em um escoamento em canal.

Além da equação de resistência, tem-se a equação da continuidade:

$$Q = v \times A_m$$

Essas duas equações permitem resolver os problemas práticos de maneira análoga à dos condutos forçados: conhecidos dois elementos, é sempre possível determinar os outros dois (ver também *item A-7.7.3 – Capítulo A-7*).

Tabela A-14.2.6-a Área molhada, perímetro molhado e raio hidráulico de algumas seções usuais

Forma ou seção	Altura de água	Área molhada	Perímetro molhado	Raio hidráulico	Observações
Condutos fechados					
Circular*	D	$3,14 \times r^2$	$6,28 \times r$	$0,500 \times r$	D = diâmetro r = raio
Circular	$0,75 \times D$	$2,53 \times r^2$	$4,19 \times r$	$0,603 \times r$	
Circular	$0,67 \times D$	$2,24 \times r^2$	$3,84 \times r$	$0,583 \times r$	
Circular	$0,50 \times D$	$1,57 \times r^2$	$3,14 \times r$	$0,500 \times r$	
Circular	$0,25 \times D$	$0,614 \times r^2$	$2,09 \times r$	$0,293 \times r$	
Quadrada*	a	a^2	$4 \times a$	$a/4$	a = lado
Retangular*	a	$a \times b$	$2 \times (a+b)$	$\dfrac{a \times b}{2 \times (a+b)}$	b = base
Triangular 90°*	H	H^2	$2,83 \times H$	$\dfrac{H}{2,83}$	H = altura
Condutos abertos					
Retangular	h	$b \times h$	$b + (2 \times h)$	$\dfrac{b \times h}{b+(2 \times h)}$	b = base h = profundidade
Trapezoidal a) talude 60° com horizontal do fundo	h			$\dfrac{\left(b+\dfrac{h}{\sqrt{3}}\right) \times h}{b+\dfrac{4 \times h}{\sqrt{3}}}$	b = base h = profundidade
b) talude 45° com a horizontal	h			$\dfrac{b \times h + h^2}{b + 2 \times \sqrt{2} \times h}$	b = base h = profundidade

* Condutos a seção plena

A-14.2.7 Fórmula de Chézy

Em 1775, *Chézy* propôs uma expressão da seguinte forma:

$$v = C \times \sqrt{R_H \times I}$$

onde "v" é a velocidade média na seção, "C" é o coeficiente de atrito de Chézy, "R_H" é o raio hidráulico, "I" é a declividade do canal.

Nessa época, o valor de C era suposto independente da rugosidade das paredes.

É interessante notar que, para um conduto de seção circular, funcionando com a seção cheia:

$$R_H = \frac{D}{4}$$

Tomando $I = J$ e fazendo as substituições na fórmula de Chézy, resulta:

$$\frac{D \times J}{4} = C^{-2} \times v^2$$

ou

$$D \times J = \phi(v)$$

expressão análoga à de Darcy, em que o expoente de D é a unidade e a resistência varia com a segunda potência da velocidade.

A-14.2.8 Escoamento turbulento permanente uniforme

A grande maioria dos escoamentos em canais ocorre com regime turbulento. À semelhança do número de Reynolds, calculado para tubos de seção circular, pode-se calcular esse adimensional para os canais. Para os condutos circulares, o raio hidráulico para seção cheia vale:

$$R_H = \frac{D}{4}$$

sendo D o diâmetro do conduto; para o cálculo do número de Reynolds para os canais, adota-se frequentemente, como dimensão linear característica, o valor $D = 4R_H$. Assim, se o conduto for uma seção circular cheia, esse valor coincidirá com o diâmetro D. Então, para os canais, usualmente tem-se a seguinte expressão para o número de Reynolds:

$$R_e = \frac{\rho \times v \times (4 \times R_H)}{\mu}$$

ou

$$R_e = \frac{(4 \times R_H) \times v}{v_{cn}} \qquad \text{Equação (14.3)}$$

Calculando o número de Reynolds pela *Equação 14.3*, na grande maioria dos escoamentos considerados em hidráulica esse valor será superior a 10^5. Neste item, ou seja, por enquanto só estão considerados escoamentos em regime turbulento.

Para o caso particular dos escoamento em regime (movimento) laminar (Re < 2.000), o raio hidráulico e a área da seção não são os únicos elementos geométricos do canal que influem na equação do escoamento do fluido; há que considerar um outro parâmetro, que depende também da forma da seção.

Neste item, por enquanto só estão considerados os "escoamentos uniformes", ou seja, aqueles em que a declividade da superfície livre corresponde à declividade do fundo, isto é, área molhada, raio hidráulico, vazão e declividade do fundo são constantes. No *item A-14.4* voltamos ao assunto.

A-14.2.9 Fórmula de Chézy com coeficiente de Manning

Qualquer expressão do escoamento uniforme em regime turbulento poderia ser utilizada para os canais, desde que o elemento geométrico característico fosse $D = 4R_H$, uma vez que, no regime turbulento, a forma da seção praticamente não influi na equação do escoamento.

Entretanto, a fórmula de Chézy, com coeficiente de Manning $C = \sqrt[6]{R_H}/n$ é a mais utilizada por ter sido experimentada desde os canais de dimensões minúsculas até os grandes canais, com resultados coerentes entre o projeto e a obra construída.

Trata-se da expressão constante do *Capítulo A-7* (*item A-7.9.6*):

$$\frac{n \times Q}{\sqrt{I}} = A_m \times R_H^{2/3}$$

ou

$$v = \frac{1}{n} \times R_H^{2/3} \times I^{1/2} \qquad \text{Equação (14.4)}$$

sendo:

n = coeficiente de rugosidade de *Ganguillet* e *Kutter*;
Q = vazão (m^3/s);
I = declividade do fundo do canal (m/m);
A_m = área molhada do canal (m^2);
R_H = raio hidráulico (m);
v = velocidade média do escoamento (m/s).

A única objeção que se faz à fórmula de Chézy com coeficiente de Manning é que o coeficiente n é um dimensional. Contudo o valor adimensional da rugosidade e/D, da chamada "fórmula Universal", seria calculado através das alturas das asperezas (e) (sem se preocupar com vários outros fatores que influem na rugosidade, como, por exemplo, orientação das asperezas), alturas essas dificilmente medidas ou adotadas com precisão.

O valor do coeficiente n de rugosidade de Ganguillet e Kutter é pouco variável, como se pode ver pela *Tabela A-14.4.2-b*, onde se volta a este assunto.

A-14.2.10 Problemas hidraulicamente determinados

Diz-se que um problema é hidraulicamente determinado quando, dos dados, deduz-se (apenas com a equação do escoamento e a equação da continuidade) de maneira unívoca o elemento desconhecido.

Assim, conhecidos n, A_m e R_H, há uma infinidade de vazões Q que satisfazem a equação do escoamento, ficando associada a cada vazão uma declividade I. Então o problema de cálculo da vazão, com valores de n, A_m e R_H como dados, é hidraulicamente indeterminado.

São três os problemas hidraulicamente determinados que, para qualquer tipo de canal, ficam resolvidos com a fórmula de Chézy com coeficiente de Manning:

- Problemas tipo 1
  Dados n, A_m, R_H e I, calcular Q;

- Problemas tipo 2
  Dados n, A_m, R_H e Q, calcular I.

Problemas que são resolvidos com meras aplicações da fórmula de Chézy com coeficiente de Manning. São problemas de cálculo de vazão ou declividade de canal:

- Problemas tipo 3
  Dados n, Q e I, calcular A_m e R_H.

Problemas que apresentam uma dificuldade de ordem prática, pois a solução da *Equação (14.4)*,

$$\frac{n \times Q}{\sqrt{I}} = A_m \times R_H^{2/3}$$

mesmo nos casos mais simples, é bastante laboriosa. É o problema de dimensionamento geométrico do canal.

Resolve-se o problema assim:

Seja um canal de forma qualquer, porém conhecida (*Figura A-14.2.10-a*).

Sendo:

$$R_H(h) = \frac{A_m(h)}{P_m(h)}$$

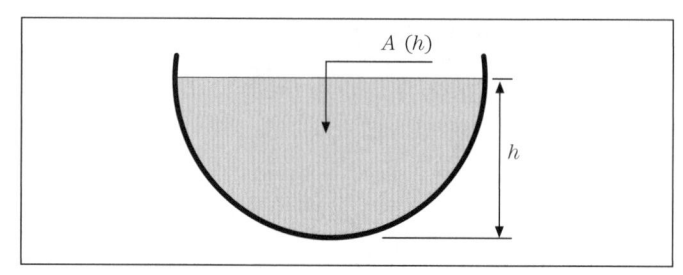

Figura A-14.2.10-a – Exemplo de canal.

calcula-se inicialmente:

$$\frac{n \times Q}{\sqrt{I}}$$

Pode-se organizar uma tabela como a do tipo mostrado a seguir onde P_m e A_m são funções geométricas de h.

h	$P_m(h)$	$A_m(h)$	R_H	$R_H^{2/3}$	$A_m R_H^{2/3}$

Representa-se graficamente $[f(h) = A_m \times R_H^{2/3}]$; entra-se com o valor $(n \times Q)/\sqrt{I}$ em ordenada e tira-se o valor de h em abscissa, o que resolve o problema (daí pode-se calcular A_m e R_H). Ver *Figura A-14.2.10-b*.

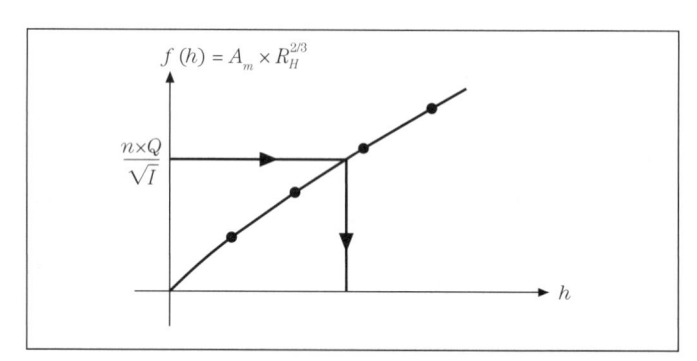

Figura A-14.2.10-b – Representação gráfica de $f(h)$.

A-14.2.11 Método dos parâmetros adimensionais

Esse método, desenvolvido pelos professores Ariovaldo Nuvolari e Acácio Eiji Ito, da Faculdade de Tecnologia de São Paulo (FATEC-SP), foi inspirado no "Appendix A" da publicação *Open-channel Hydraulics*, de autoria do Professor Ven Te Chow, 1959 (Bib. C300), e abrevia os cálculos no dimensionamento de canais, utilizando a fórmula de Chézy com coeficiente de Manning (ver *item A-14.2.9*).

Foram desenvolvidas tabelas (*Tabelas A-14.2.11-a* até h) para canais de seção transversal retangular, trapezoidal e circular.

A-14.2.11.1 Canais retangulares e trapezoidais

Na *Figura A-14.2.11.1-a* estão mostradas as dimensões geométricas da seção transversal.

b = largura do canal (m);
h = profundidade de escoamento (m);
m = indicador horizontal do talude.

A *Equação (14.4)* possui a seguinte estrutura:

$$\frac{Q \times n}{I^{1/2}} = A_m \times R_H^{2/3}$$

Para ter os parâmetros adimensionais, dividem-se ambos os membros por uma dimensão linear elevada à potência 8/3.

Adotando a largura b como dimensão linear, chega-se à seguinte expressão para um canal trapezoidal:

$$\frac{Q \times n}{b^{8/3} \times I^{1/2}} = \left[\frac{h}{b} + m \times \left(\frac{h}{b}\right)^2\right] \times \left[\frac{\frac{h}{b} + m \times \left(\frac{h}{b}\right)^2}{1 + 2 \times \frac{h}{b} \times \sqrt{1 + m^2}}\right]^{2/3}$$

Para um canal retangular ($m = 0$), a expressão torna-se mais simples:

$$\frac{Q \times n}{b^{8/3} \times I^{1/2}} = \frac{h}{b} \times \left(\frac{\frac{h}{b}}{1 + 2 \times \frac{h}{b}}\right)^{2/3}$$

A equação de resistência, conforme Manning, apresenta a seguinte forma (ver *Equação (14.4)* com $v = Q/A_m$):

$$v = \frac{1}{n} \times R_H^{2/3} \times I^{1/2}$$

sendo:

v = velocidade média (m/s);
n = coeficiente de rugosidade de Manning;
R_H = raio hidráulico (m);
I = declividade do fundo do canal (m/m).

Tem-se então:

$$\frac{v \times n}{I^{1/2}} = R_H^{2/3}$$

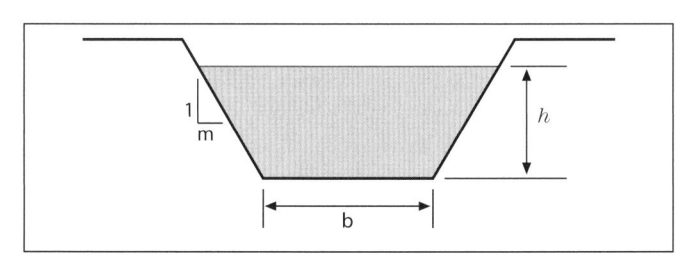

Figura A-14.2.11.1-a – Canal trapezoidal.

Dividindo ambos os membros por uma dimensão linear elevada à potência 2/3, tem-se os parâmetros adimensionais. Adotando a largura h como dimensão linear, chega-se à seguinte expressão para um canal trapezoidal:

$$\frac{v \times n}{b^{2/3} \times I^{1/2}} = \left(\frac{1 + m \times \frac{h}{b}}{1 + 2 \times \frac{h}{b} \times \sqrt{1 + m^2}} \times \frac{h}{b}\right)^{2/3}$$

Para uma seção retangular, ($m = 0$), a expressão reduz-se a:

$$\frac{v \times n}{b^{2/3} \times I^{1/2}} = \left(\frac{1}{1 + 2 \times \frac{h}{b}} \times \frac{h}{b}\right)^{2/3}$$

As *Tabelas A-14.2.11-a* a A-14.2.11-d foram preparadas considerando o escoamento em regime permanente uniforme, com os valores do parâmetro adimensional h/b variando de 0,01 a 1.

Nas *Tabelas A-14.2.11-a* e A-14.2.11-c, a dimensão linear considerada é a largura do canal b, enquanto que nas *Tabelas A-14.2.11-b* e A-14.2.11-d a dimensão linear é a profundidade de escoamento h.

A-14.2.11.2 Canais circulares

Num canal circular, as dimensões geométricas são a profundidade de escoamento h e o diâmetro D (ou DN, Diâmetro Nominal) (*Figura A-14.2.11.2-a*).

Adotando a mesma metodologia exposta em *A-14.2.11.1*, foram preparadas as *Tabelas A-14.2.11-e* a *A-14.2.11-h*, considerando o escoamento em regime permanente uniforme, com os valores do parâmetro adimensional h/D variando de 0,01 a 1.

Nas *Tabelas A-14.2.11-e* e *A-14.2.11-g*, a dimensão linear considerada é o diâmetro do canal D, enquanto que nas *Tabelas A-14.2.11-f* e *A-14.2.11-h*, a dimensão linear é a profundidade de escoamento h.

No *item A-14.4.3*, volta-se ao assunto canais circulares.

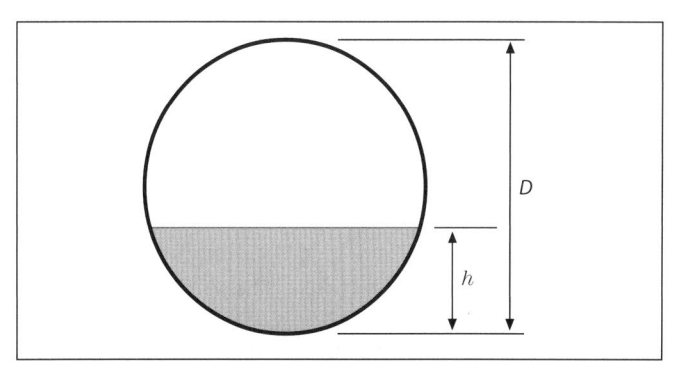

Figura A-14.2.11.2-a – Canal circular.

Tabela A-14.2.11-a   Escoamento em regime permanente uniforme. Canais retangulares e trapezoidais
Valores do adimensional ($Q \times n/b^{8/3} \times I^{1/2}$)

h/b	Valores de "m" (indicador horizontal de talude para vertical = 1)									
	0	0,25	0,50	0,75	1,00	1,50	2,00	2,50	3,00	4,00
0,01	0,0005	0,0005	0,0005	0,0005	0,0005	0,0005	0,0005	0,0005	0,0005	0,0005
0,02	0,0014	0,0014	0,0015	0,0015	0,0015	0,0015	0,0015	0,0015	0,0015	0,0015
0,03	0,0028	0,0028	0,0028	0,0029	0,0029	0,0029	0,0029	0,0030	0,0030	0,0030
0,04	0,0044	0,0045	0,0046	0,0046	0,0046	0,0047	0,0048	0,0048	0,0049	0,0049
0,05	0,0064	0,0065	0,0066	0,0067	0,0067	0,0068	0,0069	0,0070	0,0071	0,0073
0,06	0,0085	0,0087	0,0089	0,0090	0,0091	0,0093	0,0095	0,0096	0,0098	0,0101
0,07	0,0109	0,0112	0,0114	0,0116	0,0118	0,0121	0,0123	0,0126	0,0128	0,0132
0,08	0,0135	0,0139	0,0142	0,0145	0,0147	0,0151	0,0155	0,0158	0,0162	0,0168
0,09	0,0162	0,0167	0,0172	0,0176	0,0179	0,0185	0,0190	0,0195	0,0199	0,0208
0,10	0,0191	0,0198	0,0204	0,0209	0,0214	0,0221	0,0228	0,0234	0,0240	0,0253
0,11	0,0221	0,0230	0,0238	0,0245	0,0251	0,0260	0,0269	0,0277	0,0285	0,0301
0,12	0,0253	0,0264	0,0274	0,0283	0,0290	0,0302	0,0314	0,0324	0,0334	0,0354
0,13	0,0286	0,0300	0,0312	0,0323	0,0332	0,0347	0,0361	0,0374	0,0387	0,0412
0,14	0,0320	0,0337	0,0352	0,0365	0,0376	0,0395	0,0412	0,0428	0,0443	0,0474
0,15	0,0356	0,0376	0,0394	0,0409	0,0422	0,0445	0,0465	0,0485	0,0504	0,0541
0,16	0,0392	0,0416	0,0437	0,0455	0,0471	0,0498	0,0522	0,0546	0,0568	0,0613
0,17	0,0429	0,0457	0,0482	0,0503	0,0521	0,0553	0,0582	0,0610	0,0637	0,0690
0,18	0,0467	0,0500	0,0528	0,0553	0,0574	0,0612	0,0646	0,0678	0,0710	0,0772
0,19	0,0507	0,0544	0,0577	0,0605	0,0630	0,0673	0,0712	0,0750	0,0786	0,0859
0,20	0,0547	0,0589	0,0626	0,058	0,0687	0,0737	0,0782	0,0825	0,0867	0,0951
0,21	0,0587	0,0635	0,0677	0,0714	0,0747	0,0804	0,0855	0,0905	0,0953	0,1048
0,22	0,0629	0,0683	0,0730	0,0772	0,0808	0,0873	0,0932	0,0988	0,1043	0,1151
0,23	0,0671	0,0731	0,0785	0,0831	0,0872	0,0945	0,1012	0,1075	0,1137	0,1259
0,24	0,0714	0,0781	0,0840	0,0892	0,0939	0,1021	0,1095	0,1166	0,1236	0,1373
0,25	0,0757	0,0831	0,0897	0,0955	0,1007	0,1098	0,1182	0,1261	0,1339	0,1493
0,26	0,0801	0,0883	0,0956	0,1020	0,1077	0,1179	0,1272	0,1360	0,1447	0,1618
0,27	0,0846	0,0936	0,1016	0,1087	0,1150	0,1263	0,1366	0,1464	0,1560	0,1750
0,28	0,0891	0,0989	0,1078	0,1155	0,1225	0,1349	0,1463	0,1571	0,1677	0,1887
0,29	0,0937	0,1044	0,1140	0,1226	0,1302	0,1439	0,1563	0,1683	0,1800	0,2030
0,30	0,0983	0,1100	0,1205	0,1298	0,1381	0,1531	0,1668	0,1799	0,1927	0,2180
0,31	0,1029	0,1156	0,1270	0,1372	0,1463	0,1626	0,1776	0,1919	0,2059	0,2336
0,32	0,1077	0,1214	0,1337	0,1447	0,1547	0,1725	0,1888	0,2044	0,2197	0,2498
0,33	0,1124	0,1272	0,1406	0,1525	0,1632	0,1826	0,2003	0,2173	0,2339	0,2667
0,34	0,1172	0,1331	0,1475	0,1604	0,1721	0,1930	0,2122	0,2306	0,2487	0,2842
0,35	0,1220	0,1391	0,1546	0,1685	0,1811	0,2037	0,2245	0,2444	0,2639	0,3024
0,36	0,1269	0,1452	0,1619	0,1768	0,1903	0,2147	0,2372	0,2587	0,2797	0,3212
0,37	0,1318	0,1514	0,1692	0,1853	0,1998	0,2261	0,2502	0,2734	0,2961	0,3408
0,38	0,1368	0,1576	0,1767	0,1939	0,2095	0,2377	0,2637	0,2886	0,3130	0,3610
0,39	0,1417	0,1640	0,1843	0,2027	0,2195	0,2497	0,2775	0,3043	0,3304	0,3820
0,40	0,1468	0,1704	0,1921	0,2117	0,2296	0,2620	0,2918	0,3204	0,3484	0,4036
0,41	0,1518	0,1769	0,2000	0,2209	0,2400	0,2746	0,3064	0,3370	0,3670	0,4260
0,42	0,1569	0,1835	0,2080	0,2303	0,2506	0,2875	0,3215	0,3541	0,3861	0,4491
0,43	0,1620	0,1901	0,2162	0,2398	0,2615	0,3007	0,3369	0,3717	0,4058	0,4729
0,44	0,1671	0,1969	0,2245	0,2496	0,2725	0,3143	0,3528	0,3898	0,4261	0,4975
0,45	0,1723	0,2037	0,2329	0,2595	0,2838	0,3281	0,3691	0,4084	0,4470	0,5228
0,46	0,1774	0,210,6	0,2414	0,2696	0,2954	0,3423	0,3858	0,4276	0,4684	0,5489
0,47	0,1827	0,2176	0,2501	0,2798	0,3072	0,3569	0,4029	0,4472	0,4905	0,5758
0,48	0,1879	0,2246	0,2589	0,2903	0,3192	0,3718	0,4205	0,4673	0,5132	0,6035
0,49	0,1931	0,2317	0,2678	0,3009	0,3314	0,3870	0,4385	0,4880	0,5364	0,6319
0,50	0,1984	0,2389	0,2769	0,3118	0,3439	0,4025	0,4569	0,5092	0,5603	0,6611

Tabela A-14.2.11-a   Escoamento em regime permanente uniforme. Canais retangulares e trapezoidais (continuação)
Valores do adimensional ($Q \times n/b^{8/3} \times I^{1/2}$)

h/b	Valores de "m" (indicador horizontal de talude para vertical = 1)									
	0	0,25	0,50	0,75	1,00	1,50	2,00	2,50	3,00	4,00
0,51	0,2037	0,2462	0,2861	0,3228	0,3566	0,4184	0,4758	0,5309	0,5849	0,6912
0,52	0,2090	0,2535	0,2954	0,3340	0,3696	0,4346	0,4951	0,5531	0,6100	0,7220
0,53	0,2144	0,2609	0,3049	0,3454	0,3828	0,4512	0,5148	0,5759	0,6358	0,7537
0,54	0,2198	0,2684	0,3145	0,3569	0,3962	0,4681	0,5350	0,5993	0,6623	0,7862
0,55	0,2251	0,2760	0,3242	0,3687	0,4099	0,4854	0,5556	0,6232	0,6893	0,8196
0,56	0,2305	0,2836	0,3340	0,3806	0,4238	0,5030	0,5767	0,6476	0,7171	0,8538
0,57	0,2360	0,2913	0,3440	0,3928	0,4380	0,5210	0,5983	0,6727	0,7455	0,8888
0,58	0,2414	0,2991	0,3541	0,4051	0,4524	0,5394	0,6203	0,6982	0,7745	0,9248
0,59	0,2469	0,3070	0,3643	0,4176	0,4671	0,5581	0,6428	0,7244	0,8043	0,9615
0,60	0,2523	0,3149	0,3747	0,4303	0,4820	0,5771	0,6658	0,7511	0,8347	0,9992
0,61	0,2578	0,3229	0,3852	0,4432	0,4972	0,5965	0,6892	0,7784	0,8658	1,0378
0,62	0,2633	0,3309	0,3958	0,4563	0,5126	0,6163	0,7131	0,8063	0,8976	1,0772
0,63	0,2688	0,3391	0,4065	0,4695	0,5283	0,6365	0,7375	0,8348	0,9300	1,1176
0,64	0,2744	0,3473	0,4174	0,4830	0,5442	0,6570	0,7624	0,8638	0,9632	1,1589
0,65	0,2799	0,3555	0,4284	0,4967	0,5604	0,6779	0,7877	0,8935	0,9971	1,2011
0,66	0,2855	0,3639	0,4396	0,5105	0,5768	0,6992	0,8136	0,9238	1,0317	1,2442
0,67	0,2911	0,3723	0,4508	0,5246	0,5935	0,7209	0,8399	0,9547	1.0670	1,2883
0,68	0,2966	0,3807	0,4623	0,5388	0,6104	0,7429	0,8668	0,9862	1,1031	1,3333
0,69	0,3022	0,3893	0,4738	0,5532	0,6277	0,7653	0,8941	1,0183	1,1399	1,3793
0,70	0,3079	0,3979	0,4855	0,5679	0,6451	0,7881	0,9220	1,0510	1,1774	1,4262
0,71	0,3135	0,4066	0,4973	0,5827	0,6629	0,8113	0,9503	1,0843	1,2156	1,4741
0,72	0,3191	0,4153	0,5092	0,5977	0,6829	0,8349	0,9792	1,1183	1,2546	1,5229
0,73	0,3248	0,4242	0,5213	0,6130	0,6991	0,8589	1,0086	1,1529	1,2944	1,5728
0,74	0,3304	0,4330	0,5335	0,6284	0,7177	0,8833	1,0385	1,1882	1,3349	1,6236
0,75	0,3361	0,4420	0,5458	0,6440	0,7365	0,9081	1,0689	1,2241	1,3762	1,6755
0,76	0,3418	0,4510	0,5583	0,6599	0,7555	0,9332	1,0999	1,2607	1,4182	1,7283
0,77	0,3475	0,4601	0,5709	0,6759	0,7749	0,9588	1,1314	1,2979	1,4610	1,7822
0,78	0,3532	0,4693	0,5836	0,6921	0,7945	0,9848	1,1634	1,3357	1,5046	1,8371
0,79	03589	0,4785	0,5965	0,7086	0,8144	1,0112	1,1959	1,3742	1,5490	1,8930
0,80	0,3646	0,4878	0,6095	0,7252	0,8345	1,0380	1,2290	1,4134	1,5942	1,9499
0,81	0,3703	0,4971	0,6226	0,7421	0,8549	1,0652	1,2627	1,4533	1,6401	2,0079
0,82	0,3703	0,4971	0,6226	0,7421	0,8549	1,0652	1,2627	1,4533	1,6401	2,0079
0,83	0,3818	0,5161	0,6493	0,7764	0,8966	1,1208	1,3316	1,5350	1,7345	2,1271
0,84	0,3876	0,5256	0,6628	0,7939	0,9179	1,1493	1,3668	1,5769	1,7829	2,1883
0,85	0,3934	0,5353	0,6765	0,8116	0,9394	1,1782	1,4027	1,6195	1,8321	2,2505
0,86	0,3991	0,5450	0,6903	0,8294	0,9613	1,2075	1,4391	1,6628	1,8821	2,3138
0,87	0,4049	0,5547	0,7043	0,8475	0,9834	1,2372	1,4760	1,7068	1,9330	2,3783
0,88	0,4107	0,5645	0,7183	0,8658	1,0058	1,2673	1,5136	1,7514	1,9847	2,4438
0,89	0,4165	0,5744	0,7326	0,8844	1,0284	1,2979	1,5516	1,7968	2,0372	2,5104
0,90	0,4223	0,5844	0,7469	0,9031	1,0514	1,3289	1,5903	1,8429	2,0906	2,5781
0,91	0,4281	0,5944	0,7614	0,9220	1,0746	1,3604	1,6295	1,8897	2,1448	2,6470
0,92	0,4339	0,6045	0,7761	0,9412	1,0982	1,3922	1,6694	1,9372	2,1999	2,7169
0,93	0,4398	0,6147	0,7908	0,9605	1,1220	1,4246	1,7098	1,9855	2,2558	2,7880
0,94	0,4456	0,6249	0,8058	0,9801	1,1461	1,4573	1,7508	2,0344	2,3126	2,2603
0,95	0,4514	0,6352	0,8208	0,9999	1,4905	1,1705	1,7923	2,0841	2,3703	2,9337
0,96	0,4573	0,6456	0,8360	1,0199	1,1952	1,5242	1,8345	2,1346	2,4289	3,0082
0,97	0,4631	0,6560	0,8513	1,0402	1,2202	1,5583	1,8773	2,4883	2,1858	3,0839
0,98	0,4690	0,6665	0,8668	1,0606	1,2455	1,5928	1,9206	2,2377	2,5486	3,1608
0,99	0,4690	0,6665	0,8668	1,0606	1,2455	1,5928	1,9206	2,2377	2,5486	3,1608
1,00	0,4807	0,6877	0,8982	1,1022	1,2970	1,6632	2,0091	2,3438	2,6719	3,3181

Tabela A-14.2.11-b   Escoamento em regime permanente uniforme. Canais retangulares e trapezoidais
Valores do adimensional ($Q \times n/h^{8/3} \times I^{1/2}$)

h/b	Valores de "m" (indicador horizontal de talude para vertical = 1)									
	0	0,25	0,50	0,75	1,00	1,50	2,00	2,50	3,00	4,00
0,01	98,6885	99,0602	99,3590	99,6000	99,7991	100,120	100,384	100,621	100,842	101,262
0,02	48,7096	49,0774	49,3748	49,6159	49,6163	50,1424	50,4146	50,6605	50,8934	51,3426
0,03	32,0633	32,4274	32,7233	32,9644	33,1660	33,4967	33,7757	34,0303	34,2733	34,7463
0,04	23,7497	24,1102	24,4045	24,6456	24,8483	25,1831	25,4682	25,7304	25,9820	26,4749
0,05	18,7687	19,1257	19,4186	19,6596	19,8631	20,2017	20,4923	20,7611	21,0203	21,5300
0,06	15,4538	15,8074	16,0988	16,3397	16,5440	16,8859	17,1814	17,4561	17,7219	18,2460
0,07	13,0908	13,4410	13,7309	13,9716	14,1766	14,5215	14,8214	15,1014	15,3729	15,9094
0,08	11,3224	11,6693	11,9578	12,1983	12,4039	12,7515	13,0554	13,3400	13,6166	14,1638
0,09	9,9503	10,2940	10,5811	10,8213	11,0274	11,3776	11,6850	11,9738	12,2549	12.8114
0,10	8,8555	9,1961	9,4817	9,7217	9,9282	10,2806	10,5912	10,8838	11,1689	11,7336
0,11	7,9622	8,2998	8,5840	8,8236	9,0306	9,3850	0,6986	9,9945	10,2832	10,8550
0,12	7,2200	7,5546	7,8374	8,0767	8,2840	8,6402	8,9565	9,2555	9,5473	10,1256
0,13	6,5939	6,9256	7,2071	7,4459	7,6535	8,0114	8,3301	8,6319	8,9266	9,5105
0,14	6,0590	6,3879	6,6679	6,9064	7,1142	7,4736	7,7945	8,0988	8,3961	8,9850
0,15	5,5959	5,9230	6,2017	6,4398	6,6478	7,0086	7,3315	7,6381	7,9377	8,5311
0,16	5,1939	5,5174	5,7948	6,0324	6,2405	6,6026	6,9274	7,2360	7,5377	8,1352
0,17	4,8357	5,1605	5,4365	5,6737	5,8820	6,2452	6,5716	6,8821	7,1858	7,7870
0,18	4,5259	4,8441	5,1188	5,3556	5,5639	5,9282	6,2562	6,5684	6,8738	7,4783
0,19	4,2461	4,5618	4,8353	5,0716	5,2800	5,6451	5,9746	6,2884	6,5955	7,2029
0,20	3,9953	4,3086	4,5807	4,8166	5,0250	5,3901	5,7218	6,0371	6,3455	6,9557
0,21	3,7692	4,0801	4,3510	4,5864	4,7948	5,1616	5,4936	5,8102	6,1200	6,7327
0,22	3,5645	3,8730	4,1427	4,3776	4,5860	4,9534	5,2865	5,6044	5,9155	6,5304
0,23	3,3783	3,6845	3,9530	4,1874	4,3957	4,7638	5,0980	5,4170	5,7291	6,3462
0,24	3,2083	3,5122	3,7795	4,0134	4,2217	4,5904	4,9255	5,2455	5,5588	6,1777
0,25	3,0526	3,3542	3,6203	3,8537	4,0620	4,4312	4,7671	5,0882	5,4023	6,0230
0,26	2,9094	3,2088	3,4738	3,7067	3,9148	4,2845	4,6213	4,9432	5,2583	5,8806
0,27	2,7773	3,0746	3,3384	3,5708	3,7789	4,1490	4,4865	4,8093	5,1252	5,7490
0,28	2,6552	2,9504	3,2131	3,4450	3,6529	4,0234	4,3616	4,6851	5,0018	5,6270
0,29	2,5419	2,8351	3,0966	3,3281	3,3259	3,9067	4,2455	4,5698	4,8872	5,5136
0,30	2,4367	2,7279	2,9883	3,2192	3,4269	3,7980	4,1374	4,4624	4,7080	5,4081
0,31	2,3368	2,6278	2,8872	3,1176	3,3251	3,6965	4,0365	4,3621	4,6807	5,3095
0,32	2,2471	2,5344	2,7926	3,0225	3,2299	3,6015	3,9421	4,2682	4,5874	5,2172
0,33	2,1651	2,4468	2,7040	2,9334	3,1407	3,5125	3,8535	4,1802	4,4992	5,1307
0,34	2,0812	2,3647	2,6209	2,8498	3,0569	3,4288	3,7703	4,0975	4,4177	5,0493
0,35	2,0059	2,2875	2,5427	2,7711	2,9780	3,3501	3,6920	4,0197	4,3404	4,9728
0,36	1,9350	2,2149	2,4690	2,6969	2,9037	3,2759	3,6182	3,9463	4,2674	4,9006
0,37	1,8682	2,1464	2,3995	2,6269	2,8335	3,2058	3,5484	3,8770	4,1985	4,8325
0,38	1,8053	2,0817	2,3338	2,5607	2,7671	3,1396	3,4825	3,8114	4,1334	4,7680
0,39	1,7458	2,0205	2,2716	2,4981	2,7043	3,0768	3,4200	3,7493	4,0716	4,7069
0,40	1,6895	1,9625	2,2127	2,4387	2,6447	3,0173	3,3608	3,6904	4,0131	4,6489
0,41	1,6362	1,9076	2,1568	2,3823	2,5882	2,9608	3,3045	3,6345	3,9574	4,5938
0,42	1,5856	1,8554	2,1037	2,3288	2,5344	2,9070	3,2510	3,5813	3,9045	4,5415
0,43	1,5376	1,8058	2,0532	2,2778	2,4832	2,8559	3,2001	3,5306	3,8542	4,4916
0,44	1,4920	1,7586	2,0051	2,2292	2,4345	2,8071	3,1516	3,4823	3,8061	4,4440
0,45	1,4486	1,7137	1,9593	2,1829	2,3880	2,7606	3,1052	3,4363	3,7603	4,3987
0,46	1,4073	1,6708	1,9155	2,1387	2,3436	2,7162	3,0610	3,3922	3,7165	4,3553
0,47	1,3678	1,6299	1,8737	2,0965	2,3011	2,6737	3,0187	3,3502	3,6747	4,3138
0,48	1,3302	1,5908	1,8338	2,0561	2,2605	2,6331	2,9782	3,3099	3,6346	4,2741
0,49	1,2943	1,5534	1,7956	2,0174	2,2216	2,5941	2,9394	3,2713	3,5962	4,2361
0,50	1,2599	1,5177	1,7590	1,9804	2,1844	2,5568	2,9022	3,2343	3,5594	4,1996

Tabela A-14.2.11-b   Escoamento em regime permanente uniforme. Canais retangulares e trapezoidais (continuação)
Valores do adimensional $(Q \times n/h^{8/3} \times I^{1/2})$

h/b	Valores de "m" (indicador horizontal de talude para vertical = 1)									
	0	**0,25**	**0,50**	**0,75**	**1,00**	**1,50**	**2,00**	**2,50**	**3,00**	**4,00**
0,51	1,2270	1,4834	1,7239	1,9448	2,1487	2,5219	2,8666	3,1908	3,5241	4,1646
0,52	1,1956	1,4505	1,6902	1,9107	2,1144	2,4867	2,8323	3,1647	3,4901	4,1310
0,53	1,1654	1,4190	1,6579	1,8780	2,0814	2,4536	2,7994	3,1319	3,4575	4,0986
0,54	1,1365	1,3888	1,6269	1,8465	2,0497	2,4219	2,7677	3,1004	3,4261	4,0675
0,55	1,1087	1,3597	1,5970	1,8162	2,0193	2,3913	2,7372	3,0700	3,3959	4,0376
0,56	1,0821	1,3318	1,5683	1,7871	1,9899	2,3619	2,7079	3,0408	3,3668	4,0087
0,57	1,0560	1,3049	1,5406	1,7590	1,9616	2,3335	2,6796	3,0126	3,3388	3,9809
0,58	1,0318	1,2790	1,5140	1,7320	1,9344	2,3061	2,6523	2,9855	3,3117	3,9541
0,59	1,0081	1,2540	1,4883	1,7059	1,9081	2,2798	2,6260	2,9592	3,2856	3,9281
0,60	0,9953	1,2300	1,4635	1,6807	1,8827	2,2543	2,6005	2,9339	3,2604	2,9031
0,61	0,9633	1,2068	1,4396	1,6564	1,8582	2,2297	2,5760	2,9094	3,2360	2,8789
0,62	0,9421	1,1845	1,4166	1,6330	1,8345	2,2059	2,5522	2,8858	3,2124	3,8556
0,63	0,9217	1,1629	1,3943	1,6103	1,8117	2,1829	2,5292	2,8639	3,1896	3,8329
0,64	0,9020	1,1420	1,3727	1,5883	1,7895	2,1606	2,5070	2,8470	3,1676	3,8110
0,65	0,8829	1,1218	1,3518	1,5671	1,7681	2,1390	2,4855	2,8193	3,1462	3,7898
0,66	0,8646	1,1023	1,3317	1,5465	1,7473	2,1182	2,4646	2,7985	3,1255	3,7692
0,67	0,8468	1,0835	1,3121	1,5266	1,7272	2,0979	2,4444	2,7783	3,1054	3,7493
0,68	0,8296	1,0652	1,2932	1,5073	1,7077	2,0783	2,4248	2,7588	3,0860	3,7300
0,69	0,8130	1,0475	1,2749	1,4886	1,6888	2,0593	2,4058	2,7398	3,0671	3,7112
0,70	0,7969	1,0304	1,2571	1,4705	1,6705	2,0408	2,3874	2,7214	3,0487	3,6930
0,71	0,7814	1,0138	1,2399	1,4529	1,6527	2,0229	2,3694	2,7036	3,0309	3,6753
0,72	0,7663	0,9977	1,2231	1,4358	1,6354	2,0055	2,3520	2,6862	3,0136	3,6581
0,73	0,7517	0,9821	1,2069	1,4192	1,6187	1,9886	2,3351	2,6694	2,9968	3,6414
0,74	0,7376	0,9669	1,1911	1,4031	1,6024	1,9722	2,3187	2,6530	2,9805	3,6252
0,75	0,7238	0,9522	1,1758	1,3874	1,5865	1,9562	2,3027	2,6370	2,9646	3,6094
0,76	0,7105	0,9379	1,1609	1,3722	1,5711	1,9406	2,2872	2,6115	2,9491	2,5940
0,77	0,6976	0,9241	1,1465	1,3574	1,5561	1,9255	2,2720	2,6064	2,9341	3,5790
0,78	0,6851	0,9106	1,1324	1,3430	1,5415	1,9108	2,2573	2,5917	2,9194	3,5645
0,79	0,6729	0,8975	1,1187	1,3290	1,5273	1,8964	2,2429	2,5774	2,9051	3,5503
0,80	0,6611	0,8847	1,1054	1,3153	1,5135	1,8825	2,2289	2,5634	2,8912	2,5364
0,81	0,6496	0,8723	1,0924	1,3020	1,5000	1,8689	2,2153	2,5498	2,8776	3,5229
0,82	0,6384	0,8602	1,0798	1,2891	1,4869	1,8556	2,2020	2,5365	2,8644	3,5098
0,83	0,6276	0,8485	1,0675	1,2764	1,4741	1,8427	2,1891	2,5236	2,8515	3,4969
0,84	0,6170	0,8370	1,0555	1,2641	1,4616	1,8300	2,1764	2,5110	2,8389	3,4844
0,85	0,6067	0,8259	1,0438	1,2521	1,4494	1,8177	2,1641	2,4987	2,8266	3,4722
0,86	0,5967	0,8150	1,0324	1,2404	1,4375	1,8057	2,1521	2,4867	2,8146	3,4603
0,87	0,5870	0,8044	1,0213	1,2249	1,4259	1,7940	2,1403	2,4749	2,8029	3,4486
0,88	0,5775	0,7941	1,0104	1,2179	1,4146	1,7825	2,1289	2,4635	2,7915	3,4372
0,89	0,5683	0,7841	0,9998	1,2070	1,4036	1,7714	2,1176	2,4523	2,7803	3,4261
0,90	0,5593	0,7742	0,9895	1,1944	1,3928	1,7604	2,1067	2,4413	2,7694	3,4153
0,91	0,5505	0,7647	0,9794	1,1860	1,3823	1,7498	2,0960	2,4306	2,7587	3,4046
0,92	0,5420	0,7553	0,9696	1,1758	1,3720	1,7393	2,0855	2,4202	2,7483	3,3942
0,93	0,5337	0,7462	0,9600	1,1659	1,3619	1,7291	2,0753	2,4099	2,7381	3,3841
0,94	0,5255	0,7373	0,9506	1,1562	1,3520	1,7191	2,0653	2,3999	2,7281	3,3741
0,95	0,5176	0,7286	0,9414	1,1468	1,3424	1,7094	2,0555	2,3901	2,7183	3,3644
0,96	0,5099	0,7201	0,9324	1,1375	1,3330	1,6998	2,0459	2,3806	2,7088	3,3549
0,97	0,5023	0,7118	0,9236	1,1285	1,3238	1,6905	2,0365	2,3712	2,6994	3,3456
0,98	0,4950	0,7036	0,9150	1,1196	1,3148	1,6813	2,0273	2,3620	2,6902	3,3364
0,99	0,4878	0,6957	0,9066	1,1109	1,3059	1,6724	2,0183	2,3530	2,6813	3,3275
1,00	0,4807	0,6879	0,8984	1,1024	1,2973	1,6636	2,0095	2,3442	2,6725	3,3187

Tabela A-14.2.11-c Escoamento em regime permanente uniforme. Canais retangulares e trapezoidais
Valores do adimensional ($v \times n/b^{2/3} \times I^{1/2}$)

h/b	Valores de "m" (indicador horizontal de talude para vertical = 1)									
	0	0,25	0,50	0,75	1,00	1,50	2,00	2,50	3,00	4,00
0,01	0,0458	0,0459	0,0459	0,0459	0,0459	0,0458	0,0457	0,0456	0,0454	0,0452
0,02	0,0716	0,0720	0,0720	0,0720	0,0720	0,0717	0,0714	0,0711	0,0708	0,0701
0,03	0,0929	0,0932	0,0934	0,0934	0,0933	0,0928	0,0923	0,0917	0,0911	0,0899
0,04	0,1111	0,1117	0,1119	0,1119	0,1118	0,1111	0,1103	0,1094	0,1085	0,1068
0,05	0,1274	0,1282	0,1286	0,1286	0,1284	0,1275	0,1264	0,1252	0,1240	0,1218
0,06	0,1421	0,1432	0,1437	0,1438	0,1435	0,1425	0,1411	0,1396	0,1381	0,1353
0,07	0,1556	0,1571	0,1577	0,1578	0,1575	0,1562	0,1546	0,1528	0,1511	0,1478
0,08	0,1682	0,1699	0,1708	0,1709	0,1706	0,1691	0,1672	0,1651	0,1631	0,1594
0,09	0,1798	0,1820	0,1830	0,1832	0,1829	0,1812	0,1790	0,1767	0,1744	0,1703
0,10	0,1908	0,1933	0,1945	0,1948	0,1945	0,1926	0,1901	0,1876	0,1851	0,1806
0,11	0,2011	0,2040	0,2055	0,2058	0,2055	0,2034	0,2008	0,1980	0,1953	0,1904
0,12	0,2108	0,2141	0,2159	0,2163	0,2159	0,2138	0,2109	0,2079	0,2049	0,1997
0,13	0,2200	0,2238	0,2258	0,2263	0,2260	0,2237	0,2206	0,2173	0,2142	0,2087
0,14	0,2287	0,2330	0,2352	0,2359	0,2356	0,2331	0,2299	0,2264	0,2232	0,2174
0,15	0,2370	0,2418	0,2443	0,2451	0,2448	0,2423	0,2388	0,2352	0,2318	0,2258
0,16	0,2449	0,2502	0,2530	0,2540	0,2537	0,2511	0,2475	0,2437	0,2402	0,2339
0,17	0,2525	0,2582	0,2614	0,2625	0,2623	0,2596	0,2558	0,2520	0,2483	0,2418
0,18	0,2597	0,2660	0,2695	0,2708	0,2706	0,2679	0,2640	0,2599	0,2561	0,2461
0,19	0,2666	0,2735	0,2773	0,2787	0,2786	0,2759	0,2719	0,2677	0,2638	0,2570
0,20	0,2733	0,2807	0,2848	0,2865	0,2864	0,2836	0,2795	0,2753	0,2713	0,2643
0,21	0,2797	0,2876	0,2921	0,2940	0,2940	0,2912	0,2870	0,2827	0,2786	0,2715
0,22	0,2858	0,2943	0,2992	0,3013	0,3014	0,2986	0,2943	0,2899	0,2857	0,2785
0,23	0,2917	0,3008	0,3061	0,3083	0,3086	0,3058	0,3015	0,2870	0,2927	0,2854
0,24	0,2974	0,3071	0,3128	0,3152	0,3156	0,3128	0,3085	0,3030	0,2995	0,2921
0,25	0,3029	0,3132	0,3193	0,3220	0,3224	0,3197	0,3153	0,3107	0,3063	0,2988
0,26	0,3081	0,3191	0,3256	0,3285	0,3291	0,3265	0,3220	0,3173	0,3129	0,3053
0,27	0,3133	0,3249	0,3318	0,3334	0,3356	0,3331	0,3286	0,3238	0,3194	0,3117
0,28	0,3182	0,3304	0,3378	0,3412	0,3420	0,3395	0,3351	0,3303	0,3258	0,3181
0,29	0,3230	0,3359	0,3436	0,3473	0,3483	0,3459	0,3414	0,3366	0,3321	0,3243
0,30	0,3276	0,3412	0,3493	9,3533	0,3544	0,3521	0,3477	0,3428	0,3383	0,3305
0,31	0,3321	0,3463	0,3549	0,3592	0,3604	0,3583	0,3538	0,3489	0,3444	0,3366
0,32	0,3364	0,3513	0,3604	0,3649	0,3663	0,3643	0,3599	0,3550	0,3504	0,3426
0,33	0,3406	0,3562	0,3658	0,3706	0,3721	0,3702	0,3658	0,3610	0,3563	0,3485
0,34	0,3447	0,3610	0,3710	0,3761	0,3778	0,3761	0,3717	0,3668	0,3622	0,3544
0,35	0,3487	0,3656	0,3762	0,3815	0,3834	0,3819	0,3775	0,3726	0,3680	0,3602
0,36	0,3525	0,3702	0,3812	0,3869	0,3890	0,3875	0,3832	0,3784	0,3738	0,3659
0,37	0,3563	0,3746	0,3861	0,3921	0,3944	0,3931	0,3889	0,3841	0,3794	0,3716
0,38	0,3599	0,3790	0,3910	0,3973	0,3998	0,3987	0,3945	0,3897	0,3851	0,3772
0,39	0,3634	0,3833	0,3957	0,4024	0,4050	0,4041	0,4000	0,3952	0,3906	0,3828
0,40	0,3669	0,3874	0,4004	0,4074	0,4102	0,4095	0,4054	0,4007	0,3961	0,3883
0,41	0,3702	0,3915	0,4050	0,4123	0,4153	0,4148	0,4108	0,4061	0,4016	0,3937
0,42	0,3735	0,3955	0,4095	0,4171	0,4204	0,4201	0,4162	0,4115	0,4069	0,3992
0,43	0,3767	0,3994	0,4140	0,4219	0,4254	0,4253	0,4215	0,4168	0,4123	0,4045
0,44	0,3798	0,4033	0,4183	0,4266	0,4303	0,4304	0,4267	0,4221	0,4176	0,4098
0,45	0,3828	0,4070	0,4226	0,4313	0,4352	0,4355	0,4319	0,4273	0,4228	0,4151
0,46	0,3857	0,4108	0,4269	0,4359	0,4400	0,4406	0,4370	0,4325	0,4280	0,4204
0,47	0,3886	0,4144	0,4311	0,4404	0,4448	0,4455	0,4421	0,4376	0,4332	0,4256
0,48	0,3914	0,1480	0,4352	0,4449	0,4494	0,4505	0,4471	0,4427	0,4383	0,4307
0,49	0,3942	0,4215	0,4392	0,4493	0,4541	0,4554	0,4521	0,4478	0,4434	0,4358
0,50	0,3968	0,4249	0,4432	0,4537	0,4587	0,4602	0,4571	0,4528	0,4485	0,4409

Tabela A-14.2.11-c Escoamento em regime permanente uniforme. Canais retangulares e trapezoidais (continuação)
Valores do adimensional ($v \times n/b^{2/3} \times I^{1/2}$)

h/b	Valores de "m" (indicador horizontal de talude para vertical = 1)									
	0	0,25	0,50	0,75	1,00	1,50	2,00	2,50	3,00	4,00
0,51	0,3995	0,4283	0,4472	0,4580	0,4632	0,4650	0,4620	0,4577	0,4535	0,4460
0,52	0,4020	0,4316	0,4511	0,4622	0,4677	0,4697	0,4669	0,4627	0,4584	0,4510
0,53	0,4045	0,4349	0,4549	0,4664	0,4722	0,4745	0,4717	0,4676	0,4634	0,4560
0,54	0,4070	0,4382	0,4587	0,4706	0,4766	0,4791	0,4765	0,4724	0,4683	0,4609
0,55	0,4093	0,4413	0,4624	0,4747	0,4810	0,4838	0,4812	0,4773	0,4731	0,4658
0,56	0,4117	0,4445	0,4662	0,4788	0,4853	0,4884	0,4860	0,4820	0,4780	0,4707
0,57	0,4140	0,4475	0,4698	0,4829	0,4896	0,4929	0,4907	0,4868	0,4828	0,4756
0,58	0,4162	0,4506	0,4734	0,4839	0,4869	0,4975	0,4953	0,4915	0,4875	0,4804
0,59	0,4184	0,4536	0,4770	0,4908	0,4981	0,5020	0,4999	0,4962	0,4923	0,4852
0,60	0,4205	0,4565	0,4805	0,4947	0,5022	0,5064	0,5045	0,5009	0,4970	0,4900
0,61	0,4227	0,4594	0,4840	0,4986	0,5074	0,5108	0,5091	0,5055	0,5017	0,4947
0,62	0,4247	0,4623	0,4875	0,5025	0,5105	0,5152	0,5136	0,5102	0,5064	0,4995
0,63	0,4267	0,4651	0,4909	0,5063	0,5146	0,5196	0,5181	0,5147	0,5110	0,5041
0,64	0,4287	0,4679	0,4943	0,5101	0,5186	0,5239	0,5226	0,5193	0,5156	0,5088
0,65	0,4306	0,4707	0,4976	0,5138	0,5226	0,5283	0,5271	0,5238	0,5202	0,5135
0,66	0,4235	0,4734	0,5009	0,5176	0,5266	0,5325	0,5315	0,5283	0,5247	0,5181
0,67	0,4344	0,4761	0,5042	0,5212	0,5306	0,5368	0,5359	0,5328	0,5293	0,5227
0,68	0,4362	0,4787	0,5075	0,5249	0,5345	0,5410	0,5403	0,5373	0,5338	0,5272
0,69	0,4380	0,4814	0,5107	0,5285	0,5384	0,5452	0,5446	0,5417	0,5383	0,5318
0,70	0,4398	0,4839	0,5139	0,5321	0,5423	0,5494	0,5490	0,5461	0,5427	0,5363
0,71	0,4415	0,4865	0,5170	0,5357	0,5461	0,5535	0,5533	0,5505	0,5472	0,5408
0,72	0,4432	0,4890	0,5202	0,5393	0,5500	0,5577	0,5575	0,5549	0,5516	0,5453
0,73	0,4449	0,4915	0,5233	0,5428	0,5538	0,5616	0,5618	0,5592	0,5560	0,5498
0,74	0,4465	0,4940	0,5264	0,5463	0,5575	0,5659	0,5660	0,5636	0,5604	0,5542
0,75	0,4481	0,4964	0,5294	0,5497	0,5613	0,5699	0,5703	0,5679	0,5647	0,5587
0,76	0,4497	0,4989	0,5325	0,5532	0,5650	0,5740	0,5744	0,5721	0,5691	0,5631
0,77	0,4513	0,5013	0,5355	0,5566	0,5687	0,5780	0,5786	0,5764	0,5734	0,5674
0,78	0,4528	0,5036	0,5384	0,5600	0,5724	0,5820	0,5828	0,5807	0,5777	0,5718
0,79	0,4543	0,5060	0,5414	0,5634	0,5760	0,5860	0,5869	0,5849	0,5820	0,5762
0,80	0,4558	0,5083	0,5443	0,5667	0,5797	0,5899	0,5910	0,5891	0,5862	0,5805
0,81	0,4572	0,5106	0,5472	0,5701	0,5833	0,5939	0,5961	0,5933	0,5905	0,5848
0,82	0,4586	0,5128	0,5501	0,5734	0,5869	0,5978	0,5992	0,5974	0,5947	0,5891
0,83	0,4600	0,5151	0,5530	0,5767	0,5905	0,6017	0,6033	0,6016	0,5989	0,5934
0,84	0,4614	0,5173	0,5558	0,5800	0,5940	0,6056	0,6073	0,6057	0,6031	0,5976
0,85	0,4628	0,5195	0,5587	0,5832	0,5976	0,6094	0,6113	0,6099	0,6073	0,6019
0,86	0,4641	0,5217	0,5615	0,5865	0,6011	0,6133	0,6153	0,6140	0,6115	0,6061
0,87	0,4654	0,5239	0,5643	0,5897	0,6046	0,6171	0,6193	0,6180	0,6156	0,6103
0,88	0,4667	0,5260	0,5670	0,5929	0,6081	0,6209	0,6233	0,6221	0,6197	0,6145
0,89	0,4680	0,5281	0,5698	0,5961	0,6115	0,6247	0,6273	0,6262	0,6238	0,6187
0,90	0,4692	0,5302	0,5725	0,5992	0,6150	0,6285	0,6312	0,6302	0,6279	0,6229
0,91	0,4705	0,5323	0,5752	0,6024	0,6184	0,6322	0,6351	0,6342	0,6320	0,6270
0,92	0,4717	0,5344	0,5779	0,6055	0,6218	0,6360	0,6391	0,6382	0,6361	0,6312
0,93	0,4729	0,5365	0,5806	0,6086	0,6252	0,6397	0,6430	0,6422	0,6401	0,6353
0,94	0,4740	0,5385	0,5833	0,6117	0,6286	0,6434	0,6468	0,6462	0,6442	0,6394
0,95	0,4752	0,5405	0,5859	0,6148	0,6320	0,6471	0,6507	0,6502	0,6482	0,6435
0,96	0,4763	0,5425	0,5886	0,6178	0,6354	0,6508	0,6546	0,6541	0,6522	0,6476
0,97	0,4775	0,5445	0,5912	0,6209	0,6387	0,6545	0,6584	0,6581	0,6562	0,6516
0,98	0,4786	0,5465	0,5938	0,6239	0,6420	0,6582	0,6622	0,6620	0,6602	0,6557
0,99	0,4797	0,5484	0,5964	0,6270	0,6453	0,6618	0,6660	0,6659	0,6642	0,6597
1,00	0,4807	0,5504	0,5989	0,6300	0,6486	0,6654	0,6698	0,6698	0,6681	0,6637

Tabela A-14.2.11-d   Escoamento em regime permanente uniforme. Canais retangulares e trapezoidais
Valores do adimensional ($v \times n/h^{2/3} \times I^{1/2}$)

h/b	Valores de "m" (indicador horizontal de talude para vertical = 1)									
	0	0,25	0,50	0,75	1,00	1,50	2,00	2,50	3,00	4,00
0,01	0,9869	0,9881	0,9886	0,9886	0,9881	0,9864	0,9842	0,9817	0,9790	0,9737
0,02	0,9742	0,9767	0,9777	0,9777	0,9768	0,9736	0,9695	0,9650	0,9603	0,9508
0,03	0,9616	0,9656	0,9672	0,9672	0,9660	0,9616	0,9559	0,9597	0,9433	0,9307
0,04	0,9500	0,9549	0,9570	0,9571	0,9557	0,9503	0,9433	0,9357	0,9279	0,9129
0,05	0,9384	0,9445	0,9472	0,9475	0,0459	0,9396	0,9315	0,9227	0,9139	0,8971
0,06	0,9272	0,9344	0,9378	0,9382	0,9365	0,9295	0,9204	0,9108	0,9011	0,8829
0,07	0,9164	0,9247	0,9287	0,9292	0,9274	0,9199	0,9101	0,8997	0,8893	0,8700
0,08	0,9058	0,9152	0,9198	0,9206	0,9188	0,9106	0,9004	0,8893	0,8785	0,8584
0,09	0,8955	0,9061	0,9113	0,9123	0,9105	0,9022	0,8912	0,8797	0,8691	0,8381
0,10	0,8855	0,8972	0,9030	0,9043	0,9026	0,8940	0,8826	0,8707	0,8591	0,8381
0,11	0,8758	0,8885	0,8950	0,8966	0,8949	0,8861	0,8745	0,8623	0,8505	0,8292
0,12	0,8664	0,8802	0,8873	0,8892	0,8876	0,8876	0,8787	0,8544	0,8424	0,8210
0,13	0,8572	0,8720	0,8797	0,8820	0,8805	0,8715	0,8595	0,8469	0,8349	0,8134
0,14	0,8483	0,8641	0,8724	0,8750	0,8737	0,8647	0,8525	0,8399	0,8278	0,8063
0,15	0,8395	0,8563	0,8654	0,8683	0,8671	0,8582	0,8459	0,8332	0,8211	0,7998
0,16	0,8310	0,8488	0,8585	0,8618	0,8608	0,8519	0,8397	0,8270	0,8149	0,7937
0,17	0,8227	0,8415	0,8518	0,8555	0,8546	0,8460	0,8337	0,8210	0,8090	0,7880
0,18	0,8147	0,8344	0,8453	0,8493	0,8487	0,8402	0,8280	0,8154	0,8054	0,7826
0,19	0,8068	0,8274	0,8390	0,8434	0,8430	0,8347	0,8226	0,8100	0,8982	0,7776
0,20	0,7991	0,8207	0,8329	0,8377	0,8375	0,8294	0,8174	0,8049	0,7932	0,7729
0,21	0,7915	0,8141	0,8269	0,8321	0,8322	0,8243	0,8124	0,8001	0,7885	0,7684
0,22	0,7842	0,8076	0,8211	0,8267	0,8270	0,8194	0,8077	0,7955	0,7840	0,7642
0,23	0,7770	0,8014	0,8154	0,8214	0,8220	0,8146	0,8031	0,7910	0,7797	0,7602
0,24	0,7700	0,7952	0,8099	0,8163	0,8171	0,8101	0,7987	0,7868	0,7756	0,7565
0,25	0,7631	0,7892	0,8045	0,8113	0,8124	0,8057	0,7945	0,7828	0,7718	0,7529
0,26	0,7564	0,7834	0,7993	0,8065	0,8078	0,8014	0,7905	0,7789	0,7681	0,7495
0,27	0,7499	0,7777	0,7942	0,8018	0,8034	0,7973	0,7866	0,7752	0,7645	0,7463
0,28	0,7434	0,7721	0,7892	0,7972	0,7991	0,7933	0,7828	0,7712	0,7611	0,7432
0,29	0,7372	0,7666	0,7843	0,7927	0,7949	0,7895	0,7792	0,7683	0,7579	0,7403
0,30	0,7310	0,7613	0,7796	0,7884	0,7908	0,7858	0,7758	0,7650	0,7548	0,7375
0,31	0,7250	0,7560	0,7749	0,7841	0,7869	0,7822	0,7724	0,7618	0,7518	0,7348
0,32	0,7191	0,7509	0,7704	0,7800	0,7830	0,7787	0,7692	0,7588	0,7490	0,7322
0,33	0,7133	0,7459	0,7659	0,7760	0,7793	0,7753	0,7661	0,7559	0,7462	0,7298
0,34	0,7076	0,7410	0,7616	0,7721	0,7756	0,7721	0,7630	0,7531	0,7436	0,7274
0,35	0,7020	0,7362	0,7574	0,7682	0,7721	0,7689	0,7601	0,7503	0,7410	0,7252
0,36	0,6966	0,7315	0,7532	0,7645	0,7686	0,7658	0,7573	0,7477	0,7386	0,7230
0,37	0,6912	0,7269	0,7492	0,7608	0,7652	0,7628	0,7546	0,7452	0,7362	0,7210
0,38	0,6860	0,7240	0,7452	0,7573	0,7620	0,7599	0,7519	0,7427	0,7340	0,7190
0,39	0,6809	0,7180	0,7414	0,7538	0,7588	0,7571	0,7493	0,7404	0,7318	0,7171
0,40	06758	0,7136	0,7376	0,7504	0,7556	0,7543	0,7468	0,7381	0,7296	0,7152
0,41	0,6708	0,7094	0,7339	0,7470	0,7526	0,7516	0,7444	0,7359	0,7276	0,7134
0,42	0,6660	0,7052	0,7302	0,7438	0,7496	0,7490	0,7421	0,7337	0,7256	0,7117
0,43	0,6612	0,7011	0,7266	0,7406	0,7467	0,7465	0,7398	0,7316	0,7237	0,7101
0,44	0,6565	0,6971	0,7232	0,7375	0,7439	0,7441	0,7376	0,7296	0,7219	0,7085
0,45	0,6519	0,6932	0,7197	0,7344	0,7411	0,7417	0,7355	0,7277	0,7201	0,7069
0,46	0,6473	0,6893	0,7164	0,7315	0,7384	0,7393	0,7334	0,7258	0,7183	0,7054
0,47	0,6429	0,6855	0,7131	0,7285	0,7357	0,7370	0,7313	0,7239	0,7166	0,7040
0,48	0,6385	0,6818	0,7099	0,7257	0,7331	0,7348	0,7294	0,7222	0,7150	0,7026
0,49	0,6342	0,6781	0,7067	0,7229	0,7306	0,7326	0,7274	0,7204	0,7134	0,7012
0,50	0,6300	0,6745	0,7036	0,7201	0,7281	0,7305	0,7256	0,7187	0,7119	0,6999

Tabela A-14.2.11-d Escoamento em regime permanente uniforme. Canais retangulares e trapezoidais (continuação)
Valores do adimensional ($v \times n/h^{2/3} \times I^{1/2}$)

Valores de "m" (indicador horizontal de talude para vertical = 1)

h/b	0	0,25	0,50	0,75	1,00	1,50	2,00	2,50	3,00	4,00
0,51	0,6258	0,6710	0,7005	0,7174	0,7257	0,7285	0,7237	0,7171	0,7104	0,6987
0,52	0,6217	0,6675	0,6975	0,7148	0,7233	0,7264	0,7220	0,7155	0,7089	0,6974
0,53	0,6177	0,6641	0,6949	0,7122	0,7210	0,7245	0,7202	0,7139	0,7075	0,6962
0,54	0,6137	0,6607	0,6917	0,7097	0,7187	0,7225	0,7185	0,7124	0,7061	0,6951
0,55	0,6098	0,6574	0,6889	0,7072	0,7165	0,7207	0,7169	0,7110	0,7048	0,6940
0,56	0,6060	0,6542	0,6861	0,7048	0,7143	0,7188	0,7153	0,7095	0,7035	0,6929
0,57	0,6022	0,6510	0,6834	0,7024	0,7122	0,7170	0,7137	0,7081	0,7023	0,6918
0,58	0,5985	0,6479	0,6807	0,7000	0,7101	0,7153	0,7122	0,7068	0,7010	0,6908
0,59	0,5948	0,6448	0,6781	0,6977	0,7080	0,7136	0,7107	0,7054	0,6998	0,6898
0,60	0,5912	0,6417	0,7655	0,6955	0,7060	0,7119	0,7092	0,7041	0,6987	0,6888
0,61	0,5876	0,6388	0,6729	0,6933	0,7040	0,7102	0,7078	0,7029	0,6975	0,6878
0,62	0,5841	0,6358	0,6704	0,6911	0,7021	0,7086	0,7064	0,7016	0,6964	0,6869
0,63	0,5807	0,6329	0,6880	0,6889	0,7002	0,7070	0,7051	0,7004	0,6953	0,6860
0,64	0,5773	0,6301	0,6656	0,6868	0,6983	0,7055	0,7037	0,6993	0,6943	0,6851
0,65	0,5739	0,6273	0,6632	0,6848	0,6965	0,7040	0,7024	0,6981	0,6932	0,6843
0,66	0,5706	0,6245	0,6608	0,6828	0,6847	0,7025	0,7011	0,6970	0,6922	0,6834
0,67	0,5674	0,6218	0,6585	0,6808	0,6930	0,7011	0,6999	0,6959	0,6912	0,6826
0,68	0,5614	0,6191	0,6563	0,6788	0,6912	0,6996	0,7967	0,6948	0,6903	0,6818
0,69	0,5610	0,6165	0,6540	0,6769	0,6895	0,6982	0,6975	0,6938	0,6893	0,6810
0,70	0,5579	0,6139	0,6518	0,6750	0,6879	0,6969	0,6963	0,6927	0,6884	0,6803
0,71	0,5548	0,6139	0,6497	0,6731	0,6862	0,6955	0,6952	0,6917	0,6875	0,6796
0,72	0,5517	0,6088	0,6475	0,6713	0,6846	0,6942	0,6940	0,6907	0,6867	0,6788
0,73	0,5488	0,6063	0,6454	0,6695	0,6830	0,6929	0,6929	0,6898	0,6858	0,6781
0,74	0,5458	0,6038	0,6434	0,6677	0,6815	0,6917	0,6919	0,6888	0,6850	0,6774
0,75	0,5429	0,6014	0,6414	0,6660	0,6799	0,6904	0,6908	0,6879	0,6841	0,6788
0,76	0,5400	0,5990	0,6394	0,6643	0,6784	0,6892	0,6896	0,6870	0,6833	0,6761
0,77	0,5372	0,5967	0,6374	0,6626	0,6769	0,6880	0,6888	0,6861	0,6825	0,6755
0,78	0,5344	0,5943	0,6354	0,6609	0,6755	0,6868	0,6878	0,6853	0,6818	0,6748
0,79	0,5316	0,5921	0,6335	0,6593	0,6741	0,6857	0,6868	0,6844	0,6810	0,6742
0,80	0,5289	0,5898	0,6316	0,6577	0,6727	0,6845	0,6858	0,6836	0,6803	0,6736
0,81	0,5262	0,5876	0,6298	0,6581	0,6713	0,6834	0,6849	0,6828	0,6796	0,7630
0,82	0,5235	0,5854	0,6279	0,6545	0,6699	0,6823	0,6840	0,6820	0,6788	0,6724
0,83	0,5209	0,5832	06261	0,6530	0,6686	0,6812	0,6831	0,6812	0,6781	0,6719
0,84	0,5183	0,5811	0,6244	0,6515	0,6672	0,6802	0,6822	0,6804	0,6775	0,6713
0,85	0,5157	0,5790	0,6226	0,6500	0,6659	0,6792	0,6813	0,6796	0,6768	0,6708
0,86	0,5132	0,5769	0,6209	0,6485	0,6647	0,6781	0,6804	0,6789	0,6761	0,6702
0,87	0,5107	0,5748	0,6192	0,6470	0,6634	0,6771	0,6796	0,6782	0,6755	0,6697
0,88	0,5082	0,5728	0,6175	0,6456	0,6622	0,6761	0,6788	0,6775	0,6749	0,6692
0,89	0,5058	0,5708	0,6158	0,6442	0,6609	0,6752	0,6780	0,6767	0,6742	0,6687
0,90	0,5034	0,5688	0,6142	0,6428	0,6597	0,6742	0,6772	0,6761	0,6736	0,6682
0,91	0,5010	0,5669	0,6126	0,6414	0,6586	0,6733	0,6764	0,6754	0,6730	0,6677
0,92	0,4986	0,5649	0,6110	0,6401	0,6574	0,6723	0,6756	0,6747	0,6725	0,6672
0,93	0,4963	0,5630	0,6094	0,6388	0,6562	0,6714	0,6748	0,6741	0,6719	0,6663
0,94	0,4940	0,5612	0,6078	0,6375	0,6551	0,6705	0,6741	0,6734	0,6713	0,6663
0,95	0,4917	0,5593	0,6063	0,6362	0,6540	0,6696	0,6733	0,6728	0,6708	0,6659
0,96	0,4895	0,5575	0,6048	0,6349	0,6529	0,6688	0,6726	0,6722	0,6702	0,6654
0,97	0,4873	0,5557	0,6033	0,6336	0,6518	0,6679	0,6719	0,6715	0,6697	0,6650
0,98	0,4851	0,5539	0,6018	0,6324	0,6507	0,6671	0,6712	0,6709	0,6691	0,6646
0,99	0,4829	0,5521	0,6004	0,6312	0,6497	0,6663	0,6705	0,6704	0,6686	0,6642
1,00	0,4807	0,5504	0,5989	0,6300	0,6486	0,6654	0,6696	0,6696	0,6681	0,6637

Tabela A-14.2.11-e Escoamento em regime permanente uniforme – Canais circulares. Valores do adimensional $Q \times n/D^{8/3} \times I^{1/2}$

h/D	Valores do adimensional	h/D	Valores do adimensional
0,01	0,0001	0,51	0,1611
0,02	0,0002	0,52	0,1665
0,03	0,0005	0,53	0,1718
0,04	0,0009	0,54	0,1772
0,05	0,0015	0,55	0,1825
0,06	0,0022	0,56	0,1879
0,07	0,0031	0,57	0,1933
0,08	0,0041	0,58	0,1987
0,09	0,0052	0,59	0,2040
0,10	0,0065	0,60	0,2094
0,11	0,0079	0,61	0,2147
0,12	0,0095	0,62	0,2200
0,13	0,0113	0,63	0,2253
0,14	0,0131	0,64	0,2305
0,15	0,0151	0,65	0,2357
0,16	0,0173	0,66	0,2409
0,17	0,0196	0,67	0,2460
0,18	0,0220	0,68	0,2510
0,19	0,0246	0,69	0,2560
0,20	0,0273	0,70	0,2609
0,21	0,0301	0,71	0,2658
0,22	0,0331	0,72	0,2705
0,23	0,0362	0,73	0,2752
0,24	0,0394	0,74	0,2797
0,25	0,0427	0,75	0,2842
0,26	0,0461	0,76	0,2885
0,27	0,0497	0,77	0,2928
0,28	0,0534	0,78	0,2969
0,29	0,0571	0,79	0,3008
0,30	0,0610	0,80	0,3046
0,31	0,0650	0,81	0,3083
0,32	0,0691	0,82	0,3118
0,33	0,0733	0,83	0,3151
0,34	0,0776	0,84	0,3182
0,35	0,0819	0,85	0,3211
0,36	0,0864	0,86	0,3238
0,37	0,0909	0,87	0,3263
0,38	0,0956	0,88	0,3285
0,39	0,1003	0,89	0,3305
0,40	0,1050	0,90	0,3322
0,41	0,1099	0,91	0,3335
0,42	0,1148	0,92	0,3345
0,43	0,1197	0,93	0,3351
0,44	0,1247	0,94	0,3352
0,45	0,1298	0,95	0,3349
0,46	0,1349	0,96	0,3339
0,47	0,1401	0,97	0,3321
0,48	0,1453	0,98	0,3293
0,49	0,1505	0,99	0,3247
0,50	0,1558	1,00	0,3116

Tabela A-14.2.11-f Escoamento em regime permanente uniforme – Canais circulares. Valores do adimensional $Q \times n/h^{8/3} \times I^{1/2}$

h/D	Valores do adimensional	h/D	Valores do adimensional
0,01	10,1118	0,51	0,9705
0,02	7,1061	0,52	0,9529
0,03	5,7662	0,53	0,9339
0,04	4,9625	0,54	0,9162
0,05	4,4107	0,55	0,8989
0,06	4,0009	0,56	0,8820
0,07	3,6805	0,57	0,8654
0,08	3,4207	0,58	0,8491
0,09	3,2043	0,59	0,8332
0,10	3,0201	0,60	0,8176
0,11	2,8606	0,61	0,8022
0,12	2,7208	0,62	0,7872
0,13	2,5966	0,63	0,7724
0,14	2,4854	0,64	0,7579
0,15	2,3849	0,65	0,7436
0,16	2,2935	0,66	0,7295
0,17	2,2097	0,67	0,7872
0,18	2,1326	0,68	0,7724
0,19	2,0613	0,69	0,7579
0,20	1,9950	0,70	0,7436
0,21	1,9332	0,71	0,6624
0,22	1,8752	0,72	0,6496
0,23	1,8208	0,73	0,6360
0,24	1,7696	0,74	0,6244
0,25	1,7212	0,75	0,6120
0,26	1,6753	0,76	0,5998
0,27	1,6318	0,77	0,5878
0,28	1,5903	0,78	0,5758
0,29	1,5509	0,79	0,5640
0,30	1,5132	0,80	0,5523
0,31	1,4771	0,81	0,5407
0,32	1,4426	0,82	0,5293
0,33	1,4094	0,83	0,5179
0,34	1,3776	0,84	0,5066
0,35	1,3469	0,85	0,4953
0,36	1,3174	0,86	0,4842
0,37	1,2889	0,87	0,4731
0,38	1,2614	0,88	0,4620
0,39	1,2348	0,89	0,4509
0,40	1,2091	0,90	0,4399
0,41	1,1841	0,91	0,4289
0,42	1,1600	0,92	0,4178
0,43	1.1365	0,93	0,4066
0,44	1,1138	0,94	0,3954
0,45	1,0916	0,95	0,3840
0,46	1,0701	0,96	0,3723
0,47	1,0491	0,97	0,3602
0,48	1,0287	0,98	0,3475
0,49	1,0088	0,99	0,3335
0,50	0,9894	1,00	0,3116

Tabela A-14.2.11-g Escoamento em regime permanente uniforme – Canais circulares. Valores do adimensional $v \times n/D^{2/3} \times I^{1/2}$

h/D	Valores do adimensional	h/D	Valores do adimensional
0,01	0,0353	0,51	0,4002
0,02	0,0559	0,52	0,4034
0,03	0,0730	0,53	0,4065
0,04	0,0881	0,54	0,4095
0,05	0,1019	0,55	0,4124
0,06	0,1147	0,56	0,4153
0,07	0,1267	0,57	0,4180
0,08	0,1381	0,58	0,4206
0,09	0,1489	0,59	0,4231
0,10	0,1592	0,60	0,4256
0,11	0,1691	0,61	0,4279
0,12	0,1786	0,62	0,4301
0,13	0,1877	0,63	0,4323
0,14	0,1965	0,64	0,4343
0,15	0,2051	0,65	0,4362
0,16	0,2133	0,66	0,4381
0,17	0,2214	0,67	0,4398
0,18	0,2291	0,68	0,4414
0,19	0,2367	0,69	0,4429
0,20	0,2441	0,70	0,4444
0,21	0,2512	0,71	0,4457
0,22	0,2582	0,72	0,4469
0,23	0,2650	0,73	0,4480
0,24	0,2716	0,74	0,4489
0,25	0,2780	0,75	0,4498
0,26	0,2843	0,76	0,4505
0,27	0,2905	0,77	0,4512
0,28	0,2965	0,78	0,4517
0,29	0,3023	0,79	0,4520
0,30	0,3080	0,80	0,4523
0,31	0,3136	0,81	0,4524
0,32	0,3190	0,82	0,4524
0,33	0,3243	0,83	0,4522
0,34	0,3295	0,84	0,4519
0,35	0,3345	0,85	0,4514
0,36	0,3394	0,86	0,4507
0,37	0,3443	0,87	0,4499
0,38	0,3490	0,88	0,4489
0,39	0,3535	0,89	0,4476
0,40	0,3580	0,90	0,4462
0,41	0,3624	0,91	0,4445
0,42	0,3666	0,92	0,4425
0,43	0,3708	0,93	0,4402
0,44	0,3748	0,94	0,4376
0,45	0,3787	0,95	0,4345
0,46	0,3825	0,96	0,4309
0,47	0,3863	0,97	0,4267
0,48	0,3899	0,98	0,4213
0,49	0,3934	0,99	0,4142
0,50	0,3968	1,00	0,3968

Tabela A-14.2.11-h Escoamento em regime permanente uniforme – Canais circulares. Valores do adimensional $v \times n/h^{2/3} \times I^{1/2}$

h/D	Valores do adimensional	h/D	Valores do adimensional
0,01	0,7608	0,51	0,6260
0,02	0,7584	0,52	0,6238
0,03	0,7560	0,53	0,6207
0,04	0,7536	0,54	0,6176
0,05	0,7511	0,55	0,6144
0,06	0,7487	0,56	0,6112
0,07	0,7463	0,57	0,6080
0,08	0,7438	0,58	0,6048
0,09	0,7414	0,59	0,6015
0,10	0,7389	0,60	0,5982
0,11	0,7365	0,61	0,5949
0,12	0,7340	0,62	0,5916
0,13	0,7315	0,63	0,5882
0,14	0,7290	0,64	0,5848
0,15	0,7265	0,65	0,5814
0,16	0,7239	0,66	0,5779
0,17	0,7214	0,67	0,5744
0,18	0,7188	0,68	0,5709
0,19	0,7163	0,69	0,5673
0,20	0,7137	0,70	0,5637
0,21	0,7111	0,71	0,5600
0,22	0,7085	0,72	0,5563
0,23	0,7059	0,73	0,5525
0,24	0,7033	0,74	0,5487
0,25	0,7007	0,75	0,5449
0,26	0,6980	0,76	0,5410
0,27	0,6954	0,77	0,5371
0,28	0,6827	0,78	0,5330
0,29	0,6900	0,79	0,5290
0,30	0,6873	0,80	0,5248
0,31	0,6846	0,81	0,5206
0,32	0,6819	0,82	0,5164
0,33	0,6791	0,83	0,5120
0,34	0,6764	0,84	0,5076
0,35	0,6736	0,85	0,5030
0,36	0,6708	0,86	0,4984
0,37	0,6680	0,87	0,4936
0,38	0,6652	0,88	0,4888
0,39	0,6623	0,89	0,4838
0,40	0,6595	0,90	0,4786
0,41	0,6566	0,91	0,4733
0,42	0,6537	0,92	0,4678
0,43	0,6508	0,93	0,4620
0,44	0,6479	0,94	0,4560
0,45	0,6449	0,95	0,4496
0,46	0,6420	0,96	0,4428
0,47	0,6390	0,97	0,4354
0,48	0,6360	0,98	0,4271
0,49	0,6330	0,99	0,4170
0,50	0,6299	1,00	0,3968

No *Capítulo B-I.2* (*Tabela B-I.2.11-a*) e *B-I.3* (*Tabela B-I.3.8-c*) constam outras tabelas relativas à equação de Manning para condutos circulares parcialmente cheios.

A-14.3 ESCOAMENTO PERMANENTE VARIADO

Neste item será retomado o conceito de *carga específica* que foi tratado em A-*14.2.1* e depois serão apresentados *a profundidade crítica*, o *ressalto hidráulico* e o *remanso* na sequência apresentada na *Figura A-14.3-a*.

A-14.3.1 Variação de carga específica

Para uma vazão constante, pode-se traçar a curva da variação da carga específica em função da profundidade considerada variável.

Assim, por exemplo, considerando o caso de um canal de seção retangular com 3 m de largura, conduzindo 4,5 m³/s de água, encontram-se os valores de h e H_e, que se acham na *Tabela A-14.3.1-a*. Os valores de h e H_e, mostrados nessa tabela, quando representados graficamente, dão a curva típica ilustrada na *Figura A-14.3.1-a*.

Os dois ramos da curva são assintóticos, tanto o superior, à reta $h = H_e$, que forma o ângulo de 45° com o eixo horizontal, como o inferior, ao eixo horizontal H_e.

$$H_e = h + \frac{v^2}{2 \times g}$$

A-14.3.2 Profundidade crítica

Na *Figura A-14.3.1-a* verifica-se que o valor mínimo da carga específica ocorre no ponto C, que corresponde a

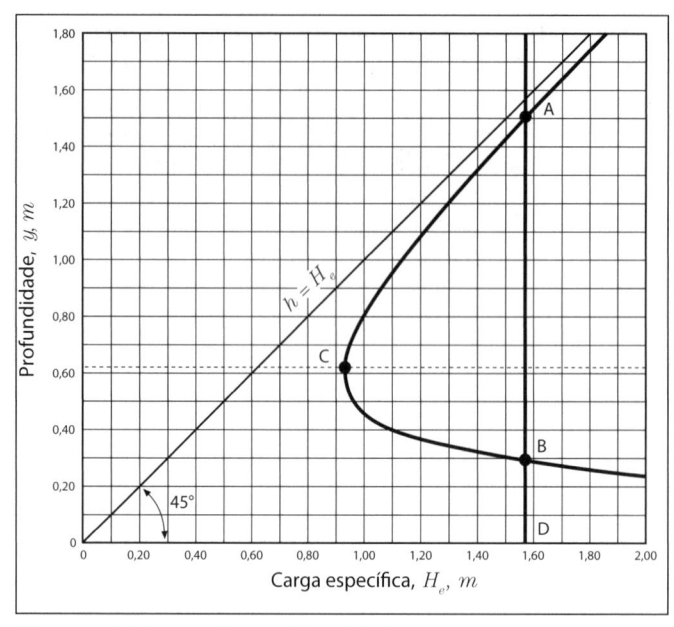

Figura A-14.3.1-a – Curva típica H_e, h.

Tabela A-14.3.1-a Valores de h e H_e (m)

h (m)	v (m/s)	$v^2/(2 \times g)$ (m)	H_e (m)
0,30	5,00	1,27	1,57
0,40	3,75	0,71	1,11
0,50	3,00	0,46	0,96
0,60	2,50	0,32	0,92
0,80	1,87	0,18	0,98
1,00	1,50	0,11	1,11
1,20	1,25	0,08	1,28
1,40	1,07	0,06	1,46
1,60	0,94	0,04	1,64
1,80	0,83	0,03	1,83

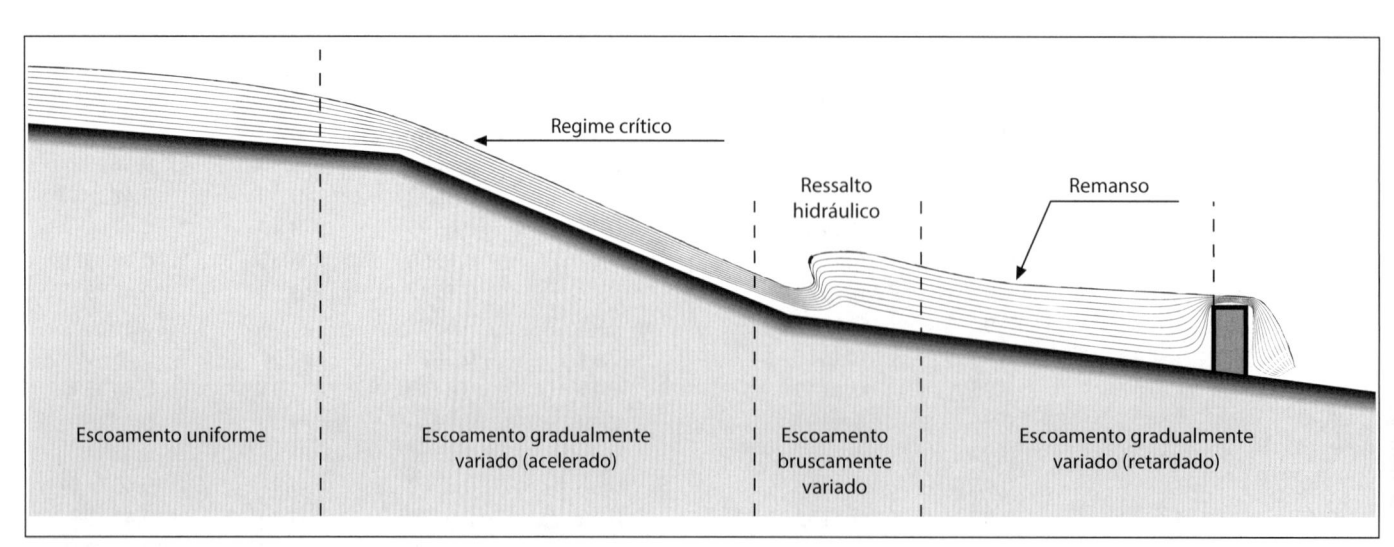

Figura A-14.3-a

uma profundidade pouco superior a 0,6 m. Abaixo ou acima dessa profundidade, eleva-se o valor de H_e.

A profundidade correspondente ao ponto C denomina-se "*profundidade crítica*", sendo, portanto, aquela para o qual o valor de $v^2/(2 \times g) + h$ é um mínimo.

Considerando-se um canal de seção retangular, de declividade constante e com 1 m de largura:

$$v = \frac{Q}{A_m} \therefore v = \frac{Q}{h}$$

$$H_e = \frac{Q^2}{2 \times g \times h^2} + h$$

$$Q^2 = 2 \times g \times \left(H_e \times h^2 - h^3\right)$$

$$Q = \sqrt{2 \times g \times \left(H_e \times h^2 - h^3\right)} \qquad Equação\ (14.5)$$

$$\frac{dQ}{dy} = \frac{\sqrt{2 \times g}}{2} \times \left(H_e \times h^2 - h^3\right)^{-1/2} \times$$

$$\times \left(2 \times H_e \times h - \left(3 \times h^2\right)\right) = 0 \therefore$$

$$h \times \left(2 \times H_e - 3 \times h\right) = 0$$

$$h = \frac{2}{3} \times H_e = h_c\ (profundidade\ crítica)_e$$

$$H_e = \frac{3}{2} \times h_c$$

Substituindo-se esse valor na *Equação (14.5)*:

$$Q = \sqrt{2 \times g \times \left(\frac{3}{2} \times h_c^3 - h_c^3\right)} = \sqrt{g \times h_c^3} \therefore h_c^3 = \frac{Q^2}{g}$$

$$e,\ h_c = \sqrt[3]{\frac{Q^2}{g}} \quad ou \quad h_c \cong 0,47 \times Q^{2/3}$$

que é a profundidade crítica para canais retangulares (essa expressão é aproximada).

Denomina-se "*profundidade crítica*" à profundidade de água em um canal que corresponde ao valor mínimo da *carga específica* (H_e) quando se tem uma certa vazão. Em outras palavras: a profundidade crítica é aquela para a qual ocorre a maior vazão quando se tem uma carga específica estabelecida (neste caso o Número de Froude é igual a 1).

A carga específica é dada por:

$$H_e = h + \frac{v^2}{2 \times g}$$

podendo-se escrever:

$$H_e = h + \frac{Q^2}{A_m^2 \times 2 \times g}$$

de onde se tira:

$$Q = A_m \times \sqrt{2 \times g \times \left(H_e - h\right)} \qquad Equação\ (14.6)$$

Pesquisando as condições de máximo e mínimo, constata-se que Q se anula sempre que $h = H_e$ (e também se A_m = zero). Derivando essa *Equação (14.6)*:

$$\frac{dQ}{dh} = \frac{2 \times g \times \left(H_e - h\right) \times \left(dA_m/dh\right) - A_m \times g}{\sqrt{2 \times g \times \left(H_e - h\right)}}$$

Como $dA_m = B \times d \times h$ (ver *Figura A-14.3.2-a*) e considerando uma profundidade média h_m,

$$h_m = \frac{A_m}{B}$$

obtém-se

$$\frac{dQ}{dh} = \frac{g \times B \times \left[2 \times \left(H_e - h\right) - h_m\right]}{\sqrt{2 \times g \times \left(H_e - h\right)}}$$

Essa derivada se anula para um certo valor de h, chamada "*profundidade crítica*" h_c. Então:

$$2 \times (H_e - h_c) - h_{mc} = 0$$

e, portanto,

$$2 \times (H_e - h_c) = h_{mc} \qquad Equação\ (14.7)$$

Substituindo na *Equação (14.6)*:

$$Q = A_c \times \sqrt{g \times h_{mc}} \qquad Equação\ (14.8)$$

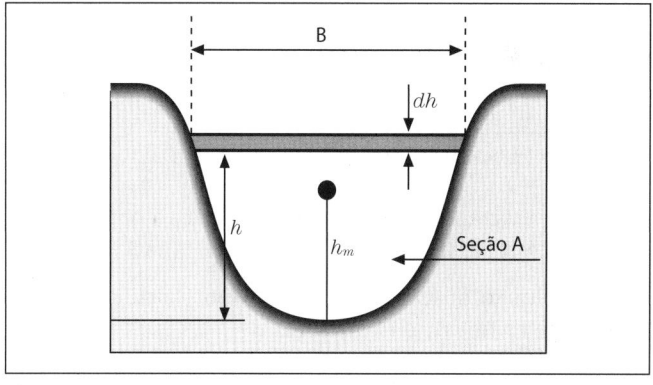

Figura A-14.3.2-a

A-14.3.3 Velocidade média crítica

A velocidade média crítica passa a ser:

$$v_c = \frac{Q}{A_c} = \sqrt{g \times h_{mc}}$$

e ainda:

$$\frac{v_c^2}{g \times h_{mc}} = 1 \quad ou \quad \frac{Q^2}{A_c^2 \times g \times h_{mc}} = 1$$

e, como

$$h_{mc} = \frac{A_c}{B}$$

tem-se:

$$\frac{Q^2 \times B}{A_c^3 \times g} = 1 \qquad\qquad \text{Equação (14.9)}$$

A vazão máxima em uma seção é alcançada quando a velocidade da água igualar a velocidade crítica.

A velocidade crítica é igual à velocidade de propagação de uma onda infinitamente pequena em um canal com profundidade média h_{mc}.

Nos canais de forma retangular as expressões se simplificam:

$$h_m = h \qquad e \qquad h_{mc} = h_c$$

e

$$A = B \times h$$

A *Equação (14.7)* fica:

$$2 \times H_e - 2 \times h_c = h_{mc}$$

$$2 \times H_e = 3 \times h_c \therefore h_c = \frac{2}{3} \times H_e$$

A *Equação (14.9)* aplicada à unidade de largura de canal ($B = 1$), com

$$q = \frac{Q}{B}$$

fica sendo:

$$\frac{q^2 \times 1}{g \times \left(B \times h_c\right)^3} = \frac{q^2}{g \times h_c^3} = 1 \therefore h_c = \sqrt[3]{\frac{q^2}{g}}$$

(onde q é a vazão máxima correspondente à profundidade crítica e relativa a 1 m de largura de canal).

Conclui-se que, a uma dada vazão (Q ou q), a profundidade crítica h_c é invariável.

No caso de escoamento uniforme a profundidade que a água apresenta vai depender da declividade I.

Tratando-se de condutos de seção circular funcionando parcialmente cheios, a profundidade crítica pode ser calculada pela fórmula:

$$h_c = 0,483 \times \left(\frac{Q}{D}\right)^{2/3} + 0,083 \times D$$

que é válida para:

$$0,3 < \frac{h_c}{D} < 0,9$$

A-14.3.4 Declividade crítica

Partindo da equação de Chézy para as *condições críticas (regime crítico)*:

$$Q^2 = A_c^2 \times C^2 \times R_H \times I_C$$

e da *Equação(14.8)*:

$$Q^2 = A_c^2 \times g \times h_{mc}$$

com

$$h_{mc} = \frac{A_c}{B}$$

resulta:

$$Q^2 = \frac{g \times A_c^3}{B}$$

Igualando as duas expressões acima (de Q^2):

$$A_c^2 \times C^2 \times R_H \times I_c = \frac{g \times A_c^3}{B} \qquad \therefore$$

$$I_c = \frac{g \times A_c^3}{C^2 \times A_c^2 \times B \times R_H} = \frac{g \times A_c}{C^2 \times B \times R_H}$$

e, como

$$\frac{A_c}{B} = h_{mc}$$

então:

$$I_c = \frac{g \times h_{mc}}{C^2 \times R_H}$$

Sempre que a declividade de um canal ultrapassar a *declividade crítica* (I_c), a profundidade nesse canal será inferior à profundidade crítica e o escoamento da água se diz em "*regime torrencial*".

Deve-se ter atenção para não confundir o "escoamento torrencial" com o "movimento turbulento". Nos canais reais o movimento é sempre "turbulento", mesmo no caso de "regime fluvial". No item a seguir volta-se ao assunto.

A-14.3.5 Variação da vazão em função da profundidade (para H_e dada)

A *Equação(14.6)*

$$Q = A_m \times \sqrt{2 \times g \times \left(H_e - h\right)}$$

representada graficamente (valores de Q resultantes de valores admitidos para h) adquire a forma da *Figura A-14.3.5-a*.

Pode-se observar que o "ponto crítico" divide a curva em dois ramos.

Para qualquer valor de Q inferior ao que é dado pela altura crítica, existem dois valores possíveis para a profundidade de água, ambos correspondendo à mesma carga H_e. Para a profundidade h_1 maior do que a profundidade crítica, a velocidade v_1 será menor que a velocidade crítica e menor que a velocidade das ondas infinitamente pequenas.

Nesse caso as ondas infinitamente pequenas podem se propagar tanto para montante como para jusante e o regime se denomina fluvial (tranquilo).

No outro caso a velocidade v_2 será mais elevada do que $\sqrt{g \times h_{mc}}$ e as ondas infinitamente pequenas só podem se propagar para jusante, dando lugar a um regime torrencial (ou supercrítico).

As duas profundidades possíveis (na *Figura A--14.3.5-a*, h_1 e h_2) são denominadas profundidades alternadas ou conjugadas.

Resumindo:
- Para valores fixos de H_e e de h há um único valor possível de Q.
- Para valores fixos de Q e de h há um único valor possível de H_e.
- Para valores fixos de Q e de H_e podem existir dois valores possíveis de h (e excepcionalmente 1 ou nenhum valor).

O escoamento em regime "*tranquilo*" ou "*fluvial*" pode transformar-se em escoamento em regime "*supercrítico*" ou "*torrencial*", mudando-se a seção do canal ou aumentando-se consideravelmente a declividade (ver A-14.3.4).

Para que se forme um *ressalto hidráulico*, é necessário que a velocidade de montante seja supercrítica.

A existência de um obstáculo no canal (uma barragem, por exemplo) causa a elevação da profundidade, redução da velocidade e, consequentemente, o escoamento variado retardado. Forma-se, dessa maneira, um remanso.

A variação de profundidade no caso de um remanso sempre é muito gradual, abrangendo longo trecho do canal (distâncias grandes).

A-14.3.6 Variação da carga específica (H_e) em função da profundidade h da água

Partindo de uma certa vazão conhecida Q, pode-se traçar uma curva que mostre a variação de H_e em função de h. Obtém-se, assim, um outro tipo de curva, para mostrar a ocorrência dos dois tipos de escoamento.

A carga específica é:

$$H_e = h + \frac{v^2}{2 \times g} \qquad \text{Equação (14.10)}$$

$$H_e = h + \frac{Q^2}{2 \times g \times A_m^2}$$

Calcula-se H_e e depois determina-se,

$$h_{mc} = \frac{2}{3} \times H_e$$

Determina-se então:

$$Q_c = A_c \times \sqrt{g \times h_{mc}}$$

Mantendo o valor de Q_c traçam-se os pontos correspondentes a vários valores arbitrados para h, obtendo-se os resultados para H_e segundo a *Equação (14.10)* (*Figura A-14.3.6-a*).

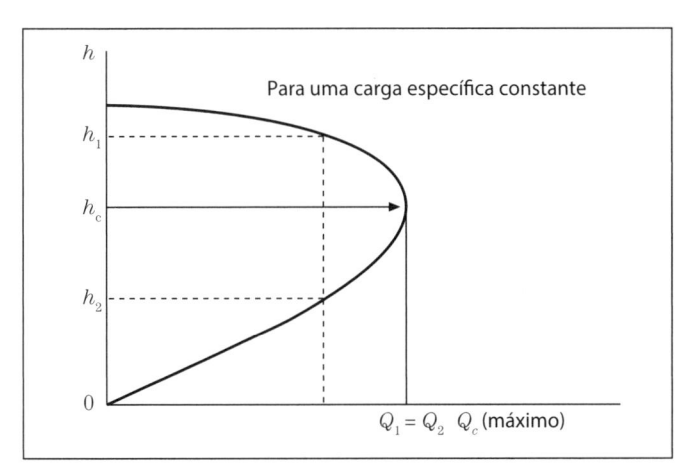

Figura A-14.3.5-a

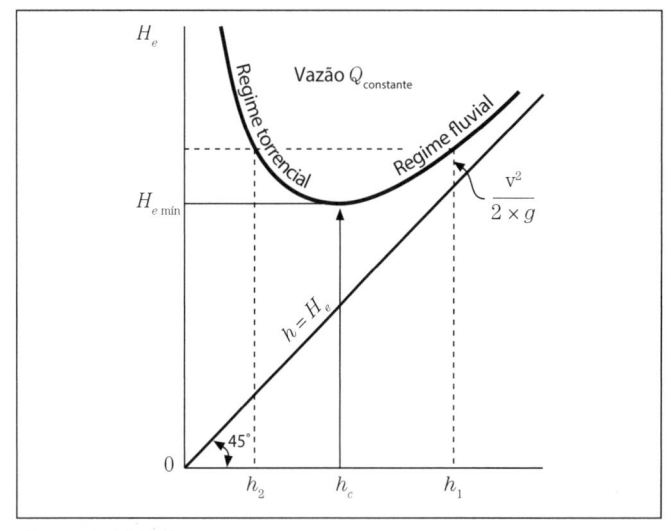

Figura A-14.3.6-a

A-14.3.7 Regimes recíprocos de escoamento

Examinando a *Figura A-14.3.1-a* ou a *A-14.3.5-a*, verifica-se que, para a mesma carga específica, podem existir duas profundidades de escoamento.

Assim é que, para o exemplo que originou o gráfico (*item A-14.3.1*), têm-se, para a profundidade de escoamento de 0,30 m, $H_e = 1,57$ m e, para a profundidade de escoamento de 1,52 m, $H_e = 1,57$ m.

Essas duas profundidades, representadas no diagrama da *Figura A-14.3.1-a* pelos segmentos *DB* e *DA*, correspondem a dois regimes recíprocos de escoamento, denominados inferior e superior.

O regime superior (*h* acima da profundidade crítica) é tranquilo ou fluvial, designando-se por rápido ou torrencial o escoamento em regime inferior.

No *item A-14.3.2* encontrou-se o valor:

$$h_c = \frac{2}{3} \times H_e$$

Portanto, a carga de velocidade deverá igualar-se a $(1/3) \times H_e$, ou seja, a metade da profundidade.

Essas relações constituem um critério simples para se julgar sobre o regime de uma determinada corrente. Se a carga de velocidade for menor que a metade da profundidade, o regime será superior. Caso contrário o regime será inferior.

Sempre que a carga de velocidade iguala-se à metade da profundidade, conclui-se que essa profundidade é a crítica (para canais retangulares).

A-14.3.8 Ressalto hidráulico

O *salto* ou *ressalto hidráulico* é uma sobrelevação brusca da superfície líquida. Corresponde à mudança de regime de uma profundidade menor que a crítica para outra maior que esta, em consequência do retardamento do escoamento em regime inferior (rápido) (*Figura A-14.3.8-a*). É um interessante fenômeno que se observa frequentemente no sopé das barragens (*Figura A-14.3.8-b*), a jusante de comportas e nas vizinhanças de obstáculos submersos.

Considerando, por exemplo, as condições indicadas na *Figura A-14.3.1-a* (linha *DBA*), se as condições forem favoráveis para provocar o ressalto hidráulico, a montante o escoamento será rápido e torrencial com uma profundidade *DB*; com o ressalto, o escoamento passará a ser tranquilo e a profundidade pouco inferior a *DA*.

Portanto, a profundidade passará de *DB* para *DA*, embora a carga total seja a mesma nas duas seções (na prática há uma diferença devida às perdas de carga provocadas pela turbulência).

Para ocorrer o ressalto hidráulico, é necessário que a profundidade de montante seja inferior à crítica (zona das profundidades conjugadas).

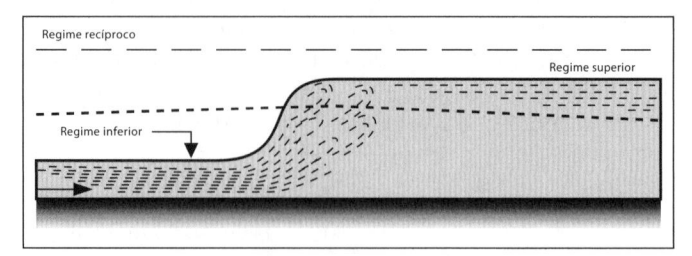

Figura A-14.3.8-a – Ressalto hidráulico.

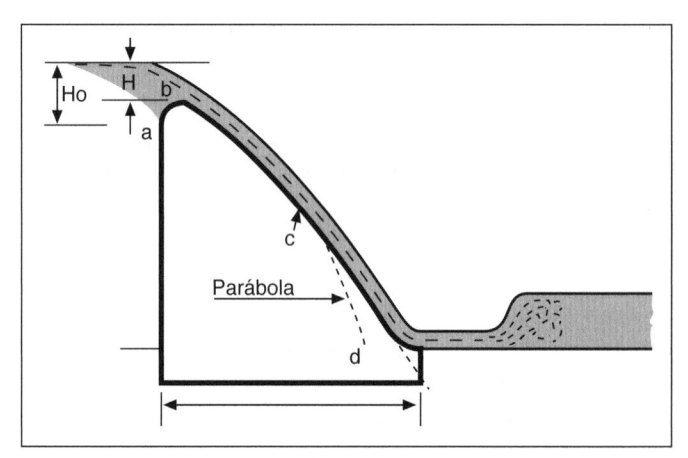

Figura A-14.3.8-b – Ressalto hidráulico em sopé de barragens.

1. Tipos de ressalto hidráulico

O ressalto hidráulico pode apresentar-se com duas formas:

- O salto elevado, com um grande turbilhonamento, que faz certa porção do líquido rolar contra a corrente (*Figura A-14.3.8-c*). Neste caso, o ar entranhado permite uma certa aeração do líquido.

- Superfície agitada, porém sem remoinho e sem retorno do líquido. Essa segunda forma ocorre quando a profundidade inicial não se encontra muito abaixo do valor crítico (*Figura A-14.3.8-d*).

2. Número de Froude

Substituindo na expressão da carga crítica, o valor já visto:

$$H_e = \frac{3}{2} \times h_c$$

(*item A-14.3.2*), obtém-se:

$$\frac{3}{2} \times h_c = h_c + \frac{v^2}{2 \times g}$$

logo,

$$h_c = \frac{v^2}{g}$$

$$\frac{v}{\sqrt{g \times h_c}} = 1 \qquad\qquad Equação~(14.11)$$

A expressão é $v/\sqrt{g \times h_c}$ é denominada número de Froude.

Conclui-se que a carga específica mínima ocorre quando o número de Froude iguala-se à unidade.

A experiência tem mostrado que o valor de v, dado pela *Equação (14.11)*, é idêntico à velocidade das ondas superficiais nas águas rasas.

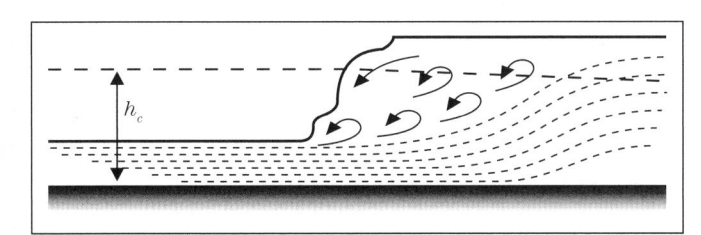

Figura A-14.3.8-c – Salto elevado.

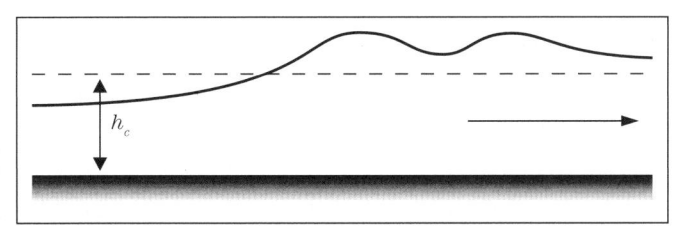

Figura A-14.3.8-d – Salto com superfície agitada.

3. Altura do ressalto hidráulico

Considerando, em um canal retangular de largura unitária, as duas seções indicadas na *Figura A-14.3.8-e*, o empuxo que atua em (2) será:

$$p_2 \times h_2 = \frac{\gamma \times h_2 \times h_2}{2} = \frac{\gamma \times h_2^2}{2}$$

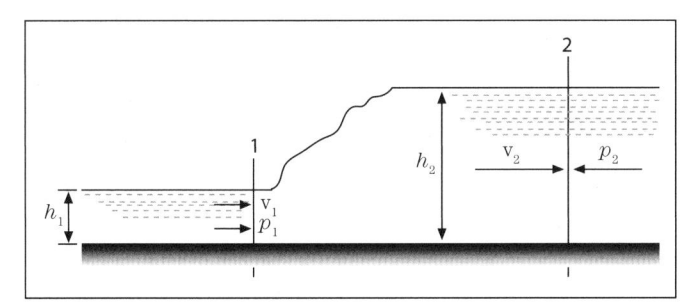

Figura A-14.3.8-e

e, na seção transversal (1),

$$p_1 \times h_1 = \frac{\gamma \times h_1^2}{2}$$

O impulso das forças deve igualar-se à variação da quantidade de movimento,

$$\frac{\gamma \times h_2^2}{2} - \frac{\gamma \times h_1^2}{2} = \frac{q \times \gamma}{g} \times \left(v_1 - v_2\right)$$

Como:

$$v = \frac{q}{h}$$

sendo q a vazão por metro de largura do canal,

$$h_2^2 - h_1^2 = \frac{2 \times q}{g} \times \left(\frac{q}{h_1} - \frac{q}{h_2}\right),$$

$$\left(h_2 - h_1\right) \times \left(h_2 - h_1\right) = \frac{2 \times q^2}{g} \times \left(\frac{h_2 - h_1}{h_1 \times h_2}\right)$$

$$h_2 + h_1 = \frac{2 \times q^2}{g \times h_1 \times h_2}$$

$$h_2^2 + h_1 \times h_2 - \frac{2 \times q^2}{g \times h_1} = 0 \therefore h_2 = -\frac{h_1}{2} + \sqrt{\frac{2 \times q^2}{g \times h_1} + \frac{h_1^2}{4}}$$

E, como $q = v_1 \times h_1$,

$$h_2 = -\frac{h_1}{2} + \sqrt{\frac{2 \times v_1^2 \times h_1}{g} + \frac{h_1^2}{4}}$$

A perda de carga entre as duas seções será:

$$\Delta H = \left(\frac{v_1^2}{2 \times g} + h_1\right) - \left(\frac{v_2^2}{2 \times g} + h_2\right)$$

A-14.3.9 Remanso

O *escoamento uniforme* em um curso de água caracteriza-se por uma seção de escoamento e declividade constantes.

Tais condições deixam de ser satisfeitas, por exemplo, quando se executa uma barragem em um rio. A barragem causa a sobrelevação das águas, influenciando o nível da água a uma grande distância a montante. É isso que se denomina remanso (em espanhol *remonte*, em francês *remous*, em inglês *backwater*).

A determinação dessa influência das barragens, ou melhor, o traçado da curva de remanso, constitui importante problema de engenharia, intimamente relacionado a questões tais como delimitação das áreas inundadas, volumes de água acumulados, variação das profundidades etc.

Na prática, o traçado aproximado da curva de remanso pode ser obtido por processo prático bastante simples. É o processo empírico conhecido como "método dos engenheiros do Sena".

Seja TB uma barragem acima da qual as águas se sobrelevam até N, vertendo para jusante. Conhecendo-se a vazão das águas e aplicando-se a fórmula dos vertedores, pode-se determinar a altura BN, isto é a posição de N (*Figura A-14.3.9-a*).

A experiência diz que, para os cursos de água de pequena declividade, a sobrelevação das águas a montante (*remanso*) deixa de ser apreciável acima de um ponto F, situado na mesma horizontal que passa pelo ponto E.

$$EN = NG$$

A aproximação consiste na substituição da curva real de remanso por uma parábola do segundo grau, passando pelo pontos F e N e tangente à horizontal que passa por N e à reta FG.

Sendo z_0 a sobrelevação NG do ponto N (com relação à linha primitiva do regime uniforme) e z a sobrelevação de um ponto Z qualquer situado a uma distância L da barragem, a equação dessa parábola será:

$$z = \frac{(2 \times z_0 - I \times L)}{4 \times z_0}$$

Então a solução prática é obtida dando-se a L uma série de valores equidistantes de 100 m, por exemplo, e determinando os valores correspondentes de z que permitem traçar a curva; ou, ainda, dando valores a z variando de 10 em 10 cm e calculando-se as distâncias L correspondentes.

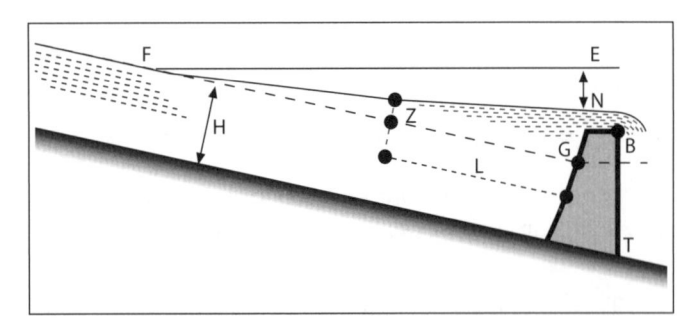

Figura A-14.3.9-a

1. *Amplitude do remanso*

As declividades sendo pequenas, pode-se tomar EF por GF. Para o triângulo GEF tem-se:

$$\frac{GE}{GF} = \frac{GE}{EF},$$

sendo

$$GE = 2 \times NG = 2 \times z_0$$

e

$$\frac{GE}{GF} = I,$$

resulta

$$\frac{GE}{EF} = \frac{2 \times z_0}{EF} = I \quad \therefore \quad EF = \frac{2 \times z_0}{I}$$

O processo considerado é aproximado, havendo métodos de maior rigor. Entretanto, sempre que a declividade for pequena (caso mais comum), a aproximação obtida será satisfatória sob o ponto de vista prático. Aliás, nenhuma fórmula dá uma segurança completa quando se leva em conta os efeitos do remanso em casos excepcionais.

Por outro lado, nos projetos de grande importância, a melhor solução é a que se obtém com o estudo de modelos matemáticos ou de modelos reduzidos, ou então verificando-se os efeitos produzidos com a construção da barragem por etapas progressivas.

A-14.4 CÁLCULO PRÁTICO DOS CANAIS

A-14.4.1 Considerações

No *item A-14.1*, na introdução a este capítulo sobre canais, lê-se que:

"Na prática, são feitas simplificações ou consideradas situações-limite, arbitrando alguns parâmetros de forma a facilitar os cálculos e as soluções de problemas reais. Fórmulas e coeficientes empíricos são usuais."

Ressalto hidráulico em laboratório (CTH/SP).

Com efeito, os engenheiros, com seu espírito prático, buscaram formas simples de resolver seus problemas do dia a dia, partindo do princípio de que, considerando a linha de energia (piezométrica, que se confunde com a superfície da água) paralela à linha do fundo do canal (com a mesma declividade), as coisas ficam mais fáceis e os erros que se cometem são menores do que as imprecisões dos dados de entrada.

Nessa simplificação, a energia incorporada à massa de água para o escoamento é igual à perda de carga (por atrito) e só isso. Portanto, não se consideram acelerações e desacelerações, logo a profundidade e a carga de velocidade $(v^2/(2 \times g))$ permanecem constantes.

Essa situação de "escoamento perfeito" ("escoamento normal" em alguns autores) nunca ocorre na prática, mas as simplificações daí advindas são muito atraentes.

A-14.4.2 Fórmulas genéricas

Chézy-Manning

No *item A-14.2.9*, viu-se que as fórmulas estabelecidas para o escoamento em condutos livres baseiam-se na expressão de Chézy, que era destinada indiferentemente à aplicação aos canais e aos condutos forçados:

$$v = \frac{Q}{A_m} = C \times \sqrt{R_H \times I} \qquad (Chézy)$$

O coeficiente C depende não só da natureza e estado das paredes dos condutos, mas também da sua própria forma, havendo fórmulas em que seu valor relaciona-se ainda à declividade. Na *Tabela A-14.4.2-a* encontram-se os valores do coeficiente C, propostos por Hamilton Smith, para condutos de superfícies internas lisas.

São interessantes e possuem certa importância as relações que podem ser estabelecidas com o coeficiente C da fórmula de Chézy e o coeficiente de atrito f da expressão de Darcy-Weisbach, anteriormente considerada para os condutos forçados (*Capítulo A-8*).

A fórmula de Chézy pode ser escrita como:

$$v^2 = C^2 \times R_H \times I,$$

sendo $I = J$ (perda de carga unitária).

Para os condutos de seção circular, funcionando totalmente cheios ou à meia-seção, o raio hidráulico é igual a $D/4$,

$$v^2 = C^2 \times \frac{D}{4} \times J$$

e, ainda,

$$\frac{D \times J}{4} = \frac{1}{C^2} \times v^2 \qquad Equação\ (14.12)$$

Tabela A-14.4.2-a Coeficiente de Chézy para condutos circulares (diâmetros em milímetros). (valores de C para condutos lisos funcionando à seção plena ou à meia-seção, propostos por Hamilton Smith)

DN (mm)	Velocidades em m/s									
	0,30	0,40	0,50	0,60	0,70	0,80	0,90	1,00	1,50	3,00
200	51	53	54	55	56	57	58	59	61	65
300	53	55	56	57	58	59	60	61	63	67
400	55	57	58	59	60	61	62	63	65	69
500	57	59	60	61	62	63	64	65	67	71
600	59	61	62	63	64	65	66	67	69	74
700	61	63	64	65	66	67	68	69	71	76
800	63	65	66	67	68	69	69	70	73	78
900	64	66	67	68	69	70	70	71	74	79
1.000	65	67	68	69	70	71	71	72	75	80
1.100	66	68	69	70	71	71	72	73	76	81
1.200	67	69	70	71	72	73	73	74	77	82
1.500	70	71	72	73	74	74	75	76	79	83
2.000	74	75	76	77	78	78	79	80	83	

A equação de Darcy-Weisbach é:

$$h_f = f \times \frac{L \times v^2}{2 \times g \times D} \therefore J = \frac{h_f}{L} = \frac{f \times v^2}{2 \times g \times D}$$

$$\frac{D \times J}{4} = \frac{f \times v^2}{8 \times g} \qquad\qquad Equação\ (14.13)$$

Comparando-se as *Equações (14.12)* e *(14.13)* nas quais se apresenta a mesma potência de velocidade,

$$\frac{1}{C^2} = \frac{f}{8 \times g}$$

Resultam as seguintes relações:

$$C = \sqrt{\frac{8 \times g}{f}} \quad e \quad f = \frac{8 \times g}{C^2}$$

No *item A-14.2.9* apresentou-se a fórmula de Chézy com "coeficiente de Manning (1890)". Voltando a ela:

Conforme Chézy (para unidades métricas):

$$v = C \times \sqrt{R_H \times I}$$

Manning fez:

$$C = \frac{R_H^{1/6}}{n}$$

então:

$$v = \frac{1}{n} \times R_H^{2/3} \times I^{1/2}$$

Em função de D (diâmetro), a fórmula tem as seguintes expressões, para condutos funcionando à seção plena:

$$v = \frac{1}{n} \times 0,397 \times D^{2/3} \times I^{1/2}$$

$$Q = \frac{1}{n} \times 0,312 \times D^{8/3} \times I^{1/2}$$

O coeficiente "n" também é conhecido como coeficiente de Kutter e seus valores estão tabulados na *Tabela A-14.4.2-b*.

Embora a fórmula de Manning tenha sido estabelecida para os condutos livres, também se aplica ao cálculo dos condutos forçados. Seu emprego se generalizou, devido a sua simplicidade.

Hazen-Williams

No estudo de condutos forçados (*Capítulo A-8, item A-8.2.7*), foi apresentada a fórmula de Hazen-Williams:

$$v = 0,335 \times C \times D^{0,63} \times J^{0,54}$$

Fazendo:

a) $J = I$ e   b) $\dfrac{D}{4} = R_H\left(D = 4R_H\right)$

chega-se a:

$$v = 0,85 \times C \times R_H^{0,63} \times I^{0,54}$$

que pode ser utilizada no dimensionamento de canais.

Na expressão supramencionada:

$v =$ velocidade média, m/s;
$C =$ coeficiente que depende das condições da superfície interna dos condutos;
$R_H =$ raio hidráulico ($R_H = A_m/P_m$) no caso de canalizações de seção circular, funcionando à seção plena ou à meia-seção, $R_H = D/4$; e,
$I =$ declividade $= \dfrac{\text{altura disponível}}{\text{extensão da tubulação}}$

Os valores usuais do coeficiente C encontram-se no *Capítulo A-8 (Tabela A-8.2.7-a)*.

Forchheimer (1923)

O Professor Forchheimer (1923), depois de haver realizado um considerável número de investigações a respeito do escoamento em condutos livres, abrangendo, em suas observações, canais grandes e pequenos, chegou à conclusão de que a fórmula de Manning poderia ser vantajosamente modificada para a seguinte expressão:

$$v = \frac{I^{0,5} \times R_H^{0,7}}{n}$$

onde n é um coeficiente que tem valores idênticos ao da *Tabela A-8.2.7-a*.

Segundo o Professor Schoklistch, essa última fórmula tem levado a resultados mais satisfatórios.

Fórmula universal para canais

Powell, através de estudos e experiências realizadas por volta de 1940, propôs a aplicação, aos canais, de expressões semelhantes às que foram estabelecidas para tubulações por Nikuradse e Von Kárman, tendo indicado, para o caso mais simples:

$$C = \alpha \times \log \frac{R_H}{e} + \beta$$

Outros estudos estabelecem valores para C que dependem do número de Froude.

Partindo-se da expressão geral de Kárman-Prandtl para condutos rugosos:

Tabela A-14.4.2-b Coeficientes de rugosidade "*n*" (coeficiente de Kutter) para canais abertos (compilado e adaptado por mfyf)

Tipo	Natureza das paredes	*n*
1	Superfícies excepcionalmente lisas, juntas perfeitas, acabamentos vitrificados	0,009
2	Superfícies, juntas e vértices lisos e bem acabados, cimento muito liso tipo forma metálica	0,010
3	Superfície lisa tipo reboco (2 areia e 1 cimento) desempenado no local por meios mecânicos	0,011
4	Superfícies lisas mas com alguma aspereza, tipo emboço (3 areia e 1 cimento) e pequenas imperfeições no alinhamento e nas juntas, desempenado no local por meios mecânicos	0,012
5	Superfícies de concreto e/ou argamassa, com pequenas imperfeições no acabamento e no alinhamento, desempenada por meios manuais com réguas de madeira (* coletores de esgotos – valor usual)	0,013 (*)
6	Superfície cimentada (concreto) não muito alisado nem desempenado, pequeno crescimento de algas e depósitos no fundo	0,014
7	Superfícies ásperas, alvenarias de tijolos ou paralelepípedos rejuntados, concreto ciclópico, reboco de argamassa com defeitos ou incompleto, juntas irregulares, cortes lisos a frio em rocha alinhamento tortuoso das superfícies (falta de desempeno)	0,015
8	Superfícies muito ásperas como concreto com a brita aparecendo saliente, superfícies cortadas em terreno tipo arenito, superfícies de alvenaria de tijolos ou pedras, não bem acabadas ou rejuntadas, rebocos ou acabamento mal feito ou em mau estado. Superfícies cortadas em rocha irregularmente. Canais com depósito no fundo, musgo nas paredes	0,017
9	Superfícies cortadas em terra cobertas com argilo-cimento ou ou argilo-betume, ou canais de alvenaria ou concreto em más condições de manutenção e fundo com depósitos de pedregulhos; de terra, mas sem vegetação	0,018
10	Superfícies em terreno compactado, ou de gabiões, ou de concreto irregular ou arenito cortado manualmente e com alguma erosão e depósitos, além de um pouco de vegetação nas margens	0,020
11	Canais de terra feitos pelo homem mantido em boas condições, com pouca vegetação, e canais naturais com as mesmas características (margens e fundo razoavelmente alinhados, sem grandes reentrâncias)	0,025
12	Canais de terra, com vegetação média, fundo com irregularidades por erosões; e assoreamentos, margens razoavelmente alinhadas	0,028
13	Canais com fortes irregularidades no leito e nas margens não muito alinhadas e com vegetação normal	0,030
14	Canais tipo rios permanentes em terreno aluvial, mas com bastante vegetação e variação da seção transversal, moderada	0,033
15	Canais naturais tipo montanhoso, com vegetação, sedimentos (areia, cascalho e pedras grandes), corredeiras seguidas de lagos seguido de corredeiras, com vegetação e variação seção transversal acentuada	0,035
16	Idem ao anterior, mas em condições mais severas	0,040
17	Idem ao anterior, em condições ainda mais severas	0,067
18	Idem ao anterior, em condições muito severas	0,080
19	Canais naturais ou não com muita vegetação (árvores)	0,100
20	Condições muito severas de vegetação e irregularidades no leito do canal, como durante um transbordamento	0,220

$$\frac{1}{\sqrt{f}} = 2 \times \log \frac{4 \times R_H}{e} + 1,14$$

considerando-se:

$$C = \sqrt{\frac{8 \times g}{f}}$$

encontra-se:

$$C = 17,7 \times \log \frac{4 \times R_H}{e} + 10,09$$

valor aplicável à expressão de Chézy,

$$v = C \times \sqrt{R_H \times I}$$

onde:

C = coeficiente da expressão de Chézy;
R_H = raio hidráulico;
e = rugosidade equivalente do conduto (ver *Capítulo A-8*).

Para paredes de concreto extraordinariamente lisas,

e = 0,0003 a 0,0008 m

e, para paredes de concreto com revestimento normal,

e = 0,0010 a 0,0015 m.

Outras fórmulas

Utilizadas durante largo tempo no passado, as fórmulas de Bazin (1897), de Ganguillet-Kutter (1869), de Gauckler-Strickler (1923) e outras foram relegadas em benefício da equação de Manning, sempre mais difundida e utilizada.

A-14.4.3 Caso Particular de canais circulares

As seções circulares e semicirculares são as que apresentam o menor perímetro molhado e o maior raio hidráulico por unidade de área do conduto. São, por isso, seções econômicas ideais (ver também *item A-14.2.11.2*).

A adoção da seção circular nos grandes condutos está condicionada às questões estruturais e aos processos de execução. Já a seção semicircular, bastante vantajosa para os condutos abertos, frequentemente não pode ser realizada por questões estruturais, dificuldades de execução ou inexistência de revestimento nos canais escavados.

Normalmente, os tubos são fabricados com a seção circular. Daí o predomínio dessa forma e a importância do seu estudo.

A *Figura A-14.4.3-a*, onde estão representadas *profundidade útil* (ou *flecha*), velocidade, vazão etc., ilustra as relações entre esses elementos da seção circular.

Velocidade máxima

Examinando-se, na *Figura A-14.4.3-a*, os valores apresentados para o elemento velocidade, constata-se um máximo em torno de h/r = 1,62, isto é, h = 0,81 D. Portanto, o valor máximo para a velocidade das águas, num conduto circular, ocorre quando o conduto está parcialmente cheio e h = 0,81 D, onde h é a altura da lâmina líquida (*Figura A-14.4.3-b*).

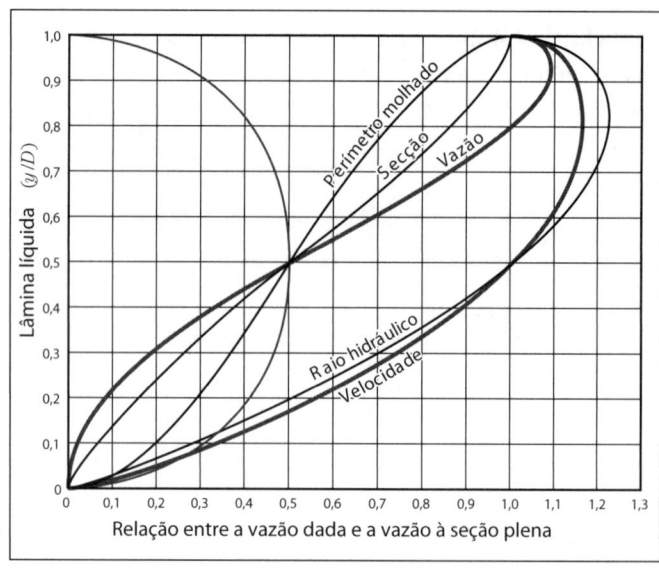

Figura A-14.4.3-a – Elementos hidráulicos da seção circular.

Vazão máxima

Nota-se também que a maior vazão que se pode conseguir, em determinado conduto, não é a que se obtém com o conduto funcionando completamente cheio, mas sim com:

h = 0,95 × D

Nessas condições, se a lâmina de água, em determinada canalização, for se elevando, a vazão irá aumentando até o ponto mencionado, para depois sofrer uma pequena redução, decorrente do enchimento completo do conduto (maior resistência).

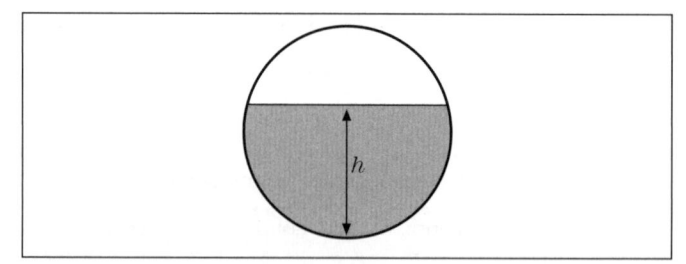

Figura A-14.4.3-b – Lâmina líquida h em canal circular.

A-14.4.4 Caso particular seção trapezoidal (e o retângulo)

O retângulo é um caso particular dos trapézios. Na *Tabela A-14.2.6-a*, corresponde ao "m = 0": talude vertical.

A forma retangular geralmente é adotada nos canais de concreto e nos canais abertos em rocha.

Tratando-se de seção retangular, a mais favorável é aquela para qual a base b é o dobro da altura h (*Figura A-14.4.4-a*).

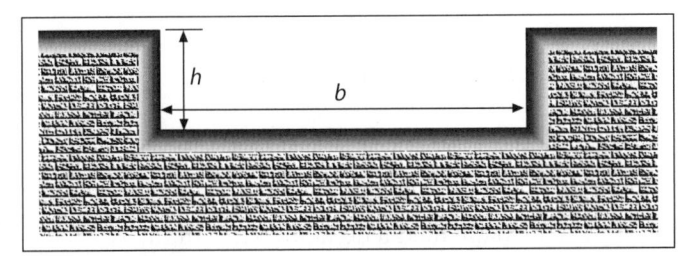

Figura A-14.4.4-a – Canal com seção retangular.

Para determinada seção de escoamento A_m, a forma mais econômica será aquela que levará à maior velocidade e ao menor perímetro.

É fácil provar que, para valores estabelecidos de A_m e de h, a seção mais vantajosa é a de um semi-hexágono regular ($\alpha = 60°$) (*Figura A-14.4.4-b*).

Nem sempre essa seção pode ser adotada; se não houver revestimento, a inclinação das paredes laterais do canal deverá satisfazer ao talude natural das terras, para sua estabilidade e permanência.

A *Tabela A-14.4.4-a* apresenta valores médios comuns para os taludes dos canais abertos.

Tabela A-14.4.4-a Taludes usuais dos canais

Natureza das paredes	talude (v:h)	α
Canais em terra em geral, sem revestimento	1:2,5 a 1:5	21°48' a 11°19'
Saibro, terra porosa	1:2	26°34'
Cascalho roliço	1:1,75	29°45'
Terra compacta, sem revestimento	1:1,5	33°41'
Terra muito compacta, paredes rochosas	1:1,25	38°40'
Rochas estratificadas, alvenaria de pedra bruta	1:0,5	63°26'
Rochas compactas, alvenaria acabada, concreto	1:0	90°

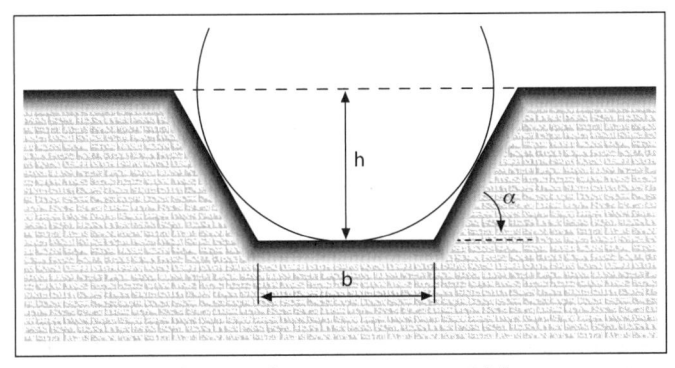

Figura A-14.4.4-b – Canal com seção trapezoidal.

A-14.4.5 Singularidade nos canais

A-14.4.5.1 Seções muito irregulares. Canais siameses

No cálculo das condições hidráulicas dos canais que apresentam seções transversais muito irregulares ou seções duplas, obtêm-se resultados melhores quando se subdivide a seção em partes cujas profundidades não sejam muito diferentes.

No caso da *Figura A-14.4.5.1-a*, por exemplo, para efeito de cálculo, o canal poderia ser subdividido em duas partes, de seções de escoamento A_1 e A_2. A linha imaginária ab não seria levada em conta na determinação dos perímetros molhados daquelas seções.

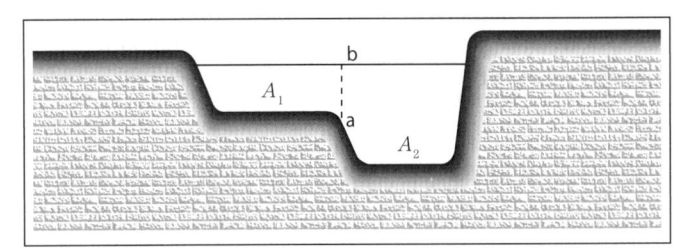

Figura A-14.4.5.1-a – Canais siameses.

A-14.4.5.2 Seções com rugosidades diferentes

O perímetro molhado de uma mesma seção pode incluir trechos de diferentes graus de rugosidade, n_1, n_2, n_3 etc. (*Figura A-14.4.5.2-a*).

Para cálculos hidráulicos, admite-se um grau de rugosidade média obtido pela seguinte expressão, de acordo com Forchheimer:

$$N = \sqrt{\frac{p_1 \times n_1^2 + p_2 \times n_2^2 + p_3 \times n_3^2 + \dots}{p_1 + p_2 + p_3 + \dots}}$$

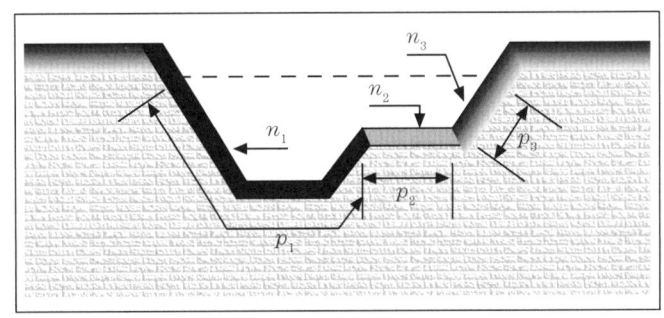

Figura A-14.4.5.2-a – Canais siameses com diferentes graus de rugosidade.

A-14.4.5.3 Seções de concordância (transições)

As seções de concordância em um canal, entre trechos de formas ou de seções diferentes, devem obedecer a certas regras para que sejam mínimas a perda de carga e a turbulência.

O U.S. Bureau of Reclamation (EUA) adota como comprimento de uma seção de concordância o valor que corresponde a um ângulo aproximado de 12°30' com o eixo da seção.

Se a transição for feita de uma seção maior, em que a velocidade é v_1, para uma seção menor, de velocidade v_2, o abaixamento h do nível da água será, aproximadamente, igual a:

$$h = \frac{v_2^2}{2 \times g} - \frac{v_1^2}{2 \times g} + 0,1 \times \left(\frac{v_2^2}{2 \times g} - \frac{v_1^2}{2 \times g} \right)$$

Se a transição gradual for feita de uma seção menor (velocidade v_1) para uma seção maior (velocidade v_2), a elevação h do nível da água será:

$$h = \frac{v_1^2}{2 \times g} - \frac{v_2^2}{2 \times g} + 0,2 \times \left(\frac{v_1^2}{2 \times g} - \frac{v_2^2}{2 \times g} \right)$$

A-14.4.5.4 Curvas

As curvas em canais causam uma resistência adicional ao movimento do líquido. Essa resistência pode ser vencida por um aumento de declividade em relação à declividade dos trechos retilíneos.

Essa declividade local maior pode ser determinada pela expressão:

$$I' = I \times \left(1 + \frac{3}{4} \times \sqrt{\frac{b}{R_c}} \right)$$

onde:

I' = declividade no trecho curvo;
I = declividade normal nos trechos retos;
b = largura do canal a montante da curva;
R_c = raio médio da curva.

Geralmente esse aumento de declividade é desprezível.

Para reduzir os efeitos de curvatura, pode-se, também, adotar uma largura maior de canal nos trechos curvos; assim,

$$B = b \times \left(1 + \frac{3}{4} \times \sqrt{\frac{b}{R_c}} \right)$$

sendo B a largura maior.

Devido à força centrífuga provocada pelo movimento do líquido em uma curva, verifica-se uma sobrelevação de nível na parte externa da curva:

$$\Delta h = \frac{2,3 \times v^2}{g} \times \log \left(1 + \frac{B}{R_c - \frac{B}{2}} \right)$$

onde:

v = velocidade média do líquido na curva;

Δh = aumento de altura (profundidade) em relação à altura nos trechos retilíneos.

Uma outra expressão é:

$$\Delta h = \frac{v^2 \times b}{g \times R_c}$$

A-14.4.5.5 Perdas de carga em curvas nos canais abertos

O cálculo das perdas de carga decorrentes de curvas existentes nos canais constitui um problema complexo que exige o emprego de dados experimentais.

Essas perdas podem ser expressas pela fórmula geral, já conhecida:

$$h_f = \xi \times \frac{v^2}{2 \times g}$$

Experimentalmente, verifica-se que o coeficiente ξ depende do número de Reynolds (Re), do raio de curvatura (R_c), da profundidade do canal (h), da largura do canal (b) e do ângulo da curva (θ); assim:

$$\xi = \varphi \left(\text{Re}, \frac{R_c}{b}, \frac{h}{b}, \frac{\theta}{180°} \right)$$

De acordo com as experiências feitas na Universidade Farouk I, para canais de seção retangular, tem-se que:

$$\xi = \xi_1 \times \frac{\xi_2' \times \xi_3'}{\xi_2'' \times \xi_3''}$$

onde:

ξ_1 = coeficiente dado pela relação R_c/b em função de R_e para $h/b = 1$ e $\theta = 90°$;
ξ_2' = coeficiente relativo a h/b em função de Re;
ξ_2'' = coeficiente relativo a $h/b = 1$; em função de Re;
ξ_3' = coeficiente referente a $\theta/180°$ em função de Re;
ξ_3'' = coeficiente referente a $\theta/180° = 0,5$.

Os valores experimentais desses coeficientes estão representados nas *Figuras A-14.4.5.5-a, A-14.4.5.5-b* e *A-14.4.5.5-c*.

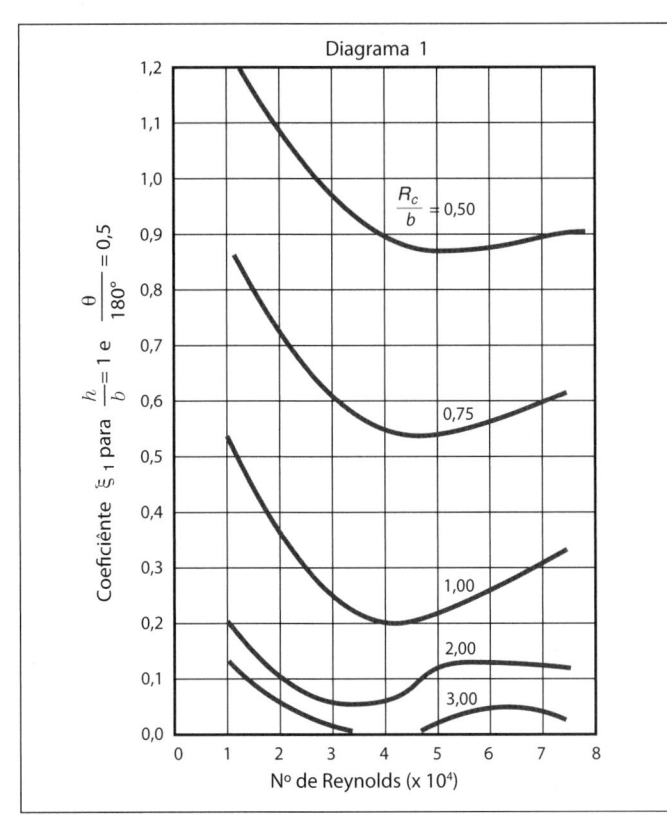

Figura A-14.4.5.5-a

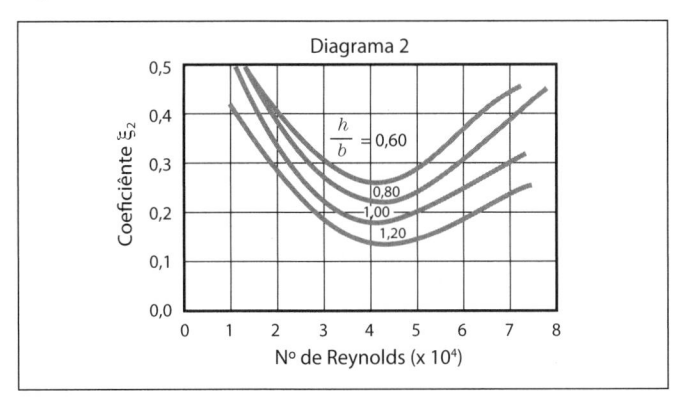

Figura A-14.4.5.5-b

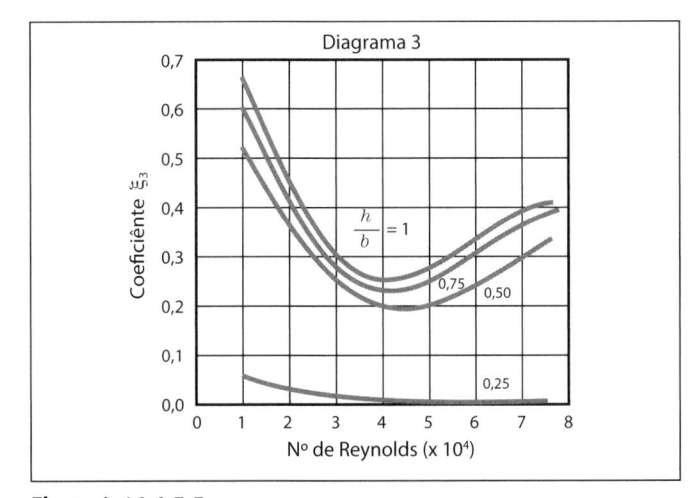

Figura A-14.4.5.5-c

A-14.4.5.6 Aletas, guias ou "vanes"

Para melhorar as condições de escoamento em curvas bruscas existentes e reduzir as perdas de carga, podem ser introduzidas guias múltiplas, conforme indicado na *Figura A-14.4.5.6-a*. Para esses casos, Azevedo Netto sugeriu adotar os seguintes critérios:

$$S = \sqrt{B^2 + B^2} \qquad\qquad r = (0,1 \text{ a } 0,3) \times B$$

$$t = r \times \sqrt{2} = 1,41 \times r \qquad h_f = \frac{K \times v^2}{2 \times g}$$

Para:
$$r = 0,1 \times B \rightarrow K = 0,23,$$
para:
$$r = 0,2 \times B \rightarrow K = 0,15,$$
para:
$$r = 0,3 \times B \rightarrow K = 0,11$$

Número mínimo de guias:

$$0,9 \times \frac{S}{t}$$

Número vantajoso de guias:

$$1,4 \times \frac{S}{t}$$

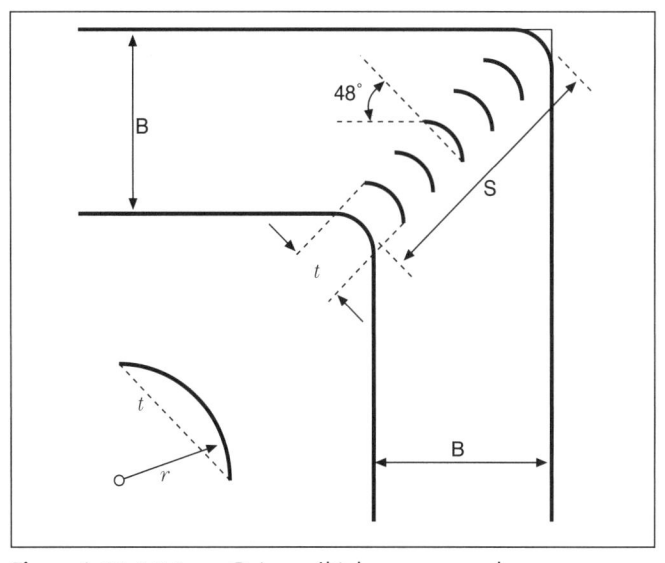

Figura A-14.4.5.6-a – Guias múltiplas em curvas bruscas.

A-14.4.6 Limites e parâmetros usuais

A-14.4.6.1 Da velocidade

Nos canais, assim como nas tubulações, a velocidade média da água normalmente não se afasta de uma gama de valores não muito ampla, imposta pelas boas condições de funcionamento e manutenção.

Dois limites extremos são estabelecidos na prática:

*   limite inferior: velocidade média mínima;
*   limite superior: velocidade média máxima.

Limite inferior, estabelecido para evitar a deposição de matérias em suspensão:

Característica da água	Velocidade média limite inferior, m/s
Águas com suspensões finas	0,30
Águas carregando areias finas	0,45
Águas de esgoto	0,60
Águas pluviais	0,75

Limite superior, estabelecido de modo a impedir a erosão das paredes:

Revestimento do Canal	Velocidade média limite superior, m/s
Canais arenosos	0,30
Saibro	0,40
Seixos	0,80
Materiais aglomerados consistentes	2,00
Alvenaria	2,50
Canais em rocha compacta	4,00
Canais de concreto	4,50

Velocidades práticas	Valores mais comuns (em m/s)
Canais de navegação, sem revestimento	até 0,5
Canais industriais, sem revestimento	0,4 a 0,8
Canais industriais com revestimento	0,6 a 1,3
Aquedutos de água potável	0,6 a 1,3
Coletores e emissários de esgoto	0,5 a 1,5

A-14.4.6.2 Da declividade

A velocidade é função da declividade; em consequência dos limites estabelecidos para a velocidade, decorrem limites para a declividade. Os valores em m/m apresentados a seguir são apenas indicativos.

Canais de navegação	até 0,00025
Canais industriais	0,0004 a 0,0005
Canais de irrigação pequenos	0,0006 a 0,0008
Canais de irrigação grandes	0,0002 a 0,0005
Aquedutos de água potável	0,00015 a 0,001

Para coletores de esgoto, as declividades estão indicadas no *Capítulo B-I.2, item B-I.2.5 e B-I.2.6*.

A-14.4.7 Escoamento nos rios e cursos de água naturais

As fórmulas propostas para condutos livres só levam a resultados satisfatórios quando a forma dos canais é estável e definida. Por isso, nem sempre elas podem ser aplicadas, com segurança, no caso de rios e cursos de águas naturais.

A *Tabela A-14.4.2-b* inclui valores de n para aplicação da equação de Manning em canais naturais.

Para estes, há vários fatores que não são considerados com precisão em tais fórmulas. Entre esses fatores, citam-se: irregularidades no fundo do leito, bancos de areia e depósitos bentais: ou, ainda, irregularidades na superfície das águas, desenvolvimentos vegetais, curvas, obstruções e outros.

Nas *Figuras A-14.4.7-a* a *A-14.4.7-d* tem-se sugestões para os valores do coeficiente n para cursos de águas naturais.

Trabalhos de Kennedy

As águas naturais sempre carregam materiais em suspensão, materiais esses suscetíveis de deposição em determinadas condições.

Caso os canais sejam projetados para funcionar com velocidades muito reduzidas, haverá o perigo da deposição desses materiais, o que poderá trazer elevadas despesas de conservação.

Se, pelo contrário, os canais forem executados para trabalhar com velocidades muito elevadas, as paredes laterais e o fundo serão erodidos, alterando-se as condições do projeto.

Figura A-14.4.7-a – Para este canal, $n = 0{,}035$.

Figura A-14.4.7-b – Para este canal, $n = 0{,}040$.

Figura A-14.4.7-c – Para este canal, $n = 0{,}050$.

Figura A-14.4.7-d – Para este canal, $n = 0{,}070$.

Verifica-se, pois, que há uma certa relação ótima entre a velocidade (*v*) da água, a natureza do material e as dimensões do canal, para a qual os efeitos da erosão e da deposição serão desprezíveis.

R. G. Kennedy foi o primeiro pesquisador a investigar quantitativamente a questão (1895). Após um grande número de observações, em um estudo que abrangeu 22 canais da Índia, chegou à seguinte fórmula empírica, para a determinação da velocidade desejável ou velocidade de equilíbrio:

$$v_0 = n \times h^s$$

As investigações feitas na bacia superior do rio Bari--Doeab levaram aos seguintes valores:

$$n = 0{,}55 \quad e \quad s = 0{,}64,$$

resultando a expressão:

$$v_0 = 0{,}55 \times h^{0{,}64} \text{ (Fórmula de Kennedy)}$$

onde:

v_0 = velocidade média crítica, ou de equilíbrio, em m/s;

h = profundidade do canal, em metros.

A ideia geral de Kennedy consistia em admitir que as condições de escoamento em um canal podiam se alterar mediante a ação da corrente, até que fosse atingida uma velocidade conveniente, dependente da profundidade útil. A expressão de Kennedy (1895) teve grande aceitação até 1920, quando começaram a ser divulgados trabalhos mais completos, como os do Eng. E. S. Lindley.

Trabalhos de Lindley e de Lacey

Lindley relacionou a velocidade desejável não só à profundidade, mas também à largura média do canal:

$$v_0 = m \times b^{1/3} \quad e \quad v_0 = n \times h^{1/2}$$

Deve-se a Lindley a introdução da expressão "*regime de equilíbrio*":

"Quando um canal artificial é empregado para conduzir água contendo material sedimentável, a erosão e a deposição de material nas margens e no fundo do leito podem alterar a profundidade, a declividade e a largura média, até que seja atingida a condição de equilíbrio, ou seja, o regime do curso de água."

Depois de 1930, surgiram os trabalhos ainda mais completos de Gerald Lacey, considerados pelo Central Bureau of Irrigation, do Governo da Índia, como a melhor base para projetos.

Uma exposição sobre o assunto é encontrada no excelente livro *Regime Behaviour of Canals and Rivers*, de T. Blench.

A-14.4.8 Projeto de canais com fundo horizontal

Há dois casos a considerar:

- *Canais afogados*, em que o nível da água a jusante é predeterminado por uma condição de chegada. Nesse caso calcula-se a perda de carga e, partindo do N.A. conhecido de jusante, pode-se obter as cotas dos níveis de água de montante;

- *Canais livres*, que descarregam livremente a jusante, onde o nível é bem mais baixo. Nesse caso, sabe-se que na extremidade do canal a profundidade do líquido cairá abaixo da profundidade crítica (ver *item A-14.3.2*). Partindo da profundidade crítica, determina-se a profundidade pouco acima dela ($H_e = (3/2) \times y_c$). A partir desse ponto calcula-se a perda de carga até encontrar o nível de montante que se deseje. Se o canal receber contribuições pontuais ao longo da sua extensão, ele poderá ser subdividido em trechos para efeito de cálculo.

A-14.4.9 Observações sobre projetos de canais (com escoamento permanente uniforme)

O projeto de canais pode apresentar condições complexas que exigem a sensibilidade do projetista e o apoio em dados experimentais.

O projeto de obras de grande importância deve contar com a colaboração de um especialista.

Sabendo-se que os canais uniformes e o escoamento uniforme não existem na prática, as soluções são sempre aproximadas, não se justificando estender os cálculos além de 3 algarismos significativos.

Para os canais de grande declividade, recomenda-se a verificação das condições de escoamento crítico (Ver *item A-14.3*).

Em canais ou canaletas de pequena extensão não se justifica a aplicação de fórmulas práticas para a determinação da profundidade ou da vazão, sendo usual o cálculo das perdas de carga e o estabelecimento de um "perfil hidráulico" pela superfície da água em escoamento.

Canal do Sertão Alagoano. Fonte: Catálogo PGI (Plataforma de Gestão de Indicadores), <https://i3gov.planejamento.gov.br/balanco>. Acessado em: 12 jan 2015.

Sistema de irrigação superficial usando sifão. Autor: Dan Ogle. Fonte: cortesia de *United States Department of Agriculture, Natural Resources Conservation Service*, <http://photogallery.nrcs.usda.gov/netpub/server.np?find&catalog=catalog&template=detail.np&field=itemid&op=matches&value=4021&site=PhotoGallery>. Acessado em: 12 jan 2015.

A-14.4.10 Dissipadores de energia

Situação muito frequente, como por exemplo nos desemboques (saída da água) de bueiros sob estradas, o término de canaletas de drenagem de laterais de estradas, de terraplenos etc., é a saída da água com grande velocidade no terreno natural, erodindo-o. Sempre que os condutos descarregarem águas com velocidades elevadas (e, portanto, com grande energia) em leitos de terra, deve-se prever os efeitos de erosão sobre as superfícies receptoras. Como a economia da construção leva a que se usem as menores dimensões possíveis para as seções de escoamento, isso significa sempre altas velocidades para as vazões máximas de projeto, também chamadas "vazão de projeto". Se a velocidade das águas ultrapassar limites admissíveis pela natureza do terreno, torna-se necessário introduzir dispositivos especiais para a dissipação de energia e rápido aumento de seção de escoamento.

A *Figura A-14.4.10-a* mostra, como exemplo, o dissipador tipo Peterka.

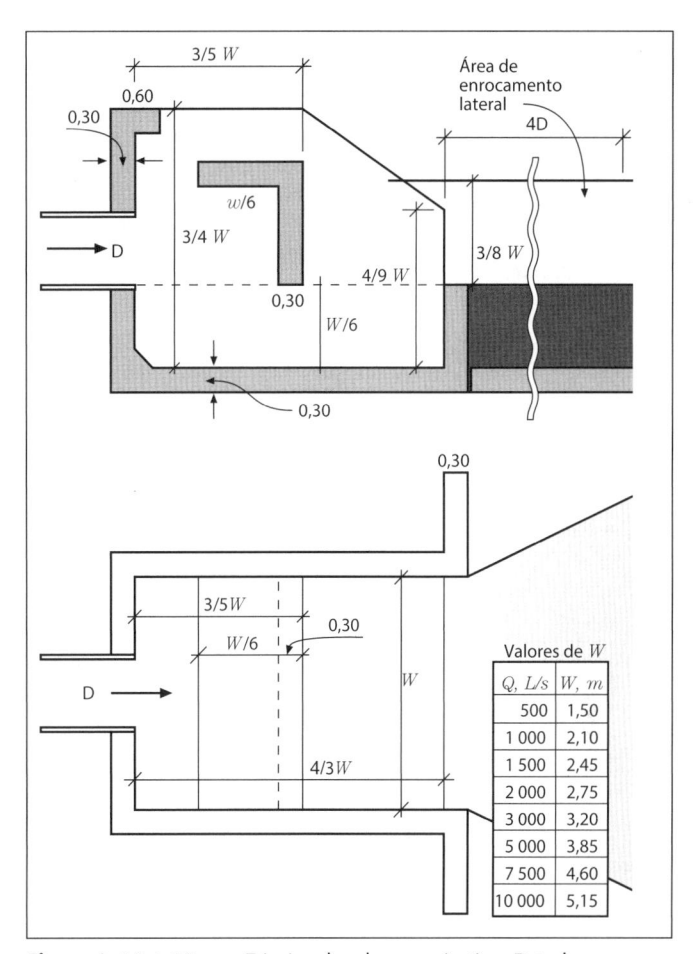

Valores de W	
Q, L/s	W, m
500	1,50
1 000	2,10
1 500	2,45
2 000	2,75
3 000	3,20
5 000	3,85
7 500	4,60
10 000	5,15

Figura A-14.4.10-a – Dissipador de energia tipo Peterka.

Exercício A-14-a

Calcular a altura de água h em um canal, cuja seção transversal tem a forma da *Figura A-14-a*. A vazão é 0,2 m³/s. A declividade longitudinal é 0,0004. O coeficiente de rugosidade n, da fórmula de Manning é 0,013.

Solução:

Calcula-se inicialmente:

$$\frac{n \times Q}{\sqrt{I}} = \frac{0,013 \times 02}{\sqrt{0,0004}} = 0,13$$

Organiza-se a seguinte tabela:

h, m	$P(h)$	$M(h)$	R_H	$R_H^{2/3}$	$A_m \times R_H^{2/3}$
0,2	1,49	0,220	0,148	0,279	0,061
0,3	1,73	0,345	0,200	0,343	0,118
0,4	1,97	0,480	0,244	0,391	0,188

Da curva [$f(h)$], entrando-se com o valor:

$$\frac{n \times Q}{\sqrt{I}} = 0,13$$

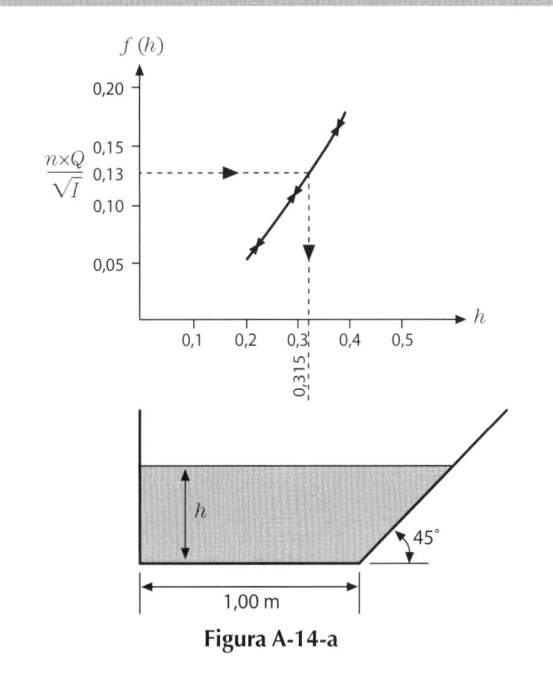

Figura A-14-a

tira-se o valor de h procurado (*Figura A-14.1-a*), $h = 0,315$ m.

Exercício A-14-b

Calcular a vazão e a velocidade em um canal trapezoidal ($m = 1$) com as dimensões $b = 2$ m e $h = 1$ m. A declividade longitudinal é 0,0004 m/m e a rugosidade $n = 0,018$.

Solução:

a) $\dfrac{h}{b} = \dfrac{1,00}{2,00} = 0,50$

b) da *Tabela A-14.2.11-a* e $m = 1$ tem-se:

$\dfrac{Q \times n}{b^{8/3} \times I^{1/2}} = 0,3439$

c) então:

$Q = 0,3439 \times \dfrac{b^{8/3} \times I^{1/2}}{n} = 0,3439 \times \dfrac{2^{8/3} \times 0,0004^{1/2}}{0,018} = 2,4 \text{ m}^3/\text{s}$

d) da *Tabela A-14.2.11-c* e $m = 1$ tem-se:

$\dfrac{v \times n}{b^{2/3} \times I^{1/2}} = 0,4587$

e) então:

$v = 0,4587 \times \dfrac{b^{2/3} \times I^{1/2}}{n} = 0,4587 \times \dfrac{2^{2/3} \times 0,0004^{1/2}}{0,018} = 0,81 \text{ m/s}$

Empregando as *Tabelas A-14.2.11-b* e *A-14.2.11-d*, tem-se:

a) $\dfrac{h}{b} = \dfrac{1}{2} = 0,5$

b) da *Tabela A-14.2.11-b* e $m = 1$ tem-se:

$\dfrac{Q \times n}{h^{8/3} \times I^{1/2}} = 2,1844$

c) então:

$Q = 2,1844 \times \dfrac{h^{8/3} \times I^{1/2}}{n} = 2,1844 \times \dfrac{1^{8/3} \times 0,0004^{1/2}}{0,18}$

$Q = 2,4 \text{ m}^3/\text{s}$

d) da *Tabela A-14.2.11-d* e $m = 1$ tem-se:

$\dfrac{v \times n}{b^{2/3} \times I^{1/2}} = 0,7281$

e) então:

$v = 0,7281 \times \dfrac{h^{2/3} \times I^{1/2}}{n} = 0,7281 \times \dfrac{1^{2/3} \times 0,0004^{1/2}}{0,018} = 0,81 \text{ m/s}$

Exercício A-14-c

Qual é a profundidade de escoamento num canal trapezoidal ($m = 1$) que aduz uma vazão de 2,4 m³/s e com velocidade de escoamento de 0,81 m/s?

Dados $n = 0,018$, $b = 2$ m, e $I = 0,0004$ m/m.

Solução:

a) $\dfrac{Q \times n}{b^{8/3} \times I^{1/2}} = \dfrac{2,4 \times 0,018}{2^{8/3} \times 0,0004^{1/2}} = 0,3401 \approx 0,3439$

b) da *Tabela A-14.2.11-a* e $m = 1$ tem-se:

$\dfrac{h}{b} = 0,5$

c) então:

$h = 0,5 \times b = 0,5 \times 2$

$h = 1$ m

Exercício A-14-d

Determinar a profundidade de escoamento num canal circular ($D = 2$ m) que conduz uma vazão de 3 m³/s, conhecendo-se $I = 0,0004$ m/m e $n = 0,013$. Qual é a velocidade de escoamento?

Solução:

a) $\dfrac{Q \times n}{D^{8/3} \times I^{1/2}} = \dfrac{3 \times 0,013}{2^{8/3} \times 0,0004^{1/2}} = 0,3071 \approx 0,3083$

b) da *Tabela A-14.2.11-e* tem-se:

$\dfrac{h}{D} = 0,81$

c) então:

$h = 0,81 \times D = 0,81 \times 2$

$h = 1,62$ m

Com o emprego da *Tabela A-14.2.11-e*, tem-se:

a) $\dfrac{h}{D} = 0,81$

b) $\dfrac{v \times n}{D^{3/2} \times I^{1/2}} = 0,4524$

c) $v = 0,4524 \times \dfrac{D^{2/3} \times I^{1/2}}{n} = 0,4524 \times \dfrac{2^{2/3} \times 0,0004^{1/2}}{0,013}$

$v = 1,10$ m/s.

Exercício A-14-e

Um canal de concreto mede 2 m de largura e foi projetado para funcionar com uma profundidade útil de 1 m (*Figura A-14-e(1)*). A declividade é de 0,0005 m/m. Determinar a vazão e verificar as condições hidráulicas do escoamento.

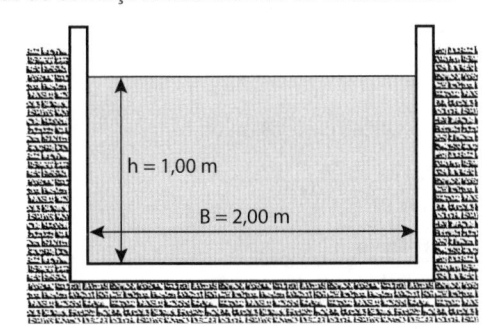

Figura A-14-e(1)

Solução:

$A_m = 2 \times 1 = 2 \text{ m}^2$

$P_m = 1 + 2 + 1 = 4 \text{ m}$

$R_H = \dfrac{2}{4} = 0,5 \text{ m}$

$I = 0,0005 \text{ m/m}$

Utilizando a fórmula de Chézy com coeficiente de Manning $n = 0,013$, tem-se:

$Q = \dfrac{R_H^{1/6}}{n} = 68,5$ e

$Q = \dfrac{1}{n} \times A_m \times R_H^{2/3} \times I^{1/2} = \dfrac{1}{0,013} \times 2 \times (0,5)^{2/3} \times (0,0005)^{1/2}$

$Q = 2,17 \text{ m}^3/\text{s}$ ∴ $v = \dfrac{Q}{A_m} = \dfrac{2,17}{2} = 1,08 \text{ m/s}$

Carga específica:

$H_e = h + \dfrac{v^2}{2 \times g} = 1 + \dfrac{1,08^2}{2 \times g} = 1,060 \text{ m}$

Profundidade crítica:

$h_c = \dfrac{2}{3} \times H_e = \dfrac{2 \times 1,060}{3} = 0,707 \text{ m}$

Velocidade crítica:

$v_c = \sqrt{g \times h_{mc}} = \sqrt{g \times 0,707} = 2,63 \text{ m/s}$

Declividade crítica:

$I_c = \dfrac{g \times h_{mc}}{C^2 \times R_H} = \dfrac{g \times 0,707}{68,5^2 \times 0,5} = 0,00294 \text{ m/m} > 0,0005 \text{ m/m}$

Conclui-se que o regime é fluvial (tranquilo).

Traçado da curva para a carga específica constante (*Figura A-14-e(2)*):

$Q = A_m \times \sqrt{2 \times g \times (H_e - h)}$ $H_e = 1,06 \text{ m}$

h	$H_e - h$	$v = \sqrt{2 \times g \times (H_e - h)}$	A_m	Q
1,00	0,06	1,08	2,00	2,17
0,90	0,16	1,79	1,80	3,22
0,80	0,26	2,27	1,60	3,63
0,70	0,36	2,67	1,40	3,73*
0,60	0,46	3,01	1,20	3,61
0,50	0,56	3,32	1,00	3,32
0,40	0,66	3,61	0,80	2,89
0,30	0,76	3,87	0,60	2,32
0,20	0,86	4,11	0,40	1,64

* A profundidade crítica poderia ser comprovada usando a Equação(14.3.2).

$h_e = \sqrt{\dfrac{q^2}{g}} = \sqrt{\dfrac{(1/2 \times 3,73)^3}{g}} \cong 0,71 \text{ m}$ onde $q = Q/2$.

Traçado da curva para a vazão máxima constante (*Figura A-14-e(3)*):

$Q = 3,73 \text{ m}^3/\text{s}$ $H_e = h + \dfrac{v^2}{2 \times g}$

H	A_m	$v = Q/A$	$v^2/(2 \times g)$	H_e
1,20	2,40	1,60	0,13	1,33
1,00	2,00	1,86	0,18	1,18
0,90	1,80	2,07	0,22	1,12
0,80	1,60	2,32	0,27	1,07
0,70	1,40	2,66	0,36	1,06*
0,60	1,20	3,10	0,49	1,09
0,50	1,00	3,72	0,70	1,20
0,40	0,80	4,65	1,10	1,50
0,30	0,60	6,20	1,96	2,26

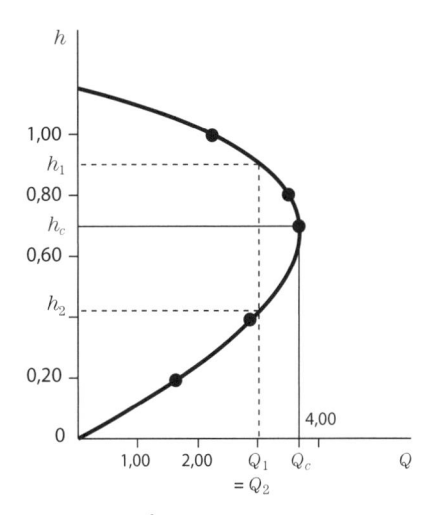

Figura A-14-e(2)

Exercício A-14-e (continuação)

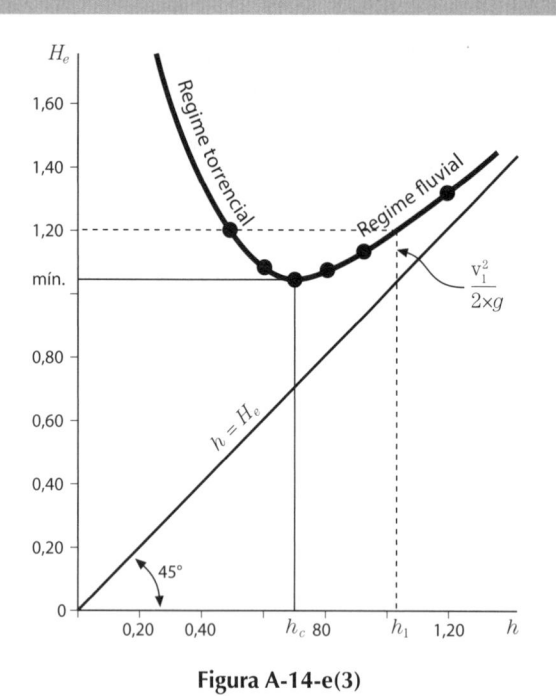

Figura A-14-e(3)

Admitindo agora que o canal, com a mesma forma e dimensões estruturais, fosse construído com uma declividade muito maior: 0,004 m/m, como resultariam as condições de escoamento?

Tem-se que $Q = 2,17$ m³/s e $I = 0,004$ m/m.

Empregando o Método dos Parâmetros Adimensionais (*item A-14.2.11*), tem-se:

$$\frac{Q \times n}{b^{8/3} \times I^{1/2}} = \frac{2,17 \times 0,013}{(2)^{8/3} \times (0,0004)^{1/2}} = 0,0702$$

Da *Tabela A-14.2.11-a*, tem-se, para $m = 0$:

$$\frac{h}{b} = 0,24$$

então, $h = 0,24 \times 2,00 = 0,48$ m, e

$$v = \frac{Q}{A_m} = \frac{2,17}{2 \times 0,48} = 2,26 \text{ m/s}$$

$$R_H = \frac{A_m}{P_m} = \frac{0,48 \times 2}{2,96} = 0,324$$

Carga específica:

$$H_e = h + \frac{v^2}{2 \times g} = 0,48 + \frac{2,26^2}{2 \times g} = 0,740 \text{ m}$$

Profundidade crítica:

$$h_c = \frac{2}{3} \times H_e = \frac{2}{3} \times 0,740 = 0,494 \text{ m}$$

Velocidade crítica:

$$v_c = \sqrt{g \times h_{mc}} = \sqrt{g \times 0,494} = 2,20 \text{ m/s}$$

Declividade crítica:

$$I_c = \frac{g \times h_m}{C^2 \times R_H} = \frac{g \times 0,494}{68,5^2 \times 0,324} = 0,0032 \text{ m/m} < 0,004$$

Conclui-se que o regime tornou-se supercrítico (torrencial).

Exercício A-14-f

Em um canal de seção retangular, com 2,5 m de largura e com 9,25 m³/s de vazão, forma-se um ressalto hidráulico. Conhecendo-se a profundidade de montante (0,9 m), determinar a altura do ressalto.

Solução:

$$q = \frac{9,25}{2,5} = 3,7 \text{ m}^3/\text{s} \times \text{m}$$

$$h_2 = -\frac{h_1}{2} + \sqrt{\frac{2 \times q^2}{g \times h_1} + \frac{h_1^2}{4}}$$

$$h_2 = -\frac{0,9}{2} + \sqrt{\frac{2 \times 3,7^2}{9,8 \times 0,9} + \frac{0,9^2}{4}}$$

$$h_2 = -0,45 + 1,82 = 1,37 \text{ m}$$

A altura do ressalto é:

$$h_2 - h_1 = 1,37 - 0,9 = 0,47 \text{ m}$$

Exercício A-14-g

Em um canal retangular com 2,4 m de largura e 0,001 m/m de declividade, o escoamento normal ocorre com uma profundidade de 0,65 m para 1,04 m³/s (*Figura A-14-g(1)*). Nesse mesmo canal, construiu-se uma pequena barragem de 0,75 m de altura (*Figura A-14-g(2)*). Determinar o remanso causado.

Solução:

As águas vertem sobre a barragem, o que dá um vertedor de 2,4 m de largura de soleira; a altura da lâmina de água, neste vertedor, é de 0,4 m para a vazão de 1,04 m³/s. Portanto, $NB = 0,4$ m.

A sobrelevação no ponto B é:

$$z_0 = TB + NB - h = 0,75 + 0,4 - 0,65 = 0,5 \text{ m}$$

Os efeitos de *remanso* serão sensíveis até uma distância:

$$EF = \frac{2 \times z_0}{I} = \frac{2 \times 0,5}{0,001} = 1.000 \text{ m}$$

A sobrelevação de um ponto qualquer será:

$$z = \frac{\left(2 \times z_0 - I \times L\right)^2}{4 \times z_0} = \frac{\left(2 \times 0,5 - 0,001 \times L\right)^2}{4 \times 0,5}$$

$$z = \frac{\left(1 - 0,001 \times L\right)^2}{2}$$

$$2 \times z = \left(1 - 0,001 \times L\right)^2 \quad \therefore \quad L = 1.000 \times \left(1 - \sqrt{2 \times z}\right)$$

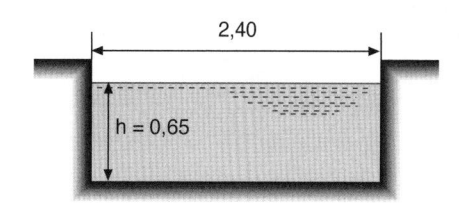

Figura A-14-g(1)

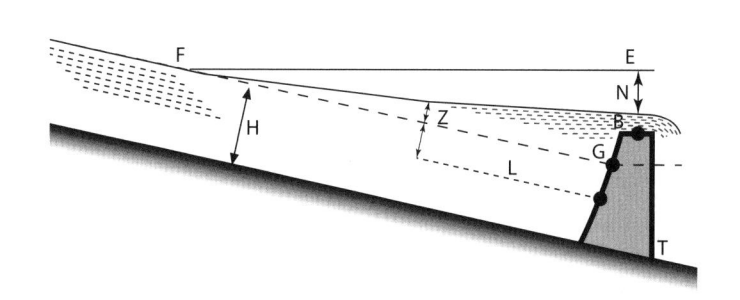

Figura A-14-g(2)

Dando valores sucessivos a z, resulta a seguinte tabela:

z, m	$\sqrt{2z}$	$1 - \sqrt{2z}$	L, m
0,40	0,893	0,107	107
0,30	0,776	0,224	224
0,20	0,632	0,368	368
0,10	0,447	0,553	553
0,05	0,316	0,684	683
0,00	0,000	1,000	1.000

Exercício A-14-h

Um canal com 1,0 m de largura e 0,7 m de profundidade útil está conduzindo água com uma velocidade média de 0,21 m/s e número de Reynolds $(R_e) \equiv 60.000$. Calcular a perda de carga numa curva de 120° com 1,5 m de raio (R_c).

Solução:

Sendo:

$$\frac{h}{b} = \frac{0,7}{1} = 0,7, \qquad\qquad \theta = 120°;$$

$$\frac{\theta}{180} = \frac{120}{180} = 0,667; \qquad\qquad \frac{R_c}{b} = \frac{1,5}{1} = 1,5$$

Coeficiente ξ.

Na *Figura A-14.4.5.5-a*, para $R_e = 60.000$ e $R_c/b = 1,5$ encontra-se $\xi_1 = 0,19$; esse valor é correspondente a:

$$\frac{h}{b} = 1 \quad \text{e} \quad \frac{\theta}{180} = 0,5$$

devendo ser ajustado.

Na *Figura A-14.4.5.5-b*, obtém-se, para

$$\frac{h}{b} = 0,7 \text{ (dado)}, \ \xi_2' = 0,34$$

Para $\frac{h}{b} = 1, \quad \xi_2'' = 0,26$

Para $\frac{\theta}{180} = 0,667$ (dado), $\xi_3' = 0,3$

Para $\frac{\theta}{180} = 0,5, \quad \xi_3' = 0,26$

Portanto:

$$\xi = 0,19 \times \frac{0,34}{0,26} \times \frac{0,30}{0,26} = 0,29$$

$$\text{e } h_f = \xi \times \frac{v^2}{2 \times g} = 0,29 \times \frac{0,21}{19,6} = 0,00066 \text{ m}$$

Exercício A-14-i

Nos estudos feitos para o canal do rio Pinheiros, foi empregada a fórmula de Kennedy. Investigar os resultados da sua aplicação considerando que, para águas máximas normais,

$$Q = 163 \text{ m}^3/\text{s}, \quad \text{e} \quad h = 4 \text{ m},$$

sendo a velocidade calculada para as águas no canal 0,97 m/s. E considerando também que, para vazão máxima excepcional,

$$Q = 300 \text{ m}^3/\text{s} \quad \text{e} \quad h = 5,65 \text{ m}.$$

Sendo a velocidade calculada para as águas no canal 1,18 m/s.

Solução:

Obedecendo-se às condições acima, constata-se que, para águas mínimas normais,

$$v_0 = 0,55 \times 4,00^{0,64}$$

$$v_0 = 0,55 \times 2,43 = 1,33 \text{ m/s}$$

e, para vazão excepcional,

$$v_0 = 0,55 \times 5,65^{0,64}$$

$$v_0 = 0,55 \times 3,03 = 1,66 \text{ m/s}$$

As velocidades obtidas pela fórmula de Kennedy são 20% a 30% mais elevadas.

Hidrometria

Medidas Hidráulicas, Níveis, Pressões, Velocidades e Vazões

Hidrometria

Medidas Hidráulicas, Níveis, Pressões, Velocidades e Vazões

A-15.1 INTRODUÇÃO

A Hidrometria é uma das partes mais importantes da Hidráulica, porque ela cuida das "grandezas" que nos interessa observar, conhecer, controlar, comparar. É com as medições dos fenômenos de interesse da hidráulica que as experiências são observadas e confirmadas, e a engenharia se baseia.

As principais grandezas cuja medição interessam à hidráulica são:
- níveis/profundidades
- pressões
- velocidades (de escoamento)
- seções de escoamento (área transversal)
- tempos
- volumes
- vazões

Além dos aspectos técnico-científicos e de engenharia hidráulica, as medições adquirem uma relevância especial na parte comercial ao dar instrumentos para aferir os quantitativos de usos, otimizar estruturas, coibir desperdícios, regular ofertas, ajudar a tornar os sistemas autossustentáveis e racionalizar a distribuição, quer seja em sistemas de abastecimento de água e coleta de esgotos, quer em instalações hidrelétricas, quer em obras de irrigação, na gestão de sistemas múltiplos e de unidades operacionais.

Este capítulo considera a água como fluido perfeito (incompressível e a determinada temperatura fixa), simplificação perfeitamente válida para os fins da engenharia prática usual. O engenheiro deverá atentar para os casos em que tal simplificação não se aplique.

Para efetuar as medidas, lendo-as no local ou à distância, e registrar as medidas, há uma superposição de técnicas (mecânicas e eletroeletrônicas) que, usualmente, se chama de "instrumentação". Nessa matéria, para facilitar a comunicação entre os técnicos, é usual valer-se de uma terminologia que organiza o assunto, sem rigidez, chamando as partes dos medidores e dos sistemas de medição de:

a) *primários*: são os elementos de contato direto com o líquido e podem, ou não, ser lidos diretamente. Todas as medições precisam ter um elemento "primário". Por exemplo, um tubo *pitot* é o elemento primário de um medidor de velocidade, entretanto não se consegue "ler" a velocidade sem uma escala aferida que meça a queda de pressão entre a medição de topo e a transversal a determinada seção. Um exemplo de instrumento medidor primário que se basta é o da régua linimétrica (*Figura A-15.1-a*).

b) *secundários*: são os elementos que, recebendo uma informação do elemento primário, transformam a grandeza física percebida em uma grandeza mensurável e/ou legível, que pode ou não ser a grandeza final que interessa à hidrometria.

c) *terciários*: quando a medição não é resolvida no elemento primário nem no secundário (não resulta em uma grandeza do interesse da hidrometria ou não apresenta praticidade na leitura), haverá um terceiro estágio, chamado de terciário. Por exemplo, em um hidrômetro (*Figuras A-15.1-b* e *c*), a "turbina" que gira com a passagem da água é o elemento primário, o mecanismo que conta as voltas que a turbina dá, se for um mecanismo mecânico, é o elemento secundário e final, pois normalmente o conta-giros já está calibrado para marcar o volume que por ele transitou, em função dos giros. Entretanto, se o instrumento for destinado a indicar a vazão instantânea, será necessário relacionar a medida à velocidade (um velocímetro) e então, por exemplo, pode existir um mecanismo elétrico acionado pelo eixo da "turbina" que gere uma corrente elétrica que será mais ou menos intensa conforme a velocidade de rotação e deslocará um ponteiro ou escala (elemento terciário).

d) *transmissão*: entre os elementos de um instrumento ou sistema de instrumentação, nem sempre a interação é direta e necessita um meio de transmitir os dados entre um e outro elemento, às vezes distanciados de centímetros, às vezes de quilômetros.

Como já comentado no *Capítulo A-1*, a Engenharia Hidráulica é uma área do conhecimento humano fundamentada no empirismo. Sua evolução tem-se dado pela observação e tabulamento de incontáveis dados obtidos e observados nos laboratórios e no campo real. Evidentemente que não se pode pretender aplicar o rigor científico na área da engenharia, entretanto, a busca do aprimoramento dos dados leva à reflexão e aplicação de todo o esforço para expurgar dados incorretos, preencher lacunas de dados, desenvolver a teoria e ajustar coeficientes.

No esforço desta melhora, convém lembrar sempre que a Análise Dimensional (*Capítulo A-7*) é importante instrumento para consolidar e "reduzir/ampliar" medições e dados, além de poder transferi-los e usá-los para situações semelhantes.

Figura A-15.1-b – Foto de hidrômetro multijato.

Figura A-15.1-c – Esquema de um hidrômetro multijato.

Figura A-15.1-a – Régua linimétrica em dois estágios (notar a mais baixa já quase totalmente submersa) instalada no Rio Acaraú, Ceará.

Os medidores podem ser classificados metrologicamente de acordo com a medição mínima e a máxima (ou seja, a faixa que são capazes de medir).

A-15.2 MEDIÇÃO DE NÍVEIS

Casos típicos (exemplos):

a) O nível de um reservatório indica, por exemplo:

- se o reservatório está mais ou menos cheio (qual o volume contido);

- a aproximação do ponto de extravasão ou de esvaziamento total;

- o ponto de comando de um alarme ou do liga-desliga de uma ou mais bombas.

b) O nível de um canal, uma calha ou de um rio (canal natural) pode ser associado a uma vazão de escoamento, informações importantes para diversas ações operacionais.

c) O nível de água em um poço pode indicar o nível da água no "lençol" freático ou a pressão em um "lençol" confinado (artesiano) ou ainda o nível piezométrico (estático ou dinâmico) desse "lençol" (*Figura A-15.2-a*).

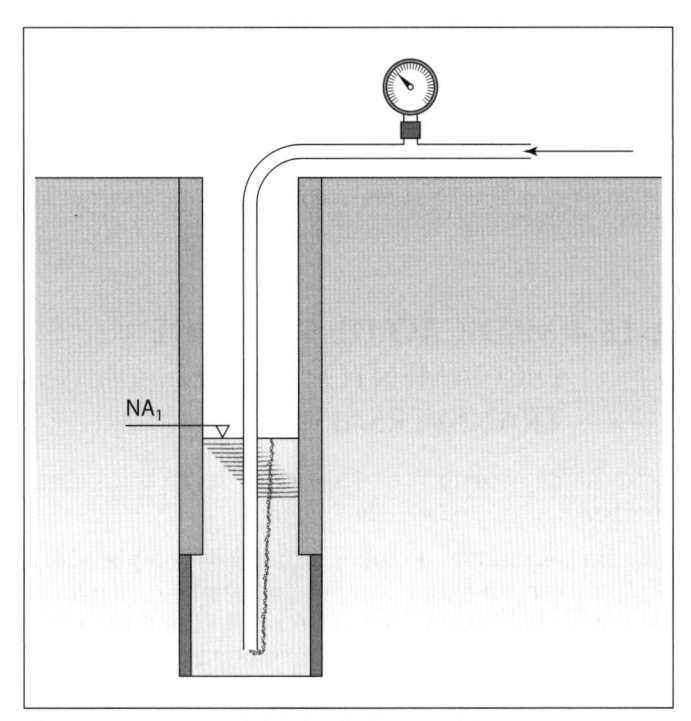

Figura A-15.2-a – Medidor de nível pneumático em um poço (ou em um reservatório). O manômetro marcará a pressão necessária para vencer a profundidade da água; logo, mede um nível.

d) O nível da água em pequenos tubos "verticais ou quase" conectados a uma tubulação "horizontal ou quase" onde transita uma determinada vazão a determinada pressão (em determinados pontos 1, 2, 3 etc.) pode indicar a "pressão H" a que a tubulação está submetida no ponto (*Figura A-1.4.7-b* e *Figura A-7.5-a*).

e) A pressão quando correlacionada a um nível ou vice-versa.

f) A leitura da superfície da água em uma régua escalada colada na vertical em ponto conhecido, fixo e rígido, com sua escala "amarrada" a determinada referência de nível topográfico ou ponto altimétrico de uma estrutura, é considerada uma "medição direta". (por exemplo, é o caso ilustrado na *Figura A-15.1-a*).

A régua deverá ter uma altura tal que permita a leitura entre o máximo e mínimo esperados, com folgas.

Para permitir a leitura cuidadosa e precisa de locais com turbulências, o que é frequente, costuma-se montar um sistema de "vasos comunicantes estático", colocando o local de leitura (régua) em um "poço tranquilizador", que normalmente consiste de um tubo em pé (DN 150 mm a DN 300 mm) ligado por um tubo de pequeno diâmetro ao ponto do corpo de água que se deseja medir o nível. Para facilitar a leitura nesse tubo, pode-se, por exemplo, colocar uma boia com uma haste sobre ela, e ler a haste contra um ponto acima da boca do tubo (*Figura A-15.2-b*).

Um exemplo típico é o flutuador de um reservatório que, por meio de um cabo, aciona um ponteiro do lado de fora de um reservatório, que marca sobre uma escala previamente calibrada o nível da água dentro do reservatório (*Figura A-15.2-c* e *A-15.2-d*). Pode-se classificar a medida como "direta". Como foi dito acima, tratando-se de terminologia/classificação sem rigidez, poderia ser classificada como sendo a boia um medidor primário e o indicador final como secundário.

Nos mesmos exemplos do *item A-15.2*, se as escalas já indicarem volume ou velocidade, ou ainda vazão, diz-se que a medição é "indireta".

A leitura da superfície da água a distância obriga a utilização de recursos múltiplos, com um instrumento fazendo o papel de medidor primário, e outros de secundário, de transmissor e de terciário, e ao mesmo tempo passa a ser uma medição "indireta".

Existem medidores que, ao serem imersos em água, permitem a passagem de mais ou menos corrente elétrica.

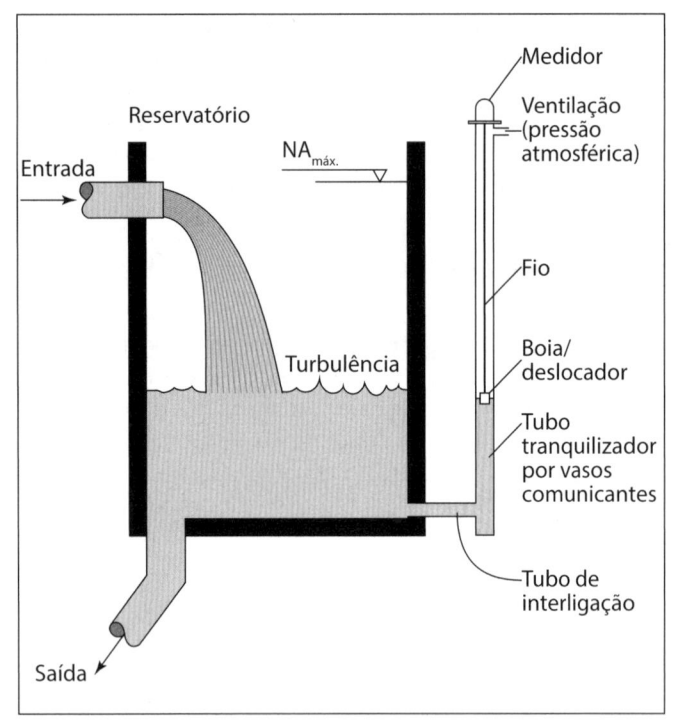

Figura A-15.2-b – Medição com poço tranquilizador.

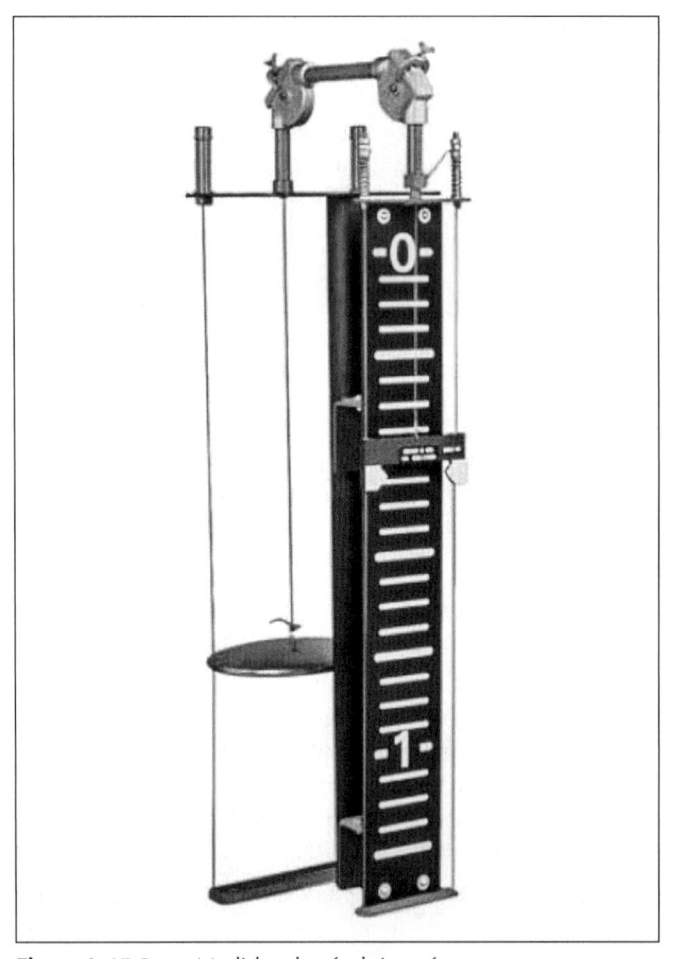

Figura A-15.2-c – Medidor de nível tipo régua externa para visualização em grandes tanques e reservatórios (Bib. C575).

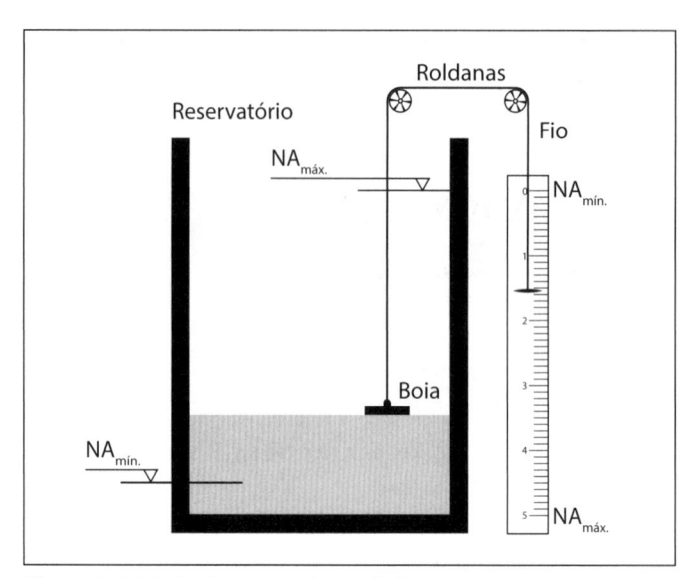

Figura A-15.2-d – Esquema de medição com régua externa.

A-15.3 MEDIÇÃO DE PRESSÕES

No *Capítulo A-2* e especificamente no *item A-2.5* o assunto é abordado em sua conceituação básica. No *item A-15.2*, lembra-se que, muitas vezes, a medição de um nível corresponde a uma pressão (ou vice-versa). No *Capítulo A-4*, mostra-se que a pressão pode converter-se em energia cinética e voltar a transformar-se em pressão (energia de posição).

Os dispositivos para medir pressão são conhecidos como manômetros e, quando não utilizam a medição de níveis para correlacionar a pressões, são engenhosos dispositivos mecânicos ou eletromecânicos, quase sempre aferidos por comparação a medidores de coluna líquida.

A *Figura A-15.3-a* mostra um esquema corriqueiro usado em manômetros mecânicos por deformação.

A-15.4 MEDIÇÃO DE SEÇÃO DE ESCOAMENTO (SEÇÕES TRANSVERSAIS)

A "seção de escoamento" é sempre a seção transversal (perpendicular) ao fluxo do fluido.

Em se tratando de tubos cilíndricos sob pressão, a seção de escoamento é sempre um círculo com diâmetro conhecido e com área inalterável. Como interessa saber o diâmetro interno, deve-se atentar que conforme o fabricante e o método construtivo, a espessura da parede do tubo pode variar para dentro ou para fora (fôrma interna ou externa) em função do material ou da pressão que o tubo vai resistir. Assim, o diâmetro efetivo pode não ser o Diâmetro Nominal, que vem a

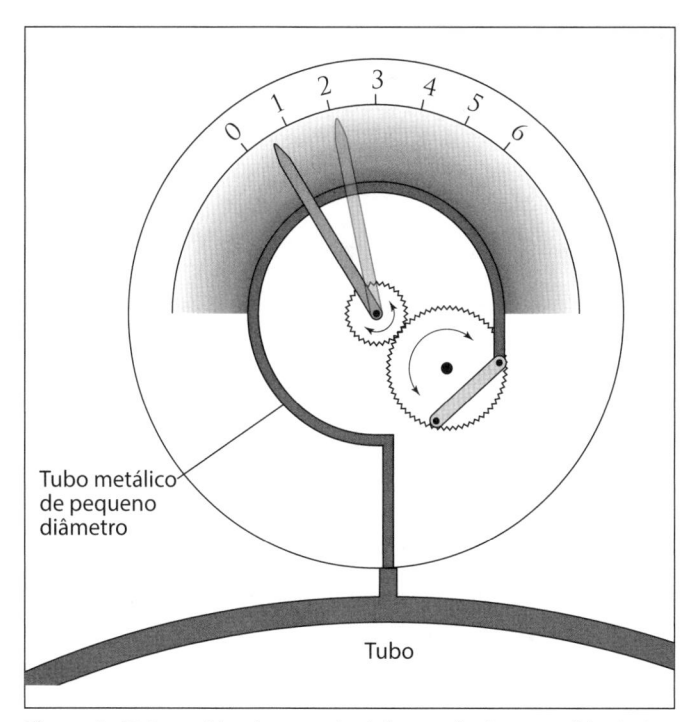

Figura A-15.3-a – Manômetro de deformação (esquemático). As engrenagens são movidas pela deformação no tubo metálico de pequeno diâmetro, devido à pressão no tubo (Bib. S340).

ser um diâmetro interno aproximado, normalmente referente ao tubo para a pressão 100 m.c.a. (10 MPa). A idade do tubo e possíveis revestimentos internos, incrustações, tuberculizações ou erosões também podem afetar o Diâmetro Efetivo do tubo. Registre-se que, na prática, esse efeito pode ser incluído no "coeficiente de rugosidade", que resulta em uma perda de carga maior ou em um diâmetro efetivo (virtual) menor, com resultados muito similares. Dependendo da instalação e suas condições de contorno, tais variações podem ou não ser significativas.

Em se tratando de canais artificiais de geometria definida simples ou composta (calhas ou tubos parcialmente cheios com escoamento sempre à pressão atmosférica), a medição da seção de escoamento é função da geometria do canal e do nível da água na seção que se quer medir, o que pode variar no tempo ou manter-se estacionário enquanto for mantida a mesma vazão e a mesma declividade (ver *Capítulo A-14* e *B-IV.2* e *itens A-15.7* e *A-15.8* adiante).

Em se tratando de canais naturais, de secção qualquer, o *Capítulo B-IV.2* cuida do assunto. Mais adiante, no *item A-15.8.3.2* trata-se do caso particular de medições para uso com medidores tipo ADCP.

A-15.5 MEDIÇÃO DE TEMPO

Trata de medir intervalos de tempo para correlacionar outra medição e daí chegar a grandezas compostas de significado importante à engenharia, tais como velocidades (L/T, ou m/s, por exemplo) ou vazões (volume/tempo, ou L^3/T, ou m³/s, por exemplo).

O cronômetro ou relógio é o instrumento usual para os fenômenos longos e, quanto mais longo o intervalo de tempo de observação, maior a precisão da medida.

Para fenômenos curtos tais como propagação de ondas, a medição recorre a sofisticados métodos e à eletrônica.

Da mesma forma, deve-se iniciar a medição de tempo quando e/ou onde o fenômeno de interesse esteja estável, isto é, estacionário (sem acelerações nem desacelerações).

A-15.6 MEDIÇÃO DE VOLUMES

Associa-se o conceito de volume a um recipiente: um litro de água, um metro cúbico de água. Uma piscina olímpica deve ter cerca de 3.500 m³ de água (50 × 25 × 2,75 m).

Para lagos e represas, cabe calcular secções transversais ou planimétricas a intervalos definidos e integrar as áreas por algum método de aproximações e interpolações, o que resulta em valores tão precisos quanto forem os intervalos das secções consideradas. Nesses casos, normalmente as necessidades da engenharia são atendidas com secções planas com intervalos da ordem de 1 m (áreas contidas dentro das curvas de nível de metro-em-metro).

Portanto, o volume resulta em um cálculo geométrico do recipiente.

Entretanto, na prática, há também o "volume" que passa em determinada secção de escoamento. Nesse caso, como é um volume por unidade de tempo (L^3/T), dá-se o nome de "vazão". Note-se que, quando os intervalos de tempo são grandes, embora não deixe de ser uma vazão, o conceito de volume prevalece.

Por exemplo, diz-se: qual o volume de água potável demandado por dia pela cidade "tal" com 50.000 habitantes? A resposta poderia ser: cerca de 4 piscinas olímpicas.

Finalmente, há os volumes de aquíferos (água contida nos espaços intersticiais do solo), objeto da hidrogeologia.

A-15.7 MEDIÇÃO DE VELOCIDADES

A-15.7.1 Medições diretas de velocidade por flutuadores

Flutuadores são objetos flutuantes que adquirem a velocidade das águas que os circundam. Podem ser de três tipos:

a) Simples ou de superfície: são aqueles que ficam na superfície das águas e medem a velocidade da corrente na superfície (*Figura A-15.7.1-a*, posição a).

$$v_{med} = 0,80 \text{ a } 0,90 \text{ de } v_{sup}$$

O inconveniente apresentado por esse flutuador é o fato de ser muito influenciado pelo vento, pelas correntes secundárias e pelas ondas;

b) Duplos ou subsuperficiais: constituem-se de pequenos flutuadores de superfície, ligados por um cordel a corpos submersos, à profundidade desejada. Os volumes dos primeiros devem ser desprezíveis, em face dos segundos. Nessas condições, mantendo-se o corpo submerso a cerca de seis décimos da profundidade, determina-se a velocidade média (*Figura A-15.7.1-a*, posição b);

c) Bastões flutuantes ou flutuadores lastreados: São tubos ocos, tendo na parte inferior um lastro de chumbo, de modo a flutuar em posição próxima à vertical (*Figura A-15.7.1-a*, posição c). O comprimento L deve ser, no máximo, igual a $0,95 \times h$, sendo h a menor profundidade por onde transitará o bastão.

Francis apresentou a seguinte fórmula:

$$v_{med} = v_{obs} \times \left[1,02 - 1,116 \times \sqrt{1 - L/h}\right]$$

válida para $L/h > 3/4$, sendo h a profundidade do canal e L o comprimento do bastão.

Aplicação a cursos de água naturais: escolher um trecho retilíneo com seção regular (*Figura A-15.7.1-b*). Estender dois cabos (cordas) transversais ao escoamento, distanciados de 15 a 50 m. Dividir, transversalmente, o curso de água em várias faixas longitudinais. Largar os flutuadores, medindo o tempo gasto no percurso. Sempre que um flutuador sair da faixa em que for lançado, abandonar a leitura e repetir o lançamento. A seção do leito do curso de água é determinada por meio de medidas com régua graduada ou por meio de sondagens batimétricas.

$$Q = A_1 \times v_1 + A_2 \times v_2 + A_3 \times v_3 + \dots$$

Os flutuadores são muito simples de usar e servem para avaliações expeditas, entretanto, são pouco usados para medições precisas por serem suscetíveis a muitas causas de erros (como as ondas, os ventos, irregularidades do leito do curso de água, correntes parasitas etc). Em canais geometricamente definidos apresentarão mais precisão.

A-15.7.2 Medições indiretas de velocidade por molinetes

"Molinetes" são aparelhos constituídos de palhetas, hélices ou conchas móveis, as quais, impulsionadas pelo líquido, dão um número de rotações proporcional à velocidade da corrente. São de dois tipos principais:

a) De eixo horizontal (*Figura A-15.7.2-a*).
b) De eixo transversal (Tipo Price, *Figura A-15.7.2-b*).

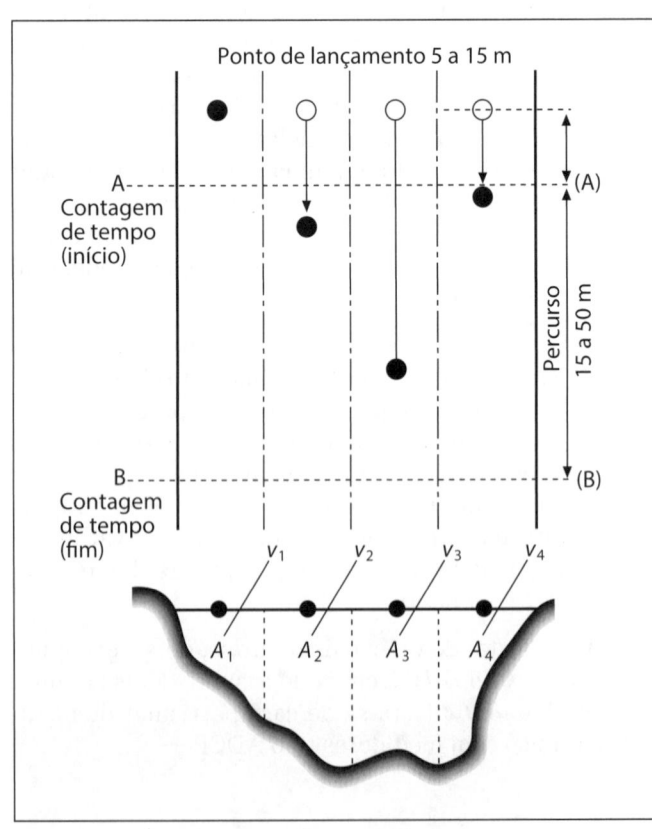

Figura A-15.7.1-b – Esquema para medição de velocidades em flutuadores.

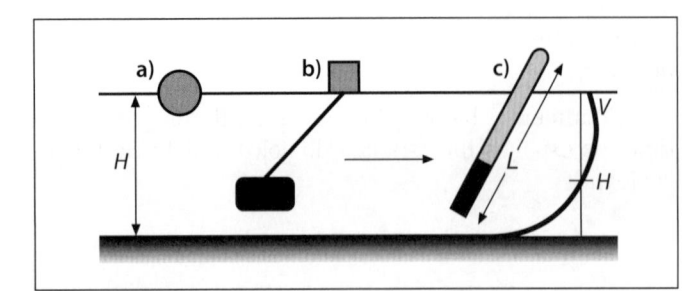

Figura A-15.7.1-a – Flutuadores.

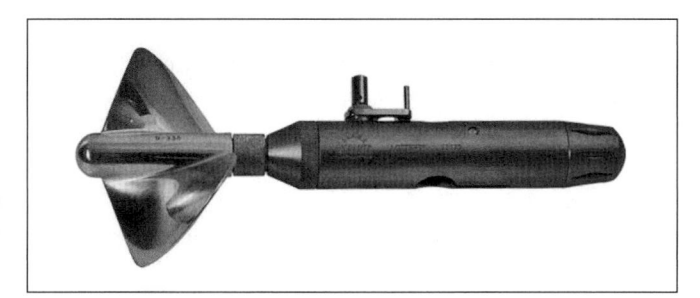

Figura A-15.7.2-a – Um molinete tipo portátil de eixo horizontal.

Figura A-15.7.2-b – Molinete fixo instalado em canal.

Ambos se baseiam na proporcionalidade que se verifica entre a velocidade de rotação do aparelho e a velocidade da corrente. A cada volta, ou a cada determinado número de voltas, estabelece-se um contato e o aparelho emite um som (*bip*) ou um pulso elétrico. Esse dispositivo permite conhecer o número de revoluções do eixo durante um determinado intervalo de tempo, ou seja, a velocidade da corrente é dada em função do número de voltas por segundo e de coeficientes particulares para cada aparelho. A determinação desses coeficientes é feita, experimentalmente, mediante operação denominada "taragem" ou "aferição".

A-15.7.3 Medições indiretas de velocidade por diferença de pressão (tubos de Pitot)

Estes dispositivos baseiam-se em medir a diferença de pressão entre um ponto sem velocidade e outro com velocidade, que corresponde à "carga de velocidade", ou seja, o $v^2/(2 \times g)$, e foram empregados pela primeira vez pelo físico francês Pitot, em 1730 (no rio Sena).

Um tubo de Pitot consiste em dois tubos concêntricos (os primeiros eram em material transparente) apontados na direção da corrente fluida a medir. O tubo central tem um orifício voltado para a frente, "encarando" a corrente, onde a velocidade é praticamente zero. O tubo externo tem orifícios laterais, "paralelos" à corrente, onde a velocidade é plena, ou seja, a pressão não inclui a carga de velocidade, como ilustrado na *Figura A-15.7.3-a*.

Teoricamente,

$$H = \frac{v^2}{2 \times g}, \quad v = \sqrt{2 \times g \times H}$$

Na realidade, deve-se introduzir um coeficiente de correção C:

$$v = C \times \sqrt{2 \times g \times H}$$

O tubo de Pitot só conduz a bons resultados no caso de correntes de grande velocidade, sendo, por isso, mais comumente empregado em canalizações, em aviões etc.

A-15.8 MEDIÇÃO DE VAZÕES

A-15.8.1 Medição direta de vazão

Consiste na medição do tempo de enchimento t de um recipiente de volume conhecido V:

$$Q = V/t$$

Quanto maior o tempo de determinação, tanto maior a precisão do método.

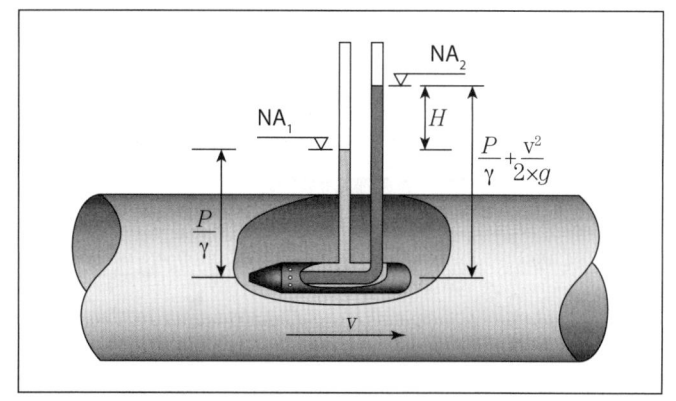

Figura A-15.7.3-a – Tubo de Pitot (Bib. S340).

Esse processo geralmente só é aplicável nos casos de pequenas descargas, como, por exemplo, de fontes, riachos, "bicas" e canalizações de pequeno diâmetro.

Nos laboratórios de Hidráulica, a medição direta dos caudais pode ser feita num tanque ou reservatório de dimensões conhecidas (tanque volumétrico). Pode-se, ainda, empregar uma balança (medição pelo peso).

Na prática do dia a dia, usa-se, por exemplo:

a) para aferir outros processos de medição, pois pode ser muito preciso;

b) para medir a taxa de lavagem em contrafluxo de um filtro rápido de uma ETA (onde a área A do leito filtrante é facilmente calculada): na parede vertical do filtro marcam-se dois pontos com intervalo H conhecido, ficando definido um volume $V = A \times H$ e, quando se inicia a lavagem, com um cronômetro marca-se o tempo transcorrido t para o NA passar do ponto mais baixo para o mais alto.

A-15.8.2 Medições indiretas de vazão em escoamento sob pressão

A-15.8.2.1 Em tubos

A-15.8.2.1.1 Medidores diferenciais de pressão (deprimogênico)

São dispositivos que consistem em uma redução na seção de escoamento de uma tubulação, de modo a produzir uma diferença de pressão em consequência do aumento de velocidade (sobre esse assunto ver também *Capítulo A-5*).

Considerando, por exemplo, o caso de um orifício ou diafragma de diâmetro D_2 instalado no interior de uma canalização de diâmetro D_1 (*Figura A-15.8.2.1.1-a*);

$$E_{\text{total}} = z_1 + \frac{v_1^2}{2 \times g} + \frac{p_1}{\gamma} = z_2 + \frac{v_2^2}{2 \times g} + \frac{p_2}{\gamma} + hf_{1-2} =$$

$$= z_3 + \frac{v_3^2}{2 \times g} + \frac{p_3}{\gamma} + hf_{2-3}$$

Considerações:

$z_1 = z_2 = z_3$ (tubo na horizontal)

$v_1 = v_3$

$\dfrac{p_1}{\gamma} = h_1; \quad \dfrac{p_2}{\gamma} = h_2; \quad \dfrac{p_3}{\gamma} = h_3$

$hf_{2-3} = hf$

$hf_{1-2} \cong 0$ (comprimento muito curto entre seção (1) e (2), logo, a perda de carga é desconsiderada).

A diferença de pressão H entre as seções (1) e (2) será dada por:

$$H = \frac{v_2^2}{2 \times g} - \frac{v_1^2}{2 \times g}$$

Logo:

$$v_2^2 - v_1^2 = 2 \times g \times H$$

sendo D_2 o diâmetro da abertura (passagem),

$$v_2 = v_1 \times \left(D_1^2/D_2^4 \right), \quad (Q_1 = Q_2)$$

$$\left(v_1^2 \times \left(D_1^4/D_2^4 \right) \right) - v_1^2 = 2 \times g \times H$$

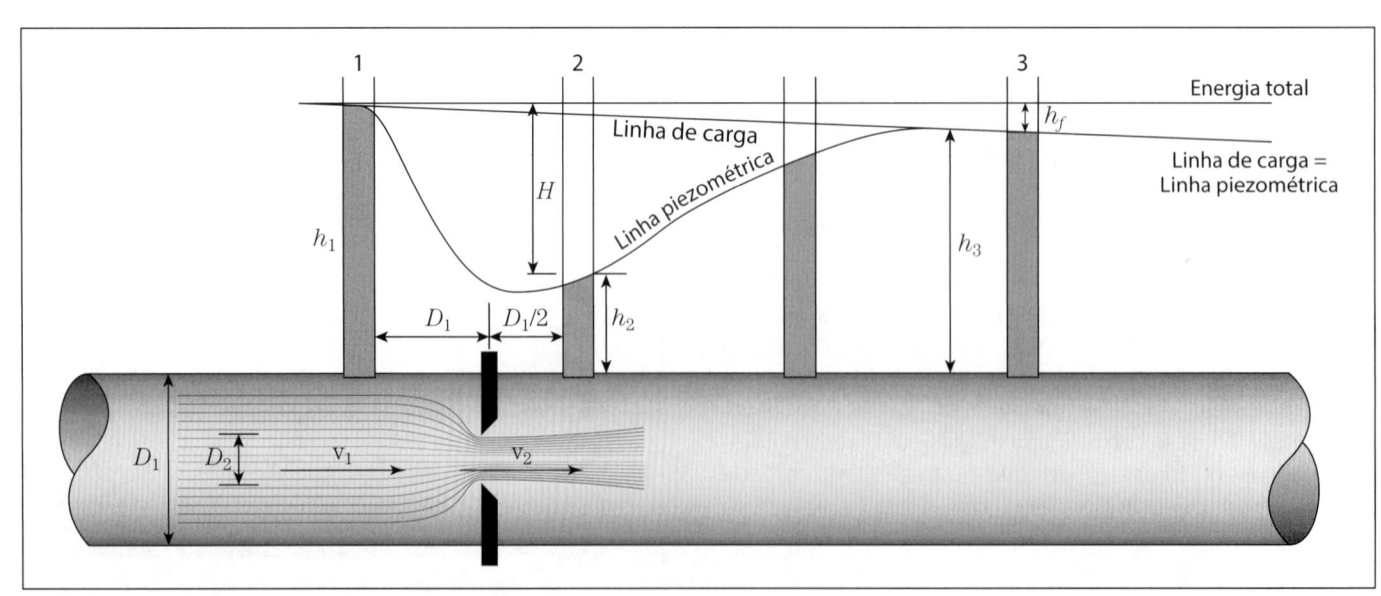

Figura A-15.8.2.1.1-a – Medidor diferencial.

$$V_1 = \sqrt{\frac{2 \times g \times H}{\left(D_1/D_2\right)^4 - 1}}$$

obtendo para a vazão

$$Q = C_d \times A_1 \times V_1 = \frac{\pi \times D_1^2}{4} \times C_d \times \sqrt{\frac{2 \times g \times H}{\left(D_1/D_2\right)^4 - 1}}$$

ou, ainda,

$$Q = 3{,}48 \times \frac{C_d \times D_1^2 \times \sqrt{H}}{\sqrt{\left(D_1/D_2\right)^4 - 1}} \qquad \textit{Equação (15.1)}$$

onde:

Q = vazão, em m³/s;
C_d = coeficiente de descarga;
D_1 = diâmetro da canalização, m;
D_2 = diâmetro da seção reduzida, m;
H = diferença de pressão provocada entre dois pontos, m.

Essa fórmula geral aplica-se a todos os medidores diferenciais: orifícios, diafragmas, bocais internos, Venturi curtos, Venturi longos etc.

Uma vez conhecidos os diâmetros, e medido o valor H, determina-se a vazão "instantânea" Q.

Para orifícios concêntricos, o valor de C_d varia de 0,60 a 0,62, admitindo-se o valor médio 0,61. Para os medidores Venturi do tipo longo, o valor médio C_d estará em torno de 0,975.

A perda de carga final (h_f) nesses medidores é menor do que a diferença de pressão H, porque, logo após a passagem pela seção contraída, há uma recuperação de carga piezométrica decorrente da redução de velocidade (*Figura A-15.8.2.1.1-a*). Na prática, no projeto de instalações que serão construídas (ainda não existem) é comum atribuir a h_f valores muito pequenos, ou até desprezar (h_f), considerando que estará coberto pelos coeficientes de segurança.

Aumentar o valor da relação D_1/D_2 (estrangulamento), aumenta a porcentagem de perda (*Figura A-15.8.2.1.1-b*), ver *Exercício A-15-a*.

a) Deprimogênios bruscos: orifícios calibrados ou "placa de orifício"

Os "orifícios calibrados" (a nomenclatura vem de que são placas com um orifício concêntrico à tubulação, com diâmetro preciso, "calibrado"), intercalados em trechos retos das tubulações, constituem um dos processos mais simples para a medição de vazões. São ainda conhecidos por medidor de "diafragma" ou medidor "concêntrico".

A execução do orifício é relativamente fácil. O orifício de diâmetro conveniente é executado em uma chapa metálica, normalmente instalada entre flanges da tubulação.

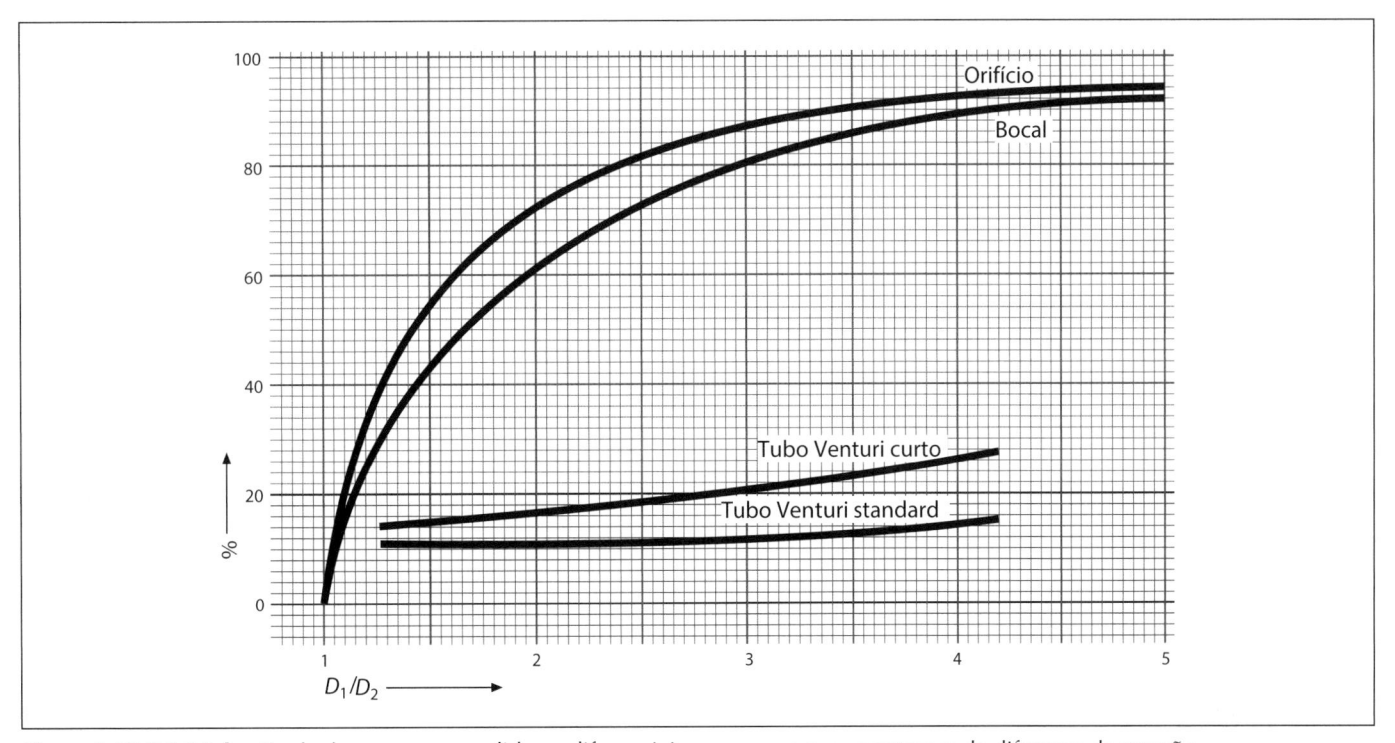

Figura A-15.8.2.1.1-b – Perda de carga nos medidores diferenciais, expressa em porcentagem da diferença de pressão.

Chapa. A chapa utilizada costuma ser metálica, de bronze, aço inoxidável ou monel (liga de níquel). A espessura é da ordem de 2,4 mm (3/32") para tubulações de até 150 mm de diâmetro; 3 mm (1/8") para tubulações de 200 ou 250 mm; e 4,8 mm (3/16") para tubulações de até 550 mm. No caso de se empregar chapas mais espessas, costuma-se dar um acabamento em bisel a 45° (chanfro), por jusante, deixando uma "espessura" no orifício de 2,4 mm, de modo a buscar um padrão para comparar umas medidas com outras.

Tamanho do orifício. O diâmetro do orifício (D_2) deve estar compreendido entre 30% e 80% do diâmetro (D_1) da canalização. Valores inferiores a 30% correspondem a perdas excessivas e valores superiores a 80% não permitem boa precisão. Usualmente, o valor de D_2 é estabelecido entre 50% a 70% do valor de D_1.

Derivações. Nas tubulações horizontais, as derivações para medida de pressão devem ser feitas na lateral dos tubos, no plano horizontal (*Figura A-5.8.2.1.1-c*). A tomada de montante deverá ficar a uma distância correspondente a um diâmetro (D_1) da face do orifício; a de jusante é inserida a uma distância de meio diâmetro $(D_1/2)$. As derivações devem ser feitas sem penetração excessiva, eliminando as rebarbas e asperezas. Usualmente o DN das derivações fica entre 6 e 25 mm (entre 1/4 e 1 polegada).

Instalação do orifício. O orifício deve ser instalado em trechos retilíneos horizontais ou verticais sem qualquer causa perturbadora próxima (derivações, curvas, válvulas etc.), recomendando-se as distâncias mínimas apresentadas na *Tabela A-15.8.2.1.1-a*.

Detalhe: quando a diferença de diâmetros $(D_1 - D_2)$ for superior a 50 mm, deve-se executar um pequeno furo (3 mm de diâmetro) na parte superior da chapa do orifício, junto ao coroamento interno dos tubos, para permitir a passagem do ar, evitando a formação de bolsas de ar por montante.

A diferença de pressão produzida (H) pode ser calculada pela fórmula geral, *Equação(15.1)*, não devendo exceder 2,50 m, por motivos econômicos.

Nos medidores já instalados, uma maneira simples de verificar H para a determinação da vazão consiste no emprego de um manômetro em U.

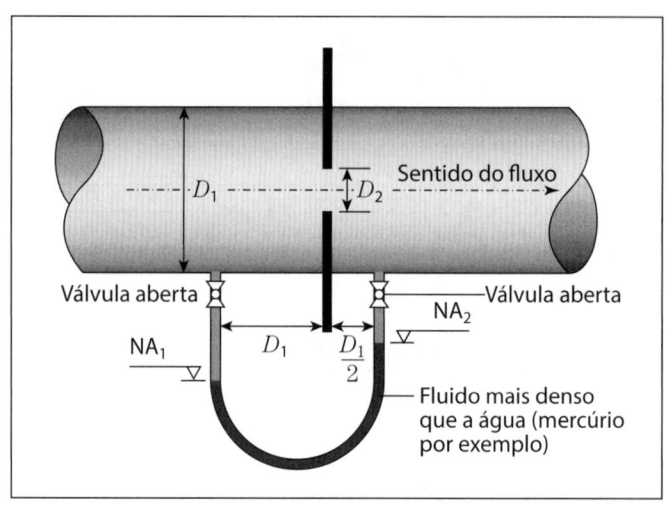

Figura A-15.8.2.1.1-c – Modelo de placa de orifício (Bib. S340).

Tabela A-15.8.2.1.1-a Dimensões/distâncias mínimas

D_1/D_2	A montante	A jusante
1,25	$20 \times D_1$	$5 \times D_1$
1,50	$12 \times D_1$	$4 \times D_1$
2,00	$7 \times D_1$	$3,5 \times D_1$
3,00	$3 \times D_1$	$3 \times D_1$

b)   Deprimogênicos adoçados ou bocais (convergente--divergente)

Tratando-se de variante de um mesmo tipo de medidor por diferencial de pressão, distinguem-se dos anteriores, ditos "bruscos", porque são desenvolvidos para introduzir menos perda de carga no escoamento (menos custos de energia) e mais precisão nas medidas. São dispositivos que consistem em uma redução gradual seguida de uma ampliação também gradual na seção de escoamento de uma tubulação, de modo a produzir uma diferença de pressão em consequência do aumento de velocidade.

Quanto mais "curtos", apresentam mais perda de carga e menos precisão, mas ocupam menos espaço nas tubulações que os mais longos.

Todos são compostos por três partes: uma peça convergente, uma "garganta" de seção mínima, que pode ser uma aresta ou um trecho, e uma peça divergente.

b.1) "Venturi"

O mais conhecido dos medidores desse tipo são aqueles chamados "Venturi", aparelho inventado por Clemens Herschel em 1881, que leva o nome do filósofo e engenheiro italiano "Venturi", que foi o primeiro hidráulico a experimentar tubos com redução seguida de ampliação gradual de diâmetro (*Figuras A-15.8.2.1.1-d(1)* e *(2)*).

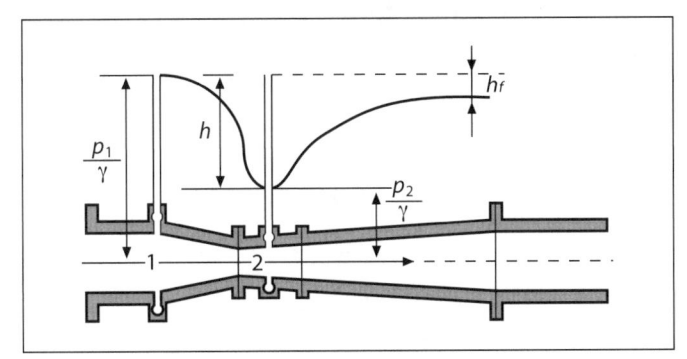

Figura A-15.8.2.1.1-d(1) – Medidor Venturi.

Figura A-15.8.2.1.1-d(2) – Foto de um medidor Venturi.

O diâmetro de garganta geralmente está compreendido entre 1/4 e 3/4 do diâmetro da tubulação.

Os aparelhos Venturi são fabricados em dois tipos:

a) Venturi longo (Herschel);
b) Venturi curto (Orivent).

Os comprimentos dos tubos Venturi "longos" geralmente estão compreendidos entre 5 e 12 vezes o diâmetro da tubulação. Os Venturi ditos "curtos" apresentam-se com comprimentos entre 3,5 e 7 vezes o diâmetro nominal da canalização.

A jusante do aparelho pode-se instalar qualquer peça especial, porque o comprimento da seção divergente (difusor) é suficientemente grande para assegurar as condições de medição.

O medidor Venturi deverá ser precedido de um trecho de canalização retilínea, de pelo menos seis (6) vezes o diâmetro da canalização.

Nas tomadas de pressão, existem câmaras anulares (coroas ou anéis), ligadas ao tubo por uma série de orifícios convenientemente dispostos na sua periferia.

Na canalização onde vai ser instalado o medidor, a pressão deverá ser superior ao valor de H (*Figura A-15.8.2.1.1-d(1)*).

Os medidores Venturi são fabricados segundo padrões estabelecidos (ensaiados e aferidos).

Aplicando o teorema de Bernoulli e tomando como referência o eixo horizontal da canalização,

$$\frac{p_1}{\gamma} + \frac{v_1^2}{2 \times g} = \frac{p_2}{\gamma} + \frac{v_2^2}{2 \times g}$$

$$\frac{p_1}{\gamma} - \frac{p_2}{\gamma} = \frac{v_2^2}{2 \times g} - \frac{v_1^2}{2 \times g} = H = \frac{1}{2 \times g} \times \left(v_2^2 - v_1^2 \right)$$

$$v_1^2 = Q^2 / A_1^2 \qquad \text{e} \qquad v_2^2 = Q^2 / A_2^2$$

logo:

$$H = \frac{Q^2}{2 \times g} \times \left(\frac{1}{A_2^2} - \frac{1}{A_1^2} \right)$$

$$Q = \sqrt{\frac{2 \times g}{\left(\left(1 / A_2^2 \right) - \left(1 / A_1^2 \right) \right)}} \times \sqrt{H} = m \times \sqrt{H}$$

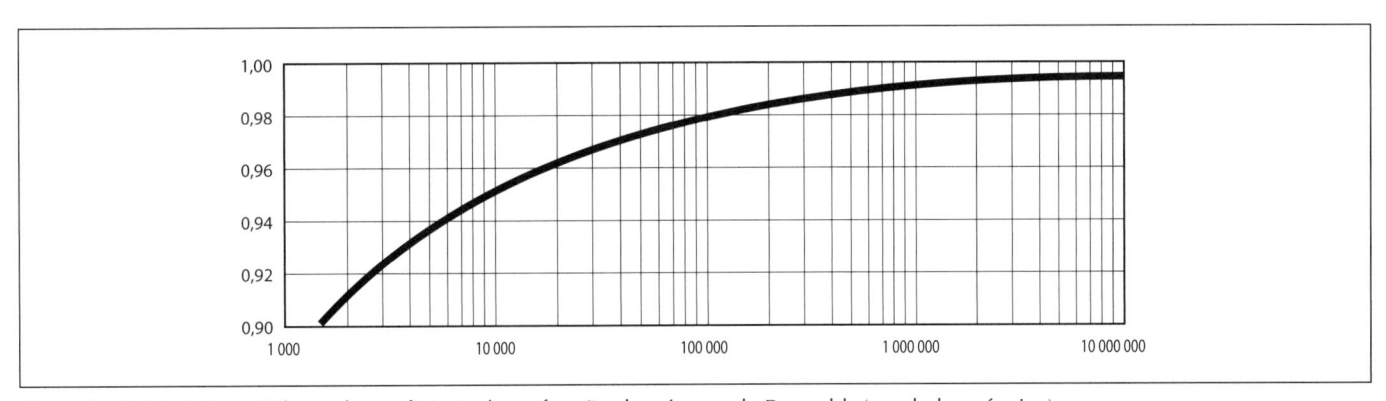

Figura A-15.8.2.1.1-e – Valores do coeficiente k em função do número de Reynolds (escala logarítmica).

Deve-se, ainda, introduzir um coeficiente corretivo k, apresentado na *Figura A-15.8.2.1.1-e*, de modo que:

$$Q = k \times m \times \sqrt{H}$$

b.2) Bocais de inserção

É uma secção convergente/divergente gradual, com formas definidas, ensaiadas e aferidas pelo fabricante, inserida no tubo onde transita a vazão que se quer medir. Essa "inserção" em um "toco de tubo", que pode ser intercalado ou inserido em determinado ponto de uma tubulação a pressão, pode ser comparada a um Venturi curto que se introduz num tubo (*Figuras A-15.8.2.1.1-f, g* e *h*).

Apresentam as seguintes vantagens:

* dimensões e pesos reduzidos;
* perda de carga muito pequena;
* custo baixo.

A perda de carga que se observa nesses medidores pode ser inferior à que se verifica nos "Venturi clássicos" (longos). A *Tabela A-15.8.2.1.1-b* apresenta os limites usuais de aplicação para medidores tipo Venturi e tipo inserção, considerando bocais tipo Dall ou Permutube (nomes comerciais).

Tabela A-15.8.2.1.1-b Venturi e Inserção tipo Dall/ Permutube – Limites usuais de aplicação

D		Vazões (ℓ/s)	
(mm)	(pol)	Venturi	outros bocais
150	6	60 - 400	125 - 900
200	8	110 - 700	220 - 1.500
250	10	170 - 1.100	340 - 2.400
300	12	245 - 1.600	525 - 3.400
350	14	335 - 2.200	630 - 4.700
400	16	435 - 2.800	950 - 6.000
450	18	550 - 3.600	1.135 - 7.500
500	20	680 - 4.400	1.385 - 9.500
600	24	980 - 6.400	2.015 - 13.800

Observações:
a. As diferenças de pressão variam de 1,5 a 4,0 m.c.a.
b. Os comprimentos dos tubos Venturi longos são de 10 a 12 vezes o diâmetro; os dos tubos Venturi curtos, de 5 a 7 vezes o diâmetro; e os dos bocais de inserção (tipo Dall) são 2 vezes o diâmetro.
c. A perda de carga nesses medidores geralmente está compreendida entre 2% e 5% da pressão diferencial.
d. O trecho retilíneo a montante deve igualar ou superar 6 vezes o diâmetro do tubo.

c) Singularidades

Curvas e válvulas, entre outras peças e singularidades, podem ser aproveitadas para a medição de vazões nas tubulações, desde que não seja exigida muita precisão.

c.1) Curvas

Nas curvas, por exemplo, verificam-se diferenças de pressão entre a parte externa e a parte interna, que podem servir para a medição de vazão (*Figura A-15.8.2.1.1-i*).

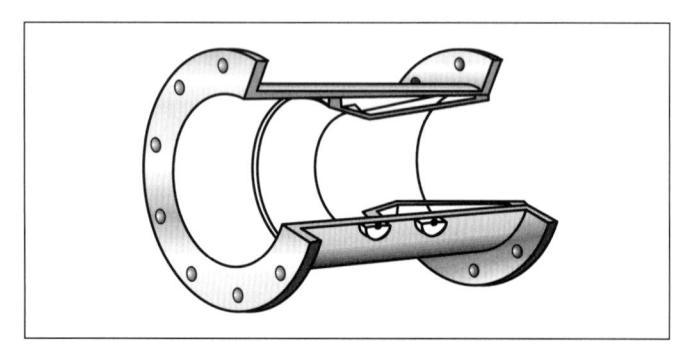

Figura A-15.8.2.1.1-f – Medidor tipo Dall (corte) a ser inserido entre dois flanges mas ocupando um comprimento de tubulação.

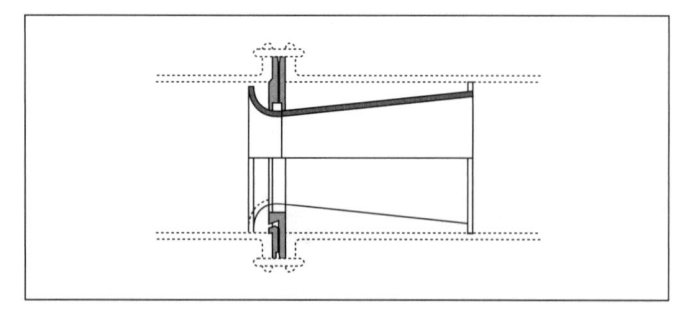

Figura A-15.8.2.1.1-g – Medidor inserido entre flanges (tipo "permutube"), sem ocupar um trecho da tubulação.

Figura A-15.8.2.1.1-h – Fotos de medidor Permutube.

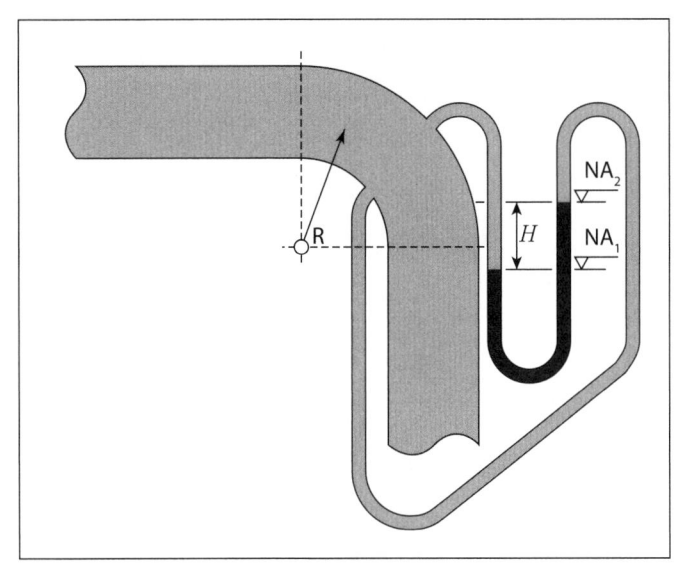

Figura A-15.8.2.1.1-i – Medição de vazão em uma curva (Bib. S340).

$$Q = K \times \left(\pi \times D^2 / 4 \right) \times \sqrt{2 \times g \times H}$$

Valores empíricos de K são dados em função de R/D, como mostra a *Tabela A-15.8.2.1.1-c*.

Tabela A-15.8.2.1.1-c Valores práticos de K

R/D	1,0	1,5	2,0	2,5	3,0
K	0,701	0,849	0,992	1,112	1,224

c.2) Válvulas

As válvulas também podem ser utilizadas para medição de vazão (*Figura A-15.8.2.1.1-j*).

De acordo com as observações de W. J. Tudor (para válvulas de gaveta), tem-se que:

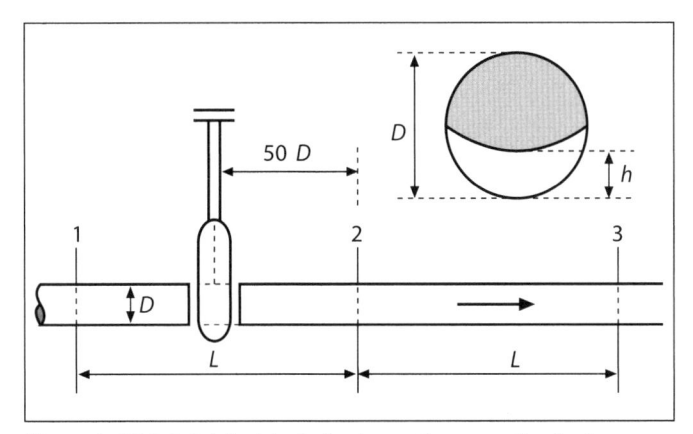

Figura A-15.8.2.1.1-j – Medição de vazão com válvula de gaveta.

$$Q = 2,1 \times \sqrt{h_f \times A^2 \times g \times (H/D)^3}$$

onde:

  Q = vazão, m³/s;
  h_f = perda de carga apenas no registro, m;
  A = seção da tubulação, m²;
  H = altura da abertura, m;
  D = diâmetro do tubo, m.

Medem-se as cargas em pontos equidistantes nas secções 1, 2, e 3, sendo que a medição no trecho 2-3 serve apenas para indicar a perda de carga devida à própria tubulação (se essa perda for desprezada, simplificar-se-á o processo):

$$h_f = (p_1 - p_2) - h_{f2-3} = (p_1 - p_2) - (p_2 - p_3)$$

d) Medidor proporcional

Um "medidor proporcional" nada mais é do que um arranjo onde se coloca um pequeno hidrômetro, medindo a vazão que passa por uma tubulação pequena, paralela à tubulação principal, onde se insere uma singularidade (na tubulação principal), normalmente um estreitamento provocando essa vazão em paralelo. Caso a tubulação já disponha de um ponto onde se possa ter duas tomadas com pressões ligeiramente diferentes, não há porque não usar esse ponto.

Note-se que qualquer sistema deprimogênico pode ser adaptado para um medidor proporcional, pois, havendo duas tomadas uma a jusante e outra a montante da singularidade, a primeira com pressão de água maior que a outra, ligando uma à outra, por aí circulará água em determinada proporção com a que circular no tubo principal. Medida uma, pode-se calcular a outra.

Costuma ser um dispositivo muito barato e eficaz (introduz pequena perda de carga e medidas a longo termo tendem a apresentar resultados bastante precisos), entretanto, precisa ser calibrado para se tornar válido (a instalação precisa ser igual a outra já aferida, ou esta precisa ser aferida).

Na *Figura A-15.8.2.1.1-k* mostra-se um arranjo típico. As leituras no hidrômetro pequeno permitem avaliar as vazões da tubulação. Nessa figura, os pontos A e B representam duas conexões na tubulação.

A-15.8.2.1.2 Outros tipos

a) Fluxômetros/rotâmetros

O medidor de área variável, ou fluxômetro, é um aparelho constituído por um tubo cônico, normalmente transparente, com a seção maior voltada para cima, onde

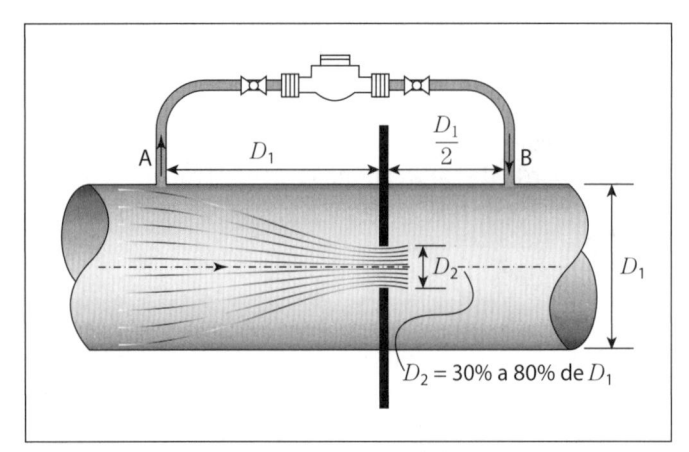

Figura A-15.8.2.1.1-k – Medidor proporcional do tipo derivação (Bib. C585).

se instala uma peça de peso e forma adequados (normalmente tronco-cilindro/cônico ou então esférico) que se desloca para cima ou para baixo, conforme a vazão do fluido cuja vazão se quer medir (essa peça é denominada "flutuador").

Para cada vazão existe uma posição correspondente do flutuador, uma vez que varia a área da passagem existente entre o flutuador e as paredes do tubo (*Figura A-15.8.2.1.2-a*).

O nome "rotâmetro" deve-se a que o flutuador normalmente fica girando sobre seu eixo vertical em busca de sua estabilidade (*Figura A-15.8.2.1.2-b*).

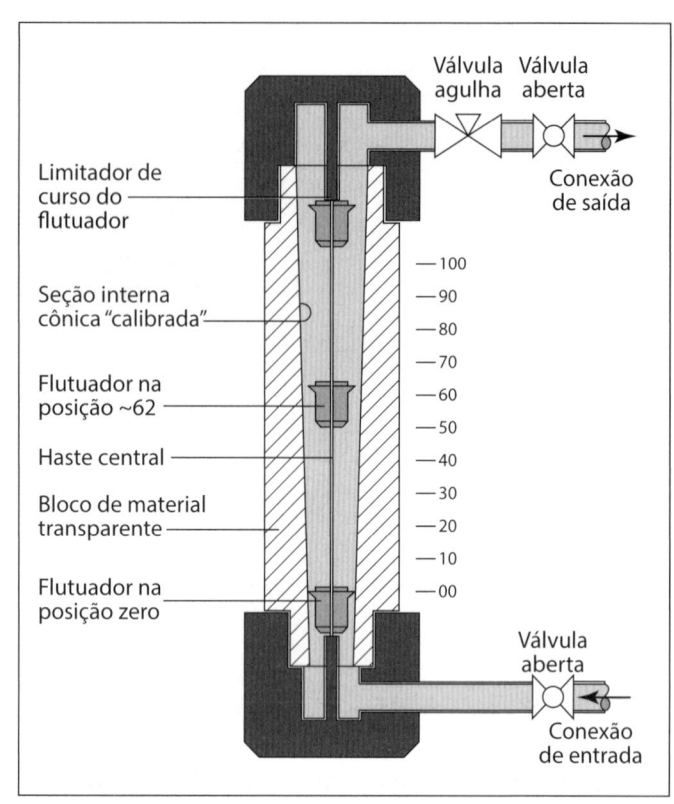

Figura A-15.8.2.1.2-b – Esquema de um rotâmetro/fluxômetro.

Esse tipo de medidor é muito usado para medir o gás cloro em estações de tratamento de água.

b)   Magnéticos (ou eletromagnéticos)

Quando um líquido condutor elétrico como a água desloca-se através de um campo magnético, cortando as linhas de campo, forma-se uma força eletromotriz (voltagem induzida no condutor), que é proporcional à

Figura A-15.8.2.1.2-a – Foto de um rotâmetro/fluxômetro (Bib. C585).

Figura A-15.8.2.1.2-c – Medidor de vazão eletromagnético (Bib. C575).

velocidade *v* do líquido condutor (Lei da Indução de Faraday).

No caso, o condutor é a própria água e o campo magnético de intensidade "B" é formado por duas bobinas, fixadas diametralmente opostas num pedaço de tubo com flanges, por fora desse pedaço de tubo, para geração do campo magnético, e dois eletrodos "E" fixados perpendicularmente a uma distância DN um do outro. A força eletromotriz é medida por meio de eletrodos que devem ter contato com o líquido (*Figura A-15.8.2.1.2-d*) e é proporcional à massa do líquido condutor.

Os medidores magnéticos são produzidos para todos os diâmetros comerciais usuais e costumam ser peças caras, mas têm a vantagem de não causar perdas de carga.

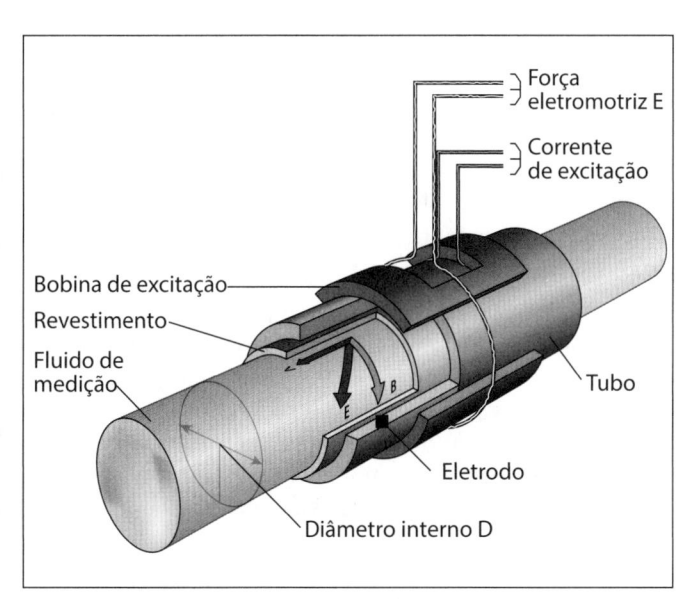

Figura A-15.8.2.1.2-d – Esquema de funcionamento de um medidor magnético.

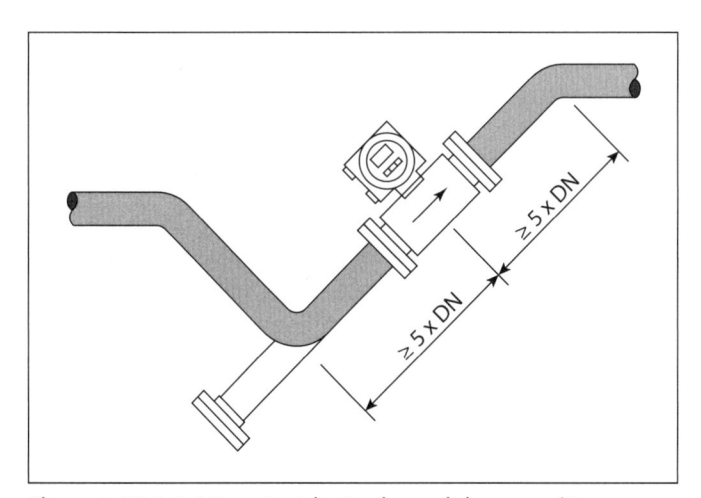

Figura A-15.8.2.1.2-e – Instalação do medidor magnético.

c)   **Medidores ultrassônicos**

O princípio de seu funcionamento se baseia na diferença do tempo de propagação de ondas ultrassônicas encaminhadas nos dois sentidos (montante e jusante) de fluxo da água e o sensoriamento eletrônico dessas ondas em um intervalo de comprimento conhecido. O sinal emitido de jusante para montante é desacelerado pela velocidade do fluxo e acelerado no caminho inverso. Por aí pode-se conhecer a velocidade no trajeto. Quantos mais pares de sensores forem colocados em determinada secção, maior precisão se terá nas medidas, pois haverá uma melhor integração dos perfis de velocidades na secção.

São medidores que se aplicam tanto a tubulações fechadas sob pressão quanto a canais prismáticos.

São de instalação fácil, pois podem ser instalados sem necessidade de interromper o funcionamento (não há nenhuma peça dentro do tubo, apenas peças ajustáveis externamente) e consequentemente, não há perda de carga (*Figuras A-15.8.2.1.2-f*).

Em princípio, dois transdutores são acoplados na parede externa do tubo emitindo e recebendo pulsos de ultrassom. O tempo de trajeto desses pulsos são analisados por um circuito eletrônico microprocessado que efetua o cálculo da vazão instantânea.

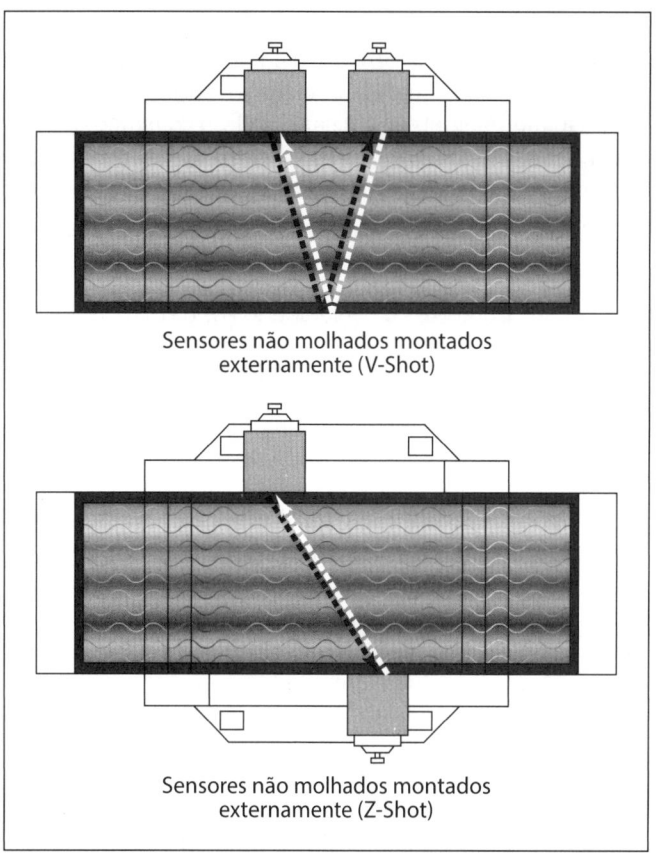

Figura A-15.8.2.1.2-f – Medidor de vazão ultrassônico.

Por suas características, é o medidor que mais se presta a medições portáteis (não precisa ser invasivo), mas é mais frequente em instalações fixas.

Pode ser utilizado em tubulações de diferentes materiais como aço carbono, ferro fundido, aço inox, polietileno, PVC, vidro etc. em qualquer diâmetro.

d)   Hidrômetros (contadores mecânicos)

Em princípio, todos os dispositivos que medem água são "hidrômetros", entretanto generalizou-se o entendimento de que os "contadores mecânicos" são aqueles que respondem por esse nome, entendimento que será aqui adotado. Assim, os "hidrômetros" são aparelhos destinados à medição da quantidade de água que escoa, através da contagem de vezes que um "molinete", ou uma "turbina", ou um "disco", enfim, determinado dispositivo mecânico, é acionado pela passagem da água. A força motriz do equipamento é tirada da água que passa. Esse aparelho conhecido como hidrômetro é composto de uma carcaça com entrada e saída para a água, onde seus componentes são montados e o molinete ou equivalente, ao movimentar-se, transmite esse movimento a um mecanismo de medida e registro com mostrador. Engenhosos sistemas mecânicos, eletro-mecânicos, magnéticos ou eletrônicos, verdadeiras relojoarias, mas que não interessam ao objeto deste livro, encarregam-se de resolver a questão.

Em face da delicadeza desses mecanismos, especialmente aqueles em contato com o líquido que se quer medir, sua aplicação é predominantemente destinada à água limpa, e são muito empregados para medir o consumo de água nas instalações prediais e industriais. Este assunto voltará a ser abordado no *item B-IV.2* deste livro.

Entretanto, convém saber que são dois os tipos principais:

a)   hidrômetros de velocidade (tipo turbina, hélice, disco, palheta etc.);

b)   hidrômetros de volume (compartimento que enche e esvazia continuamente).

Hidrômetros de velocidade (Figura A-15.8.2.1.2--g): são mais baratos, de construção mais simples, de reparação mais fácil e menos sensíveis às impurezas das águas. O inconveniente maior é a precisão. Note-se que os contadores mecânicos velocimétricos, depois de aferidos para uma determinada faixa de vazão/velocidade, quando fora dessa faixa tendem a medir "a menos". Também quando desregulados por falta de manutenção, tendem a medir a menos; nunca medem a mais (se tendessem a medir "a mais" estariam produzindo energia, o que contraria a 3ª lei de Newton, já que a energia que usam provém da água que medem).

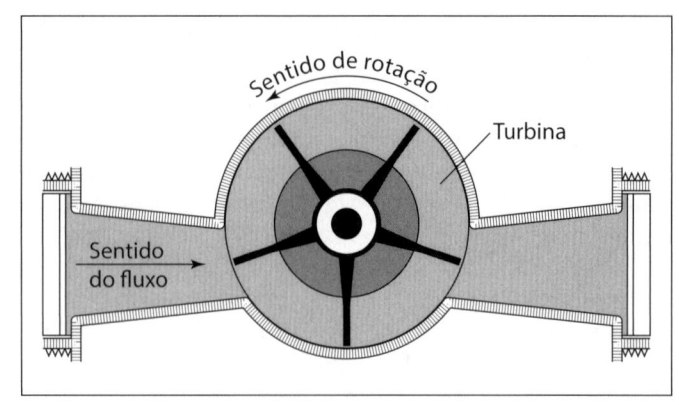

Figura A-15.8.2.1.2-g – Corte de um hidrômetro de velocidade.

Entretanto, em certas posições dos sistemas de distribuição de água, é usual que acabem medindo ar que de alguma forma entrou na tubulação e vem a sair pelas ligações domiciliares (assunto que volta a ser tratado em *B-I.1*).

Hidrômetros de volume: são mais precisos e mais sensíveis, usados para consumos pequenos. São mais caros, as impurezas nas águas costumam emperrá-los e são de reparação mais difícil. Os hidrômetros volumétricos são usados em localidades onde a água é cara e de boa qualidade.

Voltando aos hidrômetros velocimétricos, os mais usuais, estes começam a mover-se a partir de uma vazão capaz de superar a inércia do mecanismo. Entretanto, chama-se de "vazão mínima" aquela a partir da qual o aparelho começa a medir volumes dentro de uma faixa de precisão "aceitável", normalmente estabelecida em especificações e normas. Por sua vez, chama-se "vazão máxima" aquela em que o aparelho pode trabalhar por algum tempo sem danificar-se e sem introduzir erros e perda de carga (normalmente 10 MPa no máximo) acima de determinados valores "aceitáveis" (normas e especificações).

Entre uma e outra, existe a "vazão nominal" (Q_N), que é a vazão que se usa para especificar o hidrômetro, em torno da qual os erros de medição são os menores. Na prática, usa-se designar a metade da vazão máxima como "vazão nominal" de um hidrômetro. Assim, por exemplo, um hidrômetro de vazão máxima 3 m³/h terá vazão nominal de 1,5 m³/h e será conhecido e especificado por essa característica (Q_N). Normalmente entende-se que a precisão das medições no entorno da vazão nominal é de ±2% para hidrômetros novos e ±5% usados no limite de troca ou reaferição. Entende-se ainda que a precisão nos limites da faixa de vazão considerada vai a 5% ±2% para os novos e que devem ser substituídos ou reaferidos quando alcançam o dobro dessas tolerâncias.

Caberia ainda, ao especificar o hidrômetro que se deseja, informar o diâmetro dos acoplamentos, da carcaça e se unijato ou multijato, se mecânico ou magnético, mecanismo seco ou úmido.

Os hidrômetros são metrologicamente classificados em Classe A (menos sensíveis e pouco usuais no mercado), Classe B (predominam no mercado), Classe C e Classe D (mais sensíveis e ainda incipientes no mercado). Nessa "classificação" existe um "degrau" nas tolerâncias no entorno da QN (vazão nominal) de 15 m³/h. Os hidrômetros com QN superior a 15 m³/h têm tolerâncias mais restritivas.

O "Woltmann" (*Figura A-15.8.2.1.2-h*) é um hidrômetro de velocidade com grande capacidade de vazão. Consiste em um turbina, cujo número de rotações mede indiretamente a quantidade de água que passa pelo aparelho.

Em serviços de abastecimento de água, o hidrômetro Woltmann aplica-se à determinação de vazão em linhas adutoras, subadutoras, entradas/saídas de reservatórios etc. Aplica-se, também, nos prédios de grande consumo de água.

Para a escolha (especificação) do hidrômetro adequado a determinada situação, será necessário aprofundar-se no assunto. A definição dos erros admissíveis e do custo são os parâmetros mais importantes a serem levados em conta. Diversas normas e padrões organizam a tarefa.

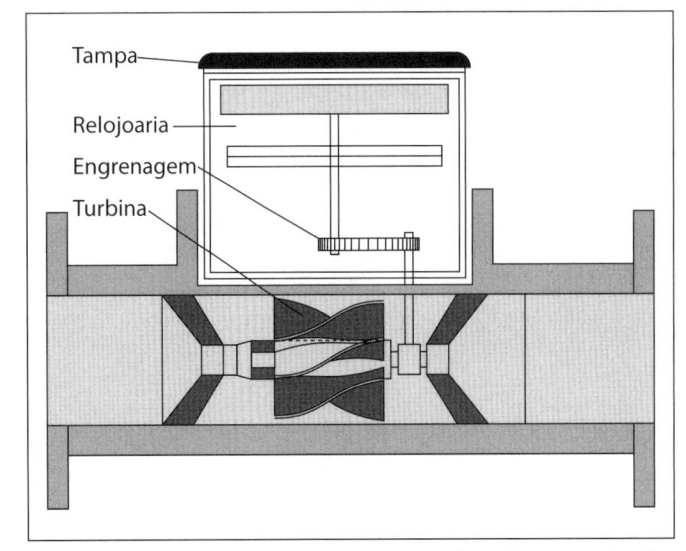

Figura A-15.8.2.1.2-i – Hidrômetro com turbina horizontal (Bib. T750).

A-15.8.2.2 Em dispositivos e situações especiais

A-15.8.2.2.1 Orifícios e bocais

O assunto é também abordado no *Capítulo A-5*.

Os "orifícios" são aplicados para controle e medida de vazão, saindo de recipientes (tanques) e de canalizações. A "pressão" (o nível da água) por montante deve ser constante e conhecida. Normalmente esse NA é mantido constante por uma válvula de boia que regula uma entrada de água com capacidade maior que a do orifício de saída.

Os orifícios costumam ser usinados (fabricados) com determinado perfil já ensaiado em laboratório de hidráulica. Um orifício dotado de um determinado perfil mais elaborado é denominado de "bocal".

Há bocais usados para estabelecer uma vazão conhecida (não deixam a vazão variar fora do que está regulado). Há bocais para medir vazões.

Nas instalações de tratamento de água, frequentemente são usados orifícios ajustáveis para medir vazões de soluções químicas a serem aplicadas no tratamento.

Diz-se que é uma "medida indireta" porque a vazão é determinada pela posição (trajetória) da "veia" em regime de descarga livre.

Figura A-15.8.2.1.2-h – Foto de um macromedidor tipo Woltmann (Bib. C575).

Na transição de orifício para calha e de pressurizado para canal há um tipo de tubos curtos, que ficam entre uns e outros, destacando-se os ditos bocais parabólicos; destes, destaca-se o denominado "bocal" de Kennison, no qual a vazão é determinada pela posição da veia líquida em regime de descarga livre e, portanto, pressupõe a existência de energia disponível no perfil hidráulico do sistema. O bocal Kennison é aplicado a fluidos com impurezas, lodos etc. (*Figuras A-15.8.2.2.1-a e b*).

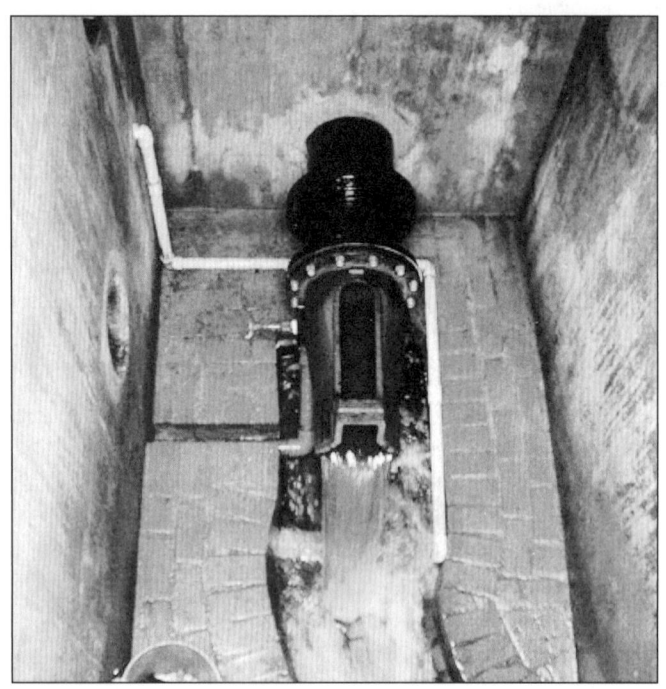

Figura A-15.8.2.2.1-a – Foto do bocal de Kennison em operação.

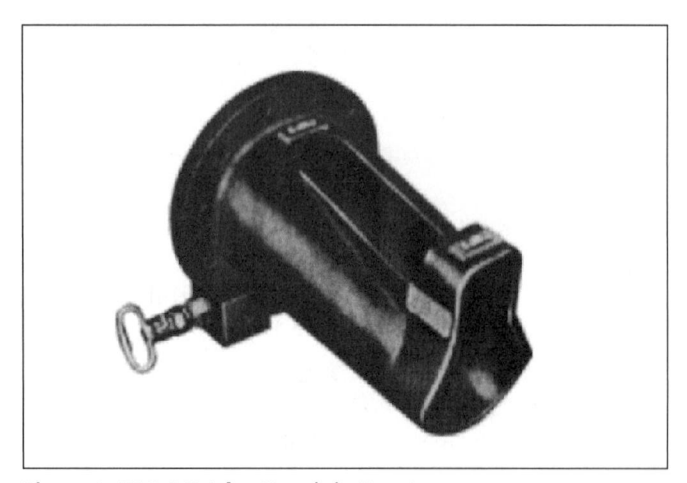

Figura A-15.8.2.2.1-b – Bocal de Kennison.

A-15.8.2.2 Jato de água e tubos curtos

A exemplo do item anterior, deve-se buscar os fundamentos no *Capítulo A-5*.

A-15.8.2.2.2.1 Processo das coordenadas

Também é uma medição "indireta" de vazão porque, através da análise da trajetória do jato de água, chega-se à vazão.

O teorema de Torricelli demonstra que a velocidade teórica, v_t (m/s), de um jato é:

$$v_t = \sqrt{2 \times g \times H} \qquad \text{Equação (15.2)}$$

onde,

g = aceleração da gravidade (m/s²);
H = carga sobre o centro do orifício (m).

O movimento da veia líquida no tempo t pode ser decomposto segundo os eixos horizontal (x) e vertical (y), conforme a *Figura A-15.8.2.2.2.1-a*. O primeiro movimento, horizontal, é tomado como uniforme, e o segundo, vertical, como acelerado, devido à ação da gravidade.

Assim, pela cinemática da mecânica clássica, as equações desses movimentos serão:

$$x = v_t \times t \qquad \text{Equação (15.3)}$$

$$y = (1/2) \times g \times t^2 \qquad \text{Equação (15.4)}$$

Tomando o valor de t da *Equação (15.3)* e substituindo na *Equação (15.4)*,

$$y = (1/2) \times g \times (x^2/v_t^2)$$

Verifica-se, portanto, que a trajetória é uma parábola do 2º grau:

$$v_t^2 = \frac{g}{2} \times \frac{x^2}{y}$$

$$v_t = 2{,}21 \times \left(x/\sqrt{y}\right)$$

A vazão será de:

$$Q = A \times v_t = 2{,}21 \times A \times \left(x/\sqrt{y}\right) \qquad \text{Equação (15.5)}$$

Este é um dos processos mais simples para a medida da vazão, no caso da descarga livre.

O tubo de descarga pode estar na posição horizontal, conforme indica a *Figura A-15.8.2.2.2.1-a*, ou pode estar inclinado; no segundo caso, deve-se medir x na direção do prolongamento da geratriz superior do tubo e y na vertical.

Na *Equação (15.5)*, A é a seção de escoamento na saída do tubo. Se o tubo não funcionar com a seção de saída completamente cheia, medir H, altura da lâmina, e

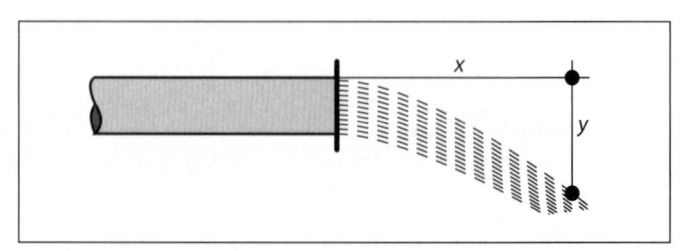

Figura A-15.8.2.2.2.1-a – Movimento de uma veia líquida.

aplicar os dados da *Tabela A-15.8.2.2.2.1-a*, onde D é o diâmetro e r é o raio da seção A.

Tabela A-15.8.2.2.2.1-a Cálculo da área da seção de escoamento

H/D	% da seção total	Seção de escoamento (m²)
0,95	98,1	$3,082 \times r^2$
0,90	94,8	$2,978 \times r^2$
0,85	90,5	$2,846 \times r^2$
0,80	85,7	$2,694 \times r^2$
0,75	80,5	$2,528 \times r^2$
0,70	74,7	$2,349 \times r^2$
0,65	68,8	$2,162 \times r^2$
0,60	62,7	$1,969 \times r^2$
0,55	56,4	$1,771 \times r^2$
0,50	50,0	$1,571 \times r^2$

A-15.8.2.2.2.2 Processo Yassuda, Nogami & Montrigaud

Trata-se de um processo simplificado para a medida aproximada da vazão que sai de um tubo horizontal ou inclinado:

a) Tubo cheio

$$Q = 12,5 \times L \times D^2$$

(*Figura A-15.8.2.2.2.2-a* e *b*)

onde:
L = distância (cm), para $y = 25$ cm;
D = diâmetro interno do tubo (cm);
Q = vazão, em litros por hora.

Medindo a distância L em cm, entre a boca do tubo e o ponto onde o jato cai 25 cm, avalia-se a vazão. L é sempre medido na direção da geratriz do tubo e y na vertical (*Tabela A-15.8.2.2.2.2-a*).

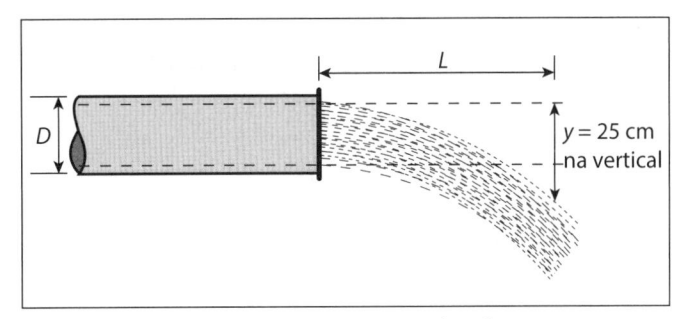

Figura A-15.8.2.2.2.2-a – Vazão em um tubo cheio.

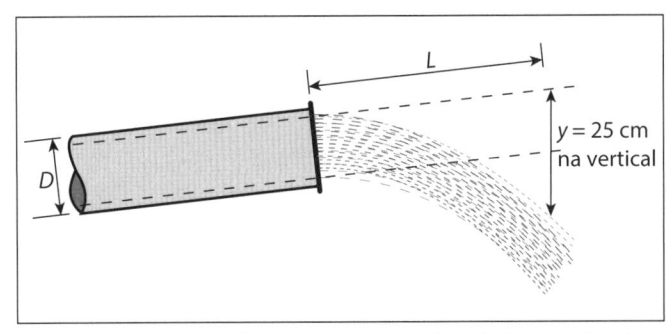

Figura A-15.8.2.2.2.2-b – Vazão em um tubo cheio e inclinado.

b) Tubo parcialmente cheio

No caso do escoamento não se dar com a seção de saída totalmente cheia, interessará medir o abaixamento H_1 da lâmina, na saída do tubo (*Figura A-15.8.2.2.2.2-c*).

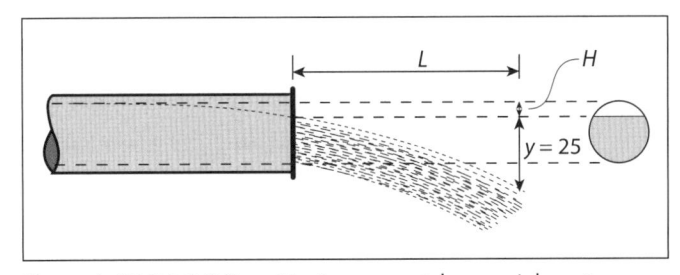

Figura A-15.8.2.2.2.2-c – Vazão em um tubo parcialmente cheio.

Nesse caso, a altura de queda ($y = 25$ cm) do jato é medida a partir da linha virtual paralela ao eixo longitudinal do tubo, a partir do NA da seção final do tubo e

Tabela A-15.8.2.2.2.2-a Vazão aproximada para um tubo cheio

Diâmetro interno do tubo		Distância L, em cm, para $y = 25$ cm									
		25	30	35	40	45	50	55	60	65	70
cm	polegadas	Vazão aproximada, em litro por hora									
7,5	3	17.500	21.000	24.500	28.000	31.500	35.000	38.500	42.000	45.500	49.000
10	4	31.000	37.500	44.000	50.000	56.500	62.500	69.000	75.000	81.500	87.500
15	6	70.500	84.500	98.500	112.500	126.500	140.500	154.600	169.000	78.000	197.000

que passa pelo eixo vertical deste. A vazão Q_1 será uma fração da vazão obtida com a seção cheia. Para facilitar esse cálculo, usar a *Tabela A-15.8.2.2.2.2-b*,

onde:

A_m = área da seção molhada;
A_0 = área da seção total (cheia);
D = diâmetro do tubo;
Q_0 = vazão da seção total.

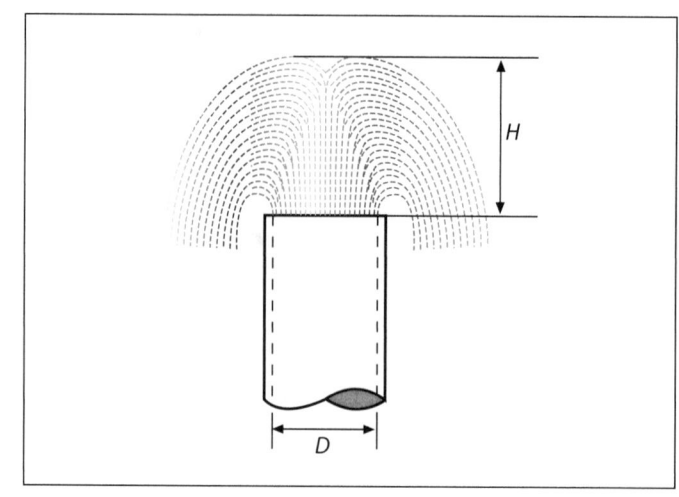

Figura A-15.8.2.2.2.2-d – Tubo vertical.

Tabela A-15.8.2.2.2.2-b Seção parcialmente cheia

H_1/D (%)	Am/A_0	H_1/D (%)	Am/A_0
5	0,981	40	0,626
10	0,948	45	0,564
15	0,906	50	0,500
20	0,858	60	0,374
25	0,801	70	0,252
30	0,748	80	0,142
35	0,688	90	0,052

A-15.8.2.2.2.3 Processo Califórnia

Conhecido também como "Método Califórnia", é um processo muito empregado para a medição de vazão de poços profundos, bombas de esgotamento, etc. Consiste em executar uma instalação, como indica a *Figura A-15.8.2.2.2.3-a*, fazendo a água verter por um tubo horizontal.

A vazão será dada pela fórmula:

$$Q_1 = (A_m/A_0) \times Q_0$$

c) Tubo vertical

(*Figura A-15.8.2.2.2.2-d* e *Tabela A-15.8.2.2.2.2-c*)

Fórmula:

$$Q = 0,125 \times D^2 \times \sqrt{H}$$

onde:

Q, em ℓ/h
H, em cm
D, em cm

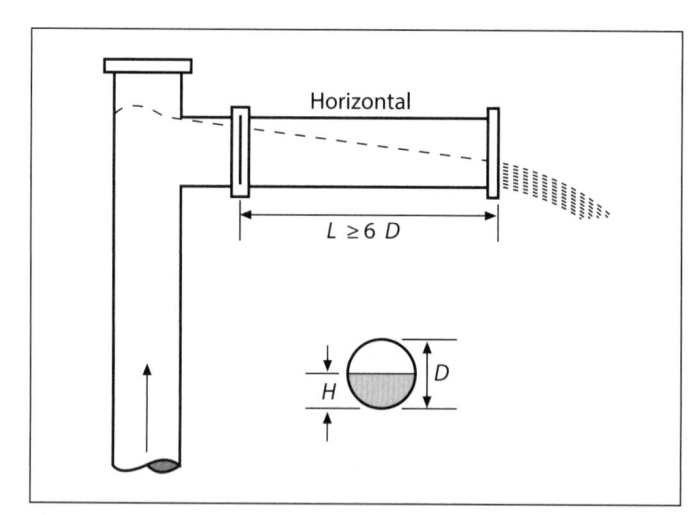

Figura A-15.8.2.2.2.3-a – Método Califórnia.

Tabela A-15.8.2.2.2.2-c Vazão aproximada, em m³/h (tubo vertical)

DN em cm	H - altura do jato a partir da boca do tubo (cm)									
	5	10	15	20	25	30	35	40	45	50
10	28	39,5	48,5	56	62,5	68,5	74	79	84	88,5
15	63	89	109	126	140,5	154	166,5	178	188,5	199
20	112	158	193,5	223,5	250	274	296	316	335,5	353,5
25	174	247	302,5	349,5	390,5	428	462	494	524	552

A vazão será obtida pela seguinte expressão:

$$Q = K \times H^{1,88}$$

sendo:

$$K = 0,057 + 0,01522 \times D,$$

onde:

D = diâmetro do tubo horizontal, em cm;
Q = vazão, em ℓ/s;
H = altura da lâmina, em cm (na saída, seção B).

A-15.8.3 Medição indireta de vazão em escoamento com superfície livre

O *Capítulo B-IV.2* deste livro trata da parte prática relacionada às medições de vazões em rios e canais, indicando os cuidados a serem tomados e os procedimentos a serem adotados, de forma a alcançar resultados mais próximos da realidade.

A-15.8.3.1 Método do molinete

Consiste em medir as velocidades em determinados pontos em um plano definido por dois eixos, horizontal e vertical, este determinando a profundidade e daí chegar à vazão por integração dos resultados medidos. O assunto já foi abordado no *item A-14.2.3* e no *item A-15.7.2.*

Para medição de correntes não predominantemente unidirecionais, deve-se medir também a direção e o sentido de cada leitura. É o caso de medições em lagos e em oceanos.

A-15.8.3.2 Métodos eletrônicos (A.D.C.P. ou sonar de varredura com efeito Doppler)

O "ADCP" (*Acoustic Doppler Current Profiler* – Perfilador de Corrente Acústico-Doppler), como é conhecido, é um equipamento acústico de medição de vazão que se baseia no efeito Doppler. Sua utilização iniciou-se na segunda metade da década de 1960 e vem ganhando mercado à medida que a qualidade, a confiabilidade, a facilidade operacional melhoram e o preço das unidades cai. Vem se tornando usual, tanto nas versões móveis quanto nas fixas.

O efeito Doppler foi descoberto pelo físico austríaco Christian Johann Doppler em 1842, na cidade de Praga, República Checa, e consiste no fato de o movimento das partículas na água causar variações na frequência do eco.

Aplica-se à medição de correntes e de vazão em rios, em estuários, em lagos e em oceanos. Há modelos mais adequados a escoamento predominantemente unidirecional, em 2D (em duas dimensões) e em 3D.

Os modelos submersíveis (colocados no fundo ou em laterais fixas) são capazes de operar por longos períodos (até meses) gravando as informações colhidas conforme programado.

No processo de medição de vazões, o equipamento ADCP emite pulsos sonoros de frequência predeterminada, sendo capaz de identificar alterações nessa frequência quando o pulso é refletido por partículas. Sendo assim, a frequência dos ecos que retornam é diferente da frequência dos pulsos que foram emitidos pelo aparelho (*Figura A-15.8.3.2-a*). A diferença das frequências dos pulsos emitidos e refletidos é proporcional à velocidade das partículas na água.

No caso do ADCP estar montado em um barco, este deve deslocar-se sobre uma linha transversal. O retorno do eco refletido, a diversas profundidades, faz com que os sensores do aparelho identifiquem diferentes profundidades, sendo possível estabelecer um perfil vertical da coluna d'água. Cada perfil leva menos de um segundo para ser obtido pelo equipamento, o que indica a rapidez do processo. Um computador acoplado faz as contas e, abatendo o movimento relativo, resolve a velocidade do meio onde se encontram as partículas.

Caso o ADCP esteja instalado no fundo, o pulso que retorna é captado pelo aparelho que os armazena ou os envia através de sinais para um computador, responsável

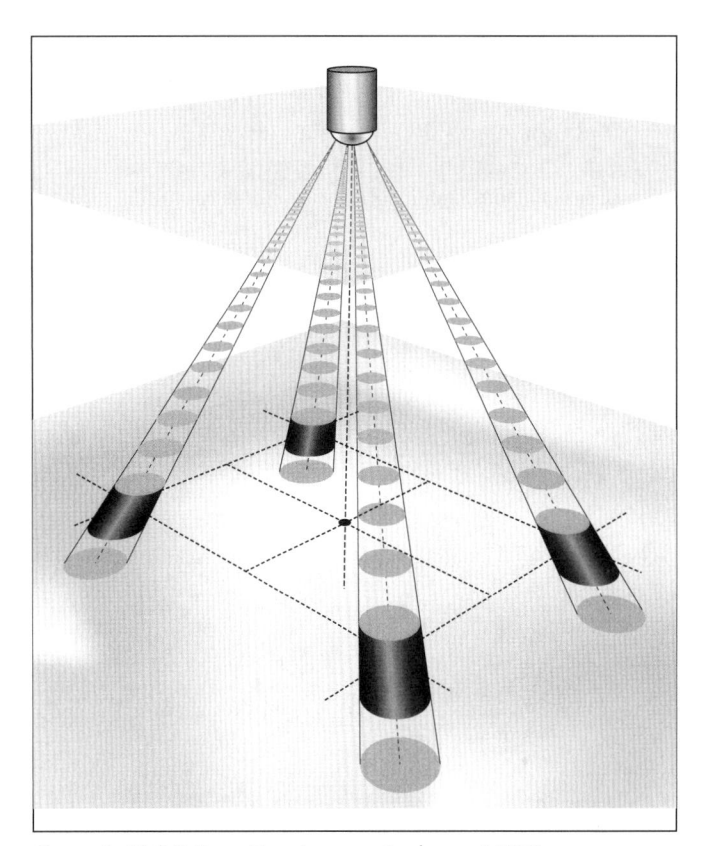

Figura A-15.8.3.2-a – Funcionamento de um ADCP
Fonte: RDI.

por gerenciar as ações do sistema, organizando todas as informações disponíveis. Dessa forma, é possível traçar o perfil das velocidades e da sua direção.

Como o mesmo sensor é responsável por transmitir e receber a energia acústica, é necessário um certo intervalo de tempo, após a transmissão, para que a recepção seja possível. Esse intervalo é chamado de "branco", quando a distância não é medida pelo ADCP. Para essa distância, os valores são extrapolados a partir dos medidos ao longo da seção.

Além disso, como o eco da água pode sofrer interferência da energia refletida no fundo pelos feixes laterais, existe uma grande possibilidade de as velocidades medidas nas proximidades do fundo apresentarem elevado grau de imprecisão. Nessa região, ocorre interação da água com o solo, havendo transporte de sedimentos. Por isso, para o cálculo da vazão, o computador também não utiliza as informações coletadas na região próxima ao fundo e das margens.

Nas regiões próximas às margens, a medição também é dificultada devido à falta de espaço para que as ondas sonoras se desloquem adequadamente.

Basicamente, ao processar o sinal refletido pelas partículas em suspensão na água, o ADCP divide a coluna líquida em células (elementos), sendo a altura da célula definida pelo operador. A largura, por sua vez, é determinada pelo equipamento, de acordo com as velocidades, profundidades, temperaturas etc. (*Figura A-15.8.3.2-b*).

O equipamento determina a velocidade e a direção da água em cada célula, cujo tamanho varia de acordo com o determinado pelo operador e a velocidade do bar-

co. A utilização do ADCP possibilita uma maior quantidade de verticais e de medidas de velocidade em relação às outras metodologias de medição de vazões, acarretando um maior detalhamento no processo.

Outras informações também são gravadas pelo ADCP durante o processo de medição de descarga, como temperatura, posicionamento, hora e, no caso de o aparelho estar montado em barco, as oscilações do barco, informações quanto à qualidade das medições de velocidade, intensidade da energia acústica, dados horários da medição etc.

Conhecendo-se a velocidade do fluxo e a área da seção de medição, é possível calcular a vazão total na seção de interesse.

O *Capítulo B-IV.2* deste livro volta a este assunto.

A-15.8.3.3 Processos químicos, colorimétricos e radioativos

Embora interessantes, esses processos são empregados apenas em casos particulares, especialmente quando se está preocupado com a "dispersão", a "mistura", o "tempo de residência".

Por exemplo, um dos métodos consiste em se descarregar, na corrente a ser medida, uma solução concentrada de sal, com uma vazão constante Q_1. Essa solução naturalmente se dilui na corrente, alterando a concentração. Determinando a concentração final, obtém-se a vazão procurada:

$$C_1 \times Q_1 + C_0 \times Q = (Q + Q_1) \times C_2 = C_2 \times Q + C_2 \times Q_1$$

$$C_1 \times Q_1 - C_2 \times Q_1 = C_2 \times Q - C_0 \times Q$$

$$Q_1 \times (C_1 - C_2) = (C_2 - C_0) \times Q$$

$$Q = \frac{Q_1 \times (C_1 - C_2)}{(C_2 - C_0)}$$

onde:
    C_0 = concentração inicial na corrente;
    C_1 = concentração da solução;
    C_2 = concentração final na corrente;
    Q_1 = vazão da solução concentrada;
    Q = vazão da corrente.

O processo descrito pode ser aplicado satisfatoriamente apenas no caso de correntes turbulentas ou de águas que passam por bombas, para garantir a mistura praticamente imediata da solução com a água.

Outro processo químico é baseado na condutividade elétrica da água, que se eleva quando um sal é dissolvido. Empregam-se dois pares de eletrodos, cada par sendo instalado em uma seção de conduto.

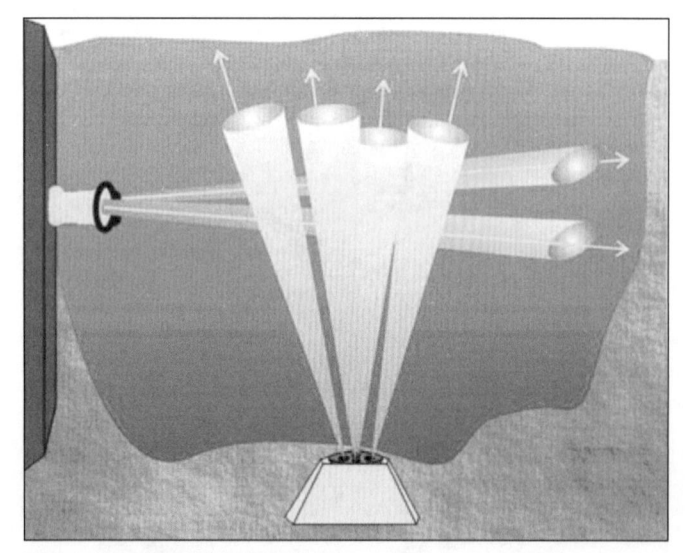

Figura A-15.8.3.2-b – ADCP fixo.
Fonte: <www.oceanservice.noaa.gov/education/kits/currents/07measure5.html>. Acesso em: 7 jan. 2015.

Num determinado instante, lança-se no conduto uma solução salina concentrada. A passagem desta por duas seções 1 e 2 é indicada por um medidor, registrando-se desse modo o tempo decorrido no percurso. Como a distância entre as seções é conhecida, obtém-se a velocidade da água. O medidor de corrente pode registrar um gráfico (*Figura A-15.8.3.3-a*).

Os processos colorimétricos são semelhantes. Verifica-se, visualmente, a passagem do líquido colorido. No caso de esgotos, é usado o processo colorimétrico para determinar a vazão. Também servem para indicar, por exemplo, a influência de uma fossa negra num poço de água. As substâncias colorimétricas mais usadas nesse caso são a rodamina e a fluoresceína (corantes).

A tecnologia também oferece aos engenheiros a possibilidade de emprego de isótopos radiativos (traçadores) para o estudo do movimento da água, determinação de velocidades, vazões etc.

Finalmente, usam-se substâncias tais como "serragem de madeira" como "traçadores" para esses fins.

Entretanto, o maior uso desses métodos diz respeito a determinar a interconexão entre pontos e a velocidade de mistura e coeficientes de dispersão.

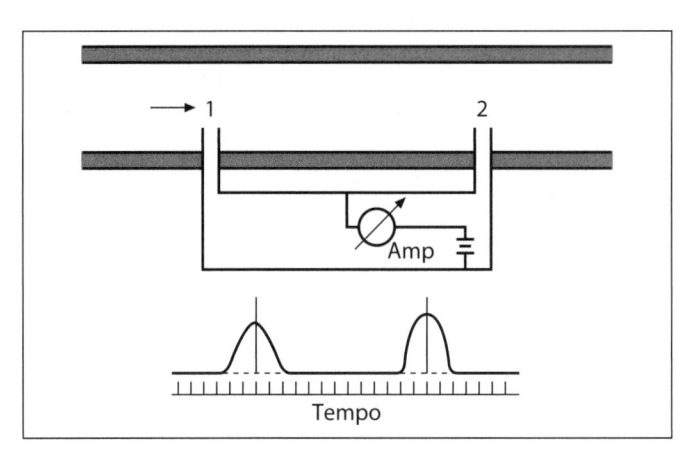

Figura A-15.8.3.3-a – Processo químico de medição de vazão.

A-15.8.3.4 Canais artificiais (com geometria definida)

A-15.8.3.4.1 Medidores de regime crítico

Os medidores de regime crítico podem consistir num simples estrangulamento adequado de seção, no rebaixo ou no alteamento do fundo, ou ainda numa combinação conveniente dessas singularidades capaz de ocasionar o regime "crítico" (livre) de escoamento.

Há uma grande variedade de medidores desse tipo, sendo bastante conhecidos os denominados Parshall, os Palmer-Bowlus e os vertedores retangulares, aos quais este item dará maior atenção.

Os medidores Parshall e os Palmer-Bowlus são constituídos por uma seção convergente, uma seção estrangulada e uma seção divergente. No *Capítulo B-IV.2*, a *Figura B-IV.2.2.2.1-a* exemplifica um medidor Parshall e a *Figura B-IV.2.2.3-a* um Palmer Bowlus.

Ambos são muito usados tanto em água quanto em esgotos, por não apresentarem arestas vivas ou obstáculos que facilitem a retenção de sujeiras, pela perda de carga relativamente pequena, pela facilidade de encontrar no mercado fornecedores de fôrmas (moldes) que simplificam a construção, por facilitarem o ponto de grande turbulência para a mistura rápida no lançamento de coagulantes químicos em ETAs etc.

A terminologia da língua portuguesa leva a algumas dificuldades nesse setor da Hidráulica: encontram-se o termo genérico "vertedores", de aceitação geral e emprego corrente no Brasil, e o seu correspondente em Portugal, "descarregadores".

A palavra "calha", empregada para designar dispositivos como o Parshall, parece não exprimir bem o que se tem em vista; além de ser um termo utilizado para outros dispositivos, tais como a peça que coleta e conduz as águas pluviais de um telhado, a canaleta que, em filtros rápidos, recebe as águas de lavagem, a bica de uma fonte etc.; essa palavra, em linguagem castiça, designa um simples rego.

É por isso que aqui se prefere escrever medidores Parshall, ao invés de calhas Parshall.

Em castelhano, a existência dos termos "vertedores" e "aforadores" contorna essa dificuldade.

A literatura técnica em inglês, não obstante dispor de termos como *nolch*, *weir* e *flume*, atrapalha-se algumas vezes quanto à acepção destas palavras.

Os medidores de regime crítico também têm sido indevidamente designados por canais Venturi, Venturi *flume*, Venturikanal, pois podem dar a impressão de medidores semelhantes aos conhecidos tubos Venturi, isto é, medidores que se baseiam na determinação de duas cargas ou dois níveis. Para medidores de regime crítico, uma única medida de nível é suficiente. Os casos em que se precisa medir dois níveis é o dos medidores "afogados". No *Capítulo B-IV, item B-IV.2.2.1* apresenta-se o caso de "medidores canal Venturi".

Com efeito, no estudo generalizado dos canais, verifica-se que, para determinadas condições, existe em um canal uma profundidade-limite, denominada "profundidade crítica", que é estreitamente relacionada aos dois regimes de escoamento: o fluvial e o torrencial.

Considerando a *Figura A-15.8.3.4.1-a*, e chamando de E a energia específica das águas a montante, de v a velocidade média do escoamento a montante e de g a aceleração da gravidade, pode-se escrever:

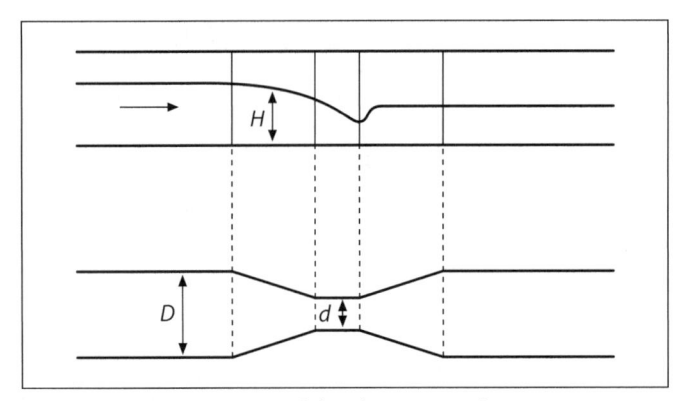

Figura A-15.8.3.4.1-a – Medidor de regime crítico ($d = W$ = "garganta").

$$E = \frac{v^2}{2 \times g} + H \qquad\qquad Equação\ (15.6)$$

A "profundidade crítica" é aquela para a qual o valor dessa expressão é um mínimo (ver ainda o *item A-14.3*).

Sendo a seção retangular e de largura unitária,

$$v = Q/A = Q/H$$

Substituindo

$$E = \frac{Q^2}{2 \times g \times H^2} + H$$

Então: $Q^2 = 2 \times g \times (E \times H^2 - H^3)$

$$Q = \sqrt{2 \times g \times \left(E \times H^2 - H^3\right)} \qquad Equação\ (15.7)$$

com o valor mínimo quando $dQ/dH = 0$,

$$\frac{dQ}{dH} = \frac{\sqrt{2 \times g}}{2} \times \left(E \times H^2 - H^3\right)^{-1/2}\left(2 \times E \times H - 3 \times H^2\right) = 0,$$

$$2 \times E \times H - 3 \times H^2 = 0,$$

$$2 \times E = 3 \times H$$

ocorrendo, nesse caso, a altura crítica (H_C):

$$E = (3/2) \times H_C \qquad\qquad Equação\ (15.8)$$

Substituindo este valor na *Equação (15.7)*:

$$Q = \sqrt{2 \times g \times \left((3/2) \times H_C^3 - H_C^3\right)} = \sqrt{g \times H_C^3}$$

$$H_C^3 = Q^2/g$$

$$H_C = \sqrt[3]{Q^2/g} \qquad\qquad Equação\ (15.9)$$

Para uma seção de largura b qualquer, a descarga por unidade de largura será Q/b, resultando, para a expressão anterior, a equação cúbica da forma:

$$H_C = \sqrt[3]{Q^2/\left(b^2 \times g\right)}$$

$$Q^2 = b^2 \times g \times H_C^3 \qquad\qquad Equação\ (15.10)$$

Por outro lado, a montante, numa seção de largura b_1, a equação da continuidade fornece:

$$Q = v \times b_1 \times H$$

$$v^2 = Q^2/\left(b_1^2 \times H^2\right) \qquad\qquad Equação\ (15.11)$$

Substituindo os valores obtidos na *Equação(15.8)*, *Equação(15.10)*, *Equação (15.11)*, encontra-se a *Equação(15.12)*:

$$H + \frac{b^2 \times g \times H_C^3}{b_1^2 \times H^2 \times 2g} = \frac{3}{2} \times H_C$$

$$H + \frac{H_C^3 \times b^2}{2 \times b_1^2 \times H^2} = \frac{3}{2} \times H_C \qquad Equação\ (15.12)$$

fazendo $b/b_1 = r$, isto é, a relação de contração, e designando por m e por z, respectivamente,

$$b_1^2/b^2 = 1/r^2 = m$$

$$H_C/H = z$$

A *Equação (15.12)* apresenta-se com o seguinte aspecto:

$$H - \frac{3}{2} \times H_C + \frac{H_C^3 \times b^2}{2 \times b_1^2 \times H^2} = 0$$

Multiplicando os dois membros dessa equação por $(2 \times b_1^2)/(b^2 \times H)$, obtém-se:

$$\frac{2 \times b_1^2}{b^2} - \frac{3 \times b_1^2}{b^2} \times \frac{H_C}{H} + \frac{H_C^3}{H^3} = 0$$

ou:

$$2 \times m - 3 \times m \times z + z^3 = 0$$

ou ainda:

$$z^3 - 3 \times m \times z + 2 \times m = 0$$

Equação cúbica da forma:

$$z^3 - 3 \times p \times z + 2 \times q = 0$$

onde p e q são positivos e $p^3 > q^2$. A equação tem três raízes reais diferentes, sendo duas positivas e uma negativa. A solução trigonométrica é vantajosa; adotando-se, para valor do ângulo auxiliar ϕ,

$$\cos\phi = \frac{q}{p \times \sqrt{p}}, \qquad ou \qquad \phi = \arccos\frac{q}{p \times \sqrt{p}}$$

a raiz conveniente será:

$$z' = 2 \times \sqrt{p} \times \cos\left(60^0 + \varphi/2\right)$$

ou, nesse caso, como $p = q = m$:

$$\phi = \arccos\left(1/\sqrt{m}\right)$$

e sendo:

$$m = 1/r^2, \qquad \varphi = \text{arccos } r$$

resultando

$$z' = \frac{2}{r} \times \cos\left(\frac{\pi}{3} + \frac{\text{arccos} r}{2}\right) \qquad \text{Equação (15.13)}$$

onde $r = b/b_1$.

Da *Equação(15.10)*, obtém-se

$$Q = b \times H_C \times \sqrt{g \times H_C}$$

e como:

$$\frac{H_C}{H} = z \qquad H_C = zH$$

encontra-se:

$$Q = z^{3/2} \times b \times H \times \sqrt{g \times H}$$

ou então:

$$Q = k \times b \times H \times \sqrt{2 \times g \times H}$$

$$Q = k \times b \times \sqrt{2 \times g} \times H^{3/2} \qquad \text{Equação (15.14)}$$

Fórmula clássica dos vertedores, na qual o coeficiente k representa:

$$k = z^{3/2}/\sqrt{2}$$

Onde z tem o valor obtido de H pela *Equação (15.12)*. Portanto, k é um coeficiente que depende da relação de estrangulamento, cujo valor é constante para cada vertedor.

Nesta análise foram consideradas: energia específica constante, alturas de águas correspondentes às cotas piezométricas, canais sem sobrelevação do fundo.

Sobre o assunto, o engenheiro argentino A. Balloffet realizou investigações completas, já divulgadas em estudos de grande valor (Bib. B030). Em experiências de laboratório, o coeficiente prático de correção tem sido encontrado em torno de 0,95.

Os medidores de regime crítico, além da facilidade com que podem ser executados, apresentam vantagens que decorrem das suas próprias características hidráulicas; uma só determinação de carga é suficiente, a perda de carga é reduzida, não há obstáculos capazes de provocar a formação de depósitos etc.

É usual e recomendado um poço tranquilizador interligado por vasos comunicantes com o ponto onde se deseja medir a altura do NA, onde se medirão os níveis com mais tranquilidade e precisão.

Esse assunto será tratado no *Capítulo B-IV, item B-IV.2.2.*

A-15.8.3.4.2 Canal Venturi e os "afogados"

Esse assunto também será tratato no *Capítulo B-IV*, nos *itens B-IV.2.2.1* e *B-IV.2.2.2.*

A-15.8.3.5 Vertedores no campo (pequenas vazões)

No *Capítulo A-6* são abordados os fundamentos teóricos dos vertedores.

Entretanto, é muito frequente precisar medir vazões de forma expedita, aproximada, sem academicismos, nas condições ditas "de campo" (pequenos riachos, por exemplo).

Nessas condições, dificilmente se terá um canal de aproximação da largura do vertedor e, portanto, os vertedores reais, terão contrações laterais.

Os vertedores retangulares (ver *Tabela A-15.8.3.5-a*) e os triangulares (ver *Tabela A-6.5-a*) são de emprego generalizado em Hidrometria de campo.

Na implantação de vertedores retangulares no campo, recomenda-se o seguinte:

a) empregar um vertedor de tipo já experimentado (relação vazão/altura da lâmina tabelada);

b) a lâmina deve ser livre e perfeitamente ventilada;

c) a soleira deve ser bem talhada e, na seção transversal, deve ficar na posição perfeitamente horizontal e, na seção longitudinal, na posição perfeitamente vertical;

d) toda água deve passar dentro (sobre) do vertedor (sobre a soleira: trecho L);

e) a carga H deve ser medida a montante, a uma distância nunca inferior a $2,5 \times H$ (se puder, use afastamento de 2 metros usando uma mangueira de nível para transportar o "zero" da soleira do vertedor).

f) Para conseguir melhor precisão, o intervalo de leitura (medição) para as faixas de medição previstas deve ser significativo, de forma que pequenas variações sejam facilmente sentidas e medidas. Por outro lado, quanto maior a variação de altura, mais difícil fica instalar um medidor provisório ou maior perda de carga se introduz. Para isso, sugere-se adotar as relações a seguir:

$$\frac{H_{\text{máximo}}}{L} \leq 0,5$$

$$b_1 \geq 2 \times H_{\text{máximo}}$$

$$b_3 \approx 2 \times H, \quad H_1 \approx 3 \times H \quad \text{e} \quad H/b_2 < 0,5$$

Os vertedores retangulares mais usuais são os de contração completa.

A *Tabela A-15.8.3.5-a* apresenta as vazões Q (em m³/s) para algumas dimensões sugeridas para vertedores retangulares, onde se possa escolher as faixas de trabalho adequadas e suas respectivas faixas de vazões.

Figura A-15.8.3.5-a(2) – Foto de um vertedor retangular com soleira fina, lâmina ventilada, com contrações.

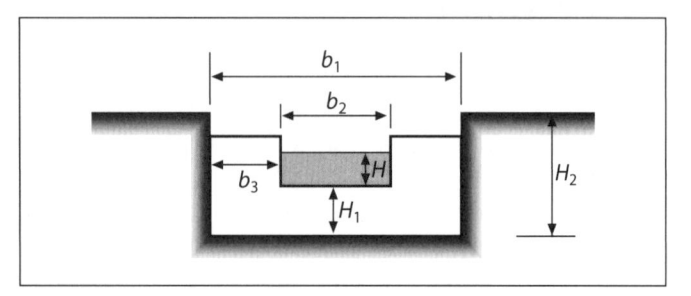

Figura A-15.8.3.5-a(1) – Vertedor retangular com contrações (ver *Figura A-6.2-a; $b_2 \equiv L$*).

Tabela A-15.8.3.5-a Vertedores retangulares (ver *Figura A-15.8.3.5-a*)

H (m)	L (m) ≡ b_2													
	0,15	0,20	0,30	0,40	0,50	0,60	0,70	0,80	0,90	1,00	1,25	1,50	1,75	2,00
0,02	0,0008	0,0010	0,0015	0,0021	0,0026	0,0031	0,0036	0,0041	0,0183	0,0052	0,0065	0,0078	0,0091	0,0104
0,03	0,0014	0,0019	0,0028	0,0038	0,0047	0,0057	0,0066	0,0076	0,0511	0,0095	0,0119	0,0143	0,0167	0,0190
0,04	0,0021	0,0028	0,0043	0,0058	0,0072	0,0087	0,0102	0,0116	0,0589	0,0146	0,0183	0,0219	0,0256	0,0293
0,05	0,0029	0,0039	0,0060	0,0080	0,0101	0,0121	0,0142	0,0162	0,0669	0,0203	0,0255	0,0306	0,0358	0,0409
0,06	0,0037	0,0051	0,0078	0,0105	0,0132	0,0159	0,0186	0,0213	0,0753	0,0267	0,0334	0,0402	0,0469	0,0537
0,07	0,0046	0,0063	0,0097	0,0131	0,0165	0,0199	0,0234	0,0268	0,0840	0,0336	0,0421	0,0506	0,0591	0,0676
0,08	0,0056	0,0077	0,0118	0,0160	0,0201	0,0243	0,0284	0,0326	0,0929	0,0409	0,0513	0,0617	0,0721	0,0825
0,09	0,0066	0,0090	0,0140	0,0190	0,0239	0,0289	0,0338	0,0388	0,1021	0,0487	0,0611	0,0735	0,0860	0,0984
0,10	0,0076	0,0105	0,0163	0,0221	0,0279	0,0337	0,0395	0,0453	0,0511	0,0570	0,0715	0,0860	0,1006	0,1151
0,11	0,0086	0,0119	0,0186	0,0253	0,0321	0,0388	0,0455	0,0522	0,0589	0,0656	0,0823	0,0991	0,1159	0,1326
0,12	0,0096	0,0134	0,0211	0,0287	0,0364	0,0440	0,0516	0,0593	0,0669	0,0746	0,0937	0,1128	0,1319	0,1510
0,13	0,0107	0,0150	0,0236	0,0322	0,0408	0,0495	0,0581	0,0667	0,0753	0,0839	0,1054	0,1270	0,1485	0,1701
0,14	0,0117	0,0166	0,0262	0,0358	0,0454	0,0551	0,0647	0,0743	0,0840	0,0936	0,1177	0,1417	0,1658	0,1899
0,15	0,0128	0,0182	0,0288	0,0395	0,0502	0,0609	0,0715	0,0822	0,0929	0,1036	0,1303	0,1570	0,1837	0,2104
0,16		0,0198	0,0315	0,0433	0,0551	0,0668	0,0786	0,0903	0,1021	0,1139	0,1433	0,1727	0,2021	0,2315
0,17		0,0214	0,0343	0,0472	0,0600	0,0729	0,0858	0,0987	0,1116	0,1245	0,1567	0,1889	0,2211	0,2533
0,18		0,0230	0,0371	0,0511	0,0651	0,0792	0,0932	0,1072	0,1213	0,1353	0,1704	0,2055	0,2406	0,2757
0,19		0,0247	0,0399	0,0551	0,0703	0,0855	0,1008	0,1160	0,1312	0,1464	0,1845	0,2225	0,2606	0,2987
0,20		0,0263	0,0427	0,0592	0,0756	0,0921	0,1085	0,1249	0,1414	0,1578	0,1989	0,2400	0,2811	0,3222
0,21		0,0279	0,0456	0,0633	0,0810	0,0987	0,1164	0,1341	0,1518	0,1694	0,2137	0,2579	0,3021	0,3463
0,22		0,0296	0,0486	0,0675	0,0865	0,1055	0,1244	0,1434	0,1624	0,1813	0,2287	0,2761	0,3236	0,3710
0,23		0,0312	0,0515	0,0718	0,0920	0,1123	0,1326	0,1529	0,1731	0,1934	0,2441	0,2948	0,3455	0,3962
0,24		0,0328	0,0545	0,0761	0,0977	0,1193	0,1409	0,1625	0,1841	0,2057	0,2598	0,3138	0,3678	0,4218
0,25			0,0574	0,0804	0,1034	0,1264	0,1493	0,1723	0,1953	0,2183	0,2757	0,3331	0,3906	0,4480

Tabela A-15.8.3.5-a Vertedores retangulares (ver *Figura A-15.8.3.5-a*) continuação

H (m)	L (m)													
	0,15	0,20	0,30	0,40	0,50	0,60	0,70	0,80	0,90	1,00	1,25	1,50	1,75	2,00
0,30			0,0725	0,1027	0,1329	0,1631	0,1933	0,2235	0,2537	0,2839	0,3594	0,4349	0,5104	0,5859
0,35				0,1256	0,1637	0,2017	0,2398	0,2778	0,3159	0,3539	0,4491	0,5442	0,6394	0,7345
0,40				0,1488	0,1953	0,2418	0,2883	0,3348	0,3813	0,4278	0,5440	0,6603	0,7765	0,8928
0,45					0,2275	0,2830	0,3384	0,3939	0,4494	0,5049	0,6436	0,7823	0,9210	1,0597
0,50					0,2599	0,3249	0,3899	0,4549	0,5199	0,5848	0,7473	0,9098	1,0722	1,2347
0,55						0,3674	0,4423	0,5173	0,5923	0,6672	0,8547	1,0421	1,2295	1,4169
0,60						0,4100	0,4955	0,5809	0,6663	0,7517	0,9653	1,1788	1,3924	1,6059
0,65							0,5490	0,6453	0,7417	0,8380	1,0788	1,3196	1,5604	1,8012
0,70							0,6028	0,7105	0,8181	0,9257	1,1949	1,4640	1,7331	2,0022
0,75								0,7760	0,8954	1,0147	1,3132	1,6117	1,9101	2,2086
0,80								0,8417	0,9732	1,1047	1,4335	1,7623	2,0911	2,4199
0,85									1,0515	1,1955	1,5556	1,9157	2,2758	2,6359
0,90									1,1299	1,2868	1,6792	2,0715	2,4638	2,8561
0,95										1,3785	1,8040	2,2295	2,6549	3,0804
1,00										1,4704	1,9299	2,3894	2,8489	3,3084

Exercício A-15-a

Deseja-se instalar um orifício concêntrico em uma linha de recalque de 550 mm (22") de diâmetro, para medir vazões em torno de 275 ℓ/s. Verificar a perda de carga.

Solução:

Considerando um orifício de 350 mm (14"), a relação de diâmetros será:

$D_1/D_2 = 550/350 = 1,57$ ou $D_2/D_1 = 64\%$

$$Q = 3,48 \times \frac{C_d \times D_1^2 \times \sqrt{h}}{\sqrt{(D_1/D_2)^4 - 1}} \qquad Equação\ (15.1)$$

A diferença de pressão produzida será:

$$h = \frac{Q^2 \times \left[(D_1/D_2)^4 - 1\right]}{3,48^2 \times C_d^2 \times D_1^4}$$

Considerando $C_d = 0,61$:

$$h = \frac{0,275^2 \times \left[1,57^4 - 1\right]}{3,48^2 \times 0,61^2 \times 0,55^4} = 0,93\ m$$

Para relação $D_1/D_2 = 550/350 = 1,57$, a perda de carga final será de 58% (*Figura A-15.8.2.1.1-b*).

$h_f = 58\% \times 0,93 = 0,54\ m$.

Exercício A-15-b

Um orifício de 17 cm de diâmetro, instalado em uma canalização de ferro fundido de DN 250 mm, produziu uma diferença de carga piezométrica (H) de 0,45 m. Determinar a vazão da canalização e a perda de carga do medidor.

Solução:

$$Q = 3,48 \times \frac{C_d \times D_1^2 \times \sqrt{H}}{\sqrt{(D_1/D_2)^4 - 1}}$$

$$Q = \frac{3,48 \times 0,61 \times 0,25^2 \times \sqrt{0,45}}{\sqrt{(0,25/0,17)^4 - 1}} = 0,046\ m^3/s$$

A perda de carga permanente provocada pelo orifício é (*Figura A-15.8.2.1.1-b*): 54% × 0,45 = 0,24 m

Se fosse empregado um tubo Venturi, a recuperação de carga seria maior, reduzindo-se essa perda.

Exercício A-15-c

De um tubo horizontal de 125 mm de diâmetro sai um jato que, a 40 cm de distância, cai 30 cm. Calcular a vazão para os seguintes casos:

a) tubo completamente cheio;

b) tubo parcialmente cheio, com uma lâmina de 75 mm de profundidade.

Solução:

$x = 0,40$ m

$y = 0,30$ m

$$Q = 2,21 \times A \times (x/\sqrt{y}) \qquad \qquad Equação\ (15.4)$$

a) $Q_a = 2,21 \times 0,01227 \times (0,4/\sqrt{0,3}) = 0,020$ m^3/s

b) $H/D = 75/125 = 0,60$,

$A = 0,00769$ m^2 (da *Tabela A-15.8.2.2.2.1-a*, $A = 1,969 \times r^2$)

$Q_b = 2,21 \times 0,00769 \times (0,4/\sqrt{0,3}) = 0,0124$ m^3/s

Exercício A-15-d

Seja um tubo horizontal de 150 mm (6") de diâmetro. Calcular a vazão quando o jato cai de 25 cm a uma distância de 40 cm da boca do tubo e para um abaixamento (esvaziamento) H de 30 mm.

Solução:

Processo Yassuda, Nogami & Montrigaud:

$Q = 0,125 \times L \times D^2$

$Q_0 = 112,5$ m^3/h

$H/D = 30/150 = 0,20 = 20\%$, $A/A_0 = 0,858$ (*Tabela A-15.8.2.2.2.2-b*)

$Q = 0,858 \times 112,5 = 96,525$ m^3/h.

Exercício A-15-e

Em uma instalação provisória, para a determinação da vazão pelo método Califórnia, elevou-se a água a 5 cm na boca de saída do tubo horizontal com 150 mm de diâmetro. Estimar a vazão.

Solução:

$D = 15$ cm e $H = 5$ cm

$K = 0,057 + 0,01522 \times 15 = 0,285$

$Q = 0,285 \times 5^{1,88} \approx 6$ ℓ/s.

Exercício A-15-f

Estimar a vazão em um tubo a partir de uma válvula de gaveta, utilizando as informações a seguir. Adotar a *Figura A-15.8.2.1.1-j* como referência.

Solução:

$D = 0,20$ m;

$h_f = 0,40$;

$A = 0,314$ m^2;

$H = 0,05$ m.

$$Q = 2,1 \times \sqrt{0,40 \times 0,0314^2 \times 9,8 \times (0,05/0,2)^3}$$

$Q = 0,0163$ m^3/s   ou   16,3 ℓ/s.

Exercício A-15-g

Em uma usina hidrelétrica equipada com uma turbina Francis tipo veloz, foi empregado o processo químico de solução para a determinação da vazão. A potência da turbina a carga plena era de 330 cv, sendo a queda de 10 m.

A solução de cloreto de sódio, de 5% em peso, foi injetada por uma bomba auxiliar de 3,4 ℓ/s em vários pontos a montante. Análises químicas indicaram que a quantidade comum de cloreto nas águas era de 1,5 ppm e que a concentração, após a aplicação da solução, determinada no efluente da turbina, elevou-se a 54 ppm. Determinar:

a. a vazão;

b. a potência bruta da queda, em cv;

c. o rendimento da turbina;

d. a potência em cv nos terminais do gerador;

e. a potência em cv no fim da linha de transmissão;

f. a potência em kW no fim da linha;

g. quantos % (e) representa de (b).

Solução:

É conhecido o rendimento do gerador: 94%, e o rendimento para linha de transmissão: 90%.

a) Cálculo de vazão:

$C_1 = 5{:}100 = 50.000$ ppm (ppm = 1:106)

$$Q = \frac{q \times (C_1 - C_2)}{C_2 - C_0} = \frac{3,4 \times (50.000 - 54)}{54 - 1,5}$$

$$Q = \frac{3,4 \times 49.946}{52,5} = 3.235 \ \ell/s = 3,23 \ \text{m}^3/\text{s}$$

b) Potência bruta ou teórica da queda:

$$N = \frac{Q \times H}{75} = \frac{3.235 \times 10}{75} = 430 \ \text{cv}$$

c) Rendimento da turbina:

Sendo a potência efetiva no eixo da turbina de 330 cv, o rendimento da turbina será:

330/430 = 76,5%

d) Potência nos terminais do gerador:

330 cv × 0,94 = 310 cv

e) Potência no fim da linha:

310 × 0,90 = 279 cv

f) Potência no fim da linha, em kW:

1 cv = 0,736 kW, logo: 279 × 0,736 = 205 kW

g) Relação e : b(%) 279 : 430 = 0,65 ou 65%

UHE São Simão, 2.680 MW, construída entre 1972 e 1978, no rio Paranaíba, na divisa entre Minas Gerais e Goiás, bacia de drenagem: 171.000 km², descarga máxima no rio no local: 11.200 m³/s, descarga regularizada: 1.750 m³/s, área inundada de 680 km², volume total de 12.540 x 10⁶ m³ e volume útil de 8.790 x 10⁶ m³, altura máxima sobre fundações: 120 m, tipo terra-enrocamento com comprimento de crista de 3.600 m, 10 turbinas Francis de eixo vertical com engolimento de 420 m³/s (Bib. M175).

HIDRÁULICA APLICADA

Sistemas Urbanos

Sistemas Urbanos

Sistemas Urbanos

B-I.1 SISTEMAS URBANOS DE ABASTECIMENTO DE ÁGUA

B-I.1.1 Definição

"Sistema de abastecimento de água" é o conjunto de obras, equipamentos e serviços destinados ao abastecimento de água potável a um determinado consumidor (por exemplo, uma comunidade urbana) para fins de consumo doméstico, serviços públicos, industriais e outros usos. A água fornecida pelo sistema deverá ser, em quantidade, qualidade (físico-químico-microbiológica) e confiabilidade (continuidade) do abastecimento, adequada aos requisitos necessários e suficiente ao fim a que se destina. O *item B-I.1.15* apresenta as normas da ABNT pertinentes.

B-I.1.2 Unidades de um sistema (quando necessárias)

a) Manancial;

b) Captação;

c) Bombeamentos (ou "elevatórias" ou "recalques", de água bruta e/ou de água tratada);

d) Adução (de água bruta e de água tratada);

e) Tratamento;

f) Reservação (reservatórios enterrados, semi-enterrados, apoiados ou elevados);

g) Distribuição (redes distribuidoras);

h) Estações de manobra (derivações, valvulamentos, setorização, medição, comando centralizado etc.).

B-I.1.3 Estudos e projetos

A elaboração de um sistema de abastecimento de água, como qualquer empreendimento, é iniciada pela elaboração de estudos e projetos para a definição das obras a serem empreendidas. Essas obras deverão ter a sua capacidade determinada para as necessidades iniciais e para o atendimento futuro, prevendo-se a construção por etapas. O período de atendimento das obras projetadas, também chamado de alcance (ou horizonte) do plano, varia normalmente de 10 a 30 anos.

Diretrizes iniciais:

- definição do objetivo;
- definição do grau de detalhamento e de precisão das partes do sistema;
- aspectos e condições econômicas e financeiras;
- definição de condições e parâmetros locais.

Elementos básicos:

- configuração topográfica e características geológicas e geotécnicas da região;
- consumidores a serem atendidos e sua distribuição na área a abastecer;
- quantidade de água exigida e vazões de dimensionamento ao longo do alcance previsto;
- integração com eventual sistema já existente;
- pesquisa e definição dos mananciais;
- compatibilidade entre as partes do sistema proposto;
- método de operação do sistema;
- etapas de implantação;
- comparação técnico-econômica entre as opções de concepção;
- viabilidade econômico-financeira da concepção básica.

B-I.1.4 Demanda e consumo

"Demanda" é a quantidade de água que se estima que o usuário deseja e/ou precisa.

"Consumo" é a quantidade de água que o usuário recebe ou pode pagar.

Se a demanda (estimada) é maior que o consumo, diz-se que há uma demanda reprimida ou então a demanda está superestimada. Se o consumo (medido) é maior que a demanda estimada, ou há desperdício ou há erro na estimativa da demanda ou os dados não são confiáveis.

A demanda e o consumo são função de uma série de fatores inerentes à localidade a ser abastecida, varia de cidade para cidade, assim como pode variar de um setor de distribuição para outro, numa mesma cidade.

Os principais fatores que influenciam a estimativa da demanda média e o consumo médio de água em uma localidade podem ser assim resumidos:

- clima e hábitos da população;
- costumes e padrão de vida da população;
- sistema de fornecimento e cobrança (serviço medido ou não);
- qualidade da água fornecida;
- custo da água (tarifa e estrutura tarifária);
- tipos de comércio, indústria e público;
- existência de rede de esgotos;
- perdas físicas no sistema (idade da rede, pressão na rede etc.);
- política de gestão (circunstâncias de corte de água).

A cobrança pelo fornecimento de água exerce notável influência no consumo, pois, nas localidades onde a água é medida e cobrada, o consumo é sensivelmente menor em relação àquelas onde a medição não é efetuada (efeito "desperdício"). Tal efeito só se nota se houver uma política adequada de conscientização do usuário e de corte de água não paga, além de preço justo.

A presença significativa de indústrias que utilizam água em seus processos influencia o *per capita* médio no sistema onde estejam implantadas, podendo ser fator importante para diminuir o preço médio da água pelo efeito da "economia de escala".

É frequente a confusão entre demanda e consumo. Quando esses conceitos não estão claros, sugere-se usar o termo "consumo nominal" ou "demanda nominal".

B-I.1.4.1 Tipos de demandas ("consumo nominal")

Uso doméstico

Vasos sanitários (descargas); asseio corporal (banho); cozinha: limpezas, preparo da comida; dessedentação; lavagem de roupas; rega de jardins; enchimento e reposição de piscinas; limpeza geral; lavagem de automóveis etc.

Uso comercial e serviços públicos e privados

Comércio varejista limpo em geral – relojoarias, vestuário, eletrodomésticos, bebidas engarrafadas, comida empacotada etc. (banheiros e limpeza geral leve); comércio varejista fracionador de mantimentos: açougues, hortifruti (banheiros, limpeza geral pesada); comércio atacadista e entrepostos fracionadores e grandes varejistas; bares e restaurantes (cozinha, banheiros e limpeza); lavanderias; academias de ginástica, salões de beleza, cabeleireiros; clínicas médico-odontológicas e hospitais (banheiros, limpezas em geral, usos nos processos); escritórios técnico-administrativos, bancos; escolas (banheiros, cozinhas, cantinas, piscinas, e limpezas em geral); hotéis, albergues, assemelhados; postos de abastecimento, garagens, lavadoras de carros; lavanderias de roupas; reposição de águas de refrigeração e fontes; portos, aeroportos, ferroviárias e rodoviárias; abastecimento de navios, aviões, trens e ônibus; outros.

Uso industrial

Matéria-prima (água consumida no processo industrial); Resfriamento (normalmente para reposição de perdas em sistemas fechados de resfriamento); Banheiros, refeitórios, cozinhas de indústrias e galpões.

Uso comum público, mobiliário, e equipamento urbano

Limpeza de logradouros; irrigação de jardins públicos; fontes e bebedouros; limpeza de redes de esgotamento sanitário e de galerias de águas pluviais; combate a incêndios; clubes, piscinas públicas, esportivas e de recreação; delegacias de polícia, penitenciárias;

"Consumos operacionais" ou *"consumos na produção e distribuição"* (também, indevidamente, chamadas de *"perdas operacionais"*, pois na verdade não são "perdas"):

- na captação: refluxos de limpeza de tubulações e gradeamento e esvaziamentos ocasionais para manutenção e/ou reparos;

- na adução: descargas e esvaziamento ocasional de trechos para manutenção e/ou reparos;

- no tratamento: limpezas periódicas com esvaziamento de unidades de desarenação, floculação, de decantação, de filtração e de reservação e na própria rede de distribuição;

- no tratamento: consumos nas descargas periódicas e/ou contínuas de desarenadores e decantadores e nas lavagens dos filtros;

- na rede distribuidora: descargas e esvaziamento ocasional de trechos (setores) para manutenção e/ou reparos.

"Consumo não faturado", "desvios" medidos ou não, indevidamente também chamado de *perda administrativa* ou *perdas comerciais*, pois não se trata de uma *perda*, já que a água atinge seu fim social: ela é usada. Esse tipo de consumo gera desperdício, pois o usuário, mesmo consciente, termina por usar mais água do que o necessário. Pode ser subdividido em:

- ligações clandestinas; ligações não medidas por qualquer motivo (política tarifária, regiões onde o abastecimento é precário e a cobrança gera polêmica, consumidores privilegiados etc.);

- consumidores privilegiados ou do próprio poder concedente (incluídas lavagem de ruas, rega de jardins etc.);

- erro dos medidores (o erro de medição costuma ser sempre para menos);

- consumo de incêndio (frequentemente não é medido nem por avaliação);

- consumos de uso comum público/equipamento urbano (frequentemente não medido nem computado).

"Vazamentos" ou "Perdas Físicas", frequentes nos ramais domiciliares, ocorrem em gaxetas de bombas e válvulas, em juntas de tubulações mal feitas, em tubulações acima de sua vida útil, ou com defeitos; em rupturas por acidentes; em rupturas por vandalismo (orifícios na rede distribuidora, descargas mal fechadas ou abertas indevidamente, ventosas, hidrantes sem manutenção etc.).

As estatísticas disponíveis a respeito não são homogêneas, dificultando as comparações e a consistência dos dados. Na *Tabela B-I.1.4.1-a*, procurou-se organizar dados disponíveis e oferecer uma sugestão de distribuição a adotar para cálculos expeditos. Os consumos ditos "públicos" foram agrupados pela natureza da ocupação, pois, por exemplo, não há nenhum motivo para que se imagine escritórios, públicos ou não, estatais ou privados, com demandas de água diferentes se igualmente dedicados à administração e frequentados por pessoas de mesmos costumes sociais, econômicos e culturais. Nem que nas escolas públicas ou não as pessoas demandem mais água ou frequentem mais os banheiros numa ou na outra.

Tabela B-I.1.4.1-a Demanda – Distribuição por grupo de uso

Natureza do consumo	%	Mínimo ℓ/hab·dia	Médio ℓ/hab·dia	Máximo ℓ/hab·dia
Doméstica	47%	57	132	189
Comercial e industrial	40%	38	114	379
Pública (privada e estado)	13%	19	38	57
Subtotal	**100%**	**114**	**284**	**625**
Água não medida	25%	38	94	132
Total	**125%**	**152**	**378**	**757**

Note-se ainda que a população que frequenta o comércio, os serviços e a indústria é, em grande parte, a mesma que reside na área, portanto deve-se cuidar para não sobrepor demandas e depois não acontecerem de os consumos e o investimento ficarem ociosos por mais tempo que o estimado, inflacionando os custos dos sistemas.

A *Tabela B-I.1.4.1-b* mostra dados *per capita per diem* mundiais, servindo para que o leitor tenha uma ideia sobre o *per capita* a adotar em seus estudos.

B-I.1.4.2 Variações do consumo per capita

Em face de um aumento progressivo das instalações sanitárias domiciliares no decorrer dos anos, devido à evolução dos costumes, e do próprio crescimento das cidades que implica novos usos, observa-se que a "demanda/consumo" de água por habitante cresce anualmente, sendo necessário levar em conta esse incremento sempre que forem feitas projeções de longo alcance.

Por exemplo, a cidade de Bogotá, na Colômbia, reportou um aumento médio de 0,75% ao ano nas três últimas décadas do século XX; na mesma época, o Japão reportava um aumento anual *per capita* médio de 1% (segundo o Water Resources Bureau, em 1985). Na falta de estudos específicos, sugere-se utilizar um aumento anual de consumo *per capita* da ordem de 0,50% (meio por cento) ao ano.

Esse aumento do consumo *per capita* junto com o aumento da população urbana tem criado situações de difíceis e onerosas soluções, e preocupação crescente sobre a existência de mananciais. Por isso a comunidade técnica tem tentado reverter esse crescimento através de diversas ações como, por exemplo, pesquisas e uso de aparelhos sanitários com vazões de funcionamento mais baixas e controladas, conscientização da população sobre desperdícios e combate a vazamentos e tarifas controladoras.

A *Tabela B-I.1.4.2-a* mostra a evolução dos dados de demanda *per capita* considerados em projetos para a cidade de São Paulo.

No Brasil, o consumo normalmente usado nos planos diretores e projetos tem sido de 200 ℓ/hab × dia. O "consumo efetivo" ou "demanda" (sem perdas) verificado em várias cidades é em média 25% menor que esse valor (150 ℓ/hab × dia). Em alguns estados têm sido adotado o valor mínimo de 135 ℓ/hab × dia para a demanda.

Em sistemas simplificados de pequenas comunidades com características rurais chega-se a admitir 50% do valor mínimo urbano, buscando custos autossustentáveis, mas certamente admitindo uma certa demanda reprimida.

Em pequenas cidades do Nordeste, a Fundação SESP tem verificado consumos domiciliares medidos em torno de 100 ℓ/hab × dia (92 ℓ/hab × dia em Areia, PB; 109 ℓ/hab × dia em Palmares, PE).

Nas cidades de maiores recursos, os consumos observados são mais elevados que em cidades menores. Aparentemente, os hábitos da população e o padrão das instalações sanitárias conduziriam a demandas (e consumos) mais elevados. Nas chamadas "zonas nobres" das cidades de São Paulo, Rio de Janeiro, Brasília e outras, os valores médios admitidos para projeto se situam entre 300 e 400 ℓ/hab × dia, enquanto que para as zonas menos nobres são usadas taxas de demanda de 220 ℓ/hab × dia.

É difícil avaliar se as demandas são assim tão diferentes ou se há demanda reprimida ou desperdícios e perdas nos consumos observados e utilizados. Na *seção B-I.2* (Sistemas Urbanos de Esgotos Sanitários) deste manual há outros dados da Sabesp sobre consumo efetivo.

O preço da água, a disposição e capacidade do usuário a pagar pela água, a qualidade da água oferecida, enfim, uma série de fatores também influencia de maneira significativa na demanda e no consumo da água. Infelizmente há poucos trabalhos disponíveis sobre o assunto com abordagem científica e profissional adequada tratando-se de área a ser investigada. As figuras a seguir, *B-I.1.4.2-a*, *B-I.1.4.2-b* e *B-I.1.4.2-c*, mostram como o *per capita* de consumo varia em diversas circunstâncias sócio-econômico-culturais e até geográficas.

B-I.1.4.3 Controle de "perdas"

Definições

O uso genérico da palavra "perdas" para o conjunto de:

A   "consumo não faturado" ou "desvios";

B   "usos operacionais" – na verdade não são "perdas", mas necessidades da operação e da manutenção do sistema (lavagem de filtros, decantadores e reservatórios ou manutenção); e

C   "vazamentos" (perda de fato)

é indevido e infeliz, e já no *item B-I.1.4.1* tratou-se de esclarecer o que é cada um.

O que o administrador quer se referir é a uma "diferença entre o volume de água captada e o total dos volumes medidos nos hidrômetros", como se essa grandeza fosse real; entretanto, essa grandeza assim constituída carece de sentido por somar coisas de natureza diferente.

Com efeito, o consumo não faturado (chamado perdas "administrativas" ou "não físicas" ou "desvios") representam a água consumida que não é medida ou é

Tabela B-I.1.4.1-b Alguns dados de consumo de água compulsados (ℓ/hab.dia médio)

Cidade	Ano	População (10³)	ℓ/hab.dia	Fonte Bib.	Ano	População (10³)	ℓ/hab.dia	Fonte Bib.
Brasil								
Aracaju, SE	1979	320	192	A982	2004	492	150	M345
Porto Alegre, RS	1981	1.123	318	A982	2007	1.421	195	I050
Rio de Janeiro, RJ	1968	4.410	359	A982	2004	6.050	225	M345
Salvador, BA	1979	1.295	248	A982	2004	2.632	135	M345
Caieiras, SP	1980	16	200	A982				
Jandira, SP					1996	75	102	A983
Grande São Paulo, Gr. SP	1980	12.400	282	A982				
S. Bernardo Campo, Gr. SP	1980	264	250	A982				
Osasco, Gr.SP							149	A983
Barueri, Gr. SP							130	A983
S. Caetano, Gr. SP							169	A983
Grande São Paulo, SP					2006	10.900	220	A983
bairro Morumbi							309	A983
bairro Jardins							329	A983
América do Sul								
Bogotá	1981	4.300	240	A982				
Assunção	1972	380	250	A982				
Montevidéu	1972	1.600	350	A982				
EUA					1990		397	M035
Porto Rico					1990		182	M035
Ohio	1954		564	M182	1990		189	M035
Massachusetts	1954		458	M182	1990		250	M035
Connecticut	1954		519	M182	1990		265	M035
New Jersey	1954		428	M182	1990		284	M035
Illinois	1954		647	M182	1990		341	M035
Florida	1954		462	M182	1990		420	M035
Geórgia	1954		481	M182	1990		435	M035
Atlanta (Geórgia)	1978	675	562	A982				
New York (Estado de)	1954		522	M182	1990		450	M035
Washington (Estado de)	1954		742	M182	1990		522	M035
Texas	1954		450	M182	1990		541	M035
Califórnia	1954		556	M182	1990		556	M035
São Francisco (Califórnia)	1978	665	608	A982				
Los Angeles (Califórnia)	1968	2.000	645	A982				
Distrito de Columbia (DF)	1954		503	M182	1990		678	M035
Idaho	1954		644	M182	1990		704	M035
Utah	1954		844	M182	1990		825	M035
África								
Cidade do Cabo	1978	750	225	A982				
Johanesburgo	1978	1.390	355	A982				
Alger	1954	500	164	A982				
Europa								
Amsterdam	1978	760	241	A982				
Estocolmo	1978	930	328	A982				
Berlim	1978	2.000	268	A982				
Roma	1978	2.790	651	A982				
Barcelona	1978	3.150	267	A982				
Paris	1978	3.960	249	A982				
Londres	1978	5.710	314	A982				
Dinamarca	1991		200	A982				T575
Outras Regiões								
Tel Aviv	1978	340	281	A982				
Moscou	1968	6.500	500	A982				
Sidney	1963	1.650	330	A982				

Tabela B-I.1.4.1-c Parâmetros para avaliação de consumos médios anuais

	Unitário	Faixa de consumo em litros/unidade		Época avaliação	Fonte Bib.
Consumo doméstico					
Cidades "industriais"	Pessoa/dia	250	400	1965	N182(*)
Cidades "grandes"	Pessoa/dia	200	250	1965	N182(*)
Cidades "pequenas"	Pessoa/dia	150	200	1965	N182(*)
Aldeias rurais (localidades rurais)	Pessoa/dia	75	100 / 150	1965	N182(*)
Apartamentos residenciais	Pessoa/dia	150	500	1979	M035
Comércio					
Aeroportos (inclui abastecimento aviões)	Passageiro/dia	15	30	2008	fdz
Aeroportos funcionários (soma dos turnos)	Funcionário/dia	30	70	2000	Fdz
Centros comerciais (shoppings)	m²/dia	1	3		
Lojas de departamento	m²/dia	5	10		
Escritórios	m²/dia	5	10		
Escritórios	Pessoa/dia	30	70		
Camping	Pessoa/dia	100	250	2008	fdz
Canteiro de obras	Pessoa/dia	80	175	2008	fdz
Escolas alunos + professor por turno	Turno/dia	50	90	2008	fdz
Escola (funcionários por turno)	Pessoa/dia	30	70		
Boliches	Pista/dia	60	100	1979	M035
Casa de saúde sem lavanderia e cozinhas	Paciente/dia	400	600	1979	
Hospital com lavanderia e cozinha	Pac+func/dia	500	1.000	1991	T575(*)
Hospital/casa de saúde, por funcionário por turno	Turno/dia	500	1.000	1991	T575(*)
Hotel-pousada rural, hóspede	Hóspede/dia	300	600	1979	M035
Hotéis-pousada rural, por funcionário	Funcionário/dia	60	100	2008	fdz
Hotel urbano (sem restaurante e lavanderia)	Hóspede/dia	150	400	1979	M035(*)
Hotel urbano (sem restaurante e lavanderia)	Funcionário/dia	75	125	2008	fdz
Restaurante comida rápida freguês + funcionário	Dia	25	35	2008	fdz
Restaurante convencional freguês + funcionário	Dia	30	50	1979	M035
Teatro-cinema-auditório/2 horas sessão	Cadeira	4	8	2008	fdz
Templos	Pessoa/dia	2	4	1988	T575
Indústrias					
Distritos industriais	ha/dia	40.000	130.000	~1975	azv
Aciaria/siderúrgicas – reposição e consumo	kg aço	250	450	1998	T575
Refinaria petróleo para gasolina	m³	7	34	1970	T575
Açúcar – Usina de	kg açúcar	90	100	1998	T575
Álcool – Usina de	Litros álcool	20	30	1998	T575
Cervejarias	Litros	10	15	1998	
Alimentícia (enlatados, conservas etc.)	kg	10	50		
Laticínios	kg	15	20	1998	T575
Matadouro	Cabeça	150	300	1988	T575
Curtume	kg	50	60	1998	T575
Lavanderia autosserviço	Máquina/dia	1.000	3.000	1979	
Papel fino	kg	500	1.000	1998	T575

Tabela B-I.1.4.1-c Parâmetros para avaliação de consumos médios anuais (*continuação*)

	Unitário	Faixa de consumo em litros/unidade		Época avaliação	Fonte Bib.
Papel imprensa	kg	150	200	1998	T575
Polpa papel	kg	300	800	1998	T575
Têxteis alvejamento	kg	180	275		T575(*)
Têxteis, tinturaria	kg	30	60	1998	T575
Tintas, vernizes, resinas	Empregado	130	200	1993	T575(*)
Gráficas	Empregado	130	190	1993	T575(*)
Indústria elétrica	Empregado	100	200	1993	T575(*)
Indústrias metal-mecânicas	Empregado	100	1.000	1993	T575(*)
Móveis e marcenaria	Empregado	60	100	1993	T575(*)
Outros					
Irrigação de área verde	ha/seg	1	2	1988	T575
Quartel – soldados (efetivo dia prontidão)	Pessoas/dia	100	200		

(*) adaptado por fdz.
Nota: os consumos unitários indicados nesta tabela, quando em indústrias e comércio, incluem os consumos operacionais (kg ou litro ou unidade de produto ou cliente/usuário) e de pessoal (funcionários). No caso de residências, inclui os eventuais funcionários não moradores. No caso de o consumo referir-se ao número de funcionários, inclui os usos operacionais.

Tabela B-I.1.4.2-a Distribuição da demanda (consumo nominal) de água urbana. Média anual, por tipo de consumo, por avaliação, por época

Época		1905	1949	1951	1953			1957	1972	1977	1986/91	1996	2010
Autor da avaliação		(*1)	(*2)	(*3)	(*4)			(*5)	(*6)	(*7)	(*8)	(*9)	(*10)
Natureza da demanda (tipo uso)		%	%	%	mín.	méd.	máx.	%	%	%	%	%	%
Doméstica	ℓ/hab×dia	100		85	57	132	189	140	180	200	200	120	180
	%	45	39	43	37	35	25	47	45	100	100	40	60
Comercial e industrial	ℓ/hab×dia	50		50	38	114	379	100	150			90	75
	%	23	58	25	25	30	50	33	37			30	25
Mobiliária e equipamento público	ℓ/hab×dia	45		25	19	38	57	15	20			20	22,5
	%	20	3	12	13	10	8	5	5			7	7,5
Outros	ℓ/hab×dia	25		40	38	94	132	45	50			70	22,5
	%	12		20	25	35	17	15	13			23	7,5
TOTAL	ℓ/hab×dia	220		200	152	378	757	300	400	200	200	300	300
	%	100	100	100	100	100	100	100	100	100	100	100	100

Legenda:
(*1) Saturnino de Brito, para São Paulo, SP
(*2) Revista *Engineering News Records*, maio 1949, citando Akron, Ohio, EUA
(*3) CNSOS, para São Paulo, SP
(*4) Azevedo Netto, em 1954, referindo-se aos EUA
(*5) DAE_SP, para São Paulo, SP
(*6) SAEC, para São Paulo, SP
(*7) Bib. M182
(*8) Bib. T575
(*9) SABESP - média na região metropolitana, para São Paulo, SP
(*10) Áreas metropolitanas, para estimativas de demandas

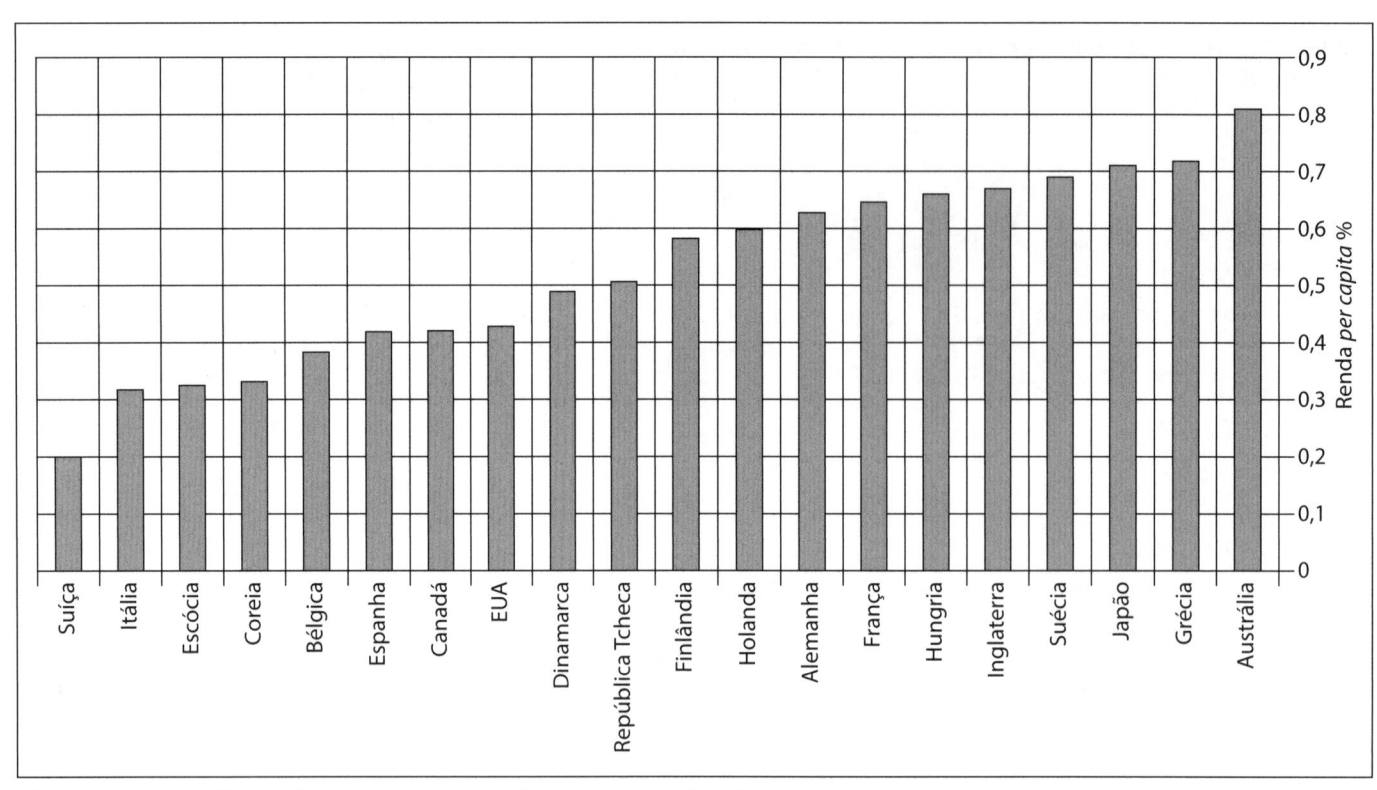

Figura B-I.1.4.2-a – Dispêndio com água e esgoto (uso doméstico) (Bib. R025).

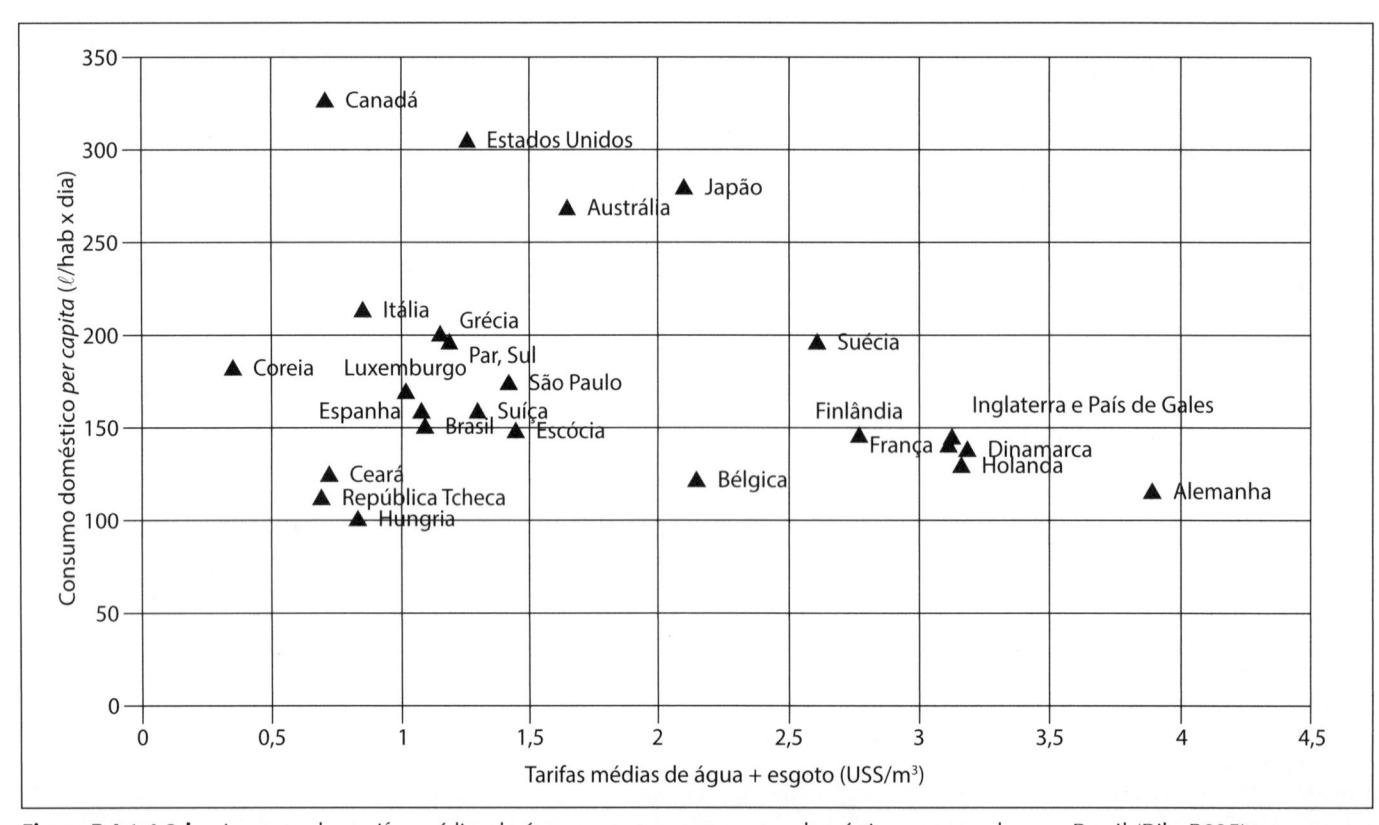

Figura B-I.1.4.2-b – Impacto das tarifas médias de água e esgoto no consumo doméstico, no mundo e no Brasil (Bib. R025).

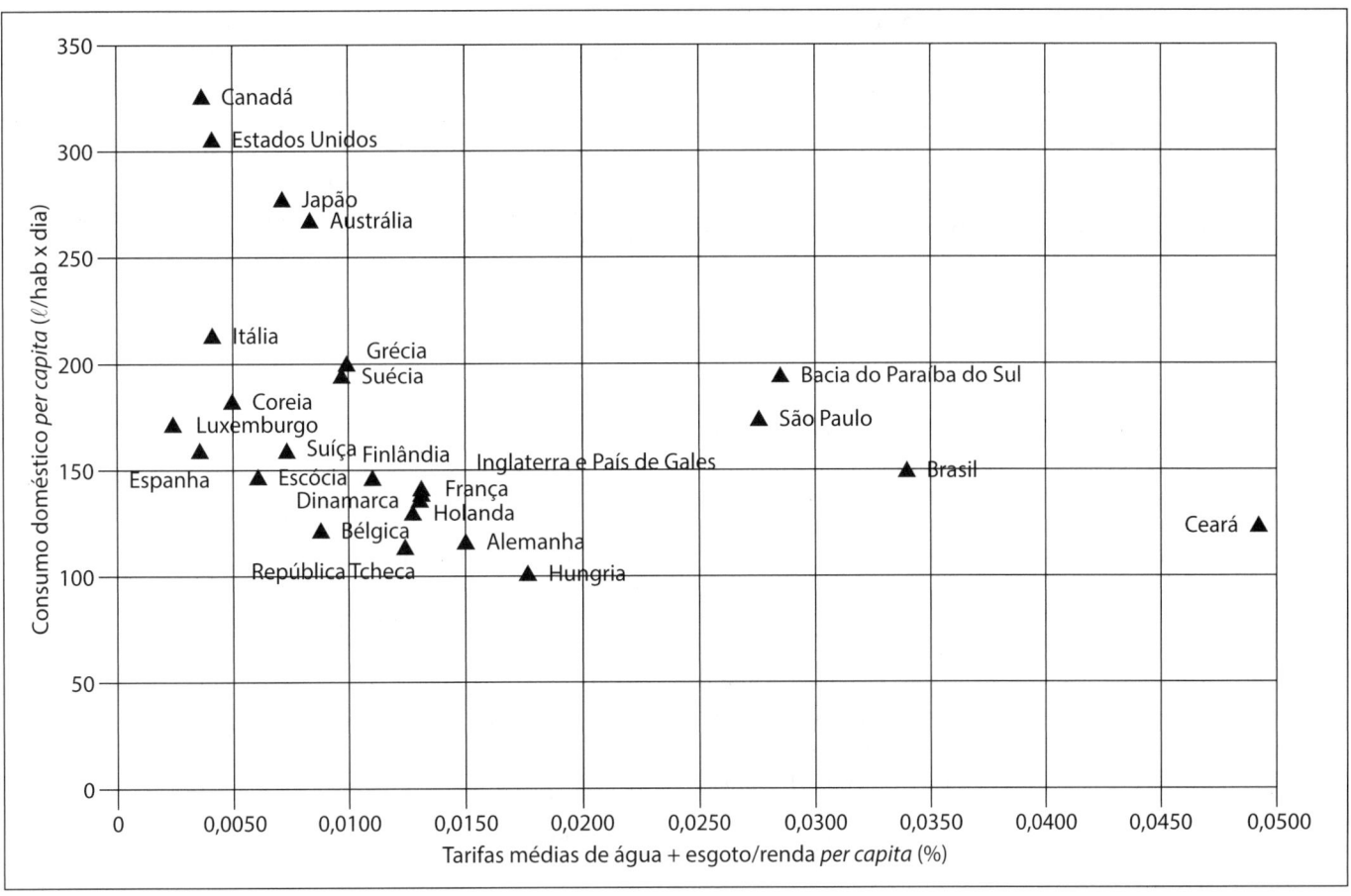

Figura B-I.1.4.2-c – Impacto no consumo doméstico das tarifas médias de água e esgoto por renda, no mundo e no Brasil (Bib. R025).

medida com defeito e, portanto, não faturada (sendo assim, não é perdida, é usada, atinge seu fim social). Um programa de combate a esse tipo de problema aumentará o faturamento da concessionária, sem diminuir a demanda nem a produção, aumentando apenas o consumo aparente (exceto pelo efeito sobre o desperdício).

Ações

As principais ações no combate aos "vazamentos" e "desvios" são:

- setorização da rede, que possibilita o confronto entre a macromedição (do setor) e a micromedição (dos hidrômetros dos consumidores), permitindo estabelecer prioridades entre setores e controlar os progressos no combate às perdas e ao "desvio" de água;

- pesquisas de vazamentos não visíveis, principalmente nos ramais prediais, onde ocorre a maioria dos vazamentos (cerca de 80% segundo dados da Sabesp);

- melhoria da qualidade dos materiais e da mão de obra de execução dos ramais prediais;

- substituição de rede com vida útil acima da recomendável;

- redução de pressão na rede, subsetorizando e/ou introduzindo válvulas de redução de pressão (VRP) em pontos estratégicos, para atuação onde as pressões estejam acima das de projeto.

No caso de perdas e desvios não físicos (perdas administrativas), na verdade perda/desvio de faturamento e não de água, as ações são:

- melhoria da gestão comercial, com atualização cadastral minuciosa, verificação das ligações inativas e programação/melhoria da leitura dos hidrômetros;

- implantação e/ou melhoria no sistema de medição com colocação e/ou troca de hidrômetros e macromedidores;

- regularização cadastral de favelas e áreas invadidas, com instalação de hidrômetros;

- política clara de corte de água por inadimplência;

- detecção e combate a fraudes, cujos principais tipos são:
  - "*by pass*", derivação antes do medidor;
  - clandestina, ligação sem conhecimento e sem consentimento da concessionária;
  - inversão do hidrômetro, desmarcando o consumo já registrado (fraude primária, pois obriga o rompimento do lacre da instalação);
  - violação do hidrômetro, que permite o manuseio dos dígitos ou ponteiros do medidor;
  - colocação de campo magnético próximo, alterando a transmissão do rotor ao conta-giros;
  - danificação proposital do aparelho de forma não ostensiva (por exemplo, pequeno furo lateral que permita a entrada de insetos na relojoaria seca), acelerando a degradação dos hidrômetros normais, que passam a "medir" menos.

Detectada a fraude, deve ser imediatamente interrompido o fornecimento. Deve existir uma política de combate a fraudes clara e divulgada a todos, envolvendo denúncia à autoridade policial e consequente ação penal na justiça para ressarcimento dos prejuízos financeiros, de forma retroativa, sem fechar a porta a soluções amigáveis, de forma a atingir soluções e não criar impasses.

B-I.1.4.4 Variações temporais de consumo e de demanda

Num sistema público de abastecimento de água, a quantidade de água demandada e a consumida varia continuamente em função da época do ano, dia da semana, hora do dia, condições climáticas, hábitos da população, da capacidade de produção, transporte, tarifa etc.

Há meses em que a demanda e consumo de água são maiores, como nos dias mais quentes e nos mais secos. Por outro lado, no mesmo mês ou semana, existem dias em que a demanda e o consumo de água assumem valores maiores ou menores sobre a média.

Durante o dia, a demanda e o consumo variam continuamente e, portanto, a vazão veiculada pela rede pública varia continuamente; a vazão supera o valor médio, atingindo valores máximos, em torno do meio-dia.

No período noturno, o consumo cai abaixo da média, apresentando valores mínimos nas primeiras horas da madrugada. Evidentemente que a existência de reservatórios domiciliares amortece a resposta da vazão nas tubulações em relação à demanda e ao consumo efetivos.

Normalmente são consideradas as variações de demanda e consumo: mensais, diárias, horárias e "instantâneas".

Por exemplo, na cidade de Campinas(SP): durante o ano de 1955 foram consumidos 12.011.800 m³, volume que corresponde a um consumo médio diário de 32.909 m³. Outubro apresentou a média mensal mais elevada: 35.332 m³, isto é, 7,4% acima do consumo médio anual. Entretanto, o maior consumo verificado em 24 horas ocorreu no dia 24 de setembro, quando foram fornecidos 39.450 m³, ou seja, 20% acima do consumo médio anual. Tem-se, então, para aquela cidade em 1955:

Mês de maior consumo $1,074 \times Q$ médio anual
Dia de maior consumo $1,200 \times Q$ médio anual

Admitindo o consumo médio de 250 ℓ/hab. $\times$ dia, chega-se a 269 ℓ/hab. $\times$ dia para o mês de maior consumo e a 300 ℓ/hab. $\times$ dia para o dia de maior consumo.

Os dias de menor consumo no ano foram domingos com chuva, após um período de chuvas consecutivas. Os dias de maior consumo ocorreram após longos períodos sem chuva e coincidiram com fortes elevações de temperatura.

Os grandes consumos não se verificam apenas em dias isolados, podendo prevalecer durante vários dias consecutivos.

Ainda no caso de Campinas (1955), foram observados no mesmo ano os seguintes consumos:

26-11-1955 (sábado)	37.990 m³
27-11-1955 (domingo)	34.100 m³
28-11-1955 (segunda)	39.360 m³
29-11-1955 (terça)	38.750 m³
30-11-1955 (quarta)	38.330 m³

Considerando os três últimos dados, encontra-se, em média, um excesso diário de 18% sobre o consumo médio anual.

Seria muito oneroso dimensionar todo o sistema de adução e distribuição para a hora de maior consumo do dia de maior consumo. A engenhosidade dos precursores do assunto mostrou que a situação de equilíbrio econômico é dotar os sistemas de reservatórios de distribuição para equilibrar as demandas das horas de maior consumo com as de menor consumo.

Assim, durante as horas de menor consumo os reservatórios encheriam e durante as horas de maior consumo os reservatórios esvaziariam. Verificou-se também que seriam necessários reservatórios muito grandes e caros para compensar dias de maior consumo com os de menor consumo, especialmente porque eles costumam ocorrer em meses diferentes.

Com isso, estabeleceu-se que a parte do sistema denominada de "produção e transporte" (captação, tratamento, adução) deve ser calculada só para as demandas da vazão média do dia de maior consumo (usando só o denominado coeficiente k_1, adiante descrito).

Já a rede de distribuição deve ser dimensionada não só para o dia de maior consumo mas também para a hora de maior consumo (usando o coeficiente $k_1 \times k_2$). Com esse artifício, os sistemas de produção passam a ser calculados com cerca da metade da vazão de projeto do sistema de distribuição.

A observação de fenômenos (hábitos) locais é importante para o entendimento da dinâmica do sistema. O autor (fdz) testemunhou, em 1971, em determinados bairros de Londrina (PR), que às segundas-feiras pela manhã a pressão nas redes de água caía drasticamente, chegando a provocar pressões negativas em alguns lugares, com uma série de contratempos. Concluiu-se que havia um "pico" extraordinário de demanda, não amortecido pelos reservatórios domiciliares, devido ao hábito da população de lavar roupa às segundas-feiras, e as unidades de lavagem de roupa estarem ligadas no ramal de entrada das casas antes dos reservatórios domiciliares.

A *Figura B-I.1.4.4-a*, relativa às variações horárias do consumo diário, mostram que em certos períodos do dia o consumo supera em cerca de 50% o consumo médio do dia. A capacidade da reservação deve atender a essa variação. Já a *Figura B-I.1.4.4-b* apresenta a variação do consumo ao longo da semana.

As variações instantâneas, mais pronunciadas nos trechos extremos das redes (de menor vazão), decorrem do uso simultâneo de torneiras e aparelhos.

Para organizar os métodos necessários ao cálculo dos componentes dos sistemas, foram estabelecidos coeficientes que traduzem numericamente essas variações. São os coeficientes k_1 e k_2:

a) **Coeficiente do dia de maior consumo (k_1)**: é a relação entre o valor do consumo máximo diário ocorrido em um ano e o consumo médio diário relativo a esse mesmo ano.

b) **Coeficiente da hora de maior consumo (k_2)**: é a relação entre a maior vazão horária e a vazão média do dia de maior consumo.

Na *Tabela B-I.1.4.4-a*, apresentam-se valores sugeridos para o k_1 e para o k_2 em várias regiões, fruto de observações estatísticas de seus autores e os valores sugeridos (fdz) para cálculos expeditos quando não houver dados.

Nos locais com clima muito variável, estações do ano muito diferentes, os valores do coeficiente k_1 são mais elevados.

Havendo um grande número de reservatórios domiciliares, o consumo horário sofre um amortecimento de seus "picos" e o projetista pode utilizar esse fator para

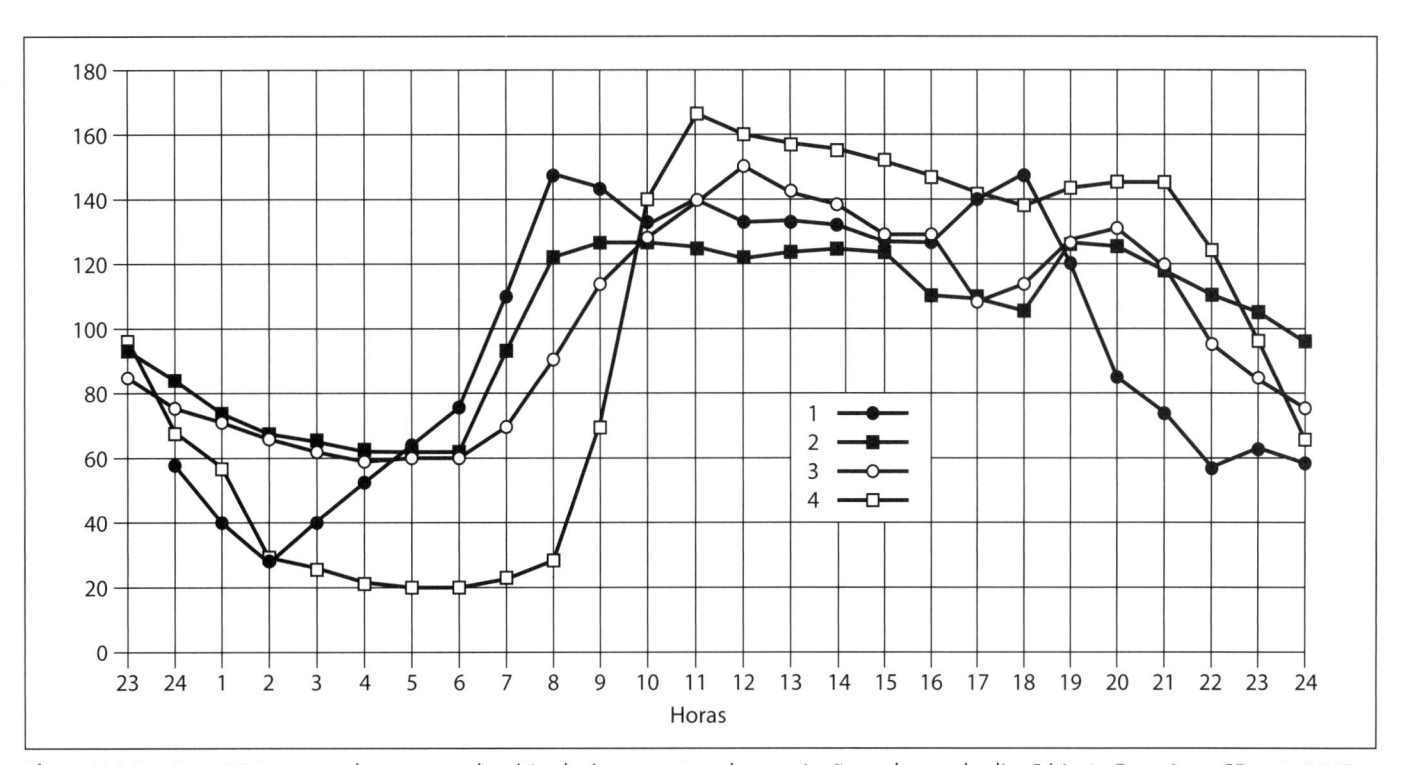

Figura B-I.1.4.4-a – Histograma de consumo horário de água mostrando a variação ao longo do dia. Série 1: Campinas, SP, out. 1945; Série 2: Setor de São Paulo, SP, 19 dez. 1952; Série 3: Vila Velha, ES, em 11 out. 2005; Série 4: Serra, ES, em 20 out. 2005.

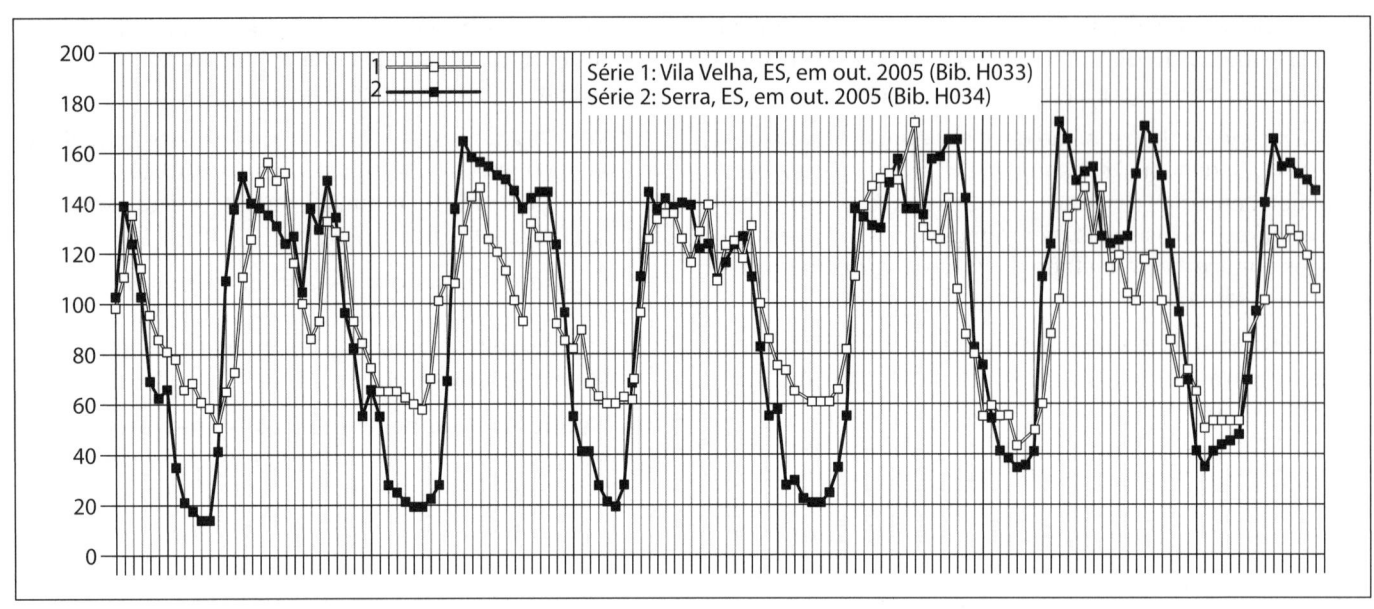

Figura B-I.1.4.4-b – Histograma de consumo de água mostrando a variação ao longo da semana.

diminuir os investimentos iniciais nas redes e na reservação diminuindo o k_2 dos primeiros anos de alcance do projeto.

Entretanto, como os reservatórios domiciliares devem ser eliminados por serem condenáveis quer pela qualidade da água (são pontos de contaminação), quer pelos aspectos energéticos (são dissipadores de energia desnecessários), quer pelos custos de implantação, deve-se usar um k_2 pleno nas previsões de consumo de maior alcance de tempo.

A reservação domiciliar surge, principalmente, quando há insegurança dos consumidores em relação à continuidade dos serviços de abastecimento. Nessas condições, muito do que se expõe aqui perde o sentido,

pois, não havendo continuidade dos serviços, o eventual abastecimento diário se dá em menos de 24 horas, alterando todas as contas.

No Brasil, como há muita reservação domiciliar, alguns projetistas, com razão, costumam usar um

$$k_1 \times k_2 = 1,65$$

Onde se preveja uma melhora na confiabilidade da operação, o que vai se refletir numa menor reservação domiciliar, sugere-se usar um $k_1 \times k_2 \geq 1,8$ num horizonte de projeto de pelo menos 10 anos (o tempo necessário para os consumidores acreditarem e começarem a desativar ou diminuir a reservação domiciliar).

Tabela B-I.1.4.4-a Valores para k_1 (dia) e k_2 (hora de maior consumo)

	k_1	k_2	$k_1 \times k_2$
Alemanha (Hutte)	1,20 a 1,60	1,50 a 2,50	1,80 a 4,00
Espanha (Lázaro Urra)	1,50	1,60	2,40
França (Debauve-Imbeaux)	1,50	1,50	2,25
Estados Unidos (Bib. F020)	1,20 a 2,00	2,00 a 3,00	2,40 a 6,00
Inglaterra (Gourley, Twort)	1,10 a 1,40	1,50 a 2,00	1,65 a 2,80
Itália (Gallizio)	1,50 a 1,60		
Uruguai (OSE)	1,50	1,50	2,25
Estado de São Paulo (Bib. A983)	1,20 a 1,42	2,00 a 2,35	2,40 a 3,34
para cálculos expeditos (2008)	1,10 a 1,30	1,40 a 1,60	1,5 a 2,0

c) **Coeficiente de consumo instantâneo (k_3)**: é a relação entre o valor do consumo máximo instantâneo e a vazão da hora de maior consumo. Muito pouco utilizado na prática. Se forem levadas em conta as variações instantâneas de vazão, sugere-se consultar estudo do Prof. E. R. Yassuda (Bib. Y030).

B-I.1.4.5 Vazões necessárias

Portanto, para o dimensionamento das diversas unidades de um sistema de abastecimento de água, devem ser definidas as vazões:

a) Vazão média em ℓ/s:

$$Q = \frac{P \times q}{3.600 \times h}$$

onde:

Q = vazão média anual, ℓ/s;

P = população abastecível a ser considerada no projeto (habitantes);

q = taxa de consumo médio anual *per capita* em ℓ/hab $\times$ dia;

h = número de horas de funcionamento do sistema ou da unidade considerada.

b) Vazão dos dias de maior consumo em ℓ/s:

$$Q_1 = \frac{P \times q \times k_1}{3.600 \times h} = k_1 \times Q$$

onde k_1 = coeficiente do dia de maior consumo.

c) Vazão dos dias de maior consumo e na hora de maior consumo:

$$Q_2 = \frac{P \times q \times k_1 \times k_2}{3.600 \times h}$$

onde k_2 = coeficiente da hora de maior consumo.

Nas *Figuras B-I.1.4.5-a* e *b*, é mostrada esquematicamente a aplicação dos coeficientes de variação de consumo no dimensionamento das unidades de um sistema de abastecimento de água. Notar que com a reservação por jusante (reservatório de ponta) (*Figura B-I.1.4.5--a*), normalmente resulta um sistema menos oneroso, pois o diâmetro médio da rede será menor do que com o reservatório por montante.

B-I.1.5 Mananciais

Os mananciais naturais de água, passíveis de aproveitamento para fins de abastecimento público, podem ser classificados em dois grande grupos:

a) Manancial subterrâneo: entende-se por manancial subterrâneo todo aquele cuja água provenha dos in-

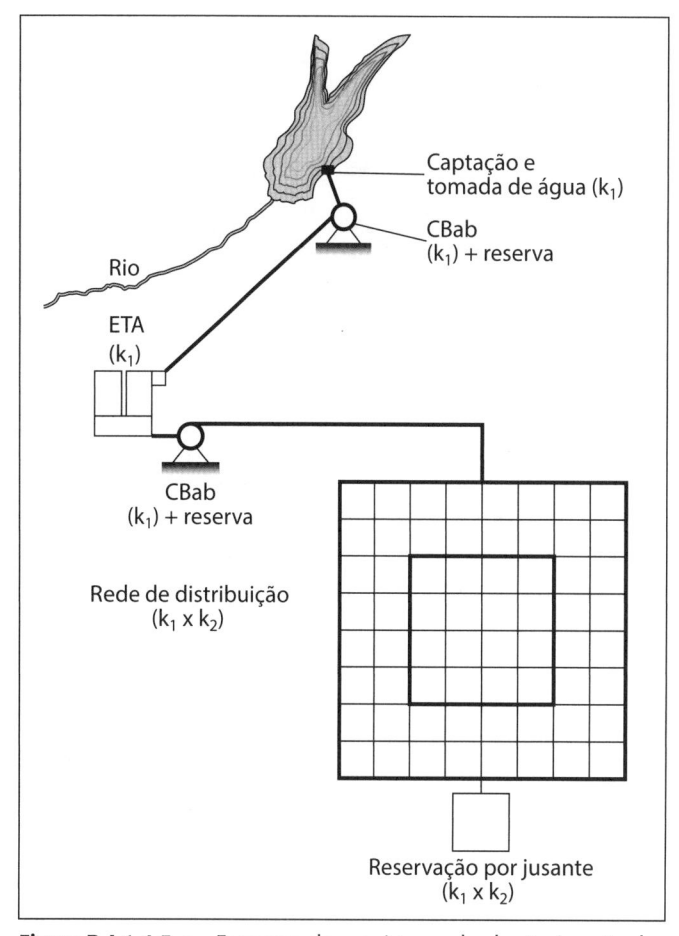

Figura B-I.1.4.5-a – Esquema de um sistema de abastecimento de água com reservação por jusante (depois) da rede, mostrando a aplicação dos coeficientes k_1 e k_2 em suas diferentes partes.

terstícios do subsolo, podendo aflorar naturalmente à superfície (galerias, fontes, poços surgentes etc.) ou ser elevada artificialmente através de ação mecânica artificial (poços rasos, poços profundos). Podem provir do "lençol de água freático" (não confinado –recebe água da superfície por percolação vertical) ou "lençol artesiano" (confinado – na vertical, existe uma ou mais camadas impermeáveis entre a superfície e a camada de água).

b) Manancial superficial: é constituído pelos córregos, rios, lagos, represas etc. que, como o próprio nome indica, tem o espelho de água na superfície terrestre. As águas desses mananciais diretamente ou após tratamento devem preencher requisitos mínimos de:

- qualidade (físico-químico-biológica) – os padrões de potabilidade da água para consumo humano são definidos pela OMS (Organização Mundial da Saúde), nas Américas pela OPS (Organização Pan-Americana da Saúde) e no Brasil pelo Ministério da Saúde.

- quantidade (e continuidade) e possibilidade de ser retirada essa quantidade.

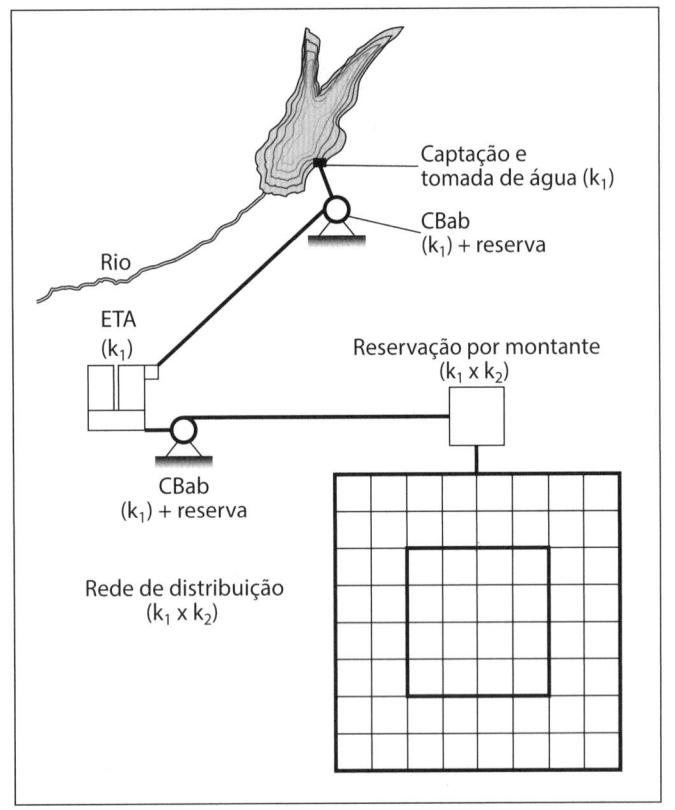

Figura B-I.1.4.5-b – Esquema de um sistema de abastecimento de água com reservação por montante (antes) da rede, mostrando a aplicação dos coeficientes k_1 e k_2 em suas diferentes partes.

B-I.1.6 Captação de água

B-I.1.6.1 Captação de água subterrânea

Preliminarmente devem ser feitos estudos para a avaliação das reservas existentes.

Fontes ou bicas de água (água aflorante ou surgente)

Normalmente fornecem pouca vazão e as obras são constituídas basicamente de um tubo cravado ou enterrado horizontalmente em uma encosta (ou ainda uma galeria escavada na encosta como um pequeno túnel), uma caixa receptora e acumuladora. Dessa caixa, a água deve ser levada a um tratamento e depois à distribuição. As obras devem ser suficientemente protegidas contra enxurradas e/ou qualquer outro agente poluidor. Recomendam-se cuidados especiais na proteção contra o acesso de animais às unidades e seu entorno.

Lençol freático ou subsuperficial

O aproveitamento do lençol freático ou subsuperficial é feito normalmente em fundos de vale ou nas suas proximidades. Como no caso anterior, a vazão é relativamente

baixa. Esse aproveitamento pode ser feito horizontalmente, através de um sistema de drenos coletores que convergem a um poço, ou verticalmente, mediante a escavação de poços rasos ou ainda mediante a cravação de ponteiras drenantes como as usadas para rebaixamento de lençol.

Localização, arranjo de unidades e tipo da captação dependem da espessura da camada aquífera, recomendando-se uma profundidade mínima de 3 m para a coleta dessas águas, a fim de impedir a entrada de água insuficientemente filtrada através do solo.

As obras de captação podem ser:

a) Sistema de drenos coletores: composto de tubos perfurados interligados, encarregados de reunir a água coletada num único ponto, de onde ela é conduzida para o seu aproveitamento, após tratamento adequado. Os drenos são envolvidos externamente com camadas sucessivas de areia e pedra britada (ou pedregulho) com o intuito de evitar a colmatação dos furos e a queda no rendimento do sistema coletor. Alternativamente podem ser usadas mantas geotêxteis ou então tubos filtrantes, em aço inox, especialmente fabricados para revestir poços, que retêm a areia e não entopem. A área onde esse sistema é implantado deverá ser protegida, a fim de evitar a contaminação do lençol por agentes externos na superfície;

b) Poços rasos: obras compreendendo um ou mais poços escavados verticalmente, de modo geral, revestidos por anéis de concreto ou pedra argamassada formando arcos. A afluência da água do lençol freático ao poço dá-se por orifícios deixados abertos no revestimento lateral e pelo fundo do poço.

O diâmetro desses poços varia em função da capacidade de fornecimento de água do aquífero e do processo de abertura e de construção. Normalmente o diâmetro mínimo é de 1 m, por razões construtivas. Em casos de camadas que só possam fornecer água muito lentamente, poderão atingir 8 a 10 m de diâmetro. Quanto à profundidade, costumam ter menos de 30 m, sendo que a penetração na camada aquífera não ultrapassa cerca de 7 m, dependendo da formação geológica da camada aquífera e da posição do lençol a ser aproveitado. À medida que aumenta o diâmetro e/ou a penetração na camada aquífera (e a profundidade da lâmina líquida), aumenta o volume armazenado. Do poço, a água pode ser bombeada para o local de tratamento e posterior distribuição.

Lençol profundo ou artesiano

Após o lençol freático ou subsuperficial, geralmente se encontram camadas de terreno impermeável, quase sempre argilosas, que contêm entre elas camadas aquíferas, denominadas lençol artesiano. Esse lençol encontra-se normalmente entre duas camadas impermeáveis de terreno, que o protegem de contaminações da superfície. A extração de água desse lençol se faz mediante a perfuração de poços tubulares profundos, que, devido à grande variedade de tipos de terreno e de formações aquíferas, assim como a diversidade dos métodos construtivos empregados, apresentam-se com características construtivas que diferem bastante em cada caso.

Em determinadas condições geológico-topográficas (região sinclinal), a água contida no lençol artesiano poderá jorrar, pressionada pela água situada nas partes mais elevadas do lençol, obtendo-se o que se chama poço jorrante. Esse fenômeno "artesianismo natural" pode ser total ou parcial, ou seja, a água pode não chegar a jorrar mas subir bastante dentro do tubo do poço. Normalmente a perfuração é feita em regiões onde esses fenômenos não ocorrem ou ocorrem só parcialmente. Então, para atingir a superfície, a água do lençol terá de ser elevada mediante ação mecânica (conjuntos motor-bomba, sistemas a ar comprimido etc.), o que se denomina artesianismo comum. De qualquer forma, deve-se proceder a ensaios de bombeamento procurando estabelecer a correlação entre a vazão de extração e o nível dinâmico da água no interior do poço e, preferencialmente, com pelo menos mais um poço (pesquisa-testemunha) para determinar o gradiente da água no lençol durante bombeamento prolongado.

Comprovado o potencial da camada aquífera no local da perfuração ou nas suas imediações, e desde que esse potencial atenda à demanda de água prevista para a comunidade a ser atendida, devem ser perfurados tantos poços quantos forem necessários para atender à demanda, respeitados os espaçamentos entre um poço e outro de forma que o conjunto seja otimizado e um poço não interfira significativamente no outro.

Os poços tubulares são de um modo geral revestidos internamente com tubos adequados, uns drenantes (colocados na altura do lençol que se quiser captar) e outros não (cegos). Eles são colocados na altura dos horizontes de água que se quiser evitar captar, além de não permitir o desmoronamento de camadas instáveis de terreno que foram atravessadas na perfuração.

O diâmetro útil desses poços é função direta da vazão de aproveitamento do poço, que por sua vez determina as características do equipamento a ser implantado nele para a elevação de água. O mais frequente é que fiquem entre 150 e 300 mm, sendo comum ir a 600 mm.

Os tubos "drenantes" dos poços são colocados na camada aquífera, normalmente constituída de material granular, e normalmente são colocados, no extremo inferior do revestimento. Isso é feito de modo a permitir a fácil passagem da água a ser captada, evitando o arraste desse material granular para o interior da bomba ou do sistema de bombeamento, nem o arraste de material, o que pode vir a desestabilizar/acidentar o poço. Esses dispositivos são conhecidos como filtros, telas ou crivos, sendo normalmente constituídos de peças plásticas ou metálicas tubulares com orifícios, grelhas ou fendas destinadas a dar passagem à água.

B-I.1.6.2 Captação de águas superficiais

Os mananciais superficiais são os córregos, rios, lagos e reservatórios artificialmente criados, sendo que esses últimos, quando construídos com a finalidade de garantir um determinado volume de água para fins de abastecimento público, passam a fazer parte da captação do sistema.

Para o projeto de captação de mananciais superficiais, devem ser examinados os dados e características geomorfológicas do local, especialmente aquelas que digam respeito às características quantitativas e qualitativas, tais como:

a) dados hidrológicos da bacia em estudo e, na falta destes, dados referentes a bacias próximas e/ou semelhantes para estudos de correlação entre elas, notadamente no que tange à vazão específica da bacia;

b) dados fluviométricos do curso d'água a ser aproveitado e, na sua falta, elementos que digam respeito às oscilações do nível de água nos períodos de estiagem e de enchentes, assim como por ocasião de chuvas torrenciais. Tais informações poderão ser coletadas junto a pessoas conhecedoras da região, moradores das imediações, e corroboradas por marcas típicas nas margens;

c) elementos referentes às características físicas, químicas e microbiológicas da água a ser aproveitada, dando especial ênfase à determinação dos eventuais focos poluidores e/ou contaminantes existentes a montante do local de captação escolhido. Deverá ser procedida a coleta de amostras d'água a ser captada para exames de laboratório.

A elaboração do projeto de captação em mananciais superficiais deve ser precedida de uma análise das condições locais da área de implantação das obras a serem projetadas e só após uma avaliação criteriosa é que poderá ser feita a escolha do local e do tipo de captação, levando em conta os eventuais custos de desapropriação, os acessos, os métodos construtivos, as fundações e, quando necessário, o bombeamento das águas mediante a construção de estações elevatórias, a disponibilidade de energia elétrica para alimentação dos motores etc.

De um modo geral, os elementos componentes da captação e tomada de água em mananciais superficiais são:

a) barragens de acumulação ou de manutenção de nível (quando necessárias) a fim de complementar a vazão na época das estiagens ou facilitar a retirada da água;

b) dispositivo de tomada de água devidamente protegido, a fim de impedir a entrada de materiais em suspensão na água (grades, caixas desarenadoras etc.);

c) mecanismos de controle de entrada de água;

d) tubulações e órgãos acessórios;

e) poço de sucção das bombas;

f) casa de bombas, para alojamento dos conjuntos elevatórios (quando necessários).

No caso particular de lagos e rios de grande profundidade, onde se verificam grandes oscilações do nível de água, é comum a construção de torres de tomada ou tubulações junto ou nas proximidades da margem, dentro das quais são instaladas bombas de eixo vertical, sendo que os motores e o equipamento elétrico de comando e controle ficam alojados na parte superior da estrutura, acima do nível de enchente máxima.

Nesses casos, também é comum a utilização de captações flutuantes, de bombas submersíveis em rampas nas margens e outros dispositivos que facilitem a construção e a eventual remoção ou mudança de local quando há situações extremas de cheias, estiagens ou quando o rio "meandra" fora do local escolhido.

B-I.1.7 Adução e subadução

Às canalizações principais destinadas a conduzir (transportar) a água entre as unidades de um sistema de abastecimento que antecedem a rede de distribuição dá-se o nome de adutoras. Elas interligam a captação e tomada de água à estação de tratamento de água, e esta aos reservatórios de um mesmo sistema.

No caso de existirem derivações de uma adutora destinadas a conduzir água até outros pontos do sistema, constituindo canalizações secundárias, estas receberão a denominação de subadutoras. Também são denominadas subadutoras as canalizações que conduzem água de um reservatório de distribuição para outro.

Adutoras e subadutoras são unidades principais dos sistemas de abastecimento de água, requerendo especiais atenções na elaboração dos projetos e na implantação, com análise de seu traçado em planta e perfil, a fim de verificar a correta colocação de órgãos acessórios (válvulas de parada, válvulas de descarga e ventosas), ancoragens nos pontos onde ocorrem esforços que possam causar deslocamentos (curvas, por exemplo).

Os critérios de cálculo e as fórmulas para o dimensionamento hidráulico de adutoras e subadutoras estão contidos nos *Capítulos A-8* e *A-9* deste manual.

Em função da natureza da água conduzida, as adutoras e subadutoras podem ser denominadas de água bruta e água tratada.

Já levando em consideração a energia utilizada para a movimentação da água, as adutoras e subadutoras podem ser por gravidade (conduto livre ou conduto forçado), por recalque e mistas (combinação das duas anteriores).

Os materiais normalmente empregados para as adutoras e subadutoras são aqueles já descritos nos *Capítulos A-9* e *A-10*.

B-I.1.8 Tratamento

Como visto em *B-I.1.5*, os sistemas de abastecimento de água urbanos devem fornecer à comunidade água potável, isto é, água de qualidade adequada à alimentação humana e outros usos, dos pontos de vista físico-químico-biológico.

Como a água dos mananciais economicamente viáveis que dispõem de quantidade de água frequentemente não atendem os requisitos qualitativos, procede-se ao "tratamento" da água em instalações denominadas ETAs (Estações de Tratamento de Água), com vistas a enquadrar a água do manancial nos requisitos de qualidade.

O monitoramento da qualidade do manancial (físico-químico-biológico), feito com frequência adequada, determinará a extensão dos processo corretivos (tratamento) a aplicar a fim de garantir a boa qualidade e a segurança higiênica.

Atualmente, na prática, para atender os requisitos atuais de qualidade, e com os conhecimentos que se tem do assunto, só algumas águas subterrâneas de boa qualidade prescindem de tratamento. Todas as águas superficiais não atendem os requisitos de segurança sanitária atual, pela possibilidade de contaminação por agentes da fauna, sempre possíveis portadores de zoonoses para o ser humano, requerendo assim tratamento (compreendendo os processos imprescindíveis à obtenção da qualidade necessária e suficiente para abastecimento público).

Cada vez mais, algumas cidades, por disporem de água bruta de qualidade aceitável, dispensam o tratamento completo, procedendo apenas a um micropeneiramento, à desinfecção (cloração) e, eventualmente, à fluoretação. Dentre essas cidades citam-se New York, Roma e Madrid.

A necessidade do tratamento e os processos exigidos são determinados em função dos padrões de potabilidade e de amostragem (estatísticos) internacionalmente aceitos.

O projetista deverá levar em conta as variações de qualidade do manancial, tanto as observadas como as inferidas de situações similares do passado. Com efeito, os mananciais tendem a deteriorar-se, as exigências de qualidade são cada vez mais severas, as ETAs devem ser concebidas com muita flexibilidade operacional e parâmetros conservadores nas unidades onde o impacto da mudança de qualidade na água bruta mais influi, ou seja, nos floculadores-decantadores.

A NBR 12216/1992 da ABTN (Bib. A071) define quatro tipos de águas "naturais", para fins de abastecimento. Partindo dessa classificação, adaptada pelo autor tem-se:

Tipo A águas subterrâneas potáveis;

Tipo B águas subterrâneas ou superficiais, não protegidas e que não exigem coagulação química para potabilização;

Tipo C águas superficiais não protegidas que exigem coagulação química para potabilização;

Tipo D águas superficiais não protegidas, sujeitas a fontes poluidoras e que exigem processos especiais para potabilização.

O tratamento da água é feito para atender a várias finalidades:

a) Finalidades higiênicas: remoção/diminuição de micro-organismos (bactérias, cistos, vírus, algas, protozoários etc.), de substâncias tóxicas ou nocivas, dissolvidas ou em suspensão, de teores elevados de compostos orgânicos e inorgânicos, de impurezas higienicamente objetáveis ou limitadas por lei;

b) Finalidades estéticas: remoção/correção de cor, de turbidez, de odor, de sabor;

c) Finalidades econômicas: remoção/redução da corrosividade, da incrustabilidade (dureza e outros), da cor, da turbidez, do ferro, do manganês, do odor e do sabor.

Uma ETA pode ser constituída por diversas unidades. As principais unidades presentes nas ETAs convencionais são (nem sempre são necessárias todas as unidades):

1 Micropeneiramento

Para retenção de sólidos finos não coloidais em suspensão, por exemplo, algas. Abertura mínima usual (economicamente): 0,1 mm.

2 Aeração

É necessária uma unidade de aeração para:

- remoção de gases dissolvidos em excesso nas águas (CO_2, H_2S);
- remoção de substâncias voláteis;
- introdução de oxigênio (inclusive para a oxidação de ferro solúvel, manganês e outros).

Geralmente o processo é aplicado para as águas que, no seu estado natural, não estão em contato direto com o ar, por exemplo, águas subterrâneas, águas provenientes de partes profundas de grandes lagos ou represas etc.

Os principais tipos de aeradores encontrados na prática são:

- aeradores de queda, por gravidade (do tipo cascata, de tabuleiros, de bandejas);
- aeradores de repuxo;
- de ar difuso (por injeção de ar comprimido ou por aspiração tipo "Venturi");
- aeradores mecânicos.

A eficácia da aeração variará com muitos fatores (por exemplo, com a temperatura do ar e da água). Para o caso de aerador por bandejas perfuradas ou em cascata, caso seja necessário alguma avaliação preliminar, sugere-se adotar uma detenção mínima de 10 minutos, lâminas de água de no máximo 0,05 m e no mínimo 10 quedas espaçadas de 30 cm. Taxa de aplicação da ordem de 20 $m^3/(m^2 \times dia)$.

3 Coagulação e floculação

A coagulação é um processo químico que visa aglomerar impurezas que se encontram em "suspensões, ditas finas", em estado coloidal, em "partículas maiores, ditas flocos", que possam ser removidas por sedimentação e/ou filtração. As partículas agregam-se, constituindo formações gelatinosas inconsistentes, denominadas flocos. Os flocos iniciais são formados rapidamente e a eles aderem as outras partículas.

Todo processo de tratamento químico e preparação da água para a decantação e filtração compreende duas fases distintas:

- mistura rápida que consiste na adição dos compostos químicos ou reagentes e sua dispersão uniforme na água (coagulação propriamente dita);

- formação dos flocos e seu desenvolvimento ou condicionamento (floculação propriamente dita).

A mistura rápida deve ser efetuada com bastante energia para garantir o máximo de homogeneidade na mistura antes que ocorra a hidrolização completa dos reagentes. A mistura deve ser o mais homogênea e instantânea possível. Costumava-se fazer:

- no próprio dispositivo de medição de vazão da chegada da água à estação de tratamento (por exemplo, na "calha Parshall"), onde o coagulante deve ser injetado a pressão e bem espalhado transversalmente ao fluxo.

- em câmaras especiais denominadas câmaras de mistura rápida, com agitadores mecânicos onde o coagulante deve ser injetado a pressão, como *spray*.

- em dispositivos denominados "estatores" introduzidos dentro da tubulação de chegada e que são verdadeiras chicanas internas ao tubo que provocam grande turbulência, e onde o coagulante é injetado a pressão em forma de *spray*.

A floculação é uma continuação do processo de formação do floco em que se procura fazer com que as partículas da água em suspensão passem por perto dos íons formados no processo anterior e sejam eletricamente atraídas pela carga oposta ao de cada partícula (que serão os núcleos dos flocos). Para isso a energia precisa ser menor e decrescente, para não quebrar os flocos que se forem formando.

A floculação é feita em câmaras denominadas floculadores, de agitação lenta e decrescente. Os floculadores podem ser hidráulicos (chicanas movimentando a água horizontalmente ou verticalmente) ou mecanizados (de eixo vertical ou de eixo horizontal). O dimensionamento dos floculadores é objeto de livros especializados, mas as grandezas consideradas são: tempo de detenção e gradiente de energia dissipada ao longo da floculação. Considerando a água a 20 °C, para avaliações expeditas use tempo de detenção de 15 a 30 minutos e energia dissipada (G) entre 20 e 75 s^{-1}.

Os reagentes em geral empregados são:

- Coagulantes, compostos de elementos que, hidrolizados, produzem hidróxidos, como os sulfatos de alumínio e de ferro, gerando íons positivos e negativos que vão formar os núcleos dos flocos; o coagulante mais comumente empregado é o sulfato de alumínio $(Al_2(SO_4)_3)$, pelo fato de ser facilmente obtido, ter baixo custo e causar impacto ambiental mínimo ao ser descartado com as águas de lavagem de decantadores e de filtros, sem falar na longa experiência sem comunicação de adversidades dos resíduos na água potável .

- Coadjuvantes de floculação:

  - polímeros: ajudam a formar flocos melhores (mais densidade – decantam melhor) e maiores; são substâncias que apresentam características favoráveis ao processo de coagulação-floculação-decantação; algumas delas são: sílica ativada, polieletrólitos, argila fina preparada (bentonita) etc.

  - álcalis: para estabelecer e/ou manter a alcalinidade necessária (se necessária) a um processo eficaz de coagulação, tais como hidróxido de cálcio $Ca(OH)_2$, carbonato de sódio (Na_2CO_3).

4 Decantação/sedimentação

Representam a operação de separação de partículas sólidas suspensas na água (normalmente feita dinamicamente). Essas partículas, sendo mais pesadas que a água, tendem a precipitar, verificando-se então os fenômenos designados por decantação e por sedimentação. A água, livre das partículas que decantem, é removida por dispositivos instalados na extremidade oposta à entrada.

Embora normalmente não calculados para tal, os decantadores também podem e devem funcionar como separadores de partículas que flutuam, tais como óleos e graxas, matéria orgânica em decomposição ou normalmente em suspensão etc. Para isso os decantadores devem ser dotados de dispositivos escumadores, bastante simples de construir e operar. Da mesma forma, areias finas que cheguem à ETA e passem pelos floculadores, onde a velocidade se reduz bruscamente e também pode reter areias, também serão retidas nos decantadores.

Os decantadores costumam ser assim classificados (muitos são fornecidos com equipamentos patenteados):

- escoamento horizontal, onde a água por decantar transita na horizontal. Podem ser simples ou com bandejas (dispositivos para diminuir o número de Reynolds), com raspador, com escumador ou não, etc. Normalmente são retangulares (a água entra pela parede de uma extremidade e sai em vertedores pela extremidade oposta) ou circulares (a água entra pelo centro e sai em vertedores pelo perímetro);

- escoamento vertical, onde a água por decantar transita na vertical. Normalmente são por processo dito "manto de lodos" retangulares ou circulares (a água entra por baixo e sai por cima, passando através de um manto de lodos que vai se formando e que ajuda no processo de eliminação dos flocos), e "laminar", "colmeia", "tubular" ou "de alta taxa", onde a sedimentação é feita em regime laminar (número de Reynolds abaixo de 2.000 – ver *item A-7.2*) com o emprego de dispositivos que elevam em muito o perímetro molhado e economizam área em relação aos demais tipos de decantadores.

A remoção de lodo sedimentado dá-se normalmente por pressão hidráulica. Os decantadores ditos mecanizados dispõem de raspadores para concentrar o lodo sobre os bocais de sucção e que também podem auxiliar na remoção de "escuma". O fundo dos decantadores deve ter caimentos adequados ao escoamento do lodo, quer de forma contínua (grandes declividades), quer de forma descontínua (paradas periódicas e baixas declividades, entretanto maiores que 3%).

O projeto dos decantadores é feito observando um parâmetro principal denominado taxa de decantação, expressa em $m^3/(m^2 \times dia)$.

As taxas de decantação usuais para avaliações expeditas são:

- para decantadores horizontais retangulares convencionais: 30 a 60 $m^3/(m^2 \times dia)$;
- para decantadores circulares ou quadrados mistos: ~80 $m^3/(m^2 \times dia)$;
- para decantadores laminares (colmeia) verticais de fluxo ascendente: 110 a 180 $m^3/(m^2 \times dia)$.

Aumentando ou diminuindo a velocidade da água no decantador, alteram-se os efeitos de turbulência, alterando a taxa de deposição das partículas em suspensão. Quando a velocidade (e a turbulência) é reduzida a decantação é melhor e vice-versa. Isso se consegue em tanques onde se procura evitar ao máximo a turbulência, denominando-os de "decantadores" ou "bacias de sedimentação".

Ainda para avaliações expeditas quanto ao projeto de decantadores retangulares horizontais, sugere-se usar:

- a relação comprimento × largura: de 5 × 1 a 8 × 1;
- para a velocidade nominal: 0,05 a 0,06 m/s;
- para a profundidade nominal ou efetiva ou "útil": 2,5 a 3,5 m;
- o tempo de detenção vai ser função dos demais parâmetros, especialmente da profundidade do tanque (que vai ser função da taxa superficial e da velocidade).

Embora conste em diversas fontes de consulta, não há necessidade de usar uma taxa de extravasão em litros por metro de vertedor de saída, pois carece de sentido científico e empírico. Tornou-se um modismo nos anos 1970 e ainda perdura (Bib. F194).

Os decantadores horizontais apresentam maior facilidade para coletar e retirar "escuma".

Especial atenção deve ser dada ao número de unidades de decantação, pois pode ser necessário parar uma para manutenção, e a sobrecarga nas demais não deve comprometer a operação da ETA.

5 Filtração

Os filtros são o "coração" das ETAs. Na verdade, pode-se dizer que as demais unidades servem para ajudar os filtros em sua tarefa de reter impurezas e trabalhar mais tempo sem necessidade de serem lavados.

A filtração da água como processo de purificação consiste em fazê-la atravessar camadas porosas capazes de reter impurezas. O material poroso comumente empregado como meio filtrante é a areia. Para aumentar as taxas de filtração e economizar área e custo de construção, materiais auxiliares (complementares) têm sido utilizados com sucesso, entre os quais o carvão duro (antracito) e a granada (que nada mais são que outros grãos com densidades diferentes e que, por essa razão, se arrumam automaticamente em camadas, por densidade, independente da granulometria, permitindo duas a três camadas filtrantes).

Normalmente são empregados dois tipos principais de filtros de areia: filtros lentos e filtros rápidos.

- Filtros lentos

Podem ser adotados quando a água bruta apresenta pouca turbidez e baixa cor (águas do "tipo B"), ou que se enquadrem nesse tipo após pré-tratamento, não exigindo tratamento químico (coagulação-sedimentação).

O "princípio" de seu funcionamento, além da barreira física dos grãos da areia forçando a percolação pelos poros (ação similar ao peneiramento), é uma barreira bioquímica que atua pela formação de um gel percolável (biofilme) em torno dos grãos de areia que possui boas propriedades de purificação da água. Para preservar esse gel, não se tira todo o leito filtrante para lavar quando a colmatação pelo gel e a retenção de partículas começa a baixar as taxas de filtração além de um limite aceitável, sendo a principal diferença para os filtros rápidos que atuam de forma meramente física.

A velocidade com que a água atravessa a camada filtrante é baixa comparada com os filtros rápidos. Para cálculos expeditos, sugere-se adotar taxas de filtração da ordem de 7 a 14 $m^3/m^2/dia$.

A lavagem da areia é externa ao filtro, por meio de retiradas sucessivas das camadas superficiais colmatadas (cerca de 5 cm por raspagem) que, concluído o ciclo, são recolocadas no filtro após lavagem (portanto o sistema requer um filtro parado).

O intervalo de raspagem (limpeza) é de 30 a 60 dias.

A camada filtrante é constituída de uma espessura de areia de 0,90 a 1,10 m para fazer face às sucessivas raspagens. Com efeito, em um ano, com uma raspagem a cada 30 dias, a espessura do leito ficará reduzida em 60 cm. A espessura mínima não deve ficar abaixo de 40 cm. Nesse momento o filtro deve ser parado para lavagem completa. A espessura da camada filtrante é medida só na areia, sem considerar camada suporte nem drenos.

O início ou reinício de operação de um filtro lento leva de 8 a 30 dias, dependendo de diversos fatores, os mais importantes sendo a temperatura e o tipo físico-químico da água do manancial. Durante esse período toda a água filtrada dessa unidade deve ser descartada até a formação do "gel" antes referido. A constatação de que o gel necessário está formado (ou recomposto) dá-se pela observação de um operador experiente, pela comparação com as outras unidades da mesma ETA (as vazões ficam muito parecidas pois estão em vasos comunicantes, as velocidades são muito baixas e então a perda de carga pelo gel é proporcionalmente relevante, embora em ordem de grandeza não seja grande, o que obriga a uma medição comparativa acurada e cuidadosa mas factível). Outra forma de verificar se o gel inicial mínimo está formado é pelas análises físico-químico-bacteriológicas feitas no laboratório.

A granulometria recomendada para a areia fica entre 0,5 e 0,8 mm e o coeficiente de uniformidade de 0,5 a 1,0.

O projeto de filtros lentos deve prever a possibilidade de virem a ser cobertos para evitar excesso de luz e consequente proliferação de algas ou vegetação, e como fazer as "raspagens" (normalmente um dispositivo que funciona como uma plataforma móvel sobre o leito).

Não existe filtro lento de dupla camada.

Na atualidade, os filtros lentos só são usados para pequenas vazões de demanda, por resultar em áreas grandes e requerer operação "artesanal". Entretanto, resulta água de boa qualidade e sabor. Usando um "jargão" também atual, pode-se dizer que é um tratamento de água "orgânico".

- Filtros rápidos

Diferem dos filtros lentos não só pela velocidade de filtração como pela sua construção e modo de operação.

São constituídos com condições de lavagem através da inversão do fluxo normal de funcionamento. Os filtro rápidos recebem geralmente água tratada quimicamente e podem ser de camada filtrante simples (areia), dupla (areia e antracito) ou tripla (granada, areia e antracito), operando durante a filtração com fluxo descendente. O projeto das unidades de uma ETA deve ser harmônico e desenvolvido por profissional experiente. Entretanto, para facilitar o trabalho quando é necessário uma avaliação expedita, sugere-se ter em mente os seguintes parâmetros principais:

a) Granulometria da areia:

- tamanho efetivo 0,6 a 0,80 mm;
- coeficiente de uniformidade 1,55;

b) Espessura da camada de areia:

- Quando só areia: 0,60 a 0,75 m;
- Quando areia e antracito: 0,20 a 0,35 m;

c) Taxa de Água de Lavagem para Filtro só de Areia: 0,80 a 1,1 m/minuto de velocidade ascensional;

d) Granulometria do Antracito: 1,1 a 1,4 mm;

e) Coeficiente de uniformidade do antracito: 1,45;

f) Espessura da camada de antracito: 0,35 a 0,50 m;

g) Taxa de Água de Lavagem para Filtro Dupla Camada: 0,70 a 0,85 m/minuto;

h) Taxa de Filtração para Filtro só de areia: 100 a 200 $m^3/m^2 \times dia$;

i) Taxa de Filtração para Filtro Dupla Camada: 240 a 475 $m^3/m^2 \times dia$;

j) Intervalo entre lavagens de um mesmo filtro: 24 a 48 horas (pressupondo afluente com turbidez abaixo de 10 UT 80% do tempo, considerando a turbidez afluente ao filtro = a efluente do decantador);

k) Tempo de lavagem em contracorrente: ~10 minutos (~5% da água produzida em 24 h);

l) Distância máxima em planta entre um ponto da superfície do filtro e a borda de um dos vertedores de calhas de água de lavagem: até 1,5 m. (Se houver uma calha de cada lado, a largura do filtro pode ser de até 3 m sem nenhuma canaleta sobre o eixo filtrante.).

A bibliografia cita outros tipos de filtros, como os de fluxo ascendente e os filtros a pressão. Os de fluxo ascendente estão caindo em desuso à medida que as exigências de garantia de qualidade para a água crescem.

Os filtros a pressão normalmente são fornecidos por fabricantes de equipamentos e apresentam dois tipos principais:

- os de meio filtrante similar aos filtros rápidos acima citados, cujas características devem seguir as tanbém acima citadas.

- os de meio filtrante de baixíssima granulometria (terra de diatomácea etc.) usados em circunstâncias especiais e sempre para pequenas vazões e alta taxa de consumo de energia por m³ produzido.

6 Desinfecção

A desinfecção da água para fins de abastecimento constitui medida que, em caráter corretivo ou preventivo (quando tem efeito residual), deve ser obrigatoriamente adotada em todos os sistemas. Só um processo de desinfecção bem controlado, antes da água atingir o ponto de consumo, é que poderá garantir a qualidade da água, do ponto de vista de saúde pública.

O produto normalmente utilizado para desinfecção de água potável é o cloro, encontrado no comércio em "cilindros de gás-cloro" a 99% de pureza, ou como solução de hipoclorito, ou como granel de pó de hipoclorito. Tanto a solução como o granel deverão ser aferidos em termos de cloro livre para se poder calcular a dosagem correta, que deve ser testada com frequência, após 30 minutos de aplicada, para saber se permanece cloro residual na água de abastecimento e em que concentração.

Para avaliação expedita do consumo, não havendo outra informação, sugere-se adotar a *Tabela B-I.1.8-a* como uma média anual.

Tabela B-I.1.8-a Parâmetros para avaliações expeditas de consumo de produtos químicos no tratamento

Classificação	Produto	Dosagem considerada (*1)
Coagulante	Sulfato Al	60,0 ppm (mg/ℓ)
Corretor de pH	Cal Hidratada	30,0 ppm (mg/ℓ)
Desinfetante	Cloro	5,0 ppm (mg/ℓ)

(*1) desconsiderando as impurezas.

Para a adição de cloro à água, são utilizados dosadores, denominados, de acordo com o produto a ser utilizado, cloradores ou hipocloradores.

A desinfecção também pode ser realizada por dispositivos tais como radiação ultravioleta, adição de ozônio etc., mas são processos sem efeito residual que, para serem eficazes, exigem um sistema de distribuição sem possibilidades de contaminação, situação ainda fora da nossa realidade.

7 Tratamento por contato

O tratamento por contato consiste em promover, como o próprio nome indica, o contato da água com um material predeterminado a fim de reter substâncias indesejáveis presentes na água. Existem livros só sobre o assunto. No presente caso, merece citação:

- carvão ativado, para remoção de odor e sabor;

- leitos de cascalho de calcário para a retenção/precipitação de substâncias tais como arsênico (usados, por exemplo em Antofagasta, Chile).

8 Tendências

A compreensão de que a água potável deve ser tratada como "produto alimentício", com suas normas de controle da qualidade, são o porvir para as instalações em projeto que deverão estar ativas pelos próximos 30, 50 anos.

Acima, na introdução deste mesmo item, foi dito que "os mananciais tendem a deteriorar-se, as exigências de qualidade são cada vez mais severas, as ETAs devem ser concebidas com muita flexibilidade operacional e parâmetros conservadores nas unidades onde o impacto da mudança de qualidade na água bruta mais influi, ou seja, nos floculadores-decantadores".

Também os arranjos das ETAs, que eram extremamente compactos, usando paredes comuns para diversas unidades, devem ser substituídos por arranjos mais esparsos, facilitando a construção modular e sobretudo a operação e a manutenção (evidentemente que se amoldando ao espaço disponível).

Quanto aos filtros, taxas médias de filtração mais elevadas, aproximando-se das taxas de início de "carreira de filtração", taxas de lavagem e sistemas de lavagem mais eficazes; acesso direto ao leito filtrante, facilitando sua manutenção, evitando calhas de coleta de lavagem sobre os mesmos. Tudo para buscar que os filtros estejam sempre como "novos", operando em taxas que no passado eram viáveis nos primeiros tempos e depois não mais.

Deve-se ter cuidado com o "perfil hidráulico" das ETAs, para evitar perda de energia desnecessária.

Equalização e tratamento das águas de lavagem dos decantadores e dos filtros que, embora inertes do ponto de vista sanitário, são um "choque" no meio ambiente quando lançadas em batelada, durante um curto período, como tem sido.

As *Figuras B-I.1.8-a, b, c e d* adiante mostram disposições gerais e fluxogramas usuais em estações de tratamento de água ETA convencionais.

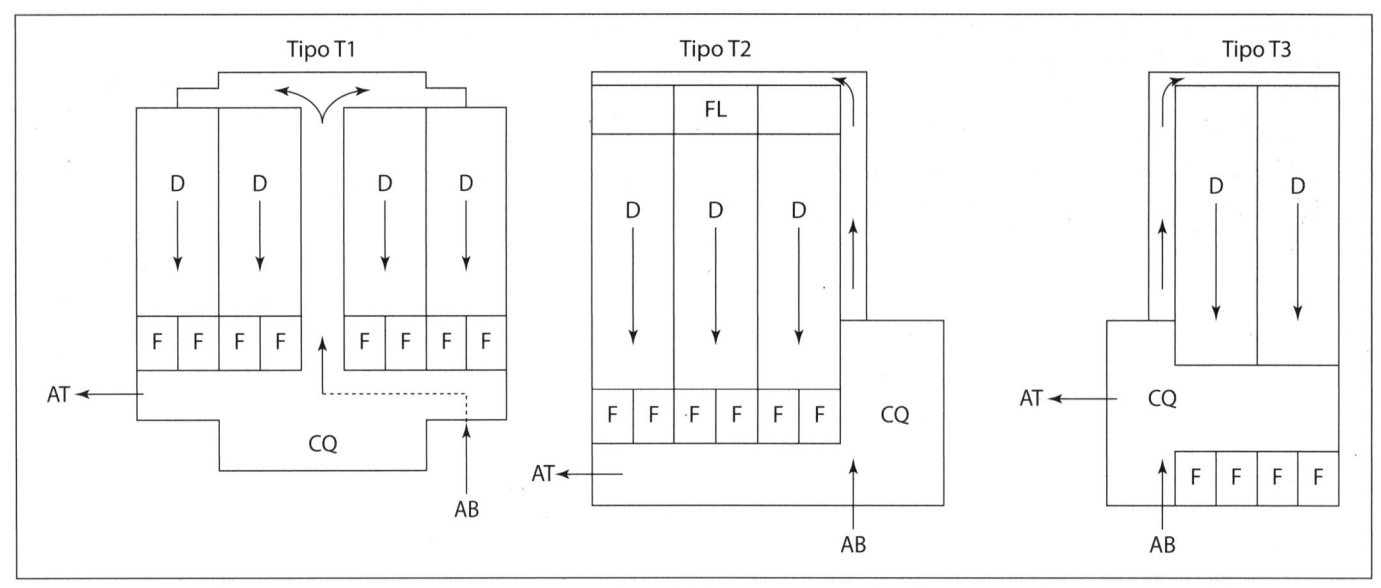

Figura B-I.1.8-a – Alguns exemplos de arranjo (disposição) de unidades em ETAs. FL: floculadores; D: decantadores; F: filtros; CQ: casa de química e comando dos filtros; AB: água bruta; AT: água tratada.

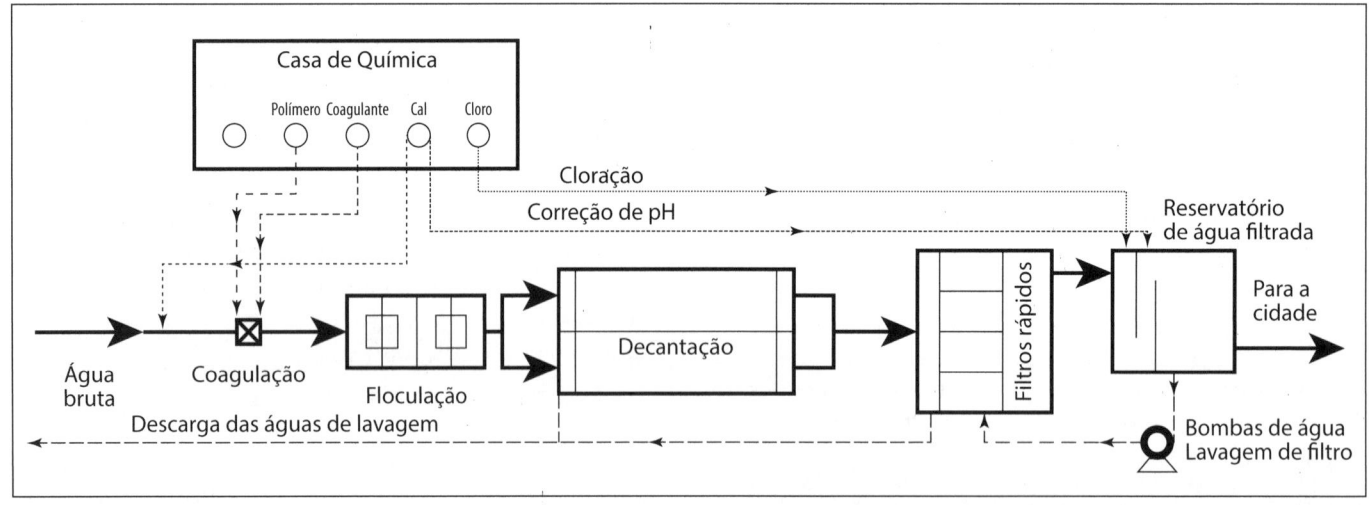

Figura B-I.1.8-b – Instalação clássica de tratamento de água (fluxograma). O coagulante pode ser sulfato de alumínio, cloreto férrico ou equivalente.

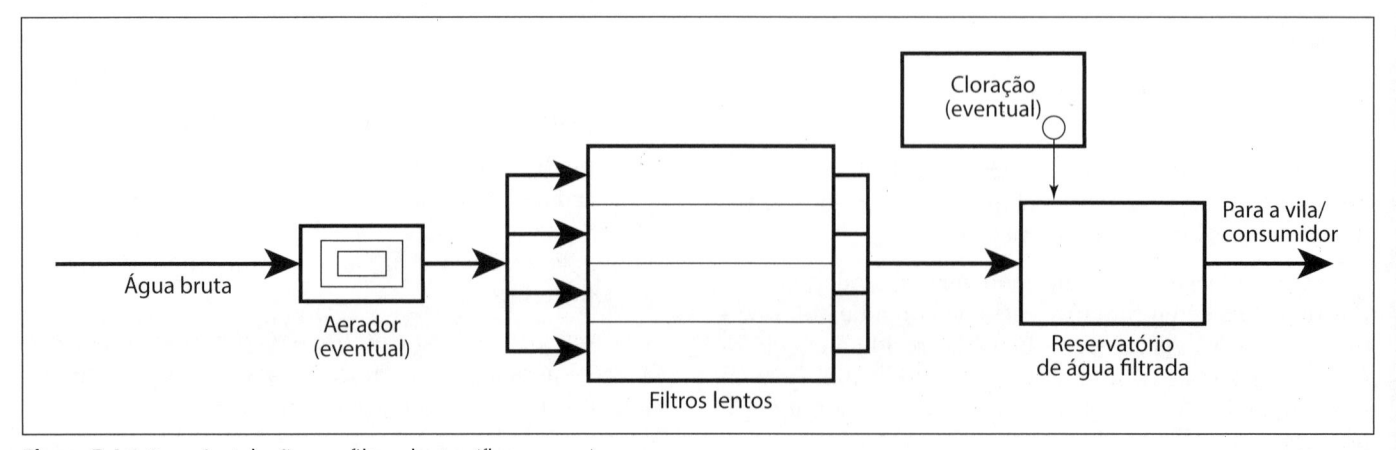

Figura B-I.1.8-c – Instalação em filtros lentos (fluxograma).

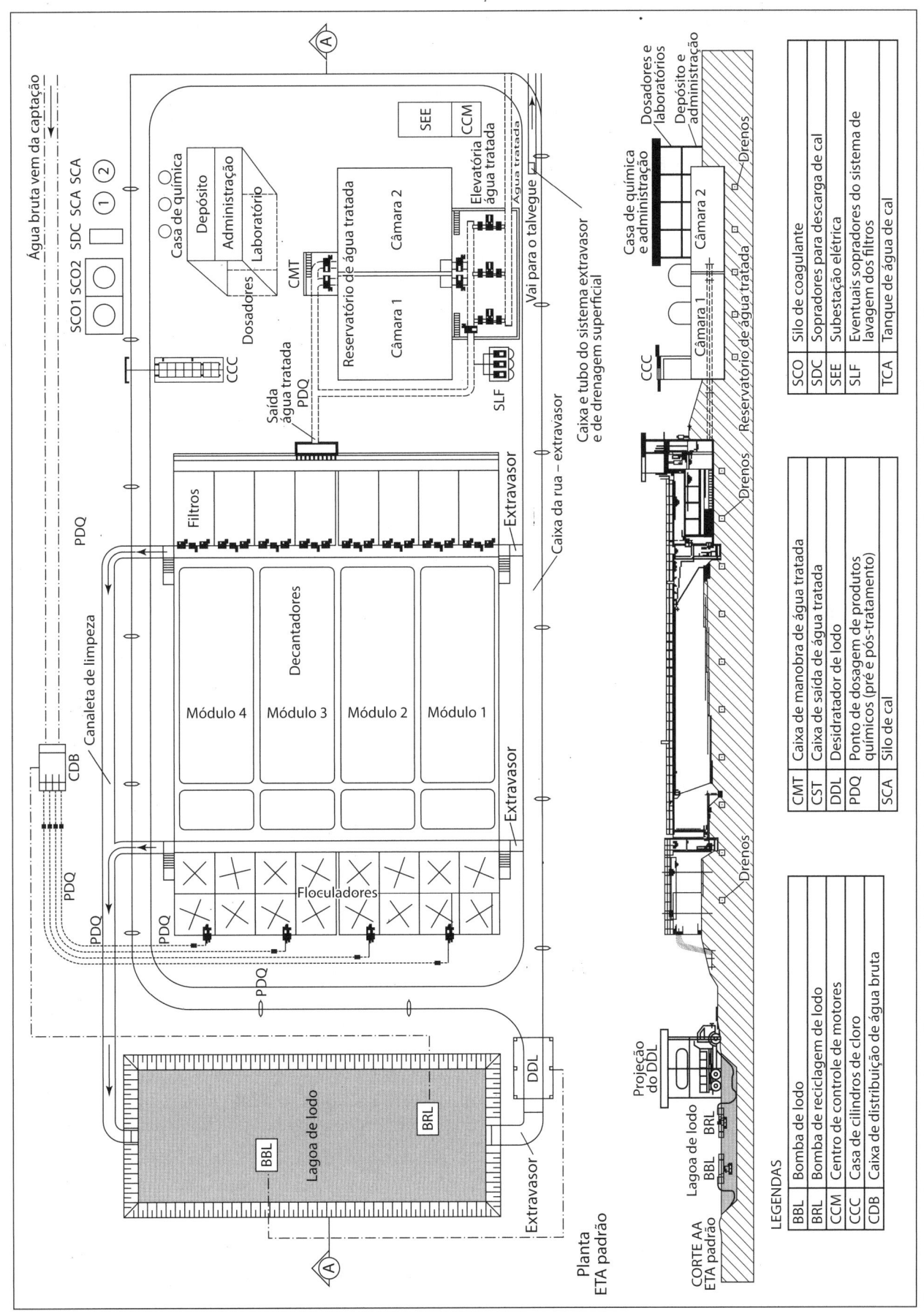

Figura B-I.1.8-d – Arranjo geral em planta e em perfil de uma ETA moderna, do tipo convencional completa, com floculadores mecânicos, decantadores horizontais e filtros autolavantes.

Planta ETA padrão

Água bruta vem da captação

SCO1 SCO2 SDC SCA SCA

① ②

Casa de química
Depósito
Administração
Laboratório
Dosadores

CCC

Saída água tratada
PDQ

CMT

Reservatório de água tratada
Câmara 1
Câmara 2

SEE
CCM

Elevatória água tratada
Vai para o talvegue

SLF

Filtros

Decantadores

Módulo 4 Módulo 3 Módulo 2 Módulo 1

Floculadores

Extravasor
Extravasor

Caixa da rua – extravasor
Caixa e tubo do sistema extravasor e de drenagem superficial

Canaleta de limpeza

CDB

PDQ
PDQ
PDQ
PDQ
PDQ

Lagoa de lodo

BBL

BRL

DDL

Extravasor

CORTE AA ETA padrão

Projeção do DDL

Lagoa de lodo
BBL BRL

Drenos

Drenos

Casa de química e administração

CCC

Câmara 1
Câmara 2

Reservatório de água tratada

Dosadores e laboratórios
Depósito e administração

Drenos

LEGENDAS

BBL	Bomba de lodo	SCO	Silo de coagulante
BRL	Bomba de reciclagem de lodo	SDC	Sopradores para descarga de cal
CCM	Centro de controle de motores	SEE	Subestação elétrica
CCC	Casa de cilindros de cloro	SLF	Eventuais sopradores do sistema de lavagem dos filtros
CDB	Caixa de distribuição de água bruta	TCA	Tanque de água de cal

CMT	Caixa de manobra de água tratada
CST	Caixa de saída de água tratada
DDL	Desidratador de lodo
PDQ	Ponto de dosagem de produtos químicos (pré e pós-tratamento)
SCA	Silo de cal

B-I.1.9 Reservatórios de distribuição

São unidades destinadas a compensar as variações horárias de vazão. O dimensionamento (volume final) é feito para o último ano de alcance do projeto.

Como reservatórios não produzem água, é importante entender o momento de sua construção para não gerar falsas expectativas e desperdício de recursos na oportunidade errada.

A NBR 12217/1994 (Bib. A072) trata dessas unidades, das canalizações e outro dispositivos acessórios. As *Figuras B-I.1.9-a, B-I.1.9-b* e *B-I.1.9-c* mostram esquemas de interligação e valvulamento.

Os reservatórios podem ser assim classificados:

- quanto à sua posição topográfica: enterrados, semienterrados, apoiados ou elevados;

- quanto à sua posição relativamente à rede de distribuição: de montante e de jusante (ou de ponta) (*Figuras B-I.1.9-a* e *B-I.1.9-b*).

Os materiais normalmente empregados na sua construção são: concreto armado, concreto protendido, chapa metálica e materiais especiais (fibra de vidro, por exemplo).

Os reservatórios de distribuição podem satisfazer às condições seguintes:

a)	funcionar como pulmões (compensação, "volantes") da distribuição, atendendo à variação horária do consumo (volume útil);

b)	prover uma reserva de água para picos de consumo durante combate a incêndios;

c)	manter uma reserva para atender as condições de emergência (acidentes, reparos nas instalações, interrupções da adução e outras);

d)	permitir manobras de bombeamento nas horas de tarifa de eletricidade elevada (se demonstrado ser econômico).

Para satisfazer à primeira condição (a), os reservatórios, empiricamente, devem ter capacidade superior a 1/8 a 1/6 do volume consumido em 24 horas. O cálculo do volume necessário deve ser feito com o diagrama de massas, quando é conhecida a variação horária de demanda (que pode não ser a mesma de consumo). Ver *Figura B-I.1.4.4-a* – Histograma de consumo. Pressupõe-se a rede de distribuição funcionando em perfeitas condições, caso contrário o reservatório pode funcionar como mera caixa de passagem e o investimento pode ser inoportuno por desnecessário.

Para atender à segunda condição (b), será necessário considerar uma parcela só operável nessas situações, ou seja, a saída de água operacional fica acima do fundo e a saída de incêndio, no fundo, necessitando operação dos bombeiros. Tradicionalmente considera-se o consumo durante 5 horas de 250 m³(14 ℓ/s) a 500 m³(28 ℓ/s) para atender os carros-bomba dos bombeiros em determinado quarteirão. Deve-se consultar o corpo de bombeiros sobre a frequência de incêndios e características do equipamento empregado. Essa condição é muito importante em locais onde incêndios são frequentes e onde as construções usam muita madeira, tornando os incêndios mais alastráveis. Atualmente o atendimento às demandas de incêndio pode ser mais facilmente feito por manobras de rede previstas no manual de operação do sistema. Por outro lado, o volume "morto" do reservatório para esse fim aumenta a idade média da água distribuída, com reflexos negativos na qualidade.

A terceira condição (c), "parcela para emergência", dependerá muito das condições locais e do critério do engenheiro. Nos EUA, essa reserva adicional tem sido considerada na base de 25% sobre o total, ou seja, um acréscimo de 33% sobre a soma das parcelas anteriores.

Em alguns locais do Estado de São Paulo tradicionalmente adotou-se a relação de Frühling: "Os reservatórios de distribuição deverão ter capacidade suficiente para armazenar o terço do consumo diário correspondente aos setores por eles abastecidos". Entretanto é perfeitamente desejável começar uma reserva de 1/10 a 1/8 do DMC (Dia de Maior Consumo) no horizonte da etapa de projeto e ir aumentando o volume à medida que a reservação domiciliar diminui.

Para a quarta condição (d) é importante um trabalho cuidadoso a respeito, mostrando que o investimento inicial será compensado, ou não, pela economia de energia nas horas de pico e que não se está trocando uma coisa por outra, pois o que se podia aduzir e/ou bombear em 24 horas pode passar a ter de ser feito em 20 horas, aumentando diâmetros etc. É possível que a operação inteligente das "folgas" do reservatório, especialmente antes de se alcançar o último ano do horizonte de projeto possibilite economias interessantes, sem alterar o volume.

No caso de reservatórios elevados (torres), por medida econômica, é comum usar o dimensionamento na base de 1/10 (10%) a 1/8 (12,5%) até 1/5 (20%) do volume distribuído em 24 horas no setor de influência (no DMC).

Quando existirem reservatórios elevados e enterrados, é comum considerar a capacidade total como sendo cerca de 1/6 (15%) a 1/3 (30%) do volume distribuído em 24 horas. A capacidade e o formato da torre também leva em consideração evitar uma frequência excessiva de partidas e paradas das bombas (projeto interativo com o das bombas) e garantir uma reserva mínima em cota

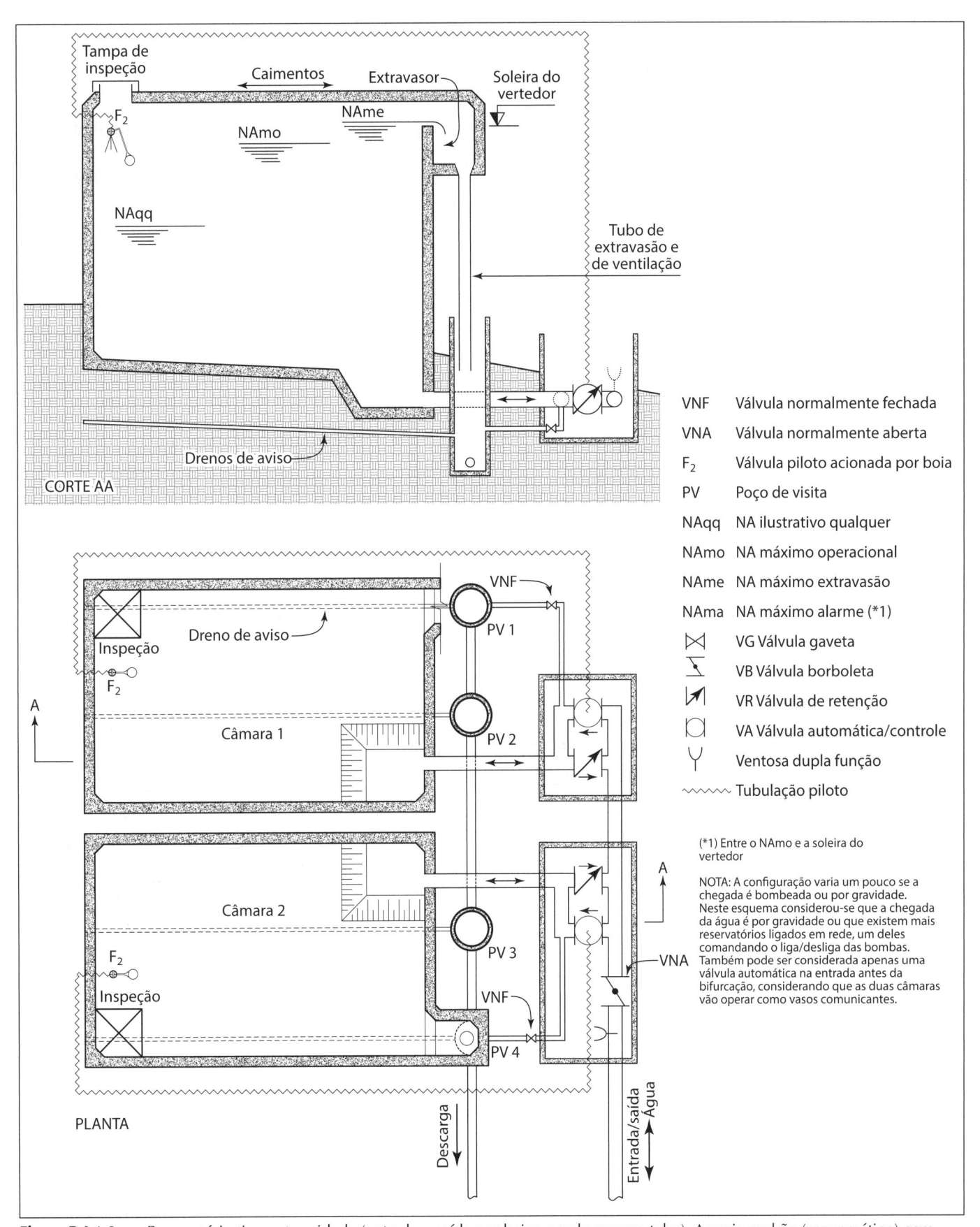

Figura B-I.1.9-a – Reservatório tipo extremidade (entrada e saída por baixo e pelo mesmo tubo). Arranjo padrão (esquemático) com duas câmaras, apoiado no terreno ou semienterrado.

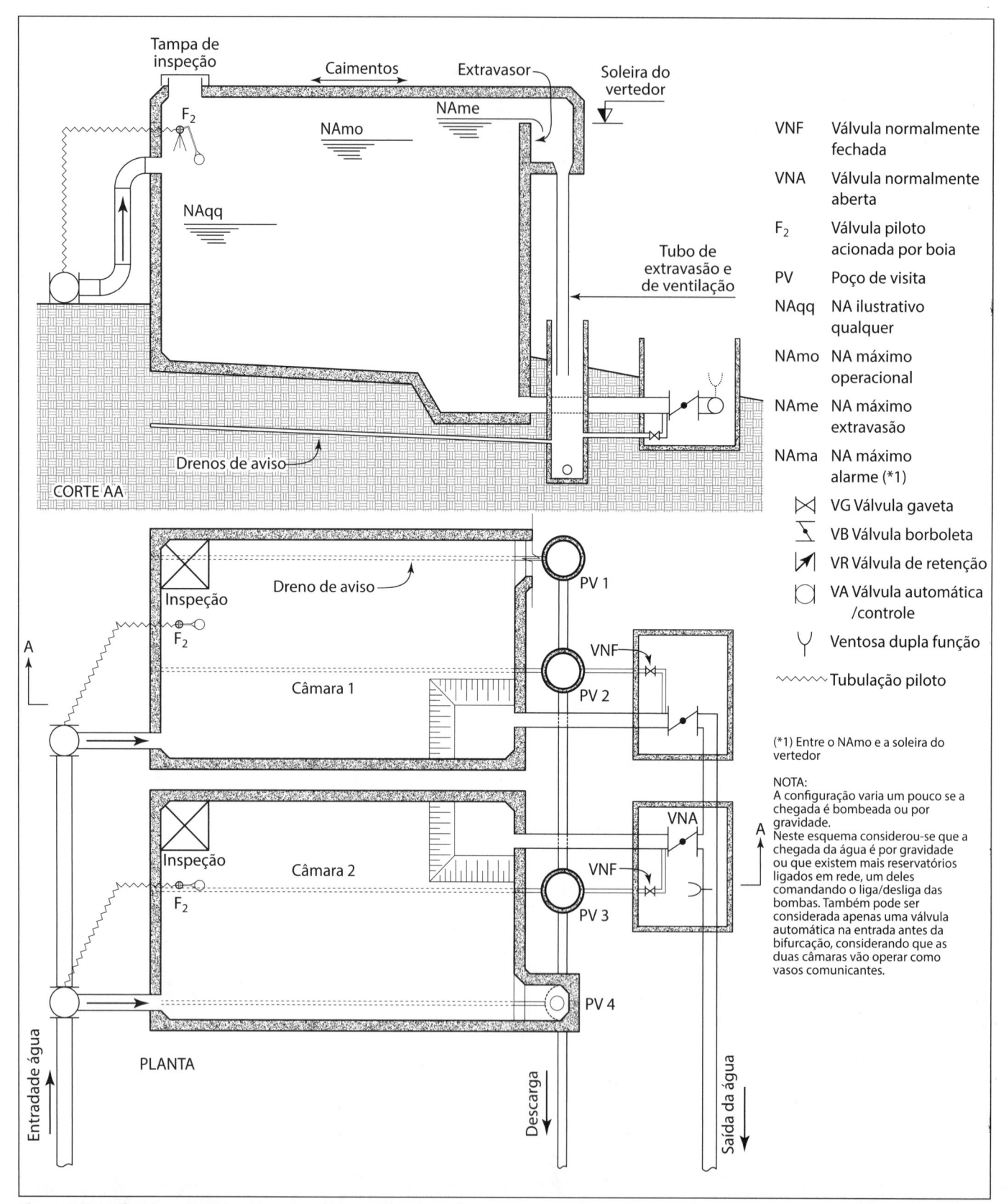

Figura B-I.1.9-b – Reservatório tipo caixa de passagem (entrada por cima e saída por baixo). Arranjo padrão (esquemático) com duas câmaras, apoiado no terreno ou semienterrado.

elevada, para o caso de possíveis interrupções no fornecimento de energia elétrica (30 minutos ou mais).

Para atender à condição de manutenção das pressões na rede de distribuição dentro dos limites pré-fixados, é necessário que:

a) O nível de água mínimo do reservatório seja: $NA_{mín} > p_{mín} + \sum h_f + z$, onde,

$p_{mín}$ = pressão dinâmica mínima da rede em Z (nó mais desfavorável da rede)

$p_{mín}$ = 100 kPa (10 m.c.a.)

$\sum h_f$ = soma das perdas de carga dos trechos da rede desde o reservatório até Z

z = cota topográfica do nó Z

b) O nível de água máximo do reservatório seja: $NA_{máx} < p_{máx} + b$, onde,

$p_{máx}$ = pressão estática máxima da rede em B (nó mais baixo da rede)

$p_{máx}$ = 500 kPa (50 m.c.a.)

b = cota topográfica do nó B

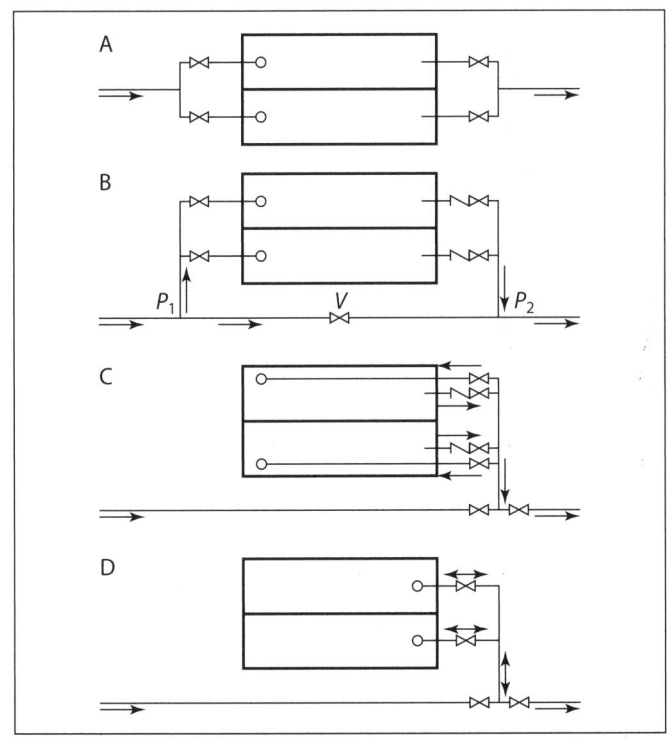

Figura B-I.1.9-c – Vários tipos de conexões do reservatório à rede.

Os reservatórios devem ser providos de acesso ao seu interior largo, seguro e confortável para o pessoal da manutenção, se possível dois acessos por câmara, em lados opostos para facilitar a ventilação quando abertos. As tampas dessas "visitas" devem ser em material adequado, resistente e robusto, muito bem fixadas, sempre que possível em aço inox e com mais que 1 × 1 m de vão livre.

A colocação ou não de escada fixa é assunto controverso, pois há bons argumentos de segurança tanto a favor como contra.

Os reservatórios apoiados, os semienterrados e os enterrados devem ser dotados de drenagem dita de "aviso" mas que também funciona para alívio de eventuais sub-pressões sobre a laje de fundo; isso porque é frequente que, ao serem carregados pela primeira vez, apresentem algum vazamento que pode ser corrigido, especialmente em grandes reservatórios, com grandes paredes e lajes, sempre sujeitas a grandes variações térmicas e pequenos recalques diferenciais pela extensão. Esses "drenos" devem ser visíveis, ou melhor, inspecionáveis, para ver se estão drenando algo e qual deles é o principal, para tentar identificar a região do problema.

Nos reservatórios devem-se evitar cantos/arestas vivas. Tal providência ajudará na longevidade da estrutura e na proteção sanitária por não criar locais (cantos) propícios para acúmulo de impurezas e crescimentos bacterianos, ou "quebras". Os reservatórios em concreto armado devem ter todas as arestas chanfradas, tanto pelos motivos anteriores quanto para proteger os cantos de eventuais quebras e possibilitar uma melhor concretagem, ao permitir abrir melhor os ferros nesses cantos, onde costuma haver uma grande concentração de ferros que atrapalham uma boa concretagem. O recobrimento mínimo do concreto para obras hidráulicas perenes é de 4,5 cm.

No caso de água potável, normalmente com cloro residual livre, a agressividade ao concreto é maior que o normal na parte onde só o vapor da água chega, como por exemplo a parte de baixo da laje de cobertura do reservatório. A Norma Brasileira para concreto é a NBR 6118.

Se for considerado que com a água clorada a classe de agressividade é a IV (em uma escala de I a IV), para bem resistir ao ataque químico e também proteger a armadura de ferro, o concreto deve ser de muito baixa permeabilidade, e essa NBR 6118 (dez. 2011) recomenda usar um concreto com resistência maior ou igual a 40 MPa e fator água-cimento inferior a 0,45.

Considerando a classe de agressividade III, empregar um concreto com f_{ck} = 30 MPa e relação água/cimento limitada a 0,5, ou seja, um concreto mais permeável, portanto mais suscetível ao ataque do vapor líquido que estará presente no ambiente interno do reservatório.

O fator preponderante na impermeabilidade do concreto é a relação água/cimento. A resistência mais elevada seria uma consequência da menor relação supracitada.

A decisão sobre a classe de agressividade é da competência da equipe de engenharia encarregada do projeto, e deverá levar em conta outros fatores tais como durabilidade da estrutura, condições de cura, plano de concretagem, aditivos, plasticidade no lançamento do concreto na fôrma etc.

Também devem ser evitados enchimentos de argamassa para, por exemplo, criar caimentos nas lajes de fundo e de cobertura, que devem tê-los, sempre (mínimo de 1%), devendo ser previstos na estrutura.

As impermeabilizações devem ser consideradas como paliativos ou proteções adicionais físico-químicas. O material de construção deve ser impermeável por si próprio.

A laje de cobertura, quando em concreto, deve ser protegida termicamente da insolação direta. Diversos recursos existem, desde manter uma pequena lâmina de água (peca pela necessidade da permanência) até cobrir com terra e grama.

O concreto armado comum, embora certamente presente em mais de 50% dos reservatórios construídos no mundo, não é o material ideal para esse fim, pois sua fissuração é quase inevitável. A solução é trabalhar com baixas taxas de tração no cálculo.

A borda livre acima do nível máximo do NA de extravasão deve ser a mínima possível, para não construir estrutura desnecessariamente alta. A folga máxima deve ficar na ordem de 0,25 m. Na mesma linha de raciocínio, a submergência do vertedor, calculada para a vazão máxima de entrada, deve ficar na ordem de 0,25 m (ou seja, a parte inferior da laje de cobertura ficará aproximadamente a 50 cm da soleira do vertedor).

No fundo, a saída de água precisa de uma submergência para não operar com vórtices e sem eficiência quando o NA se aproximar do fundo, além do que seria um volume morto desnecessário, onerando a construção do reservatório. Daí ser comum e recomendável fazer um "poço" para a conexão do tubo de chegada/saída ou só de saída.

Sempre que o reservatório tiver entrada independente da saída (*Figura B-I.1.9-b*), deve-se cuidar para que a água chegando não seja lançada do alto, erodindo o piso abaixo, e mesmo que seja lançada paralelo à laje de fundo, deve haver uma chapa de aço inox nos primeiros metros protegendo da erosão.

Os reservatórios devem ser verificados quanto à entrada/saída de ar de forma que, quando estão enchendo, o ar possa sair e, quando estão esvaziando, o ar possa entrar, sem que isso interfira na carga sobre a laje de cobertura ou as paredes. Essa entrada saída de ar também deve ter boa proteção sanitária, evitando a entrada de insetos, aves, mamíferos. Normalmente o extravasor do reservatório pode funcionar também como "ventilação", devendo-se cuidar da proteção sanitária. Normalmente um tubo em pé com 3 m é o suficiente para não servir de caminho para os vetores supracitados.

Quanto à forma, os reservatórios de água potável costumam ser cilíndricos ou prismáticos, prevalecendo os prismas quadrados, retangulares e hexagonais. O formato cilíndrico é o que apresenta melhor relação paredes/volume armazenado, além de favorecer a estrutura protendida, e normalmente será o mais econômico. Quando não é o mais econômico é porque ou o custo da fôrma a ser construída naquele local é alto e desequilibra, ou o terreno disponível obriga determinada forma ou razões de arquitetura/paisagismo obrigam a outras formas. A altura interna útil do reservatório costuma ser uma incógnita da ordem construtiva, pois a modelagem da rede de distribuição, aí incluídos os reservatórios, costuma se adaptar à localização possível, e a relação ideal (economicamente falando) entre a área e a altura acaba sendo obtida por uma curva de custo. Normalmente a altura econômica tem ficado entre 5 e 7 metros para reservatórios de estruturas convencionais e mais do que isso para estruturas protendidas.

Os reservatórios devem ser verificados quanto à necessidade de serem dotados de para-raios e de iluminação aeronáutica.

B-I.1.10 Rede de distribuição

É a unidade do sistema que conduz a água aos pontos de consumo (residências, indústrias etc.) de forma adequada, nas quantidades desejadas, sob as pressões estabelecidas e preservando a qualidade do líquido. É constituída por um conjunto de tubulações, conexões e peças acessórias especiais, que normalmente acompanha o traçado das ruas e calçadas formando uma "rede" igual à da malha de ruas de uma cidade.

A NBR 12218/1994 (Bib. A073) estabelece parâmetros normalmente aceitos para projeto de rede de distribuição de água em áreas urbanas. Por exemplo:

Tabela B-I.1.10-a Parâmetros da NBR 12218/94

pressão máxima (estática)	500 kPa (50 m.c.a.)
pressão mínima (dinâmica)	100 kPa (10 m.c.a.)
diâmetro nominal mínimo	DN 50 mm
velocidade mínima	0,60 m/s
velocidade máxima	3,50 m/s

Alguns desses parâmetros parecem ser limites de bom senso. Por exemplo, os de pressão para não desperdiçar energia, aceitar diversos tipos de materiais, não tornar o trabalho perigoso etc. Para atender esses limites, a rede de distribuição pode ser dividida em "zonas de pressão", cada uma com seu reservatório próprio ou com Válvulas de Redução de Pressão (VRP) na interligação com tubulações de chegada com pressões mais elevadas ou muito próximas.

Entretanto, recomendações como DN 50 mm para diâmetro mínimo parecem não aplicáveis a cidades médias e grandes, ou quando se pensa em trabalhar sem reservatórios domiciliares, ou a velocidade "máxima" admissível, que o autor entende muito elevada.

Para uma primeira aproximação do cálculo (e também para limitar as perdas de carga em valores baixos), pode-se usar expressões do tipo:

$v = 0,95 + 1,75 \times DN$ (DN em metros)   *Equação (I.1)*

A *Tabela B-I.1.10-b*, montada a partir dessa fórmula e da experiência dos autores, pode ser usada para pré-dimensionamento (primeira aproximação) dos trechos da rede de distribuição considerando a vazão da hora de maior consumo do dia de maior consumo do ano de alcance do projeto.

Tabela B-I.1.10-b Parâmetros sugeridos para uma primeira aproximação de cálculo dos trechos de uma rede de distribuição:

Diâmetro Nominal DN	Vazão "Q"	Velocidade "v"
mm	ℓ/s	m/s
50	2	1,0
60	3	1,1
75	5	1,1
100	9	1,15
150	21	1,2
200	41	1,3
250	68	1,4
300	105	1,5

Os condutos formadores da rede de distribuição costumam ser assim classificados:

a) condutos principais: de maior diâmetro, alimentam os condutos secundários;

b) condutos secundários: de menor diâmetro, são encarregados do abastecimento direto aos prédios a serem atendidos pelo sistema.

Segundo seu traçado, as redes de distribuição podem ser:

a) ramificadas, quando admitem um único sentido de circulação da água;

b) malhadas, quando o sentido de circulação em cada trecho depende da diferença de pressões em seus nós extremos (ver *Capítulo A-13*).

1 Cálculo da vazão específica

No dimensionamento das redes ramificadas ou das redes malhadas sujeitas ao método do "seccionamento", para efeito de cálculo, considera-se uma vazão específica por metro de canalização.

Em um determinado setor do sistema de distribuição, a vazão a ser distribuída, expressa em ℓ/s por metro de canalização, será dada por:

$$q_m = (n \times k_1 \times k_2 \times q)/86.400,$$

onde:

q_m = "vazão de distribuição" ao longo da canalização, na hora de maior consumo do dia de maior consumo (ℓ/s por metro de canalização);

n = número médio de pessoas abastecidas por metro de canalização. Em um setor, o valor é dado por:

$$n = \frac{\text{população a ser abastecida pela rede}}{\text{extensão da rede no setor}}$$

Nas grandes cidades consideram-se setores com valores diversos de n: zonas residenciais de grande densidade de população, zonas comerciais, indústrias etc. (veja *Tabela B-I.2.11-a*):

k_1 = coeficiente relativo aos dias de maior consumo (valores usuais: 1,25 e 1,20);

k_2 = coeficiente correspondente à hora de maior demanda (valor usual: 1,50);

q = quota de água a ser distribuída por habitante, em litros por 24 horas.

Na cidade de São Paulo têm sido adotadas "vazões específicas unitárias" entre 0,004 e 0,012 ℓ/s × m de distribuidor.

Para cidades menores, os valores das vazões específicas costumam ser tomados menores.

2 Dimensionamento da rede (seccionada ou ramificada)

No projeto das redes de distribuição de água foi usual o emprego de folhas de cálculo semelhantes ao modelo apresentado na *Tabela B-I.1.10-c*.

Tabela B-I.1.10-c FOLHA DE CÁLCULO Nº _____

Localidade/cidade/estado								Projetista								Data
Cidade, Estado, UF								CREAxx nº XX.XXX								2007 mar. 10

Trecho	Rua	Extensão	Vazão litros/s				DN	Velocidade	Cota Piezomé-trica a mon-tante	Perda de carga total	Cota Piezomé-trica a jusante	Cota do ter-reno		Pressão Disponível		Observações
			A jusante	Em mar-cha	A mon-tante	Fictícia						A mon-tante	A jusante	A mon-tante	A jusante	
		m					mm	m/s	m	m	m	m	m	m.c.a.	m.c.a.	
(1)	(2)	(3)	(4)	(5)	(6)	(7)	(8)	(9)	(10)	(11)	(12)	(13)	(14)	(15)	(16)	(17)
1	Paz	90	0,000	0,360	0,360	0,180	50	0,18	109,83	0,07	109,76	67,20	63,80	42,63	45,96	Descarga
2	S. Luís	130	0,360	0,520	0,880	0,620	50	0,45	119,63	0,80	109,83	60,50	67,20	41,14	42,63	Coef. 0,004
3	S. Luís	60	0,000	0,240	0,240	0,120	50	0,12	110,63	0,01	110,62	69,50	72	41,13	38,62	
4	Comércio	110	1,120	0,440	1,560	1,340	75	0,35	111,03	0,40	110,63	77,40	69,50	33,63 -	41,13	
5	Paz	70	0,000	0,280	0,280	0,140	50	0,14	110,53	0,06	110,53	71,70	67,20	38,89	43,33	
6	S. Paulo	110	0,280	0,440	0,720	0,500	50	0,37	111,03	0,44	110,59	77,40	71,7	33,63	38,89	
7	S. Paulo	130	0,000	0,520	0,520	0,260	50	0,26	111,03	0,16	110,87	77,40	79	33,63	31,87	
8	Comércio	80	2 800	0,320	3,120	2.960	75	0,70	112,37	1,34	111,03	85,80	77,4	26,5	33,63	Hidrante
9	Tupi	70	0,000	0,280	0 ,280	0,140	50	0,14	112,37	0,06	112,31	85,80	84,40	26,57	27,91	
10	Comércio	60	3,400	0,240	3,520	3,520	100	0,45	112,70	0,33	112,37	97,70*	85,80	15	26,57	
11	—	120	3,640	0,000	3,640	3,640	100	0,45	113,50[(*2)]	0,80	112,70	112	97,70[(*1)]	1,50	15	Reservatório

(*1) = nó + desfavorável = p_{min} = 15;   (*2) NA do reservatório = 113,50

Com o critério adotado de seccionamento, as operações seguem uma sequência lógica, ficando determinados todos os elementos uma vez concluído o preenchimento das folhas.

O preenchimento das folhas de cálculo obedece à seguinte sequência:

Coluna 1 – Número do trecho; os trechos da rede ou os *nós* devem ser numerados de acordo com um sistema racional, a critério do projetista.

Coluna 2 – Nome da rua, obtido na planta da cidade ou estabelecido simbolicamente (ruas sem nomes).

Coluna 3 – Extensão do trecho, em metros (medida na própria planta, símbolo L).

Coluna 4 – Vazão a jusante Q_j em ℓ/s, assim obtida: na extremidade de jusante de uma ramificação, $Q_j = 0$. Na extremidade de jusante de um trecho T qualquer, $Q_j = \sum Q_m$ dos trechos abastecidos por T.

Coluna 5 – Vazão em marcha, expressa em ℓ/s $= q_m \times L$, onde q_m é a vazão distribuída por metro linear de canalização (vazão específica).

Coluna 6 – Vazão a montante Q_m, em ℓ/s.

Coluna 7 – Vazão fictícia Q_f (ver *item A-13.4*)
$$Q_f = (Q_m + Q_j)/2 = Q_j + 0,5 \times q_m \times L.$$

Devem ser computadas, nos vários trechos, quaisquer vazões especiais, como por exemplo demandas de indústrias ou de hidrantes. É conveniente subdividir as ramificações que abastecem indústrias de grande consumo por dois trechos, com numeração diferente.

Coluna 8 – Diâmetro D, determinado pela imposição de velocidades-limite e pela vazão a montante, empregando-se, por exemplo, a *Tabela B-I.1.10-b*. Exprime-se o diâmetro em DN (diâmetro nominal em milímetros, que significa o diâmetro interno "livre" do tubo, aproximadamente, podendo variar ligeiramente para mais, conforme o material e a classe de pressão, de forma que os tubos de diversos materiais possam ser comparados). No Brasil, tem sido adotado como mínimo o DN 50 mm (50 mm × 2"), mas nas cidades maiores o mínimo aceito tem sido o DN 75 mm.

Coluna 9 – Velocidade em m/s, obtida pela equação da continuidade e registrada com a finalidade de demonstrar a velocidade adotada ($v = Q_m/A$).

Colunas 10 e 12 – Cotas piezométricas a montante e a jusante, em metros. Identificado o nó em posição mais desfavorável na rede, ou aquele assim suposto, estabelece-se para ele uma pressão igual ao pouco superior à mínima, que será somada à cota do terreno, resultando, assim, a cota piezométrica do nó. A pressão mínima recomendável é de 100 kPa = 0,1 MPa

(~10 m.c.a.). Num outro trecho qualquer, a cota piezométrica de montante é igual à cota piezométrica de jusante mais a perda de carga no trecho. Uma vez determinada uma cota piezométrica qualquer e as perdas de carga, ficarão determinadas todas as demais cotas piezométricas.

Coluna 11 – Perda de carga total em metros (h_f). Determinada a vazão fictícia Q_f e o diâmetro D, com o emprego de uma tabela da fórmula de resistência adotada (Hazen-Williams, por exemplo) obtêm-se J, perda unitária em metros/metro, e $h_f = J \times L$, perda de carga total no trecho, em metros.

Colunas 13 e 14 – Cotas do terreno, obtidas nas plantas e relativas aos nós dos trechos a montante e a jusante.

Colunas 15 e 16 – Pressões disponíveis a montante e a jusante. Pressão disponível = cota piezométrica menos cota do terreno.

Verifica-se, então, se a hipótese referente ao ponto mais desfavorável foi correta e se as pressões-limite foram respeitadas, ou se convém fazer correções.

O seccionamento feito também deve ser verificado. Estará correto se, em cada ponto de seccionamento, as pressões que resultam dos diversos percursos da água para alcançá-lo são iguais. Tolera-se uma diferença entre pressões de no máximo 10% do valor da média das várias pressões obtidas para os nós, seguindo diferentes percursos. Os resultados podem ser tabelados como se indica a seguir:

Ponto de seccionamento	Pressões calculadas	Valor médio	Máxima diferença	Porcentagem do valor médio

Se isso não se verificar, ou se alterará convenientemente o diâmetro de algumas tubulações, ou se modificará o seccionamento adotado.

B-I.1.11 Método de Hardy-Cross

O método de Cross é um processo iterativo de tentativas diretas. Os ajustamentos feitos sobre os valores previamente admitidos ou adotados são computados e, portanto, controlados. Nessas condições, a convergência dos erros é rápida, obtendo-se, quase sempre, uma precisão satisfatória nos resultados, após três tentativas apenas.

Para a sua aplicação ao estudo das grandes redes, estas poderão ser divididas em setores. Além disso, podem-se reduzir as redes hidráulicas aos seus elementos principais, uma vez que as canalizações secundárias resultam da imposição de certas condições mínimas (diâmetro, velocidade ou perda de carga).

Embora sejam duas as modalidades segundo as quais o método pode ser aplicado, comumente se adota o ajustamento das vazões, modalidade esta que aqui será considerada.

O método se aplica ao dimensionamento dos condutos principais dispostos em anéis ou circuitos fechados, no quais se estabelecem os pontos (nós) onde se supõem concentradas as demandas das suas áreas circundantes (vazões concentradas nos nós). Essas áreas parciais dos setores, correspondentes a cada um dos nós estabelecidos, denominam-se áreas de influência, e suas demandas ou vazões de carregamento dos nós são inicialmente determinadas por:

Q = vazão total do setor (ℓ/s) =

$\quad P \times q \times k_1 \times k_2/86.400$

E, sendo "A" a área total do setor em ha, então

$\quad Q_A = Q/A$ (ℓ/s/ha) = vazão específica do setor

Considerada a densidade populacional do setor $d = P/A$, tem-se:

$\quad Q_A = (d \times q \times k_1 \times k_2)/86.400$ (ℓ/s $\times$ ha)

Então a vazão de carregamento de um nó determinado desse setor será:

$\quad Q_{nó} = Q_A \times$ área de influência do nó

onde a área de influência do nó significa a parcela da área total suposta abastecida nesse nó.

Admite-se para o setor um sentido de circulação da água nos diversos trechos dos anéis, a partir do reservatório de distribuição até qualquer nó, segundo o menor percurso.

Ficam assim definidas as vazões que chegam ao nó (positivas) e as que saem do nó (negativas).

É evidente que em cada nó $\sum Q = 0$, conhecidas as vazões dos nós, podem ser estimadas as vazões dos trechos, iniciando-se pelos nós extremos do setor (a jusante).

Considerados os limites de velocidade que se quiser considerar, podem ser adotados diâmetros de pré-dimensionamento para cada trecho e calculadas as respectivas perdas de carga. Admitido o sentido horário como positivo, em cada anel deve ser verificada a condição

$\sum h_f = 0$, isto é, qualquer que seja o percurso, a pressão resultante em qualquer nó é a mesma.

Dadas as aproximações adotadas, isso não se verifica, exigindo uma correção das vazões nos trechos de cada anel.

A perda de carga ao longo de um trecho pode ser expressa pela fórmula geral:

$\quad h_f = k \times Q^n$

e a perda de carga total em cada circuito fechado:

$\quad \sum h_f = \sum k \times Q^n \neq 0$

Se a distribuição de vazões fosse exata de início, a correção a ser feita em cada circuito seria nula. Como não é o caso, a vazão deverá ser ajustada ou corrigida no circuito, podendo-se escrever, para cada uma das canalizações:

$\quad Q = Q_0 + \Delta$, tal que $\sum k \times (Q_0 + \Delta)^n = 0$

em que Q_0 é a vazão adotada inicialmente. E, pelo binômio de Newton,

$$\sum k \times (Q_0 + \Delta)^n = \sum k \times$$
$$\times \left(Q_0^n + n \times Q_0^{n-1} \times \Delta + \frac{n \times (n-1)}{1 \times 2} \times Q_0^{n-2} \times \Delta^2 + ... \right)$$

Sendo o valor de Δ pequeno, comparado a Q_0, todos os termos que contenham Δ elevado a uma potência igual ou superior a 2 serão desprezados. Obtém-se, então,

$$\sum k \times \left[Q_0^n + n \times Q_0^{n-1} \times \Delta \right] = 0$$

ou seja,

$$\Delta = \frac{-\sum k \times Q_0^n}{\sum n \times k \times Q_0^{n-1}} = \frac{-\sum k \times Q_0^n}{\sum n \times k \times \dfrac{Q_0^n}{Q_0}}$$

e, sendo:

$\quad h_{f0} = k \times Q_0^n$

onde h_{f0} = perdas inicialmente calculadas, pode-se ainda escrever:

$$\Delta = -\frac{\sum h_{f0}}{\sum n \times \dfrac{h_{f0}}{Q_0}}$$

E utilizando a fórmula de Hazen-Williams onde, $n = 1,85$ resulta:

$$\Delta = -\frac{\sum h_{f0}}{\sum 1,85 \times \dfrac{h_{f0}}{Q_0}}$$

Se o valor de Δ for grande em face de Q_n, sendo n maior do que a unidade, evidentemente a aproximação não será boa; isso, no entanto, não prejudicará o processo, uma vez que, com as correções a serem feitas, o erro irá diminuindo progressivamente, com uma convergência relativamente rápida.

Recalculam-se as perdas de carga em cada circuito e determina-se a nova correção para as vazões.

Repete-se o processo até obter-se a precisão desejada. A NBR 12218/1994 (Bib. A073) admite resíduos máximos de vazão e perda de carga de 0,1 ℓ/s e 0,5 kPa (0,05 m.c.a. = 5 cm de coluna de água).

B-I.1.12 Aplicação do método de Hardy-Cross ao cálculo das redes malhadas

A seguir estão resumidas as várias fases do trabalho:

a) Considerações gerais. O método de Hardy-Cross não se destina ao estudo das redes ditas "ramificadas", mas sim a redes "malhadas", ou seja, com a distribuição por "anéis", onde cada ponto pode ser abastecido por mais de um caminho, ou seja, uma flexibilidade maior, e uma distribuição mais equilibrada das pressões.

Também não se costuma empregar o método para a investigação das canalizações secundárias, que resultam simplesmente de certas condições mínimas estabelecidas para as redes.

b) Traçado dos anéis. No traçado dos anéis ou circuitos, deve-se ter em vista uma boa distribuição com relação às áreas a serem abastecidas e aos seus consumos. As linhas são orientadas pelos pontos de maior consumo, pelos centros de massa, e são influenciadas por vários fatores, ou seja, demandas de incêndio (localizadas), instalações comerciais e/ou industriais importantes, vias principais, condições topográficas e especialmente altimétricas, facilidades de execução etc.

Numa determinada parte da rede a ser servida por um anel, o traçado deste não deverá ser feito pericamente (condição desfavorável e antieconômica). O traçado poderá ser tal que a área envolvida corresponda aproximadamente à área externa.

c) Consumo e sua distribuição. A área a ser abastecida por um nó é conhecida e a população pode ser estimada ou prevista. Estabelecendo-se a vazão específica (q_a), determina-se o consumo, isto é, a quantidade de água a ser suprida pelo nó. Distribui-se essa quantidade pelos trechos concorrentes ao nó, segundo o sentido de circulação estimado e a condição $\Sigma Q = 0$ em cada nó (vazões que chegam + vazões que saem –).

d) Anotações nos trechos. Medem-se as distâncias entre os nós, marcam-se as quantidades de água a serem supridas e o sentido imaginado para o escoamento nos diversos trechos. Posteriormente esse sentido será verificado e confirmado ou corrigido com a análise que se fará.

e) Condições a que devem satisfazer as canalizações. Fixa-se uma das seguintes condições comuns aos projetos de redes de distribuição:

- velocidade máxima nas canalizações, de acordo com os respectivos diâmetros comerciais (*Tabela B-I.1.10-b*, por exemplo);

- perda de carga unitária máxima, tolerada na rede (critério do projetista, por exemplo, 0,005 m/m, ou seja, 0,5 m/100 m);

- pressões disponíveis mínimas em pontos ao longo da rede (critério do projetista, por exemplo: 9 m, que é mais ou menos o terceiro piso de uma casa).

De qualquer uma dessas condições resultará uma indicação inicial para os diâmetros das canalizações. Com a análise, tais diâmetros poderão ser mantidos ou alterados. Calculadas as perdas de carga dos trechos, verifica-se se $\Sigma h_f = 0$ em cada anel (sentido horário +, sentido anti-horário –), efetuando-se em seguida a correção das vazões.

f) Cálculos. Os elementos mencionados nos itens anteriores permitem a organização de um quadro de cálculo semelhante ao do *Exercício B-I-d*. Os cálculos, a partir dos elementos iniciais (vazões, diâmetros e perdas de carga dos trechos) devem ser desenvolvidos simultaneamente para todos os anéis, encerrando-se quando todos os anéis forem considerados satisfatórios ($\Sigma h_f = 0$).

Como exemplo de aplicação prática do método de Hardy-Cross, com as simplificações já consideradas, no *Exercício B-I-d* será estudada a rede de abastecimento de água, projetada para a parte baixa da cidade de Ilhéus, Bahia (projeto pioneiro feito para o Serviço Especial de Saúde Pública pelos Eng[os] Edmundo P. Sellner, José M. de Azevedo Netto e Walter R. Sanches, em 1950. Na versão original o cálculo das perdas de carga foi feito com o emprego do monograma de O'Connor da fórmula de Hazen-Williams. Neste exemplo foi utilizada diretamente a fórmula de Hazen-Williams, resultando os mesmos valores, com aproximação desprezível).

Decorridos mais de 50 anos, o método pode ser o mesmo, mas existem sistemas computacionais que executam as contas.

B-I.1.13 Premissas e tendências para rede de distribuição

O contínuo aumento de demanda pelo contínuo aumento da população e pela evolução do consumo *per capita*, oriunda de uma evolução dos costumes e das noções de limpeza e higiene, tem levado a que a água seja buscada cada vez mais longe e, portanto, cada vez mais cara.

Ações de combate a perdas físicas e a desperdícios (normalmente associados à não cobrança da água ou cobrança muito barata) são louváveis e apresentam resultados interessantes. Entretanto, o reúso da água e o advento de redes duplas (*dual systems*) com diferentes qualidades de água visando diferentes usos, uma potável, outra nem tanto, parece ser um caminho inexorável.

Algumas premissas devem ser seguidas pelo projetista e pelo gestor:

1. Os sistemas de distribuição de água devem ser projetados e construídos para funcionar, durante todo o tempo (continuamente), com uma pressão adequada em qualquer ponto da rede. Os marcos regulatórios devem estabelecer, estatisticamente, as interrupções permitidas para cobrir acidentes, manutenções etc.

2. Os vazamentos (perdas físicas) nas canalizações devem ser limitados a valores normalmente aceitos (é impossível obter 100% de estanqueidade numa rede enterrada com diferentes materiais, conexões, idades etc). Normalmente esse número deve ficar abaixo dos 10%, mas é muito difícil separar o que é vazamento de rede e conexões (ligações domiciliares antes dos hidrômetros) do que é água não medida (por exemplo, erros para menos dos hidrômetros).

3. O sistema deve ser "setorizado" de forma tal que se possam criar setores de macromedição para comparar com o somatório da micromedição no setor e manter as "perdas" sob controle.

4. O sistema deve incluir válvulas e dispositivos de descarga em todos os pontos convenientes para possibilitar reparos e descargas, sempre que houver necessidade, setorizando e minimizando as interrupções ou desconformidades no abastecimento.

5. A segurança qualitativa da água deve ser mantida em toda a rede, todo o tempo, dentro dos parâmetros (limites) permitidos.

6. O sistema deve estar protegido contra poluição externa, os reservatórios para água já considerada potável devem ser cobertos e totalmente protegidos.

7. Deve ser evitada qualquer possibilidade de introdução de água de qualidade inferior na rede. As canalizações de água potável devem evitar ficar imersas em líquidos poluídos (água de subsolo, cruzar canais etc.).

8. A rede deve ser planejada para assegurar uma boa circulação da água, tolerando-se um número mínimo de pontas sem circulação.

9. A rede deve ser mantida em condições sanitárias, evitando-se todas as possibilidades de contaminação durante a execução de reparos, substituições, remanejamentos e prolongamentos.

10. Por ocasião do assentamento de novas canalizações e de reparos nas linhas existentes, deve-se cuidar da desinfecção das tubulações com uma solução concentrada de cloro (50 mg de cloro/litro de água), durante 24 horas. Após esse período, essa solução é descarregada, enchendo-se as canalizações com água limpa. Essa operação pode e deve ser controlada por análises microbiológicas.

11. Sempre que possível, as canalizações de água potável devem ser assentadas em valas situadas a mais de 3 m dos esgotos. Nos cruzamentos, a distância vertical não deve ser inferior a 1,80 m. Quando não for possível guardar essa separação, recomendam-se cuidados especiais para a proteção da canalização de água contra contaminação pelos esgotos. Esses cuidados podem incluir revestimento dos condutos de esgotos ou emprego de tubos de ferro dúctil.

B-I.1.14 Bombas, estações de bombeamento (elevatórias, recalques)

A maioria dos sistemas de abastecimento de água necessita de dispositivos mecânicos para introduzir energia no sistema, seja para a captação de águas superficiais ou subterrâneas, seja para vencer as perdas até pontos distantes ou para ganhar altura até pontos mais elevados, ou ambos, ou para aumento de vazão de linhas em determinados horários, enfim, por diversos motivos.

Esses dispositivos mecânicos são genericamente designados como bombas (normalmente centrífugas e normalmente acionada por motores elétricos e, em alguns casos, motores a combustão). Normalmente as bombas estão em conjunto de mais de uma, seja porque se deseja ter uma bomba reserva já instalada, seja porque, para acompanhar o histograma de consumo, ora se necessita de uma bomba, ora de mais de uma. A decisão sobre quantas bombas são adequadas a uma "estação de bombeamento" e qual a capacidade de cada bomba faz parte da "arte" do engenheiro projetista e será função do histograma de consumo (considerando ou não a existência de reservatórios que interfiram no histograma).

Um conjunto de bombas é normalmente designado como "estação de bombeamento" ou "casa de bombas", "elevatória", "estação elevatória", *"booster"*, "estação de bombeamento em linha". Embora essas designações sejam meros problemas de nomenclatura, não afetando a função dos dispositivos, que é introduzir energia na massa de água, há uma sutileza na designação que ajuda o linguajar necessário para encurtar a comunicação entre os técnicos e que diz respeito à posição da bomba no sistema:

a) "bombas" (casas de bombas, ou "estações de bombeamento") – quando a massa de água por montante (antes da bomba) possui um volume de "espera" ou "reserva" e está sob pressão atmosférica;

b) "bombas em linha" (ou *boosters* ou "elevatórias" ou "estações elevatórias") – quando a massa de água por montante (antes da bomba) não possui "volume de reserva ou espera" e está continuamente chegando e normalmente não está sob pressão atmosférica (as bombas introduzem um acréscimo de pressão).

As recomendações de caráter geral para o projeto de estações elevatórias estão tratadas no *Capítulo B.IV-1.*

B-I.1.15 Normas para sistemas de abastecimento de água

A ABNT – Associação Brasileira de Normas Técnicas, entidade de direito privado que cuida da padronização de procedimentos técnicos e dimensionais no Brasil, normalmente buscando soluções que padronizem também a nível mundial, edita diversas Normas/Recomendações/Projetos de Normas que se aplicam a sistemas de abastecimento de água.

Registre-se que as normas não são obrigatórias nem podem ser invocadas para eximir responsabilidades nem para obrigar o profissional, prevalecendo, sempre, a arte e o bom senso do engenheiro, especialmente em se tratando de "projeto" (*diseño, design*).

Entretanto, as normas "organizadoras-padronizadoras", como convenções (ex.: NBR 12589), devem ser seguidas por todos, sempre, pois são a linguagem de entendimento comum.

B-I.1.16 Modelagem numérica (modelos "matemáticos" ou "computacionais")

Com o advento dos computadores, o cálculo hidráulico da rede de distribuição passou a ser feito cada vez com maior facilidade e cada vez introduzindo-se um maior número de fatores, quer como parâmetros, quer como incógnitas, pois passou a ser possível resolver os sistemas em frações de segundos por aproximações sucessivas (embora uma rede complexa e com grande número de trechos, com quesitos sofisticados, possa levar horas).

Ocorre que, na prática, o problema é complexo. Os computadores permitiram que fossem desenvolvidos métodos numéricos cada vez mais sofisticados para incluir cada vez mais variáveis e fazer cada vez mais tentativas em menos tempo, chegando-se ao que se convencionou chamar de "simulação em tempo real".

Observando o que se expôs em *B-I.1.10, B-I.1.11* e *B-I.1.12*, além do que se abordou no *Capítulo A-13*, verifica-se que o caminho é buscar a solução de um sistema complexo por aproximações sucessivas (iterações), fazendo muitas premissas e simplificações e chegando a resultados também imperfeitos. Por exemplo, abstraindo o custo da energia consumida em determinada configu-

Tabela B-I.1.15-a Normas da ABNT que se aplicam a sistemas de abastecimento de água

NBR		Antiga NB		Bib.
9650	1986	1038	Verificação de estanqueidade no assentamento de adutoras e redes de água	A065
12211	1992	587	Estudo de concepção de sistemas públicos de abastecimento de água	A066
12212	2006	588	Projeto de poço tubular para captação de água subterrânea	A067
12213	1992	589	Projeto de captação de água de superfície para abastecimento público	A075
12214	1992	590	Projeto de sistema de bombeamento de água para abastecimento público	A069
12215	1991	591	Projeto de adutoras de água para abastecimento público	A070
12216	1992	592	Projeto de estação de tratamento de água para abastecimento público	A071
12217	1994	593	Projeto de reservatório de distribuição de água para abastecimento público	A072
12218	1994	594	Projeto de redes de distribuição de água para abastecimento público	A073
12586	1992		Cadastro de sistemas de abastecimento de água	A074

Reservatório elevado em Arapongas, PR.

ração. Portanto, entenda-se e registre-se que os sistemas se resolvem "por tentativas".

A modelagem numérica de redes de água tem seu campo de aplicação principal na simulação das redes, existentes ou por construir, para situações reais ou hipotéticas, cabendo ao engenheiro observar os resultados e usá-los com bom senso.

Isso dá origem a três áreas de aplicação da modelagem:

- Modelos de Operação
- Modelos de Planejamento/Projeto
- Modelos de Antecipação de Situações (Previsão)

Infelizmente, nota-se uma compreensão inadequada do potencial e do uso de modelos numéricos, ora esperando que os modelos tomem decisões impossíveis sem o bom senso e a arte do bom engenheiro, e ora desprezando-os por qualquer resultado inadequado ou não condizente com o protótipo.

O que se quer? Um modelo de fluxo estacionário? Um modelo hidrodinâmico? Com transitórios? O que é um regime "quase estacionário"? E um regime "transitório"? Por que se quer este ou aquele recurso? Precisamos ter isso ou aquilo? E se começarmos de forma menos ambiciosa, podemos ir aumentando o número de tubos indefinidamente? Podemos ir sofisticando? O *software* que vamos escolher tem suporte técnico? Vai desaparecer em pouco tempo? Vou ficar refém do fornecedor?

Por outro lado, os dados que vão municiar os modelos devem ser sempre entendidos como suspeitos e os resultados também, porque o que prevalece sempre são suposições e simplificações muitas vezes de momentos que já passaram ou que nunca acontecerão.

Os modelos numéricos são, também, um excelente banco de dados onde inconsistências aparecem rapidamente e onde os dados podem ser "tratados" de forma inteligente para serem usados também de forma inteligente (e não apenas arquivados e, pela quantidade, impossíveis de entender no tempo devido).

Os modelos numéricos "comerciais" (*softwares* que se compram no "mercado" e sobre os quais se lança a geometria da rede e outros parâmetros, estando a base matemática já residente) tendem a ficar cada vez melhores, sua utilização cada vez mais fácil e difundida, sendo o caminho a seguir. Os profissionais devem se acostumar com eles, como montá-los, como aferi-los, como validá-los, como usá-los e, principalmente, o que esperar deles, o que faz sentido, o que não faz, o tempo que leva cada tarefa, qual a precisão desejada, qual a possível, qual a necessária e qual a suficiente em cada tarefa.

Cada *software* (cada plataforma) costuma ter um manual de operação bastante detalhado e didático, que, entretanto, requer leitura cuidadosa e atenta, além dos conhecimentos mínimos de hidráulica para manuseá-los. Na bibliografia encontram-se livros publicados por empresas que se especializaram em desenvolver e vender e/ou alugar essas plataformas (*softwares*).

A seguir apresentam-se, a título de ilustração, desenhos esquemáticos de resevatórios em concreto armado (Bib. W600).

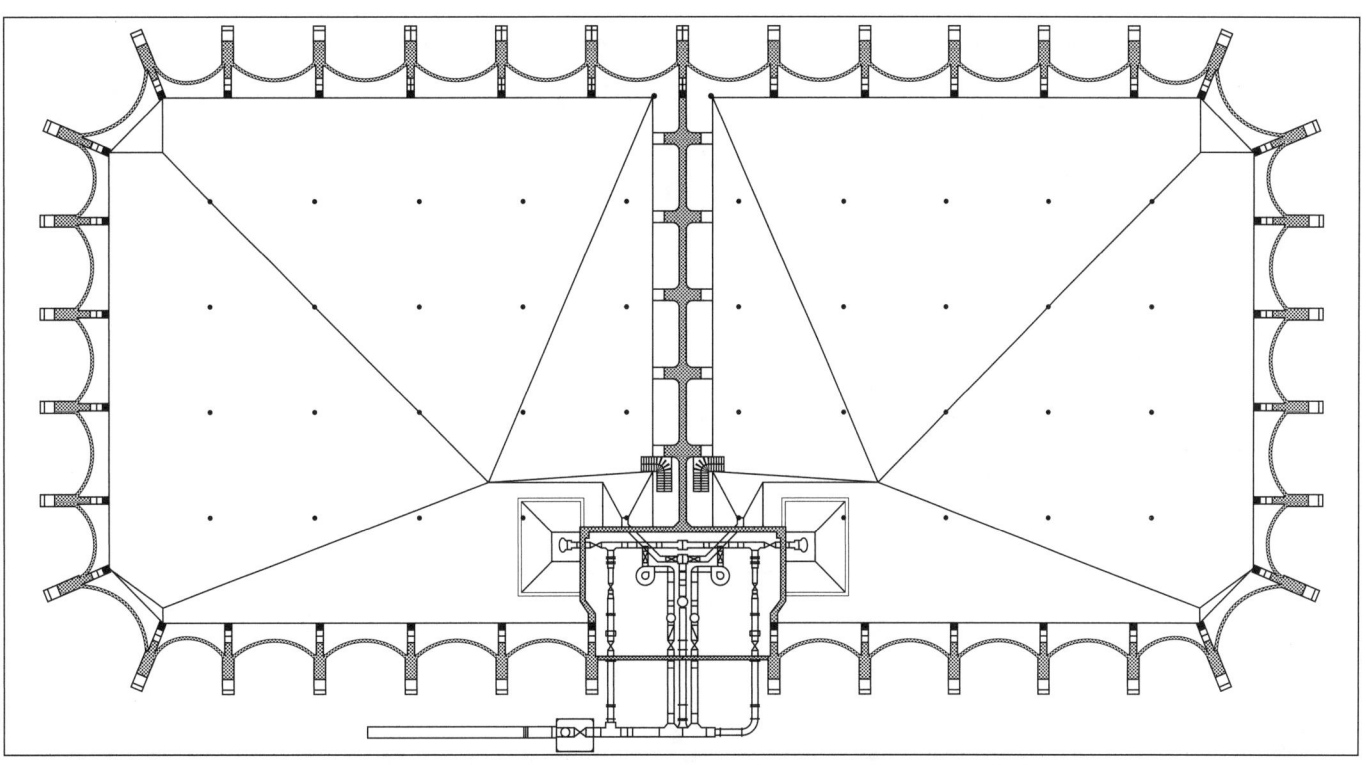

Reservatório de água potável com função "passiva" (de ponta, ou seja, entrada e saída pela mesma tubulação), com duas câmaras (2 x 9.000 m³), paredes em contrafortes de arcos múltiplos, construído em concreto simples e cimento de baixo calor de hidratação, em Estocolmo, Suécia (Bib. W600).

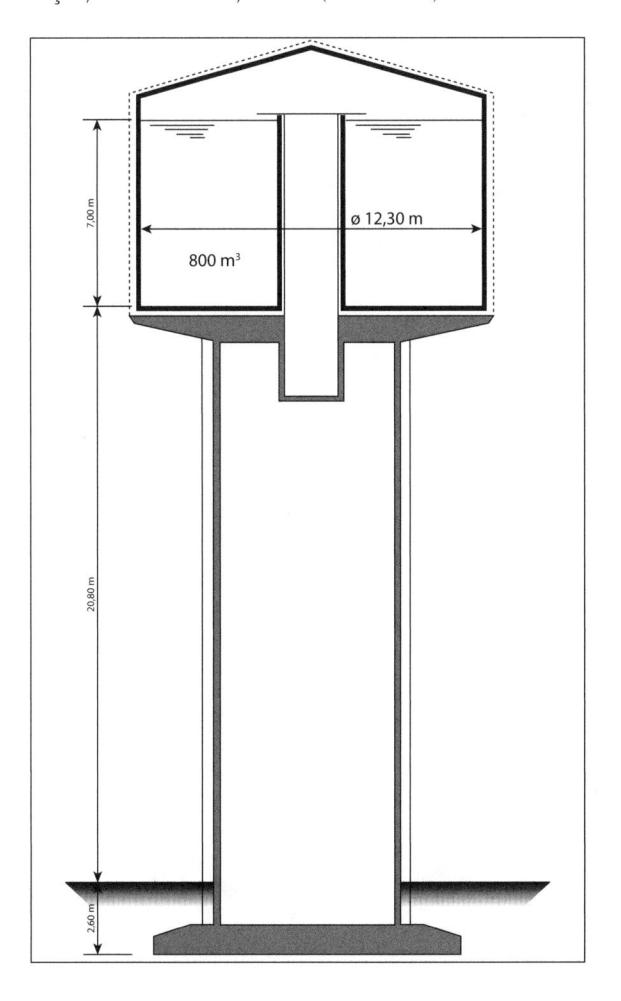

Reservatório elevado (torre) em concreto protendido pelo sistema Freyssinet, em Aarhus, Dinamarca. Capacidade 800 m³ (esquemático) (Bib. W600).

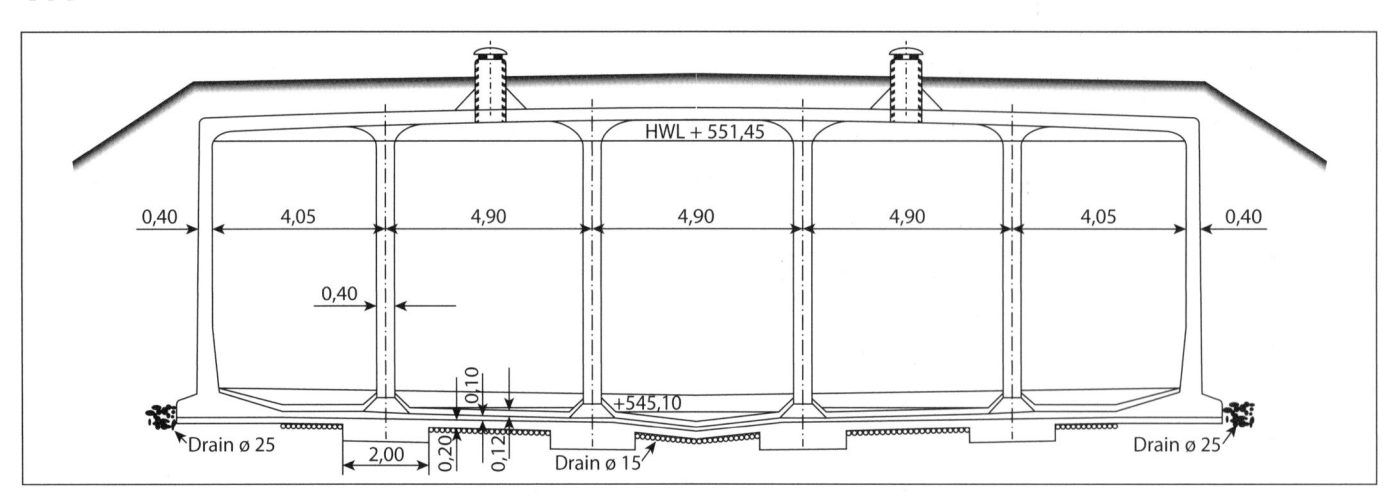

Estrutura fechada com telhado de laje quasi-plana (coberto com aterro gramado por motivos paisagísticos) e laje de piso com sapatas invertidas, em Frauentalweg, Suíça (Bib. W600).

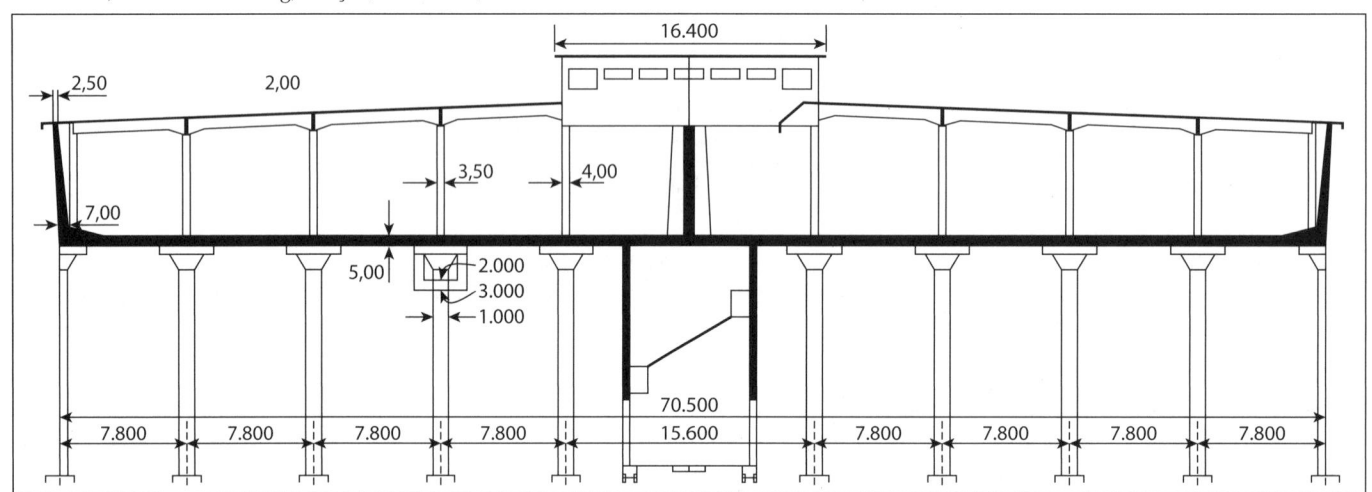

Reservatório em pilotis de dois compartimentos com 64 colunas, em Estocolmo, Suécia. Capacidade de 2 x 9.000 m³, laje de piso nivelada, paredes cantilever, teto laje vigada (Bib. W600).

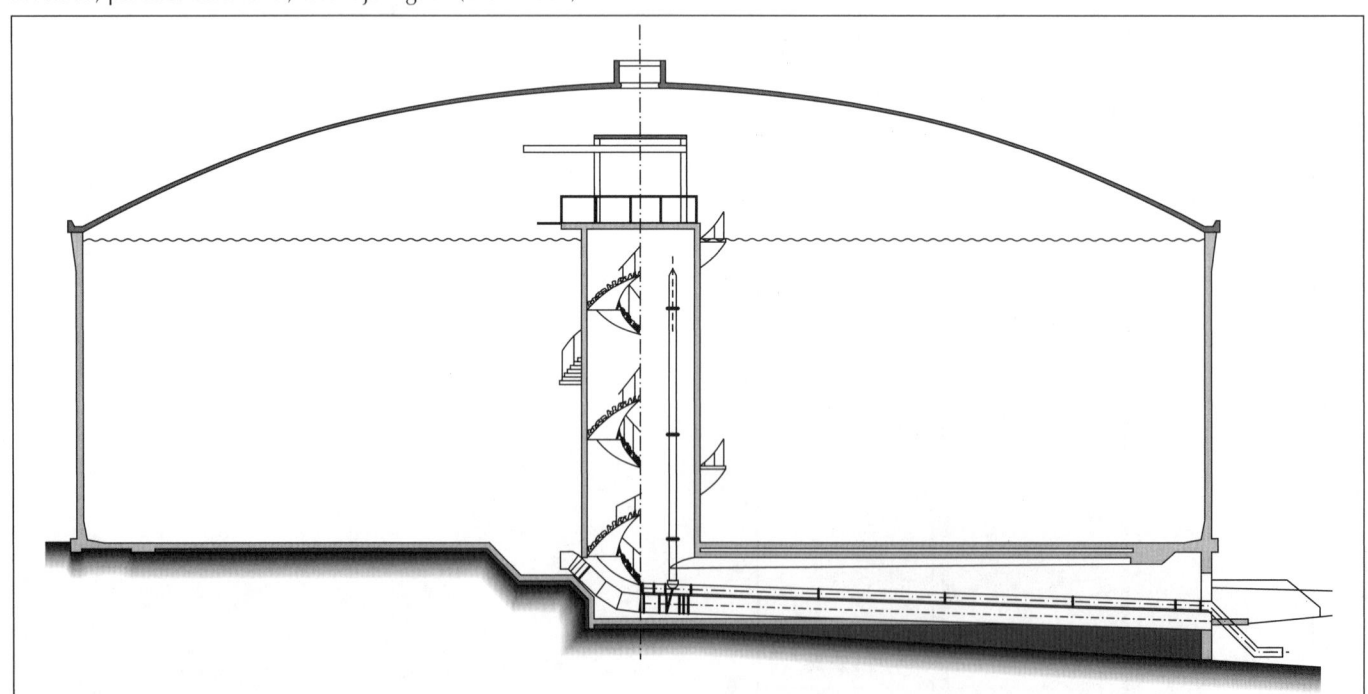

Reservatório em concreto protendido pelo sistema Freyssinet, em Estocolmo, Suécia. Capacidade 17.500 m³ (Bib. W600).

B-I.2 SISTEMAS URBANOS DE ESGOTOS SANITÁRIOS

Estação de Tratamento de Esgotos – ETE Parque Novo Mundo, em São Paulo, SP, para vazão média de 2.500 ℓ/s, tipo tratamento secundário com aeração prolongada, construída pela SABESP em 1998. Vê-se o Rio Tietê, destino final dos esgotos. (Vê-se ainda o Viaduto Domingos Franciulli Neto e a travessia em arco do sistema Adutor Metropolitano com vão de ~70 m e DN 1.200 mm).

B-I.2.1 Conceitos e definições

A implantação de um sistema público de abastecimento de água gera a necessidade de coleta, afastamento e disposição final das águas servidas, serviços de infraestrutura indispensáveis às comunidades civilizadas aglomeradas em urbanizações.

Nas cidades beneficiadas por um sistema público de abastecimento de água e ainda carentes de sistema de esgoto sanitário, as águas servidas acabam poluindo o solo, contaminando as águas superficiais e freáticas, e frequentemente passam a escoar por valas e sarjetas, constituindo-se em focos de disseminação de doenças.

Com a construção do sistema de esgoto sanitário numa comunidade, procura-se atingir os seguintes objetivos mais importantes:

a. melhoria das condições higiênicas locais e consequente diminuição de enfermidades (com aumento de produtividade e da idade média dos indivíduos);

b. conservação de recursos naturais, das águas em especial;

c. preservação de áreas para lazer e práticas esportivas;

d. proteção de comunidades e estabelecimentos a jusante;

"Sistema de Esgotamento Sanitário" é o conjunto de obras, equipamentos e serviços destinados à coleta, afastamento e disposição final adequada das águas servidas, seja para esgotos doméstico, comercial, industrial e outros usos ou instalações isoladas. A disposição final poderá (e deverá) ser precedida de tratamento adequado que não impacte o corpo receptor. O sistema deverá operar de forma confiável (continuidade), adequada aos requisitos necessários e suficientes ao fim a que se destina: afastar os esgotos de forma higiênica (sem riscos para a saúde) e preservando ao máximo o meio ambiente. O *item B-I.2.15* apresenta as normas da ABNT pertinentes e sobre as quais parte deste capítulo foi inicialmente organizado.

B-I.2.2 Terminologia

No intuito de empregar terminologia adequada e o mais precisa possível e para facilitar o entendimento entre os técnicos e evitar mal-entendidos é apresentada a seguir uma relação de conceitos e definições normalmente utilizados na elaboração de projetos, na execução e na operação e manutenção de sistemas de esgoto sanitário:

1. *Águas residuárias.* Despejos líquidos ou efluentes de comunidades. Compreendem os esgotos doméstico, comercial e público, os despejos industriais e as águas pluviais urbanas.

2. *Esgoto doméstico ou despejos domésticos.* Despejos líquidos das habitações, estabelecimentos comerciais, instituições e edifícios públicos e também de instalações sanitárias de estabelecimentos industriais. É resultante do uso da água na higiene e necessidades fisiológicas humanas. Incluem as "águas imundas", as "águas negras" e as "águas servidas".

3. *Águas imundas, águas cloacais.* Parcela das águas residuárias que contém dejetos animais (matéria fecal, de banho, de abluções, de pias de cozinha etc.).

4. *Águas servidas.* Efluentes que resultam das operações de limpeza e de lavagem.

5. *Esgoto industrial ou despejos líquidos industriais.* Efluentes das operações industriais, ou seja, de água utilizada nos processos industriais.

6. *Água de infiltração.* Parcela das águas do subsolo que penetra nas canalizações de esgoto.

7. *Águas pluviais.* Parcela das águas das chuvas que escoa superficialmente (que não infiltra no terreno e/ou é coletada por tubos, canais etc.).

8. *Contribuição pluvial parasitária.* Parcela das águas pluviais que vai à rede coletora de esgoto sanitário. Equivale a ligações clandestinas.

9. *Esgoto sanitário.* Despejo líquido constituído de esgotos doméstico e industrial, água de infiltração e contribuição pluvial parasitária.

10. *Sistema unitário de esgotamento.* Sistema de esgoto em que as águas pluviais e o esgoto sanitário escoam nas mesmas canalizações.

11. *Sistema separador absoluto.* Compreende dois sistemas distintos de canalizações, um exclusivo para esgoto sanitário e outro destinado às águas pluviais (ver *B-I.2.3*).

12. *Sistema separador parcial ou sistema misto.* Também compreende dois sistemas de canalizações, porém é considerada a introdução de uma parcela definida de águas pluviais nas canalizações de esgoto sanitário (águas pluviais que se originam em áreas pavimentadas internas, passíveis de contaminação não natural, tais como óleos, detergentes, restos de comida etc.).

13. *Sistema de drenagem de águas pluviais ou galerias de águas pluviais.* Conjunto de canalizações e obras destinadas à coleta e afastamento de águas pluviais.

14. *Rede coletora de esgoto.* Conjunto constituído por ligações prediais, coletores de esgoto e seus órgãos acessórios. As canalizações de pequeno diâmetro que recebem os efluentes dos prédios denominam-se "coletores". As canalizações de maior extensão e/ou de maior diâmetro numa bacia denominam-se "principais".

15. *Coletor predial.* Canalização que conduz o esgoto sanitário dos edifícios/casas, indústrias etc. até o limite do terreno.

16. *Ligação predial.* Trecho do coletor predial compreendido entre o limite do terreno do usuário do sistema e o coletor de esgoto.

17. *Coletor-tronco.* Canalização de maior diâmetro, que recebe apenas as contribuições de vários coletores de esgoto, conduzindo-os a um interceptor ou emissário. Não recebe ligações.

18. *Interceptor.* Canalização de grande porte que intercepta o fluxo de coletores-tronco (ver *item B-I.2.12*).

19. *Emissário.* Conduto final de um sistema de esgoto sanitário, destinado ao afastamento dos efluentes da rede para o ponto de lançamento (descarga) ou de tratamento, recebendo contribuições apenas na extremidade de montante.

20. *Estações de bombeamento* ou *estações elevatórias.* Instalações eletromecânicas e obras civis destinadas à elevação dos esgotos do nível de chegada (poço de chegada) a um nível mais elevado, acrescentando-lhes energia de posição (ver *item B-I.2.13*).

21. *Órgãos acessórios.* Dispositivos fixos desprovidos de equipamentos mecânicos, construídos em pontos singulares da rede de esgoto. A Bib. A058 prevê a utilização dos seguintes órgãos acessórios:

  a. Poço de visita (PV). Câmara visitável através de abertura existente em sua parte superior, destinada à execução de trabalhos de operação/manutenção. Pode ser construído em todas as singularidades, mas, por motivos econômicos, pode ser substituído por outros acessórios. Os poços de visita são obrigatórios quando é necessário tubo de queda, na reunião com mais de 3 entradas, nas extremidades de sifão invertido e passagem forçada e quando a profundidade for superior a 3 m. (*Figura B-I.2.2-a*).

  b. Tubo de queda: é um componente do PV que liga um coletor afluente em cota mais alta (≥0,50 m) ao fundo do PV. (*Figura B-I.2.2-a*).

  c. Poço de inspeção (PI). Dispositivo não visitável que permite inspeção visual e introdução de equipamentos de limpeza. Pode ser construído nas reuniões de coletores (até 3 entradas e uma saída), quando não há degraus que exigem tubos de queda e a jusante de ligações prediais que podem acarretar problemas de manutenção e conforme conveniências de projeto e/ou de operação/manutenção. (*Figura B-I.2.2-b*).

  d. Terminal de limpeza (TL) ou tubo de inspeção e limpeza (TIL). Dispositivos que permitem a introdução de equipamentos de limpeza e descargas de água para a limpeza de trechos iniciais. (*Figuras B-I.2.2-c* e *B-I.2.2-d*).

  e. Caixa de passagem (CP). Câmara sem acesso que pode ser construída nas mudanças de direção, declividade, material e diâmetro. As caixas de passagem partem do princípio de que são mais econômicas, podem ser acessadas por equipamento de limpeza por jusante e/ou por montante. Exemplo *Figura B-I.2.2-e*.

22. *Sifão invertido.* Trecho rebaixado com escoamento sob pressão, com a finalidade de transpor obstáculos, depressões ou cursos d'água (ver *B-I.2.14*).

23. *Passagem forçada.* Trecho com escoamento sob pressão, sem rebaixamento.

24. *ETE – Estações de tratamento de esgotos.*

25. *Obras de lançamento final.*

26. *Corpo receptor.* Coleção de água ou solo que recebe o esgoto sanitário em estágio final, normalmente após tratamento ou "condicionamento".

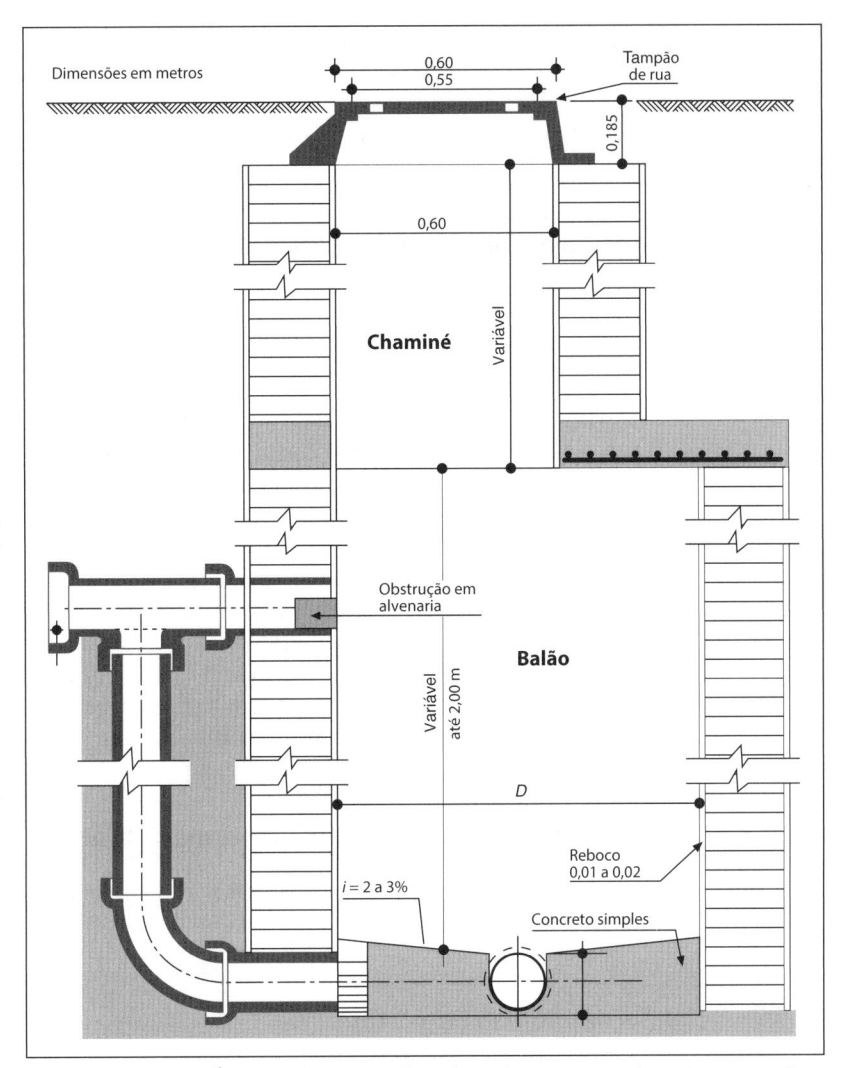

Figura B-I.2.2-a – Órgãos acessórios da rede coletora: poço de visita com tubo de queda.

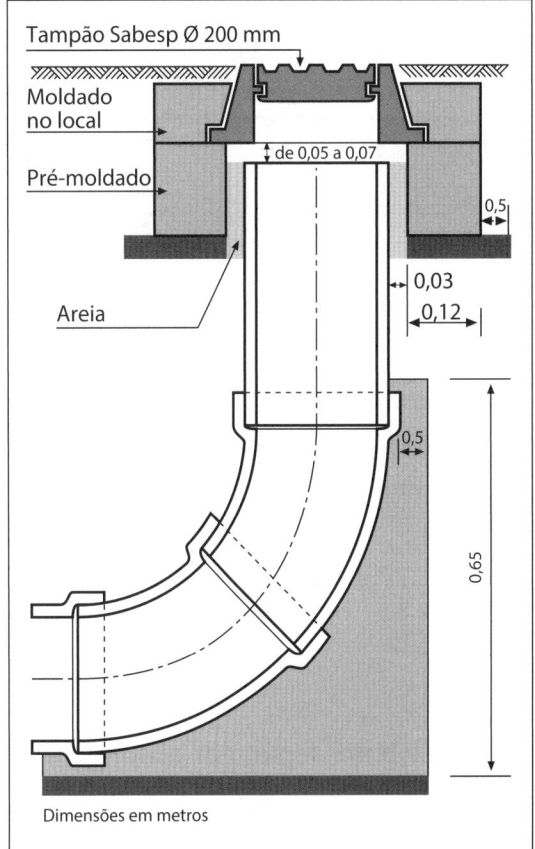

Figura B-I.2.2-c – Órgãos acessórios da rede coletora: terminal de limpeza TIL.

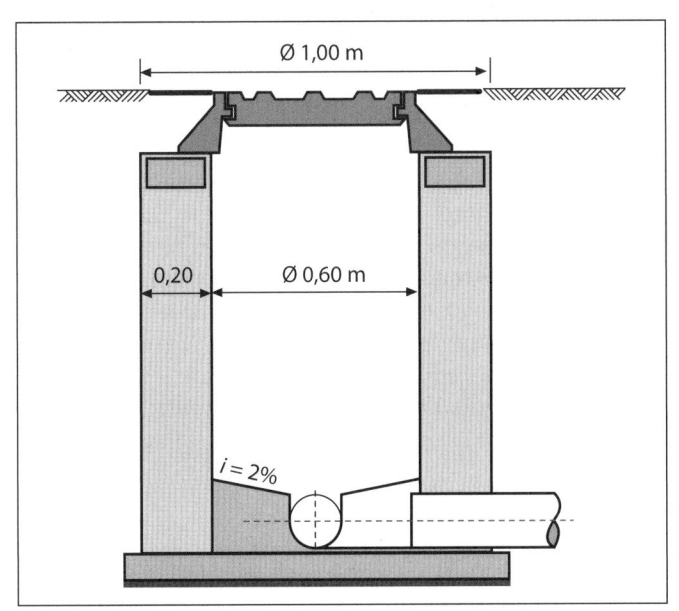

Figura B-I.2.2-b – Órgãos acessórios da rede coletora: poço de inspeção e limpeza.

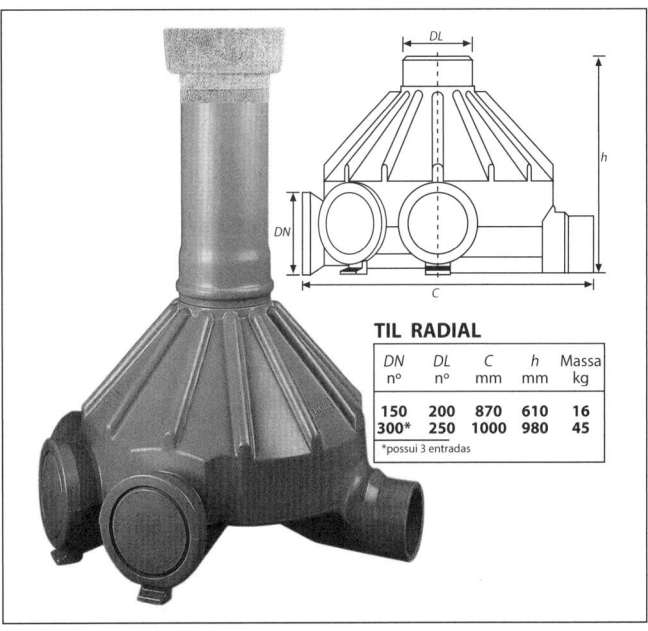

TIL RADIAL

DN nº	DL nº	C mm	h mm	Massa kg
150	200	870	610	16
300*	250	1000	980	45

*possui 3 entradas

Figura B-I.2.2-d – Órgãos acessórios da rede coletora: Til radial.

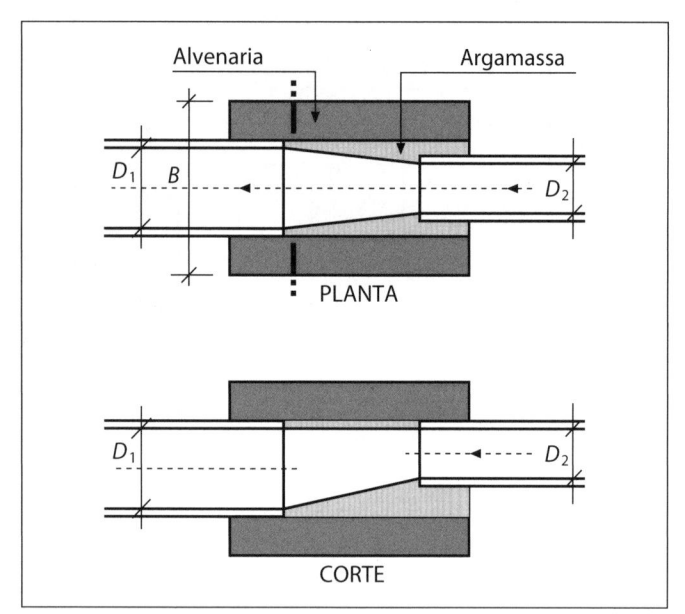

Figura B-I.2.2-e – Órgãos acessórios da rede coletora: caixa de passagem (CP).

B-I.2.3 Sistema separador absoluto

Em geral, e em especial na América Latina, adota-se o sistema "separador absoluto", definido em *B-I.2.2 – item 11*, que apresenta as vantagens relacionadas a seguir.

a. As canalizações, de dimensões menores, favorecem o emprego de materiais mais adequados ao contato químico-biológico com esgotos (manilhas cerâmicas, de PVC, de polietileno, de ferro dúctil e outros), facilitando a execução e reduzindo custos e prazos de construção.

b. Facilita a execução das obras por partes, construindo primeiro as redes de maior importância para a comunidade, com um investimento inicial menor.

c. O custo do sistema de águas pluviais fica muito menor, por ser possível admitir lançamentos múltiplos em locais próximos e aproveitando o escoamento nas sarjetas e nas caixas de ruas e sem bombeamentos.

d. As condições para o tratamento do esgoto são melhoradas, evitando-se a poluição das águas receptoras por ocasião das extravasões que se verificam nos sistemas unitários nos períodos de chuvas intensas.

e. O custo dos dois sistemas (esgotos e pluvial) construídos em separado é muito menor do que em sistemas unitários, especialmente em locais onde há chuvas torrenciais.

f. As obras do notável engenheiro brasileiro Saturnino de Brito contribuíram decisivamente para a adoção no Brasil, desde fins do século XIX, do sistema separador, com uma técnica bastante evoluída.

B-I.2.4 Estudo de concepção de sistemas de esgoto sanitário

A NBR 9648/86 (Bib. A058) dividiu o assunto em duas partes:

• Requisitos – onde são detalhados os dados acerca da comunidade a ser beneficiada e sua região, sejam dados disponíveis ou a serem obtidos por estudos ou investigações paralelas.

• Atividades – que descreve com minúcias as ações para estabelecer as opções a serem consideradas no estudo comparativo, que definirá a concepção básica, definida como a melhor opção de arranjo das partes do sistema sob os aspectos técnico (e sanitário), econômico, financeiro e social.

Em sua parte final a norma contém importante recomendação a seguir transcrita: "A delimitação da área de planejamento, bem como de suas bacias contribuintes, deve obedecer às condições naturais do terreno, desconsiderando a divisão político-administrativa".

B-I.2.5 Critérios de projetos das canalizações

Preliminarmente, recomenda-se iniciar a leitura deste item revendo o *Capítulo A-14*, em especial o *item A-14.4*.

1 *Seção molhada dos condutos*

Os coletores, interceptores e emissários são normalmente projetados para funcionar como condutos livres. Nessas condições, sempre se conhece a trajetória (direção e sentido) do escoamento do líquido, ao contrário do que acontece com as redes de água (malhadas, sob pressão) onde se conhece a direção mas não obrigatoriamente o sentido.

Os coletores são normalmente projetados para trabalhar, no máximo, com uma lâmina de água igual a $0,75 \times D$, destinando-se a parte superior dos condutos à ventilação do sistema e às imprevisões e flutuações excepcionais de nível. O escoamento é considerado (admitido) em regime permanente e uniforme, resultando que a declividade da linha de energia equivale à declividade do conduto e é igual à perda de carga unitária.

O diâmetro que atende à condição $h = 0,75 \times D$ pode ser calculado pela expressão:

$$D = 0,3145 \times \left(\frac{Q_f}{\sqrt{I}} \right)^{3/8}$$

modificação da fórmula de Manning, com $n = 0,013$, onde:

$I =$ declividade, em m/m;
$Q_f =$ vazão final de jusante do trecho, em m³/s;
$D =$ diâmetro interno, em m.

2 *Diâmetro mínimo*

O diâmetro mínimo dos coletores sanitários é estabelecido de acordo com as condições locais, operadora e tipo de ocupação. Não há consenso sobre o assunto. Na *Tabela B-I.2.5-a*, resumem-se informações e recomendações a respeito.

Tabela B-I.2.5-a Diâmetro mínimo dos coletores sanitários

	SABESP (usual)	NBR 9.649	WPCF-WEF/ ASCE (EUA)	Azevedo & Fernandez
	DN (mm)			
Áreas exclusivamente residenciais	200	150	200	200
Áreas mistas (residencial/comercial)	200	200	200	200
Áreas de ocupação industrial	200	200	200	200
Áreas de baixa renda	200	100	150	200

Nota: nenhum diâmetro deve ser menor que o da maior conexão prevista para a rede.

3 *Profundidades mínima e máxima*

Dois fatores que influenciam esse parâmetro:

- a proteção às cargas externas requer um recobrimento mínimo sobre a geratriz superior externa (medido sobre a "bolsa" quando o tubo for do tipo ponta-e-bolsa) da ordem de 90 cm.

- a ligação por gravidade à rede requer uma profundidade mínima para que a ligação possa ser feita por gravidade. Normalmente a profundidade mínima acaba sendo 1,5 m (em relação à geratriz superior externa da bolsa dos tubos), para possibilitar as ligações prediais ("sela") e proteger os tubos contra cargas externas. Todavia, esse valor deve ser considerado apenas nos trechos de situação desfavorável.

A profundidade ótima, medida na geratriz inferior interna do tubo, geralmente está compreendida entre 1,8 e 2,5 m para facilitar o esgotamento dos prédios, evitar interferências dos coletores prediais com outras canalizações e não onerar com escavações desnecessárias.

A profundidade para permitir as ligações prediais de soleiras baixas pode ser obtida pela expressão (*Figura B-I.2.5-a* e *Tabela B-I.2.5-b*):

$$y = a + I \times L + h + 0{,}5$$

sendo:

$y =$ profundidade (m);
$a =$ distância entre geratrizes dos coletores público e predial;
$I =$ declividade do ramal predial;
$L =$ distância entre o coletor público e o aparelho mais desfavorável;
$h =$ desnível entre via pública e aparelho mais distante e/ou +baixo.

Tabela B-I.2.5-b Valores de *a* e de *I* para diferentes diâmetros do ramal predial e do coletor público

Diâmetro do coletor público (mm)	Diâmetro (mm) e declividade do ramal (%)		
	100 $I = 2\%$	150 $I = 0{,}7\%$	200 $I = 0{,}5\%$
100	0,15	-	-
150	0,20	-	-
200	0,25	0,24	0,23
300	0,35	0,34	0,32
450	0,48	0,47	0,46

A profundidade máxima relaciona-se com a economia do sistema, tendo em vista as condições de execução e manutenção da rede pública e dos coletores prediais (ligações). O valor 4,5 m costuma ser tomado como uma indicação frequente, que pode ser ultrapassada em trechos relativamente curtos, com a finalidade de evitar instalações de recalque.

Convém assinalar que o custo das redes de esgoto cresce muito com a profundidade de assentamento. Entretanto, cada vez mais a mecanização da escavação, os

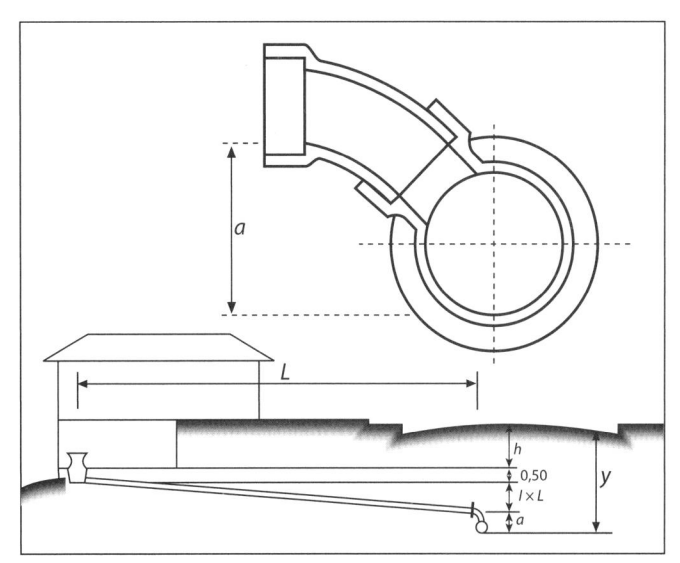

Figura B-I.2.5-a

custos do equipamento e o advento de equipamento de perfuração estão subvertendo esse conceito.

A NBR 9649/86 (Bib. A059) permite, para situações excepcionais, por exemplo ruas periféricas com baixo trânsito de veículos, recobrimento mínimo (em relação à geratriz superior externa da bolsa dos tubos) de 0,9 m, para assentamento no leito da via e de 0,65 m, quando no passeio. Dispõe também que as redes não devem ser rebaixadas unicamente em razão de soleiras baixas.

4 *Velocidade crítica e velocidade máxima*

A NBR 9649/1986 (Bib. A059) sugere que, quando a velocidade final (v_f), verificada no alcance do plano, for superior à velocidade crítica (v_c), a lâmina de água máxima deve ser reduzida para $0,5 \times D$, sendo:

$$v_c = 6 \times (g \times R_H)^{1/2}$$

onde,

g = aceleração da gravidade;
R_H = raio hidráulico de final do plano.

Isso decorre da possibilidade de emulsão de ar no líquido, aumentando a área molhada no conduto (ver *item B-I.2.6*).

A norma sugere também que a declividade máxima admissível é aquela que corresponde à velocidade final (v_f) de 5 m/s. A razão disso seria evitar erosão da tubulação. Entretanto, essa "erosão" não tem sido observada em instalações em que ocorrem velocidades maiores (ver *item B-I.2.6*).

5 *Tensão trativa*

Ainda essa norma recomenda que cada trecho de canalização deve ser verificado, para que a tensão trativa média σ_t seja igual ou superior a 1 Pa, para coeficiente de Manning $n = 0,013$.

A declividade mínima que satisfaz essa condição é expressa por (ver *item B-I.2.6*):

$$I_{mín.} = 0,0055 \times Q_i^{-0,47}, \ (m/m)$$

onde Q_i = vazão de jusante do trecho no início do plano, em ℓ/s e $I_{mín.}$ em m/m.

6 *Vazão mínima*

Ainda essa norma recomenda também que, em qualquer trecho, o menor valor de vazão a ser utilizado nos cálculos seja 1,5 ℓ/s, correspondente ao pico instantâneo decorrente de descarga de vaso sanitário.

7 *Materiais*

As manilhas cerâmicas durante décadas foram consideradas o material usual para redes de esgoto sanitário.

Outros materiais comumente empregados são: tubos de concreto especial, de ferro fundido, de PVC, de fibra de vidro, de polietileno, etc. Os tubos de cimento amianto caíram em desuso.

Os materiais à base de cimento são menos resistentes aos despejos agressivos (resíduos industriais e líquidos em estado séptico), daí a necessidade de um "traço" especial com produtos, aditivos e cura especiais.

Os tubos de ferro fundido, pelo custo maior, só costumam ser aplicados em situações especiais (trechos de pequeno recobrimento, trechos de velocidade excessiva, travessias, bombeamentos etc.).

Os tubos de PVC e PAD são os mais usados, especialmente quando o nível do lençol freático é alto.

As manilhas de cerâmica continuam sendo o material preferível desde que possam ser fabricadas com comprimento mínimo de 3 m, diminuindo o número de juntas e, com essa exigência, garantindo uma cerâmica de boa qualidade.

Foto de tubo cerâmico DN 600 mm, L = 4 a 5 m, vitrificado externa e internamente em Casteldefels, Catalunha, Espanha, aguardando para ser instalado, maio de 2006.

B-I.2.6 Autolimpeza das canalizações. Tensão trativa (baseado em texto do eng. Miguel Zwi, Bib. Z890)

Tradicionalmente, utilizava-se a associação de uma velocidade mínima com a mínima relação de enchimento da seção do tubo (h/D), para assegurar a capacidade do fluxo de transportar material sedimentável nas horas de menor contribuição, ou seja, a garantia de autolimpeza das tubulações.

Por exemplo, a normatização de várias entidades brasileiras – DES-GB, hoje na CEDAE, DNOS (extinto), ABNT, SAEC-SP, hoje na SABESP – previa limites mínimos, tais como $h/D = 0,2$ e $v_{mín} = 0,5$ m/s.

Na realidade, tratava-se de um controle indireto, pois a grandeza física que promove o arraste da matéria sedimentável é a tensão trativa que atua junto à parede da tubulação na parcela correspondente ao perímetro molhado

A tensão trativa, ou tensão de arraste, nada mais é do que a componente tangencial do peso do líquido sobre a unidade de área da parede do coletor e atua, portanto, sobre o material aí sedimentado, promovendo o seu arraste (*Figura B-I.2.6-a*).

F = peso ($\gamma \times A \times L$)
γ = peso específico (N/m³)
T = componente tangencial = $F \times \text{sen}\alpha$
A_m = área molhada
P_m = perímetro molhado
σ_t = tensão trativa

$$\sigma_t = \frac{T}{P_m \times L} = \frac{F \times \text{sen}\alpha}{P_m \times L} =$$

$$= \frac{\gamma \times A_m \times L \times \text{sen}\alpha}{P_m \times L} = \gamma \times R_H \times \text{sen}\alpha$$

Para α pequeno, $\text{sen}\alpha = \text{tg}\alpha = I$ (declividade), então:

$$\sigma_t = \gamma \times R_H \times I \cong 10^4 \times R_H \times I$$

em N/m², ou seja, em Pa (Pascal)

Essa tensão é um valor médio das tensões trativas no perímetro molhado da seção transversal considerada.

O estudo e a conceituação da tensão trativa vem se desenvolvendo desde o século XIX para a solução de problemas de hidráulica fluvial e de canais sem revestimento. Muitos pesquisadores se aprofundaram na quantificação de valores, levando em conta as muitas variáveis envolvidas, apoiando-se em numerosos resultados experimentais, buscando definir as fronteiras entre as regiões de repouso e de movimento das partículas. As pesquisas realizadas indicam em sua maioria que, no caso de coletores de esgoto, os valores da tensão trativa crítica para promover a autolimpeza, se situam entre 1 e 2 Pa.

A Sabesp, responsável estadual pelo saneamento básico de grande parte das cidades de São Paulo, desenvolveu estudos e experiências de 1980 a 1982 e, através de norma interna de 1983, passou a utilizar o critério da tração trativa para a determinação da declividade mínima, adotando o valor de $\sigma_t = 1$ Pa. Estudos posteriores constataram que esse limite é desfavorável à formação de sulfetos em canalizações com diâmetros maiores que DN 300, sulfetos esses responsáveis pela formação de ácido sulfúrico junto à geratriz superior dos tubos, causando a deterioração de materiais não imunes à ação desse ácido (por exemplo, o cimento).

O eng. Miguel Zwi traçou em papel bi-logarítmico as curvas "lugar geométrico" de $\sigma_t = 1$ Pa no plano "vazão × declividade", a partir de relações geométricas e trigonométricas simples, associadas às fórmulas de Manning e da continuidade. O resultado foi um feixe de curvas de fraca curvatura, relativas aos diâmetros usuais, que, substituídas por uma única reta, resultaram na equação seguinte, para $n = 0,013$:

$$I = 0,0055 \times Q_i^{-0,47},$$

com Q_i em ℓ/s e I em m/m.

Os pontos correspondentes aos diâmetros DN 100 mm a DN 400 mm e a reta resultante são mostrados na *Figura B-I.2.6-b*, onde $\sigma_t > 1$ Pa na região acima da reta.

Observa-se que a declividade que promove a auto-limpeza é inversamente proporcional à vazão e consequentemente ao diâmetro, o que possibilita maiores valores da tensão trativa para os grandes condutos, com resultados favoráveis para evitar a formação de sulfetos (vide Bib. T755). Posteriormente, a norma brasileira NBR 9649 adotou esse procedimento como recomendação para dimensionamento de redes coletoras de esgoto sanitário.

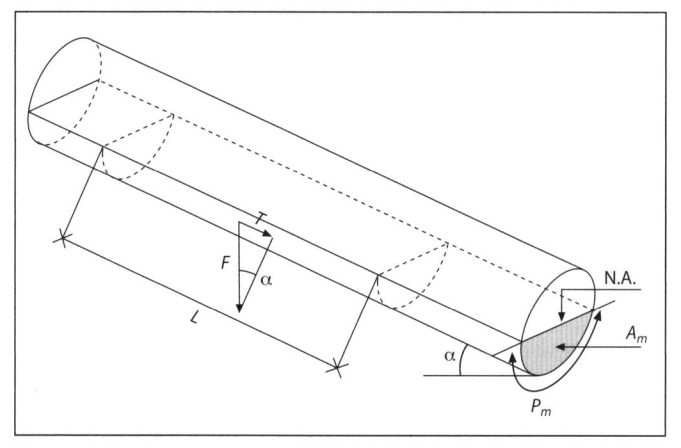

Figura B-I.2.6-a

B-I.2.7 Velocidade crítica

A NBR 9649/86 (Bib. A059) traz a seguinte recomendação: *"5.1.5.1 -Quando a velocidade final v_f é superior à velocidade crítica v_c, a maior lâmina admissível deve ser 50% do diâmetro do coletor, assegurando-se a ventilação do trecho; a velocidade crítica é definida por $v_c = 6 \times (g \times R_H)^{1/2}$, onde g = aceleração da gravidade".*

A preocupação deve-se a que escoamentos muito turbulentos misturam bolhas de ar no líquido, resultando numa mistura ar-água (não é ar dissolvido), que ocasiona um aumento da altura da lâmina líquida. Caso o conduto venha a funcionar como conduto forçado em razão desse acréscimo de altura da lâmina, alteram-se as condições do escoamento, podendo gerar pressões que levam à destruição da tubulação (cavitação). Para condutos de elevada declividade e maior velocidade essa possibilidade se torna certeza e deve ser evitada. Duas medidas são necessárias para isso:

- garantir o escoamento em conduto livre;
- estabelecer a fronteira da entrada de ar no escoamento.

Para a primeira, estudou-se a grandeza do acréscimo de altura da lâmina no escoamento aerado. Considerando a situação mais desfavorável da lâmina máxima admissível, no caso de esgoto sanitário, 75% do diâmetro para lâmina sem mistura, conclui-se ser inviável a manutenção desse limite, reduzindo-o portanto para 50% do diâmetro quando a fronteira fosse atingida. Isso permite um crescimento de até metade da lâmina para atingir o

limite anterior (condição segura de operação), restando ainda 25% de altura livre. Não resolve todos os casos, mas é suficiente para as situações mais comuns. Nos casos extremos, devem ser calculados os acréscimos de lâmina e adotados dutos de ventilação para evitar transientes hidráulicos.

Quanto à segunda medida, a análise dimensional, pesquisas e medições concluíram que entre os adimensionais relacionados ao escoamento, números de Reynolds, Weber, Froude e Boussinesq, este último, $B = v_c \times (g \times R_H)^{-1/2}$, é o mais importante para retratar o fenômeno da entrada de ar no escoamento. Pesquisas efetuadas por Volkart (1980) concluíram que a mistura ar-água se inicia quando o número de Boussinesq é igual a 6, definindo-se assim uma velocidade crítica (v_c) para início do fenômeno:

$$B = v_c \times (g \times R_H)^{-1/2} = 6 \therefore v_c = 6 \times (g \times R_H)^{1/2}$$

onde:

v_c = velocidade crítica, em m/s;
R_H = raio hidráulico, em m;
g = aceleração da gravidade (9,8 m/s^2).

Algumas observações são interessantes para aplicação em escoamento de esgoto sanitário:

a. Para uma mesma relação h/D, quanto maior o diâmetro, menor será a declividade para início do arraste de ar e maior será a velocidade crítica;

b. Para um mesmo diâmetro, quanto maior a relação h/D, menor será a declividade para início do arraste de ar e maior será a velocidade crítica;

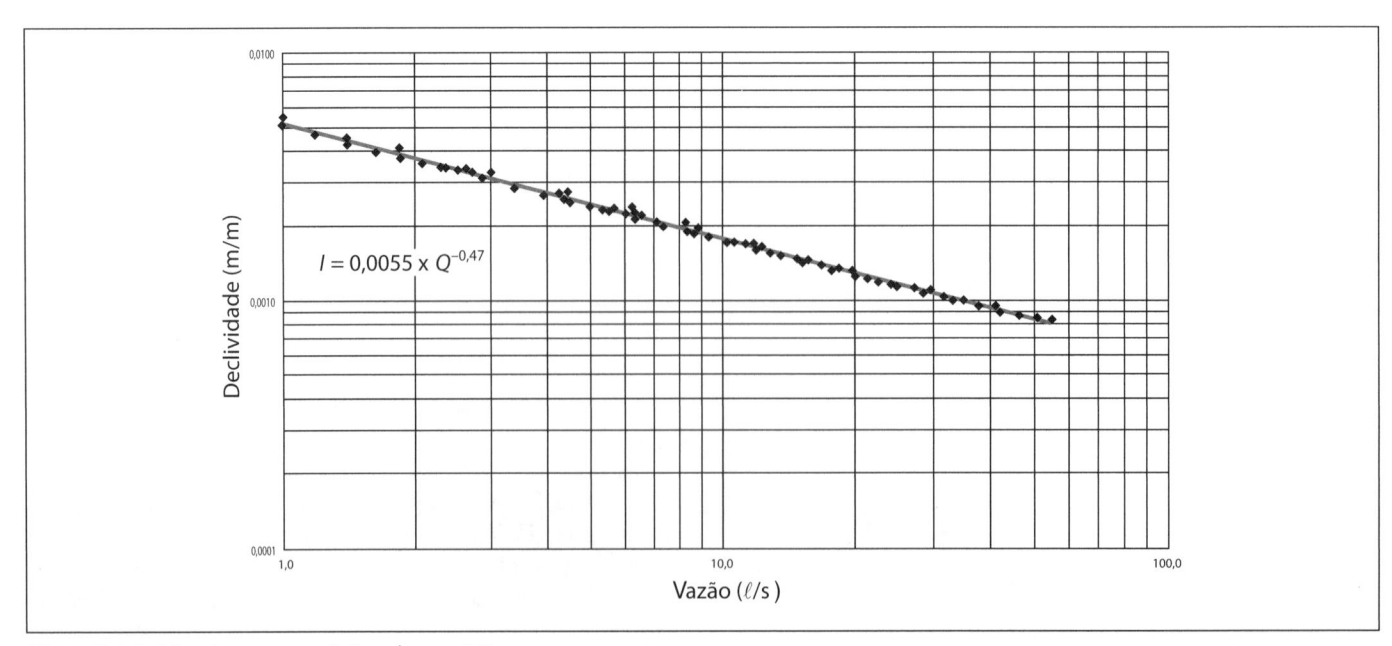

Figura B-I.2.6-b – Lugar geométrico de σ = 1 Pa.

c. A simples adoção de $h = 0,5 \times D$ não garante o escoamento livre de modo absoluto;

d. O início de arraste de ar ocorre tanto para velocidades maiores como para velocidades menores (~1,5 m/s).

Portanto é recomendável a verificação da velocidade crítica (v_c) em relação à velocidade de final de plano (v_f) em todos os trechos dos condutos.

Melhores e mais detalhadas informações podem ser vistas na Bib. T754.

B-I.2.8 Grandezas e notações (baseado na NBR 9649/86 da ABNT, Bib. A059)

Tabela B-I.2.8-a Grandezas e notações (baseado na Bib. A059)

1 População e correlatos		Notação	Unidade
1.1	Densidade populacional inicial	d_i	hab/ha
1.2	Densidade populacional final	d_f	hab/ha
1.3	População inicial	P_i	hab
1.4	População final	P_f	hab
2 Coeficientes ligados à determinação de vazões			
2.1	Coeficiente de retorno	C	-
2.2	Coeficiente de máxima vazão diária	k_1	-
2.3	Coeficiente de máxima vazão horária	k_2	-
2.4	Coeficiente de mínima vazão horária	k_3	
2.5	Consumo de água efetivo *per capita* (não inclui perdas do sistema de abastecimento) 2.5.1 Consumo efetivo inicial 2.5.2 Consumo efetivo final	q_i q_f	ℓ/hab $\times$ dia ℓ/hab $\times$ dia
3 Áreas e comprimentos			
3.1	Área esgotada inicial para um trecho da rede	A_i	ha
3.2	Área esgotada final para um trecho da rede	A_f	ha
3.3	Comprimento de ruas	L	km
3.4	Área edificada inicial	A_{ei}	m$_2$
3.5	Área edificada final	A_{ef}	m$_2$
4 Contribuições e vazões			
4.1	Contribuição de infiltração	I	ℓ/s
4.2	Contribuição média inicial de esgoto doméstico	$\overline{Q_i}$	ℓ/s
4.3	Contribuição média final de esgoto doméstico	$\overline{Q_f}$	ℓ/s
4.4	Contribuição singular inicial	Q_{ci}	ℓ/s
4.5	Contribuição singular final	Q_{cf}	ℓ/s
4.6	Vazão inicial de um trecho da rede 4.6.1 Inexistindo medições de vazão utilizáveis no projeto, $Q_i = (k_2 \times \overline{Q_i}) + I + \Sigma Q_{ci}$ (não inclui k_1) 4.6.2 Existindo hidrogramas utilizáveis no projeto, $Q_i = Q_{i\,máx.} + \Sigma Q_{ci} - Q_{i\,máx.}$ = vazão máxima do hidrograma, composto com ordenadas proporcionais às do hidrograma medido	Q_i Q_i	ℓ/s ℓ/s

Tabela B-I.2.8-a Grandezas e notações (baseado na Bib. A059) (*continuação*)

4.7	Vazão final de um trecho da rede 4.7.1 Inexistindo medições de vazão utilizáveis no projeto, $Q_f = (k_1 \times k_2 \times \overline{Q_f}) + I + \Sigma Q_{cf}$	Q_f	ℓ/s
	4.7.2 Existindo hidrogramas utilizáveis no projeto, $Q_f = Q_{f\,máx.} + \Sigma Q_{cf} - Q_{f\,máx.}$ = vazão máxima do hidrograma, composto com ordenadas proporcionais ao hidrograma medido	Q_f	ℓ/s

5 Taxas de cálculo

5.1	Taxa de contribuição inicial por superfície esgotada $T_{ai} = \dfrac{Q_i - \Sigma Q_{ci}}{A_i}$	T_{ai}	ℓ/s × h_a
5.2	Taxa de contribuição final por superfície esgotada $T_{af} = \dfrac{Q_f - \Sigma Q_{cf}}{A_f}$	T_{af}	ℓ/s × h_a
5.3	Taxa de contribuição linear inicial para uma área esgotada de ocupação homogênea $T_{xi} = \dfrac{Q_i - \Sigma Q_{ci}}{L}$	T_{xi}	
5.4	Taxa de contribuição linear final para uma área esgotada de ocupação homogênea $T_{xf} = \dfrac{Q_f - \Sigma Q_{cf}}{L}$	T_{xf}	ℓ/s × km
5.5	Taxa de contribuição de infiltração	T_I	ℓ/s × km

6 Grandezas geométricas da seção

6.1	Diâmetro	D	m
6.2	Área molhada de escoamento, inicial	A_{mi}	m²
6.3	Área molhada de escoamento, final	A_{mf}	m²
6.4	Perímetro molhado	P_m	m

7 Grandezas utilizadas no dimensionamento hidráulico

7.1	Raio hidráulico	R_H	m
7.2	Declividade	I	m/m
7.3	Altura da lâmina de água inicial	h_i	m
7.4	Altura da lâmina de água final	h_f	m
7.5	Declividade mínima admissível	$I_{mín.}$	m/m
7.6	Declividade máxima admissível	$I_{máx.}$	m/m
7.7	Velocidade inicial $v_i = Q/A_{mi}$	v_i	m/s
7.8	Velocidade final $v_f = Q_f/A_{mf}$	v_f	m/s
7.9	Tensão trativa média $\sigma_t = \gamma \times R_H \times I$ – Sendo γ = peso específico da água = 10^4 N/m	σ_t	Pa

8 Valores de coeficientes e grandeza. Inexistindo dados locais comprovados oriundos de pesquisas, podem ser adotados os seguintes

8.1	Coeficiente de retorno = 0,8 ou 80%	C	
8.2	Coeficiente de máxima vazão diária = 1,2 ou 120%	k_1	%
8.3	Coeficiente de máxima vazão horária = 1,5 ou 150%	k_2	%
8.4	Coeficiente de mínima vazão horária	k_3	%
8.5	T_I taxa de contribuição de infiltração depende de condições locais, tais como: NA do lençol freático, natureza do subsolo, qualidade da execução da rede, material da tubulação e tipo de junta utilizada. O valor adotado deve ser justificado	0,05 a 1,0	ℓ/s × km

B-I.2.9 Rede coletora. Traçado

A planta topográfica em escala conveniente (por exemplo, 1:2.000 em planta) deve indicar ao menos o arruamento, as curvas de nível, as cotas de pontos característicos (cruzamentos de ruas), os talvegues (pontos baixos, vales), as cumeeiras (pontos altos, divisores de águas), os pontos singulares, os de mudança de inflexão do perfil do arruamento, a eventual rede existente, os cursos d'água, locais de descarga do esgoto coletado (bombeamentos e/ou ETEs) e as interferências ao caminhamento dos coletores porventura existentes (adutoras, tubulação de águas pluviais, galerias etc.).

Sobre essa planta devem ser indicadas a área a ser esgotada e as áreas de expansão futura, os limites da(s) bacia(s) do relevo local identificando os pontos dessas futuras contribuições, bem como os pontos de contribuições singulares significativas (indústrias, hospitais etc.).

Seguindo o traçado das ruas e as declividades naturais do terreno, indicam-se os trechos de coletores e seu sentido de escoamento, limitando-os com os órgãos acessórios (PVs, PI's ou TL's) adequados a cada situação, respeitando a distância máxima estabelecida para vigorar nesse projeto (100 m, por exemplo).

Em cada PV ou PI representado, indicam-se as canaletas de fundo necessárias para o escoamento, podendo ter várias entradas, mas uma única saída. Essa indicação das canaletas é que define o traçado decidido no projeto.

Em seguida devem ser identificados os coletores e seus respectivos trechos, recebendo o número 1 o coletor principal, o de maior extensão na bacia. Os outros coletores recebem números sequenciais na mesma ordem em que chegam ao coletor principal. Dessa forma, ter-se-á sempre números maiores contribuindo para números menores. Os trechos dos coletores também recebem numeração sequencial crescente de montante para jusante.

Entre os tipos de traçado, notar tipo distrital ou radial, específico para regiões planas (litorâneas), que divide a área em distritos de coleta onde, para evitar aprofundamento, se concentra o esgoto em um único ponto e daí se o afasta por uma elevatória.

B-I.2.10 Cálculo das vazões de dimensionamento

Uma vez decidido o caminhamento da rede conforme *item B-I.2.9*, cabe agora o cálculo das vazões dos trechos, seus diâmetros e declividades, respeitados os limites descritos no *item B-I.2.5*.

As vazões específicas (ou de dimensionamento) devem ser calculadas a partir das contribuições de esgoto doméstico, esgoto industrial e água de infiltração.

1 *Esgoto doméstico (q_a e q_x)*

As contribuições médias de esgoto doméstico, inicial e final, relativas ao alcance do plano são:

$$\overline{Q_i} = \left(C \times P_i \times q_i\right)/86.400$$

e

$$\overline{Q_f} = \left(C \times P_f \times q_f\right)/86.400$$

Introduzindo as variações do consumo efetivo de água, as vazões específicas de esgoto doméstico podem ser relativas à área esgotada (A):

$$q_{a,i} = \left(\overline{Q_i} \times k_2\right)/A_i$$

e

$$q_{a,f} = \left(\overline{Q_f} \times k_1 \times k_2\right)/A_f \quad (\text{em } \ell/\text{s} \times h_a)$$

utilizadas para a avaliação das vazões das áreas de expansão, ou relativas ao comprimento total da rede coletora (L):

$$q_{x,i} = \left(\overline{Q_i} \times k_2\right)/L$$

e

$$q_{x,f} = \left(\overline{Q_f} \times k_1 \times k_2\right)/L \quad (\text{em } \ell/\text{s} \times \text{km})$$

utilizadas para avaliação das vazões dos trechos de coletores.

Observa-se que as taxas iniciais não incluem o coeficiente k_1, pois interessa calcular a vazão mínima frequente e não a de um único dia. Considerando a densidade populacional ($d = P/A$) e o comprimento médio de ruas ($L^* = L/A$), as vazões específicas de esgoto doméstico ficam:

$$q_{a,i} = (C \times d_i \times q_i \times k_2)/(86.400)$$

e

$$q_{a,f} = (C \times d_f \times q_f \times k_1 \times k_2)/(86.400)$$

$$q_{x,i} = (C \times d_i \times q_i \times k_2)/(L^* \times 86.400)$$

e

$$q_{x,f} = (C \times d_f \times q_f \times k_1 \times k_2)/(L^* \times 86.400)$$

Convém lembrar que as taxas *per capita* q_i e q_f referem-se ao consumo efetivo ou demanda por pessoa que não inclui as perdas ocorridas no sistema de abastecimento de água. As *Tabelas B-I.2.10-b e c* apresentam taxas do consumo efetivo de água, utilizadas pela Sabesp em projetos de redes coletoras em São Paulo.

Tabela B-I.2.10-a Densidade demográfica e comprimentos médios de ruas na RMSP (Recomendações da antiga SAEC, atual Sabesp, para projetos, coligidas por M. Tsutiya e P. Alem Sobrinho (Bib. T753)

Características urbanas dos bairros	Densidade demográfica de saturação (hab/ha)	Extensão média de arruamento/ha (m)
I Bairros residenciais de luxo com lote padrão de 800 m²	100	150
II Bairros residenciais médios com lote padrão de 450 m²	120	180
III Bairros residenciais populares com lote padrão de 250 m²	150	200
IV Bairros mistos residencial-comercial da zona central, com predominância de prédios com 3 a 4 pavimentos	300	150
V Bairros residenciais da zona central com predominância de edifícios de apartamentos com 10 a 12 pavimentos	450	150
VI Bairros mistos residencial-comercial-industrial da zona urbana com predominância de comércio e indústrias artesanais e leves	600	150
VII Bairros comerciais da zona central com predominância de edifícios de escritórios	1.000	200

Tabela B-I.2.10-b Consumo efetivo de água (demanda por pessoa) no Estado de São Paulo (valores usados pela Sabesp, coligidos por Milton Tsutiya e Pedro Alem Sobrinho, Bib. T753)

Local	População urbana estimada para 1986 (habitantes)	Consumo de água "efetivo" per capita (ℓ/dia)
Cardoso	8.044	124
Fernandópolis	49.208	165
Franca	189.222	163
Guariba	21.663	162
Itobi	4.648	128
Jales	31.046	147
Lins	49.081	151
Monte Aprazível	11.354	137
Pederneiras	25.366	140
Planalto	2.481	129
Populina	2.856	147
São João da Boa Vista	55.475	155
São José dos Campos	392.968	170
Taubaté	215.513	184
Tremembé	21.271	135

Tabela B-I.2.10-c Consumo efetivo (demanda por pessoa) de água na RMSP (Região Metropolitana de São Paulo) (dados considerados pela Sabesp, coligidos por M. Tsutiya e P. Alem Sobrinho, Bib. T753)

Código	Nome do Bairro	População em 1.000 habitantes 1985	2005	Consumo de água efetivo (demanda) per capita (ℓ/hab×dia) 1985	2005
16 (TC-28)	Cabuçu de Cima	586	750	168	220
45 (TC-19)	Aricanduva	881	1.085	161	190
46 (TC-21)	Tiquatira	322	383	177	220
57 (TL-21)	Itaim	84	112	137	190
59 (PI-34)	Aterrado	100	201	138	255
64 (PI-24)	Cordeiro	219	271	194	220
78 (P1-01)	Jaguaré	210	322	192	220
79 (PI-03)	Pirajussara	278	422	160	220
82 (PI-09)	Cachoeira	300	410	144	190
96 (TL-23)	Três Pontes	44	69	127	190
	Barueri	95	240	125	190
	Caieiras	30	65	139	190
	Cajamar	29	60	162	190
	Cotia	64	120	188	220
	Embu	140	300	127	165
	Francisco Morato	39	85	130	190
	Franco da Rocha	56	110	130	190
	Itapecerica da Serra	81	150	134	190
	Itapevi	70	150	125	190
	Mairiporã	29	55	130	190
	Taboão da Serra	125	180	160	220

* Foi considerado o consumo per capita aumentando ao longo do tempo.

2 *Esgoto industrial* (Q_c)

O consumo efetivo *per capita* (q) já inclui pequenos consumos industriais. No caso de contribuições industriais maiores, devem ser acrescentadas como contribuições concentradas, naqueles trechos que as recebem (Q_{ci} e Q_{cf}). Também como contribuições concentradas devem ser acrescentadas as vazões previstas para áreas de expansão futura e ainda as de outras instalações como hospitais, quartéis, escolas, hotéis, centros comerciais etc.

3 *Água de infiltração* (T_I)

Quando não existem pesquisas locais que definam essa contribuição – que também vai depender de uma série de fatores que podem não se repetir –, as normas recomendam que ela pode ser avaliada a partir de condições específicas observadas, tais como nível da água do lençol freático, natureza do subsolo quanto à capacidade de retenção de água, qualidade da execução da rede coletora, material da tubulação, tipo e distância das juntas, justificando o valor adotado entre os limites 0,05 a 1,00 (ℓ/s × ha): L^* (L^* = comprimento médio de rede em km/ha) ou 0,05 a 1,00 ℓ/s × km. Ver *Tabela B-I.2.10-d*.

Tabela B-I.2.10-d Taxas de infiltração medidas ou recomendadas (dados coligidos por M. Tsutiya e P. Alem Sobrinho, Bib. T753)

Autor	Local	Ano	Taxa de infiltração ℓ/s × km	Condições de obtenção dos valores
Saturnino de Brito	Santos e Recife	1911	0,1 a 0,6	Medições
Jesus Netto	São Paulo	1940	0,3 a 0,7	Medições em redes secas
Azevedo Netto	São Paulo	1943	0,4 a 0,9	Medições em redes novas
Greeley& Hansen	São Paulo	1952	0,5 a 1,0(*1)	Medições
D.E.S. Sursan	Rio de Janeiro	1959	0,2 a 0,4	Medições
Hazen & Sawyer	São Paulo	1965	0,3 a 1,7(*1)	Medições
SANESP/MaxA.Veit	São Paulo	1973	0,3	Medições
NB-567	Brasil	1985	0,05 a 1,0	Recomendações para projetos. O valor deve ser justificado
Dario P. Bruno e Milton T.Tsutiya	Cardoso, Ibiúna, Lucélia, S. J. da Boa Vista	1983	0,0	Medições com REDE SECA, com e sem chuva, 100% da rede acima do lençol freático
	Fernandópolis	1983	0,0	Idem, 93% da rede acima do lençol freático
	Fernandópolis	1983	0,159	Idem, 100% da rede acima do lençol freático
	Pinhal	1983	0,0	Idem, 80% da rede acima do lençol freático
	Ubatuba	1983	0,0	Idem, 100% da rede acima do lençol freático
	Fernandópolis	1983	0,10	Idem, 100% da rede acima do lençol freático
	Cardoso	1983	0,025	Medições em REDE EM OPERAÇÃO há algum tempo
	Lucélia	1983	0,017	Idem
	Pinhal	1983	0,125	Idem
Sabesp	Estado de SP	1984	0,05 a 0,5	Recomendações para projetos
T. Merriman	EUA	1941	0,03 a 1,4	Medições
E.W. Steel	EUA	1960	0,4 a 1,37	Recomendações para projetos
I. W. Santry	Dallas, Texas, EUA	1964	0,3 a 1,4	Medições
WPCF (atual WEF)	EUA	1969	0,27 a 1,09	Recomendações para projetos
Metcalf e Eddy	EUA	1981	0,15 a 0,60	Recomendações para projetos

(*1) Valores para 160 m de rede por ha. Dados originais em função de rede esgotada.

4 Esgoto sanitário (T_a e T_x)

Calculadas as taxas acima, a partir delas são determinadas as vazões de contribuição de esgoto sanitário das áreas de expansão ou dos trechos, respectivamente:

a. Para as áreas de expansão,
    $Q_i = (T_{a,i} \times A) + Q_{c,i}$ $Q_f = (T_{a,f} \times A) + Q_{c,f}$
    onde $T_a = q_a + T_I$ (em $\ell/s \times h_a$) e A = área de expansão (em ha);

b. Para os diversos trechos da rede,
    $Q_i = (T_{x,i} \times L) + Q_{c,i}$ $Q_f = (T_{x,f} \times L) + Q_{c,f}$
    onde $T_x = q_x + T_I$ (em $\ell/s \times m$) e L = comprimento dos trechos (em m).

A norma considera apenas as taxas T_a e T_x já incluindo as taxas de infiltração, mas a consideração das vazões específicas q_a e q_x torna o cálculo mais explícito.

B-I.2.11   Rede coletora. Planilha de cálculo

Para sistematização e facilidade de verificação, é usual a disposição dos diversos passos em planilhas, cujo preenchimento se processa como segue.

O uso da *Tabela B-I.2.11-a* facilita os cálculos para as colunas 13 a 16 da planilha exemplificada no *Exercício B-I-e*. Como já estão determinados diâmetros (D), declividades (I) e vazões a jusante (Q_i e Q_f),

Coluna 1	Trecho (n°) → Anotam-se os números dos trechos, iniciando pelo coletor n° 1, intercalando os demais na sequência de suas contribuições para este.
Coluna 2	Extensão L(m) → Medida na planta.
Coluna 3	Taxa linear de esgoto sanitário T_x ($\ell/s \times m$) → Anotar os valores de T_{xi} e T_{xf} calculados.
Coluna 4	Contribuição do trecho Q_t (ℓ/s) → $T_{xi} \times L$ e $T_{xf} \times L$ (inicial e final).
Coluna 5	Vazão de montante Q_m (ℓ/s) → Se for um trecho inicial do coletor, $Q_m = 0$; para outro trecho qualquer, Q_m é igual à soma das vazões de jusante dos trechos afluentes, acrescentar as contribuições concentradas (Q_c) quando for o caso. Anotar os valores inicial e final.
Coluna 6	Vazão de jusante Q_j (ℓ/s) → Soma de Q_t e Q_m, anotar os valores inicial e final.
Coluna 7	Diâmetro D → Calculado pela expressão $D = 0,3145 \times (Q/\sqrt{I})^{3/8}$, onde Q é a vazão final de jusante do trecho em questão, expressa em m³/s, resultando D em m; adotar o diâmetro (DN) comercial imediatamente superior, observado o limite mínimo estipulado pelo operador da rede (pela NBR é DN 100, pelos autores, DN 200). Também a vazão Q da expressão é limitada em 1,5 ℓ/s ou 0,0015 m³/s, no mínimo (válida apenas para os cálculos).
Coluna 8	Declividade I (m/m) → Calcular a declividade mínima para autolimpeza pela expressão $I_{mín.} = 0,0055 \times Q^{-0,47}$ onde Q é a vazão inicial de jusante do trecho, expressa em ℓ/s, limitada em 1,5 ℓ/s. Determinar a declividade econômica para escavação mínima, impondo profundidade mínima a jusante (*item B-I.2.5*). A profundidade de montante é sempre conhecida, decorrente dos trechos anteriores ou, quando trecho inicial, igual à mínima (cobertura mínima + D). Comparadas as duas declividades, adotar a maior delas. Em terrenos de acentuada inclinação, quando é adotada a declividade econômica, convém verificar se a declividade máxima foi ultrapassada, usando a expressão $I_{máx.} = 4,65 \times Q^{-2/3}$, onde Q em ℓ/s é a vazão final de jusante do trecho; $I_{máx.}$ corresponde à velocidade máxima = 5 m/s.
Coluna 9	Cota do terreno (m) → Obtida da planta cadastral. Anotar os valores de montante e de jusante.
Coluna 10	Cota do coletor (m) → Decorre do procedimento adotado para a coluna 8. Se a declividade adotada é a mínima, a cota do coletor a jusante é: cota do coletor a montante menos $I \times L$. Se a declividade adotada é a econômica, a cota do coletor a jusante é: cota do terreno a jusante menos a profundidade mínima, respeitado o limite da declividade mínima. As cotas a montante decorrem das cotas a jusante dos trechos afluentes. No caso de trecho inicial é: cota do terreno a montante menos a profundidade mínima.
Coluna 11	Profundidade do coletor (m) → Diferença entre a cota do terreno e a cota do coletor, a montante e a jusante.
Coluna 12	Profundidade do PV/PI a jusante (m) → Decorre da coluna 11, anotando o maior valor entre as profundidades de jusante dos trechos concorrentes a essa singularidade. Sua utilidade é detectar eventuais degraus que necessitem tubos de queda (altura < 0,5), cuja ocorrência obriga à utilização de PV e anotação na coluna de observações (17).
Coluna 13	Lâmina líquida (h/D) → Entre outras, pode ser usada a *Tabela B-I.3.8-c*, entrando-se com a relação Q/Q_P, sendo Q_P a vazão a seção plena dos diâmetros e declividades já determinados, calculada pela expressão $Q_P = 24 \times D^{8/3} \times I^{1/2}$, ou em tabelas das equações empíricas; Q é a vazão de jusante do trecho ou seu limite mínimo de 1,5 ℓ/s. Anotar os valores inicial e final. Também pode ser usada a *Tabela B-I.2.11-a*, entrando com a relação $Q \times \sqrt{I}$ e D (vide uso das *Tabelas B-I.2.11-a* e *B-I.3.8-c*).
Coluna 14	Velocidades inicial e final (m/s) → Podem ser calculadas pela equação da continuidade, $v = Q/A$, obtendo A da *Tabela B-I.3.8-c*; Q é a vazão de jusante do trecho, ou seu limite mínimo de 1,5 ℓ/s. Anotar os valores inicial e final. Também pode ser usada a *Tabela B-I.2.11-a*.
Coluna 15	Tensão trativa (Pa) → Calculada pela expressão $\sigma_t = \gamma \times R_H \times I$, onde $\gamma = 10^4$ N/m³, e R_H obtido na *Tabela B-I.3.8-c* para condições iniciais (ou *Tabela B-I.2.11-a* com $\beta = R_H/D$).
Coluna 16	Velocidade crítica (m/s) → Calculada pela expressão $v_c = 6 \times (R_H \times g)^{1/2}$, onde $g = 9,8$ m/s², e R_H para condições finais.

calculam-se as relações $Q_i/I^{1/2}$ e $Q_f/I^{1/2}$ e, com o diâmetro, entra-se na tabela, determinando as lâminas (h/D) inicial e final, velocidades (v) inicial e final $(v/I^{1/2})$, bem como os raios hidráulicos (R_H) inicial e final, para os cálculos da tensão trativa $\sigma_t = 10^4 \times R_H \times I$ e da velocidade crítica $v_c = 6 \times (R_{H,f} \times g)^{1/2}$. Recordar que as vazões estão limitadas ao mínimo de 1,5 ℓ/s ou 0,0015 m^3/s.

Tabela B-I.2.11-a   **Dimensionamento e verificação de tubulações – Fórmula de Manning – $n = 0{,}013$, Q(m^3/s), I_0(m/m) e v(m/s)**
Fonte: Bib. T755.

DN		0,05	0,10	0,15	0,20	0,25	0,30	0,35	0,40	0,45	0,50	0,55	0,60	0,65	0,70	0,75	0,80	0,85	0,90	0,95	1,00
100	$v/I^{1/2}$	1,69	2,64	3,40	4,04	4,61	5,10	5,54	5,93	6,28	6,58	6,83	7,05	7,23	7,36	7,45	7,50	7,48	7,39	7,20	6,58
	$Q/I^{1/2}$	0,0002	0,001	0,003	0,005	0,007	0,010	0,014	0,017	0,022	0,026	0,030	0,035	0,039	0,043	0,047	0,050	0,053	0,055	0,056	0,052
150	$v/I^{1/2}$	2,22	3,46	4,45	5,30	6,04	6,69	7,26	7,77	8,22	8,62	8,96	9,24	9,47	9,65	9,77	9,82	9,80	9,69	9,44	8,62
	$Q/I^{1/2}$	0,0007	0,003	0,007	0,013	0,021	0,030	0,040	0,051	0,063	0,076	0,089	0,102	0,115	0,127	0,139	0,149	0,157	0,162	0,164	0,152
200	$v/I^{1/2}$	2,68	4,19	5,40	6,42	7,31	8,10	8,80	9,42	9,96	10,44	10,85	11,19	11,47	11,69	11,83	11,90	11,87	11,74	11,43	10,44
	$Q/I^{1/2}$	0,0016	0,007	0,016	0,029	0,045	0,064	0,086	0,111	0,137	0,164	0,192	0,220	0,248	0,275	0,299	0,321	0,338	0,349	0,352	0,328
250	$v/I^{1/2}$	3,11	4,86	6,26	7,45	8,49	9,40	10,21	10,93	11,56	12,11	12,59	12,99	13,31	13,56	13,73	13,81	13,78	13,62	13,27	12,11
	$Q/I^{1/2}$	0,0029	0,012	0,029	0,052	0,081	0,116	0,156	0,200	0,248	0,297	0,348	0,399	0,450	0,498	0,542	0,581	0,613	0,634	0,639	0,595
300	$v/I^{1/2}$	3,52	5,49	7,07	8,41	9,58	10,62	11,53	12,34	13,06	13,68	14,22	14,67	15,04	15,32	15,51	15,59	15,56	15,38	14,98	13,68
	$Q/I^{1/2}$	0,0047	0,020	0,047	0,085	0,132	0,189	0,254	0,326	0,403	0,483	0,566	0,650	0,731	0,809	0,882	0,945	0,996	1,030	1,039	0,967
350	$v/I^{1/2}$	3,90	6,08	7,84	9,32	10,62	11,76	12,78	13,68	14,47	15,16	15,76	16,26	16,66	16,97	17,18	17,28	17,24	17,04	16,60	15,16
	$Q/I^{1/2}$	0,0070	0,030	0,071	0,128	0,200	0,286	0,384	0,492	0,608	0,729	0,854	0,980	1,103	1,221	1,330	1,426	1,503	1,554	1,567	1,459
400	$v/I^{1/2}$	4,26	6,65	8,56	10,19	11,61	12,86	13,97	14,95	15,82	16,57	17,22	17,77	18,21	18,55	18,78	18,89	18,85	18,63	18,15	16,57
	$Q/I^{1/2}$	0,0100	0,043	0,101	0,182	0,285	0,408	0,548	0,702	0,867	1,041	1,220	1,399	1,575	1,743	1,899	2,036	2,146	2,219	2,238	2,082
450	$v/I^{1/2}$	4,61	7,19	9,26	11,03	12,56	13,91	15,11	16,17	17,11	17,93	18,63	19,22	19,70	20,07	20,32	20,43	20,39	20,15	19,63	17,93
	$Q/I^{1/2}$	0,0137	0,060	0,139	0,250	0,390	0,558	0,750	0,961	1,188	1,425	1,670	1,915	2,156	2,387	2,600	2,787	2,938	3,038	3,064	2,851
500	$v/I^{1/2}$	4,94	7,71	9,94	11,83	13,47	14,92	16,21	17,35	18,35	19,23	19,99	20,62	21,14	21,53	21,80	21,92	21,87	21,62	21,06	19,23
	$Q/I^{1/2}$	0,0182	0,079	0,184	0,331	0,517	0,739	0,993	1,272	1,573	1,888	2,211	2,536	2,856	3,161	3,443	3,691	3,891	4,024	4,057	3,776
600	$v/I^{1/2}$	5,58	8,71	11,22	13,35	15,21	16,85	18,31	19,59	20,72	21,71	22,57	23,29	23,87	24,31	24,61	24,75	24,70	24,41	23,78	21,71
	$Q/I^{1/2}$	0,0295	0,128	0,299	0,538	0,841	1,202	1,615	2,069	2,558	3,070	3,596	4,124	4,643	5,140	5,599	6,002	6,327	6,543	6,598	6,140
700	$v/I^{1/2}$	6,19	9,65	12,44	14,80	16,86	18,67	20,29	21,71	22,97	24,07	25,01	25,81	26,45	26,95	27,28	27,43	27,37	27,05	26,35	24,07
	$Q/I^{1/2}$	0,0446	0,193	0,450	0,811	1,268	1,814	2,435	3,121	3,858	4,631	5,424	6,221	7,004	7,753	8,446	9,053	9,544	9,870	9,952	9,261
800	$v/I^{1/2}$	6,76	10,55	13,60	16,18	18,43	20,41	22,18	23,73	25,11	26,31	27,34	28,21	28,92	29,45	29,82	29,98	29,92	29,57	28,81	26,31
	$Q/I^{1/2}$	0,0636	0,276	0,643	1,158	1,810	2,589	3,477	4,456	5,508	6,611	7,745	8,882	10,000	11,069	12,059	12,926	13,626	14,091	14,209	13,226
900	$v/I^{1/2}$	7,32	11,41	14,71	17,50	19,93	22,08	23,99	25,67	27,16	28,45	29,57	30,51	31,28	31,86	32,25	32,43	32,37	31,99	31,16	28,45
	$Q/I^{1/2}$	0,0871	0,378	0,880	1,585	2,479	3,545	4,760	6,100	7,541	9,051	10,603	12,160	13,691	15,154	16,509	17,695	18,654	19,291	19,453	18,102
1000	$v/I^{1/2}$	7,85	12,24	15,78	18,78	21,39	23,69	25,73	27,54	29,13	30,53	31,73	32,73	33,55	34,18	34,60	34,79	34,72	34,32	33,43	30,53
	$Q/I^{1/2}$	0,1154	0,501	1,166	2,099	3,283	4,695	6,305	8,079	9,987	11,987	14,042	16,105	18,132	20,070	21,864	23,436	24,706	25,549	25,764	23,975
1100	$v/I^{1/2}$	8,36	13,05	16,81	20,01	22,79	25,24	27,42	29,34	31,05	32,53	33,81	34,88	35,75	36,42	36,87	37,07	37,00	36,57	35,62	32,53
	$Q/I^{1/2}$	0,1488	0,646	1,503	2,707	4,233	6,054	8,129	10,417	12,877	15,456	18,106	20,765	23,379	25,878	28,192	30,218	31,855	32,943	33,219	30,912
1200	$v/I^{1/2}$	8,86	13,82	17,82	21,20	24,15	26,75	29,06	31,10	32,90	34,47	35,83	36,96	37,89	38,60	39,07	39,29	39,21	38,75	37,75	34,47
	$Q/I^{1/2}$	0,1876	0,814	1,896	3,413	5,338	7,635	10,252	13,138	16,240	19,493	22,834	26,188	29,485	32,636	35,554	38,109	40,174	41,546	41,895	38,986
1500	$v/I^{1/2}$	10,29	16,04	20,67	24,60	28,02	31,04	33,72	36,08	38,18	40,00	41,57	42,89	43,97	44,79	45,34	45,59	45,50	44,97	43,80	40,00
	$Q/I^{1/2}$	0,3402	1,476	3,438	6,189	9,679	13,842	18,588	23,821	29,449	35,343	41,402	47,482	53,460	59,174	64,464	69,098	72,841	75,329	75,961	70,686
1800	$v/I^{1/2}$	11,61	18,12	23,35	27,78	31,65	35,05	38,08	40,75	43,11	45,17	46,95	48,44	49,65	50,58	51,20	51,48	51,38	50,78	49,47	45,17
	$Q/I^{1/2}$	0,5532	2,401	5,590	10,064	15,738	22,509	30,226	38,735	47,882	57,472	67,324	77,212	86,933	96,224	104,827	112,361	118,449	122,494	123,521	114,945
2000	$v/I^{1/2}$	12,46	19,43	25,05	29,80	33,95	37,60	40,85	43,71	46,46	48,46	50,36	51,96	53,26	54,26	54,93	55,23	55,12	54,48	53,07	48,46
	$Q/I^{1/2}$	0,7326	2,179	7,403	13,329	20,844	29,812	40,032	51,302	63,415	76,117	89,165	102,260	115,135	127,440	138,833	148,812	156,874	162,232	163,592	152,234
	$\beta=R_H/D$	0,0326	0,0635	0,0929	0,1206	0,1466	0,1709	0,1935	0,2142	0,2331	0,2500	0,2649	0,2776	0,2881	0,2962	0,3017	0,3042	0,3033	0,2980	0,2865	0,2500

Relação altura da água/diâmetro (h/D)

B-I.2.12 Interceptores e emissários

Os interceptores e emissários, bem como em alguns casos os coletores-tronco, condutos que recebem as contribuições em pontos determinados, devem ter a avaliação de suas vazões e o consequente dimensionamento tratados de forma diferente dos condutos da rede coletora. A norma NBR 12207/92 (Bib. A063) estabelece essas condições.

1 Definições

A norma 12207/92 (Bib. A063) tem a seguinte definição de interceptor: "Canalização cuja função é receber e transportar o esgoto sanitário coletado, caracterizada pela defasagem das contribuições, da qual resulta o amortecimento das vazões máximas".

Entretanto, outras características dos interceptores, além de sua função, devem ser consideradas para melhor definir esses condutos:

- Quanto à finalidade → canalização que recebe contribuição de coletores, coletores-tronco e outros interceptores em pontos determinados providos de poços de visita (PV) e não recebe contribuição ao longo de seus trechos (em todo seu comprimento).

- Quanto à localização → canalização situada nas partes mais baixas das bacias de esgotamento geralmente às margens de cursos d'água, lagos e mares, evitando as descargas diretas do esgoto nessas águas.

2 Defasagem das contribuições

Como as variações de vazão ocorrem simultaneamente em todas as bacias contribuintes ao interceptor, a acumulação das vazões resultantes está sujeita à defasagem correspondente ao tempo de percurso dos trechos de conduto entre os pontos de contribuição. Assim, quando a vazão máxima de uma área chega ao ponto de contribuição da área contígua seguinte, a vazão máxima dessa área já se deslocou para jusante e sua contribuição se encontra em declínio. Desse desencontro resulta o amortecimento das vazões máximas. Também o "efeito reservatório" dos grandes condutos colabora para o amortecimento, mas só é considerado em casos mais especiais.

Quanto à defasagem das contribuições, a norma 12.207/92 recomenda que o estudo seja feito apenas para o último trecho do interceptor, quando este é afluente a uma estação elevatória ou estação de tratamento e o amortecimento das vazões resulta em diminuição no dimensionamento hidráulico dessas instalações.

O amortecimento das vazões máximas pode ser considerado segundo dois procedimentos:

- diminuição dos coeficientes de variação;
- composição de hidrogramas.

No primeiro caso, segundo o prof. M. Tsutiya, considera-se o chamado coeficiente de reforço ($K = k_1 \times k_2$), que, segundo pesquisas efetuadas em São Paulo, varia inversamente com o crescimento das vazões de contribuição.

Observou-se que para vazões da ordem de até 750 ℓ/s, é irrelevante o efeito do amortecimento sobre os valores estimados.

A partir desse valor o amortecimento passa a ser significativo e o valor de K decresce, tendendo assintoticamente para o valor $K = 1,2$.

A expressão encontrada no estudo da SABESP é a seguinte:

$$K = 1,2 + 17,4485 \times Q_m^{-0,509}$$

onde:

Q_m = vazão média final de esgoto doméstico, em ℓ/s, incluída a contribuição de infiltração.

Essa expressão tem validade local e recomenda-se que estudos especiais sejam feitos para a determinação de equações do tipo $K = f(\overline{Q}_f)$.

Sendo $\overline{Q}_f$ a vazão final de jusante de um coletor (ou do próprio interceptor), que contribui na extremidade de montante do último trecho do interceptor, a vazão média final de esgoto doméstico desse coletor é:

$$\overline{Q_f} = \frac{Q_f - I - \Sigma Q_{cf}}{k_1 \times k_2}$$

$$Q_m = \overline{Q_f} + I$$

onde:

I = contribuição de infiltração;
Q_{cf} = contribuições concentradas.

A vazão final (amortecida) desse coletor passa a ser, para o dimensionamento do último trecho do interceptor:

$$Q_f = K \times \overline{Q_f} + I + \Sigma Q_{cf}$$

As vazões máximas podem também ser atenuadas pelo emprego de hidrogramas dos coletores (ou do próprio interceptor) afluentes ao PV de montante do último trecho do interceptor, considerando como defasagem os tempos de percurso nesses condutos.

O procedimento é similar ao utilizado em hidrologia.

3 Cálculo das vazões

As vazões iniciais e finais de cada trecho do interceptor podem ser estimadas pelas expressões:

$$Q_{i,n} = Q_{i,n-1} + \Sigma Q_{i,a}$$

$$Q_{f,n} = Q_{f,n-1} + \Sigma Q_{f,a}$$

onde:

$Q_{i,n}$ e $Q_{f,n}$ são as vazões inicial e final de um trecho n;

$Q_{i,n-1}$ e $Q_{f,n-1}$ são as vazões do trecho anterior;

$Q_{i,a}$ e $Q_{f,a}$ são as vazões de jusante dos últimos trechos dos coletores afluentes ao PV de montante do trecho em estudo (n).

Para análise de funcionamento do interceptor e para o dimensionamento dos extravasores deve ser adicionada ainda a contribuição pluvial parasitária – parcela das águas pluviais absorvida pela rede coletora de esgoto (nos dias de chuva).

Essa contribuição deve ser calculada com base em estudos (avaliações) locais. Se inexistentes, pode ser adotada uma taxa de até 6 ℓ/s por quilômetro de coletor contribuinte ao PV de montante do trecho em estudo. A taxa adotada deve ser justificada.

A análise de funcionamento é a verificação do comportamento hidráulico do conduto dimensionado para a vazão final, considerando essa vazão acrescida da vazão de contribuição pluvial parasitária.

No caso do dimensionamento de extravasores, quando estes se localizam ao longo do interceptor, devem ser estudados meios de diminuir e mesmo eliminar a contribuição pluvial, parasitária, ou então considerar esse acréscimo de vazão no dimensionamento.

No início de plano, quando houver necessidade ou quando for conveniente, pode ser admitida ao interceptor a "contribuição de tempo seco" – parcela da descarga de cursos d'água ou de drenagem superficial, não incluída a precipitação pluvial normalmente limitada à "vazão de tempo seco", entendida como o $Q_{7,10}$ de determinado curso de água (mínimo 7 dias para recorrência de 10 anos) – alguns profissionais limitam a 20% da vazão final e adicionada à vazão inicial para dimensionamento. Entretanto, a captação de uma vazão de tempo seco pode ser uma solução temporária (enquanto a rede coletora não ficar eficaz) interessante e defensável mesmo usando grande parte da vazão de dimensionamento.

4 Dimensionamento hidráulico

O regime de escoamento nos interceptores e emissários é gradualmente variado e não uniforme, mas pode ser considerado permanente e uniforme para efeito do dimensionamento hidráulico.

Cada trecho do interceptor deve ser dimensionado para as vazões iniciais e finais do *item 3*, considerando o coeficiente de Manning $n = 0,013$ e o enchimento máximo de seção $h/D = 0,85$ (usual), do que resulta $D = 0,300 \times (Q_f \times I^{-1/2})^{3/8}$.

A declividade deve ser selecionada entre a econômica e a mínima, sendo esta expressa pelas equações:

$$I_{mín.} = 0,00035 \times Q_i^{-0,47}$$

onde Q_i em m^3/s ou

$$I_{mín.} = 0,009 \times Q_i^{-0,47}$$

onde Q_i em ℓ/s para as quais a tensão trativa $\sigma_t = 1,5$ Pa.

A adoção desse valor para a tensão trativa, superior ao indicado pela norma, justifica-se não só pela grandeza das vazões (para a mesma tensão trativa a declividade decresce com o crescimento da vazão), mas também pela ação do fluxo sobre a película de limo e/ou biofilme aderente às paredes do conduto, que é responsável pela geração de sulfetos.

No caso de condutos de concreto, material facilmente deteriorável pela ação do ácido sulfúrico originado da emanação de sulfetos, essa prevenção é de fundamental importância.

Dada sua localização, os interceptores geralmente não apresentam velocidade excessiva, mas os limites de velocidade e velocidade crítica são os mesmos da rede coletora.

Para o cálculo de alturas de lâmina, velocidades e tensão trativa, são usadas as *Tabelas B-I.2.11-a* ou *B-I.3.8-c*, como na rede coletora.

Após o dimensionamento deve ser procedida a análise de funcionamento, como já foi dito acima.

5 Outras condições para projeto

- O traçado do interceptor deve ter trechos retos em planta e perfil, admitindo trechos curvos em planta em casos especiais justificados.

- Nas mudanças de direção o ângulo máximo de deflexão deve ser da ordem de 30°.

- Não usar degraus e alargamentos bruscos para evitar agitação excessiva e consequente emanação de sulfetos.

- As ligações ao interceptor devem prevenir os conflitos de linhas de fluxo e as diferenças de cotas, com o mesmo objetivo.

- Ao longo do interceptor devem ser dispostos extravasores com capacidade conjunta para o escoamento da vazão final do último trecho, acrescida da vazão de contribuição pluvial parasitária, como já foi dito no *item 3*.

- Todas as arestas, côncavas ou convexas, internas ou externas, devem ser chanfradas em, no mínimo, 2,5 cm × 2,5 cm.

B-I.2.13 Estações de bombeamento (elevatórias)

A norma brasileira que estabelece exigências para o projeto de estações de bombeamento (elevatórias) de esgoto sanitário é a NBR 12.208/1992 (antiga NB 569) (Bib. A079).

Essas instalações são utilizadas nos sistemas de esgoto sanitário, quando e se necessárias, nas seguintes situações:

- Na coleta, para elevação de águas servidas (ou esgoto) de pavimentos abaixo de greide do coletor predial.

- No transporte, para evitar profundidades excessivas dos coletores públicos.

- Em zonas com rede nova em cotas inferiores às da rede existente, ou em redes do tipo distrital.

- No tratamento, para atingir a cota compatível com a implantação das unidades de tratamento, na entrada da ETE.

- Na disposição final, para lançamento no corpo receptor em condições favoráveis, tendo em vista as variações de nível (cheias, marés etc.).

1 *Localização*

Devem ser levados em conta os vários aspectos técnicos e econômicos, entre os quais os mais relevantes são os seguintes:

- custo da área de implantação (e disponibilidade de área);

- custo construtivo (sondagens);

- facilidade de acesso;

- nível local de inundação;

- facilidade para extravasão;

- disponibilidade de energia elétrica;

- ambientação no entorno.

Além disso, devem ser cotejadas as extensões de coletores afluentes com a extensão da linha de recalque e o consumo de energia, com alternativas do tipo maior extensão dos coletores afluentes, resultando recalque mais curto e menor potência instalada, ou vice-versa.

2 *Vazões e o número de conjuntos elevatórios*

As vazões afluentes (Q_a) e sua variação horária devem ser estudadas, para permitir a escolha do tipo e quantidade de bombas, que permita a concordância e ajuste das vazões de recalque à variação horária do afluente.

Dessa forma se minimiza a capacidade do poço de sucção, ponto nevrálgico da instalação. Deve ser sempre considerada uma reserva que permita a desativação de um conjunto elevatório. Essa reserva pode ser um conjunto elevatório extra ou simplesmente uma reserva de 25% a 50% na capacidade de recalque. As unidades menores exigem mais reserva.

Por razões de manutenção é conveniente a mínima diversificação dos conjuntos elevatórios. Quando possível devem ser todos iguais.

No mínimo dois conjuntos devem ser instalados, sendo um "reserva" do outro, operando em rodízio. Diz-se que é uma "reserva" em linha.

Nesta edição não serão feitas considerações sobre bombas com velocidade variável, partindo-se do princípio de que todos os problemas podem ser resolvidos por combinação de bombas e intervalos de liga-desliga.

3 *Seleção das bombas*

Dependendo da composição do esgoto e da presença de sólidos, areia ou fibras, podem ser escolhidas bombas especiais para essas finalidades.

Em qualquer caso as aberturas dos rotores devem ser explicitadas, sendo conveniente a instalação de grades grosseiras ou cestos a montante das bombas para limitar o tamanho dos sólidos que chegam à sucção.

A instalação de desarenadores não é recomendada, devido à elevação dos custos de implantação e de operação. É preferível contar com a areia no bombeamento.

As bombas centrífugas, caso mais comum, podem ser dos seguintes tipos:

- De eixo horizontal, que exigem casas de bombas maiores com a construção de dois poços independentes: o poço seco onde são instalados os conjuntos elevatórios, de preferência em posição afogada, com o plano de seu eixo abaixo do nível d'água mínimo e o poço úmido onde se acumula o esgoto a ser recalcado.

- De eixo vertical, podendo ser com dois poços como o caso anterior, ou apenas o poço úmido, com bomba submersa e motor instalado acima do $NA_{máx.}$ com transmissão por eixo prolongado.

- Conjunto submerso, com apenas o poço úmido e conjunto moto-bomba protegido por carcaça estanque, dispondo de sistema de levantamento para manutenção e reparação fora do poço.

4 Poço de sucção

O poço de sucção é um "acessório" das casas de bombas ou confunde-se com a casa de bombas, especialmente quando se trata de bombas submersíveis.

Além de prover o afogamento necessário à "tomada de água" das bombas, o volume útil do poço visa compensar diferenças entre o histograma de chegada e a vazão das bombas.

O parâmetro determinante para o projeto de um poço de sucção é o tempo de detenção. Nas CNTP, com 2 horas o esgoto doméstico usual já ficou séptico e passou a desprender odores intensos, desagradáveis e corrosivos. Por isso, não se admite a septicidade.

Como as bombas mais frequentemente usadas são as centrífugas, com rotação fixa e vazão aproximadamente constante (variam com o afogamento), o problema se resume a buscar o menor tempo possível sem que as bombas fiquem com um intervalo de tempo de liga/desliga muito pequeno.

A *Figura B-I.2.13-b* serve para indicar o que se explica a seguir:

- V_u é o volume útil do poço, compreendido entre os níveis de ligar ($NA_{máx} \equiv$ máximo) e de desligar ($NA_{mín} \equiv$ mínimo) a(s) bomba(s), em m^3;

- V_e é o volume "efetivo" do poço, compreendido entre o fundo do poço e o nível médio de operação (entre o $NA_{máx} \equiv$ máximo e o $NA_{mín} \equiv$ mínimo), em m^3;

- Q_a é a vazão afluente ao poço (já em m^3/minuto e assumida como constante);

- Q_b é a vazão bombeada (já em m^3/minuto e assumida como constante e supõe-se $Q_b > Q_a$);

- t_d é o tempo de detenção médio (que não deve ultrapassar 30 minutos), que é a relação entre o V_e e o Q_a médio de início de plano, desprezada a variação horária do fluxo. Está implícita a expectativa de que, nas condições de vazão

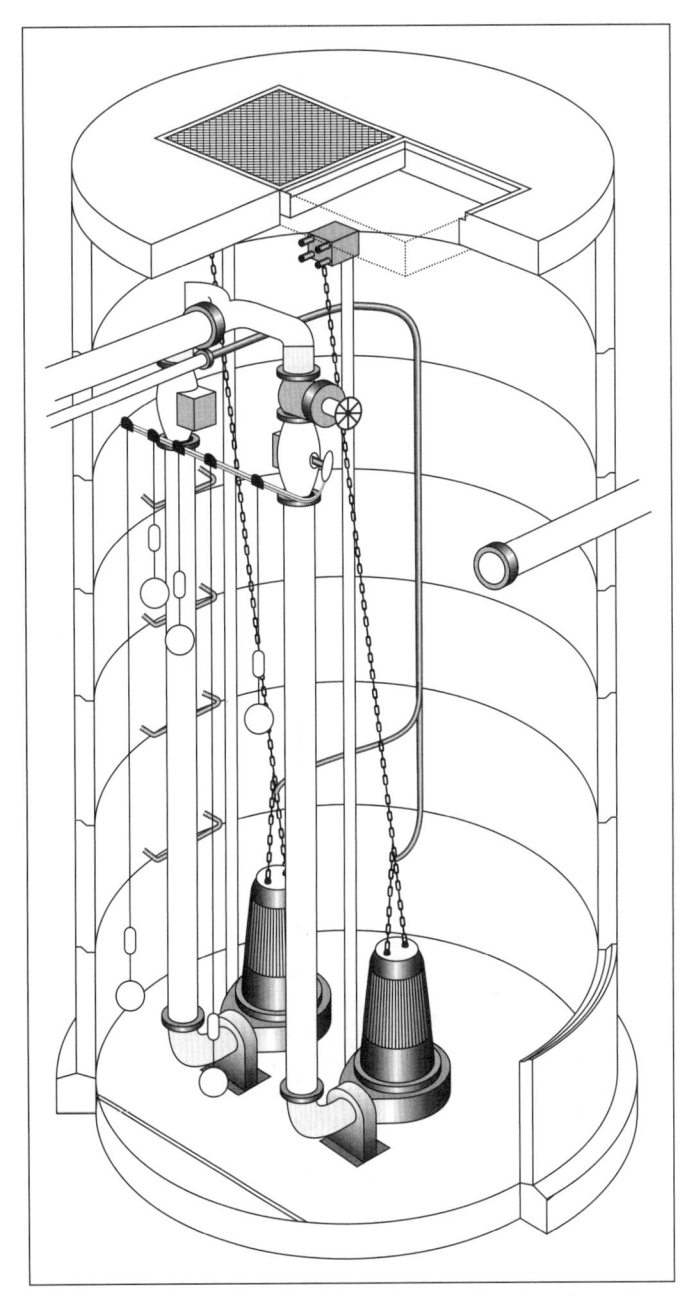

Figura B-I.2.13-a – Elevatória em poço com duas bombas submersíveis para esgoto. Isométrico de instalação típica.

mínima inicial, o tempo de detenção ainda esteja abaixo de 2 horas. Percebe-se aqui que aumentar o volume vai contra a segurança operacional no aspecto odores e corrosão: $t_d = V_e/Q_a$ $t_d \leq 30$ min.;

- t_{cn} é o tempo do ciclo necessário de partida do motor, entendido como o intervalo entre duas partidas do mesmo motor, para bombear Q_a usando Q_b e V_u;

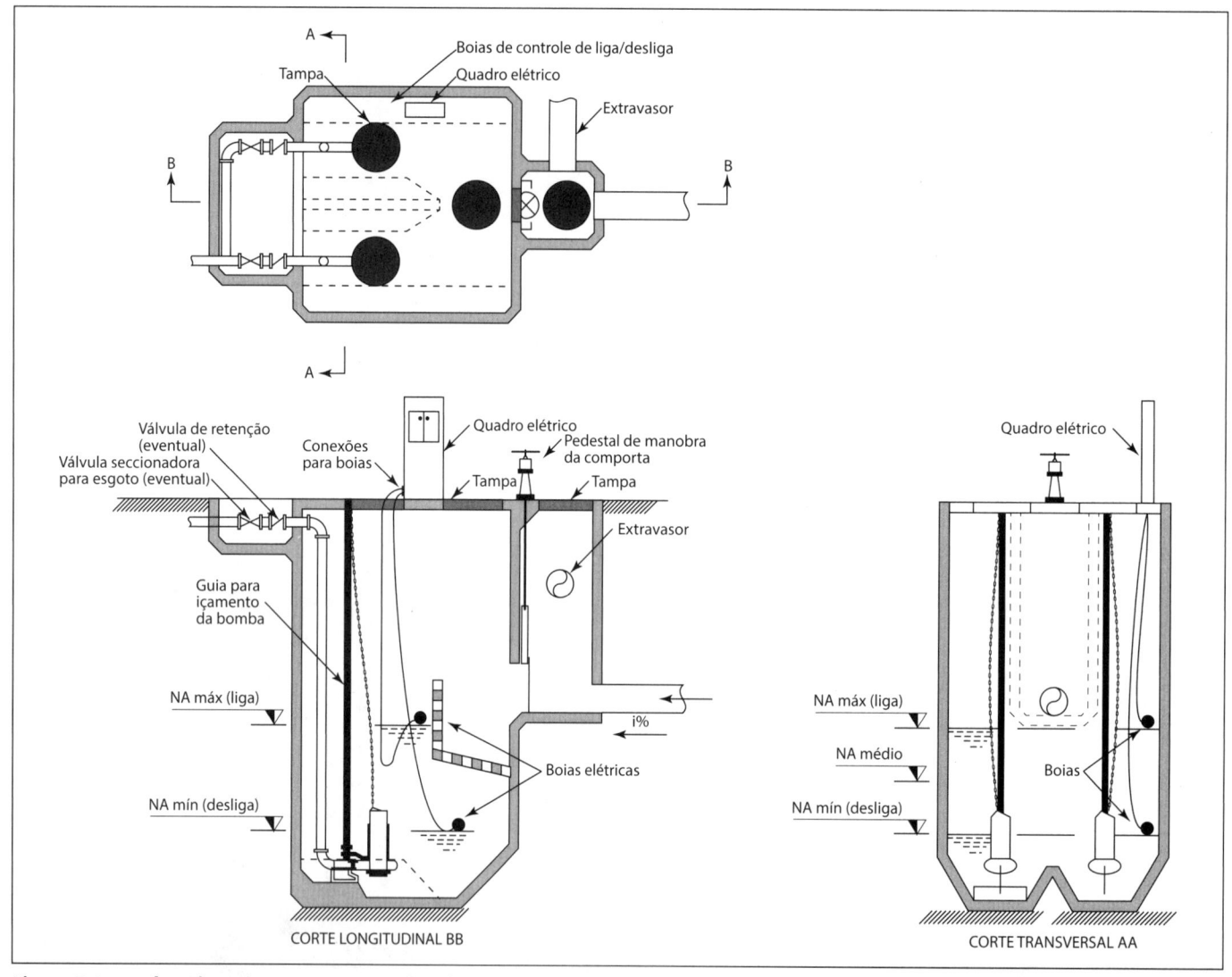

Figura B-I.2.13-b – Elevatória em poço com bombas submersíveis para esgoto. Corte esquemático de instalação típica. Notar que o valvulamento só costuma ser necessário se duas ou mais bombas recalcam na mesma tubulação. Em trechos curtos, a melhor solução costuma ser uma tubulação para cada bomba, sem valvulamento.

- t_{ca} é o tempo de ciclo admissível pelo motor da bomba. Esse intervalo mínimo entre partidas deve-se a que os motores, ao partirem, se sobreaquecem e, se a partida seguinte ocorrer antes de o excesso de calor da partida anterior dissipar, o motor pode vir a entrar em colapso ou ter sua vida útil comprometida. Como valor aproximado para estimativas, na falta de informação do fornecedor ou enquanto não se sabe o fornecedor, usar 10 minutos de t_a em motores abaixo de 300 cv e 20 minutos para motores acima de 300 cv;

- t_{vu} é o tempo necessário para encher o volume útil com a vazão $Q_a \rightarrow t_{vu} = V_u/Q_a$;

- t_{eu} é o tempo necessário para esvaziar o volume útil com a vazão $Q_b \rightarrow t_{eu} = V_u/(Q_b - Q_a)$;

- t_p é o tempo que a moto-bomba fica parada. Supondo uma só bomba (ou duas em rodízio, o que dá na mesma), então $t_p = t_{vu}$;

- t_f é o tempo que a moto-bomba funciona. Supondo uma só bomba (ou duas em rodízio, o que dá na mesma), então $t_f = t_{eu}$;

- t_c é o tempo do ciclo, que é igual a $t_p + t_f$ (tempo parado + tempo funcionando).

A busca do tempo de detenção adequado envolve a geometria do poço, o número de bombas e a lógica do liga-desliga, além do intervalo mínimo para o liga-desliga, sendo um interessante desafio ao projetista.

Como as variáveis são muitas e já foram feitas algumas simplificações (vazões constantes, vazões médias etc.), uma das formas de resolver o problema é por tentativas (aproximações sucessivas testando volumes e verificando intervalos de liga-desliga).

Para uma melhor aproximação inicial, convém fazer assim:

Sendo:

$$t_c = t_p + t_f$$

$$V_u = t_p \times Q_a \quad \text{e} \quad V_u = t_f \times (Q_b - Q_a),$$

então:

$$t_p = V_u/Q_a \quad \text{e} \quad t_f = V_u/(Q_b - Q_a).$$

Portanto,

$$t_c = t_p + t_f = V_u \times \left(\frac{1}{Q_a} + \frac{1}{Q_b - Q_a} \right)$$

E T_c, tempo de um ciclo, será mínimo quando sua derivada em relação à vazão afluente Q_a for nula:

$$dt_c/dQ_a = 0,$$

ou seja,

$$V_u \times \left[\frac{-1}{Q_a^2} + \frac{1}{(Q_b - Q_a)^2} \right] = 0$$

Essa equação resolvida resulta em $Q_a = Q_b/2$, que, substituindo na equação de t_c, resulta:

$$t_c = \frac{4 \times V_u}{Q_b}$$

ou ainda,

$$V_u = \frac{Q_b \times t_c}{4}$$

na qual t_c é um dado do fabricante ou estimado pelo projetista (ver sugestões acima) e $Q_b = 2 \times Q_a$ (vazão máxima afluente), com V_u em m³, Q_a e Q_b em m³/min e os tempos t em minutos.

Conhecido o volume útil, calculam-se as dimensões do poço segundo critérios práticos.

O comprimento e a largura decorrem da disposição dos conjuntos elevatórios, respeitadas as distâncias entre as bombas e paredes, conforme recomendações do fabricante ou critérios do projetista (vide *Capítulo A-11*).

Quanto à altura, devem ser considerados:

- a soleira da tubulação afluente, que pode coincidir no mínimo com o nível máximo de operação das bombas (exceto se o projetista resolver usar parte da tubulação afluente como parte do volume do poço);

- nível de extravasão, que deve coincidir no máximo com o nível de afogamento da tubulação afluente (geratriz superior interna);

- faixa de operação das bombas, em geral superior a 0,6 m;

- nível mínimo de operação que deve contemplar a altura de submergência da entrada da sucção e a altura para manter as bombas afogadas.

Decididas as dimensões do poço de sucção, verificar se o tempo de detenção t_d é menor que 30 minutos, com a expressão já citada.

Se for considerado o tempo de ciclo $t_c = 6$ minutos (até 10 partidas por hora considerando duas bombas em rodízio), resulta um volume útil $V_u = 1,5 \times Q_b$ que, em geral, é um volume inferior ao exigido pela configuração de bombas e acessórios, obrigando o projetista a verificar se, com o volume necessário para o arranjo mínimo, os limites de tempo de detenção não são ultrapassados.

Pela natureza do líquido a ser bombeado, esgoto sanitário, deve ser dada atenção cuidadosa à geometria do poço de sucção, evitando "zonas mortas", onde ocorra redução de velocidade de escoamento, bem como superfícies horizontais ou de pequena inclinação, favorecendo depósitos de sedimentos.

Os paramentos, quando não verticais, devem ter forte inclinação (1H : 2V) na direção do ponto de tomada das bombas, com cuidado para não provocar quedas e turbulências desnecessárias. As recomendações constantes do *Capítulo A-11* para evitar vórtices e entradas de ar nas bombas devem ser cuidadosamente seguidas.

5 *Outros equipamentos*

Além das bombas centrífugas, são usados outros equipamentos para a elevação do esgoto. Os mais importantes são:

- Parafuso de Arquimedes (bomba parafuso) (ver também *item A-11.8*).

  É um helicoide instalado numa calha de concreto inclinada que, devido ao movimento de rotação, transporta o esgoto para o canal superior de saída. A inclinação usual varia de 30° a 40°.

  A altura de elevação é limitada pelo comprimento do helicoide que não ocasione flexão que impeça o movimento. Quando são construídos em aço podem alcançar altura de elevação de 7 ou 8 metros.

  São indicados para grandes vazões e pequenas alturas. Suas principais vantagens são a operação em larga faixa de variação da vazão afluente, com baixa queda de rendimento e a dispensa de poço de sucção.

Bombas parafuso devem ser tratadas como possíveis locais geradores de odores, tanto pela sua posição no sistema como pela agitação promovida que, embora pequena, concentra a liberação de gases dissolvidos nessa estrutura que, sendo aberta, acaba causando maus odores em determinadas circunstâncias, o que deve ser previsto e remediado.

- Ejetor pneumático (bomba pneumática ou *pneu-pump*).

  Trata-se de uma câmara metálica hermética, diretamente acoplada à canalização afluente.

  O esgoto entra livremente nessa câmara e, ao atingir um nível determinado, é expelido para a canalização de saída por uma injeção de ar comprimido.

  Exige instalação de compressor e reservatório de ar.

  Sua principal vantagem é manter o esgoto sem contato externo, operando em qualquer variação de vazão automaticamente, e ter poucas peças em contato com o esgoto, ou seja, baixa manutenção.

  Tem baixo rendimento e sua faixa de aplicação é de 2 a 20 ℓ/s, com alturas de elevação de até 15 metros.

B-I.2.14 Sifões invertidos

No *item B-II.2.5.10* é apresentado o "sifão". Em esgotos e em drenagem, normalmente tem-se o sifão invertido, que nada mais é do que, em perfil, a tubulação coletora passando por um ponto baixo (um trecho), que trabalha à seção plena (afogado). Usualmente visa transpor uma "interferência" (obstáculo), desviando o fluxo por baixo, descendo e subindo.

Tanto antes da descida quanto depois da subida, deve ser dotado de acesso (PVs) para manutenção. Como o ideal é ter a menor perda de carga possível, as curvas e singularidades devem ser bem suaves.

Preferencialmente, o trecho ascendente deve ter menos declividade que o trecho descendente, de forma a facilitar a autolimpeza, e a limpeza/manutenção mecânica com o uso de *pig* ou de raspador. Alguns projetos adotaram com sucesso a seção horizontal e ascendente ligeiramente menor que a descendente, gerando velocidade maior e autolimpeza.

O dimensionamento de um sifão invertido parte do princípio de que é necessário manter uma velocidade mínima para garantir a autolimpeza. Sem isso, haverá sedimentação e o sifão invertido entupirá.

É frequente projetar os sifões invertidos usando dois (ou mais) tubos em paralelo com a entrada escalonada por vertedores de soleiras em diferentes níveis.

As velocidades adequadas ao arraste do material giram em torno de 1,0 a 1,5 m/s.

O assunto é bastante desenvolvido em Bib. F020 e Bib. A726.

Os sifões invertidos agem como "corta-fogo", impedindo a livre propagação do ar na parte superior da tubulação e concentrando as saídas de gases no seu entorno, às vezes por montante, às vezes por jusante (dependendo se o sistema estiver enchendo ou esvaziando, conforme a hora e o histograma de contribuição de esgotos ou a passagem de uma onda de cheia). Para prevenir incômodos à vizinhança, deve ser avaliada a colocação de chaminés para dispersar e diluir eventuais concentrações de odores externamente.

B-I.2.15 Normas para sistemas de esgotamento sanitário

A ABNT – Associação Brasileira de Normas Técnicas, entidade de direito privado que cuida da padronização de procedimentos técnicos e dimensionais no Brasil, normalmente buscando soluções que padronizem também a nível mundial, edita diversas Normas/Recomendações/Projetos de Normas que se aplicam a sistemas de esgotamento sanitário. Na página seguinte listam-se algumas.

A exemplo do que já foi dito em *B-I.1.15*, registra-se novamente que as "normas" não são obrigatórias nem podem ser invocadas para eximir responsabilidades nem para obrigar o profissional, prevalecendo, sempre, a arte e o bom senso do engenheiro, especialmente em se tratando de "projeto" (*diseño, design*).

Entretanto, as normas "organizadoras-padronizadoras", como convenções (ex.: NBR 12589), devem ser seguidas por todos, sempre, pois são a linguagem de entendimento comum.

NBR		antiga NB		Bib.
9648	1986	566	Estudo de concepção de sistemas de esgoto sanitário	A058
9649	1986	567	Projeto de redes coletoras de esgoto sanitário	A059
9814	1987	037	Execução de redes coletoras de esgoto sanitário	A078
12207	1992	568	Projeto de interceptores de esgoto sanitário	A063
12208	1992	569	Projeto de estações elevatórias de esgoto sanitário	A079
12209	2011	570	Elaboração de projetos hidráulico-sanitários de estações de tratamento de esgotos sanitários	A076
12587	1992		Cadastro de sistemas de esgoto sanitário	A054
07229	1997	041	Projeto, construção e operação de sistemas de tanques sépticos	A052
09800	1987	1.032	Lançamento de efluentes líquidos industriais em sistema público de esgoto sanitário	A077
7367	1988	281	Projeto e assentamento de tubulações de PVC rígido para sistemas de esgoto sanitário	A053

Construção de um trecho da adutora de Cerro Topater (Calama) para Antofagasta – Chile, anos 1980, DN 600 e 700 mm, 218 km de extensão. Fonte: Cortesia da Saint-Gobain Canalização.

B-I.3 SISTEMAS URBANOS DE DRENAGEM PLUVIAL

B-I.3.1 A ocorrência da água. Ciclo hidrológico

A avaliação geralmente aceita sobre a ocorrência de água livre na Terra dá um total de cerca de $1,5 \times 10^9$ km³, com a seguinte distribuição média:

- oceanos e mares (salgada), 97,400%;
- geleiras e calotas polares, 2,000%;
- aquíferos subterrâneos, 0,585%;
- ocorrências superficiais (rios e lagos), 0,014%;
- em trânsito na atmosfera, 0,001%.

À constante modificação dessa distribuição convencionou-se chamar "ciclo hidrológico", abrangendo tanto as modificações de estado (sólido, líquido e gasoso) como as de posição em relação ao solo (superficial, subterrânea e atmosférica).

As fases convencionais do "ciclo hidrológico" são:

- precipitação;
- escoamento superficial;
- infiltração;
- evaporação.

Cada uma delas constitui um campo de estudo cujo conjunto compõe o objeto da "Hidrologia".

Aos sistemas de águas pluviais interessa, diretamente, a precipitação e o escoamento superficial (e a infiltração e a evaporação de forma indireta).

B-I.3.2 Precipitações. Medições

A água que chega à atmosfera sob a forma de vapor condensa-se e cai em forma de chuva, ou de granizo quando atravessa camadas com temperatura baixa, ou neve quando a condensação ocorre em determinadas condições meteorológicas. Se a condensação ocorre ao nível do solo, constitui o orvalho ou a geada, dependendo da temperatura do ar circundante. Nas regiões de clima tropical e mesmo subtropical, as precipitações mais importantes são as chuvas.

As observações sistemáticas da ocorrência de chuvas concluem pela grande variação das quantidades precipitadas, tanto no mesmo local e data em anos diferentes, quanto em locais diferentes, mesmo que próximos. Não se detectam sinais de ocorrências cíclicas dos fenômenos além daquelas relacionadas às estações do ano, como em alguns locais a temporada chuvosa corresponde ao verão e a estiagem ao inverno.

Daí a importância da realização de medições sistemáticas, para se chegar a valores médios significativos, quando resultantes de dados coligidos em vários locais numa série grande de anos.

Para isso são instaladas redes de pluviometria que medem as quantidades de chuva através da altura pluviométrica (h), altura que a água caída atingiria sem infiltração e sem escoamento superficial.

Os dispositivos para medição são denominados pluviômetros – simples receptáculos com superfície horizontal exposta de 500 cm² instalados em suporte a 1,5 m do solo, exigindo leituras diárias em provetas graduadas; ou pluviógrafos, que registram em pluviogramas as alturas acumuladas, mediante um mecanismo de tempo. São procedimentos simples e baratos.

No Brasil, tais procedimentos são realizados desde o século XIX, pelos antigos Serviço de Meteorologia do Ministério da Agricultura, DNAEE (Departamento Nacional de Águas e Energia Elétrica), DNOS (Departamento Nacional de Obras de Saneamento) e diversos órgãos "estaduais" (dos estados sem esquecer do excelente banco de dados dos aeroportos, cuidado pela Aeronáutica).

Hoje em dia (2015), a ANA (Agência Nacional de Águas) coordena e centraliza o banco de dados hidrológicos no Brasil, aí incluídos os dados gerados pela ANEEL (Agência Nacional de Energia Elétrica) e seus fiscalizados.

Além da altura pluviométrica, que é a grandeza básica da observação das chuvas, as outras grandezas de interesse nas precipitações são:

a) *Duração* (t_n) – é o intervalo de tempo de observação de uma chuva. As alturas pluviométricas acumuladas a partir do início da chuva são registradas, sob a forma de pluviogramas. A partir daí é possível a seleção de períodos da chuva, com origem qualquer, relacionando as alturas com os lapsos de tempo em que ocorreram. Assim, a duração considerada não é nem o tempo total da chuva nem contada a partir do seu início, mas apenas relativa ao período selecionado;

b) *Intensidade* (i) – é a relação altura/duração, observando-se que altas intensidades correspondem a curtas durações (normalmente em mm/hora ou mm/dia);

c) *Frequência* (f) – é o número de vezes que uma dada chuva (intensidade e duração) ocorre ou é superada num tempo dado, no geral um ano (vezes por ano);

d) *Recorrência* (T_R) – ou "retorno", é o inverso da frequência, ou seja, o período em que uma dada chuva pode ocorrer ou ser superada (anos).

Obtidas as alturas pluviométricas máximas anuais de vários anos de observação, elas são dispostas em ordem decrescente, com seu número de ordem m, variando de 1 a n, sendo n o número de anos de observação. A frequência com que o evento m é igualado ou superado é:

$$f = m/(n + 1) \quad \text{e} \quad T_R = (n + 1)/m$$

Esse procedimento pode dar resultados satisfatórios para recorrências menores, mas para chuvas mais raras é conveniente um estudo probabilístico mais acurado para o cálculo da recorrência.

O tratamento estatístico dos dados pluviométricos mostra que a intensidade (i) é diretamente proporcional à recorrência (T_R) e inversamente proporcional à duração (t_n), ou seja, chuvas mais intensas são mais raras e têm menor duração. Daí as fórmulas do tipo:

$$i = \frac{a \times T_R^n}{\left(t_n + b\right)^m}$$

onde a, b, m e n devem ser determinados para cada local.

Exemplos de equações desse tipo são as constantes na *Tabela B-I.3.2-a*.

B-I.3.3 Escoamento superficial

Do volume total de água precipitado sobre o solo, apenas uma parcela escoa sobre a superfície e sucessivamente constitui as enxurradas, os córregos, os ribeirões, os rios, os lagos/o mar. O restante é interceptado pela cobertura vegetal e depressões do terreno, infiltra e/ou evapora. A proporção entre essas parcelas, a que escoa e a que fica retida ou volta à atmosfera, depende das condições físicas do solo – declividade, tipo da vegetação, impermeabilização, capacidade de infiltração, retenções (depressões) e condições climático-meteorológicas.

1 Coeficiente de deflúvio ou de escoamento (C_m)

Embora seja apresentado como o resultado da ação do terreno sobre a chuva, relacionando o volume que escoa com o volume precipitado, é melhor definido como sendo a relação entre a vazão de enchente de certa frequência e a intensidade média da chuva de igual frequência.

Existem algumas fórmulas práticas, como a de Horner:

$$C_m = 0,364 \times \log t_n + 0,0042 \times r - 0,145$$

onde:

t_n = duração em minutos;

r = porcentagem de impermeabilização da área.

Mais comuns são os dados sob a forma de tabelas, com faixas de variação que dependem da declividade e permeabilidade do solo, como na *Tabela B-I.3.3-a*.

Tabela B-I.3.2-a Exemplos de equações para cálculo de i (intensidade)

	Fórmula	Autores	Local aplicação	notas
01	$i = \dfrac{3.462,7 \times T_R^{0,172}}{\left(t_n + 22\right)^{1,025}}$	Paulo S. Wilken	Grande São Paulo, SP	
02	$i = \dfrac{1.678 \times T_R^{0,112}}{\left(t_n + 15\right)^x}$	Garcia Oschipinti & Marques dos Santos	Grande São Paulo, SP	$x = 0,86\, T_R^{-0,0144}$
03	$i = \dfrac{a}{t_n + b}$	Camilo Menezes & Santos Noronha	Grande Porto Alegre, RS	Valores de a e b:

Valores de a e b:

T_R (anos)	a	b
5	23	2,4
10	29	3,9
15	48	8,6

	Fórmula	Autores	Local aplicação	notas
04	$i = \dfrac{1.239 \times T_R^{0,15}}{\left(t_n + 20\right)^{0,74}}$	Ulisses Alcântara	Grande Rio de Janeiro, RJ	
05	$i = \dfrac{5.950 \times T_R^{0,217}}{\left(t_n + 26\right)^{1,15}}$	Parigot de Souza	Grande Curitiba, PR	

sendo: i em mm/hora, t_n em minutos e T_R em anos.

Tabela B-I.3.3-a Valores para o coeficiente "C_m" do escoamento superficial ("run-off")

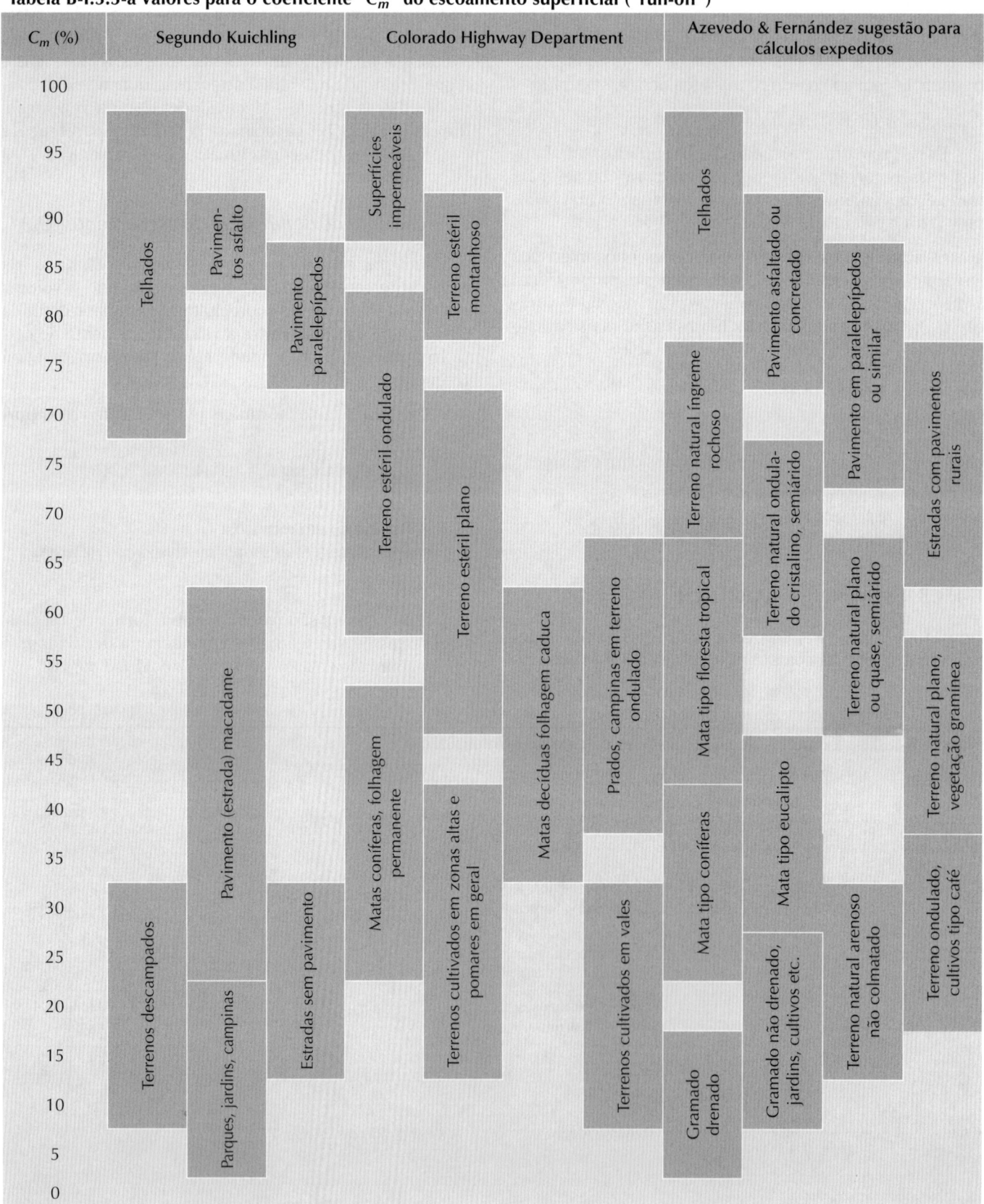

Notas:
01– A variação em cada tipo depende da declividade e da permeabilidade do solo.
02– Vegetação tipo "semiárido" ou "caatinga" ou "cerrado".

2 *"Bacia hidrográfica" (A) – "Seção de drenagem"*

"Seção de drenagem" é a seção transversal de um curso d'água para a qual interessa determinar a variação de vazão resultante de precipitação ocorrida a montante. Chama-se "bacia hidrográfica" ou "bacia de contribuição" de uma seção de drenagem a uma área geográfica constituída pelas vertentes que coletam a água precipitada que, escoando superficialmente, atingirá a seção de drenagem. A correspondência entre a bacia hidrográfica e a seção de drenagem é biunívoca, ou seja, a uma determinada seção de drenagem corresponde uma (e só essa) bacia hidrográfica e vice-versa.

3 *Tempo de concentração (t_c)*

É o intervalo de tempo da duração da chuva necessário para que toda a bacia hidrográfica passe a contribuir para a vazão na seção de drenagem. Seria também o tempo de percurso, até a seção de drenagem, de uma porção da chuva caída no ponto mais distante da bacia (*Figura B-I.3.3-a*).

O tempo de concentração depende de diversas características fisiográficas na bacia hidrográfica, mas as mais frequentes na formulação empírica são o comprimento e a declividade do "talvegue" ("vale") principal.

Exemplos dessas fórmulas são as seguintes:

- de Picking: $t_c = 5,3 \times (L^2/I)^{1/3}$

- Califórnia Highways and Public Works (Culverts Practice): $t_c = 57 \times (L^3/H)^{0,385}$

nas quais t_c está em minutos, L é a extensão do talvegue em quilômetros, I é a declividade média do talvegue em m/m e H a diferença de cotas entre a seção de drenagem e o ponto mais alto do talvegue, em metros.

Embora sejam obtidas para condições particulares, essas expressões apresentam razoável concordância e a facilidade de obtenção de seus fatores tem generalizado o seu uso.

B-I.3.4 Vazões de enchente

O objetivo prático dos estudos do escoamento superficial é estimar as "vazões de projeto" para o cálculo de estruturas de empreendimentos envolvendo hidráulica fluvial ou águas pluviais, sejam galerias de águas pluviais, bueiros rodoviários, vertedores de barragens ou outras.

Diversos métodos têm sido estudados e propostos para atender esses propósitos, podendo ser assim agrupados:

- empíricos;
- estatísticos;
- hidrometeorológicos;
- método racional.

1 *Métodos empíricos*

Grupo constituído por fórmulas nas quais a vazão é função de características físicas da bacia (área) e grandezas ligadas às precipitações (altura, intensidade, duração, recorrência). São obtidas a partir de estudos locais, o que limita sua validade.

2 *Métodos estatísticos*

Nesse grupo é levada em consideração a avaliação econômica do risco admissível, comparando-se os prejuízos decorrentes dos danos possíveis (perdas de vidas humanas, inclusive) com os custos adicionais de uma estrutura de maiores dimensões.

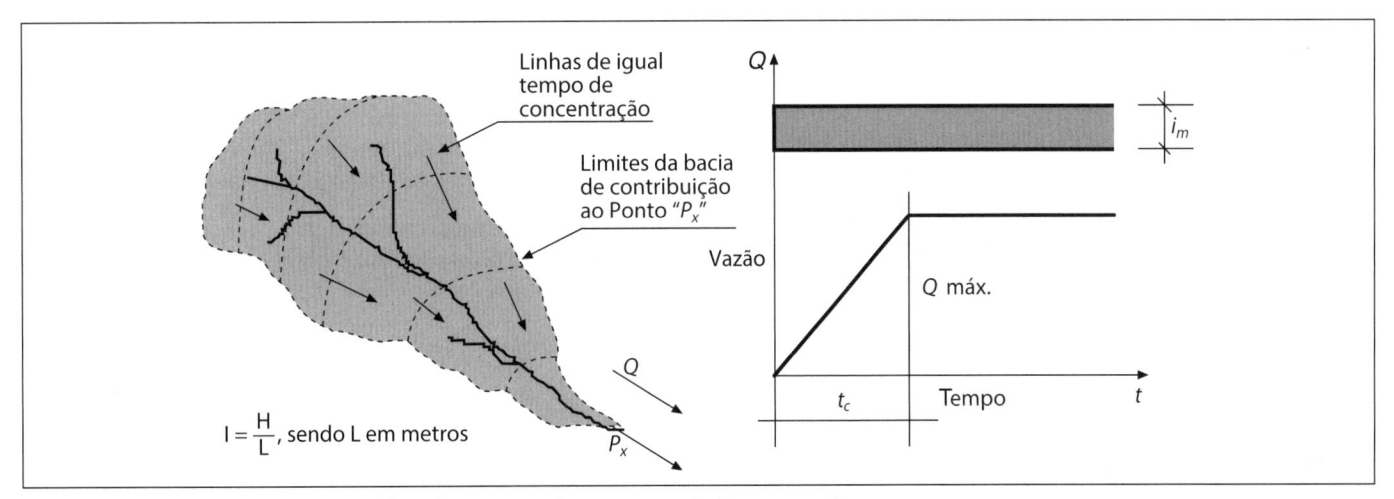

Figura B-I.3.3-a – Representação gráfica do "Tempo de concentração" ao ponto P_x.

Nesses casos são elaborados estudos de probabilidade de ocorrência, baseados nas vazões máximas observadas em cada ano, de uma série grande de anos. Quanto maior o número de anos de observação mais a probabilidade P se aproxima da frequência f, que, nesses casos, pode ser usada em lugar de P.

A partir de P, escolhe-se a "recorrência" conveniente $(1/P)$ para a obra em estudo, associando o risco a ser assumido (fator econômico) à vida provável da obra.

Linsley, Kohler e Paulhus propuseram a *Tabela B-I.3.4-a*, para a escolha da "recorrência", associando risco e vida útil provável.

Tabela B-I.3.4-a Recorrência T_R em anos

Risco a ser assumido	Vida provável da estrutura em anos				
	1	10	25	50	100
0,01	100	910	2.440	5.260	9.100
0,10	10	95	238	460	940
0,25	4	35	87	175	345
0,50	2	15	37	72	145
0,75	1,3	8	18	37	72
0,99	1,01	2,7	6	11	22

Estabelecida a "recorrência" T_R, a vazão pode ser calculada pela fórmula geral de Ven Te Chow:

$$Q = \bar{Q} + K \times \sigma$$

onde:

Q = vazão de enchente relativa à "recorrência" T_R;
$\bar{Q}$ = médias das vazões máximas observadas;
K = fator que depende do número de observações e de T_R;
σ = desvio padrão das vazões observadas.

Informações mais detalhadas devem ser buscadas na bibliografia de Hidrologia.

3 *Métodos hidrometeorológicos*

Baseiam-se na avaliação da máxima precipitação provável em uma dada área, através da análise das condições meteorológicas críticas devidas à máxima umidade atmosférica, capaz de se transformar em precipitação.

A aplicação desses métodos depende de um grande número de dados hidrológicos e meteorológicos, e sua complexidade só justifica seu uso para obras de grande responsabilidade.

4 *Método racional*

O "método racional" para avaliação da vazão de enchente consiste na aplicação da expressão:

$$Q = C_m \times i_m \times A$$

onde:

Q = vazão de enchente na seção de drenagem, em m³/s;
C_m = coeficiente de escoamento superficial da bacia hidrográfica (*Tabela B-I.3.3-a*);
i_m = intensidade média da precipitação sobre toda a área da bacia, com duração igual ao tempo de concentração, em m³/s × ha (por hectare);
A = área da bacia hidrográfica, em ha.

Para aplicação do método racional, conhecida a altura pluviométrica para a duração de 30 minutos (obtida em isoietas, por exemplo), é possível avaliar as alturas pluviométricas para outras durações, pela equação proposta na Bib. P345, *Capítulo A-8*, válida para qualquer recorrência:

$$h = 0,264 \times h_{30} \times t_c^{0,392}$$

onde:

h e h_{30} em mm e $t_n = t_c$ em minutos.

É necessário que a duração seja igual ao tempo de concentração, para que se tenha toda a área da bacia contribuindo, resultando na vazão máxima para a intensidade considerada.

Embora a recomendação de aplicação do "método racional" seja restrita a bacias menores que 500 ha, a sua simplicidade e facilidade de obtenção dos fatores torna o seu uso bastante difundido para pequenas bacias, até 3 ou 4 vezes maiores que esse limite, e chuvas com retorno não superior a 50 anos. É evidente que, além da bacia hidrográfica, devem ser disponíveis dados de precipitação, como os da *Tabela B-I.3.4-b* obtidos em medições nos postos considerados.

Notas da Tabela B-I.3.4-b

a) Para locais não mencionados na *Tabela B-I.3.4-b*, deve-se procurar correlação com dados dos postos mais próximos que tenham condições meteorológicas semelhantes às do local em questão;

b) Os dados apresentados foram obtidos do trabalho *Chuvas intensas no Brasil*, de Otto Pfafstetter (Bib. P206).

c) Para facilitar a busca, as estações estão ordenadas, grosso modo, grupadas por estado, do sul para o norte e do oeste para o leste.

B-I.3.5 Drenagem urbana

A concepção de um sistema de drenagem urbana envolve aspectos técnicos e econômicos, mas interage com aspectos urbanísticos e sociopolíticos relevantes, que muitas vezes prevalecem nos partidos e concepções a adotar.

Neste capítulo só serão abordados os aspectos técnicos. Recomenda-se consulta à bibliografia específica que aborda os demais aspectos com mais detalhes.

Registre que a água da chuva requer "espaço" para o escoamento e acumulação. O "espaço" natural é o fundo dos vales, aí incluídas as várzeas dos rios. Quando esse "espaço" é desordenadamente ocupado por construções, sem critério que leve em consideração sua passagem e destinação natural, ocorrem as "inundações", cada vez maiores, e a frequência com que ocorrem aumenta muito.

É preciso ter em mente que, para conter e diminuir os custos, quer dos prejuízos, quer das obras que visem disciplinar enchentes, são necessários espaços para infiltração, para retenção/acumulação e para escoamento. Daí a importância econômica dos parques, jardins e áreas de preservação ambiental, situados às margens dos cursos d'água em particular e no solo urbano em geral.

B-I.3.6 Micro, meso e macrodrenagem

Os termos "microdrenagem", "mesodrenagem" e "macrodrenagem" de áreas urbanas são normalmente entendidos como uma classificação "didática" que os próprios nomes se encarregam de esclarecer. Não são definições precisas, e o que é microdrenagem em uma cidade como São Paulo pode ser meso ou macrodrenagem em cidades médias ou pequenas.

Assim, a microdrenagem, é a parte do sistema que inicia nos limites dos terrenos e das edificações, quando recebe as instalações prediais de coleta das águas pluviais (algumas vezes chamados esgotos pluviais), prossegue no escoamento das sarjetas e entra nos bueiros e galerias das ruas da urbe, aí incluindo os traçados das ruas, seus detalhes de largura, perfis transversais e longitudinais, declividades etc., até perfazer determinado volume ou até encontrar outras bacias iguais ou maiores, a partir de onde pode passar a ser chamada de mesodrenagem.

A mesodrenagem é a parte do sistema que pode receber descargas diretas dos lotes; já recebe a microdrenagem de algum setor de montante; não chega a transitar as águas de montante para jusante da cidade, nem inclui os trechos finais de jusante da área urbana drenada.

A macrodrenagem, é a parte da drenagem que, reunindo as mesodrenagens, cuida dos fundos de vale e à qual interessa mais a área total da bacia, seu escoamento natural, sua ocupação, a cobertura vegetal, os fundos de vale e os cursos d'água urbanos, bem como aspectos sociais envolvidos nas soluções adotadas, lembrando que a simples canalização de um córrego nem sempre é benéfica para a população.

Este capítulo trata da microdrenagem e da mesodrenagem. No *Capítulo A-14* encontram-se as bases necessárias à hidráulica de canais aplicáveis à macrodrenagem.

B-I.3.7 Fatores hidrológicos

a) Recorrência (T_R)

Sendo o objetivo da micro e da mesodrenagem a solução para o escoamento das vazões de chuvas mais frequentes, portanto menores recorrências e menores intensidades, é admitida a ocorrência de alagamentos pontuais, quando aumenta a intensidade da chuva.

A *Tabela B-I.3.7-a* sugere valores de recorrência (retorno) tidos como usuais para, na falta de legislação específica, ou melhor juízo do engenheiro projetista, balizar cálculos expeditos e avaliações.

b) Tempo de concentração

A aplicação do método racional tem como base o fato de que a máxima vazão ocorre quando toda a bacia está contribuindo na seção em estudos, isto é, quando a duração (t_n) da chuva é igual (ou superior) ao tempo de concentração (t_c).

$$t_n \geq t_c$$

Para cada um dos trechos de "galeria" (tubulação), a seção a ser considerada é sempre a sua extremidade de montante, pois aí se concentra a vazão a ser conduzida no trecho.

Então, para o primeiro trecho, t_c é o mesmo da área a montante do início da galeria. Para os seguintes, o tempo de concentração será a soma do tempo de concentração do trecho anterior e o tempo de percurso do trecho:

$$t_c = t_{c\,(anterior)} + t_p$$

onde: $t_p = L/v$, sendo:

L = comprimento do trecho;
v = velocidade real de escoamento no trecho.

c) Coeficiente de escoamento superficial

O professor P. S. Wilken sugere a adoção de um único valor para toda a bacia, resultante da média ponderada das parcelas da área total com seus respectivos coeficientes, como pesos, conforme suas características fisiográficas. Os valores são os sugeridos na *Tabela B-I.3.3-a*.

Então, $C_m = (\Sigma A_n \times C_{m \cdot n})/A$ (válido para toda a bacia).

Tabela B-I.3.4-b Alturas pluviométricas em mm/duração

Fonte: Chuvas Intensas no Brasil - Bib. P206, consolidação tabelas edições anteriores, complementada por cálculo com as fórmulas indicadas

Estado	Identificação do posto (*1)	(*2)	Duração em minutos: / Recorrência em anos: (*3)	5						15					
				1	5	10	25	50	100	1	5	10	25	50	100
RS	Alegrete	17	[0,3×t + 33log (1+20×t)]×K	*14,5*	*19,8*	*20,8*	**22,5**	**24,6**	**26,6**	*25,5*	*31,8*	*34,0*	**37,8**	**42,0**	**46,3**
RS	Bagé	17	[0,5×t + 23log (1+20×t)]×K	*10,5*	*17,0*	*18,0*	**20,2**	**21,4**	**22,7**	*19,0*	*25,9*	*28,0*	**31,0**	**33,7**	**36,5**
RS	Caxias do Sul	26	[0,5×t + 23log (1+20×t)]×K	*10,0*	*10,5*	*13,8*	*18,5*	**20,0**	**21,2**	*18,0*	*26,2*	*29,0*	*34,0*	**35,6**	**38,4**
RS	Cruz Alta	14	[0,5×t + 33log (1+20×t)]×K	*17,0*	*20,5*	*20,8*	*23,7*	*25,7*	*27,6*	*26,0*	*31,7*	*38,5*	**42,9**	**46,8**	**50,8**
RS	Encruzilhada	17	[0,8×t + 22log (1+20×t)]×K	*8,9*	*11,5*	*13,0*	**16,6**	**17,7**	**18,9**	*17,8*	*23,5*	*26,0*	**31,4**	**34,0**	**36,8**
RS	Iraí	16	[0,5×t + 27log (1+20×t)]×K	*10,0*	*16,5*	*18,0*	**19,9**	**21,4**	**22,9**	*19,8*	*27,8*	*31,0*	**37,0**	**40,2**	**43,5**
RS	Passo Fundo	31	[0,7×t + 21log (1+20×t)]×K	*9,2*	*10,4*	*13,0*	*15,0*	**15,8**	**16,9**	*16,5*	*23,5*	*26,0*	*36,0*	**40,6**	**43,1**
RS	Porto Alegre	21	[0,4×t + 22log (1+20×t)]×K	*9,8*	*12,2*	*12,8*	**19,2**	**20,3**	**21,4**	*17,9*	*28,0*	*29,4*	**37,6**	**40,2**	**43,0**
RS	Rio Grande	20	[0,3×t + 24log (1+20×t)]×K	*10,0*	*17,0*	*18,0*	*18,8*	**20,0**	**21,2**	*19,0*	*27,5*	*31,0*	*37,0*	*40,6*	*44,0*
RS	Santa Maria	16	[0,4×t + 37log (1+10×t)]×K	*9,5*	*10,2*	*11,8*	*15,5*	**16,5**	**17,5**	*20,0*	*28,5*	*34,5*	**46,5**	**49,3**	**52,4**
RS	Sta. Vitória Palmar	19	[0,4×t + 24log (1+20×t)]×K	*10,0*	*10,4*	*10,6*	**11,6**	**12,6**	**13,7**	*20,2*	*28,0*	*30,5*	*33,0*	*36,1*	*39,2*
RS	São Luís Gonzaga	21	[0,5×t + 30log (1+20×t)]×K	*13,3*	*19,0*	*20,0*	**21,4**	**23,0**	**24,7**	*22,0*	*31,0*	*33,0*	*39,0*	*42,5*	*46,2*
RS	Viamão	15	[0,4×t + 21log (1+20×t)]×K	*9,5*	*10,5*	*11,2*	**13,6**	**14,5**	**15,5**	*16,8*	*21,2*	*24,3*	*30,1*	*32,4*	*34,9*
RS	Uruguaiana	17	[0,2×t + 38log (1+10×t)]×K	*10,0*	*11,8*	*12,8*	**13,7**	**14,7**	**15,9**	*22,5*	*28,0*	*35,0*	**40,2**	**43,3**	**46,6**
SC	Blumenau	18	[0,2×t + 24log (1+20×t)]×K	*10,0*	*10,3*	*11,1*	**12,1**	**13,1**	**14,2**	*20,0*	*27,0*	*30,0*	**33,3**	**36,1**	**39,1**
SC	Florianópolis	29	[0,3×t + 33log (1+10×t)]×K	*9,5*	*10,0*	*10,1*	*12,0*	**14,0**	**15,0**	*17,9*	*26,5*	*28,0*	*35,0*	**39,8**	**42,8**
SC	S. Franc. do Sul	18	[0,3×t + 37log (1+10×t)]×K	*9,8*	*11,0*	*13,2*	*15,0*	**16,1**	**17,2**	*19,2*	*26,8*	*35,0*	**40,6**	**43,7**	**46,9**
PR	Curitiba	34	[0,2×t + 25log (1+20×t)]×K	*11,0*	*17,0*	*18,0*	*19,0*	**20,6**	**21,1**	*20,5*	*33,7*	*36,0*	*38,0*	**40,9**	**41,3**
PR	Jacarezinho	11	[0,3×t + 25log (1+20×t)]×K	*9,6*	*10,2*	*11,6*	*13,5*	*14,5*	*15,6*	*21,0*	*26,8*	*27,2*	*32,5*	*35,4*	*38,5*
PR	Paranaguá	23	[0,3×t + 42log (1+10×t)]×K	*10,6*	*15,5*	*18,8*	**21,2**	**22,5**	**23,9**	*22,0*	*30,9*	*35,0*	**42,4**	**46,2**	**50,0**
PR	Ponta Grossa	30	[0,3×t + 23log (1+20×t)]×K	*10,0*	*10,5*	*10,6*	*12,4*	*13,3*	*14,4*	*18,2*	*27,0*	*30,0*	*37,0*	*39,5*	*42,3*
SP	Avaré	10	[0,3×t + 25log (1+20×t)]×K	*9,8*	*12,0*	*14,0*	**15,4**	**16,6**	**17,9**	*19,5*	*29,5*	*30,0*	**33,4**	**36,1**	**39,1**
SP	Bauru	9	[0,5×t + 24log (1+20×t)]×K	*9,2*	*10,0*	*12,5*	*13,7*	*14,8*	*15,9*	*19,6*	*28,0*	*34,9*	*38,5*	*41,4*	*44,3*
SP	Campos do Jordão	9	[0,2×t + 32log (1+20×t)]×K	*10,1*	*12,0*	*13,1*	**14,7**	**16,1**	**17,6**	*27,0*	*30,5*	*38,4*	**43,3**	**47,0**	**51,0**
SP	Lins	13	[0,4×t + 19log (1+20×t)]×K	*8,0*	*10,1*	*10,2*	*10,5*	*10,9*	*11,9*	*15,0*	*23,0*	*26,0*	**29,0**	**30,6**	**32,8**
SP	Piracicaba	10	[0,3×t + 25log (1+20×t)]×K	*9,9*	*10,1*	*10,2*	*13,5*	*14,5*	*15,6*	*19,5*	*27,0*	*28,2*	**31,6**	**34,3**	**37,3**
SP	Santos	29	[0,7×t + 44log (1+10×t)]×K	*11,2*	*16,5*	*18,8*	*20,0*	**21,3**	**22,9**	*22,0*	*32,5*	*36,0*	*49,8*	**53,1**	**57,1**
SP	Santos - Itapema	11	[0,2×t + 50log (1+20×t)]×K	*20,0*	*24,5*	*40,0*	**47,5**	**50,5**	**53,4**	*41,5*	*70,0*	*118,0*	**137,0**	**144,3**	**151,5**
SP	São Carlos	10	[0,4×t + 29log (1+20×t)]×K	*10,0*	*14,8*	*15,1*	**16,6**	**17,8**	**19,2**	*21,0*	*29,0*	*37,5*	**41,9**	**45,3**	**48,9**
SP	São Paulo, Congonhas	5	[0,6×t + 16log (1+60×t)]×K	*10,2*	*11,1*	*12,1*	**13,6**	**14,8**	**16,2**	*19,0*	*32,0*	*34,4*	**37,8**	**40,5**	**43,4**
SP	São Paulo, Santana	7	[0,4×t + 25log (1+20×t)]×K	*10,1*	*14,3*	*16,4*	*17,7*	*18,8*	*20,0*	*22,0*	*32,0*	*35,1*	**39,3**	**42,5**	**45,7**
SP	São Simão	26	[0,4×t + 26log (1+20×t)]×K	*9,8*	*12,3*	*13,5*	*14,5*	**15,9**	**17,3**	*19,5*	*25,5*	*26,8*	*28,0*	**30,8**	**33,8**
SP	Taubaté	6	[0,3×t + 24log (1+20×t)]×K	*10,1*	*14,2*	*15,8*	**17,7**	**19,1**	**20,5**	*17,5*	*25,0*	*29,0*	*33,0*	*36,1*	*39,2*
SP	Tupi	6	[0,3×t + 18log (1+60×t)]×K	*10,1*	*13,0*	*16,2*	**17,7**	**19,0**	**20,5**	*23,0*	*29,5*	*33,6*	*38,3*	*41,8*	*45,4*
SP	Ubatuba	7	[0,6×t + 46log (1+10×t)]×K	*10,1*	*12,4*	*14,4*	**16,2**	**17,7**	**19,2**	*19,9*	*32,6*	*38,0*	**43,9**	**48,3**	**52,7**
MS	Corumbá	9	[0,0×t + 30log (1+20×t)]×K	*10,0*	*10,9*	*17,1*	**18,6**	**19,9**	**21,3**	*22,0*	*31,5*	*50,6*	**55,6**	**59,3**	**63,2**
RJ	Itatiaia - Alto	25	[0,7×t + 26log (1+20×t)]×K	*10,2*	*13,8*	*16,8*	*20,0*	**21,4**	**22,9**	*18,1*	*25,8*	*30,0*	*36,0*	**41,1**	**43,3**
RJ	Teresópolis, Alto	4	[0,8×t + 41log (1+10×t)]×K	*9,9*	*12,9*	*13,9*	*15,4*	*16,6*	*17,9*	*21,5*	*29,9*	*33,0*	*37,4*	*40,8*	*44,4*
RJ	Teresópolis, Centro	33	[0,3×t + 36log (1+10×t)]×K	*9,6*	*12,3*	*13,9*	*14,8*	*16,3*	*17,6*	*19,0*	*25,5*	*28,0*	*38,0*	**46,8**	**49,9**
RJ	Cabo Frio	32	[0,2×t + 20log (1+20×t)]×K	*9,4*	*12,1*	*15,5*	*18,2*	**19,3**	**20,5**	*15,8*	*25,0*	*28,0*	*33,0*	**37,9**	**40,7**
RJ	Campos	29	[0,2×t + 27log (1+20×t)]×K	*11,0*	*17,2*	*19,4*	*19,5*	**20,7**	**22,3**	*20,5*	*32,0*	*35,0*	*41,0*	**43,7**	**47,2**
RJ	Seropédica, Rural	15	[0,3×t + 28log (1+20×t)]×K	*10,2*	*13,9*	*14,6*	*16,9*	*18,2*	*19,7*	*21,5*	*30,0*	*32,5*	*36,3*	*39,6*	*43,1*
RJ	Niterói	31	[0,2×t + 27log (1+20×t)]×K	*10,9*	*15,5*	*16,9*	*20,9*	**22,0**	**23,5**	*20,5*	*27,0*	*36,0*	*39,9*	**42,4**	**45,9**
RJ	Nova Friburgo	26	[0,4×t + 28log (1+20×t)]×K	*10,0*	*10,2*	*11,0*	*13,0*	**14,2**	**15,5**	*20,5*	*29,0*	*30,9*	*33,2*	**36,7**	**40,1**
RJ	Petrópolis	32	[0,3×t + 41log (1+10×t)]×K	*10,0*	*10,4*	*10,5*	*13,1*	**14,9**	**16,0**	*22,3*	*30,0*	*30,5*	*39,5*	*43,0*	*46,8*
RJ	Pinheiral	26	[0,4×t + 19log (1+60×t)]×K	*11,8*	*17,9*	*19,7*	*20,2*	**22,4**	**24,4**	*23,7*	*34,0*	*35,0*	*37,0*	**41,2**	**45,0**
RJ	Resende	34	[0,3×t + 31log (1+20×t)]×K	*10,8*	*16,9*	*19,0*	*22,0*	**25,9**	**27,5**	*26,3*	*33,0*	*37,5*	*38,9*	**41,9**	**45,7**
RJ	Rio, Bangu	20	[0,1×t + 30log (1+20×t)]×K	*10,2*	*13,0*	*15,0*	**16,4**	**17,8**	**19,4**	*25,9*	*32,0*	*38,0*	**47,2**	**51,0**	**54,9**

Observações: 01: valores em fonte itálico - medidos, Bib. P206;   02: valores em fonte normal - calculados por fórmula;
03: valores em negrito: proposto pelo autor da 9ª edição deste *Manual de Hidráulica*, de Azv & Fdz.

corrigidas e adaptadas por extrapolações gráficas promovidas pelo autor da 9ª edição deste Manual de Hidráulica de Azv & Fdz.

Identificação do posto (*1)	30						60						120						240					
	1	5	10	25	50	100	1	5	10	25	50	100	1	5	10	25	50	100	1	5	10	25	50	100
Alegrete	36,0	46,0	47,0	51,6	58,3	65,3	45,5	59,0	62,0	68,0	77,6	87,8	67,5	74,0	81,0	103,0	115,9	129,9	70,5	102,0	117,0	126,6	143,1	161,2
Bagé	26,0	33,0	36,2	43,3	47,7	52,3	31,5	42,5	49,0	75,5	80,2	87,5	36,6	49,5	69,0	82,8	91,9	101,8	43,0	67,0	80,0	91,1	103,0	115,9
Caxias do Sul	24,9	35,5	40,0	50,0	56,1	60,8	30,5	46,5	53,8	76,0	84,3	91,6	37,8	53,0	65,0	100,0	109,1	119,0	43,5	67,0	80,0	110,0	123,2	136,1
Cruz Alta	31,5	46,5	51,0	60,6	66,8	73,4	45,5	59,0	65,5	79,2	86,2	96,0	55,0	66,0	76,0	98,0	110,1	123,4	68,0	82,0	93,0	120,5	136,1	153,5
Encruzilhada	23,5	32,0	36,0	40,8	45,0	49,4	28,0	40,0	47,0	55,4	61,9	68,9	36,5	50,0	54,0	71,0	79,9	89,5	48,0	65,0	70,0	88,8	100,4	113,1
Iraí	28,0	34,0	39,0	44,2	48,7	53,6	36,0	49,0	56,0	67,1	75,0	83,4	45,0	62,0	88,0	101,4	112,1	123,6	63,0	89,0	102,0	113,3	127,1	142,1
Passo Fundo	21,5	32,0	34,0	46,0	50,6	54,6	27,0	38,0	41,7	49,0	59,0	65,6	33,0	44,0	50,0	68,0	76,0	85,1	40,5	52,0	68,0	80,0	95,3	107,4
Porto Alegre	24,0	32,5	41,0	56,0	60,2	64,6	28,0	37,0	64,0	97,5	103,9	110,8	34,0	46,0	80,0	103,1	111,7	121,2	42,5	58,0	98,0	107,7	118,9	131,2
Rio Grande	25,2	41,0	44,0	63,8	69,4	75,1	31,2	51,0	68,0	72,3	79,8	87,7	41,0	61,0	75,0	83,1	93,2	103,9	49,5	80,0	92,0	116,0	128,9	142,9
Santa Maria	29,5	35,0	45,0	63,0	67,8	73,1	37,5	52,0	61,0	72,2	80,6	89,7	47,5	73,0	82,0	122,2	134,1	147,0	59,0	89,0	108,0	127,5	143,2	160,5
Sta. Vitória Palmar	25,0	37,0	42,0	48,6	53,5	58,6	30,0	58,0	62,0	66,9	74,3	82,2	35,0	65,0	90,0	117,5	127,6	138,5	47,5	87,0	102,0	193,6	206,7	220,8
São Luís Gonzaga	30,0	46,0	52,0	55,5	61,6	68,0	37,5	59,0	64,0	68,1	76,8	86,2	49,0	66,0	76,0	82,8	94,6	107,4	60,0	78,0	82,0	93,6	108,9	125,6
Viamão	21,8	28,0	33,0	40,4	43,2	46,2	26,2	32,0	37,0	45,9	51,6	57,8	31,5	44,5	46,0	54,2	62,0	70,5	39,0	54,0	58,0	64,8	74,8	85,9
Uruguaiana	30,0	38,0	45,0	52,9	58,2	63,9	39,5	53,0	56,0	65,1	74,4	84,2	49,0	65,0	71,0	91,7	104,7	118,5	60,0	93,0	100,0	129,2	146,3	164,8
Blumenau	28,0	42,5	49,5	58,1	62,6	67,4	32,5	64,0	72,0	83,1	90,0	97,5	38,0	66,0	78,0	93,2	102,5	112,7	45,0	68,0	80,0	96,3	108,3	121,5
Florianópolis	25,9	42,0	44,5	63,0	73,0	78,8	32,5	59,0	70,0	94,0	102,8	112,3	39,5	75,0	85,0	110,0	121,7	135,2	50,0	89,0	105,0	112,0	128,3	146,3
S. Franc. do Sul	27,9	41,0	48,5	51,4	56,6	62,1	38,6	61,0	65,0	82,5	92,2	102,3	47,5	80,0	95,0	106,4	120,0	134,3	53,5	85,5	122,0	134,2	152,1	171,2
Curitiba	29,5	41,6	50,0	60,0	69,0	74,6	35,5	53,0	67,0	82,0	85,1	92,9	40,0	55,5	72,0	83,0	90,5	101,1	45,5	65,0	81,0	88,0	96,8	110,5
Jacarezinho	30,5	39,5	41,0	48,5	53,6	58,9	35,5	50,0	51,7	63,8	69,1	76,9	42,0	59,0	60,0	70,8	80,6	91,3	49,0	66,0	68,0	82,6	95,2	109,0
Paranaguá	34,0	42,5	45,0	63,1	69,4	76,0	45,0	57,0	70,0	81,6	92,6	104,0	54,0	80,0	85,0	93,6	106,0	122,2	68,0	110,0	120,0	138,0	158,3	179,9
Ponta Grossa	24,5	35,5	40,0	66,0	78,2	82,8	31,0	47,5	53,0	115,0	153,6	160,4	36,0	50,0	59,0	121,0	156,3	165,6	42,5	62,5	65,0	150,0	183,1	195,1
Avaré	28,4	42,0	54,0	59,9	64,6	69,6	35,5	52,0	64,0	72,9	80,1	87,9	41,5	69,0	87,0	98,8	108,6	119,2	46,0	70,0	90,0	105,1	117,7	131,5
Bauru	28,7	40,0	52,6	58,3	62,9	67,7	35,0	52,0	63,4	72,0	79,0	86,5	39,0	58,0	79,3	90,7	100,2	110,5	45,0	62,0	86,6	101,4	113,7	127,1
Campos do Jordão	38,0	49,0	50,4	58,7	65,2	71,9	46,0	65,0	71,1	83,5	93,4	103,8	54,0	80,0	101,8	118,3	131,6	145,8	62,5	95,0	119,3	140,2	157,2	175,6
Lins	20,5	30,0	40,0	47,2	50,4	54,2	27,5	41,0	52,0	63,5	68,1	73,8	31,0	43,5	59,0	76,0	82,5	90,3	36,5	47,5	63,0	79,8	88,4	98,5
Piracicaba	31,5	41,0	42,5	49,0	54,1	59,3	36,7	51,0	58,0	66,9	74,1	81,9	41,0	56,0	58,5	78,3	88,1	98,7	46,0	60,0	65,5	96,1	108,7	122,5
Santos	32,0	48,5	71,0	78,0	85,7	93,0	48,0	75,0	84,0	94,0	105,9	118,7	58,0	95,0	104,0	110,8	144,1	162,2	71,0	110,0	135,0	178,0	203,4	227,8
Santos - Itapema	57,0	80,0	134,0	159,0	170,6	182,3	69,0	96,0	140,0	167,3	182,8	199,1	80,0	110,0	150,0	182,0	202,8	225,0	105,0	132,0	160,0	200,2	226,8	255,4
São Carlos	30,0	40,0	49,0	55,9	61,3	67,2	42,0	66,0	70,0	81,3	90,3	99,8	54,0	86,0	90,0	105,0	117,2	130,2	65,0	90,0	98,0	118,5	134,2	151,1
São Paulo, Congonhas	25,0	39,0	42,5	47,4	51,5	55,9	31,0	41,0	45,9	52,9	58,8	65,3	39,0	42,0	48,2	57,3	65,0	73,5	44,0	48,0	55,7	67,2	76,9	87,7
São Paulo, Santana	31,5	46,5	52,5	59,0	64,1	69,4	35,5	60,0	63,9	72,0	78,8	86,2	39,0	60,0	66,9	77,7	86,9	97,0	56,0	80,0	89,0	102,9	114,7	127,9
São Simão	27,5	37,0	39,0	47,5	52,7	57,9	37,0	48,0	51,0	56,5	65,0	73,1	45,0	60,0	74,0	80,5	92,0	103,1	50,0	85,0	92,0	110,2	126,5	140,9
Taubaté	22,0	40,0	45,9	52,2	57,0	62,1	32,0	47,5	56,4	66,6	74,6	82,9	40,0	58,0	70,9	84,4	95,2	106,6	46,0	85,0	100,2	117,5	131,4	146,1
Tupi	35,0	41,5	45,7	52,4	57,6	63,0	40,0	55,0	64,0	71,9	78,4	85,6	42,0	58,0	67,1	77,2	85,7	95,0	45,0	59,0	69,3	81,7	92,3	104,1
Ubatuba	31,0	46,0	53,0	62,9	70,4	78,0	51,0	65,0	76,5	91,9	104,0	116,6	66,0	98,0	118,1	139,5	156,5	174,4	90,0	180,0	192,5	220,7	243,3	267,3
Corumbá	30,0	50,0	70,9	78,6	84,7	91,0	42,0	70,0	84,4	97,1	106,9	117,3	51,0	79,0	94,9	111,6	124,8	138,8	62,2	99,0	110,3	131,4	148,3	166,3
Itatiaia - Alto	26,0	37,0	43,5	47,0	49,9	55,2	36,0	52,0	60,0	62,0	62,6	65,8	43,5	66,0	79,0	85,0	91,4	102,6	53,0	88,0	95,0	108,0	121,5	136,3
Teresópolis, Alto	33,0	51,7	56,9	64,2	70,0	76,2	42,0	79,5	87,7	99,2	108,7	118,8	61,0	99,5	110,7	126,9	140,2	154,7	75,0	102,5	117,3	138,8	156,6	176,1
Teresópolis, Centro	27,8	36,0	42,0	56,0	62,9	68,0	40,0	53,0	66,0	72,0	83,0	92,3	47,0	66,0	83,0	110,0	119,5	132,7	57,0	80,0	86,0	152,0	167,9	185,6
Cabo Frio	22,0	36,5	42,5	58,0	68,0	72,7	27,7	45,0	50,0	87,0	112,0	118,6	31,5	52,0	60,0	120,0	170,4	179,4	39,5	62,0	63,0	132,0	190,0	201,6
Campos	31,3	44,5	50,0	55,0	59,8	65,5	38,0	50,0	54,5	66,5	74,7	83,1	45,0	68,0	74,0	83,0	94,1	105,5	53,0	74,0	86,0	109,0	122,2	136,9
Seropédica, Rural	30,5	51,8	54,0	62,5	68,6	74,8	39,5	64,0	78,0	91,3	99,2	109,5	49,0	84,0	94,6	111,7	125,1	139,1	60,0	95,0	110,0	127,6	144,8	162,9
Niterói	29,5	41,0	51,0	54,0	58,8	64,5	37,0	58,3	65,0	72,0	78,9	87,7	45,0	70,0	84,5	108,0	115,8	127,9	52,0	88,0	112,0	134,0	155,1	170,6
Nova Friburgo	30,0	42,0	46,5	56,0	62,0	67,6	39,0	54,0	60,0	79,0	87,7	96,4	45,0	70,0	75,0	86,5	99,0	110,9	54,0	85,0	95,0	98,5	113,3	128,8
Petrópolis	32,0	46,0	50,5	56,0	65,6	72,1	42,5	67,0	76,0	80,0	89,0	99,1	53,0	84,0	90,0	110,0	125,6	139,8	65,0	93,0	102,0	121,0	149,6	168,6
Pinheiral	34,0	48,5	50,0	59,0	64,6	70,7	43,0	61,0	64,0	89,0	97,6	105,2	46,5	63,0	74,0	102,0	111,5	121,5	50,0	66,0	85,0	110,0	121,7	134,2
Resende	38,5	49,0	56,0	63,0	69,3	75,5	45,5	64,0	75,0	90,0	101,1	110,7	54,0	80,0	85,0	102,0	117,8	131,0	59,0	85,0	92,0	112,0	129,1	146,1
Rio, Bangu	33,0	49,0	58,0	73,9	80,0	86,3	42,0	60,0	68,0	106,9	114,1	123,9	52,0	71,0	75,0	115,8	128,3	141,6	58,4	83,0	104,0	120,0	135,9	153,0

(*1) Listados aproximadamente do sul para o norte e do oeste para leste;   (*2) Período observado, em anos;
(*3) Equação do Otto Pfafsteter, Bib. P206

Tabela B-I.3.4-b Alturas pluviométricas em mm/duração (continuação)

Fonte: Chuvas Intensas no Brasil - Bib. P206, consolidação tabelas edições anteriores, complementada por cálculo com as fórmulas indicadas

Estado	Identificação do posto (*1)	(*2)	Duração em minutos: / Recorrência em anos: (*3)	5						15					
				1	5	10	25	50	100	1	5	10	25	50	100
RJ	RJ Jacarepaguá	6	[0,2×t + 29log (1+20×t)]×K	10,0	11,9	14,3	15,6	16,8	18,1	22,3	33,5	38,4	**42,7**	**46,2**	**49,7**
RJ	RJ Jardim Botânico	28	[0,4×t + 39log (1+10×t)]×K	10,2	13,9	15,8	18,8	**19,8**	**20,9**	21,0	28,9	32,0	36,5	**39,7**	**43,1**
RJ	RJ Praça XV	14	[0,2×t + 29log (1+20×t)]×K	10,0	14,4	16,5	**18,2**	**19,5**	**21,0**	19,5	31,0	34,0	44,7	48,9	53,1
RJ	RJ Pça. S. Peña	18	[0,2×t + 31log (1+20×t)]×K	10,3	11,5	12,9	17,7	**19,0**	**20,5**	23,5	30,0	32,0	42,5	46,5	50,5
RJ	RJ Santa Cruz	21	[0,4×t + 26log (1+20×t)]×K	10,1	11,0	13,0	**16,8**	**18,0**	**19,3**	19,0	26,7	27,5	**35,8**	**38,8**	**42,0**
RJ	Sta Maria Madalena	7	[0,4×t + 24log (1+20×t)]×K	10,0	10,5	11,9	12,9	13,9	15,0	19,2	26,0	30,7	**34,0**	**36,6**	**39,4**
RJ	Vassouras	26	[0,4×t + 19log (1+60×t)]×K	10,3	15,0	17,1	18,5	25,4	27,4	22,0	28,2	34,0	37,0	41,7	45,3
RJ	Volta Redonda	13	[0,2×t + 30log (1+20×t)]×K	13,0	18,0	18,2	21,5	23,3	25,1	25,4	31,2	33,0	**41,2**	**45,0**	**48,9**
MS	Corumbá	9	[0,0×t + 30log (1+20×t)]×K	10,0	10,9	17,1	**18,6**	**19,9**	**21,3**	22,0	31,5	50,6	55,6	59,3	63,2
MG	Barbacena	13	[0,5×t + 18log (1+60×t)]×K	13,0	18,5	19,0	21,2	23,2	25,1	21,5	28,0	32,5	**38,4**	**41,9**	**45,5**
MG	Belo Horizonte	12	[0,6×t + 26log (1+20×t)]×K	11,1	18,8	19,2	21,1	22,7	24,2	22,1	34,2	37,5	**42,5**	**45,8**	**49,2**
MG	Bonsucesso	5	[0,8×t + 18log (1+60×t)]×K	12,0	16,2	19,0	21,1	22,8	24,5	21,0	30,0	**32,7**	36,5	39,6	42,9
MG	Caxambu	3	[0,5×t + 23log (1+20×t)]×K	8,9	16,9	18,2	19,8	21,0	22,3	17,1	38,4	40,9	44,4	47,1	50,0
MG	Ouro Preto	5	[0,6×t + 23log (1+20×t)]×K	10,0	17,5	18,4	19,7	20,8	22,0	18,0	28,5	31,4	35,3	38,2	41,2
MG	Paracatu	5	[1,2×t + 43log (1+10×t)]×K	10,2	19,5	22,3	23,9	25,2	26,7	22,0	27,0	31,4	35,1	38,2	41,6
MG	Passa Quatro	10	[0,7×t + 21log (1+20×t)]×K	9,8	15,0	16,0	17,3	**18,4**	**19,5**	17,5	22,9	24,2	27,1	29,4	31,9
MG	Sete Lagoas	19	[0,4×t + 27log (1+20×t)]×K	10,3	15,1	16,4	18,6	**20,1**	**21,6**	21,0	27,0	31,0	35,1	38,3	41,6
MG	Teófilo Otoni	7	[0,4×t + 24log (1+20×t)]×K	9,0	10,0	10,7	12,1	**13,2**	**14,4**	16,1	26,5	32,3	35,9	38,7	41,7
ES	Vitória	25	[0,3×t + 34log (1+10×t)]×K	8,5	13,0	15,0	17,5	**18,7**	**20,0**	18,0	25,0	30,0	34,8	37,8	40,9
GO	Catalão	22	[0,5×t + 27log (1+20×t)]×K	11,0	14,5	16,8	17,3	**18,7**	**20,2**	21,7	27,0	29,1	31,0	34,0	**37,2**
GO	Formosa	19	[0,5×t + 27log (1+20×t)]×K	11,1	14,8	16,1	17,6	**19,1**	**20,6**	22,4	30,6	35,5	**42,7**	**45,9**	**49,3**
GO	Goiânia	17	[0,2×t + 30log (1+20×t)]×K	10,0	15,0	17,0	**19,3**	**21,0**	**22,6**	24,1	31,0	36,0	**46,9**	**50,5**	**54,1**
MT	Cuiabá	13	[0,1×t + 30log (1+20×t)]×K	12,0	15,9	17,0	**19,4**	**21,0**	**22,7**	25,6	32,5	35,5	37,4	41,0	44,6
BA	Salvador	24	[0,6×t + 33log (1+10×t)]×K	9,0	10,1	12,4	**13,0**	**13,9**	**14,9**	17,9	25,3	28,5	**39,1**	**41,8**	**44,7**
RO	Porto Velho	11	[0,3×t + 35log (1+20×t)]×K	10,8	13,8	14,2	21,3	**22,9**	**24,7**	25,5	31,0	34,0	**40,4**	**44,0**	**47,9**
AC	Rio Branco	2	[0,3×t + 31log (1+20×t)]×K	10,5	14,4	15,3	16,7	**17,9**	**19,4**	23,1	29,4	32,0	35,8	39,0	42,4
AC	Sena Madureira	7	[0,2×t + 30log (1+20×t)]×K	10,3	13,2	14,6	**16,3**	**17,7**	**19,3**	24,0	29,0	32,6	36,7	40,0	43,5
SE	Aracaju	25	[0,6×t + 24log (1+20×t)]×K	9,8	10,1	10,4	10,6	**11,7**	**12,9**	17,5	25,8	26,5	31,0	**33,6**	**36,5**
AL	Maceió	27	[0,5×t + 29log (1+10×t)]×K	8,5	10,2	10,9	14,5	**15,8**	**16,7**	15,4	18,9	20,8	29,8	32,0	34,4
PE	Olinda	20	[0,5×t + 35log (1+10×t)]×K	9,6	14,0	15,1	**16,1**	**17,2**	**18,4**	18,4	30,0	31,2	37,9	41,5	45,0
PE	Nazaré	19	[0,4×t + 20log (1+20×t)]×K	9,8	11,1	13,5	**14,3**	**15,2**	**16,2**	15,6	20,2	23,6	**25,3**	**27,5**	**29,9**
PI	Teresina	23	[0,2×t + 33log (1+20×t)]×K	12,8	20,0	20,1	23,7	25,6	27,6	28,0	36,5	39,5	**47,5**	**51,7**	**56,0**
PB	João Pessoa	23	[0,6×t + 33log (1+10×t)]×K	9,6	11,8	14,5	**18,0**	**19,0**	**20,0**	17,0	20,1	22,5	25,8	28,2	30,8
PB	São Gonçalo	15	[0,4×t + 29log (1+20×t)]×K	10,0	10,2	11,1	**13,1**	**14,2**	**15,6**	21,0	30,0	33,3	**39,2**	**42,6**	**46,2**
MA	Barra do Corda	21	[0,1×t + 28log (1+20×t)]×K	10,0	10,6	10,8	**11,3**	**12,4**	**13,7**	21,3	26,9	29,0	30,3	33,4	36,7
MA	São Luís	22	[0,4×t + 42log (1+10×t)]×K	10,0	10,5	11,0	**11,7**	**12,7**	**13,9**	24,5	28,2	29,0	30,5	33,5	36,8
MA	Turiaçu	33	[0,6×t + 30log (1+20×t)]×K	10,4	13,3	15,5	19,5	20,8	22,4	22,5	29,0	30,1	36,0	41,5	45,0
PA	Alto Tapajós	21	[0,4×t + 35log (1+20×t)]×K	14,0	19,1	20,0	**36,5**	**38,4**	**40,3**	26,5	32,5	37,0	**44,4**	**48,3**	**52,4**
PA	Belém	20	[0,4×t + 31log (1+10×t)]×K	11,3	13,0	14,0	**16,0**	**17,4**	**18,8**	25,7	30,5	35,7	**37,2**	**40,3**	**43,8**
PA	Soure	18	[0,7×t + 46log (1+10×t)]×K	12,3	13,5	14,1	**16,0**	**17,3**	**18,8**	24,4	28,4	31,5	33,9	37,2	40,7
PA	Taperinha	26	[0,3×t + 32log (1+20×t)]×K	12,3	16,8	19,1	20,0	**22,4**	**24,2**	25,0	31,0	37,0	40,0	44,3	48,2
AM	Juaretê	10	[0,2×t + 37log (1+20×t)]×K	16,0	20,0	21,9	**24,3**	**26,1**	**28,1**	29,4	32,7	39,5	**44,0**	**47,8**	**51,9**
AM	Manaus	25	[0,1×t + 33log (1+20×t)]×K	11,5	15,0	15,0	16,5	22,8	24,5	25,0	28,4	29,1	30,5	41,4	45,1
AM	Parintins	14	[0,6×t + 30log (1+20×t)]×K	10,8	16,5	17,0	19,2	20,8	22,4	22,5	27,9	29,0	**32,9**	**36,2**	**39,7**
AM	Uaupés	17	[0,2×t + 36log (1+20×t)]×K	12,0	17,0	20,0	21,6	23,5	25,6	29,5	33,0	36,2	44,0	48,0	52,2
RN	Natal	19	[0,7×t + 23log (1+20×t)]×K	9,4	10,0	10,5	**10,9**	**11,9**	**12,9**	17,1	25,0	26,9	**31,4**	**33,7**	**36,3**
CE	Fortaleza	21	[0,2×t + 36log (1+10×t)]×K	10,0	13,0	14,9	**19,5**	**20,6**	**21,8**	19,2	24,0	27,5	30,8	33,6	36,5
CE	Guaramiranga	19	[0,5×t + 22log (1+20×t)]×K	9,5	10,5	12,2	**13,2**	**14,1**	**15,2**	17,0	23,8	24,8	27,1	29,5	32,1
CE	Quixeramobim	30	[0,2×t + 17log (1+60×t)]×K	9,6	10,0	10,4	10,5	**12,0**	**13,4**	18,5	25,5	26,5	29,5	**32,2**	**35,2**
PE	F. de Noronha	20	[0,7×t + 23log (1+20×t)]×K	9,2	9,9	10,0	**10,4**	**11,3**	**12,4**	17,2	23,1	23,5	**29,8**	**32,3**	**35,0**

(*1) Listados aproximadamente do sul para o norte e do oeste para leste;   (*2) Período observado, em anos;
(*3) Equação do Otto Pfafsteter, Bib. P206

corridas e adaptadas por extrapolações gráficas promovidas pelo autor da 9ª edição deste Manual de Hidráulica de Azv & Fdz.

Identificação do posto (*1)	30						60						120						240					
	1	5	10	25	50	100	1	5	10	25	50	100	1	5	10	25	50	100	1	5	10	25	50	100
RJ Jacarepaguá	32,5	47,5	55,1	62,6	68,5	74,6	39,0	62,0	70,0	81,2	90,2	99,7	44,5	80,0	90,9	105,8	117,9	130,8	59,0	84,5	97,9	116,8	132,3	149,0
RJ Jardim Botânico	31,0	40,6	43,5	50,5	56,5	62,7	41,0	60,8	67,0	70,0	80,1	90,2	51,0	76,0	90,0	98,0	110,6	125,0	65,0	110,0	120,0	150,0	167,0	186,1
RJ Praça XV	28,0	48,0	53,0	63,0	69,8	76,5	38,0	70,0	74,0	87,5	95,8	106,4	44,5	82,0	94,5	119,3	133,2	147,5	55,0	124,0	141,0	164,4	182,1	200,7
RJ Pça. S. Peña	36,0	45,0	45,5	63,6	70,3	77,2	43,0	55,0	60,0	87,7	95,9	106,7	52,0	70,0	77,0	108,3	122,1	136,6	58,0	100,0	103,0	132,2	149,9	168,7
RJ Santa Cruz	29,0	39,0	40,0	47,7	52,6	57,9	37,0	54,0	57,0	74,3	81,0	90,1	44,0	78,0	79,0	91,8	103,5	115,9	52,0	96,0	108,5	115,7	130,8	146,9
Sta Maria Madalena	28,0	33,0	36,5	41,6	45,8	50,4	32,0	38,8	46,0	53,1	59,2	65,9	38,0	51,0	57,9	67,4	75,6	84,9	45,0	64,5	70,8	83,0	93,6	105,6
Vassouras	30,5	39,1	48,0	56,0	61,2	66,6	37,5	47,5	57,9	65,0	72,0	80,1	42,5	57,0	64,0	71,0	86,9	97,4	50,0	69,5	83,0	87,0	104,1	117,3
Volta Redonda	36,6	47,3	48,0	58,1	64,2	70,5	43,5	65,0	67,0	80,3	87,6	97,4	49,0	71,0	80,0	98,9	111,4	124,8	53,9	90,0	104,0	122,1	138,1	155,4
Corumbá	30,0	50,0	70,9	78,6	84,7	91,0	42,0	70,0	84,4	97,1	106,9	117,3	51,0	79,0	94,9	111,6	124,8	138,8	62,2	99,0	110,3	131,4	148,3	166,3
Barbacena	29,5	42,0	47,0	51,5	56,4	61,6	37,0	50,0	59,0	66,2	72,8	80,1	43,5	58,0	64,0	73,4	82,0	91,4	46,0	65,0	75,0	87,2	98,0	110,0
Belo Horizonte	27,5	45,0	48,0	54,5	59,8	65,3	37,5	53,0	60,5	72,9	77,9	85,7	41,5	55,0	63,0	78,0	87,6	98,2	50,0	59,0	69,0	96,5	109,0	122,9
Bonsucesso	30,0	39,0	42,9	48,5	53,1	58,0	35,0	44,0	49,7	57,6	64,3	71,6	40,5	48,0	60,3	70,7	79,4	89,0	46,0	51,5	72,4	85,5	96,5	108,8
Caxambu	27,0	58,6	62,6	68,0	72,4	77,0	35,0	81,1	86,9	95,1	101,8	109,0	39,0	88,4	96,0	107,1	116,2	126,1	42,5	101,8	111,6	125,8	137,6	150,5
Ouro Preto	24,0	37,6	42,0	48,1	52,8	57,7	30,0	49,0	54,2	61,7	67,9	74,8	42,5	55,0	61,9	72,0	80,5	90,0	43,5	62,0	72,8	85,9	97,0	109,4
Paracatu	34,0	39,5	49,3	56,3	62,0	68,2	42,0	60,0	76,9	90,3	101,0	112,3	58,0	69,8	101,4	120,2	135,3	151,6	75,0	90,0	129,3	154,3	174,7	196,8
Passa Quatro	22,9	31,3	37,0	41,5	45,3	49,3	30,0	40,0	44,0	52,8	59,0	65,6	35,0	46,0	53,5	64,5	73,0	82,1	38,0	54,0	62,0	75,2	86,3	98,4
Sete Lagoas	30,5	38,5	43,0	56,0	61,1	66,5	36,5	49,0	52,5	73,0	78,8	87,2	43,5	58,0	60,0	84,9	95,5	107,0	52,0	70,5	72,0	104,4	118,1	133,0
Teófilo Otoni	26,0	35,6	38,4	44,1	48,6	53,4	30,0	45,5	51,0	59,6	66,5	74,1	38,5	51,0	55,8	67,2	76,6	86,4	44,0	52,5	60,3	74,9	87,1	100,5
Vitória	25,5	37,4	41,5	43,0	54,5	59,8	34,3	51,0	56,0	57,0	78,4	87,2	45,0	71,0	81,9	93,0	104,7	117,1	55,0	80,0	96,0	100,5	132,1	148,7
Catalão	32,0	40,5	44,0	52,8	57,6	62,8	41,0	48,8	60,0	71,2	76,5	84,5	48,2	62,0	70,0	80,5	90,4	101,4	53,0	75,0	80,0	86,7	99,6	113,9
Formosa	31,5	44,0	50,0	54,3	59,4	64,8	38,5	52,0	57,0	63,4	70,7	78,7	45,5	59,0	61,8	80,5	90,4	101,4	53,0	76,0	84,5	99,3	112,1	126,4
Goiânia	36,0	44,5	56,0	59,3	65,0	71,0	44,5	65,0	70,0	85,0	94,2	104,1	51,0	86,0	94,0	106,6	119,1	132,5	62,0	97,6	107,0	120,8	136,8	154,1
Cuiabá	37,9	49,5	52,3	56,6	62,2	68,2	45,4	58,0	68,0	75,5	83,5	92,3	54,1	70,0	80,0	89,8	100,6	112,6	56,8	82,0	110,0	130,3	144,2	159,6
Salvador	26,0	37,5	42,0	54,3	59,0	63,9	35,0	47,5	60,0	64,7	72,8	81,4	41,5	64,0	70,0	72,9	84,4	96,7	51,0	82,0	85,0	96,7	112,1	128,6
Porto Velho	39,6	46,7	48,0	57,1	62,8	69,1	49,2	40,2	72,0	83,5	90,9	101,3	62,0	83,0	97,5	103,1	115,8	129,9	74,0	101,0	106,0	126,1	142,5	160,6
Rio Branco	35,5	42,3	48,0	54,6	60,1	66,0	44,0	57,8	72,4	83,3	92,3	102,0	55,0	72,0	88,3	102,9	115,0	128,1	68,0	87,1	100,8	119,4	135,0	152,0
Sena Madureira	36,0	51,8	56,7	63,7	69,4	75,4	46,0	70,0	86,5	96,1	104,2	113,0	54,2	81,0	91,6	104,5	115,4	127,4	64,0	83,0	93,8	110,2	124,2	139,7
Aracaju	24,5	36,5	43,5	45,0	49,6	54,4	32,5	52,0	66,0	79,0	87,6	96,5	43,0	65,0	88,0	99,0	110,7	122,9	57,0	75,0	108,0	120,0	135,2	151,2
Maceió	21,9	28,5	31,0	35,0	39,2	43,6	30,5	40,8	55,0	69,0	77,3	85,7	38,9	54,4	64,0	89,0	101,1	113,1	50,0	77,8	93,0	105,0	129,3	145,4
Olinda	26,3	41,5	46,0	57,2	63,3	69,4	35,0	54,0	59,0	69,4	79,3	89,4	45,5	79,8	84,0	107,6	121,5	135,9	61,0	110,0	120,0	129,5	147,9	167,3
Nazaré	20,5	29,0	37,0	44,9	48,7	52,8	25,0	38,5	43,9	50,2	56,0	62,3	30,5	44,0	47,0	70,0	77,9	86,4	47,0	54,3	65,0	98,8	109,1	120,3
Teresina	39,3	56,0	61,8	76,8	83,5	90,4	50,0	69,0	89,0	105,2	115,4	126,2	60,0	94,0	102,0	110,6	124,3	139,0	68,0	102,0	110,0	127,7	145,3	164,3
João Pessoa	23,6	30,0	33,0	35,9	40,3	45,0	31,5	42,5	50,0	56,9	64,5	72,7	44,0	61,0	64,0	89,2	99,9	111,6	59,3	78,5	95,0	146,6	161,0	176,6
São Gonçalo	31,4	47,0	52,9	62,2	68,1	74,2	43,0	60,4	62,0	70,4	80,1	90,2	52,3	76,2	78,2	88,8	101,8	115,5	56,0	92,7	97,0	113,8	130,6	148,5
Barra do Corda	32,8	39,0	45,3	53,3	58,6	64,1	41,0	62,0	69,8	79,1	85,7	94,9	46,5	76,1	84,0	102,8	114,4	126,8	54,3	90,0	93,0	127,6	142,4	158,4
São Luís	35,5	40,0	41,0	45,9	51,0	56,7	46,0	56,5	59,0	61,7	71,3	81,6	58,5	76,0	82,0	85,4	98,8	113,5	73,0	95,0	119,0	143,1	161,0	180,5
Turiaçu	33,0	44,5	48,0	54,0	59,2	64,9	43,5	59,0	66,0	86,0	103,0	111,9	49,0	65,6	78,0	100,0	124,8	137,0	58,4	78,8	82,0	120,0	140,8	156,7
Alto Tapajós	34,9	50,5	54,0	60,5	66,7	73,3	52,0	64,0	79,0	89,2	98,7	109,0	61,0	90,0	109,0	119,0	131,8	145,9	71,0	110,0	116,0	135,4	151,8	170,1
Belém	35,0	42,5	43,5	51,0	56,1	61,7	43,0	58,0	62,0	66,5	74,9	84,1	52,0	71,0	90,0	95,4	106,7	119,3	65,0	87,0	97,5	112,7	127,3	143,5
Soure	36,0	47,5	54,0	59,7	65,8	72,3	51,0	70,0	85,0	94,6	103,2	114,6	68,0	99,0	100,0	119,1	134,0	150,2	85,0	122,0	130,0	159,8	179,6	201,3
Taperinha	34,7	46,5	50,2	60,0	65,5	71,6	45,5	67,0	78,0	79,0	87,3	96,7	56,0	79,0	83,0	100,0	111,1	124,0	67,0	91,5	98,0	160,0	168,2	184,8
Juaretê	43,6	51,3	52,5	60,2	66,3	72,9	53,0	67,5	81,0	91,8	101,1	111,4	69,0	85,0	93,0	104,5	117,0	131,0	80,0	91,0	95,0	116,0	132,1	150,1
Manaus	36,9	46,0	47,9	49,0	59,0	65,0	48,5	62,0	67,0	70,0	85,4	95,1	57,0	73,0	84,0	98,0	109,9	123,1	70,0	98,5	110,0	116,0	132,8	149,7
Parintins	32,5	44,0	47,0	52,2	57,5	63,2	43,0	72,0	80,0	87,4	96,1	105,5	56,0	85,0	100,0	119,2	131,1	144,0	65,0	94,0	105,0	122,4	137,7	154,6
Uaupés	40,0	49,0	56,0	62,1	68,4	75,2	53,0	72,0	80,7	95,0	102,7	113,3	63,8	94,0	100,0	111,7	124,8	139,2	80,0	106,0	109,5	118,6	135,3	153,9
Natal	23,2	33,0	39,0	44,2	48,6	53,2	30,0	43,0	55,8	70,8	78,0	85,7	39,0	62,0	80,0	112,2	122,1	132,6	50,0	85,0	97,0	144,9	157,7	171,6
Fortaleza	26,6	36,0	38,0	41,2	46,3	51,6	35,0	48,0	54,0	69,9	78,1	86,9	47,3	65,0	75,5	96,7	108,2	120,7	61,9	84,0	94,5	115,6	130,8	147,4
Guaramiranga	21,4	33,0	37,5	40,5	44,7	49,1	28,0	45,0	53,9	60,4	64,8	71,8	33,5	50,0	56,0	60,3	69,0	78,5	40,0	60,0	78,0	94,2	105,5	117,9
Quixeramobim	26,0	38,5	43,5	44,5	49,1	54,0	32,5	53,0	67,0	70,0	76,3	83,8	37,0	65,5	82,0	107,0	117,3	127,1	40,0	71,9	104,5	131,0	148,5	160,7
F. de Noronha	23,0	37,0	39,0	47,5	52,2	57,1	31,5	50,0	70,0	76,8	82,0	89,7	39,0	70,0	74,0	96,8	106,7	117,2	52,0	79,0	100,0	113,0	125,8	139,7

Tabela B-I.3.7-a "Recorrência" T_R para diferentes ocupações da área

Tipo de ocupação da área	T_R (anos)		
	Micro-drena-gem	Meso-drena-gem	Macro-drena-gem
Ruas em áreas verdes e de recreação	1	1	1 a 2
Ruas residenciais	2 a 4	3 a 5	50 a 100
Ruas comerciais e industriais (inclui escolas e hospitais sem emergência)	5 a 7	6 a 9	75 a 100
Artérias principais de tráfego, dando acesso e interligando bombeiros, aeroportos, polícia, rodoferroviárias, hospitais de emergência	8 a 15	10 a 25	500

Outro procedimento é calcular médias ponderadas sucessivas, à medida que novas áreas passem a contribuir na galeria, ou seja:

$$C_m = \frac{\sum A_n \times C_{m \cdot n}}{\sum A_n} \text{ (calculado para cada trecho)}$$

d) Intensidade

É sempre baseada em dados locais e geralmente decorre da utilização de equações ou curvas do tipo duração × intensidade × recorrência, como a da *Figura B-I.3.7-a*.

B-I.3.8 Elementos de captação e transporte

a) Sarjetas e sarjetões

São as calhas formadas por faixas da via pública e o meio-fio (guia), ou apenas por faixas nos cruzamentos de ruas (sarjetões) e que são coletoras/transportadoras das águas caídas ou lançadas nessas vias. Comportam-se como canais de seção triangular. Geralmente são dimensionadas por critérios que não consideram sua função hidráulica; então, importa apenas determinar sua capacidade hidráulica (máxima vazão de escoamento) para comparação com a vazão originada da chuva de projeto e decidir sobre as posições das bocas de lobo que retiram essas águas da superfície das ruas. Essa vazão máxima pode ser calculada pela fórmula de Manning, com $n = 0,016$ (concreto rústico):

$$Q = \frac{A}{n} \times R_H^{2/3} \times I^{1/2}$$

Em geral, os meio-fios (guias) têm 0,15 m de altura e se admite um enchimento máximo de 0,13 m. A declividade transversal da via pública de 3% pode ser adotada para rua de 10 m de largura (caso comum) (*Figura B-I.3.8-a*). Então, $A = 0,280$ m^2; $P = 4,432$; $R_H = 0,063$ m.

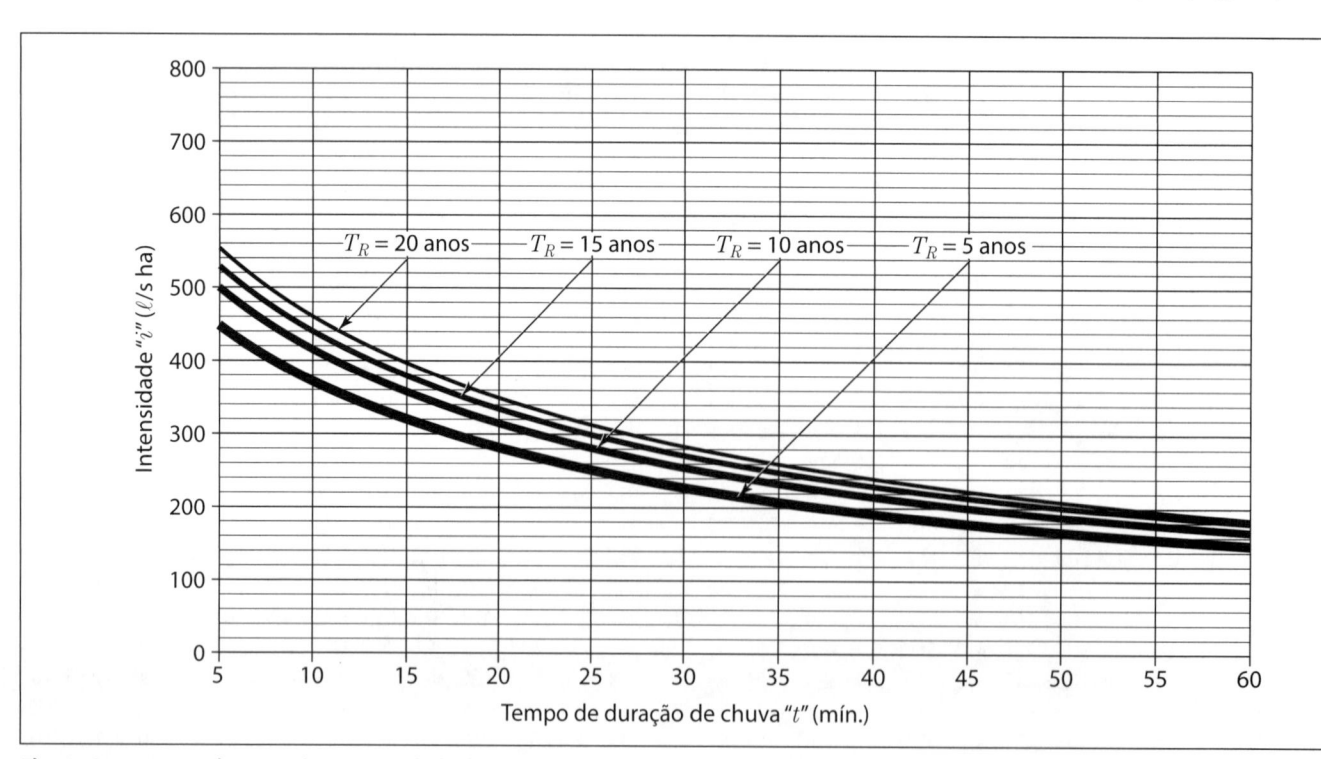

Figura B-I.3.7-a – Chuvas críticas na cidade de São Paulo – A. Garcia Occhipinti e P. Marques dos Santos – $i = 4.660 \times T_R^{0,112}/(t + 15)^x$ com $x = 0,86 \times T_R^{-0,0144}$.

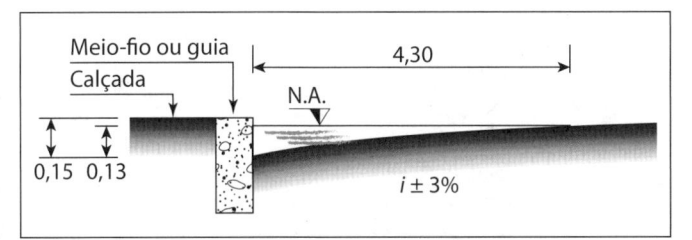

Figura B-I.3.8-a – "Meio-fio" ("guia") e sarjeta – dimensões em metros.

Assim, a capacidade hidráulica da sarjeta depende apenas da declividade longitudinal.

Pelo *Exercício B-I-g*, verifica-se que, para uma rua com essa seção transversal e declividade longitudinal de 0,5% (meio por cento), a capacidade de vazão por cada lado da rua é da ordem de 0,2 m³/s e, quando o cálculo da enxurrada supera esse valor, colocam-se "ralos" e/ou "bocas de lobo".

Para aproximar o resultado teórico das condições reais de escoamento, costuma-se adotar fatores de redução, por exemplo os apresentados na *Tabela B-I.3.8-a*:

Tabela B-I.3.8-a Fatores de redução da vazão de cálculo das sarjetas (sugestão Bib. F185)

Declividade longitudinal da sarjeta em %	Fator de redução de vazão
até 5,0	0,50
6,0	0,40
8,0	0,27
10	0,20

b) Bocas de lobo (BL)

São dispositivos localizados nas sarjetas para a captação das águas em escoamento nelas, quando se esgota sua capacidade hidráulica. Podem ser de guia, de sarjeta ou mistas, com grelhas ou não. A *Figura B-I.3.8-b* dá um exemplo de boca de lobo de guia com depressão.

As bocas de lobo podem ser localizadas em ambos os lados das ruas sempre e quando a capacidade hidráulica da sarjeta for ultrapassada. Também nos pontos baixos das quadras devem ser colocadas bocas de lobo; junto aos cruzamentos elas devem estar a montante do vértice de intersecção das sarjetas, para evitar enxurradas convergentes, com prejuízo para o trânsito de pedestres. A capacidade hidráulica das bocas de lobo de meio-fio (guia) pode ser considerada como a de um vertedor de parede espessa, cuja expressão é:

$$Q = 1{,}71 \times L \times H^{3/2} \text{ (em m}^3\text{/s)}$$

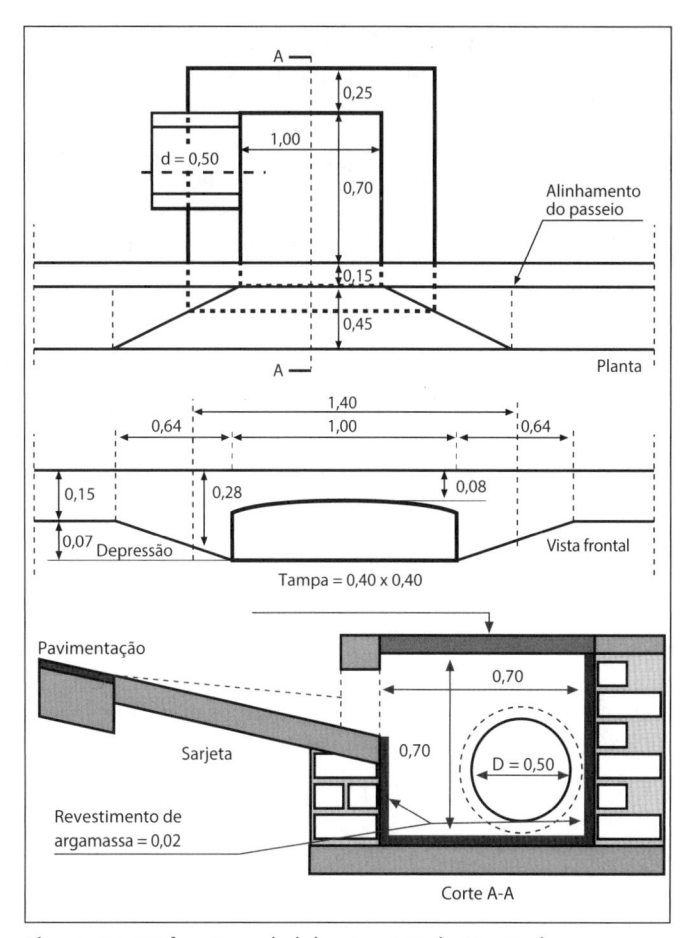

Figura B-I.3.8-b – Boca de lobo tipo PM de São Paulo.

onde:

L = comprimento da abertura em metros;

H = altura da água em metros (0,13 m como sugestão).

Para a boca de lobo de sarjeta pode ser utilizada a mesma expressão, substituindo-se L por P (onde P é o perímetro da área livre do orifício em m).

Para a boca de lobo mista (sarjeta e guia combinadas) a capacidade hidráulica é a soma das vazões calculadas para a guia e para a sarjeta.

Pelas mesmas razões alinhadas no caso do dimensionamento das sarjetas, devem ser considerados fatores de redução, como os observados na *Tabela B-I.3.8-b*.

Tabela B-I.3.8-b Fatores de redução do escoamento para bocas de lobo (coeficientes de segurança) (Bib. F185)

Localização na sarjeta (na rua)	Tipo de boca de lobo (ralo)	% vazão "permitida" sobre o valor teórico de cálculo
Ponto baixo	De "meio-fio" (guia)	80
	Com grelha	50
	Combinada	65
Ponto intermediário	De "meio-fio" (guia)	80
	Grelha longitudinal	60
	Grelha transversal ou mista	60
	Combinada	110% da vazão "permitida" para a grelha

c) Tubos de ligação (TL)

São ligações entre as bocas de lobo e os poços de visita ou caixas de ligação.

d) Caixas de ligação (CL)

São utilizadas para receber tubos de ligação de bocas de lobo intermediárias ou para evitar excesso de ligações no mesmo poço de visita (máximo quatro ligações). Não são visitáveis, ou seja, são tampadas por uma laje e cobertas pela pavimentação.

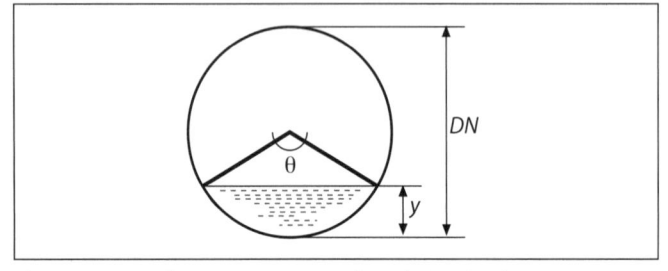

Figura B-I.3.8-d – Representação de galeria circular.

e) Poços de visita (PV)

São câmaras visitáveis com a função principal de permitir o acesso às galerias para inspeção e desobstrução (manutenção), além de receber ligações de bueiros (bocas de lobo). Para otimizar esses objetivos costumam ser locados nos pontos de reunião dos condutos (cruzamento de ruas), mudanças de seção, de declividade e de direção.

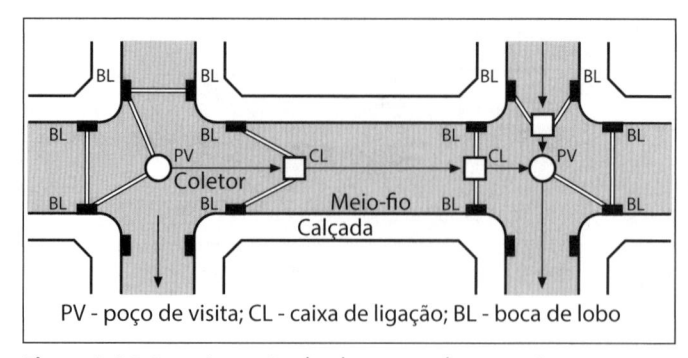

PV - poço de visita; CL - caixa de ligação; BL - boca de lobo

Figura B-I.3.8-c – Locação de elementos de captação.

f) "Galerias"

A aplicação do "Método Racional" para definir as vazões de projeto de cada trecho de "galeria" pressupõe as seguintes simplificações:

- a duração da chuva que resulta na vazão máxima é igual ao tempo de concentração;
- a intensidade permanece constante na duração da chuva;
- a permeabilidade da superfície não se altera na duração da chuva;
- o escoamento nas galerias é o de conduto livre em regime permanente e uniforme.

Além disso, alguns critérios devem ser estabelecidos, ou pelo contratante dos serviços, ou com base na vivência do projetista. Os mais comuns são (dimensões internas):

- nas seções circulares, o DN mínimo (300 mm);
- nas seções retangulares, a dimensão mínima (altura H = 0,5 m);
- as seções circulares são dimensionadas a seção plena ($y = 0,95 \times DN$) (*Figura B-I.3.8-d*);
- as seções retangulares são dimensionadas com altura livre mínima ($0,10 \times H$);
- a velocidade mínima (0,75 m/s);
- a velocidade máxima (5,0 m/s);
- a declividade econômica é igual a do terreno no trecho;
- recobrimento mínimo (1,00 m em relação às arestas superiores externas);
- profundidade máxima (3,50 m) em relação às arestas inferiores externas;
- as dimensões internas (seções de escoamento) não podem decrescer de montante para jusante;
- nas mudanças de diâmetro (ou dimensões), as geratrizes superiores internas devem estar alinhadas.

Os valores indicados acima, entre parênteses, são sugestões e, quando não indicado, referem-se a dimensões internas.

O dimensionamento hidráulico das galerias de águas pluviais pode ser efetuado com a equação de Chèzy e coeficiente de Manning, conforme fórmula tabelada neste manual no *Capítulo A-14*.

Pela fórmula de Manning, o diâmetro D pode ser calculado com a expressão:

$$D = 1{,}511 \times (n \times Q \times I^{-1/2})^{3/8},$$

válida para a altura de lâmina de água de $0{,}9 \times D$ ou:

$$D = 1{,}548 \times (n \times Q \times I^{-1/2})^{3/8},$$

válida para seção plena, onde I é a declividade da galeria.

A *Tabela B-I.3.8-c* decorre de simples relações trigonométricas e geométricas associadas à equação de Manning e é auxiliar no dimensionamento das galerias.

Essas relações são as seguintes:

- $y/D = 1/2 \times (1 - \cos(\theta/2))$;
- $\theta = 2 \times \arccos(1 - 2 \times y/D)$, em radianos;
- $R_H/D = (\theta - \mathrm{sen}\,\theta)/(4 \times \theta)$;
- $A_m/D^2 = (\theta - \mathrm{sen}\,\theta)/8$.

Tabela B-I.3.8-c Condutos circulares parcialmente cheios. Relações baseadas na equação de Manning

y/D	R_H/D	A_m/D^2	v/v_p	Q/Q_p	y/D	R_H/D	A_m/D^2	v/v_p	Q/Q_p	y/D	R_H/D	A_m/D^2	v/v_p	Q/Q_p
0,01	0,00664	0,00133	0,08898	0,00015	0,35	0,19349	0,24498	0,84298	0,26294	0,69	0,29482	0,57802	1,11621	0,82148
0,02	0,01321	0,00375	0,14080	0,00067	0,36	0,19779	0,25455	0,85540	0,27724	0,70	0,29623	0,58723	1,11977	0,83724
0,03	0,01972	0,00687	0,18392	0,00161	0,37	0,20201	0,26418	0,86753	0,29180	0,71	0,29754	0,59635	1,12307	0,85275
0,04	0,02617	0,01054	0,22210	0,00298	0,38	0,20615	0,27386	0,87936	0,30663	0,72	0,29875	0,60538	1,12610	0,86799
0,05	0,03255	0,01468	0,25689	0,00480	0,39	0,21023	0,28359	0,89091	0,32169	0,73	0,29984	0,61431	1,12884	0,88294
0,06	0,03887	0,01924	0,28916	0,00708	0,40	0,21423	0,29337	0,90217	0,33699	0,74	0,30082	0,62313	1,13130	0,89757
0,07	0,04513	0,02417	0,31941	0,00983	0,41	0,21815	0,30319	0,91315	0,35250	0,75	0,30169	0,63185	1,13347	0,91188
0,08	0,05132	0,02944	0,34801	0,01304	0,42	0,22200	0,31304	0,92386	0,36823	0,76	0,30244	0,64045	1,13535	0,92582
0,09	0,05745	0,03501	0,37519	0,01673	0,43	0,22577	0,32293	0,93430	0,38415	0,77	0,30307	0,64893	1,13692	0,93938
0,10	0,06352	0,04088	0,40116	0,02088	0,44	0,22947	0,33284	0,94447	0,40026	0,78	0,30357	0,65728	1,13818	0,95252
0,11	0,06952	0,04701	0,42604	0,02550	0,45	0,23309	0,34278	0,95437	0,41653	0,79	0,30395	0,66550	1,13913	0,96523
0,12	0,07546	0,05339	0,44996	0,03059	0,46	0,23663	0,35274	0,96401	0,43296	0,80	0,30419	0,67357	1,13974	0,97747
0,13	0,08133	0,06000	0,47301	0,03614	0,47	0,24009	0,36272	0,97339	0,44954	0,81	0,30430	0,68150	1,14002	0,98920
0,14	0,08714	0,06683	0,49527	0,04214	0,48	0,24347	0,37270	0,98252	0,46625	0,82	0,30427	0,68926	1,13994	1,00041
0,15	0,09288	0,07387	0,51679	0,04861	0,49	0,24678	0,38270	0,99139	0,48307	0,83	0,30409	0,69686	1,13949	1,01104
0,16	0,09855	0,08111	0,53763	0,05552	0,50	0,25000	0,39270	1,00000	0,50000	0,84	0,30376	0,70429	1,13866	1,02106
0,17	0,10416	0,08854	0,55784	0,06288	0,51	0,25314	0,40270	1,00836	0,51702	0,85	0,30327	0,71152	1,13743	1,03044
0,18	0,10971	0,09613	0,57746	0,07068	0,52	0,25620	0,41269	1,01647	0,53411	0,86	0,30260	0,71856	1,13577	1,03912
0,19	0,11518	0,10390	0,59653	0,07891	0,53	0,25918	0,42268	1,02434	0,55127	0,87	0,30176	0,72540	1,13366	1,04706
0,20	0,12059	0,11182	0,61506	0,08757	0,54	0,26208	0,43266	1,03195	0,56847	0,88	0,30073	0,73201	1,13108	1,05420
0,21	0,12593	0,11990	0,63309	0,09665	0,55	0,26489	0,44262	1,03931	0,58571	0,89	0,29949	0,73839	1,12797	1,06047
0,22	0,13121	0,12811	0,65065	0,10613	0,56	0,26761	0,45255	1,04643	0,60296	0,90	0,29804	0,74452	1,12431	1,06580
0,23	0,13642	0,13647	0,66775	0,11602	0,57	0,27025	0,46247	1,05330	0,62022	0,91	0,29634	0,75039	1,12003	1,07010
0,24	0,14156	0,14494	0,68442	0,12631	0,58	0,27280	0,47236	1,05992	0,63746	0,92	0,29437	0,75596	1,11507	1,07328
0,25	0,14663	0,15355	0,70067	0,13698	0,59	0,27527	0,48221	1,06630	0,65467	0,93	0,29210	0,76123	1,10933	1,07519
0,26	0,15163	0,16226	0,71652	0,14803	0,60	0,27764	0,49203	1,07242	0,67184	0,94	0,28948	0,76616	1,10269	1,07568
0,27	0,15656	0,17109	0,73197	0,15945	0,61	0,27993	0,50181	1,07830	0,68895	0,95	0,28645	0,77072	1,09498	1,07451
0,28	0,16142	0,18002	0,74705	0,17123	0,62	0,28212	0,51154	1,08393	0,70597	0,96	0,28291	0,77486	1,08594	1,07137
0,29	0,16622	0,18905	0,76177	0,18336	0,63	0,28423	0,52122	1,08930	0,72290	0,97	0,27870	0,77853	1,07514	1,06575
0,30	0,17094	0,19817	0,77614	0,19583	0,64	0,28623	0,53085	1,09443	0,73972	0,98	0,27351	0,78165	1,06176	1,05669
0,31	0,17559	0,20738	0,79016	0,20863	0,65	0,28815	0,54042	1,09930	0,75641	0,99	0,26658	0,78407	1,04373	1,04196
0,32	0,18018	0,21667	0,80384	0,22175	0,66	0,28996	0,54992	1,10392	0,77295	1,00	0,25000	0,78540	1,00000	1,00000
0,33	0,18469	0,22603	0,81720	0,23519	0,67	0,29168	0,55936	1,10827	0,78932					
0,34	0,18913	0,23547	0,83024	0,24892	0,68	0,29330	0,56873	1,11237	0,80550					

Sendo: R_H = raio hidráulico e A_m = área molhada

$$v/v_p = \left(\frac{\theta - sen\theta}{\theta}\right)^{2/3}$$

$$Q/Q_p = \left(\frac{\theta - sen\theta}{\theta}\right)^{2/3} \times \left(\frac{\theta - sen\theta}{2\pi}\right)$$

onde:

v_p = velocidade a seção plena;
Q_p = vazão a seção plena.

$$Q_p = \frac{\pi \times d^2}{4 \times n} \times \left(\frac{D}{4}\right)^{2/3} \times I^{1/2} \qquad \text{Equação (I.3.1)}$$

$$v_p = \frac{1}{n} \times \left(\frac{D}{4}\right)^{2/3} \times I^{1/2} \qquad \text{Equação (I.3.2)}$$

O problema mais comum é calcular y/D, raio hidráulico, área molhada e velocidade real conhecendo a vazão, a declividade e o diâmetro.

Para resolvê-lo, calcular Q_p e v_p. Com a relação Q/Q_p, entrar na *Tabela B-I.3.8-c* e determinar v, A_m, R_H e y/D.

O *Exercício B-I-g* complementa o entendimento do assunto.

B-I.3.9 Roteiro para elaboração de projeto de sistema de água pluvial urbana de determinada área (sugestão)

Dividir o trabalho nas seguintes fases principais:

I – anteprojeto (estudos preliminares);

II – projeto básico;

III – projeto executivo do sistema proposto.

I — Anteprojeto (Estudos preliminares)

1. Coleta e análise de dados e elementos disponíveis:

   - elementos topográficos: fotos de satélite, aerofotos e plantas antigas e atualizadas da bacia onde se insere a área em questão com e sem curvas de nível em grau de detalhamento adequado;

   - dados e informações sobre planejamento urbano da região onde se insere a área em questão e intervenções previstas pela entidade urbanizadora competente, tais como: setorização (tipo de uso previsto), canalização de córregos, avenidas, obras de arte especiais, modificações no sistema viário etc.;

   - dados cadastrais do sistema de drenagem de águas pluviais existente na área de estudo;

   - curvas características ou equações de "intensidade – duração – frequência" das precipitações (quando existentes);

   - dados pluviométricos na área de estudo e suas imediações e estudos de correlação;

   - dados fluviométricos de cursos de água situados na área de projeto e suas imediações (estudos de correlação).

2. Elaboração da planta geral da bacia onde se insere a área em questão, em escala adequada (considerando desenhos tamanho A1, normalmente de 1:25.000 a 1:100.000).

3. Determinação (e delimitação) da área de atendimento do projeto.

4. Reconhecimento da bacia contribuinte com atenção especial aos seguintes pontos:

   - índice de ocupação urbana;

   - índice de impermeabilização da bacia e suas tendências;

   - características da vegetação existente;

   - natureza dos solos encontrados na bacia.

5. Programação para obtenção de novos dados que se mostrem necessários ao bom entendimento das "condições de contorno" e à formulação de alternativas a serem avaliadas em número adequado (normalmente 2 ou 3).

6. Execução de levantamento topográfico (quando inexistente ou quando necessário complementar), devendo constar basicamente de:

   - levantamento planimétrico das vias existentes na área de projeto (com desenhos A1 em escala 1:2.000, ou 1:1.000 se a área for muito pequena);

   - nivelamento dos pontos de cruzamento e de mudança de greide e de direção dos logradouros existentes na área, assim como dos pontos notáveis (por exemplo, cotas do fundo dos cursos de água existentes, pontes, viadutos etc.);

   - levantamento cadastral de instalações subterrâneas que eventualmente possam interferir com a implantação das obras a serem projetadas.

7. Nova análise e consolidação dos dados e elementos disponíveis.

8. Estudo da bacia contribuinte e da área a ser drenada.

9. Demarcação da bacia e das sub-bacias de drenagem, suas linhas de cumieira (divisores de água) e seus

fundos de vale (talvegues), indicando, mediante setas, os sentidos de escoamento das águas pluviais nas vias contidas na área. Cada sub-bacia deverá ser identificada, e sua área avaliada com bom grau de precisão.

10. Fixação de critérios e parâmetros a serem obedecidos na concepção geral das alternativas de projeto por formular:

    - chuva crítica a ser considerada;
    - tempos de recorrência a serem adotados (se houver mais de um);
    - critérios para determinação das intensidades médias de precipitação (se for mais de uma);
    - índices de impermeabilização da bacia (ou das sub-bacias);
    - critérios para avaliação do coeficiente de escoamento superficial (de cada sub-bacia);
    - método a ser utilizado na avaliação das vazões de dimensionamento;
    - fórmulas e processos a serem utilizados no dimensionamento do sistema;
    - cursos de água receptores do efluente do sistema coletor.

11. Adoção de curvas de preço (custo) ou outros critérios similares que permitam avaliar os investimentos para a implantação (e manutenção) de cada alternativa formulada de forma que elas possam ser comparadas pelo critério preço. A margem de incerteza dos preços nessa fase, normalmente, é da ordem de até 20% para mais ou para menos; entretanto, admite-se que essa incerteza, seja qual for, incidirá igualmente para as alternativas em análise.

12. Elaboração de memorial descritivo e justificativo contendo o cotejo das alternativas analisadas (dos pontos de vista técnico e econômico) e o resultados dos estudos efetuados, com conclusão e recomendação.

II — Projeto Básico

1. Trata-se de desenvolver o projeto da alternativa selecionada de forma que esta possa ser orçada dentro de um grau de precisão adequado à sua programação e contratação (usualmente, espera-se uma avaliação com erro de, no máximo, 15% para mais ou para menos).

2. Aprimoramento do cálculo das vazões de dimensionamento para o sistema, com base nos estudos de intensidade-duração-frequência utilizáveis em problemas técnicos conexos ao esgotamento de águas

pluviais para a área do projeto. Confronto dos valores encontrados com os já verificados em medições ou estudos já efetuados para a mesma área ou suas imediações.

3. Estudo das obras complementares, necessárias, como obras de proteção e de dissipação de energia, obras de arte especiais etc.

4. Dimensionamento do sistema de galerias, levando em consideração os seguintes fatores:

   - diâmetro mínimo = 0,30 m;
   - altura mínima da seção retangular = 0,50 m;
   - recobrimento mínimo = 1 m;
   - altura de lâmina de água na galeria = $0,9 \times H$, sendo H a altura da seção retangular, ou $0,95 \times D$, sendo D o diâmetro da seção circular;
   - velocidade mínima = 0,75 m/s;
   - velocidade máxima = 5 m/s.

5. Dimensionamento das obras complementares necessárias.

6. Elaboração de memorial descritivo e justificativo das soluções adotadas em cada caso, contendo:

   - caracterização e descrição da área do estudo;
   - critérios e parâmetros do projeto;
   - avaliação das vazões a serem escoadas;
   - dimensionamento hidráulico das diversas partes;
   - pré-dimensionamento estrutural e especificações;
   - conclusões.

7. Elaboração de desenhos e demais peças gráficas em escala adequada à perfeita compreensão do sistema proposto. Recomenda-se que as plantas do sistema coletor sejam apresentadas em escala 1:2.000 e os perfis em escala H = 1:1.000 e V = 1:100.

8. Elaboração de especificações básicas de serviços, de materiais e de equipamentos, com caderno de encargos, critérios de medição.

9. Cálculo de quantidades de materiais e serviços.

10. Orçamento.

III — Projeto executivo do sistema proposto

Nessa fase deverá ser detalhado o projeto básico aprovado, objetivando a colocação em concorrência e a construção das obras.

Caracteriza-se por gerar documentação capaz de estabelecer um orçamento com margem de incerteza de até mais ou menos 10%.

Para isso será necessário:

1. Levantamento planialtimétrico-cadastral das faixas de implantação de coletores principais e dos canais para os cursos de água existentes, pontes, viadutos etc.

2. Cadastro das interferências do subsolo (sistemas de água, esgoto sanitário, eletricidade, gás, telefone e telex, eventualmente existentes na área), além de sondagens que possibilitem antever as dificuldades construtivas em função de tipos de escavação (rocha, areia, lençol de água etc.).

3. Calcular e desenhar o projeto estrutural das diversas partes.

4. Elaboração das especificações de materiais e serviços.

5. Elaboração das especificações para construção do sistema.

6. Cômputo das quantidades de materiais e serviços necessários à implantação do sistema.

7. Orçamento das obras a serem empreendidas.

B-I.3.10 Bueiros: dimensionamento hidráulico

Denominam-se "bueiros" as canalizações de pouca extensão destinadas a dar escoamento às águas contidas nos "talvegues"(fundos de vale). Sua implantação tem, normalmente, o objetivo da transposição de obstáculos colocados nos talvegues, tais como aterros de estradas e ferrovias, construções de fundo de vale etc.

O engenheiro Sérgio Thenn de Barros divulgou tabelas usuais no Departamento de Estradas de Rodagem do Estado de São Paulo, para estimativas de vazão e pré-dimensionamento de bueiros e vãos livres das obras de arte (Boletim do DER, n. 61, dez. 1950).

A *Tabela B-I.3.10-a* dá as descargas máximas que podem ser esperadas em função da área das bacias, admitida a precipitação de 50 mm/hora. Apresenta também as dimensões aproximadas dos condutos ou passagens adequadas ao escoamento previsto.

Comparadas com as obtidas com o Método Racional, as descargas da *Tabela B-I.3.10-a* correspondem a coeficientes de escoamento superficial variando de 0,17 (25 ha) a 0,08 (2.000 ha), valor médio de 0,125.

Para valores maiores de C convém compensar o valor da descarga multiplicando por C/0,125.

Para bacias de 25 a 1.750 hectares são indicados tubos de concreto, tubos de aço corrugado montados no local a partir de setores de cilindro (conhecidos vulgarmente por tubos ARMCO, tradicional fabricante desses tubos corrugados) e bueiros de alvenaria ou de concreto armado pré-moldados ou moldados no local. Para bacias maiores foi avaliado o vão livre necessário das pontes.

A *Tabela B-I.3.10-b* é inversa da *Tabela B-I.3.10-a*; ela indica a descarga máxima para cada seção de bueiro. A vazão foi calculada com base na fórmula de Manning, admitindo $I = 0,01$ e coeficientes n adequados aos materiais em consideração.

No caso de haver precipitações superiores a 50 mm/hora, basta multiplicar os valores dados na *Tabela B-I.3.10-a* pela relação $P/50$ e, a seguir, entrar com a nova descarga na *Tabela B-I.3.10-b*.

No Estado de São Paulo, só em algumas regiões a intensidade máxima ultrapassa 200 mm/hora. Ao longo do litoral há regiões com precipitações de 400 mm/hora.

Na *Tabela B-I.3.10-b* as descargas máximas correspondem a altura da lâmina = $0,9 \times H$ (H = altura da seção retangular), ou altura da lâmina = $0,95 \times D$ (D = diâmetro da seção circular).

Tabela B-I.3.10-a Descargas em bueiros e pontes (exemplos para avaliações, considerando i = 50 mm/h)

BUEIROS						PONTES		
Área da bacia	Descarga máxima	Tubos			Bueiros de alvenaria seção retangular	Área da bacia	Descarga máxima	Vão livre (aprox.)*
		Concreto DN	Aço corrugado DN					
hectares	m³/s	m	m	polegadas	m × m	hectares	m³/s	m
25	0,60	0,60	0,75	30	-	2.000	23,18	7,60
50	1,09	0,80	0,80	36	-	2.500	27,30	8,50
75	1,55	0,90	1,0	42	1,00 × 1,00	3.000	30,87	9,00
100	1,97	1,00	1,20	48	1,00 × 1,20	4.000	36,29	10,70
125	2,38	1,20	1,35	54	1,20 × 1,20	5.000	40,32	12,00
150	2,77	1,20	1,35	54	1,00 × 1,50	6.000	44,10	13,20
175	3,13	1,20	1,35	54	1,00 × 1,50	7.000	47,63	14,20
200	3,49	1,20	1,50	60	1,20 × 1,50	8.000	51,07	14,70
250	4,19	1,50	1,70	66	1,50 × 1,50	9.000	53,30	16,10
300	4,86	1,50	1,70	66	1,50 × 1,70	10.000	55,02	17,00
350	5,53	1,50	1,80	72	1,50 × 1,70	15.000	66,78	20,80
400	6,20	1,50	1,80	72	1,70 × 1,70	20.000	74,76	23,80
450	6,84	2 × 1,20	2,00	78	1,50 × 2,00	25.000	84,00	26,80
500	7,48	2 × 1,50	2,00	78	1,70 × 2,00	30.000	93,24	29,40
550	8,09	2 × 1,50	2,10	84	1,70 × 2,00	40.000	109,20	
600	8,67	2 × 1,50	2,10	84	2,00 × 2,00	50.000	121,80	
650	9,28	2 × 1,50	2,10	84	2,00 × 2,20	60.000	133,56	
700	9,85	2 × 1,50	2,30	90	2,00 × 2,20	70.000	147,00	
750	10,46	2 × 1,50	2,30	90	2,00 × 2,20	80.000	157,92	
800	11,02	2 × 1,50	2,30	90	2,00 × 2,20	90.000	166,32	
850	11,57	2 × 1,50	2,50	96	2,00 × 2,20	100.000	176,40	
900	12,17	2 × 1,50	2,50	96	2,50 × 2,20			
950	12,69	2 × 1,50	2,50	96	2,00 × 2,50			
1.000	13,27	-	2,50	96	2,00 × 2,50			
1.250	15,96	-	2,75	108	2,50 × 2,50			
1.500	18,52	-	3,00	120	2(2,00 × 2,00)			
1.750	20,87	-	3,00	120	2(2,00 × 2,20)			

*Vão (m) = extensão de rio a montante (km)

Tabela B-I.3.10-b

Bueiros de alvenaria		Tubos de concreto		Tubos de aço corrugado		
Seção	Descarga máxima	Diâmetro	Descarga máxima	Diâmetro		Descarga máxima
m × m	m³/s	m	m³/s	m	polegadas	m³/s
1,00 × 1,00	1,69	0,30	0,09	0,30	12	0,06
1,00 × 1,20	2,24	0,40	0,18	0,40	15	0,11
1,20 × 1,20	2,27	0,50	0,33	0,45	18	0,18
1,00 × 1,50	3,13	0,60	0,55	0,50	21	0,27
1,20 × 1,50	3,72	0,70	0,80	0,60	24	0,40
1,50 × 1,50	4,65	0,80	1,15	0,75	30	0,68
1,50 × 1,70	5,66	0,90	1,62	0,90	36	1,10
1,70 × 1,70	6,40	1,00	2,08	1,00	42	1,61
1,50 × 2,00	7,22	1,20	3,49	1,20	48	2,26
1,70 × 2,00	8,18	1,50	6,33	1,30	54	3,11
2,00 × 2,00	9,63	2 × 1,00	4,16	1,50	60	3,97
2,00 × 2,20	11,05	2 × 1,20	6,98	1,60	66	5,10
2,20 × 2,20	12,16	2 × 1,50	12,66	1,80	72	6,51
2,00 × 2,50	13,46			2,00	78	7,93
2,50 × 2,50	16,83			2,10	84	9,35
2(2,00 × 2,00)	19,26			2,30	90	11,33
2(2,00 × 2,20)	22,11			2,45	96	13,31
2(2,20 × 2,20)	24,32			2,75	108	17,84
2(2,20 × 2,50)	26,92			3,00	120	22,94
				3,80	150	37,00

Exercício B-I-a

A população futura estimada no projeto de abastecimento de água de uma cidade é de 18.000 habitantes. O manancial (uma represa) encontra-se a 3.500 m de distância, com um desnível de 14 m, aproveitável para a adução por gravidade. Dimensionar a adutora em conduto forçado, admitindo as seguintes hipóteses:

a) existência de um reservatório de distribuição, capaz de atender às variações horárias de consumo;

b) abastecimento direto, sem reservatório de distribuição.

Solução de a):

$$Q_1 = \frac{k_1 \times q \times P}{3.600 \times h} \rightarrow Q_1 = \frac{1,25 \times 200 \times 18.000}{3.600 \times 24} = 52 \ \ell/s$$

Com a carga disponível de 14 m, a perda de carga unitária é:

$J = 14/3.500 = 0,004$ m/m

Aplicando-se a fórmula de Hazen-Williams, encontra-se o diâmetro de distribuição satisfatório (considerando $C = 90$)

$D = 0,300$ m ($\equiv$ DN 300 mm) # $v = 0,75$ m/s

Solução de b):

Nesta hipótese, a tubulação deverá ter capacidade para atender à vazão da hora de maior consumo do dia de maior consumo, logo uma vazão maior do que na hipótese "a". Então,

$Q_2 = k_2 \times Q_1 = 1,50 \times 52 = 78 \ \ell/s$.

O diâmetro 0,3 m (DN 300) seria insuficiente.

Empregando a mesma fórmula, e admitindo a mesma rugosidade ($C = 90$), verifica-se ser suficiente:

$D = 0,35$ m (DN 350) # $v = 0,80$ m/s.

Exercício B-I-b

No projeto de abastecimento de água para uma cidade do interior está prevista uma população de 12.500 habitantes. A adução será feita por recalque, até um reservatório de distribuição cuja capacidade deverá ser estabelecida. Conhecendo-se a variação do consumo nessa cidade, determinar:

a) volume de reservatório, admitindo-se o recalque nas 24 horas;

b) volume do reservatório, considerando-se 8 horas de recalque.

Dados			Caso "a"			Caso "b"		
Período do dia (horas)	Consumo médio do dia (%)	Consumo no intervalo (%)	Vazão aduzida no período (%)	Sobra vazão no período (%)	Falta vazão no período (%)	Vazão aduzida no período (%)	Sobra vazão no período (%)	Falta vazão no período (%)
0 às 2	40	3,35	8,33	4,98				–3,35
2 às 4	40	3,35	8,33	4,98				–3,35
4 às 6	60	5	8,33	3,33				–5,00
6 às 8	110	9,2	8,33		–0,87			–9,20
8 às 10	145	12,05	8,33		–3,72	25,00	12,95	
10 às 12	140	11,7	8,33		–3,37	25,00	13,30	
12 às 14	145	12,05	8,33		–3,72	25,00	12,95	
14 às 16	130	10,8	8,33		–2,47	25,00	14,20	
16 às 18	140	11,7	8,33		–3,37			–11,70
18 às 20	115	9,6	8,33		–1,27			–9,60
20 às 22	75	6,2	8,33	2,13				–6,20
22 às 24	60	5	8,33	3,33				–5,00
		100,00	100,00	18,77	–18,77	100,00	53,40	–53,40

Solução do caso a):

Quantidade de água flutuante: 18,77%

$Q = k_1 \times q \times P = 1,25 \times 200 \times 12.500 = 3.125.000 \ \ell/d$

a) $18,77\% \times (3.125 \ m^3) = 587 \ m^3$

b) para combate a incêndios: $250 \ m^3$

c) reserva adicional de $33\% \times (587 + 250) = 276 \ m^3$

Capacidade do reservatório: $587 + 250 + 276 = 1.113 \ m^3$ (corresponde a cerca de 1/3 do volume diário).

Solução do caso b):

Quantidade de água flutuante: 56,40%

a) $53,40\% \times (3.125 \ m^3) \approx 1.669 \ m^3$;

b) para combate a incêndios: $250 \ m^3$;

c) reserva adicional de $33\% \times (1.669 + 250) = 633 \ m^3$

Capacidade do reservatório: $1.669 + 250 + 633 = 2.552 \ m^3$ (cerca de 80% do volume diário).

Exercício B-I-c

Projetar a rede de distribuição de água de uma vila com 910 m de extensão de ruas e com a topografia indicada na *Figura B-I-c*.

Para o alcance do projeto, são previstos:

- 140 habitações (economias ou ligação);
- 840 habitantes;
- 200 ℓ/d, a quota de água por habitante (média anual)
- 15 m.c.a., a pressão mínima admitida na rede;
- $k_1 = 1,25$ o coeficiente do dia de maior consumo;
- $k_2 = 1,50$ o coeficiente da hora de maior consumo.

Solução:

$200 \times 840 \times 1,25 = 210.000$ ℓ é o volume necessário no dia de maior consumo.

Esse volume corresponde a uma vazão de 210.000 litros por dia/86.400 segundos por dia = 2,43 ℓ/s

O volume do reservatório de distribuição, considerando-se 1/3 do volume do dia de maior consumo, é 210/3 = 70 m^3, sendo a vazão máxima a distribuir a da hora de maior consumo:

$2,43 \times 1,5 = 3,64$ ℓ/s.

Determina-se o coeficiente para cálculo da rede de distribuição:

3,64 ℓ/s/910 m = 0,004 ℓ/s por metro de tubulação

O dimensionamento da rede seguiu a sequência das operações indicadas (1 a 16) e encontra-se na folha de cálculo da *Tabela B-I.1.10-c*. Foi utilizada a fórmula de Hazen-Williams, com $C = 90$.

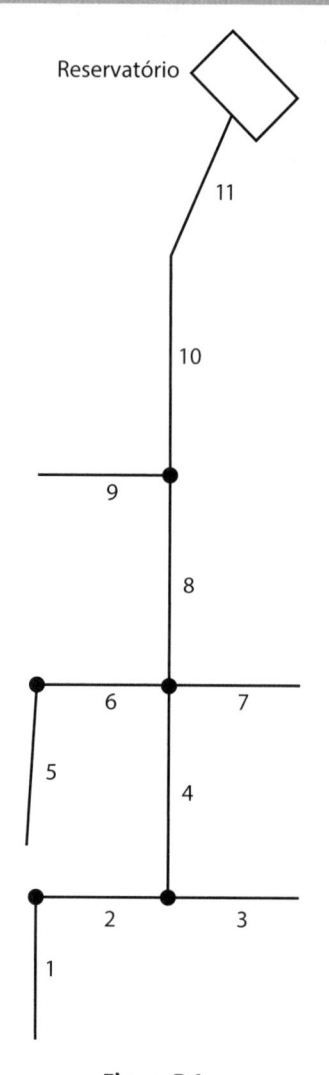

Figura B-I-c

Exercício B-I-d

Para a cidade de Ilhéus, Bahia, foram projetados dois anéis de abastecimento interligados, um destinado a suprir a denominada Cidade Velha, na época mais densamente construída e povoada; outro para a distribuição na Cidade Nova. Desse segundo circuito partia uma linha importante, destinada a suprir no futuro um dos bairros previstos para expansão da cidade (bairro do Malhado, com 17 ℓ/s).

Do levantamento topográfico cadastral da cidade e do recenseamento realizado, foram obtidos dados relativos àqueles distritos e feitas estimativas e previsões, conforme a *Tabela B-I-d*.

Estime as vazões de cada trecho da Cidade Velha e da Cidade Nova.

Tabela B-I-d

		Parâmetros iniciais		Parâmetros para o alcance do projeto	
		Cidade velha	Cidade nova	Cidade velha	Cidade nova
Área	ha	35	36	-	-
Extensão	m	9.450	6.956	-	-
Densidade de ruas	m/ha	268	193	-	-
Prédios ou ligações	Un	1.126	441	1.175	820
Densidade de prédios	lig/ha	32	12	34	23
Testada média dos lotes	m	16,7	31,6	16	17
Habitantes por prédio	hab/lig	5,6	6,3	6	6
População	hab	6.305	2.778	7.050	4.920
Densidade populacional por área	hab/ha	180	77	201	137
Densidade populacional linear	hab/m	0,67	0,40	0,75	0,70

Solução:

Usando os valores da *Tabela B-I-d*, uma cota *per capita* de 150 ℓ/hab/dia e um $k_1 \times k_2 = 1,50$, chegou-se às vazões:

a) anel I (Cidade Nova) 12,8 ℓ/s;
b) anel II (Cidade Velha) 18,4 ℓ/s.

Os dois circuitos foram devidamente traçados em um mapa da cidade. Em determinados cruzamentos de ruas foram estabelecidas as tomadas, de maneira a perfazer as vazões totais fixadas para as áreas servidas (*Figura B-I-d*).

Com essas vazões de carregamento e a partir do nó J foram estimadas as vazões dos trechos; os diâmetros foram adotados pela limitação da velocidade, e as perdas de carga, calculadas pela fórmula de Hazen-Williams com coeficiente de

rugosidade igual a 100. Com as vazões Q_0 e perdas de carga h_{f0} foi calculada a expressão:

$$\Delta = -\sum h_{f0} \bigg/ \left(\sum 1,85 \times \frac{h_{f0}}{Q_0} \right)$$

Obtida a correção Δ_0, foram calculadas as vazões corrigidas Q_1 ... e assim por diante. É interessante observar a rápida convergência dos erros; para o primeiro circuito eles foram, consecutivamente, −1,60, 0,29 e 0,00; e, para o seguinte, +1,57, −0,34 e −0,03.

Com base nos sinais obtidos para os valores de Q_3, pode-se indicar nos dois anéis o sentido de circulação da água.

O desenvolvimento dos cálculos na planilha a seguir.

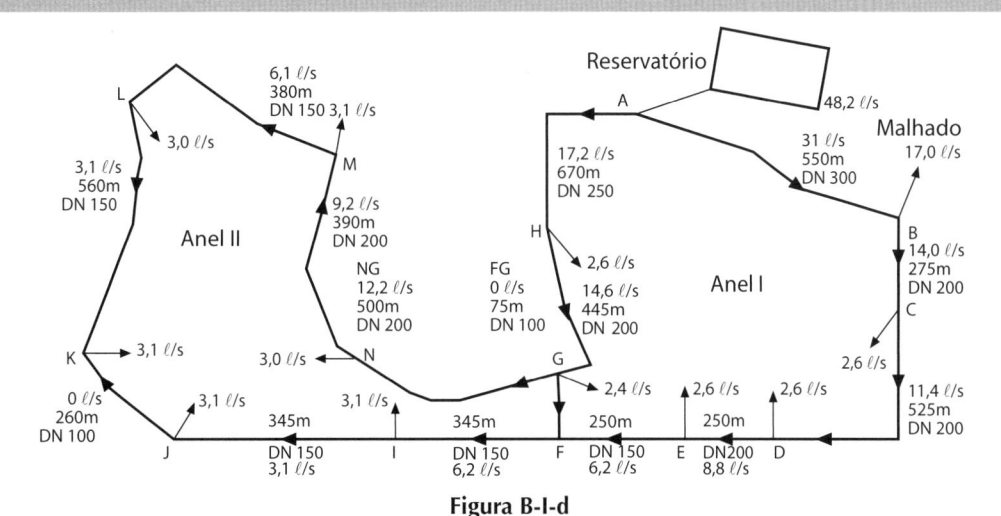

Figura B-I-d

Exercício B-I-d (continuação)

	Diâmetro mm	Comprimento m	Vazão Q_0 ℓ/s	h_{f0}	$1,85\frac{h_{f0}}{Q_0}$	Correção Δ_0	Vazão corrigida Q_1	h_{f1}	$1,85\frac{h_{f1}}{Q_1}$	Correção Δ_1	Vazão corrigida Q_2	h_{f2}	$1,85\frac{h_{f2}}{Q_2}$	Correção Δ_2	Vazão corrigida Q_3
AB	300	550	31,0	+0,60	0,036	−1,60	29,40	+0,52	0,035	+0,29	29,69	−0,54	0,035		29,69
BC	200	275	14,0	+0,48	0,066	−1,60	12,40	+0,40	0,061	+0,29	12,69	+0,40	0,061		12,69
CD	200	525	11,4	+0,69	0,105	−1,60	9,80	+0,49	0,095	+0,29	10,09	+0,53	0,097		10,09
DE	200	250	8,8	+0,19	0,041	−1,60	7,20	+0,13	0,034	+0,29	7,49	+0,14	0,035		7,49
EF	150	250	6,2	+0,40	0,120	−1,60	4,60	+0,22	0,095	+0,29	4,89	+0,26	0,100		4,89
						−1,60				+0,34					
FG*	100	75	0,0			−1,60	−3,17	−0,23	0,140	+0,29	−2,54	−0,17	0,120	0,03	−2,51
GH	200	445	−14,6	−0,88	0,110	−1,60	−16,20	−1,00	0,120	+0,29	−15,91	−1,00	0,120		−15,91
HA	250	670	−17,2	−0,61	0,066	−1,60	18,80	−0,72	0,073	+0,29	−18,51	−0,70	0,071		−18,51
				Σ= +0,87	0,544			Σ= −0,19	0,653			Σ= 0,00	0,639		

$$\Delta_0 = \frac{-0,87}{0,544} = -1,60 \ \ell/s \qquad \Delta_1 = \frac{0,19}{0,653} = 0,29 \ \ell/s \qquad \Delta_2 = 0$$

	Diâmetro mm	Comprimento m	Vazão Q_0 ℓ/s	h_{f0}	$1,85\frac{h_{f0}}{Q_0}$	Correção Δ_0	Vazão corrigida Q_1	h_{f1}	$1,85\frac{h_{f1}}{Q_1}$	Correção Δ_1	Vazão corrigida Q_2	h_{f2}	$1,85\frac{h_{f2}}{Q_2}$	Correção Δ_2	Vazão corrigida Q_3
FI	150	345	6,2	+0,55	0,170	+1,57	7,77	+0,86	0,205	−0,34	7,43	+0,80	0,200	−0,03	7,40
IJ	150	345	3,1	+0,16	0,097	+1,57	4,67	+0,32	0,127	−0,34	4,33	+0,29	0,125	−0,03	4,30
JK	100	260	0,0			+1,57	1,57	+0,22	0,259	−0,34	1,23	+0,15	0,220	−0,03	1,20
KL	150	560	−3,1	−0,25	0,150	+1,57	−1,53	−0,07	0,085	−0,34	−1,87	−0,10	0,097	−0,03	−1,90
LM	150	380	−6,1	−0,58	0,180	+1,57	−4,53	−0,35	0,143	−0,34	−4,87	−0,38	0,150	−0,03	−4,90
MN	200	390	−9,2	−0,32	0,066	+1,57	−7,63	−0,23	0,056	−0,34	−7,97	−0,25	0,058	−0,03	−8,00
NG	200	550	−12,2	−0,79	0,120	+1,57	−10,63	−0,60	0,104	−0,34	−10,97	−0,65	0,110	−0,03	−11,00
						+1,57				−0,34					
FG*	100	75	0,0			+1,60	3,17	+0,23	0,134	−0,29	2,54	0,17	0,120	−0,03	+2,51
				Σ =	−1,23	0,783		Σ= +0,38	1,113			Σ= +0,03	1,080		

$$\Delta_0 = \frac{1,23}{0,783} = 1,57 \ \ell/s \qquad \Delta_1 = \frac{-0,38}{1,113} = -0,34 \ \ell/s \qquad \Delta_2 = \frac{-0,03}{1,08} = -0,03 \ \ell/s$$

* O trecho FG recebe as correções dos dois anéis, por ser trecho comum. Observar convenção de sinais nas colunas de vazões e perdas de carga (sentido horário, positivo).

Exercício B-I-e

Dimensione hidraulicamente a rede coletora de esgoto do esquema da *Figura B-I-e*, considerando os seguintes parâmetros e dados:

- coeficiente de retorno $C = 0,8$
- consumos efetivos *per capita* $q_i = 120$ ℓ/hab × d
  $q_f = 160$ ℓ/hab × d
  "coeficientes de máxima contribuição"
  $k_1 = 1,2$
  $k_2 = 1,5$
- densidades populacionais $d_i = 130$ hab/ha e $d_f = 180$ hab/ha
- comprimento médio de ruas L*= 200 m/ha
- Taxas de infiltração: $T_I = 0,0009$ ℓ/s × m $T_{If} = 0,0006$ ℓ/s × m $= 0,12$ ℓ/s × ha
- Diâmetro mínimo – DN 100
- Cobertura mínima – 1 m

1) Cálculo das taxas de contribuição:

$q_{xi} = 0,0011$ ℓ/s × m
$q_{xf} = 0,0024$ ℓ/s × m
$q_{af} = 0,48$ ℓ/s × ha

$T_{xi} = 0,002$ ℓ/s × m
$T_{xf} = 0,003$ ℓ/s × m

2) Cálculo das vazões concentradas (contribuições futuras das áreas de expansão):

$Q_c = T_{a,f} \times A$ onde $T_{af} = q_{af} + T_{If}$, e A é a área de expansão, então $Q_{c1} = 2,4$ ℓ/s, $Q_{c2} = 2,4$ ℓ/s e $Q_{c3} = 3,6$ ℓ/s

3) Cálculo das declividades:

Em cada trecho foram comparadas as declividades mínima, do terreno e econômica (profundidade mínima a jusante).

Nos trechos 1-2, 3-2 e 1-4 foram adotadas declividades econômicas inferiores às do terreno; nos demais trechos foram adotadas as maiores declividades reveladas pelas comparações em cada trecho.

4) Planilha:

Os cálculos seguiram os passos já indicados na seção B-I.2.11, e os resultados encontram-se na planilha seguinte.

Exercício B-I-e (continuação)

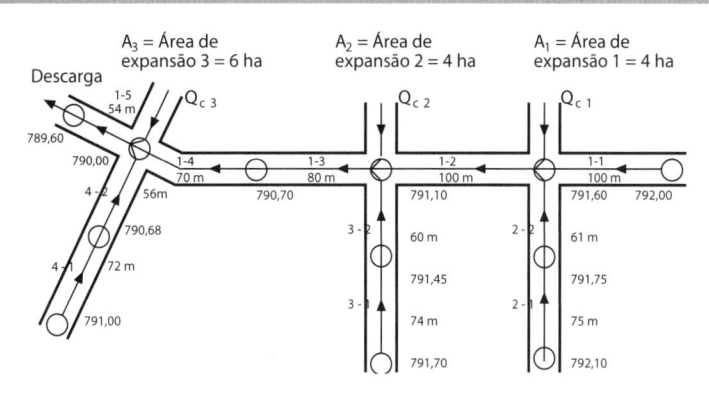

A₃ = Área de expansão 3 = 6 ha

A₂ = Área de expansão 2 = 4 ha

A₁ = Área de expansão 1 = 4 ha

Figura B-I-e

1	2	3	4	5	6	7	8	9	10	11	12	13	14	15	16	17
PLANILHA DE CÁLCULO REDE DE ESGOTO					**BACIA: SUB-BACIA:**						**CÁLCULO: VERIFICADO:**			**DATA**		**FOLHA**
Trecho	Extensão (m)	Taxa de contr. Lin (ℓ/(s×m)) inicial/final	Contr. trecho (ℓ/s) inicial/final	Vazão a montante inicial/final	Vazão a jusante inicial/final	Diâmetro (DN)	Declividade (m/m)	Cota do terreno (m) montante/jusante	Cota do coletor montante/jusante	Profund. coletor montante/jusante	Profundidade do PV/PI a jusante (m)	Lâmina líquida inicial/final	v_i (m/s) v_f (m/s)	Tensão trativa (Pa)	v_c (m/s)	Observações
1-1	100	0,002 0,003	0,20 0,30	-	0,20 0,30	100	0,0045	792,00 791,60	790,90 790,45	1,10 1,15	1,22	0,46 0,46	0,42 0,42	1,08	2,91	
2-1	75	0,002 0,003	0,15 0,23	-	0,15 0,23	100	0,0047	792,10 791,75	791,00 790,65	1,10 1,10	1,10	0,45 0,45	0,43 0,43	1,10	2,87	
2-2	61	0,002 0,003	0,12 0,18	0,15 0,23	0,27 0,41	100	0,0045	791,75 791,60	790,65 790,38	1,10 1,22	1,22	0,46 0,46	0,42 0,42	1,08	2,91	
Q_{c1}					2,40											
1-2	100	0,002 0,003	0,20 0,30	0,47 3,11	0,67 3,41	150	0,0045*	791,60 791,10	790,38 789,93	1,22 1,17	1,17	0,27 0,40	0,43 0,52	1,08	3,37	
3-1	74	0,002 0,003	0,15 0,22	-	0,15 0,22	100	0,0045	791,70 791,45	790,60 790,27	1,10 1,18	1,18	0,46 0,46	0,42 0,42	1,08	2,91	
3-2	60	0,002 0,003	0,12 0,18	0,15 0,22	0,27 0,40	100	0,0045*	791,45 791,10	790,27 790,00	1,18 1,10	1,17	0,46 0,46	0,42 0,42	1,08	2,91	
Q_{c2}					2,40											
1-3	80	0,002 0,003	0,16 0,24	0,94 6,21	1,10 6,45	150	0,0050	791,10 790,70	789,93 789,53	1,17 1,17	1,17	0,26 0,56	0,44 0,64	1,13	3,77	
1-4	70	0,002 0,003	0,14 0,21	1,10 6,45	1,24 6,66	150	0,0097*	790,70 790,00	789,53 788,58	1,17 1,15	1,15	0,22 0,47	0,54 0,83	1,89	3,56	
4-1	72	0,002 0,003	0,14 0,22	-	0,14 0,22	100	0,0045	791,00 790,68	789,90 789,58	1,10 1,10	1,10	0,46 0,46	0,42 0,42	1,08	2,91	
4-2	56	0,002 0,003	0,11 0,17	0,14 0,22	0,25 0,39	100	0,0121	790,68 790,00	789,58 788,90	1,10 1,10	1,15	0,36 0,36	0,63 0,63	2,40	2,64	
Q_{c3}					3,60											
1-5	54	0,002 0,003	0,11 0,16	1,49 10,65	1,60 10,81	150	0,0074	790,00 789,60	788,85 788,45	1,15 1,15	1,15	0,24 0,70	0,52 0,83	1,61	3,96	Descarga

* Declividades menores que as do terreno Q_c = vazões futuras das áreas de expansão.

Observação: em lugar dos valores da coluna 6 < 1,5 ℓ/s, foi utilizado este valor nos cálculos (colunas 7, 8, 13 a 16).

Exercício B-I-f

Uma área de loteamento na periferia da cidade de Bauru, com 200 ha, tem suas vertentes para um talvegue de 2,7 km de extensão e diferença de cotas entre o ponto mais alto e a seção de drenagem igual a 98 m. Determinar a vazão máxima na seção de drenagem para a recorrência de 25 anos. Considerar o coeficiente de escoamento superficial igual a 0,30.

Solução:

Pela equação de Califórnia Highways:

$$t_c = 57 \times \left(\frac{L^3}{H}\right)^{0,385} \quad L = 2,7 \text{ km} \quad \text{e} \quad H = 98 \text{ m}$$

$t_c = 30$ min.

$t = t_c = 30$ min.

Para retorno de 25 anos em Bauru (*Tabela B-I.3.4-b*) e 30 min de duração resulta:

$$h = 58,3 \text{ mm} \quad \text{e} \quad i = \frac{h}{t} = 1,94 \text{ mm/min.}$$

ou $i = 0,32$ m^3/s $\times$ ha (1 mm/min. = 1/6 m^3/s $\times$ ha).

$Q = C_m \times i_m \times A = 0,30 \times 0,32 \times 200 = 19,20$ m^3/s.

Exercício B-I-g

Determinar a capacidade hidráulica das sarjetas de uma rua com declividade de 0,5%.

Solução:

$I = 0,5\% = 0,005$ m/m

$$Q = \frac{0,28}{0,016} \times 0,063^{2/3} \times 0,005^{1/2} \cong 0,200 \text{ m}^3/\text{s}$$

Considerando os dois lados da rua, resulta: $Q = 0,400$ m^3/s

Quando a vazão da enxurrada superar esse valor, são necessárias bocas de lobo.

Exercício B-I-h

Faça o dimensionamento hidráulico das galerias do esquema da *Figura B-I-g*, atendendo aos seguintes critérios:

- recobrimento mínimo = 1 m;
- profundidade máxima = 3 m;
- diâmetro mínimo = DN 300 mm;
- velocidade mínima = 0,75 m/s;
- velocidade máxima = 3,50 m/s;
- chuvas com recorrência de 10 anos e duração de 5 min.

Preenchimento da planilha de cálculo:
- *Trecho, extensão e área*.

Conforme dados do esquema
- *Tempo de concentração (t_c)*

Nas áreas contribuintes dos trechos iniciais, (1-2), (3.1-3) e (5.1-5), adotar $t_c = 5$ min. Nos outros trechos, t_c é igual ao t_c do trecho anterior, acrescentado do tempo de escoamento t_e do dito trecho.

Por exemplo: $t_c (2-3) = t_c(1-2) + t_e(2-3)$

Nos trechos (3-4) e (5-canal), adotar o maior valor de $t_c + t_e$ entre as galerias principal e afluente.

- *Coeficiente de escoamento (C_m)*

Nos trechos iniciais, (1-2), (3.1-3) e (5.1-5), são os das áreas contribuintes constantes na figura. Nos outros trechos são as médias ponderadas dos coeficientes de escoamento das áreas contribuintes, com essas áreas como pesos.

Por exemplo:

$$C_{m2-3} = \frac{C_m \times A_1 + C_m \times A_2}{A_1 + A_2}$$

- *Intensidade (i)*

Obtida em curva (ou equação) intensidade $\times$ duração $\times$ recorrência aplicável ao local, considerando duração = t_c. Nesse caso foi adotada a equação de Occhipinti e Santos, válida para São Paulo, com recorrência de 10 anos (*Figura B-I.3.7-a*).

- *Vazão (Q)*

Obtida pela aplicação do método racional:

$Q = C_m \times i_m \times A$ (A = Área total do trecho)

- *Diâmetro e declividade (D e I)*

Inicialmente se adota o diâmetro mínimo e a declividade econômica (a do terreno). Com esses valores obtém-se, através de uma fórmula prática (Manning), os valores de Q_p = vazão a seção plena e de v_p = velocidade a seção plena. Nesse caso foram utilizadas as *Equações (I.3.1)* e *(I.3.2)*.

Se $Q_p < Q$, aumenta-se o diâmetro ou a declividade até que $Q_p \geq Q$, anotando-se os novos valores de Q_p e v_p.

Exercício B-I-h (continuação)

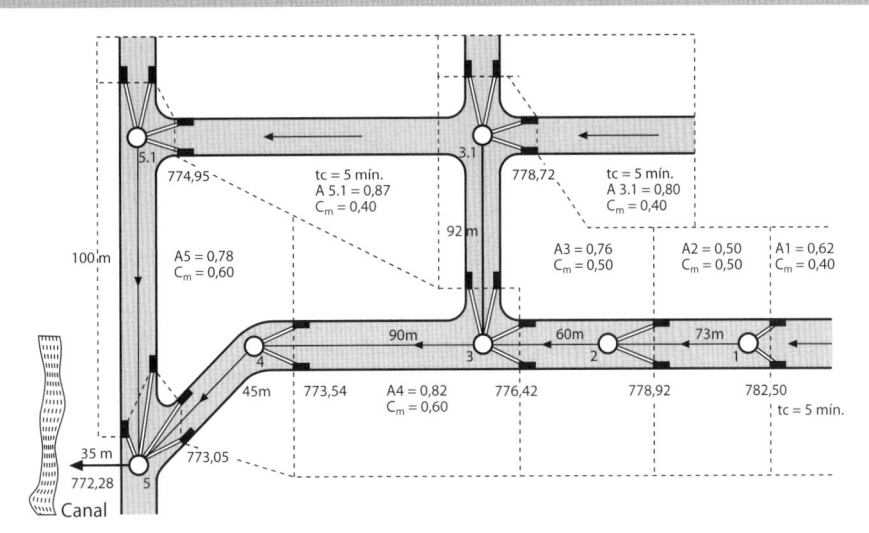

Figura B-I-g

- *Cotas do terreno, do coletor e profundidades*

As cotas do terreno constam na *Figura B-I-g.*

As cotas do coletor são: a montante, igual a de jusante do trecho anterior, acrescentando-se a diferença de diâmetros, se houver; a jusante, igual a de montante menos $I \times L$ (extensão).

As profundidades resultam das diferenças entre cotas do terreno e do coletor, observando-se os limites de cobertura mínima e profundidade máxima.

Se a cobertura resultar num valor menor que a mínima, aumenta-se a declividade (novos valores de Q_p e v_p); se a profundidade resultar num valor maior que a máxima, reduz-se a declividade (novos valores de Q_p e v_p), introduzindo-se um degrau a montante para manter a cobertura mínima (se for o caso).

- *Velocidade real e tempo de escoamento* (v e t_e)

Com a relação Q/Q_p, obtém-se em tabela ou gráfico a relação v/v_p, da qual resulta v e $t_e = L/v$, com o qual se obtém o t_c do trecho seguinte. Neste caso foi utilizada a *Tabela B-I.3.8-c.*

Se $v < 0,75$ m/s, aumenta-se a declividade; se $v > 3,50$ m/s, reduz-se a declividade, criando-se o degrau a montante para manter a cobertura mínima.

- *O desenvolvimento dos cálculos e os resultados estão expressos na planilha a seguir:*

PLANILHA DE CÁLCULO ÁGUA PLUVIAL – GALERIAS										BACIA : SUB-BACIA:		CÁLCULO: VERIFICADO:				DATA		FO-LHA
		Área								Cotas do terreno		Cotas do coletor		Profundida-de coletor				
Trecho	Extensão (m)	trecho (ha)	total (ha)	Concentração (min)	Coef. escoam. C_m	Intensidade (ℓ/s × ha)	Vazão (ℓ/s)	Diâmetro (DN)	Declividade (m/m)	montante (m)	jusante (m)	montante (m)	jusante (m)	montante (m)	jusante (m)	Velocidade (m/s)	Tempo escoam. (min)	Observação
1-2	73	0,62	0,62	5,0	0,40	486,5	120,7	300	0,049	782,50	778,92	781,20	777,62	1,30	1,30	3,00	0,40	
2-3	60	0,50	1,12	5,4	0,44	480,9	237,0	400	0,042	778,92	776,42	777,52	775,00	1,40	1,42	3,42	0,30	Degrau 0,73
3.1-3	92	0,80	0,80	5,0	0,40	486,5	155,7	400	0,025	778,72	776,42	777,32	775,02	1,40	1,40	2,50	0,60	Degrau 0,75
3-4	90	0,76	2,68	5,7	0,43	480,9	554,2	500	0,025	776,42	773,54	774,27	772,02	2,15	1,52	3,41	0,40	Vide notas
4-5	45	0,82	3,50	6,1	0,48	472,6	794,0	600	0,017	773,54	773,05	771,92	771,15	1,62	1,90	3,21	0,20	Vide notas
5.1-5	100	0,87	0,87	5,0	0,40	486,5	169,3	400	0,019	774,95	773,05	773,55	771,65	1,40	1,40	2,34	0,70	Degrau 0,50
5-canal	35	0,78	5,15	6,3	0,49	472,6	1.192,6	800	0,014	773,05	772,28	770,95	770,46	2,10	1,82	3,38	0,20	Vide notas

NOTA: Os trechos 3-4 e 5-canal têm declividade menor que a do terreno, para manter a velocidade abaixo do limite de 3,50 m/s; daí os degraus nos trechos afluentes. O trecho 4-5 tem declividade maior, devido à vazão. As profundidades a montante sofrem influências das diferenças de diâmetro, para manter o recobrimento mínimo de 1 m e o alinhamento das geratrizes superiores dos tubos.

Exercício B-I-i

Em uma estrada nas proximidades de Taubaté, pretende-se construir um bueiro para travessia de um ribeirão cuja bacia de drenagem a montante da estrada mede 7,6 km², com comprimento de talvegue de 6,4 km e diferença de cotas entre o ponto mais alto do talvegue e a seção de drenagem de 110 m. A largura do aterro da estrada na base é de 37,8 m, com cota do álveo do ribeirão a jusante de 590 m. Na plataforma da estrada a largura é de 25 m, e a cota, 596,4 m. A curva chave das vazões a jusante do aterro é a seguinte:

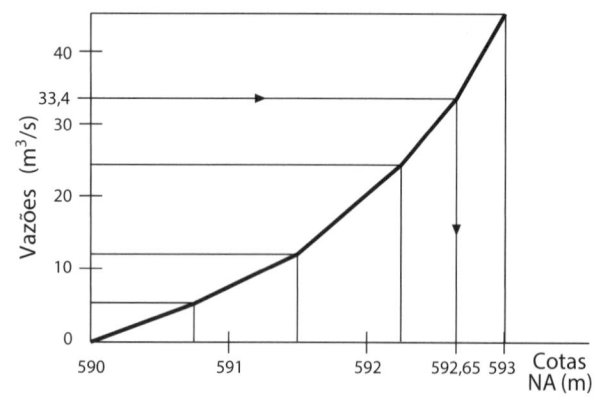

Cotas NA	590,00	590,75	591,50	592,25	593,00
Vazões	0	5,2	12,0	24,3	45,0

Solução:

• Critérios

Para a cheia com retorno de 10 anos, não há afogamento do bueiro (conduto livre) e $v \leq 3$ m/s.

Para a cheia com retorno de 50 anos, a altura do NA a montante não deve superar 3 vezes o diâmetro (ou altura) do bueiro, nem ultrapassar a cota da plataforma da estrada.

Calcule as vazões para retornos de 10 e 50 anos e escolha a seção do bueiro que deve ser utilizada.

• Cálculo das vazões para retornos de 10 e 50 anos

Pela fórmula de Picking, o tempo de concentração é:

$t_c = 5,3 \times (L^2/I)^{1/3}$ $L = 6,4$ km e $I = 110/6.400 = 0,017$ m/m
$t_c = 71$ min.   e $t_c = t$ (duração)

Pela *Tabela B-I.3.4-b* (Taubaté) temos,

Para $T_R = 10$ anos
Duração: 60 min   altura pluviométrica: 56,40 mm
Duração: 120 min   altura pluviométrica: 70,90 mm
interpolando: 71 min   56,40 mm e
$i = 56,40/71 = 0,79$ mm/min $= 0,13$ m³/s × ha

Para $T_R = 50$ anos
Duração: 60 min   altura pluviométrica: 74,6 mm
Duração: 120 min   altura pluviométrica: 95,2 mm
interpolando: 71 min   74,6 mm e
$i = 74,6/71 = 1,05$ mm/min. $= 0,18$ m³/s × ha

Pela fórmula do método racional, com $C_m = 0,20$ e $A = 760$ ha,
$Q_{10} = C_m \times i \times A = 0,20 \times 0,13 \times 760 = 21,3$ m³/s
$Q_{50} = C_m \times i \times A = 0,20 \times 0,18 \times 760 = 27,36$ m³/s

• Escolha da seção do bueiro

Para a vazão $Q_{10} = 21,3$ m³/s, a *Tabela B-I.3.10-b* sugere a escolha de 4 tubos de diâmetro 1,50 m e lâmina $= 0,95 \times D$ (vazão máxima).
$y/D = 0,95$

Na *Tabela B-I.3.8-c*, o valor $y/D = 0,95$ fornece os seguintes coeficientes:
$R_H/D = 0,2865$ e $A/D^2 = 0,7707$
$A = 0,7707 \times 1,50^2 = 1,734$ m²

$$v = \frac{Q_{10}}{4 \times A} = \frac{21,3}{4 \times 1,734} = 3,07 \text{ m/s,}$$
superior a 3 m/s, solução não aceita.

1ª alternativa (seção circular)

3 tubos de diâmetro 1,80 m e lâmina $= 0,95 \times d$
$A/D^2 = 0,7707$ e $A = 0,7707 • 1,80^2 = 2,497$ m²
$$v = \frac{Q_{10}}{3 \times A} = \frac{21,3}{3 \times 2,497} = 2,84 \text{ m/s,}$$

abaixo do limite (3 m/s).

Pela fórmula de Manning com $n = 0,014$,

$$v = \frac{1}{n} \times R_H^{2/3} \times I^{1/2} \quad \therefore \quad I = \left(\frac{v \times n}{R_H^{2/3}}\right)^2$$

Com $v = 2,84$ m/s e $R_H = 0,2865 \times 1,80 = 0,516$ a declividade do tubo resulta $I = 0,0038$ m/m.

Cota da soleira a montante $=$ cota a jusante $+ 0,0038 \times 37,80$
$= 590 + 0,15 = 590,15$ m.

Limite do NA a montante $= 590,15 + 3 \times 1,80 = 595,55$ m, abaixo portanto da plataforma da estrada (596,40 m).

• Verificação do Critério 2 (conduto forçado)

$Q_{50} = 33,4$ m³/s   e Q_{50}/tubo $= 11,13$ m³/s

Sendo $D = 1,80$ m e $C = 100$, a expressão de Hazen-Williams nos dá:

$$J = 10,643 \times \left(\frac{Q}{C}\right)^{1,85} \times D^{-4,87} =$$
$$= 10,643 \times 0,1113^{1,85} \times 1,80^{-4,87} = 0,0105 \text{ m/m}$$

$h_{f1} = J \times 37,80 = 0,39$ m

$h_{f2} = \sum K \times \dfrac{v_2^2}{2 \times g}$, onde as perdas localizadas são:

entrada $k = 0,50$, com $v = \dfrac{Q}{A} = \dfrac{11,13}{0,7854 \times 1,80^2} = 4,37$

saída $k = 1,00$

$\sum K = 1,50$ e $\dfrac{v_2^2}{2 \times g} = 0,974$

Exercício B-I-i (continuação)

$h_{f2} = 1,50 \times 0,974 = 1,46$ m

$h_f = h_{f1} + h_{f2} = 0,39 + 1,46 = 1,85$ m

Pela curva chave das vazões, para $Q_{50} = 33,4$ m³/s, o NA a jusante é 592,65 m.

NA montante = NA jusante + h_f

NA montante = 592,65 + 1,85 = 594,50 m,

abaixo do limite calculado (595,55 m), portanto, solução aceita.

2ª alternativa (seção retangular)

Para a vazão $Q_{10} = 21,3$ m³/s, a *Tabela B-I.3.10-b* sugere a dupla seção retangular:

$2 \times (2,0 \times 2,2)$ e lâmina = $0,90 \times H$

$0,90 \times H = 1,80/A = 1,80 \times 2,20 = 3,96$ m²

$P = 2 \times 1,80 + 2,20 = 5,80$ m²

$R_H = \dfrac{A}{P} = \dfrac{3,96}{5,80} = 0,683$ m²

$v = \dfrac{Q_{10}}{2 \times A} = \dfrac{21,3}{2 \times 3,96} = 2,69$ m/s , abaixo do limite (3 m/s)

Da fórmula de Manning com $n = 0,014$

$$I = \left(\dfrac{v \times n}{R_H^{2/3}}\right)^2 = \left(\dfrac{2,69 \times 0,014}{0,683^{2/3}}\right)^2 = 0,024 \text{ m/m}$$

Cota da soleira a montante = $590,00 + 0,0024 \times 37,80 = 590,09$ m

Limite do NA a montante = $590,09 + 3 \times 2,0 = 596,09$ m, abai-

xo da cota da plataforma da estrada (596,40 m).

• *Verificação do Critério 2 (conduto forçado)*

$Q_{50} = 33,4$ m³/s e $Q_{50}/$tubo = 16,70 m³/s

$A = 2,00 \times 2,20 = 4,40$ m²

$P = 2 \times (2,00 + 2,20) = 8,40$ m

$R_H = \dfrac{A}{P} = 0,524$ m

$D_H = 4 \times R_H = 2,10$ m (diâmetro hidráulico)

Pela fórmula de Hazen-Williams com $C = 100$, temos:

$$J = 10,643 \times \left(\dfrac{Q}{C}\right)^{1,85} \times D_H^{-4,87} =$$

$$= 10,643 \times 0,167^{1,85} \times 2,10^{-4,87} = 0,010 \text{ m/m}$$

$h_{f1} = J \times 37,80 = 0,378$ m

$$v = \dfrac{Q_{50}}{2 \times A} = \dfrac{33,40}{2 \times 4,40} = 3,795 \text{ m/s}$$

$$h_{f2} = 1,50 \times \dfrac{v_2^2}{2 \times g} = 1,50 \times \dfrac{3,795^2}{2 \times 9,81} = 1,102 \text{ m}$$

$$h_f = h_{f1} + h_{f2} = 0,378 + 1,102 = 1,48 \text{ m}$$

Então, NA montante = NA jusante + h_f = 592,65 + 1,48 = 594,13 m, abaixo do limite calculado (596,09 m); solução aceita.

Uma terceira alternativa seria uma ponte, com certeza de custo maior que as soluções acima, cujo vão livre aproximado seria de 10 m, conforme *Tabela B-I.3.10-a*.

A hidrovia Jacuí-Taquari, RS, entroncamento rodoferroviário no município de Estrela.
Empreendimento da Portobrás, executado através do DPRC e do governo do Rio Grande do Sul.

Instalações Prediais

Instalações Prediais

B-II.1 INSTALAÇÕES PREDIAIS DE ÁGUA

B-II.1.1 Introdução

Até a 8ª edição deste livro, pressupunha-se sempre que a água a ser distribuída nas instalações prediais era considerada "potável".

Tal assertiva permanece válida para esta 9ª edição, entretanto, já não se pode ignorar que existe um caminho, que começa a ser trilhado, separando o sistema de água predial em 2 tipos: um mais nobre, que permanece sendo a água potável, e outro para usos menos nobres, em que se aceitam águas de reúso, com certa salinidade ou de outras origens (como águas pluviais armazenadas e tratadas).

As águas menos nobres (sempre desinfetadas, estéreis, ou seja, sem organismos patogênicos) são destinadas a fins tais como descargas de vasos sanitários, lavagem de pisos e de carros, rega de jardins, sistemas de refrigeração, enfim, uma série de utilizações, sempre com vistas a economizar.

Por enquanto, o normal é que as instalações hidráulico-sanitárias dos edifícios considerem as normas, os códigos e os regulamentos em vigor no município da edificação. O presente item está baseado na norma NBR 5626/1998 da ABNT (Bib. A045).

Para as instalações prediais de água fria são conhecidos três tipos diferentes:

a) *Distribuição direta*. Todos os aparelhos e torneiras de um edifício são alimentados diretamente pela rede pública de abastecimento.

b) *Distribuição indireta*. Todos os aparelhos e torneiras de um prédio são supridos por um reservatório superior do edifício ou por meio de um sistema dito hidropneumático, onde os pontos de consumo são alimentados através de um conjunto motor-bomba compressor-tanque hidropneumático, cuja finalidade é assegurar a pressão desejável no sistema. Nesse caso, é desnecessário o reservatório superior.

c) *Misto*. Algumas torneiras e aparelhos são alimentados diretamente pela rede pública, enquanto que outros são supridos pelo reservatório predial.

A distribuição de água direta só é admitida e adotada nas comunidades em que o abastecimento de água é contínuo, suficiente e satisfatório quanto às pressões (o que é raro na América Latina).

A distribuição indireta é feita onde a direta não é possível e em edifícios de grande altura. Normalmente, o reservatório superior, que faz a distribuição no prédio, é suprido por bombas que retiram água de um reservatório inferior, normalmente chamado de cisterna, alimentado pela rede pública.

O tipo misto é o mais frequente, sendo adotado nas residências e outros consumidores na maioria das cidades brasileiras e latino-americanas.

B-II.1.2 Partes componentes de uma instalação

Nas instalações de distribuição mista, caso que engloba os demais, podem ser consideradas as seguintes partes principais:

a) ramal predial (alimentador predial);
b) medidor (hidrômetro);
c) reservatório inferior (cisterna);
d) instalação de recalque (bombeamento);
e) reservatório de distribuição (superior);
f) barrilete (ou colar);
g) colunas de distribuição;
h) ramais de distribuição;
i) sub-ramais ou ligações dos aparelhos;
j) aparelhos sanitários;
k) válvulas e acessórios;

B-II.1.3 Bases para projeto

O diâmetro nominal mínimo normalmente admitido para as canalizações prediais é o DN 15 mm e corresponde ao DN mínimo disponível no mercado.

A velocidade da água nas tubulações prediais não deve ultrapassar os seguintes limites: $v \leq 14 \times \sqrt{DN}$ e $v \leq 3$ m/s (sendo o DN em metros).

Esses limites permitem estabelecer critérios de pré-dimensionamento das canalizações (*Tabela B-II.1.3-a*).

A perda de carga unitária nas tubulações do barrilete (ou colar) e nos trechos mais elevados das colunas (último pavimento) não deve ultrapassar 8% ($J = 0,08$ m/m). Nos demais pavimentos, os próprios limites de velocidade restringem a perda de carga a valores aceitáveis.

As perdas de carga podem ser determinadas pela fórmula de Flamant (*Tabela A-8.2.11-a*) ou pela expressão de Fair-Whipple e Hsiao (*item A-8.2.11*).

As pressões disponíveis mínimas devem atender às vazões de projeto estabelecidas para o bom funcionamento dos aparelhos. Os limites recomendados são: mínima de 10 kPa (1 m.c.a.), com exceção de caixa de descarga (5 kPa ou 0,5 m.c.a.) e válvula de descarga (15 kPa ou 1,5 m.c.a.); pressão estática máxima de 400 kPa (40 m.c.a.). Nos edifícios muito altos, a limitação das pressões pode ser conseguida mediante o emprego de dispositivos redutores de pressão (ver *itens A-10.2.1.2* e *A-10.2.1.8*).

Tabela B-II.1.3-a Velocidades e vazões máximas em tubulações de instalações prediais, sob pressão

Diâmetros nominais		Área da seção	Velocidade máxima	Vazão máxima
(mm)	(pol)	(m²)	(m/s)	(ℓ/s)
15	1/2	0,00013	1,60	0,20
20	3/4	0,00028	1,93	0,55
25	1	0,00049	2,21	1,10
30	1 1/4	0,00080	2,50	2,00
40	1 1/2	0,00112	2,73	3,00
50	2	0,00196	3,00	5,90
60	2 1/2	0,00283	3,00	8,50
75	3	0,00442	3,00	13,26
100	4	0,00785	3,00	23,55
125	5	0,01226	3,00	36,78

B-II.1.4 Estimativa das vazões

Nas instalações hidráulicas prediais podem ser considerados os consumos ou vazões relacionados a seguir:

a) Consumo máximo diário. Volume máximo previsto para utilização no edifício, em 24 horas;

b) Vazão máxima possível. Vazão instantânea decorrente do uso simultâneo de todos os aparelhos;

c) Vazão máxima provável. Vazão instantânea que pode ser esperada com o uso normal dos aparelhos (nem todos os aparelhos são utilizados ao mesmo tempo).

O primeiro valor (consumo máximo diário) serve para o dimensionamento do ramal predial, hidrômetro, ramal de alimentação e reservatório, nos sistemas de distribuição indireta.

Na estimativa dos consumos devem ser respeitadas as vazões de projeto sugeridas pela norma (*Tabela B-II.1.4-a*).

A vazão máxima possível, ou vazão total dos aparelhos, é levada em conta quando se consideram as ligações e os ramais de distribuição que suprem aparelhos utilizados simultaneamente (um conjunto de lavatórios de uma fábrica e uma bateria de chuveiros em um internato são exemplos característicos).

Os seguintes consumos normais para os diversos aparelhos sanitários são recomendados pela NBR 5626/98 (Bib. A045).

Esses valores correspondem a consumos satisfatórios, com alguma folga.

Nos grandes edifícios, as canalizações principais (colar, colunas e ramais de distribuição) não são dimensionadas para a vazão máxima possível (consumo total), mas para a vazão máxima provável (consumo normal).

São três os métodos usualmente empregados para a estimativa das vazões máximas prováveis:

a) aplicação de dados práticos de consumo simultâneo (curvas de consumo simultâneo, obtidas por observação);

b) aplicação da teoria das probabilidades, atribuindo-se pesos diferentes aos aparelhos (método Roy B. Hunter);

c) aplicação de critérios regulamentares ou normativos (norma da ABNT, por exemplo).

No primeiro caso, as vazões são estimadas a partir das vazões de projeto de aparelhos (*Tabela B-II.1.4-a*). Como normalmente os aparelhos sanitários de um prédio não são utilizados todos ao mesmo tempo, aplicam-se para as somas das vazões coeficientes de redução relativos aos usos prováveis e simultâneos correspondentes.

Antes da publicação da Norma para Instalações Prediais de Água Fria (Bib. A045), vinham sendo adotados em São Paulo os coeficientes apresentados graficamente na *Figura B-II.1.4-a*.

A estimativa de demanda decorrente do provável uso simultâneo dos aparelhos também pode ser feita pelo método de Roy B. Hunter. Esse método, baseado no cálculo das probabilidades, consiste em atribuir um peso para cada tipo de aparelho e relacionar a soma total dos pesos de todos os aparelhos às vazões máximas prováveis. Os pesos são estabelecidos por comparação dos efeitos produzidos pelos diferentes tipos de aparelhos (*Tabelas B-II.1.4-b, c* e *Tabela B-II.2.3-a*).

Um terceiro método para a estimativa das vazões máximas foi estabelecido pela NBR 5.626/98 (Bib. A045). As vazões de dimensionamento são obtidas pela expressão:

$$Q = 0,3 \times \sqrt{\Sigma \text{ "peso"}} \qquad \textit{Equação (II.1)}$$

Tabela B-II.1.4-a Vazões e pesos relativos nos pontos de utilização. Método da ABNT

Aparelho sanitário	Peças de utilização	Vazão de projeto (ℓ/s)	Peso relativo
Bacia ou vaso sanitário	Caixa de descarga	0,15	0,3
	Válvula de descarga	1,70	32
Banheira	Misturador (água fria)	0,30	1,0
Bebedouro	Válvula obturadora	0,10	0,1
Bidê	Misturador (água fria x quente)	0,10	0,1
Chuveiro ou ducha	Misturador (água fria x quente)	0,20	0,4
Chuveiro elétrico	Válvula obturadora	0,10	0,1
Lavadora de pratos ou de roupas	Válvula obturadora	0,30	1,0
Lavatório	"Torneira" ou misturador (água fria)	0,15	0,3
Mictório cerâmico com sifão integrado	Válvula de descarga	0,50	2,8
Mictório cerâmico sem sifão integrado	Caixa de descarga ou válvula de descarga de mictório	0,15	0,3
Mictório tipo calha	Caixa de descarga ou válvula obturadora	0,15/m de calha	0,3
Pia/lavatório (cozinha e banheiro)	"Torneira" ou misturador (água fria)	0,25	0,7
	"Torneira" com aquecedor	0,10	0,1
Tanque	"Torneira"	0,25	0,7
"Torneira" de jardim ou lavagem em geral	"Torneira" (válvula obturadora)	0,20	0,4

Fonte: NBR 5626/1998 ABNT (Bib. A045).

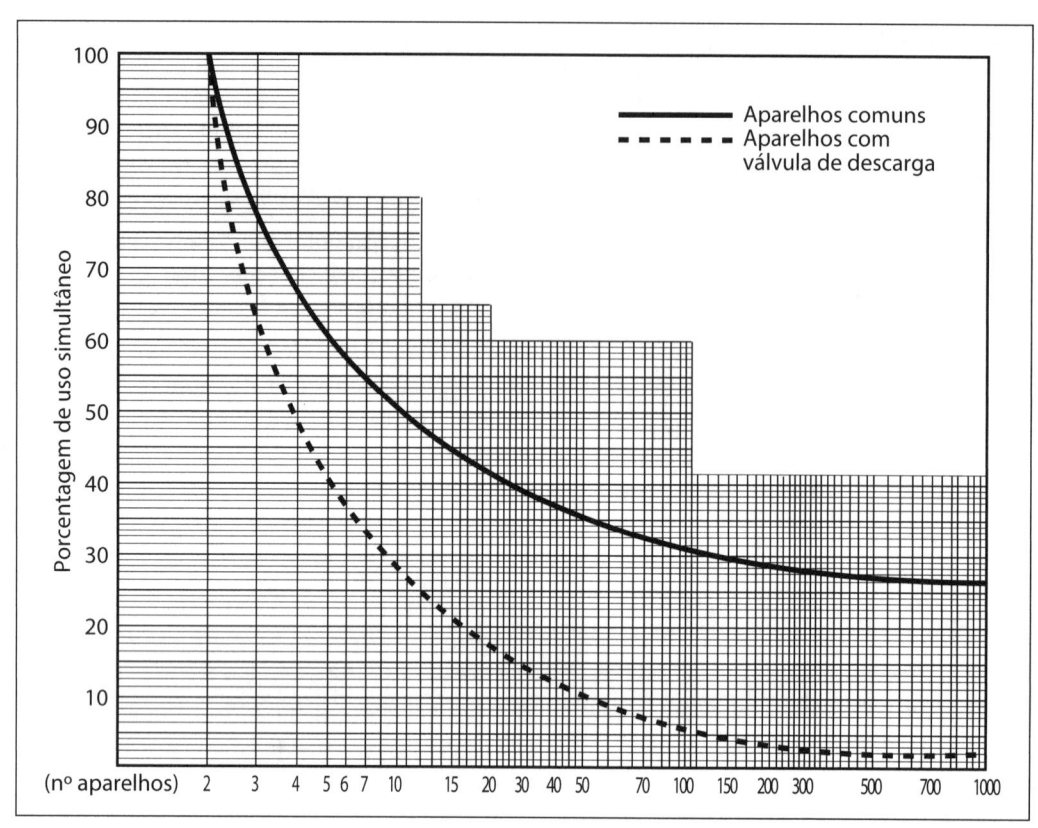

Figura B-II.1.4-a – Curva de coeficientes de redução para usos prováveis simultâneos (Bib. H040).

Tabela B-II.1.4-b Demandas dos aparelhos em pesos. Método de Hunter.

Aparelhos	Uso coletivo	Uso privado
Banheiras	4	2
Bidês	2	1
Chuveiros	4	2
Lavatórios	2	1
Mictórios de parede com válvula de descarga	10	-
Mictórios de piso com válvula de descarga	5	-
Mictórios com caixa de descarga	3	-
Pias de cozinha	4	2
Pias de despejo	5	3
Tanques de lavar roupas	-	3
W. C. com caixa de descarga	5	3
W. C. com válvula de descarga	10	6
Conjunto de banheiro com caixa de descarga para o W. C.	-	6
Conjunto de banheiro com válvula de descarga para o W. C.	-	8

W. C. ≡ Vaso Sanitário.

Tabela B-II.1.4-c Estimativa de consumo máximo provável. Método de Hunter.

Peso total	Vazão (ℓ/s) Predominância		Peso total	Vazão (ℓ/s) Predominância	
	Válvulas descarga	Outros		Válvulas descarga	Outros
10	1,9	0,5	180	5,9	4,2
20	2,3	1,0	190	6,1	4,4
30	2,8	1,3	200	6,2	4,5
40	3,2	1,7	210	6,3	4,6
50	3,5	1,9	220	6,4	4,7
60	3,7	2,2	230	6,5	4,8
70	3,9	2,4	240	6,6	4,8
80	4,1	2,6	250	6,7	4,9
90	4,3	2,8	300	7,3	6,0
100	4,5	3,0	350	7,9	6,6
110	4,7	3,2	400	8,5	7,2
120	4,9	3,3	500	9,5	7,9
130	5,1	3,5	600	10,7	9,7
140	5,3	3,7	700	11,4	10,7
150	5,4	3,8	800	12,4	12,0
160	5,6	4,0	900	13,0	12,7
170	5,8	4,1	1000	14,0	14,0

onde:

Q = vazão em ℓ/s;

Σ "peso" = soma dos "pesos" das peças ligadas à tubulação que se está dimensionando.

Os pesos e vazões das peças usuais constam na *Tabela B-II.1.4-a*.

B-II.1.5 Cálculo das perdas de carga. Pressões disponíveis

As perdas de carga ao longo da tubulação podem ser calculadas pelas fórmulas práticas de resistência, entre elas as equações de Fair-Whipple-Hsiao (*item A-8.2.11*), deduzidas para pequenos diâmetros e recomendadas pela norma brasileira. São elas:

Tubos hidraulicamente rugosos (aço carbono, galvanizado, em desuso):

$$J = 19{,}6 \times 10^6 \times Q^{1{,}88} \times D^{-4{,}88} \qquad \text{Equação (II.2)}$$

Tubos hidraulicamente lisos (PVC, polietileno, cobre etc.):

$$J = 8{,}63 \times 10^6 \times Q^{1{,}75} \times D^{-4{,}75} \qquad \text{Equação (II.3)}$$

onde:

J = perda unitária, em kPa/m (1 kPa = 0,1 m.c.a.);

Q = vazão estimada, em ℓ/s;

D = diâmetro interno, em mm.

Alternativamente, pode ser usada a fórmula de Flamant (*Tabela A-8.2.11-a*).

Para o cálculo das perdas localizadas em conexões, a norma brasileira recomenda o processo dos comprimentos equivalentes e sugere valores a adotar nos casos de tubos hidraulicamente lisos e rugosos, conforme a *Tabela B-II.1.5-a*.

Para as "torneiras" (válvulas de pressão tipo disco ou agulha, ver *itens A-10.2.1.4* e *A-10.2.1.5*), quando 100% abertas, a perda localizada pode ser calculada pela expressão:

$$h_f = 8 \times 10^6 \times \left(\frac{K \times Q}{\pi \times D^2} \right)^2$$

onde:

h_f = perda de carga, em kPa;

K = coeficiente de perda de carga;

Q = vazão, em ℓ/s;

D = diâmetro, em mm.

Após o cálculo das perdas de carga nos trechos e nas suas respectivas singularidades, devem ser calculadas as pressões disponíveis nos diversos pontos de utilização, atendendo-se às pressões requeridas pelos aparelhos sanitários e aos limites estipulados (*item B-II.1.3*). A pressão inicial é contada a partir da saída do reservatório, subtraindo-se as perdas calculadas e adicionando-se as diferenças de cotas no sentido descendente.

Tabela B-II.1.5-a Perda de carga em conexões – Comprimento equivalente
L – para tubos "LISOS" (plásticos, cobre etc.)   R – para tubos "RUGOSOS" (galvanizado, FFD etc.)

Diâmetro nominal (DN)	Tipo de conexão											
	Cotovelo 90°		Cotovelo 45°		Curva 90°		Curva 45°		Tê, passagem direta		Tê, passagem lateral	
	L	R	L	R	L	R	L	R	L	R	L	R
15	1,1	0,5	0,4	0,2	0,4	0,3	0,2	0,2	0,7	0,1	2,3	0,7
20	1,2	0,7	0,5	0,3	0,5	0,5	0,3	0,3	0,8	0,1	2,4	1,0
25	1,5	0,9	0,7	0,4	0,6	0,7	0,4	0,4	0,9	0,2	3,1	1,4
32	2,0	1,2	1,0	0,5	0,7	0,8	0,5	0,5	1,5	0,2	4,6	1,7
40	3,2	1,4	1,0	0,6	1,2	1,0	0,6	0,6	2,2	0,2	7,3	2,1
50	3,4	1,9	1,3	0,9	1,3	1,4	0,7	0,8	2,3	0,3	7,6	2,7
60	3,7	2,4	1,7	1,1	1,4	1,7	0,8	1,0	2,4	0,4	7,8	3,4
75	3,9	2,8	1,8	1,3	1,5	2,0	0,9	1,2	2,5	0,5	8,0	4,1
100	4,3	3,8	1,9	1,7	1,6	2,7	1,0	-	2,6	0,7	8,3	5,5
152	4,9	4,7	2,4	2,2	1,9	-	1,1	-	3,3	0,8	10,0	6,9
150	5,4	5,6	2,6	2,6	2,1	4,0	1,2	-	3,8	1,0	11,1	8,2

Fonte: NBR 5626/1998 (Bib. A045).

Note-se que o "comprimento equivalente" também deve ser no mesmo material, razão pela qual os tubos lisos apresentam comprimentos equivalentes maiores que os tubos rugosos.

A norma sugere um modelo de planilha para sistematização dos cálculos e sua respectiva rotina de preenchimento, apresentada na *Figura B-II.1.5-a*. A *Tabela B-II.1.5-b*, por sua vez, detalha a rotina de preenchimento da planilha sugerida.

B-II.1.6 Ramal predial

A água é conduzida da canalização "pública" para o imóvel por um ramal predial (*Figura B-II.1.6-a*), cujo diâmetro deve ser estabelecido em função da pressão mínima disponível no local e da quantidade de água a ser fornecida (consumo máximo diário no caso de distribuição indireta). O diâmetro mínimo é DN 15 mm. Entretanto, o diâmetro mínimo comumente adotado para o caso de habitações e pequenos edifícios é DN 20 mm.

1	2	3	4	5	6	7	8	9	10	11	12	13	14	15
Trecho	Soma dos pesos	Vazão estimada	Diâmetro nominal	Velocidade	Perda de carga unitária	Diferença de cota	Pressão disponível	Comprimento da tubulação		Perda de carga			Pressão disponível	Pressão requerida
								Real	Equivalente	Tubulação	Válvulas	Total		
		(ℓ/s)	(DN)	(m/s)	(kPa/m)	(m)	(kPa)	(m)	(m)	(kPa)	(kPa)	(kPa)	(kPa)	(kPa)

Figura B-II.1.5-a – Modelo de planilha de cálculo para instalações prediais de água.
Fonte: NBR 5626/1998 (Bib. A045).

Tabela B-II.1.5-b Rotina de preenchimento da planilha da *Figura B-II.1.5-a*

Passo	Atividade	Coluna planilha a preencher
1º	Preparar isométrica da rede, numerar sequencialmente cada nó ou ponto de utilização desde o reservatório ou desde a entrada do cavalete.	
2º	Introduzir a identificação de cada trecho da rede na planilha.	1
3º	Determinar a soma dos pesos relativos de cada trecho usando a *Tabela B-II.1.4-a*.	2
4º	Calcular para cada trecho a vazão estimada em ℓ/s, com base na *Equação (II.1)*.	3
5º	Partindo da origem de montante da rede, selecionar o diâmetro interno da tubulação de cada trecho, considerando que a velocidade da água não deve ser superior a 3 m/s. Registrar, para cada um, o valor da velocidade pela expressão $v = 4.000 \times Q/(\pi \times D^2)$, e o valor da perda de carga unitária pela *Equação (II.2)* ou pela *Equação (II.3)*.	4, 5 e 6
6º	Determinar a diferença de cota entre a entrada e a saída do trecho, considerando-a positiva quando a entrada tem cota superior à saída e negativa em caso contrário.	7
7º	Determinar a pressão disponível na saída do trecho, somando ou subtraindo da pressão residual na sua entrada (saída do trecho anterior) o valor do produto da diferença de cota (coluna 7) pelo peso específico da água (10 kN/m³).	8
8º	Medir o comprimento real do tubo que compõe o trecho considerado.	9
9º	Determinar o comprimento equivalente do trecho, somando ao comprimento real os comprimentos equivalentes das conexões.	10
10º	Determinar a perda de carga do trecho multiplicando os valores das colunas 6 e 10 da planilha.	11
11º	Determinar a perda de carga provocada por válvulas e outras singularidades do trecho.	12
12º	Obter a perda de carga total do trecho somando os valores das colunas 11 e 12 da planilha.	13
13º	Determinar a pressão residual na saída do trecho subtraindo os valores das colunas 8-13.	14
14º	Se a pressão residual for menor que a pressão requerida (*item B-II.1.3*) no ponto de utilização ou se a pressão for negativa, repetir do passo 5º ao 13º, selecionando um diâmetro interno maior para a tubulação do trecho.	

Q em ℓ/s, e D ou DN em mm. Fonte: NBR 5626/1998 (Bib. A045).

A ligação na canalização pública é executada com peças especiais, tais como os "ferrules" e "colar de tomada". Na calçada é instalada uma válvula obturadora de uso privativo da empresa concessionária.

O hidrômetro pode ser instalado em caixa própria no imóvel abastecido, em local de fácil acesso ou voltado para a rua de forma que a leitura possa ser feita sem adentrar o imóvel. Em geral, é exigida uma certa padronização (conforme a concessionária), com a instalação do hidrômetro em posição horizontal. Essa instalação é denominada "cavalete" e inclui uma válvula com função seccionadora, posicionada antes do hidrômetro com um lacre preso a ele para constatação de violações e fraudes. Para imóveis preexistentes (antigos), nem sempre é possível seguir as novas padronizações, e deverão ser feitas adaptações ditadas pelo bom senso.

Geralmente os ramais prediais, hidrômetros ou os dispositivos limitadores de consumo são dimensionados pela própria empresa de água. Entretanto, pode-se fazer facilmente o dimensionamento do ramal predial com base nos seguintes elementos hidráulicos:

a) pressão mínima disponível na canalização pública;

b) cota do ponto de alimentação do reservatório inferior, referida à cota da canalização pública (via pública) $(y_2 - y_1)$;

c) vazão instantânea (em ℓ/s) do dia de maior consumo (dmc) estimada para o prédio (m³/dia × 86.400);

d) velocidade máxima admitida nas tubulações;

e) extensão das tubulações e singularidades existentes, inclusive hidrômetro ou limitador de consumo;

f) perdas de carga, inclusive a do hidrômetro, que pode ser estimada pela expressão:

$$h_f = \left(36 \times \frac{Q}{Q_{\text{máx}}}\right)^2$$

onde:

hf, em kPa;

Q = vazão do dia de maior consumo, em ℓ/s;

$Q_{\text{máx}}$ = vazão nominal do hidrômetro, em m³/h.

A vazão do hidrômetro e a pressão no distribuidor geral (rede pública) podem ser informadas pelo serviço de água. A diferença de cotas $(y_2 - y_1)$ constitui um dado topográfico de fácil verificação.

B-II.1.7 Reservatórios

Na América Latina, é generalizado o uso de reservatórios prediais. A capacidade total do reservatório de cada consumidor costuma igualar-se ao consumo normal diário, ou até superá-lo. Na estimativa do consumo, usar a taxa *per capita* diária da região relativa ao uso do consumidor. A capacidade mínima usual é 500 litros. Quanto maiores e mais numerosos os reservatórios, pior é o serviço da concessionária.

Sempre que a pressão disponível na rede pública não for suficiente para que, na hora de maior consumo, a água atinja em condições satisfatórias o reservatório situado no pavimento mais elevado do prédio, recomenda-se um reservatório inferior, normalmente denominado "cisterna".

Da "cisterna", a água é bombeada para o reservatório superior, exceção feita para os sistemas hidropneumáticos (pouco usuais na América Latina), que dispensam reservatórios superiores. Especial atenção deve ser dada ao extravasamento de uma cisterna; caso não seja bem feito, pode tornar-se um ponto de contaminação e/ou de desperdício (perda) de água.

Por motivos econômicos, o reservatório superior geralmente é de menor capacidade, sendo usuais as relações, para o reservatório inferior, de 60% a 80% do consumo diário e, para o reservatório superior, de 20% a 40% do consumo diário.

Quando a capacidade dos reservatórios atinge determinado tamanho (que o bom senso do engenheiro dirá), costumam ser previstos dois compartimentos ou duas caixas, cada qual com os tubos e válvulas que permitam o uso de cada uma isoladamente (entrada, saída, descarga, extravasor e aviso).

O diâmetro do extravasor de um reservatório ("ladrão") deverá ser superior ao da canalização alimentadora. O extravasor deverá sempre descarregar em ponto visível. Quando não houver conveniência ou possibilidade prática de satisfazer essa recomendação, será exigida a instalação de uma canalização adicional de menor diâmetro, por exemplo DN 20 mm, para "mostrar" ("aviso") eventuais desperdícios.

A vazão de enchimento de reservatórios superiores costuma ser calculada pela relação: volume do reservatório/tempo de enchimento. O tempo de enchimento deve ser fixado com bom senso (costumando ficar entre 1 hora nas residências unifamiliares ou casos similares e até 6 horas nos grandes edifícios). Evidentemente que quanto maior a reserva em relação ao consumo previsto, maior o tempo de enchimento admissível.

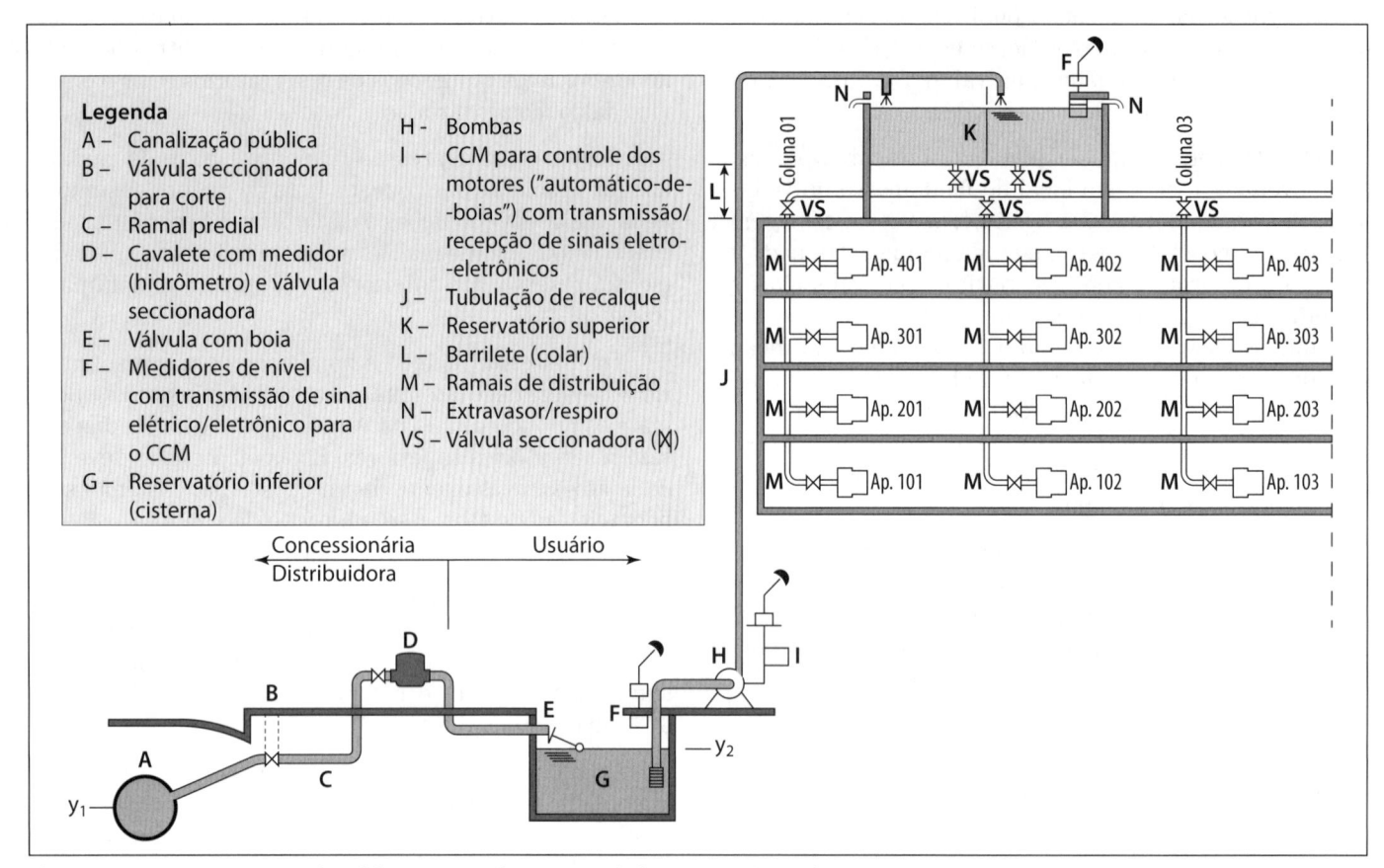

Figura B-II.1.6-a – Esquema de edificação com ligação predial e reservatório inferior (cisterna) e superior com entrada por cima.

B-II.1.8 Instalações de bombeamento (recalque)

Nos edifícios, deverão ser instalados pelo menos dois grupos motor-bomba para trabalho alternado (um reserva do outro).

A capacidade de cada motor-bomba deverá ser o volume correspondente ao tempo de enchimento do reservatório elevado (volume/tempo).

A canalização de recalque poderá ser dimensionada pelo critério "econômico", aplicando a expressão:

$$D = 1{,}3 \times t^{1/4} \times \sqrt{Q}$$

onde, t é o número de horas de bombeamento/24 horas. Para 6 horas de bombeamento, a expressão se reduz a:

$$D = 0{,}92 \times \sqrt{Q}$$

resultando uma velocidade econômica da ordem de 1,50 m/s (ver *itens A-11.4.2* e *A-11.4.3*).

A *Tabela B-II.1.8-a* facilita o pré-dimensionamento da canalização de recalque.

A canalização de sucção geralmente é executada no diâmetro comercial imediatamente superior.

Tabela B-II.1.8-a Vazões com velocidade econômica no recalque

Vazão nominal		Velocidade econômica	Área da seção	Diâmetro DN
(ℓ/s)	(m³/h)	(m/s)	(m²)	(mm)
0,42	1,5	1,50	0,00028	20
0,74	2,7	1,50	0,00049	25
1,20	4,3	1,50	0,00080	30
1,68	6,0	1,50	0,00112	40
2,94	10,6	1,50	0,00196	50
4,25	15,3	1,50	0,00283	60
6,63	23,9	1,50	0,00442	75
11,78	42,4	1,50	0,00785	100

B-II.1.9 Ramais e sub-ramais

Os sub-ramais ou ligações são os trechos de canalização que abastecem diretamente os aparelhos sanitários. A *Figura B-II.1.9-a* mostra a vista isométrica de uma instalação hidráulica, com exemplos de sub-ramais.

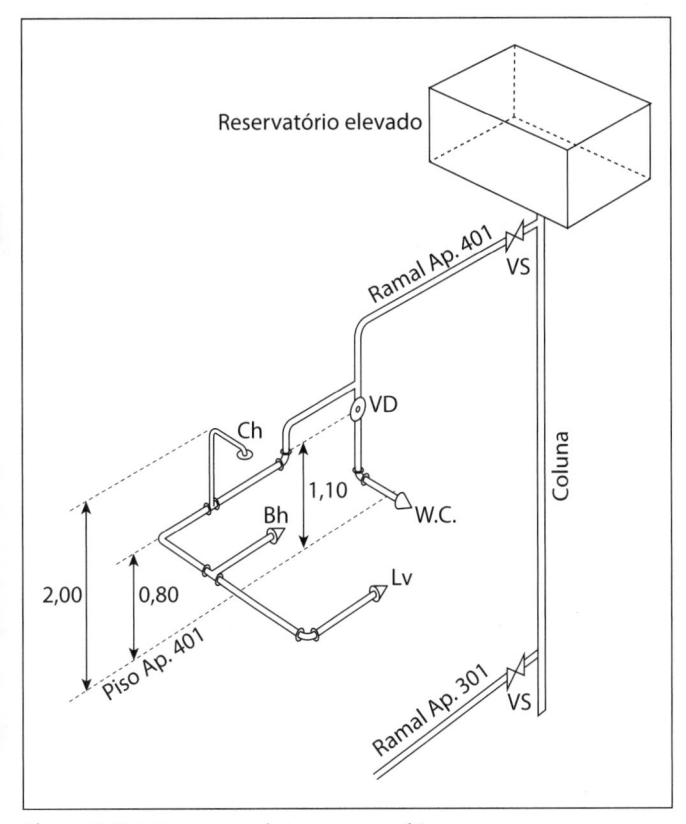

Figura B-II.1.9-a – Isométrico esquemático.

Os ramais de distribuição partem das colunas e alimentam as ligações dos aparelhos.

Os ramais que abastecem vários aparelhos que não são utilizados simultaneamente são dimensionados para a vazão máxima provável.

As isométricas dos sub-ramais, ramais e colunas devem ser desenhadas em escala e devidamente cotadas, identificando cada trecho através de letras ou números em cada nó, em sequência crescente de montante para jusante.

O dimensionamento obedece a rotina das *seções B-II.1.4* e *B-II.1.5*.

A *Tabela B-II.1.3-a* pode servir para o pré-dimensionamento, aumentando-se os diâmetros sempre que as pressões disponíveis resultarem insuficientes.

B-II.1.10 Colunas

Nos edifícios, os conjuntos sanitários geralmente ficam sobrepostos (alinhados), de modo que vários aparelhos situados em pavimentos diferentes podem ser abastecidos (e esgotados) por uma mesma "coluna" (*Figura B-II.1.7-a*).

Com o advento da medição individualizada, esta afirmativa permanece válida muito mais em função das colunas de esgotamento das águas servidas (esgotos) do que pelo abastecimento de água.

Da "coluna" saem os ramais para suprir os aparelhos, correspondendo um ramal para cada grupo ou conjunto de aparelhos.

As colunas que alimentam "válvulas de descarga" não devem ser utilizadas para abastecimento de misturadores de água quente e fria.

Um edifício sem medição fracionada (individualizada) pode apresentar diversas colunas estabelecidas de modo a atender uma "prumada de banheiros" e outra coluna uma "prumada de cozinhas, por exemplo, tentando limitar a extensão do barrilete e dos ramais de distribuição.

Conhecidos os aparelhos supridos pelos diversos ramais, podem ser calculadas as vazões das colunas de distribuição, partindo dos pavimentos inferiores para os mais elevados. Convém somar separadamente as vazões dos aparelhos equipados com válvulas de descarga.

No dimensionamento das colunas, podem ser obedecidos os limites estabelecidos na *Tabela B-II.1.3-a*.

Caso o abastecimento seja de cima para baixo, o trecho mais alto da coluna, correspondente ao último pavimento de um edifício, apresentará condições mais desfavoráveis e, devido à proximidade do reservatório de distribuição e necessidade de abastecer os aparelhos com pressão adequada, deverá ter limites mais rígidos. Costuma-se, por isso, limitar a perda de carga a um valor relativamente baixo: 8%. A *Tabela B-II.1.10-a*, baseada nesse valor, dá as vazões máximas permissíveis nos trechos mais altos das colunas.

Tabela B-II.1.10-a Vazões máximas (último pavimento)

Diâmetros DN (mm)	Área (m²)	J max (m/m)	Velocidade máxima (m/s)	Vazão máxima (ℓ/s)
20	0,00031	0,08	0,76	0,24
25	0,00049	0,08	1,02	0,5
30	0,00071	0,08	1,27	0,9
40	0,00126	0,08	1,11	1,4
50	0,00196	0,08	1,58	3,1
60	0,00283	0,08	1,95	5,5
75	0,00442	0,08	2,04	9
100	0,00785	0,08	2,29	18

Especial atenção deve ser dada para o trajeto da tubulação não "cortar" a linha piezométrica, situação infelizmente bastante frequente em projetos feitos sem esse cuidado, pois é comum colunas afastadas do reservatório superior cruzarem a piezométrica na cobertura do prédio. O esquema indicado na *Figura B-II.1.10-a* apresenta menos problemas de cruzamento da piezométrica, pois está interligado "por baixo".

A pressão mínima no ponto de derivação do ramal de distribuição mais elevado (na *Figura B-II.1.10-b*, pontos M do último pavimento) não deve ser inferior à necessária para suprimento dos sub-ramais. A pressão disponível em M é verificada partindo do reservatório e subtraindo as perdas de cargas existentes na canalização, podendo, para facilidade de cálculo, considerar o comprimento virtual das tubulações.

As "colunas" devem ser projetadas e construídas, sempre que possível, em "colunas de ventilação" (*shafts*), prumadas vazadas para esse fim, ou até mesmo externamente, de forma que sejam inspecionadas e substituídas com um mínimo de demolição (quebração). No caso de instalação externa, devem ser ocultadas por barreiras removíveis de forma arquitetonicamente adequada e para que os tubos plásticos não sofram ação de radiação ultravioleta que os deteriorem.

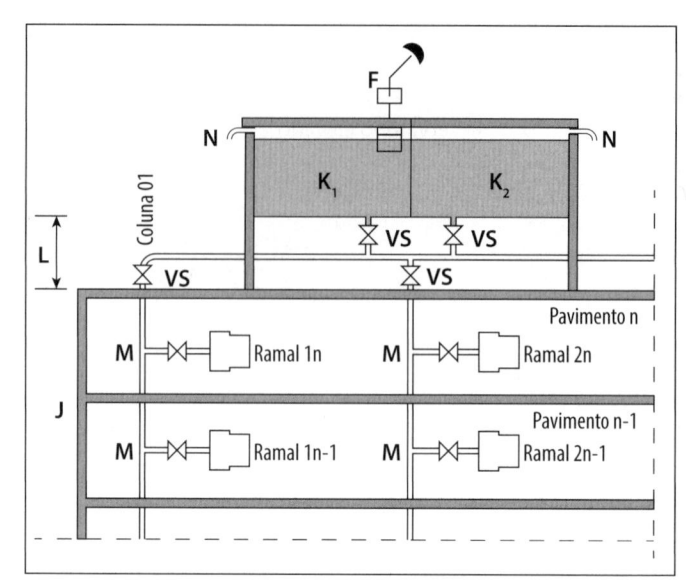

Figura B-II.1.10-b – Detalhe da *Figura B-II.1.10-a*: Barrilete (colar) e ramais de distribuição.

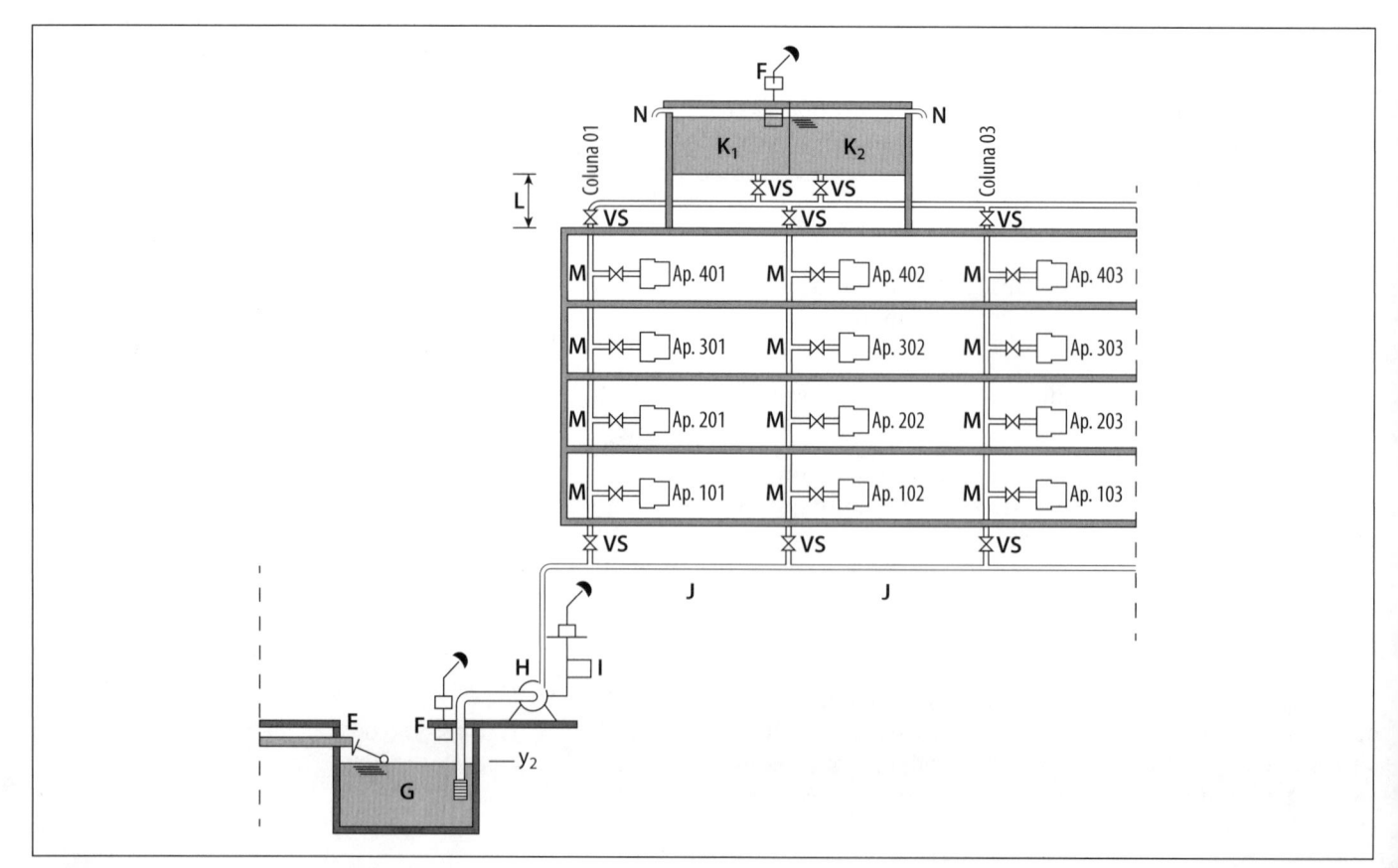

Figura B-II.1.10-a – Esquema de edificação com reservatórios inferior e superior (passivo) e o recalque realizado pelas "colunas" de distribuição.

B-II.1.11 Barrilete ("colar")

Nas canalizações próximas do reservatório e nas tubulações horizontais que suprem as colunas, que constituem o que se denomina barrilete ou colar, a velocidade é mantida dentro de limites baixos para que as perdas de carga sejam pequenas. Aplica-se, portanto, a *Tabela B-II.1.10- -a*, que limita a perda de carga em 8%. Dessa forma, a velocidade ficará compreendida entre 0,8 e 2,3 m/s.

B-II.1.12 Instalações de água quente

A temperatura da água "morna" tida como confortável ao tocar o corpo humano encontra-se entre 29°C e 37°C. Tal assertiva ficará sujeita a uma "temperatura aparente" que será também função do ambiente estar mais ou menos frio e dos costumes de cada um, ou seja, há muita subjetividade.

As instalações de água quente devem ser projetadas e executadas segundo a norma NBR 7198/93 (Bib. A050). As condições de projeto dos sistemas de água quente obedecem, em linhas gerais, aos critérios estabelecidos para as instalações de água fria (traçados, pressões e velocidades).

Os consumos de água quente são inferiores aos de água fria e dependem das características dos aparelhos sanitários, podendo ser estimados, em primeira aproximação, multiplicando os volumes de água fria por coeficientes de redução; para residências, apartamentos, hotéis, internatos e quartéis adota-se 30%; para restaurantes e hospitais, 50%; aplicáveis aos valores da *Tabela B-II.1.4-a*.

Os consumos instantâneos máximos prováveis podem ser estimados aplicando os métodos de simultaneidade de uso, estabelecido para o dimensionamento do sistema de água fria.

As pressões mínimas disponíveis não devem ser inferiores a 0,50 m.c.a., e as velocidades nas tubulações não devem ultrapassar 3 m/s. Devido à dilatação térmica da água, a instalação de água quente não deve ser fechada à atmosfera, o que significa que sempre será possível a água expandir-se sem forçar as paredes das tubulações. Normalmente, coloca-se uma extremidade do circuito retornando aberta à atmosfera. Para não transbordar por essa abertura, levar em conta que essa extremidade deve ficar em cota acima da que seria estável para a água fria, pois sendo a densidade da água quente menor do que a da água fria, o princípio dos vasos comunicantes se equilibra com uma coluna maior de água quente. O cálculo dessa diferença de altura é função das diferenças de temperaturas e da altura total da coluna de água quente (do número de andares).

As canalizações não devem ter diâmetro inferior a DN 20 mm, devendo ser respeitados os limites de velocidade estabelecidos na *Tabela B-II.1.3-a*.

Nas instalações prediais de água quente, podem ser empregados tubos de aço galvanizado, ferro fundido, cobre, latão, aço inoxidável e tubos plásticos adequados. O emprego de canos de aço galvanizado para água quente, principalmente no caso de tubulações embutidas, tem sido evitado pela rapidez com que se perdem por corrosão e incrustações internas.

Qualquer que seja o material da tubulação, esta deve ser envolta por material termicamente isolante, que reduza as perdas de calor quer para o ar ambiente quer para as paredes e solo onde estiver embutida. Diversos materiais estão disponíveis no mercado, nenhum deles perfeito. Os mais "refratários" ou mais isolantes são confrontados com durabilidade, espessura, facilidade de instalação, preço, enfim, não há um consenso sobre o assunto. Os sistemas de isolamento térmico costumam permitir a dilatação térmica da tubulação por eles envolvida, mas o engenheiro deverá verificar se a dilatação necessária será absorvida.

As instalações de água quente devem ter os mesmos cuidados das de água fria quanto à manutenção da potabilidade.

As perdas de carga nas tubulações de cobre podem ser determinadas pela Fórmula de Fair-Whipple-Hsiao para tubos lisos (*itens B-II.1.5* e *A-8.2.11*).

É recomendável que o sistema de água quente seja isolável do sistema de água fria por válvulas com função de bloqueio colocadas em locais estratégicos e acessíveis aos usuários, de forma que, havendo um problema no sistema de água quente, não se fique sem água fria.

Os "aquecedores de passagem" (aquecedores instantâneos) são aqueles que não possuem reservatórios e em que a água aquece ao passar por um trocador de calor calculado para tal. Normalmente são elétricos ou a gás, mas podem ser a óleo combustível, lenha, carvão etc.

Os aquecedores com tanques de acumulação podem ser pré-dimensionados a partir dos valores meramente indicativos da *Tabela B-II.1.12-a*. Os aquecedores com acumulação não deixam de ser "aquecedores de passagem" com reservatórios de água quente para os momentos de maior consumo (portanto, com sistema de troca de calor menos intenso, ou seja, demanda instalada menor).

Aquecedores solares são aquecedores de passagem com um reservatório para os momentos em que não há sol e servem para economizar energia, pois não eliminam instalação de um sistema convencional (de passagem ou aquecedor no reservatório, que pode ser o mesmo), ou seja, o custo de investimento é maior.

Normalmente os sistemas de água quente não ficam circulando a água quente para minimizar a perda de calor. Com isso, sempre que se abre uma válvula demandando água quente, há uma demora até que a água atinja a temperatura desejada nesse ponto de consumo, acarretando desperdício de água. Portanto, é de boa técnica minimizar o tempo de chegada da água quente no ponto de consumo. Um bom projetista, com essa preocupação, poderá evitar muito desperdício tanto de água quanto de energia.

Tabela B-II.1.12-a Pré-dimensionamento de aquecedores com acumulação

Volume do tanque de aquecimento (litros)	Consumo de água quente à 70°C* (litros/dia)	Resistência elétrica (kW)
50	65	0,75
100	130	1,00
200	260	1,50
300	400	2,50
500	650	4,00
750	1000	5,50
1000	1400	7,00
2000	3000	14,00

*Água a ser misturada com água fria.

Para combater os desperdícios com tempos de espera grandes, uma solução é descentralizar o aquecedor em relação aos pontos de consumo, ou a distribuição de diversos aquecedores próximos aos pontos de consumo.

Modernamente, têm surgido padrões de projeto, tais como: máximo de volume na tubulação entre o aquecedor e o ponto de consumo menor que 3 litros (medidos entre o momento em que se abrir a "torneira" e a temperatura da água atingir a temperatura desejada (ou aceitável). Outras condições falam em, no máximo, 10 segundos. Evidentemente que as regiões mais frias terão maiores preocupações com o assunto.

Por outro lado, é comum trabalhar com água em temperaturas mais elevadas que as de conforto, para atingir essas metas e contar com uma posterior "mistura" com água fria (o que, em princípio, acarreta um desperdício de energia: aquecer a água para depois esfriá-la).

Para entender o fenômeno, quando se abre uma "torneira" de água quente depois de algum tempo inativa, a água que começa a escoar estará fria, e em seguida, a água quente que virá do aquecedor perde calor no trajeto para aquecer a tubulação. Então o processo tem duas etapas: a purga da água fria e a fase de aquecimento. O assunto é influenciado por diversos fatores, tais como temperatura do ar e da água fria, material da tubulação e massa, isolamento, sendo assim tema a ser desenvolvido.

B-II.2 INSTALAÇÕES PREDIAIS DE ESGOTOS

B-II.2.1 Introdução

A instalação predial de esgoto (leia-se sempre: Esgoto Sanitário) objetiva a coleta e o encaminhamento do despejo líquido das edificações ao sistema público de esgoto sanitário, ou, na ausência deste, a um destino conveniente sob os pontos de vista sanitário, higiênico e ecológico.

O presente capítulo foi elaborado tendo em consideração a NBR 8160/1999 da ABNT (Bib. A055) e os objetivos de higiene, segurança, economia e conforto do usuário da instalação. Para isso, é necessário que a instalação predial seja executada atendendo o seguinte:

- permitir o rápido escoamento do esgoto;
- permitir desobstruções expeditas;
- impedir a passagem de gases e de animais para o interior dos edifícios;
- não permitir vazamento de esgoto, escape de gases e acúmulo de sedimentos nas tubulações;
- garantir de modo absoluto a qualidade de água de abastecimento da edificação;
- permitir fácil acesso para inspeção e manutenção, quer das tubulações internas, quer dos coletores prediais externos.

B-II.2.2 Partes componentes do sistema

A instalação predial se divide basicamente em:

- instalação primária de esgoto: conjunto de tubulações e dispositivos nos quais há acesso de gases provenientes do coletor público ou do destino do esgoto coletado;
- instalação secundária de esgoto: conjunto de tubulações, dispositivos e aparelhos nos quais não há acesso desses gases.

Chama-se desconector ao dispositivo que, provido de fecho hídrico (camada líquida), veda a passagem de gases para montante (normalmente um "sifão invertido").

De jusante para montante, são as seguintes as partes da instalação (ver também *B-II.2.5*):

a) ligação predial (LP): trecho do coletor predial compreendido entre a divisa do terreno e o coletor público;

b) caixa de inspeção (CI): caixa destinada a permitir inspeção, limpeza e desobstrução de subcoletor e de coletor predial;

c) caixa de gordura (CG): as ligações dos sistemas de esgotos das cozinhas costumam ser dotadas de uma "caixa de gordura", que vem a ser uma caixa com um septo que só dá passagem à água servida por baixo, retendo grande parte dos óleos e gorduras e materiais que podem aderir às paredes das tubulações, terminando por entupi-las. Evidentemente que as caixas de gordura devem ser limpas periodicamente, e sua função é minimizar a ocorrência de entupimentos. A presença de trituradores na pia da cozinha certamente aumentará esse tipo de problema;

d) coletor predial (CP): tubulação que recebe os efluentes da edificação, compreendida entre a última ligação de subcoletor ou ramal de esgoto e o coletor público ou, na ausência do sistema público, até o destino do esgoto coletado;

e) subcoletor (SC): tubulação que recebe efluentes de um ou mais tubos de queda;

f) ramal de ventilação (RV): tubo ventilador com extremidade superior ligada a outro tubo ventilador (coluna de ventilação ou ventilador primário);

g) tubo ventilador primário (VP): prolongamento do tubo de queda acima da ligação do mais alto ramal, para efeito de ventilação;

h) coluna de ventilação (CV): tubo ventilador vertical que interliga a ventilação (os tubos ventiladores) de sucessivos andares da edificação;

i) tubo ventilador (TV): tubulação ascendente ligada à instalação e com extremidade superior aberta à atmosfera, permitindo a livre circulação do ar nas tubulações, garantindo o escoamento livre nos condutos e impedindo a ruptura dos fechos hídricos dos desconectores, por pressão positiva ou negativa;

j) tubo de queda (TQ): tubulação vertical que recebe efluentes de ramais de descarga e ramais de esgoto;

k) ramal de esgoto (RE): tubulação que recebe efluentes de ramais de descarga e de caixas sifonadas;

l) ramal de descarga (RD): tubulação que recebe efluentes de aparelhos sanitários e de ralos;

m) caixa sifonada (CS): ralo dotado de fecho hídrico que reúne (ou não) ramais de descarga, exceto de vaso sanitário;

n) ralo (RA): caixa dotada de grelha na parte superior e que recebe água de lavagem de pisos ou de chuveiros;

o) aparelho sanitário: dispositivo que recebe dejetos ou água servida em fins higiênicos.

B-II.2.3 Bases de dimensionamento

Os diâmetros das tubulações, para efeito de dimensionamento, estão associados ao número de UHC (Unidade Hunter de Contribuição), correspondentes aos aparelhos sanitários ligados a tais tubulações.

A UHC, também chamada de unidade de descarga, é um fator probabilístico numérico representando a frequência habitual de utilização, a vazão típica e a simultaneidade de funcionamento de aparelhos sanitários em hora de maior contribuição do hidrograma diário. Numericamente, 1 (uma) UHC corresponde à descarga de um lavatório residencial (0,15 ℓ/s).

As UHC correspondentes aos aparelhos sanitários de uso generalizado e os diâmetros mínimos dos respectivos ramais de descarga são os indicados na *Tabela B-II.2.3-a*.

Para aparelhos que não constam nessa tabela são sugeridos números de UHC associados aos diâmetros de descarga, conforme a *Tabela B-II.2.3-b*.

Tabela B-II.2.3-b UHC para aparelhos não relacionados na Tabela B-II.2.3-a

Diâmetro nominal DN do ramal de descarga (mm)	Número de Unidades Hunter de Contribuição
40	2
50	3
75	5
100	6

Fonte: NBR 8160/1999. ABNT (Bib. A055).

B-II.2.4 Dimensões mínimas

O menor diâmetro nominal a ser utilizado em instalações prediais de esgoto sanitário é DN 30 mm (1 1/4").

As tubulações quase horizontais devem ter declividade constante igual ou superior aos limites apresentados na *Tabela B-II.2.4-a*.

Tabela B-II.2.3-a Método Hunter de dimensionamento de instalações hidráulicas prediais (adaptado pelo autor nesta edição)

Aparelho	Esgoto		Água potável	
	Número de unidades Hunter de contribuição	DN da conexão ao ramal de descarga (mm)	Número de unidades Hunter de demanda	DN da conexão ao ramal de água (mm)
Banheira	2	40	2	20
Bebedouro	0,5	30	0,5	15
Bidê	1	30	1	15
Chuveiro residencial	2	40	2	20
Chuveiro de uso coletivo por peça	4	40	4	15
Lavatório de residência	1	30	1	15
Lavatório de uso coletivo (por "torneira")	2	40	2	15
Mictório - válvula de descarga específica	3	40	3	15
Mictório - caixa de descarga	1	50	3	15
Mictório - descarga automática	2	40	-	15
Mictório de calha por metro	1	50	2	15
Pia de cozinha residencial	3	40	2	20
Pia de cozinha industrial preparo	3	40	3	20
Pia de cozinha industrial lavagem panelas	4	50	4	25
Tanque de lavar roupa	3	40	3	20
Máquina de lavar pratos	2	50	2	20
Máquina de lavar roupa residencial	3	50	2	20
Vaso sanitário	6	100	6	

Nota: Os diâmetros nominais (DN) indicados nesta tabela, relacionados com o número de Unidades Hunter devem ser considerados como um valor mínimo usual, por peça ou unidade, podendo ser maior. Fonte primária: NBR 8.160/1999. ABNT (Bib. A055).
OBS.: 1 unidade de descarga (Hunter) ≡ 0,15 ℓ/s.

Tabela B-II.2.4-a Limites de declividade para tubulações quase horizontais

Diâmetro Nominal – DN	Declividade
até DN 75 (3″)	Mínimo de 2%
de DN 100 (4″) a DN 200 (8″)	Mínimo de 1%
acima DN 200 (8″)	Mínimo de 0,5%

Os fechos hídricos dos desconectores ("sifões invertidos")devem ter altura mínima de 50 mm (ver *B-II.2.5.11*).

O diâmetro mínimo de coletores prediais é DN 100 mm (4"). O diâmetro mínimo de tubos de queda, ramais de esgoto e ramais de descarga ligados a vasos sanitários também é DN 100 mm (4").

O diâmetro mínimo de tubos de queda ligados a pias de cozinha é DN 75 mm (3"), salvo em prédios de até 2 (dois) pavimentos, com tubos de queda que recebem até 6 (seis) UHC, nos quais o limite é DN 50 mm (2").

Em qualquer tubulação, o diâmetro de jusante não pode ser menor que qualquer diâmetro de montante.

B-II.2.5 Descrição das partes principais (de jusante para montante)

B-II.2.5.1 Ligação predial

É o trecho entre o coletor público (ver *item B-I.2.2, subitens 14 e 16*) e o coletor predial, compreendido entre a conexão ao coletor público ("Tê" ou "Y" de espera ou em "sela" aberta no local da conexão), com declividade adequada, entre o limite do terreno do usuário e o coletor.

B-II.2.5.2 Caixa de inspeção/caixa coletora

É um pequeno PV (poço de visita) normalmente colocado no limite entre o coletor público e o predial, definindo que dali para diante a responsabilidade é da concessionária e dali para montante do usuário. Serve para isolar o sistema predial do público e, em caso de pressurização da rede por eventual entupimento a jusante, o esgoto extravasará por ali. Serve ainda para cada concessionária verificar o esgoto que adentra seu sistema em quantidade e qualidade. Normalmente fica no passeio (calçada). Nos casos de edifícios ou condomínios, pode ser um verdadeiro PV.

Quando a profundidade do coletor predial que demanda o coletor público é inferior a este, essa caixa de inspeção toma a função de poço para dali bombear os esgotos para a "cota" e local adequados, sendo então chamada de "caixa coletora".

B-II.2.5.3 Caixa de gordura

A norma brasileira NBR 8160/99 (Bib. A055) prescreve a utilização dos seguintes tipos de caixa de gordura (*Figura B-II.2.5.3-a*):

- Pequena (*CGP*), para uma pia de cozinha: diâmetro (D_1) de 0,30 m; capacidade de 18 litros; e diâmetro de saída (D_2) com DN 75 mm (3").

- Simples (*CGS*), para duas cozinhas: diâmetro (D_1) de 0,40 m; capacidade de 31 litros; e diâmetro de saída (D_2) com DN 75 mm (3").

- Dupla (*CGD*), para até 12 cozinhas: diâmetro (D_1) de 0,60 m; capacidade de 120 litros; e diâmetro de saída (D_2) com DN 100 mm (4").

- Especial (*CGE*), para acima de 12 cozinhas, em restaurantes, quartéis, escolas, cozinhas industriais: capacidade (em litros) = $2 \times N + 20$, sendo N o número total de pessoas servidas; diâmetro de saída (D_2) com DN 100 mm (4").

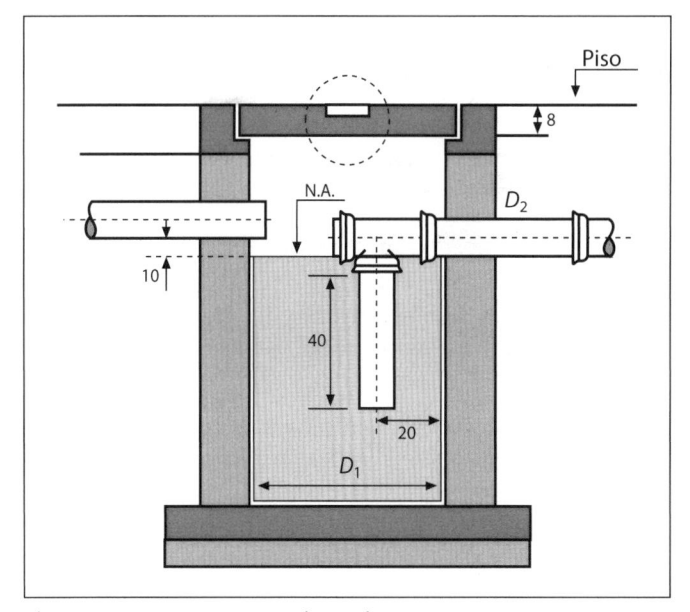

Figura B-II.2.5.3-a – Caixa de gordura.

B-II.2.5.4 Coletor predial e subcoletor

Os coletores prediais e subcoletores devem ser construídos preferencialmente em área não edificada e, quando isso não for possível, deve-se cuidar de sua proteção e facilidade de inspeção e limpeza.

Quando as tubulações são enterradas, devem ser usadas caixas de inspeção nas deflexões necessárias, nas interligações e nas mudanças de diâmetro. Nas tubulações não enterradas, devem ser usadas curvas de raio longo, junções de 45° e peças de inspeção para limpeza.

No dimensionamento de coletores prediais e subcoletores de prédios residenciais, devem ser computadas apenas as UHC dos aparelhos de maior descarga de cada compartimento sanitário contribuinte.

Os coletores prediais e subcoletores devem ser dimensionados de acordo com a *Tabela B-II.2.5.4-a*.

Tabela B-II.2.5.4-a Coletores prediais e subcoletores. Número máximo de unidades Hunter de contribuição

Diâmetro do tubo (mm)	Declividade mínima (%)			
	0,5	1	2	4
100	-	180	216	250
150	-	700	840	1.000
200	1.400	1.600	1.920	2.300
250	2.500	2.900	3.500	4.200
300	3.900	4.600	5.600	6.700
400	7.000	8.300	10.000	12.000

B-II.2.5.5 Ramal de ventilação

Todo desconector (vaso sanitário, caixa sifonada ou sifão) deve ser ventilado, respeitando as distâncias expressas na *Tabela B-II.2.5.5-a*.

Excetuam-se os seguintes casos, que dispensam ventilação:

- quando os desconectores são ligados a tubo de queda que não recebe descarga de vaso sanitário, respeitadas as distâncias acima;

- quando instalados no último pavimento de um edifício com número de UHC não superior a 15, nas condições acima;

- quando instalados em pavimento térreo e ligados a subcoletor ventilado;

- nos demais casos em que as condições acima são respeitadas.

Tabela B-II.2.5.5-a Distância ao tubo ventilador

Diâmetro DN do ramal de descarga (mm)	Distância máxima (m)
40	1,00
50	1,20
75	1,80
100	2,40

Fonte: NBR 8160/ 1999. ABNT (Bib. A055)

A ventilação de um desconector deve ser feita por um ramal de ventilação inserido na parte superior do ramal de descarga ou ramal de esgoto, e ligado a uma coluna de ventilação, sempre mais de 0,15 m acima do nível de transbordamento do mais alto dos aparelhos servidos. Acima da mais alta ligação de ramal de esgoto, o ventilador primário pode receber ligações de outros ventiladores. Os ramais de ventilação são dimensionados conforme a *Tabela B-II.2.5.5-b*.

Tabela B-II.2.5.5-b Dimensionamento de ramais de ventilação

Grupo de aparelhos sem vaso sanitário		Grupo de aparelhos com vaso sanitário	
Número de unidades Hunter de contribuição	Diâmetro nominal do ramal de ventilação DN (mm)	Número de unidades Hunter de contribuição	Diâmetro nominal do ramal de ventilação DN (mm)
Até 12	40	Até 17	50
13 a 18	50	18 a 60	75
19 a 36	75	-	-

Fonte: NBR 8160/1999. ABNT (Bib. A055).

No caso de baterias de vasos sanitários autossifonados (acima de três vasos), são necessários ramais de ventilação suplementares; um deles inserido no ramal de esgoto, entre o tubo de queda e o primeiro vaso sanitário; outros inseridos nos ramais de esgoto, junto ao último vaso de cada grupo de no máximo oito vasos sanitários, contados a partir do tubo de queda (*Figura B-II.2.5.5-a*).

B-II.2.5.6 Tubo ventilador primário e coluna de ventilação

Prédios com um só pavimento podem ter apenas um tubo ventilador de DN 100 mm (4"), ou DN 75 mm (3"), se forem residenciais e com três vasos sanitários, no máximo. Esse ventilador pode estar conectado à caixa de inspeção, ao coletor predial, subcoletor ou ramal de vaso sanitário, e deve ser prolongado até acima da cobertura.

Existindo no prédio ao menos um ventilador primário, podem ser dispensados os prolongamentos até a cobertura de outros tubos de queda que tenham comprimento inferior a 25% da altura total do prédio e que não recebam mais de 36 UHC.

As colunas de ventilação são necessárias quando os desconectores (caixa sifonada, vaso sanitário ou sifão) não atendem às distâncias máximas expressas na *Tabela B-II.2.5.5-a*.

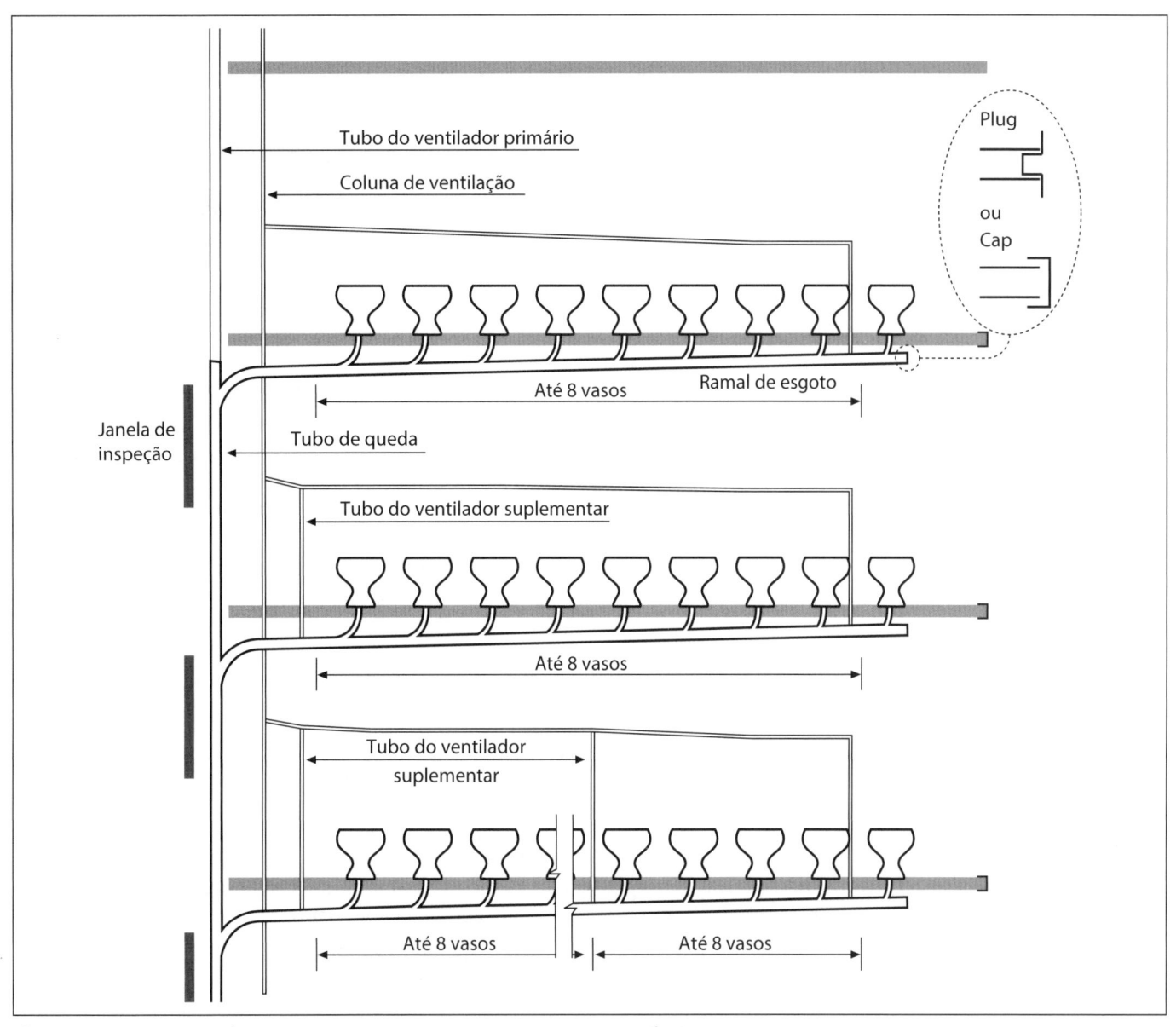

Figura B-II.2.5.5-a – Ventilação em circuito. Fonte: NBR 8160/1999 ABNT (Bib. A055).

As colunas de ventilação devem ter diâmetro uniforme em toda a extensão, com a extremidade inferior ligada a tubo de queda ou subcoletor, abaixo da última ligação de ramal de esgoto, ou ainda ligada a ramal de esgoto ou de descarga. A extremidade superior deve estar acima da cobertura, ou ligada a ventilador primário.

Os tubos ventiladores primários e as colunas de ventilação devem ser instalados verticalmente, sem deflexões. Quando não for possível, admitem-se curvas de até 90°. As extremidades superiores dos ventiladores primários e das colunas de ventilação devem elevar-se acima da cobertura (laje ou telhado) pelo menos 0,30 m. Quando a laje de cobertura tem outros usos, essa elevação deve ser de 2 m. Essas extremidades devem também distanciar-se 4 m de qualquer janela, porta ou outras aberturas para iluminação ou ventilação de interiores, ou então elevar-se 1 m acima das vergas desses vãos.

No caso de edifícios com mais de dez pavimentos, os tubos de queda devem ser interligados à coluna de ventilação a cada dez andares, contados de cima para baixo, por meio de tubos ventiladores de alívio.

Quando o prolongamento acima da cobertura não for conveniente para todos os ventiladores primários e colunas de ventilação, eles podem ser interligados por tubos horizontais a um único tubo ventilador, com extremidade aberta, segundo as prescrições acima, constituindo o barrilete de ventilação. Nesse caso, o dimensionamento de cada trecho de barrilete deve considerar a soma das UHC dos tubos de queda atendidos pelo trecho;

o comprimento a ser considerado é a extensão desde a base da coluna de ventilação mais distante da extremidade aberta do barrilete até essa extremidade.

O barrilete e as colunas de ventilação devem ser dimensionados conforme a *Tabela B-II.2.5.6-a*.

Tabela B-II.2.5.6-a Colunas e barriletes de ventilação

Diâmetro nominal do tubo de queda ou ramal de esgoto DN (mm)	Número de unidades Hunter de contribuição	Diâmetro Nominal do tubo de ventilação (mm)								
		40	50	60	75	100	150	200	250	300
		Comprimento máximo permitido (m)								
40	8	46								
40	10	30								
50	12	23	61							
50	20	15	46							
75	10	13	46	110	317					
75	21	10	33	82	247					
75	53	8	29	70	207					
75	102	8	26	64	189					
100	43		11	26	76	299				
100	140		8	20	61	229				
100	320		7	17	52	195				
100	530		6	15	46	177				
150	500				10	40	305			
150	1.100				8	31	238			
150	2.000				7	26	201			
150	2.900				6	23	183			
200	1.800					10	73	286		
200	3.400					7	57	219		
200	5.600					6	49	186		
200	7.600					5	43	171		
250	4.000						24	94	293	
250	7.200						18	73	225	
250	11.000						16	60	192	
250	15.000						14	55	174	
300	7.300						9	37	116	287
300	13.000						7	29	90	219
300	20.000						6	24	76	186
300	26.000						5	22	70	152

Fonte: NBR 8160/1999. ABNT (Bib. A055).

B-II.2.5.7 Tubo ventilador

Em princípio, toda rede de esgotos, pública ou predial, deve funcionar por gravidade, recebendo os esgotos afluentes e trabalhando à pressão atmosférica normal ou próximo a ela, para não romper os fechos hídricos nos "desconectores" ("sifões"). Como a água escoando induz um carreamento do ar, há uma tendência à subpressão, mormente quando a vazão máxima é atingida por exemplo por uso simultâneo de aparelhos, o que sempre é possível ocorrer.

Além disso, a rede de "esgoto primário" deve dar escape aos gases provenientes dos esgotos tanto da rede pública quanto das redes prediais (internas).

Então, a rede de esgotos precisa ser "ventilada", ou seja, conectada à atmosfera em diversos pontos, o mais perto possível dos pontos de sifões, especialmente os dos vasos sanitários, e evitando que haja longos trechos sem ventilação.

A NBR 8160 (Bib. A055) denomina "Tubo Ventilador" aquele destinado a possibilitar o escoamento de ar da atmosfera para o sistema de esgoto, e vice-versa, ou a circulação de ar no interior deste, com a finalidade de proteger o fecho hídrico dos desconectores e encaminhar os gases para atmosfera, por:

ventilação primária: é a ventilação proporcionada pelo ar que escoa pelo núcleo do tubo de queda, prolongado até a atmosfera, constituindo a tubulação de "ventilação primária", que é o prolongamento do tubo de queda acima do ramal mais alto a ele ligado e com extremidade superior aberta à atmosfera situada acima da cobertura do prédio.

ventilação secundária: é a ventilação proporcionada pelo ar que escoa pelo interior de colunas, ramais ou barriletes de ventilação, constituindo a tubulação de ventilação secundária, que é o conjunto de tubos e conexões com a finalidade exclusiva de promover a ventilação secundária do sistema predial de esgoto sanitário. A tubulação de ventilação "quase' horizontal deve ser projetada de forma a ter um sentido de escoamento, para não acumular água de condensação ou eventuais pequenos refluxos, e deverá ser projetada e instalada em plano acima da rede de esgotos, para evitar entrada de esgoto na ventilação.

B-II.2.5.8 Tubo de queda/espumas

Os tubos de queda devem ter diâmetro único em toda sua extensão, e devem ser prolongados com esse mesmo diâmetro até acima da cobertura do edifício como ventilador primário (*item B-II.2.5.6*). Depreende-se que não devem ser dimensionados por trechos, mas sim para o total de UHC que lhes correspondem.

Preferencialmente, devem ser instalados em alinhamento vertical, sem deflexões. Quando não for possível, admitem-se mudanças de direção de até 90°, com curvas de raio longo, instalando-se peças de inspeção para limpeza. Nesse caso (90°), o trecho horizontal deve ser dimensionado como um subcoletor (*Tabela B-II.2.5.4-a*). Os trechos verticais são dimensionados como tubos de queda independentes, com suas respectivas contribuições em UHC.

As interligações dos ramais de descarga e dos ramais de esgoto devem ser feitas com junções a 45° simples ou duplas.

Pias, tanques e máquinas de lavar, onde se usam detergentes, podem ser ligados a tubos de queda exclusivos, evitando-se ligações nas zonas de pressão de espuma (40 diâmetros antes e 10 diâmetros após as mudanças de direção).

Os tubos de queda devem ser dimensionados de acordo com a *Tabela B-II.2.5.8-a*.

Tabela B-II.2.5.8-a Dimensionamento de tubos de queda

Diâmetro do tubo DN (mm)	Número máximo de unidades Hunter de contribuição	
	Prédio de até três pavimentos	Prédio com mais de três pavimentos
40	4	8
50	10	24
75	30	70
100	240	500
150	960	1.900
200	2.200	3.600
250	3.800	5.600
300	6.000	8.400

Nota: deve ser usado diâmetro nominal mínimo DN 100 para tubulações que recebam despejos de vasos sanitários.
Fonte: Bib. A055.

B-II.2.5.9 Ramal de esgoto e ramal de descarga

Os ramais de descarga de lavatórios, banheiros, bidês, ralos e tanques devem ser individualmente ligados a uma caixa sifonada (ou a um ralo sifonado).

Os ramais de descarga de vasos sanitários vão diretamente ao tubo de queda ou ao ramal de esgoto (quase horizontal), uma vez que os vasos sanitários já possuem um sifão.

No caso de ramais de descarga de mictórios, não devem ser usadas caixas sifonadas com grelha (ralos), mas sim caixas com tampa hermética ou sifões.

Vasos sanitários em bateria devem ser ligados ao mesmo ramal de esgoto com junções a 45° com inspeção a montante (*Figura B-II.2.5.5-a*).

As ligações de ramais de descarga ou de esgoto a subcoletores ou coletor predial devem ser feitas por meio de caixa de inspeção, quando enterradas, ou junção a 45° com peça de inspeção, quando não enterradas.

Os diâmetros mínimos dos ramais de descarga constam da *Tabela B-II.2.3-a*.

Os ramais de esgoto devem ser dimensionados de acordo com a *Tabela B-II.2.5.9-a*.

Tabela B-II.2.5.9-a Dimensionamento de ramais de esgoto

Diâmetro do tubo DN (mm)	Número máximo de unidades Hunter de contribuição
40	3
50	6
75	20
100	160

Nota: deve ser usado diâmetro nominal mínimo DN 100 mm para tubulações que recebam despejos de vasos sanitários.
Fonte: Bib. A055.

B-II.2.5.10 Caixa sifonada (desconectores/sifões com fecho hídrico)

Todos os aparelhos sanitários devem ser protegidos com desconectores, destinados a evitar a penetração no ambiente interno do edifício dos gases emanados da instalação primária de esgoto ou da própria canalização secundária.

Esses desconectores são as caixas sifonadas e os sifões; devem ter fecho hídrico de altura mínima de 50 mm, orifício de saída com diâmetro não inferior aos dos ramais de descarga afluentes e ventilação para a proteção da integridade do fecho hídrico. Aparelhos sanitários autossifonados dispensam ligação a outro desconector.

No dimensionamento de caixas sifonadas devem ser atendidos os limites apresentados na *Tabela B-II.2.5.10-a*, de acordo com a *Figura B-II.2.5.10-a*.

Para valores acima de 15 UHC, deve-se acrescentar outras caixas sifonadas, mantendo sempre o máximo de 15 UHC por caixa.

Quando a "caixa sifonada" também é um ralo, diz-se "ralo sifonado", que costuma ser a versão mais frequente da caixa sifonada.

Tabela B-II.2.5.10-a Diâmetros indicados

Número de unidades Hunter de contribuição	Diâmetro
até 6 UHC	DN 100 mm (4")
de 6 a 10 UHC	DN 125 mm (5")
de 10 a 15 UHC	DN 150 mm (6")
acima de 15 UHC	acrescentar outra caixa

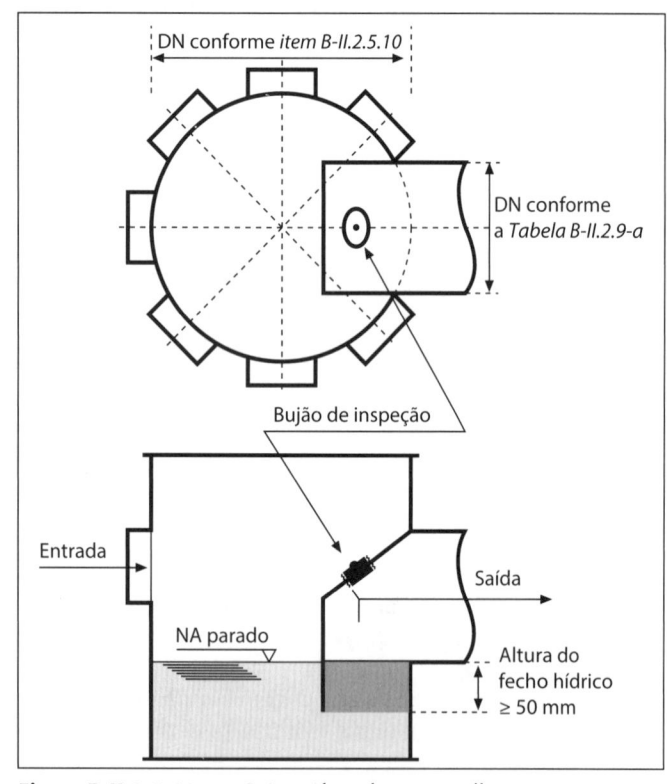

Figura B-II.2.5.10-a – Caixa sifonada com grelha.

B-II.2.5.11 "Aparelho sanitário"

Denomina-se "aparelho sanitário" qualquer ponto de coleta de esgoto sanitário (ver lista na *Tabela B-II.2.3-a*). Dois "aparelhos" merecem destaque:

B-II.2.5.11-a Ralo simples

O ralo simples (sem sifão), passível de coletar águas poluídas, de banheiros, cozinhas, canis, etc., deve estar sempre conectado a uma caixa sifonada antes de conectar-se ao sistema de esgotos (deve conectar-se através dela), evitando que gases e odores dos sistema de esgotos emanem no local. Ralos "simples" em terraços ou sujeitos só a coletar águas de chuva podem ser ligados direto ao sistema de "águas pluviais".

B-II.2.5.11-b Vaso sanitário (latrina)

É um caso particular de "aparelho sanitário" que deve ser sempre tratado com especial atenção, por ser o responsável pelas maiores "vazões" instantâneas e por ter um fecho hídrico (desconector), além de ser o principal meio de corpos estranhos adentrarem o sistema de esgotos, provocando entupimentos.

Notas finais

1. Em nenhuma hipótese os esgotos sanitários devem ser misturados às águas pluviais nem vice-versa, no todo ou em parte. Onde houver dúvida, por exemplo, uma área aberta onde chove mas ao mesmo tempo serve para algum outro fim, como lavagem de carros, entornos de mesas de refeição etc., a regra básica é minimizar a área de dúvida pela implantação de caimentos e ralos exclusivos e, no ralo onde houver dúvida, já minimizado o problema, conduzi-lo ao esgoto sanitário.

2. Em face do aumento de "reúso" de águas servidas, sugere-se ao projetista conceber sempre um sistema separador de águas servidas de menor problema sanitário, por exemplo, efluentes de máquinas de lavar roupa e ralos de chuveiros, para que, quando o proprietário quiser fazer reúso de água, o tratamento não tenha um custo proibitivo para soluções individuais ou condominiais.

B-II.3 INSTALAÇÕES PREDIAIS DE ÁGUAS PLUVIAIS

B-II.3.1 Introdução

A instalação predial de água pluvial objetiva a coleta e o encaminhamento das águas de chuva que caem nas coberturas, terraços, pátios, quintais e outras áreas associadas ao edifício, não considerando áreas lindeiras mais extensas, ainda que integrantes da mesma propriedade, que devem ser esgotadas segundo os critérios de drenagem urbana (*item B-I.3*). As águas coletadas devem ser encaminhadas ao sistema público de drenagem urbana através de descarga direta na via pública, atendendo às prescrições legais vigentes. Não são permitidas interligações com outras instalações prediais, mormente as de esgoto sanitário. Outras águas naturais detectadas no local (fontes, minas, infiltrações) devem ser encaminhadas ao mesmo destino, através de tubulação independente.

O presente item foi elaborado com base na norma brasileira NBR 10844/1989 (Bib. A061) da ABNT. As exigências mínimas para o projeto e a construção da instalação são: funcionalidade, segurança, higiene, durabilidade, economia e conforto do usuário. Para tanto, é necessário o atendimento ao seguinte:

- garantir a coleta e condução da vazão de projeto;

- garantir a estanqueidade (vazamentos, infiltrações, goteiras);

- permitir a limpeza e desobstrução de calhas e condutores;

- evitar ruídos excessivos;

- utilizar materiais resistentes às condições externas (inclusive químicas, bacteriológicas e zoológicas), aos esforços mecânicos e às pressões hidráulicas, garantindo sua fixação e proteção adequadas.

B-II.3.2 Partes principais da instalação

A instalação é relativamente simples, composta de poucas partes, todas voltadas para a reunião e a condução da chuva que cai:

a) *superfícies coletoras*: constituídas por telhados, paredes, coberturas, pisos externos, terraços e similares, que interceptam a chuva;

b) *calhas*: canais que recebem a água de telhados e coberturas;

c) *rufos*: elementos embutidos na argamassa de paredes ou platibandas para conduzir a água às calhas, evitando infiltrações;

d) *saídas*: orifícios nas calhas, coberturas, terraços e similares, para onde converge a água coletada;

quando em paramentos verticais com descarga livre, devem ser dotadas de buzinotes ou de gárgulas, para evitar escorrimento;

e) *ralos*: caixas dotadas de grelhas planas ou hemisféricas para onde converge a água coletada em pisos externos ou lajes de cobertura;

f) *condutores*: tubulações verticais e horizontais que recolhem a água das saídas e dos ralos, e a conduzem ao ponto de descarga;

g) *cumieiras*: elementos que compõe as arestas superiores de divisores de água, evitando infiltrações, especialmente em telhados.

B-II.3.3 Cálculo da vazão de projeto

A vazão de projeto para as calhas e condutores deve ser estimada pela equação do método racional (*item B-I.3.4*), considerado o coeficiente de escoamento superficial $C_m = 1$, ficando a expressão reduzida a:

$$Q = \frac{i \times A}{60}$$

onde:
i = intensidade da chuva, em mm/h;
A = área de contribuição, em m²;
Q = vazão, em ℓ/min.

B-II.3.4 Área de contribuição

É a soma das áreas das superfícies coletoras que contribuem para um elemento de condução (calha ou coletor). Essas áreas devem ser corrigidas considerando incrementos, nos seguintes casos (*Figura B-II.3.4-a*):

- Para coberturas inclinadas (telhados), o efeito da ação do vento deve ser considerado adotando-se uma inclinação da chuva igual a 1:2 em relação à vertical.

- No caso de superfícies verticais (paredes ou platibandas), o acréscimo de área a ser considerado é igual à metade da área respectiva.

- As coberturas horizontais devem ter caimentos maiores que 0,75%, dispostos de modo a evitar grandes percursos da água sobre elas. Não há incremento de área a considerar.

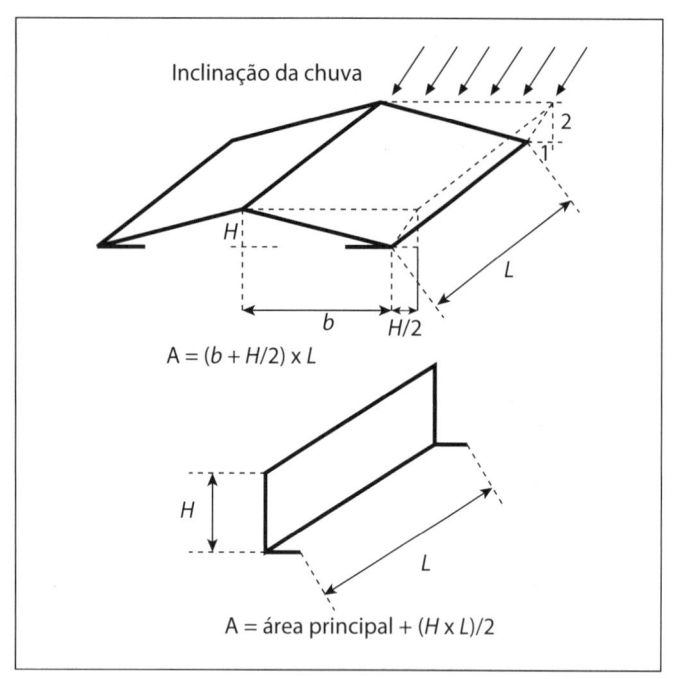

Figura B-II.3.4-a – Cálculo das áreas de contribuição.

B-II.3.5 Intensidade

A intensidade deve ser determinada em função da duração e da recorrência (frequência, probabilidade) da precipitação (*item B-I.3*).

Em casos especiais que exigem maior precisão, calcula-se o tempo de concentração, adota-se o valor disponível de altura pluviométrica relativa à recorrência desejada e calcula-se a intensidade a partir de equações ou curvas válidas para a localidade.

Nos casos comuns, sugere-se adotar as seguintes recorrências:

a) TR = 5 anos, para áreas pavimentadas onde empoçamentos e alagamentos podem ser tolerados com frequência;

b) TR = 10 anos, para coberturas, telhados e terraços, onde empoçamentos e alagamentos podem ser tolerados sem muita frequência;

c) TR = 50 anos, para coberturas horizontais e terraços onde empoçamentos não podem ser tolerados, exceto quando abaixo dessa probabilidade (ou seja, acima dessa recorrência).

Nesses casos, a duração pode ser fixada em 5 minutos e a intensidade local pode ser assumida a partir dos dados da *Tabela B-I.3.4-b*.

Para cálculos expeditos, quando a área de projeção horizontal da edificação é pequena, por simplicidade, costuma-se usar intensidades da ordem de 150 a 200 mm/h.

B-II.3.6 Calhas (beirais de telhados e outros condutores "quase-horizontais")

Podem ser moldadas em chapas metálicas ou em resinas de acordo com a configuração dos beirais e platibandas.

Devem ter declividade uniforme, maior ou igual a 0,5%, em direção à saída, e podem ser dimensionadas pela fórmula de Manning:

$$Q = \frac{60.000}{n} \times A_m \times R_H^{2/3} \times I^{1/2}$$

onde:

Q = vazão (ℓ/min);
A_m = área da seção molhada (m²);
R_H = raio hidráulico (m);
I = declividade (m/m).

O coeficiente de rugosidade n depende do material (e do estado) da calha e usualmente são adotados os valores apresentados na *Tabela B-II.3.6-a*.

Tabela B-II.3.6-a Coeficientes de rugosidade (Manning)

Material	n
Plástico, aço galvanizado, metais não ferrosos	0,011
Ferro fundido, concreto alisado, alvenaria revestida	0,012
Cerâmica, concreto não alisado	0,013

Fonte: Bib. A061.

Quando houver mudança de direção da calha nas proximidades da saída (até 4 m), a vazão de projeto deve ser multiplicada pelos coeficientes indicados na *Tabela B-II.3.6-b*, para compensar o aumento de perda de carga.

Tabela B-II.3.6-b Coeficientes multiplicativos da vazão de projeto

Tipo de curva	Curva a menos de 2 m da saída da calha	Curva entre 2 e 4 m da saída da calha
Canto reto	1,20	1,10
Canto arredondado	1,10	1,05

Fonte: Bib. A061.

Às calhas semicirculares, dimensionadas com altura de lâminas d'água igual ao raio, aplicam-se as fórmulas:

$$A_m = 0,3927 \times D^2 \quad \text{e} \quad R_H = 0,25 \times D$$

Com essa profundidade (h = 0,5 × D) (*Figura B-II.3.6-a*), e n = 0,011, as capacidades dessas calhas são apresentadas na *Tabela B-II.3.6-c*, para valores de diâmetros e declividades usuais.

**Tabela B-II.3.6-c Calhas semicirculares quase-
-horizontais com coeficientes de rugosidade *n* = 0,011
(vazão em $\ell/_{min}$), para *h* = 0,5x*D***

Diâmetro interno (mm)	Declividades		
	0,50%	1,00%	2,00%
100	130	183	256
125	236	333	466
150	384	541	757
200	829	1167	1684

A *Tabela B-II.3.6-d* e a *Tabela B-II.3.6-e* apresentam as capacidades de calhas com fundo em diâmetros usuais, de vários materiais e declividades comuns, em ℓ/min e em áreas de contribuição para $h = (2/3) \times D$ (*Figura B-II.3.6-b*).

Note-se que além das calhas semicirculares nos beirais dos telhados, existem calhas de colete com fundo circular e paredes verticais, inclusive no solo.

Nessas áreas quase planas junto ao solo, ou em terraços onde as calhas podem ser incrustadas, devem ser previstas inspeções, e caixas de areia, nas conexões, nas mudanças de direção ou da declividade e a intervalos máximos de 20 m. Nas ligações com os condutores verticais devem ser utilizadas curvas de raio longo e inspeções, ou caixas de areia.

B-II.3.7 Condutores verticais/embocadura

Os condutores verticais são geralmente de seção circular e devem ser projetados numa única prumada. Quando houver necessidade de mudança de direção ou na ligação com condutores horizontais, devem ser usadas curvas de 90° de raio longo ou curvas de 45°, devendo ser previstas peças de inspeção para desobstrução.

O diâmetro mínimo recomendado é DN 75 mm (3").

A capacidade máxima dos condutores verticais pode ser estimada para escoamento em seção plena e tem limites de velocidade indicados pelo *National Plumbing Code* (EUA), conforme a *Tabela B-II.3.7-a*.

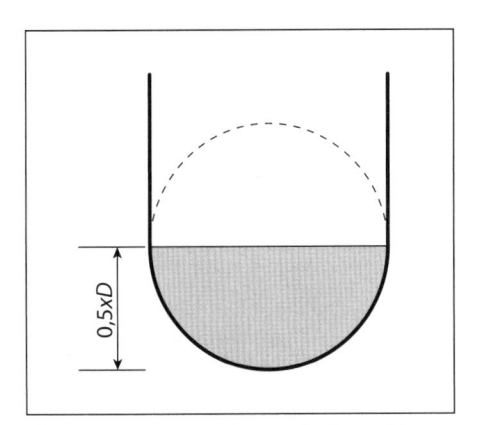

Figura B-II.3.6-a – Lâmina de água (*h*) = 0,5x*D*.

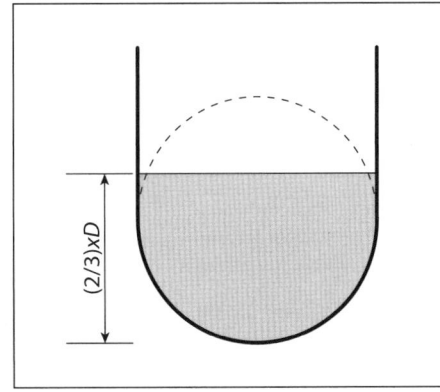

Figura B-II.3.6-b – Lâmina de água (*h*) = (2/3)x*D*.

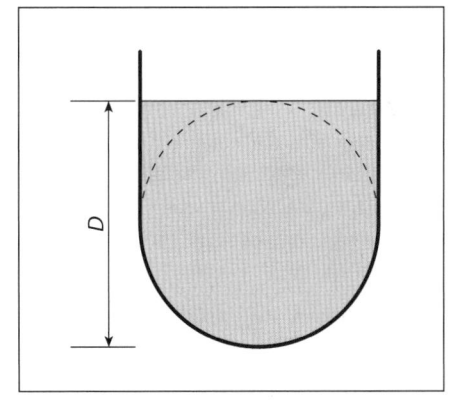

Figura B-II.3.6-c – Lâmina de água (*h*) = D.

Tabela B-II.3.7-a Condutores verticais de seção circular – Por capacidade máxima, em (ℓ/min) e por área máxima de contribuição, em m²

DN	v_{max} (m/s)	Q_{max} (ℓ/min)		Intensidade								mm/h
				100	125	150	175	200	225	250	275	
		(*1)	(*2)	1,67	2,08	2,50	2,92	3,33	3,75	4,17	4,58	ℓ(min x m²)
50 (2")			97	58,2	46,6	38,8	33,3	29,1	25,9	23,3	21,2	
75 (3")	1,28	339,6	267,3	203,4	163,3	135,8	116,3	102,0	90,6	81,4	74,1	
100 (4")	1,50	706,9	548,7	423,3	340,0	228,8	242,1	212,3	188,5	169,5	154,3	Área máxima de contribuição m²
125 (5")	1,81	1332,7		798,0	640,7	533,1	456,4	400,2	355,4	319,6	291,0	
150 (6")	1,97	2088,8	1512,1	1250,8	1004,2	835,5	715,3	627,3	557,0	500,9	456,1	
200 (8")	2,38	4486,2	3104,0	2686,3	2156,8	1794,5	1536,4	1347,2	1196,3	1075,8	979,5	
250 (10")	2,75	8099,4	5422,5	4849,9	3893,9	3239,8	2773,8	2432,3	2159,8	1942,3	1768,4	
300 (12")			8553,6	5132,2	4105,7	3421,4	2932,7	2566,1	2281,0	2052,9	1866,2	

(*1) National Plumbing Code (EUA); (*2) E. Pulz., bocal reto (tipo A).

A norma brasileira NBR 10844/1989 (Bib. A061) adota, para dimensionamento de condutores verticais, ábacos que associam a vazão, a altura da lâmina d'água na calha e o comprimento do condutor vertical.

C. Pimenta (Bib. P340), em 1963, e posteriormente E. Pulz (FATEC) apresentaram trabalhos sobre dimensionamento de condutores de águas pluviais em edificações, que serviram de base para o que se segue:

Podem-se distinguir 3 (três) estágios no escoamento da água em um conduto vertical, alimentado pela sua extremidade superior e com superfície livre sujeita à pressão atmosférica:

1º estágio – escoamento livre com franca ventilação, correspondente a pequenos valores da relação h/D (h é a altura da lâmina sobre a borda do conduto, e D o diâmetro do conduto). Nesse caso, o escoamento é o de um vertedor circular em posição horizontal e a vazão é expressa por equação do tipo:

$$Q = c \times D \times h^n$$

onde os coeficientes c e n podem ser determinados experimentalmente. O comprimento do condutor não tem influência (veja *item A-6.7*).

2º estágio – escoamento semiafogado para valores intermediários da relação h/D, no qual o conduto transporta uma emulsão de água e ar, podendo ocorrer uma aproximação radial em relação à saída, ou radial com superposição de um movimento de rotação (vórtice).

No primeiro caso a vazão escoada em movimento permanente é expressa por equação do tipo:

$$Q = C_d \times 0{,}7854 \times D^2 \times \left[2 \times g \times \left(h + \frac{p_3}{\gamma} \right) + \frac{D}{2} \right]^{1/2}$$

onde C_d é o coeficiente de descarga e p_3 é a depressão que ocorre na seção contraída da veia.

No segundo caso o escoamento é não permanente, devido ao aparecimento do vórtice.

Esse fenômeno atua sobre a vazão escoada, reduzindo-a devido à sucção de ar, aumentando a altura da lâmina, o que faz desaparecer o vórtice; isso provoca o aumento da vazão, ocasionando o reaparecimento do vórtice e nova redução da vazão. Quando ocorre o vórtice, é comum a lâmina d'água atingir valores próximos de $3 \times D$, ou $h/D = 3$. O equacionamento analítico é bastante complexo, e esse tipo de escoamento não é conveniente para o caso de condutores pluviais, devido ao risco de transbordamento das calhas e ao ruído provocado pelo escoamento de ar no conduto. Deve-se, então, buscar a eliminação dos vórtices, o que reduz o escoamento ao primeiro caso (aproximação radial).

3º estágio – escoamento afogado para grandes valores de h/D, no qual os parâmetros do escoamento são relacionados pela equação de Bernoulli, equação da continuidade e as fórmulas de perda de carga. Nesse estágio, tem influência o comprimento do conduto. É importante notar que as vazões crescem com a lâmina d'água até o limite, acima do qual praticamente não mais se elevam. Esse limite corresponde à vazão de afogamento do conduto.

A supressão do vórtice que ocorre no 2º estágio pode ser conseguida, entre outras soluções, pela criação de uma perda de carga descontínua, a montante da embocadura, capaz de evitar valores importantes de rotação.

A solução pesquisada e proposta pelo Prof. Pimenta é uma grelha de formato especial que atenda também às condições de afogamento do condutor, evitando o descolamento da veia líquida que reduz a vazão (*Figura B-II.3.7-a*).

Outro processo para se obter o rendimento máximo do condutor, sem os inconvenientes do regime instável, consiste em uma embocadura com diâmetro maior e comprimento suficientes para o afogamento do condutor (*Tabela B-II.3.7-b*, bocal D).

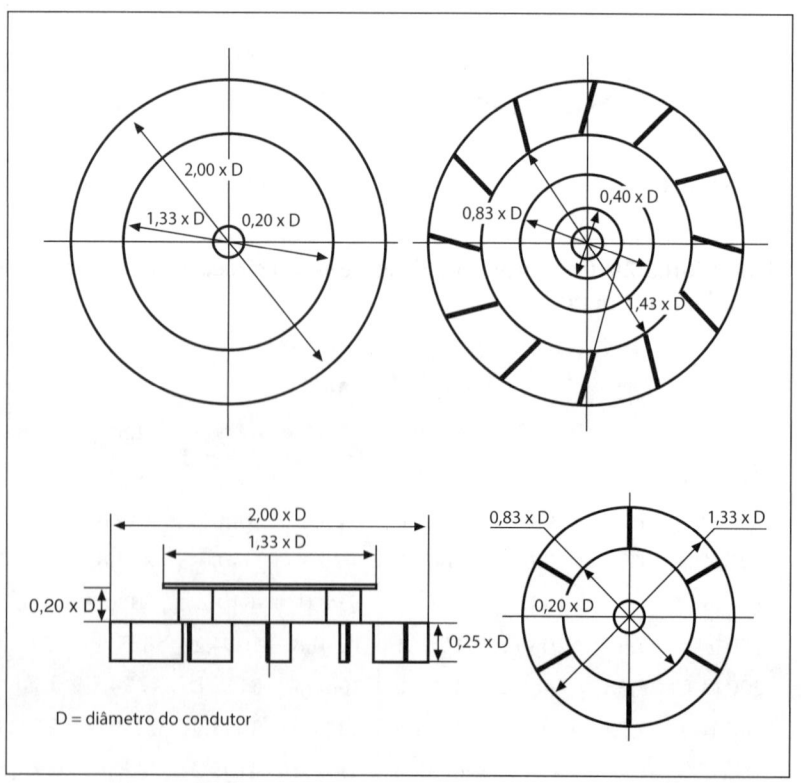

Figura B-II.3.7-a – Grelha.

Tabela B-II.3.7-b Equações dos 1º e 2º estágios (Q^* em m³/s)

Bocal	Estágio	Grelha	Limites	Equação
A	1º	não	$h^* \leq 0,5$	$Q^* = 0,00513 \times h^{*5/3}$
	1º	sim	$0,2 < h^* \leq 0,4$	$Q^* = 0,01357 \times h^{*2,28}$
	2º	não	$0,5 < h^* \leq f(L)$	$Q^* = 0,00696 \times h^{*2,1}$
	2º	sim	$0,4 < h^* \leq f(L)$	$Q^* = 0,01777 \times h^{*2,57}$
B	1º e 2º	não	$h^* \leq f(L)$	$Q^* = 0,00824 \times h^{*1,75}$
	1º e 2º	sim	$0,3 < h^* \leq f(L)$ (*1)	$Q^* = 0,01598 \times h^{*2,3}$
C	1º	não	$h^* \leq 0,5$	$Q^* = 0,00563 \times h^{*1,55}$
	2º	não	$0,5 < h^* \leq f(L)$	$Q^* = 0,01017 \times h^{*2,4}$
D	2º	não	$h^* \geq 0,6$	$Q^* = 0,00920 \times h^{*2,5}$
	2ª	sim	$h^* > 0,5$	$Q^* = 0,01514 \times h^{*2,4}$

(*1)Para $h^* < 0,3$, utilizar a equação sem grelha.

Três tipos de saídas foram ensaiadas no estudo procedido pelo Prof. Pimenta, representadas na *Figura B-II.3.7-b*.

Para universalizar as equações, o estudo propõe a redução das dimensões a um mesmo referencial (DN 50 mm), utilizando os seguintes parâmetros:

$$\lambda = D \ (mm)/50$$
$$Q^* = Q/\lambda^{5/2}$$
$$h^* = h/D$$
$$L^* = L/D$$

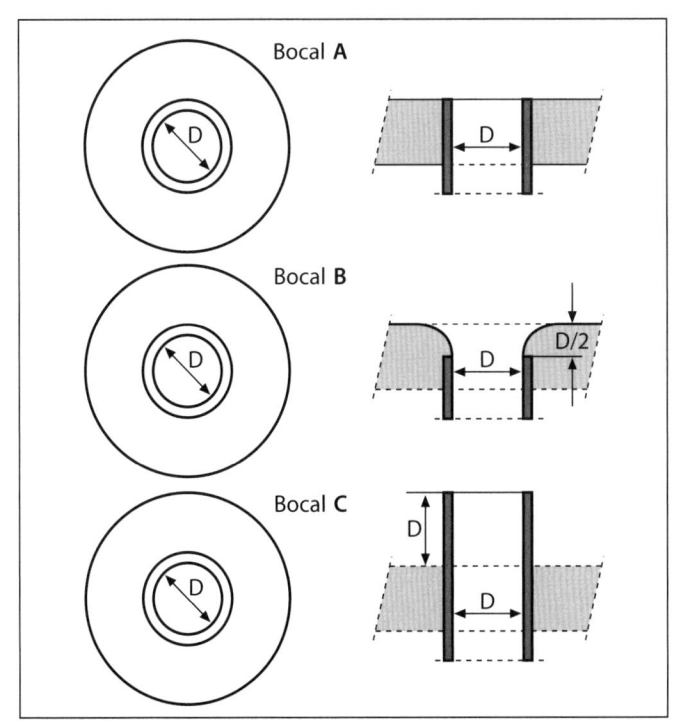

Figura B-II.3.7-b – Bocais ensaiados pelo Prof. Pimenta.

As equações obtidas através dos ensaios de laboratório realizados são apresentadas na *Tabela B-II.3.7-b* (bocais A, B e C). Nessa tabela, $f(L)$ corresponde ao valor de h^*, que é função do comprimento do conduto correspondente à vazão de afogamento.

Outro processo para obter o rendimento máximo do condutor, sem os inconvenientes do regime instável, além da grelha de formato especial já citada, consiste em uma embocadura com diâmetro maior e profundidade maior suficientes para o afogamento do condutor (*Tabela B-II.3.7-b*, bocal D).

Os limites de h^* são melhor visualizados graficamente (sem grelha):

$h^*= h/D$	$h^*= 0,5$	$h^*= f(L)$
1º estágio Escoamento livre	2º estágio Semiafogado (vórtice)	3º estágio Escoamento afogado

No 3º estágio, em que o condutor escoa afogado, sem vórtices e sem descolamento da veia líquida, distinguem-se dois casos:

- quando $L^* = L/D \leq 40$ (para DN 75 mm, $40 \times D = 3$ m), o escoamento se enquadra como em tubo muito curto e a vazão é expressa pela equação:

$$Q = C_d \times 0,7854 \times D^2 \times [2 \times g \ (h + L)]^{1/2},$$

em que o coeficiente de descarga C_d depende do comprimento relativo $L^* = L/D$ (vide *item A-5.3.8*);

- quando $L^* = L/D > 40$, é válida a mesma equação acima, porém $C_d = (K + 1)^{-1/2}$, com o coeficiente $K = K_1 + K_2$

onde: K_1 (devido a perdas lineares) $= 0,03 \times L^*$, para diâmetros DN 50 mm, DN 75 mm e DN 100 mm, em escoamento turbulento;

K_2 (devido a perdas singulares) = 0,5 para o bocal A, e 0,15 para o bocal B.

Nos dois casos, o comprimento L do conduto tem influência na vazão.

A utilização de embocadura alargada também foi ensaiada no estudo, tendo sido obtidas as equações apresentadas na *Tabela B-II.3.7-b, bocal D.*

Os ensaios conduzidos pelo Prof. Pimenta, no interesse de um critério de dimensionamento de condutores verticais, permitiram as conclusões a seguir:

a) Com diâmetros constantes e escoamento no 1º estágio (livre), os condutores verticais esgotam com segurança vazões maiores que as indicadas em critérios conservadores, sem utilizar dispositivos anti-vórtices. Os valores obtidos são apresentados na *Tabela B-II.3.7-c.*

b) Com escoamento no 2º estágio (semiafogado), obtém-se rendimento maior, dependendo do comprimento $L^* = L/D$. Para o caso de condutor DN 75 mm, com 3 m de comprimento e bocal tipo A, as vazões máximas são:

Q = 1.239 ℓ/min, e h = 0,054 m, com grelha antivórtice.

Q = 1.239 ℓ/min, e 0,079 ≤ h ≤ 0,215 m, sem grelha antivórtice.

c) Obtém-se melhor rendimento do condutor utilizando-se embocadura alargada, o que provoca escoamento estável, eliminando os inconvenientes do vórtice sem a necessidade de dispositivo antivórtice.

A ocorrência de desvios de condutores verticais logo no seu início é caso bastante comum em edifícios com coberturas horizontais.

No passado, o Prof. Lucas N. Garcez afirmava que, dado o desconhecimento do comportamento da água escoando em condutores verticais, estes poderiam ser dimensionados considerando a mesma velocidade dos condutores horizontais, em razão da continuidade do escoamento no conjunto.

Na época eram utilizados tubos de ferro fundido e condutores horizontais dimensionados a seção plena, com 0,5% de declividade. A capacidade calculada para esses valia também para os condutores verticais. Daí originou-se a *Tabela B-II.3.7-d,* ainda utilizada atualmente, mas que pode levar a superdimensionamento de condutores verticais e subdimensionamento dos horizontais, hoje dimensionados como condutos livres com altura de lâmina de (2/3) × D (vide *Tabela B-II.3.8-a* e *Tabela B-II.3.8-b*).

Na *Tabela B-II.3.7-d,* A_S é a "área da seção", enquanto A_c é a "área contribuinte", correspondente à chuva de intensidade da ordem de 150 mm/h. Em São Paulo, uma chuva com duração de 5 minutos e tempo de retorno de 5 anos corresponde a cerca de 15 mm em 5 minutos (ver *Tabela B-I.3.4-b*).

Tabela B-II.3.7-d Condutores de ferro fundido à seção plena, *I* = 0,5%

DN	v (m/s)	A_S (m²)	Vazão (ℓ/min)	A_C (m²)
50	0,3	0,00196	35,3	14,1
75	0,4	0,00442	106	42,4
100	0,5	0,00785	235,6	94,2
150	0,65	0,01767	689,2	275,7
200	0,8	0,03142	1508	603,2

Nota: A_S – área de seção e A_C – área contribuinte.

No entanto, quando há desvios nos condutores verticais logo após o ingresso da água, as considerações do Prof. Garcez prevalecem, pois a capacidade do conjunto passa a ser limitada pela capacidade da tubulação de desvio a jusante, determinada por sua declividade e escoamento à seção plena, observados os máximos da *Tabela B-II.3.7-a.*

B-II.3.8 Condutores (tubos) quase-horizontais

Devem ter declividade uniforme, com valor mínimo de 0,5%. Devem ser previstas inspeções quando aparentes e caixas de areia quando enterrados, nas conexões, nas mudanças de direção ou da declividade e a distâncias

Tabela B-II.3.7-c Dimensionamento de condutos verticais – 1º estágio (bocal reto)

Bocal	Q^* (ℓ/s)	h^*	DN75		DN100		DN150	
			Q (ℓ/min)	h (m)	Q (ℓ/min)	h (m)	Q (ℓ/min)	h (m)
A	1,62	0,5	268,0	0,04	550,2	0,05	1514,4	0,075
B	1,65	0,4	272,9	0,03	560,3	0,04	1542,4	0,060
C	1,92	0,5	317,6	0,04	652,0	0,05	1794,8	0,075

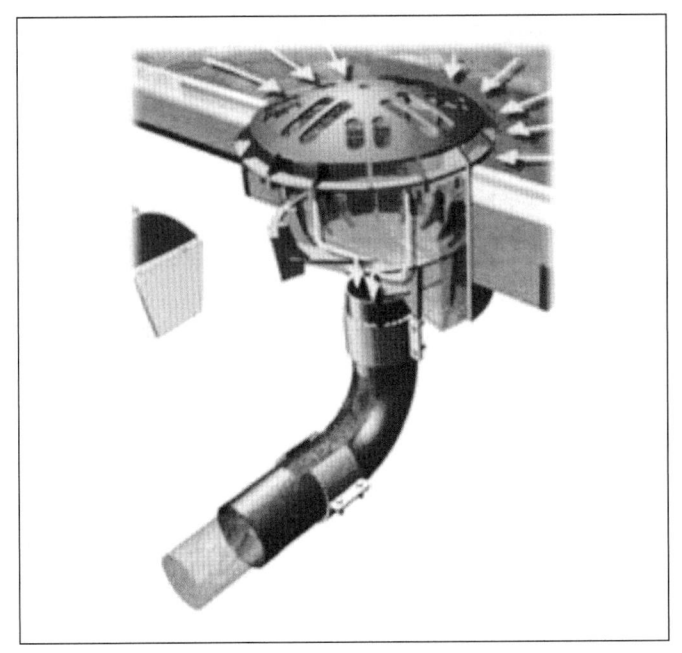

Ralo sifão PAM. O uso de um sistema de ralos na tampa, juntamente com um equipamento antivórtice previne a entrada de ar na tubulação, criando um efeito de sucção.

máximas de 20 m. Nas ligações com os condutores (tubos) verticais devem ser utilizadas curvas de raio longo e inspeções ou caixas de areia.

O dimensionamento dos tubos condutores horizontais pode ser feito com a fórmula de Manning, com altura de lâmina igual a 2/3 do diâmetro. As tabelas a seguir expressam as vazões conduzidas por tubos de diâmetros usuais de vários materiais e declividades comuns, e as respectivas áreas de contribuição.

A *Tabela B-II.3.8-a* e a *Tabela B-II.3.8-b* apresentam as capacidades de tubos (e calhas) com fundo circular em diâmetros (DN) usuais, de várias rugosidades (n) e declividades comuns ($i\%$), em ℓ/min e em áreas de contribuição para $h = (2/3)\,xD$ (*Figura B-II.3.6-b*).

Tabela B-II.3.8-a Dutos circulares quase-horizontais (capacidade em $\ell/_{min}$), para $h = (2/3)xD$

	$n = 0,011$				$n = 0,012$				$n = 0,013$			
i	0,5%	1%	2%	4%	0,5%	1%	2%	4%	0,5%	1%	2%	4%
DN												
50	32	45	64	90	29	41	59	83	27	38	54	76
75	95	133	188	267	87	122	172	245	80	113	159	226
100	204	287	405	575	187	264	372	527	173	243	343	486
125	370	521	735	1.040	339	478	674	956	313	441	622	882
150	602	847	1.190	1.690	552	1.777	1.100	1.550	509	717	1.010	1.430
200	1.300	1.820	2.570	3.650	1.190	1.670	2.360	3.350	1.100	1.540	2.180	3.040
250	2.350	3.310	4.660	6.620	2.150	3.030	4.280	6.070	1.990	2.800	3.950	5.600
300	3.820	5.380	7.590	10.800	3.500	4.930	6.960	9.870	3.230	4.550	6.420	9.110

Tabela B-II.3.8-b Dutos circulares quase horizontais (capacidade em áreas de contribuição em m²), para *intensidade de chuva* = 150 mm/h(*1) e $h = (2/3)xD$

	$n = 0,011$				$n = 0,012$				$n = 0,013$			
i	0,5%	1%	2%	3%	0,5%	1%	2%	3%	0,5%	1%	2%	3%
DN												
50	13	18	26	31	12	17	24	29	11	15	22	27
75	38	53	76	93	35	49	69	85	32	45	64	78
100	81	115	163	199	75	106	149	183	69	97	138	169
150	240	340	480	588	220	311	440	539	203	287	406	498
200	517	731	1.034	1.267	474	670	948	1.161	438	619	875	1.072
250	938	1.326	1.875	2.296	859	1.215	1.719	2.105	793	1.122	1.587	1.943
300	1.524	2.156	3.049	3.734	1.397	1.976	2.795	3.423	1.290	1.824	2.580	3.160

(*1) Caso de São Paulo, SP, bairro Congonhas: Duração de 5 min. e retorno de 5 anos, ver *Tabela B-I.3.4-b*.

Exercício B-II-a

Uma fábrica com 240 empregados consumirá 40 m³/hora de água nos processos industriais. A derivação da rede pública alimentará um reservatório, cujo nível de água estará a 2 m acima da via pública. Dimensionar o ramal predial e o ramal de ligação, sabendo que a pressão no distribuidor geral é 18 m, e a distância da canalização pública ao reservatório é de 30 m. O período de funcionamento da fábrica é de 24 horas.

Solução:

a) *Estimativa do consumo diário*

240 empregados, a 70 litros, consomem 16,8 m³/dia, e os processos industriais (40 m³/h) consomem 960 m³/dia, resultando em um consumo diário de 976,8 m³/dia.

b) *Dimensionamento*

Para a vazão estimada, verifica-se que será necessária uma canalização com pelo menos 75 mm (3") de diâmetro (*Tabela B-II.1.3-a*). Admitindo-se 75 mm (3"), encontram-se para $Q = 11,3$ ℓ/s (976,8 m³/dia):

$v = 3$ m/s;

$J = 0,21$ m/m (equação de Hsiao)

c) *Perda de carga total*

Se forem desprezadas as perdas localizadas,

$h_f = J \times L = 0,21 \times 30 = 6,30$ m

e a pressão disponível em relação ao nível do reservatório será:

$p = 18,00 - 2,00 - 6,30 = 9,70$ m

Exercício B-II-b

Um edifício destinado a um hotel terá 100 dormitórios e um restaurante com capacidade para servir 400 refeições diárias. O serviço de lavanderia será feito fora do hotel.

Verificar a capacidade dos reservatórios e das bombas e dimensionar a tubulação de recalque.

Solução:

Admitindo-se o consumo diário de 400 litros por dormitório e 25 litros por refeição, calcula-se primeiramente o consumo para todos os dormitórios:

$100 \times 400 = 40.000$ litros/dia

Em seguida, calcula-se o consumo para o restaurante:

$400 \times 25 = 10.000$ litros/dia

Portanto, o consumo total diário será de 50.000 litros/dia.

Observações: o número de hóspedes poderia ser estimado na base de uma ocupação média de 2 pessoas/dormitório, incluindo crianças. Considerando-se 200 litros/pessoa e 200 hóspedes, o consumo diário seria idêntico ao anteriormente admitido.

Sendo o volume total dos reservatórios de 50 m³, o volume do reservatório inferior (60%) de 30 m³ e o volume do reservatório superior (40%) de 20 m³, calcula-se a capacidade das bombas (6 horas de funcionamento):

20 m³/6 h $= 3,3$ m³/h ou $0,92$ ℓ/s

Pela *Tabela B-II.1.8-a*, verifica-se que será necessário o diâmetro DN 30 mm para a canalização de recalque. A canalização de sucção poderá ter DN 40 mm.

Exercício B-II-c

Dimensionar o trecho *MN* de um ramal de distribuição com 6 m de comprimento, que alimenta 4 bacias sanitárias com caixas de descarga, 2 lavatórios, 2 bidês, 2 banheiras e 2 chuveiros. A pressão no ponto *M* de derivação da coluna é 8 m de água (*Figura B-II.1.10-b*).

Solução:

Estimando-se a vazão em ℓ/s pela *Tabela B-II.1.4-a*, obtêm-se:

4 bacias a 0,15	0,6
2 lavatórios a 0,15	0,3
2 bidês a 0,10	0,2
2 banheiras a 0,30	0,6
2 chuveiros a 0,20	0,4
Total (ℓ/s)	2,1

Na *Figura B-II.1.4-a*, para 12 aparelhos comuns o fator de uso é 49%, sendo a vazão máxima provável: $0,49 \times 2,1 = 1,03$ ℓ/s.

Exercício B-II-c (continuação)

Pela limitação da velocidade (*Tabela B-II.1.3-a*), verifica-se que o diâmetro DN 25 mm ainda seria satisfatório.

Para D = 25 mm e Q = 1,03 ℓ/s, encontra-se, na fórmula de Hsiao, J = 0,28 m/m. A perda de carga no trecho seria:

$h_f = J \times L = 0,28 \times 6,00 = 1,68$ m

A pressão disponível em N:

$p = 8,00 - 1,68 = 6,32$ m H_2O

Estimando-se, agora, a vazão (em peso) pelo critério da norma (ABNT) tem-se:

4 bacias a 0,3	1,2
2 lavatórios a 0,3	0,6
2 bidês a 0,1	0,2

2 banheiras a 1,0	2,0
2 chuveiros a 4,0	0,8
Total (pesos)	4,8

$Q = 0,3 \times \sqrt{4,8} = 0,6$ ℓ/s

Pela *Tabela B-II.1.3-a*, determina-se DN 25 mm. Assim, para 25 mm e 0,66 ℓ/s, encontra-se:

$J = 0,15$ m/m;

$h_f = 0,15 \times 6,00 = 0,90$ m;

$p = 8,0 - 0,9 = 7,10$ m H_2O.

Neste exercício foi admitido que não existiam perdas locais no trecho calculado. Essas perdas poderiam ser levadas em conta pelo método dos comprimentos virtuais.

Exercício B-II-d

Uma coluna de distribuição em um edifício de escritórios de 10 pavimentos deverá abastecer as seguintes peças por andar: 4 bacias sanitárias com válvulas de descarga, 4 mictórios, 4 lavatórios e 4 chuveiros. Determinar os diâmetros mínimos necessários para a coluna.

Solução:

Aplicando-se o método de Hunter, obtêm-se, por pavimento (*Tabela B-II.1.4-b*):

4 válvulas de descarga × 10	40
4 mictórios × 5	20
4 lavatórios × 2	8
4 chuveiros × 4	16
Total (pesos)	84

Neste exemplo há uma grande predominância de aparelhos com válvulas de descarga, tendo sido somados conjuntamente os pesos de todos os aparelhos para a aplicação dos coeficientes que levam em conta a influência de válvulas.

Aplicando-se, agora, o critério da norma (ABNT), obtêm-se, por pavimento:

4 válvulas de descarga × 32	128
4 mictórios × 0,3	1,2
4 lavatórios × 0,3	1,2
4 chuveiros × 0,4	1,6
Total (pesos)	132

Tabela *B-II-d*

Pavimento	Peso	Q (ℓ/s)	$D_{mín}$
1°. pavimento	84	4,2	50
No ramal do 2° pavimento	168	5,8	50
No ramal do 3° pavimento	252	6,7	60
No ramal do 4° pavimento	336	7,7	60
No ramal do 5° pavimento	420	8,7	75
No ramal do 6° pavimento	504	9,5	75
No ramal do 7° pavimento	588	10,6	75
No ramal do 8° pavimento	672	11,2	75
No ramal do 9° pavimento	756	11,9	75
No ramal do 10° pavimento	840	12,6	100*

* Veja *Tabela B-II.1.10-a*

Tabela *B-II-d*

Pavimento	Peso	Q(ℓ/s)	$D_{mín}$
1° Pavimento	132	3,4	50
No ramal do 2° pavimento	264	4,9	50
No ramal do 3° pavimento	396	6	60
No ramal do 4° pavimento	528	6,9	60
No ramal do 5° pavimento	660	7,7	60
No ramal do 6° pavimento	792	8,4	60
No ramal do 7° pavimento	924	9,1	75
No ramal do 8° pavimento	1056	9,7	75
No ramal do 9° pavimento	1188	10,3	75
No ramal do 10° pavimento	1320	10,9	100*

* Veja *Tabela B-II.1.10-a*

Exercício B-II-e

Calcular a vazão de afogamento e a respectiva altura de lâmina líquida de um condutor vertical DN 100 mm e comprimento de 15 m, bocal tipo A sem grelha.

Solução:

$$L^* = \frac{L}{D} = \frac{15}{0,1} = 150, \text{ maior que } 40$$

$$K_1 = 0,03 \times L^* = 0,03 \times 150 = 4,5$$

$$K_2 = 0,5$$

$$K = K_1 + K_2 = 4,5 + 0,5 = 5,0$$

$$C_d = (K + 1)^{-1/2} = 0,408$$

$$Q = C_d \times 0,7854 \times D^2 \times [2 \times g \times (h + L)]^{1/2}$$

$$Q = 0,408 \times 0,7854 \times 0,01 \times [19,6 \times (h + 15)]^{1/2}$$

Como y é desprezível em relação a L, resulta:

$$Q = 0,032 \times (19,5 \times 15)^{1/2} = 0,549 \text{ m}^3/\text{s} = 54,9 \text{ } \ell/\text{s}$$

Essa é a máxima vazão do 2º estágio, conforme a *Tabela B-II.3.7-b*.

$$Q^* = 0,00696 \times h^{*2,1}$$

onde:

$$Q^* = \frac{Q}{\lambda^{5/2}} = \frac{0,0549}{\left(\dfrac{0,1}{0,05}\right)^{5/2}} = \frac{0,0549}{5,657} = 0,0097$$

Então:

$0,0097 = 0,00696 \times h^{*2,1}$. Daí: $h^* = 1,17$

Sendo: $h^* = h/D$, $h = h^* \times D = 1,17 \times 0,10 \cong 0,12$ m

Com isso:

vazão de afogamento = 54,9 ℓ/s; e

altura da lâmina = 0,12 m, que exige uma calha de ao menos 0,15 m de altura, ou diâmetro de 0,30 m.

Exercício B-II-f

Uma residência com um telhado Normando (45°) com 2 águas ocupando 100% da área de cobertura (10 m × 20 m) ocupa um terreno que mede 15 × 30 m. A área não coberta pelo telhado é totalmente gramada. Toda a água pluvial converge para uma só saída que se conecta à galeria de águas pluviais da rua. Num cálculo expedito, qual a vazão que você adotaria para o cálculo de tubo dessa única saída para a rua? Qual diâmetro você adotaria?

Exercício B-II-g

Resolva o problema anterior para a mesma casa, na cidade de Belém, e em recorrência admitida de 50 anos.

Hidráulica Aplicada à Irrigação

Princípios, Métodos e Dimensionamento

Dirceu D'Alkmin Telles

Hidráulica Aplicada à Irrigação

Princípios, Métodos e Dimensionamento

Preparado pelo Eng. Dirceu D'Alkmin Telles
Revisado pelo Eng. Miguel Fernández
com a colaboração do Eng. Jorge E. F. Werneck Lima

B-III.1 USO DA ÁGUA PELAS CULTURAS AGRÍCOLAS

A água é elemento fundamental ao metabolismo vegetal, pois participa ativamente do processo de absorção radicular e da reação de fotossíntese. A planta, contudo, transfere para a atmosfera aproximadamente 98% da quantidade de água que retira do solo.

O desenvolvimento de uma cultura agrícola está intimamente relacionado à disponibilidade de água, ao solo e ao clima da região.

Denomina-se *uso consuntivo* (*UC*) de uma cultura a quantidade de água por ela utilizada para seu desenvolvimento. O seu valor é determinado por condições inerentes à própria cultura (espécie, variedade, estágio de desenvolvimento das plantas e outros) e ao clima (poder evaporante). Note-se que o uso consuntivo da cultura é diferente do uso consuntivo da irrigação, que é igual à diferença entre a água captada e a água que retorna ao curso d'água. Isso envolve a eficiência na captação, transporte, armazenamento e aplicação da água na agricultura irrigada.

A quantidade de água que a cultura retira do solo é denominada *evapotranspiração real da cultura* (ET_R). Como apenas uma pequena parte da água retirada do solo é retida pela planta para seu desenvolvimento (em média 2% da ET_R), na prática considera-se o uso consuntivo igual ao valor da evapotranspiração real ($UC = ET_R$).

Evaporação é o conjunto de fenômenos físicos que propicia a mudança de estado da água, ou outro líquido qualquer, de líquido para gasoso.

Os tanques evaporimétricos são mais utilizados que os atmômetros para a medição de evaporação. Há vários tipos de tanques evaporimétricos, contudo o mais conhecido e utilizado nas estações agrometeorológicas brasileiras é do tipo "Classe A".

Após seu uso fisiológico, as plantas liberam para a atmosfera, sob a forma de vapor (*transpiração*), a maior parte da água que retiram do solo.

Evapotranspiração (*ET*) de uma cultura é o conjunto da evaporação da água do solo com a transpiração das plantas. Ela pode ser:

a) Evapotranspiração real (ET_R) – quantidade de água realmente consumida por uma cultura.

b) Evapotranspiração potencial ou máxima (ET_P) – quantidade de água consumida pela cultura em plena atividade vegetativa, livre de enfermidades, quando não há restrição de água no solo, ou seja, em um solo cujo conteúdo de água se encontra próximo à capacidade de campo, que representa um solo úmido, mas não saturado. Nessa umidade a disponibilidade de água para as plantas é máxima.

c) Evapotranspiração de referência (ET_0) – quantidade de água consumida por uma cultura de vegetação rasteira, verde, uniforme, de crescimento ativo, de 8 a 15 cm de altura, que sombreia totalmente o terreno cultivado, em um solo dotado de água em umidade suficiente para que a planta se desenvolva em sua plenitude.

B-III.1.1 Medidas e estimativas da evapotranspiração

A evapotranspiração real (ET_R) de uma cultura pode ser medida diretamente por meio de evapotranspirômetros, que são tanques de cultivo onde são medidos diretamente todos os fatores envolvidos na evapotranspiração.

1. Estimativas a partir da cultura de referência

   Utilizando-se a equação:

   $$ET_P = K_c \times ET_0 \text{ em (mm/dia) ou (mm/mês)}$$
   $$\textit{Equação (III.1)}$$

   onde:

   K_c – coeficiente de cultura, que depende da cultura, das condições climáticas, do período do ciclo vegetativo e da produção de biomassa (ver *Tabela B-III.1.1-a*).

Tabela B-III.1.1-a Valores de K_c para as principais culturas

Cultura	Estágios de desenvolvimento das culturas										Período total de crescimento	
	(I)		(II)		(III)		(IV)		(V)			
Banana tropical	0,40	0,50	0,70	0,85	1,00	1,10	0,90	1,00	0,75	0,85	0,70	0,80
Banana subtropical	0,50	0,65	0,80	0,90	1,00	1,20	1,00	1,15	1,00	1,15	0,85	0,95
Feijão verde	0,30	0,40	0,65	0,75	0,95	1,05	0,90	0,50	0,85	0,95	0,85	0,90
Feijão seco	0,30	0,40	0,70	0,80	1,05	1,20	0,65	0,50	0,25	0,30	0,70	0,80
Repolho	0,40	0,50	0,70	0,80	0,95	1,10	0,90	1,00	0,80	0,95	0,70	0,80
Algodão	0,40	0,50	0,70	0,80	1,05	1,25	0,80	0,90	0,65	0,70	0,80	0,90
Amendoim	0,40	0,50	0,70	0,80	0,95	1,10	0,75	0,50	0,55	0,60	0,75	0,80
Milho verde	0,30	0,50	0,70	0,90	1,05	1,20	1,00	1,50	0,95	1,10	0,80	0,95
Milho em grãos	0,30	0,50	0,70	0,85	1,05	1,20	0,80	0,50	0,55	0,60	0,75	0,90
Cebola seca	0,40	0,60	0,70	0,80	0,95	1,10	0,85	0,90	0,75	0,85	0,80	0,90
Cebola verde	0,40	0,60	0,60	0,75	0,95	1,05	0,95	1,05	0,95	1,05	0,65	0,80
Ervilha (fr)	0,40	0,50	0,70	0,85	1,05	1,20	1,00	1,15	0,95	1,10	0,80	0,95
Pimenta (fr)	0,30	0,40	0,60	0,75	0,95	1,10	0,85	1,00	0,80	0,90	0,70	0,80
Batata	0,40	0,50	0,70	0,80	1,05	1,20	0,85	0,95	0,70	0,75	0,75	0,90
Arroz	1,10	1,15	1,10	1,15	1,10	1,30	0,95	1,05	0,95	1,05	1,05	1,20
Açafrão	0,30	0,40	0,70	0,80	1,05	1,20	0,65	0,70	0,20	0,25	0,65	0,70
Sorgo	0,30	0,40	0,70	0,75	1,00	1,15	0,75	0,80	0,50	0,55	0,75	0,85
Soja	0,30	0,40	0,70	0,80	1,00	1,15	0,70	0,80	0,40	0,50	0,75	0,90
Beterraba	0,40	0,50	0,75	0,85	1,05	1,20	0,90	1,00	0,60	0,70	0,80	0,90
Cana-de-açúcar	0,40	0,50	0,70	1,00	1,00	1,30	0,75	0,80	0,50	0,60	0,85	1,05
Fumo	0,30	0,40	0,70	0,80	1,00	1,20	0,90	1,00	0,75	0,85	0,85	0,95
Tomate	0,40	0,50	0,70	0,80	1,05	1,25	0,80	0,95	0,60	0,65	0,75	0,90
Melancia	0,40	0,50	0,70	0,80	0,95	1,05	0,80	0,90	0,60	0,75	0,75	0,85
Trigo	0,30	0,40	0,70	0,80	1,05	1,20	0,65	0,75	0,20	0,25	0,80	0,90
Alfafa	0,30	0,40							1,05	1,20	0,85	1,05
Cítricas com controle de ervas daninhas											0,65	0,75
Cítricas sem controle											0,85	0,90

Para medidas de ET_0 podem ser utilizados lisímetros, que são tanques enterrados (percolação ou de balanças) onde se desenvolve a cultura de referência (geralmente grama batatais).

Uma maneira de se avaliar indiretamente a ET_0 (mensal) é por meio do Método de Blaney-Criddle.

$$ET_0 = p \times (0,46 \times T_m + 8,13) \text{ (mm/mês)}$$
$$\textit{Equação (III.2)}$$

onde:

p = porcentagem mensal de horas anuais de luz solar (ver *Tabela B-III.1.1-b*);

T_m = temperatura média mensal (°C).

Registre-se a existência de inúmeros métodos indiretos como o de Blaney-Criddle para a estimativa da ET_0, sendo que a Bib. S170 e a Bib. A450 destacam o método de Penman-Monteith.

2. Estimativas a partir da evaporação em uma superfície livre de água

A evaporação da água em tanque (E_0), superfície livre, é proveniente do efeito integrado de vários fatores: radiação solar, vento, temperatura e umidade do ar.

A transpiração das plantas é influenciada por esses mesmos fatores e, por isso, a utilização do tanque evaporimétrico para avaliar a evapotranspiração é um método de grande valia. Sendo assim, podemos correlacionar E_0 com ET_0 pela seguinte equação:

$$ET_0 = K_p \times E_0 \text{ (mm)} \qquad \textit{Equação (III.3)}$$

onde:

K_p – coeficiente do tanque (*Tabela B-III.1.1-c*).

Sendo:

$$ET_P = K_c \times ET_0$$

Tabela B-III.1.1-b Porcentagem mensal de horas anuais solar para o Método de Blaney-Criddle

Latitude norte	jan	fev	mar	abr	mai	jun	jul	ago	set	out	nov	dez
48°	6,1	6,4	8,3	9,2	10,6	10,8	10,8	9,9	8,4	7,5	6,2	5,8
44°	6,4	6,6	8,3	9,0	10,3	10,4	10,5	9,7	8,4	7,6	6,5	6,2
40°	6,7	6,8	8,3	8,9	10,0	10,1	10,2	9,5	8,4	7,8	6,7	6,5
35°	7,0	6,9	8,3	8,8	9,8	9,8	10,0	9,4	8,4	7,9	6,9	6,8
32°	7,2	7,0	8,4	8,8	9,7	9,6	9,8	9,3	8,3	8,0	7,1	7,0
28°	7,4	7,1	8,4	8,7	9,5	9,4	9,6	9,2	8,3	8,0	7,3	7,2
24°	7,6	7,2	8,4	8,6	9,3	9,2	9,4	9,0	8,3	8,1	7,4	7,4
20°	7,8	7,3	8,4	8,5	9,2	9,0	9,3	8,9	8,3	8,2	7,6	7,6
16°	8,9	7,4	8,4	8,4	9,0	8,8	9,1	8,8	8,3	8,2	7,7	7,8
12°	8,1	7,5	8,4	8,4	8,9	8,7	8,9	8,8	8,3	8,3	7,9	8,0
8°	8,2	7,6	8,5	8,3	8,7	8,5	8,8	8,7	8,2	8,4	8,0	8,2
4°	8,4	7,7	8,5	8,3	8,6	8,4	8,6	8,6	8,2	8,4	8,1	8,3
0°	8,5	7,7	8,5	8,2	8,5	8,2	8,5	8,5	8,2	8,5	8,2	8,5
Latitude sul	**jan**	**fev**	**mar**	**abr**	**mai**	**jun**	**jul**	**ago**	**set**	**out**	**nov**	**dez**
4°	8,6	7,8	8,5	8,2	8,4	8,1	8,4	8,4	8,2	8,5	8,3	8,7
8°	8,8	7,9	8,5	8,1	8,3	7,9	8,2	8,3	8,2	8,6	8,5	8,8
12°	8,9	8,0	8,5	8,0	8,1	7,7	8,1	8,2	8,2	8,7	8,6	9,0
16°	9,1	8,0	8,6	8,0	8,0	7,6	7,9	8,1	8,2	8,7	8,7	9,1
20°	9,3	8,1	8,6	7,9	7,8	7,4	7,8	8,0	8,1	8,8	8,9	9,3
24°	9,4	8,2	8,6	7,8	7,7	7,2	7,6	7,9	8,1	8,9	9,0	9,5
28°	9,6	8,3	8,6	7,7	7,5	7,0	7,4	7,8	8,1	8,9	9,2	9,8
32°	9,9	8,4	8,7	7,7	7,4	6,8	7,2	7,6	8,1	9,0	9,4	10,0
36°	10,1	8,5	8,7	7,6	7,2	6,6	7,0	7,5	8,0	9,1	9,5	10,3
40°	10,3	8,6	8,7	7,5	6,9	6,3	6,8	7,3	8,0	9,2	9,7	10,5

Então:

$$ET_P = K_c \times K_p \times E_0 \qquad Equação(III.4)$$

B-III.1.2 Profundidade do sistema radicular

Define-se como profundidade efetiva do sistema radicular de uma planta aquela em que se encontram 90% das raízes e radículas. O conhecimento de seu valor é necessário para a definição da profundidade de irrigação (*Tabela B-III.1.2-a*).

Note-se que raramente a irrigação é feita para suprir água até as profundidades radiculares. Geralmente, a irrigação vai até 40 cm e, eventualmente, até 60 cm. A "profundidade efetiva" dos sistemas radiculares é, sem dúvida, uma importante referência.

Tabela B-III.1.2-a Profundidade efetiva do sistema radicular para algumas culturas

Vegetal	Profundidade (cm)	Vegetal	Profundidade (cm)
Abacaxi	20	Laranja	60
Alcachofra	50	Linho	20
Alface	20	Melancia	30
Alfafa	60	Melão	30
Algodão	60	Milho	40
Amendoim	30	Pastagem	30
Arroz	20	Pimenta	50
Banana	40	Soja	30
Cana-de-açúcar	50	Fumo	30
Café	50	Trigo	30
Cebola	20	Videira	50
Feijão	40		

Tabela B-III.1.1-c Coeficiente do tanque Classe A (K_p)

Velocidade do vento (km/h)	Tanque colocado em área cultivada com vegetação baixa (grama)				Tanque colocado em área não cultivada (solo nu)			
	Tamanho da bordadura (grama) (m)	Umidade relativa			Tamanho da bordadura (solo nu) – (m)*	Umidade relativa		
		Baixa 40	Média 40-70	Alta 70		Baixa 40	Média 40-70	Alta 70
Leve <7,0	1	0,55	0,65	0,75	1	0,70	0,80	0,85
	10	0,65	0,75	0,85	10	0,60	0,70	0,80
	100	0,70	0,80	0,85	100	0,55	0,65	0,75
	1000	0,75	0,85	0,85	1000	0,50	0,60	0,70
Moderado 7,0-18	1	0,50	0,60	0,65	1	0,65	0,75	0,80
	10	0,60	0,70	0,75	10	0,55	0,65	0,70
	100	0,65	0,75	0,80	100	0,50	0,60	0,65
	1000	0,70	0,80	0,80	1000	0,45	0,55	0,60
Forte 18-29	1	0,45	0,50	0,60	1	0,60	0,65	0,70
	10	0,55	0,60	0,65	10	0,50	0,55	0,65
	100	0,60	0,65	0,70	100	0,45	0,50	0,60
	1000	0,65	0,70	0,75	1000	0,40	0,45	0,55
Muito forte >29	1	0,40	0,45	0,50	1	0,50	0,60	0,65
	10	0,45	0,55	0,60	10	0,45	0,50	0,55
	100	0,50	0,60	0,65	100	0,40	0,45	0,50
	1000	0,55	0,60	0,85	1000	0,35	0,40	0,45

* Menor distância (m) do centro do tanque ao limite da bordadura (grama ou solo nu)

B-III.2 CARACTERÍSTICAS DO SOLO

O desenvolvimento vegetativo depende do relacionamento solo, água e planta.

B-III.2.1 Propriedades físicas

O solo é um sistema trifásico, heterogêneo e disperso. É constituído pelas partículas que compõem a fase sólida, pela água que compõe a fase líquida e pelo ar que compõe a fase gasosa. Além disso, o tamanho, a disposição e a forma dessas partículas determinam as características dos poros onde a água e o ar são retidos. As principais propriedades físicas do solo de interesse da irrigação são:

1. Densidade aparente relativa (δ_a): também chamada só de densidade aparente, densidade relativa ou densidade do solo, é a relação entre a massa das partículas secas do solo (m_s) e o volume total (V_T).

   $\delta_a = m_s/V_T$

   A densidade aparente não é constante, varia com a textura e estrutura do solo. Em termos orientativos a densidade aparente geralmente varia de 0,9 para solos argilosos até 1,5 para arenosos.

2. Porosidade (n): é a relação entre o volume dos poros do solo (V_n) e o seu volume total (V_T). O valor de n varia normalmente de 30%, em solo arenoso, a 60%, em solo argiloso.

3. Teor de umidade do solo: a umidade do solo (U_a) pode ser referida com base na massa, a relação entre a massa da água (m_w) nele contida e a massa de suas partículas secas (m_s):

   $$U_a = \frac{m_w}{m_s} \times 100(\%)$$

   A umidade do solo em relação ao volume (U_v) é a relação entre o volume de água presente no solo (V_w) e o volume total do solo (V_T).

4. Textura: é definida pela quantidade e tamanho das partículas do solo.

B-III.2.2 Características hídricas

As principais características hídricas de interesse para a irrigação são: curva característica de retenção de água no solo, capacidade de campo, ponto de murchamento e disponibilidade de água no solo.

O conteúdo de água do solo é função do tamanho e do volume dos poros, isto é, função também da sucção matricial. Tal função é avaliada experimentalmente e representada graficamente por meio de uma curva denominada *curva de retenção* ou *curva característica da água do solo*. É muito importante, pois fornece todo o comportamento da água do solo sob diferentes sucções. Essa curva é apresentada na *Figura B-III.2.2-a*.

A *capacidade de campo* (*CC*) é definida como a quantidade de água que um solo pode reter depois de cessada a drenagem natural. Essa capacidade é considerada o limite superior da disponibilidade da água do solo. O valor da tensão de sucção para a obtenção de *CC* em laboratório varia de 6 a 33 kPa, dependendo do tipo de solo.

O *ponto de murchamento* (*PM*) é definido como o teor de água presente no solo a partir do qual as plantas não conseguem mais retirar água do solo. Normalmente o valor de *PM* é obtido para uma tensão de sução de 1.500 kPa.

Entende-se por *disponibilidade de água* às plantas (*AD*) como sendo a quantidade desse líquido presente no solo a uma tensão capaz de ser absorvida pelo sistema radicular. A disponibilidade de água num solo pode ser definida pela diferença entre a umidade correspondente à capacidade de campo (*CC*) e aquela que se refere ao ponto de murchamento (*PM*):

$$AD = CC - PM \text{ em (\%)} \qquad \text{Equação (III.5)}$$

onde:

AD = quantidade de água disponível no solo, em porcentagem;

CC = teor de umidade no solo suposto na capacidade de campo, em porcentagem;

PM = teor de umidade no solo suposto no ponto de murchamento permanente, em porcentagem.

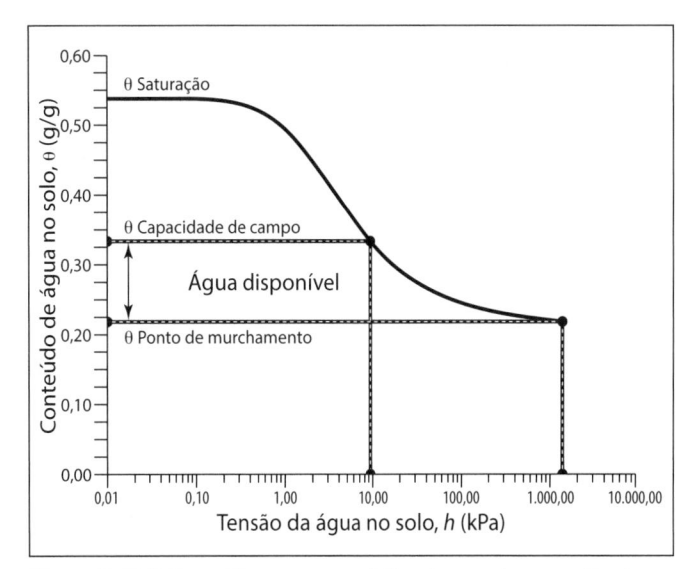

Figura B-III.2.2-a – Curva característica (curva de retenção de água) de um solo (curva obtida pelo eng. Jorge Werneck no laboratório de física de solos da Embrapa Cerrados).

É mais interessante expressar a quantidade de água disponível no solo em termos de altura de água ou lâmina hídrica (LA), expressa em milímetros (mm), isto porque facilmente se correlaciona com outros parâmetros normalmente apresentados dessa forma, como: altura de precipitação pluviométrica, capacidade de infiltração de água no solo, taxa de evaporação etc.

A lâmina de água disponível no solo pode ser expressa por:

$$LA = \frac{CC - PM}{10} \times \delta_a \times H \quad \text{(mm)} \quad \textit{Equação (III.6)}$$

onde:
    LA = altura de água disponível no solo (mm);
    H = profundidade do solo a irrigar ou profundidade efetiva do sistema radicular da planta (cm).

O valor de H será o menor entre o da profundidade do solo e o da profundidade efetiva do sistema radicular da planta.

É muito importante estabelecer o nível crítico de umidade até o qual a redução de teor da água do solo não cause efeitos sobre a produtividade agrícola.

A "umidade crítica" (U_{crit}) do solo varia conforme a cultura, e é função do potencial matricial ou de sucção de água do solo por determinado tipo de planta ou cultivo. A determinação da U_{crit} é feita mediante experimentos de campo que registrem as respostas da cultura quando submetida a diferentes regimes de irrigação, com distintas U_{crit}. A umidade crítica estará entre a umidade correspondente à capacidade de campo e aquela que definir o ponto de murchamento da planta.

B-III.2.3 Parâmetros de irrigação

São valores relativos à quantidade de água, tempo, e eficiência, entre outros fatores. São utilizados no dimensionamento de um projeto, sendo os principais: lâmina líquida, eficiência de irrigação (na aplicação da água), lâmina bruta, turno de rega (turno de irrigação – intervalo entre irrigações) e velocidade de infiltração básica.

Na irrigação por aspersão são usados também: intensidade de aplicação, tempo por posição, número de horas de funcionamento do sistema, número de posições por dia, período de irrigação e vazão requerida pelo sistema. Na irrigação localizada adota-se a manutenção da umidade de solo mais próxima à capacidade de campo e turnos de rega menores.

1. Lâmina líquida (LI): é a quantidade de água disponível no solo, em altura ou "lâmina de água", que será realmente utilizada pela planta. Representa a maior quantidade de água que poderá ser reposta ao solo de uma só vez. Ela é expressa por:

$$LI = \frac{CC - U_{crit}}{10} \times \delta_a \times H \quad \text{(mm)} \quad \textit{Equação (III.7)}$$

2. Eficiência de irrigação (E_i): durante a irrigação ocorrem perdas no processo de aplicação da água (sem considerar outras perdas).Tais perdas dependem do sistema de irrigação, de sua conservação e da habilidade do irrigante, entre outros fatores, e são traduzidas pela sua eficiência (E_i). A *Tabela B-III.2.3-a* apresenta alguns valores médios em sistemas de irrigação.

Tabela B-III.2.3-a Eficiência média (E_i) dos sistemas de irrigação

Método (sistema de irrigação)	Condicionante	E_i
Sulcos de infiltração	Sulcos longos e/ou solos arenosos	0,45
	Sulcos e solo adequados	0,65
Inundação (Tabuleiros)	Solos mais arenosos ou com lençol profundo	0,40
	Solos mais argilosos ou com lençol superficial	0,60
Aspersão convencional	Vento médio	0,50
	Vento fraco ou sem	0,75
Autopropelido e Montagem direta	Vento médio	0,50
	Vento fraco ou sem	0,75
Pivô central	Vento médio	0,75
	Vento fraco ou sem	0,85
Microaspersão	Vento médio	0,80
	Vento fraco ou sem	0,90
Gotejamento	Vento médio	0,85
	Vento fraco ou sem	0,95
Tubos perfurados	Perfuração manual	0,65
	Perfuração de fábrica	0,80

Fonte: Bib. T170.

3. Lâmina bruta (LB): representa a quantidade de água que o sistema deve liberar para o cultivo, incluindo portanto as perdas na aplicação da água.

$$LB = \frac{LI}{E_i} \quad \text{(mm)} \qquad \textit{Equação (III.8)}$$

4. Turno de rega ou turno de irrigação (TR): é o intervalo de tempo entre aplicações sucessivas de água na mesma posição.

O seu valor máximo pode ser expresso por:

$$TR = \frac{LI}{UC} \quad \text{(dias)} \qquad \textit{Equação (III.9)}$$

onde:

UC – uso consuntivo da cultura, na elaboração de projetos. É considerado igual a ET_P (mm/dia).

É de interesse prático que TR seja um número inteiro de dias.

5. Velocidade de infiltração básica (VIB):

A infiltração é um parâmetro muito importante para a irrigação, pois ela significa a velocidade de penetração da água no solo. Por isso, a taxa de aplicação da água de irrigação não deve superá-la, evitando a formação de escoamento superficial.

A infiltração pode ser assim considerada:

* unidimensional, ou seja, predomina o movimento vertical da água no solo (por exemplo durante a irrigação por aspersão ou por inundação);

* bidimensional, ou seja, predomina o movimento de água horizontal, em duas dimensões, como é o caso do fluxo a partir dos sulcos;

* tridimensional, ou seja, não predomina nenhum dos sentidos, e se dá em três dimensões, como é o caso do fluxo a partir de um gotejador, na irrigação por gotejamento.

Considerando um solo homogêneo e com teor de umidade uniforme, aplicando-se água e mantendo uma lâmina de altura constante, a razão de penetração de água no solo é denominada velocidade de infiltração (VI). Ao medir tal grandeza, verifica-se que ela vai se reduzindo com o tempo até um valor constante, chamado de velocidade de infiltração básica (VIB), geralmente expressa em cm/hora.

O excesso entre a intensidade da chuva, ou irrigação, e a velocidade de infiltração básica (VIB) causa acúmulo de água ou escoamento superficial, ambos prejudiciais à lavoura.

6. Outros parâmetros usados na aspersão:

* Intensidade de aplicação (IA): representa a velocidade com que a água é fornecida ou aplicada sobre o solo (expressa em mm/h).

  A intensidade de aplicação (IA) não pode ser maior que a velocidade de infiltração básica do solo. Se isso acontecer, haverá acúmulo de água e escoamento superficial, entre outros riscos, como o da erosão do solo.

$$IA = \frac{Q \times 3.600}{b_1 \times b_2} \quad \text{(mm/h)} \qquad \textit{Equação (III.10)}$$

onde:
Q = vazão do aspersor (ℓ/s);
b_1 = espaçamento entre aspersores (m);
b_2 = espaçamento entre laterais (m).

* Tempo na posição (TP): representa o número de horas (minutos) que os aspersores deverão funcionar numa posição.

$$TP = \frac{LB}{IA} \quad \text{(horas/minutos)} \qquad \textit{Equação (III.11)}$$

* Número de horas de funcionamento por dia (NH).

* Número de posições por dia (NP).

$$NP = \frac{NH}{TP} \qquad \textit{Equação (III.12)}$$

* Número total de posições (NPT).

* Período de irrigação (TI) é o número de dias necessários para se completar a irrigação de toda a área. Tem que ser menor ou no máximo igual ao turno de rega (TR).

$$TI = \frac{NPT}{NP} \quad \text{(dias)} \qquad \textit{Equação (III.13)}$$

* Vazão requerida pelo sistema (Q).

$$Q = 2,78 \times \frac{A \times LB}{TI \times NH} \quad (\ell/s)$$

onde:
A = área irrigada (ha).

B-III.3 MÉTODOS DE IRRIGAÇÃO

Diversos métodos podem ser usados para aplicar água às plantas. Alguns métodos requerem muita mão de obra, enquanto outros requerem pouca mas, em compensação necessitam de alto investimento em equipamentos ou em energia. Alguns requerem grande quantidade de água, enquanto outros são muito eficientes na sua utilização.

Para a aplicação da água às plantas, diversos métodos de irrigação são utilizados, e a maneira mais aceita se baseia na forma que a água é colocada à disposição da planta: por superfície (superficial), aspersão, localizada ou subterrânea.

B-III.3.1 Irrigação por superfície (superficial)

A irrigação superficial ou por superfície é aquela na qual a condução da água, do sistema de distribuição até qualquer ponto de infiltração dentro da parcela a ser irrigada, é feita diretamente sobre a superfície do solo. Durante o processo de infiltração, a água pode permanecer acumulada sobre a superfície do solo, acumulada e movimentada sobre a superfície do solo ou somente movimentada sobre a superfície do solo. É também conhecida como irrigação por gravidade.

Os sistemas de irrigação por superfície se adaptam à maioria das culturas, aos diferentes tipos de solo (com exceção dos arenosos) e necessitam de topografia favorável, exigindo, mesmo assim, em geral, a sistematização do terreno.

Existem diversos tipos de irrigação por superfície. Didaticamente podem ser divididos em 3 tipos: sulcos, inundação e faixas.

1. Irrigação por sulcos

Consiste em conduzir a água em pequenos sulcos localizados paralelamente à linha de plantas, durante o tempo necessário para umedecer o solo compreendido na zona das raízes.

Em contraste com outros métodos, a irrigação por sulco não molha toda a superfície do solo. Normalmente, molha de 30% a 80% da superfície total, diminuindo assim as perdas por evaporação (*Figura B-III.3.1-a*).

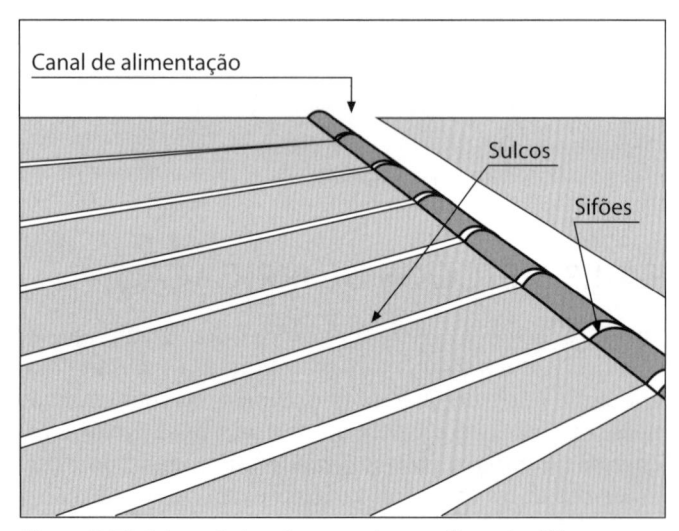

Figura B-III.3.1-a – Irrigação por sulcos, utilizando sifões.

2. Irrigação por inundação

O sistema de irrigação por inundação consiste em cobrir o terreno com uma lâmina de água. O terreno é dividido em tabuleiros que são limitados pelas taipas (pequenos diques). O cultivo e a irrigação se desenvolverão em cada tabuleiro (*Figura B--III.3.1-b*).

É um dos métodos de irrigação mais simples, dos mais usados no mundo, e o que melhor se adapta à cultura do arroz. Com manejo intermitente, pode ser usado na maioria das culturas.

Esse sistema adapta-se bem à topografia plana e uniforme e a solos com infiltração moderada.

- *inundação permanente*: é aquela em que a lâmina de água é mantida sobre o terreno durante o ciclo da cultura, sendo retirada somente no estágio da maturação à colheita.

- *inundação temporária*: aplica-se no tabuleiro um volume de água correspondente à lâmina bruta de irrigação, que infiltra no terreno. Novo volume de água será aplicado no tabuleiro após o término do turno de irrigação.

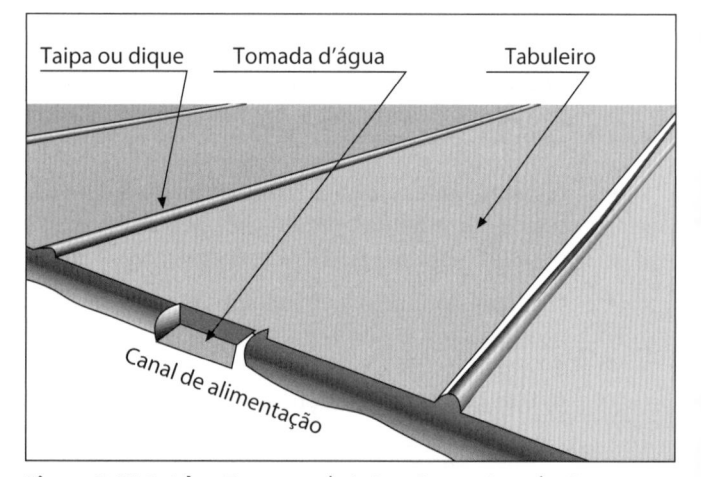

Figura B-III.3.1-b – Esquema de irrigação por inundação (tabuleiros).

3. Irrigação por faixas

Consiste em faixas de terreno com pouca ou nenhuma declividade transversal, mas com certa declividade longitudinal, compreendidas entre diques (taipas) paralelos (*Figura B-III.3.1-c*). São irrigadas com água se movimentando do canal de alimentação para o dreno (ou seja, no sentido da declividade longitudinal).

Enquanto na irrigação por inundação a submersão se faz em áreas essencialmente em nível, na irrigação por faixas, os diques têm a função de somente orientar o movimento da lâmina d'água no sentido do comprimento da faixa, que apresenta uma declividade.

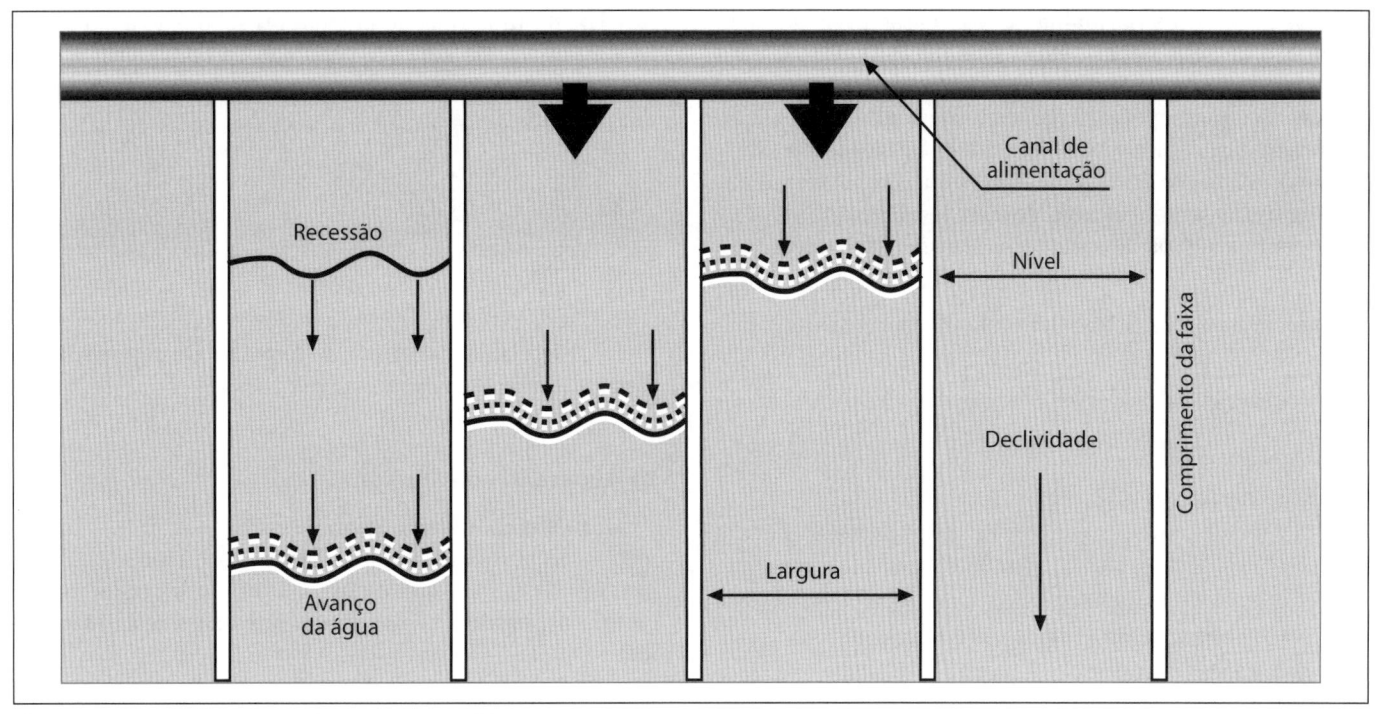

Figura B-III.3.1-c – Esquema de irrigação por faixas.

B-III.3.2 Irrigação por aspersão

Nesse método, um jato de água é lançado, sob pressão adequada, para cima e para o lado, sendo fracionado mecanicamente num emissor (aspersor, orifício, bocal ou *spray*), de forma a ser distribuído uniformemente, em pequenas gotas, sobre uma área circular do terreno.

O método de irrigação por aspersão apresenta uma variedade enorme de tipos de equipamentos, desde os mais simples, como canos perfurados, até os mais complexos, como os sistemas mecanizados de funcionamento totalmente automático.

Os sistemas de irrigação por aspersão podem ser subdivididos em dois grupos:

1º Grupo – *Aspersão convencional*
- fixo;
- semifixo;
- móvel.

2º Grupo – *Aspersão mecanizada*
- autopropelido (tracionado e cabo enrolador);
- montagem direta;
- lateral rolante;
- pivô central;
- pivô linear.

No primeiro grupo, as mudanças de posição no terreno (quando existirem) são efetuadas manualmente. Por outro lado, no grupo dos sistemas de aspersão mecanizada, existe a participação de um equipamento mecânico de certo porte (uma máquina) para efetuar a distribuição da água.

1) Componentes de um sistema de aspersão

Um sistema de aspersão convencional normalmente é composto por: captação, estação de bombeamento, tubulações, aspersores e acessórios.

As tubulações são diferenciadas, conforme suas funções, em: de sucção, de recalque, principal (ou mestra) e linha lateral (ou de irrigação). Em sistemas mais complexos, podem aparecer linhas secundárias etc. Os engates entre os tubos (geralmente de 6 m de comprimento) podem ser fixos ou desmontáveis (engates rápidos). A *Figura B-III.3.2-a* mostra o esquema de um trecho de um sistema de irrigação por aspersão com derivação lateral.

Os aspersores, ou emissores, são dispositivos responsáveis pela distribuição da água em forma de pequenas gotas. Operam sob a pressão da água fornecida pela bomba. A *Figura B-III.3.2-b* mostra o esquema de uma ligação sob pressão.

A pressão de serviço de um aspersor (p_s) é aquela que deve ter a água de irrigação ao atingir o cabeçote, a fim de que opere segundo as especificações do fabricante, fornecendo a vazão, o alcance e a lâmina indicados. A seguir são apresentadas algumas referências técnicas relativas a aspersores.

Os aspersores normalmente são caracterizados pelo diâmetro de seus bocais, expressos em milímetros. Para cada combinação da pressão e diâmetro dos bocais, obtemos vazões por aspersor, diâmetro irrigado e intensidade de precipitação diferentes (consultar catálogos de fabricantes). A *Figura B-III.3.2-c* apresenta o corte esquemático de um aspersor rotativo, enquanto a *Tabela B-III.3.2-a* possui exemplos de características de aspersores.

A vazão de um bocal de aspersor pode ser expressa pela fórmula de orifícios, derivada do teorema de Torricelli:

$$Q = C \times A \times \sqrt{2 \times g \times H}$$

onde:

Q = vazão, em m³/s;

C = coeficiente de descarga, que para os bocais deve estar entre 0,85 e 0,96;

A = área do orifício de saída, em m²;

g = aceleração da gravidade (9,8 m/s²);

H = carga hidráulica, em m.c.a.

Existe uma relação entre a pressão e a vazão do aspersor, que pode ser observado ao se considerar a relação entre duas vazões diferentes Q_1 e Q_2 pela equação dos orifícios.

$$\frac{Q_1}{Q_2} = \frac{C \times A \times \sqrt{2 \times g \times H_1}}{C \times A \times \sqrt{2 \times g \times H_2}}$$

$$\frac{Q_1}{Q_2} = \sqrt{\frac{H_1}{H_2}}$$

Essa relação mostra que a vazão é proporcional à raiz quadrada da relação entre pressões.

2) Aspersão convencional

Um sistema convencional é dito móvel, fixo ou semifixo em função de movimentação ou não, total ou parcial, de seus componentes. Quando há movimentação de aspersores e/ou tubulações, ela é feita manualmente.

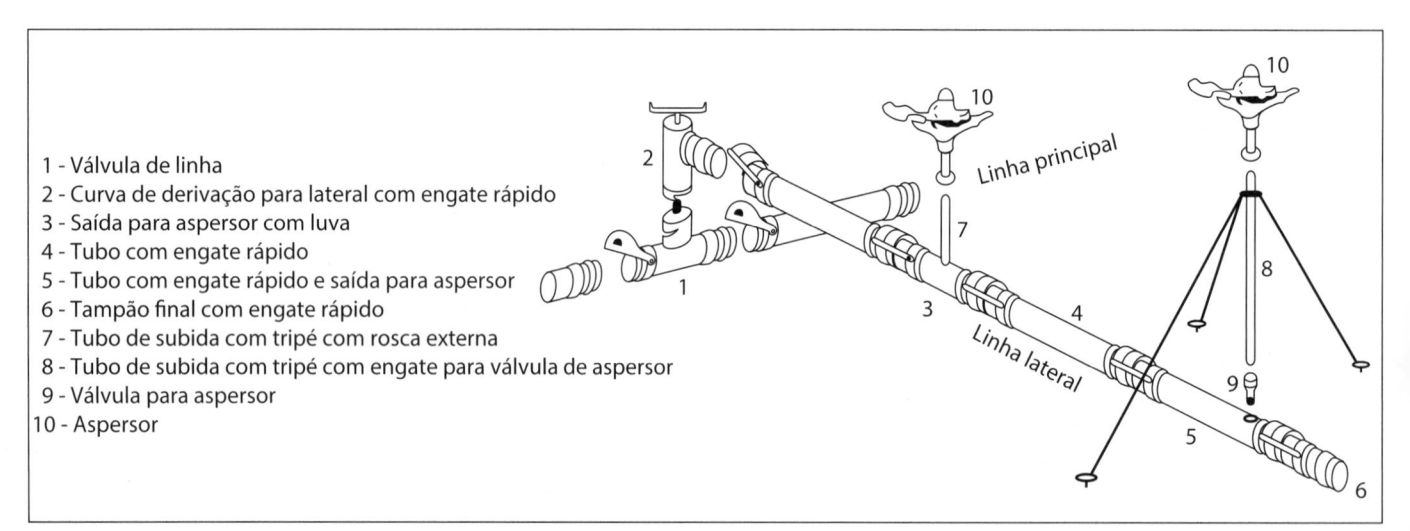

1 - Válvula de linha
2 - Curva de derivação para lateral com engate rápido
3 - Saída para aspersor com luva
4 - Tubo com engate rápido
5 - Tubo com engate rápido e saída para aspersor
6 - Tampão final com engate rápido
7 - Tubo de subida com tripé com rosca externa
8 - Tubo de subida com tripé com engate para válvula de aspersor
9 - Válvula para aspersor
10 - Aspersor

Figura B-III.3.2-a – Linha lateral com conjunto para acoplamento de aspersor.

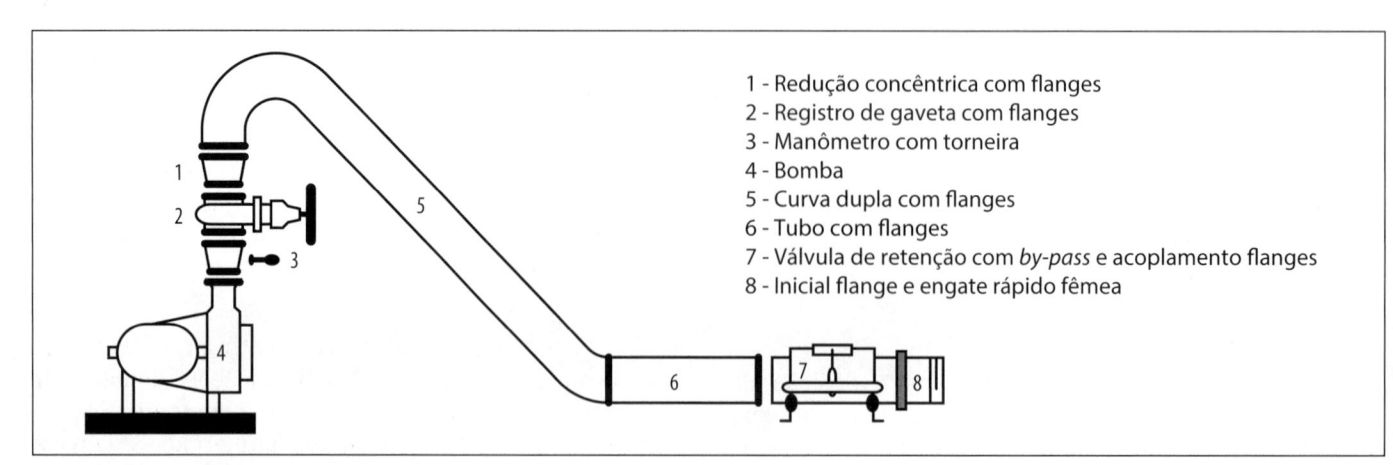

1 - Redução concêntrica com flanges
2 - Registro de gaveta com flanges
3 - Manômetro com torneira
4 - Bomba
5 - Curva dupla com flanges
6 - Tubo com flanges
7 - Válvula de retenção com *by-pass* e acoplamento flanges
8 - Inicial flange e engate rápido fêmea

Figura B-III.3.2-b – Ligação de pressão.

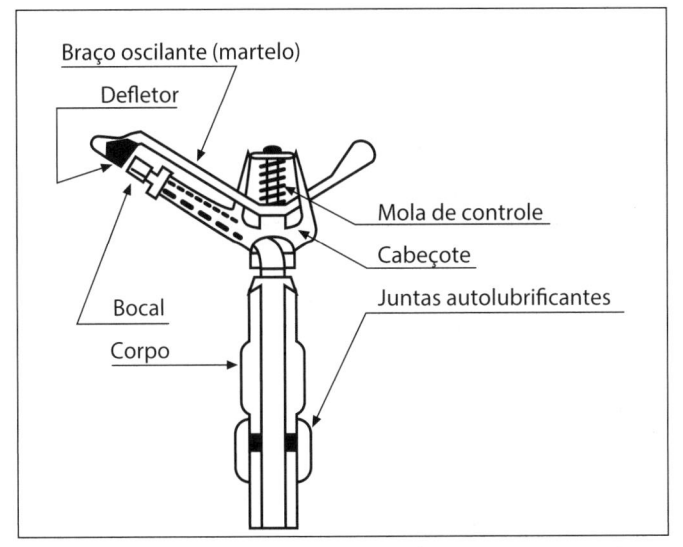

Figura B-III.3.2-c – Corte esquemático de um aspersor rotativo.

- *Sistema convencional móvel* (ou portátil)

O sistema móvel, como o próprio nome sugere, tem seus componentes possíveis de serem mudados de local, isto é, não são fixos. Tal sistema é constituído de conjunto moto-bomba, linha ou tubulação principal ou mestra, linha ou tubulação secundária ou de irrigação ou ainda ramal, que dispõem de tubos de subida, unindo a tubulação ao aspersor.

- *Sistema convencional fixo* (permanente)

Os componentes do sistema são fixos, isto é, permanentes numa mesma gleba e posição. Nesse caso, tanto as linhas principais como as linhas de irrigação podem ser enterradas. É, evidentemente, necessário instalar linhas de irrigação para cada posição.

Tabela B-III.3.2-a Exemplos de características de aspersores

Diâmetro bocal (mm)	Pressão (mca)	Vazão (m³/h)	Diâmetro irrigado (m)	Precipitação em mm/h – Espaçamento em m – Área em m²											C
				36 x 30 1296	42 x 36 1512	42 x 42 1764	48 x 42 2016	48 x 48 2304	54 x 48 2592	54 x 54 2916	60 x 54 3240	60 x 60 3600	66 x 60 3960	66 x 66 4356	
	30	25,5	64,0	19,7	16,9	14,5	-	-	-	-	-	-	-	-	
	35	27,6	69,2	21,3	18,3	15,6	13,7	-	-	-	-	-	-	-	
20 x 4	40	29,5	74,0	22,8	19,5	16,7	14,6	12,8	-	-	-	-	-	-	0,89
	45	31,2	78,6	24,1	20,6	17,7	15,5	13,5	-	-	-	-	-	-	
	50	32,9	82,8	25,4	21,8	18,7	16,3	14,3	12,7	-	-	-	-	-	
	30	30,2	67,3	23,3	20,0	17,1	15,0	-	-	-	-	-	-	-	
	35	32,6	72,6	25,2	21,6	18,5	16,2	14,1	12,6	-	-	-	-	-	
22 x 4	40	34,9	77,6	26,9	23,1	19,8	17,3	15,1	13,5	-	-	-	-	-	0,88
	45	37,0	82,4	-	24,5	21,0	18,4	16,1	14,3	-	-	-	-	-	
	50	39,0	86,8	-	25,8	22,1	19,3	16,9	15,0	-	-	-	-	-	
	35	38,4	75,8	-	-	21,8	19,0	16,7	14,8	-	-	-	-	-	
	40	41,1	81,0	-	-	23,3	20,4	17,8	15,9	14,1	-	-	-	-	
24 x 4	45	43,5	86,0	-	-	24,7	21,6	18,9	16,8	14,0	-	-	-	-	0,87
	50	45,9	90,6	-	-	26,0	22,8	19,9	17,7	15,7	4,2	-	-	-	
	55	48,1	95,0	-	-	-	23,9	20,9	18,6	16,5	14,8	-	-	-	
	35	44,1	79,0	-	-	25,0	21,9	19,1	17,9	15,1	-	-	-	-	
	40	7,1	84,4	-	-	-	23,4	20,4	18,2	16,2	14,5	-	-	-	
26 x 4	45	50,0	89,6	-	-	-	24,8	21,7	19,3	17,1	15,4	-	-	-	0,86
	50	52,7	94,4	-	-	-	-	22,9	20,3	18,1	16,3	14,6	-	-	
	55	55,2	99,0	-	-	-	-	24,0	21,3	18,9	7,0	15,3	-	-	
	40	54,0	87,6	-	-	-	26,8	23,4	20,8	18,5	-	-	-	-	
	45	57,3	93,0	-	-	-	28,4	24,9	22,1	19,7	17,7	-	-	-	
28 x 4	50	60,4	98,0	-	-	-	-	-	23,3	20,7	18,6	16,8	15,3	-	0,85
	55	63,3	102,8	-	-	-	-	-	24,4	21,7	19,5	17,6	16,0	-	

- *Sistema convencional semifixo* (ou semiportátil)

Uma variação do sistema móvel, ou portátil, vem a ser o semifixo ou semiportátil, ou seja, aquele em que parte dos componentes precisam ser deslocados para cobrir toda a área. Em geral, os sistemas de aspersão semifixos têm a linha de irrigação móvel, sendo fixos o conjunto moto-bomba e a linha princi-

pal. A *Figura B-III.3.2-d* mostra o esquema de um sistema de aspersão convencional semifixo.

3) Aspersão mecanizada

Um sistema de irrigação por aspersão é dito mecanizado quando as mudanças de posição dos emissores

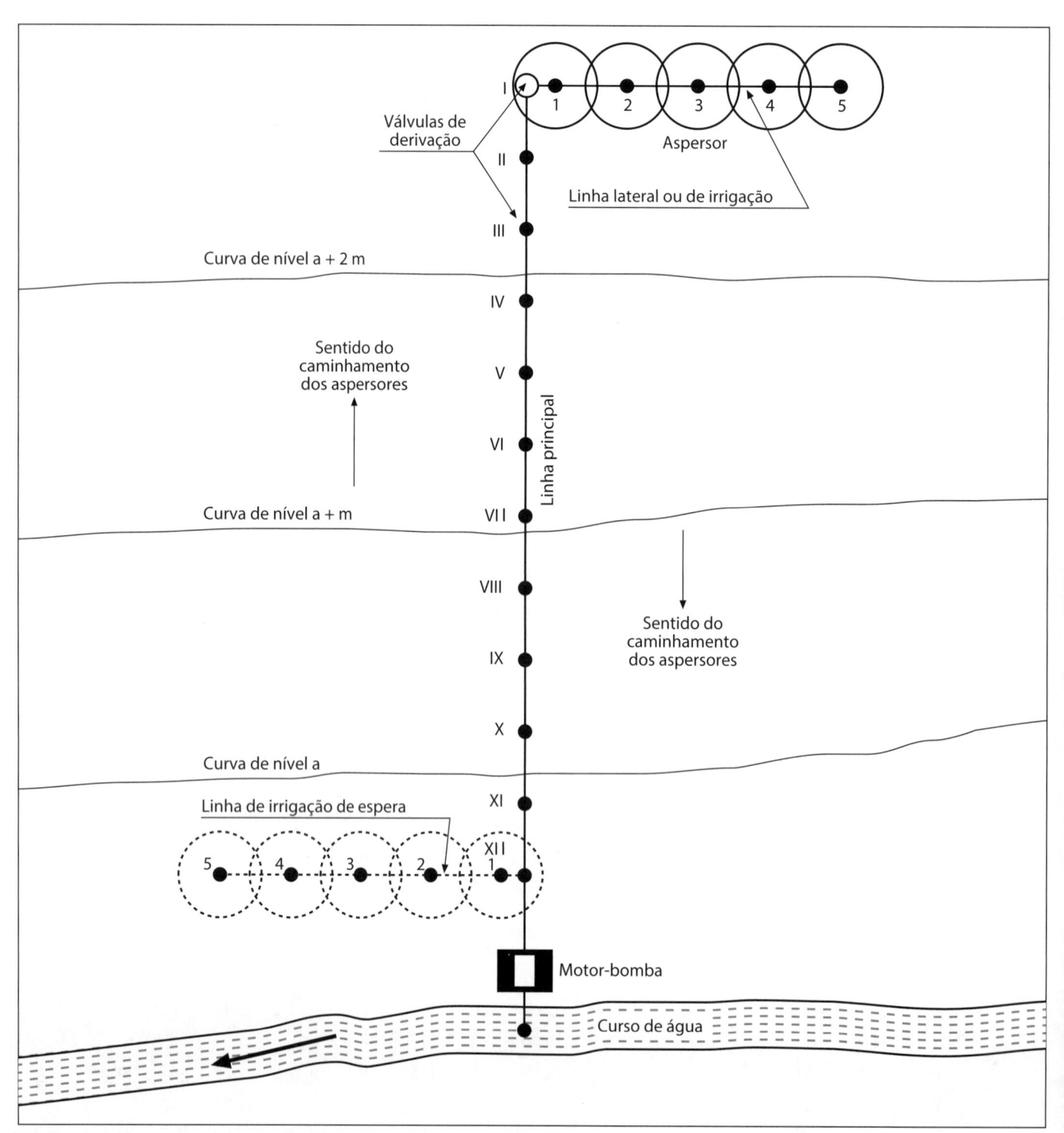

Figura B-III.3.2-d – Sistema de aspersão convencional semifixo (ou semiportátil).

(aspersores) e tubulações são feitas através de um equipamento mecânico. Os tipos mais utilizados: autopropelido, pivô central, montagem direta.

- *Autopropelido*

    Os sistemas autopropelidos são basicamente de dois tipos: com cabo de tração e carretel enrolador (sem cabo de tração).

    No autopropelido com cabo de tração, um conjunto moto-bomba mantém a água sob pressão em uma tubulação que cruza o centro da área a ser irrigada. Nessa tubulação são colocados hidrantes que fornecerão água para as posições de funcionamento do conjunto autopropelido. Um aspersor de grande alcance (tipo canhão) distribui a água em círculo deixando um setor (semelhante a uma fatia de queijo) sem molhar à frente, enquanto o equipamento (carrinho) caminha impulsionado pela pressão da água (turbina, pistão ou torniquete) e tracionado por um cabo de aço ancorado no final da linha. A mangueira é conectada e estendida. Um cabo de aço é colocado em sentido oposto e fixado no final. À medida que ele vai sendo enrolado, o equipamento caminha automaticamente e continuamente, irrigando uma faixa. No final do percurso será mudado para a posição seguinte. A *Figura B-III.3.2-e* mostra o esquema de um sistema autopropelido com cabo de tração.

    No carretel enrolador, o deslocamento faz-se por tração do próprio tubo de alimentação, que é do tipo semirrígido de polietileno de média densidade, que é enrolado em um tambor de grande diâmetro. O aspersor é montado em um carrinho na extremidade do tubo. O esforço de tração sobre o tubo pode ser grande, sobretudo no início da irrigação.

- *Pivô central*

    O pivô central é um sistema que opera em círculo a uma velocidade constante. É indicado para irrigação de grandes superfícies; reduz substancialmente a necessidade de mão de obra e permite ainda, mediante equipamentos adicionais, a aplicação de fertilizantes e defensivos solúveis.

    A água chega à base do pivô (ponto de pivô, centro do círculo) através de uma adutora e de um conjunto moto-bomba. Saindo da base do pivô, a tubulação de distribuição é mantida normalmente a 2,70 m do solo por torres equipadas de rodas pneumáticas, distanciadas entre si em até 40 metros. Aspersores ou *sprays* colocados ou pendurados na tubulação distribuem a água sobre o solo.

    As torres são dotadas individualmente de um sistema propulsor (motor de 1 ou 1,5 cv), o que possibilita o giro do conjunto ao redor da base do pivô. Um sistema de precisão garante o perfeito alinhamento das torres (*Figura B-III.3.2-f*).

    Além de irrigar grandes áreas, o equipamento opera bem em condições desfavoráveis de topografia, com declividade de até 12%, segundo os fabricantes.

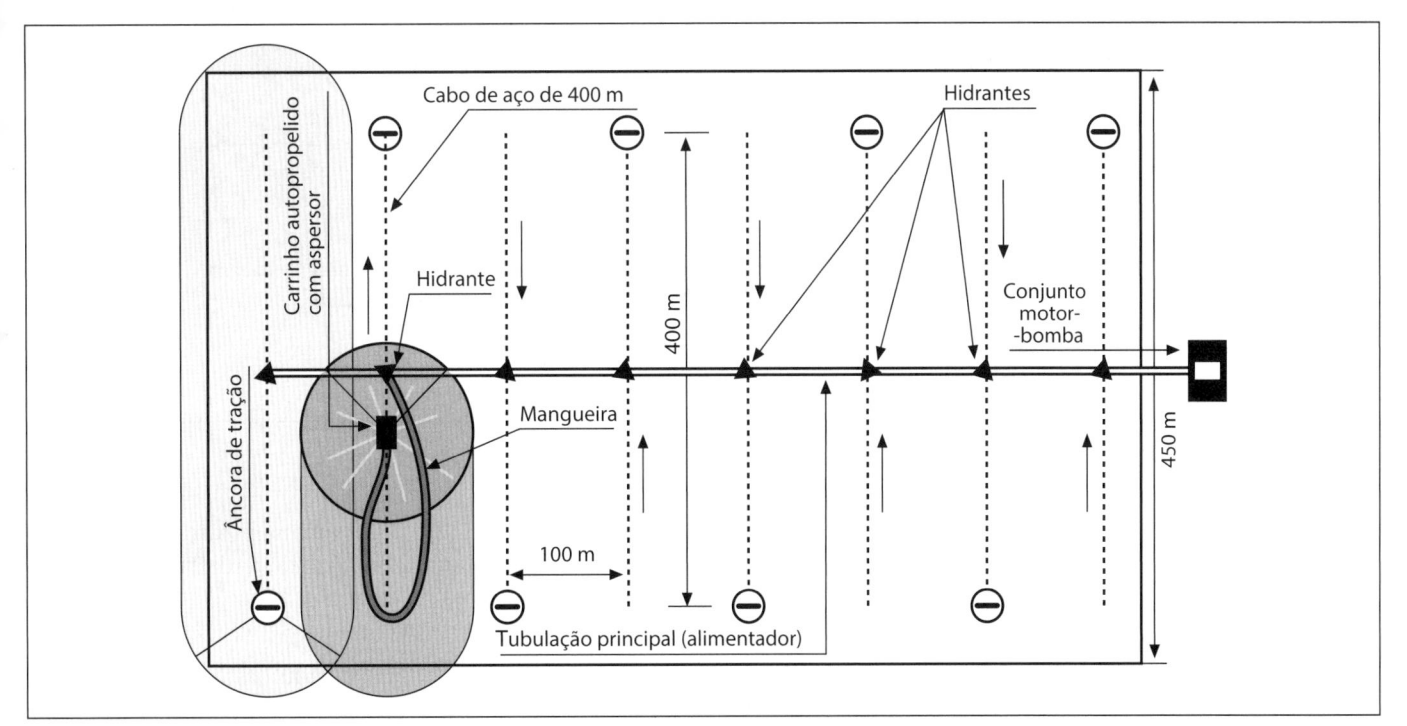

Figura B-III.3.2-e – Sistema autopropelido com cabo e tração.

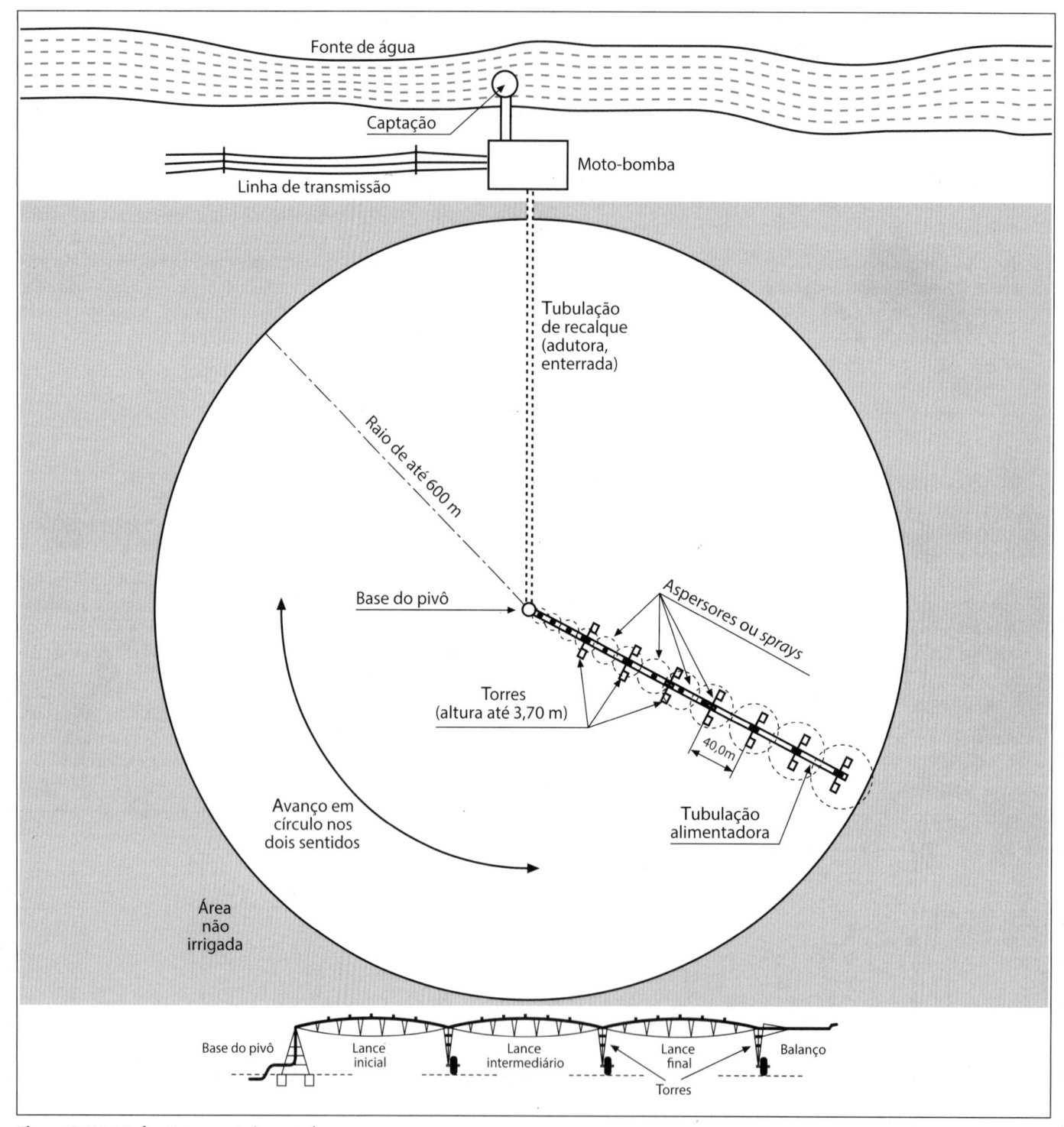

Figura B-III.3.2-f – Sistema pivô central.

- *Montagem direta*

  É semelhante ao sistema autopropelido, só que elimina a mangueira, utilizando-se de tubulações ou canais (canaletas) em nível, que recebem água da tubulação adutora. A "montagem direta" carrega consigo o motor, o reservatório de combustível e a bomba. O sistema pode funcionar com ou sem extensões. Esse tipo de equipamento tem sido muito utilizado em canaviais, fazendo a distribuição de vinhoto (vinhaça) junto com a água da irrigação, mas é utilizável também em outras culturas.

  Normalmente, a tubulação adutora corta a área a ser irrigada em aclive, atingindo a parte mais elevada do terreno. A cada 100 metros coloca-se um registro de onde será tomada a água para os canais. Com a utilização da montagem direta com extensão, esses canais poderiam estar espaçados em até 500 metros.

B-III.3.3 Irrigação localizada (rêgo de pé)

A irrigação localizada tem por princípio a aplicação de água molhando apenas uma parte do solo: a ocupada pelo sistema radicular das plantas (*Figura B-III.3.3-a*).

A água é conduzida, por extensão de tubulações em baixa pressão, até próximo ao pé da planta, ou da região a ser umedecida à qual é fornecida através dos emissores, de tal forma que a umidade do solo seja mantida próxima à capacidade de campo. O emissor, além de distribuir uniformemente a água, deve também dissipar a pressão desta de acordo com os princípios de cada um dos tipos de irrigação localizada.

As principais culturas para as quais se utiliza o sistema de irrigação localizada em nosso país são: abacate, abacaxi, acerola, ameixa, ameixa carmesim, ata, banana, cacau, café, cana-de-açúcar, caqui, coco, crisântemo, ervilha, figo, flores, goiaba, graviola, horticultura, laranja, limão, maçã, mamão, maracujá, melão, morango, murcote, nectarina, olericultura, pera, pêssego, pimenta-do-reino, tomate e uva.

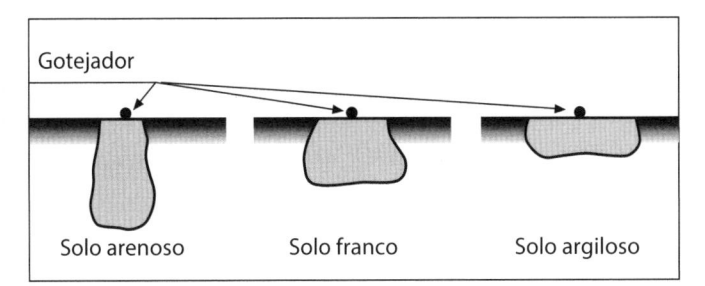

Figura B-III.3.3-a – Bulbo molhado em função do tipo de solo.

Nesse método, o solo funciona como um pequeno armazenamento, mas sem reduzir a oferta de água à planta. É uma irrigação de alta frequência. Molha-se praticamente apenas a zona útil do sistema radicular da planta.

O tipo de solo tem papel preponderante na infiltração da água e na formação do bulbo úmido. Os principais tipos do sistema de irrigação localizada em uso comercial no Brasil são: *gotejamento* (gotejo), *microaspersão* e *tubo perfurado*. Pertencem também a este tipo de irrigação: *jato pulsante*, *xique-xique* e *cápsulas porosas*.

1) Componentes

A irrigação localizada se fundamenta na passagem de pequena vazão em orifício de diâmetro reduzido de estruturas especiais chamadas de emissores. Os emissores são adaptados ou fazem parte de tubulações de polietileno, colocados ligeiramente acima, junto ou imediatamente abaixo da superfície do solo. O tipo de emissor define o tipo de irrigação localizada (gotejador/gotejamento, microaspersor/microaspersão etc).

Os emissores colocam a água em uma região junto ao pé da planta, visando irrigar apenas a região das raízes das plantas. Esses emissores trabalham com pequenas vazões (de um, alguns ou dezenas de litros por hora) e com baixas pressões (desde o mínimo de 1 m.c.a., no gotejamento, até um limite máximo de 30 m.c.a, na microaspersão).

A condução da água até os emissores é feita por extensa rede de tubulações de vários diâmetros. A *Figura B-III.3.3-b* mostra o esquema de um sistema de irrigação localizada por gotejamento.

A filtragem da água (para evitar entupimento dos microaspersores e gotejadores), a aplicação de fertilizantes na água de irrigação, o controle volumétrico e o

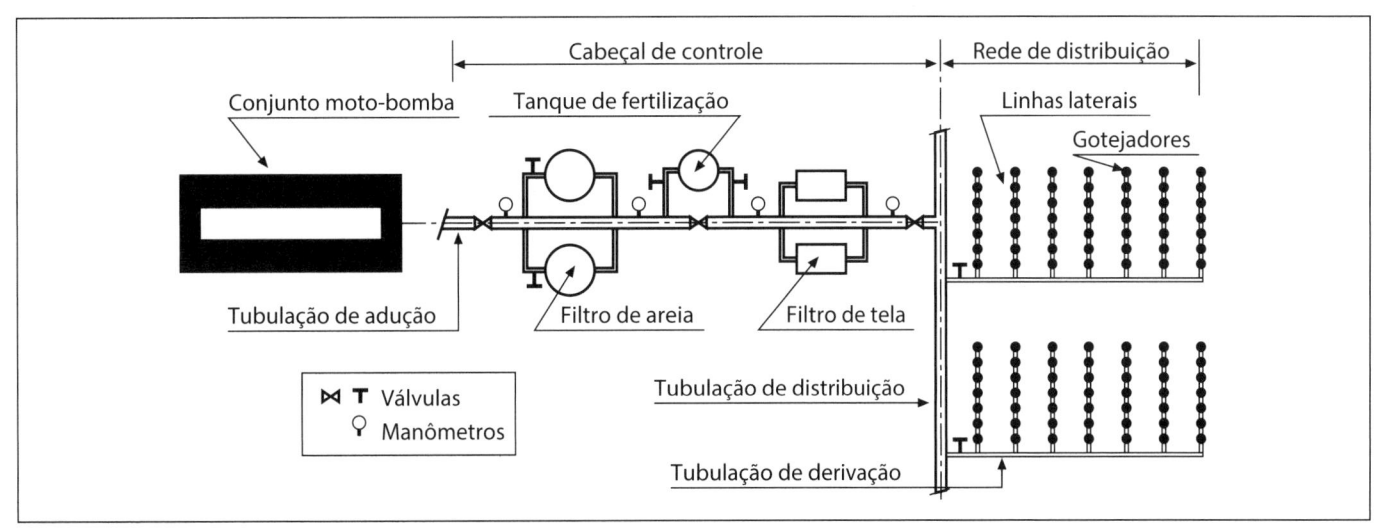

Figura B-III.3.3-b – Esquema de sistema de irrigação localizado (gotejamento).

fornecimento de água sob a pressão necessária são realizados pelo cabeçal de controle, o qual recebe o líquido da fonte de abastecimento através de tubulação de recalque impulsionado por um conjunto moto-bomba.

Assim, um sistema completo de irrigação localizada é composto de conjunto fornecedor de água sob pressão, cabeçal de controle (estação de controle), tubulações, emissores, e automatização. A automatização pode ser mais ou menos sofisticada, ou mesmo não existir.

- *Cabeçal de controle (estação de controle)*

  O cabeçal de controle desenvolve funções preponderantes. É lá que a água é filtrada, pode ou não receber fertilizantes e tem seus volumes, vazões e pressões controlados.

  O cabeçal é, normalmente, composto de filtros (de areia e de tela), válvulas, manômetros, injetores de fertilizantes e sistema de controle de operação.

- *Tubulações*

  Devido ao seu próprio princípio, fornecer água individualmente junto ao pé das plantas, os sistemas de irrigação localizada utilizam extensas redes de tubulações.

  As tubulações de polietileno usadas nas laterais são mais resistentes, flexíveis e fáceis de instalar do que as de PVC, utilizadas na rede de distribuição. São comercialmente disponíveis nos diâmetros de 10 a 200 mm, em rolos.

- *Emissores*

  Os emissores constituem a alma do sistema de irrigação localizada. Há vários tipos dessa irrigação semelhantes entre si, até atingir o emissor. Os princípios do emissor é que vão definir os diversos tipos de irrigação localizada.

  Gotejadores: liberam a água em gotas ou pequenos jorros. Podem ser de vários tipos, modelos e vazões liberadas (consultar catálogos de fabricantes).

  Microaspersores: existe uma gama enorme de tipos, modelos e tamanhos de microaspersores. Eles podem ser divididos em dois grupos: os difusores e os microaspersores propriamente ditos (consultar catálogos de fabricantes).

- *Automatização*

  Os sistemas de irrigação localizada facilitam a automatização de suas operações. As extensas redes de tubulação chegam até cada unidade de irrigação (parcela). Os níveis progressivos de automação podem ser caracterizados pelos métodos usados de abertura e fechamento das válvulas, controlando os

ramais. A operação sequencial pode ser executada com válvulas volumétricas interligadas por linhas de controle hidráulico ou elétrico.

2) Gotejamento

Na irrigação por gotejamento, a água é levada ao pé da planta ou a um cocho úmido por uma extensa rede de tubulação fixa e de baixa pressão. A liberação da água para o solo é feita pontualmente através de gotejadores, na forma de gotas e em vazões reduzidas, entre 1 e 10 litros por hora, por gotejador (ver *Figura B-III.3.3-b*).

Ela é indicada para culturas de alto retorno econômico. É um sistema que permite alta eficiência na distribuição da água (em média, 90% a 95%), economizando água e energia. Sua aplicação vem crescendo rapidamente.

O volume de solo molhado é muito menor do que nos outros métodos de irrigação, como gravidade ou aspersão. O desenvolvimento de um sistema radicular bastante ativo compensa a redução do volume de solo molhado.

Em se tratando de irrigação localizada, não molha áreas sem culturas ou onde não é necessário, facilitando o uso simultâneo de fertilizante com água da irrigação, ou mais precisamente a "fertirrigação".

3) Microaspersão

Na microaspersão, a água é localmente aspergida pelos microaspersores em pequenos círculos (ou setores) junto ao pé da planta (*Figura B-III.3.3-c*).

A condução é feita por rede fixa e extensa de tubos até os microaspersores que operam com baixas pressões (10 a 30 m.c.a.). As vazões (20 a 120 ℓ/h) e as áreas molhadas por cada microaspersor são superiores às dos gotejadores.

No sistema de irrigação por microaspersão, a maior velocidade de água reduz a sedimentação das partículas coloidais nas paredes dos tubos, diminuindo o entupimento do sistema. Além disso, a seção de saída d'água, geralmente maior que a do sistema de gotejamento, permite o emprego de filtros mais simples, apenas de telas metálicas, dispensando, portanto, os de areia. A *Figura B-III.3.3-d* mostra o detalhe de um microaspersor.

4) Por tubos perfurados

No sistema de tubos perfurados (de câmara simples ou dupla) não existem emissores cujas funções são desempenhadas pelos orifícios ou poros. A perfuração dos tubos deve ser feita com muita precisão e, mesmo nessas condições, a variação de vazão de um para outro orifício

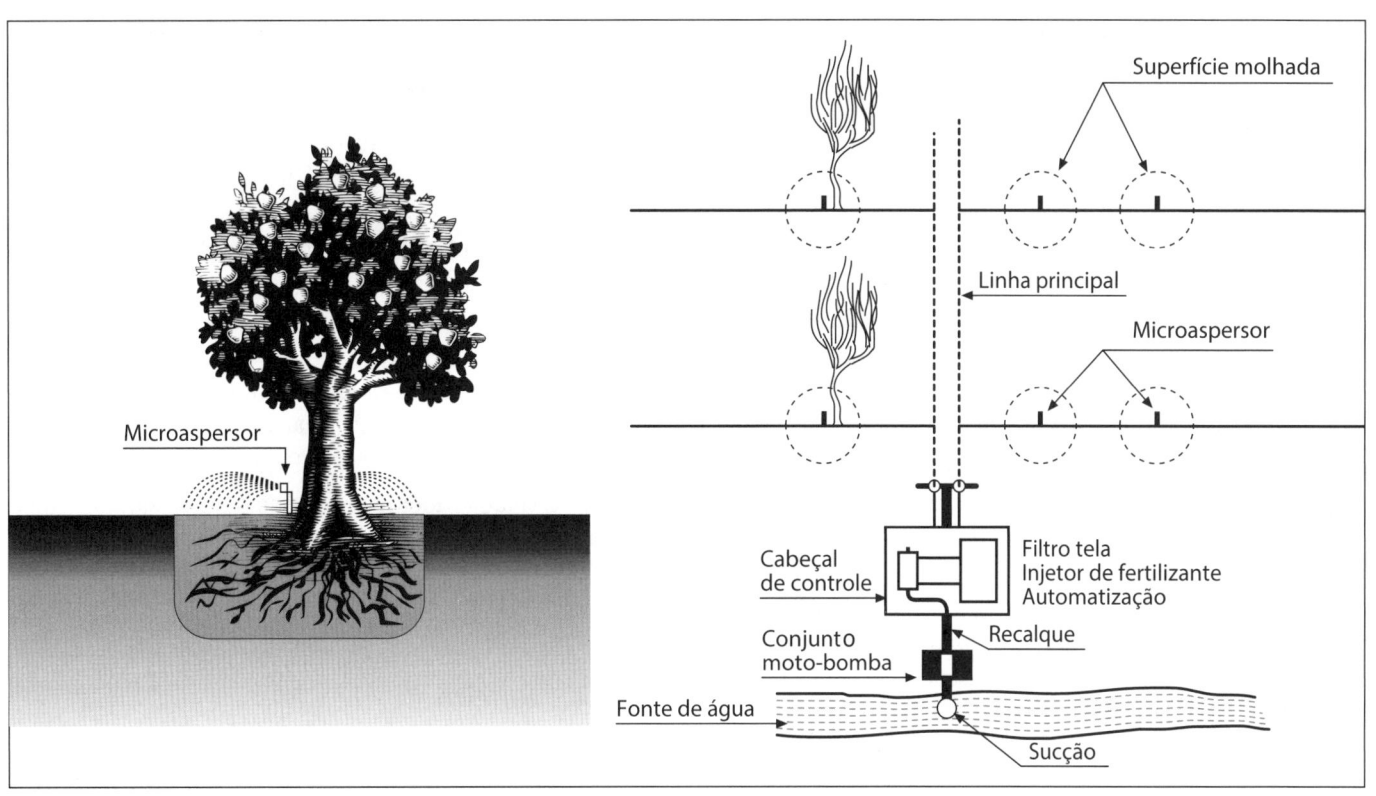

Figura B-III.3.3-c – Esquema de um sistema de microaspersão.

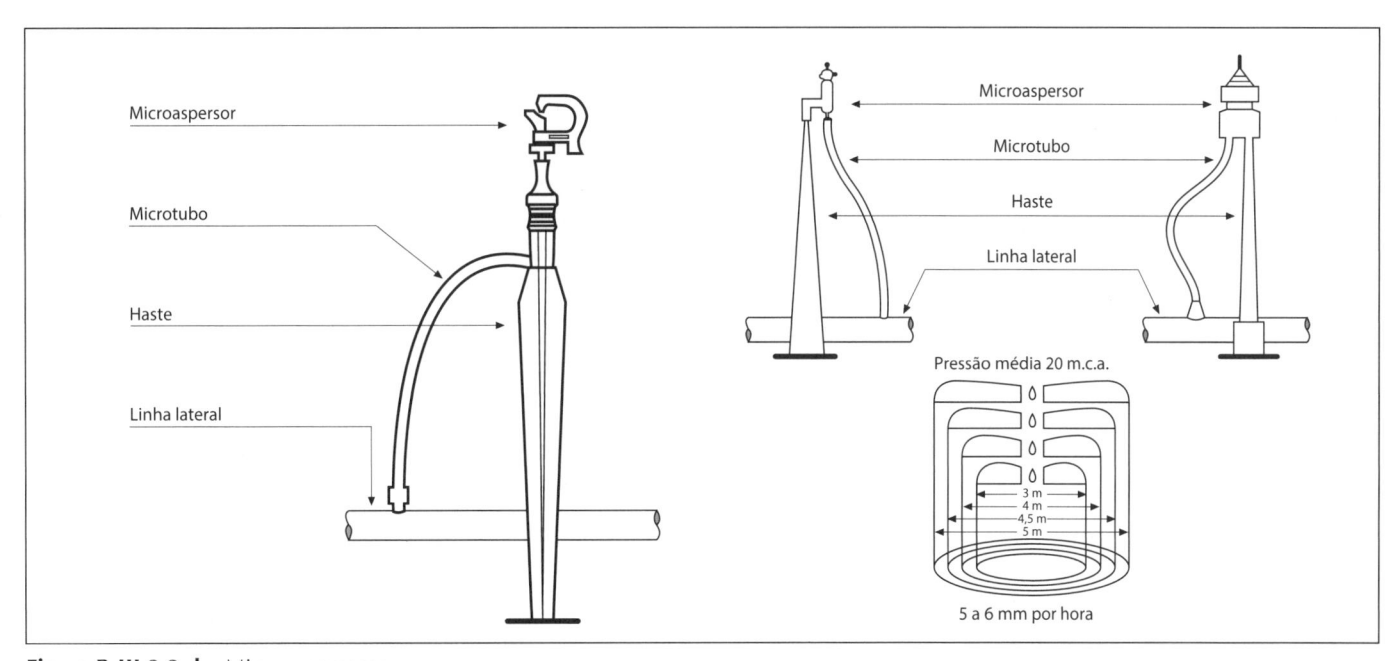

Figura B-III.3.3-d – Microaspersores.

é relativamente grande. As agressões provocadas pelo calor e outros fatores pioram consideravelmente a uniformidade das vazões de irrigação.

O *layout* do sistema de irrigação por tubos perfurados é semelhante aos demais de irrigação localizada. Usado sem fertirrigação e sem automatização, pode ter um custo bem acessível, mas a uniformidade na distribuição da água ao longo da linha de irrigação é bem menor que no gotejamento e microaspersão.

B-III.3.4 Irrigação subterrânea

A irrigação subterrânea é aquela cuja aplicação de água é feita no interior do solo por um dos dois processos: elevação do nível do lençol freático ou aplicação da água no interior do solo.

1) Elevação do nível do lençol freático

Consiste na elevação do nível do lençol freático para propiciar umidade adequada ao sistema radicular das plantas. É conhecido como irrigação subterrânea propriamente dita. Muito utilizado em projetos de drenagem de várzeas na cultura de arroz (*Figura B-III.3.4-a*).

O lençol freático deve ser mantido a uma profundidade tal que determine boa combinação entre umidade e ar na zona radicular.

Esse método de irrigação funciona como um processo inverso à drenagem, quando é feito pelo processo de elevação de lençol freático. Os drenos têm seus fluxos de água normais controlados para provocar a elevação do nível desse lençol. É através desse controle de fluxo que se mantém o nível do lençol a profundidades adequadas à utilização das plantas, sem injuriá-las.

2) Aplicação da água no interior do solo

Neste caso, a aplicação da água é feita no interior do solo através de tubos perfurados, manilhas porosas ou dispositivos permeáveis instalados a pequena profundidade.

Quando são utilizados tubos perfurados para a rega subterrânea, o problema mais grave que pode ocorrer é o desenvolvimento de raízes na direção da fonte d'água e, consequentemente, o entupimento das perfurações. Esses tubos são colocados mecanicamente no solo por um sulcador, podendo também ser retirado mecanicamente.

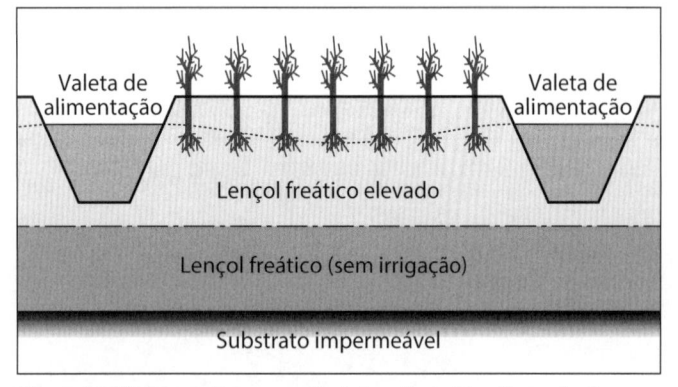

Figura B-III.3.4-a – Esquema de irrigação subterrânea do tipo elevação do NA.

B-III.4 ELABORAÇÃO DE PROJETO – DIMENSIONAMENTO

A elaboração de um projeto de irrigação envolve uma série de fatores, características, parâmetros, critérios e opções.

Assim, quando se tratar de irrigação por superfície, haverá necessidade da utilização de tabelas práticas e de testes de campo. O mesmo acontece para projetos de irrigação subterrânea.

Em projetos de aspersão, é fundamental o conhecimento dos parâmetros de irrigação (*item B-III.2.3*), das características dos aspersores e da ação do vento.

Em irrigação localizada, considera-se como princípios: a manutenção da umidade do solo próxima da capacidade de campo e o fornecimento de água apenas para a zona das raízes.

B-III.4.1 Roteiro

1. Planejamento: área a ser irrigada; escolha da cultura, seu espaçamento, épocas de plantio e de irrigação; fonte de energia; padrão de qualidade desejada para o projeto; condições de trabalho, ou seja, mão de obra a ser utilizada, número de horas e dias da semana de trabalho.

2. Clima: cálculo de evapotranspiração de referência; estimativa da ação do vento.

3. Solo: definição das características físicas e hídricas, tais como textura, estrutura, perfil do solo, densidade aparente, ponto de murchamento, água disponível e velocidade de infiltração básica; definição das características químicas; avaliação da necessidade de correção e adubação.

4. Cultura: profundidade efetiva do sistema radicular; relacionamento com a água realmente disponível no solo e a profundidade de irrigação; umidade crítica; altura das plantas; épocas de cultivo.

5. Água: fonte e disponibilidade; qualidade; desnível geométrico.

6. Relevo: desníveis geométricos; altura de sucção; aclives e declives locais.

7. Definição do método (sistema) de irrigação, em função de: tipo e relevo de solo, cultura, área irrigada, nível tecnológico desejável, padrão de mão de obra e disponibilidade de água; elaboração de *layouts*, alternativas e orçamentos.

8. Viabilidade técnico-econômica.

B-III.4.2 Dimensionamento da irrigação por superfície

Na irrigação por superfície, a definição dos parâmetros de dimensionamento deverá ser baseada, ou pelo menos verificada, em testes locais de campo.

Neste item, será apresentado apenas o dimensionamento das "parcelas irrigadas", ou seja: dos sulcos, dos tabuleiros de inundação e das faixas de irrigação. Para o dimensionamento dos canais de condução e de suas estruturas, consultar o *Capítulo A-14*.

Já para o dimensionamento das tubulações e dos conjuntos motor-bomba, buscar informações no *item B-III.4.3* e nos *Capítulos A-8, A-9 e A-11*.

1) Sulcos

Em geral, os sulcos têm forma triangular, com cerca de 20 a 30 cm de largura em sua parte superior. Quando, porém, o solo tem baixa capacidade de infiltração, a forma do sulco deve ser trapezoidal, com cerca de 25 cm de largura de fundo.

Os sulcos têm profundidades que variam de 10 a 30 cm. Quanto maior é a sua profundidade, maior é o perímetro molhado, o que propicia maior capacidade de infiltração. Assim, o estabelecimento da profundidade dos sulcos no projeto é função de:

- *Cultura irrigada*: certas espécies exigem sulcos profundos devido a seu sistema de cultivo, ou à profundidade do sistema radicular, como, por exemplo, batatinha, cana-de-açúcar, pomares, entre outras.

- *Permeabilidade do solo*: nos solos menos permeáveis, os sulcos devem ser mais profundos, a fim de propiciar adequada infiltração de água. Isso ocorre nos solos excessivamente argilosos e compactados.

A declividade dos sulcos num projeto deve ser tal que não gere velocidade excessiva da água de irrigação, evitando a erosão. Por outro lado, ela não deve ser muito pequena, para não causar excessivas perdas de água por percolação profunda. Em geral, a declividade dos sulcos oscila entre 0,1% e 1,5%, sendo maior nos solos mais argilosos, que são menos suscetíveis à erosão.

A vazão a ser aplicada num sulco é função da declividade adotada. Em geral, estabelece-se uma vazão inicial (Q_i), que é fornecida ao sulco até que a frente de umedecimento atinja seu final, e uma vazão final (Q_f). O ideal é que a água atinja mais rapidamente o final do sulco; assim, a vazão inicial deve ser tal que não transborde e não cause erosão. O valor da vazão máxima, em geral, oscila entre 0,2 e 2 ℓ/s, sendo menor em solos arenosos, e maior nos argilosos.

Gardner, estudando o efeito da vazão e da declividade na erosão em sulcos de irrigação, propôs a seguinte equação empírica para a determinação da vazão máxima não erosiva:

$$Q_{máx} = c/I^x \ (\ell/s)$$

onde:

$Q_{máx}$ = vazão máxima não erosiva, em ℓ/s;
I = declividade do sulco, em porcentagem;
c e x = coeficientes em função do tipo do solo.

A *Tabela B-III.4.2-a* apresenta valores adotados para os coeficientes c e x, a serem empregados na equação empírica de Gardner.

Tabela B-III.4.2-a Valores dos coeficientes *c* e *x* para diferentes tipos de solo (para vazão de Gardner)

Textura	c	x
Muito fina	0,892	0,937
Fina	0,988	0,550
Média	0,613	0,733
Grossa	0,644	0,704
Muito grossa	0,665	0,548

O espaçamento entre os sulcos deve ser fixado ponderando-se os seguintes fatores: textura do solo, cultura e mecanização agrícola.

O comprimento dos sulcos está intimamente ligado à eficiência da irrigação, e é fixado em função da área a irrigar, declividade, vazão e cultura a ser irrigada. Em geral, varia de 50 a 300 metros, sendo maior nos solos argilosos. A forma, o tamanho e a funcionalidade da área a ser irrigada interferem grandemente na fixação do comprimento do sulco. Em geral, o comprimento do sulco é igual ao comprimento da área ou a um submúltiplo. O ideal é que todos os sulcos tenham o mesmo comprimento.

Para sulcos com declividades menores do que 0,3%, o comprimento do sulco pode aumentar com o aumento da declividade. Porém, para declividades maiores do que 0,3%, o seu comprimento deve diminuir com o aumento da declividade.

Segundo Criddle, o comprimento do sulco deve ser tal que o tempo para a frente de avanço chegar ao final do sulco seja igual a 1/4 do tempo necessário para aplicar a lâmina de irrigação.

Baseado em dados experimentais, Booher sugeriu alguns comprimentos máximos de sulcos em função da declividade, tipo de solo e lâmina média aplicada, de acordo com a *Tabela B-III.4.2-b*. Esses valores podem ser usados como base para os testes de campo.

Tabela B-III.4.2-b Comprimento máximo dos sulcos (m)

Decli-vidade (%)	Textura do solo											
	Fina				Média				Grossa			
	Lâmina média de irrigação aplicada (cm)											
	7,5	15	22,5	30	5	10	15	20	5	7,5	10	12,5
0,05	300	400	400	400	120	270	400	400	60	90	150	190
0,10	340	440	470	500	180	340	440	470	90	120	190	200
0,20	370	470	530	620	220	370	470	530	120	190	250	300
0,30	400	500	620	800	280	400	500	600	150	220	280	400
0,50	400	500	560	750	280	370	470	530	120	190	250	300
1,00	280	400	500	600	250	300	370	470	90	150	220	250
1,50	250	340	430	500	220	280	340	400	80	120	190	220
2,00	220	270	340	400	180	250	300	340	60	90	150	190

A forma mais adequada para a determinação do comprimento dos sulcos é através de teste de campo (teste de avanço da água). Abre-se um sulco no terreno, com a declividade adequada. A vazão de entrada de água no sulco é fixada em função da declividade e da natureza do solo, como apresentado anteriormente. Os tempos de avanço da água no sulco são lidos, permitindo o traçado da curva de avanço de água no sulco (*Figura B-III.4.2-a*). Duas calhas medem a vazão de entrada e a de saída. A diferença entre as vazões medidas é a quantidade infiltrada ao longo do sulco.

O sistema de irrigação por sulcos de infiltração promove a distribuição da água no campo utilizando os seguintes componentes: canal principal, canal secundário, estruturas hidráulicas, sulcos e drenos.

O canal principal normalmente fica localizado nos pontos altos do terreno, e tem por finalidade conduzir a água de irrigação à gleba e distribuí-la aos canais secundários. Estes abastecem os sulcos de infiltração. O grupo de sulcos que irriga ao mesmo tempo constitui uma posição, ou módulo. O sistema é composto por vários módulos. Os drenos têm a função de captar a água excedente no final do sulco e de conduzi-la a local apropriado.

O canal principal tem maior dimensão, conduzindo maior volume de água. O ideal é revestir os taludes do canal principal, podendo-se utilizar alvenaria de tijolos, concreto, lâminas plásticas etc. Em geral, a declividade do canal principal varia de 0,5% a 1%. A vazão de projeto do canal principal é igual à soma das vazões necessárias para cada módulo multiplicada pelo número de módulos que operam ao mesmo tempo.

Normalmente, a alimentação dos sulcos de infiltração é feita por meio de dentes, sifões, tubos curtos e orifícios.

2) Inundação

Os sistemas de irrigação por inundação do tipo permanente, com tabuleiros (quadras) retangulares, ou em contorno, são normalmente implantados no Brasil em várzeas e regiões ribeirinhas, onde o lençol freático é pouco profundo. São seus componentes principais: canais de distribuição (primários, secundários etc.), tabuleiro ou quadra, e drenos.

A rede de canais de distribuição, que tem a finalidade de levar a água até os tabuleiros, deve ser dimensionada para levar a vazão necessária para o abastecimento e para a manutenção da lâmina de água nos tabuleiros, garantindo a renovação do líquido no seu interior. Em geral, esses canais são localizados na parte mais alta do projeto e apresentam pequena declividade. A passagem da água de alimentação para o interior do tabuleiro pode ser feita por meio de caixas de passagem com comporta, tubos curtos ou sifões.

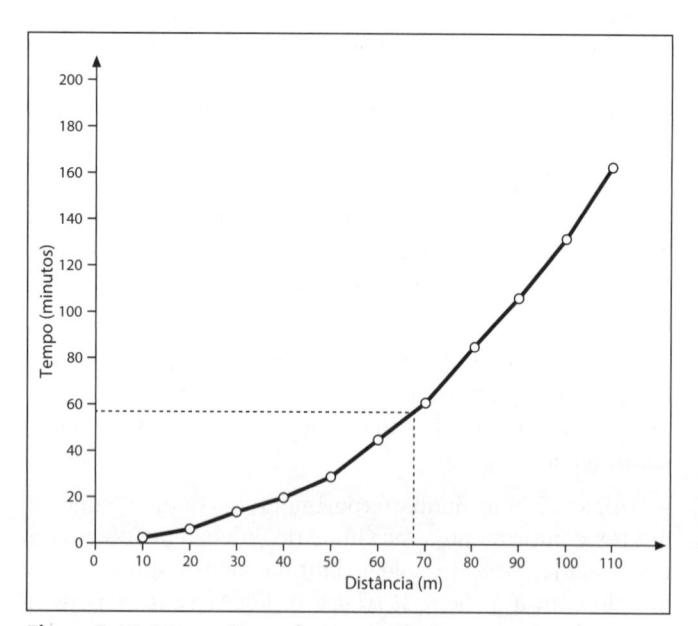

Figura B-III.4.2-a – Curva de avanço de água no sulco.

O canal de drenagem, ou simplesmente dreno, tem a finalidade de receber a água excedente que circulou pelos tabuleiros, bem como a de promover a drenagem total da água.

Para manejar mais adequadamente a irrigação, é necessário conhecer a vazão de entrada e de saída nos tabuleiros. Quando forem utilizados tubos curtos ou sifões para o cálculo dessas vazões, pode-se adotar a equação de Gardner, apresentada anteriormente, e a *Tabela B-III.4.2-c*.

Outra forma é instalar vertedores triangulares na entrada e na saída do tabuleiro e, por meio de medição da carga hidráulica, obter os valores de vazão de entrada (Q_i) e de saída (Q_f). A diferença entre tais vazões corresponde à vazão perdida por evapotranspiração e infiltração ocorridas no tabuleiro.

Tabela B-III.4.2-c Vazão de sifões usuais em irrigação por sulcos

Carga H (cm)	Diâmetro do sifão (pol-mm)				
	2" (50)	1 3/4" (44)	1 1/2" (38)	1" (25)	3/4" (19)
	Vazão (ℓ/s)				
4	1,12	0,62	0,48	0,24	0,10
6	1,38	0,77	0,60	0,29	0,13
8	1,59	0,89	0,69	0,34	0,15
10	1,78	1,00	0,78	0,38	0,18
12	1,95	1,10	0,85	0,42	0,20
14	2,11	1,19	0,93	0,45	0,22
16	2,26	1,28	0,99	0,48	0,23
18	2,40	1,36	1,05	0,51	0,25
20	2,53	1,44	1,11	0,54	0,27
22	2,65	1,51	1,17	0,57	0,28
24	2,77	1,58	1,22	0,59	0,30
26	2,89	1,65	1,27	0,62	0,31
28	3,00	1,71	1,32	0,64	0,33
30	3,10	1,78	1,37	0,66	0,34
32	3,21	1,84	1,42	0,68	0,35
34	3,31	1,90	1,46	0,71	0,36
36	3,40	1,95	1,51	0,72	0,38
38	3,50	2,01	1,55	0,75	0,39
40	3,59	2,06	1,59	0,77	0,40
42	3,68	2,12	1,63	0,78	0,41
44	3,77	2,17	1,67	0,80	0,43
46	3,85	2,22	1,17	0,82	0,44
48	3,93	2,27	1,75	0,84	0,45
50	4,02	2,32	1,79	0,86	0,46

As taipas, pequenos diques que circundam o tabuleiro e que propiciam a formação da lâmina de água sobre o terreno, são feitas com solo do local, tendo as dimensões:

- largura da base: 60 a 120 cm;
- altura: 15 a 30 cm.

Na fixação da altura e do acabamento do dique, deve ser prevista a ultrapassagem de máquinas agrícolas de um tabuleiro para outro.

O tamanho do tabuleiro de inundação varia desde alguns metros quadrados nas taças até alguns hectares. A natureza do solo, devido a sua relação direta com a capacidade de infiltração, interfere muito no tamanho do tabuleiro, sendo que nos solos mais argilosos pode ser maior. Solos com camada compacta a pequena profundidade podem ter tabuleiro maior, em virtude da ação retardadora dessa camada na infiltração. Também a profundidade do lençol freático interfere na fixação do tamanho do tabuleiro; quando ele é pouco profundo, pode-se prever tabuleiros maiores. No caso da inundação temporária, a infiltração propicia distribuição de água irregular no terreno e perda por percolação. Assim, nesse caso, esses mesmos fatores citados atuam de maneira análoga na fixação do tamanho do tabuleiro. A vazão de entrada no tabuleiro pode ser fixada em função da natureza do solo.

A *Tabela B-III.4.2-d* apresenta tamanhos adotados para tabuleiros, de acordo com a vazão de entrada e a natureza do solo.

Nos projetos de inundação temporária, a vazão de entrada deve ser suficiente para que o tabuleiro fique cheio em 1/4 do tempo de irrigação, a fim de haver boa uniformidade de distribuição e maior eficiência de irrigação.

Outra maneira de fixar o tamanho do tabuleiro é com o auxílio da fórmula:

$$A = 100 \times \frac{Q_i}{VIB} \qquad \qquad \text{Equação (III.14)}$$

onde:

A – área do tabuleiro, em m²;
Q_i – vazão de entrada, em m³/h;
VIB – velocidade de infiltração básica, em mm/h.

Tabela B-III.4.2-d Tamanho do tabuleiro de acordo com a vazão de entrada

Natureza do solo	Área (ha) por 10 ℓ/s
Arenoso	0,01
Limo - arenoso - barrento	0,02
Barrento	0,04
Argiloso	0,08

Como a vazão interfere no tamanho do tabuleiro, deve-se tomar cuidado para que a velocidade da água na entrada não seja muito grande, a fim de evitar erosão na superfície do terreno.

A declividade da superfície do terreno no tabuleiro deve ser tal que a diferença de nível entre os pontos mais altos e os mais baixos seja inferior a 2/3 da altura da lâmina de água a ser mantida sobre a superfície.

3) Faixas

A água é aplicada em faixas do terreno compreendidas entre pequenos diques (taipas) paralelos. As faixas devem ter declividade transversal praticamente nula, enquanto a longitudinal não deve ser inferior a 0,1%, nem superior a 3%. O terreno deve ser sistematizado de forma a ter superfície homogênea, a fim de garantir uma boa distribuição da água ao longo da faixa. O solo deve ser de textura média, pois a distribuição é mais uniforme.

As dimensões das faixas dependem de natureza do solo, declividade e vazão. Na determinação do comprimento da faixa, o ideal é utilizar um teste de avanço de água, semelhante ao teste para sulco de infiltração. A *Tabela B-III.4.2-e* apresenta os parâmetros adotados no dimensionamento das faixas de inundação.

As faixas devem ser o mais compridas possível. Todavia, isso é função da velocidade de infiltração básica do solo. Quanto maior for o comprimento da faixa, menores serão os gastos com a implantação, e menor a área perdida de terreno, ocupada pelos diques e canais de distribuição. Assim, também a eficiência da irrigação é maior.

A vazão de entrada numa faixa deve ser suficiente para manter a lâmina hídrica em toda sua superfície, sem, porém, causar erosão. Assim, ao fixar a vazão de entrada, o projetista deve levar em consideração a declividade longitudinal da faixa e o poder de retenção superficial da cultura. Para culturas altas e conduzidas em fileiras, pode-se utilizar a indicação da *Tabela B-III.4.2--f*, sendo que tais valores podem ser duplicados para pastagens, pois os riscos de erosão são menores.

A vazão de entrada deve ser suficiente para se distribuir uniformemente sobre toda a largura da faixa. Caso isso não esteja ocorrendo, é necessário diminuir a largura da faixa ou aumentar a vazão de entrada, ou ainda aumentar o número de pontos de alimentação da faixa. Quando a frente de umedecimento atingir 2/3 ou 3/4 do comprimento da faixa, interrompe-se a entrada de água, deixando que o volume de água se espalhe até o seu final.

Tabela B-III.4.2-e Parâmetro das faixas de infiltração

Tipo de solo	Declive (%)	Altura de aplicação (mm)	Largura da faixa (m)	Comprimento da faixa (m)	Vazão (ℓ/s)
Textura grossa	0,25	50	15	150	240
		100	15	250	210
		150	15	400	180
	1,00	50	12	100	80
		100	12	150	70
		150	12	250	70
	2,00	50	10	60	35
		100	10	100	30
		150	10	200	30
Textura média	0,25	50	15	250	210
		100	15	400	180
		150	15	400	100
	1,00	50	12	150	70
		100	12	300	70
		150	12	400	70
	2,00	50	10	100	30
		100	10	200	30
		150	10	300	30
Textura fina	0,25	50	15	400	120
		100	15	400	70
		150	15	400	40
	1,00	50	12	400	70
		100	12	400	35
		150	12	400	20
	2,00	50	10	320	30
		100	10	400	30
		150	10	400	20

A lâmina de água aplicada numa faixa de infiltração é obtida com a equação:

$$LR = \frac{Q_i \times t_i \times 60}{L \times b}$$

onde:

LR = lâmina média aplicada, em mm;
Q_i = vazão de entrada, em ℓ/s;
t_i = tempo de irrigação, em minutos;
L = comprimento da faixa, em m;
b = largura de faixa, em m.

A eficiência da irrigação em faixas depende das perdas, que ocorrem por percolação profunda, escoamento no final da faixa e evaporação direta da água. Com a execução do teste de avanço, é possível reduzir substancialmente as duas primeiras perdas, e obter eficiência de irrigação de até 60%.

Tabela B-III.4.2-f Vazão máxima de entrada nas faixas de infiltração

Declividade da faixa (%)	Vazão máxima (ℓ/s) por m de largura
0,3	675
0,4	540
0,5	450
0,7	400
0,9	300
1,0	250
1,5	180
2,0	150
3,0	120
4,0	90
5,0	75

B-III.4.3 Dimensionamento de irrigação por aspersão

Neste item, apresenta-se o dimensionamento de um sistema de irrigação por aspersão (*item B-III.3.2*), do tipo convencional semifixo (*Figura B-III.4.3-a*). Por analogia, podem ser dimensionados os demais sistemas de aspersão convencional e mecanizados.

Considera-se uma área com boa uniformidade de distribuição de água aquela em que a variação entre vazões dos aspersores não seja superior a 10% (dez por cento) em todas as posições da área.

1) Aspersores

Os aspersores (emissores) devem ser selecionados de forma a atender as demandas hídricas de projeto, não provocar empoçamento, escoamento superficial/erosão, percolação profunda, nem danificar as plantas.

A intensidade de aplicação (*IA*) fornecida pelo aspersor deve ser inferior à velocidade de infiltração básica do solo (*VIB*).

A pressão de serviço do aspersor (p_s) é aquela que deve ter a água de irrigação ao atingir o cabeçote, a fim de que o aspersor opere segundo as especificações do fabricante, fornecendo a vazão, o alcance e a lâmina indicados. No caso de excesso de pressão, há pulverização muito grande do jato, ficando mais suscetível à ação do vento; quando a pressão é muito baixa, as gotas são maiores, concentrando-se próximo ao aspersor e no terço final do raio de alcance.

É necessário consultar catálogos de fabricantes de aspersores, como, por exemplo, a *Tabela B-III.3.2-a*.

A altura do tubo de subida (*H*) deve ser tal que permita a passagem do jato de água sobre as copas das plantas.

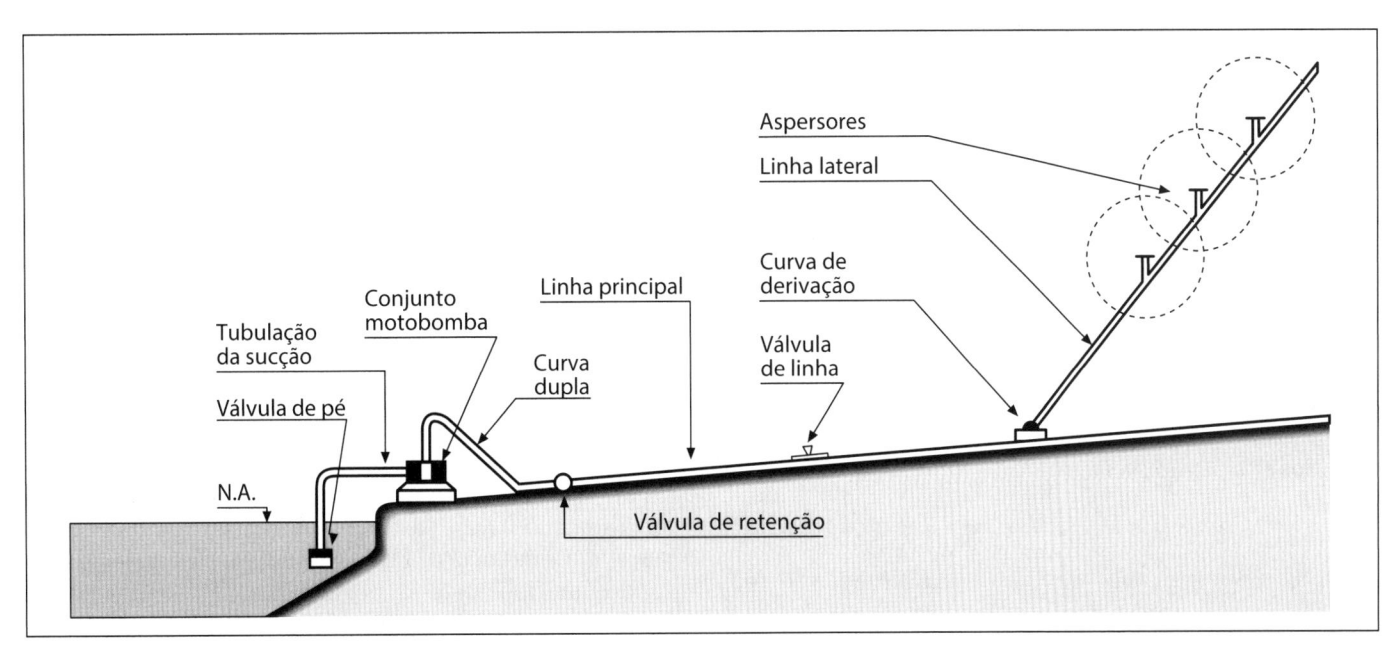

Figura B-III.4.3-a – Esquema de um sistema de aspersão convencional.

2) Linhas laterais

A linha lateral é uma tubulação que opera com distribuição em marcha: a vazão vai se reduzindo do início para o seu final, à medida que vai abastecendo os diversos aspersores. A vazão no início da lateral é a soma das vazões dos aspersores que operam na linha (*Figura B-III.4.3-b*).

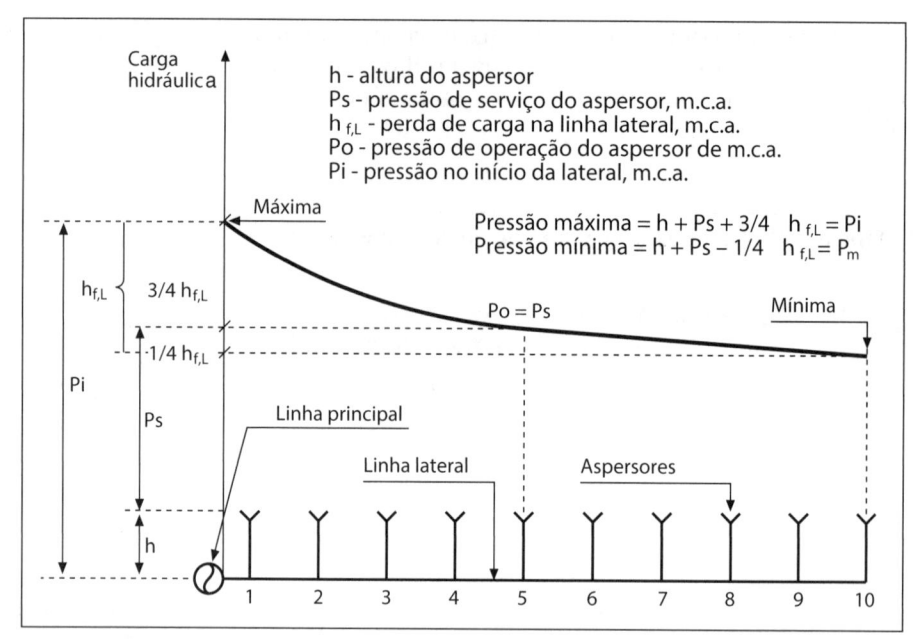

Normalmente as linhas laterais são em diâmetros constantes. Supondo que a tubulação esteja numa horizontal (na mesma curva de nível), se não houvesse escoamento (aspersores fechados), a pressão ao longo da linha lateral seria a mesma em todos os pontos. Iniciando o escoamento, como a distribuição da água é ao longo da linha lateral, a velocidade no início é maior que no fim da linha lateral. Onde a velocidade é maior, a "carga de velocidade" ou "energia cinética" $v^2/(2 \times g)$ é maior e, portanto, a pressão é menor (itens *A-7.5* e *A-9.2*).

Figura B-III.4.3-b – Distribuições de pressões na linha lateral.

Para que as pressões ao longo da linha lateral sejam aproximadamente as mesmas e, portanto, os aspersores lancem a água a uma distância aproximadamente igual, é necessário que a diferença de pressão nos pontos de conexão dos aspersores seja pequena frente às perdas de carga localizadas nos aspersores, às perdas de carga ao longo da linha lateral e às diferenças de energia cinética $v^2/(2 \times g)$.

Em irrigação, na prática, costuma-se estabelecer que a pressão média ao longo da linha lateral seja igual à pressão do serviço do aspersor (p_s). Admite-se que, para que isso ocorra, a perda de carga por atrito ao longo da linha lateral não deve ser superior a 20% de p_s.

Para garantir adequada pressão, essa linha deve ser disposta em nível, devendo-se cuidar para que a pressão no seu início seja a mais adequada possível, a fim de que a pressão média ao longo da linha seja igual à pressão de serviço do aspersor (p_s). Para que isso ocorra, a máxima perda de carga por atrito ao longo da linha lateral, não pode ser superior a 20% de p_s.

A perda de carga ao longo da tubulação é calculada por meio de fórmulas hidráulicas ou ábacos. Entre essas, a de Hazen-Williams, tabelada no capítulo de condutos forçados (*Capítulo A-8*).

$$v = 0{,}355 \times C \times D^{0,63} \times J^{0,54} \qquad \textit{Equação (III.15)}$$

$$Q = A \times v \qquad \textit{Equação (III.16)}$$

onde:

Q = vazão no início da linha, em m³/s;
v = velocidade do líquido, em m/s;
A = área da seção interna da tubulação, em m²;
J = perda de carga unitária, em mm/m;
D = diâmetro interno da tubulação, em m;
C = coeficiente de rugosidade.

A *Tabela B-III.4.3-a* apresenta valores médios para o coeficiente de rugosidade (C), a ser aplicado na *Equação (III.15)*.

Tabela B-III.4.3-a Valores médios de *C*

Ferro dúctil	C = 100
Ferro dúctil revestido de cimento	C = 120
Alumínio	C = 130
Aço zincado novo	C = 130
PVC, poliéster, PEAD	C = 140

A perda de carga ao longo da tubulação (h_f) é obtida pela equação:

$$h_f = L \times J \ (m) \qquad \textit{Equação (III.17)}$$

onde:

L = comprimento da tubulação, em m.

O valor de h_f obtido representa a perda de carga ao longo da tubulação caso não houvesse distribuição em marcha. Como ocorre tal distribuição, esse valor é corrigido, multiplicando-se por um fator F_L (menor que a unidade), função do número de saídas na lateral (*Tabela B-III.4.3-b*).

Tabela B-III.4.3-b Valores do fator de correção F_L

Nº de saídas	F_L	Nº de saídas	F_L
01	1,000	22	0,374
02	0,639	24	0,372
03	0,535	26	0,369
04	0,486	30	0,368
05	0,457	32	0,366
06	0,438	34	0,365
07	0,425	36	0,364
08	0,415	38	0,363
09	0,409	40	0,362
10	0,402	50	0,361
12	0,394	60	0,359
14	0,387	70	0,358
16	0,383	80	0,357
18	0,379	90	0,356
20	0,376	100	0,356

Portanto, o diâmetro da linha lateral deve ser tal que:

$$h_{f,L} = F_L \times h_f \leq 0,20 \times p_s \text{ (m)} \qquad Equação \ (III.18)$$

Nessas circunstâncias, a pressão no início da linha lateral será:

$$p_i = p_s + \frac{3}{4} \times h_{f,L} + H \qquad Equação \ (III.19)$$

onde:
H = altura do tubo de subida, em m.

A linha lateral poderá, eventualmente, ser dimensionada para não trabalhar em nível e também com diâmetros diferentes.

3) Linha principal

Um critério para o dimensionamento da linha principal é limitar a perda de carga, no trecho entre a mais próxima e a mais afastada da posição em relação à bomba, em 15% a 20% da pressão no início da lateral (p_i). Nessa perda de carga não está incluída a diferença de nível entre essas posições.

Alguns projetistas adotam como critério a limitação da velocidade máxima da água na tubulação em 2,5 m/s. É normal também o critério de mínimo custo da tubulação (ver Fórmula de Bresse, apresentada no *Capítulo A-11*).

$$D = 1,1 \times Q^{0,5} \text{ (m)} \qquad Equação \ (III.20)$$

onde:
D = diâmetro interno da tubulação (m);
Q = vazão (m³/s).

A linha principal ou mestra, num projeto de irrigação por aspersão, tem a finalidade de abastecer uma posição, que é a parcela da área total irrigada num dado momento. O projeto é formado por várias posições que vão sendo irrigadas sucessivamente, até voltar à posição inicial. Esse retorno deve ocorrer no chamado turno de rega ou turno de irrigação (TR). Cada posição pode ser irrigada por uma ou mais linhas laterais, que podem ter um ou mais aspersores. Dessa forma, a linha principal tem de abastecer o número de laterais que compõem a posição. A sua vazão de projeto é, portanto:

$$Q_p = N \times Q \text{ (m³/s)} \qquad Equação \ (III.21)$$

onde:
N = número de laterais de cada posição;
Q = vazão de cada linha lateral, em m³/h.

A perda de carga na linha principal é calculada utilizando-se as mesmas fórmulas hidráulicas e ábacos citados para a linha lateral; a única diferença é que o fator F_L não é usado, porque não se trata de uma linha com distribuição em marcha. Isso mesmo quando a linha principal abastecer mais de uma lateral, pois o coeficiente F_L somente pode ser usado quando a equidistância entre as saídas e as vazões forem semelhantes.

4) Perdas de carga localizadas

As conexões e peças especiais (curva, cotovelos, registros, válvulas etc.) existentes nas redes de tubulações produzem alterações mais ou menos bruscas nas seções do escoamento, que provocam as perdas de carga localizadas ($h_{f,C}$).

Essas perdas podem ser avaliadas como uma porcentagem da carga cinética existente imediatamente a jusante do ponto onde se produz a perda:

$$h_{f,C} = K_1 \times \frac{v^2}{2 \times g} \text{ (m.c.a.)}$$

onde:
$h_{f,C}$ = perda de carga localizada, em m.c.a.;
K_1 = coeficiente de perda correspondente à peça especial considerada;
v = velocidade média do fluxo imediatamente a jusante da peça, em m/s;
g = aceleração da gravidade (9,8 m/s²).

O coeficiente da perda de carga (K_1) se determina experimentalmente, e seu valor varia segundo o tipo e diâmetro da peça especial.

Outro critério é o de estimar a perda de carga localizada mediante a obtenção de um comprimento equivalente de tubulação de diâmetro igual ao da peça considerada, que produza uma perda por atrito equivalente à perda singular provocada pela peça. O comprimento equivalente da tubulação se obtém a partir da fórmula Universal da perda de carga (consultar *Capítulo A-7*).

Dessa forma, o comprimento equivalente L será:

$$L = K_1 \times \frac{D}{f} \quad (m)$$

Perdas de carga em filtros e válvulas reguladoras de pressão e de vazão podem ser significativas, e devem ser consideradas separadamente.

5) *Bomba*

O dimensionamento da bomba baseia-se na altura manométrica e na vazão. A altura manométrica (H_{man}) é a somatória das alturas geométricas de sucção (H_s) e de recalque (H_r) com a pressão no início lateral (p_i) e a perda de carga na linha principal (h_{f-P}). Esse total é acrescido das perdas localizadas ($h_{f,C}$).

$$H_{man} = H_s + H_r + p_i + h_{f-P} + h_{f,C} \quad (m)$$
$$Equação \ (III.22)$$

Na prática, alguns projetistas adotam uma "folga" de 5% até 20% para substituir as perdas localizadas.

A altura geométrica de sucção (H_s) é o desnível vertical entre o nível de água no manancial e o eixo da bomba, podendo ser positivo quando a bomba está acima desse nível, ou negativo quando ela está abaixo, isto é, afogada.

A altura geométrica de recalque (H_r) é o desnível entre o eixo da bomba e a linha lateral mais alta do terreno.

p_i é a pressão no início da lateral mais alta (m.c.a.).

A potência (P_{OT}) absorvida pela bomba ao recalcar a água:

$$P_{OT} = 0,986 \times \frac{Q \times H_{man}}{75 \times \eta} \quad (HP) \quad ou$$

$$P_{OT} = \frac{Q \times H_{man}}{75 \times \eta} \quad (cv) \qquad Equação \ (III.23)$$

onde:
  Q – vazão de recalque, em ℓ/s;
  η – rendimento da bomba, em ℓ/s.

As bombas produzidas em série têm preços muito inferiores aos das bombas especiais. Assim, na prática, o projetista deve dispor de catálogos de fabricantes, a fim de especificar com exatidão a bomba a ser adotada. Tais

catálogos têm curvas características da bomba para diferentes rotores. Um mesmo modelo de bomba pode operar com vários tamanhos de rotor.

A bomba deve ser instalada mais próximo do manancial, e com menor H_s possível, a fim de obter melhor rendimento. Além disso, deve-se prever que o diâmetro da tubulação de sucção seja igual ao diâmetro comercial imediatamente superior ao de recalque.

6) *Motor*

A potência do motor (P_{OT-m}) é calculada pela equação:

$$P_{OT-m} = \frac{P_{OT}}{\eta_m} \quad (HP) \quad ou$$

$$P_{OT-m} = 0,736 \times \frac{P_{OT}}{\eta_m} \quad (kW) \qquad Equação \ (III.24)$$

onde:
  η_m – rendimento do motor, em decimal.

Na prática, para a determinação da potência do motor, em HP, tem-se utilizado a correspondência indicada na *Tabela B-III.4.3-c*.

Tabela B-III.4.3-c Determinação da potência do motor

Potência da bomba (P_{OT})	Potência do motor (P_{OT-m})
até 2 HP	$1,50 \times P_{OT}$
2 a 5 HP	$1,30 \times P_{OT}$
5 a 10 HP	$1,20 \times P_{OT}$
10 a 20 HP	$1,15 \times P_{OT}$
mais de 20 HP	$1,10 \times P_{OT}$

Aprofundando-se nesse assunto, o *Capítulo A-11* do presente livro trata de bombas e motores, fornecendo maiores detalhes a respeito do assunto.

B-III.4.4 Dimensionamento de irrigação localizada

Neste item, apresenta-se como modelo o dimensionamento de um sistema de irrigação localizada do tipo gotejamento (ver *Figura B-III.3.3-b*). Os demais, como microaspersão e tubos perfurados, entre outros, são dimensionados de maneira análoga.

As principais variações entre eles são referentes às características do emissor de cada um. Os gotejadores trabalham com menores vazões e pressões, têm orifícios de menor diâmetro e são mais exigentes que os demais emissores na filtragem de água.

1) Critérios

Como já referido, a irrigação localizada objetiva molhar apenas a zona das raízes das plantas. É também conceito fundamental manter-se o solo com umidade próxima à capacidade de campo. É uma irrigação de alta frequência, baixa vazão, e com turno de irrigação preferencialmente diário.

A diferença máxima tolerada entre as vazões dos gotejadores distribuídos na área é de 10%. Como consequência, nos gotejadores que operam em regime fluvial, a variação de pressão máxima é de 10% e, nos que operam em regime turbulento, é de 20%, a respectiva pressão de serviço.

Para se atingir alta eficiência na distribuição de água (da ordem de 90%) e manter o custo de operação do sistema em um valor mínimo, os especialistas recomendam que 55% da perda de carga admissível ocorra nas linhas laterais (de irrigação) e os restantes 45% nas demais tubulações.

Válvulas de controle de pressão são normalmente colocadas nas entradas das linhas laterais e, com isso, as eventuais diferenças de pressão na tubulação principal não interferem na uniformidade da distribuição de água no sistema.

2) Necessidades hídricas da cultura

Na irrigação localizada, a determinação da quantidade de água a ser aplicada é consideravelmente diferente dos métodos tradicionais de irrigação, visto que somente parte do solo é irrigada, a qual ocasionalmente estará à sombra das plantas. Assim sendo, a demanda de água devido à evaporação do solo será mínima, e a evapotranspiração da cultura praticamente se restringe à transpiração das plantas. Dessa forma, para a obtenção da necessidade hídrica líquida máxima (N_{hid}) da cultura a ser irrigada por gotejamento, deve-se aplicar um fator de redução (f_r) ao valor de evapotranspiração potencial da cultura (ET_P).

$$N_{hid} = f_r \times ET_P \text{ (mm/dia)} \qquad \textit{Equação (III.25)}$$

O fator de redução (f_r) pode ser obtido em função de um índice de cobertura do solo (IC), que expressa a fração da superfície do solo coberta pela planta. Existem várias fórmulas empíricas utilizadas para a determinação do índice de cobertura, das quais se destacam a de Freeman/Garzoli e a de Decroix, recomendadas pela FAO.

Fórmula de Freeman/Garzoli

$$f_r = IC + 0,5 \times (1 - IC) \qquad \textit{Equação (III.26)}$$

Fórmula de Decroix

$$f_r = 0,1 + IC \qquad \textit{Equação (III.27)}$$

Na fórmula de Freeman/Garzoli, recomenda-se adotar $f_r = IC$ para valores do índice de cobertura menores que 0,5. Já na fórmula de Decroix, considera-se $f_r = 1$ caso o valor calculado seja maior do que a unidade. Quando a planta alcança seu desenvolvimento máximo, o valor de IC, em função do tipo de cultura e de seu espaçamento, varia entre 0,6 e 1,0.

A necessidade de irrigação pode ser expressa também em termos de volume (V) diário de água consumida por planta (ℓ/planta/dia). Para isso, basta multiplicar o valor da necessidade de irrigação, em mm/dia, pela área correspondente ao espaçamento das plantas, em metros quadrados (A).

$$V = N_{hid} \times A \text{ (ℓ/planta/dia)} \qquad \textit{Equação (III.28)}$$

Ao longo da campanha de irrigação, e durante o ciclo vegetativo da cultura, a evapotranspiração máxima da cultura (ET_P) e o índice de cobertura do solo (IC) não permanecem constantes. Consequentemente, a necessidade de irrigação variará e alcançará seu valor máximo durante o período de máxima demanda evaporimétrica (período crítico).

3) Lâmina de irrigação

No caso de irrigação localizada, ao se calcular a lâmina líquida (LI), deve ser considerada a porcentagem de solo molhado (m).

$$LI = \frac{CC - U_{crit}}{10} \times \delta_a \times H \times \frac{m}{100} \text{ (mm/dia)}$$

(δ_a, CC e UC, no item B-III.2).

m representa a proporção da área, ou do volume de solo molhado com relação, respectivamente, à superfície de irrigação ou ao volume total de solo irrigado. Essa proporção depende do tipo de solo, da vazão do gotejador, da lâmina de irrigação, do espaçamento dos gotejadores nas linhas laterais e da separação entre elas.

Para o dimensionamento da instalação do projeto de irrigação, os valores de m devem ser estimados também em função do tipo de cultura, do tipo de clima, da qualidade desejada da irrigação e do custo do sistema. Um maior valor de m (maior quantidade de solo molhado) proporciona maior segurança ao desenvolvimento da cultura, porém, em contrapartida, eleva o custo do sistema.

Nas culturas arbóreas, com grandes espaçamentos entre plantas, recomendam-se valores de m compreendidos entre 33% e 67%. Na irrigação de hortaliças, onde existe uma grande densidade de plantas, os valores de m se aproximam de 100%.

Uma tabela preparada por Keller e Karmeli (*Tabela B-III.4.4-a*) fornece valores de m em função da vazão do gotejador, da textura do solo e do espaçamento das linhas laterais para uma lâmina de irrigação de 40 mm. Para utilização, por exemplo, de uma lâmina de 20 mm, procura-se o valor de m que corresponda a uma vazão igual a metade da vazão real do gotejador.

A *Tabela B-III.4.4-a* recomenda, ainda, valores dos espaçamentos entre os gotejadores de uma mesma linha lateral para cada vazão de gotejador, e para cada uma das texturas do solo: grossa (G), média (M) e fina (F).

4) Gotejadores

Existe uma variedade enorme de gotejadores: com uma ou múltiplas saídas; pressões de serviço variando de 1 até 5 m.c.a.; e vazões de 1 a 10 ℓ/h.

Alguns fabricantes fornecem os gotejadores já integrados à tubulação, com espaçamentos definidos. É necessário que o projetista disponha dos catálogos de fabricantes e examine criteriosamente a qualidade e a disponibilidade de peças de reposição.

5) Filtros

Na irrigação localizada, principalmente no gotejamento, o sistema de filtragem da água exerce papel preponderante. Os orifícios dos gotejadores são de dimensões reduzidas, e qualquer impureza pode entupi-los, comprometendo a uniformidade da distribuição de água.

Normalmente são usados dois tipos de filtros para a retenção das partículas minerais e orgânicas existentes na água:

- filtros de areia: convencionais ou centrifugadores (hidrociclones);
- filtros de tela ou de anéis.

Quando as águas a serem utilizadas contêm muita areia grossa, são utilizados tanques de decantação na captação.

Os filtros de areia consistem em camadas de areia de várias texturas instaladas dentro de um tanque cilíndrico. São usados principalmente para filtragem de partículas de areia média e material orgânico. Os centrifugadores, de acordo com o próprio nome, utilizam a força centrífuga para remover partículas de alta densidade, mas não são capazes de remover materiais orgânicos.

O filtro de tela é eficiente para remoção de areia muito fina, mas tende a ficar rapidamente entupido na presença de algas e outros materiais orgânicos (*Tabela B-III.4.4-b*).

Tabela B-III.4.4-a Valores estimados de *m* (Keller e Karmeli)

Espaçamento das linhas laterais (m)	Vazão do gotejador (ℓ/h)														
	<1,5			2,0			4,0			8,0			>12,0		
	Textura do solo e espaçamento recomendados entre gotejadores (m)														
	G	M	F	G	M	F	G	M	F	G	M	F	G	M	F
	0,2	0,5	0,9	0,3	0,7	1,0	0,6	1,0	1,3	1,0	1,3	1,7	1,3	1,6	2,0
0,8	38	88	100	50	100	100	100	100	100	100	100	100	100	100	100
1,0	33	70	100	40	80	100	80	100	100	100	100	100	100	100	100
1,2	25	58	92	33	67	100	67	100	100	100	100	100	100	100	100
1,5	20	47	73	26	53	80	53	80	100	80	100	100	100	100	100
2,0	15	35	55	20	40	60	40	60	80	60	80	100	80	100	100
2,5	12	28	44	16	32	48	32	48	64	48	64	80	64	80	100
3,0	10	23	37	13	26	40	26	40	53	40	53	67	53	67	80
3,5	9	20	31	11	23	34	23	34	46	34	46	57	46	57	68
4,0	8	18	28	10	20	30	20	30	40	30	40	50	40	50	60
4,5	7	16	28	9	18	26	18	26	36	26	36	44	36	44	53
5,0	6	14	22	8	16	24	16	24	32	24	32	40	32	40	48
6,0	5	12	18	7	14	20	14	20	27	20	27	34	27	34	40

Normalmente, são utilizados filtros de areia e de tela/anéis, nessa ordem. Mas quando as águas não contêm muitas impurezas, principalmente matéria orgânica, pode-se instalar apenas o filtro de tela/anéis.

Tabela B-III.4.4-b Indicação de número de *"mesh"* dos filtros de tela em função do tamanho das partículas

Classificação do solo	Tamanho das partículas (mm)	Nº de *"mesh"* da tela
Areia muito grossa	1,00 - 2,00	18 - 10
Areia grossa	0,50 - 1,0	35 - 18
Areia média	0,25 - 0,50	60 - 35
Areia fina	0,10 - 0,25	160 - 60
Areia muito fina	0,05 - 0,10	270 - 160
Silte (lodo, lama)	0,002 - 0,05	-
Argila	0,002	-

6) Injetores de fertilizantes

Devido à sua alta eficiência na distribuição de água, a irrigação localizada é uma excelente oportunidade para a prática de fertirrigação. Entendendo-se por fertirrigação o processo de distribuição de insumos agrícolas diluídos na água de irrigação.

Os fatores que devem ser considerados no projeto do sistema injetor de fertilizantes são:

1. O método e a taxa de injeção.

2. A concentração da solução do fertilizante e a precisão de diluição.

3. Capacidade do tanque de fertilizantes e/ou da bomba injetora.

A injeção de fertilizantes pode se dar por: sistema diferencial de pressão ou pelo bombeamento de fertilizantes sob pressão na água de irrigação (bomba injetora).

No sistema diferencial de pressão, a taxa de injeção de fertilizantes no sistema depende da concentração do líquido fertilizador e da quantidade desejada de nutrientes a ser aplicada durante a irrigação.

$$Q = \frac{n \times A}{c \times t \times TP} \quad (\ell/h) \qquad \text{Equação (III.29)}$$

onde:

Q = taxa de injeção da solução do líquido fertilizador (ℓ/h);

n = quantidade do nutriente a ser aplicado por unidade de área, por ciclo de irrigação (kg/ha);

A = área da parcela irrigada (ha);

c = concentração do nutriente no líquido fertilizador (kg/ℓ);

t = relação entre o tempo de fertirrigação e o de irrigação (geralmente adotado o valor máximo de 0,8 para garantir a lavagem do sistema com água sem nutrientes);

TP = tempo de irrigação da parcela, ou tempo na posição (h).

A capacidade do tanque de fertilizantes (c_T), em litros, é calculada por:

$$c_T = \frac{n \times A}{c} \quad \text{(litros)} \qquad \text{Equação (III.30)}$$

Exercício B-III-a

Estimar a evapotranspiração potencial da cultura do tomate, em seu estágio III (formação dos frutos), sabendo-se que, no local e no período, a evapotranspiração da cultura de referência (grama batatais) ET_0 = 5,0 mm/dia.

Solução:

Determinação da ET_P pela *Equação (III.1)*:

$ET_P = K_c \times ET_0$ (mm/dia).

Na elaboração de projetos, não dispondo de outras informações, é aconselhado adotar o maior valor de K_c do estágio (*Tabela B-III.1.1-a*). Tiramos:

$K_c = 1,25$

Então:

$ET_P = 1,25 \times 5 = 6,25$ (mm/dia)

Exercício B-III-b

Calcular o valor de ET_P para as condições do *Exercício B-III-a*, usando o método de Blaney-Criddle para estimativa de ET_0, adotando: temperatura média de 24 °C, mês de setembro e latitude 22° Sul.

Solução:

a) Cálculo de ET_0 pela *Equação (III.2)*:

$ET_0 = p\,(0{,}46\,t_m + 8{,}13)$ mm/mês.

Sendo:

$p = 8{,}1$ (*Tabela B-III.1.1-b*)

$t_m = 24$ °C

Então:

$ET_0 = 8{,}1 \times (0{,}46 \times 24 + 8{,}13)$

$ET_0 = 155{,}3$ mm/mês $\cong 5{,}2$ mm/dia

b) Cálculo de ET_P pela *Equação (III.1)*:

$ET_P = K_c \times ET_0 = 1{,}25 \times 5{,}2$

$ET_P = 6{,}50$ mm/dia

Exercício B-III-c

Calcular o valor de ET_P para as condições do *Exercício B-III-a*, considerando o valor da evaporação lida no Tanque Classe A, $E_0 = 7$ mm/dia, circulando por um gramado de 10 metros de raio, em condições de vento moderado (10 km/h) e umidade relativa do ar de 55%.

Solução:

Pela *Equação (III.4)*:

$ET_P = K_c \times K_p \times E_0,$

onde $K_p = 0{,}70$ (*Tabela B-III.1.1-c*).

Logo:

$ET_P = 1{,}25 \times 0{,}70 \times 7{,}0 = 6{,}13$ mm/dia

Exercício B-III-d

Estudar a elaboração de um projeto de irrigação em uma cultura de feijão para uma propriedade, sabendo-se que a evapotranspiração da cultura de referência na região é de 5,9 mm/dia, e seu solo é profundo, bem drenado e tem densidade relativa de 1,32. A curva de retenção de água no solo está apresentada na *Figura B-III.2.2-a*. Considerar a tensão de sucção igual a 0,12 atm para a determinação da capacidade de campo (CC) em laboratório, e 1 atm para a determinação da umidade crítica (U_{crit}) da cultura do feijão.

Calcular:
a) ET_P – Evapotranspiração potencial do feijão;
b) CC – Capacidade de campo;
c) PM – Ponto de murchamento;
d) AD – Água disponível;
e) LA – Altura de água disponível;
f) U_{crit} – Umidade crítica;
g) LI – Lâmina líquida;
h) LB – Lâmina bruta;
i) TR – Turno de rega.

Solução:

a) Cálculo de evapotranspiração potencial do feijão – ET_P.

Pela *Equação (III.1)*:

$ET_P = K_c \times ET_0$ ($ET_0 = 5{,}9$ mm/dia)

Para a determinação do K_c (*Tabela B-III.1.1-a*), considera-se o estágio III, que no caso do feijão é o de maior solicitação: $K_c = 1{,}2$.

$ET_p = 1{,}2 \times 5{,}9 = 7{,}08$ mm/dia

b) Determinação da capacidade de campo (CC).

Entrando-se na curva característica de retenção de água no solo (no caso, adota-se a *Figura B-III.2.2-a*), para a tensão de 0,12 atm, resulta:

$CC = 16\%$

c) Determinação do ponto de murchamento (PM).

Na mesma curva, para sucção de 15 atm tem-se:

$PM = 7{,}8\%$

d) Cálculo de disponibilidade de água (AD).

Da *Equação (III.5)*:

$AD = CC - PM = 16 - 7{,}8 = 8{,}2\%$

e) Determinação de altura de água disponível no solo (LA).

Da *Equação (III.6)*:

$$LA = \frac{CC - PM}{10} \times \delta_a \times H \;\; \text{(mm)}$$

Exercício B-III-d (continuação)

Logo:

$H = 40$ cm

Então:

$$LA = \frac{16 - 7,8}{10} \times 1,32 \times 40 = 43,3 \text{ mm}$$

f) Cálculo de Umidade Crítica (U_{crit}).

Entrando-se na curva característica de retenção de água no solo, para a tensão de 1 atm, obtém-se:

$U_{crit} = 8,6\%$

g) Cálculo de lâmina líquida (LI).

Da *Equação (III.7)*:

$$LI = \frac{CC - U_{crit}}{10} \times \delta_a \times H$$

Então:

$$LI = \frac{16 - 8,6}{10} \times 1,32 \times 40 = 39,1 \text{ mm}$$

O valor de H a ser escolhido é o menor entre a profundidade do solo e a profundidade efetiva do sistema radicular do feijão. Como o solo é profundo e bem drenado, pode-se adotar para H o valor de profundidade efetiva do sistema radicular do feijão (*Tabela B-III.1.2-a*).

h) Cálculo de lâmina bruta (LB):

Da *Equação (III.8)*:

$$LB = \frac{LI}{E_i} \text{ (mm)}$$

Adotando-se uma eficiência de irrigação $E_i = 0,65$ (em casos específicos, consultar a *Tabela B-III.2.3-a*):

$$LB = \frac{39,1}{0,65} = 60,2 \text{ mm}$$

i) Cálculo do turno de rega (TR).

Da *Equação (III.9)*:

$$TR = \frac{H}{UC} \text{ (dias)}$$

Fazendo

$UC = ET_p = 7,08$

Então:

$$TR = \frac{39,1}{7,08} = 5,5 \text{ (dias)}$$

Como, por motivos práticos, é conveniente ter-se um turno de rega com um número inteiro de dias, vamos adotar $TR = 5$ dias.

Devemos, então, recalcular os valores da lâmina líquida de irrigação, e da lâmina bruta.

$LI_{corr} = 5 \times 7,08 = 3,54$ mm

$$LB_{corr} = \frac{H_{icorr}}{E_i} = 35,4/0,65 = 54,5 \text{ mm}$$

Exercício B-III-e

Considerando-se que a velocidade de infiltração básica do solo, de uma propriedade a ser irrigada por aspersão é de 12 horas, calcular:

a) Intensidade máxima de aplicação do aspersor (IA);
b) Vazão do aspesor (Q);
c) Tempo na posição (TP);
d) Número de posição por dia (NP);
e) Período de irrigação (TI);
Adotar dados e resultados do *Exercício B-III-d* e espaçamentos entre aspersores e entre linhas laterais de 36 metros.

Solução:

a) Determinação da máxima intensidade do aspersor (IA).

IA deve ser no máximo igual ao valor da VIB, de acordo com o texto do *subitem 5 do item B-III.2.3*. Adotamos, então,

$IA = 2$ cm/h, ou seja, 20 mm/h.

b) Cálculo da vazão do aspersor (Q).

Da *Equação (III.10)*:

$$IA = \frac{Q \times 3600}{E_1 \times E_2} \text{ (mm/h)}$$

Desta forma:

$$Q = \frac{IA \times E_1 \times E_2}{3600} \text{ (ℓ/s)} \qquad Q = \frac{20,0 \times 36 \times 36}{3600} = 7,2 \text{ (ℓ/s)}$$

ou $Q = 25,9$ m³/h

c) Cálculo de TP.

Da *Equação (III.11)*:

$TP = LB/LA$

Exercício B-III-e (continuação)

Como $LB = 54,5$ mm (*Exercício B-III-d*):

$$TP = \frac{54,5}{20,0} = 2,725 \text{ horas}$$

Ou seja, aproximadamente 2h e 45 minutos.

d) Cálculo de *NP*.

Da *Equação (III.12)*:

$$NP = NH/TP$$

De acordo com o enunciado, o *NH* máximo é de 12 horas:

$$NP = \frac{12,2}{2,725} = 4,4 \text{ posições}$$

Como *NP* deve ser um número inteiro, adota-se $NP = 4$ posições.

e) Cálculo de *TI*.

Com isso o número diário de horas trabalhadas será:

$$TI = 4 \times 2,275 = 11 \text{ horas.}$$

Exercício B-III-f

Calcular o valor da vazão máxima não erosiva, com sulcos com declividade média 0,5%, em um solo de textura média. Qual o comprimento máximo para esses sulcos para uma aplicação de uma lâmina de 10 cm?

Solução:

A equação de Gardner é representada por:

$$Q_{máx} = c/I^x$$

Pela *Tabela B-III.4.2-a*, temos:

$$c = 0,613$$

e

$$x = 0,733,$$

resultando:

$$Q_{max} = \frac{0,613}{0,5^{0,733}} = 1,02 \; \ell/s$$

O comprimento máximo dos sulcos ($L_{máx}$), a ser obtido na *Tabela B-III.4.2-b*:

$$L_{máx} = 370 \text{ m.}$$

Exercício B-III-g

Qual é a carga necessária para se alimentar sulcos com uma vazão de 1 ℓ/s através de sifões com diâmetros de 3/4"?

Solução:

Na *Tabela B-III.4.2-c*, obtem-se $H = 10$ cm.

Exercício B-III-h

Qual a vazão de entrada necessária para um tabuleiro de 0,2 ha de área, irrigado por inundação, sabendo-se que a velocidade de infiltração básica do solo no local tem o valor de 1,8 cm/hora?

Solução:

Utilizando-se a *Equação (III.14)*, resulta:

$$Q_i = \frac{A \times VIB}{100} \; (\text{m}^3/\text{h}) \; 360 \text{ m}^3/\text{h} = 100 \; \ell/s$$

Exercício B-III-i

Verificar o dimensionamento de uma linha lateral, em nível, constituída de tubos de alumínio, de um sistema de irrigação por aspersão convencional, com 10 aspersores igualmente espaçados de 18 metros. O primeiro está situado a 12 metros da linha principal. São dados:

Pressão de serviço do aspersor (p_s) = 25 m.c.a.
Vazão do aspersor (Q_a) = 3,04 m³/h.
Diâmetro interno dos tubos (D) = 75 mm.
Altura do tubo de subida dos aspersores (H) = 1 m.

Solução:

a) Vazão total na lateral

$Q_T = n \times Q_a = 10 \times 3,04 = 30,4$ m³/h.

b) Velocidade da água

Pela *Equação (III.16)*:

$Q = A \times v$ ou $v = Q/A$

onde:

$$A = \frac{\pi \times D^2}{4} = \frac{\pi \times (0,075)^2}{4} = 0,0044 \text{ m}^2$$

Sendo assim:

$$v = \frac{30,4}{0,0044 \times 3600} = 1,91 \text{ m/s}$$

c) Perda de carga unitária

A *Equação (III.15)* pode ser escrita:

$$J^{0,54} = \frac{v}{0,355 \times C \times D^{0,63}}$$

onde C = 130 (*Tabela B-III.4.3-a*), D = 0,075 m e v =1,91 m/s, resultando:

J = 0,0564 m/m.

d) Perda de carga na lateral, sem considerar a distribuição em marcha:

Equação (III.17):

$h_f = L \times J = (12 + 9 \times 18) \times 0,0564 = 9,81$ m

e) Considerando a distribuição em marcha. Para n = 10 > F = 0,402 (*Tabela B-III.4.3-b*)

$h_{f,L} = F_L \times h_f = 0,402 \times 9,81 = 3,95$ m

f) Verificação do critério que exige

$h_{f,L} = F_L \times h_f \le 0,20 \times p_s$

Então:

$0,2 \times p_s = 0,2 \times 25 = 5,0$ m

Como $h_{f,L}$ = 3,95 m é menor que o limite de 5 m, o critério está obedecido.

g) Cálculo na pressão necessária no início da linha lateral (p_i)

Equação (III.19):

$$p_i = p_s + \frac{3}{4} \times h_{f,L} + H$$

$$p_i = 25 + \frac{3}{4} \times 3,95 + 1,0 = 29 \text{ m.c.a.}$$

Exercício B-III-j

Dimensionar uma linha principal (linha mestre) que deverá ser de aço zincado e abastecerá, simultaneamente, 4 linhas laterais do tipo apresentado no *Exercício B-III-i*. A sua extensão será de 126 metros.

Solução:

a) Vazão total na linha principal (Q_p)

Equação (III.21):

$Q_p = N \times Q$

logo,

$Q_p = 4 \times 30,4 = 121,6$ m³/h.

b) Perda de carga unitária e total

A *Equação(III.15)* pode ser escrita:

$$J^{0,54} = \frac{v}{0,355 \times C \times D^{0,63}}$$

onde:

C = 130 (*Tabela B-III.4.3-a*, aço zincado):

$L = 126 \ m$

Como não se trata de distribuição em marcha, não se entra com o valor de F_L. Serão calculados os valores de v, J e h_f para valores de D = 100, 125 e 150 mm.

Exercício B-III-j (continuação)

Diâmetro D (m)	Área da seção A (m²)	Velocidade (m/s)	J (m/m)	$h_f = L \times J$ (m)
0,100	0,00785	4,30	0,181	22,9
0,125	0,01227	2,75	0,061	7,7
0,150	0,01767	1,91	0,025	3,2

Verificamos que, para $D = 100$ mm, a velocidade seria muito alta (4,3 m/s), superando muito o valor-limite de 2,5 m/s. Para $D = 125$ mm, a perda de carga na linha principal seria de 7,7 m, dentro da limitação de 15% a 20% de p_i (7,5 a 10,0 m), mas a velocidade superaria os 2,5 m/s.

No caso, portanto, devemos escolher o diâmetro de 150 mm, pois tanto a velocidade como a perda de carga resultantes estariam abaixo dos valores permitidos.

Logo, $h_f = 3,2$ m.

Se optássemos pela fórmula de Bresse, *Equação (III.20)*,

$$D = 1,1 \times \sqrt{Q}$$

$$D = 1,1 \times \sqrt{121,6} = 0,202 \text{ m, ou } 202 \text{ mm}$$

Esse valor é bem superior ao obtido seguindo-se os critérios de perda de carga e de velocidade máximas.

Exercício B-III-k

Pré-dimensionar o conjunto moto-bomba para atender a um projeto de irrigação por aspersão convencional, de acordo com as condições apresentadas no *Exercício B-III-i* e no *Exercício B-III-j*, sabendo-se que a altura de recalque máxima é de 36 metros, e a de sucção, 2,5 metros. Considerar as perdas de carga localizadas iguais a 2,6 metros, o rendimento da bomba 70% e do motor 80%.

Solução:

a) Cálculo da altura manométrica (H_{man})

Aplicando a *Equação (III.22)*:

$$H_{man} = H_s + H_r + p_i + h_{f\text{-}P} + h_{f,C} \text{ (m)}$$

Considerando os dados e os resultados obtidos no *Exercício B-III-i* e no *Exercício B-III-j*, temos:

$$H_{man} = 2,50 + 36,00 + 29,00 + 3,20 + 2,60 = 73,30 \text{ m}$$

b) Cálculo da potência da bomba (P_{OT})

Pela *Equação (III.23)*:

$$P_{OT} = 0,986 \times \frac{Q \times H_{man}}{75 \times \eta} \text{ (HP)}$$

Sendo assim:

$$P_{OT} = 0,986 \times \frac{3,78 \times 73,30}{75 \times 0,7} = 46,5 \text{ HP}$$

Na prática, não compensa economicamente encomendar uma bomba de acordo com as características calculadas. Devemos escolher entre as bombas disponíveis no mercado, através de catálogos, aquela que melhor atende às condicionantes do projeto. As características da bomba escolhida é que devem ser levadas em consideração na seleção do motor.

c) Cálculo da potência do motor ($P_{OT\text{-}m}$)

Pela *Equação (III.24)*:

$$P_{OT\text{-}m} = \frac{P_{OT}}{\eta_m} = \frac{46,5}{0,8} = 58,1 \text{ HP}$$

Se adotássemos o procedimento prático referido acima, teríamos:

$$P_{OT\text{-}m} = 1,1 \, P_{OT} = 1,1 \times 46,5 = 51,2 \text{ HP}$$

Valem considerações semelhantes às do item (b).

Exercício B-III-l

Em um projeto de irrigação localizada, estimar as necessidades hídricas de um pomar de laranja cujo espaçamento é de 6 × 7 metros, em uma região onde a evapotranspiração potencial da cultura é 4 mm/dia. Considerar o índice de cobertura (IC) = 80%.

Solução:

a) Cálculo do fator de redução (f_r).

Pela *Equação (III.26)*:

$f_r + 0,5 \times (1 - IC) = 0,8 + 0,5 \times (1 - 0,8) = 0,9$

ou, pela *Equação (III.27)*:

$f_r = 0,1 + IC = 0,1 + 0,8 = 0,9$

b) Necessidade hídrica máxima da cultura de laranja.

Pela *Equação (III.25)*:

$N_{hid} = f_r \times ET_p = 0,9 \times 4,0 = 3,6$ mm/dia

c) Volume necessário por planta (V).

Pela *Equação(III.28)*:

$V = N_{hid} \times A = 3,6 \times 6,0 \times 7,0 = 151,2$ ℓ/dia/planta

Exercício B-III-m

Calcular a taxa de injeção Q da solução de um líquido fertilizador e a capacidade do tanque de fertilizantes (c_T), para atender, na base de 30 kg de fertilizante por hectare (n), uma área de 2 ha do pomar referido no *Exercício B-III-l*. Considerar a concentração do nutriente no líquido fertilizante (c) na base de 0,25 kg/ℓ, e o tempo de irrigação da parcela (TP) igual a 4 horas.

Solução:

a) Cálculo da taxa de injeção (Q).

Pela *Equação (III.29)*:

$$Q = \frac{n \times A}{c \times t \times TP} \quad (\ell/\text{h})$$

adotando-se, como é normal, $t = 0,8$, temos:

$$Q = \frac{30 \times 2}{0,25 \times 0,8 \times 4} = 75 \ (\ell/\text{h})$$

b) Determinação da capacidade do tanque de fertilizantes (c_T).

Pela *Equação (III.30)*:

$$c_T = \frac{n \times A}{c} = \frac{30 \times 2}{0,25} = 240 \text{ litros}$$

Estrada de Ferro Rio d'Ouro e adutora Rio d'Ouro (Linhas Pretas da CEDAE-RJ), com tubos de ferro fundido DN 800. Obra inaugurada em 12 de maio de 1880, no Rio de Janeiro. Foto: Marc Ferrez, coleção Gilberto Ferrez, acervo Instituto Moreira Salles.

Diversos

Diversos

B-IV.1 BOMBAS E CASAS DE BOMBAS

B-IV.1.1 Definições e generalidades

A um conjunto de bombas próximas e interligadas para determinada função costuma-se designar Estação de Bombeamento (EB) (Casas de Bombas – CB ou Estações Elevatórias – EE), seja a instalação abrigada ao ar livre ou subterrânea.

Fazem parte de uma EB, os grupos motor-bomba, as válvulas, as tubulações de interligação (barriletes), o cabeamento elétrico e de instrumentação, chaves elétricas, grupo moto-bomba de reserva (normalmente a reserva é "em linha", operando em rodízio), para-raios etc.

Embora as designações a seguir sejam meros problemas de nomenclatura, não afetando a função dos dispositivos, que é introduzir energia na massa de água, há uma sutileza na designação que ajuda o linguajar necessário para encurtar a comunicação entre os técnicos e que diz respeito à posição da bomba no sistema:

- "bombas" (casas de bombas, ou "estações de bombeamento") – quando a massa de água por montante (antes da bomba) possui um volume de "espera" ou "reserva" e está sob pressão atmosférica;

- "bombas em linha" (ou "*boosters*" ou "elevatórias" ou "estações elevatórias") – quando a massa de água por montante (antes da bomba) não possui "volume de reserva ou espera", está continuamente chegando e normalmente não está sob pressão atmosférica (as "bombas em linha" introduzem um acréscimo de pressão).

Quando ao ar livre (descobertas), devem ser protegidas do acesso de pessoas ou animais. Seus motores (e toda a parte elétrica), instalações e demais acessórios devem ser à prova de tempo, além de dispor de facilidades para instalação e manutenção, incluindo o manuseio (içamento e traslado) desse equipamento e o fácil acesso dos operadores a todos os pontos.

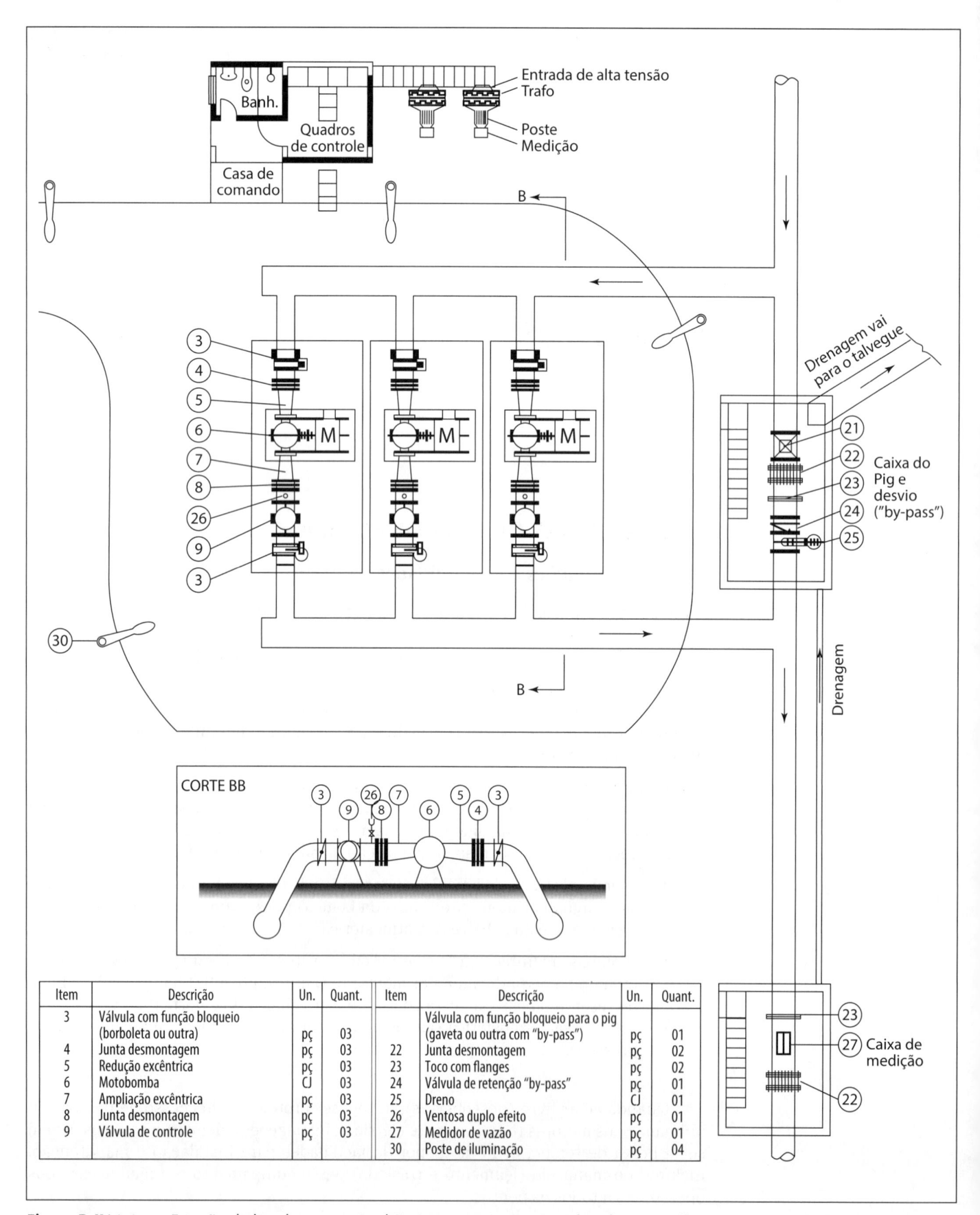

Item	Descrição	Un.	Quant.	Item	Descrição	Un.	Quant.
3	Válvula com função bloqueio (borboleta ou outra)	pç	03		Válvula com função bloqueio para o pig (gaveta ou outra com "by-pass")	pç	01
4	Junta desmontagem	pç	03	22	Junta desmontagem	pç	02
5	Redução excêntrica	pç	03	23	Toco com flanges	pç	02
6	Motobomba	CJ	03	24	Válvula de retenção "by-pass"	pç	01
7	Ampliação excêntrica	pç	03	25	Dreno	CJ	01
8	Junta desmontagem	pç	03	26	Ventosa duplo efeito	pç	01
9	Válvula de controle	pç	03	27	Medidor de vazão	pç	01
				30	Poste de iluminação	pç	04

Figura B-IV.1.1-a – Estação de bombeamento padrão (ao tempo) para 2 +1 bombas centrífugas (no exemplo, tipo com eixo horizontal) e motores elétricos, com unidades para retirada/inserção de "*pig*" de limpeza e para medição de vazão.

Quando cobertas, além das condicionantes das "descobertas" (exceto a parte elétrica), devem ter iluminação e ventilação adequadas e ser suficientemente espaçosas.

Normalmente as bombas estão em conjunto de mais de uma, seja porque se deseja ter uma bomba reserva já instalada, seja porque para acompanhar o histograma de consumo ora se necessita de uma bomba ora de mais de uma. A decisão sobre quantas bombas são adequadas a uma "estação de bombeamento" e qual a capacidade de cada bomba faz parte da "arte" do engenheiro projetista e será função do histograma de consumo (considerando ou não a existência de reservatórios que interfiram no histograma).

Devem ser previstas, no mínimo, duas bombas, sendo uma de reserva, com a reserva entrando no rodízio de funcionamento. Se forem previstas três bombas iguais, cada uma deverá ter capacidade para elevar 50% da vazão nominal do sistema.

As bombas poderão ser instaladas em cota superior ou inferior à do nível das águas a serem recalcadas (bombeadas). No primeiro caso, haverá uma sucção propriamente dita, sendo indispensável a instalação de válvulas de pé ou de dispositivos especiais de escorva. No segundo caso, as bombas ficarão afogadas, recomendando-se a instalação de válvulas com a função de bloqueio nas canalizações de admissão.

Para o projeto de estações de bombeamento e na instalação dos grupos moto-bomba, são necessárias as informações listadas na *Tabela B-IV.1.1-b*.

Tabela B-IV.1.1-a Dimensões, em planta, das bases para cada grupo moto-bomba, para fins de previsão de espaço (sugestão)

Potência (HP)	Dimensões (m)	Potência (HP)	Dimensões (m)
3	0,85 × 0,35	30	1,45 × 0,45
5	1,00 × 0,40	40	1,55 × 0,70
7,5	1,20 × 0,40	50	1,60 × 0,70
10	1,25 × 0,45	60	1,65 × 0,70
15	1,30 × 0,45	75	1,75 × 0,70
20	1,35 × 0,45	100	2,00 × 0,75
25	1,40 × 0,45	150	2,40 × 0,85

Tabela B-IV.1.1-b Informações necessárias à definição de bombas e motores (moto-bombas)

1	Natureza do líquido a recalcar: água limpa, água suja, esgoto etc.;
2	Vazão necessária por bomba: quantos litros por segundo (ou m^3/hora);
3	Altura manométrica: Indicar a altura manométrica calculada, ou então fornecer os seguintes dados;
3.1	Alturas geométricas de recalque (diferenças do nível de água antes da bomba, na sucção e após; se forem previstas variações em um ou em outro, informar);
3.2	Comprimento total da tubulação de recalque;
3.3	Diâmetro da tubulação de recalque;
3.4	Peças especiais existentes na tubulação de recalque (válvulas, curvas etc.);
3.5	Material da tubulação de recalque e estado em que se encontra (rugosidade interna);
3.6	Altura de sucção/aspiração (altura entre o nível mínimo da água a elevar e o eixo do rotor da bomba);
3.7	Comprimento total da tubulação de sucção;
3.8	Diâmetro da tubulação de sucção;
3.9	Peças especiais existentes na tubulação de sucção (válvulas, curvas etc.);
3.10	Material da tubulação de sucção e estado em que se encontra;
4	Períodos de funcionamento previstos (Número de horas de trabalho por dia e número de partidas e paradas);
5	Altitude do eixo da bomba (em metros sobre o nível do mar);
6	Temperaturas máximas e mínimas esperadas para o ar e para o líquido (água);
7	Corrente elétrica disponível no local;
7.1	Número de fases (monofásica ou trifásica);
7.2	Tensão elétrica ("voltagem");
7.3	Ciclagem (50 ou 60 ciclos).

B-IV.1.2 Instalação

As recomendações básicas são:

B-IV.1.2.1 Recebimento

Toda bomba adquirida deverá ser devidamente testada no que se refere à capacidade (vazão), pressão e rendimento, devendo as duas primeiras características constar de plaquetas (etiquetas) de identificação do equipamento, juntamente com o tipo, número de fabricação e outros elementos considerados de interesse (por exemplo, ano de fabricação).

B-IV.1.2.2 Local de instalação

O conjunto motor-bomba deverá ser instalado, sempre que possível, em local seco, bem ventilado, facilmente acessível a inspeções periódicas e ao abrigo de enxurradas. Se previsto para funcionar ao ar livre, deve ter as características de isolamento elétrico adequadas. Se houver um reservatório de água para sua alimentação, a bomba deverá ser instalada abaixo do nível mínimo deste, a fim de possibilitar a escorva da bomba sem a necessidade de prever qualquer outro equipamento especialmente destinado para essa finalidade.

Na casa de bombas (estação elevatória), deverá existir espaço suficiente para permitir uma inspeção cuidadosa, montagem, desmontagem e operação confortável e segura.

Antes de dar por definitivamente encerrada a instalação da bomba, recomenda-se uma minuciosa leitura do livro de instruções, verificando uma vez mais se a disposição das válvulas, acessórios e tubulações é adequada e os sentidos de rotação de cada motor, cada bomba e cada rotor estão corretos.

B-IV.1.2.3 Fundações

Os conjuntos motor-bomba (e turbina-gerador) devem ser fixados sobre fundações capazes de absorver os esforços (contínuos e transitórios) e minimizar as vibrações ali geradas.

Para minimizar as vibrações, é comum instalar os conjuntos motor-bomba sobre bloco de peso (em concreto armado), sendo uma regra prática usual que esses blocos tenham pelo menos cerca de 3,5 vezes o peso do conjunto cheio de água. O engenheiro deverá ter o bom senso de avaliar a necessidade do cálculo específico de vibrações na estrutura. Deve-se ter especial atenção para situações em que a frequência das vibrações coinci-

de com um harmônico da estrutura, gerando o fenômeno da ressonância. Esses casos devem ser tratados por especialistas para minimizar as vibrações, o que pode ser feito através da alteração do harmônico do sistema. Para essa alteração, às vezes basta incluir um apoio assimétrico.

Outros esforços (empuxos, peso, momentos transitórios etc.) devem ser absorvidos por projeto de fundação específico (ver *Capítulo A-10.1.4*, ancoragens).

Bombas e motores devem ser montados em perfeito alinhamento e balanceamento, para evitar (minimizar) vibrações. A posição do eixo das bombas e motores deve respeitar as condições previstas no seu projeto, pois os "rolamentos" costumam ser específicos para cada posição (nunca aceitar um quase horizontal ou inclinado).

As dimensões geométricas das bases devem ultrapassar a "projeção vertical" dos grupos motor-bomba em pelo menos 10 a 15 cm. Tais bases devem ser conectadas antes da instalação do equipamento, garantindo-se furos onde serão posteriormente introduzidos os "parafusos" chumbadores para as bases dos grupos motor-bomba, enchendo-se esses furos com argamassas especiais após a montagem e ajustes de alinhamento, nivelamento e prumo.

Portanto, considerando que um grupo motor-bomba introduz energia num sistema de tubulações, causando um trabalho em um sentido, as fundações e ancoragens desse conjunto devem estar aptas a suportar essa mesma energia decomposta em força, atuando na mesma direção mas em sentido oposto. As pressões a considerar devem ser acrescidas do golpe de aríete.

B-IV.1.2.4 Alinhamento

Os conjuntos motor-bomba deverão ser verificados no que tange ao seu alinhamento. Após o transporte, assentamento e ligação das tubulações de sucção e recalque, o alinhamento deverá ser novamente verificado como segue.

Coloca-se uma régua nas faces cilíndricas das duas metades da luva elástica; o alinhamento só será perfeito se a régua tocar as metades da luva por igual. Essa prova deve ser efetuada pelo menos em dois pontos distanciados de 90 graus (*Figuras B-IV.1.2.4-a e b*).

Usando um paquímetro ou um gabarito metálico previamente aferido, deverá também ser medida a distância entre as faces opostas das duas partes da luva elástica, que devem ser iguais em toda a circunferência. Recomenda-se que seja mantida entre as duas faces uma distância de 1 a 2 mm (*Figuras B-IV.1.2.4-c e d*).

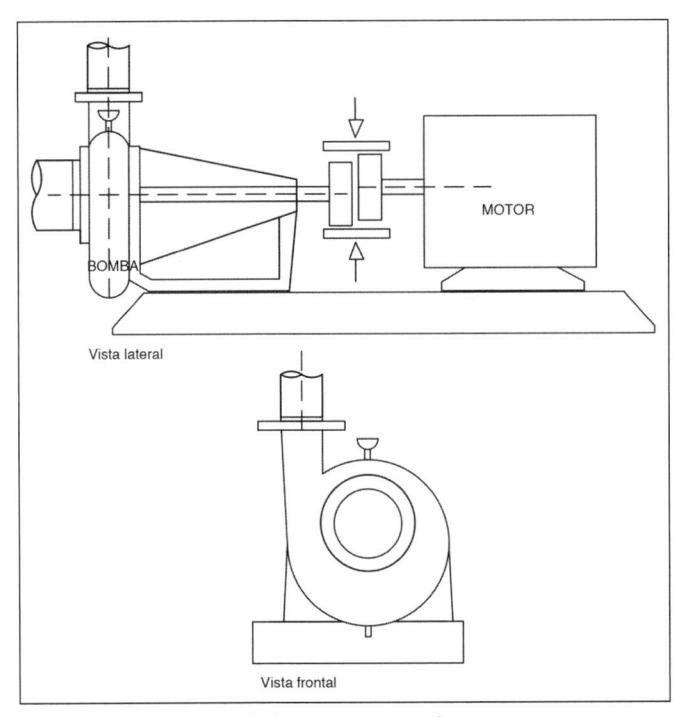

Figura B-IV.1.2.4-a – Alinhamento vertical.

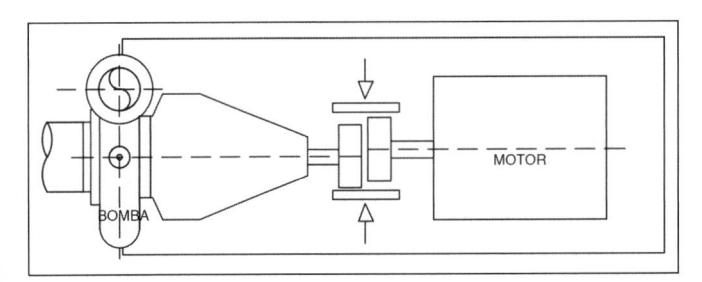

Figura B-IV.1.2.4-b – Alinhamento horizontal (vista superior).

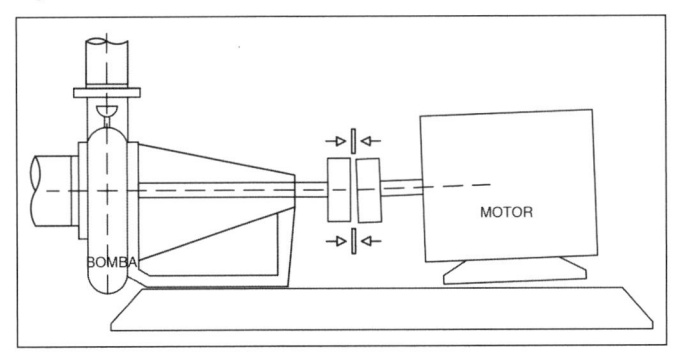

Figura B-IV.1.2.4-c – Folgas dos espaçamentos nos acoplamentos (vista lateral).

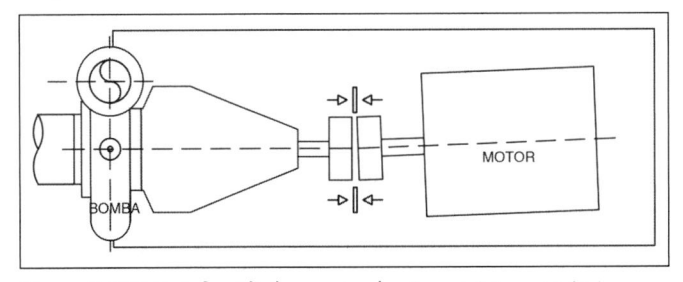

Figura B-IV.1.2.4-d – Alinhamento de eixos (vista superior).

É importante salientar que a luva elástica não deve ser usada para compensar desalinhamentos entre a bomba e o motor, pois serve unicamente para compensar a dilatação, devido à mudança de temperatura, bem como para diminuir o golpe nas partidas e paradas do motor.

B-IV.1.2.5 Tubulações

O peso e o empuxo das tubulações não devem ser suportados pela bomba, e sim escorados independentemente, de tal maneira que, quando os parafusos dos flanges forem apertados, nenhuma tensão seja exercida sobre a carcaça da bomba.

As bombas devem ter as fundações e as tubulações isoladas da estrutura dos prédios, de forma que as vibrações não sejam transmitidas às estruturas e reverberem, provocando ruídos indesejáveis e incômodos.

Recomenda-se, tanto na sucção como no recalque, o emprego de tubos com diâmetro maior que o da entrada e saída da bomba, ou seja, os diâmetros da saída e da entrada não são indicadores do diâmetro a utilizar. A redução do diâmetro nas tubulações de entrada na bomba deve ser feita com dispositivos do tipo excêntrico (alinhado pela geratriz superior), para evitar a formação de bolsas de ar (*Figura B-IV.1.2.5-a*).

O assunto é ilustrado pela *Figura B-IV.1.2.5-a*, representando esquematicamente uma bomba centrífuga com carcaça bipartida em vista frontal ao eixo de rotação, com diâmetros das tubulações de chegada e de saída iguais, o que indicaria que a instalação deve ser do tipo "afogada" e não existe uma sucção "de fato".

Deve-se avaliar a necessidade de prover as instalações com juntas de montagem, juntas de expansão e outros acessórios, para absorver esforços mecânicos, térmicos, de recalques diferenciais, vibrações etc., evitando que se acumulem ou que se transmitam, além de facilitar/permitir a montagem e a desmontagem das bombas, tubulações e acessórios.

Finalmente é necessária uma minuciosa verificação/limpeza dos tubos, válvulas, acessórios e bombas de sucção e recalque, antes da sua instalação, durante a instalação e até a entrada em serviço, mantendo-os fechados/embalados e com proteção para evitar oxidação, entrada de pequenos animais, vandalismos etc.

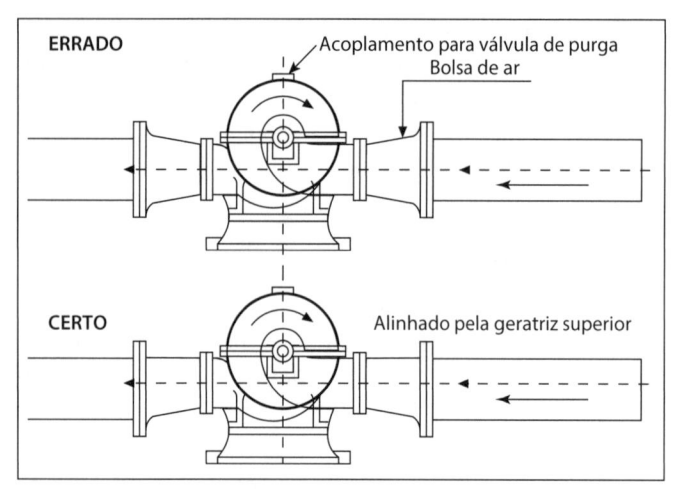

Figura B-IV.1.2.5-a – Redução do diâmetro em tubulações (vista frontal em bombas centrífugas bipartidas, com diâmetro igual na entrada e na saída, indicando booster).

Sucção

(Considerações sobre a elevação da água acima do NA de repouso com a bomba por jusante.)

O diâmetro da tubulação de sucção deve ser tal que a velocidade no seu interior não ultrapasse 2 m/s, no caso da água fria.

A altura de sucção, definida como sendo a distância entre o eixo da bomba e a superfície do líquido a ser bombeado mais as perdas de carga na tubulação de sucção, deve ser a menor possível.

Para bombas centrífugas com rotor fechado (água limpa), o valor normalmente aceito para a altura de sucção nas CNTP costuma ser em torno de 6 m, podendo atingir o entorno dos 7 m no caso de bombas autoaspirantes. Normalmente a altura específica de sucção se refere à água limpa nas CNTP. No caso de água bruta, esses valores são menores, não por causa do líquido, mas porque os rotores são menos fechados que aqueles usados para água tratada.

Quando a bomba tiver de recalcar líquidos quentes ou voláteis, deverá trabalhar afogada, não podendo fazer sucção alguma, para evitar a vaporização na entrada do motor.

A seguir relacionam-se medidas que devem ser adotadas para melhorar as condições operacionais de um trecho em sucção:

a) Utilização de dispositivos de redução excêntricos;

b) Colocação da tubulação de sucção com ligeiro declive em direção ao ponto de sucção, isto quando a bomba não trabalhar afogada. Esse declive deve ser gradual da bomba para a fonte de alimentação. Não deve ser instalada nenhuma seção da canalização acima da boca de entrada da bomba; se algum obstáculo forçar tal subida, é preferível conduzir a canalização por baixo desse obstáculo (*Figura B-IV.1.2.5-b*);

c) Construção do poço de sucção de forma a evitar agitação do líquido, o que resultaria na entrada de ar na tubulação de sucção (*Figura B-IV.1.2.5-c*);

d) Se mais de uma bomba funcionar no mesmo poço de sucção, devem ser utilizadas canalizações de sucção independentes;

e) Utilização de compostos para vedação em todas as juntas, com a finalidade de evitar entrada de ar na tubulação de sucção. Verifica-se que, com frequência o mau funcionamento das bombas se deve à simples entrada de ar na tubulação de sucção. Depois de concluída a instalação, a tubulação de sucção deverá ser testada e examinada minuciosamente mediante o emprego de água sob pressão, para localizar eventuais fugas (que possam funcionar como entrada de ar ou saída da coluna de água);

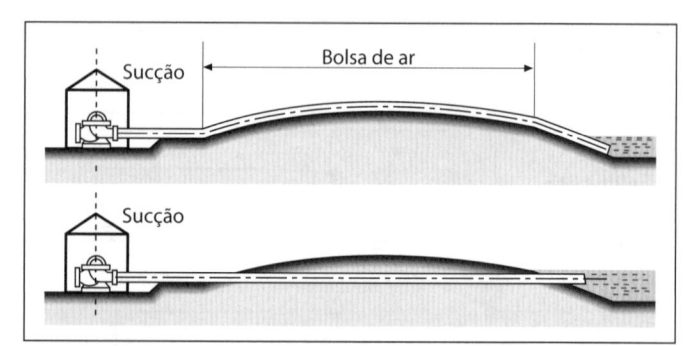

Figura B-IV.1.2.5-b – Tubulação com obstáculo.

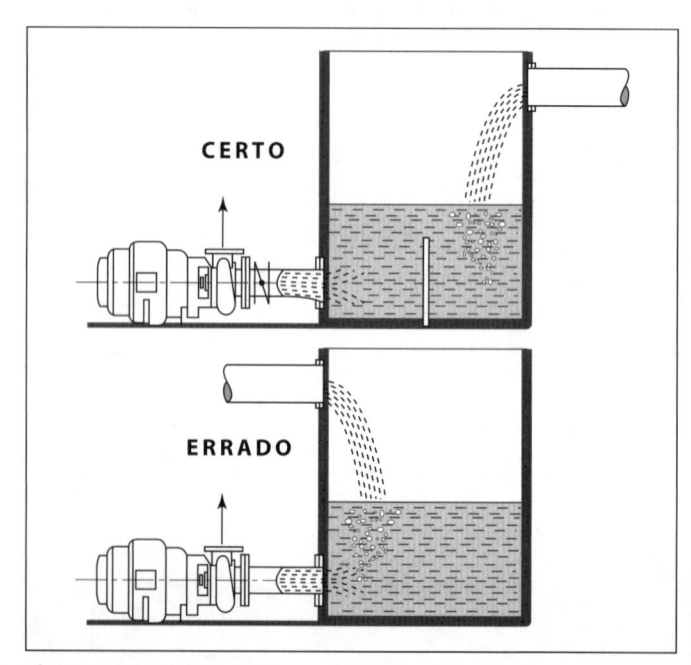

Figura B-IV.1.2.5-c – Falta, na figura errada, válvula seccionadora, redução excêntrica, arranjo que não favoreça a sucção de bolhas de ar.

f) A extremidade da tubulação de sucção deverá ficar a uma altura abaixo do nível mínimo do líquido a ser deslocado, o suficiente para impedir a entrada de ar na tubulação de sucção pela formação de vórtices (normalmente, aceita-se que a submergência deve ser no mínimo igual a 3 vezes o diâmetro da extremidade);

g) As tubulações devem ser tão curtas quanto possível e com o menor número de peças, a fim de diminuir as perdas de carga por atrito. As curvas preferencialmente devem ser de raio longo e com o menor ângulo possível.

Recomenda-se a colocação de um crivo ou filtro na extremidade da tubulação de sucção, evitando dessa forma a entrada de impurezas e materiais estranhos na bomba. Note-se que o crivo cria um benefício paralelo ao diminuir o risco da formação de vórtices quando o afogamento da boca do tubo de sucção for pequeno, já que na prática diminui o diâmetro da tomada, transformando-o em diversos pequenos orifícios.

Se a bomba trabalhar afogada, recomenda-se a colocação na tubulação de sucção de uma válvula, a fim de interromper o fluxo para eventuais reparos ou substituições.

As bombas centrífugas não afogadas devem possuir, na extremidade da tubulação de sucção, uma válvula-de-pé (válvula de retenção), que mantém a bomba escorvada (cheia de líquido). Em bombas afogadas, a válvula-de-pé é desnecessária desde que haja válvula de retenção após a bomba (*Figuras IV.1.2.5-d* e *IV.1.2.5-e*).

Em casos especiais em que a bomba é afogada, a tubulação de recalque é muito curta e a água não é limpa, admite-se que a água possa retornar, ou seja, não se colocam válvulas, diminuindo com isso o custo de implantação e de manutenção. Nesses casos há que se proteger o sistema para que não rode ao contrário, o que poderia danificar algum componente mecânico ou encarecê-lo desnecessariamente. Dispositivos muito simples, tipo "catracas" resolvem a questão.

Válvulas-de-pé (válvulas de retenção na tomada de água)

Para evitar escorvar as bombas centrífugas, deverá ser prevista a utilização de válvula-de-pé (que é uma válvula de retenção) na extremidade da tubulação de sucção. Esse dispositivo deve apresentar baixa perda de carga e, aberta, costuma ter uma área útil de passagem de pelo menos 150% da área da tubulação de sucção.

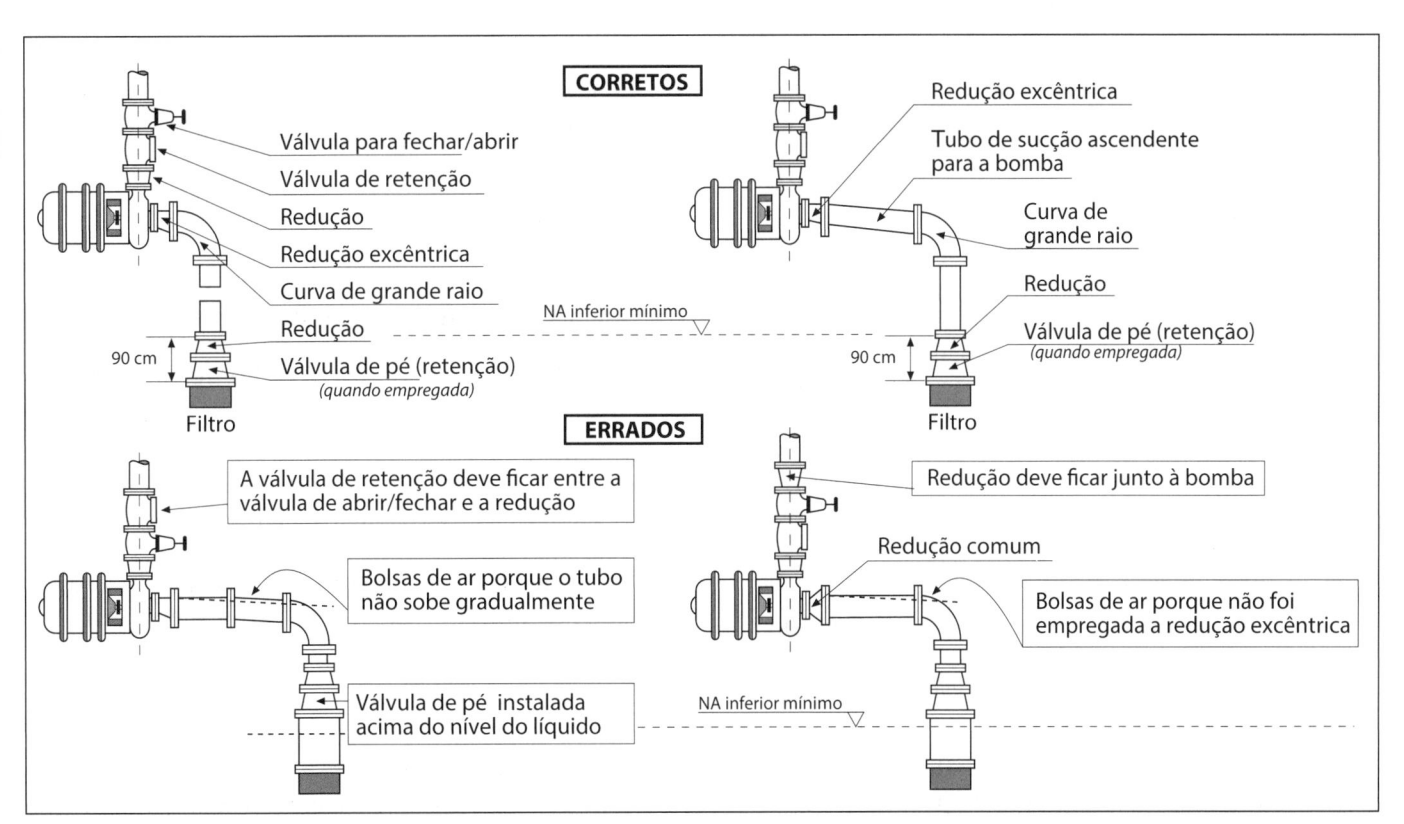

Figura B-IV.1.2.5-d – Disposição das tubulações.

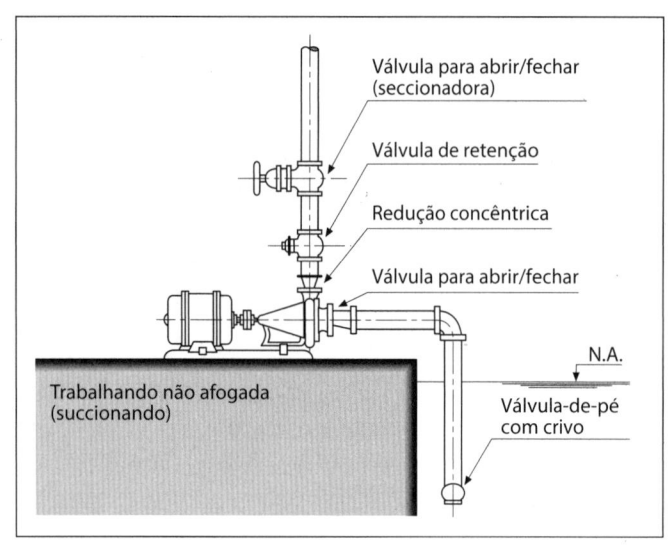

Figura B-IV.1.2.5-e

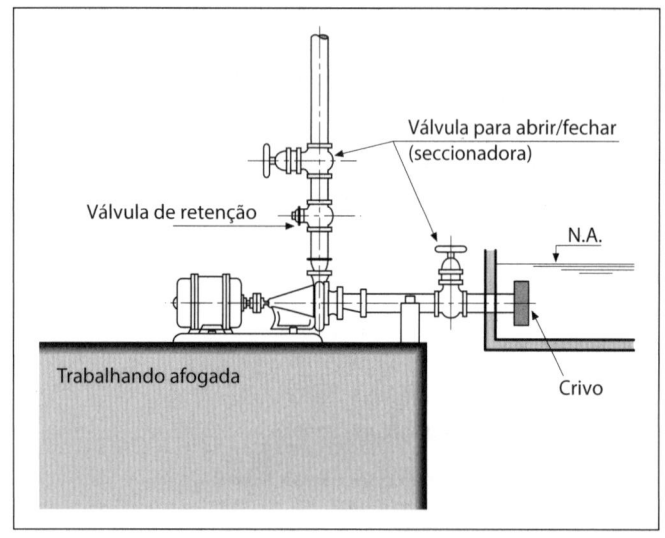

Figura B-IV.1.2.5-f

Qualquer pequena impureza retida pode originar uma fuga na válvula-de-pé, esvaziando a bomba quando parada. Quando o conjunto motor-bomba tem dispositivo automático de partida e parada, uma tubulação de, no mínimo 5 mm de diâmetro, deve ser instalada como *by-pass* entre a válvula de retenção, acima dela (tubulação de recalque) e a tubulação de sucção. Entretanto deve ser instalado um dispositivo de segurança, evitando-se, assim, que a bomba entre em funcionamento quando não estiver completamente escorvada.

Para instalações não automatizadas, é conveniente que se instale na tubulação de *by-pass* uma válvula de controle, a fim de escorvar a bomba cada vez que ela entrar em funcionamento.

De um modo geral, as válvulas-de-pé encontradas no mercado para instalações prediais já possuem um crivo ou filtro.

Crivo ou filtro

Como dito anteriormente, com a finalidade de evitar a entrada de impurezas até a bomba, recomenda-se a colocação de um crivo na extremidade da canalização de sucção. O crivo deve ser limpo periodicamente, de acordo com as necessidades.

Recalque

Normalmente, na tubulação de recalque deverão ser instalados, logo na saída da bomba, uma válvula de retenção e uma válvula com a função de seccionar o tubo (fechar). A primeira tem por objetivo evitar que o líquido volte quando a bomba for desligada, impedindo ao mesmo tempo que a bomba gire em sentido contrário ao da sua rotação, assim como serve para ajudar a combater o golpe de aríete e que a tubulação se esvazie. A válvula seccionadora serve, quando fechada, para interromper o fluxo no caso de eventuais reparos e substituições e normalmente usam-se válvulas borboleta, gaveta ou esfera.

A válvula de retenção deve ser colocada entre a válvula seccionadora e a bomba, para poder inspecioná-la quando necessário.

Se forem utilizadas "ampliações" ("reduções") na tubulação de recalque, estas deverão estar situadas entre a válvula de retenção e a bomba. Note-se que a peça usada para a "ampliação" de diâmetro também é chamada de "redução", pois a "peça" ou "conexão" é a mesma e usa-se listar sempre como "redução".

As características da tubulação de recalque são determinadas pela perda de carga, velocidade e viscosidade do líquido, sendo que o diâmetro deverá ser, sempre que conveniente, duas bitolas maior que o diâmetro de saída da bomba, e nunca menor que esse último.

B-IV.1.3 Operação/manutenção

B-IV.1.3.1 Processos de escorvamento de bombas

Antes de pôr em funcionamento qualquer bomba centrífuga, deve-se encher a tubulação de sucção com o líquido a ser bombeado (procedimento normalmente designado por "escorva"). As peças dentro da bomba dependem da lubrificação/resfriamento que lhes é fornecida pelo líquido em deslocamento e o superaquecimento as estraga (diz-se que "gripam") caso a bomba funcione a seco.

Os processos comuns para escorvar são:

a)   submergir a bomba ("afogar" a bomba);
b)   aplicar pressão negativa ("vácuo") no trecho a montante da bomba;
c)   encher o trecho de montante a partir do trecho de jusante ou de outra fonte.

a) Submergir a bomba ("afogar a bomba")

Quando a bomba é instalada com o eixo abaixo do nível do líquido a ser deslocado, fica automaticamente escorvada ao se abrir a torneira de expurgo superior, deixando escapar o ar (*Figura B-IV.1.2.6-a*).

Um interruptor, comandado por uma boia elétrica, desligará a bomba quando o nível da água na fonte de abastecimento baixar além do conveniente (pré-definido e ajustado). Isso protege a bomba, impedindo o seu funcionamento a seco e a possibilidade de suas peças estragarem por superaquecimento.

Vários fabricantes constroem dispositivos automáticos que protegem a bomba quando ela funciona com controle de partida e parada. Esses dispositivos devem assegurar que a bomba esteja cheia cada vez que entrar em funcionamento, especialmente nos casos em que a fonte de abastecimento tenha falhado o nível fica abaixo da bomba, permitindo a entrada de ar dentro da bomba.

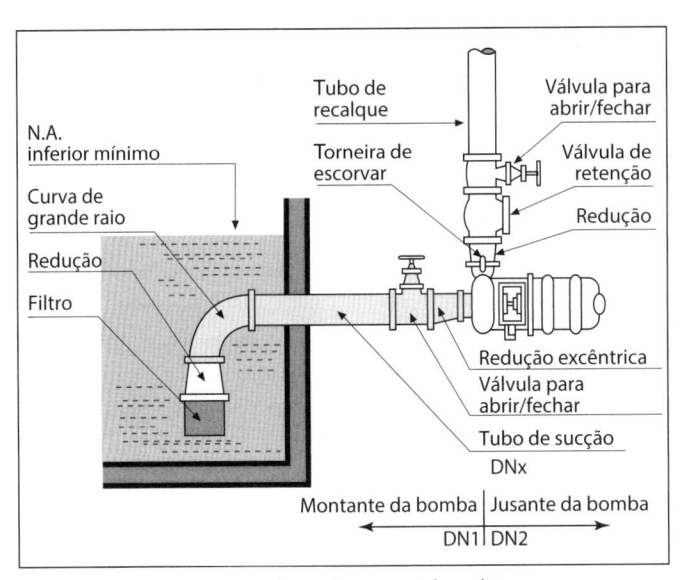

Figura B-IV.1.3.1-a – Bomba submersa (afogada).

b) Aplicar pressão negativa (vácuo) no trecho a montante da bomba

Quando as bombas trabalham com altura de sucção (eixo da bomba acima do NA de montante), podem ser "escorvadas" por meio de pressão negativa proveniente de dispositivo mecânico capaz de produzir essa sub-pressão, tais como um "ejetor" (ou "exaustor"), acionado por ar comprimido, vapor ou água ou bomba de vácuo (*Figura B-IV.1.3.1-b*).

O dispositivo gerador de pressão negativa ejetor deve ser conectado ao ponto mais alto do corpo da bomba, onde costuma existir uma abertura rosqueada para tal fim, retirando o ar contido no interior da bomba e da tubulação de sucção, permitindo que o ar saia e a água

empurrada pela pressão atmosférica suba até acima do corpo da bomba, desde que esta se encontre dentro do que a pressão atmosférica consegue empurrar na prática, ou seja até cerca de 7 m (em teoria até 10 mca nas CNTP ao nível do mar).

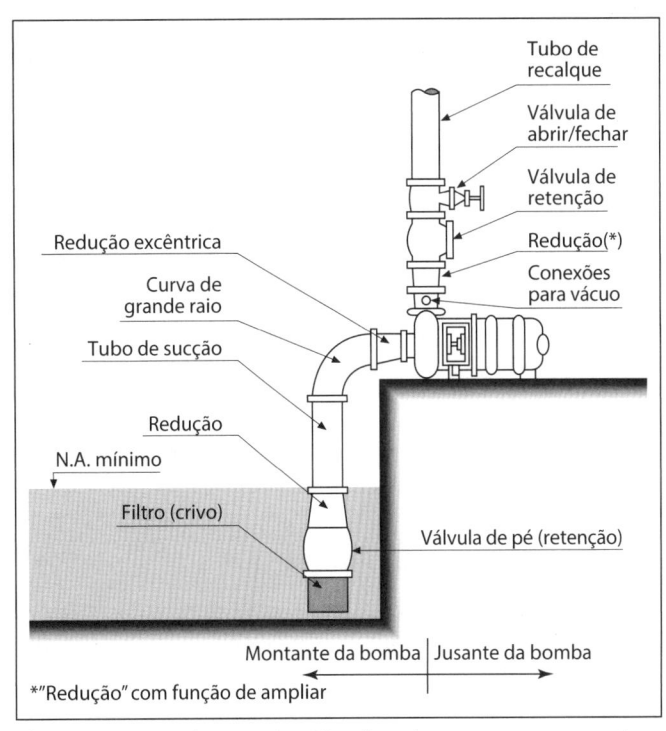

Figura B-IV.1.3.1-b – Bomba não afogada com escorva negativa de ar.

Para escorvar a bomba, fecha-se a válvula de abrir/fechar na tubulação de recalque próximo e após a bomba. Logo que o tubo de descarga do ejetor começar a descarregar o líquido, a bomba poderá entrar em funcionamento. Quando a bomba entrar em funcionamento, deve-se deixar sair um jato do líquido por alguma válvula de purga que indique estar a bomba completamente escorvada. Se esse jato não for obtido, a bomba não estará escorvada, devendo-se pará-la e repetir o processo.

Os dispositivos mecânicos (bombas de vácuo) do tipo à prova de água deve ser empregada, de preferência, para que não seja danificada caso o líquido venha a entrar nela. Com uma bomba de vácuo do tipo seco, deve-se dispor de um dispositivo que evite a entrada de água dentro da bomba de vácuo. Um escorvador manual costuma ser suficiente para bombas em instalações pequenas a médias.

Não se deve prescindir da instalação de uma válvula de pé (retenção) para evitar o esvaziamento do trecho antes (a montante) da bomba. Entretanto, deve-se levar em conta que estas válvulas de pé, nem sempre vedam 100%, seja pela presença de impurezas da água, seja por imperfeições de fabricação ou de desgaste. Daí a necessidade de fazer escorva.

c) Desvio (by-pass)

Trata-se de encher o trecho antes (de montante) da bomba a partir do trecho após (de jusante) (também deve-se levar em conta que isso pode ser feito a partir de outra fonte externa, como um depósito para esse fim, um caminhão-pipa etc.

Chama-se tubulação *by-pass*, uma tubulação de pequeno diâmetro colocada entre a tubulação de sucção e a de recalque, em pontos antes e depois da válvula de abrir/fechar

A *Figura B-IV.1.3.1-c* mostra um arranjo bastante frequente para solucionar as eventuais necessidades de escorva das bombas: o procedimento de escorva será:

1. abrir a torneira de escorvar (na parte superior da carcaça das bombas costuma haver uma conexão roscada onde se acopla uma válvula-torneira para "purgar" o ar de dentro da carcaça da bomba);

2. abrir a válvula de *by-pass* até a água preencher todo o tubo de sucção e a bomba, saindo pela "torneira de escorvar";

3. fechar a torneira de escorvar; e,

4. concomitantemente com a operação 3, "partir" a bomba abrindo a válvula de abrir/fechar por jusante caso esteja fechada.

Caso a válvula de pé não esteja vedando bem, a vazão de enchimento deverá ser superior ao vazamento da válvula de pé.

O esvaziamento poderá ocorrer sempre que as válvulas de retenção não estejam vedando bem e houver retorno de água enquanto as bombas estiverem paradas.

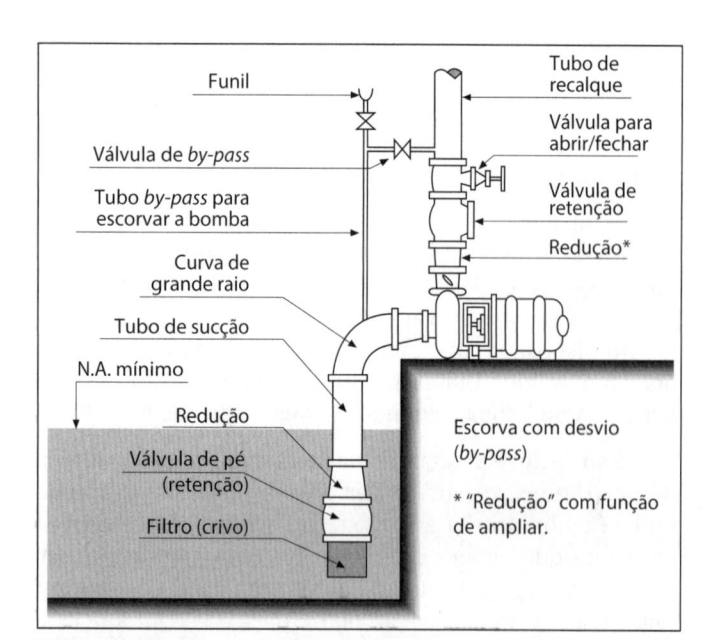

Figura B-IV.1.3.1-c

Deve-se estar sempre certo de que a bomba está escorvada, porque a válvula-de-pé pode ter fugas. Inspecionar a válvula-de-pé frequentemente, limpando-a quando necessário.

Escorvar automaticamente

Para serviços intermitentes, em que o eixo da bomba fica acima do nível do líquido a ser bombeado, um dispositivo automático de escorvar pode ser instalado, sendo a bomba escorvada automaticamente todas as vezes que ela parar.

B-IV.1.4 Parte elétrica

A seguir, registram-se tópicos de interesse frequente.

B-IV.1.4.1 Variação admissível de tensão e frequência

O motor funcionará satisfatoriamente sob as variações de tensão elétrica (*volt*) e frequência (*ciclos*) dadas a seguir, relativas aos dados fornecidos, considerado o regime normal:

a) Quando a variação de tensão elétrica não exceder 10% do regime normal;

b) Quando a variação de frequência não exceder 5% do regime normal;

c) Quando a soma das variações de tensão e frequência não exceder 10% (uma vez que a variação de frequência não exceda 5% da variação normal), de acordo com a placa do motor.

B-IV.1.4.2 Proteção

Para proteger o motor contra sobrecargas excessivas durante longos períodos de funcionamento, deve ser instalado um dispositivo de proteção contra o aumento de temperatura proveniente da sobrecarga (caso esse dispositivo não esteja incluído na aparelhagem de controle). Os fusíveis da chave de faca não protegem o motor contra sobrecarga ou baixa tensão, e sim unicamente em caso de curto-circuito.

Todos os fios de ligação do motor e da aparelhagem de controle devem ser instalados de acordo com as normas da ABNT. Devem ter capacidade suficiente para permitir, no máximo, uma baixa de tensão de 2%, quando em plena carga.

Nunca permitir que a bomba funcione em sentido contrário ao da seta; a rotação correta da bomba está indicada por uma pequena seta colocada na placa de fabricação, ou na carcaça da bomba.

B-IV.1.4.3 Aquecimento

A elevação de temperatura de um motor encontra-se especificada na sua plaquinha. Para motores do tipo aberto, essa elevação, em geral, é de 40 °C acima da temperatura ambiente, para os motores de 50 Hz.

Um motor *Standard* não deve trabalhar num ambiente onde a temperatura ultrapasse 40 °C, pois nesse caso a temperatura do motor poderia ultrapassar 90 °C, o que é desaconselhável.

B-IV.1.4.4 Causas de funcionamento deficiente

Operando-se uma bomba, o que pode parecer uma séria avaria, após uma cuidadosa inspeção, frequentemente revelará uma causa de menor importância. Em qualquer das deficiências mencionadas a seguir, examinar todas as causas indicadas para a mesma.

Se o líquido não é recalcado:

a) a bomba pode não estar escorvada (ar ou gás na sucção);
b) a rotação pode estar abaixo da especificada;
c) a altura manométrica é superior à prevista;
d) a altura de sucção está acima da permitida;
e) o rotor pode estar completamente entupido;
f) o rotor ou engrenagens podem estar rodando em sentido contrário;
g) a tubulação de sucção está obstruída;
h) a válvula de segurança (se houver) está desajustada ou aberta, pela presença de um material estranho.

Se o líquido recalcado é insuficiente:

a) existe entrada de ar na tubulação de sucção ou na caixa de gaxetas;
b) a rotação está abaixo da especificada;
c) a altura manométrica é superior à prevista;
d) a altura de sucção está acima da permitida;
e) o rotor está parcialmente obstruído;
f) a válvula-de-pé está obstruída;
g) a válvula-de-pé ou extremidade da sucção está pouco imersa no líquido;
h) o engaxetamento tem defeito;
i) a tubulação de sucção está parcialmente obstruída;
j) o líquido bombeado está com viscosidade acima da prevista.

Se a pressão é insuficiente:

a) a rotação está abaixo da especificada;
b) pode haver ar ou gases no líquido (na tubulação ou na bomba);
c) os anéis de vedação estão demasiadamente gastos;
d) o rotor está avariado ou com diâmetro pequeno;

e) o engaxetamento está defeituoso;
f) as engrenagens estão gastas ou com folgas demasiadas.

Se a bomba funciona por algum tempo e depois perde a sucção:

a) há vazamento na linha de sucção;
b) há entupimento parcial na linha de sucção;
c) a altura de sucção está acima da permitida;
d) existe ar ou gases no líquido, na linha de sucção ou na caixa das gaxetas.

Se a bomba sobrecarrega o motor:

a) a rotação está muito alta;
b) a altura manométrica é inferior à prevista (vazão cresce);
c) o líquido tem peso específico ou viscosidade superior à prevista;
d) há defeitos mecânicos, tais como: eixo torto, engripamento das partes rotativas, rolamento defeituoso, gaxetas muito apertadas etc.

B-IV.1.4.5 Motores elétricos

No caso mais comum, as bombas são acionadas diretamente por motores elétricos. Dois tipos principais de motores elétricos são usualmente empregados:

a) motores de indução do tipo gaiola de esquilo: de operação mais fácil, são os mais comuns;

b) motores síncronos: são empregados nas grandes instalações; exigem operação mais cuidadosa, porém apresentam a vantagem de melhor rendimento. Não suportam bem as quedas de tensão.

B-IV.1.4.6 Equipamentos de partida

Só os motores de pequena potência (até 5 HP) podem ser ligados, por chaves simples, diretamente à linha de energia. Os motores maiores exigem equipamento especial de partida para limitar a demanda inicial.

A partida dos motores de indução pode ser feita com o emprego de autotransformador ou compensador de partida ou, então, por meio de chave estrela-triângulo.

Os motores síncronos são postos em funcionamento por meio de autotransformadores.

B-IV.1.4.7 Número de rotações por minuto

Nos motores síncronos, a rotação a plena carga é função da frequência da corrente (ciclagem, f) e do número de polos (p).

$$rpm = \frac{120 \times f}{p}$$

Os valores mais comuns são apresentados na *Tabela B-IV.1.4.7-a*.

Para os motores de indução, deve-se considerar o fenômeno de escorregamento (2 a 6% menos). Os valores dados na *Tabela B-IV.1.4.7-b* são os mais comuns.

Tabela B-IV.1.4.7-a Número de rotações por minuto para motores síncronos

Polos	2	4	6	8	10	12	14
50 ciclos	3.000	1.500	1.000	750	600	500	428
60 ciclos	3.600	1.800	1.200	900	720	600	514

Tabela B-IV.1.4.7-b Número de rotações por minuto para motores de indução

Polos	2	4	6	8	10	12	14
50 ciclos	2.800	1.450	960	720	580	480	410
60 ciclos	3.450	1.750	1.150	870	690	580	495

B-IV.1.4.8 Tensões elétricas usuais (voltagens)

Nas instalações são mais comuns as tensões elétricas (volts) apresentadas na *Tabela B-IV.1.4.8-a*:

Tabela B-IV.1.4.8-a

Nos transformadores	120	440	480	2.350	2.800	6.300
Nos motores	110	220	440	2.200	3.600	6.000
Potência máxima convencional	Fraca	100 HP	200 HP	1.000 HP	Grandes motores	

B-IV.1.4.9 Informações úteis

As tabelas *B-IV.1.4.9-a* e *b* apresentam informações úteis ao engenheiro que se encontra no campo.

B-IV.1.4.10 Mancais

Dois tipos de mancais são usados em bombas: internos e externos. Um mancal interno é lubrificado pelo próprio líquido a ser bombeado. Um mancal externo, não estando em contato com o líquido, necessita ser lubrificado.

O aquecimento dos mancais pode ser causado tanto pela falta como pelo excesso de lubrificação. Deverão ser verificadas as instruções de lubrificação que acompanham cada bomba.

Tabela B-IV.1.4.9-a Expressões elétricas

Calcular	Corrente contínua	Corrente alternada	
		Monofásica	Trifásica
Corrente em ampères (conhecida a potência em HP)(*1)	$\dfrac{746\,(HP)}{E \times \eta}$	$\dfrac{746\,(HP)}{E \times \eta \times \cos\varphi}$	$\dfrac{746\,(HP)}{\sqrt{3} \times E \times \eta \times \cos\varphi}$
Corrente em ampères (conhecida a potência em kW)	$\dfrac{1.000\,(kW)}{E}$	$\dfrac{1.000\,(kW)}{E \times \cos\varphi}$	$\dfrac{1.000\,(kW)}{\sqrt{3} \times E \times \cos\varphi}$
Corrente em ampères (conhecido o produto kVA)		$\dfrac{1.000\,(kVA)}{E}$	$\dfrac{1.000\,(kVA)}{\sqrt{3} \times E}$
Potência em kW	$\dfrac{I \times E}{1.000}$	$\dfrac{I \times E \times \cos\varphi}{1.000}$	$\dfrac{\sqrt{3} \times I \times E \times \cos\varphi}{1.000}$
kVA (quilovolt ampère)		$\dfrac{I \times E}{1.000}$	$\dfrac{\sqrt{3} \times I \times E}{1.000}$
HP	$\dfrac{I \times E \times \eta}{746}$	$\dfrac{I \times E \times \cos\varphi \times \eta}{746}$	$\dfrac{\sqrt{3} \times I \times E \times \cos\varphi \times \eta}{746}$

I = corrente, em ampère; E = tensão, em volt; η = rendimento do motor; $\cos\varphi$ = fator de potência. (*1) Considerando-se unidade métrica cv, ao invés de HP, deve-se substituir o valor 746 por 736.

Tabela B-IV.1.4.9-a Expressões elétricas (*continuação*)

Calcular	Corrente contínua	Corrente alternada	
		Monofásica	Trifásica
Potência efetiva no eixo do motor, kW	$N = \dfrac{E \times I \times \eta}{1.000}$	$N = \dfrac{E \times I \times \eta \times \cos\varphi}{1.000}$	$N = \dfrac{\sqrt{3} \times E \times I \times \eta \times \cos\varphi}{1.000}$
Potência fornecida, kW	$N = \dfrac{E \times I}{1.000}$	$N = \dfrac{E \times I \times \cos\varphi}{1.000}$	$N = \dfrac{\sqrt{3} \times E \times I \times \cos\varphi}{1.000}$
Corrente absorvida a plena carga, ampères (no eixo do motor)	$I = \dfrac{N \times 1.000}{E \times \eta}$	$I = \dfrac{N \times 1.000}{E \times \cos\varphi \times \eta}$	$I = \dfrac{N \times 1.000}{\sqrt{3} \times E \times \cos\varphi \times \eta}$

I = corrente, em ampère; E = tensão, em volt; η = rendimento do motor; $\cos\varphi$ = fator de potência; N = potência, em kW.

Tabela B-IV.1.4.9-b Bitola dos fios para motores elétricos pequenos (U.S. National Electrical Code) (Fios AWG)

	Motores de indução monofásicos			
	110 volts		220 volts	
HP	Fios isolados com borracha, número	Conduíte (pol)	Fios isolados com borracha, número	Conduíte (pol)
1/2	14	1/2	14	1/2
3/4	14	1/2	14	1/2
1	14	1/2	14	1/2
1 1/2	12	1/2	14	1/2
2	10	3/4	14	1/2
3	8	3/4	12	1/2
5	4	1 1/4	8	3/4

	Motores de indução trifásicos			
	110 volts		220 volts	
HP	Fios isolados com borracha, número	Conduíte (pol)	Fios isolados com borracha, número	Conduíte (pol)
1	14	1/2	14	1/2
2	14	1/2	14	1/2
3	14	1/2	14	1/2
5	12	1/2	14	1/2
7,5	8	3/4	14	1/2
10	8	3/4	12	1/2
15	6	1 1/4	10	3/4
20	4	1 1/4	8	3/4
25	3	1 1/4	6	1 1/4
30	1	1 1/2	6	1 1/4
40	00	2	4	1 1/4
50	000	2	3	1 1/4
75	0000	2 1/2	0	2

B-IV.1.4.10.1 Gaxetas

O tipo de gaxeta varia conforme o líquido a ser bombeado e as condições de bombeamento. Deve-se usar sempre gaxetas de boa qualidade. Nas condições normais, as bombas são fornecidas com gaxetas quadradas de amianto grafitado de fibras longas. Em caso de temperaturas elevadas, empregam-se gaxetas *stabilit*.

Se o líquido a ser bombeado é abrasivo, deve ser introduzido nas gaxetas líquido limpo para vedação.

Cada anel de gaxeta deve ser cortado no comprimento correto, tal que suas extremidades se toquem ao fecharem o anel em torno do eixo. O corte deve ser em ângulo, e as emendas dos diversos anéis deverão ficar desencontradas a fim de impedir qualquer vazamento ou entrada de ar, conforme *Figura B-IV.1.4.10.1-a*.

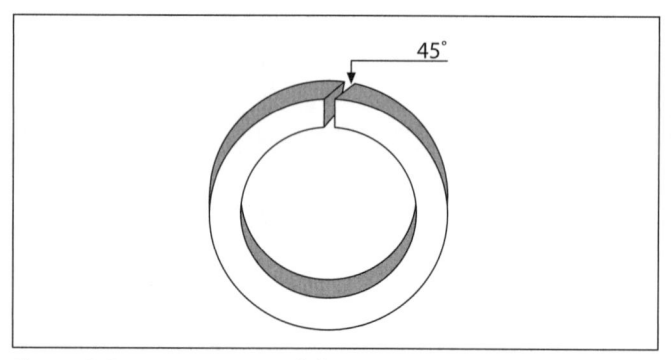

Figura B-IV.1.4.10.1-a – Anel de gaxeta.

As gaxetas não devem ser muito apertadas, pois, caso contrário, se queimariam no atrito com o eixo ou com a bucha protetora do eixo.

Se, após colocar a bomba em funcionamento, o vazamento pelas gaxetas for excessivo, apertar o preme-gaxeta de forma a estabelecer um pequeno vazamento máximo (2 a 6 gotas por minuto).

A fim de manter a instalação limpa, instalar uma pequena tubulação de expurgo saindo da parte inferior da "lanterna" para o exterior. Essa tubulação dará saída ao líquido de lubrificação da gaxeta e deve ser disposta de modo que possa ser limpa em caso de entupimento.

B-IV.1.4.10.2 Selos mecânicos

As bombas que trabalham com líquidos, onde é indesejável o vazamento pelas gaxetas, devem possuir selos mecânicos.

Um selo mecânico consta de um elemento rotativo e um estacionário. O elemento rotativo roda com o eixos, enquanto que o elemento estacionário é fixo na caixa das gaxetas. As faces de vedação desses elementos são perfeitamente acabadas e construídas com material selecionado, possuindo baixo coeficiente de fricção e alta resistência à corrosão pelo líquido a ser bombeado. Essas faces rodam normalmente com uma película de líquido entre si e devem ser comprimidas, o que normalmente se faz com uma ou mais molas ou, ainda, com peças de material flexível.

Recomenda-se o máximo rigor na desmontagem e posterior montagem quanto à posição, estado e acabamento das peças, que devem estar perfeitamente limpas, exatas no tamanho e lapidadas nas faces de contato.

B-IV.2 MEDIÇÕES – INDICAÇÕES E CUIDADOS NA MEDIÇÃO DE VAZÕES

A medição de níveis de vazão, ou descarga, em condutos livres e particularmente nos canais abertos, constitui, sem dúvida, uma das mais importantes questões da Hidráulica Aplicada.

Inúmeros são os dispositivos e métodos que vêm sendo empregados para esse fim, cada processo aplicando-se especialmente a certos casos e a determinadas condições que tornam vantajosa a sua aplicação.

O presente capítulo tem por objetivo tratar da aplicação prática dos principais métodos de hidrometria apresentados no *Capítulo A-15*. Serão, então, indicados os cuidados a serem tomados nos processos de medição de vazões, bem como as instruções a serem seguidas no sentido de organizar e facilitar a operação e obter maior precisão na aferição dos valores.

B-IV.2.1 Instruções para a medição e vazão de cursos de água

Preparadas pelo DNOS e transcrita da revista Sanevia n° 11, fevereiro 1952 (Bib. D540)

Apesar de elaboradas em 1952, as instruções aqui apresentadas ainda permanecem como uma importante referência a ser adotada em campanhas de campo de hidrometria. Essas instruções detalham o passo a passo dos cuidados que devem ser tomados, de forma a obter valores o mais representativos possível e não perder dados justamente nas condições extremas.

A   Estabelecimento de postos fluviométricos

1. No estabelecimento de postos fluviométricos, deverão ser consideradas as facilidades de acesso, mesmo durante as estações chuvosas, as condições topográficas e de escoamento convenientes à precisão das leituras e a determinação da curva-chave (vazões × níveis d'água).

2. O serviço de observação diária das escalas (duas vezes, às 7 e às 17 horas) deverá ser confiado a pessoa idônea e com moradia próxima à escala; preferencialmente, deverão ser escolhidas pessoas de condição modesta, a quem possa interessar um ganho extra. Esse observador deverá ficar perfeitamente instruído quanto à observação diária de escalas e quanto à remessa, pontualmente, nos dias 1 e 16 de cada mês, dos cartões quinzenais à sede do Distrito; deverá ficar ciente de que o serviço que lhe é confia-do exige pontualidade e de que, se as observações não forem feitas criteriosamente, ficarão perdidos o tempo e o dinheiro gastos com a ida dos técnicos ao local para proceder a medições de descarga.

3. As escalas deverão ser instaladas em locais de águas tranquilas, protegidas contra a ação de madeiras carregadas pelas enchentes, e a uma distância de margem que permita boa visibilidade. Se possível, escavar-se-á uma reentrância na margem para nela colocar-se a régua, livre da correnteza.

   As escalas, a critério dos técnicos, poderão ser fixadas em estacas-suporte de madeira de lei solidamente enterradas, em pontes ou em outras obras fixas.

   As cotas das extremidades superior e inferior das escalas deverão atender às informações colhidas no local, sobre as enchentes excepcionais e sobre as estiagens rigorosas, de modo a evitar que as réguas fiquem submersas ou em seco.

4. Para completa segurança do nivelamento dos diversos lances de escala, deverão ser estabelecidos pelo menos dois referenciais de nível (RNs). Um desses RNs poderá ser uma estaca de madeira de lei com seção mínima, de 8 cm × 8 cm, completamente enterrada no solo; será preferível, contudo, um marco de concreto. Um segundo RN deverá ser, de preferência, construído por um degrau ou soco de embasamento de uma construção sólida.

5. Sempre que possível, deverá ser determinada, por nivelamento geométrico, a altitude do zero da escala com referência a um RN de precisão próximo.

6. As seções de medição de descarga deverão ser localizadas o mais próximo possível das escalas e definidas por duas estacas em cada margem, devendo uma delas servir para o ponto de início da contagem das abscissas; deverão ser sempre normais à corrente, em trechos retilíneos dos rios, sem turbilhonamentos, onde seja mínima a zona de remanso, os filetes líquidos tão paralelos quanto possível e onde as velocidades não sejam demasiadamente baixas.

7. Na ocasião do estabelecimento de um posto fluviométrico, deverá ser feito o levantamento da seção de medição, na parte molhada, por sondagem, e na parte em seco, por nivelamento geométrico, taqueométrico ou a régua.

8. Da primeira medição de descarga deverão constar informações sobre o material de que são constituídos o fundo e as margens do rio, especialmente sobre sua fixidez ou mobilidade.

9. Deverão ser colhidas informações seguras sobre as cotas atingidas por enchentes e estiagens notáveis,

sendo do maior interesse a obtenção de fotografias que permitam determinar, por nivelamento, as cotas dos níveis extremos conhecidos.

10. O técnico encarregado de estabelecer um posto fluviométrico deverá localizá-lo nas melhores cartas existentes, referindo-o às cidades ou povoados vizinhos e às barras dos tributários mais próximos.

11. O técnico encarregado de estabelecer um posto fluviométrico enviará, o mais breve possível, ao escritório central a respectiva ficha descritiva acompanhada de croqui cotado, mostrando em planta e perfil a situação das escalas, dos RNs, da seção de medição, de casas e estradas próximas, meios de acesso, locais de hospedagem etc.

B   Conservação e inspeção dos postos fluviométricos

1. As escalas, no caso de não serem de placas de ferro esmaltado, deverão ser pintadas em branco, pelo menos uma vez ao ano.

2. Quando as escalas forem fixadas em estacas, deverão ser feitas, ao menos duas vezes ao ano, verificações do nivelamento dos diversos lances com referência aos RNs existentes. Os parafusos de fixação serão revistos frequentemente.

3. As seções de medição serão mantidas livres de vegetação junto às margens, devendo-se fazer periodicamente o serviço de limpeza e capina.

4. Os observadores terão sob sua responsabilidade as escalas, os RNs, as estacas existentes na seção de medição, a canoa que for deixada no local e os apetrechos necessários ao serviço.

5. Toda equipe que visitar um posto fluviométrico, procedendo ou não à medição de descarga, enviará ao escritório central, o mais breve possível, informações sobre o estado do posto, com fotos.

C   Equipamentos das equipes e processo de medição de descarga

1. Todas as equipes encarregadas de medições de descarga, estabelecimento e inspeção de postos fluviométricos deverão dispor do seguinte equipamento: carretéis contendo cabos de aço com diâmetros e comprimentos suficientes, malho de madeira ou marreta, guinchos para suspensão do molinete, ferros prendedores para fixação das canoas ou balsas, lastro de pesos suficientes para as medições a que tiverem de proceder, o molinete, cronômetro, hastes para determinação de pequenas profundidades e para medições a vau, nível de mira, aneroide, mar-

telo, arco de pua e brocas, serrote, pé de cabra, pregos, tinta branca e pincel, um par de moitões.

2. As medições de descarga serão feitas de canoa, de balsa ou a vau.

3. Nas medições de rios de até 100 m de largura, será sempre usado cabo transversal duplo (cabo em U), sendo que o de jusante servirá para definir a seção transversal de medição e o de montante para fixar ou ancorar a canoa, evitando que esta se desloque longitudinalmente e seja deformada a seção definida pelo cabo de jusante. Ambos os cabos deverão ficar bem esticados e distantes cerca de 50 cm da superfície da água.

4. Nas medições de rios com larguras superiores a 100 m, poderá ser usado apenas um cabo transversal, o qual deverá ficar bem esticado e de maneira a ser possível manter uma pequena distância entre o cabo e a superfície da água. Em tais casos, o guincho de suspensão do molinete deverá ser colocado o mais próximo possível da proa da canoa. Para medições de rios com larguras superiores a 400 m, serão usados processos adequados às condições locais.

5. O espaçamento entre duas verticais consecutivas, em que serão tomadas as velocidades, deverá obedecer às indicações da *Tabela B-IV.2.1-a*.

Tabela B-IV.2.1-a Espaçamento entre verticais

Espaçamento (m)	Largura (m)
0,2	até 3
0,5	3 a 6
1,0	6 a 15
2,0	15 a 30
3,0	30 a 50
4,0	50 a 80
6,0	80 a 150
8,0	150 a 250
12	maiores que 250

Pode-se usar também a fórmula do engenheiro Jorge Oscar de Melo Flores:

$$N = 4 \times b^{0,3} + 1,$$

onde b é a largura do rio em metros e N o número de verticais.

Junto às margens serão observados espaçamentos menores que os indicados na *Tabela B-IV.2.1-a*.

6. Devem ser usados lastros com pesos suficientes, a fim de que não haja arrastamento do molinete e erro para mais nas profundidades medidas.

7. Em cada vertical devem ser tomadas velocidades em diversas posições do aparelho, de maneira a assinalar trapézios sucessivos, e de alturas praticamente iguais à área limitada pela curva de variação da velocidade na vertical.

8. Para profundidades compreendidas entre 0,60 e 1 m, deverão ser medidas velocidades em três posições; para profundidades maiores, devem ser tomadas velocidades pelo menos em quatro posições do aparelho.

9. Admite-se que a lei de variação da velocidade ao longo da vertical pode ser representada por parábolas de eixo vertical, horizontal, curva logarítmica ou hipérbole equilátera. Aceitando-se a parábola de eixo horizontal, está determinado que a velocidade média ocorre em pontos situados a 0,6 da profundidade, a contar da superfície. Identicamente, o cálculo analítico mostra que a média das velocidades tomadas a 0,2 e 0,8 da profundidade corresponde, também, à média na vertical.

Todavia, fica bem claro que o número de pontos em cada vertical deve ser o maior possível, só se lançando mão dessas indicações simplificadoras se houver motivo muito relevante.

10. Sempre que se mede descarga com molinete, faz-se uma medição da velocidade máxima superficial, com flutuador, para determinar-se, em função da cota do nível da água, a relação entre essa velocidade máxima superficial e a média geral da seção.

11. Para a determinação das velocidades, devem ser tomados tempos acumulados e correspondentes a 100 revoluções de hélice, tempos esses que não deverão ser menores que 30 s. Nas altas velocidades, a fim de satisfazer a essa exigência de tempo mínimo, serão registrados os tempos que corresponderem a 150, 200 ou mais rotações da hélice. Nos casos de velocidades muito baixas, poderão ser tomados tempos correspondentes a 50 rotações, sendo, então, assinaladas as passagens de cada grupo de 10 rotações.

Todos os tempos de rotação da hélice serão tomados com cronômetro e com aproximação de até décimo de segundo.

12. As indicações simplificadoras do *item 9* desta seção poderão ser usadas, por exemplo, no caso do rio estar em elevação ou baixamento tão rápido que não haja tempo para os observadores efetuarem muitas medições, de acordo com o método dos múltiplos pontos exposto no *item 8*, também deste. As medições dos diversos pontos ficariam sem valor, porque seriam feitas com alturas diferentes do nível da água.

13. Quanto menos favorável o local da medição e mais incertas as suas condições, tanto menos indicado será o método de um ou dois pontos para cada vertical.

MVOP DNOS	Cálculo de medição de descarga					Molinete nº..................................				Medição nº..............................			
	Rio...........................			Cotas						Original na cad.............pg.............			
				Início..................m		Lastro......................kg				Hora do início...............			
	Posto.....................			Fim...................m		Medição...........................				Hora do término.................			
	Data.....................			Média.................m		Operador...........................				Duração da medição..................			
Abscissas (m)	Profundidade (m)	Posições do molinete	Nº de sinais e tempos registrados (1 sinal = 10 rotações)			Velocidades			Área do segmento (m²)	Largura do segmento (m)	Descarga do segmento (m³/s)	Observações
			Nº de sinais	Tempos (s)	Tempos para 10 sinais (s)	Nos pontos da vertical (m/s)	Média na vertical (m/s)	Média no segmento (m/s)				

Figura B-IV.2.1-a – Planilha para medições de descarga.

14. Quanto mais perturbado o escoamento, maior será o número de pontos.

15. Uma possível causa de erro nas medições é a ação do vento, que dificilmente pode ser evitada. A solução prática é não efetuar medições com o vento forte.

16. Os molinetes devem ter uma aferição periódica.

17. Outra possível causa de erro, fácil de evitar, é a contagem de rotações do molinete em período muito curto. Para um observador experimentado, basta somente olhar para a água e ver que ela não se move regularmente e sim em movimento perturbado, com turbilhões etc. Isso transmite ao molinete um valor variado de rotações, e a velocidade média desejada somente pode ser achada conservando-se o molinete em um tempo tal que essas irregularidades se integrem também na média. Um período de 1 minuto deve ser o mínimo, mas um período de dois ou três minutos é o ideal.

B-IV.2.1.1 Medições utilizando molinete

A utilização de molinetes para medições de vazões, assim como o ADCP, também exige uma programação de campo detalhada e rigorosa, sob pena de obter resultados inadequados e inconsistentes.

Consagrada ao longo das últimas décadas, essa metodologia é adotada com bastante frequência na medição de vazões em rios. Como consequência, há uma boa quantidade de profissionais capacitados ao serviço, o que ainda pode ser encarado como uma vantagem em relação ao ADCP. Outra vantagem está diretamente relacionada aos custos inerentes aos processos.

Resumidamente, para determinação da vazão utilizando um molinete, adotar o seguinte procedimento:

- definir uma seção do rio e reparti-la em um número de verticais para medição das velocidades;

- levantar o perfil de velocidades e determinação da velocidade média de cada vertical;

- calcular a vazão na seção, através da totalização dos produtos das velocidades médias por suas respectivas áreas de influência na seção.

B-IV.2.1.1.1 Equipamentos e recursos necessários

- Equipe de campo: composta por 4 pessoas – o piloto da embarcação, um técnico especializado, e dois ajudantes.

- Equipamento para a medição propriamente dita: molinete, guincho, lastro, e outros acessórios secundários.

- Material para anotações: planilhas de campo, calculadora, lápis etc.

- Equipamento auxiliar: embarcação adequada à profundidade do local de medição, equipamento de segurança individual, bóias de sinalização, equipamentos náuticos (cabos, cordas etc.), nível topográfico, tripé e mira.

Antes de sair a campo, a equipe deve verificar a adequação e o funcionamento de todos os equipamentos, e conferir no *check-list* a presença de todo o material necessário para os trabalhos de campo.

B-IV.2.1.1.2 Realização da medição

Locar a seção de medição, definindo um referencial de nível (RN) para nivelamento das réguas e para o posicionamento dos marcos topográficos. Em seguida, fixar um cabo de aço de uma margem a outra, de forma a estabelecer um alinhamento na seção de medição.

Anotar o valor da distância entre o ponto de início da seção à margem (PI) e o nível de água. A leitura do nível d'água, realizada na régua já nivelada, e o horário do início da medição também devem ser registrados. Após instalar os equipamentos no barco, a medição pode ser então iniciada.

O barco irá percorrer a seção de medição em função do número de verticais definido para a referida seção. A distância entre verticais é normalmente definida em função da largura e da geometria da seção, conhecidas através de batimetria.

Durante a medição, deve-se registrar a distância de cada uma das verticais à margem de início (NA). Em cada vertical, o molinete deve ser posicionado nas profundidades em que se deseja medir a velocidade. O número de posições por vertical normalmente varia entre três, em medições menos detalhadas, e seis, nas mais detalhadas.

Em medições menos detalhadas, as velocidades são medidas a 20%, a 60% e a 80% da profundidade total da vertical. Quando se deseja maior detalhamento, além da superfície, medir a velocidade nas alturas: 20%, 40%, 60%, 80% e 90% da profundidade total.

Normalmente, o número de posições em cada vertical é definido a partir da profundidade da vertical em questão, segundo as recomendações indicadas na *Tabela B-IV.2.1.1.2-a*, onde a posição "Superfície" corresponde à profundidade de 0,10 m, e a posição "Fundo" corresponde àquela definida pelo comprimento da haste de sustentação do lastro ao tocar o fundo.

Ao alcançar a outra margem do rio, ou seja, o ponto final (PF), registrar a distância desse ponto à margem inicial (NA). Além disso, anotar o NA e o horário de término da medição.

Tabela B-IV.2.1.1.2-a Posição vertical do molinete

Profundidade (m)	Posição (% da profundidade)
0,15 a 0,60	60%
0,60 a 1,20	20% e 80%
1,20 a 2,00	20%, 60%, 80%
2,00 a 4,00	Superfície, 20%, 40%, 60%, 80%
acima de 4,00	Superfície, 20%, 40%, 60%, 80%, Fundo

B-IV.2.1.1.3 Cuidados

Os principais cuidados a serem adotados são:

- verificar se o molinete está devidamente calibrado, e se sua equação é adequada;

- cuidar para que a primeira e a última vertical estejam situadas o mais próximo possível das margens;

- observar se há interferência do cabo de suspensão do conjunto molinete/lastro no posicionamento.

B-IV.2.1.1.4 Determinação da vazão

Os molinetes são compostos por uma hélice, que converte o movimento de translação do fluxo da água em movimento de rotação. Paralelamente, um contador é responsável por determinar o número de rotações que a hélice realizou num intervalo de tempo. A partir dos registros do contador é, então, possível definir a velocidade de rotação do molinete, através da relação anteriormente descrita: o número de rotações realizadas pela hélice dividido pelo intervalo de tempo relacionado.

Conhecido o número de voltas da hélice em um dado intervalo de tempo, pode-se definir a velocidade do fluxo, a partir da "equação do molinete". Essa equação é fornecida pelo fabricante do aparelho, e é calibrada especificamente para cada molinete, que só pode ser usado devidamente calibrado.

A equação relaciona a velocidade do fluxo com a velocidade de rotação do molinete através de duas constantes características da hélice (passo e inércia da hélice) fornecidas pelo fabricante do molinete, ou determinadas por calibração, que deve ser realizada periodicamente.

O procedimento de cálculo da descarga líquida em uma seção transversal com molinete pode ser realizado

in situ através da caderneta de campo, possibilitando que os dados medidos sejam verificados no local.

Definindo na seção diversas verticais e medindo as velocidades em pontos situados nessas verticais, obtêm-se os perfis de velocidade, que serão a base para o cálculo da vazão total na seção.

Os cálculos podem ser feitos a partir de duas metodologias: "seção média" e "meia seção".

B-IV.2.1.1.5 Método da seção média

Nesse método, são calculadas as vazões parciais para cada "parte" da seção. Essas partes são definidas entre as verticais tomadas em campo, a partir da largura, da média das profundidades e da média das velocidades entre as verticais envolvidas (*Figura B-IV.2.1.1.5-a*).

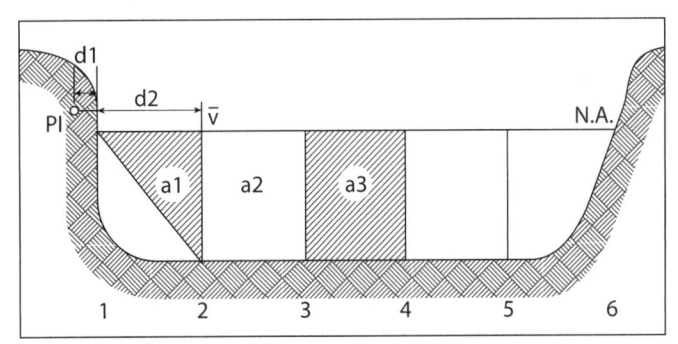

Figura B-IV.2.1.1.5-a – Método da seção média.

É adotado o seguinte procedimento:

- Conhecidas as velocidades nas posições de cada vertical, medidas pelo molinete, é possível calcular as velocidades médias nas verticais a partir da média aritmética dos valores de cada posição. Caso tenham sido medidas as velocidades nas posições de fundo e superfície, o cálculo será feito através de uma média ponderada, onde as velocidades de fundo e superfície têm peso 1 (um), e as demais velocidades peso 2 (dois);

- A velocidade nos segmentos de interesse é obtida através da média das velocidades das verticais adjacentes ao segmento;

- Calcular as áreas dos segmentos a partir das distâncias entre verticais e das profundidades medidas;

- Calcular as vazões em cada um dos segmentos, através da multiplicação da velocidade média pela área de cada um;

- A vazão total da seção é a soma das vazões dos segmentos. De forma análoga, é possível calcular a área total da seção;

- A velocidade média, por sua vez, é a relação entre a vazão total e a área total da seção;

- A profundidade média é obtida através da divisão da velocidade média da seção pela largura superficial da mesma.

B-IV.2.1.1.6 Método da meia seção

Nesse método, a velocidade média de cada vertical é multiplicada pela área de influência dessa vertical, de forma a obter uma vazão parcial, ou seja, a vazão correspondente à área de influência da vertical em análise. A soma de todas as vazões parciais da seção fornecerá a vazão total na seção.

Na seção, cada uma das áreas de influência das verticais é obtida a partir do produto da profundidade da vertical pela soma das semidistâncias das verticais situadas ao seu lado (pela esquerda e pela direita), como pode ser observado na *Figura B-IV.2.1.1.6-a*.

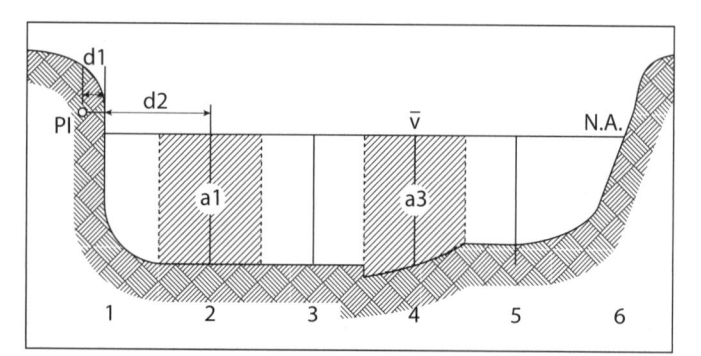

Figura B-IV.2.1.1.6-a – Método da meia seção.

É adotado o seguinte procedimento:

- Procedendo o mesmo cálculo realizado no método da seção média, obtêm-se os valores das velocidades médias em todas as verticais que, nesse caso, serão exatamente as velocidades nos segmentos de interesse;

- Calcular as áreas dos segmentos, multiplicando a partir das distâncias entre verticais e das profundidades das verticais;

- Desta forma, é possível calcular as vazões em cada um dos segmentos, através da multiplicação da velocidade média pela área de cada um;

- A vazão total da seção é a soma das vazões dos segmentos. De forma análoga, é possível calcular a área total da seção;

- A velocidade média, por sua vez, é a relação entre a vazão total e a área total da seção;

- A profundidade média é obtida através da divisão da velocidade média da seção pela sua largura superficial.

B-IV.2.2 Medidores de regime crítico

B-IV.2.2.1 Canal Venturi (genérico)

O canal Venturi é o medidor de vazões baseado no rebaixamento da lâmina líquida em um canal, provocado pela redução ou estrangulamento da seção de escoamento e o consequente aumento da velocidade.

O estrangulamento de seção pode ser feito nos lados do canal (*Figura B-IV.2.2.1-a*) ou elevando o seu fundo em uma determinada seção.

Considerando o caso mostrado na *Figura B-IV.2.2.1-a* pode-se fazer a largura estrangulada b igual a um valor que corresponde a uma das seguintes condições:

a) Adota-se um valor b que cause um rebaixamento da lâmina líquida de fácil mensuração,

$$\left(\frac{v_2^2}{2 \times g} - \frac{v_1^2}{2 \times g} \right)$$

b) Adota-se um valor para b tal que reduza a profundidade do líquido a um valor inferior ao da altura crítica, assegurando-se no trecho o regime supercrítico de escoamento. Nesse caso, provoca-se um ressalto hidráulico e será suficiente medir um nível de água (o de montante).

Dimensões práticas (sugestões):

$$b \leq \frac{2}{3} \times b_1$$
$$L = 1,5 \times h_{1,\text{máx}}$$
$$D = 3 \times (b_1 - 6)$$
$$R = 2 \times (b_1 - b)$$
$$\begin{cases} E \geq 3 \times h_{1,\text{máx}} \\ F \geq 6 \times b \end{cases}$$

Fórmulas usuais:

$$Q = C_d \times b \times h_2 \times \sqrt{\frac{2 \times g \times (h_1 - h_2)}{1 - m^2}}$$
$$m = \frac{b \times h_2}{b_1 \times h_1}$$
$$C_d = 0,97$$
$$h_1 = k \times \frac{v_2^2}{2 \times g} \begin{pmatrix} \text{NA considerado assintota} \\ \text{a linha piezométrica} \end{pmatrix}$$

sendo:

$$k = 0,6 \quad \text{para} \quad b_1 = 1,5 \times b$$

e

$$k = 0,9 \quad \text{para} \quad b_1 = 2 \times b$$

Note-se que a seção estrangulada "b" é conhecida como "garganta" e com frequência referida pela letra W.

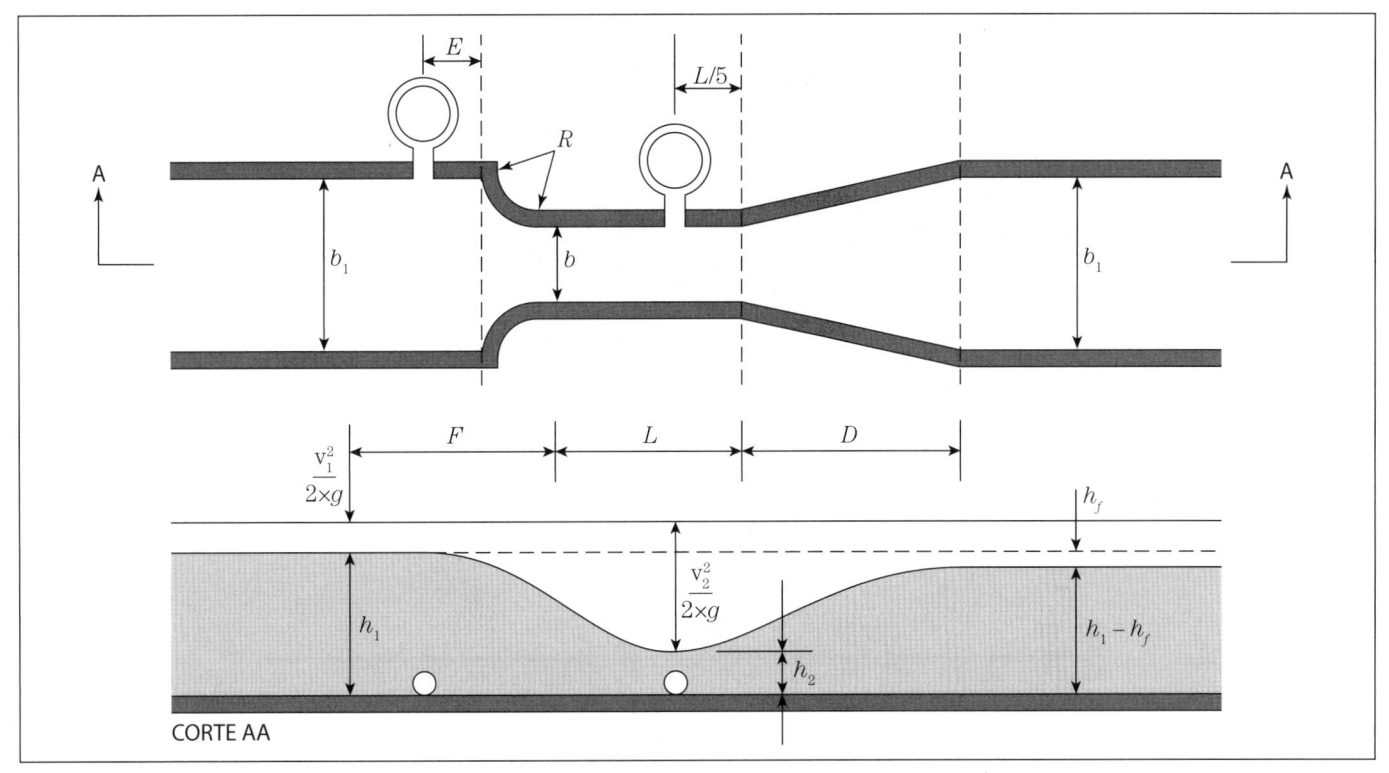

Figura B-IV.2.2.1-a – Canal Venturi.

B-IV.2.2.2 Medidores Parshall

B-IV.2.2.2.1 Dimensões

É um medidor que se inclui entre os de regime crítico, no qual se associa cada nível de água a uma vazão, tendo sido idealizado por R. L. Parshall, engenheiro do Serviço de Irrigação do Departamento de Agricultura dos EUA, daí estar padronizado em polegadas. Consiste em uma seção convergente, uma seção estrangulada, ou garganta, e uma seção divergente, disposta em planta e perfil, como mostra a *Figura B-IV.2.2.2.1-a*.

Os medidores Parshall são indicados nominalmente pela largura da seção estrangulada; assim, um Parshall de 9 polegadas mede 0,23 m na menor seção transversal (b_3) (também chamada de "garganta" ou "W").

O fundo, em nível na primeira seção, é inclinado na garganta, com uma declividade de 9 vertical: 24 horizontal, qualquer que seja o tamanho.

Na seção divergente, o fundo é em aclive na razão de 1 vertical: 6 horizontal no caso dos medidores de 1 a 8 pés (0,305 a 2,438 m). Para esses medidores, a diferença de nível entre montante e extremo jusante (H_2) é de 3 polegadas (7,6 cm).

Os menores medidores empregados são os de 1 polegada (2,5 cm), e o maior construído de que se tem notícia mede 50 pés (17,40 m) e tem uma capacidade para 85 m³/s.

As dimensões para os medidores Parshall constam da *Tabela B-IV.2.2.2.1-a* e podem ser determinadas como segue.

b_3 é arbitrado (conhecido);

$$L_1 = \frac{L_2}{\cos\alpha}; \quad \alpha = \operatorname{arctg}\frac{b_2 - b_3}{2 \times L_2}$$

$L_3 = 61$ cm (consequência da declividade 9:24);

$H_1 = L_4 = 91,5$ cm (consequência da declividade 1:6);

$$H_3 = \frac{9 \times L_3}{24}$$

$L_2 = 0,49 \times b_3 + 119,4$ (cm);

$b_1 = b_3 + 30,5$ (cm);

$$H_2 = 7,6 \text{ cm}; \quad H_2 = H_3 - \frac{L_4}{6}$$

$b_2 = 1,196 \times b_3 + 47,9$ (cm).

A *Tabela B-IV.2.2.2.1-a* dá as dimensões padronizadas para os medidores de até 10 pés (3 m).

As colunas λ e n referem-se à equação $Q = \lambda \times H^n$ com vazão Q em m³/s e H, carga a montante da seção contraída, em m.

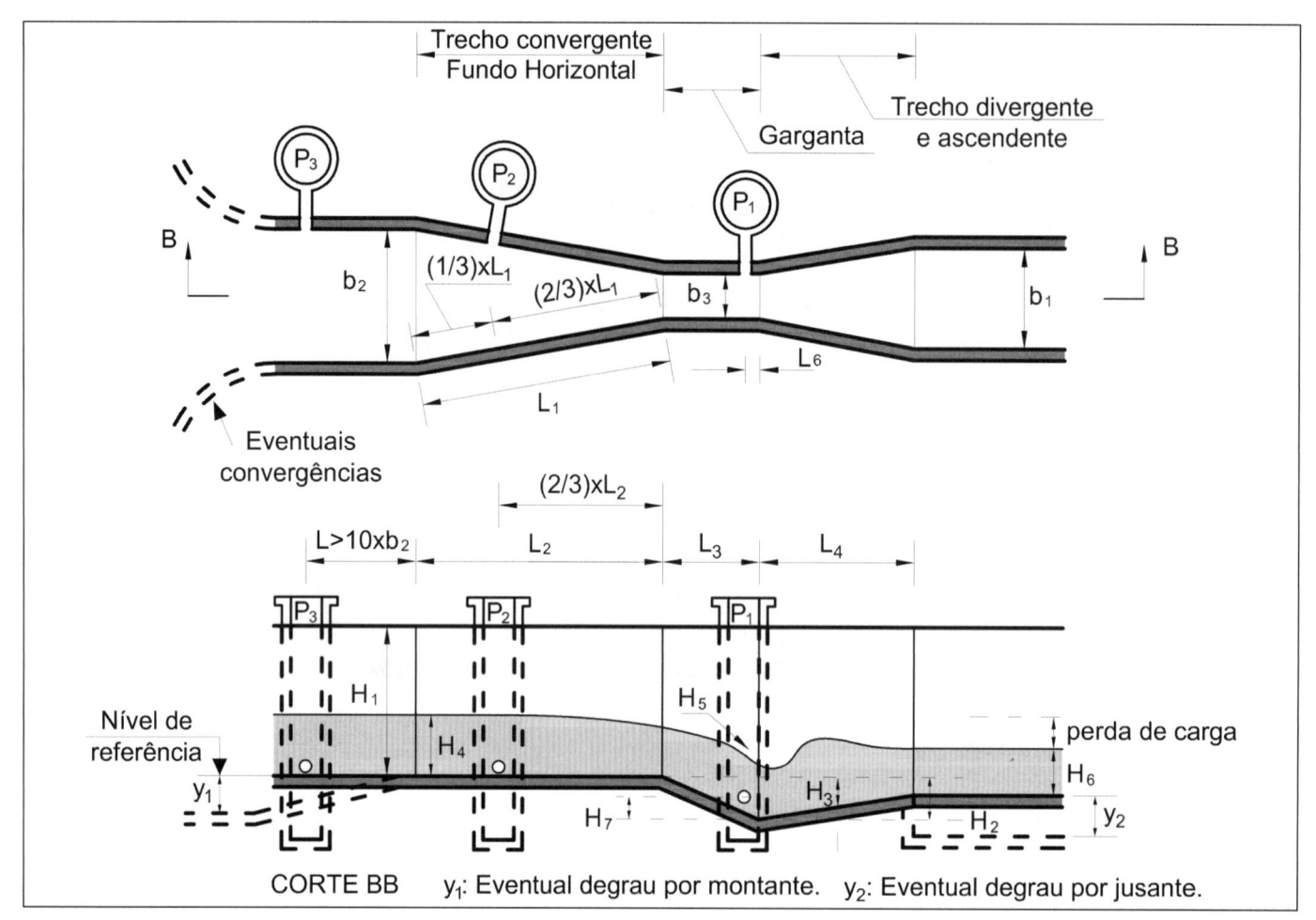

Figura B-IV.2.2.2.1-a – Medidor Parshall.

Tabela B-IV.2.2.2.1-a Dimensões padronizadas (cm) de medidores Parshall

Garganta		L_1	L_2	L_3	L_4	b_1	b_2	H_1	H_2	H_3	λ	n
W (*1)	b_3 (*2)											
1″	2,5	36,3	35,6	7,6	20,3	9,3	16,8	22,9	1,9	2,9	-	-
3″	7,6	46,6	45,7	15,2	30,5	17,8	25,9	38,1	2,5	5,7	0,176	1,547
6″	15,2	62,3	61,0	30,5	61,0	39,4	40,3	61,0	7,6	11,4	0,381	1,580
9″	22,9	88,1	86,4	30,5	45,7	38,1	57,5	76,2	7,6	11,4	0,535	1,530
1′	30,5	137,1	134,4	61,0	91,5	61,0	84,5	91,5	7,6	22,9	0,690	1,522
1 1/2′	45,7	144,8	142,0	61,0	91,5	76,2	102,6	91,5	7,6	22,9	1,054	1,538
2′	61,0	152,3	149,3	61,0	91,5	91,5	120,7	91,5	7,6	22,9	1,426	1,550
3′	91,5	167,5	164,2	61,0	91,5	122,0	157,2	91,5	7,6	22,9	2,182	1,566
4′	122,0	182,8	179,2	61,0	91,5	152,5	193,8	91,5	7,6	22,9	2,935	1,578
5′	152,5	198,0	194,1	61,0	91,5	183,0	230,3	91,5	7,6	22,9	3,728	1,587
6′	183,0	213,3	209,1	61,0	91,5	213,5	266,7	91,5	7,6	22,9	4,515	1,595
7′	213,5	228,6	224,0	61,0	91,5	244,0	303,0	91,5	7,6	22,9	5,306	1,601
8′	244,0	244,0	239,0	61,0	91,5	274,5	340,0	91,5	7,6	22,9	6,101	1,606
10′	305,0	274,5	260,8	91,5	183,0	366,0	475,9	122,0	15,3	34,3	-	-

Fonte: Bib. D180. (*1) Tamanho nominal (em polegadas na garganta); (*2) $b_3 = W$, mas em centímetros.
Nota: Na 1ª impressão da 8ª edição deste *Manual*, apareceram vários erros de digitação nas dimensões acima, posteriormente corrigidos.

Como exemplo, supondo um "parshall" de b polegadas, a vazão ficaria assim vinculada à altura H, medida a 2/3 da garganta: $Q = 0,381 \times H^{1,580}$, em m³/s.

B-IV.2.2.2.2 Emprego

O medidor Parshall foi idealizado tendo como objetivo principal a irrigação; os menores tamanhos, para regular a descarga de água distribuída às propriedades agrícolas, e os maiores, para serem aplicados aos grandes canais de rega.

Inúmeras são as aplicações atuais, tendo o seu emprego se generalizado além das expectativas, devido a diversas vantagens que apresenta:

a) grande facilidade de realização;

b) baixo custo de execução;

c) não há sobrelevação de fundo;

d) não há perigo de formação de depósitos devidos a matérias em suspensão, sendo, por isso, adequados no caso de esgotos ou de águas que carreiam sólidos em suspensão;

e) podem funcionar como um dispositivo em que uma só medição de H é suficiente;

f) grande habilidade em suportar submergências elevadas, sem alteração de vazão;

g) medidores Parshall, de tamanhos os mais variados, já foram ensaiados hidraulicamente, o que permite o seu emprego em condições semelhantes, sem necessidade de novos ensaios ou aferições;

h) na sua execução, podem ser empregados materiais diversos, selecionando-se o mais conveniente para as condições locais. Já foram empregados: concreto, alvenarias, madeira, metal, fibra de vidro etc. Encontram-se no mercado medidores pré-fabricados, prontos para instalar, de garganta W até 10", o que evita um "artesanato" na construção.

Em São Paulo, o primeiro Parshall de que se tem notícia foi aplicado em uma estação de tratamento de água em 1939.

Em 1947, Morgan e Ryan projetaram para Greeley, no Colorado, EUA, um Parshall modificado, que associa as funções de um medidor às de um dispositivo de mistura rápida: dispersão de coagulantes em tratamento de água.

Por se tratar de um medidor "aberto", ou seja, em contato com a atmosfera, por razões sanitárias o seu uso generalizado tem ficado restrito à água ainda não potável (e, quando usados após a filtração, devem ficar em ambientes protegidos e controlados).

B-IV.2.2.2.3 Condições de descarga

O escoamento através de um medidor Parshall pode ocorrer em duas condições diferentes, que correspondem a dois regimes distintos:

a) escoamento ou descarga livre;

b) afogamento ou submersão.

No primeiro caso, a descarga se faz livremente como nos vertedores, em que a veia vertente independe das condições de jusante.

O segundo caso ocorre quando o nível de água a jusante é suficientemente elevado para influenciar e retardar o escoamento através do medidor: é o regime comumente apontado por descarga submersa, de características diversas daquelas que se verificam para os vertedores. Para esse segundo caso, haveria propriedade na designação "canal Venturi".

O afogamento é causado por condições de jusante, ou seja, obstáculos existentes, falta de declividade ou níveis obrigados em trechos ou unidades subsequentes.

No caso de escoamento livre, é suficiente medir a carga H_4 para determinar a vazão (*Figura B-IV.2.2.2.1-a*).

Se o medidor for afogado, será necessário medir, também, uma segunda carga H_5, em ponto próximo da seção final da garganta.

A relação H_5/H_4 constitui a razão de submersão ou a "submergência". Se o valor de H_5/H_4 for igual ou inferior a 0,60 (60%) para os Parshall de 3, 6 ou 9 polegadas, ou, então, igual ou inferior a 0,70 (70%) para os medidores de 1 a 8 pés, o escoamento será livre. Se esses limites forem ultrapassados, haverá o afogamento e a vazão será reduzida. Como já se disse, será então necessário medir as duas alturas para se calcular a vazão. A descarga real será inferior à obtida pela fórmula, sendo indispensável aplicar uma correção negativa.

Quando o Parshall é seguido de um canal ou de uma unidade de tratamento em que se conhece o nível da água, a verificação do regime de escoamento no medidor é imediata, bastando calcular a submergência (razão H_5/H_4).

Na prática, sempre que possível, procura-se ter o escoamento livre, para usar uma única medição de carga (de NA). Às vezes, contudo, essa condição não pode ser conseguida ou estabelecida, devido a circunstâncias locais ou limitações impostas.

A submergência nunca deverá ultrapassar o limite prático de 95%, pois, acima desse valor, não se pode contar com uma precisão razoável.

B-IV.2.2.2.4 Seleção de tamanho

A seleção do medidor Parshall mais conveniente para qualquer gama de vazões envolve considerações como largura do canal existente, profundidade da água nesse canal, perda de carga admissível, possibilidade de vazões futuras diferentes etc.

Para a fixação das dimensões definitivas, partir de um tamanho nominal escolhido inicialmente, fazendo para ele e para outros tamanhos próximos uma verificação quanto à conveniência e adequação.

Como primeira indicação, convém mencionar que a largura de garganta (b_3) frequentemente está compreendida entre um terço e a metade da largura dos canais existentes. Isso não se aplica, entretanto, aos canais rasos e muito largos ou, então, muito profundos e estreitos.

A *Tabela B-IV.2.2.2.4-a* mostra os limites de aplicação para os medidores, considerando o funcionamento em regime de escoamento livre.

Tabela B-IV.2.2.2.4-a Limites de aplicações para medidores Parshall com escoamento livre

Garganta		Capacidade (ℓ/s)	
(pol)	(cm)	Mínima	Máxima
3″	7,6	0,9	53,8
6″	15,2	1,4	110,4
9″	22,9	2,6	251,9
1′	30,5	3,1	455,6
1 1/2′	45,7	4,3	696,2
2′	61,0	11,9	936,7
3′	91,5	17,3	1.426,3
4′	122,0	36,8	1.921,5
5′	152,5	45,3	2.422,0
6′	183,0	73,6	2.929,0
7′	213,5	85,0	3.440,0
8′	244,0	99,1	3.950,0
10′	305,0	200,0	5.660,0

Embora as submergências-limite para escoamento livre sejam de 60% para os medidores menores que 1 pé, e de 70% para os maiores, recomendam-se como valores práticos máximos 50% e 60%, respectivamente, deixando, assim, uma margem para possíveis flutuações de vazão e garantindo um ponto único de medição da carga (nível de água).

Ao selecionar um medidor para condições e vazões determinadas, observar que para os menores valores de b_3 (de W) correspondem maiores perdas de carga, consideradas sempre as submergências máximas.

B-IV.2.2.2.5 Pontos de medição

Com o escoamento livre, a única medida da carga H_4, necessária e suficiente para se conhecer a vazão, é feita na seção convergente, em um ponto localizado a 2/3 da dimensão L_2, medidos por montante a partir da aresta da garganta W (*Figura B-IV.2.2.2.1-a*).

Nessa posição, medir a altura do nível da água com uma régua, ou instalar, junto à parede, uma escala para as leituras. Pode-se também assentar um tubo de pequeno diâmetro (25 a 50 mm), comunicando o nível da água a um "poço" lateral de medição para tranquilizar o NA e obter melhor precisão na leitura. Nesse "poço", poderá haver uma boia acionando uma haste metálica para indicação mecânica da vazão, ou ainda para a transmissão elétrica à distância do valor medido.

Os poços laterais de medição geralmente são tubos em pé de seção circular com diâmetro necessário para o equipamento de medição (normalmente DN 200 a 250 mm).

Se as condições de escoamento forem de submersão, além da medida na posição especificada anteriormente, será necessário medir a altura do nível da água H_5, em ponto próximo da seção final da garganta. Para os medidores de 6 polegadas até 8 pés, a posição para essa segunda medida deverá ficar 5 cm a montante da parte final da seção estrangulada (da garganta).

Se for instalado um "poço" lateral para essa medição, o tubo de ligação deverá ser assentado a uma altura de 7,5 cm, a contar da parte mais funda do medidor (L_6 e H_7 na *Figura B-IV.2.2.2.1-a*).

As duas cargas H_4 e H_5 são medidas a partir da mesma referência: cota de fundo da seção convergente.

B-IV.2.2.2.6 Fórmulas e tabelas

As numerosas experiências e observações feitas com medidores Parshall levaram a resultados que correspondem a expressões do tipo:

$$Q = \lambda \times H_4^n \qquad\qquad Equação\ (IV.2\text{-}1)$$

semelhante à *Equação (15.9)*, sendo, porém, os valores de n ligeiramente diversos de 3/2.

A *Tabela B-IV.2.2.2.6-a* inclui os valores do coeficiente λ para o sistema métrico. A mesma tabela apresenta os valores do expoente n.

Tabela B-IV.2.2.2.6-a Valores do expoente n e do coeficiente λ

W		n	λ
pol.	m		
3″	0,076	1,547	0,176
6″	0,152	1,580	0,381
9″	0,229	1,530	0,535
1′	0,305	1,522	0,690
1 1/2′	0,457	1,538	1,054
2′	0,610	1,550	1,426
3′	0,915	1,556	2,182
4′	1,220	1,578	2,935
5′	1,525	1,587	3,728
6′	1,830	1,595	4,515
7′	2,135	1,601	5,306
8′	2,440	1,606	6,101

Assim, por exemplo, para o Parshall de 1 pé, a equação de vazão no sistema métrico é:

$$Q = 0{,}690 \times H_4^{1{,}522} \text{ m}^3/\text{s}$$

A *Tabela B-IV.2.2.2.6-b* dá os valores já calculados para os medidores Parshall mais comuns.

Azevedo Netto, com base nos próprios dados de R. L. Parshall, chegou à seguinte fórmula aproximada para esses medidores:

$$Q = 2{,}2 \times b_3 \times H_4^{3/2}$$

onde:

Q = vazão, m³/s;
b_3 = largura da garganta, m;
H_4 = carga, m.

Tabela B-IV.2.2.2.6-b – Vazões em medidores Parshall (ℓ/s)

H_4 (cm)	Garganta (em polegadas e em cm)														
	3″	7,6	6″	15,2	9″	22,9	1′	30,5	1,5′	30,5	2′	61,0	3′	91,4	4′	122
3	0,8		1,4		2,5		3,1		4,2						
4	1,2		2,3		4,0		4,6		6,9						
5	1,5		3,2		5,5		7,0		10,0		13,8		20,0		
6	2,3		4,5		7,3		9,9		14,4		18,7		17,0		35,0
7	2,9		5,7		9,1		12,5		17,8		23,2		34,0		45,0
8	3,5		7,1		11,1		14,5		21,6		28,0		42,0		55,0
9	4,3		8,5		13,5		17,7		26,0		34,2		50,0		66,0
10	5,0		10,3		15,8		20,9		30,8		40,6		60,0		78,0
11	5,8		11,6		18,1		23,8		35,4		46,5		69,0		90,0
12	6,7		13,4		20,4		27,4		40,5		53,5		79,0		105,0
13	7,5		15,2		23,8		31,0		45,6		60,3		93,0		119,0
14	8,5		17,3		26,6		34,8		51,5		68,0		101,0		133,0
15	9,4		19,1		29,2		38,4		57,0		75,5		112,0		149,0
16	10,8		21,1		32,4		42,5		63,0		83,5		124,0		165,0
17	11,4		23,2		35,6		46,8		69,0		92,0		137,0		182,0
18	12,4		25,2		38,8		51,0		75,4		100,0		148,0		198,0
19	13,5		27,7		42,3		55,2		82,2		109,0		163,0		216,0
20	14,6		30,0		45,7		59,8		89,0		118,0		177,0		235,0
25	20,6		42,5		64,2		83,8		125,0		167,0		248,0		331,0
30	27,4		57,0		85,0		111,0		166,0		221,0		334,0		446,0
35	34,4		72,2		106,8		139,0		209,0		280,0		422,0		562,0
40	42,5		89,5		131,0		170,0		257,0		345,0		525,0		700,0
45	51,0		107,0		157,0		203,0		306,0		414,0		629,0		840,0
50					185,0		240,0		362,0		486,0		736,0		990,0
55					214,0		277,0		418,8		563,0		852,0		1.144,0
60					243,0		314,0		478,3		642,0		971,0		1.308,0
65							356,0		543,4		730,0		1.110,0		1.490,0
70							402,0		611,3		821,0		1.249,0		1.684,0

B-IV.2.2.2.7 Localização dos medidores Parshall

Os medidores Parshall devem ser localizados procurando evitar grandes turbulências na sua seção inicial. Não devem, por exemplo, ser instalados logo após uma comporta, ou uma curva, pois os turbilhonamentos provocados na água poderiam causar ondas ou sobrelevações capazes de comprometer a precisão dos resultados.

O ideal é projetar tais medidores em um trecho retilíneo de canal. Se for necessário, poderá ser construída uma rampa inicial, com aclive de até 1:4 até o início da seção convergente.

Nessa mesma parte inicial, pode-se fazer uma concordância em planta, empregando seções circulares de raio longo.

As perdas de carga podem ser estimadas pelo ábaco apresentado na *Figura B-IV.2.2.2.7-b*.

B-IV.2.2.2.8 – Parshall afogado

Se as condições de escoamento forem tais que se verifique o afogamento, serão necessárias duas medidas de nível de água para a determinação da porcentagem de submergência, como já se informou no *item B-IV.2.2.2.3*.

Para a determinação da vazão será indispensável a aplicação de uma correção.

Vazão real = descarga livre – correção total

O ábaco da *Figura B-IV.2.2.2.8-a* dá as correções de vazão em ℓ/s, em função da porcentagem de submergência, para medidores de 1 pé ($b_3 = 30$ cm).

Para medidores maiores, as reduções indicadas devem ser multiplicadas pelos fatores indicados na *Tabela B-IV.2.2.2.8-a*.

Tabela B-IV.2.2.2.8-a

W (pés)	1	1 1/2	2	3	4	5	6	7	8
b_3 (m)	0,30	0,46	0,61	0,92	1,22	1,52	1,83	2,13	2,44
Fatores	1	1,4	1,8	2,4	3,1	3,7	4,3	4,9	5,4

Seja, por exemplo, o caso de um Parshall de 2 pés, em que $H_4 = 0,50$ m e $H_2 = 0,45$, a submergência será de $0,45/0,50 = 90\%$.

Para esses valores, a correção dada pelo ábaco é de 65 ℓ/s, isso para Parshall de um pé. Para o caso em questão, em que $W = 2$ pés, essa correção deverá ser multiplicada por 1,8, o que levará a 117 ℓ/s.

Como a vazão normal sem afogamentos seria de 486 ℓ/s (*Tabela B-IV.2.2.2.6-b*) a vazão real com 90% de submergência será de: 486 – 117 = 369 ℓ/s.

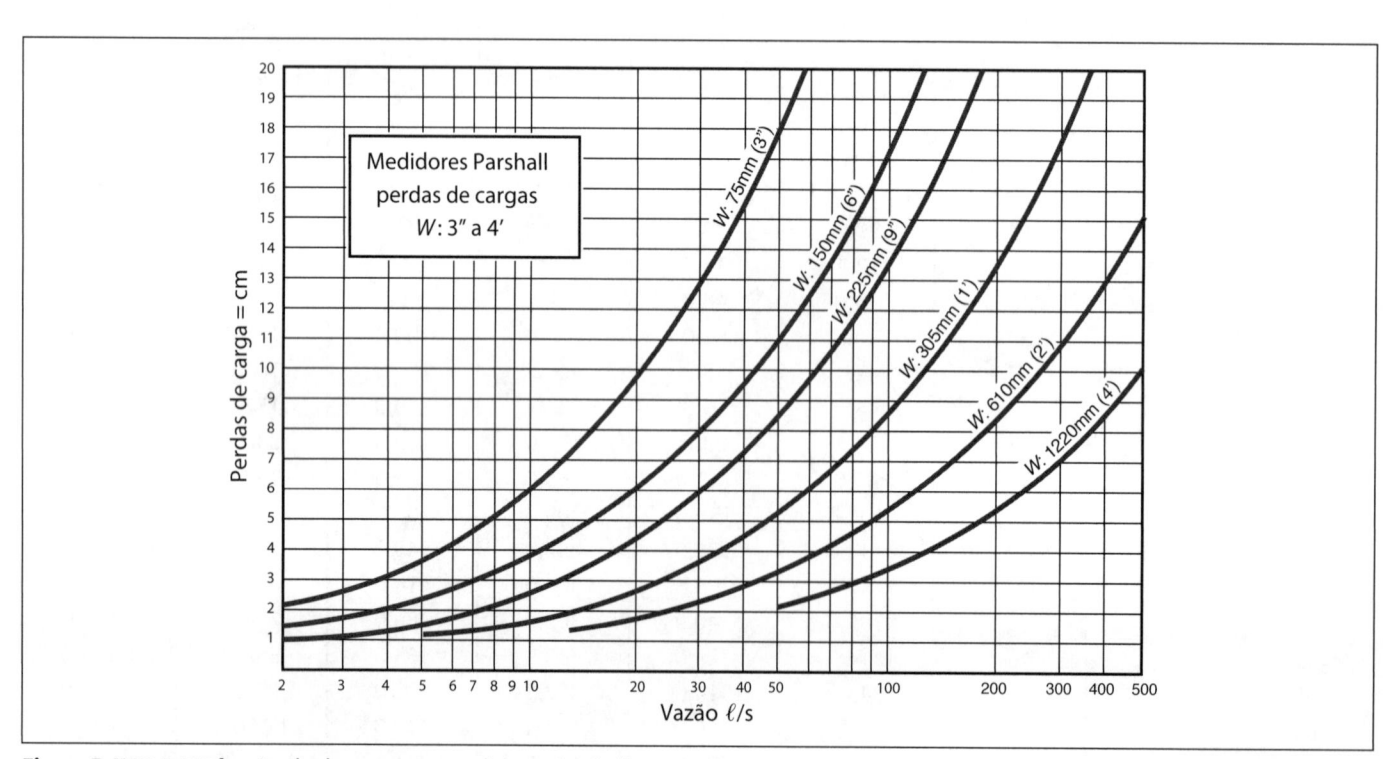

Figura B-IV.2.2.2.7-b – Perda de carga em medidores Parshall.

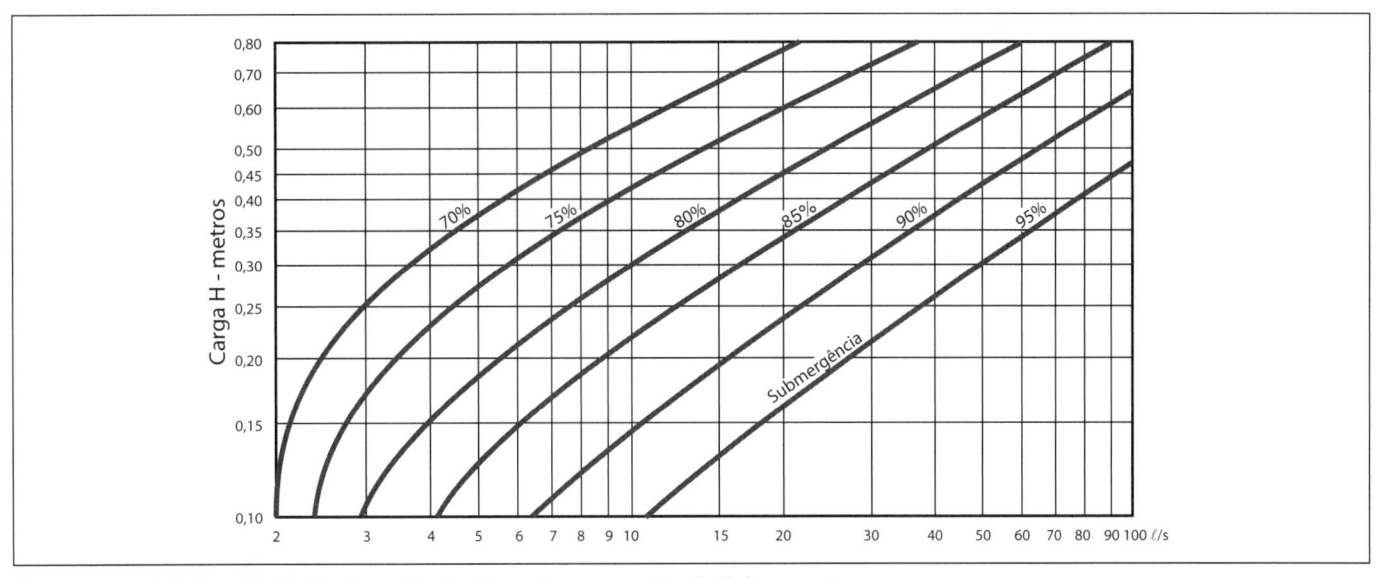

Figura B-IV.2.2.2.8-a – Redução de vazão devida a afogamento Parshall de um pé.

B-IV.2.2.3 Medidores Palmer-Bowlus (P-B)

O medidor Palmer-Bowlus, desenvolvido em conjunto pelos Drs. Harold K. Palmer e Fred D. Bowlus, utiliza seções de garganta retangulares ou trapezoidais para medição de vazão com grandes variações, que é o caso de redes de esgoto, e podem ser instalados sem aumentar o diâmetro a montante do medidor, fundamental quando na instalação de medidor em redes existentes. No entanto, em certos casos, considerando o diâmetro e a declividade do tubo, seria necessário aumentar o diâmetro do tubo a montante para permitir a medição de vazões dentro da faixa necessária com a devida precisão.

O engenheiro Russell G. Ludwig (Bib. L810), estudioso do assunto, escreveu: "*a seção retangular não servirá para medir adequadamente as vazões com uma certa variação, e ainda se fosse utilizada, seria necessário prover um diâmetro maior na seção do conduto a montante do medidor*".

Portanto, só serão analisados neste *item* os medidores "palmer" trapezoidais (*Figura B-IV.2.2.3-a*).

Diferentemente dos medidores Parshall que são um instrumento empírico experimental de medição, que não podem ser analisados pelos princípios da hidráulica, os medidores Palmer-Bowlus são capazes de desenvolver uma curva energética mediante a aplicação desses princípios e, através da equação de Bernoulli, o engenheiro pode elaborar uma curva energética para quaisquer tipos de garganta e conjunto de vazões. É recomendado que a medição de carga esteja num ponto não maior que $0,5 \times D$ acima da entrada da secção de transição (*Figura B-IV.2.2.3-b*).

A curva energética é obtida tomando várias profundidades críticas da garganta (d_c) e determinando a combinação de profundidade e velocidade na seção de montante. A partir da equação da vazão crítica calcula-se a velocidade:

$$\frac{v_c^2}{2 \times g} = \frac{A_m}{2 \times B}$$

onde:

B = largura da lâmina de água da seção crítica (ver *Figura B-IV.2.2.3-b*);
NA_m = NA na seção de medição;
v_c = velocidade crítica (velocidade na garganta);
A_m = área da seção de medição.

As *Tabelas B-IV.2.2.3-a* e *b* e Figuras *B-IV.2.2.3-b* e *B-IV.2.2.3-c* mostram dados da curva energética para duas seções trapezoidais *standard* do medidor de largura de base $D/2$ e $D/3$.

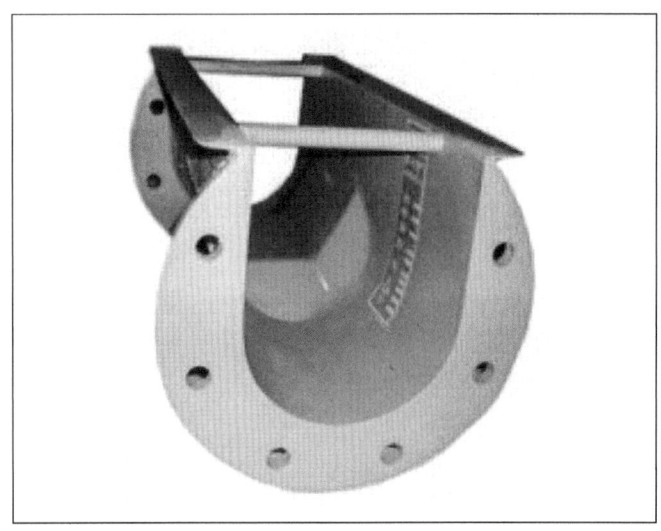

Figura B-IV.2.2.3-a – Calha Palmer-Bowlus em fibra de vidro e flangeada.

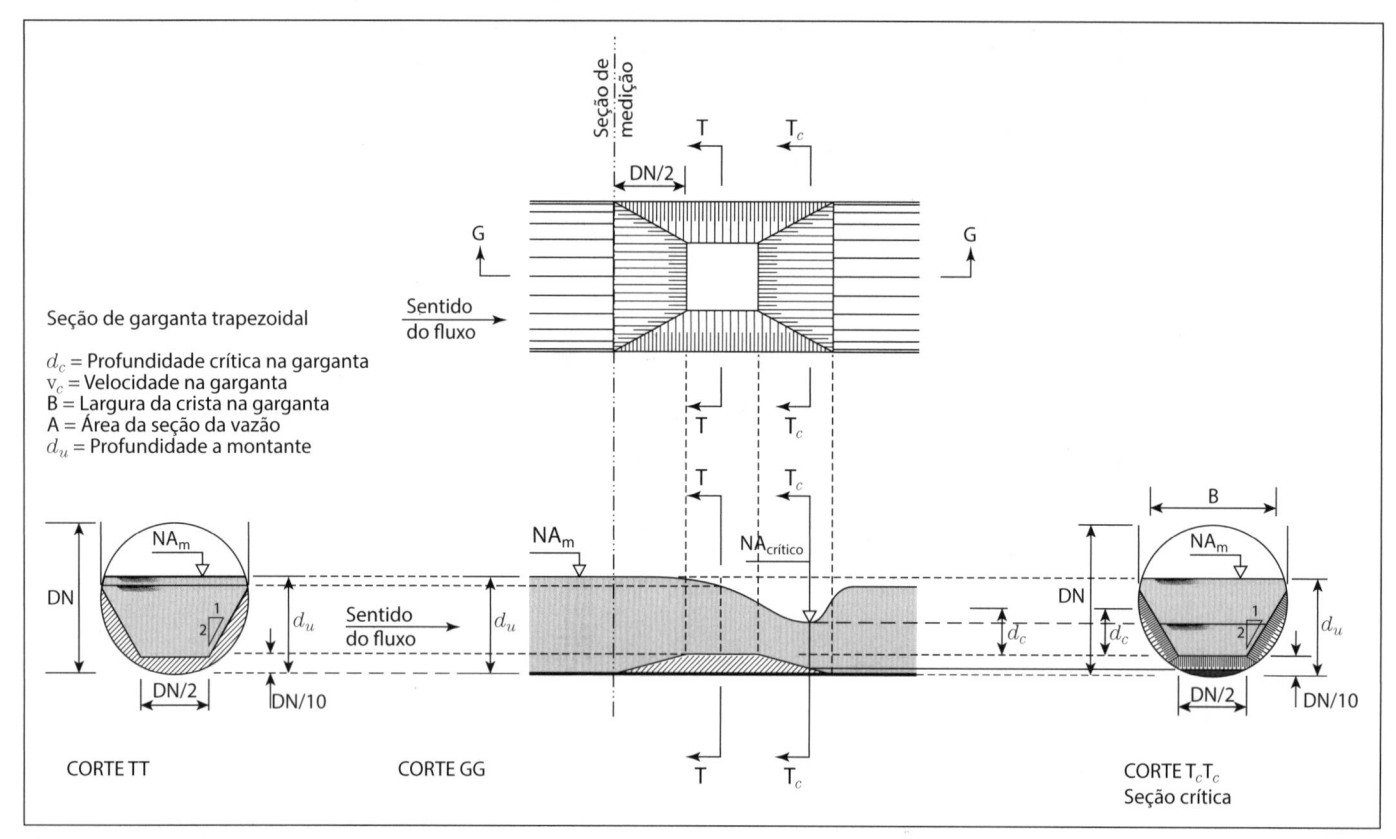

Figura B-IV.2.2.3-b – Vista do medidor Palmer-Bowlus padrão base $D/2$.

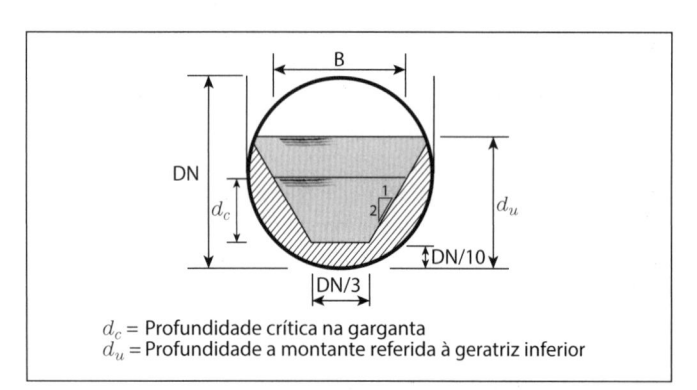

d_c = Profundidade crítica na garganta
d_u = Profundidade a montante referida à geratriz inferior

Figura B-IV.2.2.3-c – Seção trapezoidal padrão base $D/3$.

Tabela B-IV.2.2.3-a Seção trapezoidal com largura de base $D/2$		**Tabela B-IV.2.2.3-b** Seção trapezoidal com largura de base $D/3$	
d_u/D	$Q/D^{5/2}$	d_u/D	$Q/D^{5/2}$
0,15	0,0101	0,15	0,0068
0,20	0,0305	0,20	0,0204
0,25	0,0590	0,25	0,0395
0,30	0,0950	0,30	0,0640
0,35	01384	0,35	0,0940
0,40	0,1894	0,40	0,1296
0,45	0,2482	0,45	0,1710
0,50	0,3153	0,50	0,2186
0,55	0,3913	0,55	0,2726
0,60	0,4770	0,60	0,3336
0,65	0,5732	0,65	0,4019
0,70	0,6810	0,70	0,4779
0,75	0,8004	0,75	0,5623
0,80	0,274	0,80	0,6557
0,85	1,0614	0,85	0,7587
0,90	1,2022	0,90	0,8723

B-IV.2.3 Medições utilizando ADCP móvel (de superfície)

No *item A-15.8.3* tratou-se deste assunto, e aqui se retorna ao caso ADCP móvel que na prática vem sendo mais usado.

A medição de descargas e correntes utilizando ADCP móvel exige uma complexa logística de trabalho de campo. O primeiro passo é a definição de qual a finalidade do dado medido, ou seja, qual será a utilização da informação obtida em campo.

Sendo assim, essa logística também depende das necessidades do engenheiro que irá utilizar os dados medidos em campo. Dessa forma, é de fundamental importância que o engenheiro responsável estabeleça uma especificação detalhada para a equipe que vai a campo.

Além disso, como cada local de medição possui suas características específicas, a equipe técnica de campo precisa estabelecer uma logística diferenciada para cada campanha.

B-IV.2.3.1 Equipamentos e recursos necessários

- Equipe de campo: deve ser composta por no mínimo 3 pessoas – o piloto da embarcação, um técnico especializado, e um ajudante.

- Equipamento para a medição propriamente dita: ADCP, GPS, computador portátil, e outros acessórios secundários.

- Material para anotações: planilhas de campo, calculadora, lápis, máquina fotográfica, rádio e interfone móvel.

- Equipamento auxiliar: embarcação adequada à profundidade do local de medição e à utilização do ADCP, equipamento de segurança individual, baterias (12 V), inversor para corrente alternada 110 V, bóias de sinalização, equipamentos náuticos (cabos, cordas etc.) e base para fixação do ADCP.

- Conjunto de primeiros socorros e sobrevivência.

Antes de sair a campo, a equipe deve verificar a adequação e o funcionamento de todos os equipamentos, bem como conferir em uma lista previamente feita a presença de todo o material necessário para os trabalhos de campo e para a permanência prevista.

B-IV.2.3.2 Realização da medição

Locar a seção de medição, definindo um referencial de nível (RN) para nivelamento das réguas e para o posicionamento dos marcos topográficos. Vale ressaltar que como a descarga medida pelo ADCP independe do percurso real do barco entre as margens do curso d'água, não é necessário realizar um balizamento entre um ponto inicial e um ponto final, pois considera-se uma reta ideal, o que facilita o procedimento de medição, principalmente em rios de grande largura.

No entanto, se possível, é recomendável fixar um cabo de aço de uma margem a outra, de forma a estabelecer um alinhamento na seção de medição.

Em seguida, prender o ADCP no barco (*Figura B-IV.2.3.2-a*), garantindo que ele tenha segurança e alinhamento. Ele também deve ser conectado ao computador.

Deslocar a embarcação de uma margem para outra, concluindo o processo de medição de vazão. Os dados são analisados instantaneamente pelo ADCP. Durante a travessia, cuidar para que o eixo longitudinal do barco seja inclinado em relação à correnteza, e que o barco se movimente em velocidade próxima à da correnteza, pois se a velocidade do barco foi maior que a correnteza podem ocorrer erros de leitura do ADCP. A resultante da inclinação do eixo com a correnteza (em termos náuticos – orça da proa) deve resultar uma reta ou quase. Se a margem oposta estiver sempre visível, deve-se "mirar a proa" em um ponto e "manter a proa".

Figura B-IV.2.3.2-a – ADCP preso no barco. Foto ilustrativa, em seco.

É de interesse que os perfis sejam tomados em intervalos de tempo não superiores a 30 minutos, alcançando no máximo 1 hora, de tal forma que a curva de descargas não apresente defasagens. No entanto, dependendo dos diversos fatores relacionados ao processo de medição, o período de monitoramento pode sofrer variações.

É desejável que o início e o fim da medição estejam o mais próximo possível da margem, observando-se a existência de velocidade nessas regiões, na direção do fluxo do rio. No entanto, o ADCP possui restrições em medir o fluxo nas proximidades das margens, pois, em muitos casos, a navegação é inviável nessa região.

Outra limitação do ADCP se relaciona à medição das correntes próximas ao fundo do cursos d'água, pois os dados coletados nas proximidades do fundo podem ser inconsistentes, devido a possíveis turbulências que ocorrem nessas regiões.

B-IV.2.3.3 Cuidados

É necessário bastante cuidado e conhecimento na operação de um ADCP, pois são diversas as causas de erros durante o processo de medição:

- utilização inadequada dos modos de operação, ou montagem incorreta do aparelho (não deve ser instalado perto do motor do barco);
- velocidade muito alta da embarcação, ou com variações bruscas de velocidade;
- medição realizada em locais com fundo móvel;
- inserção da profundidade (*draft*) errada do ADCP;
- água não homogênea, ou água muito limpa.

Deve-se ter cautela no uso do aparelho de forma a descartar problemas com "fundo móvel", que são verificados nas situações em que o aparelho encontra sedimentos instáveis no fundo do rio.

Problemas com o eco também são comuns, pois muitas vezes o sinal não alcança o fundo do rio devido a alguma interferência, como por exemplo quando algum animal atravessa a área de captura de sinais coberta pelos sensores do aparelho.

Atualmente, muitos dos programas que gerenciam os ADCPs já possuem a capacidade de solucionar esses tipos de problemas. Esses programas comparam as profundidades obtidas anteriormente e posteriormente à medição, e descarta dados que possivelmente foram prejudicados por interferências externas. Finalizada a medição, ele interpola os dados consistentes, preenchendo os dados descartados.

Um cuidado relativo à operação do aparelho se relaciona ao seu transdutor acústico, que precisa ser totalmente imerso na água durante todo o processo de medição. Por isso, é necessário conduzir o barco em velocidades adequadas, evitando grandes oscilações que poderiam causar entrada de ar em baixo dos sensores, impedindo a transmissão do pulso.

B-IV.2.3.4 Resultados

Na medição com ADCP, os valores medidos de vazão estarão disponíveis instantaneamente, logo após a realização da medição, e as informações são armazenadas em meios digitais.

Dessa forma, são dispensados os cálculos de escritório. Além disso, a rapidez dos resultados das medições torna possível a avaliação de sua consistência em tempo real. Isso permite, se necessário, a repetição da medição, garantindo a qualidade dos dados obtidos na campanha de campo.

B-IV.2.3.5 Vantagens

A seguir serão descritas algumas vantagens a respeito da utilização do ADCP no processo de medições de vazões:

- Boa rapidez no processo de medições e nos resultados.
- O ADCP mede toda a área da seção, enquanto que os métodos convencionais realizam amostragens.
- Facilidade de operação. Apesar de serem necessárias instruções detalhadas, os procedimentos para instalação e operação do ADCP são simples.
- A medição não é influenciada por fatores externos como velocidade do rio e direção da embarcação.
- A medição não necessita de estabelecimento de referências de nível, ou batimetria.
- As informações disponibilizadas pelo ADCP podem ser utilizadas para diversos objetivos, tais como: medir campos de velocidade, estabelecimento de modelos hidráulicos, levantamentos hidrográficos, estimar concentração de sedimentos, estudos de renovação de água em reservatórios etc.

PARTE C

ANEXOS

Sistema Internacional de Unidades (SI)

Grandezas de Interesse à Hidráulica
Relações de Medidas e Unidades de Interesse

C-1.1 APRESENTAÇÃO

O Sistema Internacional de Unidades, do Bureau Internacional de Pesos e Medidas (BIPM), simbolizado por SI, foi ratificado pela Undécima Conferência de Pesos e Medidas, realizada em 1960 (CGPM/1960), e é baseado nas sete unidades fundamentais ou unidades de base (*Tabela C-1.1-a*).

Tabela C-1.1-a

comprimento	metro	m
massa	quilograma	kg
tempo	segundo	s
intensidade de corrente elétrica	ampère	A
temperatura termodinâmica	kelvin	K
intensidade luminosa	candela	cd
quantidade de matéria	mol	mol (definida em 1971 14ª CGPM)

O SI é oficial no Brasil desde 1962.

A seguir são apresentadas as definições, símbolos e unidades de algumas grandezas principais, de interesse à Hidráulica.

C-1.2 UNIDADES DO SISTEMA INTERNACIONAL

Grandeza	Nomes e símbolos das unidades		Definição das unidades	Observação
Comprimento(*1)	metro	m	Comprimento igual a 1.650.763,73 comprimentos de onda, no vácuo, da radiação correspondente à transição entre os níveis $2p_{10}$ e $5d_5$ do átomo de criptônio 86	1) Definição retificada pela 11ª CGPM/1960 2) 10^{-10} m = angstrom (Å)
Ângulo plano	radiano	rad	Ângulo central que subentende um arco de círculo cujo comprimento é igual ao do respectivo raio.	Nesta mesma unidade se mede também o ângulo de fase de uma grandeza periódica
Área	metro quadrado	m^2	Arca de um quadrado cujos lados tem comprimento igual a 1 metro	1) 10^4 m^2 = hectare (ha) 2) 10^2 m^2 = are (a) 3) 10^{-28} m^2 = barn (b)
Volume	metro cúbico	m^3	Volume de um cubo cuja aresta tem comprimento igual a 1 metro	1) Nesta mesma unidade se mede também o módulo de resistência de uma seção plana. 2) 10^{-3} m^3 – Litro (ℓ) é uma denominação alternativa para decímetro cúbico, não sendo entretanto recomendado para exprimir volumes em medidas de grande precisão (12ª CGPM/1964)
Massa	quilograma	kg	Massa do protótipo internacional do quilograma	1) Definição ratificada pela 3ª CGPM/1901 2) 10^3 kg = tonelada (t) 3) 10^{-3} kg = grama (g)
Massa específica	quilograma por metro cúbico	kg/m^3	Massa de um corpo homogêneo, de volume igual a 1 metro cúbico	
Tempo	segundo	s	Duração de 9.192.631.770 períodos da radiação correspondente à transição entre os dois níveis hiperfinos do estado fundamental do átomo do césio 133	Definição ratificada pela 13ª CGPM/1967
Velocidade	metro por segundo	m/s	Distância(*2) que um móvel animado de um movimento retilíneo uniforme, percorre na razão de 1 metro a cada segundo	
Aceleração	metro por segundo por segundo	m/s^2	Variação de velocidade de 1 móvel animado de movimento retilíneo uniformemente variado, na razão de 1 m/s a cada segundo	10^{-2} m/s^2 = Gal
Vazão	metro cúbico por segundo	m^3/s	Volume(*2) de um fluido que passa por uma seção transversal em regime permanente e uniforme, na razão de 1 m^3 a cada segundo	Esta grandeza é também chamada descarga
Fluxo (de massa)	quilograma por segundo	kg/s	Massa(*2) de um fluido que escoa em regime permanente, através de uma seção transversal do conduto, à razão de 1 quilograma a cada segundo	Esta grandeza é qualificada pelo nome do fluido cujo escoamento está sendo considerado, por exemplo, fluxo de vapor
Força	newton	N	Força que imprime a um corpo de massa igual a 1 quilograma uma aceleração igual a 1 metro por segundo a cada segundo na direção da força	10^{-3} N = *dina* dyn
Pressão	newton por metro quadrado	N/m^2	Pressão exercida por uma força constante e igual a 1 newton, uniformemente distribuída sobre uma superfície plana de área igual a 1 metro quadrado, perpendicular à direção da força	1) Nesta mesma unidade se mede também a tensão mecânica 2) Esta unidade pode ser também chamada pascal, Pa 3) 10^5 Pa = atm. Ver o *item C-1.4.1*

(*1) Em 1983 a 17ª CGPM definiu o metro – "O metro é o comprimento do percurso da luz no vácuo no tempo de 1/299.792.458 de segundo."
(*2) Relativa ao tempo.

Grandeza	Nomes e símbolos das unidades		Definição das unidades	Observação
Tensão superficial	newton por metro	N/m	Força de resistência que atua na superfície livre de um líquido perpendicularmente a uma determinada direção qualquer, na razão de 1 newton por metro de comprimento medido nessa direção	
Viscosidade dinâmica	pascal segundo	Pa·s	Resistência à deformação de um fluido que, sob uma tensão tangencial constante e igual a 1 pascal, faz a velocidade adquirida pelo fluido diminuir à razão de 1 metro por segundo por metro de afastamento na direção perpendicular ao plano de afastamento	1) Quando não causar confusão, esta grandeza poderá ser chamada simplesmente viscosidade 2) Esta unidade pode ser também chamada poiseuille, Pl 3) 10^{-1} Pa·s = *poise* (P)
Viscosidade Cinemática	metro quadrado por segundo	m^2/s	Relação entre a viscosidade dinâmica de um fluido e sua massa específica, na razão de 1 pascal/segundo para cada quilograma por m^3	10^{-4} m^2/s = *stokes* (St)

C-1.3 OUTRAS UNIDADES

Grandeza	Nomes e símbolos das unidades		Definição das unidades	Valores em un. SI	Observação
Tempo	minuto hora dia	min h d	60 segundos 60 minutos 24 horas	60 s 3.600 s 86.400 s	São também legais: 1) as unidades estabelecidas pela Astronomia para seu próprio campo de aplicação 2) as unidades estabelecidas pelas convenções do calendário civil
Força	quilograma força	kgf ou kg	Peso do protótipo internacional do quilograma, quando submetido à ação da gravidade normal	9.806,65 N	Esta unidade é também chamada quiloponde, kp
Pressão	atmosfera	atm	Pressão exercida por uma força igual a 101.325 newtons, uniformemente distribuída sobre uma superfície plana de área igual a 1 metro quadrado	101.325 Pa	14ª CGPM/1971. Ver o *item C-1.4.1*
	metro de coluna d'água	mH_2O	Pressão exercida por uma coluna de água com 1 metro de altura	9.806,65 Pa	Valor exato, porém teórico. Ver *item C-1.4.1*
	milímetro de mercúrio	mmHg	Pressão exercida por uma coluna de mercúrio com 1 milímetro de altura	133,322 Pa	Esta unidade é também chamada torr Ver *item C-1.4.1*
Potência	cavalo-vapor	cv	Potência desenvolvida quando se realiza um trabalho igual a 75 quilogramas-força metros em cada segundo	735,5W	Valor arredondado
Temperatura Celsius	grau Celsius	°C	Unidade da Escala Internacional Prática de Temperaturas (1948)	t = T-273,15 em que: t = temp. Celsius T = temp. Kelvin	Essa escala é também chamada Escala Celsius. O ponto zero da Escala Celsius é exatamente igual a 273,15 K da Escala Kelvin, sendo iguais os intervalos unitários nessas duas escalas *Ver C-1.4.2.*

C-1.4 OBSERVAÇÕES

C-1.4.1 Sobre as unidades de pressão

a) O pascal (Pa) é a unidade recomendada (1971)para substituir a atmosfera e o quilograma-força por centímetro quadrado, nas medidas das pressões encontradas correntemente na Engenharia e na Indústria.

A primeira é um múltiplo decimal da unidade SI, e seu valor usual 10^5 Pa é intermediário e pode ser entendido como um arredondamento dos valores das unidades citadas. 1 atm = 101.325 Pa $\cong 10^5$ Pa e 1 kgf/cm^2 = 98.066,5 Pa $\cong 10^5$ Pa.

b) O *metro de água* é teoricamente igual a 9.806,65 Pa, o que corresponde à água pura a 4°C, sob pressão de uma atmosfera e num lugar em que a aceleração da gravidade é igual ao seu valor normal.

Como todas essas condições nunca se verificam simultaneamente, é conveniente usar um valor arredondado e mais realista para essa unidade.

Assim sendo, para os trabalhos correntes de Hidrotécnica, é recomendado:

1 m.c.a. ou 1 m H$_2$O = 10.000 N/m^2 = 10^4 Pa.

c) Para as pressões que são comumentes expressas em milímetros de mercúrio e para as pressões muito pequenas, são recomendados os múltiplos decimais do pascal, como o hectopascal (hPa) usado em meteorologia.

Na prática, pode ser considerado:

0,76 mmHg = 1 hPa; 1 atm = 1.013 hPa $\cong 10^3$ hPa

d) Para pressões altas utiliza-se o megapascal (MPa) 1 m.c.a. ou mH$_2$O = 0,01 MPa.

C-1.4.2 Sobre as escalas internacionais de temperaturas

São consideradas duas escalas:

1. Escala Internacional Prática de Temperaturas (1948), também chamada Escala Celsius; e

2. Escala Internacional Kelvin de Temperaturas, ou simplesmente, Escala Kelvin.

Os intervalos unitários são iguais nessas duas escalas, e ambas são definidas:

a) por seis pontos fixos de definição, que são temperaturas fixas e facilmente reproduzíveis, correspondentes a estados de equilíbrio térmico especificados; e

b) pelas equações e processos de interpolação, que estabelecem a correspondência entre a temperatura procurada e as indicações dos termômetros, aferidos pelos valores atribuídos aos pontos fixos.

Pontos fixos de definição	°C	K
Ponto de ebulição do oxigênio	−182,97	90,18
Ponto tríplice da água	+0,01	273,16
Ponto de ebulição da água	100,00	373,15
Ponto de ebulição do enxofre	444,60	717,75
Ponto de solidificação da prata	960,80	1.233,95
Ponto de solidificação do ouro	1.063,00	1.336,15

a1. Salvo para o ponto tríplice da água, as temperaturas acima são consideradas sob a pressão de uma atmosfera (101.325 Pa).

a2. O ponto zero de Escala Celsius é definido como a temperatura exatamente igual a 0,01 °C abaixo da temperatura do ponto tríplice da água, ou 273,15 K.

a3. No ponto tríplice coexistem, em equilíbrio termodinâmico, as três fases: sólida, líquida e gasosa.

C-1.4.3 Sobre a grafia de números

Nesta edição, nos números, a vírgula é utilizada para separar a parte decimal. A fim de facilitar a leitura, os números podem ser repartidos em grupos de três algarismos cada um; esses grupos são separados por pontos.

C-1.4.4 Prefixos SI

Fator	Prefixo	Símbolo
10^{24}	yotta	Y
10^{21}	zetta	Z
10^{18}	exa	E
10^{15}	peta	P
10^{12}	tera	T
10^{9}	giga	G
10^{6}	mega	M
10^{3}	quilo	k
10^{2}	hecto	h
10^{1}	deca	da

Fator	Prefixo	Símbolo
10^{-1}	deci	d
10^{-2}	centi	c
10^{-3}	mili	m
10^{-6}	micro	μ
10^{-9}	nano	n
10^{-12}	pico	p
10^{-15}	femto	f
10^{-18}	atto	a
10^{-21}	zepto	z
10^{-24}	yocto	y

C-1.5 RELAÇÕES DE MEDIDAS E CONVERSÕES DE UNIDADES

C-1.5.1 Comprimento

1 cm	0,3937	pol
1 m	39,37	pol
1 m	3,2808	pés
1 m	0,4545	braças
1 m	1,0936	jardas
1 km	0,6214	milhas
1 milha terrestre	1.609,35	m
1 milha terrestre	1.760	jardas
1 milha terrestre	5.280	pés
1 milha marítima (nó = milha/h)	1.852	m
1 milha marítima	2.026,7	jardas
1 milha marítima	6.080,2	pés
1 pol	2,54	cm
1 pé (12 pol)	30,48	cm
1 braça	2,2	m
1 jarda (3 pés)	91,44	cm
1 mil (milipolegada)	0,001	pol
1 mil	0,0254	mm
1 légua (3.000 braças)	6.600	m

C-1.5.2 Superfície

1 cm^2	0,155	pol^2
1 m^2	10,7639	$pés^2$
1 m^2	1,196	$jardas^2$
1 km^2	0,3861	$milhas^2$
1 a (10 x 10 m)	100	m^2
1 a	119,6	$jardas^2$
1 ha (100 a)	10.000	m^2
1 ha	2,471	acres
1 alqueire paulista	5.000	$braças^2$
1 alqueire paulista	24.200	m^2
1 alqueire paulista	2,42	ha
1 alqueire mineiro	48.400	m^2
1 pol^2	6,452	cm^2
1 $pé^2$	929,03	cm^2 (0,093 m^2)
1 $jarda^2$	8.361,27	cm^2
1 $jarda^2$	0,8361	m^2
1 acre	4.047	m^2
1 acre	0,4047	ha
1 $milha^2$	259	ha
1 $milha^2$	2,59	km^2
1 $jarda^2$	9	$pés^2$
Circular mil (área de um círculo com diâmetro 1 mil)	0,0000007854	pol^2
1 $pé^2$	144	pol^2
1 $milha^2$	640	acres
1 acre	43.560	$pés^2$
1 acre	4.840	$jardas^2$
1 $légua^2$ (de sesmaria)	4.356	ha

C-1.5.3 Volume e capacidade

1 m³	35,3146	pés³
1 m³	1,308	jardas³
1 cm³	0,061	pol³
1 litro (dm³)	61,023	pol³
1 litro	0,2642	galões
1 jarda³	27	pés³
1 jarda³	0,7645	m³
1 pol³	16,39	cm³
1 pé³	0,0283	m³
1 pé³	28,316	litros
1 pé³	7,48	galões (U.S.)
1 pé³	1.728	pol³
1 U.S. galão	231	pol³
1 U.S. galão	0,13368	pés³
1 U.S. galão	3,7854	litros
1 U.S. galão	0,8331	galão imperial
1 galão imperial (Inglaterra)	4,546	litros
1 galão imperial	277,4	pol³
1 quart (1/4 U.S. galão)	0,94635	litros
1 pint (1/8 U.S. galão)	0,47317	litros
1 acre-pé	1.233,53	m³
1 acre-pol	102,793	m³
1 U.S. galão de água pesada	8,34	lb
1 galão imperial de água pesada	10	lb
1 pé³ de água pesada	62,4	lb
1 barril de óleo (barrel)	42	galões
1 barril de óleo (barrel)	158,98	litros

C-1.5.4 Vazão

1 gpm (U.S.) (galões/min)	0,00223	pés³/s = 0,063 ℓ/s
1 MGD (10⁶ galões/d)	694,44	gpm = 43,85 ℓ/s
1 MGD	1,5486	pés³/s
1 pé³/s = 28,32 ℓ/s	448,5	gpm
1 pé³/s	0,6458	MGD

C-1.5.5 Peso

1 tonelada métrica (t)	1.000	kg
1 tonelada longa (long ton)	1,016047	t
1 tonelada curta (short ton)	0,907185	t
1 tonelada longa	2.240	lb
1 tonelada curta	2.000	lb
1 kg	2,2046	lb
1 g	15,432	grãos
1 grão	64,8	mg
1 lb	7.000	grãos
1 lb	453,592	g
1 lb	16	onças
1 onça	28,35	g
1 onça	8	oitavas
1 onça	437,5	grãos

C-1.5.6 Pressão

Unidade	bar	mbar	Pa	kPa	MPa	kgf/cm^2	mH$_2$O
1 bar	1	1.000	100.000	100	0,1	1,0197	10,197
1 mbar	0,001	1	100	0,1	0,0001	0,001	0,0101972
1 Pa	0,00001	0,01	1	0,001	0,000001	0,00001	0,0001
1 kPa	0,01	10	1.000	1	0,001	0,0102	0,102
1 Mpa	10	10.000	1.000.000	1.000	1	10,197	101,97
1 kgf/cm^2	0,9806	980,665	98.066,50	98,066	0,09806	1	10
1 mH$_2$O	0,09806	98,066	9.806,60	9,8066	0,0098	0,1	1
1 mmHg	0,001	1,333224	133,3224	0,133	0,000133	0,0014	0,0136
1 psi	0,0689	68,948	6.894,75	6,89	0,0069	0,07	0,704
1 ft H$_2$O	0,03	29,89	2.989,07	2,989	0,003	0,03048	0,3048
1 in H$_2$O	0,0025	2,49	249,09	0,249	0,00024	0,00254	0,0254
1 in Hg	0,0338	33,863	3.386,40	3,386	0,0034	0,0345	0,3459
1 atm	1,01325	1.013,25	101.325	101,325	0,101325	1,033228	10,332275

C-1.5.6 Pressão (continuação)

Unidade	mmHg (0°)	psi	ft H$_2$O (4°)	in H$_2$O (4°)	in Hg (0°)	atm
1 bar	750,062	14,504	33,455	401,463	29,53	0,9869233
1 mbar	0,7501	0,014504	0,0335	0,4015	0,0295	0,0009869
1 Pa	0,0075	$0,14504 \times 10^{-3}$	$0,33455 \times 10^{-3}$	$4,01463 \times 10^{-3}$	$2,953 \times 10^{-3}$	0,0000099
1 kPa	7,5	0,14504	0,33455	4,01463	0,2953	0,0098692
1 Mpa	7500,617	145,04	334,552	4.014,63	295,3	9,8692327
1 kgf/cm^2	735,56	14,223	32,808	393,7	28,959	0,9678411
1 mH$_2$O	73,556	1,42233	3,2808	39,97	2,895902	0,0967841
1 mmHg	1	0,019	0,0446	0,54	0,03937	0,0013158
1 psi	51,715	1	2,3067	27,68	2,04	0,068046
1 ft H$_2$O	22,42	0,4335	1	12	0,8826709	0,0294989
1 in H$_2$O	1,868	0,0361	0,08333	1	0,0735	0,0024559
1 in Hg	25,4	0,491	1,1329	13,595	1	0,0334211
1 atm	760	14,6959494	33,8985376	407,1893586	29,921252	1

C-1.5.7 Temperatura

A temperatura do gelo fundente à pressão barométrica de 76 cm de mercúrio corresponde a 0° na escala Celsius e a 32° na escala Fahrenheit; a temperatura da água fervente à pressão de 76 cm de mercúrio corresponde a 100° na escala Celsius e a 212° na escala Fahrenheit.

Uma mesma temperatura T possui os valores e dados a seguir: em graus Celsius,

$$T_C = (T_F - 32) \times \frac{5}{9} = \frac{T_F - 32}{1,8}$$

e, em graus Fahrenheit,

$$T_F = T_C \times \frac{9}{5} + 32 = (1,8 \times T_C) + 32$$

C-1.5.9 Unidade compostas

1 lb/pé³	16,0192	kgf/m³
1 kgf/m³	0,0624	lb/pé³
1 grão/galão	17,1	mgf/ℓ
1 grão/galão	142,9	lb/milhão galões
1 galão/pé³	133,745	ℓ/m³
1 galão/pé³	2,29	gf/m³
1 lb/galão	119,84	gf/ℓ
1 lb/pé linear	1,4882	kgf/m
1 ppm	1	gf/m³ ou 1 mgf/ℓ
1 ppm	8,34	lb/milhão galões
1 lb/acre	0,112	gf/m²
1 t/acre	2,47	t/ha

C-1.5.8 Medidas diversa
(trabalho, potência, calor)

1 cv	0,736	kW
1 cv	0,986	HP
1 HP	1,014	cv
1 HP	745	W
1 HP	0,745	kW
1 HP	550	pés lb/s
1 HP hora	0,745	kW hora
1 HP hora	2 529	BTU
1 kW	1,36	cv
1 kW	1,342	HP
1 kW	738	pés lb/s
1 joule	1	W·s
1 kWh	1,342	HP hora
1 kWh	3 395	BTU
1 kcal	3,95	BTU
1 caloria	4,1868	J
1 BTU	1.060,4	J

Convenções e Notações

Símbolo	Descrição da grandeza ou unidade	Unidade usual ou múltipla	Dimensional no SI (MLT)	Dimensional no SG (FLT)
	GRANDEZAS BÁSICAS			
	ângulo plano	rad (radiano)		
	ângulo sólido	sr (esterradiano)		
	comprimento	m (metro)	L	L
	força (quilograma-força ou kg*)	kgf		F
	intensidade de corrente elétrica	A (Ampère)		
	intensidade luminosa	cd (candela)		
	massa	kg (quilograma)	M	$FT^2 L^{-1}$
	quantidade de matéria	mol (mol)		
	rotação por minuto (velocidade angular)	rpm	T^{-1}	T^{-1}
	temperatura termodinâmica	K (Kelvin)		

Símbolo	Descrição da grandeza ou unidade	Unidade usual ou múltipla	Dimensional no SI (MLT)	Dimensional no SG (FLT)
	tempo	s (segundo)	T	T
GRANDEZAS DERIVADAS				
a	aceleração	m/s^2	LT^{-2}	LT^{-2}
a_x, a_y, a_z	aceleração nas respectivas direções	m/s^2	LT^{-2}	
α	ângulo, fator de correção de energia cinética	adimensional	-	
α′	ângulo da curva	°, rad		
φ	ângulo de atrito	°, rad		
φ′	ângulo de atrito interno do solo	°, rad		
β	ângulo de inclinação	°, rad		
θ	ângulo qualquer	rad (radiano)		
A	área	m^2	L^2	L^2
A_m	área molhada, seção molhada	m^2	L^2	
H_r	altura de recalque	m	L	
H	altura de recobrimento	m	L	
H_s	altura de sucção	m	L	
h	altura do NA na canalização referida a uma origem	m		
H_g	altura geométrica	m	L	
H_{man}	altura manométrica	m	L	
h	altura pluviométrica	cm/dia	LT^{-1}	
H_e	carga específica	m		
H_T	carga total	m		
c	celeridade	m/s	LT^{-1}	
CG	centro de gravidade			
μ	coeficiente de atrito	adimensional		
C	coeficiente de Chèzy	adimensional		
α	coeficiente de compressibilidade	adimensional		
C_d	coeficiente de descarga	adimensional		
$α_m$	coeficiente de dilatação térmica	adimensional		
C_m	coeficiente de escoamento	adimensional		
C	coeficiente de Hazen-Williams	adimensional		
n	coeficiente de Manning (Kutter)	adimensional		
k_1	coeficiente de máxima vazão diária	adimensional		
k_2	coeficiente de máxima vazão horária	adimensional		
k_3	coeficiente de mínima vazão horária	adimensional		

Símbolo	Descrição da grandeza ou unidade	Unidade usual ou múltipla	Dimensional no SI (MLT)	Dimensional no SG (FLT)
K	coeficiente de perda de carga	adimensional		
z	coeficiente de perda de forma	adimensional		
K	coeficiente de reforço, coeficiente de segurança	adimensional		
f, λ	coeficiente de resistência, de atrito	adimensional		
C	coeficiente de retorno	adimensional		
K'	coeficiente de rugosidade	adimensional		
n	coeficiente de rugosidade de Ganguillet e Kutter	adimensional		
ξ	coeficiente de válvula de regulagem	adimensional		
C'	coesão	KN/m^2		
L	comprimento	m	L	
p_2	conduto de diâmetro unitário, assentado	\$/m		
R	constante dos gases perfeitos	adimensional		
q	consumo *per capita*	ℓ/hab x dia		
Q_f	contribuição média final de esgoto doméstico	ℓ/s		
Q_i	contribuição média inicial de esgoto doméstico	ℓ/s		
Q_{ci}	contribuição singular inicial	ℓ/s		
Z	cota (altura, nível)	m		
I	declividade	m/m	L/L	L/L
I_c	declividade crítica	m/m	L/L	L/L
ε	deformação			
δ	densidade (massa específica)	kg/m^3	ML^{-3}	$FT^2 L^{-4}$
d_P	densidade populacional	hab/ha		
D	diâmetro	m, mm	L	
De	diâmetro equivalente	m, mm	L	
DH	diâmetro hidráulico (diâmetro efetivo, diâmetro interno)	m, mm		
DN	diâmetro nominal	m, mm	L	
L	distância, comprimento	m		
x	distância na horizontal, eixo das abcissas	m	L	
y	distância na vertical, eixo das coordenadas, desnível	m	L	
E	energia	J (Joule)	$ML^2 T^{-2}$	FL
H_e, H_i	esforços horizontais resultantes	N		
V_e, V_i	esforços verticais resultantes	N		
ε_0	excentricidade			
τ	fase	s	L	

Símbolo	Descrição da grandeza ou unidade	Unidade usual ou múltipla	Dimensional no SI (MLT)	Dimensional no SG (FLT)
F, N	força	N (Newton)	MLT^{-2}	F
f	frequência elétrica	Hz (Hertz),	T^{-1}	
f	frequência (estatística; por exemplo, frequência de chuvas)	$anos^{-1}$	T^{-1}	
g	gravidade, aceleração da gravidade	m/s^2	LT^{-2}	
t	horas de bombeamento por dia dividido por 24 horas			
h	horas de funcionamento	horas		
r	impermeabilização da área	%		
S_c	inclinação crítica da tubulação			
λ	índice de resistência	adimensional		
I	infiltração	$\ell/s \cdot m^2$	$L^3 T^{-1} L^{-2}$	
i	intensidade de chuvas	mm/h	LT^{-1}	
b	largura (canais)	m	L	
L	largura (vertedor)	m	L	
m	massa	kg	M	
ρ	massa específica	kg/m^3	ML^{-3}	
d_u	medidor Palmer Bowlus, altura da água antes da seção de medição	m	L	
d_c	medidor Palmer Bowlus, altura da água no NA crítico	m	L	
B	medidor Palmer Bowlus, largura da seção superior do	m	L	
λ	medidor Parshall, coeficiente do	adimensional		
E	módulo de elasticidade	Pa (Pascal)	$ML^{-1} T^{-2}$	FL^{-2}
M_0	momento de inércia	m^4	L^4	
P_1	motobomba, valor	$		
NA	nível da água	m (SNMM)	L	
NMM	nível médio do mar			
	número de Boussinesq	adimensional		
Fr	número de Froude	adimensional		
Ma	número de Mach	adimensional		
R_e	número de Reynolds	adimensional		
N	número de verticais para medição			
h_f	perda de carga total	m	L	
J	perda de carga unitária	m/m		
P_m	perímetro molhado	m	L	
P	peso	N	MLT^{-2}	
P	peso (no sistema gravitacional: quilograma-força)	kgf	MLT^{-2}	

Símbolo	Descrição da grandeza ou unidade	Unidade usual ou múltipla	Dimensional no SI (MLT)	Dimensional no SG (FLT)
γ	peso específico	N/m^3, kgf/m^3	$ML^{-2}T^{-2}$	FL^{-3}
N	pessoas atendidas			
P	população	habitantes		
P_{OT}	potência	W, cv, HP	ML^2T^{-3}	
p_1	potência, valor	\$/kW·h		
P_2	preço do conduto de recalque	\$		
p	pressão	Pa, m.c.a., mH_2O	$ML^{-1}T^{-2}$	FL^{-2}
pa	pressão atmosférica local nas CNTP			
H, y, h	profundidade (em relação ao NA ou a qualquer origem)	m	L	
h_c	profundidade crítica	m		
h_{mc}	profundidade média crítica	m		
rc	raio de curvatura	m	L	
R_H	raio hidráulico	m	L	
r	raio qualquer	m	L	
T_R	recorrência de chuvas	anos	T	
A_1/A_2	relação de áreas	adimensional	-	
η_{bomba}	rendimento da bomba	%		
η_{motor}	rendimento do motor	%		
η_{global}	rendimento global do conjunto motor-bomba	%		
R	resultante			
n	rotações por minuto	rpm		
e	rugosidade, aspereza do duto, espessura soleira vertedores, espessura dos tubos	m	L	
h_a	sobrepressão	m.c.a.	L	
S	submergência	%		
S	submergência dinâmica			
T_I	taxa de contribuição de infiltração	ℓ/s x km		
T_{xi}	taxa de contribuição linear em área esgotada de ocupação homogênea	ℓ/s x km		
T	taxa de contribuição por superfície esgotada	ℓ/s x hab		
i	taxa de juros (oportunidade do capital)	% ao mês		
T	temperatura	°C		
t	tempo	s, min, hora	T	
t_c	tempo de concentração (chuvas)	min	T	
t_d	tempo de detenção	s, min, hora	T	

Símbolo	Descrição da grandeza ou unidade	Unidade usual ou múltipla	Dimensional no SI (MLT)	Dimensional no SG (FLT)
t_n	tempo de duração de chuvas	s, min	T	
σ_{hadm}	tensão máxima admissível horizontal	KN/m^2		
σ_{vadm}	tensão máxima admissível vertical	KN/m^2		
τ	tensão superficial		MT^{-2}	FL^{-1}
σ	tensão trativa	Pa	ML^{-1}T^{-2}	FL^{-2}
	torque	Nm	ML^{2}T^{-2}	FL
	vazão (massa/tempo)	kg/s	MT^{-1}	FTL^{-1}
Q	vazão (volume/tempo)	m^3/s	L^{3}T^{-1}	L^{3}T^{-1}
q	vazão virtual unitária	m^3/s/ℓ/s	L^{3}T^{-1}	
v	velocidade	m/s	LT^{-1}	LT^{-1}
v_c	velocidade crítica	m/s		
n_s	velocidade específica			
υ_{cn}	viscosidade cinemática	St (Stokes)	L^{2}T^{-1}	L^{2}T^{-1}
μ	viscosidade dinâmica	P (Poise)	ML^{-1}T^{-1}	FTL^{-2}
V	volume	m^3	L^3	L^3
V_e	volume efetivo	m^3		
V_u	volume útil	m^3		

Índice Remissivo

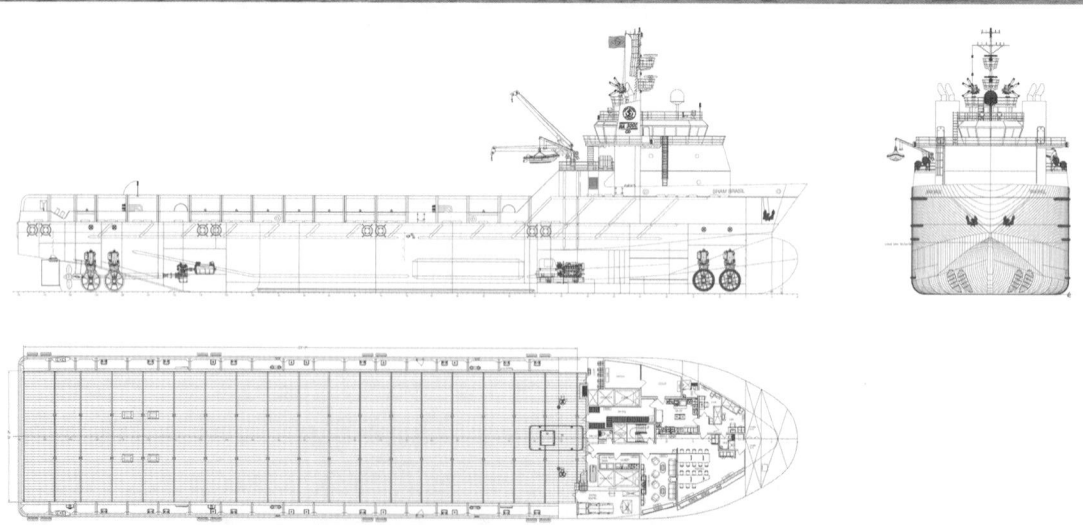

Entre as obras com forte presença da disciplina de hidráulica, encontram-se os estaleiros onde as embarcações são construídas e reparadas. Na foto, o estaleiro NAVSHIP, na foz do rio Itajaí, Navegantes, SC e também foto e desenho de uma embarcação de "apoio a serviços no mar" ali construída em 2011 (batizada de BRAM-BRASIL) com cerca de 93 m de comprimento total, 18 m de boca moldada, 7 m de pontal, 3 m de calado leve. Essa embarcação, sem carga, pesa ± 3.500 toneladas, centro de gravidade a 5,5 m, centro de flutuação a 1,5 m, medidos a partir da quilha, com 4 m de altura metacêntrica (Fonte: cortesia Edison Chouest Offshore).

Bibliografia

A020   ABBOTT, Michael B. – Computational Hydraulics, 1971.

A021   ABBOTT, Michael B. – Hydroinformatics, 1991.

A045   ABNT. NBR 5626 – norma Instalação predial de água fria, 1998.

A050   ABNT. NBR 7198 – norma Projeto e execução de instalações prediais de água quente, 1993.

A052   ABNT. NBR 7229 – norma Projeto, construção e operação de sistemas de tanques sépticos, 1997.

A053   ABNT. NBR 7367 – norma Projeto e assentamento de tubulações de PVC rígido para sistemas de esgoto sanitário, 1988.

A054   ABNT. NBR 12587 – norma Cadastro de Sistemas de Esgoto Sanitário, 1992.

A055   ABNT. NBR 8160 – norma Sistemas prediais de esgoto sanitário – Projeto e execução, 1999.

A058   ABNT. NBR 9648 – norma Estudo de concepção de sistemas de esgoto sanitário – Procedimento, 1986.

A059   ABNT. NBR 9649 – norma Projeto de redes coletoras de esgoto sanitário – Procedimento, 1986.

A060   ABNT. NBR 8194 – norma Hidrômetro taquimétrico para água fria até 15,0 m^3/h de vazão nominal – Padronização, 1992.

A061   ABNT. NBR 10844 – norma Instalações prediais de águas pluviais – Procedimento, 1989.

A062   ABNT. NBR 14005 – norma Terminologia, especificação e métodos de ensaio para hidrômetros de vazão nominal de 15 a 1.500 m^3/h, 1992.

A063   ABNT. NBR 12207 – norma Projeto de interceptores de esgoto sanitário – Procedimento, 1992.

A064   ABNT. NBR NM 212 – norma Terminologia, especificação e métodos de ensaio para hidrômetros de vazão nominal até 15 m^3/h, 1999.

A065   ABNT. NBR 9650 – norma Verificação de estanqueidade no assentamento de adutoras e redes de água, 1986.

A066   ABNT. NBR 12211 – norma Estudo de concepção de sistemas públicos de abastecimento de água, 1992.

A067   ABNT. NBR 12212 – norma Projeto de poço tubular para captação de água subterrânea, 2006.

A068   ABNT. NB-591 – norma Elaboração de projetos de sistemas de adução de água para abastecimento público, 1977.

A069   ABNT. NBR 12214 – norma Projeto de sistema de bombeamento de água para abastecimento público, 1992.

A070   ABNT. NBR 12215 – norma Projeto de adutoras de água para o abastecimento público, 1991.

A071   ABNT. NBR 12216 – norma Projeto de estação de tratamento de água para o abastecimento público, 1992.

A072   ABNT. NBR 12217 – norma Projeto de reservatório de distribuição de água para abastecimento público, 1994.

A073   ABNT. NBR 12218 – norma Projeto de redes de distribuição de água para abastecimento público, 1994.

A074   ABNT. NBR 12586 – norma Cadastro de sistemas de abastecimento de água, 1992.

A075   ABNT. NBR 12213 – norma Projeto de captação de água de superfície para o abastecimento público, 1992.

A076   ABNT. NBR 12209 – norma Elaboração de projetos hidráulico-sanitários de estações de tratamento de esgotos sanitários, 2011.

A077   ABNT. NBR 9800 – norma Lançamento de efluentes líquidos industriais em sistema público de esgoto sanitário, 1987.

A078   ABNT. NBR 9814 – norma Execução de redes coletoras de esgoto sanitário, 1987.

A079   ABNT. NBR 12208 – norma Projeto de estações elevatórias de esgoto sanitário – procedimento, 1992.

A450   ALLEN, R. G.; Pereira, L.; et al. Crop evapotranspiration: guidelines for computing crop water requirements FAO. FAO: Irrigation and Drainage Paper, 56, 1998.

A460   ALSTOM/NEYRTEC. Catálogo – Equipamentos para irrigação e saneamento, c.1980.

A685   ARBOLEDA VALENCIA, Jorge. Teoría y práctica de la purificación del água. 3rd ed. New York: McGraw-Hill, 2000.

A695   ARMCO. Manual de hidrotécnica: para solução de problemas concernentes à captação e à utilização das águas. ARMCO Industrial e Comercial S.A., 1943.

A724   ASCE (American Society of Civil Engineers). Manual and reports on engineering practice, nº 36, 1977.

A725   ASCE (American Society of Civil Engineers). Manual, vol. XXI.

A726   ASCE (American Society of Civil Engineers). Manual of practice "mop nº 37", 1982.

A850   ÁVILA, G. S. Hidraulica general. Vol. 1 – Fundamentos. 15ª reimpr. México: Limusa Noriega, 1994 (1ª ed., 1974).

A900   AWWA (American Water Works Association). Manual – Basic science concepts and applications, 1980.

A901   AWWA (American Water Works Association). Manual para seleção, instalação, ensaio e manutenção de hidrômetros. 4th ed. 2005.

A902   AWWA (American Water Works Association) Manual – M24 dual water systems. 1ª ed. 1983.

A903   AWWA, (American Water Works Association) Manual – M11 Steel Pipe – A Guide for Design and Installation, 1987.

A909   AWWA (American Water Works Association). Manual – Water treatment plant design. 3ª ed. New York: McGraw-Hill, 1998.

A980   AZEVEDO NETTO, J. M.; MELO, V. O. Instalações prediais hidráulico-sanitárias. São Paulo: Blucher, 1990.

A981   AZEVEDO NETTO, J. M. et al. Técnica de abastecimento e tratamento de água. 1ª ed. São Paulo: USP/FSP/CETESB, vols. I e II, 1974.

A982   AZEVEDO NETTO, J. M; ALVAREZ, G. A. Manual de hidráulica. 7ª ed. São Paulo: Blucher, 1994.

A983   AZEVEDO NETTO, J. M; FERNÁNDEZ Y FERNÁNDEZ, M. et al. Manual de hidráulica. 8ª ed. São Paulo: Blucher, 1998.

A984   AZEVEDO NETTO, J. M. et al. Projeto de sistemas de distribuição de água. 1ª ed. São Paulo: FESB, 1971.

B005   BABBITT, Harold E. et al. Abastecimento de água. São Paulo: Blucher, 1962.

B030   BALLOFFET, A. Aforadores de ressalto. Ciência y Técnica, 1949.

B034   BARBARÁ CIA. METALÚRGICA. Catálogo Barbará – aparelhos para proteção das instalações hidráulicas – Mod. 5080 – 9/72 – 3.000. 1972.

B036   BARRETO, Geraldo B. Irrigação. 1ª ed. Instituto Campineiro de Ensino Agrícola, 1974.

B330   BINDER, R. C. Mecânica dos Fluidos. Prentice Hall Inc., 1947.

B575   BOTELHO, M. H. C. Águas de chuva. 3ª ed. São Paulo: Blucher, 2011.

B578   BOTELHO, M. H. C.; RIBEIRO JR., G. A. Instalações hidráulicas prediais utilizando tubos plásticos. 4ª ed. São Paulo: Blucher, 2014.

C025   CAMP, T. R. Sedimentation and the design of settling tanks. Paper nº 2285, Transactions. ASCE (American Society of Civil Engineers), 1945.

C030   CATAVENTOS KENYA. Catálogo. Disponível em: www.cataventoskenya.com.br. Acesso em: 13 ago. 2012.

C180   CEZAR, P.; ERBISTI, F. Comportas hidráulicas, Interciência 2, 2002.

C285   CHABOT. Volantes de inércia, Revista L'eau, nº 7, França 1960.

C295   CHICAGO FLUID POWER CORPORATION. Catálogo – Continuous self monitoring accumulator system with poppet piston. 1985.

C300   CHOW, Ven Te. Open-channel hydraulics. New York: McGraw-Hill, 1959.

C570   COELHO, A. C.; MAYNARD, J. C. de B. Medição individualizada de água em apartamentos. 1ª ed. Edição do Autor, 1999.

C575   CONAUT. Medidores – catálogo geral. Disponível em: http://www.conaut.com.br/. Acesso em: 2011.

C585   COUTO, L. M. M. Elementos da hidráulica. 1ª ed. Brasília: UnB, 2012.

C690   CREDER, H. Instalações hidráulicas e sanitárias. 1ª ed. São Paulo: LTC, 1972.

C900   CYPRIANO, J. M. et al. Bombas e sistemas de recalque. São Paulo: CETESB, 1974.

D025   DANCOR. Bombas – catálogo série CAM – Padrão 674/690/695 JM – Centrífuga de aplicações múltiplas. Disponível em: <http://www.dancor.com.br/catalogos/cam-674jm-pbe_cat.pdf>. Acesso em: 2011.

D026   DANCOR. Bombas – catálogo série VAS – Verticais para águas servidas. Disponível em: <http://www.dancor.com.br/catalogos/vas-pbe_cat.pdf>. Acesso em: 2011.

D180   DEPT. OF INTERIOR, USA. Design of Small Canal Structures, 1978.

D325   DI BERNARDO, L.; DANTAS, A. B. Métodos e técnicas de tratamento de água. 2ª ed. RiMa, 2005.

D540   DNOS. Revista Sanevia, nº 11, fev. 1952.

E690   ERBISTI, P. C. F. Comportas hidráulicas. 2ª ed. Interciência, 2002.

F020   FAIR, G. M.; GEYER, L. C.; OKUN, D. A. Water and wastewater engineering. 3rd ed. New Jersey: John Wiley & Sons, 2011.

F175   FEGHALI, J. P. Mecânica dos fluidos para estudantes de engenharia. Vol. 1 e Vol. 2 – Estática. São Paulo: LTC, 1974.

F185   FENDRICH, R.qq et al. Drenagem e controle da erosão urbana. 4ª ed. Curitiba: Editora Universitária Champagnat, 1997.

F194   FERNÁNDEZ, M. F. et al. Sedimentação em decantadores retangulares: função da estrutura de saída. Anais do XI Congresso da ABES, Fortaleza, CE, 1981.

F195   FERNÁNDEZ, M. F. et al. Tanques fluxíveis, tecnologia de baixo custo. Anais do XI Congresso da ABES, Fortaleza, CE, 1981.

F196   FERNÁNDEZ, M. F. et al. Introdução ao tratamento de despejos industriais. FEEMA, 1981, apostila de curso.

F197   FERNÁNDEZ, M. F. et al. Análise pela potência de bombeamento, das posições de entrada de tubulação de recalque em reservatório d'água. Anais do XIII congresso da ABES, Maceió, AL, 1985.

F198   FERNÁNDEZ, M. F. et al. Otimização do dimensionamento estrutural de tubulações em função da posição das ventosas de admissão. Anais do XIII congresso da ABES, Maceió, AL, 1985.

F475   FLYGT DO BRASIL. Bombas – catálogo: bombas submersíveis, misturadores e geradores de turbina hidráulica FLYGT. 1994.

F580   FORCHHEIMER, P. Tratado de hidráulica. Trad. Manuel Lucini. Madrid: Editorial Labor, 1935.

F685   FRANZINI, J. B.; DAUGHERTY, R. L. Fluid mechanics with engineering applications. 6th ed. New York: McGraw Hill, 1965.

F686   FRANZINI, J. B.; LINSLEY, R. K. Water-resources engineering. Trad. Ing. Guillermo Fernandez de Lara. Mexico: Cia Editorial Continental, 1968.

F815 FUGITA, O. (coord.). Drenagem urbana – manual de projeto. 2ª ed. São Paulo: DAEE-SP/CETESB-SP, 1980.

G025 GAMOW, G. Matéria, Terra e cosmos. Trad. Oswaldo de Araujo Souza. Rio de Janeiro: Civilização Brasileira, 1964.

G180 GERE, J. M. Mecânica dos materiais. 5ª ed. Thomson, 2003.

G340 GILES, R. V. Mecânica dos fluidos e hidráulica. Trad. engº Sergio dos Santos Borde. New York: McGraw-Hill, c.1975 (coleção Schaum).

H025 HALL, H. P. Practical plumbing.

H030 HAMMER, M. J. Sistemas de abastecimento de águas e esgotos. Trad. S. A. S. Almeida. São Paulo: LTC, 1979.

H033 HANA, A. H. S.; FURTADO, L. C. Relatório de pesquisa e detecção de vazamentos não visíveis no sistema de abastecimento de água do município de Vila Velha, ES. Emissão Engenharia e Construções, 2004.

H034 HANA, A. H. S.; FURTADO, L. C. Relatório de pesquisa e detecção de vazamentos não visíveis no sistema de abastecimento de água do município de Serra, ES. Emissão Engenharia e Construções, 2004.

H040 HARDENBERG, W. A. Abastecimento e purificação da água. Revisão da tradução R. G. Pinheiro. 3ª ed. AIDIS, 1964.

H168 HELWEG, O. J. Water resources, planing and management. 1ª ed. New Jersey: John Wiley & Sons, 1985.

H175 HERAS, R. Manual de hidrologia. Vol. 3 – Los recursos hidraulicos. 1ª ed. Centro de Estudios Hidrográficos, 1972.

H810 HUEB, J. A.; KAPPAZ, A. P. Medidor de vazão proporcional. Revista DAE, nº126, 1981.

H885 HWANG, N. H. C. Fundamentos de sistemas de engenharia hidráulica. Trad. A. J. Macintyre. 1ª ed. Rio de Janeiro: Prentice Hall do Brasil, 1984.

H950 HYDRAULIC INSTITUTE STANDARDS. Normas – Standards for pumps. 1983.

I050 IBGE (Instituto Brasileiro de Geografia e Estatística). Disponível em: <http://www.ibge.gov.br>. Acesso em: 2012.

I750 ISO 4064 – norma – Terminologias, especificação e método: ensaio para hidrômetros vazão nominal 0,6 A 4.000 m³/h.

K335 KING, H. W. et al. Hidráulica. Tradução para o espanhol Agustín Contin Sanz. México, Trillas,

1982 [ed. original: 5th ed. New Jersey: John Wiley & Sons, 1948).

K690 KRÉMÉNETSKI, N.; SCHTÉRENLIHT, D.; ALYCHEV, V. YAKOVLEVA, L. Hydraulique. Tradução para o francês A. Grigoriev. (ed. original: 1ª ed. MIR-Moscou, 1984).

K725 KSB. Bombas – catálogo: bombas hidráulicas.

L030 LASMAR, I. Ancoragens de tubulações com junta elástica. 1ª ed. ABES, 2003.

L185 LENCASTRE, A. Hidráulica geral. Hidroprojecto, 1983.

L195 LEVIEL, R.; BÉCHAUX, J. et al. Manual tecnico del água. Société Degrémont, 1973.

L345 LIRIA MONTAÑÉS, J. Canales hidráulicos. 1ªed. Colégio de Ingenieros de Caminos, Canales y Puertos, 2001, Madrid.

L810 LUDWIG, R. G. Medidor de vazão de esgotos Palmer-Bowlus. Revista DAE, nº 32, 1972.

M010 MACINTYRE, A. J. Bombas e instalações de bombeamento. 1ª ed. Guanabara Dois, 1980.

M016 MANCUSO, P. C. S.; SANTOS, H. F. Reúso de água. 1ª ed. Barueri: Manole, 2003.

M020 MANZANARES, Al. A. Hidráulica geral. Vol. I – Fundamentos teóricos. 1ª ed. Técnica AEIST, 1979.

M021 MANZANARES, A. A. Hidráulica geral. Vol. II – Escoamentos líquidos. 1ª ed. Técnica AEIST, 1980.

M035 MAYS, L. W. Manual de sistemas de distribución de agua. 1ª ed. New York: McGraw-Hill, 2002.

M175 MIGUEZ DE MELLO, F. Barragens no Brasil. 1ª ed. CBGB, 1982.

M176 MIGUEZ DE MELLO, F. Notas e comentários, 2016.

M182 METCALF, L.; EDDY, H. Tratamiento y depuración de las aguas residuals. 1ª ed. Barcelona: McGraw-Hill, 1981.

M345 MIRANDA, E. C. et al. Relatórios PMSS (Programa de Modernização do Setor Saneamento) – Diagnóstico de Serviços no Brasil, 2006 a 2012. Disponível em: <http://www.pmss.gov.br>. Ministério das Cidades, Secretaria Nacional de Saneamento Ambiental.

M570 MOLLE, F.; CADIER, E. Manual do pequeno açude. SUDENE-DPG-PRN-DPP-APR, 1992.

M585 MONIZ, A. C. et al. Elementos de pedologia. São Paulo: LTC, 1975.

N182   NEUFERT, E. Arte de projetar em arquitetura. Gustavo Gili, 1965.

N570   NOGAMI, P. et al. Bombas e sistemas de recalque. 1ª ed. ABES-CETESB, 1974.

O050   O'BRIEN; HICKOX, G. H. Applied fluid mechanics.

P020   PARMAKIAN, J. Water hammer analysis. New York: Prentice Hall, 1955.

P030   PASHKOV, N. N.; DOLQACHEV, F. M. Hidráulica y máquinas hidráulicas. Tradução para o espanhol V. A. Merchevski. 1ª ed. Moscou: Editorial Mir, 1985.

P205   PFAFSTETTER, O. Deflúvio superficial. 1ª ed. DNOS (Departamento Nacional de Obras de Saneamento), 1976.

P206   PFAFSTETTER, O. Chuvas intensas no Brasil. 2ª ed. DNOS (Departamento Nacional de Obras de Saneamento), 1982.

P340   PIMENTA, C. F. Curso de hidráulica geral. 4ª ed. Guanabara Dois, 1981, vols. 1 e 2.

P345   PINTO, N. L. S. et al. Hidrologia básica. 1ª ed. São Paulo: Blucher, 1976.

P580   PORTO, R. M. Hidráulica básica. 2ª ed. USP-EESC, 1999.

P590   POWELL, R. W. Na Elementary Text in Hydraulics and Fluid Mechanics.

P825   PÜRSCHEL, W. El transporte y la distribuición del agua. Vol. 4. Urmo, 1978.

Q815   QUINTELA, A. C. Hidráulica. 1ª ed. Fundação Calouste Gulbenkian, 1985.

R025   RAMOS, M. O. O impacto da cobrança pelo uso da água no comportamento do usuário. 2002.

S020   SALISBURY, K. Kenfs mechanical engineers handbook. 12th ed. New Jersey: John Wiley, 1953.

S100   SCHLAG, A. Hidráulica. Limusa Wiley, 1963.

S165   SECOB. Bombas – catálogo: bombas de recalque multiestágio. Disponível em: <http://www.secobbombas.com.br/bombas-hidraulicas/bomba-recalque-multi.html>. Acesso em: 24 nov. 2011.

S170   SEDIYAMA, G. C. Estimativa evapotranspiração: histórico, evolução e análise crítica. Santa Maria, *Revista Brasileira Agrometeorologia*, v. 4, n. 1, p. i-xii, 1996.

S250   SGC (Saint Gobain Canalizações). Catálogo tubulações FFD (ferro fundido dúctil) e acessórios. 2013.

S330   SILVESTRE, P. Hidráulica geral. São Paulo: LTC, 1979.

S340   SIMON, A. L. Practical hydraulics. 1ª ed. New Jersey: John Wiley & Sons, 1976.

S585   SOTELO ÁVILA, G. Hidráulica general. Vol. 1 – Fundamentos. 15ª reimpr. México: Limusa Noriega, 1994 (1ª ed., 1974).

S770   STEEL, E. W. Abastecimento d'água. Sistemas de esgotos [Water supply and sewerage]. Trad. José de Santa Rita. Porto Alegre: McGraw-Hill, 1960.

S789   STREETER, V. L. Mecânica dos fluidos. Porto Alegre: McGraw-Hill, 1974.

S790   STREETER, V. L.; WYLIE, E. B. Mecânica dos fluidos. Porto Alegre: McGraw-Hill, 1982.

S820   SULZER. Bombas – catálogo Sulzer Pumps in the Worldwide Largest MED Desalination Plant.

T170   TELLES, D. T. A. Ciclo ambiental da água: da chuva à gestão. São Paulo: Blucher, 2012.

T171   TELLES, D. T. A.; COSTA, R. H. P. G. Reúso da água. São Paulo: Blucher, 2007.

T575   TOMAZ, P. Previsão de consumo de água. 1ª ed. Navegar, 2000.

T750   TSUTIYA, M. T. Abastecimento de água. 3ª ed. DEHS-EP-USP, 2006.

T753   TSUTIYA, M. T.; ALÉM, P. Coleta e transporte de esgoto sanitário. São Paulo: Winner Graph, 1999, v. 1.

T754   TSUTIYA, M. T.; KANASHIRO, W. Arraste de ar em tubulações com grande declividade: considerações no dimensionamento de coletores de esgoto. *Revista DAE*, 1987.

T755   TSUTIYA, M. T.; MACHADO, N. Tensão trativa: critério econômico para dimensionamento. *Revista DAE*, 1985.

V325   VIANNA, M. R. Instalações hidráulicas prediais. 2ª ed. Imprimatur Artes, 1998.

V330   VIGNOLI, F. H. et al. PMSS – Exame de participação do setor privado na provisão de serviços de abastecimento de água e esgotamento sanitário no Brasil. INECON, 2008.

V585   VON SPERLING, M. Introdução à qualidade das águas e ao tratamento de esgotos. 3ª ed. DESA-UFMG, 2005.

W020   WALSKI, T. M.; CHASE, D. V.; SAVIC, D. A. Water distribution modeling. 1ª ed. Haested Press, 2001.

W170   WPCF. Manual design and construction of sanitary and storm sewers (WEF MP-9/ASCE MP-37). WPCF-ASCE, 1969.

W180   WEG. Manual geral de instalação, operação e manutenção de motores elétricos. Disponível em: <http://ecatalog.weg.net/files/wegnet/WEG-iom-general-manual-of-electric-motors--manual-general-de-iom-de-motores-electricos--manual-geral-de-iom-de-motores-electricos--50033244-manual-english.pdf>. Acesso em: 24 nov. 2011.

W330   WIENDL, W.g G. Tubulações para água. 1ª ed. São Paulo: CETESB, 1973.

W580   WORTHINGTON. – FLOWSERVE Catálogo Ingersoll dresser pumps. Worthington nº 035, 1989.

W600   WSA (Water Supply Association). 1955.

Y030   YASSUDA, E. R. Contribuição para o estudo das vazões de distribuição em redes de água potável.

Y585   YOUNG, D. F.; MUNSON, B. R. Fundamentos da mecânica dos fluidos. 4ª ed. São Paulo: Blucher, 2002.

Z890   ZWI, M. Cálculo dos coletores pela tensão trativa. *Revista DAE*, 1980.

Trecho de importante obra entre os anos 1970 e 1980, popularmente conhecida como Adutoras do Nordeste, que captavam água do rio São Francisco. Entre estas adutoras, podemos citar a do Feijão (BA), de Aracaju, a de Santa Rosa do Ermínio (SE), e o Sistema Italuís, onde foram utilizados 72 quilômetros de tubos DN1200. Fonte: Cortesia Saint-Gobain Canalização.

Alfabeto Grego

Letras maiúsculas	Letras minúsculas	Nome
A	α	alfa
B	β	beta
Γ	γ	gama
Δ	δ	delta
E	ε	epsilo
Z	ζ	dzeta
H	η	eta
Θ	θ	teta
I	ι	iota
K	κ	capa
Λ	λ	lambda
M	μ	mi
N	ν	ni
Ξ	ξ	csi
O	o	ômicron
Π	π	pi
P	ρ	rô
Σ	σ	sigma
T	τ	tau
Y	υ	ipsilone
Φ	ϕ	fi
X	χ	xi
Ψ	ψ	psi
Ω	ω	ômega

UHE Emborcação, 1.000 MW, construída entre 1977 e 1982, no Rio Paranaíba, entre os estados de Minas Gerais e Goiás, perto da cidade de Araguari. Bacia de drenagem: 29.200 km²; descarga máxima do rio no local: 3.700 m³/s; descarga regularizada: 460 m³/s; área inundada de 146 km²; volume total de 17.600 x 10⁶ m³ e volume útil de 12.700 x 10⁶ m³; altura máxima sobre fundações: 158 m, tipo terra enrocamento com comprimento de crista de 1.607 m, 4 turbinas Francis com engolimento de 225 m³/s (Bib. M175).

Informatização e Acessibilidade

Na 8ª edição deste Manual foi incluído um anexo com o título "Aplicações da Informática na Hidráulica".

Ali se dizia que "o advento dos computadores, realidade que caracterizou o final do século XX, veio modificar consideravelmente os procedimentos de cálculo e de análise dos problemas hidráulicos. Os softwares, tais como as planilhas eletrônicas disponíveis no mercado de microinformática, possibilitam o uso dessa ferramenta por pessoas leigas em programação". Hoje pode-se acrescentar "e até leigas em detalhes da hidráulica" (o que pode ser perigoso).

As dificuldades apresentadas por certos métodos e expressões, as contas tediosas e a demora na obtenção de resultados foram superadas pela computação eletrônica. A partir daí o cotejamento de alternativas ficou muito facilitado, mormente pela relativamente fácil obtenção de orçamentos para diversas soluções possíveis. O mesmo ocorre para a previsão de efeitos repetitivos ao longo de grandes períodos (modelos computacionais ou matemáticos) ou visualização de situações extremas (máximas e mínimas) ou superposição de fenômenos.

Embora haja uma série de softwares cuja utilização está sujeita a direitos autorais, inúmeros softwares e aplicativos de domínio público estão disponíveis na rede e permitem simplificar muito os cálculos.

Especial atenção deve ser dada pelos profissionais para não usar softwares incompletos, com erros internos ou até disponibilizados por pessoas inescrupulosas com espírito sádico que, infelizmente, existem.

"Saídas" gráficas que permitem visualizar os fenômenos estáticos ou dinâmicos são especialmente úteis à compreensão e entendimento do que ocorre em diversas circunstâncias e de forma abrangente.

A "rede" ou internet veio tornar o acesso a softwares existentes muito fácil. Escolha seu programa de busca e digite "softwares hidráulica" ou *hydraulic softwares* e uma quantidade imensa de softwares e de demonstrações, inclusive com movimento (animação de vídeo), aparecerão, para instalações prediais, irrigação, canais, transitórios hidráulicos (propagação de ondas), bombas, tubulações e acessórios, estações de tratamento de água (e de esgotos), redes de distribuição e de coleta, hidrologia (enchentes), dispersão, escoamentos unidirecionais, bidimensionais (e tridimensionais), com diferentes graus de precisão ou dificuldades de calibração dos modelos para correntes em massas de água, como oceanos e lagos, transporte de sedimentos, erosão, dinâmica de litorais ou margens, esforços sobre estruturas hidráulicas e sobre tubulações durante assentamento, enfim...

O autor e a editora buscarão manter atualizadas algumas interligações (links) que sejam interessantes quer pelo aspecto didático, quer pelo aspecto teórico, quer pelo aspecto profissional, no "sítio" deste livro: http://blucher.com.br/manualdehidraulica9ed/

Em resumo, o autor entendeu que este tema deixou de ser uma novidade e adquiriu tamanha dimensão que não se enquadra no escopo deste livro, além destas linhas. Isso não quer dizer que o desenvolvimento de métodos numéricos aplicados à hidráulica não tenha importância, muito pelo contrário.

Finalmente, cabe registrar o pioneirismo nessa matéria do prof. M. Abbott (Bib. A020 e A021).

Agradecimentos

Como autor desta 9ª edição, registro meus agradecimentos a todos que colaboraram de forma direta ou indireta, mesmo correndo o risco da omissão por esquecimento:

1. *Carlos Eduardo de Siqueira Nascimento, o Duda,* colega e amigo dos tempos de escola de engenharia, hidrólogo, engenheiro da Eletrosul e professor da UFSC a quem fui pedir a benção quando ousei estender a tabela de "Chuvas Intensas do Brasil".

2. *Carlos Motta Nunes,* destacado colega da nova geração de engenheiros do ramo, hoje na Agência Nacional de Águas, a quem devo as sugestões que resultaram no *Capítulo A-14,* consolidando a parte de canais.

3. *Miguel Alvarenga Fernández y Fernández,* também da nova geração de engenheiros do ramo, hoje, na CEDAE (Companhia Estadual de Águas e Esgotos do Rio de Janeiro), pelas sugestões e considerações.

4. *Paulo Ivo Braga de Queiroz,* professor no ITA (Instituto Tecnológico da Aeronáutica) que além de adotar nosso Manual como referência didática, enviou comentários a tópicos da 8ª edição (*item A-5.1*), o que nos ajuda e entusiasma a aprimorar nosso trabalho; *John Willian Moss,* engenheiro calculista de estruturas, pela revisão e sugestões no *item B-I.1.9*; *Flávio Miguez de Mello,* engenheiro, professor, amigo e colega pelas sugestões no *Capítulo A-5.*

5. *Renatah da Fonseca Correia* e *Ester Nigri Wajsman,* que cuidaram da organização, controle e padronização dos textos e desenhos esquemáticos, revisando datilografia, símbolos e convenções. Além delas, de uma forma ou de outra, participaram da feitura da 9ª edição: *Ricardo Araujo Cid da Silva, Nara Lepre, Pedro Retamal, Salah Ahmad Alassar,* e *Sergio Warszawski.*

6. Alguns professores e profissionais com quem convivi e aprendi e que quero aqui homenagear:

Adilson Coutinho Seroa da Mota (i.m.),
Affonso A. N. Accioly
Alfredo G. H. Rodrigues de Oliveira
Anselmo Paschoa (i.m.),
Anthony Ralph Alonso Handler (i.m),
Ari Blak,
Carlos Mauricio Feital Jatahy (i.m.),
Constantino Arruda Pessoa (i.m),
Cristiano Guimarães Henning (i.m)
Edmundo Köelle,
Eduardo Pacheco Jordão,
Fernando Machado Costa,
Fernando Penna Botafogo Gonçalves (i.m.),
Haroldo Jezler,
Haroldo Mattos Lemos,
Ibrahim Lasmar (i.m.),
João Francisco Soares
José Liria Montañes
José Ubaldo Telles,
Lauro Menezes Neto,
Luiz Carlos Siston
Manoel Inácio d'Abadia Aquino de Sá Fº.,
Márcio Fraga,
Marcus Rieder Grael,
Mauro A. M. Guia (i.m.),
Miguel Zwi (i.m.),
Rosinha Serzedelo Machado Fernandes
Russell Ludwig,
Sandra Lacouth Motta,
Suelly Svartman,
Torben Sörensen (i.m.),
Vera M. C. Cansanção
Victor Maurício Nótrica,
Vivien Mello Suruagy,
Walter R. Ribeiro Sanches
Zely Ornelas de Souza.

7. *Guillermo Accosta Alvarez (i.m)*, que em 1973 revisou a 7ª edição e em 1976 traduziu este Manual para o espanhol.

8. *Acácio Eiji Ito,*
Ariovaldo Nuvolari,
Dirceu D'Alkmin Telles,
Edmundo Pulz,
Joaqim Gabriel M. de Oliveira Neto,
José Tarcísio Ribeiro,
Roberto de Araujo (i.m),
Wladimir Firsoff,

que, em 1998, colaboraram comigo para a 8ª edição.

9. *Edgard Blücher*, pela paciência, pela simpatia, dedicação e entusiasmo à nobre causa de registrar e transmitir conhecimentos e, portanto, aprimorar a nossa espécie.

10. *Prof. Eng. José Martiniano de Azevedo Netto*, que além de ter produzido engenharia de verdade, descoberto, aprimorado, registrado e transmitido conhecimentos, foi um exemplo de profissional para todos nós e me honrou com a escolha para aprimorar e continuar este livro.

Miguel Fernández y Fernández, agosto de 2014

P.S.: Por comentários recebidos após a 9ª edição, em 2016 (antes da 1ª reimpressão), agradeço aos:

Eng. Flavio Miguez de Mello
(Rio de Janeiro, RJ)

Eng. Geovano Klafke Mendes
(Novo Hamburgo, RS)

Enga. Mayra de Castilho Bielschowsky
(Niterói, RJ).

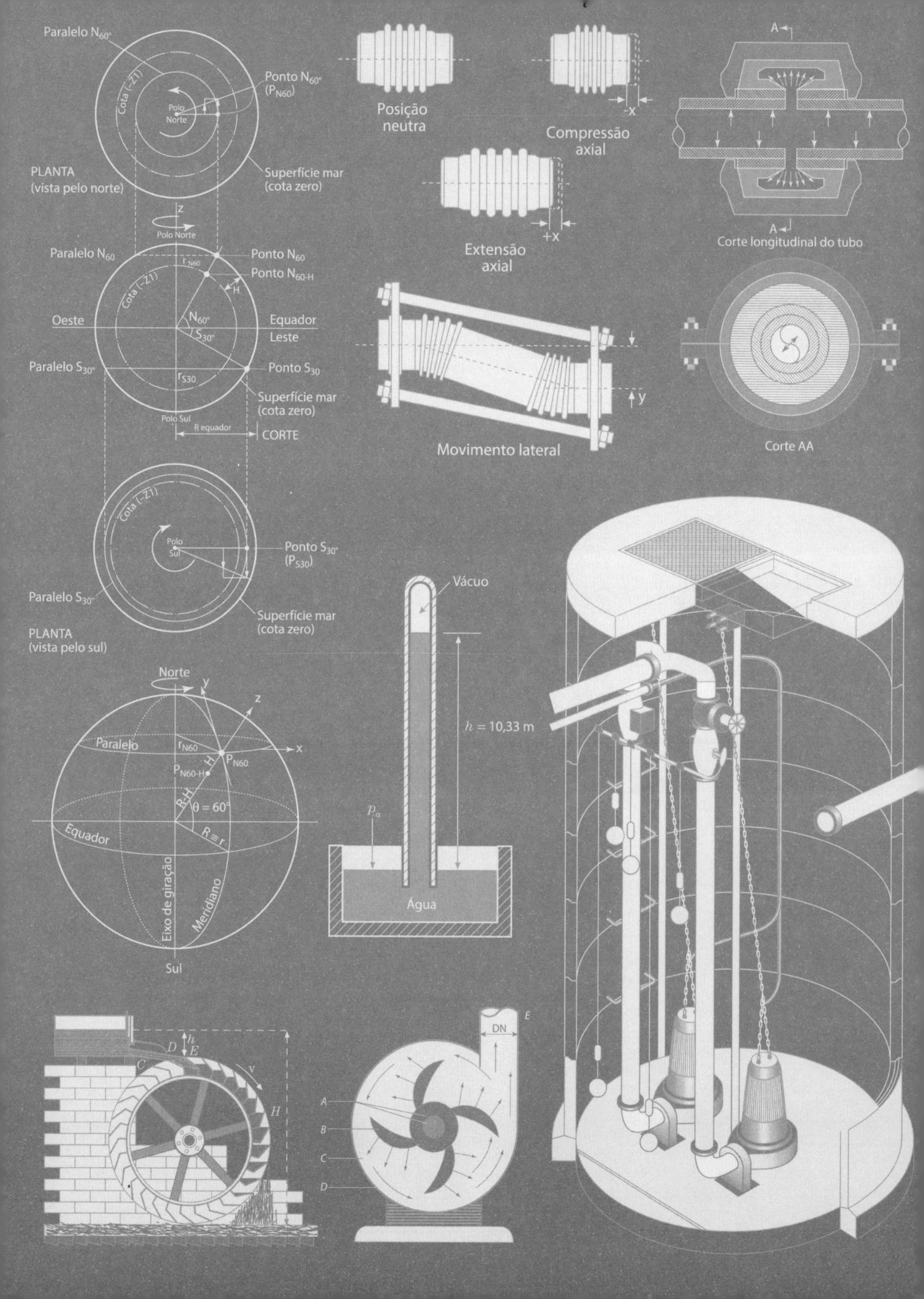